# Numerische Mathematik

Von Dr. sc. math. Hans Rudolf Schwarz
o. Professor an der Universität Zürich

Mit einem Beitrag von Dr. sc. math. Jörg Waldvogel
Titularprofessor an der Eidg. Technischen Hochschule Zürich

3., überarbeitete und erweiterte Auflage
Mit 99 Figuren, 138 Beispielen und 106 Aufgaben

B. G. Teubner Stuttgart 1993

Prof. Dr. sc. math. Hans Rudolf Schwarz

Geboren 1930 in Zürich. Von 1949 bis 1953 Studium der Mathematik und Diplom an der ETH Zürich. Von 1953 bis 1957 Mathematiker bei den Flug- und Fahrzeugwerken Altenrhein (Schweiz). 1957 Promotion, ab 1957 wiss. Mitarbeiter an der ETH Zürich. 1962 Visiting Associate Professor an der Brown University in Providence, Rhode Island, USA. 1964 Habilitation an der ETH Zürich, von 1964 bis 1972 Lehrbeauftragter an der ETH Zürich. 1972 Assistenzprofessor, 1974 a. o. Professor, seit 1983 ord. Professor für angewandte Mathematik an der Universität Zürich.

Prof. Dr. sc. math. Jörg Waldvogel

Geboren 1938 in Zürich. Von 1957 bis 1963 Studium der Mathematik und Diplom an der ETH Zürich. Von 1962 bis 1967 Assistent und wiss. Mitarbeiter an der ETH Zürich; 1966 Promotion. Von 1967 bis 1970 Research Scientist bei Lockheed Missiles and Space Company, Huntsville, Alabama und part-time Assistant Professor an der University of Alabama at Huntsville. 1970 bis 1972 Assistant Professor an der University of Texas at Austin. Ab 1972 Leitung der Numerikgruppe am Seminar für Angewandte Mathematik der ETH und Lehrbeauftragter der ETH Zürich auf dem Gebiet der numerischen und angewandten Mathematik. 1980 Gastprofessor an der Université de Paris VI. 1985 Titularprofessor der ETH. 1986 Visiting Professor an der University of South Florida in Tampa.

Die Deutsche Bibliothek – CIP-Einheitsaufnahme
**Schwarz, Hans Rudolf:**
Numerische Mathematik : mit 138 Beispielen und 106 Aufgaben / von Hans Rudolf Schwarz. Mit einem Beitr. von Jörg Waldvogel. – 3., überarb. und erw. Aufl. – Stuttgart : Teubner, 1993
    ISBN 3-519-22960-9

Das Werk einschließlich aller seiner Teile ist urheberrechtlich geschützt. Jede Verwertung außerhalb der engen Grenzen des Urheberrechtsgesetzes ist ohne Zustimmung des Verlages unzulässig und strafbar. Das gilt besonders für Vervielfältigungen, Übersetzungen, Mikroverfilmungen und die Einspeicherung und Verarbeitung in elektronischen Systemen.
© B. G. Teubner, Stuttgart 1993
Printed in Germany
Satz: Elsner & Behrens GmbH, Oftersheim
Druck und Bindung: Zechnersche Buchdruckerei, Speyer
Umschlaggestaltung: M. Koch, Reutlingen

# Vorwort

Das Buch entstand auf den seinerzeitigen ausdrücklichen Wunsch meines verehrten Lehrers, Herrn Prof. Dr. E. Stiefel, der mich im Sinne eines Vermächtnisses beauftragte, sein während vielen Jahren wegweisendes Standardwerk [Sti 76] von Grund auf neu zu schreiben und den modernen Erkenntnissen und Bedürfnissen anzupassen. Klarheit und Ausführlichkeit waren stets die Hauptanliegen von Herrn Professor Stiefel. Ich habe versucht, in diesem einführenden Lehrbuch dieser von ihm geprägten Philosophie zu folgen, und so werden die grundlegenden Methoden der numerischen Mathematik in einer ausführlichen Darstellung behandelt.

Das Buch ist entstanden aus Vorlesungen, die der Unterzeichnete an der Universität Zürich gehalten hat. Der behandelte Stoff umfaßt im wesentlichen das Wissen, das der Verfasser seinen Studenten in einem viersemestrigen Vorlesungszyklus zu je vier Wochenstunden vermittelt. Sie sollen damit in die Lage versetzt werden, Aufgaben der angewandten Mathematik mit numerischen Methoden erfolgreich zu lösen oder zumindest die Grundlagen für das Studium von weiterführender, spezialisierter Literatur zu haben. Das Buch richtet sich an Mathematiker, Physiker, Ingenieure, Informatiker und Absolventen naturwissenschaftlicher Richtungen. Vorausgesetzt wird diejenige mathematische Vorbildung, die in den unteren Semestern eines Hochschulstudiums oder an Ingenieurschulen vermittelt wird.

Die Darstellung des Stoffes ist stark algorithmisch ausgerichtet, um der Tatsache Rechnung zu tragen, daß elektronische Rechengeräte weit verbreitet und leicht zugänglich sind. Zur Begründung einer numerischen Methode werden zuerst die theoretischen Grundlagen vermittelt, soweit sie erforderlich sind, um anschließend das Verfahren so zu formulieren, daß seine Realisierung als Rechenprogramm einfach ist. Die algorithmische Beschreibung erfolgt in einer Form, die sich mit Leichtigkeit in irgendeine der gängigen Programmiersprachen übersetzen läßt. Dem Leser soll damit die Möglichkeit geboten werden, nach Vervollständigung der Algorithmen durch Ein- und Ausgabe-Anweisungen sowie durch Vereinbarungsteile die Arbeitsweise der Methoden auf dem ihm verfügbaren Rechner kennen zu lernen. Zusätzliche Übungsaufgaben findet man etwa in [CoA 72, Hai 83].

Um die speziellen Kenntnisse auf dem Gebiet der numerischen Integralberechnung, die Herr Dr. J. Waldvogel an der ETH Zürich erarbeitet hat, in das Buch einfließen zu lassen, hat er die Abschnitte 8.1 und 8.2 sowie die zugehörigen Aufgaben verfaßt. Für diese wertvolle Mitarbeit danke ich ihm hiermit bestens. Meinen beiden Assistenten, den Herren Dipl.-Math. W. Businger und H. P. Märchy verdanke ich viele Anregungen und die kritische Durchsicht des Manuskripts, was dazu beigetragen hat, die Darstellung zu verbessern. Schließlich danke ich dem Verlag B. G. Teubner für die Herausgabe des Buches und für die stets freundliche und entgegenkommende Zusammenarbeit.

## Vorwort

Die Neuauflage des Buches ist zum Anlaß genommen worden, einmal die bekannt gewordenen Druckfehler zu korrigieren, an einigen Stellen die Darstellung sowohl textlich als auch sachlich zu verbessern, aber auch um einige unwichtigere Dinge und Hinweise wegzulassen. Neben diesen mehr untergeordneten Änderungen wurde die Methode von Householder in der Methode der kleinsten Quadrate neu dargestellt, und das Kapitel über die Behandlung von gewöhnlichen Differentialgleichungen ist teilweise überarbeitet und leicht erweitert worden. Schließlich hat das Buch eine wesentliche Erweiterung durch die Aufnahme eines ergänzenden Kapitels über die iterative Lösung von großen linearen Gleichungssystemen erfahren, wie sie bei der Diskretisierung von partiellen Differentialgleichungen auftreten, um auf diese Weise den Stoff abzurunden.

An dieser Stelle sei allen Kollegen, Lesern und aufmerksamen Studierenden bestens gedankt für Hinweise auf Fehler und für kritische Anregungen.

Zürich, im Sommer 1991 H. R. Schwarz

# Inhalt

## 1 Lineare Gleichungssysteme, direkte Methoden

- 1.1 Gaußscher Algorithmus ............................................. 11
  - 1.1.1 Der fundamentale Rechenprozeß ........................ 11
  - 1.1.2 Pivotstrategien ............................................ 19
  - 1.1.3 Ergänzungen ............................................... 26
- 1.2 Genauigkeitsfragen, Fehlerabschätzungen ...................... 29
  - 1.2.1 Normen ...................................................... 29
  - 1.2.2 Fehlerabschätzungen, Kondition ......................... 35
- 1.3 Systeme mit speziellen Eigenschaften ........................... 39
  - 1.3.1 Symmetrische, positiv definite Systeme ................ 39
  - 1.3.2 Bandgleichungen .......................................... 45
  - 1.3.3 Tridiagonale Gleichungssysteme ........................ 47
- 1.4 Austausch-Schritt und Inversion von Matrizen ................. 51
  - 1.4.1 Lineare Funktionen, Austausch .......................... 51
  - 1.4.2 Matrizeninversion ......................................... 53
- 1.5 Aufgaben ............................................................. 56

## 2 Lineare Optimierung

- 2.1 Einführungsbeispiele, graphische Lösung ....................... 59
- 2.2 Der Simplex-Algorithmus .......................................... 64
- 2.3 Ergänzungen zum Simplex-Algorithmus ......................... 71
  - 2.3.1 Degeneration ............................................... 71
  - 2.3.2 Mehrdeutige Lösung ....................................... 76
  - 2.3.3 Nichtbeschränkte Zielfunktion ........................... 77
- 2.4 Allgemeine lineare Programme ................................... 78
  - 2.4.1 Behandlung von freien Variablen ........................ 78
  - 2.4.2 Methode der Koordinatenverschiebung ................. 79
  - 2.4.3 Die Zweiphasenmethode ................................. 82
- 2.5 Diskrete Tschebyscheff-Approximation .......................... 86
- 2.6 Aufgaben ............................................................. 91

## 3 Interpolation

- 3.1 Existenz und Eindeutigkeit der Polynominterpolation ......... 94
- 3.2 Lagrange-Interpolation ............................................. 95
  - 3.2.1 Rechentechnik ............................................. 95
  - 3.2.2 Anwendungen .............................................. 99
- 3.3 Fehlerabschätzung ................................................. 104

3.4 Newton-Interpolation ........................................... 109
3.5 Interpolation nach Aitken-Neville ............................... 116
    3.5.1 Die Algorithmen von Aitken und Neville .................. 117
    3.5.2 Extrapolation und Romberg-Schema ........................ 119
    3.5.3 Inverse Interpolation ................................... 122
3.6 Rationale Interpolation ........................................ 124
    3.6.1 Problemstellung und Problematik ......................... 124
    3.6.2 Spezielle Interpolationsaufgabe, Thielescher Kettenbruch . 126
3.7 Spline-Interpolation ........................................... 133
    3.7.1 Charakterisierung der Spline-Funktion ................... 133
    3.7.2 Berechnung der kubischen Spline-Interpolierenden ........ 136
    3.7.3 Allgemeine kubische Spline-Interpolation ................ 140
    3.7.4 Periodische kubische Spline-Interpolation ............... 142
    3.7.5 Glatte zweidimensionale Kurvendarstellung ............... 145
3.8 Aufgaben ....................................................... 147

## 4 Funktionsapproximation

4.1 Fourierreihen .................................................. 150
4.2 Effiziente Berechnung der Fourierkoeffizienten ................. 161
    4.2.1 Der Algorithmus von Runge .............................. 162
    4.2.2 Die schnelle Fouriertransformation ..................... 165
4.3 Orthogonale Polynome ........................................... 175
    4.3.1 Die Tschebyscheff-Polynome ............................. 175
    4.3.2 Tschebyscheffsche Interpolation ........................ 183
    4.3.3 Die Legendre-Polynome .................................. 188
4.4 Aufgaben ....................................................... 193

## 5 Nichtlineare Gleichungen

5.1 Banachscher Fixpunktsatz ....................................... 196
5.2 Konvergenzverhalten und Konvergenzordnung ...................... 200
5.3 Gleichungen in einer Unbekannten ............................... 208
    5.3.1 Intervallschachtelung, Regula falsi, Sekantenmethode .... 208
    5.3.2 Verfahren von Newton ................................... 214
    5.3.3 Interpolationsmethoden ................................. 217
5.4 Gleichungen in mehreren Unbekannten ............................ 220
    5.4.1 Fixpunktiteration und Konvergenz ....................... 220
    5.4.2 Verfahren von Newton ................................... 222
5.5 Nullstellen von Polynomen ...................................... 228
5.6 Aufgaben ....................................................... 238

## 6 Eigenwertprobleme

6.1 Das charakteristische Polynom, Problematik ..................... 241
6.2 Jacobi-Verfahren ............................................... 244

|  |  |  | |
|---|---|---|---|
| | 6.2.1 | Elementare Rotationsmatrizen | 245 |
| | 6.2.2 | Das klassische Jacobi-Verfahren | 247 |
| | 6.2.3 | Zyklisches Jacobi-Verfahren | 252 |
| 6.3 | | Transformationsmethoden | 256 |
| | 6.3.1 | Transformation auf Hessenbergform | 256 |
| | 6.3.2 | Transformation auf tridiagonale Form | 260 |
| | 6.3.3 | Schnelle Givens-Transformation | 262 |
| | 6.3.4 | Methode von Hyman | 267 |
| 6.4 | | QR-Algorithmus | 272 |
| | 6.4.1 | Grundlagen zur QR-Transformation | 272 |
| | 6.4.2 | Praktische Durchführung, reelle Eigenwerte | 277 |
| | 6.4.3 | QR-Doppelschritt, komplexe Eigenwerte | 282 |
| | 6.4.4 | QR-Algorithmus für tridiagonale Matrizen | 288 |
| | 6.4.5 | Zur Berechnung der Eigenvektoren | 292 |
| 6.5 | | Aufgaben | 293 |

## 7 Ausgleichsprobleme, Methode der kleinsten Quadrate

|  |  |  |  |
|---|---|---|---|
| 7.1 | | Lineare Ausgleichsprobleme, Normalgleichungen | 296 |
| 7.2 | | Methoden der Orthogonaltransformation | 301 |
| | 7.2.1 | Givens-Transformation | 301 |
| | 7.2.2 | Spezielle Rechentechniken | 307 |
| | 7.2.3 | Householder-Transformation | 310 |
| 7.3 | | Singulärwertzerlegung | 316 |
| 7.4 | | Nichtlineare Ausgleichsprobleme | 321 |
| | 7.4.1 | Gauß-Newton-Methode | 321 |
| | 7.4.2 | Minimierungsverfahren | 325 |
| 7.5 | | Aufgaben | 329 |

## 8 Integralberechnung

|  |  |  |  |
|---|---|---|---|
| 8.1 | | Die Trapezmethode | 331 |
| | 8.1.1 | Problemstellung und Begriffe | 332 |
| | 8.1.2 | Definition der Trapezmethode und Verfeinerung | 332 |
| | 8.1.3 | Die Euler-Maclaurinsche Summenformel | 335 |
| | 8.1.4 | Das Romberg-Verfahren | 337 |
| | 8.1.5 | Adaptive Quadraturverfahren | 340 |
| 8.2 | | Transformationsmethoden | 343 |
| | 8.2.1 | Periodische Integranden | 343 |
| | 8.2.2 | Integrale über $\mathbb{R}$ | 345 |
| | 8.2.3 | Transformationsmethoden | 347 |
| 8.3 | | Interpolatorische Quadraturformeln | 351 |
| | 8.3.1 | Newton-Cotes Quadraturformeln | 351 |
| | 8.3.2 | Gaußsche Quadraturformeln | 359 |
| 8.4 | | Aufgaben | 365 |

## 9 Gewöhnliche Differentialgleichungen

| | | |
|---|---|---|
| 9.1 | Einschrittmethoden | 368 |
| | 9.1.1 Die Methode von Euler und der Taylorreihe | 368 |
| | 9.1.2 Diskretisationsfehler, Fehlerordnung | 372 |
| | 9.1.3 Verbesserte Polygonzugmethode, Trapezmethode, Verfahren von Heun | 376 |
| | 9.1.4 Runge-Kutta-Verfahren | 381 |
| | 9.1.5 Implizite Runge-Kutta-Verfahren | 391 |
| | 9.1.6 Differentialgleichungen höherer Ordnung und Systeme | 393 |
| 9.2 | Mehrschrittverfahren | 396 |
| | 9.2.1 Die Methoden von Adams-Bashforth | 397 |
| | 9.2.2 Die Methoden von Adams-Moulton | 400 |
| | 9.2.3 Allgemeine Mehrschrittverfahren | 403 |
| 9.3 | Stabilität | 413 |
| | 9.3.1 Inhärente Instabilität | 413 |
| | 9.3.2 Absolute Stabilität | 414 |
| | 9.3.3 Steife Differentialgleichungen | 423 |
| 9.4 | Aufgaben | 428 |

## 10 Partielle Differentialgleichungen

| | | |
|---|---|---|
| 10.1 | Elliptische Randwertaufgaben, Differenzenmethode | 431 |
| | 10.1.1 Problemstellung | 431 |
| | 10.1.2 Diskretisation der Aufgabe | 433 |
| | 10.1.3 Randnahe Gitterpunkte, allgemeine Randbedingungen | 438 |
| | 10.1.4 Diskretisationsfehler | 450 |
| | 10.1.5 Ergänzungen | 462 |
| 10.2 | Parabolische Anfangsrandwertaufgaben | 465 |
| | 10.2.1 Eindimensionale Probleme, explizite Methode | 465 |
| | 10.2.2 Eindimensionale Probleme, implizite Methode | 471 |
| | 10.2.3 Diffusionsgleichung mit variablen Koeffizienten | 476 |
| | 10.2.4 Zweidimensionale Probleme | 478 |
| 10.3 | Methode der finiten Elemente | 483 |
| | 10.3.1 Grundlagen | 483 |
| | 10.3.2 Prinzip der Methode der finiten Elemente | 486 |
| | 10.3.3 Elementweise Bearbeitung | 488 |
| | 10.3.4 Aufbau und Behandlung der linearen Gleichungen | 493 |
| | 10.3.5 Beispiele | 494 |
| 10.4 | Aufgaben | 497 |

## 11 Lineare Gleichungssysteme, iterative Verfahren

| | | |
|---|---|---|
| 11.1 | Gesamtschritt- und Einzelschrittverfahren | 501 |
| | 11.1.1 Konstruktion der Iterationsverfahren | 501 |
| | 11.1.2 Einige Konvergenzsätze | 507 |

>       11.1.3 Optimaler Relaxationsfaktor der Überrelaxation ............ 520
> 11.2 Methode der konjugierten Gradienten ........................... 527
>       11.2.1 Herleitung des Algorithmus ............................. 527
>       11.2.2 Eigenschaften der Methode der konjugierten Gradienten ..... 532
>       11.2.3 Konvergenzabschätzung ................................. 535
>       11.2.4 Vorkonditionierung .................................... 538
> 11.3 Methode der verallgemeinerten minimierten Residuen .............. 545
>       11.3.1 Grundlagen des Verfahrens .............................. 545
>       11.3.2 Algorithmische Beschreibung und Eigenschaften ........... 548
> 11.4 Speicherung schwach besetzter Matrizen ........................ 554
> 11.5 Aufgaben .................................................... 557

**Literatur** ....................................................... 561

**Sachverzeichnis** ................................................. 571

# 1 Lineare Gleichungssysteme, direkte Methoden

Die numerische Bestimmung der Unbekannten von linearen Gleichungssystemen spielt eine zentrale Rolle in der Numerik. Viele Probleme der angewandten Mathematik führen fast zwangsläufig auf diese Aufgabe, oder sie wird als Hilfsmittel benötigt im Rahmen anderer Methoden. Deshalb stellen wir im folgenden direkte Lösungsverfahren für lineare Gleichungssysteme bereit und beachten die Tatsache, daß jede Rechnung nur mit endlicher Genauigkeit erfolgt. Zuerst wird ein allgemeiner Algorithmus entwickelt, für dessen Anwendbarkeit nur die Regularität der Koeffizientenmatrix vorausgesetzt wird. Für Gleichungssysteme mit speziellen Eigenschaften, die häufig anzutreffen sind, ergeben sich Modifikationen und Vereinfachungen des Rechenverfahrens.

## 1.1 Gaußscher Algorithmus

### 1.1.1 Der fundamentale Rechenprozeß

Es sei ein lineares Gleichungssystem

$$\sum_{k=1}^{n} a_{ik} x_k + b_i = 0, \quad (i = 1, 2, \ldots, n) \tag{1.1}$$

mit $n$ Gleichungen in $n$ Unbekannten $x_k$ zu lösen. Dabei seien die Koeffizienten $a_{ik}$ und die Konstanten $b_i$ zahlenmäßig vorgegeben, und wir suchen die numerischen Werte der Unbekannten $x_k$. Das Gleichungssystem (1.1) läßt sich in Matrizenform kurz als

$$A x + b = 0 \tag{1.2}$$

mit der quadratischen $(n \times n)$-Matrix $A$, dem Konstantenvektor $b$ und dem Vektor $x$ der Unbekannten schreiben. Für das folgende setzen wir voraus, daß die Koeffizientenmatrix $A$ regulär sei, so daß die Existenz und Eindeutigkeit der Lösung $x$ von (1.2) gesichert ist [BuB84, Sta88].

Zur Vereinfachung der Schreibweise und im Hinblick auf die praktische Durchführung auf einem Rechner benutzen wir für die zu lösenden Gleichungen (1.1) eine schematische Darstellung, die im konkreten Fall $n = 4$ die folgende selbsterklärende Form besitzt.

| $x_1$ | $x_2$ | $x_3$ | $x_4$ | 1 |
|---|---|---|---|---|
| $a_{11}$ | $a_{12}$ | $a_{13}$ | $a_{14}$ | $b_1$ |
| $a_{21}$ | $a_{22}$ | $a_{23}$ | $a_{24}$ | $b_2$ |
| $a_{31}$ | $a_{32}$ | $a_{33}$ | $a_{34}$ | $b_3$ |
| $a_{41}$ | $a_{42}$ | $a_{43}$ | $a_{44}$ | $b_4$ |

(1.3)

1 Lineare Gleichungssysteme, direkte Methoden

Im Schema (1.3) erscheinen die Koeffizienten $a_{ik}$ der Matrix $A$ und die Komponenten $b_i$ des Konstantenvektors $b$. Auf das Schema (1.3) dürfen die folgenden drei Äquivalenzoperationen angewandt werden, welche die im gegebenen Gleichungssystem (1.1) enthaltene Information nicht verändern:

1. Vertauschung von Zeilen;
2. Multiplikation einer ganzen Zeile mit einer Zahl $\neq 0$;
3. Addition eines Vielfachen einer Zeile zu einer anderen.

Unter der Annahme $a_{11} \neq 0$ subtrahieren wir von den $i$-ten Zeilen mit $i \geq 2$ das $(a_{i1}/a_{11})$-fache der ersten Zeile und erhalten aus (1.3)

| $x_1$ | $x_2$ | $x_3$ | $x_4$ | 1 |
|---|---|---|---|---|
| $a_{11}$ | $a_{12}$ | $a_{13}$ | $a_{14}$ | $b_1$ |
| 0 | $a_{22}^{(1)}$ | $a_{23}^{(1)}$ | $a_{24}^{(1)}$ | $b_2^{(1)}$ |
| 0 | $a_{32}^{(1)}$ | $a_{33}^{(1)}$ | $a_{34}^{(1)}$ | $b_3^{(1)}$ |
| 0 | $a_{42}^{(1)}$ | $a_{43}^{(1)}$ | $a_{44}^{(1)}$ | $b_4^{(1)}$ |

(1.4)

Mit den Quotienten

$$l_{i1} = a_{i1}/a_{11}, \quad (i = 2, 3, \ldots, n) \qquad (1.5)$$

sind die Elemente in (1.4) gegeben durch

$$a_{ik}^{(1)} = a_{ik} - l_{i1}a_{1k}, \quad (i, k = 2, 3, \ldots, n) \qquad (1.6)$$

$$b_i^{(1)} = b_i - l_{i1}b_1, \quad (i = 2, 3, \ldots, n). \qquad (1.7)$$

Das Schema (1.4) entspricht einem zu (1.1) äquivalenten Gleichungssystem. Die erste Gleichung enthält als einzige die Unbekannte $x_1$, die sich somit durch die übrigen Unbekannten ausdrücken läßt gemäß

$$x_1 = -\left[\sum_{k=2}^{n} a_{1k}x_k + b_1\right]/a_{11}. \qquad (1.8)$$

Weiter enthält (1.4) im allgemeinen Fall ein reduziertes System von $(n-1)$ Gleichungen für die $(n-1)$ Unbekannten $x_2, x_3, \ldots, x_n$. Der Übergang von (1.3) nach (1.4) entspricht somit einem Eliminationsschritt, mit welchem die Auflösung des gegebenen Systems (1.1) in $n$ Unbekannten auf die Lösung eines Systems in $(n-1)$ Unbekannten zurückgeführt ist. Wir werden dieses reduzierte System analog weiterbehandeln, wobei die erste Zeile in (1.4) unverändert bleibt. Man bezeichnet sie deshalb als erste Endgleichung, und $a_{11}$, um welches sich der beschriebene Eliminationsschritt gewissermaßen dreht, als Pivotelement.

Unter der weiteren Annahme $a_{22}^{(1)} \neq 0$ ergibt sich aus (1.4) als Resultat eines zweiten Eliminationsschrittes

## 1.1 Gaußscher Algorithmus

| $x_1$ | $x_2$ | $x_3$ | $x_4$ | 1 |
|---|---|---|---|---|
| $a_{11}$ | $a_{12}$ | $a_{13}$ | $a_{14}$ | $b_1$ |
| 0 | $a_{22}^{(1)}$ | $a_{23}^{(1)}$ | $a_{24}^{(1)}$ | $b_2^{(1)}$ |
| 0 | 0 | $a_{33}^{(2)}$ | $a_{34}^{(2)}$ | $b_3^{(2)}$ |
| 0 | 0 | $a_{43}^{(2)}$ | $a_{44}^{(2)}$ | $b_4^{(2)}$ |

(1.9)

Mit den Hilfsgrößen

$$l_{i2} = a_{i2}^{(1)}/a_{22}^{(1)}, \quad (i = 3, 4, \ldots, n) \tag{1.10}$$

lauten die neuen Elemente in (1.9)

$$a_{ik}^{(2)} = a_{ik}^{(1)} - l_{i2}a_{2k}^{(1)}, \quad (i, k = 3, 4, \ldots, n) \tag{1.11}$$

$$b_i^{(2)} = b_i^{(1)} - l_{i2}b_2^{(1)}, \quad (i = 3, 4, \ldots, n). \tag{1.12}$$

Das Schema (1.9) enthält die zweite Endgleichung für $x_2$

$$x_2 = -\left[\sum_{k=3}^{n} a_{2k}^{(1)} x_k + b_2^{(1)}\right]/a_{22}^{(1)}. \tag{1.13}$$

Die konsequente Fortsetzung der Eliminationsschritte führt nach $(n-1)$ Schritten zu einem Schema, welches lauter Endgleichungen enthält. Um die Koeffizienten der Endgleichungen einheitlich zu bezeichnen, definieren wir

$$a_{ik}^{(0)} := a_{ik}, \quad (i, k = 1, 2, \ldots, n); \quad b_i^{(0)} := b_i, \quad (i = 1, 2, \ldots, n) \tag{1.14}$$

$$\left.\begin{array}{l} r_{ik} := a_{ik}^{(i-1)}, \quad (k = i, i+1, \ldots, n) \\ c_i := b_i^{(i-1)} \end{array}\right\} (i = 1, 2, \ldots, n). \tag{1.15}$$

Damit lautet das Schema der Endgleichungen

| $x_1$ | $x_2$ | $x_3$ | $x_4$ | 1 |
|---|---|---|---|---|
| $r_{11}$ | $r_{12}$ | $r_{13}$ | $r_{14}$ | $c_1$ |
| 0 | $r_{22}$ | $r_{23}$ | $r_{24}$ | $c_2$ |
| 0 | 0 | $r_{33}$ | $r_{34}$ | $c_3$ |
| 0 | 0 | 0 | $r_{44}$ | $c_4$ |

(1.16)

Aus (1.16) lassen sich die Unbekannten allgemein in der Reihenfolge $x_n, x_{n-1}, \ldots, x_2, x_1$ gemäß der Rechenvorschrift

$$x_i = -\left[\sum_{k=i+1}^{n} r_{ik} x_k + c_i\right]/r_{ii}, \quad (i = n, n-1, \ldots, 2, 1) \tag{1.17}$$

berechnen. Man nennt den durch (1.17) beschriebenen Prozeß das **Rückwärtseinsetzen**, da die Endgleichungen in umgekehrter Reihenfolge ihrer Entstehung verwendet werden.

Mit dem dargestellten Rechenverfahren sind die wesentlichen Elemente des **Gaußschen Algorithmus** erklärt. Er leistet die Reduktion eines gegebenen linearen Gleichungssystems $Ax + b = 0$ auf ein System $Rx + c = 0$ gemäß (1.16), wo $R$ eine **Rechtsdreiecksmatrix**

$$R = \begin{pmatrix} r_{11} & r_{12} & r_{13} & \cdots & r_{1n} \\ 0 & r_{22} & r_{23} & \cdots & r_{2n} \\ 0 & 0 & r_{33} & \cdots & r_{3n} \\ \vdots & \vdots & \vdots & & \vdots \\ 0 & 0 & 0 & \cdots & r_{nn} \end{pmatrix} \qquad (1.18)$$

mit von Null verschiedenen Diagonalelementen ist, aus dem sich die Unbekannten unmittelbar ermitteln lassen.

**Beispiel 1.1** Zu lösen sei das Gleichungssystem

$$2x_1 + 3x_2 - 5x_3 + 10 = 0$$
$$4x_1 + 8x_2 - 3x_3 + 19 = 0$$
$$-6x_1 + x_2 + 4x_3 + 11 = 0$$

Der Gauß-Algorithmus liefert in zwei Eliminationsschritten

| $x_1$ | $x_2$ | $x_3$ | 1  |
|-------|-------|-------|----|
| 2     | 3     | −5    | 10 |
| 4     | 8     | −3    | 19 |
| −6    | 1     | 4     | 11 |

| $x_1$ | $x_2$ | $x_3$ | 1  |
|-------|-------|-------|----|
| 2     | 3     | −5    | 10 |
| 0     | 2     | 7     | −1 |
| 0     | 10    | −11   | 41 |

| $x_1$ | $x_2$ | $x_3$ | 1  |
|-------|-------|-------|----|
| 2     | 3     | −5    | 10 |
| 0     | 2     | 7     | −1 |
| 0     | 0     | −46   | 46 |

Das Rückwärtseinsetzen ergibt für die Unbekannten $x_3 = 1$, $x_2 = -(7-1)/2 = -3$, $x_1 = -(-9-5+10)/2 = 2$. △

Bei computermäßiger Durchführung des Gaußschen Algorithmus werden die Zahlwerte der sukzessiven Schemata selbstverständlich in einem festen Feld gespeichert, so daß am Schluß das System der Endgleichungen (1.16) verfügbar ist. Es ist dabei nicht sinnvoll, das Feld unterhalb der Diagonale mit Nullen aufzufüllen. Aus einem bald ersichtlichen Grund ist es angezeigt, an den betreffenden Stellen die Werte der Quotienten $l_{ik}$ zu speichern, respektive aufzuschreiben. Bei diesem Vorgehen erhalten wir anstelle von (1.16) das folgende Schema, in welchem wir zur Verdeutlichung eine Treppenlinie zwischen den $l$- und den $r$-Werten gezogen haben.

## 1.1 Gaußscher Algorithmus

$$
\begin{array}{cccc|c}
x_1 & x_2 & x_3 & x_4 & 1 \\
\hline
r_{11} & r_{12} & r_{13} & r_{14} & c_1 \\
l_{21} & r_{22} & r_{23} & r_{24} & c_2 \\
l_{31} & l_{32} & r_{33} & r_{34} & c_3 \\
l_{41} & l_{42} & l_{43} & r_{44} & c_4 \\
\end{array}
\tag{1.19}
$$

Nun wollen wir die im Schema (1.19) enthaltenen Größen mit denjenigen des Ausgangssystems (1.3) in Zusammenhang bringen, wobei die Entstehungsgeschichte zu berücksichtigen ist. Der Wert $r_{ik}$ in der $i$-ten Zeile mit $i \geqslant 2$ und $k \geqslant i$ entsteht nach $(i-1)$ Eliminationsschritten gemäß (1.6), (1.11) etc. und (1.15)

$$\begin{aligned}
r_{ik} = a_{ik}^{(i-1)} &= a_{ik} - l_{i1}a_{1k}^{(0)} - l_{i2}a_{2k}^{(1)} - \ldots - l_{i,i-1}a_{i-1,k}^{(i-2)} \\
&= a_{ik} - l_{i1}r_{1k} - l_{i2}r_{2k} - \ldots - l_{i,i-1}r_{i-1,k}, \quad i \geqslant 2, k \geqslant i.
\end{aligned}$$

Daraus folgt die Beziehung

$$a_{ik} = \sum_{j=1}^{i-1} l_{ij}r_{jk} + r_{ik}, \quad (k \geqslant i \geqslant 1), \tag{1.20}$$

die auch für $i=1$ Gültigkeit behält, weil die Summe leer ist. Der Wert $l_{ik}$ in der $k$-ten Kolonne mit $k \geqslant 2$ und $i > k$ wird im $k$-ten Eliminationsschritt aus $a_{ik}^{(k-1)}$ erhalten gemäß

$$\begin{aligned}
l_{ik} = a_{ik}^{(k-1)}/a_{kk}^{(k-1)} &= [a_{ik} - l_{i1}a_{1k}^{(0)} - l_{i2}a_{2k}^{(1)} - \ldots - l_{i,k-1}a_{k-1,k}^{(k-2)}]/a_{kk}^{(k-1)} \\
&= [a_{ik} - l_{i1}r_{1k} - l_{i2}r_{2k} - \ldots - l_{i,k-1}r_{k-1,k}]/r_{kk}.
\end{aligned}$$

Lösen wir diese Gleichung nach $a_{ik}$ auf, so folgt die Beziehung

$$a_{ik} = \sum_{j=1}^{k} l_{ij}r_{jk}, \quad (i > k \geqslant 1), \tag{1.21}$$

die wegen (1.5) auch für $k=1$ gültig ist. Die beiden Relationen (1.20) und (1.21) erinnern uns an die Regeln der Matrizenmultiplikation. Neben der Rechtsdreiecksmatrix $R$ (1.18) definieren wir noch die Linksdreiecksmatrix $L$ mit Einsen in der Diagonale

$$L = \begin{pmatrix} 1 & 0 & 0 & \ldots & 0 \\ l_{21} & 1 & 0 & \ldots & 0 \\ l_{31} & l_{32} & 1 & \ldots & 0 \\ \vdots & \vdots & \vdots & & \vdots \\ l_{n1} & l_{n2} & l_{n3} & \ldots & 1 \end{pmatrix}. \tag{1.22}$$

Dann sind (1.20) und (1.21) tatsächlich gleichbedeutend mit der Matrizengleichung

$$A = LR. \tag{1.23}$$

**Satz 1.1** *Der Gaußsche Algorithmus leistet unter der Voraussetzung, daß die Pivotelemente $a_{11}, a_{22}^{(1)}, a_{33}^{(2)}, \ldots$ von Null verschieden sind, die Produktzerlegung einer regulären Matrix $A$ in eine Linksdreiecksmatrix $L$ (1.22) und eine Rechtsdreiecksmatrix $R$ (1.18).*

Schließlich gelten für die $c_i$-Werte mit $i \geqslant 2$ gemäß (1.7), (1.12) und (1.15)

$$c_i = b_i^{(i-1)} = b_i - l_{i1}b_1 - l_{i2}b_2^{(1)} - \ldots - l_{i,i-1}b_{i-1}^{(i-2)}$$
$$= b_i - l_{i1}c_1 - l_{i2}c_2 - \ldots - l_{i,i-1}c_{i-1}, \quad (i \geqslant 2).$$

Daraus erhalten wir die Beziehungen

$$b_i = \sum_{j=1}^{i-1} l_{ij}c_j + c_i, \quad (i = 1, 2, \ldots, n), \tag{1.24}$$

die sich mit der Linksdreiecksmatrix $L$ in folgender Form zusammenfassen lassen

$$\boldsymbol{L}\boldsymbol{c} - \boldsymbol{b} = \boldsymbol{0}. \tag{1.25}$$

Der Vektor $c$ im Schema (1.16) kann somit als Lösung des Gleichungssystems (1.25) interpretiert werden. Da $L$ eine Linksdreiecksmatrix ist, berechnen sich die Unbekannten $c_i$ in der Reihenfolge $c_1, c_2, \ldots, c_n$ vermöge des Prozesses des **Vorwärtseinsetzens** gemäß

$$c_i = b_i - \sum_{j=1}^{i-1} l_{ij}c_j, \quad (i = 1, 2, \ldots, n). \tag{1.26}$$

Auf Grund dieser Betrachtung kann die Lösung $x$ eines linearen Gleichungssystems $Ax + b = 0$ vermittels des Gaußschen Algorithmus grundsätzlich mit den drei Lösungsschritten berechnet werden:

$$\boxed{\begin{array}{ll} 1.\ \boldsymbol{A} = \boldsymbol{L}\boldsymbol{R} & \text{(Zerlegung von } \boldsymbol{A}\text{)} \\ 2.\ \boldsymbol{L}\boldsymbol{c} - \boldsymbol{b} = \boldsymbol{0} & \text{(Vorwärtseinsetzen} \to \boldsymbol{c}\text{)} \\ 3.\ \boldsymbol{R}\boldsymbol{x} + \boldsymbol{c} = \boldsymbol{0} & \text{(Rückwärtseinsetzen} \to \boldsymbol{x}\text{)} \end{array}} \tag{1.27}$$

Das Rechenverfahren (1.27) ist ein formaler Algorithmus, denn er beruht auf der Annahme, daß die Pivotelemente $a_{11}, a_{22}^{(1)}, a_{33}^{(2)}, \ldots$ von Null verschieden sind. Wir wollen nun zeigen, daß diese Voraussetzung durch geeignete Zeilenvertauschungen, die allenfalls vor jedem Eliminationsschritt auszuführen sind, erfüllt werden kann, so daß das Verfahren theoretisch durchführbar ist.

**Satz 1.2** *Für eine reguläre Matrix $A$ existiert vor dem k-ten Eliminationsschritt des Gauß-Algorithmus stets eine Zeilenpermutation derart, daß das k-te Diagonalelement von Null verschieden ist.*

Beweis. Die vorausgesetzte Regularität der Matrix $A$ bedeutet, daß ihre Determinante $|A| \neq 0$ ist. Die im Gauß-Algorithmus auf die Koeffizienten der Matrix $A$ angewandten Zeilenoperationen bringen wir in Verbindung mit elementaren Operationen für die zugehörige Determinante.

Angenommen, es sei $a_{11} = 0$. Dann existiert mindestens ein $a_{i1} \neq 0$ in der ersten Kolonne, denn andernfalls wäre die Determinante von $A$ im Widerspruch zur Voraussetzung gleich Null. Die Vertauschung der betreffenden $i$-ten Zeile mit der ersten Zeile erzeugt an der Stelle $(1,1)$ ein Pivotelement ungleich Null. Eine Zeilenvertauschung in einer Determinante hat einen Vorzeichenwechsel ihres Wertes zur Folge. Wir setzen deshalb $v_1 = 1$, falls vor dem ersten Eliminationsschritt eine Vertauschung von Zeilen nötig ist, und $v_1 = 0$, falls $a_{11} \neq 0$ ist. Die Addition von Vielfachen der ersten Zeile zu den folgenden Zeilen ändert bekanntlich den Wert einer Determinante nicht. Wenn wir zur Entlastung der Schreibweise die Matrixelemente nach einer eventuellen Zeilenvertauschung wieder mit $a_{ik}$ bezeichnen, gilt (wieder für $n=4$)

$$|A| = (-1)^{v_1} \begin{vmatrix} a_{11} & a_{12} & a_{13} & a_{14} \\ a_{21} & a_{22} & a_{23} & a_{24} \\ a_{31} & a_{32} & a_{33} & a_{34} \\ a_{41} & a_{42} & a_{43} & a_{44} \end{vmatrix} = (-1)^{v_1} \begin{vmatrix} a_{11} & a_{12} & a_{13} & a_{14} \\ 0 & a_{22}^{(1)} & a_{23}^{(1)} & a_{24}^{(1)} \\ 0 & a_{32}^{(1)} & a_{33}^{(1)} & a_{34}^{(1)} \\ 0 & a_{42}^{(1)} & a_{43}^{(1)} & a_{44}^{(1)} \end{vmatrix}$$

$$= (-1)^{v_1} a_{11} \begin{vmatrix} a_{22}^{(1)} & a_{23}^{(1)} & a_{24}^{(1)} \\ a_{32}^{(1)} & a_{33}^{(1)} & a_{34}^{(1)} \\ a_{42}^{(1)} & a_{43}^{(1)} & a_{44}^{(1)} \end{vmatrix} \quad (1.28)$$

mit den in (1.6) definierten Größen.

Die Überlegungen für den ersten Eliminationsschritt übertragen sich sinngemäß auf die folgenden, reduzierten Systeme, bzw. ihre zugehörigen Determinanten. So existiert mindestens ein $a_{j2}^{(1)} \neq 0$, da andernfalls die dreireihige Determinante in (1.28) und damit $|A|$ verschwinden würde. Eine Vertauschung der $j$-ten Zeile mit der zweiten Zeile bringt an der Stelle $(2,2)$ ein Pivotelement ungleich Null. □

Falls wir unter $r_{kk}$ ($k = 1, 2, \ldots, n-1$) das nach einer eventuellen Zeilenvertauschung im $k$-ten Eliminationsschritt verwendete, in der Diagonale stehende Pivotelement verstehen, und $r_{nn}$ als Pivot für den leeren $n$-ten Schritt bezeichnen, dann gilt als unmittelbare Folge der Beweisführung für den Satz 1.2 der

**Satz 1.3** *Erfolgen im Verlauf des Gauß-Algorithmus total $V = \sum_{i=1}^{n-1} v_i$ Zeilenvertauschungen, ist die Determinante $|A|$ gegeben durch*

$$|A| = (-1)^V \prod_{k=1}^{n} r_{kk}. \quad (1.29)$$

Die Determinante $|A|$ der Systemmatrix $A$ ist, abgesehen vom Vorzeichen, gleich dem Produkt der $n$ Pivotelemente des Gauß-Algorithmus. Sie kann somit sozusagen als Nebenprodukt bei der Auflösung eines linearen Gleichungssystems bestimmt werden. Falls keine Zeilenvertauschungen notwendig sind, kann diese Aussage auch direkt aus der Zerlegung (1.23) mit $|L| = 1$ gefolgert werden, denn es gilt

$$|A| = |LR| = |L| \cdot |R| = \prod_{k=1}^{n} r_{kk}.$$

## 1 Lineare Gleichungssysteme, direkte Methoden

Der Gauß-Algorithmus stellt ganz unabhängig von der Auflösung eines Gleichungssystems ein zweckmäßiges und effizientes Verfahren zur Berechnung einer Determinante dar.

Aus (1.29) folgt noch die wichtige Tatsache, daß das Produkt der Beträge der Pivotelemente für ein gegebenes Gleichungssystem $Ax+b=0$ im Gauß-Algorithmus eine feste Größe, d. h. eine Invariante ist.

Der Satz 1.2 stellt die Durchführbarkeit des Gaußschen Algorithmus für eine reguläre Matrix $A$ sicher, falls in seinem Verlauf geeignete Zeilenvertauschungen vorgenommen werden. Die Zeilenvertauschungen, die ja erst auf Grund der anfallenden Zahlwerte ausgeführt werden, können wir uns schon vor Beginn der Rechnung durchgeführt denken, so daß vor jedem Eliminationsschritt in der Diagonale ein von Null verschiedenes Pivotelement verfügbar ist. Diese vorgängigen Zeilenoperationen lassen sich formal durch eine geeignete Permutationsmatrix $P$ beschreiben. Dies ist eine quadratische Matrix, welche in jeder Zeile und in jeder Kolonne genau eine Eins und sonst alles Nullen enthält, und deren Determinante $|P|=\pm 1$ ist. Auf Grund dieser Betrachtung gilt als Folge der Sätze 1.1 und 1.2

**Satz 1.4** *Zu jeder regulären Matrix $A$ existiert eine Permutationsmatrix $P$, so daß $PA$ in das Produkt einer Linksdreiecksmatrix $L$ (1.22) und einer Rechtsdreiecksmatrix $R$ (1.18) zerlegbar ist gemäß*

$$PA = LR. \qquad (1.30)$$

Die Aussage von Satz 1.4 ist selbstverständlich im Algorithmus (1.27) zu berücksichtigen. Das gegebene Gleichungssystem $Ax+b=0$ ist von links mit der Permutationsmatrix $P$ zu multiplizieren $P(Ax+b)=PAx+Pb=0$, so daß die Lösung $x$ vermittels des Gaußschen Algorithmus wie folgt berechnet werden kann:

$$\boxed{\begin{array}{ll} 1.\ PA = LR & \text{(Zerlegung von } PA\text{)} \\ 2.\ Lc - Pb = 0 & \text{(Vorwärtseinsetzen } \to c\text{)} \\ 3.\ Rx + c = 0 & \text{(Rückwärtseinsetzen } \to x\text{)} \end{array}} \qquad (1.31)$$

Die Zeilenpermutationen der Matrix $A$ sind vor dem Prozeß des Vorwärtseinsetzens auf den gegebenen Konstantenvektor $b$ anzuwenden.

Abschließend wollen wir den Rechenaufwand zur Auflösung eines Systems von $n$ linearen Gleichungen in $n$ Unbekannten mit dem Gaußschen Algorithmus bestimmen. Dabei werden wir nur die Multiplikationen und Divisionen als wesentliche, ins Gewicht fallende Operationen ansehen und die Additionen vernachlässigen.

Im allgemeinen $j$-ten Eliminationsschritt zur Berechnung der Zerlegung $PA = LR$ werden gemäß (1.5) und (1.6) die $(n-j)$ Quotienten $l_{ij}$ und die $(n-j)^2$ Werte $a_{ik}^{(j)}$ berechnet. Dazu sind offensichtlich $[(n-j)+(n-j)^2]$ wesentliche Operationen erforderlich, so daß der Rechenaufwand für die Zerlegung

$$\begin{aligned} Z_{LR} &= \{(n-1)+(n-2)+\ldots+1\}+\{(n-1)^2+(n-2)^2+\ldots+1^2\} \\ &= \frac{1}{2}n(n-1)+\frac{1}{6}n(n-1)(2n-1) = \frac{1}{3}(n^3-n) \end{aligned} \qquad (1.32)$$

beträgt. Im Prozeß des Vorwärtseinsetzens benötigt die Berechnung von $c_i$ auf Grund von (1.26) $(i-1)$ Multiplikationen, so daß sich der totale Rechenaufwand für das Vorwärtseinsetzen zu

$$Z_V = \{1 + 2 + \ldots + (n-1)\} = \frac{1}{2}n(n-1) = \frac{1}{2}(n^2 - n) \tag{1.33}$$

ergibt. Schließlich erfordert die Berechnung von $x_i$ nach (1.17) $(n-i)$ Multiplikationen und eine Division, weshalb der Rechenaufwand für das Rückwärtseinsetzen

$$Z_R = \{1 + 2 + \ldots + n\} = \frac{1}{2}n(n+1) = \frac{1}{2}(n^2 + n) \tag{1.34}$$

beträgt. Somit beläuft sich der Rechenaufwand für die beiden, in der Regel zusammengehörigen Prozesse des Vorwärts- und Rückwärtseinsetzens auf

$$Z_{VR} = n^2 \tag{1.35}$$

wesentliche Operationen. Der vollständige Gauß-Algorithmus zur Lösung von $n$ linearen Gleichungen erfordert somit

$$\boxed{Z_{\text{Gauß}} = \frac{1}{3}n^3 + n^2 - \frac{1}{3}n} \tag{1.36}$$

wesentliche Rechenoperationen. Der Aufwand und damit die Rechenzeit steigt mit der dritten Potenz der Zahl der Unbekannten an.

### 1.1.2 Pivotstrategien

Die Sätze 1.2 und 1.4 gewährleisten die Existenz eines von Null verschiedenen Pivotelementes für die sukzessiven Eliminationsschritte. Sie lassen aber die konkrete Wahl offen. Für die numerische Durchführung des Gauß-Algorithmus ist die zweckmäßige Auswahl des Pivots von entscheidender Bedeutung für die Genauigkeit der berechneten Lösung. Zudem benötigt jedes Rechenprogramm eine genau definierte Regel zur Bestimmung der Pivotelemente, die man als Pivotstrategie bezeichnet.

Werden die Pivotelemente sukzessive in der Diagonale gewählt, spricht man von Diagonalstrategie. In dieser einfachen Strategie werden keine Zeilenvertauschungen in Betracht gezogen, und es ist zu erwarten, daß sie nicht in jedem Fall vom numerischen Standpunkt aus brauchbar ist, obwohl die Pivotelemente theoretisch zulässig sind.

**Beispiel 1.2** Zur Illustration der numerischen Konsequenzen, die ein betragsmäßig kleines Pivotelement nach sich zieht, betrachten wir ein Gleichungssystem in zwei Unbekannten. Dasselbe soll mit Diagonalstrategie gelöst werden, wobei die Rechnung mit fünfstelliger Genauigkeit durchgeführt wird. Damit soll ein Rechner mit einer fünfstelligen, dezimalen Mantissenlänge simuliert werden, um die Effekte darzulegen. Das bedeutet konkret, daß alle auftretenden Zahlwerte höchstens fünf wesentliche Ziffern aufweisen können, und daß die Werte nach jeder Rechenoperation korrekt auf fünf Stellen gerundet werden. Der Gauß-Algorithmus liefert nach einem Eliminationsschritt:

| $x_1$ | $x_2$ | 1 |
|---|---|---|
| 0.00035 | 1.2654 | $-3.5267$ |
| 1.2547 | 1.3182 | $-6.8541$ |

| $x_1$ | $x_2$ | 1 |
|---|---|---|
| 0.00035 | 1.2654 | $-3.5267$ |
| 0 | $-4535.0$ | 12636 |

Mit $l_{21} = 1.2547/0.00035 \doteq 3584.9$ ergeben sich die beiden Zahlwerte der zweiten Zeile des zweiten Schemas zu $r_{22} = 1.3182 - 3584.9 \times 1.2654 \doteq 1.3182 - 4536.3 \doteq -4535.0$ und $c_2 = -6.8541 - 3584.9 \times (-3.5267) \doteq -6.8541 + 12643 \doteq 12636$. Der Prozeß des Rückwärtseinsetzens liefert $x_2 = -12636/(-4535.0) \doteq 2.7863$ und $x_1 = -(-3.5267 + 1.2654 \times 2.7863)/0.00035 \doteq -(-3.5267 + 3.5258)/0.00035 = 0.0009/0.00035 \doteq 2.5714$. Da bei der Berechnung von $x_1$ eine Differenz von zwei fast gleich großen Zahlen zu bilden ist, wobei eine starke Stellenauslöschung auftritt, ist der Wert von $x_1$ unsicher. Die Einsetzprobe in der zweiten gegebenen Gleichung zeigt die Unstimmigkeit auf. Der exakte, fünfstellige Wert von $x_1$ ist 2.5354, während der erhaltene Wert für $x_2$ zufällig richtig ist. △

Die Diagonalstrategie ist in einem Spezialfall von allgemeinen linearen Gleichungssystemen anwendbar und sogar sinnvoll.

**Definition 1.1** *Eine Matrix A heißt* diagonal dominant, *falls in jeder Zeile der Betrag des Diagonalelementes größer ist als die Summe der Beträge der übrigen Matrixelemente derselben Zeile, falls also gilt*

$$|a_{ii}| > \sum_{\substack{k=1 \\ k \neq i}}^{n} |a_{ik}|, \quad (i = 1, 2, \ldots, n). \tag{1.37}$$

**Satz 1.5** *Zur Lösung eines Gleichungssystems mit diagonal dominanter Matrix A ist Diagonalstrategie anwendbar.*

Beweis. Nach Voraussetzung ist $|a_{11}| > \sum_{k=2}^{n} |a_{1k}| \geq 0$, folglich ist $a_{11} \neq 0$ ein zulässiges Pivotelement für den ersten Eliminationsschritt. Wir zeigen nun, daß sich die Eigenschaft der diagonalen Dominanz auf das reduzierte Gleichungssystem überträgt. Nach Substitution von (1.5) in (1.6) gilt für die reduzierten Elemente

$$a_{ik}^{(1)} = a_{ik} - \frac{a_{i1} a_{1k}}{a_{11}}, \quad (i, k = 2, 3, \ldots, n). \tag{1.38}$$

Für die Diagonalelemente folgt daraus die Abschätzung

$$|a_{ii}^{(1)}| = \left| a_{ii} - \frac{a_{i1} a_{1i}}{a_{11}} \right| \geq |a_{ii}| - \left| \frac{a_{i1} a_{1i}}{a_{11}} \right|, \quad (i = 2, 3, \ldots, n). \tag{1.39}$$

Die Summe der Beträge der Nichtdiagonalelemente der $i$-ten Zeile ($i = 2, 3, \ldots, n$) des reduzierten Systems erfüllt unter Verwendung der Voraussetzung (1.37) und der Abschätzung (1.39) in der Tat die Ungleichung

$$\sum_{\substack{k=2\\k\neq i}}^{n} |a_{ik}^{(1)}| = \sum_{\substack{k=2\\k\neq i}}^{n} \left|a_{ik} - \frac{a_{i1}a_{1k}}{a_{11}}\right| \leq \sum_{\substack{k=2\\k\neq i}}^{n} |a_{ik}| + \left|\frac{a_{i1}}{a_{11}}\right| \sum_{\substack{k=2\\k\neq i}}^{n} |a_{1k}|$$

$$= \sum_{\substack{k=1\\k\neq i}}^{n} |a_{ik}| - |a_{i1}| + \left|\frac{a_{i1}}{a_{11}}\right| \left\{ \sum_{k=2}^{n} |a_{1k}| - |a_{1i}| \right\}$$

$$< |a_{ii}| - |a_{i1}| + \left|\frac{a_{i1}}{a_{11}}\right| \{|a_{11}| - |a_{1i}|\} = |a_{ii}| - \left|\frac{a_{i1}a_{1i}}{a_{11}}\right| \leq |a_{ii}^{(1)}|.$$

Damit steht mit $a_{22}^{(1)}$ wegen $|a_{22}^{(1)}| > \sum_{k=3}^{n} |a_{2k}^{(1)}| \geq 0$ ein Pivotelement zur Verfügung, und die Diagonalstrategie ist tatsächlich möglich. □

Da das Pivotelement von Null verschieden sein muß, besteht eine naheliegende Auswahlregel darin, unter den in Frage kommenden Elementen das absolut größte als Pivot zu wählen. Man spricht in diesem Fall von Kolonnenmaximumstrategie. Vor Ausführung des $k$-ten Eliminationsschrittes bestimmt man den Index $p$ so, daß gilt

$$\max_{i \geq k} |a_{ik}^{(k-1)}| = |a_{pk}^{(k-1)}|. \tag{1.40}$$

Falls $p \neq k$ ist, so ist die $p$-te Zeile mit der $k$-ten zu vertauschen. Mit dieser Strategie erreicht man, daß die Quotienten $l_{ik} = a_{ik}^{(k-1)}/a_{kk}^{(k-1)} (i > k)$ betragsmäßig durch Eins beschränkt sind. Folglich sind die Faktoren, mit denen die aktuelle $k$-te Zeile zu multiplizieren sind, dem Betrag nach kleiner oder gleich Eins, was sich auf die Fortpflanzung von Rundungsfehlern günstig auswirken kann.

**Beispiel 1.3** Wenn wir das Gleichungssystem von Beispiel 1.2 mit der Kolonnenmaximumstrategie behandeln, so muß vor dem ersten Schritt eine Zeilenvertauschung vorgenommen werden. Bei fünfstelliger Rechnung lauten die Schemata

| $x_1$ | $x_2$ | 1 | $x_1$ | $x_2$ | 1 |
| --- | --- | --- | --- | --- | --- |
| 1.2547 | 1.3182 | −6.8541 | 1.2547 | 1.3182 | −6.8541 |
| 0.00035 | 1.2654 | −3.5267 | 0 | 1.2650 | −3.5248 |

Der Quotient $l_{21} \doteq 0.00027895$ ist sehr klein und bewirkt nur geringe Änderungen in den Elementen des reduzierten Schemas. Das Rückwärtseinsetzen ergibt nacheinander $x_2 \doteq 2.7864$ und $x_1 = -(-6.8541 + 1.3182 \times 2.7864)/1.2547 \doteq -(-6.8541 + 3.6730)/1.2547 = 3.1811/1.2547 \doteq 2.5353$. Die beiden Lösungswerte weichen nur um je eine Einheit in der letzten Stelle von den richtigen, gerundeten Werten ab. Die Kolonnenmaximumstrategie hat die Situation tatsächlich verbessert. △

**Beispiel 1.4** Um eine Schwäche der Kolonnenmaximumstrategie aufzuzeigen, betrachten wir das folgende Gleichungssystem, das mit fünfstelliger Rechnung gelöst wird. Um verwirrende Zeilenvertauschungen zu vermeiden, sind die Gleichungen so angeordnet worden, daß die Kolonnenmaximumstrategie zur Diagonalstrategie wird. Im zweiten und dritten Schema sind anstelle der Nullen die $l$-Werte eingesetzt.

# 1 Lineare Gleichungssysteme, direkte Methoden

| $x_1$ | $x_2$ | $x_3$ | 1 |
|---|---|---|---|
| 2.1 | 2512 | −2516 | −6.5 |
| −1.3 | 8.8 | −7.6 | 5.3 |
| 0.9 | −6.2 | 4.6 | −2.9 |

| $x_1$ | $x_2$ | $x_3$ | 1 |
|---|---|---|---|
| 2.1 | 2512 | −2516 | −6.5 |
| −0.61905 | 1563.9 | −1565.1 | 1.2762 |
| 0.42857 | −1082.8 | 1082.9 | −0.11430 |

| $x_1$ | $x_2$ | $x_3$ | 1 |
|---|---|---|---|
| 2.1 | 2512 | −2516 | −6.5 |
| −0.61905 | 1563.9 | −1565.1 | 1.2762 |
| 0.42857 | −0.69237 | −0.70000 | 0.76930 |

Daraus berechnen sich sukzessive die Lösungen $x_3 \doteq 1.0990$, $x_2 \doteq 1.0990$, $x_1 \doteq 5.1905$, während die exakten Werte $x_3 = x_2 = 1$ und $x_1 = 5$ sind. Die Abweichungen erklären sich mit der Feststellung, daß der erste Eliminationsschritt betragsmäßig große Koeffizienten $a_{ik}^{(1)}$ des reduzierten Schemas erzeugt, womit bereits ein Informationsverlust infolge Rundung eingetreten ist. Zudem ist im zweiten Schritt bei der Berechnung von $a_{33}^{(2)}$ eine katastrophale Stellenauslöschung festzustellen. Der Grund für das schlechte Ergebnis liegt darin, daß das Pivotelement des ersten Eliminationsschrittes klein ist im Vergleich zum Maximum der Beträge der übrigen Matrixelemente der ersten Zeile. Nach (1.38) gehen die Elemente $a_{i1}$ und $a_{1k}$ in symmetrischer Weise in die Reduktionsformel ein. Dieser Feststellung muß Rechnung getragen werden. △

Eine einfache Maßnahme, die Situation zu verbessern, besteht darin, die gegebenen Gleichungen so zu **skalieren**, daß für die neuen Koeffizienten $\tilde{a}_{ik}$ gilt

$$\sum_{k=1}^{n} |\tilde{a}_{ik}| = 1, \quad (i = 1, 2, \ldots, n). \tag{1.41}$$

Nach dieser Skalierung mit $|\tilde{a}_{ik}| \leqslant 1$ $(i, k = 1, 2, \ldots, n)$ wird die Auswahl der Pivotelemente nach der Kolonnenmaximumstrategie günstig beeinflußt.

**Beispiel 1.5** Die Gleichungen von Beispiel 1.4 lauten nach ihrer Skalierung bei fünfstelliger Rechengenauigkeit

| $x_1$ | $x_2$ | $x_3$ | 1 |
|---|---|---|---|
| 0.00041749 | 0.49939 | −0.50019 | −0.0012922 |
| −0.073446 | 0.49718 | −0.42938 | 0.29944 |
| 0.076923 | −0.52991 | 0.39316 | −0.24786 |

## 1.1 Gaußscher Algorithmus

Die Kolonnenmaximumstrategie bestimmt $a_{31}$ zum Pivot. Nach entsprechender Zeilenvertauschung lautet das Schema nach dem ersten Eliminationsschritt

| $x_1$ | $x_2$ | $x_3$ | 1 |
|---|---|---|---|
| 0.076923 | −0.52991 | 0.39316 | −0.24786 |
| −0.95480 | −0.0087800 | −0.053990 | 0.062780 |
| 0.0054274 | 0.50227 | −0.50232 | 0.000053000 |

Die Kolonnenmaximumstrategie verlangt eine zweite Zeilenvertauschung. Der Eliminationsschritt ergibt

| $x_1$ | $x_2$ | $x_3$ | 1 |
|---|---|---|---|
| 0.076923 | −0.52991 | 0.39316 | −0.24786 |
| 0.0054274 | 0.50227 | −0.50232 | 0.000053000 |
| −0.95480 | −0.017481 | −0.062771 | 0.062781 |

Das Rückwärtseinsetzen liefert mit $x_3 \doteq 1.0002$, $x_2 \doteq 1.0002$ und $x_1 \doteq 5.0003$ recht gute Näherungswerte für die exakten Lösungen. Die Kolonnenmaximumstrategie in Verbindung mit der Skalierung der gegebenen Gleichungen hat sich somit in diesem Beispiel bewährt.   △

Die Skalierung der Ausgangsgleichungen gemäß (1.41) überträgt sich natürlich nicht auf die Gleichungen der reduzierten Systeme (vgl. Beispiel 1.5), so daß der für den ersten Schritt günstige Einfluß der Pivotwahl nach der Kolonnenmaximumstrategie in den späteren Eliminationsschritten verloren gehen kann. Somit sollten auch die reduzierten Systeme stets wieder skaliert werden. Das tut man aber nicht, weil dadurch der Rechenaufwand auf das Doppelte ansteigt, und zudem jede Skalierung zusätzliche Rundungsfehler erzeugt. Um dennoch das Konzept beizubehalten, wird die Skalierung nicht explizit vorgenommen, sondern nur implizit als Hilfsmittel zur Bestimmung eines geeigneten Pivots verwendet, wobei die Kolonnenmaximumstrategie auf die skaliert gedachten Systeme Anwendung findet. Unter den in Frage kommenden Elementen bestimmt man dasjenige zum Pivot, welches dem Betrag nach relativ zur Summe der Beträge der Elemente der zugehörigen Zeile am größten ist. Man spricht deshalb von **relativer Kolonnenmaximumstrategie**. Vor Ausführung des $k$-ten Eliminationsschrittes ermittelt man den Index $p$ so, daß gilt

$$\max_{k \leqslant i \leqslant n} \left\{ \frac{|a_{ik}^{(k-1)}|}{\sum_{j=k}^{n} |a_{ij}^{(k-1)}|} \right\} = \frac{|a_{pk}^{(k-1)}|}{\sum_{j=k}^{n} |a_{pj}^{(k-1)}|}. \quad (1.42)$$

Ist $p \neq k$, wird die $p$-te Zeile mit der $k$-ten Zeile vertauscht. Bei dieser Strategie sind selbstverständlich die Quotienten $l_{ik}(i > k)$ betragsmäßig nicht mehr durch Eins beschränkt.

## 1 Lineare Gleichungssysteme, direkte Methoden

**Beispiel 1.6** Das Gleichungssystem von Beispiel 1.4 wird jetzt bei fünfstelliger Rechnung nach der relativen Kolonnenmaximumstrategie gelöst. Zur Verdeutlichung des Rechenablaufs sind neben dem ersten und zweiten Schema die Summen der Beträge der Matrixelemente $s_i = \sum_{j=k}^{n} |a_{ij}^{(k-1)}|$ und die für die Pivotwahl ausschlaggebenden Quotienten $q_i = |a_{ik}^{(k-1)}|/s_i$ aufgeführt. Es ist klar, daß im ersten Schritt wie im Beispiel 1.5 das Element $a_{31}$ zum Pivot wird. Dies ist jetzt das absolut kleinste unter den Elementen der ersten Kolonne. Im zweiten Schritt ist nochmals eine Zeilenvertauschung notwendig.

| $x_1$ | $x_2$ | $x_3$ | 1 | $s_i$ | $q_i$ |
|---|---|---|---|---|---|
| 2.1 | 2512 | −2516 | −6.5 | 5030.1 | 0.00041749 |
| −1.3 | 8.8 | −7.6 | 5.3 | 17.7 | 0.073446 |
| 0.9 | −6.2 | 4.6 | −2.9 | 11.7 | 0.076923 |

| $x_1$ | $x_2$ | $x_3$ | 1 | $s_i$ | $q_i$ |
|---|---|---|---|---|---|
| 0.9 | −6.2 | 4.6 | −2.9 | – | – |
| −1.4444 | −0.15530 | −0.95580 | 1.1112 | 1.1111 | 0.13977 |
| 2.3333 | 2526.5 | −2526.7 | 0.26660 | 5053.2 | 0.49998 |

| $x_1$ | $x_2$ | $x_3$ | 1 |
|---|---|---|---|
| 0.9 | −6.2 | 4.6 | −2.9 |
| 2.3333 | 2526.5 | −2526.7 | 0.26660 |
| −1.4444 | −0.000061468 | −1.1111 | 1.1112 |

Die Unbekannten berechnen sich daraus sukzessive zu $x_3 \doteq 1.0001$, $x_2 \doteq 1.0001$, $x_1 \doteq 5.0001$. Die Determinante der Matrix $A$ ergibt sich nach (1.29) zu $|A| = (-1)^2 \times 0.9 \times 2526.5 \times (-1.1111) \doteq -2526.5$. Der exakte Wert ist $|A| = -2526.504$. △

Nachdem das Gaußsche Eliminationsverfahren mit einer brauchbaren Pivotstrategie vervollständigt worden ist, wollen wir es in algorithmischer Form so zusammenfassen, daß es leicht auf einem Rechner durchgeführt werden kann. Die Zerlegung, das Vorwärtseinsetzen und das Rückwärtseinsetzen werden als in sich geschlossene Prozesse getrennt dargestellt. Die Zahlwerte der aufeinanderfolgenden Schemata werden im Computer in einem festen Feld gespeichert. Dies ist deshalb möglich, weil der Wert von $a_{ij}^{(k-1)}$ von dem Moment an nicht mehr benötigt wird, wo entweder $l_{ij}$ oder $a_{ij}^{(k)}$ berechnet ist. So werden in der algorithmischen Formulierung die Werte von $l_{ij}$ an die Stelle von $a_{ij}$ gesetzt, und die Koeffizienten der Endgleichungen werden stehen gelassen, genau so, wie es in den Beispielen bereits geschehen ist. Nach beendeter Zerlegung werden somit $a_{ij} = l_{ij}$ für $i > j$, und $a_{ij} = r_{ij}$ für $i \leq j$ bedeuten. Die Information über erfolgte Zeilenvertauschungen wird im Vektor $p = (p_1, p_2, \ldots, p_n)^T$ aufgebaut. Die $k$-te Komponente enthält den Index derjenigen Zeile, welche vor dem $k$-ten Eliminationsschritt mit der $k$-ten Zeile vertauscht worden ist. Es erfolgte keine Vertauschung, falls $p_k = k$ ist. In allen folgenden Beschreibungen sind die Anweisungen stets im dynamischen Sinn zu verstehen, und leere Schleifenanweisungen sollen übersprungen werden.

Der Zerlegungsprozeß mit relativer Kolonnenmaximumstrategie und die Berechnung der Determinante kann damit wie folgt formuliert werden.

$$
\begin{array}{l}
\text{det} = 1 \\
\text{für } k = 1, 2, \ldots, n - 1: \\
\quad \max = 0; \, p_k = 0 \\
\quad \text{für } i = k, k + 1, \ldots, n: \\
\quad\quad s = 0 \\
\quad\quad \text{für } j = k, k + 1, \ldots, n: \\
\quad\quad\quad s = s + |a_{ij}| \\
\quad\quad q = |a_{ik}|/s \\
\quad\quad \text{falls } q > \max: \\
\quad\quad\quad \max = q; \, p_k = i \\
\quad \text{falls } \max = 0: \text{STOP} \\
\quad \text{falls } p_k \neq k: \\
\quad\quad \text{det} = -\text{det} \\
\quad\quad \text{für } j = 1, 2, \ldots, n: \\
\quad\quad\quad h = a_{kj}; \, a_{kj} = a_{p_k,j}; \, a_{p_k,j} = h \\
\quad \text{det} = \text{det} \times a_{kk} \\
\quad \text{für } i = k + 1, k + 2, \ldots n: \\
\quad\quad a_{ik} = a_{ik}/a_{kk} \\
\quad\quad \text{für } j = k + 1, k + 2, \ldots, n: \\
\quad\quad\quad a_{ij} = a_{ij} - a_{ik} \times a_{kj} \\
\text{det} = \text{det} \times a_{nn}
\end{array}
$$

(1.43)

Vorgängig zum eigentlichen Vorwärtseinsetzen (1.26) sind die Vertauschungen der Komponenten im Konstantenvektor $b$ vorzunehmen.

$$
\begin{array}{l}
\text{für } k = 1, 2, \ldots, n - 1: \\
\quad \text{falls } p_k \neq k: \\
\quad\quad h = b_k; \, b_k = b_{p_k}; \, b_{p_k} = h \\
\text{für } i = 1, 2, \ldots, n: \\
\quad c_i = b_i \\
\quad \text{für } j = 1, 2, \ldots, i - 1: \\
\quad\quad c_i = c_i - a_{ij} \times c_j
\end{array}
$$

(1.44)

Das Rückwärtseinsetzen (1.17) beschreibt sich schließlich wie folgt:

$$
\begin{aligned}
&\text{für } i = n, n-1, \ldots, 1:\\
&\quad s = c_i\\
&\quad \text{für } k = i+1, i+2, \ldots, n:\\
&\quad\quad s = s + a_{ik} \times x_k\\
&\quad x_i = -s/a_{ii}
\end{aligned}
\qquad (1.45)
$$

In der Formulierung (1.44) des Vorwärtseinsetzens kann der Hilfsvektor $c$ mit $b$ identifiziert werden, da $b_i$ nicht mehr benötigt wird, sobald $c_i$ berechnet ist. Dies ist auch deshalb angezeigt, weil der gegebene Vektor $b$ ohnehin durch die Permutationen verändert wird. Die analoge Feststellung gilt für das Rückwärtseinsetzen (1.45), wo der Lösungsvektor $x$ mit $c$ (und dann mit $b$!) identifizierbar ist. Tut man beides, so steht am Schluß an der Stelle von $b$ der gesuchte Lösungsvektor $x$.

### 1.1.3 Ergänzungen

In bestimmten Anwendungen sind mehrere Gleichungssysteme mit derselben Koeffizientenmatrix $A$ aber verschiedenen Konstantenvektoren $b$ entweder gleichzeitig oder nacheinander zu lösen. Die drei Lösungsschritte (1.31) des Gaußschen Algorithmus erweisen sich in dieser Situation als sehr geeignet. Denn die Zerlegung $PA = LR$ braucht offenbar nur einmal ausgeführt zu werden, weil dann zusammen mit der Information über die Zeilenvertauschungen alle notwendigen Zahlwerte für das Vorwärts- und Rückwärtseinsetzen vorhanden sind. Diese beiden Prozesse sind dann auf die einzelnen Konstantenvektoren anzuwenden.

Sind etwa gleichzeitig $m$ Gleichungssysteme mit den Konstantenvektoren $b_1, b_2, \ldots, b_m$ zu lösen, werden sie zweckmäßigerweise zur Matrix

$$B = (b_1, b_2, \ldots, b_m) \in \mathbb{R}^{n \times m} \qquad (1.46)$$

zusammengefaßt. Dann ist eine Matrix $X \in \mathbb{R}^{n \times m}$ gesucht als Lösung der Matrizengleichung

$$AX + B = 0. \qquad (1.47)$$

Die Kolonnen von $X$ sind die Lösungsvektoren $x_\mu$ zu den entsprechenden Konstantenvektoren $b_\mu$. Viele Computerprogramme sind zur Lösung von (1.47) ausgerichtet. Nach (1.32) und (1.35) beträgt der Rechenaufwand zur Lösung von (1.47)

$$Z = \frac{1}{3}(n^3 - n) + mn^2. \qquad (1.48)$$

Eine spezielle Anwendung der erwähnten Rechentechnik besteht in der Inversion einer regulären Matrix $A$. Die gesuchte Inverse $X = A^{-1}$ erfüllt die Matrizengleichung

$$AX = I \quad \text{oder} \quad AX - I = 0, \tag{1.49}$$

wo $I$ die **Einheitsmatrix** bedeutet. Die Berechnung der Inversen $A^{-1}$ ist damit auf die gleichzeitige Lösung von $n$ Gleichungen mit derselben Matrix $A$ zurückgeführt. Der Rechenaufwand an multiplikativen Operationen beläuft sich nach (1.48) auf

$$Z_{\text{Inv}} = \frac{4}{3} n^3 - \frac{1}{3} n. \tag{1.50}$$

Dabei ist allerdings nicht berücksichtigt, daß auch nach Zeilenpermutationen in $I$ oberhalb der Einselemente Nullen stehen. Der Prozeß des Vorwärtseinsetzens hat deshalb im Prinzip erst beim jeweiligen Einselement zu beginnen, womit eine Reduktion der Rechenoperationen verbunden wäre. Diese Möglichkeit ist in Rechenprogrammen aber kaum vorgesehen.

Die Berechnung von $A^{-1}$ nach der beschriebenen Art erfordert neben dem Speicherplatz für $A$ auch noch denjenigen für $-I$, an deren Stelle sukzessive die Inverse aufgebaut wird. Der Speicherbedarf beträgt folglich $2n^2$ Plätze. Im Abschnitt 1.4 wird eine Methode dargestellt, die erlaubt, die Inverse auf dem Platz von $A$ zu bilden.

Die eingangs geschilderte Situation trifft man an bei der **Nachiteration** einer Lösung. Löst man das Gleichungssystem $Ax + b = 0$ numerisch mit dem Gauß-Algorithmus, so erhält man auf Grund der unvermeidlichen Rundungsfehler anstelle des exakten Lösungsvektors $x$ eine Näherung $\tilde{x}$. Die Einsetzprobe in den gegebenen Gleichungen ergibt im allgemeinen anstelle des Nullvektors einen **Residuenvektor** $r$

$$A\tilde{x} + b = r. \tag{1.51}$$

Ausgehend vom bekannten Näherungsvektor $\tilde{x}$ soll die exakte Lösung $x$ mit Hilfe des **Korrekturansatzes**

$$x = \tilde{x} + z \tag{1.52}$$

ermittelt werden. Der Korrekturvektor $z$ ist so zu bestimmen, daß die Gleichungen erfüllt sind, d. h. daß gilt

$$Ax + b = A(\tilde{x} + z) + b = A\tilde{x} + Az + b = 0. \tag{1.53}$$

Beachtet man in (1.53) die Gleichung (1.51), so erkennt man, daß der Korrekturvektor $z$ das Gleichungssystem

$$Az + r = 0 \tag{1.54}$$

mit derselben Matrix $A$, aber dem neuen Konstantenvektor $r$ erfüllen muß. Die Korrektur $z$ ergibt sich somit durch die Prozesse des Vorwärts- und Rückwärtseinsetzens aus dem Residuenvektor $r$.

**Beispiel 1.7** Die Nachiteration einer Näherungslösung soll am folgenden Gleichungssystem mit vier Unbekannten illustriert werden. Gleichzeitig soll das Beispiel die weiteren Untersuchungen motivieren.

1 Lineare Gleichungssysteme, direkte Methoden

$$0.29412x_1 + 0.41176x_2 + 0.52941x_3 + 0.58824x_4 - 0.17642 = 0$$
$$0.42857x_1 + 0.57143x_2 + 0.71429x_3 + 0.64286x_4 - 0.21431 = 0$$
$$0.36842x_1 + 0.52632x_2 + 0.42105x_3 + 0.36842x_4 - 0.15792 = 0$$
$$0.38462x_1 + 0.53846x_2 + 0.46154x_3 + 0.38462x_4 - 0.15380 = 0$$

In einem ersten Schritt wird nur die Dreieckszerlegung der Matrix $A$ mit der relativen Kolonnenmaximumstrategie bei fünfstelliger Rechengenauigkeit ausgeführt. Neben den aufeinanderfolgenden Schemata sind die Summen $s_i$ der Beträge der Matrixelemente und die Quotienten $q_i$ angegeben.

| $x_1$ | $x_2$ | $x_3$ | $x_4$ | $s_i$ | $q_i$ |
|---|---|---|---|---|---|
| 0.29412 | 0.41176 | 0.52941 | 0.58824 | 1.8235 | 0.16129 |
| 0.42857 | 0.57143 | 0.71429 | 0.64286 | 2.3572 | 0.18181 |
| 0.36842 | 0.52632 | 0.42105 | 0.36842 | 1.6842 | 0.21875 |
| 0.38462 | 0.53846 | 0.46154 | 0.38462 | 1.7692 | 0.21740 |

| $x_1$ | $x_2$ | $x_3$ | $x_4$ | $s_i$ | $q_i$ |
|---|---|---|---|---|---|
| 0.36842 | 0.52632 | 0.42105 | 0.36842 | – | – |
| 1.1633 | −0.040840 | 0.22448 | 0.21428 | 0.47960 | 0.085154 |
| 0.79833 | −0.0084200 | 0.19327 | 0.29412 | 0.49581 | 0.016982 |
| 1.0440 | −0.011020 | 0.021960 | −0.00001 | 0.032980 | 0.33414 |

| $x_1$ | $x_2$ | $x_3$ | $x_4$ | $s_i$ | $q_i$ |
|---|---|---|---|---|---|
| 0.36842 | 0.52632 | 0.42105 | 0.36842 | – | – |
| 1.0440 | −0.011020 | 0.021960 | −0.00001 | – | – |
| 0.79833 | 0.76407 | 0.17649 | 0.29413 | 0.47062 | 0.37502 |
| 1.1633 | 3.7060 | 0.14310 | 0.21432 | 0.35742 | 0.40037 |

| $x_1$ | $x_2$ | $x_3$ | $x_4$ |
|---|---|---|---|
| 0.36842 | 0.52632 | 0.42105 | 0.36842 |
| 1.0440 | −0.011020 | 0.021960 | −0.00001 |
| 1.1633 | 3.7060 | 0.14310 | 0.21432 |
| 0.79833 | 0.76407 | 1.2333 | 0.029810 |

(1.55)

Bei drei Zeilenvertauschungen ist der Näherungswert für die Determinante $|A| \doteq (-1)^3 \times 0.36842 \times (-0.011020) \times 0.14310 \times 0.029810 \doteq 1.7319 \cdot 10^{-5}$. Im Konstantenvektor $b$ sind die drei Zeilenvertauschungen entsprechend auszuführen. Für das Vorwärtseinsetzen (1.44) ist der Vektor $Pb = (-0.15792, -0.15380, -0.21431, -0.17642)^T$ zu verwenden. Es resultiert der Vektor $c \doteq (-0.15792, 0.011070, -0.071625, 0.029527)^T$, und das Rückwärtseinsetzen liefert die Näherungslösung $\tilde{x} \doteq (-7.9333, 4.9593, 1.9841, -0.99051)^T$.

Die Einsetzprobe mit fünfstelliger Rechnung ergibt den Residuenvektor $\tilde{r} \doteq (2, 3, -3, 7)^T \cdot 10^{-5}$, während zehnstellige Genauigkeit den auf fünf wesentliche Ziffern gerundeten Residuenvektor

$$r \doteq (2.3951, 7.1948, -4.5999, 5.0390)^T \cdot 10^{-5}$$

liefert. Da die Ergebnisse recht unterschiedlich sind, indem in $\tilde{r}$ meistens bereits die erste Ziffer falsch ist, ist $\tilde{r}$ für eine Nachiteration nicht brauchbar. Der Residuenvektor $r = A\tilde{x} + b$ muß stets mit höherer Genauigkeit berechnet werden, damit eine Nachiteration überhaupt sinnvoll sein kann [Wil69].
Aus dem Vorwärtseinsetzen mit dem permutierten Vektor $Pr = (-4.5999, 5.0390, 7.1948, 2.3951)^T \cdot 10^{-5}$ resultiert

$$c_r \doteq (-4.5999, 9.8413, -23.926, 28.056)^T \cdot 10^{-5},$$

und daraus liefert das Rückwärtseinsetzen den Korrekturvektor

$$z \doteq (-0.066142, 0.040360, 0.015768, -0.0094116)^T.$$

Da $z$ genau so wie $\tilde{x}$ mit Fehlern behaftet ist, erhält man mit $\tilde{x} + z = \tilde{\tilde{x}}$ nur eine weitere Näherungslösung, die unter bestimmten Voraussetzungen die Lösung $x$ besser approximiert. In unserem Beispiel ist dies tatsächlich der Fall, denn

$$\tilde{\tilde{x}} \doteq (-7.9994, 4.9997, 1.9999, -0.99992)^T$$

ist eine bessere Näherung für $x = (-8, 5, 2, -1)^T$. Eine weitere Nachiteration mit dem Residuenvektor $r \doteq (4.7062, 6.5713, 5.0525, 5.3850)^T \cdot 10^{-5}$ ergibt die gesuchte Lösung mit fünfstelliger Genauigkeit.
Man beachte übrigens in diesem Zahlenbeispiel die oft typische Situation, daß die Residuenvektoren $r$ zwar betragsmäßig recht kleine Komponenten aufweisen, daß dies aber nichts über die Güte der zugehörigen Näherungslösungen $\tilde{x}$ bzw. $\tilde{\tilde{x}}$ auszusagen braucht. Ferner können, wie dies im ersten Schritt der Nachiteration zutrifft, betragsmäßig kleine Residuenvektoren bedeutend größere Korrekturen bewirken. △

## 1.2 Genauigkeitsfragen, Fehlerabschätzungen

Wir wollen nun die Genauigkeit einer numerisch berechneten Näherungslösung $\tilde{x}$ des Systems $Ax + b = 0$ untersuchen und insbesondere nach den Gründen forschen, die für die Größe der Abweichung verantwortlich sind. Um Aussagen über den Fehler $x - \tilde{x}$ machen zu können, benötigen wir einerseits eine Maßzahl für die Größe eines Vektors und andererseits eine analoge Maßzahl für die Größe einer Matrix.

### 1.2.1 Normen

Wir betrachten nur den praktisch wichtigen Fall von reellen Vektoren $x \in \mathbb{R}^n$ und von reellen Matrizen $A \in \mathbb{R}^{n \times n}$.

**Definition 1.2** *Unter der Vektornorm $\|x\|$ eines Vektors $x \in \mathbb{R}^n$ versteht man eine reelle Funktion seiner Komponenten, welche die drei Eigenschaften besitzt:*

1 Lineare Gleichungssysteme, direkte Methoden

a) $\quad \|x\| \geq 0 \text{ für alle } x, \text{ und } \|x\| = 0 \text{ nur für } x = 0;$ (1.56)

b) $\quad \|cx\| = |c| \cdot \|x\| \text{ für alle } c \in \mathbb{R} \text{ und alle } x;$ (1.57)

c) $\quad \|x + y\| \leq \|x\| + \|y\| \text{ für alle } x, y \text{ (Dreiecksungleichung)}.$ (1.58)

Beispiele von Vektornormen sind

$$\|x\|_\infty := \max_k |x_k|, \quad \text{(Maximumnorm)} \tag{1.59}$$

$$\|x\|_2 := \left[\sum_{k=1}^n x_k^2\right]^{1/2}, \quad \text{(euklidische Norm)} \tag{1.60}$$

$$\|x\|_1 := \sum_{k=1}^n |x_k|, \quad (L_1\text{-Norm}). \tag{1.61}$$

Man überzeugt sich leicht davon, daß die Eigenschaften der Vektornorm erfüllt sind. Die drei Vektornormen sind in dem Sinn miteinander äquivalent, daß zwischen ihnen für alle Vektoren $x \in \mathbb{R}^n$ die leicht einzusehenden Ungleichungen gelten

$$\frac{1}{\sqrt{n}} \|x\|_2 \leq \|x\|_\infty \leq \|x\|_2 \leq \sqrt{n}\, \|x\|_\infty,$$

$$\frac{1}{n} \|x\|_1 \leq \|x\|_\infty \leq \|x\|_1 \leq n\, \|x\|_\infty,$$

$$\frac{1}{\sqrt{n}} \|x\|_1 \leq \|x\|_2 \leq \|x\|_1 \leq \sqrt{n}\, \|x\|_2.$$

**Definition 1.3** *Unter der Matrixnorm $\|A\|$ einer Matrix $A \in \mathbb{R}^{n \times n}$ versteht man eine reelle Funktion ihrer Elemente, welche die vier Eigenschaften aufweist:*

a) $\quad \|A\| \geq 0 \text{ für alle } A, \text{ und } \|A\| = 0 \text{ nur für } A = 0;$ (1.62)

b) $\quad \|cA\| = |c| \cdot \|A\| \text{ für alle } c \in \mathbb{R} \text{ und alle } A;$ (1.63)

c) $\quad \|A + B\| \leq \|A\| + \|B\| \text{ für alle } A, B \text{ (Dreiecksungleichung)};$ (1.64)

d) $\quad \|A \cdot B\| \leq \|A\| \cdot \|B\|.$ (1.65)

Die geforderte Eigenschaft (1.65) schränkt die Matrixnormen auf die für die Anwendungen wichtige Klasse der submultiplikativen Normen ein. Beispiele von gebräuchlichen Matrixnormen sind

$$\|A\|_G := n \cdot \max_{i,k} |a_{ik}|, \quad \text{(Gesamtnorm)} \tag{1.66}$$

$$\|A\|_Z := \max_i \sum_{k=1}^n |a_{ik}|, \quad \text{(Zeilensummennorm)} \tag{1.67}$$

$$\|A\|_S := \max_k \sum_{i=1}^n |a_{ik}|, \quad \text{(Spaltensummennorm)} \tag{1.68}$$

$$\|A\|_F := \left[ \sum_{i,k=1}^n a_{ik}^2 \right]^{1/2}, \quad \text{(Frobenius-Norm)}. \tag{1.69}$$

Daß die angegebenen Matrixnormen die ersten drei Eigenschaften (1.62), (1.63) und (1.64) erfüllen, ist offensichtlich. Die vierte Eigenschaft (1.65) wollen wir nur für die Gesamtnorm nachweisen. Für die anderen Matrixnormen verläuft die Verifikation analog.

$$\|A \cdot B\|_G = n \cdot \max_{i,k} \left| \sum_{j=1}^n a_{ij} b_{jk} \right| \leqslant n \cdot \max_{i,k} \sum_{j=1}^n |a_{ij}| \cdot |b_{jk}|$$

$$\leqslant n \cdot \max_{i,k} \sum_{j=1}^n \{\max_{l,m} |a_{lm}|\} \cdot \{\max_{r,s} |b_{rs}|\}$$

$$= n^2 \cdot \{\max_{l,m} |a_{lm}|\} \cdot \{\max_{r,s} |b_{rs}|\} = \|A\|_G \cdot \|B\|_G.$$

Die vier Matrixnormen sind ebenfalls miteinander äquivalent. Denn es gelten beispielsweise für alle Matrizen $A \in \mathbb{R}^{n \times n}$ die Ungleichungen

$$\frac{1}{n} \|A\|_G \leqslant \|A\|_{Z,S} \leqslant \|A\|_G \leqslant n \|A\|_{Z,S},$$

$$\frac{1}{n} \|A\|_G \leqslant \|A\|_F \leqslant \|A\|_G \leqslant n \|A\|_F.$$

Da in den nachfolgenden Betrachtungen Matrizen und Vektoren gemeinsam auftreten, müssen die verwendeten Matrixnormen und Vektornormen in einem zu präzisierenden Zusammenhang stehen, damit man geeignet damit operieren kann.

**Definition 1.4** *Eine Matrixnorm $\|A\|$ heißt* kompatibel *oder* verträglich *mit der Vektornorm $\|x\|$, falls die Ungleichung gilt*

$$\|Ax\| \leqslant \|A\| \, \|x\| \text{ für alle } x \in \mathbb{R}^n \text{ und alle } A \in \mathbb{R}^{n \times n}. \tag{1.70}$$

Kombinationen von verträglichen Normen sind etwa

$$\|A\|_G \text{ oder } \|A\|_Z \text{ sind kompatibel mit } \|x\|_\infty; \tag{1.71}$$

$$\|A\|_G \text{ oder } \|A\|_S \text{ sind kompatibel mit } \|x\|_1; \tag{1.72}$$

$$\|A\|_G \text{ oder } \|A\|_F \text{ sind kompatibel mit } \|x\|_2. \tag{1.73}$$

Die Verträglichkeit von Normenpaaren soll in zwei Fällen verifiziert werden. So ist auf Grund von

# 1 Lineare Gleichungssysteme, direkte Methoden

$$\|Ax\|_\infty = \max_i \left\{ \left| \sum_{k=1}^n a_{ik} x_k \right| \right\} \leq \max_i \left\{ \sum_{k=1}^n |a_{ik}| \cdot |x_k| \right\}$$

$$\leq \max_i \left\{ \sum_{k=1}^n [\max_{r,s} |a_{rs}|] \cdot [\max_l |x_l|] \right\} = \|A\|_G \cdot \|x\|_\infty$$

die Gesamtnorm mit der Maximumnorm kompatibel. Desgleichen ist die Frobeniusnorm mit der euklidischen Vektornorm verträglich. Unter Anwendung der Schwarzschen Ungleichung gilt

$$\|Ax\|_2 = \left[ \sum_{i=1}^n \left( \sum_{k=1}^n a_{ik} x_k \right)^2 \right]^{1/2} \leq \left[ \sum_{i=1}^n \left\{ \left( \sum_{k=1}^n a_{ik}^2 \right) \left( \sum_{k=1}^n x_k^2 \right) \right\} \right]^{1/2}$$

$$= \left[ \sum_{i=1}^n \sum_{k=1}^n a_{ik}^2 \right]^{1/2} \left[ \sum_{k=1}^n x_k^2 \right]^{1/2} = \|A\|_F \cdot \|x\|_2.$$

Für beliebige kompatible Normen ist im allgemeinen für alle Vektoren $x \neq 0$ die rechte Seite der Ungleichung (1.70) echt größer als die linke Seite. Deshalb erklärt man zu einer gegebenen Vektornorm eine dazugehörige Matrixnorm, so daß (1.70) mindestens für einen Vektor $x \neq 0$ als Gleichung erfüllt ist.

**Definition 1.5** *Der zu einer gegebenen Vektornorm definierte Zahlwert*

$$\|A\| := \max_{x \neq 0} \frac{\|Ax\|}{\|x\|} = \max_{\|x\|=1} \|Ax\| \tag{1.74}$$

*heißt die* zugeordnete *oder* natürliche *Matrixnorm. Sie wird auch als* Grenzennorm *bezeichnet.*

**Satz 1.6** *Der gemäß (1.74) erklärte Zahlwert stellt eine Matrixnorm dar. Sie ist mit der zugrundeliegenden Vektornorm kompatibel. Sie ist unter allen mit der Vektornorm $\|x\|$ verträglichen Matrixnormen die kleinste.*

Beweis. Wir verifizieren die Eigenschaften einer Matrixnorm.

a) Mit $x \neq 0$ gelten $\|Ax\| \geq 0$ für alle $A \in \mathbb{R}^{n \times n}$ und $\|x\| > 0$. Folglich ist $\max_{x \neq 0} \|Ax\|/\|x\| \geq 0$. Weiter ist zu zeigen, daß aus $\|A\| = 0$ $A = 0$ folgt. Wir nehmen das Gegenteil an, d. h. es sei $A \neq 0$. Dann existiert mindestens ein $a_{pq} \neq 0$. Für $x$ wählen wir den $q$-ten Einheitsvektor $e_q \neq 0$, für den $A e_q \neq 0$ ist. Für diesen Vektor ist $\|A e_q\|/\|e_q\| > 0$. Damit ist das Maximum in (1.74) erst recht größer als Null, womit ein Widerspruch vorliegt.

b) Auf Grund der zweiten Eigenschaft der Vektornorm gilt

$$\|cA\| := \max_{\|x\|=1} \|cAx\| = \max_{\|x\|=1} \{|c| \cdot \|Ax\|\} = |c| \cdot \|A\|.$$

## 1.2 Genauigkeitsfragen, Fehlerabschätzungen

c) Unter Benutzung der Dreiecksungleichung für Vektornormen folgt

$$\|A+B\| := \max_{\|x\|=1} \|(A+B)x\| \leq \max_{\|x\|=1} \{\|Ax\| + \|Bx\|\}$$

$$\leq \max_{\|x\|=1} \|Ax\| + \max_{\|x\|=1} \|Bx\| = \|A\| + \|B\|.$$

d) Um die Submultiplikativität der Norm nachzuweisen, setzen wir $A \neq 0$ und $B \neq 0$ voraus. Andernfalls ist die Ungleichung (1.65) trivialerweise erfüllt. Dann gelten

$$\|A \cdot B\| := \max_{x \neq 0} \frac{\|ABx\|}{\|x\|} = \max_{\substack{x \neq 0 \\ Bx \neq 0}} \frac{\|A(Bx)\| \, \|Bx\|}{\|Bx\| \, \|x\|}$$

$$\leq \max_{Bx \neq 0} \frac{\|A(Bx)\|}{\|Bx\|} \cdot \max_{x \neq 0} \frac{\|Bx\|}{\|x\|}$$

$$\leq \max_{y \neq 0} \frac{\|Ay\|}{\|y\|} \cdot \max_{x \neq 0} \frac{\|Bx\|}{\|x\|} = \|A\| \cdot \|B\|.$$

Die Kompatibilität der so erklärten Matrixnorm mit der gegebenen Vektornorm ist eine unmittelbare Folge der Definition (1.74), und die letzte Aussage von Satz 1.6 ist offensichtlich, da ein Vektor $x \neq 0$ so existiert, daß $\|Ax\| = \|A\| \cdot \|x\|$ gilt. □

Gemäß Definition 1.5 ist die der Maximumnorm $\|x\|_\infty$ zugeordnete Matrixnorm $\|A\|_\infty$ gegeben durch

$$\|A\|_\infty := \max_{\|x\|_\infty=1} \|Ax\|_\infty = \max_{\|x\|_\infty=1} \left\{ \max_i \left| \sum_{k=1}^n a_{ik} x_k \right| \right\}$$

$$= \max_i \left\{ \max_{\|x\|_\infty=1} \left| \sum_{k=1}^n a_{ik} x_k \right| \right\} = \max_i \sum_{k=1}^n |a_{ik}| = \|A\|_Z.$$

Der Betrag der Summe wird für festes $i$ dann am größten, falls $x_k = \text{sign}(a_{ik})$ ist. Auf Grund von Satz 1.6 ist deshalb die Zeilensummennorm die kleinste, mit der Maximumnorm verträgliche Matrixnorm.

Um die zur euklidischen Vektornorm $\|x\|_2$ zugehörige natürliche Matrixnorm $\|A\|_2$ herzuleiten, sind einige fundamentale Kenntnisse aus der Theorie der linearen Algebra erforderlich.

$$\|A\|_2 := \max_{\|x\|_2=1} \|Ax\|_2 = \max_{\|x\|_2=1} \{(Ax)^T(Ax)\}^{1/2} = \max_{\|x\|_2=1} \{x^T A^T A x\}^{1/2}$$

Die im letzten Ausdruck auftretende Matrix $A^T A$ ist offenbar symmetrisch und positiv semidefinit, weil für die zugehörige quadratische Form $Q(x) := x^T(A^T A)x \geq 0$ für alle $x \neq 0$ gilt. Folglich sind die Eigenwerte $\mu_i$ von $A^T A$ reell und nicht negativ, und die $n$ Eigenvektoren $x_1, x_2, \ldots, x_n$ bilden eine vollständige, orthonormierte Basis im $\mathbb{R}^n$.

$$A^T A x_i = \mu_i x_i, \quad \mu_i \in \mathbb{R}, \quad \mu_i \geq 0; \qquad x_i^T x_j = \delta_{ij} \tag{1.75}$$

# 1 Lineare Gleichungssysteme, direkte Methoden

Mit der eindeutigen Darstellung eines beliebigen Vektors $x \in \mathbb{R}^n$ als Linearkombination der Eigenvektoren $x_i$

$$x = \sum_{i=1}^{n} c_i x_i \qquad (1.76)$$

ergibt sich einmal unter Berücksichtigung von (1.75)

$$x^T A^T A x = \left( \sum_{i=1}^{n} c_i x_i \right)^T A^T A \left( \sum_{j=1}^{n} c_j x_j \right)$$

$$= \left( \sum_{i=1}^{n} c_i x_i \right)^T \left( \sum_{j=1}^{n} c_j \mu_j x_j \right) = \sum_{i=1}^{n} c_i^2 \mu_i.$$

Die Eigenwerte $\mu_i$ seien der Größe nach numeriert, so daß $\mu_1 \geqslant \mu_2 \geqslant \ldots \geqslant \mu_n \geqslant 0$ gilt. Aus der Bedingung $\|x\|_2 = 1$ folgt noch $\sum_{i=1}^{n} c_i^2 = 1$, und somit für die zugeordnete Matrixnorm

$$\|A\|_2 = \max_{\|x\|_2 = 1} \left\{ \sum_{i=1}^{n} c_i^2 \mu_i \right\}^{1/2} \leqslant \max_{\|x\|_2 = 1} \left\{ \mu_1 \sum_{i=1}^{n} c_i^2 \right\}^{1/2} = \sqrt{\mu_1}.$$

Der maximal mögliche Wert $\sqrt{\mu_1}$ wird für $x = x_1$ mit $c_1 = 1, c_2 = \ldots = c_n = 0$ angenommen. Damit haben wir das Ergebnis

$$\|A\|_2 := \max_{\|x\|_2 = 1} \|Ax\|_2 = \sqrt{\mu_1}, \qquad (1.77)$$

wobei $\mu_1$ den größen Eigenwert von $A^T A$ bedeutet. Man bezeichnet die der euklidischen Vektornorm zugeordnete Matrixnorm $\|A\|_2$ auch als **Spektralnorm**. Nach Satz 1.6 ist sie die kleinste, mit der euklidischen Vektornorm verträgliche Matrixnorm.

Die Bezeichnung als Spektralnorm wird verständlich im Spezialfall einer **symmetrischen** Matrix $A$. Bedeuten $\lambda_1, \lambda_2, \ldots, \lambda_n$ die reellen Eigenwerte von $A$, dann besitzt die Matrix $A^T A = AA = A^2$ bekanntlich die Eigenwerte $\mu_i = \lambda_i^2 \geqslant 0$, so daß aus (1.77) folgt

$$\|A\|_2 = |\lambda_1|, \qquad |\lambda_1| = \max_i |\lambda_i|. \qquad (1.78)$$

Die Spektralnorm einer symmetrischen Matrix $A$ ist durch ihren betragsgrößten Eigenwert $\lambda_1$ gegeben.

Als Vorbereitung für die nachfolgende Anwendung soll die Spektralnorm der Inversen $A^{-1}$ einer regulären Matrix $A$ angegeben werden. Nach (1.77) ist $\|A^{-1}\|_2 = \sqrt{\psi_1}$, wo $\psi_1$ gleich dem größten Eigenwert von $A^{-1^T} A^{-1} = (AA^T)^{-1}$ ist. Da aber die inverse Matrix $C^{-1}$ bekanntlich die reziproken Eigenwerte von $C$ besitzt, ist $\psi_1$ gleich dem reziproken Wert des kleinsten (positiven) Eigenwertes der positiv definiten Matrix $AA^T$. Die letzte Matrix ist aber ähnlich zur Matrix $A^T A$, denn es gilt $A^{-1}(AA^T)A = A^T A$, so daß $AA^T$ und $A^T A$ die gleichen Eigenwerte haben.

Deshalb gilt

$$\|A^{-1}\|_2 = 1/\sqrt{\mu_n}, \tag{1.79}$$

wo $\mu_n$ den kleinsten Eigenwert der positiv definiten Matrix $A^T A$ bedeutet. Für eine symmetrische, reguläre Matrix ist weiter

$$\|A^{-1}\|_2 = 1/|\lambda_n|, \qquad A^T = A, \qquad |\lambda_n| = \min_i |\lambda_i|. \tag{1.80}$$

### 1.2.2 Fehlerabschätzungen, Kondition

Wir wollen nun zwei Fragestellungen untersuchen, welche die Genauigkeit einer berechneten Näherung $\tilde{x}$ der Lösung $x$ von $Ax + b = 0$ betreffen. Zuerst wollen wir das Problem betrachten, welche Rückschlüsse aus der Größe des Residuenvektors $r = A\tilde{x} + b$ auf den Fehler $z := x - \tilde{x}$ gezogen werden können. Dazu sei $\|A\|$ eine beliebige Matrixnorm und $\|x\|$ eine dazu verträgliche Vektornorm. Da nach (1.54) der Fehlervektor $z$ das Gleichungssystem $Az + r = 0$ erfüllt, folgt aus den Beziehungen

$$\|b\| = \|-Ax\| \leqslant \|A\|\,\|x\|, \qquad \|z\| = \|-A^{-1}r\| \leqslant \|A^{-1}\|\,\|r\| \tag{1.81}$$

die Abschätzung für den relativen Fehler

$$\frac{\|z\|}{\|x\|} = \frac{\|x - \tilde{x}\|}{\|x\|} \leqslant \|A\|\,\|A^{-1}\|\,\frac{\|r\|}{\|b\|} =: \varkappa(A)\frac{\|r\|}{\|b\|}. \tag{1.82}$$

**Definition 1.6** *Der Zahlwert $\varkappa(A) := \|A\|\,\|A^{-1}\|$ heißt die* Konditionszahl *der Matrix A bezüglich der verwendeten Matrixnorm.*

Die Konditionszahl $\varkappa(A)$ ist mindestens gleich Eins, denn es gilt stets

$$1 \leqslant \|I\| = \|AA^{-1}\| \leqslant \|A\|\,\|A^{-1}\| = \varkappa(A).$$

Die Abschätzung (1.82) bedeutet konkret, daß neben einem kleinen Residuenvektor $r$, bezogen auf die Größe des Konstantenvektors $b$ die Konditionszahl ausschlaggebend für den relativen Fehler der Näherung $\tilde{x}$ ist. Nur bei kleiner Konditionszahl kann aus einem relativ kleinen Residuenvektor auf einen kleinen relativen Fehler geschlossen werden!

**Beispiel 1.8** Wir betrachten das System von linearen Gleichungen von Beispiel 1.7, und wollen die Fehlerabschätzung (1.82) anwenden. Als Normen sollen der Einfachheit halber die Maximumnorm $\|x\|_\infty$ und die ihr zugeordnete Zeilensummennorm $\|A\|_\infty = \|A\|_Z$ verwendet werden. Zur Bestimmung der Konditionszahl benötigen wir die Inverse $A^{-1}$.

$$A^{-1} \doteq \begin{pmatrix} 168.40 & -235.80 & -771.75 & 875.82 \\ -101.04 & 138.68 & 470.63 & -528.07 \\ -50.588 & 69.434 & 188.13 & -218.89 \\ 33.752 & -41.659 & -112.88 & 128.73 \end{pmatrix}$$

36     1 Lineare Gleichungssysteme, direkte Methoden

Somit sind $\|A\|_\infty = 2.3572$, $\|A^{-1}\|_\infty \doteq 2051.77$ und $\varkappa_\infty(A) \doteq 4836.4$. Mit $\|x\|_\infty = 8$, $\|r\|_\infty = 7.1948 \cdot 10^{-5}$ und $\|b\|_\infty = 0.21431$ schätzt (1.82) den absoluten Fehler ab zu $\|x - \tilde{x}\|_\infty \leqslant 12.99$. Tatsächlich ist $\|x - \tilde{x}\|_\infty = 0.0667$, also wesentlich kleiner. △

Das Rechnen mit endlicher Genauigkeit hat zur Folge, daß in der Regel bereits die Koeffizienten $a_{ik}$ und $b_i$ des zu lösenden Gleichungssystems im Rechner nicht exakt darstellbar sind. Sie sind zudem oft mit Rundungsfehlern behaftet, falls sie ihrerseits das Ergebnis einer Rechnung sind. Deshalb soll nun der mögliche Einfluß von Fehlern in den Ausgangsdaten auf die Lösung $x$ untersucht werden, d. h. die **Empfindlichkeit der Lösung $x$ auf Störungen in den Koeffizienten**. Unsere Fragestellung lautet deshalb: Wie groß kann die Änderung $\Delta x$ der Lösung $x$ von $Ax + b = 0$ sein, falls die Matrix $A$ um $\Delta A$ und der Konstantenvektor $b$ um $\Delta b$ geändert werden? Dabei sollen $\Delta A$ und $\Delta b$ kleine Störungen bedeuten derart, daß auch die Matrix $A + \Delta A$ regulär ist. Der Vektor $x + \Delta x$ soll also Lösung von

$$(A + \Delta A)(x + \Delta x) + (b + \Delta b) = 0 \tag{1.83}$$

sein. Nach Ausmultiplikation ergibt sich

$$Ax + A\Delta x + \Delta A\, x + \Delta A\, \Delta x + b + \Delta b = 0,$$

und wegen $Ax + b = 0$ erhalten wir weiter

$$A\,\Delta x = -\Delta b - \Delta A\, x - \Delta A\, \Delta x,$$

$$\Delta x = -A^{-1}\{\Delta b + \Delta A\, x + \Delta A\, \Delta x\}.$$

Für verträgliche Normen folgt daraus

$$\|\Delta x\| \leqslant \|A^{-1}\|\, \|\Delta b + \Delta A\, x + \Delta A\, \Delta x\|$$
$$\leqslant \|A^{-1}\|\, \{\|\Delta b\| + \|\Delta A\|\, \|x\| + \|\Delta A\|\, \|\Delta x\|\}$$

und weiter

$$(1 - \|A^{-1}\|\, \|\Delta A\|)\, \|\Delta x\| \leqslant \|A^{-1}\|\, \{\|\Delta b\| + \|\Delta A\|\, \|x\|\}. \tag{1.84}$$

An dieser Stelle treffen wir die Zusatzannahme, daß die Störung $\Delta A$ so klein sei, daß $\|A^{-1}\|\, \|\Delta A\| < 1$ gilt. Dann folgt aus (1.84) die Abschätzung für die Norm der Änderung $\Delta x$

$$\|\Delta x\| \leqslant \frac{\|A^{-1}\|}{1 - \|A^{-1}\|\, \|\Delta A\|}\{\|\Delta b\| + \|\Delta A\|\, \|x\|\}. \tag{1.85}$$

Anstelle der absoluten Fehlerabschätzung sind wir mehr an einer relativen Abschätzung interessiert. Aus $Ax + b = 0$ folgt aber

$$\|b\| = \|-Ax\| \leqslant \|A\|\, \|x\| \quad \text{oder} \quad \|x\| \geqslant \|b\|/\|A\|,$$

## 1.2 Genauigkeitsfragen, Fehlerabschätzungen

und somit erhalten wir aus (1.85)

$$\frac{\|\Delta x\|}{\|x\|} \leq \frac{\|A^{-1}\|}{1-\|A^{-1}\|\,\|\Delta A\|} \left\{ \frac{\|\Delta b\|}{\|x\|} + \|\Delta A\| \right\}$$

$$\leq \frac{\|A^{-1}\|\,\|A\|}{1-\|A^{-1}\|\,\|\Delta A\|} \left\{ \frac{\|\Delta b\|}{\|b\|} + \frac{\|\Delta A\|}{\|A\|} \right\}.$$

Mit $\|A^{-1}\|\,\|\Delta A\| = \varkappa(A)\,\|\Delta A\|/\|A\| < 1$ lautet das Ergebnis

$$\boxed{\frac{\|\Delta x\|}{\|x\|} \leq \frac{\varkappa(A)}{1 - \varkappa(A)\dfrac{\|\Delta A\|}{\|A\|}} \left\{ \frac{\|\Delta A\|}{\|A\|} + \frac{\|\Delta b\|}{\|b\|} \right\}} \tag{1.86}$$

Die Konditionszahl $\varkappa(A)$ der Koeffizientenmatrix $A$ ist die entscheidende Größe, welche die Empfindlichkeit der Lösung $x$ gegenüber Änderungen $\Delta A$ und $\Delta b$ beschreibt. Wir wollen nun die praktische Bedeutung und die numerischen Konsequenzen dieser Abschätzungen darlegen. Bei einer $d$-stelligen dezimalen Gleitkommarechnung können die relativen Fehler der Ausgangsdaten für beliebige, kompatible Normen von der Größenordnung

$$\|\Delta A\|/\|A\| \approx 5 \cdot 10^{-d}, \qquad \|\Delta b\|/\|b\| \approx 5 \cdot 10^{-d}$$

sein. Ist die Konditionszahl $\varkappa(A) \approx 10^{\alpha}$ mit $5 \cdot 10^{\alpha-d} \ll 1$, so ergibt (1.86) die qualitative Abschätzung

$$\|\Delta x\|/\|x\| \leq 10^{\alpha-d+1}.$$

Diese Schätzung der Empfindlichkeit besagt, daß $\|\Delta x\|$ bis zu einer Einheit der $(d-\alpha-1)$-ten Dezimalstelle von $\|x\|$ betragen kann, wir gelangen so zu folgender

**Daumenregel** *Wird ein lineares Gleichungssystem $Ax + b = 0$ mit $d$-stelliger dezimaler Gleitkommarechnung gelöst, und beträgt die Konditionszahl $\varkappa(A) \approx 10^{\alpha}$, so sind auf Grund der im allgemeinen unvermeidlichen Eingangsfehler in der berechneten Lösung $\tilde{x}$, stets bezogen auf die betragsgrößte Komponente, nur $d - \alpha - 1$ Dezimalstellen sicher.*

Auch wenn diese Regel oft eine pessimistische Aussage liefert, so ist ein weiterer wesentlicher Punkt zu beachten. Da die Abschätzung (1.86) die Normen betrifft, kann die Änderung $\Delta x$ alle Komponenten von $x$ betreffen. Falls die Werte der Unbekannten starke Größenunterschiede aufweisen, können die betragskleinsten bedeutend größere relative Fehler enthalten, die so groß sein können, daß nicht einmal das Vorzeichen richtig ist.

# 1 Lineare Gleichungssysteme, direkte Methoden

**Beispiel 1.9** Wir betrachten ein lineares Gleichungssystem $Ax + b = 0$ in zwei Unbekannten mit

$$A = \begin{pmatrix} 0.99 & 0.98 \\ 0.98 & 0.97 \end{pmatrix}, \quad b = \begin{pmatrix} -1.97 \\ -1.95 \end{pmatrix}, \quad x = \begin{pmatrix} 1 \\ 1 \end{pmatrix}.$$

Die Konditionszahl der symmetrischen Matrix $A$ bezüglich der Spektralnorm berechnet sich nach (1.78) und (1.80) als Quotient des betragsgrößten und betragskleinsten Eigenwertes von $A$ zu $\varkappa(A) = |\lambda_1|/|\lambda_2| \doteq 1.96005/0.000051019 \doteq 38418 \doteq 3.8 \cdot 10^4$. Sind die angegebenen Zahlwerte bei fünfstelliger Rechnung mit entsprechenden Rundungsfehlern behaftet, so sind nach der Daumenregel mit $d = 5$, $\alpha = 4$ gar keine richtigen Dezimalstellen zu erwarten. Dies ist auch tatsächlich der Fall, denn das gestörte Gleichungssystem $(A + \Delta A)(x + \Delta x) + (b + \Delta b) = 0$ mit

$$A + \Delta A = \begin{pmatrix} 0.990005 & 0.979996 \\ 0.979996 & 0.970004 \end{pmatrix}, \quad b + \Delta b = \begin{pmatrix} -1.969967 \\ -1.950035 \end{pmatrix}$$

besitzt die Lösung

$$x + \Delta x \doteq \begin{pmatrix} 1.8072 \\ 0.18452 \end{pmatrix}, \quad \text{also} \quad \Delta x \doteq \begin{pmatrix} 0.8072 \\ -0.81548 \end{pmatrix}.$$

Die Abschätzung (1.86) ist in diesem konstruierten Beispiel sehr realistisch. Denn mit $\|\Delta A\|_2 \doteq 8.531 \cdot 10^{-6}$, $\|A\|_2 \doteq 1.960$, $\|\Delta b\|_2 \doteq 4.810 \cdot 10^{-5}$, $\|b\|_2 \doteq 2.772$ liefert sie

$$\frac{\|\Delta x\|_2}{\|x\|_2} \leq \frac{3.842 \cdot 10^4}{1 - 0.1672} \{4.353 \cdot 10^{-6} + 1.735 \cdot 10^{-5}\} = 1.001,$$

während tatsächlich $\|\Delta x\|_2/\|x\|_2 \doteq 0.8114$ ist. △

Die Abschätzung (1.86) für den relativen Fehler besitzt auch dann eine Anwendung, wenn die Ausgangsdaten als exakt anzusehen sind. Die numerisch berechneten Koeffizienten des ersten reduzierten Systems können als die exakten Werte eines gestörten Ausgangssystems betrachtet werden. Diese Betrachtungsweise läßt sich auf die weiteren Eliminationsschritte fortsetzen. So kann die resultierende Dreieckszerlegung als die exakte Zerlegung einer geänderten Ausgangsmatrix aufgefaßt werden, so daß gilt $P(A + \Delta A) = \tilde{L}\tilde{R}$, wo $\tilde{L}$ und $\tilde{R}$ die mit Gleitpunktarithmetik erhaltenen Dreiecksmatrizen bedeuten. Die Analyse der Rundungsfehler gestattet, die Beträge der Elemente von $\Delta A$ abzuschätzen. Die Idee dieser **Rückwärtsfehleranalyse** läßt sich auch auf die Prozesse des Vorwärts- und Rückwärtseinsetzens ausdehnen, und liefert Abschätzungen für $\Delta b$. Leider sind die theoretischen Ergebnisse im allgemeinen Fall allzu pessimistisch und entsprechen nicht den praktischen Erfahrungen [Sto 89, StH 82, Wil 65, Wil 69]. Die tatsächlichen Änderungen $\Delta A$ und $\Delta b$ einer Rückwärtsfehlerrechnung sind im allgemeinen Fall bei kleinen Systemen etwa von der Größenordnung der unvermeidbaren Eingangsfehler und sind bei größeren Systemen nur um Faktoren von wenigen Zehnerpotenzen größer. Da die Abschätzung (1.86) auf Grund ihrer allgemeinen Gültigkeit oft zu pessimistisch ist, so bleibt die oben formulierte Daumenregel zumindest als Richtlinie auch unter Berücksichtigung der Rückwärtsfehleranalyse anwendbar.

Zur **Nachiteration** kann auf Grund der obigen Betrachtungen noch eine heuristisch gültige Aussage hinzugefügt werden. Damit jeder Nachiterationsschritt wenigstens eine Verbesserung der Näherungslösung bringt, muß mindestens eine Ziffer, immer bezogen auf die absolut größte Komponente des Korrekturvektors, richtig sein. Damit dies bei $d$-stelliger dezimaler Gleitkommarechnung zutrifft, muß $\alpha < d - 1$ sein. Dann wird die Nachiteration in jedem Schritt weitere $(d - \alpha - 1)$ Dezimalstellen richtigstellen, und die Folge von Näherungslösungen konvergiert tatsächlich. Das Zahlenbeispiel 1.7 illustriert diese Tatsache sehr schön. Bei einer Konditionszahl $\varkappa(A) \doteq 2.82 \cdot 10^3$ bezüglich der Spektralnorm sind in $\tilde{x}$ sogar zwei wesentliche Dezimalstellen richtig, und die Nachiteration liefert zwei weitere richtige Stellen.

Soll etwa ein Computerprogramm zu einer berechneten Näherungslösung $\tilde{x}$ eine präzise Angabe über die Genauigkeit mitliefern, oder soll es entscheiden können, ob eine Nachiteration notwendig oder überhaupt sinnvoll ist, ist die Kenntnis der Konditionszahl $\varkappa(A)$ erforderlich. Dazu braucht man aber entweder die Inverse von $A$ oder den größten und kleinsten Eigenwert von $A^T A$. Um diese im Vergleich zur Gleichungsauflösung recht aufwendigen Prozesse zu vermeiden, ist ein Verfahren entwickelt worden, welches mit vertretbarem Rechenaufwand einen brauchbaren Schätzwert für $\varkappa(A)$ liefert [CMS79, FMM77, KiS88].

## 1.3 Systeme mit speziellen Eigenschaften

In vielen Anwendungen sind lineare Gleichungssysteme zu lösen, die besondere Eigenschaften oder Strukturen aufweisen, die zu berücksichtigen sind, um dadurch insbesondere den Rechenaufwand und den Speicheraufwand zu reduzieren. Wir betrachten einige wichtige Spezialfälle von Gleichungssystemen, die in den folgenden Kapiteln in verschiedenen Zusammenhängen als Teilaufgaben zu lösen sein werden. Wir stellen deshalb die einschlägigen Algorithmen und die zweckmäßigen Maßnahmen für eine geeignete Realisierung auf einem Rechner zusammen.

### 1.3.1 Symmetrische, positiv definite Systeme

Oft ist die Koeffizientenmatrix $A$ in $Ax + b = 0$ nicht nur symmetrisch, sondern auch positiv definit.

**Definition 1.7** *Eine symmetrische Matrix $A \in \mathbb{R}^{n \times n}$ heißt positiv definit, falls die zugehörige quadratische Form positiv definit ist; d. h. falls gilt*

$$Q(x) := x^T A x = \sum_{i=1}^{n} \sum_{k=1}^{n} a_{ik} x_i x_k \begin{matrix} \geqslant 0 & \text{für alle } x \in \mathbb{R}^n, \\ = 0 & \text{nur für } x = \mathbf{0}. \end{matrix} \quad (1.87)$$

**Satz 1.7** *Ist eine symmetrische Matrix $A \in \mathbb{R}^{n \times n}$ positiv definit, so erfüllen ihre Elemente notwendigerweise die Bedingungen*

a) $\quad a_{ii} > 0$ *für* $i = 1, 2, \ldots, n$; $\hfill (1.88)$

b) $\quad a_{ik}^2 < a_{ii} a_{kk}$ *für* $i \neq k$; $i, k = 1, 2, \ldots, n$; $\hfill (1.89)$

c) $\quad$ *es existiert ein $k$ mit* $\max_{i,j} |a_{ik}| = a_{kk}$. $\hfill (1.90)$

**Beweis.** Die beiden ersten Eigenschaften zeigen wir auf Grund von (1.87) durch spezielle Wahl von $x \neq 0$. So folgt (1.88) mit $x = e_i$ ($i$-ter Einheitsvektor) wegen $Q(x) = a_{ii} > 0$. Wählen wir $x = \xi e_i + e_k$, $\xi \in \mathbb{R}$ beliebig, $i \neq k$, so reduziert sich die quadratische Form $Q(x)$ auf $a_{ii}\xi^2 + 2a_{ik}\xi + a_{kk} > 0$ für alle $\xi \in \mathbb{R}$. Die quadratische Gleichung $a_{ii}\xi^2 + 2a_{ik}\xi + a_{kk} = 0$ hat keine reellen Lösungen in $\xi$, folglich ist ihre Diskriminante $4a_{ik}^2 - 4a_{ii}a_{kk} < 0$, woraus sich (1.89) ergibt. Nimmt man schließlich an, das betragsgrößte Matrixelement liege nicht in der Diagonale, so steht diese Annahme im Widerspruch zu (1.89). □

Eine notwendige und hinreichende Bedingung für die positive Definitheit einer symmetrischen Matrix gewinnt man mit der Methode der Reduktion einer quadratischen Form auf eine Summe von Quadraten. Wir dürfen $a_{11} > 0$ annehmen, denn andernfalls wäre $A$ nach Satz 1.7 nicht positiv definit. Folglich lassen sich alle Terme in (1.87), welche $x_1$ enthalten, zu einem vollständigen Quadrat ergänzen:

$$Q(x) = a_{11}x_1^2 + 2\sum_{i=2}^{n} a_{i1}x_1 x_i + \sum_{i=2}^{n}\sum_{k=2}^{n} a_{ik}x_i x_k$$

$$= \left[\sqrt{a_{11}}x_1 + \sum_{i=2}^{n}\frac{a_{i1}}{\sqrt{a_{11}}}x_i\right]^2 + \sum_{i=2}^{n}\sum_{k=2}^{n}\left(a_{ik} - \frac{a_{i1}a_{1k}}{a_{11}}\right)x_i x_k$$

$$= \left[\sum_{i=1}^{n} l_{i1}x_i\right]^2 + \sum_{i=2}^{n}\sum_{k=2}^{n} a_{ik}^{(1)} x_i x_k = \left[\sum_{i=1}^{n} l_{i1}x_i\right]^2 + Q^{(1)}(x^{(1)}) \quad (1.91)$$

Dabei bedeuten

$$l_{11} = \sqrt{a_{11}}; \quad l_{i1} = \frac{a_{i1}}{\sqrt{a_{11}}} = \frac{a_{i1}}{l_{11}}, \quad (i = 2, 3, \ldots, n); \quad (1.92)$$

$$a_{ik}^{(1)} = a_{ik} - \frac{a_{i1}a_{1k}}{a_{11}} = a_{ik} - l_{i1}l_{k1}, \quad (i, k = 2, 3, \ldots, n). \quad (1.93)$$

$Q^{(1)}(x^{(1)})$ ist eine quadratische Form in den $(n-1)$ Variablen $x_2, x_3, \ldots, x_n$ mit den Koeffizienten $a_{ik}^{(1)}$ (1.93), wie sie sich im Gaußschen Algorithmus im ersten Eliminationsschritt mit dem Pivotelement $a_{11}$ ergeben. Sie gehört zur Matrix des reduzierten Gleichungssystems.

**Satz 1.8** *Die symmetrische Matrix $A = (a_{ik})$ mit $a_{11} > 0$ ist genau dann positiv definit, falls die reduzierte Matrix $A^{(1)} = (a_{ik}^{(1)}) \in \mathbb{R}^{(n-1)\times(n-1)}$ mit den Elementen $a_{ik}^{(1)}$ gemäß (1.93) positiv definit ist.*

**Beweis.** a) *Notwendigkeit:* Es sei $A$ positiv definit. Zu jedem Vektor $x^{(1)} = (x_2, x_3, \ldots, x_n)^T \neq 0$ kann der Wert $x_1$ wegen $a_{11} > 0$ und damit $l_{11} \neq 0$ so bestimmt werden, daß $\sum_{i=1}^{n} l_{i1}x_i = 0$ ist. Für den zugehörigen Vektor $x = (x_1, x_2, \ldots, x_n)^T \neq 0$ ist dann wegen (1.91) $0 < Q^{(1)}(x^{(1)})$, und folglich muß $A^{(1)}$ notwendigerweise positiv definit sein.

b) Hinlänglichkeit: Es sei $A^{(1)}$ positiv definit. Somit gilt für alle $x \neq 0$ wegen (1.91) $Q(x) \geq 0$. Es kann $Q(x) = 0$ nur dann sein, falls in (1.91) beide Summanden gleichzeitig verschwinden. Aus $Q^{(1)}(x^{(1)}) = 0$ folgt jetzt aber $x_2 = x_3 = \ldots = x_n = 0$, und der erste Summand verschwindet wegen $l_{11} \neq 0$ dann nur für $x_1 = 0$. Die Matrix $A$ ist somit notwendigerweise positiv definit. □

Aus Satz 1.8 folgen unmittelbar weitere Aussagen, die für die praktische Lösung von symmetrischen, positiv definiten Systemen bedeutungsvoll sind.

**Satz 1.9** *Eine symmetrische Matrix* $A = (a_{ik}) \in \mathbb{R}^{n \times n}$ *ist genau dann positiv definit, falls der Gaußsche Eliminationsprozeß bei Diagonalstrategie mit n positiven Pivotelementen durchführbar ist.*

Beweis. Ist $A$ positiv, so steht notwendigerweise mit $a_{11} > 0$ ein erstes Pivotelement in der Diagonale zur Verfügung. Die reduzierte Matrix $A^{(1)}$ ist dann nach Satz 1.8 wieder positiv definit, und es ist $a_{22}^{(1)} > 0$ das zweite zulässige Pivotelement. Das gilt analog für alle weiteren reduzierten Matrizen $A^{(k)}$ ($k = 2, 3, \ldots, n-1$), und es ist insbesondere auch $a_{nn}^{(n-1)}$ als letztes Pivot positiv.
Sind umgekehrt alle Pivotelemente $a_{11} > 0$, $a_{22}^{(1)} > 0, \ldots, a_{nn}^{(n-1)} > 0$, so ist die Matrix $A^{(n-1)} = (a_{nn}^{(n-1)})$ positiv definit und deshalb sind dann unter sukzessiver und sinngemäßiger Anwendung von Satz 1.8 auch die Matrizen $A^{(n-2)}, \ldots, A^{(1)}, A$ positiv definit. □

Nach Satz 1.9 ist für die Klasse der symmetrischen und positiv definiten Matrizen $A$ die Dreieckszerlegung mit dem Gauß-Algorithmus ohne Zeilenvertauschungen durchführbar. Da aber nach (1.93) die Matrizen der reduzierten Gleichungssysteme wieder symmetrisch sind, bedeutet dies für die Rechenpraxis eine Reduktion des Rechenaufwandes für die Zerlegung auf etwa die Hälfte.

**Satz 1.10** *Eine symmetrische Matrix* $A = (a_{ik}) \in \mathbb{R}^{n \times n}$ *ist genau dann positiv definit, falls die Reduktion der quadratischen Form* $Q(x)$ *auf eine Summe von n Quadraten*

$$Q(x) = \sum_{i=1}^{n} \sum_{k=1}^{n} a_{ik} x_i x_k = \sum_{k=1}^{n} \left[ \sum_{i=k}^{n} l_{ik} x_i \right]^2 \tag{1.94}$$

*im Körper der reellen Zahlen vollständig durchführbar ist.*

Beweis. Auf Grund von Satz 1.9 ist die Behauptung offensichtlich, falls wir in Ergänzung zu (1.92) und (1.93) die folgenden Größen erklären, die im allgemeinen $k$-ten Reduktionsschritt anfallen:

$$l_{kk} = \sqrt{a_{kk}^{(k-1)}}; \qquad l_{ik} = \frac{a_{ik}^{(k-1)}}{l_{kk}}, \quad (i = k+1, k+2, \ldots, n) \tag{1.95}$$

$$a_{ij}^{(k)} = a_{ij}^{(k-1)} - l_{ik} l_{jk}, \quad (i, j = k+1, k+2, \ldots, n). \tag{1.96}$$

Die Radikanden in (1.95) sind nach Satz 1.9 genau dann positiv, falls $A$ positiv definit ist. □

Mit den Größen $l_{ik}$, welche durch (1.92) und (1.95) für $i \geqslant k$ eingeführt worden sind, definieren wir die Linksdreiecksmatrix

$$L = \begin{pmatrix} l_{11} & 0 & 0 & \cdots & 0 \\ l_{21} & l_{22} & 0 & \cdots & 0 \\ l_{31} & l_{32} & l_{33} & \cdots & 0 \\ \vdots & \vdots & \vdots & & \vdots \\ l_{n1} & l_{n2} & l_{n3} & \cdots & l_{nn} \end{pmatrix}. \qquad (1.97)$$

**Satz 1.11** *Die Reduktion einer positiv definiten quadratischen Form auf eine Summe von Quadraten (1.94) leistet die Produktzerlegung der zugehörigen Matrix A in*

$$A = LL^{\mathrm{T}}. \qquad (1.98)$$

Beweis. Nach (1.94) besitzt die quadratische Form $Q(x)$ zwei verschiedene Darstellungen, die mit der Linksdreiecksmatrix $L$ (1.97) lauten

$$Q(x) = x^{\mathrm{T}}Ax = (L^{\mathrm{T}}x)^{\mathrm{T}}(L^{\mathrm{T}}x) = x^{\mathrm{T}}LL^{\mathrm{T}}x. \qquad (1.99)$$

Wegen der Eindeutigkeit der Darstellung gilt (1.98). □

Man nennt (1.98) die Cholesky-Zerlegung der symmetrischen, positiv definiten Matrix $A$. Sie geht auf den Geodäten Cholesky [Ben 24] zurück.

Mit Hilfe der Cholesky-Zerlegung (1.98) lassen sich symmetrische, positiv definite Gleichungssysteme wie folgt lösen: Durch Substitution von $A = LL^{\mathrm{T}}$ in $Ax + b = 0$ ergibt sich

$$LL^{\mathrm{T}}x + b = 0 \quad \text{oder} \quad L(L^{\mathrm{T}}x) + b = 0. \qquad (1.100)$$

Mit dem Hilfsvektor $c = -L^{\mathrm{T}}x$ kann somit die Auflösung von $Ax + b = 0$ vermittels der Methode von Cholesky in den drei Schritten erfolgen:

$$\boxed{\begin{array}{ll} 1. \ A = LL^{\mathrm{T}} & \text{(Cholesky-Zerlegung)} \\ 2. \ Lc - b = 0 & \text{(Vorwärtseinsetzen} \to c\text{)} \\ 3. \ L^{\mathrm{T}}x + c = 0 & \text{(Rückwärtseinsetzen} \to x\text{)} \end{array}} \qquad (1.101)$$

Obwohl die Cholesky-Zerlegung zur Lösung von linearen Gleichungssystemen $n$ Quadratwurzeln benötigt, die man im Gauß-Algorithmus nicht braucht, da ja bekanntlich die Berechnung der Lösung ein rationaler Prozeß ist, hat sie den Vorteil, daß die Zerlegung unter Wahrung der Symmetrie erfolgt.

Beachtet man, daß in (1.96) nur die Matrixelemente $a_{ij}^{(k)}$ in und unterhalb der Diagonale zu berechnen sind, setzt sich der Rechenaufwand im $k$-ten Reduktionsschritt zusammen aus einer Quadratwurzelberechnung, $(n-k)$ Divisionen und $(1 + 2 + \ldots + (n-k)) = \frac{1}{2}(n-k+1)(n-k)$ Multiplikationen. Die vollständige Cholesky-Zerlegung erfordert somit neben der nicht ins Gewicht fallenden Berechnung von $n$ Quadratwurzeln

## 1.3 Systeme mit speziellen Eigenschaften

$$Z_{LL}{}^T = \{(n-1) + (n-2) + \ldots + 1\} + \frac{1}{2}\{n(n-1) + (n-1)(n-2) + \ldots + 2 \cdot 1\}$$

$$= \frac{1}{2}n(n-1) + \frac{1}{2}\left\{\frac{1}{6}n(n-1)(2n-1) + \frac{1}{2}n(n-1)\right\} = \frac{1}{6}(n^3 + 3n^2 - 4n)$$

wesentliche Operationen. Die Prozesse des Vorwärts- und Rückwärtseinsetzens erfordern je den gleichen Rechenaufwand, weil die Diagonalelemente $l_{ii} \neq 1$ sind, nämlich

$$Z_V = Z_R = \frac{1}{2}(n^2 + n)$$

multiplikative Operationen. Damit beträgt der Rechenaufwand zur Lösung von $n$ linearen Gleichungen nach der Methode von Cholesky

$$\boxed{Z_{\text{Cholesky}} = \frac{1}{6}n^3 + \frac{3}{2}n^2 + \frac{1}{3}n} \tag{1.102}$$

wesentliche Operationen. Für größere $n$ ist dieser Aufwand im Vergleich zu (1.36) etwa halb so groß.

Die detaillierte, algorithmische Zusammenfassung der drei Lösungsschritte (1.101) lautet wie folgt, wobei vorausgesetzt wird, daß nur die Elemente $a_{ik}$ in und unterhalb der Diagonale vorgegeben sind. Die gegebenen Ausgangswerte werden durch den Algorithmus verändert.

$$\boxed{\begin{array}{l}\text{für } k = 1, 2, \ldots, n: \\ \quad \text{falls } a_{kk} \leqslant 0: \text{STOP} \\ \quad l_{kk} = \sqrt{a_{kk}} \\ \quad \text{für } i = k+1, k+2, \ldots, n: \\ \qquad l_{ik} = a_{ik}/l_{kk} \\ \qquad \text{für } j = k+1, k+2, \ldots, i: \\ \qquad\quad a_{ij} = a_{ij} - l_{ik} \times l_{jk}\end{array}} \tag{1.103}$$

$$\boxed{\begin{array}{l}\text{für } i = 1, 2, \ldots, n: \\ \quad s = b_i \\ \quad \text{für } j = 1, 2, \ldots, i-1: \\ \qquad s = s - l_{ij} \times c_j \\ \quad c_i = s/l_{ii}\end{array}} \tag{1.104}$$

## 1 Lineare Gleichungssysteme, direkte Methoden

$$\boxed{\begin{array}{l} \text{für } i = n, n-1, \ldots, 1: \\ \quad s = c_i \\ \quad \text{für } k = i+1, i+2, \ldots, n: \\ \quad\quad s = s + l_{ki} \times x_k \\ \quad x_i = -s/l_{ii} \end{array}} \qquad (1.105)$$

Da die gegebenen Matrixelemente $a_{ik}$ in (1.103) verändert werden, und da der Wert von $a_{ik}$ zuletzt bei der Berechnung von $l_{ik}$ benötigt wird, kann die Matrix $L$ an der Stelle von $A$ aufgebaut werden. Dazu genügt es, die Variable $l$ mit $a$ zu identifizieren. Desgleichen kann in (1.104) der Vektor $b$ mit $c$ identifiziert werden, und in (1.105) ist der Lösungsvektor $x$ mit $c$ identifizierbar, so daß an der Stelle von $b$ die Lösung $x$ steht. Um auch im Rechner von der Tatsache Nutzen zu ziehen, daß in der Methode von Cholesky nur mit der unteren Hälfte der Matrizen $A$ und $L$ gearbeitet wird, sind die relevanten Matrixelemente zeilenweise aufeinanderfolgend in einem eindimensionalen Feld zu speichern, wie dies in Fig. 1.1 angedeutet ist. Das Matrixelement $a_{ik}$ findet sich als $r$-te Komponente in dem eindimensionalen Feld mit $r = \frac{1}{2} i(i-1) + k$. Der Speicherbedarf beträgt jetzt nur $S = \frac{1}{2} n(n+1)$, also gut die Hälfte im Vergleich zur normalen Speicherung einer Matrix.

A: | $a_{11}$ | $a_{21}$ | $a_{22}$ | $a_{31}$ | $a_{32}$ | $a_{33}$ | $a_{41}$ | $a_{42}$ | $a_{43}$ | $a_{44}$ | · · ·

Fig. 1.1 Speicherung der unteren Hälfte einer symmetrischen, positiv definiten Matrix

**Beispiel 1.10** Das Cholesky-Verfahren für $Ax + b = 0$ mit

$$A = \begin{pmatrix} 5 & 7 & 3 \\ 7 & 11 & 2 \\ 3 & 2 & 6 \end{pmatrix}, \quad b = \begin{pmatrix} 0 \\ 0 \\ -1 \end{pmatrix}$$

liefert bei fünfstelliger, dezimaler Gleitpunktarithmetik die beiden reduzierten Matrizen

$$A^{(1)} = \begin{pmatrix} 1.2000 & -2.1999 \\ -2.1999 & 4.2001 \end{pmatrix}, \quad A^{(2)} = (0.16680)$$

und die Linksdreiecksmatrix $L$, den Vektor $c$ als Ergebnis des Vorwärtseinsetzens und die Näherungslösung $\tilde{x}$

$$L = \begin{pmatrix} 2.2361 & 0 & 0 \\ 3.1305 & 1.0954 & 0 \\ 1.3416 & -2.0083 & 0.40841 \end{pmatrix}, \quad c = \begin{pmatrix} 0 \\ 0 \\ -2.4485 \end{pmatrix}, \quad \tilde{x} = \begin{pmatrix} -18.984 \\ 10.991 \\ 5.9952 \end{pmatrix}.$$

Die Einsetzprobe ergibt den Residuenvektor $r = (2.6, 3.4, 1.2)^T \cdot 10^{-3}$. Die Konditionszahl bezüglich der Spektralnorm beträgt $\varkappa(A) \doteq 1.50 \cdot 10^3$. Ein Nachiterationsschritt liefert mit der Korrektur $z \doteq (-15.99, 8.99, 4.80)^T \cdot 10^{-3}$ die Näherung, welche auf fünf wesentliche Stellen mit der exakten Lösung $x = (-19, 11, 6)^T$ übereinstimmt. Die Näherungslösung $\tilde{x}$ ist bedeutend genauer ausgefallen, als die Daumenregel erwarten ließe. △

### 1.3.2 Bandgleichungen

Man spricht von einer **Bandmatrix** $A$, falls alle von Null verschiedenen Elemente $a_{ik}$ in der Diagonale und in einigen dazu benachbarten Nebendiagonalen liegen. Für die Anwendungen sind die symmetrischen, positiv definiten Bandmatrizen wichtig.

**Definition 1.8** *Unter der* Bandbreite *$m$ einer symmetrischen Matrix $A \in \mathbb{R}^{n \times n}$ versteht man die kleinste natürliche Zahl $m < n$, so daß gilt*

$$a_{ik} = 0 \quad \text{für alle } i \text{ und } k \text{ mit } |i - k| > m. \tag{1.106}$$

Die Bandbreit $m$ gibt somit die Anzahl der Nebendiagonalen unterhalb, bzw. oberhalb der Diagonalen an, welche die i. a. von Null verschiedenen Matrixelemente enthalten.

**Satz 1.12** *Die Linksdreiecksmatrix $L$ der Cholesky-Zerlegung $A = LL^T$ (1.98) einer symmetrischen, positiv definiten Bandmatrix mit der Bandbreite $m$ besitzt dieselbe Bandstruktur, denn es gilt*

$$l_{ik} = 0 \quad \text{für alle } i \text{ und } k \text{ mit } i - k > m. \tag{1.107}$$

Beweis. Es genügt zu zeigen, daß der erste Reduktionsschritt, beschrieben durch (1.92) und (1.93), in der ersten Kolonne von $L$ unterhalb der Diagonale nur in den $m$ Nebendiagonalen von Null verschiedene Elemente produziert, und daß die reduzierte Matrix $A^{(1)} = (a_{ik}^{(1)})$ dieselbe Bandbreite $m$ aufweist. Die erste Behauptung ist offensichtlich richtig wegen (1.92), denn es ist $l_{i1} = 0$ für alle $i$ mit $i - 1 > m$, da dann nach Voraussetzung $a_{i1} = 0$ ist. Für die zweite Behauptung brauchen wir aus Symmetriegründen nur Elemente $a_{ik}^{(1)}$ unterhalb der Diagonale zu betrachten. Für eine beliebige Stelle $(i, k)$ mit $i \geq k \geq 2$ und $i - k > m$ ist einerseits nach Voraussetzung $a_{ik} = 0$ und anderseits auf Grund der eben gemachten Feststellung $l_{i1} = 0$, denn es ist $i - 1 > i - k > m$. Damit gilt wegen (1.93) in der Tat $a_{ik}^{(1)} = 0$ für alle $i, k \geq 2$ mit $|i - k| > m$. □

Nach Satz 1.12 verläuft die Cholesky-Zerlegung einer symmetrischen, positiv definiten Bandmatrix vollständig innerhalb der Diagonale und den $m$ unteren Nebendiagonalen, so daß die Matrix $L$ genau den Platz des wesentlichen gegebenen Teils der Matrix $A$ einnehmen kann. Zudem ist klar, daß jeder Reduktionsschritt nur die Elemente im Band innerhalb eines dreieckigen Bereiches erfaßt, der höchstens die $m$ nachfolgenden Zeilen umfaßt. Zur Verdeutlichung ist in Fig. 1.2 sowohl der allgemeine $k$-te als auch der drittletzte Reduktionsschritt im Fall einer Bandmatrix mit $m = 4$ schematisch dargestellt.

46   1 Lineare Gleichungssysteme, direkte Methoden

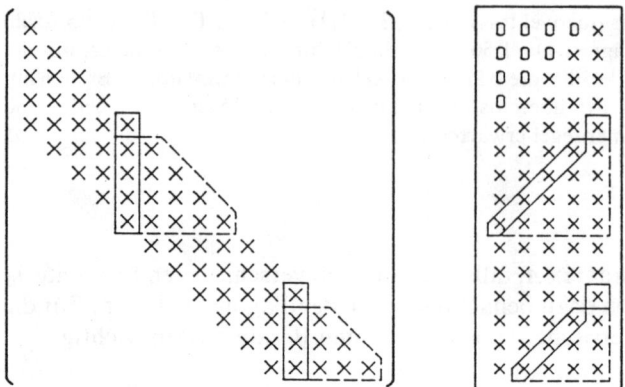

Fig. 1.2 Zur Reduktion und Speicherung einer symmetrischen, positiv definiten Bandmatrix

Der Rechenaufwand für einen allgemeinen Reduktionsschritt setzt sich zusammen aus einer Quadratwurzelberechnung für $l_{kk}$, $m$ Divisionen für die Werte $l_{ik}$ und $\frac{1}{2} m(m+1)$ Multiplikationen für die eigentliche Reduktion der Elemente. Der totale Aufwand für die Cholesky-Zerlegung einer Bandmatrix der Ordnung $n$ und der Bandbreite $m$ beträgt also $n$ Quadratwurzelberechnungen und weniger als $\frac{1}{2} nm(m+3)$ wesentliche Operationen. Er ist somit nur noch proportional zur Ordnung $n$ und zum Quadrat der Bandbreite $m$. Die Prozesse des Vorwärts- und Rückwärtseinsetzens sind mit je höchstens $n(m+1)$ multiplikativen Operationen durchführbar. Es gilt folglich die Abschätzung des Aufwandes zur Lösung von $n$ linearen Gleichungen mit symmetrischer, positiv definiter Bandmatrix der Bandbreite $m$

$$\boxed{Z^{(\text{Band})}_{\text{Cholesky}} \leqslant \frac{1}{2} nm(m+3) + 2n(m+1)} \qquad (1.108)$$

Um die Bandstruktur speicherplatzmäßig optimal auszunützen, wird die untere Hälfte einer Bandmatrix in der Art von Fig. 1.2 in einem rechteckigen Feld von $n$ Zeilen und $(m+1)$ Kolonnen gespeichert. Dabei soll vereinbart werden, daß die einzelnen Nebendiagonalen von $A$ als Kolonnen erscheinen und zwar so, daß der $i$-ten Zeile von $A$ auch die $i$-te Zeile in dem Feld entspricht. Die Diagonalelemente von $A$ sind in der $(m+1)$-ten Kolonne des Feldes zu finden, und das Element $a_{ik}$ von $A$ mit $\max(i-m,1) \leqslant k \leqslant i$ steht in der $(k-i+m+1)$-ten Kolonne des Feldes. Die im linken oberen Dreiecksbereich des Feldes undefinierten Elemente können zweckmäßigerweise gleich Null gesetzt werden.

Die algorithmische Fassung der Cholesky-Zerlegung $A = LL^T$ einer Bandmatrix der Ordnung $n$ und der Bandbreite $m$ in der Speicherung nach Fig. 1.2 lautet:

für $k = 1, 2, \ldots, n$:
  falls $a_{k,m+1} \leq 0$: STOP
  $l_{k,m+1} = \sqrt{a_{k,m+1}}$
  $p = \min(k + m, n)$
  für $i = k + 1, k + 2, \ldots, p$:
    $l_{i,k-i+m+1} = a_{i,k-i+m+1}/l_{k,m+1}$
    für $j = k + 1, k + 2, \ldots, i$:
      $a_{i,j-i+m+1} = a_{i,j-i+m+1} - l_{i,k-i+m+1} \times l_{j,k-j+m+1}$

### 1.3.3 Tridiagonale Gleichungssysteme

Als besonders einfach zu behandelnde Gleichungssysteme werden wir in verschiedenen Anwendungen solche mit tridiagonaler Koeffizientenmatrix $A$ antreffen. Die allgemeine $i$-te Gleichung enthält nur die Unbekannten $x_{i-1}$, $x_i$ und $x_{i+1}$. Um der sehr speziellen Struktur der Matrix Rechnung zu tragen, und um auch die Realisierung auf einem Rechner zu vereinfachen, gehen wir von folgendem Gleichungssystem mit $n = 5$ Unbekannten aus.

|       | $x_1$ | $x_2$ | $x_3$ | $x_4$ | $x_5$ | 1     |
|-------|-------|-------|-------|-------|-------|-------|
|       | $a_1$ | $b_1$ |       |       |       | $d_1$ |
|       | $c_1$ | $a_2$ | $b_2$ |       |       | $d_2$ |
|       |       | $c_2$ | $a_3$ | $b_3$ |       | $d_3$ |
|       |       |       | $c_3$ | $a_4$ | $b_4$ | $d_4$ |
|       |       |       |       | $c_4$ | $a_5$ | $d_5$ |

(1.109)

Wir setzen zunächst voraus, der Gauß-Algorithmus sei mit Diagonalpivotstrategie, d. h. ohne Zeilenvertauschungen durchführbar, weil $A$ beispielsweise diagonal dominant oder symmetrisch und positiv definit ist. Dann existiert also die Dreieckszerlegung $A = LR$, und man verifiziert leicht, daß $L$ eine bidiagonale Linksdreiecksmatrix und $R$ eine bidiagonale Rechtsdreiecksmatrix ist. Wir können deshalb für die Dreieckszerlegung direkt den Ansatz verwenden

$$\begin{pmatrix} a_1 & b_1 & & & \\ c_1 & a_2 & b_2 & & \\ & c_2 & a_3 & b_3 & \\ & & c_3 & a_4 & b_4 \\ & & & c_4 & a_5 \end{pmatrix} = \begin{pmatrix} 1 & & & & \\ l_1 & 1 & & & \\ & l_2 & 1 & & \\ & & l_3 & 1 & \\ & & & l_4 & 1 \end{pmatrix} \cdot \begin{pmatrix} m_1 & r_1 & & & \\ & m_2 & r_2 & & \\ & & m_3 & r_3 & \\ & & & m_4 & r_4 \\ & & & & m_5 \end{pmatrix},$$

(1.110)

und die unbekannten Größen $l_i, m_i, r_i$ durch Koeffizientenvergleich bestimmen. Man erhält die Bestimmungsgleichungen

$$\begin{aligned}
& & a_1 &= m_1, & b_1 &= r_1, \\
c_1 &= l_1 m_1, & a_2 &= l_1 r_1 + m_2, & b_2 &= r_2, \\
c_2 &= l_2 m_2, & a_3 &= l_2 r_2 + m_3, & b_3 &= r_3, \\
c_3 &= l_3 m_3, & a_4 &= l_3 r_3 + m_4, & b_4 &= r_4, \\
c_4 &= l_4 m_4, & a_5 &= l_4 r_4 + m_5.
\end{aligned} \qquad (1.111)$$

Aus (1.111) bestimmen sich die Unbekannten sukzessive in der Reihenfolge $m_1$; $r_1, l_1, m_2$; $r_2, l_2, m_3$; ...; $r_4, l_4, m_5$. Da $r_i = b_i$ für alle $i$ gilt, lautet der Algorithmus zur Zerlegung der tridiagonalen Matrix $A$ (1.109) für allgemeines $n$:

$$\boxed{\begin{aligned}
& m_1 = a_1 \\
& \text{für } i = 1, 2, \ldots, n-1: \\
& \quad l_i = c_i / m_i \\
& \quad m_{i+1} = a_{i+1} - l_i \times b_i
\end{aligned}} \qquad (1.112)$$

Das Vorwärtseinsetzen $Ly - d = 0$ läßt sich in der einfachen Rechenvorschrift zusammenfassen:

$$\boxed{\begin{aligned}
& y_1 = d_1 \\
& \text{für } i = 2, 3, \ldots, n: \\
& \quad y_i = d_i - l_{i-1} \times y_{i-1}
\end{aligned}} \qquad (1.113)$$

Das Rückwärtseinsetzen $Rx + y = 0$ lautet schließlich formelmäßig

$$\boxed{\begin{aligned}
& x_n = -y_n / m_n \\
& \text{für } i = n-1, n-2, \ldots, 1: \\
& \quad x_i = -(y_i + b_i \times x_{i+1}) / m_i
\end{aligned}} \qquad (1.114)$$

Ein Rechenprogramm zur Lösung eines tridiagonalen Gleichungssystems mit dem Gaußschen Algorithmus mit Diagonalstrategie besteht also im wesentlichen aus drei simplen Schleifenanweisungen. Die Zahl der wesentlichen Rechenoperationen beträgt für die drei Lösungsschritte insgesamt

$$\boxed{Z_{\text{Gauß}}^{(\text{trid})} = 2(n-1) + (n-1) + 1 + 2(n-1) = 5n - 4} \qquad (1.115)$$

Der Rechenaufwand ist somit nur proportional zur Zahl der Unbekannten. Selbst große tridiagonale Gleichungssysteme lassen sich mit relativ kleinem Rechenaufwand lösen.

Dasselbe gilt auch, falls der Gauß-Algorithmus mit Zeilenvertauschungen durchgeführt werden muß. Wir erklären das Prinzip wieder am System (1.109) und legen den Betrachtungen die relative Kolonnenmaximumstrategie zugrunde. Als Pivotelemente für den ersten Eliminationsschritt kommen nur die beiden Matrixelemente $a_1$ und $c_1$ in Betracht. Wir berechnen die beiden Hilfsgrößen

$$\alpha := |a_1| + |b_1|, \qquad \beta := |c_1| + |a_2| + |b_2|. \tag{1.116}$$

Falls $|a_1|/\alpha \geq |c_1|/\beta$ gilt, ist $a_1$ Pivotelement, andernfalls ist eine Zeilenvertauschung erforderlich. In diesem Fall entsteht an der Stelle (1,3) ein im allgemeinen von Null verschiedenes Element, das außerhalb des tridiagonalen Bandes zu liegen kommt. Um den Eliminationsschritt einheitlich beschreiben zu können, werden die folgenden Größen definiert.

$$\text{Falls } a_1 \text{ Pivot: } \begin{cases} r_1 := a_1, & s_1 := b_1, & t_1 := 0, & f_1 := d_1 \\ u := c_1, & v := a_2, & w := b_2, & z := d_2 \end{cases}$$
$$\text{Falls } c_1 \text{ Pivot: } \begin{cases} r_1 := c_1, & s_1 := a_2, & t_1 := b_2, & f_1 := d_2 \\ u := a_1, & v := b_1, & w := 0, & z := d_1 \end{cases} \tag{1.117}$$

Mit diesen Variablen erhält (1.109) die Gestalt

| $x_1$ | $x_2$ | $x_3$ | $x_4$ | $x_5$ | 1 |
|---|---|---|---|---|---|
| $r_1$ | $s_1$ | $t_1$ | | | $f_1$ |
| $u$ | $v$ | $w$ | | | $z$ |
| | $c_2$ | $a_3$ | $b_3$ | | $d_3$ |
| | | $c_3$ | $a_4$ | $b_4$ | $d_4$ |
| | | | $c_4$ | $a_5$ | $d_5$ |

(1.118)

Der erste Eliminationsschritt ergibt

| $x_1$ | $x_2$ | $x_3$ | $x_4$ | $x_5$ | 1 |
|---|---|---|---|---|---|
| $r_1$ | $s_1$ | $t_1$ | | | $f_1$ |
| $l_1$ | $a_2'$ | $b_2'$ | | | $d_2'$ |
| | $c_2$ | $a_3$ | $b_3$ | | $d_3$ |
| | | $c_3$ | $a_4$ | $b_4$ | $d_4$ |
| | | | $c_4$ | $a_5$ | $d_5$ |

(1.119)

mit den Zahlwerten

$$l_1 := u/r_1; \qquad a_2' := v - l_1 s_1, \qquad b_2' := w - l_1 t_1, \qquad d_2' := z - l_1 f_1. \tag{1.120}$$

Für das reduzierte System ergibt sich damit die gleiche Situation, denn die reduzierte Matrix ist wiederum tridiagonal. Die Überlegungen für den ersten Schritt lassen sich sinngemäß anwenden. Damit die Formeln (1.116) und (1.117) ihre Gültigkeit auch für den letzten $(n-1)$-ten Eliminationsschritt behalten, muß $b_n = 0$ vereinbart werden. Die konsequente Fortsetzung der Elimination führt zum Schlußschema

$$
\begin{array}{|ccccc|c|}
\hline
x_1 & x_2 & x_3 & x_4 & x_5 & 1 \\
\hline
r_1 & s_1 & t_1 & & & f_1 \\
l_1 & r_2 & s_2 & t_2 & & f_2 \\
 & l_2 & r_3 & s_3 & t_3 & f_3 \\
 & & l_3 & r_4 & s_4 & f_4 \\
 & & & l_4 & r_5 & f_5 \\
\hline
\end{array}
\tag{1.121}
$$

Der Gauß-Algorithmus für ein tridiagonales Gleichungssystem (1.109) unter Verwendung der relativen Kolonnenmaximumstrategie lautet auf Grund der Formeln (1.116), (1.117) und (1.120) unter Einschluß des Vorwärtseinsetzens:

$$
\begin{aligned}
&\text{für } i = 1, 2, \ldots, n-1: \\
&\quad \alpha = |a_i| + |b_i|;\ \beta = |c_i| + |a_{i+1}| + |b_{i+1}| \\
&\quad \text{falls } |a_i|/\alpha \geqslant |c_i|/\beta: \\
&\quad\quad r_i = a_i;\ s_i = b_i;\ t_i = 0;\ f_i = d_i; \\
&\quad\quad u = c_i;\ v = a_{i+1};\ w = b_{i+1};\ z = d_{i+1} \\
&\quad \text{sonst } r_i = c_i;\ s_i = a_{i+1};\ t_i = b_{i+1};\ f_i = d_{i+1}; \\
&\quad\quad u = a_i;\ v = b_i;\ w = 0;\ z = d_i \\
&\quad l_i = u/r_i;\ a_{i+1} = v - l_i \times s_i \\
&\quad b_{i+1} = w - l_i \times t_i;\ d_{i+1} = z - l_i \times f_i \\
&r_n = a_n;\ f_n = d_n
\end{aligned}
\tag{1.122}
$$

In der algorithmischen Beschreibung (1.122) sind die Bezeichnungen der Rechenschemata (1.118) und (1.121) verwendet worden. Da die Koeffizienten $a_i, b_i, c_{i-1}, d_i$, der gegebenen Gleichungen verändert werden, können in (1.122) die folgenden Variablen einander gleichgesetzt werden: $r_i = a_i$, $s_i = b_i$, $l_i = c_i$, $f_i = d_i$. Damit kann Speicherplatz gespart werden, und (1.122) kann etwas vereinfacht werden.

Die Unbekannten $x_i$ werden durch das Rückwärtseinsetzen geliefert, das wie folgt beschrieben werden kann:

$$
\begin{aligned}
&x_n = -f_n/r_n \\
&x_{n-1} = -(f_{n-1} + s_{n-1} \times x_n)/r_{n-1} \\
&\text{für } i = n-2, n-3, \ldots, 1: \\
&\quad x_i = -(f_i + s_i \times x_{i+1} + t_i \times x_{i+2})/r_i
\end{aligned}
\tag{1.123}
$$

Der totale Rechenaufwand an multiplikativen Operationen zur Auflösung eines allgemeinen tridiagonalen Gleichungssystems in $n$ Unbekannten beträgt unter Einschluß der beiden Divisionen für die Pivotbestimmung

$$Z_{\text{Gauß}}^{(\text{trid. allg})} = 5(n-1) + (n-1) + 3(n-1) = 9(n-1).$$

Im Vergleich zu (1.115) verdoppelt sich der Rechenaufwand etwa, falls eine Pivotierung notwendig ist. Die Linksdreiecksmatrix $L$ der Zerlegung $PA = LR$ ist zwar noch bidiagonal, aber $R$ ist eine Rechtsdreiecksmatrix, in der zwei obere Nebendiagonalen im allgemeinen von Null verschiedene Matrixelemente enthalten.

## 1.4 Austausch-Schritt und Inversion von Matrizen

Aus zwei Gründen betrachten wir noch eine grundlegende Operation der linearen Algebra. Erstens wird sie zu einem Rechenverfahren führen, welches die direkte und zweckmäßige Inversion von regulären quadratischen Matrizen erlaubt. Zweitens bildet die Operation die Grundlage für den im nächsten Kapitel zu entwickelnden Algorithmus.

### 1.4.1 Lineare Funktionen, Austausch

Wir betrachten allgemein $m$ lineare Funktionen $y_i$ in $n$ Variablen $x_k$

$$y_i = \sum_{k=1}^{n} a_{ik} x_k + b_i, \quad (i = 1, 2, \ldots, m), \tag{1.124}$$

die wir im konkreten Fall $m = 3$, $n = 4$ wieder in schematischer Weise aufschreiben.

|       | $x_1$    | $x_2$    | $x_3$    | $x_4$    | 1     |
|-------|----------|----------|----------|----------|-------|
| $y_1 =$ | $a_{11}$ | $a_{12}$ | $a_{13}$ | $a_{14}$ | $b_1$ |
| $y_2 =$ | $a_{21}$ | $a_{22}$ | $a_{23}$ | $a_{24}$ | $b_2$ |
| $y_3 =$ | $a_{31}$ | $a_{32}$ | $a_{33}$ | $a_{34}$ | $b_3$ |

(1.125)

Wir bezeichnen die $x_1, x_2, \ldots, x_n$ als die **unabhängigen Variablen** und die $y_1, y_2, \ldots, y_m$ als die **abhängigen Variablen**.
In (1.124) betrachten wir jetzt die $p$-te lineare Funktion. Unter der Voraussetzung, daß $a_{pq} \neq 0$ ist, können wir nach der Variablen $x_q$ auflösen und den so erhaltenen Ausdruck in allen andern linearen Funktionen einsetzen.

$$x_q = \frac{1}{a_{pq}} y_p - \sum_{\substack{k=1 \\ k \neq q}}^{n} \frac{a_{pk}}{a_{pq}} x_k - \frac{b_p}{a_{pq}} \tag{1.126}$$

$$y_i = \frac{a_{iq}}{a_{pq}} y_p + \sum_{\substack{k=1 \\ k \neq q}}^{n} \left( a_{ik} - \frac{a_{iq} a_{pk}}{a_{pq}} \right) x_k + \left( b_i - \frac{a_{iq} b_p}{a_{pq}} \right), \quad (i \neq p) \tag{1.127}$$

# 1 Lineare Gleichungssysteme, direkte Methoden

Mit (1.126) und (1.127) ergeben sich $m$ neue lineare Funktionen, in denen offensichtlich $y_p$ die Rolle einer unabhängigen und $x_q$ die Rolle einer abhängigen Variablen einnehmen. Da in diesem Sinn die Variablen $x_q$ und $y_p$ ausgetauscht worden sind, bezeichnen wir die algebraische Operation als einen **Austausch-Schritt**, kurz AT-Schritt. Die neuen linearen Funktionen (1.126) und (1.127) fassen wir in Analogie zum vorhergehenden Schema (1.125) in einem weiteren Schema zusammen. Falls wir konkret $p=2$, $q=3$ wählen, resultiert aus (1.125)

$$
\begin{array}{c|cccc|c}
 & x_1 & x_2 & y_2 & x_4 & 1 \\
\hline
y_1 = & a'_{11} & a'_{12} & a'_{13} & a'_{14} & b'_1 \\
x_3 = & a'_{21} & a'_{22} & a'_{23} & a'_{24} & b'_2 \\
y_3 = & a'_{31} & a'_{32} & a'_{33} & a'_{34} & b'_3
\end{array}
\tag{1.128}
$$

Die Elemente des neuen Schemas sind definiert durch

$$
\begin{aligned}
a'_{pq} &= \frac{1}{a_{pq}} \\
a'_{pk} &= -\frac{a_{pk}}{a_{pq}}, \quad (k \neq q); \qquad b'_p = -\frac{b_p}{a_{pq}} \\
a'_{iq} &= \frac{a_{iq}}{a_{pq}}, \quad (i \neq p) \\
a'_{ik} &= a_{ik} - \frac{a_{iq} a_{pk}}{a_{pq}} = a_{ik} + a_{iq} a'_{pk}, \quad (i \neq p, k \neq q) \\
b'_i &= b_i - \frac{a_{iq} b_p}{a_{pq}} = b_i + a_{iq} b'_p, \quad (i \neq p)
\end{aligned}
\tag{1.129}
$$

Das Element $a_{pq}$, in welchem sich in (1.125) die $y$-Zeile und $x$-Kolonne der auszutauschenden Variablen kreuzen, heißt **Pivotelement**. Die betreffende $y$-Zeile nennt man **Pivotzeile** und die zugehörige $x$-Kolonne **Pivotkolonne**. Die Formeln (1.129) für einen AT-Schritt fassen wir zusammen in der

**Rechenregel**

1. *Das Pivotelement geht in seinen reziproken Wert über.*
2. *Die übrigen Elemente der Pivotzeile sind durch das Pivotelement zu dividieren und mit dem entgegengesetzten Vorzeichen zu versehen.*
3. *Die übrigen Elemente der Pivotkolonne sind durch das Pivotelement zu dividieren.*
4. *Ein Element im Rest des Schemas berechnet sich, indem man zu ihm das Produkt addiert, gebildet aus dem in der gleichen Zeile stehenden Element der Pivotkolonne und dem* neuen *in der gleichen Kolonne stehenden Elemente der Pivotzeile.*

## 1.4 Austausch-Schritt und Inversion von Matrizen

**Beispiel 1.11** In den folgenden linearen Funktionen führen wir einen Austausch durch mit dem Pivot $a_{32}$.

|        | $x_1$ | $\underline{x_2}$ | $x_3$ | 1   |     |        | $x_1$ | $y_3$ | $x_3$ | 1  |
|--------|-------|-------|-------|-----|-----|--------|-------|-------|-------|----|
| $y_1 =$ | 3     | $\underline{7}$     | 4     | $-13$ |     | $y_1 =$ | 6.5   | 3.5   | $-6.5$  | 8  |
| $y_2 =$ | $-5$    | $\underline{4}$     | 5     | 2   | $\to$ | $y_2 =$ | $-3$    | 2     | $-1$    | 14 |
| $\underline{y_3} =$ | $\underline{-1}$  | $\underline{2}$     | $\underline{3}$     | $\underline{-6}$  |     | $x_2 =$ | 0.5   | 0.5   | $-1.5$  | 3  |
|        | 0.5   | $-1.5$  | 3     |     |     |        |       |       |       |    |

Die Elemente der Pivotzeile und Pivotkolonne sowie die auszutauschenden Variablen sind durch Unterstreichen hervorgehoben, um die Anwendung der Rechenregel zu vereinfachen. Aus dem gleichen Grund wurde unter das gegebene Schema die neue Pivotzeile (unter Weglassung des Elementes in der Pivotkolonne) als sogenannte **Kellerzeile** geschrieben. △

### 1.4.2 Matrizeninversion

Die Inversion einer regulären, quadratischen Matrix $A \in \mathbb{R}^{n \times n}$ entspricht der Aufgabe, gegebene $n$ **Linearformen** in $n$ Variablen

$$y_i = \sum_{k=1}^n a_{ik} x_k, \quad (i = 1, 2, \ldots, n) \quad \text{oder} \quad y = Ax \tag{1.130}$$

nach den unabhängigen Variablen $x_k$ aufzulösen, so daß gilt

$$x_i = \sum_{k=1}^n \alpha_{ik} y_k, \quad (i = 1, 2, \ldots, n) \quad \text{oder} \quad x = A^{-1} y. \tag{1.131}$$

Mit dem AT-Schritt steht uns ein Werkzeug zur Verfügung, die gestellte Aufgabe durch eine Folge von geeigneten AT-Schritten zu lösen, von denen jeder eine unabhängige $x$-Variable gegen eine abhängige $y$-Variable austauscht.

**Beispiel 1.12** Es soll die Matrix

$$A = \begin{pmatrix} -3 & 5 & -4 \\ 2 & -6 & 12 \\ 1 & -2 & 2 \end{pmatrix}$$

invertiert werden. Drei aufeinanderfolgende AT-Schritte werden das gewünschte Ergebnis liefern, wobei mit fortschreitender Rechnung die Wahl des Pivotelementes auf die verbleibenden $y$-Zeilen und $x$-Kolonnen eingeschränkt wird. Im letzten AT-Schritt ist das Pivotelement sogar eindeutig festgelegt.

|        | $\underline{x_1}$ | $x_2$ | $x_3$ |     |        | $y_3$ | $\underline{x_2}$ | $x_3$ |
|--------|-------|-------|-------|-----|--------|-------|-------|-------|
| $y_1 =$ | $\underline{-3}$    | 5     | $-4$    |     | $y_1 =$ | $-3$    | $\underline{-1}$    | 2     |
| $y_2 =$ | $\underline{2}$     | $-6$    | 12    |     | $y_2 =$ | 2     | $\underline{-2}$    | 8     |
| $\underline{y_3} =$ | $\underline{1}$     | $-2$    | 2     |     | $x_1 =$ | 1     | $\underline{2}$     | $-2$    |
|        |       | 2     | $-2$    |     |        | $-3$    |       | 2     |

# 1 Lineare Gleichungssysteme, direkte Methoden

$$
\begin{array}{c|ccc}
 & y_3 & y_1 & \underline{x_3} \\
\hline
x_2 = & -3 & -1 & \underline{2} \\
\underline{y_2} = & \underline{8} & 2 & 4 \\
x_1 = & -5 & -2 & \underline{2} \\
\hline
 & -2 & -0.5 &
\end{array}
\qquad
\begin{array}{c|ccc}
 & y_3 & y_1 & y_2 \\
\hline
x_2 = & -7 & -2 & 0.5 \\
x_3 = & -2 & -0.5 & 0.25 \\
x_1 = & -9 & -3 & 0.5
\end{array}
$$

Nach Umordnen der Zeilen und Kolonnen liest man aus dem letzten Schema die inverse Matrix $A^{-1}$ ab.

$$A^{-1} = \begin{pmatrix} -3 & 0.5 & -9 \\ -2 & 0.5 & -7 \\ -0.5 & 0.25 & -2 \end{pmatrix}$$
△

Das skizzierte Verfahren ist für reguläre Matrizen stets durchführbar, denn es gilt der

**Satz 1.13** *Für eine reguläre Matrix $A \in \mathbb{R}^{n \times n}$ existiert im k-ten AT-Schritt des Inversionsprozesses ein Pivotelement in der k-ten Kolonne.*

Beweis. Die Operationen der AT-Schritte können mit denjenigen des Gaußschen Algorithmus in Verbindung gebracht werden, so daß jene Ergebnisse anwendbar werden. Für den ersten AT-Schritt ist die Aussage klar, denn andernfalls enthielte die gegebene Matrix $A$ eine verschwindende erste Kolonne und wäre entgegen der Voraussetzung singulär. Durch eine Zeilenvertauschung kann an der Stelle $(1, 1)$ ein von Null verschiedenes Pivotelement erhalten werden. Der AT-Schritt ist mit $a_{11}$ als Pivot durchführbar. Die Elemente außerhalb der Pivotkolonne und Pivotzeile transformieren sich gemäß (1.129) genau gleich wie die Matrixelemente der reduzierten Gleichungen (1.6). Deshalb existiert nach Satz 1.2 für den zweiten AT-Schritt in der zweiten Kolonne innerhalb der letzten $(n-1)$ Elemente ein von Null verschiedenes Pivotelement. Nach einer eventuellen Zeilenvertauschung und ausgeführtem zweiten AT-Schritt ist die Betrachtung in Analogie fortzusetzen. □

Auf Grund der Verwandtschaft des AT-Verfahrens zur Inversion einer Matrix mit dem Gauß-Algorithmus sind die dort entwickelten Pivotstrategien genauso anwendbar. Die Bestimmung des Pivotelementes wird in einem Rechenprogramm vereinfacht, falls die Zeilenvertauschungen wie im Gaußschen Algorithmus ausgeführt werden. Am Schluß des Prozesses stehen die $x$-Variablen am linken Rand zwar in der richtigen Reihenfolge, nicht aber die $y$-Variablen am oberen Rand. Man erhält nämlich die Inverse $B$ der zeilenvertauschten Matrix $PA$. Bezeichnen wir mit $P_k$ die Permutationsmatrix, welche die Zeilenvertauschung vor dem $k$-ten AT-Schritt beschreibt, dann gelten

$$B = (P_{n-1}P_{n-2} \ldots P_2 P_1 A)^{-1} = A^{-1} P_1^{-1} P_2^{-2} \ldots P_{n-2}^{-1} P_{n-1}^{-1},$$
$$A^{-1} = B P_{n-1} P_{n-2} \ldots P_2 P_1.$$

Folglich sind die ausgeführten Zeilenvertauschungen in umgekehrter Reihenfolge auf die Kolonnen von $B$ anzuwenden, um $A^{-1}$ zu erhalten. Da man die einzelnen AT-Schritte auf dem Platz von $A$ ausführt, ist die Reihenfolge der Operationen der

Rechenregel so zu ändern, daß die benötigten Zahlwerte noch verfügbar sind. Die Information über erfolgte Zeilenvertauschungen wird wie im Gauß-Algorithmus (1.43) im Vektor $p \in \mathbb{R}^n$ aufgebaut. Die detaillierte Beschreibung der Inversion einer regulären Matrix $A \in \mathbb{R}^{n \times n}$ lautet mit diesen Erklärungen:

$$
\begin{aligned}
&\text{für } k = 1, 2, \ldots, n: \\
&\quad \max = 0; p_k = 0 \\
&\quad \text{für } i = k, k+1, \ldots, n: \\
&\qquad s = 0 \\
&\qquad \text{für } j = k, k+1, \ldots, n: \\
&\qquad\quad s = s + |a_{ij}| \\
&\qquad q = |a_{ik}|/s \\
&\qquad \text{falls } q > \max: \\
&\qquad\quad \max = q; p_k = i \\
&\quad \text{falls } \max = 0: \text{STOP} \\
&\quad \text{falls } p_k \neq k: \\
&\qquad \text{für } j = 1, 2, \ldots, n: \\
&\qquad\quad h = a_{kj}; a_{kj} = a_{p_k,j}; a_{p_k,j} = h \\
&\quad \text{pivot} = a_{kk} \\
&\quad \text{für } j = 1, 2, \ldots, n: \\
&\qquad \text{falls } j \neq k: \\
&\qquad\quad a_{kj} = -a_{kj}/\text{pivot} \\
&\qquad\quad \text{für } i = 1, 2, \ldots, n: \\
&\qquad\qquad \text{falls } i \neq k: a_{ij} = a_{ij} + a_{ik} \times a_{kj} \\
&\quad \text{für } i = 1, 2, \ldots, n: \\
&\qquad a_{ik} = a_{ik}/\text{pivot} \\
&\quad a_{kk} = 1/\text{pivot} \\
&\text{für } k = n-1, n-2, \ldots, 1: \\
&\quad \text{falls } p_k \neq k: \\
&\qquad \text{für } i = 1, 2, \ldots, n: \\
&\qquad\quad h = a_{ik}; a_{ik} = a_{i,p_k}; a_{i,p_k} = h
\end{aligned}
\qquad (1.132)
$$

Da ein einzelner AT-Schritt für $n$ Linearformen in $n$ Variablen $n^2$ multiplikative Operationen erfordert, beträgt der totale Aufwand zur Inversion einer regulären

Matrix $A \in \mathbb{R}^{n \times n}$

$$Z_{\text{Inv}}^{(\text{AT})} = n^3 \qquad (1.133)$$

wesentliche Operationen.

## 1.5 Aufgaben

**1.1** Man löse mit dem Gauß-Algorithmus

$$2x_1 - 4x_2 + 6x_3 - 2x_4 - 3 = 0$$
$$3x_1 - 6x_2 + 10x_3 - 4x_4 + 2 = 0$$
$$x_1 + 3x_2 + 13x_3 - 6x_4 - 3 = 0$$
$$5x_2 + 11x_3 - 6x_4 + 5 = 0.$$

Wie lautet die LR-Zerlegung der Systemmatrix?

**1.2** Das lineare Gleichungssystem

$$6.22x_1 + 1.42x_2 - 1.72x_3 + 1.91x_4 - 7.53 = 0$$
$$1.44x_1 + 5.33x_2 + 1.11x_3 - 1.82x_4 - 6.06 = 0$$
$$1.59x_1 - 1.23x_2 - 5.24x_3 - 1.42x_4 + 8.05 = 0$$
$$1.75x_1 - 1.69x_2 + 1.57x_3 + 6.55x_4 - 8.10 = 0$$

ist unter Ausnützung der diagonalen Dominanz mit dem Gauß-Algorithmus bei fünfstelliger Rechnung zu lösen.

**1.3** Man berechne den Wert von folgender Determinante

$$\begin{vmatrix} 0.596 & 0.497 & 0.263 \\ 4.07 & 3.21 & 1.39 \\ 0.297 & 0.402 & 0.516 \end{vmatrix}.$$

a) Auf Grund der Definitionsgleichung (Regel von Sarrus) zuerst mit voller Rechengenauigkeit und dann dreistellig. Im zweiten Fall hängt das numerische Ergebnis von der Reihenfolge der Operationen ab. Um das unterschiedliche Resultat erklären zu können, sind alle Zwischenergebnisse zu vergleichen.

b) Mit dem Gauß-Algorithmus bei dreistelliger Rechnung unter Verwendung der Diagonalstrategie und der relativen Kolonnenmaximumstrategie.

**1.4** Das lineare Gleichungssystem

$$10x_1 + 14x_2 + 11x_3 - 1 = 0$$
$$13x_1 - 66x_2 + 14x_3 - 1 = 0$$
$$11x_1 - 13x_2 + 12x_3 - 1 = 0.$$

ist mit dem Gauß-Algorithmus und relativer Kolonnenmaximumstrategie bei fünfstelliger Rechnung zu lösen. Wie lauten die Permutationsmatrix $P$ und die Matrizen $L$ und $R$ der

Zerlegung? Mit den mit höherer Genauigkeit berechneten Residuen führe man einen Schritt der Nachiteration durch. Wie groß sind die Konditionszahlen der Systemmatrix $A$ für die Gesamtnorm, die Zeilensummennorm und die Frobeniusnorm?

**1.5** Man zeige die Submultiplikativität $\|AB\|_F \leq \|A\|_F \|B\|_F$ der Frobeniusnorm.

**1.6** Es ist zu verifizieren, daß sowohl die Frobeniusnorm als auch die Gesamtnorm mit der euklidischen Vektornorm kompatibel sind.

**1.7** Welches ist die der $L_1$-Vektornorm (1.61) zugeordnete Matrixnorm?

**1.8** Man zeige, daß für die Konditionszahlen folgende Beziehungen gelten:

a) $\quad \varkappa(AB) \leq \varkappa(A)\varkappa(B) \quad$ für alle Matrizennormen;

b) $\quad \varkappa(cA) = \varkappa(A) \quad$ für alle $c \in \mathbb{R}$;

c) $\quad \varkappa_2(U) = 1 \quad$ für eine orthogonale Matrix $U$;

d) $\quad \varkappa_2(A) \leq \varkappa_F(A) \leq \varkappa_G(A) \leq n^2 \varkappa_\infty(A)$;

e) $\quad \varkappa_2(UA) = \varkappa_2(A), \quad$ falls $U$ eine orthogonale Matrix ist.

**1.9** Das Gleichungssystem

$$5x_1 + 7x_2 + 6x_3 + 5x_4 - 12 = 0$$
$$7x_1 + 10x_2 + 8x_3 + 7x_4 - 19 = 0$$
$$6x_1 + 8x_2 + 10x_3 + 9x_4 - 17 = 0$$
$$5x_1 + 7x_2 + 9x_3 + 10x_4 - 25 = 0$$

mit symmetrischer und positiv definiter Matrix $A$ soll mit dem Gauß-Algorithmus (Diagonalstrategie und Kolonnenmaximumstrategie) und nach der Methode von Cholesky bei fünfstelliger Rechnung gelöst werden. Nachiteration der Lösung und Bestimmung der Konditionszahl von $A$ zur qualitativen Erklärung der gemachten Feststellungen.

**1.10** Welche der symmetrischen Matrizen

$$A = \begin{pmatrix} 2 & -1 & 0 & -2 \\ -1 & 3 & -2 & 4 \\ 0 & -2 & 4 & -3 \\ -2 & 4 & -3 & 5 \end{pmatrix}, \quad B = \begin{pmatrix} 4 & -2 & 4 & -6 \\ -2 & 2 & -2 & 5 \\ 4 & -2 & 13 & -18 \\ -6 & 5 & -18 & 33 \end{pmatrix}$$

ist positiv definit?

**1.11** Man zeige, daß die Hilbertmatrix

$$H := \begin{pmatrix} 1 & 1/2 & 1/3 & 1/4 & \cdots \\ 1/2 & 1/3 & 1/4 & 1/5 & \cdots \\ 1/3 & 1/4 & 1/5 & 1/6 & \cdots \\ 1/4 & 1/5 & 1/6 & 1/7 & \cdots \\ \vdots & \vdots & \vdots & \vdots & \end{pmatrix} \in \mathbb{R}^{n \times n}, \quad h_{ik} = \frac{1}{i+k-1}$$

für beliebige Ordnung $n$ positiv definit ist. Dann berechne man ihre Inverse für $n = 3, 4, 5, \ldots, 12$, welche ganzzahlige Matrixelemente besitzt, mit der Methode von Cholesky und dem Austauschverfahren. Daraus bestimme man das Wachstum der Konditionszahl $\varkappa(H)$ für zunehmendes $n$. Mit Verfahren von Kapitel 6 ermittle man die Konditionszahl $\varkappa_2(H)$.

**1.12** Das symmetrische, tridiagonale System

$$-0.24x_1 + 1.76x_2 \qquad\qquad\qquad\qquad\qquad - 1.28 = 0$$
$$-1.05x_1 + 1.26x_2 - 0.69x_3 \qquad\qquad\qquad - 0.48 = 0$$
$$1.12x_2 - 2.12x_3 + 0.76x_4 \qquad\qquad\qquad - 1.16 = 0$$
$$1.34x_3 + 0.36x_4 - 0.30x_5 \qquad\qquad + 0.46 = 0$$
$$1.29x_4 + 1.05x_5 + 0.66x_6 + 0.66 = 0$$
$$0.96x_5 + 2.04x_6 + 0.57 = 0$$

ist mit der relativen Kolonnenmaximumstrategie und fünfstelliger Rechnung zu lösen. Welches sind die Matrizen $L$ und $R$ der zeilenpermutierten Matrix $A$ des Systems?

# 2 Lineare Optimierung

Ein Zweig der linearen Algebra befaßt sich mit der Lösung einer speziellen Klasse von Extremalaufgaben, die darin bestehen, eine lineare Funktion in mehreren Variablen extremal zu machen, wobei die Variablen linearen Ungleichungen zu genügen haben. Dies ist eine typische mathematische Problemstellung der Verfahrensforschung oder des Operations Research, Prozesse oder Vorgänge in einem bestimmten Sinn optimal zu gestalten. In der Regel soll aus einer Konfliktsituation unter Berücksichtigung von einschränkenden Bedingungen das Beste herausgeholt werden. Im folgenden werden wir uns auf eine grundlegende Behandlung von einfachen Aufgabenstellungen der linearen Programmierung beschränken und verweisen für ausführlichere Darstellungen auf [BlO75, CoW71, Dan66, Dar91, Gas84, GlG78, Kal76, KTZ67, Str89].

## 2.1 Einführungsbeispiele, graphische Lösung

Mit zwei einfachen, durchsichtigen Beispielen soll einerseits die Aufgabenstellung der linearen Optimierung dargelegt und andererseits anhand ihrer graphischen Lösung die Motivation für das anschließend zu entwickelnde Rechenverfahren gegeben werden.

**Beispiel 2.1** Wir betrachten das Produktionsproblem, wie es sich für den Besitzer einer kleinen Schuhfabrik stellen kann. Er will je ein Modell eines Damenschuhs und eines Herrenschuhs herstellen. Seine Belegschaft von 40 Angestellten und der Maschinenpark von 10 Maschinen sollen optimal so eingesetzt werden, daß der Gewinn aus der Produktion maximal wird. Die Herstellung der Schuhe unterliegt bestimmten (stark vereinfachten) Nebenbedingungen, welche die monatlich zur Verfügung stehende Zahl der Arbeitsstunden und der Maschinenstunden, sowie die in diesem Zeitraum verfügbare Menge des Leders betreffen. Die Annahmen sind in Tab. 2.1 enthalten.

Tab. 2.1 Angaben zum Produktionsproblem

|  | Damenschuh | Herrenschuh | verfügbar |
|---|---|---|---|
| Herstellungszeit [h] | 20 | 10 | 8000 |
| Maschinenbearbeitung [h] | 4 | 5 | 2000 |
| Lederbedarf [dm$^2$] | 6 | 15 | 4500 |
| Reingewinn [Fr] | 16 | 32 | − |

## 2 Lineare Optimierung

Die Wahl der Unbekannten liegt hier auf der Hand, nämlich

$x_1$ = Zahl der produzierten Damenschuhe,

$x_2$ = Zahl der produzierten Herrenschuhe.

Die Optimierungsaufgabe besitzt die mathematische Formulierung

$$\begin{aligned} 20x_1 + 10x_2 &\leqslant 8000 \\ 4x_1 + 5x_2 &\leqslant 2000 \\ 6x_1 + 15x_2 &\leqslant 4500 \\ x_1 &\geqslant 0 \\ x_2 &\geqslant 0 \\ 16x_1 + 32x_2 &= \text{Max!} \end{aligned} \quad (2.1)$$

Die ersten drei Ungleichungen von (2.1) berücksichtigen die zu beachtenden Nebenbedingungen, welche die verfügbaren Kapazitäten betreffen, und die beiden weiteren Ungleichungen bringen zum Ausdruck, daß die Zahl der produzierten Schuhe nicht negativ sein kann. Die letzte Forderung enthält die Aussage über den zu maximierenden Gewinn. Das System (2.1) stellt eine Optimierungsaufgabe dar, in welcher eine lineare **Zielfunktion** zu maximieren ist unter der Nebenbedingung, daß die Unbekannten bestimmte lineare Ungleichungen erfüllen müssen. Die Problemstellung (2.1) nennt man ein **lineares Programm**.

Die systematische rechnerische Lösung eines linearen Programms erfordert eine einheitliche Formulierung aller Nebenbedingungen in der Form, daß lineare Ausdrücke größer oder gleich Null sein sollen. Gleichzeitig führen wir für die ersten drei linearen Funktionen die abhängigen Variablen $y_1, y_2, y_3$ ein. Wenn wir die zu maximierende Zielfunktion mit $z$ bezeichnen, erhalten wir das zu (2.1) äquivalente lineare Programm

$$\boxed{\begin{aligned} y_1 &= -20x_1 - 10x_2 + 8000 \geqslant 0 \\ y_2 &= -4x_1 - 5x_2 + 2000 \geqslant 0 \\ y_3 &= -6x_1 - 15x_2 + 4500 \geqslant 0 \\ x_1 &\geqslant 0 \\ x_2 &\geqslant 0 \\ z &= 16x_1 + 32x_2 = \text{Max!} \end{aligned}} \quad (2.2)$$

Die Nebenbedingungen von (2.2), unter denen die Zielfunktion zu maximieren ist, verlangen, daß sowohl die unabhängigen Variablen $x_i$, das sind die eigentlichen Unbekannten des Problems, als auch die abhängigen Variablen $y_k$ nur nichtnegative Werte annehmen dürfen.

Da das lineare Programm (2.2) nur zwei Unbekannte enthält, kann es graphisch in der $(x_1, x_2)$-Ebene gelöst werden. Die Menge der Punkte $P(x_1, x_2)$ mit den Koordinaten $x_1, x_2$, welche eine lineare Ungleichung in den zwei Variablen $x_1$ und $x_2$ von der Form

$$y = ax_1 + bx_2 + c \geqslant 0 \quad (2.3)$$

erfüllen, besteht aus einer Halbebene einschließlich des Randes in der $(x_1, x_2)$-Ebene. Der Rand der Halbebene ist durch die Gleichung der Geraden $y = ax_1 + bx_2 + c = 0$ gegeben. Die zu einer gegebenen Ungleichung gehörende Halbebene ermittelt man nach Bestimmung ihres Randes praktisch so, daß man mit den Koordinaten $x_1, x_2$ eines nicht auf dem Rand liegenden speziellen Punktes, beispielsweise des Koordinatenursprungs, das Erfülltsein der Ungleichung (2.3) prüft. Die fünf Ungleichungen von (2.2) definieren auf diese Weise fünf Halbebenen, deren Ränder in Fig. 2.1 entsprechend angeschrieben sind. Ein Punkt $P$ mit Koordinaten $x_1, x_2$ heißt zulässig für das lineare Programm (2.2), falls alle Ungleichungen erfüllt sind. Ein zulässiger Punkt muß demzufolge dem Durchschnitt der fünf Halbebenen angehören, d. h. dem in Fig. 2.1 schraffierten zulässigen Bereich. Im Fall von zwei Unbekannten ist der zulässige Bereich als Durchschnitt von (konvexen) Halbebenen stets ein konvexes Polygon. Der gesuchte Lösungspunkt des linearen Programms muß im Inneren oder auf dem Rand des zulässigen Bereichs liegen.

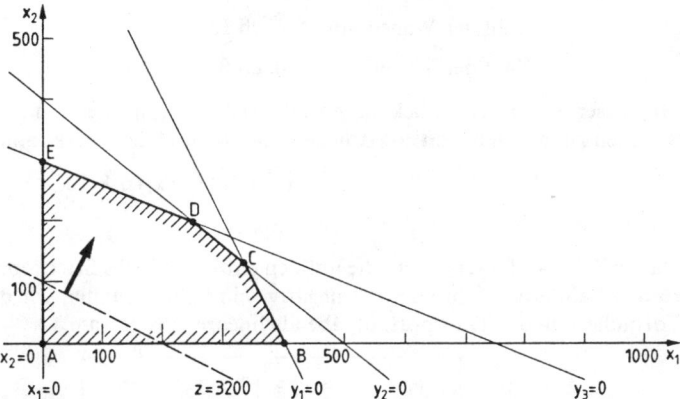

Fig. 2.1
Graphische Lösung des linearen Programms (2.2)

Die Zielfunktion ist eine lineare Funktion der beiden Variablen $x_1$ und $x_2$, und ihre Niveaulinien $z = \text{const}$ bestehen aus einer Schar von parallelen Geraden. In Fig. 2.1 ist die Niveaulinie $z = 3200$ eingezeichnet, und der Pfeil gibt die Richtung an, in welcher der Wert von $z$ zunimmt. Die Zielfunktion nimmt ihren maximalen Wert unter allen zulässigen Punkten offenbar im Punkt $D$ an, welcher von der eingezeichneten Niveaulinie in Pfeilrichtung den größten Abstand hat. Der Lösungspunkt des linearen Programms (2.2) ist eine Ecke des zulässigen Bereichs. Bei einer Produktion von $x_1 = 250$ Damenschuhen und $x_2 = 200$ Herrenschuhen ist der erzielte Gewinn $z_{\max} = 10400$ Fr maximal.

Aus der graphischen Lösung nach Fig. 2.1 entnehmen wir die zusätzliche Information, daß der Lösungspunkt $D$ mit $y_2 = 0$ und $y_3 = 0$ auf dem Rand der durch $y_2 \geqslant 0$ und $y_3 \geqslant 0$ gekennzeichneten Halbebenen liegt, währenddem $y_1 > 0$ gilt. Für die konkrete Aufgabenstellung bedeutet dieses Ergebnis, daß die verfügbare Maschinenbearbeitungszeit und Ledermenge bei der optimalen Produktion aufgebraucht sind, während die vorhandene Kapazität an Arbeitsstunden nicht ausgeschöpft ist, denn es ist $y_1 = 1000$. Die beiden erstgenannten Nebenbedingungen bezeichnet man als die wesentlichen Restriktionen, da sie die bestmögliche Produktion bestimmen. △

**Beispiel 2.2** Wir betrachten eine typische Aufgabe, die sich einer Transportunternehmung stellt. In zwei Rangierbahnhöfen A und B stehen 18 bzw. 12 leere Güterwagen. In den drei Bahnhöfen R, S und T werden 11, 10 bzw. 9 Güterwagen zum Verladen von Waren benötigt. Die Distanzen in km von den Rangierbahnhöfen zu den Bahnhöfen sind in Tab. 2.2 angegeben. Die Güterwagen sind so zu leiten, daß die totale Anzahl der durchfahrenen Leerkilometer minimal ist.

## 2 Lineare Optimierung

Tab. 2.2 Distanzentabelle

|   | R | S | T |
|---|---|---|---|
| A | 5 | 4 | 9 |
| B | 7 | 8 | 10 |

Zur mathematischen Formulierung des Problems ist zu beachten, daß die Anzahl der total benötigten Wagen gleich derjenigen der verfügbaren ist. Deshalb genügen zwei Unbekannte. Aus den zahlreichen Möglichkeiten setzen wir sie wie folgt fest:

$x_1$ = Zahl der Wagen von A nach R

$x_2$ = Zahl der Wagen von A nach S

Mit dieser Wahl der Unbekannten läßt sich die Zahl der Güterwagen, die auf den andern Strecken zu fahren haben, ausdrücken. Die Anzahl der Leerkilometer ist dann gegeben durch

$$z = 5x_1 + 4x_2 + 9(18 - x_1 - x_2) + 7(11 - x_1) + 8(10 - x_2) + 10(x_1 + x_2 - 9)$$
$$= -x_1 - 3x_2 + 229.$$

Da die Zahl der Güterwagen, die auf den einzelnen sechs Strecken von den Rangierbahnhöfen zu den Bahnhöfen fahren, nicht negativ sein kann, erhalten wir die folgende mathematische Formulierung der Transportaufgabe als lineares Programm.

$$\begin{array}{ll} A \to T: & y_1 = -x_1 - x_2 + 18 \geqslant 0 \\ B \to R: & y_2 = -x_1 \phantom{- x_2} + 11 \geqslant 0 \\ B \to S: & y_3 = \phantom{-x_1} - x_2 + 10 \geqslant 0 \\ B \to T: & y_4 = x_1 + x_2 - 9 \geqslant 0 \\ A \to R: & \phantom{y_4 =} x_1 \phantom{+ x_2 - 9} \geqslant 0 \\ A \to S: & \phantom{y_4 = x_1 +} x_2 \phantom{- 9} \geqslant 0 \\ & z = -x_1 - 3x_2 + 229 = \text{Min}! \end{array} \qquad (2.4)$$

Im linearen Programm (2.4) sind bereits die abhängigen Variablen $y_1$ bis $y_4$ eingeführt worden. Die graphische Lösung von (2.4) ist in der Fig. 2.2 ausgeführt. Die sechs Ungleichungen definieren sechs Halbebenen, deren Durchschnitt den schraffierten zulässigen Bereich ergeben. In Fig. 2.2 ist weiter die Niveaulinie der Zielfunktion für $z = 226$ eingetragen, und der Pfeil weist in der Richtung, in welcher der Wert von $z$ abnimmt. Der Lösungspunkt des linearen Programms (2.4) ist jene Ecke L des zulässigen Bereichs, welche von der eingezeichneten Niveaulinie in Pfeilrichtung den größten Abstand hat. Somit sind $x_1 = 8$ Wagen von A nach R, $x_2 = 10$ Wagen nach A nach S, $y_1 = 0$ Wagen von A nach T, $y_2 = 3$ Wagen von B nach R, $y_3 = 0$ Wagen von B nach S und $y_4 = 9$ Wagen von B nach T fahren zu lassen bei einer minimalen Zahl der Leerkilometer von $z_{\text{min}} = 191$ km. △

Die beiden Beispiele haben die gemeinsame Eigenschaft, daß der Lösungspunkt eine **Ecke** des zulässigen Bereichs ist. Die Lösungen der linearen Programme sind in beiden Fällen eindeutig durch die betreffende Ecke bestimmt. Dies trifft in der Regel für allgemeine lineare Programme mit zwei Unbekannten zu. Diese Tatsache kann auch

## 2.1 Einführungsbeispiele, graphische Lösung

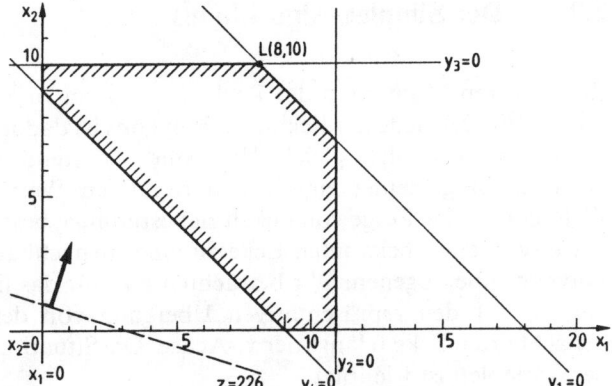

Fig. 2.2
Graphische Lösung
der Transportaufgabe

im Fall von drei Unbekannten auf anschauliche Art bestätigt werden, denn der zulässige Bereich besteht dann aus einem konvexen Polyeder des dreidimensionalen Raumes, dessen Begrenzungsflächen durch diejenigen Ebenen gegeben sind, die sich durch die Bedingungen des Verschwindens der unabhängigen Variablen $x_i$ und der abhängigen Variablen $y_k$ ergeben. Die Niveauflächen $z = \text{const}$ bestehen jetzt aus parallelen Ebenen, und der Lösungspunkt wird in der Regel eine Ecke des Polyeders sein.

Falls aber die Niveaugeraden $z = \text{const}$ parallel zu einer Begrenzungsgeraden sind, kann in offensichtlicher Weise eine ganze Kante des Polygons zur Lösungsmenge eines linearen Programms werden, da die Zielfunktion für alle Punkte der Kante denselben extremalen Wert annimmt. Die Lösung ist in diesem Fall nicht eindeutig. Jedoch sind die beiden Endpunkte der Kante als Ecken des Polygons zwei spezielle Lösungspunkte des linearen Programms. Jeder weitere Punkt der Lösungsmenge ist dann als sogenannte konvexe Linearkombination der beiden Endpunkte darstellbar. In Analogie dazu kann bei drei Unbekannten die Lösungsmenge entweder aus einer Kante oder allgemeiner aus dem Rand und dem Innern eines konvexen Polygons der Oberfläche des Polyeders bestehen. Der letzte Fall tritt dann ein, falls die Niveauflächen $z = \text{const}$ parallel zu einer der Begrenzungsflächen des Polyeders sind. Auf jeden Fall sind die Ecken des Polygons spezielle Lösungspunkte des linearen Programms, aus denen jeder weitere Punkt der Lösungsmenge als konvexe Linearkombination hervorgeht.

Die geometrisch anschauliche Betrachtung zeigt, daß der Lösungspunkt oder eventuell spezielle Lösungspunkte eines linearen Programms unter den Ecken des zulässigen Bereichs zu suchen sind. Das zu entwickelnde Rechenverfahren wird somit darin bestehen, auf systematische Art eine Folge von Ecken des zulässigen Bereichs zu bestimmen, welche in einer Lösungsecke endet. Dieses Vorgehen erfordert natürlich die Kenntnis einer Startecke, mit welcher der Algorithmus begonnen werden kann. In dieser Hinsicht unterscheiden sich die beiden Beispiele, denn im Beispiel 2.1 stellt der Nullpunkt mit $x_1 = 0$ und $x_2 = 0$ eine zulässige Ecke dar, die als Startecke für den Prozeß verwendbar ist. Im Beispiel 2.2 hingegen gehört der Nullpunkt nicht zum zulässigen Bereich, so daß keine offensichtliche Startecke zur Verfügung steht. Diese Situation wird besondere Maßnahmen erfordern.

## 2.2 Der Simplex-Algorithmus

Zur weiteren Motivation des Rechenverfahrens orientieren wir uns am Beispiel 2.1 und an Fig. 2.1. Jede der Ecken des Polygons ist dadurch charakterisiert, daß zwei der beteiligten Variablen gleich Null sind, während alle anderen Variablen einen positiven, allgemeiner einen nicht negativen Wert haben. Entsprechend unserer Zielsetzung, eine Folge von Ecken zu bestimmen, besteht ein naheliegendes Vorgehen darin, von einer bekannten Ecke zu einer benachbarten Ecke längs einer Seite des Polygons überzugehen. Wir betrachten nun für das lineare Programm (2.2) anhand der Fig. 2.1 den repräsentativen Übergang von der bekannten Startecke A zur benachbarten Ecke B längs der $x_1$-Achse. Die Situation in den beiden Ecken bezüglich der Variablen ist wie folgt:

$$\text{Ecke A:} \quad \underline{x_1 = 0,} \quad \boxed{x_2 = 0,} \quad \underline{y_1 > 0,}\; y_2 > 0,\; y_3 > 0; \quad z = 0 \qquad (2.5)$$
$$\text{Ecke B:} \quad \underline{x_1 > 0,} \quad \boxed{x_2 = 0,} \quad \underline{y_1 = 0,}\; y_2 > 0,\; y_3 > 0; \quad z = 6400$$

Die Variable $x_2$ hat längs der Seite des Polygons den Wert Null beibehalten. $x_1$ hat von Null auf einen positiven Wert zugenommen, während andererseits der positive Wert von $y_1$ auf Null abgenommen hat. Die übrigen beteiligten Variablen sind positiv geblieben. Unter diesem Aspekt haben die Variablen $x_1$ und $y_1$ ihre Rollen vertauscht. Diese Feststellung führt zum naheliegenden Schluß, daß der Übergang von einer Ecke zu einer benachbarten durch einen geeigneten **Austausch-Schritt**, ausgeführt an den gegebenen linearen Funktionen des linearen Programms, vollzogen werden kann. Damit man der gesuchten Lösungsecke zielstrebig näher kommt, soll die Zielfunktion bei jedem Schritt zunehmen. Mit dieser Forderung wird verhindert, daß der Rechenprozeß die gleiche Ecke in einem späteren Schritt wieder bestimmt.

Die Regeln für die Auswahl des Pivotelementes für einen AT-Schritt wollen wir für das lineare Programm

$$\boxed{\begin{aligned} y_i &= \sum_{k=1}^{n} a_{ik} x_k + c_i \geq 0, \quad (i = 1, 2, \ldots, m) \\ x_k &\geq 0, \quad (k = 1, 2, \ldots, n) \\ z &= \sum_{k=1}^{n} b_k x_k + d = \text{Max!} \end{aligned}} \qquad (2.6)$$

herleiten. Die $n$ Unbekannten $x_1, x_2, \ldots, x_n$ sollen so bestimmt werden, daß sie die $m$ linearen Ungleichungen erfüllen, nicht negativ sind und die Zielfunktion $z$ maximieren.

Der Nullpunkt mit $x_1 = x_2 = \ldots = x_n = 0$ stellt genau dann eine zulässige Ecke von (2.6) dar, falls die Bedingungen

$$c_i \geq 0, \quad (i = 1, 2, \ldots, m) \tag{2.7}$$

erfüllt sind. Für die folgende Betrachtung setzen wir (2.7) voraus, womit eine Startecke bekannt ist. Im Abschnitt 2.4 werden wir die Voraussetzung (2.7) wieder fallen lassen.

Die $m$ linearen Ungleichungen und die Zielfunktion von (2.6) schreiben wir in einem Schema auf, in welchem einige der wichtigsten Zeilen und Kolonnen aufgeführt sind.

$$
\begin{array}{c|ccccc|c}
 & x_1 & \ldots & x_q & \ldots & x_n & 1 \\
\hline
y_1 = & a_{11} & \ldots & a_{1q} & \ldots & a_{1n} & c_1 \\
\vdots & \vdots & & \vdots & & \vdots & \vdots \\
y_i = & a_{i1} & \ldots & a_{iq} & \ldots & a_{in} & c_i \\
y_p = & a_{p1} & \ldots & a_{pq} & \ldots & a_{pn} & c_p \\
\vdots & \vdots & & \vdots & & \vdots & \vdots \\
y_m = & a_{m1} & \ldots & a_{mq} & \ldots & a_{mn} & c_m \\
\hline
z = & b_1 & \ldots & b_q & \ldots & b_n & d \\
\end{array}
\tag{2.8}
$$

Die im Schema (2.8) oben stehenden, unabhängigen Variablen $x_1, x_2, \ldots, x_n$ charakterisieren wegen der Voraussetzung (2.7) eine zulässige Ecke, falls alle gleich Null gesetzt werden. Sie werden deshalb als **Basisvariablen** von (2.8) bezeichnet. Die links stehenden, abhängigen Variablen $y_1, y_2, \ldots, y_m$, welche in der zulässigen Ecke nichtnegative Werte annehmen, nennt man **Nichtbasisvariablen**. Schließlich stellt $d$ in der rechten unteren Ecke des Schemas (2.8) den Wert der Zielfunktion $z$ in der betreffenden zulässigen Ecke des linearen Programms dar, da ja alle Basisvariablen gleich Null gesetzt werden.

Nach diesen vorbereitenden Betrachtungen wenden wir einen AT-Schritt nach Abschnitt 1.4 auf (2.8) an mit dem Pivotelement $a_{pq}$, so daß die Variablen $x_q$ und $y_p$ ausgetauscht werden. Wir suchen nach den Bedingungen, denen die Wahl des Pivotelementes zu genügen hat, damit das resultierende Schema

$$
\begin{array}{c|ccccc|c}
 & x_1 & \ldots & y_p & \ldots & x_n & 1 \\
\hline
y_1 = & a'_{11} & \ldots & a'_{1q} & \ldots & a'_{1n} & c'_1 \\
\vdots & \vdots & & \vdots & & \vdots & \vdots \\
y_i = & a'_{i1} & \ldots & a'_{iq} & \ldots & a'_{in} & c'_i \\
x_q = & a'_{p1} & \ldots & a'_{pq} & \ldots & a'_{pn} & c'_p \\
\vdots & \vdots & & \vdots & & \vdots & \vdots \\
y_m = & a'_{m1} & \ldots & a'_{mq} & \ldots & a'_{mn} & c'_m \\
\hline
z = & b'_1 & \ldots & b'_q & \ldots & b'_n & d' \\
\end{array}
\tag{2.9}
$$

## 2 Lineare Optimierung

durch Nullsetzen der oben stehenden Basisvariablen $x_1, \ldots, y_p, \ldots, x_n$ einer Ecke, d. h. einem zulässigen Punkt, entspricht. Dies trifft genau dann zu, falls in (2.9) die links stehenden Nichtbasisvariablen $y_1, \ldots, x_q, \ldots, y_m$ nicht negativ sind, d. h. falls die Bedingungen

$$c'_i \geqslant 0, \quad (i = 1, 2, \ldots, m) \tag{2.10}$$

erfüllt sind. Ferner soll der Wert der Zielfunktion zunehmen. Dies führt zur abgeschwächten Forderung

$$d' \geqslant d. \tag{2.11}$$

Auf Grund der Rechenregeln (1.129) eines AT-Schrittes gelten speziell die folgenden Gleichungen

$$c'_p = -\frac{c_p}{a_{pq}} \tag{2.12}$$

$$c'_i = c_i - \frac{a_{iq} c_p}{a_{pq}}, \quad (i = 1, 2, \ldots, m; i \neq p) \tag{2.13}$$

$$d' = d - \frac{b_q c_p}{a_{pq}} \tag{2.14}$$

Aus der strengeren Voraussetzung $c_i > 0, (i = 1, 2, \ldots, m)$ und der Forderung (2.10) folgt aus (2.12) für das Pivotelement $a_{pq}$ die Bedingung

$$\boxed{a_{pq} < 0.} \tag{2.15}$$

Das Pivotelement $a_{pq}$ soll auch dann negativ sein, falls $c_p = 0$ ist.
Die Bedingung (2.10) verknüpft nach (2.13) die Elemente der Pivotkolonne mit denjenigen der letzten Kolonne von (2.8). Für das neue Element $c'_i, (i \neq p)$ gilt wegen (2.7) und (2.15)

$$c'_i = c_i - \frac{a_{iq} c_p}{a_{pq}} \geqslant c_i \geqslant 0, \quad \text{falls } a_{iq} \geqslant 0,$$

so daß für alle nichtnegativen Elemente $a_{iq}$ die zugehörigen $c'_i$ die Bedingung (2.10) erfüllen. Folglich ist (2.13) in Verbindung mit (2.10) nur noch für die negativen Elemente $a_{iq}$ zu betrachten, unter denen das Pivotelement zu finden sein wird. Nach Division der für $c'_i$ zu erfüllenden Ungleichung durch den positiven Wert $(-a_{iq})$ folgen die Bedingungen

$$-\frac{c_i}{a_{iq}} + \frac{c_p}{a_{pq}} \geqslant 0 \quad \text{für alle } i \neq p \text{ mit } a_{iq} < 0,$$

oder $\quad \boxed{\dfrac{c_p}{a_{pq}} \geqslant \dfrac{c_i}{a_{iq}}} \quad \text{für alle } i \neq p \text{ mit } a_{iq} < 0.$ \hfill (2.16)

## 2.2 Der Simplex-Algorithmus

Wegen (2.7) und (2.15) muß nach (2.16) die Pivotzeile den größten unter den negativen Quotienten $Q_i := c_i/a_{iq}$, welche mit den negativen Elementen der Pivotkolonne gebildet werden, aufweisen.

Schließlich folgt aus (2.11) und (2.14) wegen $c_p \geqslant 0$ und $a_{pq} < 0$ die Bedingung

$$\boxed{b_q \geqslant 0,} \tag{2.17}$$

welcher die Pivotkolonne zu genügen hat.

Die zu beachtenden Bedingungen (2.15), (2.16) und (2.17) fassen wir zusammen in den zwei Regeln für die Wahl des Pivotelementes.

**1. Regel** *Die* Pivotkolonne *ist so festzulegen, daß ihr Element $b_q$ in der Zeile der Zielfunktion positiv, allenfalls gleich Null, ist.*

**2. Regel** *In der gewählten Pivotkolonne muß das Pivotelement $a_{pq}$ negativ sein. Die* Pivotzeile *ist bestimmt durch den größten, d. h. absolut kleinsten Quotienten $Q_i := c_i/a_{iq}$, welche mit den negativen Elementen $a_{iq}$ der Pivotkolonne gebildet werden.*

Die beiden formulierten Regeln bilden die Grundlage des Simplex-Algorithmus. Dieser gestattet die systematische Bestimmung von Ecken des zulässigen konvexen Bereichs im $\mathbb{R}^n$, welcher auch als Simplex bezeichnet wird. Dabei nimmt der Wert der Zielfunktion in jedem Schritt zu.

Die Pivotkolonne ist durch die 1. Regel nicht eindeutig festgelegt, solange mehrere positive Elemente in der letzten Zeile vorhanden sind. In einem Rechenprogramm sind zusätzliche Auswahlregeln zu formulieren. Beispielsweise kann einfach die erste Kolonne mit einem positiven Element $b_q$ zur Pivotkolonne erklärt werden, oder das größte unter den positiven Elementen in der letzten Zeile bestimmt die Pivotkolonne.

Wird die Pivotkolonne mit einem verschwindenden $b_q$ gewählt, so wird wegen (2.14) beim AT-Schritt die Zielfunktion keinen Zuwachs erfahren. Auf diesen Sonderfall werden wir im Abschnitt 2.3 zurückkommen.

Die Pivotzeile ist nach der 2. Regel dann nicht eindeutig bestimmt, falls mehrere Quotienten $Q_i$ den gleichen größten Wert liefern. Sind $p$ und $j$ zwei verschiedene Indizes, so daß

$$\max_{i, a_{iq} < 0} \frac{c_i}{a_{iq}} = \frac{c_p}{a_{pq}} = \frac{c_j}{a_{jq}}, \quad p \neq j \tag{2.18}$$

gilt, dann folgt mit dem Pivot $a_{pq}$ aus (2.13), daß nach diesem AT-Schritt $c'_j = 0$ ist. Setzen wir die Basisvariablen gleich Null, so wird mindestens eine Nichtbasisvariable ebenfalls verschwinden. Man bezeichnet diese Situation als Degeneration, die wir im folgenden Abschnitt näher betrachten werden.

Tritt einmal die Situation ein, daß alle Elemente $b_j^*$ in der letzten Zeile negativ oder Null sind, kann nach der 1. Regel keine Pivotkolonne gefunden werden, die zu einer Vergrößerung der Zielfunktion führt. Der Simplex-Algorithmus bricht somit ab. Die Zielfunktion besitzt jetzt die Darstellung

$$z = b_1^* \xi_1 + b_2^* \xi_2 + \ldots + b_n^* \xi_n + d^* = \text{Max!}, \tag{2.19}$$

worin die $\xi_j$ $n$ Basisvariablen aus den $(n+m)$ Variablen $x_k$ und $y_i$ des zu lösenden linearen Programms (2.6) sind, und $b_j^* \leqslant 0$ für $j = 1, 2, \ldots, n$ gilt. Unter den zu beachtenden Bedingungen $\xi_j \geqslant 0$ ist der maximale Wert von $z$ gleich $d^*$, der durch das Nullsetzen von allen Basisvariablen angenommen wird. Dadurch ist aber eine Ecke des zulässigen Simplexes charakterisiert, in welcher die Zielfunktion maximiert wird. Folglich ist eine Lösungsecke von (2.6) gefunden, in welcher die Werte der Nichtbasisvariablen durch die zugehörigen $c_i^* \geqslant 0$ in der letzten Kolonne gegeben sind. Daß die so ermittelten Unbekannten $x_k$ eine Lösung des linearen Programms (2.6) darstellen, beruht auf der Reversibilität der AT-Schritte, wonach die linearen Funktionen nach Ausführung eines oder mehrerer AT-Schritte dieselben Relationen zwischen den beteiligten Variablen darstellen.

Sind im Normalfall in (2.19) alle $b_j^* < 0$, so wird die Zielfunktion $z$ genau dann maximal, falls die Basisvariablen $\xi_1 = \xi_2 = \ldots = \xi_n = 0$ gesetzt werden. Ihre Werte und damit auch diejenigen der Nichtbasisvariablen sind in diesem Fall eindeutig festgelegt, so daß auf Grund der Reversibilität der AT-Schritte die Lösung von (2.6) eindeutig ist.

**Beispiel 2.3** Das lineare Programm (2.2) aus Beispiel 2.1 erfüllt die Voraussetzung (2.7). Es soll mit dem Simplex-Algorithmus gelöst und gleichzeitig die geometrische Interpretation der einzelnen Schritte dargelegt werden. Das Simplex-Schema zu (2.2) lautet

|         | $x_1$ | $x_2$ | 1    | $Q_i =$ |
|---------|-------|-------|------|---------|
| $y_1 =$ | $-20$ | $-10$ | 8000 | $-400$  |
| $y_2 =$ | $-4$  | $-5$  | 2000 | $-500$  |
| $y_3 =$ | $-6$  | $-15$ | 4500 | $-750$  |
| $z =$   | 16    | 32    | 0    |         |
|         |       | $-\frac{1}{2}$ | 400 |     |

(2.20)

Durch Nullsetzen der Basisvariablen $x_1 = x_2 = 0$ entspricht das Schema (2.20) dem Nullpunkt A in Fig. 2.1.

Aus verschiedenen Gründen soll die erste Kolonne als Pivotkolonne gewählt werden. Rechts vom Schema (2.20) sind die Quotienten $Q_i$ aufgeführt, deren erster nach der 2. Regel die Pivotzeile festlegt. Nach den Rechenregeln aus Abschnitt 1.4 ergibt der AT-Schritt mit Hilfe der Kellerzeile

## 2.2 Der Simplex-Algorithmus

|       | $y_1$           | $\underline{x_2}$ | 1    | $Q_i=$             |
|-------|-----------------|-------------------|------|--------------------|
| $x_1=$ | $-\dfrac{1}{20}$ | $-\dfrac{1}{2}$   | 400  | $-800$             |
| $y_2=$ | $\dfrac{1}{5}$  | $\underline{\underline{-3}}$ | $\underline{400}$ | $-133\dfrac{1}{3}$ |
| $y_3=$ | $\dfrac{3}{10}$ | $\underline{-12}$ | 2100 | $-175$             |
| $z=$   | $-\dfrac{4}{5}$ | $\underline{24}$  | 6400 |                    |
|       | $\dfrac{1}{15}$ |                   | $\dfrac{400}{3}$ |           |

(2.21)

Dem Schema (2.21) mit den Basisvariablen $y_1$ und $x_2$ läßt sich der Eckpunkt B zuordnen. Der ausgeführte AT-Schritt entspricht dem Übergang von der Startecke A in die benachbarte Ecke B längs der Seite $x_2=0$ des Polygons. Dabei hat der Wert der Zielfunktion von Null auf 6400 zugenommen. Die Nichtbasisvariablen haben alle einen strikt positiven Wert.

Die 1. Regel des Simplex-Algorithmus bestimmt für (2.21) die zweite Kolonne eindeutig zur Pivotkolonne. Auf Grund der 2. Regel wird die zweite Zeile zur Pivotzeile. Das Ergebnis des AT-Schrittes ist

|       | $\underline{y_1}$ | $y_2$           | 1                 | $Q_i=$    |
|-------|-------------------|-----------------|-------------------|-----------|
| $x_1=$ | $-\dfrac{1}{12}$  | $\dfrac{1}{6}$  | $\dfrac{1000}{3}$ | $-4000$   |
| $x_2=$ | $\dfrac{1}{15}$   | $-\dfrac{1}{3}$ | $\dfrac{400}{3}$  | —         |
| $y_3=$ | $\underline{\underline{-\dfrac{1}{2}}}$ | $\underline{4}$ | $\underline{500}$ | $\underline{\underline{-1000}}$ |
| $z=$   | $\dfrac{4}{5}$    | $-8$            | 9600              |           |
|       | $\underline{8}$   |                 | $\underline{1000}$ |           |

(2.22)

Die beiden Basisvariablen $y_1$ und $y_2$ von (2.22) charakterisieren den Eckpunkt C in Fig. 2.1. In diesem Eckpunkt hat die Zielfunktion den Wert 9600. Obwohl in (2.22) die beiden Unbekannten $x_1$ und $x_2$ ausgetauscht sind und Nichtbasisvariablen geworden sind, haben wir die Lösung noch nicht gefunden. Denn in (2.22) existiert noch ein positives Element in der letzten Zeile, und der Simplex-Algorithmus muß mit der ersten Kolonne als Pivotkolonne fortgesetzt werden. Unter den Elementen $a_{i1}$ kommen nur die beiden negativen als Pivots in Frage, so daß nur die betreffenden $Q_i$ zu bilden sind. Der dritte AT-Schritt liefert

|       | $y_3$ | $y_2$ | 1 |
|-------|-------|-------|-----|
| $x_1 =$ | $\frac{1}{6}$ | $-\frac{1}{2}$ | 250 |
| $x_2 =$ | $-\frac{2}{15}$ | $\frac{1}{5}$ | 200 |
| $y_1 =$ | $-2$ | $8$ | 1000 |
| $z =$ | $-\frac{8}{5}$ | $-\frac{8}{5}$ | 10400 |

(2.23)

Mit dem Simplex-Schema (2.23), welches dem Lösungspunkt D entspricht, bricht der Algorithmus auch ab. Durch das Nullsetzen der Basisvariablen $y_3 = y_2 = 0$ liest man aus (2.23) die gesuchte Lösung $x_1 = 250, x_2 = 200$, den Wert der Nichtbasisvariablen $y_1 = 1000$ und den maximalen Wert der Zielfunktion $z_{max} = 10400$ ab. △

Die Anzahl der AT-Schritte des Simplex-Algorithmus ist a priori nicht bekannt, denn die Zahl der durchlaufenen Eckpunkte von der Startecke bis zur Lösungsecke hängt nicht nur vom gegebenen linearen Programm sondern auch von der Wahl der Pivotkolonnen ab. Der Simplex-Algorithmus liefert aber unter bestimmten einschränkenden Voraussetzungen die Lösung in endlich vielen Schritten, denn es gilt

**Satz 2.1** *Eine Lösung des linearen Programms (2.6) wird in endlich vielen Simplex-Schritten bestimmt, falls*

a) *die Elemente $c_i$ der letzten Kolonne in allen Simplex-Schemata streng positiv sind, also keine Degeneration eintritt;*

b) *eine Pivotwahl nach der 1. und 2. Regel mit einem positiven $b_q$ in der letzten Zeile stets möglich ist.*

Beweis. Bei $n$ Unbekannten $x_k$ und $m$ abhängigen Variablen $y_i$ des linearen Programms (2.6) existieren im $\mathbb{R}^n$ $\binom{n+m}{n}$ Punkte, die durch das Verschwinden von $n$ der insgesamt $(n+m)$ beteiligten Variablen gegeben sind. Von diesen nicht notwendigerweise verschiedenen Punkten (Degeneration!) gehören im allgemeinen mehrere nicht dem zulässigen Bereich von (2.6) an. Folglich ist die Zahl der Ecken des zulässigen Bereichs höchstens gleich $\binom{n+m}{n}$ und damit endlich.

Die Voraussetzungen a) und b) garantieren, daß bei jedem der ausgeführten AT-Schritte der Wert von $d$ wegen (2.14) im strengen Sinn zunimmt, so daß die Wertefolge der Zielfunktion streng monoton wachsend ist. Da jedem der Simplex-Schemata durch das Nullsetzen der $n$ Basisvariablen eine Ecke des zulässigen Bereichs zugeordnet werden kann, folgt, daß im Verlauf des Simplex-Algorithmus unter den gegebenen Voraussetzungen jeder der möglichen Eckpunkte höchstens einmal auftreten kann. Deshalb muß nach endlich vielen Simplex-Schritten die Situation eintreten, daß für die Elemente der letzten Zeile $b_k^* \leqslant 0, (k=1,2,\ldots,n)$ gilt. Damit bricht der Simplex-Algorithmus ab, und der Eckpunkt stellt nach den früheren Betrachtungen einen Lösungspunkt mit maximalem Wert der Zielfunktion dar. □

Eine unmittelbare Folge von Satz 2.1 und der Darstellung (2.19) für die Zielfunktion ist

**Satz 2.2** *Ein lineares Programm* (2.6) *besitzt unter den Voraussetzungen* a) *und* b) *des Satzes* 2.1 *und der zusätzlichen Bedingung, daß für das letzte Simplex-Schema $b_k^* < 0, (k=1,2,\ldots,n)$ gilt, eine eindeutige Lösung.*

Der Simplex-Algorithmus soll abschließend unter den Voraussetzungen des Satzes 2.1 als Rechenprogramm zusammengefaßt werden. Zur zweckmäßigen Formulierung sollen die Elemente der Simplex-Schemata in der Matrix $A=(a_{ik})$ mit $(m+1)$ Zeilen und $(n+1)$ Kolonnen enthalten sein, so daß also $b_k = a_{m+1,k}$, $(k=1,2,\ldots,n)$, $c_i = a_{i,n+1}$, $(i=1,2,\ldots,m)$ und $d = a_{m+1,n+1}$ gelten. Um nach beendetem Simplex-Algorithmus den eigentlichen Unbekannten $x_k$ und den abhängigen Variablen $y_i$ die dem Lösungspunkt entsprechenden Zahlwerte zuweisen zu können, ist die Information über die ausgeführten AT-Schritte mitzuführen. Dies kann beispielsweise mit zwei Hilfsvektoren mit $n$, bzw. $m$ Komponenten geschehen, welche die Information enthalten, welche die Basisvariablen, bzw. die Nichtbasisvariablen des momentanen Schemas sind. Im Rechenprogramm sind die beiden Vektoren mit ba und nb bezeichnet, die Unbekannte $x_k$ ist durch ihren Index $k$ und die Unbekannte $y_i$ durch den negativen Indexwert $-i$ gekennzeichnet. Bei jedem AT-Schritt sind die betreffenden Komponenten zu vertauschen. Die Pivotkolonne wird durch das größte, positive Element $b_k$ festgelegt. Liefert die 2. Regel kein Pivotelement, ist die Voraussetzung b) des Satzes 2.1 nicht erfüllt. Es liegt ein Ausnahmefall vor, und der Prozeß wird mit STOP abgebrochen (s. S. 72).

## 2.3 Ergänzungen zum Simplex-Algorithmus

Bei der Herleitung der Regeln des Simplex-Algorithmus wurde bereits auf mögliche Ausnahmefälle hingewiesen, die nun soweit näher untersucht werden sollen, daß ihre Bedeutung für das Verfahren zu erkennen ist. Wir betrachten unabhängig voneinander drei Situationen, deren Kombination aber durchaus denkbar ist.

### 2.3.1 Degeneration

Sobald im Verlauf des Simplex-Algorithmus bei der Bestimmung der Pivotzeile nach der 2. Regel das Maximum der Quotienten von mindestens zwei Quotienten $Q_i$ gemäß (2.18) angenommen wird, hat dies zur Folge, daß nach ausgeführtem AT-Schritt für $k = 1, 2, \ldots, n$: $ba_k = k$

für $i = 1, 2, \ldots, m$: $nb_i = -i$

PIV: $q = 0$; max $= 0$

für $k = 1, 2, \ldots, n$:

    falls $a_{m+1,k} >$ max:

        $q = k$; max $= a_{m+1,k}$

falls $q = 0$: gehe nach LOES

$p = 0$; max $= -10^{50}$

für $i = 1, 2, \ldots, m$:

    falls $a_{iq} < 0$:

        quot $= a_{i,n+1}/a_{iq}$

        falls quot $>$ max:

            $p = i$; max $=$ quot

falls $p = 0$: STOP

AT: $h = nb_p$; $nb_p = ba_q$; $ba_q = h$; pivot $= a_{pq}$

für $k = 1, 2, \ldots, n+1$:

    falls $k \neq q$:

        $a_{pk} = -a_{pk}/$pivot

        für $i = 1, 2, \ldots, m+1$:

            falls $i \neq p$: $a_{ik} = a_{ik} + a_{iq} \times a_{pk}$

für $i = 1, 2, \ldots, m+1$:

    $a_{iq} = a_{iq}/$pivot

$a_{pq} = 1/$pivot

gehe nach PIV

LOES: für $k = 1, 2, \ldots, n$:

    $j = |ba_k|$

    falls $ba_k > 0$: $x_j = 0$ sonst $y_j = 0$

für $i = 1, 2, \ldots, m$:

    $j = |nb_i|$

    falls $nb_i > 0$: $x_j = a_{i,n+1}$ sonst $y_j = a_{i,n+1}$

$z = a_{m+1,n+1}$

(2.24)

mindestens ein Koeffizient $c_j$ verschwindet. Zusätzlich zu den $n$ Basisvariablen ist mindestens eine weitere Nichtbasisvariable gleich Null. Da das Nullsetzen einer der $(n+m)$ beteiligten Variablen geometrisch im $\mathbb{R}^n$ einer Hyperebene entspricht, die den Rand eines Halbraumes darstellt, bedeutet die erwähnte Situation, daß die Ecke des zulässigen Simplexes Schnittpunkt von mehr als $n$ Hyperebenen ist. Deshalb spricht man von einer **degenerierten Ecke** und von **Degeneration** des Simplex-Schemas.

Im Fall von zwei Unbekannten kann eine degenerierte Ecke des konvexen Polygons im $\mathbb{R}^2$ nur so entstehen, daß mehr als zwei der Randgeraden durch die Ecke verlaufen. Nur zwei unter ihnen bilden aber echte Randstücke des zulässigen Bereichs, während die den andern Geraden entsprechenden Ungleichungen **redundant** sind, weil sie stets erfüllt sind, sobald die beiden ersten erfüllt sind.

Eine degenerierte Ecke des zulässigen Polyeders im $\mathbb{R}^3$ kann auf zwei Arten zustande kommen, die noch miteinander kombinierbar sind. Erstens ist die analoge Situation zum $\mathbb{R}^2$ denkbar, daß drei echte Begrenzungsebenen die Ecke bilden und daß weitere redundante Ebenen durch die Ecke gehen. Viel häufiger wird die zweite Möglichkeit sein, daß die degenerierte Ecke als echter Schnittpunkt von mindestens vier Begrenzungsebenen gebildet wird. Dies trifft etwa in der Spitze einer Pyramide zu, und von einer solchen degenerierten Ecke gehen mehr als drei Kanten des zulässigen Polyeders aus.

Eine unmittelbare Konsequenz, die sich durch das Auftreten einer degenerierten Ecke für den Simplex-Algorithmus ergibt, besteht darin, daß eine der Zeilen, welche in der letzten Kolonne des Simplex-Schemas verschwindende Werte $c_j$ enthalten, in einem nachfolgenden Schritt zur Pivotzeile wird, weil der größte der Quotienten $Q_i$ gleich Null ist. Wegen $c_p = 0$ und wegen (2.14) ist nach dem AT-Schritt $d' = d$. Der Wert der Zielfunktion hat somit nicht zugenommen. Zudem behalten nach dem AT-Schritt die ausgetauschte Basisvariable und Nichtbasisvariable den Wert Null bei, und auch die Werte der übrigen Variablen bleiben unverändert, da wegen (2.13) $c'_i = c_i$ gilt für alle $i \neq p$. Das erhaltene neue Simplex-Schema ist deshalb derselben degenerierten Ecke zuzuordnen, und man hat somit einen **stationären Schritt** ausgeführt, bei welchem man in der betreffenden Ecke des Simplexes stehen geblieben ist.

Falls die Degeneration des Simplex-Schemas höher ist, derart daß mehrere Nichtbasisvariablen verschwinden, so besteht die Möglichkeit, daß das Rechenverfahren eine nicht abbrechende Folge von stationären Schritten ausführt. Man bezeichnet dies als **Zyklus**. Zur Vermeidung von Zyklen sind Techniken entwickelt worden, welche mit Hilfe von geeigneten Störungen am linearen Programm ein Fortschreiten garantieren [Gas 84, Kal 76, KTZ 67].

**Beispiel 2.4** Mit dem linearen Programm (2.25) für drei Unbekannte wird die Degeneration illustriert, und die einzelnen Schritte anhand von Fig. 2.3 geometrisch gedeutet. Der zulässige Bereich des linearen Programms besteht aus einem Quader mit aufgesetzter Pyramide.

74    2 Lineare Optimierung

$$\begin{aligned}
y_1 &= -x_1 \phantom{- x_2 - x_3} + 2 \geqslant 0 \\
y_2 &= \phantom{-x_1} - x_2 \phantom{- x_3} + 2 \geqslant 0 \\
y_3 &= -x_1 \phantom{- x_2} - x_3 + 3 \geqslant 0 \\
y_4 &= \phantom{-x_1} - x_2 - x_3 + 3 \geqslant 0 \\
y_5 &= \phantom{-}x_1 \phantom{- x_2} - x_3 + 1 \geqslant 0 \\
y_6 &= \phantom{-x_1} \phantom{-}x_2 - x_3 + 1 \geqslant 0 \\
& x_1 \geqslant 0,\ x_2 \geqslant 0,\ x_3 \geqslant 0 \\
z &= x_1 + 2x_2 + 3x_3 = \text{Max!}
\end{aligned}$$

(2.25)

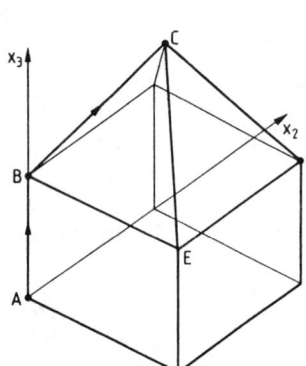

Fig. 2.3
Lösungsschritte für das lineare Programm (2.25)

Im Simplex-Algorithmus wird die Pivotkolonne so gewählt, daß das Element $b_q > 0$ maximal ist. Bei gleichen maximalen Quotienten $Q_i$ wird die Zeile mit dem kleineren Index zur Pivotzeile. Diese Strategie entspricht jener im Rechenprogramm (2.24). Der erste Simplex-Schritt ergibt das degenerierte Simplex-Schema (2.26), welches der degenerierten Ecke B in Fig. 2.3 entspricht.

|       | $x_1$ | $x_2$ | $\underline{x_3}$ | 1 |       | $\underline{x_1}$ | $x_2$ | $y_5$ | 1 |
|-------|-------|-------|-------|---|-------|-------|-------|-------|---|
| $y_1 =$ | $-1$ | 0 | $\underline{0}$ | 2 | $y_1 =$ | $\underline{-1}$ | 0 | 0 | 2 |
| $y_2 =$ | 0 | $-1$ | $\underline{0}$ | 2 | $y_2 =$ | $\underline{0}$ | $-1$ | 0 | 2 |
| $y_3 =$ | $-1$ | 0 | $\underline{-1}$ | 3 | $y_3 =$ | $\underline{-2}$ | 0 | 1 | 2 |
| $y_4 =$ | 0 | $-1$ | $\underline{-1}$ | 3 | $y_4 =$ | $\underline{-1}$ | $-1$ | 1 | 2 |
| $\underline{y_5} =$ | $\underline{1}$ | $\underline{0}$ | $\underline{\underline{-1}}$ | $\underline{1}$ | $x_3 =$ | $\underline{1}$ | 0 | $-1$ | 1 |
| $y_6 =$ | 0 | 1 | $\underline{-1}$ | 1 | $y_6 =$ | $\underline{\underline{-1}}$ | 1 | 1 | $\underline{0}$ |
| $z =$ | 1 | 2 | $\underline{3}$ | 0 | $z =$ | $\underline{4}$ | 2 | $-3$ | 3 |
|       | 1 | 0 |  | 1 |       | 1 | 1 |  | 0 |

(2.26)

## 2.3 Ergänzungen zum Simplex-Algorithmus

Für den zweiten Schritt wird die erste Kolonne als Pivotkolonne gewählt, was wegen $c_6 = 0$ zu einem stationären AT-Schritt führt. Wäre die zweite Kolonne als Pivotkolonne bestimmt worden, wäre die zweite Zeile Pivotzeile geworden, und es wäre ein AT-Schritt ausgeführt worden, der in die ebenfalls degenerierte Ecke E geführt hätte. Bei der getroffenen Pivotwahl entspricht das neue Simplex-Schema wiederum der Ecke B. Für den dritten AT-Schritt stellt die Degeneration kein Problem mehr dar, da jetzt ein nichtstationärer Simplex-Schritt möglich ist, der in die degenerierte Ecke C führt.

|         | $y_6$ | $x_2$ | $y_5$ | 1 |         | $\underline{y_6}$ | $y_3$ | $y_5$ | 1 |
|---------|-------|-------|-------|---|---------|-------|-------|-------|---|
| $y_1 =$ | 1 | $\underline{-1}$ | $-1$ | 2 | $y_1 =$ | $\underline{0}$ | 0.5 | $-0.5$ | 1 |
| $y_2 =$ | 0 | $\underline{-1}$ | 0 | 2 | $y_2 =$ | $\underline{-1}$ | 0.5 | 0.5 | 1 |
| $\underline{y_3} =$ | 2 | $\underline{\underline{-2}}$ | $-1$ | 2 | $x_2 =$ | 1 | $-0.5$ | $-0.5$ | 1 |
| $y_4 =$ | 1 | $-2$ | 0 | 2 | $\underline{y_4} =$ | $\underline{\underline{-1}}$ | $\underline{1}$ | $\underline{1}$ | $\underline{0}$ |
| $x_3 =$ | $-1$ | $\underline{1}$ | 0 | 1 | $x_3 =$ | $\underline{0}$ | $-0.5$ | $-0.5$ | 2 |
| $x_1 =$ | $-1$ | $\underline{1}$ | 1 | 0 | $x_1 =$ | $\underline{0}$ | $-0.5$ | 0.5 | 1 |
| $z =$ | $-4$ | $\underline{6}$ | 1 | 3 | $z =$ | $\underline{2}$ | $-3$ | $-2$ | 9 |
|  | 1 |  | $-0.5$ | 1 |  | 1 | 1 | 0 |  |

(2.27)

Die Regeln des Simplex-Algorithmus verlangen einen weiteren AT-Schritt mit der ersten Kolonne als Pivotkolonne, der stationär ist, so daß das resultierende Simplex-Schema wieder der Ecke C entspricht.

|         | $y_4$ | $y_3$ | $\underline{y_5}$ | 1 |
|---------|-------|-------|-------|---|
| $\underline{y_1} =$ | 0 | 0.5 | $\underline{-0.5}$ | $\underline{1}$ |
| $y_2 =$ | 1 | $-0.5$ | $\underline{-0.5}$ | 1 |
| $x_2 =$ | $-1$ | 0.5 | $\underline{0.5}$ | 1 |
| $y_6 =$ | $-1$ | 1 | $\underline{1}$ | 0 |
| $x_3 =$ | 0 | $-0.5$ | $\underline{-0.5}$ | 2 |
| $x_1 =$ | 0 | $-0.5$ | $\underline{0.5}$ | 1 |
| $z =$ | $-2$ | $-1$ | $\underline{0}$ | 9 |
|  | 0 | 1 | 2 |  |

(2.28)

Mit (2.28) bricht der Simplex-Algorithmus ab, da $b_k \leqslant 0$ für $k = 1, 2, 3$ gilt. Das Schema ist degeneriert. Durch Nullsetzen der Basisvariablen ergeben sich die Unbekannten zu $x_1 = 1$, $x_2 = 1$, $x_3 = 2$ mit einem maximalen Wert der Zielfunktion $z_{max} = 9$. Die abhängigen Variablen sind $y_1 = 1$, $y_2 = 1$, $y_3 = 0$, $y_4 = 0$, $y_5 = 0$, $y_6 = 0$. △

## 2.3.2 Mehrdeutige Lösung

Sobald in einem Simplex-Schema für die Elemente der letzten Zeile $b_k \leqslant 0$, ($k = 1, 2, \ldots, n$) gilt, kann der Wert der Zielfunktion nicht mehr vergrößert werden. Mit dem Nullsetzen der momentanen Basisvariablen erhält man eine Lösung des linearen Programms. Sind einige der $b_k$ gleich Null, dann ist die Lösung im allgemeinen Fall nicht eindeutig bestimmt. Sei $b_q = 0$, und das Simplex-Schema sei mit $c_i > 0$, ($i = 1, 2, \ldots, m$) nicht degeneriert. Weiter nehmen wir an, daß die 2. Regel des Simplex-Algorithmus in der $q$-ten Kolonne ein Pivotelement liefert, so daß ein AT-Schritt ausführbar ist. Unter diesen Voraussetzungen stellt der Austausch einer Basisvariablen gegen eine Nichtbasisvariable einen echten Übergang von einer Ecke zu einer andern dar, wobei allerdings der Wert der Zielfunktion nicht ändert. Damit haben wir offenbar eine weitere Lösung des linearen Programms mit gleichem maximalem Zielfunktionswert erhalten. Mit diesen beiden verschiedenen Lösungen des linearen Programms ist auch jede sogenannte konvexe Linearkombination eine Lösung. Geometrisch heißt das, daß die Verbindungsstrecke der beiden Ecken des Simplexes Lösungsmenge des linearen Programms ist.

Sind allgemeiner mehrere $b_k = 0$, so sind entsprechend viele AT-Schritte mit den zugehörigen Pivotkolonnen möglich, die neben der ersten gefundenen Lösungsecke ebenso viele weitere Lösungen liefern, die jedoch nicht in allen Fällen untereinander verschieden zu sein brauchen. Die Dimension der konvexen Lösungsmenge ist höchstens gleich der Anzahl der verschwindenden $b_k$. Die Bestimmung von allen möglichen optimalen Ecken des zulässigen Bereichs ist ein schwieriges kombinatorisches Problem. Im Fall von drei Unbekannten kann die Menge der optimalen Lösungspunkte bereits aus einem konvexen Polygon mit mehreren Lösungsecken bestehen, falls die Niveauebenen $z = \text{const}$ parallel zu einer Begrenzungsfläche des Polyeders sind.

**Beispiel 2.5** Im Simplex-Schema (2.28) liegt der Fall vor, daß neben negativen $b_k$-Werten $b_3 = 0$ ist. Wir wählen die dritte Kolonne als Pivotkolonne. Die 2. Regel bestimmt die erste Zeile zur Pivotzeile, und der AT-Schritt liefert das weitere degenerierte Simplex-Schema (2.29).

|         | $y_4$ | $y_3$ | $y_1$ | 1 |
|---------|-------|-------|-------|---|
| $y_5 =$ | 0     | 1     | $-2$  | 2 |
| $y_2 =$ | 1     | $-1$  | 1     | 0 |
| $x_2 =$ | $-1$  | 1     | $-1$  | 2 |
| $y_6 =$ | $-1$  | 2     | $-2$  | 2 |
| $x_3 =$ | 0     | $-1$  | 1     | 1 |
| $x_1 =$ | 0     | 0     | $-1$  | 2 |
| $z =$   | $-2$  | $-1$  | 0     | 9 |

(2.29)

Daraus liest man die weitere Lösung $x_1^* = 2, x_2^* = 2, x_3^* = 1, z_{max}^* = 9, y_1^* = y_2^* = y_3^* = y_4^* = 0, y_5^* = 2,$
$y_6^* = 2$ ab. Sie entspricht der Ecke D des Polyeders in Fig. 2.3. Neben den beiden Lösungsecken $C(x_1, x_2, x_3)$ und $D(x_1^*, x_2^*, x_3^*)$ sind alle Punkte $P(\tilde{x}_1, \tilde{x}_2, \tilde{x}_3)$ auf der Verbindungskante Lösungspunkte, d. h.

$$\tilde{x}_1 = \lambda x_1 + (1 - \lambda)x_1^*, \quad \tilde{x}_2 = \lambda x_2 + (1 - \lambda)x_2^*, \quad \tilde{x}_3 = \lambda x_3 + (1 - \lambda)x_3^*, \quad 0 \leq \lambda \leq 1.$$

Für alle Punkte $P$ ist $\tilde{z} = z_{max} = 9$. Die Lösungskante ist parallel zu den Niveauebenen $z = x_1 + 2x_2 + 3x_3 = $ const. △

### 2.3.3 Nichtbeschränkte Zielfunktion

Im Verlauf des oben entwickelten Simplex-Algorithmus ist schließlich noch der Ausnahmefall möglich, daß zu einem positiven $b_q$ in der betreffenden $q$-ten Kolonne die Elemente $a_{iq} \geq 0$ sind für $i = 1, 2, \ldots, m$. Es existiert somit nach der 2. Regel kein Pivotelement, welches der Bedingung (2.15) genügt. Wir wollen erkennen, was diese Situation für das gegebene lineare Programm bedeutet. Dazu betrachten wir das Simplex-Schema (2.30) mit den Basisvariablen $\xi_1, \xi_2, \ldots, \xi_n$ und den Nichtbasisvariablen $\eta_1, \eta_2, \ldots, \eta_m$ und $c_i \geq 0$ für $i = 1, 2, \ldots, m$.

|  | $\xi_1$ | ... | $\xi_q$ | ... | $\xi_n$ | 1 |
|---|---|---|---|---|---|---|
| $\eta_1 =$ | $a_{11}$ | ... | $a_{1q}$ | ... | $a_{1n}$ | $c_1$ |
| $\vdots$ | $\vdots$ | | $\vdots$ | | $\vdots$ | $\vdots$ |
| $\eta_i =$ | $a_{i1}$ | ... | $a_{iq}$ | ... | $a_{in}$ | $c_i$ |
| $\vdots$ | $\vdots$ | | $\vdots$ | | $\vdots$ | $\vdots$ |
| $\eta_m =$ | $a_{m1}$ | ... | $a_{mq}$ | ... | $a_{mn}$ | $c_m$ |
| $z =$ | $b_1$ | ... | $b_q$ | ... | $b_n$ | $d$ |

(2.30)

Die allgemeine $i$-te Ungleichung mit $i = 1, 2, \ldots, m$

$$\eta_i = a_{i1}\xi_1 + \ldots + a_{iq}\xi_q + \ldots + a_{in}\xi_n + c_i \geq 0$$

ist nun für $\xi_1 = \ldots = \xi_{q-1} = \xi_{q+1} = \ldots = \xi_n = 0$ und für beliebig großes, positives $\xi_q$ immer erfüllt. Da $b_q > 0$ angenommen worden ist, kann die zu maximierende Zielfunktion ebenfalls beliebig große Werte annehmen. Durch die gegebenen linearen Ungleichungen wird der Wert der Zielfunktion nicht nach oben beschränkt. Folglich besitzt das lineare Programm keine endliche Lösung. Tritt dieser Fall in der Praxis auf, so deutet dies möglicherweise auf eine fehlerhafte mathematische Formulierung des Problems hin.

## 2.4 Allgemeine lineare Programme

In diesem Abschnitt sollen hauptsächlich Methoden dargestellt werden, mit denen lineare Programme behandelt werden können, bei denen der Nullpunkt nicht zulässig ist. Als Vorbereitung für eine der Methoden und für eine spätere Anwendung betrachten wir zuerst einen Spezialfall.

### 2.4.1 Behandlung von freien Variablen

In bestimmten Aufgaben der linearen Programmierung unterliegt nur ein Teil der Unbekannten $x_k$ der Bedingung, nicht negativ zu sein. Die übrigen Unbekannten bezeichnet man als **freie Variablen**. Da diese freien Variablen als Fremdkörper in einem linearen Programm anzusehen sind, ist es ganz natürlich, sie zu eliminieren. Dies erfolgt mit Hilfe von geeigneten AT-Schritten.

Zur Herleitung der zu befolgenden Regeln zur Elimination einer freien Variablen setzen wir nach wie vor $c_i \geqslant 0, (i = 1, 2, \ldots, m)$ voraus. Diese Voraussetzung wird in den nachfolgenden Anwendungen erfüllt sein. Es sei nun $x_q$ eine freie Variable, die es im Simplex-Schema (2.8) zu eliminieren gilt. Nach ausgeführtem AT-Schritt wird in der Regel im resultierenden Schema (2.9) die zur ausgetauschten Variablen $x_q$ gehörende Zeile weggelassen. Falls aber der Wert der freien Variablen gesucht wird, wird die betreffende Zeile zwar mitgeführt, doch wird sie für die folgenden Betrachtungen außer acht gelassen. Für die verbleibenden Zeilen soll die Bedingung (2.10) $c_i' \geqslant 0$ erfüllt sein. Zudem soll der Wert $d$ gemäß der Forderung (2.11) im schwachen Sinn zunehmen, so daß $d' \geqslant d$ gilt.

Die Pivotkolonne ist durch die zu eliminierende freie Variable $x_q$ festgelegt. Die Entscheidung darüber, in welcher Zeile das Pivotelement $a_{pq}$ zu wählen ist, so daß die beiden Bedingungen

$$c_i' = c_i - \frac{a_{iq} c_p}{a_{pq}} \geqslant 0 \quad (i \neq p) \tag{2.31}$$

$$d' = d - \frac{b_q c_p}{a_{pq}} \geqslant d \tag{2.32}$$

erfüllt werden, erfordert eine Fallunterscheidung bezüglich des Wertes von $b_q$.

1. Fall: Es sei $b_q > 0$. Da $c_p \geqslant 0$ vorausgesetzt ist, muß im Fall $c_p > 0$ das Pivotelement $a_{pq} < 0$ sein, um die Bedingung (2.32) zu erfüllen. Dasselbe soll auch gelten im Ausnahmefall $c_p = 0$. Damit liegt die gleiche Situation vor wie bei der Herleitung der Regeln des Simplex-Algorithmus, so daß die Bedingung (2.31) dann erfüllt ist, falls für den Quotienten

$$Q_p = \frac{c_p}{a_{pq}} = \max_{a_{iq} < 0} \frac{c_i}{a_{iq}}$$

gilt.

2. Fall: Es sei $b_q < 0$. Ist nun $c_p > 0$, muß zur Erfüllung von (2.32) das Pivotelement $a_{pq} > 0$ sein. Das soll auch gelten, falls $c_p = 0$ ist. Die Forderung (2.31) ist deshalb für $a_{iq} \leqslant 0$ stets erfüllt. Kritisch wird (2.31) für $a_{iq} > 0$. Nach Division der Ungleichung (2.31) durch $a_{iq}$ folgt somit die Bedingung

$$\frac{c_i}{a_{iq}} \geqslant \frac{c_p}{a_{pq}} \quad \text{für alle } i \neq p \text{ mit } a_{iq} > 0. \tag{2.33}$$

Die Pivotzeile ist gemäß (2.33) dadurch bestimmt, daß sie den kleinsten der jetzt nichtnegativen Quotienten $Q_i$ aufweist.

3. Fall: Ist $b_q = 0$, so wird durch (2.32) das Vorzeichen des Pivotelements $a_{pq}$ nicht festgelegt. Dieser Fall kann als Grenzfall eines jeden der beiden behandelten Fälle betrachtet werden. Im folgenden behandeln wir ihn unter Fall 2.
Wir fassen die zu beachtenden Bedingungen zusammen in der

**Regel zur Elimination einer freien Variablen** *Ist das Element $b_q$ der Pivotkolonne, welche durch die zu eliminierende freie Variable $x_q$ vorgegeben ist, positiv (negativ oder Null), so bilde man die Quotienten $Q_i = c_i/a_{iq}$ mit den negativen (positiven) Elementen $a_{iq}$. Die Pivotzeile ist durch den absolut kleinsten unter diesen Quotienten bestimmt.*

### 2.4.2 Methode der Koordinatenverschiebung

Für das lineare Programm (2.6) sei der Nullpunkt $x_1 = x_2 = \ldots = x_n = 0$ nicht zulässig, weil die Voraussetzung (2.7) $c_i \geqslant 0, (i = 1, 2, \ldots, m)$ nicht erfüllt ist. Folglich ist der Simplex-Algorithmus von Abschnitt 2.2 nicht unmittelbar anwendbar, weil keine Startecke verfügbar ist.
In manchen praktischen Anwendungen ist es relativ leicht, $n$ Zahlwerte $\bar{x}_1, \bar{x}_2, \ldots, \bar{x}_n$ so zu finden, daß die linearen Ungleichungen

$$\begin{aligned} y_i &= \sum_{k=1}^{n} a_{ik}\bar{x}_k + c_i \geqslant 0, \quad (i = 1, 2, \ldots, m) \\ \bar{x}_k &\geqslant 0, \quad (k = 1, 2, \ldots, n) \end{aligned} \tag{2.34}$$

erfüllt sind. Wir bezeichnen ein solches $n$-tupel als zulässige Lösung des linearen Programms (2.6). Mit ihrer Hilfe führen wir die Substitutionen

$$x_k = \bar{x}_k + \xi_k, \quad (k = 1, 2, \ldots, n) \tag{2.35}$$

durch. Geometrisch bedeutet dies eine Verschiebung des Nullpunktes des Koordinatensystems im $\mathbb{R}^n$ in den zulässigen Punkt $\bar{P}(\bar{x}_1, \bar{x}_2, \ldots, \bar{x}_n)$. Aus dem gegebenen linearen Programm (2.6) erhalten wir mit (2.35)

80     2 Lineare Optimierung

$$\begin{aligned} y_i &= \sum_{k=1}^{n} a_{ik}\xi_k + \bar{c}_i \geq 0, \quad (i=1,2,\ldots,m) \\ x_k &= \phantom{\sum_{k=1}^{n}} \xi_k + \bar{x}_k \geq 0, \quad (k=1,2,\ldots,n) \\ z &= \sum_{k=1}^{n} b_k \xi_k + \bar{d} = \text{Max!} \end{aligned}$$ (2.36)

Im linearen Programm (2.36) sind wegen (2.34) die Konstanten

$$\bar{c}_i = \sum_{k=1}^{n} a_{ik}\bar{x}_k + c_i \geq 0, \quad (i=1,2,\ldots,m),$$
$$\bar{x}_k \geq 0, \quad (k=1,2,\ldots,n),$$

so daß die Voraussetzung (2.7) erfüllt ist. Jedoch sind die Unbekannten $\xi_k$ alles freie Variablen, die nach der Regel im Abschnitt 2.4.1 sukzessive zu eliminieren sind. Das zu lösende lineare Programm (2.36) enthält im Vergleich zu (2.6) $n$ zusätzliche lineare Ungleichungen, so daß das zugehörige Simplex-Schema unter Einschluß der Zielfunktion $(m+n+1)$ Zeilen umfassen wird. Da die Werte der freien Variablen $\xi_k$ nicht interessieren, ist nach jedem Eliminationsschritt die betreffende Pivotzeile zu streichen. Nach vollständiger Elimination der freien Variablen umfaßt das Simplex-Schema nur noch $(m+1)$ Zeilen, und die ursprünglichen Unbekannten $x_k$ sowie die abhängigen Variablen $y_i$ stehen in einer gewissen Anordnung am oberen und linken Rand des Schemas. Da in jedem Eliminationsschritt die Bedingung (2.31) für die verbleibenden Koeffizienten $c_i$ erfüllt worden ist, entspricht dem resultierenden Simplex-Schema eine zulässige Ecke des Simplexes. Folglich kann jetzt der normale Simplex-Algorithmus angewandt werden, um die Lösung zu berechnen.

**Beispiel 2.6** Wir behandeln das lineare Programm (2.4) der Transportaufgabe aus Beispiel 2.2, bei welchem der Nullpunkt nicht zulässig ist. Eine mögliche, zulässige Lösung ist etwa $\bar{x}_1 = 6$, $\bar{x}_2 = 4$. Da für diese beiden Werte alle Ungleichungen im strengen Sinn erfüllt sind, liegt der gewählte zulässige Punkt $\bar{P}(6,4)$ im Innern des zulässigen Bereichs. Mit den Substitutionen $x_1 = 6 + \xi_1, x_2 = 4 + \xi_2$ lautet das zu (2.4) äquivalente lineare Programm, falls wir die negative Zielfunktion maximieren

|  |  |  | $\xi_1$ | $\xi_2$ | 1 |
|---|---|---|---|---|---|
| $y_1 = -\xi_1 - \xi_2 + 8 \geq 0$ | $y_1 =$ | | $\underline{-1}$ | $-1$ | 8 |
| $y_2 = -\xi_1 \phantom{- \xi_2} + 5 \geq 0$ | $y_2 =$ | | $\underline{\underline{-1}}$ | 0 | 5 |
| $y_3 = \phantom{-\xi_1} - \xi_2 + 6 \geq 0$ | $y_3 =$ | | 0 | $-1$ | 6 |
| $y_4 = \phantom{-}\xi_1 + \xi_2 + 1 \geq 0$ | $y_4 =$ | | $\underline{1}$ | 1 | 1 |
| $x_1 = \phantom{-}\xi_1 \phantom{+ \xi_2} + 6 \geq 0$ | $x_1 =$ | | $\underline{1}$ | 0 | 6 |
| $x_2 = \phantom{-\xi_1 +} \xi_2 + 4 \geq 0$ | $x_2 =$ | | 0 | 1 | 4 |
| $z^* = \xi_1 + 3\xi_2 - 211 = \text{Max!}$ | $z^* =$ | | $\underline{1}$ | 3 | $-211$ |
|  |  |  | 0 | 5 | |

(2.37)

## 2.4 Allgemeine lineare Programme

Die sukzessive Elimination der beiden freien Variablen $\xi_1$ und $\xi_2$ unter Anwendung der obigen Regel liefert die beiden nachfolgenden Schemata, in denen die Pivotzeile jeweils gestrichen worden ist.

|  | $y_2$ | $\xi_2$ | 1 |
|---|---|---|---|
| $y_1 =$ | $\underline{1}$ | $-1$ | $3$ |
| $y_3 =$ | $0$ | $-1$ | $6$ |
| $y_4 =$ | $-1$ | $1$ | $6$ |
| $x_1 =$ | $-1$ | $0$ | $11$ |
| $x_2 =$ | $0$ | $\underline{1}$ | $4$ |
| $z^* =$ | $-1$ | $\underline{3}$ | $-206$ |
|  | 1 | 3 |  |

|  | $y_2$ | $y_1$ | 1 |
|---|---|---|---|
| $y_3 =$ | $\underline{-1}$ | $1$ | $3$ |
| $y_4 =$ | $0$ | $-1$ | $9$ |
| $x_1 =$ | $-1$ | $0$ | $11$ |
| $x_2 =$ | $\underline{1}$ | $-1$ | $7$ |
| $z^* =$ | $\underline{2}$ | $-3$ | $-197$ |
|  | 1 | 3 |  |

(2.38)

Mit dem zweiten Schema (2.38) ist das Ziel erreicht. Durch Nullsetzen der beiden Basisvariablen $y_1$ und $y_2$ ist damit eine zulässige Ecke gefunden worden, und der normale Simplex-Algorithmus kann beginnen. Ein weiterer AT-Schritt, mit welchem die Variable $y_2$ nochmals ausgetauscht wird, ergibt das Schluß-Schema (2.39). Daraus lesen wir die Lösung $x_1 = 8, x_2 = 10$, $y_1 = 0, y_2 = 3, y_3 = 0, y_4 = 9$ mit $z^*_{max} = -191$, d. h. $z_{min} = -z^*_{max} = 191$ ab.

|  | $y_3$ | $y_1$ | 1 |
|---|---|---|---|
| $y_2 =$ | $-1$ | $1$ | $3$ |
| $y_4 =$ | $0$ | $-1$ | $9$ |
| $x_1 =$ | $1$ | $-1$ | $8$ |
| $x_2 =$ | $-1$ | $0$ | $10$ |
| $z^* =$ | $-2$ | $-1$ | $-191$ |

(2.39)

In Fig. 2.4 werden die Lösungsschritte der Methode der Koordinatenverschiebung so interpretiert, daß die in den Schemata oben stehenden Variablen gleich Null gesetzt werden. Das Ausgangs-Schema (2.37) entspricht dem Nullpunkt A des $(\xi_1, \xi_2)$-Koordinatensystems.

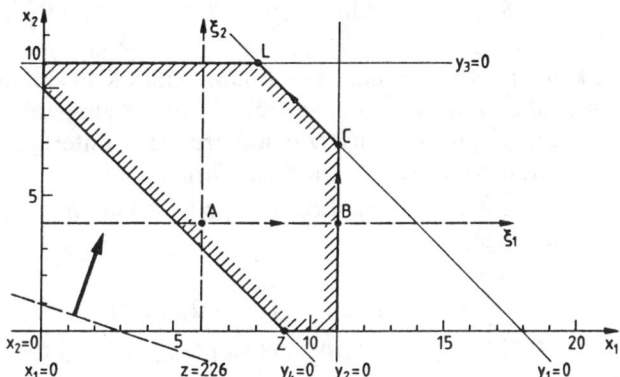

Fig. 2.4
Graphische Interpretation
der Lösungsschritte der Methode
der Koordinatenverschiebung

Die Elimination der ersten freien Variablen $\xi_1$ führt zum Randpunkt B mit $y_2 = 0$, und der zweite Eliminationsschritt liefert die zulässige Ecke C mit den Koordinaten $x_1 = 11$, $x_2 = 7$. Der Simplex-Algorithmus erzeugt in einem weiteren Schritt die Lösungsecke L. △

Die Methode der Koordinatenverschiebung ist vom Konzept her zwar sehr einfach, doch weist sie gewisse Nachteile auf. Erstens muß eine zulässige Lösung bekannt sein, um mit ihrer Hilfe eine zulässige Ecke zu bestimmen. Die Methode ist deshalb nicht systematisch, weil Vorkenntnisse erforderlich sind. Zweitens wird das lineare Programm im allgemeinen um $n$ lineare Ungleichungen erweitert, so daß das erste Simplex-Schema $(m + n + 1)$ Zeilen umfaßt, die sich nach erfolgter Elimination der freien Variablen auf $(m + 1)$ Zeilen reduzieren. Dieser Mehrbedarf an Speicherplatz ist recht unbefriedigend. Deshalb existieren verschiedene Verfahren, um zuerst eine zulässige Lösung systematisch zu bestimmen, und die mit einem Minimum an Mehraufwand auskommen.

### 2.4.3 Die Zweiphasenmethode

Um eine zulässige Lösung eines linearen Programms (2.6), für welches die Voraussetzung (2.7) nicht gilt, zu bestimmen, wird in einem ersten Schritt ein Hilfsprogramm betrachtet und gelöst. Zu diesem Zweck erweitern wir das gegebene lineare Programm (2.6) um eine Variable $x_0$ und formulieren die Aufgabe

$$\begin{aligned} y_i &= x_0 + \sum_{k=1}^{n} a_{ik} x_k + c_i \geqslant 0, \quad (i = 1, 2, \ldots, m) \\ x_k &\geqslant 0, \quad (k = 1, 2, \ldots, n) \\ h &= x_0 = \text{Min!} \end{aligned} \qquad (2.40)$$

Mit einem hinreichend großen, positiven Wert für $x_0$ kann sofort eine zulässige Lösung für (2.40) angegeben werden, beispielsweise

$$\bar{x}_0 = -\min_i (c_i), \qquad \bar{x}_1 = \bar{x}_2 = \ldots = \bar{x}_n = 0. \qquad (2.41)$$

Sie kann im $\mathbb{R}^{n+1}$ als neuen Nullpunkt eines Koordinatensystems verwendet werden, wobei aber nur eine einzige freie Variable eingeführt werden muß, da $\bar{x}_k = 0$ für $k = 1, 2, \ldots, n$ gilt. Die zusätzliche Variable $x_0$ unterliegt keiner Vorzeichenbedingung und stellt deshalb selbst eine freie Variable dar.
Ist $x_0^*, x_1^*, x_2^*, \ldots, x_n^*$ eine Lösung von (2.40) mit $h_{\min} = x_0^* \leqslant 0$, dann sind offenbar die Ungleichungen

$$\sum_{k=1}^{n} a_{ik} x_k^* + c_i \geqslant 0, \quad (i = 1, 2, \ldots, m) \\ x_k^* \geqslant 0, \quad (k = 1, 2, \ldots, n) \qquad (2.42)$$

## 2.4 Allgemeine lineare Programme

erfüllt. Folglich ist $x_1^*, x_2^*, \ldots, x_n^*$ eine zulässige Lösung des ursprünglich gegebenen linearen Programms (2.6).

Ist jedoch $h_{\min} = x_0^* > 0$ der minimale Wert der Hilfszielfunktion, dann bedeutet dies, daß der zulässige Bereich von (2.6) leer ist. Denn wäre $\tilde{x}_1, \tilde{x}_2, \ldots, \tilde{x}_n$ eine zulässige Lösung des linearen Programms (2.6), würde $\tilde{x}_0 = 0, \tilde{x}_1, \tilde{x}_2, \ldots, \tilde{x}_n$ eine zulässige Lösung von (2.40) darstellen, für welche der Wert der Zielfunktion kleiner wäre.

Die Behandlung eines linearen Programms (2.6) mit nicht zulässigem Nullpunkt wird sich aus zwei Lösungsschritten zusammensetzen. Zuerst wird mit dem Hilfsprogramm (2.40) eine zulässige Lösung rechnerisch ermittelt, um dann auf Grund ihrer Kenntnis die Lösung zu berechnen. Man spricht deshalb von der Zweiphasenmethode. Grundsätzlich könnte man nach der Berechnung einer zulässigen Lösung die Methode der Koordinatenverschiebung anwenden, um die eigentlich gesuchte Lösung zu bestimmen. Da aber die zulässige Lösung vermittels des Simplex-Algorithmus für das Hilfsprogramm (2.40) berechnet wird, welches mit dem gegebenen linearen Programm eng verknüpft ist, besteht eine zweckmäßigere Fortsetzung der Lösung darin, das resultierende Simplex-Schema der ersten Phase nach geeigneter Modifikation als Ausgangs-Schema für die zweite Phase zu verwenden. Wir beschreiben die einzelnen Schritte des Lösungsgangs.

Das gegebene lineare Programm (2.6) erweitern wir mit der Variablen $x_0$, für welche wir sogleich die Substitution

$$x_0 = \bar{x}_0 + \xi_0, \qquad \bar{x}_0 = -\min_i (c_i) \tag{2.43}$$

durchführen, so daß mit

$$\bar{c}_i = c_i + \bar{x}_0 \geqslant 0, \quad (i = 1, 2, \ldots, m) \tag{2.44}$$

die Voraussetzung von Abschnitt 2.4.1 zur Elimination der freien Variablen $\xi_0$ im erweiterten Programm (2.45) erfüllt ist.

$$\begin{aligned}
h^* &= -\xi_0 \qquad\qquad\qquad - \bar{x}_0 = \text{Max!} \\
y_i &= \xi_0 + \sum_{k=1}^{n} a_{ik} x_k + \bar{c}_i \geqslant 0, \quad (i = 1, 2, \ldots, m) \\
&\qquad\qquad x_k \geqslant 0, \quad (k = 1, 2, \ldots, n) \\
\left\{ z \right. &= \left. \sum_{k=1}^{n} b_k x_k + d = \text{Max!} \right\}
\end{aligned} \tag{2.45}$$

In (2.45) wird im Hinblick auf die algorithmische Durchführung die zu maximierende Hilfszielfunktion $h^* = -h$ an den Anfang gestellt, und die eigentliche Zielfunktion $z$ ist in Klammern angegeben, da sie in der ersten Phase einfach mitgeführt wird. Zur Lösung des linearen Programms (2.45) verwenden wir ein Simplex-Schema, in welchem die Zielfunktion $h^*$ in der obersten (nullten) Zeile und die freie Variable $\xi_0$ in der ersten (nullten) Kolonne steht. Dadurch wird das Simplex-Schema des vorgelegten linearen Programms um eine Zeile und Kolonne erweitert.

Zuerst wird die freie Variable $\xi_0$ eliminiert. Obwohl ihr Wert nicht unmittelbar interessiert, wird die transformierte Pivotzeile nicht gestrichen, weil sie später noch gebraucht werden wird. Anschließend wird der Simplex-Algorithmus bezüglich der Hilfszielfunktion angewendet, wobei selbstverständlich sowohl die Zeile der ausgetauschten freien Variablen $\xi_0$ als auch die letzte Zeile der Zielfunktion $z$ nie Pivotzeile sein darf.

Der erste Lösungsschritt ist beendet, sobald die Hilfszielfunktion $h^*$ einen nichtnegativen Wert annimmt. Denn durch Nullsetzen der aktuellen $(n+1)$ Basisvariablen ist eine zulässige Lösung von (2.6) gegeben. Dieser zulässige Lösungspunkt des Hilfsprogramms (2.45) ist eine Ecke des zugehörigen Simplexes im $\mathbb{R}^{n+1}$.

Unser Ziel besteht jetzt darin, eine Ecke des gegebenen linearen Programms (2.6) zu bestimmen, um die zweite Lösungsphase starten zu können. Zu diesem Zweck ist die Zahl der Unbekannten zuerst um Eins zu reduzieren, um in den $n$-dimensionalen Raum von (2.6) zurückzukehren. Er ist als Unterraum des $\mathbb{R}^{n+1}$ des Hilfsprogramms durch $x_0 = 0$, d. h. $\xi_0 = -\bar{x}_0$ gekennzeichnet. Diesen Übergang werden wir mit einem geeigneten AT-Schritt erreichen, wozu die geometrische Interpretation der Simplex-Schritte die Motivation für das Vorgehen liefert.

In demjenigen Simplex-Schritt, in welchem die Zielfunktion $h^*$ das Vorzeichen wechselt oder zumindest nicht mehr negativ ist, wird auf einer Kante des Simplexes im $\mathbb{R}^{n+1}$ die Hyperebene $x_0 = 0$ durchquert oder gerade erreicht. Diese Kante ist durch das Nullsetzen all jener Basisvariablen charakterisiert, welche sowohl vor als auch nach diesem AT-Schritt Basisvariablen sind. Der Durchstoßpunkt der Kante mit der Hyperebene $x_0 = 0$ im $\mathbb{R}^{n+1}$ stellt aber einen Eckpunkt des zulässigen Bereichs des vorgegebenen linearen Programms dar, und ist damit die gesuchte Startecke für den normalen Simplex-Algorithmus der zweiten Phase. Das Simplex-Schema, welches diesem Eckpunkt des zulässigen Bereichs von (2.6) entspricht, kann durch einen AT-Schritt gewonnen werden, in welchem die zuletzt erhaltene Basisvariable gegen die freie Variable $\xi_0$ ausgetauscht wird. Sodann setze man für $\xi_0$ den numerischen Wert $-\bar{x}_0$ in den Ungleichungen ein und streiche die Kolonne mit der Variablen $\xi_0$. Wir fassen die gewonnenen Erkenntnisse zusammen:

**Abbruchkriterium für das Hilfsprogramm** *Der Simplex-Algorithmus für das Hilfsprogramm (2.45) ist abzubrechen, sobald der Wert der Zielfunktion $h^*$, d. h. das Element in der rechten oberen Ecke, nicht mehr negativ ist.*

**Reduktion auf das gegebene lineare Programm** *1) Mit der zuletzt verwendeten Pivotkolonne tausche man die freie Variable $\xi_0$ aus. 2) Im resultierenden Schema addiere man das $(-\bar{x}_0)$-fache der transformierten Pivotkolonne zur letzten Kolonne. 3) Anschließend ist die Zeile der Hilfszielfunktion und die Kolonne der Variablen $\xi_0$ zu streichen.*

Der AT-Schritt zur Reduktion ist stets mit einem Pivotelement ungleich Null durchführbar. Er wird ausgeführt ganz ungeachtet der entstehenden Vorzeichen der $c_i$-Werte in der letzten Kolonne. Diese werden im zweiten Schritt zwangsläufig nichtnegativ, da das Simplex-Schema einem zulässigen Eckpunkt entsprechen muß.

2.4 Allgemeine lineare Programme    85

Die Zweiphasenmethode zur Lösung eines linearen Programms (2.6) mit nicht zulässigem Nullpunkt besteht zusammenfassend aus den folgenden Lösungsschritten:

> 1. Erweiterung des Simplex-Schemas zum Hilfsprogramm (2.45)
>    ($\bar{x}_0 = -\min(c_i)$; $\bar{c}_i = c_i + \bar{x}_0$; Ränderung des Schemas)
> 2. Elimination der freien Variablen $\xi_0$.
> 3. Simplex-Algorithmus für Hilfszielfunktion $h^*$.
>    (Abbruch, sobald $h^* \geqslant 0$!)
> 4. Reduktion des Simplex-Schemas.
> 5. Simplex-Algorithmus für die Zielfunktion $z$.

(2.46)

Zur Realisierung der Zweiphasenmethode auf dem Computer wird für die erste Phase ein zweidimensionales Feld mit $(m+2)$ Zeilen und $(n+2)$ Kolonnen benötigt, das im Vergleich zum Speicherbedarf für das vorgegebene Programm (2.6) nur um $(m+n+3)$ Werte größer ist.

**Beispiel 2.7** Das lineare Programm (2.4) der Transportaufgabe erhält mit $x_0 = 9 + \xi_0$ die erweiterte Form

$$\begin{aligned} h^* &= -\xi_0 \phantom{- x_1 - x_2} - 9 = \text{Max!} \\ y_1 &= \xi_0 - x_1 - x_2 + 27 \geqslant 0 \\ y_2 &= \xi_0 - x_1 \phantom{- x_2} + 20 \geqslant 0 \\ y_3 &= \xi_0 \phantom{- x_1} - x_2 + 19 \geqslant 0 \\ y_4 &= \xi_0 + x_1 + x_2 \phantom{+ 00} \geqslant 0 \\ & \phantom{= \xi_0 +} x_1 \phantom{+ x_2 + 00} \geqslant 0 \\ & \phantom{= \xi_0 + x_1 +} x_2 \phantom{+ 00} \geqslant 0 \\ \{z^* &= \phantom{\xi_0 + } x_1 + 3x_2 - 229 = \text{Max!}\} \end{aligned}$$

(2.47)

Ausgehend vom zugehörigen Simplex-Schema liefert die Elimination der freien Variablen $\xi_0$

|         | $\xi_0$ | $x_1$ | $x_2$ | 1    |         | $y_4$ | $x_1$ | $x_2$ | 1    |
|---------|---------|-------|-------|------|---------|-------|-------|-------|------|
| $h^* =$ | $\underline{-1}$ | 0 | 0 | $-9$ | $h^* =$ | $-1$ | $\underline{1}$ | 1 | $-9$ |
| $y_1 =$ | $\underline{1}$ | $-1$ | $-1$ | 27 | $y_1 =$ | 1 | $\underline{-2}$ | $-2$ | 27 |
| $y_2 =$ | $\underline{1}$ | $-1$ | 0 | 20 | $y_2 =$ | 1 | $\underline{-2}$ | $\underline{-1}$ | 20 |
| $y_3 =$ | $\underline{1}$ | 0 | $-1$ | 19 | $y_3 =$ | 1 | $\underline{-1}$ | $-2$ | 19 |
| $y_4 =$ | $\underline{\underline{1}}$ | 1 | 1 | $\underline{0}$ | $\xi_0 =$ | 1 | $\underline{-1}$ | $-1$ | 0 |
| $z^* =$ | $\underline{0}$ | 1 | 3 | $-229$ | $z^* =$ | 0 | $\underline{1}$ | 3 | $-229$ |
|         | $-1$ | $-1$ | 0 |     |         | 0.5 | $-0.5$ | 10 |     |

(2.48)

86  2 Lineare Optimierung

Mit dem rechts stehenden Simplex-Schema (2.48) beginnt der Simplex-Algorithmus bezüglich der Hilfszielfunktion $h^*$ in der obersten Zeile. Mit der nach der 1. Regel gewählten Pivotkolonne und dem nach der 2. Regel bestimmten Pivotelement ergibt der AT-Schritt einen bereits positiven Wert für $h^*$, also bricht die erste Phase ab mit

|        | $y_4$ | $y_2$ | $x_2$ | 1    |
|--------|-------|-------|-------|------|
| $h^* =$ | −0.5  | −0.5  | 0.5   | 1    |
| $y_1 =$ | 0     | 1     | −1    | 7    |
| $x_1 =$ | 0.5   | −0.5  | −0.5  | 10   |
| $y_3 =$ | 0.5   | 0.5   | −1.5  | 9    |
| $\xi_0 =$ | 0.5 | 0.5   | −0.5  | −10  |
| $z^* =$ | 0.5   | −0.5  | 2.5   | −219 |
|        | −1    | 1     | 20    |      |

|        | $y_4$ | $\xi_0$ | $x_2$ | 1    |
|--------|-------|---------|-------|------|
| $y_1 =$ | −1    | 2       | 0     | 27   |
| $x_1 =$ | 1     | −1      | −1    | 0    |
| $y_3 =$ | 0     | 1       | −1    | 19   |
| $y_2 =$ | −1    | 2       | 1     | 20   |
| $z^* =$ | 1     | −1      | 2     | −229 |

(2.49)

Nach der Regel der Reduktion des linearen Programms ist in (2.49) noch der AT-Schritt angefügt worden, welcher $y_2$ gegen $\xi_0$ austauscht. Die Zeile der Hilfszielfunktion ist bereits weggelassen worden. Mit $\xi_0 = -\bar{x}_0 = -9$ resultiert schießlich das Simplex-Schema (2.50), welches der Ecke $Z$ des zulässigen Bereichs in Fig. 2.4 entspricht.

|        | $y_4$ | $x_2$ | 1    |
|--------|-------|-------|------|
| $y_1 =$ | −1    | 0     | 9    |
| $x_1 =$ | 1     | −1    | 9    |
| $y_3 =$ | 0     | −1    | 10   |
| $y_2 =$ | −1    | 1     | 2    |
| $z^* =$ | 1     | 2     | −220 |

|        | $y_3$ | $y_1$ | 1    |
|--------|-------|-------|------|
| $x_1 =$ | 1     | −1    | 8    |
| $x_2 =$ | −1    | 0     | 10   |
| $y_4 =$ | 0     | −1    | 9    |
| $y_2 =$ | −1    | 1     | 3    |
| $z^* =$ | −2    | −1    | −191 |

(2.50)

Nach drei AT-Schritten des Simplex-Algorithmus erhält man, falls die zweite Kolonne im ersten Schritt als Pivotkolonne gewählt wird, das in (2.50) rechts stehende Simplex-Schema mit der daraus folgenden Lösung $x_1 = 8$, $x_2 = 10$, $y_1 = 0$, $y_2 = 3$, $y_3 = 0$, $y_4 = 9$ und $z^*_{\max} = -191$. △

## 2.5 Diskrete Tschebyscheff-Approximation

Als Anwendung der linearen Programmierung betrachten wir die Aufgabe, eine in einem Intervall stetige Funktion $y = f(x)$ durch ein Polynom $P_n(x)$ vom Grad $n$ so zu approximieren, daß der maximale Betrag der Differenzen $P_n(x_k) - f(x_k)$ an $N$ diskreten Abszissen $x_k$ $(k = 1, 2, \ldots, N)$ minimal ist. Diese Aufgabenstellung tritt beispielsweise dann auf, wenn es gilt, eine kompliziert definierte Funktion $f(x)$ durch ein Polynom näherungsweise darzustellen. Da der maximale Fehlerbetrag zu minimieren ist, spricht man auch von Tschebyscheffscher Ausgleichung.

## 2.5 Diskrete Tschebyscheff-Approximation

Zu gegebenen Abszissen $x_k$ und zugehörigen Funktionswerten $y_k = f(x_k)$, $(k = 1, 2, \ldots, N)$ ist das Polynom

$$P_n(x) = a_0 + a_1 x + a_2 x^2 + \ldots + a_n x^n, \quad n < N - 1 \tag{2.51}$$

vom Grad $n$ gesucht, so daß gilt

$$\max_k |P_n(x_k) - y_k| = \text{Min!} \tag{2.52}$$

Zur Lösung der Aufgabe führen wir mit

$$P_n(x_k) - y_k = r_k, \quad (k = 1, 2, \ldots, N) \tag{2.53}$$

die Residuen $r_k$ der Stellen $x_k$ ein. Die Forderung (2.52) lautet deshalb

$$\max_k |r_k| = \text{Min!} \tag{2.54}$$

Unter den Residuen $r_k$ existiert ein betragsgrößtes, dessen Betrag wir mit $H = \max_k |r_k| > 0$ bezeichnen. Damit gelten die Ungleichungen

$$|P_n(x_k) - y_k| \leq H, \quad (k = 1, 2, \ldots, N). \tag{2.55}$$

Die Forderung (2.52) ist somit gleichbedeutend damit, die Größe $H$ als obere Schranke der Beträge der Residuen zu minimieren. Als nächsten Schritt ersetzen wir in (2.55) $P_n(x_k)$ durch den Ausdruck (2.51), dividieren die Ungleichungen (2.55) anschließend durch die positive Größe $H$ und erhalten so die neuen Ungleichungen

$$\left| \sum_{j=0}^{n} \left( \frac{a_j}{H} \right) x_k^j - \left( \frac{1}{H} \right) y_k \right| \leq 1, \quad (k = 1, 2, \ldots, N). \tag{2.56}$$

Mit den Hilfsgrößen

$$\xi_1 = \frac{a_0}{H}, \quad \xi_2 = \frac{a_1}{H}, \quad \xi_3 = \frac{a_2}{H}, \quad \ldots, \quad \xi_{n+1} = \frac{a_n}{H}, \quad \xi_{n+2} = \frac{1}{H} \tag{2.57}$$

erhalten die Bedingungen (2.56) die Form

$$|\xi_1 + x_k \xi_2 + x_k^2 \xi_3 + \ldots + x_k^n \xi_{n+1} - y_k \xi_{n+2}| \leq 1, \quad (k = 1, 2, \ldots, N). \tag{2.58}$$

Weil jede Ungleichung in (2.58) für den Betrag eines Ausdrucks äquivalent zu zwei Ungleichungen ist, weil die Variable $\xi_{n+2}$ den Kehrwert der nichtnegativen Größe $H$ darstellt und weil $H$ zu minimieren ist, erhalten wir für die Unbekannten $\xi_1, \xi_2, \ldots, \xi_{n+2}$ das folgende lineare Programm

$$\left. \begin{array}{l} \xi_1 + x_k \xi_2 + x_k^2 \xi_3 + \ldots + x_k^n \xi_{n+1} - y_k \xi_{n+2} \leq 1 \\ \xi_1 + x_k \xi_2 + x_k^2 \xi_3 + \ldots + x_k^n \xi_{n+1} - y_k \xi_{n+2} \geq -1 \end{array} \right\} (k = 1, 2, \ldots, N)$$

$$\xi_{n+2} \geq 0$$

$$\xi_{n+2} = \text{Max!}$$

## 2 Lineare Optimierung

Seine Normalform lautet damit

$$
\left.\begin{array}{rl}
\eta_k = -\xi_1 - x_k\xi_2 - x_k^2\xi_3 - \ldots - x_k^n\xi_{n+1} + y_k\xi_{n+2} + 1 \geqslant 0 \\
\eta_k' = \phantom{-}\xi_1 + x_k\xi_2 + x_k^2\xi_3 + \ldots + x_k^n\xi_{n+1} - y_k\xi_{n+2} + 1 \geqslant 0
\end{array}\right\} (k=1,2,\ldots,N)
$$
$$\xi_{n+2} \geqslant 0$$
$$\zeta = \xi_{n+2} = \text{Max!}$$
(2.59)

Das lineare Programm (2.59) für die $(n+2)$ Unbekannten $\xi_1, \xi_2, \ldots, \xi_{n+1}, \xi_{n+2}$ enthält $2N$ lineare Ungleichungen, welche eine Gesetzmäßigkeit aufweisen und die Beziehungen $\eta_k + \eta_k' = 2$, $(k=1,2,\ldots,N)$ erfüllen. Da nur für $\xi_{n+2}$ eine Vorzeichenbedingung vorliegt, sind $\xi_1, \xi_2, \ldots, \xi_{n+1}$ freie Variablen. Die Konstanten der linearen Ungleichungen von (2.59) sind positiv. Die Voraussetzung von Abschnitt 2.4.1 für die Elimination der $(n+1)$ freien Variablen ist somit erfüllt. Infolge der sehr speziellen Zielfunktion tritt dabei stets der Fall mit $b_q = 0$ ein. Die Werte der freien Variablen $\xi_j$ werden nach der Lösung des linearen Programms (2.59) benötigt, um daraus die gesuchten Koeffizienten $a_0, a_1, \ldots, a_n$ des Polynoms $P_n(x)$ gemäß (2.57) berechnen zu können. Das bedeutet, daß die Zeilen, welche den eliminierten freien Variablen entsprechen, im Rechenschema mitgeführt werden müssen, aber sowohl während der Eliminationsschritte als auch im Verlauf des Simplex-Algorithmus als Pivotzeilen auszuschließen sind.

Die behandelte Approximationsaufgabe (2.51), (2.52) kann so verallgemeinert werden, daß anstelle des Polynoms $P_n(x)$ eine Funktion $F_n(x)$ mit der Darstellung

$$F_n(x) = a_0\psi_0(x) + a_1\psi_1(x) + \ldots + a_n\psi_n(x) \tag{2.60}$$

tritt, wo die $(n+1)$ Funktionen $\psi_0(x), \psi_1(x), \ldots, \psi_n(x)$ linear unabhängig sein sollen. Die Überlegungen, welche die Aufgabe auf die Lösung eines linearen Programms zurückführen, bleiben die gleichen. Es sind nur die Potenzen $x^j$ durch die Funktionen $\psi_j(x)$ zu ersetzen.

**Beispiel 2.8** Um den vollständigen Lösungsgang darstellen zu können, betrachten wir die Aufgabe, zu vier gegebenen Punkten eine lineare Funktion $y = a_0 + a_1 x$ zu bestimmen, so daß das Maximum der Beträge der Residuen minimal wird. Die Abszissen $x_k$ und die Ordinaten $y_k$ der Punkte sind in (2.61) zusammengestellt.

| $k =$ | 1 | 2 | 3 | 4 |
|---|---|---|---|---|
| $x_k =$ | 1 | 2 | 3 | 4 |
| $y_k =$ | 1 | 3 | 3.25 | 4 |

(2.61)

## 2.5 Diskrete Tschebyscheff-Approximation

Das zugehörige Simplex-Schema für die Unbekannten $\xi_1, \xi_2$ und $\xi_3$ mit den acht Ungleichungen (2.59) lautet

|         | $\xi_1$ | $\xi_2$ | $\xi_3$ | 1  |
|---------|---------|---------|---------|----|
| $\eta_1 =$  | $\underline{-1}$ | $-1$ | $1$    | $1$ |
| $\eta_2 =$  | $-1$    | $-2$ | $3$    | $1$ |
| $\eta_3 =$  | $-1$    | $-3$ | $3.25$ | $1$ |
| $\eta_4 =$  | $-1$    | $-4$ | $4$    | $1$ |
| $\eta'_1 =$ | $\underline{\underline{1}}$ | $1$ | $\underline{-1}$ | $1$ |
| $\eta'_2 =$ | $1$     | $2$  | $-3$   | $1$ |
| $\eta'_3 =$ | $1$     | $3$  | $-3.25$| $1$ |
| $\eta'_4 =$ | $1$     | $4$  | $-4$   | $1$ |
| $\zeta =$   | $\underline{0}$ | $0$ | $1$ | $0$ |
|         | $-1$    | $1$  | $-1$   |    |

Die Elimination der beiden freien Variablen $\xi_1$ und $\xi_2$ erfolgt in den beiden folgenden Schemata.

|         | $\eta'_1$ | $\xi_2$ | $\xi_3$ | 1  |
|---------|-----------|---------|---------|----|
| $\eta_1 =$  | $-1$ | $\underline{0}$ | $0$    | $2$ |
| $\eta_2 =$  | $-1$ | $\underline{-1}$ | $2$   | $2$ |
| $\eta_3 =$  | $-1$ | $\underline{-2}$ | $2.25$| $2$ |
| $\eta_4 =$  | $-1$ | $\underline{-3}$ | $3$   | $2$ |
| $\xi_1 =$   | $1$  | $-1$ | $1$    | $-1$ |
| $\eta'_2 =$ | $1$  | $\underline{1}$ | $-2$ | $0$ |
| $\eta'_3 =$ | $1$  | $\underline{2}$ | $-2.25$ | $0$ |
| $\eta'_4 =$ | $1$  | $\underline{3}$ | $-3$ | $0$ |
| $\zeta =$   | $0$  | $\underline{0}$ | $1$ | $0$ |
|         | $-1$ | $2$ | $0$ |    |

|         | $\eta'_1$ | $\eta'_2$ | $\xi_3$ | 1  |
|---------|-----------|-----------|---------|----|
| $\eta_1 =$  | $-1$ | $0$ | $\underline{0}$ | $2$ |
| $\eta_2 =$  | $0$  | $-1$ | $\underline{0}$ | $2$ |
| $\eta_3 =$  | $1$  | $-2$ | $\underline{-1.75}$ | $2$ |
| $\eta_4 =$  | $2$  | $\underline{-3}$ | $\underline{-3}$ | $2$ |
| $\xi_1 =$   | $2$  | $-1$ | $\underline{-1}$ | $-1$ |
| $\xi_2 =$   | $-1$ | $1$  | $2$    | $0$ |
| $\eta'_3 =$ | $-1$ | $2$  | $1.75$ | $0$ |
| $\eta'_4 =$ | $-2$ | $3$  | $\underline{3}$ | $0$ |
| $\zeta =$   | $0$  | $0$  | $\underline{1}$ | $0$ |
|         | $2/3$ | $-1$ | $2/3$ |    |

Die beiden Eliminationsschritte verändern den Wert der Zielfunktion nicht. Sie führen zu einem degenerierten Simplex-Schema, mit welchem der Simplex-Algorithmus einsetzt. Die Degeneration stört in diesem einfachen Beispiel nicht, da die betreffenden Zeilen nicht als Pivotzeilen in Frage kommen. Zwei Simplex-Schritte führen zum Lösungsschema (2.62).

90   2 Lineare Optimierung

|  | $\eta_1'$ | $\eta_2'$ | $\eta_4$ | 1 |  | $\eta_1$ | $\eta_2'$ | $\eta_4$ | 1 |
|---|---|---|---|---|---|---|---|---|---|
| $\eta_1 =$ | $\underline{-1}$ | $\underline{0}$ | $\underline{0}$ | 2 | $\eta_1' =$ | $-1$ | 0 | 0 | 2 |
| $\eta_2 =$ | 0 | $-1$ | 0 | 2 | $\eta_2 =$ | 0 | $-1$ | 0 | 2 |
| $\eta_3 =$ | $-1/6$ | $-1/4$ | $7/12$ | $5/6$ | $\eta_3 =$ | $1/6$ | $-1/4$ | $7/12$ | $1/2$ |
| $\xi_3 =$ | $2/3$ | $-1$ | $-1/3$ | $2/3$ | $\xi_3 =$ | $-2/3$ | $-1$ | $-1/3$ | 2 |
| $\xi_1 =$ | $4/3$ | 0 | $1/3$ | $-5/3$ | $\xi_1 =$ | $-4/3$ | 0 | $1/3$ | 1 |
| $\xi_2 =$ | $1/3$ | $-1$ | $-2/3$ | $4/3$ | $\xi_2 =$ | $-1/3$ | $-1$ | $-2/3$ | 2 |
| $\eta_3' =$ | $1/6$ | $1/4$ | $-7/12$ | $7/6$ | $\eta_3' =$ | $-1/6$ | $1/4$ | $-7/12$ | $3/2$ |
| $\eta_4' =$ | $\underline{0}$ | 0 | $-1$ | 2 | $\eta_4' =$ | 0 | 0 | $-1$ | 2 |
| $\zeta =$ | $2/3$ | $-1$ | $-1/3$ | $2/3$ | $\zeta =$ | $-2/3$ | $-1$ | $-1/3$ | 2 |
|  | 0 | 0 | 2 |  |  |  |  |  |  |

(2.62)

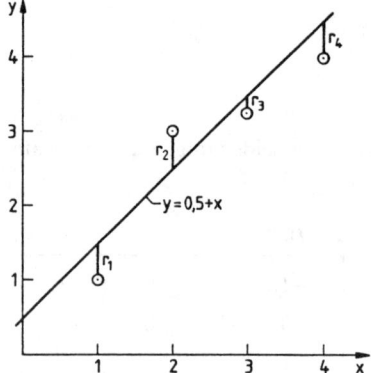

Fig. 2.5
Gerade bester Approximation

Aus (2.62) ergeben sich die allein interessierenden Lösungswerte $\zeta_{\max} = \frac{1}{H} = 2$, $\xi_1 = 1$, $\xi_2 = 2$, aus denen sich nach (2.57) die Koeffizienten $a_0 = \xi_1 \cdot H = 0.5$ und $a_1 = \xi_2 \cdot H = 1$ und $H = \max |r_k| = 0.5$ bestimmen. In Fig. 2.5 ist die Gerade bester Approximation im Tschebyscheffschen Sinn zusammen mit den Residuen $r_k$ dargestellt. Typisch für die Lösungsgerade ist die Tatsache, daß drei betragsgleiche Residuen $|r_1| = |r_2| = |r_4| = 0.5$ vorhanden sind, während $|r_3| < 0.5$ ist. Zudem weisen die betragsgrößten Residuen alternierende Vorzeichen bei wachsender Abszisse auf. Man sagt, daß die zugehörigen Abszissen eine Alternante bilden [HäH89, Rut76, Rut90, Wes72]. △

**Beispiel 2.9** Die Funktion $f(x) = \cos\left(\frac{1}{2}\pi x\right)$ soll im Intervall $[0, 1]$ durch ein Polynom $P_4(x)$ vierten Grades im Tschebyscheffschen Sinn approximiert werden bezüglich der elf äquidistanten Abszissen $x_k = (k-1)/10$, $(k = 1, 2, \ldots, 11)$. Das zu lösende lineare Programm mit 22 linearen Restriktionen für die sechs Unbekannten $\xi_1, \xi_2, \ldots, \xi_6$ ist mit einem Rechenprogramm aufgebaut und gelöst worden. Nach Elimination der fünf freien Variablen waren noch elf

Simplex-Schritte erforderlich. Das resultierende Polynom lautet

$$P_4(x) = 0.9998960847 + 0.0049601071\,x - 1.2710445207\,x^2 \\ + 0.0933071199\,x^3 + 0.1729851242\,x^4. \tag{2.63}$$

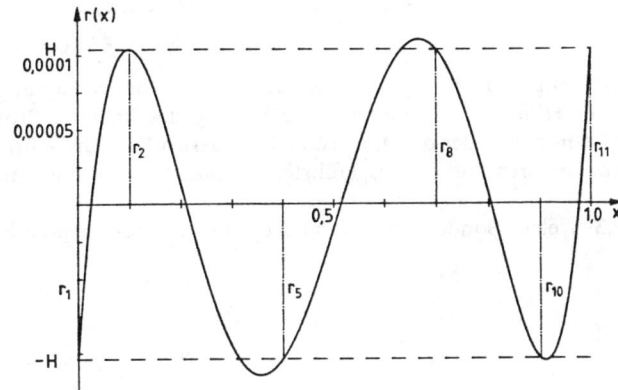

Fig. 2.6
Fehlerfunktion
der $T$-Approximation

Der maximale Residuenbetrag an den diskreten Stellen $x_k$ beträgt $H = \max |r_k| \doteq 0.0001039$ und wird an den sechs Stellen $x_1$, $x_2$, $x_5$, $x_8$, $x_{10}$, $x_{11}$ mit alternierendem Vorzeichen angenommen. In Fig. 2.6 ist die Fehlerfunktion $r(x) := P_4(x) - \cos\left(\dfrac{1}{2}\pi x\right)$ dargestellt. Ihr maximaler Betrag ist nur unwesentlich größer als $H$. Folglich stellt $P_4(x)$ nach (2.63) die gegebene Funktion mit einer absoluten Genauigkeit von vier Stellen nach dem Komma dar. △

## 2.6 Aufgaben

**2.1** Eine Fabrik stellt zwei Produkte X und Y her. Zur Herstellung einer Einheit sind Arbeitstage, Maschinenstunden und Grundstoffe A und B erforderlich, wovon pro Monat nur beschränkte Kapazitäten vorhanden sind. Auf Grund einer Marktanalyse sollen vom Produkt Y höchstens 30 Einheiten mehr als vom Produkt X hergestellt werden. Gesucht ist die Produktion mit maximalem Reingewinn gemäß folgenden Angaben.

|                         | Produkt X | Produkt Y | verfügbar |
|-------------------------|-----------|-----------|-----------|
| Arbeitstage             | 1         | 5         | 300       |
| Maschinenstunden        | 2         | 2         | 200       |
| Grundstoff A (m$^2$)    | 2         | 1         | 170       |
| Grundstoff B (l)        | 5         | 2         | 420       |
| Reingewinn (Fr)         | 20        | 30        |           |

Graphische und rechnerische Lösung mit dem Simplex-Algorithmus, Interpretation der Schritte. Diskussion des Ergebnisses.

**2.2** Man löse das lineare Programm

$$\begin{aligned} x_1 &\leqslant 2 \\ x_2 &\leqslant 2 \\ x_3 &\leqslant 2 \\ x_1 + x_2 + x_3 &\leqslant 5 \end{aligned} \quad \bigg| \quad \begin{aligned} -x_1 + 2x_2 + 2x_3 &\leqslant 6 \\ 2x_1 - x_2 + 2x_3 &\leqslant 6 \\ x_1 \geqslant 0, x_2 \geqslant 0, x_3 &\geqslant 0 \\ z = x_1 + x_2 + x_3 &= \text{Max!} \end{aligned}$$

mit dem Simplex-Algorithmus und bestimme die vollständige Menge der Lösungsecken. Mit ihrer Hilfe soll die mehrdeutige Lösung des linearen Programms dargestellt werden. Als Hilfsmittel ist der dreidimensionale zulässige Bereich (Würfel mit abgeschnittenen Ecken) zu konstruieren und die ausgeführten Simplex-Schritte sind daran zu interpretieren.

**2.3** Welche Sonderfälle treten bei der Lösung des linearen Programms

$$\begin{aligned} x_1 - 5x_2 &\leqslant 5 \\ 2x_1 - 5x_2 &\leqslant 10 \\ x_1 - x_2 &\leqslant 8 \end{aligned} \quad \bigg| \quad \begin{aligned} -2x_1 + x_2 &\leqslant 4 \\ x_1 \geqslant 0, x_2 &\geqslant 0 \\ z = x_1 - x_2 + 4 &= \text{Max!} \end{aligned}$$

mit dem Simplex-Algorithmus auf? Zur Interpretation der Situation und der Schritte ist eine graphische Darstellung nützlich.

**2.4** Das lineare Programm mit nicht zulässigem Nullpunkt

$$\begin{aligned} x_1 + x_2 &\leqslant 18 \\ x_1 &\leqslant 10 \\ x_2 &\leqslant 11 \\ x_1 + x_2 &\geqslant 9 \end{aligned} \quad \bigg| \quad \begin{aligned} -x_1 + 2x_2 &\geqslant 2 \\ x_1 \geqslant 0, x_2 &\geqslant 0 \\ z = x_1 + x_2 + 5 &= \text{Max!} \end{aligned}$$

ist zu lösen sowohl mit Hilfe der Koordinatenverschiebung mit der zulässigen Lösung $\bar{x}_1 = 5, \bar{x}_2 = 6$ als auch mit der Zweiphasenmethode. In beiden Fällen sind die Lösungsschritte graphisch zu interpretieren.

**2.5** In den drei Straßenbahndepots A, B und C sind 18, 12 und 8 Kompositionen einsatzbereit. Wegen drei Anlässen werden an den Plätzen U, V und W 13, 15 und 10 Einsatzkurse benötigt. Auf Grund der Distanzentabelle

|   | U | V | W |
|---|---|---|---|
| A | 5 | 8 | 11 |
| B | 8 | 12 | 14 |
| C | 6 | 10 | 13 |

sind die Straßenbahnen so zu leiten, daß die totale Anzahl der durchfahrenen Leerkilometer minimal ist. Welches ist die optimale Lösung?
Lösungshinweis: Da die Zahl der verfügbaren Kompositionen gleich der benötigten ist, sind vier Unbekannte zur mathematischen Beschreibung des Problems erforderlich. Man wähle beispielsweise $x_1 =$ Zahl der Trams von A nach U, $x_2 =$ Zahl der Trams von A nach V, $x_3 =$ Zahl der Trams von B nach U, $x_4 =$ Zahl der Trams von C nach V. Das lineare Programm mit nicht

## 2.6 Aufgaben

zulässigem Nullpunkt ist mit Hilfe einer Koordinatenverschiebung und mit der Zweiphasenmethode zu lösen. Im ersten Fall genügt eine Koordinatenverschiebung bezüglich zweier Variablen, für die leicht zulässige Werte angegeben werden können.

**2.6** Die Funktion $y = \sin(x)$ ist im Intervall $[0, \pi/4]$ durch ein Polynom $P(x) = a_1 x + a_3 x^3$ zu approximieren, welches wie $\sin(x)$ ungerade ist. Man bestimme die Koeffizienten $a_1$ und $a_3$ auf Grund einer diskreten Tschebyscheff-Approximation für die Abszissen $x_k = k\pi/24$, $(k = 1, 2, ..., 6)$. Wie lautet das zugehörige lineare Programm und das approximierende Polynom? Man bestimme auch den Graphen der Fehlerfunktion $r(x) := P(x) - \sin(x)$ im Intervall $[0, \pi/4]$ und zeichne die Residuen an den diskreten Stellen $x_k$ ein.

**2.7** Zur Funktion $y = e^x$ bestimme man für das Intervall $[0, 1]$ im Sinn einer diskreten Tschebyscheff-Approximation die bestapproximierenden Polynome zweiten und vierten Grades $P_2(x) = a_0 + a_1 x + a_2 x^2$ und $P_4(x) = a_0 + a_1 x + a_2 x^2 + a_3 x^3 + a_4 x^4$ für $N = 6$ und $N = 11$ äquidistante Stellen $x_k$. Wie groß sind die Maxima $H$ der Residuenbeträge? Die zu lösenden linearen Programme sollen mit einem Rechenprogramm aufgestellt und gelöst werden. Anschließend sollen die Fehlerfunktionen dargestellt werden.

# 3 Interpolation

Wir betrachten die Aufgabe, eine reellwertige Funktion $f(x)$ der reellen Variablen $x$ geeignet zu approximieren unter der Voraussetzung, daß die Funktion nur an diskreten Stützstellen durch ihre Funktionswerte bekannt sei. Wir befassen uns mit dem Problem, eine tabellarisch definierte Funktion zwischen den Stützstellen angenähert darzustellen und damit auch dort berechenbar zu machen. Interpolationspolynome stellen das einfachste und oft verwendete Hilfsmittel zur Approximation dar. Obwohl das Interpolationspolynom durch die Stützpunkte eindeutig bestimmt ist, besitzt es verschiedene Darstellungen, die je nach Anwendungszweck entsprechende Vorteile aufweisen. Da die Interpolation durch eine ganz rationale Funktion nicht in jedem Fall problemgerecht ist, werden wir auch die Interpolationsaufgabe mit gebrochen rationalen Funktionen lösen. Schließlich stellen wir noch das in manchen praktischen Anwendungen nützliche Rechenverfahren dar, eine glatte, das heißt zweimal stetig differenzierbare interpolierende Funktion zu bestimmen.

## 3.1 Existenz und Eindeutigkeit der Polynominterpolation

Gegeben seien $(n+1)$ diskrete, paarweise verschiedene **Stützstellen** $x_0, x_1, \ldots, x_n$ und zugehörige beliebige **Stützwerte** $y_0, y_1, \ldots, y_n$. Gesucht wird ein Polynom $n$-ten Grades

$$P_n(x) = a_0 + a_1 x + \ldots + a_n x^n, \tag{3.1}$$

welches die Interpolationsbedingungen

$$P_n(x_i) = y_i, \quad (i = 0, 1, \ldots, n) \tag{3.2}$$

erfüllt. Der folgende Existenz- und Eindeutigkeitssatz stellt die Grundlage für alle weiteren, die Polynominterpolation betreffenden Betrachtungen dar.

**Satz 3.1** *Zu beliebigen* $(n+1)$ *Stützpunkten* $(x_i, y_i)$, $(i = 0, 1, \ldots, n)$ *mit paarweise verschiedenen Stützstellen* $x_i \neq x_j$ *für alle* $i \neq j$ *existiert genau ein Interpolationspolynom* $P_n(x)$ *mit der Eigenschaft* (3.2), *dessen Grad höchstens gleich* $n$ *ist.*

Beweis. a) Die Existenz des Interpolationspolynoms $P_n(x)$ zeigen wir auf konstruktive Art. Zu diesem Zweck betrachten wir zu den gegebenen Stützstellen die $(n+1)$ speziellen Polynome

$$L_i(x) := \prod_{\substack{j=0 \\ j \neq i}}^{n} \frac{(x-x_j)}{(x_i-x_j)} = \frac{(x-x_0)\ldots(x-x_{i-1})(x-x_{i+1})\ldots(x-x_n)}{(x_i-x_0)\ldots(x_i-x_{i-1})(x_i-x_{i+1})\ldots(x_i-x_n)},$$
$$(i = 0, 1, \ldots, n). \tag{3.3}$$

Diese Lagrange-Polynome $L_i(x)$ sind vom echten Grad $n$ und besitzen die offensichtliche Eigenschaft

$$L_i(x_k) = \delta_{ik} = \begin{cases} 1, & \text{falls } i = k \\ 0, & \text{falls } i \neq k \end{cases}. \tag{3.4}$$

Dann besitzt aber das Polynom

$$P_n(x) := \sum_{i=0}^{n} y_i L_i(x) \tag{3.5}$$

die geforderten Interpolationseigenschaften. Wegen (3.4) gilt

$$P_n(x_k) = \sum_{i=0}^{n} y_i L_i(x_k) = \sum_{i=0}^{n} y_i \delta_{ik} = y_k \quad \text{für } k = 0, 1, \ldots, n.$$

Als Linearkombination von Polynomen vom Grad $n$ ist der Grad von $P_n(x)$ (3.5) kleiner oder gleich $n$.

b) Wir zeigen nun die Eindeutigkeit des Interpolationspolynoms. Seien $P_n(x)$ und $Q_n(x)$ zwei Polynome je vom Grad höchstens gleich $n$, welche die Interpolationsbedingungen

$$P_n(x_k) = Q_n(x_k) = y_k, \quad (k = 0, 1, \ldots, n) \tag{3.6}$$

erfüllen. Aus (3.6) folgt, daß $D(x) := P_n(x) - Q_n(x)$ ein Polynom vom Grad kleiner oder gleich $n$ ist mit den $(n+1)$ paarweise verschiedenen Nullstellen $x_0, x_1, \ldots, x_n$. Nach dem Fundamentalsatz der Algebra muß $D(x) \equiv 0$ gelten, also $P_n(x) = Q_n(x)$ sein. □

## 3.2 Lagrange-Interpolation

### 3.2.1 Rechentechnik

Die Darstellung (3.5) für das Interpolationspolynom $P_n(x)$ nennt man die Lagrangesche Interpolationsformel. Sie löst die Interpolationsaufgaben zwar durch eine explizite Formel, für praktische Zwecke, etwa zur Berechnung eines interpolierten Wertes, ist sie in der Form (3.5) noch nicht sehr geeignet, denn ihre Auswertung wäre viel zu aufwendig. Deshalb wird (3.5) nach Substitution von (3.3) unter der Voraussetzung $x \neq x_i$ für alle $i = 0, 1, \ldots, n$ algebraisch umgeformt.

$$P_n(x) = \sum_{i=0}^{n} y_i \prod_{\substack{j=0 \\ j \neq i}}^{n} \frac{x - x_j}{x_i - x_j} = \sum_{i=0}^{n} y_i \frac{1}{x - x_i} \left\{ \prod_{\substack{j=0 \\ j \neq i}}^{n} \frac{1}{x_i - x_j} \right\} \cdot \prod_{k=0}^{n} (x - x_k) \tag{3.7}$$

Nun definieren wir zuerst die sog. Stützkoeffizienten

$$\boxed{\lambda_i := \prod_{\substack{j=0 \\ j \neq i}}^{n} \frac{1}{x_i - x_j} = 1 \bigg/ \prod_{\substack{j=0 \\ j \neq i}}^{n} (x_i - x_j), \quad (i = 0, 1, \ldots, n)} \tag{3.8}$$

als Größen, die allein von den gegebenen Stützstellen $x_k$ abhängen, und dann die davon abgeleiteten Hilfsgrößen

$$\mu_i := \frac{\lambda_i}{x - x_i}, \quad (i = 0, 1, \ldots, n), \tag{3.9}$$

die von der Neustelle $x$ abhängen, an der zu interpolieren ist. Mit diesen beiden Definitionen nimmt (3.7) die einfachere Gestalt

$$P_n(x) = \left\{ \sum_{i=0}^{n} \mu_i y_i \right\} \prod_{k=0}^{n} (x - x_k) \tag{3.10}$$

an, in der wir uns weiter vom Produktfaktor befreien wollen. Wenn wir in der für beliebige $y_i$-Werte gültigen Darstellung (3.10) speziell $y_i = 1$ für alle $i = 0, 1, \ldots, n$ einsetzen, dann ist doch $P_n(x) = 1$ für alle $x$ eine offensichtliche und damit nach Satz 3.1 die eindeutige Lösung der speziellen Interpolationsaufgabe. Damit folgt aber aus (3.10) die Identität

$$1 = \left\{ \sum_{i=0}^{n} \mu_i \right\} \prod_{k=0}^{n} (x - x_k) \quad \text{für alle } x, \text{ also}$$

$$\prod_{k=0}^{n} (x - x_k) = \frac{1}{\sum_{i=0}^{n} \mu_i}. \tag{3.11}$$

Aus (3.10) und (3.11) erhalten wir damit die Darstellung

$$P_n(x) = \frac{\sum_{i=0}^{n} \mu_i y_i}{\sum_{i=0}^{n} \mu_i} \tag{3.12}$$

Man nennt (3.12) die **baryzentrische Formel** der Lagrange-Interpolation zur Berechnung des interpolierenden Wertes $P_n(x)$ an der Neustelle $x$, da er als gewogenes Mittel der Stützwerte $y_i$ mit den Gewichten $\mu_i$ gebildet wird. Die Vorzeichen der $\mu_i$-Werte sind aber für $n \geq 2$ verschieden.

Mit dem Formelsatz (3.8), (3.9) und (3.12) ist die Rechentechnik der Lagrange-Formel vorgezeichnet. Sie besteht darin, zu den gegebenen Stützstellen $x_i$ die $(n+1)$ Stützkoeffizienten $\lambda_i$ zu berechnen. Für jede neue Interpolationsstelle $x$ können die Gewichte $\mu_i$ sukzessive berechnet werden, wobei gleichzeitig die beiden Summen in (3.12) gebildet werden können. Auf den ersten Blick erfordert die Bereitstellung der Stützkoeffizienten $\lambda_i$ insgesamt $n(n+1)$ wesentliche Operationen. Durch eine einfache Betrachtung läßt sich dieser Aufwand halbieren [Wer 84]. Nehmen wir an, die $(n+1)$

3.2 Lagrange-Interpolation    97

Stützkoeffizienten $\lambda_i^{(n)}$ zu den Stützstellen $x_0, x_1, \ldots, x_n$ seien bekannt. Kommt nun eine weitere $(n+2)$-te Stützstelle $x_{n+1}$ hinzu, so versuchen wir die zugehörigen Stützkoeffizienten $\lambda_i^{(n+1)}$ zu bestimmen unter Ausnützung der bekannten Werte $\lambda_i^{(n)}$. Auf Grund der Definition (3.8) ersehen wir sofort die Relationen

$$\lambda_i^{(n+1)} = \lambda_i^{(n)}/(x_i - x_{n+1}), \quad (i = 0, 1, \ldots, n), \tag{3.13}$$

welche erlauben, die ersten $(n+1)$ Stützkoeffizienten $\lambda_i^{(n+1)}$ durch je eine Division aus den $\lambda_i^{(n)}$ zu gewinnen. Der fehlende Stützkoeffizient ergibt sich schließlich aus

**Satz 3.2** *Die $(n+1)$ Stützkoeffizienten $\lambda_i^{(n)}$ zu $(n+1)$ paarweise verschiedenen Stützstellen $x_0, x_1, \ldots, x_n$ erfüllen die Beziehung*

$$\sum_{i=0}^{n} \lambda_i^{(n)} = 0, \quad (n \geqslant 1). \tag{3.14}$$

Beweis. Das Interpolationspolynom $P_n(x)$ hat mit den Stützkoeffizienten

$\lambda_i^{(n)} = 1 \Big/ \prod_{\substack{j=0 \\ j \neq i}}^{n} (x_i - x_j)$ auch die Darstellung

$$P_n(x) = \sum_{i=0}^{n} y_i \lambda_i^{(n)} \prod_{\substack{j=0 \\ j \neq i}}^{n} (x - x_j). \tag{3.15}$$

Für den Koeffizienten $a_n$ von $x^n$ liest man aus (3.15) ab

$$a_n = \sum_{i=1}^{n} y_i \lambda_i^{(n)}. \tag{3.16}$$

Wählen wir wiederum speziell $y_i = 1$ für alle $i = 0, 1, \ldots, n$, dann ist ja $P_n(x) = 1$, also $a_n = 0$ für alle $n \geqslant 1$, und daraus folgt die Behauptung (3.14). □

Zur rekursiven Berechnung der Stützkoeffizienten $\lambda_i^{(k)}$ für zunehmendes $k$ benötigen wir für ein $k$ Startwerte. Für $k = 1$ und die Stützstellen $x_0$ und $x_1$ sind ja $\lambda_0^{(1)} = 1/(x_0 - x_1), \lambda_1^{(1)} = 1/(x_1 - x_0) = -\lambda_0^{(1)}$. Ein Vergleich mit (3.13) liefert den Startwert $\lambda_0^{(0)} = 1$. Die Berechnung der Stützkoeffizienten $\lambda_i^{(n)}$ zu gegebenen Stützstellen $x_0, x_1, \ldots, x_n$ läßt sich somit wie folgt zusammenfassen.

$$\begin{array}{ll}
\text{Start:} & \lambda_0^{(0)} = 1 \\
\text{Rekursion:} & \text{für } k = 1, 2, \ldots, n: \\
& \quad \text{für } i = 0, 1, \ldots, k-1: \\
& \quad\quad \lambda_i^{(k)} = \lambda_i^{(k-1)}/(x_i - x_k) \\
& \quad \lambda_k^{(k)} = -\sum_{i=0}^{k-1} \lambda_i^{(k)}
\end{array} \tag{3.17}$$

## 3 Interpolation

Der Rechenaufwand nach (3.17) beträgt somit tatsächlich nur

$$Z_{\text{Stützkoeff}} = 1 + 2 + \ldots + n = \frac{1}{2}n(n+1) \tag{3.18}$$

Divisionen. Die Stützkoeffizienten $\lambda_i^{(k)}$ können im Rechner in einem Vektor mit $(n+1)$ Komponenten aufgebaut werden.

Das beschriebene Vorgehen ermöglicht auf einfache Weise die Zahl der Stützstellen sukzessive zu erhöhen.

**Beispiel 3.1** Gegeben seien die Stützstellen $x_0 = 0$, $x_1 = 1.5$, $x_2 = 2.5$, $x_3 = 4.5$ und die Stützwerte $y_0 = 1$, $y_1 = 2$, $y_2 = 2$, $y_3 = 1$. Gesucht sei der interpolierte Wert an der Stelle $x = 2.1$. Die rekursive Berechnung der Stützkoeffizienten bei fünfstelliger Rechnung ist im nachstehenden Schema zusammengefaßt.

| $k = $ \ $i =$ | 0 | 1 | 2 | 3 |
|---|---|---|---|---|
| 0 | 1.0000 | | | |
| 1 | −0.66667 | 0.66667 | | |
| 2 | 0.26667 | −0.66667 | 0.40000 | |
| 3 | −0.059260 | 0.22222 | −0.20000 | 0.037040 |

Mit den $\lambda_i^{(3)}$ folgen daraus $\mu_0 \doteq -0.028219$, $\mu_1 \doteq 0.37037$, $\mu_2 \doteq 0.50000$, $\mu_3 \doteq -0.015433$, und damit $P_3(2.1) \doteq 1.6971/0.82672 \doteq 2.0528$. △

Im Spezialfall von **äquidistanten Stützstellen** kann für die Stützkoeffizienten eine einfache geschlossene Formel angegeben werden. Die Stützstellen seien im Sinn wachsender Abszissen numeriert, so daß mit der Schrittweite $h$ gilt

$$x_0, x_1 = x_0 + h, \ldots, x_j = x_0 + jh, \ldots, x_n = x_0 + nh.$$

Für den allgemeinen $i$-ten Stützkoeffizienten ergibt sich nach (3.8)

$$\lambda_i = \frac{1}{(x_i - x_0) \ldots (x_i - x_{i-1})(x_i - x_{i+1}) \ldots (x_i - x_n)}$$

$$= \frac{1}{(-1)^{n-i} h^n [i(i-1) \ldots 1][1 \cdot 2 \ldots (n-i)]} = \frac{(-1)^{n-i}}{h^n n!} \binom{n}{i}. \tag{3.19}$$

Da es in der Formel (3.12) offenbar nicht auf einen gemeinsamen Faktor in den Gewichten $\mu_i$ ankommt, dürfen anstelle von (3.19) im Zusammenhang mit der Berechnung eines interpolierten Wertes die im Vorzeichen alternierenden **Binomialkoeffizienten** als Ersatzstützkoeffizienten verwendet werden:

$$\lambda_i^* = (-1)^i \binom{n}{i}, \quad (i = 0, 1, \ldots, n) \tag{3.20}$$

## 3.2 Lagrange-Interpolation

Bei gegebenem $n$ werden die $\lambda_i^*$ im Rechner vermittels der Rekursionsformel

$$\lambda_0^* = 1, \quad \lambda_i^* = -\lambda_{i-1}^* \cdot \frac{n-i+1}{i}, \quad (i = 1, 2, \ldots, n)$$

mit insgesamt nur $(2n)$ wesentlichen Operationen bereitgestellt.

**Beispiel 3.2** Aus einer Tabelle von $\sin(x)$ entnimmt man die fünfstelligen Werte an äquidistanten Stützstellen.

| $x_i =$ | 20° | 30° | 40° | 50° |
|---|---|---|---|---|
| $y_i =$ | 0.34202 | 0.50000 | 0.64279 | 0.76604 |

Gesucht sei der interpolierte Wert an der Stelle $x = 36°$ vermittels kubischer Interpolation. Mit den modifizierten Stützkoeffizienten $\lambda_0^* = 1$, $\lambda_1^* = -3$, $\lambda_2^* = 3$, $\lambda_3^* = -1$ erhalten wir die Gewichte $\mu_0^* = 0.0625$, $\mu_1^* = -0.5$, $\mu_2^* = -0.75$, $\mu_3^* = 0.071429$ und damit den interpolierten Wert $P_3(36°) \doteq -0.65599/(-1.1161) \doteq 0.58775$. Der bei fünfstelliger Rechnung mit Rundungsfehlern behaftete interpolierte Wert weicht um 4 Einheiten der letzten Stelle von $\sin(36°) = 0.58779$ ab. △

### 3.2.2 Anwendungen

Die Interpolationspolynome zu tabellarisch gegebenen Funktionen stellen gleichzeitig die Grundlage dar, Ableitungen der Funktionen näherungsweise zu berechnen. Die auf diese Weise gewonnenen Formeln zur **numerischen Differentiation** sind dann selbstverständlich auch zur genäherten Berechnung von Ableitungen analytisch berechenbarer Funktionen anwendbar. Die Darstellung des Interpolationspolynoms nach Lagrange (3.5) oder (3.15) eignet sich besonders gut zur Herleitung der gewünschten Differentiationsregeln. Differenzieren wir (3.15) $n$-mal nach $x$, so ist allgemein

$$\frac{d^n P_n(x)}{dx^n} = \sum_{i=0}^{n} y_i \lambda_i n! \approx f^{(n)}(x) \tag{3.21}$$

eine mögliche Approximation der $n$-ten Ableitung $f^{(n)}(x)$. Es gilt dazu der

**Satz 3.3** *Sei $f(x)$ im Intervall $[a,b]$ mit $a = \min_i (x_i)$, $b = \max_i (x_i)$ eine mindestens $n$-mal stetig differenzierbare Funktion, dann existiert ein $\xi \in (a,b)$ so, daß*

$$f^{(n)}(\xi) = \sum_{i=0}^{n} y_i \lambda_i n!. \tag{3.22}$$

**Beweis.** Wir betrachten die Funktion $g(x) := f(x) - P_n(x)$, wo $P_n(x)$ das Interpolationspolynom zu den Stützstellen $x_i$, $(i = 0, 1, \ldots, n)$ mit den Stützwerten $y_i = f(x_i)$ sei. Dann hat aber $g(x)$ wegen der Interpolationseigenschaft mindestens die $(n+1)$ Nullstellen $x_0, x_1, \ldots, x_n$. Wenden wir auf $g(x)$ $n$-mal den Satz von Rolle an, folgt die

3 Interpolation

Existenz einer Stelle $\xi$ im Innern des kleinstmöglichen Intervalls, das alle Stützstellen enthält, derart daß $g^{(n)}(\xi) = f^{(n)}(\xi) - P_n^{(n)}(\xi) = 0$. Das ist aber wegen (3.21) die Behauptung (3.22). In Fig. 3.1 ist die Situation im konkreten Fall $n = 3$ dargestellt. □

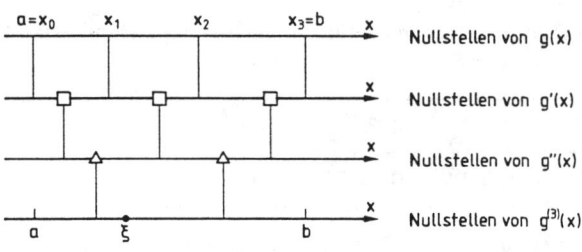

Fig. 3.1
Existenz von Nullstellen nach dem Satz von Rolle

Die durch (3.21) erklärte Regel der numerischen Differentiation zur Approximation der $n$-ten Ableitung einer (tabellarisch) gegebenen Funktion wird im allgemeinen nur für äquidistante Stützstellen $x_i = x_0 + ih$, $(i = 0, 1, \ldots, n)$ verwendet. Unter Berücksichtigung von (3.19) lautet (3.21) speziell

$$f^{(n)}(x) \approx \frac{1}{h^n} \left[ (-1)^n y_0 + (-1)^{n-1} \binom{n}{1} y_1 + (-1)^{n-2} \binom{n}{2} y_2 + \ldots - \binom{n}{n-1} y_{n-1} + y_n \right]$$

(3.23)

Die Approximation der $n$-ten Ableitung $f^{(n)}(x)$ berechnet sich nach (3.23) als eine durch $h^n$ zu dividierende Linearkombination der Stützwerte $y_i$, die mit den Binomialkoeffizienten alternierenden Vorzeichens multipliziert werden, wobei der letzte positiv ist. Man bezeichnet den Ausdruck (3.23) als den $n$-ten Differenzenquotienten der $(n+1)$ Stützwerte $y_i$. Für $n = 1, 2$ und $3$ lauten die entsprechenden Formeln der numerischen Differentiation

$$\begin{aligned} f'(x) &\approx \frac{y_1 - y_0}{h} & \text{1. Differenzenquotient} \\ f''(x) &\approx \frac{y_2 - 2y_1 + y_0}{h^2} & \text{2. Differenzenquotient} \\ f^{(3)}(x) &\approx \frac{y_3 - 3y_2 + 3y_1 - y_0}{h^3} & \text{3. Differenzenquotient} \end{aligned}$$ (3.24)

Die Stelle $\xi$, an welcher der $n$-te Differenzenquotient die $n$-te Ableitung einer mindestens $n$-mal stetig differenzierbaren Funktion $f(x)$ exakt liefert, liegt oft in der Nähe des Mittelpunktes $x_M = \frac{1}{2}(x_0 + x_n)$. Im Fall von rein tabellarisch definierten Funktionen wird deshalb ein Differenzenquotient (3.24) die entsprechende Ableitung in der Regel in der Mitte des Interpolationsintervalls am besten approximieren.

## 3.2 Lagrange-Interpolation

Die $p$-te Ableitung einer Funktion kann aber ebensogut auf Grund eines höhergradigen Interpolationspolynoms $P_n(x)$, $n>p$ approximiert werden. Da jetzt die $p$-te Ableitung $P_n^{(p)}(x)$ nicht konstant ist, muß die Stelle $x$ genau definiert werden. Zur Illustration soll die erste Ableitung $f'(x)$ auf Grund eines quadratischen Interpolationspolynoms approximiert werden. Nach (3.15) und (3.19) haben wir

$$P_2(x) = \frac{1}{2h^2}\{y_0(x-x_1)(x-x_2) - 2y_1(x-x_0)(x-x_2) + y_2(x-x_0)(x-x_1)\} \tag{3.25}$$

$$P_2'(x) = \frac{1}{2h^2}\{y_0(2x-x_1-x_2) - 2y_1(2x-x_0-x_2) + y_2(2x-x_0-x_1)\} \tag{3.26}$$

Für die erste Ableitung zu den Stützstellen $x_0$ und $x_1$ ergeben sich aus (3.26)

$$\boxed{\begin{aligned} f'(x_0) &\approx \frac{1}{2h}[-3y_0 + 4y_1 - y_2] \\ f'(x_1) &\approx \frac{1}{2h}[-y_0 + y_2] \end{aligned}} \tag{3.27}$$
$$\tag{3.28}$$

Der Ausdruck (3.28) heißt **zentraler Differenzenquotient**. Er stellt die Steigung der Sekanten der Interpolationsparabel $P_2(x)$ durch die beiden Stützpunkte $(x_0, y_0)$, $(x_2, y_2)$ dar. Sie ist bekanntlich gleich der Steigung der Tangente an die Parabel im mittleren Stützpunkt $(x_1, y_1)$. Der zentrale Differenzenquotient (3.28) zeichnet sich dadurch aus, daß er die erste Ableitung tatsächlich besser approximiert als der erste Differenzenquotient (3.24).

Desgleichen können die erste und zweite Ableitung an bestimmten Stellen mit dem kubischen Interpolationspolynom angenähert werden. Die betreffende Rechnung ergibt die folgenden ausgewählten Formeln der numerischen Differentiation:

$$\boxed{\begin{aligned} f'(x_0) &\approx \frac{1}{6h}[-11y_0 + 18y_1 - 9y_2 + 2y_3] \\ f'(x_1) &\approx \frac{1}{6h}[-2y_0 - 3y_1 + 6y_2 - y_3] \\ f'(x_M) &\approx \frac{1}{24h}[y_0 - 27y_1 + 27y_2 - y_3] \\ f''(x_M) &\approx \frac{1}{2h^2}[y_0 - y_1 - y_2 + y_3] \\ x_M &= \frac{1}{2}(x_0 + x_3) \end{aligned}} \tag{3.29}$$

## 3 Interpolation

**Beispiel 3.3** Um eine Problematik der numerischen Differentiation aufzuzeigen, betrachten wir die Aufgabe, die zweite Ableitung der Funktion $f(x) = Sh(x)$ an der Stelle $x = 0.6$ auf Grund des zweiten Differenzenquotienten (3.24) zu berechnen für eine Folge von Schrittweiten $h$, die gegen Null strebt. Wir verwenden auf neun Stellen gerundete Funktionswerte, und die Auswertung des zweiten Differenzenquotienten erfolgt mit zehnstelliger Gleitkommarechnung. In der folgenden Tabelle sind die sich ändernden Zahlwerte $h$, $x_0$, $x_2$, $y_0$, $y_2$ und die resultierende Näherung für $f''(0.6) = Sh(0.6) = 0.636653582$ zusammengefaßt.

| $h$ | $x_0$ | $x_2$ | $y_0$ | $y_2$ | $f''(x_1) \approx$ |
| --- | --- | --- | --- | --- | --- |
| 0.1 | 0.50 | 0.7 | 0.521095305 | 0.758583702 | 0.637184300 |
| 0.01 | 0.59 | 0.61 | 0.624830565 | 0.648540265 | 0.636660000 |
| 0.001 | 0.599 | 0.601 | 0.635468435 | 0.637839366 | 0.637000000 |
| 0.0001 | 0.5999 | 0.6001 | 0.636535039 | 0.636772132 | 0.700000000 |
| 0.00001 | 0.59999 | 0.60001 | 0.636641728 | 0.636665437 | 10.00000000 |

Mit abnehmender Schrittweite $h$ wird die Stellenauslöschung immer katastrophaler, so daß für das kleinste $h = 0.00001$ ein ganz falscher Näherungswert resultiert. △

Die numerische Differentiation ist ganz allgemein ein gefährlicher Prozeß, der infolge der Stellenauslöschung bei kleiner werdender Schrittweite $h$ Ergebnisse mit wachsenden relativen Fehlern liefert. Der Grenzübergang $h \to 0$ ist aus numerischen Gründen nicht vollziehbar, es sei denn man verwende eine entsprechende hohe Rechengenauigkeit.

Ist man dennoch bei fest vorgegebener Stellenzahl auf exakte Werte von Ableitungen angewiesen, hilft die Methode der Extrapolation. Um das Prinzip darzulegen, benötigt man eine Analyse des Fehlers. Dazu muß vorausgesetzt werden, daß die Funktion $f(x)$, deren $p$-te Ableitung durch numerische Differentiation zu berechnen ist, beliebig oft stetig differenzierbar ist in dem in Betracht fallenden abgeschlossenen Intervall, und daß sie sich in konvergente Taylorreihen entwickeln läßt.

Beginnen wir mit dem 1. Differenzenquotienten (3.24), in welchem wir für $y_1 = f(x_1) = f(x_0 + h)$ die Taylorreihe

$$y_1 = f(x_0) + hf'(x_0) + \frac{h^2}{2!}f''(x_0) + \frac{h^3}{3!}f^{(3)}(x_0) + \frac{h^4}{4!}f^{(4)}(x_0) + \ldots$$

einsetzen und erhalten mit $y_0 = f(x_0)$

$$\frac{y_1 - y_0}{h} = f'(x_0) + \frac{h}{2!}f''(x_0) + \frac{h^2}{3!}f^{(3)}(x_0) + \frac{h^3}{4!}f^{(4)}(x_0) + \ldots . \quad (3.30)$$

Der Differenzenquotient stellt $f'(x_0)$ dar mit einem Fehler, der sich als Potenzreihe in $h$ erfassen läßt.

## 3.2 Lagrange-Interpolation

Für den zentralen Differenzenquotienten (3.28) erhalten wir mit den Taylorreihen

$$y_2 = f(x_2) = f(x_1 + h) = f(x_1) + hf'(x_1) + \frac{h^2}{2!}f''(x_1) + \frac{h^3}{3!}f^{(3)}(x_1) + \frac{h^4}{4!}f^{(4)}(x_1) + + \ldots$$

$$y_0 = f(x_0) = f(x_1 - h) = f(x_1) - hf'(x_1) + \frac{h^2}{2!}f''(x_1) - \frac{h^3}{3!}f^{(3)}(x_1) + \frac{h^4}{4!}f^{(4)}(x_1) - + \ldots$$

$$\frac{1}{2h}[y_2 - y_0] = f'(x_1) + \frac{h^2}{3!}f^{(3)}(x_1) + \frac{h^4}{5!}f^{(5)}(x_1) + \frac{h^6}{7!}f^{(7)}(x_1) + \ldots. \quad (3.31)$$

Der zentrale Differenzenquotient (3.28) liefert nach (3.31) den Wert der ersten Ableitung $f'(x_1)$ mit einem Fehler, der sich in eine Potenzreihe nach $h$ entwickeln läßt, in der nur gerade Potenzen auftreten. Der Fehler ist hier von zweiter Ordnung, während der Fehler (3.30) im ersten Differenzenquotienten von erster Ordnung ist. Der Approximationsfehler des zentralen Differenzenquotienten ist somit kleiner.

Desgleichen erhalten wir für den 2. Differenzenquotienten (3.24) das Resultat

$$\frac{y_2 - 2y_1 + y_0}{h^2} = f''(x_1) + \frac{2h^2}{4!}f^{(4)}(x_1) + \frac{2h^4}{6!}f^{(6)}(x_1) + \frac{2h^6}{8!}f^{(8)}(x_1) + \ldots. \quad (3.32)$$

Den drei Ergebnissen (3.30), (3.31) und (3.32) ist gemeinsam, daß eine berechenbare Größe $B(t)$, die von einem Parameter $t$ abhängt, einen gesuchten Wert $A$ approximiert mit einem Fehler, der sich als Potenzreihe in $t$ darstellt, so daß mit festen Koeffizienten $a_1, a_2, \ldots$ gilt

$$B(t) = A + a_1 t + a_2 t^2 + a_3 t^3 + \ldots + a_n t^n + \ldots. \quad (3.33)$$

Aus numerischen oder aber aus aufwandmäßigen Gründen ist es oft nicht möglich, die berechenbare Größe $B(t)$ für einen so kleinen Parameterwert $t$ zu bestimmen, daß $B(t)$ eine hinreichend gute Approximation für $A$ darstellt. Das Prinzip der Extrapolation besteht darin, für einige Parameterwerte $t_0 > t_1 > t_2 > \ldots > t_n > 0$ die Werte $B(t_k)$ sukzessive zu berechnen und dann die zugehörigen Interpolationspolynome $P_k(t)$ sukzessive an der außerhalb der Stützstellen $t_i$ liegenden Neustelle $t = 0$ auszuwerten. Mit zunehmendem $k$ stellen die Werte $P_k(0)$ bessere Näherungswerte für den gesuchten Wert $B(0) = A$ dar. Die Extrapolation wird dann abgebrochen, sobald die extrapolierten Werte $P_k(0)$ den gesuchten Wert $A$ mit der vorgegebenen Genauigkeit darstellen. Die Durchführung des Extrapolationsprozesses kann mit der Lagrange-Interpolation gemäß (3.12) erfolgen. Da die Neustelle $t = 0$ ist, ergibt sich für die Gewichte (3.9) eine Vereinfachung zu $\mu_i = \lambda_i / t_i$, da der gemeinsame Faktor $(-1)$ keine Rolle spielt. In Ergänzung zu (3.17) fassen wir die Extrapolation auf Null wie folgt zusammen:

104   3 Interpolation

> Start: Eingabe von $t_0$, $y_0 := B(t_0)$
> $\lambda_0 = 1$
> Extrapolation: für $k = 1, 2, \ldots, n$:
> > Eingabe von $t_k$, $y_k := B(t_k)$
> > $s = 0$
> > für $i = 0, 1, \ldots, k - 1$:
> > > $\lambda_i := \lambda_i/(t_i - t_k)$
> > > $s := s + \lambda_i$
> >
> > $\lambda_k = -s$
> > $s = 0;\ z = 0$
> > für $i = 0, 1, \ldots, k$:
> > > $\mu = \lambda_i/t_i$
> > > $s := s + \mu;\ z := z + \mu \times y_i$
> >
> > $P_k(0) = z/s$

(3.34)

**Beispiel 3.4** Die zweite Ableitung der Funktion $f(x) = Sh(x)$ an der Stelle $x = 0.6$ soll mit der Methode der Extrapolation möglichst genau berechnet werden. Wegen (3.32) ist der Parameter $t = h^2$. Damit die berechenbaren Werte $B(t_k) := [y_2 - 2y_1 + y_0]/t_k$ einen möglichst kleinen relativen Fehler aufweisen, darf die Schrittweite nicht zu klein sein. In der nachfolgenden Tabelle sind die wesentlichen Zahlwerte zusammengestellt. Als Funktionswerte $y_i = Sh(x_i)$ wurden neunstellig gerundete Zahlwerte verwendet. Im übrigen wurde zehnstellig gerechnet.

| $k$ | $h_k$ | $t_k = h_k^2$ | $B(t_k)$ | $P_k(0)$ |
|---|---|---|---|---|
| 0 | 0.30 | 0.09 | 0.6414428889 | |
| 1 | 0.20 | 0.04 | 0.6387786000 | 0.63664717 |
| 2 | 0.15 | 0.0225 | 0.6378482222 | 0.63665364 |
| 3 | 0.10 | 0.01 | 0.6371843000 | 0.63665353 |

Die extrapolierten Werte $P_k(0)$ sind alles bedeutend bessere Näherungen als die Ausgangsdaten $B(t_k)$. Im letzten Wert $P_3(0)$ macht sich bereits die Ungenauigkeit von $B(t_3)$ leicht bemerkbar. △

## 3.3  Fehlerabschätzung

Wir wenden uns der Frage zu, wie genau ein Interpolationspolynom eine Funktion approximiert. Die Fragestellung nach der Größe des Interpolationsfehlers läßt sich selbstverständlich nur dann konkret beantworten, falls die Funktion $f(x)$, deren Stützwerte das Interpolationspolynom definieren, die Voraussetzung erfüllt, genügend oft stetig differenzierbar zu sein. Die allgemeine Fehlerabschätzung werden wir in einigen Spezialfällen konkretisieren und ihre Bedeutung für die Approximation von Funktionen diskutieren.

**Satz 3.4** *Es sei $f(x)$ eine reelle, $(n+1)$-mal stetig differenzierbare Funktion auf dem beschränkten Intervall $[a,b]$. Für das Interpolationspolynom $P_n(x)$ zu den $(n+1)$ paarweise verschiedenen Stützstellen $x_0, x_1, \ldots, x_n$ mit $\min_i (x_i) = a$, $\max_i (x_i) = b$ und zu den Stützwerten $y_i = f(x_i)$ gilt für jedes $\bar{x} \in [a,b]$*

$$f(\bar{x}) - P_n(\bar{x}) = \frac{f^{(n+1)}(\xi)}{(n+1)!} \prod_{i=0}^{n} (\bar{x} - x_i), \tag{3.35}$$

*wo $\xi$ eine von $\bar{x}$ abhängige Stelle mit $\xi \in (a,b)$ bedeutet.*

Beweis: Fällt $\bar{x}$ mit irgend einer der Stützstellen $x_i$ zusammen, dann ist die Behauptung (3.35) trivialerweise wegen der Interpolationseigenschaft erfüllt. Deshalb nehmen wir an, es sei $\bar{x} \neq x_i$ für alle $i = 0, 1, \ldots, n$. Zu der festen Abszisse $\bar{x} \in [a,b]$ betrachten wir die Funktion

$$F(x) := f(x) - P_n(x) - g(\bar{x}) \prod_{i=0}^{n} (x - x_i), \tag{3.36}$$

wo die Konstante $g(\bar{x})$ so festgelegt ist, daß $F(\bar{x}) = 0$ gilt, d.h. durch

$$g(\bar{x}) = \frac{f(\bar{x}) - P_n(\bar{x})}{\prod_{i=0}^{n} (\bar{x} - x_i)}. \tag{3.37}$$

Die Funktion $F(x)$ hat im Intervall $[a,b]$ (mindestens) die $(n+2)$ paarweise verschiedenen Nullstellen $x_0, x_1, \ldots, x_n, \bar{x}$. Aus der Voraussetzung für $f(x)$ folgt, daß $F(x)$ eine reelle, $(n+1)$-mal stetig differenzierbare Funktion auf dem abgeschlossenen Intervall $[a,b]$ ist. Wenden wir auf $F(x)$ den Satz von Rolle $(n+1)$-mal an, so folgt die Existenz einer Stelle $\xi \in (a,b)$, so daß $F^{(n+1)}(\xi) = 0$ gilt. In Fig. 3.2 ist die Situation im konkreten Fall $n=3$ dargestellt.

Da $P_n(x)$ ein Polynom höchstens vom Grad $n$ ist, folgt für die $(n+1)$-te Ableitung

$$F^{(n+1)}(x) = f^{(n+1)}(x) - g(\bar{x})(n+1)!$$

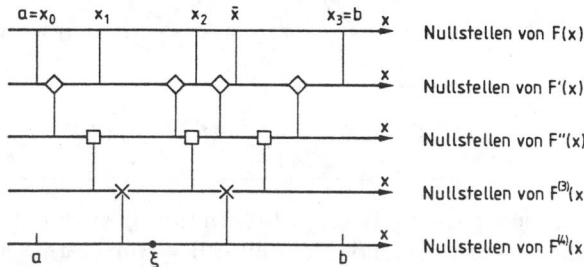

Fig. 3.2
Anwendung des Satzes
von Rolle auf $F(x)$

und deshalb aus $F^{(n+1)}(\xi)=0$ die Darstellung

$$g(\bar{x}) = f^{(n+1)}(\xi)/(n+1)!.$$

Mit (3.37) ergibt sich daraus die Behauptung des Satzes. □

Nach Satz 3.4 läßt sich sofort eine Schranke für den Interpolationsfehler angeben, falls sich der Betrag der $(n+1)$-ten Ableitung der Funktion $f(x)$ bezüglich des Interpolationsintervalls leicht abschätzen läßt. Offensichtlich gilt nach (3.35)

$$|f(x) - P_n(x)| \leq \frac{\max_{\xi \in [a,b]} |f^{(n+1)}(\xi)|}{(n+1)!} \left| \prod_{i=0}^{n} (x - x_i) \right|. \tag{3.38}$$

Im Spezialfall von äquidistanten Stützstellen können wir für kleinere Werte von $n$ leicht konkrete Abschätzungen des Interpolationsfehlers herleiten, da dann das Maximum des letzten Faktors in (3.38) angegeben werden kann. Für das Folgende definieren wir die Schranken

$$\max_{\xi \in [a,b]} |f^{(m)}(\xi)| \leq M_m, \quad (m = 2, 3, 4, \ldots). \tag{3.39}$$

Für lineare Interpolation ($n=1$) lautet (3.38)

$$|f(x) - P_1(x)| \leq \frac{M_2}{2} |(x - x_0)(x - x_1)|, \quad x_1 = x_0 + h.$$

Die quadratische Funktion $(x-x_0)(x-x_1)$ nimmt ihren absolut größten Wert auf dem Intervall $[x_0, x_1]$ aus Symmetriegründen im Mittelpunkt $x_M = \frac{1}{2}(x_0 + x_1) = x_0 + \frac{1}{2}h$ an und ist gleich $\frac{1}{4}h^2$. Deshalb gilt

$$\boxed{|f(x) - P_1(x)| \leq \frac{1}{8} M_2 h^2, \, x \in [x_0, x_1], \quad x_1 = x_0 + h} \tag{3.40}$$

Im Fall von quadratischer Interpolation ($n=2$) ist das Betragsmaximum von $(x-x_0)(x-x_1)(x-x_2)$ zu bestimmen. Am bequemsten trifft man eine zweckmäßige Wahl der äquidistanten Stützstellen mit $x_0 = -h$, $x_1 = 0$, $x_2 = h$, da das Maximum nicht von einer Translation abhängt. Auf Grund der ersten Ableitung nimmt die Hilfsfunktion $g(x) := x(x^2 - h^2)$ ihre Extrema an den Stellen $z_{1,2} = \pm h/\sqrt{3}$ an, so daß $\max_{[-h,h]} |g(x)| = \frac{2\sqrt{3}}{9} h^3$ gilt. Also erhalten wir die Abschätzung

$$\boxed{|f(x) - P_2(x)| \leq \frac{\sqrt{3}}{27} M_3 h^3 \doteq 0.0642 \, M_3 h^3, \quad x \in [x_0, x_2]} \tag{3.41}$$

Für die kubische Interpolation ($n=3$) ist zu unterscheiden, in welchem Teilintervall die interpolierende Neustelle $x$ liegt, um bestmögliche Abschätzungen zu erhalten.

Mit der hier zweckmäßigen Wahl $x_0 = -\frac{3}{2}h$, $x_1 = -\frac{h}{2}$, $x_2 = \frac{h}{2}$, $x_3 = \frac{3}{2}h$ lautet die Hilfsfunktion $g(x) = \left(x^2 - \frac{h^2}{4}\right)\left(x^2 - \frac{9h^2}{4}\right)$. Das Betragsmaximum von $g(x)$ im mittleren Intervall wird für $x = 0$ angenommen, so daß die Abschätzung gilt

$$|f(x) - P_3(x)| \leq \frac{3}{128} M_4 h^4 \doteq 0.0234\, M_4 h^4, \quad x \in [x_1, x_2] \tag{3.42}$$

Für die beiden andern Intervalle erhält man vermittels der Extremalstellen von $g(x)$ die rund doppelt so große Abschätzung des Interpolationsfehlers

$$|f(x) - P_3(x)| \leq \frac{1}{24} M_4 h^4 \doteq 0.0417\, M_4 h^4, \quad x \in [x_0, x_1] \cup [x_2, x_3] \tag{3.43}$$

**Beispiel 3.5** Wie groß ist der Interpolationsfehler höchstens, wenn in einer Tabelle der sinus-Funktion mit der Schrittweite $h = 10° = \pi/18$ kubisch interpoliert wird? Da $f^{(4)}(x) = \sin(x)$, gilt $M_4 = \max |f^{(4)}(x)| = 1$. Verwenden wir die Interpolation stets im mittleren Teilintervall, so gilt nach (3.42)

$$|\sin(x) - P_3(x)| \leq \frac{3}{128} \cdot \left(\frac{\pi}{18}\right)^4 \doteq 2.2 \cdot 10^{-5}.$$

Der Interpolationsfehler beträgt somit höchstens etwa 2 Einheiten der fünften Dezimalstelle nach dem Komma. Im Beispiel 3.2 war die Abweichung größer infolge der Rundungsfehler. Exakte Rechnung bestätigt natürlich die Fehlerschranke mit $P_3(36°) \doteq 0.5877733$ gegenüber $\sin(36°) \doteq 0.5877853$. △

Die Verteilung der Stützstellen $x_0, x_1, \ldots, x_n$ über das Interpolationsintervall hat einen sehr entscheidenden Einfluß auf die Güte der Approximation, denn die Fehlerfunktion wird nach (3.35) weitgehend durch den Term $\varphi(x) = \prod_{i=0}^{n}(x - x_i)$ bestimmt. Für äquidistante Stützstellen $x_i = x_0 + ih$ und größere Werte $n$ zeigt $\varphi(x)$ einen Verlauf, der gegen die Enden des Intervalls $[x_0, x_n]$ sehr stark oszilliert, und das dort angenommene Betragsmaximum ist viel größer als die Werte von $|\varphi(x)|$ in den mittleren Teilintervallen. Diese typische Situation ist im Fall $n = 9$ in Fig. 3.3 dargestellt. Der Interpolationsfehler verhält sich zumindest qualitativ gleich, denn die Stelle $\xi$ ist von der Neustelle $x$ abhängig. Eine Verbesserung der Situation kann grundsätzlich durch die Wahl von Stützstellen erzielt werden, die gegen die Enden des Interpolationsintervalls dichter liegen, beispielsweise definiert durch die Extremalstellen des $n$-ten Tschebyscheffschen Polynoms $T_n(x)$, transformiert auf das Intervall $[a, b]$

$$x_k^* = \frac{a+b}{2} + \frac{b-a}{2} \cos\left(\frac{n-k}{n}\pi\right), \quad (k = 0, 1, \ldots, n). \tag{3.44}$$

108   3 Interpolation

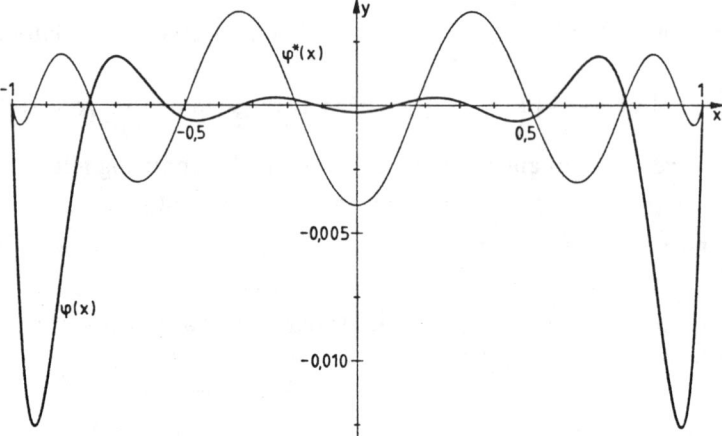

Fig. 3.3 Verlauf von $\varphi(x)$ für äquidistante und nicht äquidistante Stützstellen

Die Funktion $\varphi^*(x) = \prod_{k=0}^{n} (x - x_k^*)$ besitzt einen besser nivellierten oszillatorischen Verlauf im Vergleich zu $\varphi(x)$ zu äquidistanten Stützstellen, und es gilt

$$\max_{x \in [a,b]} |\varphi^*(x)| \leqslant \max_{x \in [a,b]} |\varphi(x)|.$$

**Beispiel 3.6** Ein klassisches Beispiel zur Illustration des Sachverhaltes stammt von Runge [Epp87, Run01]. Die Interpolationspolynome $P_n(x)$ zur Funktion $f(x) = 1/(x^2 + 1)$ im Intervall $[-5, 5]$ für äquidistante Stützstellen $x_k = -5 + \dfrac{10}{n} k$ zeigen für wachsendes $n$ einen zunehmenden maximalen Interpolationsfehler. Im Fall der nichtäquidistanten Stützstellen $x_k^*$ nach (3.44) konvergieren die Interpolationspolynome $P_n^*(x)$ mit wachsendem $n$ gegen die Funktion $f(x)$. Die Gegenüberstellung erfolgt in Fig. 3.4 für den typischen Fall $n = 12$.   △

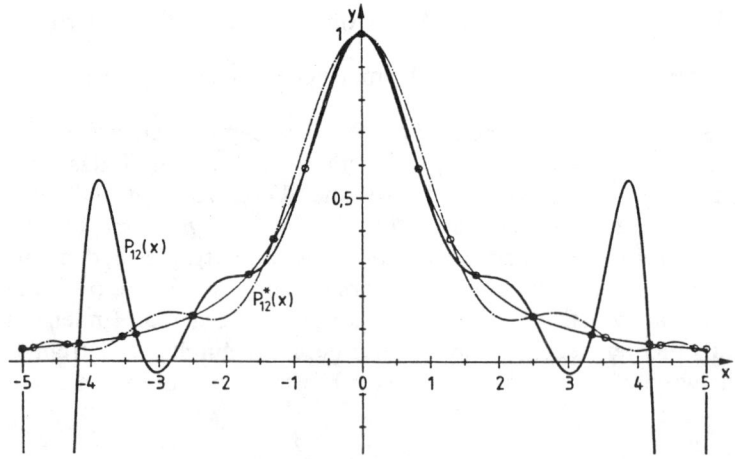

Fig. 3.4 Interpolation im Beispiel von Runge

## 3.4 Newton-Interpolation

Zusätzlich zu den beiden Darstellungen (3.1) und (3.5) für das Interpolationspolynom $P_n(x)$ gibt es die **Newtonsche Interpolationsformel**, welche schon vom Ansatz her darauf ausgerichtet ist, die Hinzunahme eines weiteren Stützpunktes durch eine einfache Maßnahme zu berücksichtigen, so daß der Grad sukzessive erhöht werden kann. Der Ansatz lautet für die paarweise verschiedenen $(n+1)$ Stützstellen $x_0, x_1, \ldots, x_n$

$$P_n(x) = c_0 + c_1(x - x_0) + c_2(x - x_0)(x - x_1) + c_3(x - x_0)(x - x_1)(x - x_2) + \ldots$$
$$+ c_n(x - x_0)(x - x_1) \ldots (x - x_{n-1}). \tag{3.45}$$

Die unbekannten Koeffizienten $c_0, c_1, c_2, \ldots, c_n$ lassen sich prinzipiell aus den Interpolationsbedingungen

$$\begin{aligned} P_n(x_0) &= c_0 & &= y_0 \\ P_n(x_1) &= c_0 + c_1(x_1 - x_0) & &= y_1 \\ P_n(x_2) &= c_0 + c_1(x_2 - x_0) + c_2(x_2 - x_0)(x_2 - x_1) & &= y_2 \end{aligned} \tag{3.46}$$

etc.

sukzessive berechnen, da das lineare Gleichungssystem (3.46) Linksdreiecksgestalt besitzt. Um jedoch das allgemein gültige Bildungsgesetz für die Koeffizienten $c_0, c_1, \ldots, c_n$ herzuleiten, führen wir einige Hilfsbetrachtungen durch. Der Koeffizient $c_n$ im Ansatz (3.45) ist gleich dem Koeffizienten von $x^n$ des Interpolationspolynoms $P_n(x)$ und damit nach Satz 3.1 durch die Stützpunkte $(x_i, y_i)$, $(i = 0, 1, \ldots, n)$ eindeutig bestimmt, etwa durch die Formel (3.16). Dasselbe gilt auch für alle andern Koeffizienten $c_k$, denn $c_k$ ist ja der Höchstkoeffizient des Interpolationspolynoms $P_k(x)$ zu den $(k+1)$ Stützpunkten $(x_i, y_i)$, $(i = 0, 1, \ldots, k)$.

**Definition 3.1** *Die eindeutig durch $(k+1)$ Stützpunkte $(x_i, y_i)$, $(i = 0, 1, \ldots, k)$ festgelegten Zahlwerte $c_k$ in (3.45) bezeichnen wir durch*

$$c_k := f[x_0, x_1, \ldots, n_k], \quad (k = 0, 1, \ldots, n), \tag{3.47}$$

*womit ihre Abhängigkeit von den betreffenden Stützpunkten zum Ausdruck gebracht wird.*

Im folgenden werden wir Interpolationspolynome zu bestimmten Teilmengen der gegebenen $(n+1)$ Stützpunkten betrachten. Das Interpolationspolynom zu den $(k+1)$ Stützstellen $x_{i_0}, x_{i_1}, \ldots, x_{i_k}$ bezeichnen wir mit $P^*_{i_0 i_1 \ldots i_k}(x)$, wo $i_0, i_1, \ldots, i_k$ $(k+1)$ paarweise verschiedene ganze Zahlen aus der Menge $\{0, 1, \ldots, n\}$ sein sollen, und es gelte also

$$P^*_{i_0 i_1 \ldots i_k}(x_{i_j}) = y_{i_j}, \quad (j = 0, 1, \ldots, k). \tag{3.48}$$

Speziell ist in dieser neuen Bezeichnungsweise

$$P^*_k(x) \equiv y_k, \quad (k = 0, 1, \ldots, n). \tag{3.49}$$

## 3 Interpolation

**Satz 3.5** *Für $1 \leq k \leq n$ gilt die Rekursionsformel*

$$P^*_{i_0 i_1 \ldots i_k}(x) = \frac{(x - x_{i_0})P^*_{i_1 i_2 \ldots i_k}(x) - (x - x_{i_k})P^*_{i_0 i_1 \ldots i_{k-1}}(x)}{(x_{i_k} - x_{i_0})}. \tag{3.50}$$

Beweis. Die Interpolationspolynome $P^*_{i_1 i_2 \ldots i_k}(x)$ und $P^*_{i_0 i_1 \ldots i_{k-1}}(x)$ sind je vom Grad kleiner gleich $(k-1)$. Es bleibt zu zeigen, daß die rechte Seite von (3.50) tatsächlich das Interpolationspolynom zu den Stützstellen $x_{i_0}, x_{i_1}, \ldots, x_{i_k}$ ist. Wegen der Interpolationseigenschaft ist einmal trivialerweise

$$P^*_{i_0 i_1 \ldots i_k}(x_{i_0}) = y_{i_0} \quad \text{und} \quad P^*_{i_0 i_1 \ldots i_k}(x_{i_k}) = y_{i_k},$$

und weiter für $j = 1, 2, \ldots, k-1$

$$P^*_{i_0 i_1 \ldots i_k}(x_{i_j}) = \frac{(x_{i_j} - x_{i_0})y_{i_j} - (x_{i_j} - x_{i_k})y_{i_j}}{(x_{i_k} - x_{i_0})} = y_{i_j}.$$

Nach Satz 3.1 stellt damit die rechte Seite von (3.50) das eindeutig bestimmte Interpolationspolynom $P^*_{i_0 i_1 \ldots i_k}(x)$ dar. $\square$

Eine unmittelbare Folgerung von Satz 3.5 ist die allgemein gültige Rekursionsformel für die in (3.47) eingeführten Größen, indem man die Höchstkoeffizienten der beiden Seiten von (3.50) einander gleichsetzt, nämlich

$$f[x_{i_0}, x_{i_1}, \ldots, x_{i_k}] = \frac{f[x_{i_1}, x_{i_2}, \ldots, x_{i_k}] - f[x_{i_0}, x_{i_1}, \ldots, x_{i_{k-1}}]}{x_{i_k} - x_{i_0}}. \tag{3.51}$$

Damit ist das gesuchte Bildungsgesetz für die Koeffizienten $c_k$ im Prinzip gefunden. Wegen (3.51) nennt man $f[x_{i_0}, x_{i_1}, \ldots, x_{i_k}]$ die **$k$-te dividierte Differenz**, zugehörig zu den Stützstellen $x_{i_0}, x_{i_1}, \ldots, x_{i_k}$. Die Auswertung der Rekursionsformel (3.51) erfolgt am zweckmäßigsten im **Schema der dividierten Differenzen** unter Verwendung der Startwerte $f[x_i] = y_i$, $(i = 0, 1, \ldots, n)$.

| $x_0$ | $f[x_0]$ | | | | |
|---|---|---|---|---|---|
| | | $f[x_0, x_1]$ | | | |
| $x_1$ | $f[x_1]$ | | $f[x_0, x_1, x_2]$ | | |
| | | $f[x_1, x_2]$ | | $f[x_0, x_1, x_2, x_3]$ | |
| $x_2$ | $f[x_2]$ | | $f[x_1, x_2, x_3]$ | | $f[x_0, x_1, x_2, x_3, x_4]$ |
| | | $f[x_2, x_3]$ | | $f[x_1, x_2, x_3, x_4]$ | |
| $x_3$ | $f[x_3]$ | | $f[x_2, x_3, x_4]$ | | |
| | | $f[x_3, x_4]$ | | | |
| $x_4$ | $f[x_4]$ | | | | |

(3.52)

Das Schema wird kolonnenweise für aufeinanderfolgende Sequenzen von Stützstellen berechnet unter Anwendung von folgenden beispielhaften Formeln

$$f[x_0, x_1] = \frac{f[x_1] - f[x_0]}{x_1 - x_0}, \quad f[x_2, x_3] = \frac{f[x_3] - f[x_2]}{x_3 - x_2},$$

$$f[x_2, x_3, x_4] = \frac{f[x_3, x_4] - f[x_2, x_3]}{x_4 - x_2}, \ldots \qquad (3.53)$$

Die gesuchten Koeffizienten $c_k$ der Newtonschen Interpolationsformel (3.45) findet man nach (3.47) in der obersten Schrägzeile des Schemas der dividierten Differenzen (3.52). Da wir für die Interpolationsaufgabe nur die Werte der obersten Schrägzeile benötigen, kann ihre Berechnung in einem Rechner so erfolgen, daß die sukzessiv berechneten Kolonnen von (3.52) in einem Vektor $c$ mit $(n+1)$ Komponenten $c_0, c_1, \ldots, c_n$ abgesetzt werden. Damit bei diesem Vorgehen kein Verlust eines noch benötigten Zahlwertes eintritt, sind die Kolonnen von unten nach oben zu berechnen. Am Schluß enthält $c$ die gesuchten Koeffizienten für (3.45).

$$\boxed{\begin{aligned}&\text{für } i = 0, 1, \ldots, n\colon \\ &\quad c_i = y_i \\ &\text{für } k = 1, 2, \ldots, n\colon \\ &\quad \text{für } i = n, n-1, \ldots, k\colon \\ &\quad\quad c_i := (c_i - c_{i-1})/(x_i - x_{i-k})\end{aligned}} \qquad (3.54)$$

Der Rechenaufwand zur Berechnung der Koeffizienten $c_k$ mit dem Schema der dividierten Differenzen beträgt somit

$$Z_{\text{div. Diff.}} = n + (n-1) + \ldots + 2 + 1 = \frac{1}{2}n(n+1) \qquad (3.55)$$

Divisionen. Er ist also gleich groß wie für die Berechnung der Stützkoeffizienten der Lagrange-Interpolation nach (3.18).

Die Berechnung eines interpolierten Wertes für eine Neustelle $x$ auf Grund der Darstellung (3.45) erfolgt am effizientesten mit Hilfe eines Rechenschemas, dessen Prinzip im Fall $n=4$ konkret dargestellt wird durch

$$\begin{aligned}P_4(x) &= c_0 + c_1(x - x_0) + c_2(x - x_0)(x - x_1) + c_3(x - x_0)(x - x_1)(x - x_2) \\ &\quad + c_4(x - x_0)(x - x_1)(x - x_2)(x - x_3) \\ &= c_0 + (x - x_0)[c_1 + (x - x_1)\{c_2 + (x - x_2)(c_3 + (x - x_3)c_4)\}]\end{aligned}$$

Das Interpolationspolynom $P_n(x)$ (3.45) kann an einer gegebenen Neustelle $x$, beginnend mit dem innersten Klammerausdruck, mit folgendem Algorithmus ausgewertet werden.

$$\boxed{\begin{aligned}&p = c_n \\ &\text{für } k = n-1, n-2, \ldots, 0\colon \\ &\quad p = c_k + (x - x_k) \times p\end{aligned}} \qquad (3.56)$$

112  3 Interpolation

Für jede Neustelle $x$ sind dazu $n$ Multiplikationen nötig, d. h. weniger als die Hälfte der Operationen bei der Lagrange-Interpolation. Muß ein und dasselbe Interpolationspolynom $P_n(x)$ an sehr vielen Neustellen ausgewertet werden, eignet sich dazu die Newtonsche Interpolationsformel vom Aufwand her am besten.

**Beispiel 3.7** Für die vier Stützstellen $x_0=0$, $x_1=1.5$, $x_2=2.5$, $x_3=4.5$ mit den zugehörigen Stützwerten $y_0=1$, $y_1=2$, $y_2=2$, $y_3=1$ lautet das Schema der dividierten Differenzen bei fünfstelliger Rechnung

| | | | | |
|---|---|---|---|---|
| $x_0 = 0$ | 1 | | | |
| | | 0.66667 | | |
| $x_1 = 1.5$ | 2 | | $-0.26667$ | |
| | | 0 | | 0.022222 |
| $x_2 = 2.5$ | 2 | | $-0.16667$ | |
| | | $-0.50000$ | | |
| $x_3 = 4.5$ | 1 | | | |

Das Newtonsche Interpolationspolynom lautet demnach

$$P_3(x) = 1 + x[0.66667 + (x - 1.5)\{-0.26667 + (x - 2.5)0.022222\}].$$

Sein Wert an der Neustelle $x=2.1$ ist somit $P_3(2.1) \doteq 2.0528$. △

Für äquidistante Stützstellen $x_i = x_0 + ih$, $(i=0,1,\ldots,n)$ erhält die Newtonsche Interpolationsformel (3.45) eine besonders einprägsame Darstellung. Die zu berechnenden $k$-ten dividierten Differenzen im Schema (3.52) vereinfachen sich, da die Nenner für jede Kolonne konstant sind. Mit $f[x_i] = y_i$ haben wir

$$f[x_i, x_{i+1}] = \frac{y_{i+1} - y_i}{h} =: \frac{1}{h} \Delta^1_{i+1/2}, \qquad \text{erste Differenzen}$$

$$f[x_i, x_{i+1}, x_{i+2}] = \frac{1}{2h^2} [\Delta^1_{i+3/2} - \Delta^1_{i+1/2}] =: \frac{1}{2h^2} \Delta^2_{i+1}, \qquad \text{zweite Differenzen}$$

$$\vdots$$

$$f[x_i, x_{i+1}, \ldots, x_{i+k}] =: \frac{1}{k!\, h^k} \Delta^k_{i+k/2}, \qquad k\text{-te Differenzen}.$$

Die Koeffizienten $c_k$ in (3.45) sind somit auf Grund des Differenzenschemas

| | | | | | |
|---|---|---|---|---|---|
| $x_0$ | $y_0$ | | | | |
| | | $\Delta^1_{0.5}$ | | | |
| $x_1$ | $y_1$ | | $\Delta^2_{1.0}$ | | |
| | | $\Delta^1_{1.5}$ | | $\Delta^3_{1.5}$ | |
| $x_2$ | $y_2$ | | $\Delta^2_{2.0}$ | | $\Delta^4_{2.0}$ |
| | | $\Delta^1_{2.5}$ | | $\Delta^3_{2.5}$ | |
| $x_3$ | $y_3$ | | $\Delta^2_{3.0}$ | | |
| | | $\Delta^1_{3.5}$ | | | |
| $x_4$ | $y_4$ | | | | |

(3.57)

## 3.4 Newton-Interpolation

berechenbar, und die Interpolationsformel (3.45) wird

$$P_n(x) = y_0 + \Delta_{0.5}^1 \frac{x-x_0}{h} + \Delta_{1.0}^2 \frac{(x-x_0)(x-x_1)}{2h^2} \qquad (3.58)$$

$$+ \Delta_{1.5}^3 \frac{(x-x_0)(x-x_1)(x-x_2)}{3!h^3} + \ldots + \Delta_{n/2}^n \frac{(x-x_0)(x-x_1)\ldots(x-x_{n-1})}{n!h^n}.$$

Definieren wir die relative Distanz der Neustelle $x$ zu $x_0$ gemäß

$$t := \frac{x-x_0}{h}, \qquad (3.59)$$

so erhält man mit

$$\frac{(x-x_0)(x-x_1)\ldots(x-x_{i-1})}{i!h^i} = \frac{t(t-1)\ldots(t-i+1)}{1\cdot 2 \ldots i} =: \binom{t}{i}$$

die Newton-Gregory-Interpolationsformel

$$\boxed{P_n(x) = y_0 + \binom{t}{1}\Delta_{0.5}^1 + \binom{t}{2}\Delta_{1.0}^2 + \ldots + \binom{t}{n}\Delta_{n/2}^n; \; t = \frac{x-x_0}{h}} \qquad (3.60)$$

Die benötigten Werte stehen in der obersten Schrägzeile des Differenzenschemas (3.57). Unter Beachtung der für Binomialkoeffizienten gültigen Rekursionsformel kann der Wert des Polynoms $P_n(x)$ mit der Festsetzung $c_0 = y_0$, $c_i = \Delta_{i/2}^i$, $(i = 1, 2, \ldots, n)$ auf Grund des Horner-artigen Algorithmus ausgewertet werden.

$$\boxed{\begin{array}{l} t = (x - x_0)/h; \; p = c_n \\ \text{für } i = n-1, n-2, \ldots, 0: \\ \quad p = p \times (t-i)/(i+1) + c_i \end{array}} \qquad (3.61)$$

Die Zahl der wesentlichen Operationen für (3.61) beträgt jetzt allerdings $2n+1$, ist also im Vergleich zu (3.56) etwa auf das Doppelte angestiegen.

**Beispiel 3.8** Mit den fünfstelligen Werten von Beispiel 3.2 aus einer Tabelle von $\sin(x)$ lautet das Differenzenschema

| 20° | 0.34202 | | | |
| --- | --- | --- | --- | --- |
| | | 0.15798 | | |
| 30° | 0.50000 | | −0.01519 | |
| | | 0.14279 | | −0.00435 |
| 40° | 0.64279 | | −0.01954 | |
| | | 0.12325 | | |
| 50° | 0.76604 | | | |

Der interpolierte Wert für die Neustelle $x = 36°$ mit der relativen Differenz $t = 1.6$ ergibt sich nach (3.61) bei fünfstelliger Rechnung zu $P_3(36°) \doteq 0.58778$. △

## 3 Interpolation

Die Newtonsche Interpolationsformel ist unter der Voraussetzung von paarweise verschiedenen Stützstellen $x_0, x_1, \ldots, x_n$ hergeleitet worden. Ihre Gültigkeit kann auf den Fall von zusammenfallenden Stützstellen erweitert werden, falls die Werte von denjenigen dividierten Differenzen, welche nach (3.51) bei verschwindendem Nenner nicht erklärt sind, auf Grund eines Grenzüberganges definiert werden. Dazu treffen wir die Annahme, daß der Interpolationsaufgabe eine hinreichend oft stetig differenzierbare Funktion $f(x)$ zugrunde liegt. Wenn wir zwei benachbarte Stützstellen $x_k$ und $x_{k+1} = x_k + h$ mit $h \to 0$ zusammenfallen lassen, so gilt für die entsprechende erste dividierte Differenz offenbar

$$f[x_k, x_k] := \lim_{h \to 0} \frac{f[x_k + h] - f[x_k]}{x_k + h - x_k} = f'(x_k).$$

Um den Fall von drei zusammenfallenden Stützstellen zu behandeln, betrachten wir die drei verschiedenen, äquidistanten Stellen $x_k, x_{k+1} = x_k + h, x_{k+2} = x_k + 2h$ für $h \to 0$. Für die zweite dividierte Differenz ergibt der Grenzübergang

$$f[x_k, x_k, x_k] := \lim_{h \to 0} \frac{f[x_{k+1}, x_{k+2}] - f[x_k, x_{k+1}]}{x_{k+2} - x_k}$$

$$= \lim_{h \to 0} \frac{f[x_{k+2}] - 2f[x_{k+1}] + f[x_k]}{2h^2} = \frac{1}{2} f''(x_k).$$

Allgemein gilt für die $m$-te dividierte Differenz für $(m+1)$ zusammenfallende Stützstellen unter Beachtung der Regel der numerischen Differentiation (3.23), der Darstellung der $m$-ten dividierten Differenz bei äquidistanten Stützstellen und schließlich des Satzes 3.3 beim Grenzübergang $h \to 0$

$$f[x_k, x_k, \ldots, x_k] := \frac{1}{m!} f^{(m)}(x_k), \quad (m = 1, 2, \ldots). \tag{3.62}$$

Im Schema der dividierten Differenzen (3.52) sind nach (3.62) alle $m$-ten dividierten Differenzen mit $(m+1)$ zusammenfallenden Stützstellen durch die $m$-te Ableitung der Funktion, dividiert durch $m!$ zu ersetzen. Der Rest des Schemas ist nach den üblichen Regeln (3.51) zu berechnen. Werden die zusammenfallenden Stützstellen im Schema der dividierten Differenzen zweckmäßigerweise aufeinanderfolgend angeordnet, wird damit sichergestellt, daß bei der Berechnung der fehlenden dividierten Differenzen die Nenner in (3.51) von Null verschieden sind.

Im folgenden betrachten wir zwei konkrete Situationen, welche leicht zu verallgemeinern sind, aber die wesentlichsten Punkte aufzeigen. Im ersten Spezialfall von sechs Stützstellen sollen je drei zusammenfallen. Das Schema der dividierten Differenzen lautet

## 3.4 Newton-Interpolation

| | | | | | |
|---|---|---|---|---|---|
| $x_0$ | $f[x_0] = c_0$ | | | | |
| | | $f'(x_0) = c_1$ | | | |
| $x_0$ | $f[x_0]$ | | $\frac{1}{2}f''(x_0) = c_2$ | | |
| | | $f'(x_0)$ | | $f[x_0, x_0, x_0, x_1] = c_3$ | |
| $x_0$ | $f[x_0]$ | | $f[x_0, x_0, x_1]$ | | $f[x_0, x_0, x_0, x_1, x_1] = c_4$ |
| | | $f[x_0, x_1]$ | | $f[x_0, x_0, x_1, x_1]$ | $\quad f[x_0, x_0, x_0, x_1, x_1, x_1] = c_5$ |
| $x_1$ | $f[x_1]$ | | $f[x_0, x_1, x_1]$ | | $f[x_0, x_0, x_1, x_1, x_1]$ |
| | | $f'(x_1)$ | | $f[x_0, x_1, x_1, x_1]$ | |
| $x_1$ | $f[x_1]$ | | $\frac{1}{2}f''(x_1)$ | | |
| | | $f'(x_1)$ | | | |
| $x_1$ | $f[x_1]$ | | | | |

Das Newtonsche Interpolationspolynom (3.45) ist damit

$$P_5(x) = c_0 + c_1(x - x_0) + c_2(x - x_0)^2 + c_3(x - x_0)^3 + c_4(x - x_0)^3(x - x_1)$$
$$+ c_5(x - x_0)^3(x - x_1)^2. \qquad (3.63)$$

Es besitzt die folgenden Interpolationseigenschaften

$$\begin{aligned} P_5(x_0) &= f(x_0), \quad P_5'(x_0) = f'(x_0), \quad P_5''(x_0) = f''(x_0), \\ P_5(x_1) &= f(x_1), \quad P_5'(x_1) = f'(x_1), \quad P_5''(x_1) = f''(x_1). \end{aligned} \qquad (3.64)$$

Die ersten drei Beziehungen sind offensichtlich auf Grund der Werte von $c_0, c_1, c_2$, während die Verifikation der drei weiteren Eigenschaften (3.64) eine elementare Rechnung erfordert. Da das Polynom $P_5(x)$ (3.63) an den dreifach zusammenfallenden Stützstellen $x_0$ und $x_1$ neben den Funktionswerten auch die erste und zweite Ableitung interpoliert, spricht man von **Hermitescher Interpolation**.

**Beispiel 3.9** Hermitesche Interpolation fünften Grades in einer sinus-Tabelle mit den Stützstellen $x_0 = \pi/6 \doteq 0.52359878$ und $x_1 = \pi/3 \doteq 1.0471976$ soll für die Neustelle $x = 2\pi/9 \doteq 0.69813170$ angewendet werden. Bei achtstelliger Rechnung lautet das Schema der dividierten Differenzen

| | | | | | | |
|---|---|---|---|---|---|---|
| $x_0$ | 0.50000000 | | | | | |
| | | 0.86602540 | | | | |
| $x_0$ | 0.50000000 | | $-0.25000000$ | | | |
| | | 0.86602540 | | $-0.13156294$ | | |
| $x_0$ | 0.50000000 | | $-0.31888620$ | | 0.027727450 | |
| | | 0.69905696 | | $-0.11704488$ | | 0.0058585674 |
| $x_1$ | 0.86602540 | | $-0.38017076$ | | 0.030794989 | |
| | | 0.50000000 | | $-0.10092066$ | | |
| $x_1$ | 0.86602540 | | $-0.43301270$ | | | |
| | | 0.50000000 | | | | |
| $x_1$ | 0.86602540 | | | | | |

Das Hermitesche Interpolationspolynom (3.63) lautet

$$P_5(x) = 0.5 + 0.86602540(x - x_0) - 0.25(x - x_0)^2 - 0.13156294(x - x_0)^3$$
$$+ 0.027727450(x - x_0)^3(x - x_1) + 0.0058585674(x - x_0)^3(x - x_1)^2$$

und liefert den interpolierten Wert $P_5(0.69813170) \doteq 0.64278739$, der eine sehr gute Näherung für $\sin(2\pi/9) \doteq 0.64278761$ darstellt. △

Ein anderer, für die Praxis bedeutsamer Fall betrifft die Situation von je zwei zusammenfallenden Stützstellen. Das zugehörige Hermitesche Interpolationspolynom ist durch die Werte der Funktion und ihrer ersten Ableitung an den Stützstellen definiert. Diese Interpolationsaufgabe stellt sich im Zusammenhang mit der numerischen Integration von gewöhnlichen Differentialgleichungen, falls bei einer Änderung der Schrittweite interpolierte Werte benötigt werden (vgl. Abschn. 9.2). Für drei paarweise zusammenfallende Stützstellen $x_0, x_1, x_2$ ist das folgende Schema der dividierten Differenzen zu bilden.

| $x_0$ | $f[x_0] = c_0$ | | | |
| | $f'(x_0) = c_1$ | | | |
| $x_0$ | $f[x_0]$ | $f[x_0, x_0, x_1] = c_2$ | | |
| | $f[x_0, x_1]$ | | $f[x_0, x_0, x_1, x_1] = c_3$ | |
| $x_1$ | $f[x_1]$ | $f[x_0, x_1, x_1]$ | | $f[x_0, x_0, x_1, x_1, x_2] = c_4$ |
| | $f'(x_1)$ | | $f[x_0, x_1, x_1, x_2]$ | | $f[x_0, x_0, x_1, x_1, x_2, x_2] = c_5$ |
| $x_1$ | $f[x_1]$ | $f[x_1, x_1, x_2]$ | | $f[x_0, x_1, x_1, x_2, x_2]$ |
| | $f[x_1, x_2]$ | | $f[x_1, x_1, x_2, x_2]$ | |
| $x_2$ | $f[x_2]$ | $f[x_1, x_2, x_2]$ | | |
| | $f'(x_2)$ | | | |
| $x_2$ | $f[x_2]$ | | | |

Das Hermitesche Interpolationspolynom fünften Grades hat nach entsprechendem Zusammenfassen von Termen die Darstellung

$$P_5(x) = [c_0 + c_1(x - x_0)] + [c_2 + c_3(x - x_1)](x - x_0)^2$$
$$+ [c_4 + c_5(x - x_2)](x - x_0)^2(x - x_1)^2, \qquad (3.65)$$

die eine einfache Auswertung gestattet. Es besitzt die Eigenschaften

$$P_5(x_i) = f(x_i), \quad P_5'(x_i) = f'(x_i), \quad (i = 0, 1, 2). \qquad (3.66)$$

## 3.5 Interpolation nach Aitken-Neville

Bei der Lagrange- und Newton-Interpolation stand die Darstellung des Interpolationspolynoms im Vordergrund, um mit ihrer Hilfe insbesondere interpolierte Werte zu berechnen. In bestimmten Anwendungen ist zu gegebenen Stützpunkten genau ein interpolierter Wert zu berechnen, und zudem sind oft die Stützstellen nach einem vorgegebenen Gesetz sukzessive zu ergänzen. Es ist nun zweckmäßiger, diese Aufgabenstellung direkt anzugehen und den Umweg über eine explizite Darstellung des Polynoms zu vermeiden.

## 3.5 Interpolation nach Aitken-Neville

### 3.5.1 Die Algorithmen von Aitken und Neville

Die Berechnung des Interpolationswertes $P_n(x)$ an der gegebenen Neustelle $x$ erfolgt im Rechenverfahren von Aitken-Neville rekursiv auf der Grundlage von Satz 3.5. Die Rekursionsformel (3.50) wird jetzt dazu verwendet, systematisch die Zahlwerte von bestimmten Interpolationspolynomen so zu berechnen, daß schließlich $P_n(x) = P^*_{012...n}(x)$ resultiert. Nach Aitken erfolgt die Anwendung von (3.50) so, daß in der folgenden Aufstellung kolonnenweise die Werte berechnet werden:

$$
\begin{array}{c|lllll}
x_0 & y_0 = P^*_0 & & & & \\
x_1 & y_1 = P^*_1 & P^*_{01} & & & \\
x_2 & y_2 = P^*_2 & P^*_{02} & P^*_{012} & & \\
x_3 & y_3 = P^*_3 & P^*_{03} & P^*_{013} & P^*_{0123} & \\
x_4 & y_4 = P^*_4 & P^*_{04} & P^*_{014} & P^*_{0124} & P^*_{01234} = P_4(x)
\end{array}
\tag{3.67}
$$

Die Berechnung geschieht nach den Formeln

$$P^*_{0i} = \frac{(x-x_0)P^*_i - (x-x_i)P^*_0}{x_i - x_0}, \quad (i = 1, 2, 3, 4) \tag{3.68}$$

$$P^*_{01i} = \frac{(x-x_1)P^*_{0i} - (x-x_i)P^*_{01}}{x_i - x_1}, \quad (i = 2, 3, 4) \tag{3.69}$$

$$P^*_{012i} = \frac{(x-x_2)P^*_{01i} - (x-x_i)P^*_{012}}{x_i - x_2}, \quad (i = 3, 4) \tag{3.70}$$

Zum Verständnis der beiden letzten Formeln ist zu bemerken, daß das Interpolationspolynom $P^*_{i_0 i_1 ... i_k}(x)$ und damit auch sein Wert nicht von der Reihenfolge abhängt, in welcher die Stützpunkte einbezogen werden. Somit ist $P^*_{01i} = P^*_{10i}$ in (3.69), $P^*_{012i} = P^*_{201i}$ und $P^*_{012} = P^*_{201}$ in (3.70) zu beachten.

Das Rechenschema von Aitken (3.67) hat sich nicht durchgesetzt, und es wurde für die Rechenpraxis durch den Algorithmus von Neville ersetzt. Hier wird die Rekursionsformel (3.50) konsequent auf aufeinanderfolgend indizierte Stützstellen angewandt, in Analogie zur Bildung des Schemas der dividierten Differenzen (3.52), so daß das folgende Rechenschema kolonnenweise gebildet wird.

$$
\begin{array}{c|lllll}
x_0 & y_0 = P^*_0 & & & & \\
x_1 & y_1 = P^*_1 & P^*_{01} & & & \\
x_2 & y_2 = P^*_2 & P^*_{12} & P^*_{012} & & \\
x_3 & y_3 = P^*_3 & P^*_{23} & P^*_{123} & P^*_{0123} & \\
x_4 & y_4 = P^*_4 & P^*_{34} & P^*_{234} & P^*_{1234} & P^*_{01234} = P_4(x)
\end{array}
\tag{3.71}
$$

118   3 Interpolation

Irgend ein Wert in (3.71) entsteht grundsätzlich aus dem links danebenstehenden und dem diesem darüberstehenden Wert etwa nach den Formeln

$$P_{23}^* = \frac{(x-x_2)P_3^* - (x-x_3)P_2^*}{x_3-x_2} = P_3^* + \frac{x-x_3}{x_3-x_2}(P_3^* - P_2^*) \tag{3.72}$$

$$P_{123}^* = \frac{(x-x_1)P_{23}^* - (x-x_3)P_{12}^*}{x_3-x_1} = P_{23}^* + \frac{x-x_3}{x_3-x_1}(P_{23}^* - P_{12}^*) \tag{3.73}$$

$$P_{1234}^* = \frac{(x-x_1)P_{234}^* - (x-x_4)P_{123}^*}{x_4-x_1} = P_{234}^* + \frac{x-x_4}{x_4-x_1}(P_{234}^* - P_{123}^*) \tag{3.74}$$

Die Rekursionsformel (3.50) ist in den Beispielen (3.72), (3.73) und (3.74) im Hinblick auf eine effiziente Auswertung bereits auf eine zweckmäßige Form gebracht worden, für welche nur zwei wesentliche Operationen benötigt werden. Im Neville-Schema (3.71) resultiert folglich irgend ein Wert aus dem links danebenstehenden durch Addition einer Korrektur der Differenz, gebildet aus diesem und dem darüberstehenden Wert. Der Korrekturfaktor ist abhängig von der Neustelle $x$, und die Indexdifferenz der im Nenner auftretenden Stützstellen nimmt von Kolonne zu Kolonne zu.

**Beispiel 3.10** Für die vier Stützstellen $x_0 = 0$, $x_1 = 1.4$, $x_2 = 2.6$, $x_3 = 3.9$ mit den zugehörigen Stützwerten $y_0 = 0.4$, $y_1 = 1.5$, $y_2 = 1.8$, $y_3 = 2.6$ lautet das Neville-Schema bei fünfstelliger Rechnung mit der Neustelle $x = 2.0$

| 0   | 0.4 |        |        |        |
|-----|-----|--------|--------|--------|
| 1.4 | 1.5 | 1.9714 |        |        |
| 2.6 | 1.8 | 1.6500 | 1.7242 |        |
| 3.9 | 2.6 | 1.4308 | 1.5974 | 1.6592 |

Die im Neville-Schema auftretenden Zahlen besitzen als Werte von bestimmten Interpolationspolynomen eine anschauliche Bedeutung, die in Fig. 3.5 mit den verwendeten Stützpunkten dargestellt ist.   △

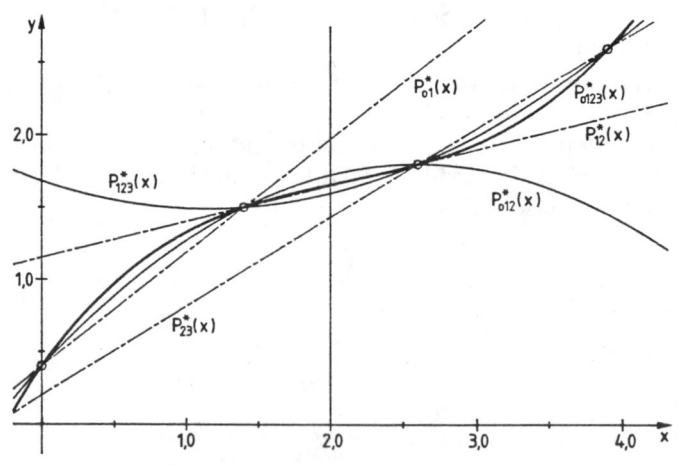

Fig. 3.5
Zur Interpolation mit dem Neville-Algorithmus

## 3.5 Interpolation nach Aitken-Neville

Für die Realisierung des Neville-Algorithmus auf einem Rechner wird nur ein Vektor $p$ zu $(n+1)$ Komponenten benötigt, der sukzessive die Werte der einzelnen Kolonnen aufnimmt. Wir vereinbaren, daß der Wert $P^*_{i-k,i-k+1,\ldots,i}$, $(i=k,k+1,\ldots,n)$ der $k$-ten Kolonne des Neville-Schemas (3.71) die $i$-te Komponente $p_i$ sei. Mit dieser Festsetzung sind die Kolonnen von (3.71) von unten nach oben zu berechnen, um die noch benötigten Zahlwerte verfügbar zu haben. Der Neville-Algorithmus lautet damit:

$$\begin{aligned}&\text{für } i = 0, 1, \ldots, n: \\ &\quad p_i = y_i \\ &\text{für } k = 1, 2, \ldots, n: \\ &\quad \text{für } i = n, n-1, \ldots, k: \\ &\quad\quad p_i = p_i + (x - x_i) \times (p_i - p_{i-1})/(x_i - x_{i-k})\end{aligned} \quad (3.75)$$

Nach Beendigung von (3.75) stellt $p_n$ den gesuchten Wert von $P_n(x)$ für die Stelle $x$ dar. Der totale Rechenaufwand zur Berechnung eines interpolierten Wertes bei $(n+1)$ gegebenen Stützpunkten beträgt

$$Z_{\text{Neville}} = 2[n + (n-1) + \ldots + 2 + 1] = n(n+1) \quad (3.76)$$

wesentliche Operationen. Der Neville-Algorithmus (3.75) zeichnet sich durch seine Einfachheit und Kompaktheit aus. Deshalb ist er in der Rechenpraxis sehr beliebt und man nimmt den nur geringfügig vergrößerten Rechenaufwand etwa gegenüber der Newtonschen Interpolation in Kauf.

### 3.5.2 Extrapolation und Romberg-Schema

Das wohl wichtigste Anwendungsgebiet des Neville-Algorithmus ist die **Extrapolation**. Die grundsätzliche Aufgabenstellung und das Prinzip wurden im Abschnitt 3.2.2 dargelegt. Da hier genau ein einziger extrapolierter Wert zu berechnen ist, bietet sich der Neville-Algorithmus geradezu an. Wenn wir wieder mit $t$ den Parameter und mit $B(t)$ die berechenbare Größe bezeichnen, so erfährt die Rechenvorschrift (3.75) für das Neville-Schema bei Extrapolation für $t = 0$ die Vereinfachung

$$p_i^{(k)} = p_i^{(k-1)} - \frac{t_i}{t_i - t_{i-k}} (p_i^{(k-1)} - p_{i-1}^{(k-1)}). \quad (3.77)$$

In der Formel (3.77) bedeutet $p_i^{(k)} = P^*_{i-k,i-k+1,\ldots,i}$. Die Stützstellen $t_0 > t_1 > t_2 > \ldots > t_n > 0$ bilden eine monoton abnehmende Folge von positiven Parameterwerten. Anstelle von (3.77) haben wir die beiden gleichwertigen Rekursionsformeln

$$\begin{aligned}p_i^{(k)} &= p_i^{(k-1)} + \frac{t_i}{t_{i-k} - t_i} (p_i^{(k-1)} - p_{i-1}^{(k-1)}) \\ &= p_i^{(k-1)} + \frac{1}{(t_{i-k}/t_i) - 1} (p_i^{(k-1)} - p_{i-1}^{(k-1)})\end{aligned} \quad \begin{aligned}&(i = k, k+1, \ldots, n; \\ &k = 1, 2, \ldots, n).\end{aligned} \quad (3.78)$$

Die erste Form der Rekursionsformel (3.78) eignet sich, falls die $t_i$ eine unregelmäßige Folge bilden. Die zweite Form ist zweckmäßig zur Behandlung von speziellen Parameterfolgen.

Falls die Zahl der Parameterwerte $t_i$ vorgegeben ist, kann der Neville-Algorithmus zur Extrapolation auf $t=0$ in Analogie zu (3.75) wie folgt formuliert werden.

$$
\begin{aligned}
&\text{für } i = 0, 1, \ldots, n: \\
&\quad \text{Eingabe von } t_i, B(t_i); p_i = B(t_i) \\
&\text{für } k = 1, 2, \ldots, n: \\
&\quad \text{für } i = n, n-1, \ldots, k: \\
&\quad\quad p_i = p_i + t_i \times (p_i - p_{i-1})/(t_{i-k} - t_i)
\end{aligned}
\qquad (3.79)
$$

Nach beendetem Prozeß (3.79) ist $p_k$ der Wert in der $k$-ten Kolonne der obersten Schrägzeile des Neville-Schemas und entspricht deshalb dem extrapolierten Wert zu den ersten $(k-1)$ berechenbaren Größen $B(t_0), \ldots, B(t_k)$. Das sind diejenigen Zahlwerte, die auch bei der Extrapolation nach Lagrange (3.34) erhalten werden.

In der Regel wird man den Extrapolationsprozeß nur solange fortsetzen wollen, bis der extrapolierte Wert im Vergleich zum vorhergehenden eine bestimmte Genauigkeit erreicht hat. In diesem Fall ist das Neville-Schema zeilenweise aufzubauen. Will man wieder nur mit einem Vektor arbeiten, der die Werte der $i$-ten Zeile enthält, ist besondere Sorgfalt nötig, um noch benötigte Zahlwerte nicht vorzeitig zu zerstören. Dazu dienen zwei Hilfsvariablen $h$ und $d$ in der folgenden algorithmischen Beschreibung, in welcher $p_k = P^*_{i-k, i-k+1, \ldots, i}$ den $k$-ten Wert der $i$-ten Zeile bedeutet.

$$
\begin{aligned}
&\text{für } i = 0, 1, \ldots, n: \\
&\quad \text{Eingabe von } t_i, B(t_i); h = B(t_i) \\
&\quad \text{für } k = 1, 2, \ldots, i: \\
&\quad\quad d = h - p_{k-1}; p_{k-1} = h \\
&\quad\quad h = p_{k-1} + t_i \times d/(t_{i-k} - t_i) \\
&\quad p_i = h
\end{aligned}
\qquad (3.80)
$$

**Beispiel 3.11** Die genäherte Berechnung von $\pi$ mit Hilfe der Umfänge von einbeschriebenen, regulären $n$-Ecken im Kreis vom Durchmesser Eins stellt eine typische Anwendung der Extrapolation mit einem frappanten Ergebnis dar. Um die Extrapolation überhaupt anwenden zu können, müssen wir den Fehler analytisch bestimmen in Abhängigkeit der Zahl der Ecken, mit welchem der Umfang des regulären $n$-Ecks die Zahl $\pi$ approximiert. Nach Fig. 3.6 beträgt die Länge $s$ der Sehne $s = \sin(\pi/n)$, und deshalb ist der Umfang $U_n = n \cdot \sin(\pi/n)$. Auf Grund der

## 3.5 Interpolation nach Aitken-Neville

Potenzreihenentwicklung von sin(x) gilt deshalb

$$U_n = n\left[\left(\frac{\pi}{n}\right) - \frac{1}{3!}\left(\frac{\pi}{n}\right)^3 + \frac{1}{5!}\left(\frac{\pi}{n}\right)^5 - \frac{1}{7!}\left(\frac{\pi}{n}\right)^7 + - \ldots\right]$$

$$= \pi - \frac{\pi^3}{3!}\left(\frac{1}{n}\right)^2 + \frac{\pi^5}{5!}\left(\frac{1}{n}\right)^4 - \frac{\pi^7}{7!}\left(\frac{1}{n}\right)^6 + - \ldots. \qquad (3.81)$$

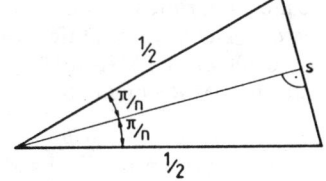

Fig. 3.6
Teildreieck eines regulären $n$-Ecks

Setzen wir darin $t = \left(\frac{1}{n}\right)^2$, so stellt $U_n$ unsere berechenbare Größe $B(t)$ und $\pi$ die gesuchte Größe $A$ dar. Aus einigen Umfängen $U_n$ sollte es somit möglich sein, durch Extrapolation genauere Näherungen zu erhalten. Wir dürfen dabei aber keine trigonometrischen Funktionen verwenden, da dieselben von der gesuchten Zahl $\pi$ Gebrauch machen. Elementar berechenbare Umfänge sind $U_2 = 2$, $U_3 = 3\sqrt{3}/2 = \sqrt{6.75}$, $U_4 = 2\sqrt{2} = \sqrt{8}$, $U_6 = 3$, $U_8 = 4\sqrt{2-\sqrt{2}} = \sqrt{32-\sqrt{512}}$. Mit $t_0 = 1/4$, $t_1 = 1/9$, $t_2 = 1/16$, $t_3 = 1/36$, $t_4 = 1/64$ liefert der Nevillesche Extrapolationsprozeß bei zehnstelliger Rechnung

| | | | | |
|---|---|---|---|---|
| 1/4 | 2.000000000 | | | |
| 1/9 | 2.598076211 | 3.076537180 | | |
| 1/16 | 2.828427125 | 3.124592586 | 3.140611055 | |
| 1/36 | 3.000000000 | 3.137258300 | 3.141480205 | 3.141588849 |
| 1/64 | 3.061467459 | 3.140497049 | 3.141576632 | 3.141592411 | 3.141592648 |

Das Resultat der Extrapolation, angewandt auf die fünf sehr groben Näherungen der Startkolonne, ist doch verblüffend, da es nur um 6 Einheiten der letzten Stelle vom gerundeten zehnstelligen Wert von $\pi \doteq 3.141592654$ abweicht. △

In (3.31), (3.32) und (3.81) enthalten die Potenzreihenentwicklungen des Fehlers nur gerade Potenzen der Schrittweite $h$, bzw. von $\left(\frac{1}{n}\right)$. In diesem recht häufigen Fall werden die Schrittweiten $h_i$ oft aus praktischen Gründen eine geometrische Folge mit dem Quotienten $q = \frac{1}{2}$ bilden. Die Parameterwerte $t_i = h_i^2$ bilden eine geometrische Folge mit dem Quotienten $q = \frac{1}{4}$, und es gilt $t_i = t_0/4^i$, $(i = 0, 1, 2, \ldots)$. Die Rekursionsformel (3.78) nimmt wegen $t_{i-k}/t_i = 4^k$ die sehr spezielle Gestalt

$$\boxed{p_i^{(k)} = p_i^{(k-1)} + \frac{1}{4^k - 1}(p_i^{(k-1)} - p_{i-1}^{(k-1)})} \qquad (3.82)$$

122　3 Interpolation

an, in welcher der Faktor $1/(4^k-1)$ für die $k$-te Kolonne konstant ist. Dieser Faktor nimmt mit wachsendem $k$ rasch ab, so daß zu $p_i^{(k-1)}$ eine kleine Korrektur aus der Differenz der Werte $p_i^{(k-1)}$ und $p_{i-1}^{(k-1)}$ zu addieren ist. Als Spezialfall des Neville-Schemas erhalten wir so das **Romberg-Schema**, das ursprünglich im Zusammenhang mit der genäherten Berechnung von Integralen eingeführt worden ist [BRS63, Bul64, Rom55]. Man vergleiche dazu den Abschnitt 8.1.4.

**Beispiel 3.12** Die erste Ableitung der Funktion $f(x) = Sh(x)$ an der Stelle $x = 0.6$ soll möglichst genau auf Grund des zentralen Differenzenquotienten (3.28) und mit Extrapolation berechnet werden. Der zentrale Differenzenquotient soll speziell für die Schrittweiten $h_0 = 0.40$, $h_1 = 0.20$, $h_2 = 0.10$, $h_3 = 0.05$ ermittelt werden, so daß das Romberg-Schema anwendbar wird. Bei zehnstelliger Rechnung lautet es

| $h_i$ | $B(h_i)$ | $p_i^{(1)}$ | $p_i^{(2)}$ | $p_i^{(3)}$ |
|---|---|---|---|---|
| 0.40 | 1.217331490 | | | |
| 0.20 | 1.193384140 | 1.185401690 | | |
| 0.10 | 1.187441980 | 1.185461260 | 1.185465231 | |
| 0.05 | 1.185959220 | 1.185464967 | 1.185465214 | <u>1.185465214</u> |

Die beiden übereinstimmenden Zahlwerte der letzten Zeile deuten auf Konvergenz der extrapolierten Werte. Der erhaltene Wert weicht nur um vier Einheiten der letzten Stelle von $Sh'(0.6) = Ch(0.6) = 1.185465218$ ab. Die Abweichung ist durch die Ungenauigkeiten der Startkolonne bedingt, deren Werte infolge von Stellenauslöschung tatsächlich nur neunstellig genau sind. △

### 3.5.3　Inverse Interpolation

Die Aufgabe, zu gegebenen $(n+1)$ Stützpunkten $(x_i, y_i)$, $(i = 0, 1, \ldots, n)$ einer Funktion $f(x)$ die Stelle $x$ so zu finden, daß zu vorgegebenem Wert $y$ näherungsweise $f(x) = y$ gilt, kann mit **inverser Interpolation** gelöst werden. Sie besteht darin, daß die inverse Funktion $x = f^{-1}(y)$ interpoliert wird, d. h. die Rollen von $x$ und $y$ werden vertauscht. Das Vorgehen kann aber nur dann aus Gründen der Eineindeutigkeit sinnvoll sein, falls die Funktion $f(x)$ im Interpolationsintervall monoton ist. Unter dieser Voraussetzung ist der Nevillesche Algorithmus geeignet. Im Unterschied zur normalen Polynominterpolation bezeichnen wir das Interpolationspolynom der inversen Aufgabe mit $x = Q_n(y)$. Weiter setzen wir

$$q_i^{(k)} := Q_{i-k, i-k+1, \ldots, i}^{*}; \quad (i = k, k+1, \ldots, n; k = 0, 1, \ldots, n). \tag{3.83}$$

Damit lautet die Rechenvorschrift des Neville-Algorithmus mit den Startwerten

$$y_i = f(x_i), \quad q_i^{(0)} = Q_i^* = x_i, \quad (i = 0, 1, \ldots, n) \tag{3.84}$$

$$q_i^{(k)} = q_i^{(k-1)} + \frac{y - y_i}{y_i - y_{i-k}} (q_i^{(k-1)} - q_{i-1}^{(k-1)}), \quad \begin{matrix}(i = k, k+1, \ldots, n;\\ k = 1, 2, \ldots, n)\end{matrix} \tag{3.85}$$

## 3.5 Interpolation nach Aitken-Neville

**Beispiel 3.13** Für die Funktion $f(x) = Sh(x)$ steht eine Tabelle mit der Schrittweite $h = 0.1$ zur Verfügung. Gesucht ist $x$ mit $Sh(x) = 2$. Der gesuchte Wert liegt zwischen 1.4 und 1.5. Mit kubischer inverser Interpolation für die Stützstellen $x_0 = 1.3$, $x_1 = 1.4$, $x_2 = 1.5$, $x_3 = 1.6$ erhält man das Neville-Schema für die Neustelle $y = 2$, siebenstellig genau gerechnet:

| $y_i = Sh(x_i)$ | $x_i = q_i^{(0)}$ | $q_i^{(1)}$ | $q_i^{(2)}$ | $q_i^{(3)}$ |
|---|---|---|---|---|
| 1.698382 | 1.3 | | | |
| 1.904302 | 1.4 | 1.446473 | | |
| 2.129279 | 1.5 | 1.442537 | 1.443718 | |
| 2.375568 | 1.6 | 1.447509 | 1.443547 | <u>1.443642</u> $\approx x$ |

Im Vergleich zum exakten Wert $x = ArSh(2) = 1.443635$ liefert die kubische inverse Interpolation eine sehr gute Näherung. Es sei hier nochmals darauf hingewiesen, daß alle im Neville-Schema auftretenden Zahlwerte die Bedeutung von interpolierten Werten haben, zugehörig zu entsprechenden Stützpunkten. Sie stellen somit alles Näherungen des gesuchten interpolierten Wertes dar. △

Eine spezielle Anwendung besitzt die inverse Interpolation bei der Lösung von nichtlinearen Gleichungen $f(x) = 0$ in einer Unbekannten. Wir gehen davon aus, daß ein Intervall $I = [x_0, x_1]$ bekannt sei, in welchem eine Nullstelle der stetigen Funktion $f(x)$ liegt, d. h. es soll gelten $f(x_0)f(x_1) < 0$, und $f(x)$ sei in $I$ monoton. Das Prinzip besteht darin, in einem ersten Schritt durch inverse lineare Interpolation mit $y = 0$ $x_2$ zu bestimmen und den zugehörigen Funktionswert $y_2 = f(x_2)$. Ist $f(x_2) \neq 0$, so ermittelt man in einem zweiten Schritt mit den drei Stützpunkten $(x_0, y_0)$, $(x_1, y_1)$, $(x_2, y_2)$ durch inverse quadratische Interpolation mit $y = 0$ die Stelle $x_3$ und dazu $y_3 = f(x_3)$. Ist $f(x_3) \neq 0$, liefert inverse kubische Interpolation die Stelle $x_4$, und man berechnet $y_4 = f(x_4)$. Obwohl der Grad der Polynome der inversen Interpolation im Prinzip beliebig erhöht werden könnte, wird er jedoch beschränkt. Falls höchstens inverse kubische Interpolation verwendet werden soll, dann bilden stets die letzten vier Stützpunkte die Grundlage für den nächsten Interpolationsschritt. Für die praktische Durchführung wird das Neville-Schema zeilenweise aufgebaut und nach unten fortgesetzt. In (3.86) ist der Rechengang schematisiert und mit Pfeilen sind die einzelnen Schritte markiert.

$$\text{Start} \begin{cases} y_0 = f(x_0) & x_0 = q_0^{(0)} \\ y_1 = f(x_1) & x_1 = q_1^{(0)} \xrightarrow{1.} q_1^{(1)} =: x_2 \end{cases}$$
$$y_2 = f(x_2) \xleftarrow{1.} x_2 = q_2^{(0)} \xrightarrow{2.} q_2^{(1)} \xrightarrow{2.} q_2^{(2)} =: x_3$$
$$y_3 = f(x_3) \xleftarrow{2.} x_3 = q_3^{(0)} \xrightarrow{3.} q_3^{(1)} \xrightarrow{3.} q_3^{(2)} \xrightarrow{3.} q_3^{(3)} =: x_4 \quad (3.86)$$
$$y_4 = f(x_4) \xleftarrow{3.} x_4 = q_4^{(0)} \xrightarrow{4.} q_4^{(1)} \xrightarrow{4.} q_4^{(2)} \xrightarrow{4.} q_4^{(3)} =: x_5$$
$$y_5 = f(x_5) \xleftarrow{4.} x_5 = q_5^{(0)} \quad \text{etc.}$$

**Beispiel 3.14** Wir bestimmen die Nullstelle von $f(x) = Sh(x) - 2$, die im Intervall $[1.3, 1.6]$ liegt. Mit maximal kubischer inverser Interpolation erhalten wir bei zehnstelliger Rechnung das Schema

| $y_i = f(x_i)$ | $x_i = q_i^{(0)}$ | $q_i^{(1)}$ | $q_i^{(2)}$ | $q_i^{(3)}$ |
|---|---|---|---|---|
| −0.301 617 562 | 1.300 000 000 | | | |
| 0.375 567 953 | 1.600 000 000 | 1.433 619 616 | | |
| −0.022 296 198 | 1.433 619 616 | 1.442 943 527 | 1.443 687 787 | |
| 0.000 116 976 | 1.443 687 787 | 1.443 635 240 | 1.443 635 456 | 1.443 635 476 |
| 0.000 000 002 | 1.443 635 476 | 1.443 635 475 | 1.443 635 475 | 1.443 635 475 |
| 0.000 000 000 | 1.443 635 475 = $x$ | | | △ |

## 3.6 Rationale Interpolation

### 3.6.1 Problemstellung und Problematik

Mit rationaler Interpolation bezeichnet man die Konstruktion einer gebrochen rationalen Funktion

$$R(x) = \frac{p_0 + p_1 x + \ldots + p_\zeta x^\zeta}{q_0 + q_1 x + \ldots + q_\nu x^\nu} = \frac{P_\zeta(x)}{Q_\nu(x)} \tag{3.87}$$

mit vorgegebenen Graden $\zeta$ und $\nu$ des Zähler- und Nennerpolynoms, so daß $R(x)$ an $(n+1)$ paarweise verschiedenen Stützstellen $x_0, x_1, \ldots, x_n$ vorgegebene Stützwerte $y_0, y_1, \ldots, y_n$ annimmt.

$$R(x_i) = y_i, \quad (i = 0, 1, \ldots, n). \tag{3.88}$$

Da im Ansatz (3.87) der Zähler und Nenner mit einer beliebigen Zahl ungleich Null multipliziert werden darf, kann ein Koeffizient beispielsweise zu Eins normiert werden. Der Ansatz für $R(x)$ enthält somit $\zeta + \nu + 1$ freie Unbekannte. Damit die Zahl der Interpolationsbedingungen (3.88) mit der Anzahl der unbekannten Koeffizienten übereinstimmt, muß gefordert werden, daß gilt

$$\zeta + \nu = n. \tag{3.89}$$

Die Grade des Zähler- und des Nennerpolynoms brauchen nicht echt zu sein, da die Höchstkoeffizienten $p_\zeta$ und/oder $q_\nu$ durchaus gleich Null sein können.

Im Gegensatz zur Polynom-Interpolation kann nicht gezeigt werden, daß stets eine gebrochen rationale Funktion $R(x)$ als Lösung der Interpolationsaufgabe existiert. Die Interpolationsbedingungen (3.88) führen auf ein homogenes Gleichungssystem

$$p_0 + p_1 x_i + \ldots + p_\zeta x_i^\zeta - y_i(q_0 + q_1 x_i + \ldots + q_\nu x_i^\nu) = 0,$$
$$(i = 0, 1, \ldots, n) \tag{3.90}$$

mit $(n+1)$ Gleichungen für die $\zeta + \nu + 2 = n+2$ Unbekannten $p_0, p_1, \ldots, p_\zeta, q_0, q_1, \ldots, q_\nu$. Dieses hat zwar immer eine nichttriviale Lösung, doch braucht die dazu gehörige rationale Funktion die Interpolationsbedingungen nicht in jedem Fall zu erfüllen. Es ist nämlich möglich, daß das Nennerpolynom eine Nullstelle an einer der gegebenen Stützstellen $x_j$ besitzt, so daß dann das Zählerpolynom wegen (3.90) zwangsläufig dieselbe Nullstelle aufweist. Die beiden Polynome erhalten einen gemeinsamen Linearfaktor $(x-x_j)$, der weggekürzt werden kann. Die resultierende gebrochen rationale Funktion $\tilde{R}(x)$ wird im allgemeinen an der betreffenden Stützstelle $x_j$ den vorgegebenen Stützwert $y_j$ nicht annehmen. Man spricht dann von **unerreichbaren Punkten**.

**Beispiel 3.15** Zu den Stützstellen $x_0 = -1$, $x_1 = 1$, $x_2 = 2$ und den Stützwerten $y_0 = 2$, $y_1 = 3$, $y_2 = 3$ sei $R(x)$ (3.87) mit $\zeta = \nu = 1$ gesucht. Für den Ansatz

$$R(x) = \frac{p_0 + p_1 x}{q_0 + q_1 x}$$

lautet das homogene Gleichungssystem (3.90)

$$p_0 - p_1 - 2q_0 + 2q_1 = 0$$
$$p_0 + p_1 - 3q_0 - 3q_1 = 0$$
$$p_0 + 2p_1 - 3q_0 - 6q_1 = 0$$

Es besitzt den Rang $r = 3$, wie man mit dem Gaußschen Algorithmus verifiziert. Die bis auf einen gemeinsamen Faktor eindeutig bestimmte nichttriviale Lösung ist

$$p_0 = 3, \quad p_1 = 3, \quad q_0 = 1, \quad q_1 = 1.$$

Folglich ist

$$R(x) = \frac{3 + 3x}{1 + x} = \frac{3(1+x)}{(1+x)} = 3 = \tilde{R}(x).$$

Da das Nennerpolynom von $R(x)$ die Nullstelle $-1 = x_0$ hat, gilt $\tilde{R}(x_0) = 3 \neq 2 = y_0$. Die Interpolationsaufgabe hat keine Lösung für die vorgegebenen Grade.

Für die gleichen Stützpunkte, aber mit den Graden $\zeta = 0$, $\nu = 2$ besitzt die Interpolationsaufgabe mit dem Ansatz

$$R(x) = \frac{p_0}{q_0 + q_1 x + q_2 x^2}$$

und dem homogenen Gleichungssystem

$$p_0 - 2q_0 + 2q_1 - 2q_2 = 0$$
$$p_0 - 3q_0 - 3q_1 - 3q_2 = 0$$
$$p_0 - 3q_0 - 6q_1 - 12q_2 = 0$$

vom Rang $r = 3$ die Lösung

$$R(x) = \frac{36}{14 - 3x + x^2}. \qquad \triangle$$

Trotz der aufgezeigten möglichen Schwierigkeiten ist die rationale Interpolation im Vergleich zur Polynom-Interpolation stets dann problemgerechter und liefert bessere Ergebnisse, falls die zu interpolierende Funktion einen Pol besitzt oder ihr Graph eine schiefe oder horizontale Asymptote aufweist.

## 3.6.2 Spezielle Interpolationsaufgabe, Thielescher Kettenbruch

Wir befassen uns nur noch mit einer speziellen rationalen Interpolationsaufgabe, bei welcher die Grade des Zähler- und Nennerpolynoms entweder gleich sein sollen oder der Zählergrad um Eins höher als der Nennergrad sein soll. Die Existenz der rational interpolierenden Funktion $R(x)$ sei vorausgesetzt.

Zu gegebenen $(n+1)$ paarweise verschiedenen Stützstellen $x_0, x_1, \ldots, x_n$ und Stützwerten $y_0 = f(x_0)$, $y_1 = f(x_1), \ldots, y_n = f(x_n)$ ist die gebrochen rationale Funktion (3.87) $R(x) = P_\zeta(x)/Q_\nu(x)$ gesucht mit den Eigenschaften

a) $R(x_i) = y_i$, $(i = 0, 1, \ldots, n)$;  (3.91)

b) $\zeta = \nu = \dfrac{n}{2}$, falls $n$ gerade oder

$\zeta = \dfrac{1}{2}(n+1)$, $\nu = \dfrac{1}{2}(n-1)$, falls $n$ ungerade.  (3.92)

Zur Lösung dieser speziellen Interpolationsaufgabe benötigen wir die **inversen dividierten Differenzen**, die hier eine analoge Rolle spielen wie die dividierten Differenzen bei der Newton-Interpolation.

**Definition 3.2** *Zu den $(n+1)$ paarweise verschiedenen Stützstellen $x_0, x_1, \ldots, x_n$ und den zugehörigen Stützwerten $y_0 = f(x_0)$, $y_1 = f(x_1), \ldots, y_n = f(x_n)$ definiert man*

a) *die ersten inversen dividierten Differenzen*

$$\varphi_1(x_i, x_0) := \frac{x_i - x_0}{f(x_i) - f(x_0)}, \quad (i = 1, 2, \ldots, n);$$  (3.93)

b) *die zweiten inversen dividierten Differenzen*

$$\varphi_2(x_i, x_1, x_0) := \frac{x_i - x_1}{\varphi_1(x_i, x_0) - \varphi_1(x_1, x_0)}, \quad (i = 2, 3, \ldots, n);$$  (3.94)

c) *allgemein die k-ten inversen dividierten Differenzen*

$$\varphi_k(x_i, x_{k-1}, \ldots, x_0) := \frac{x_i - x_{k-1}}{\varphi_{k-1}(x_i, x_{k-2}, \ldots, x_0) - \varphi_{k-1}(x_{k-1}, x_{k-2}, \ldots, x_0)},$$

$(i = k, k+1, \ldots, n; k = 2, 3, \ldots, n)$  (3.95)

Im Gegensatz zu den dividierten Differenzen (3.47), (3.51) ist in der Definition der inversen dividierten Differenzen die Reihenfolge der Stützstellen wesentlich. Im rekursiven Bildungsgesetz ist zu beachten, daß die Subtrahenden des Zählers und des Nenners für die k-te dividierte Differenz je konstant sind. Die Zahlwerte stellt man zweckmäßigerweise im Schema der inversen dividierten Differenzen zusammen.

## 3.6 Rationale Interpolation

$$
\begin{array}{l|lllll}
x_0 & f(x_0) \\
x_1 & f(x_1) & \varphi_1(x_1, x_0) \\
\underline{x_2} & f(x_2) & \underline{\varphi_1(x_2, x_0)} & \varphi_2(x_2, x_1, x_0) \\
x_3 & f(x_3) & \underline{\varphi_1(x_3, x_0)} & \varphi_2(x_3, x_1, x_0) & \underline{\underline{\varphi_3(x_3, x_2, x_1, x_0)}} \\
\underline{x_4} & f(x_4) & \underline{\varphi_1(x_4, x_0)} & \underline{\varphi_2(x_4, x_1, x_0)} & \underline{\varphi_3(x_4, x_2, x_1, x_0)} & \varphi_4(x_4, x_3, x_2, x_1, x_0)
\end{array}
\tag{3.96}
$$

Die doppelt unterstrichene dritte inverse dividierte Differenz entsteht aus den vier einfach unterstrichenen Größen. Bei der tatsächlichen Berechnung der Zahlwerte des Schemas (3.96) kann ein Nenner einer inversen dividierten Differenz verschwinden. Das tritt sicher dann ein, falls zufällig die Werte der $k$-ten inversen dividierten Differenzen $\varphi_k(x_k, x_{k-1}, \ldots, x_0)$ und $\varphi_k(x_i, x_{k-1}, \ldots, x_0)$ übereinstimmen. Zudem kann mit Hilfe der zu entwickelnden Lösung der Interpolationsaufgabe gezeigt werden, daß die $m$-ten inversen dividierten Differenzen für ein bestimmtes $m$ konstant sind, falls die Stützwerte $f(x_i)$ die Funktionswerte einer gebrochen rationalen Funktion $f(x)$ sind. In diesem Fall entstehen in der $(m+1)$-ten Kolonne von (3.96) zwangsläufig „unendliche" Zahlwerte. In einem Rechenprogramm ist diese Möglichkeit zu berücksichtigen.

**Beispiel 3.16** Für einige Stützstellen und Stützwerte zur rationalen Funktion $f(x) = (x^2 + 3x + 5)/(x-2)$ lautet das Schema der inversen dividierten Differenzen, sechsstellig gerechnet

| | | | | | |
|---|---|---|---|---|---|
| 0 | $-2.50$ | | | | |
| 1 | $-9.00$ | $-0.153846$ | | | |
| 3 | $23.00$ | $0.117647$ | $7.36667$ | | |
| 4 | $16.50$ | $0.210526$ | $8.23334$ | $1.15384$ | |
| 6 | $14.75$ | $0.347826$ | $9.96667$ | $1.15385$ | $2 \cdot 10^5 \approx \infty$ |
| 7 | $15.00$ | $0.400000$ | $10.8333$ | $1.15386$ | $1.5 \cdot 10^5 \approx \infty$ △ |

In den Definitionsgleichungen der inversen dividierten Differenzen ersetzen wir die Stützstelle $x_i$ durch die Variable $x$ und lösen dann (3.93), (3.94) etc. sukzessive nach $f(x), \varphi_1(x, x_0)$ etc. auf.

$$f(x) = f(x_0) + \frac{x - x_0}{\varphi_1(x, x_0)}$$

$$\varphi_1(x, x_0) = \varphi_1(x_1, x_0) + \frac{x - x_1}{\varphi_2(x, x_1, x_0)}$$

$$\varphi_2(x, x_1, x_0) = \varphi_2(x_2, x_1, x_0) + \frac{x - x_2}{\varphi_3(x, x_2, x_1, x_0)}$$

$$\varphi_3(x, x_2, x_1, x_0) = \varphi_3(x_3, x_2, x_1, x_0) + \frac{x - x_3}{\varphi_4(x, x_3, x_2, x_1, x_0)}$$

$$\vdots$$

Diese Folge von Identitäten in $x$ substituieren wir nacheinander und erhalten auf diese Weise die folgende, abgebrochene neue Identität in $x$, welche in offensichtlicher Art fortsetzbar ist:

$$f(x) = f(x_0) + \cfrac{x - x_0}{\varphi_1(x_1, x_0) + \cfrac{x - x_1}{\varphi_2(x_2, x_1, x_0) + \cfrac{x - x_2}{\varphi_3(x_3, x_2, x_1, x_0) + \cfrac{x - x_3}{\varphi_4(x, x_3, x_2, x_1, x_0)}}}} \quad (3.97)$$

In diesem Kettenbruch erscheinen die inversen dividierten Differenzen, welche im Schema (3.96) in der obersten Schrägzeile stehen, und die bekannte Zahlwerte darstellen. In der Identität (3.97) denken wir uns $\varphi_4(x, x_3, x_2, x_1, x_0)$ auch noch substituiert, worauf $(x - x_4)/\varphi_5(x, x_4, \ldots, x_0)$ weggelassen wird. So erhalten wir den endlichen, abgebrochenen Thieleschen Kettenbruch (für $n = 4$)

$$\boxed{R(x) := f(x_0) + \cfrac{x - x_0}{\varphi_1(x_1, x_0) + \cfrac{x - x_1}{\varphi_2(x_2, x_1, x_0) + \cfrac{x - x_2}{\varphi_3(x_3, x_2, x_1, x_0) + \cfrac{x - x_3}{\varphi_4(x_4, x_3, x_2, x_1\, x_0)}}}}}$$

(3.98)

**Satz 3.6** *Der Thielesche Kettenbruch $R(x)$ (3.98) löst die spezielle rationale Interpolationsaufgabe* (3.87), (3.91), (3.92).

Beweis. Die Interpolationseigenschaft des Kettenbruchs von Thiele $R(x_i) = f(x_i)$ ($i = 0, 1, \ldots, n$) ist auf Grund der für allgemeines $n$ erweiterten Identität (3.97) offensichtlich erfüllt. Es bleibt noch zu verifizieren, daß auch die Eigenschaft (3.92) erfüllt ist, d. h. daß der Zählergrad im Vergleich zum Nennergrad des Kettenbruchs nach seiner formalen Umformung auf die Darstellung (3.87) entweder gleich oder um Eins höher ist. Zur Vereinfachung der Schreibweise definieren wir die Koeffizienten

$$c_0 := f(x_0), \quad c_1 := \varphi_1(x_1, x_0), \quad \ldots, \quad c_k := \varphi_k(x_k, x_{k-1}, \ldots, x_0). \quad (3.99)$$

Die Eigenschaft (3.92) zeigen wir durch vollständige Induktion.
Induktionsverankerung: Für $m = 0$ ist (3.92) wegen $R_0(x) = c_0 = P_0(x)/Q_0(x)$ mit $\zeta = \nu = 0$, $P_0(x) = c_0$, $Q_0(x) = 1$ erfüllt. Für $m = 1$ ist

$$R_1(x) = c_0 + \frac{x - x_0}{c_1} = \frac{x + (c_0 c_1 - x_0)}{c_1} = \frac{P_1(x)}{Q_0(x)}$$

eine rationale Funktion mit $\zeta = 1$, $\nu = 0$.

3.6 Rationale Interpolation    129

Induktionsvoraussetzung: Für $k = 0, 1, \ldots, m$ gelte (3.92) für

$$R_k(x) = c_0 + \cfrac{x - x_0}{c_1 + \cfrac{x - x_1}{c_2 + \cfrac{\ddots}{\phantom{x} + \cfrac{x - x_{k-2}}{c_{k-1} + \cfrac{x - x_{k-1}}{c_k}}}}} = \frac{P_\zeta(x)}{Q_\nu(x)}, \quad \zeta + \nu = k. \quad (3.100)$$

Induktionsbehauptung: Die Eigenschaft (3.92) gilt für $R(x)$ auch für $m + 1$.
Induktionsbeweis: Im Kettenbruch

$$R_{m+1}(x) = c_0 + \cfrac{x - x_0}{c_1 + \cfrac{x - x_1}{c_2 + \cfrac{\ddots}{\phantom{x} + \cfrac{x - x_{m-1}}{c_m + \cfrac{x - x_m}{c_{m+1}}}}}}$$

ist der Nenner von $(x - x_0)$ selbst ein Kettenbruch von der Bauart von $R_m(x)$, und somit nach Induktionsvoraussetzung eine rationale Funktion mit der Eigenschaft (3.92). Es gilt also

$$R_{m+1}(x) = c_0 + \frac{x - x_0}{\frac{P_\zeta(x)}{Q_\nu(x)}} = \frac{c_0 P_\zeta(x) + (x - x_0) Q_\nu(x)}{P_\zeta(x)} \quad (3.101)$$

mit $\zeta = \nu = \frac{m}{2}$, falls $m$ gerade und $\zeta = \frac{1}{2}(m + 1)$, $\nu = \frac{1}{2}(m - 1)$, falls $m$ ungerade.
Für $(m + 1)$ ungerade ist der Zählergrad in (3.101) um Eins größer als der Nennergrad, andernfalls sind die Grade gleich. □

Mit dem Thieleschen Kettenbruch (3.98) ist eine explizite Darstellung der Lösung der speziellen rationalen Interpolationsaufgabe gegeben. Es geht nun noch darum, den Kettenbruch für eine vorgegebene Neustelle $x$ auszuwerten. Dazu wollen wir so vorgehen, daß wir sukzessive die Teilkettenbrüche $R_0(x), R_1(x), R_2(x), \ldots$ berechnen, um auf diese Weise sogleich die Hinzunahme weiterer Stützpunkte zu berücksichtigen. Um die Rekursionsformel zu entwickeln, betrachten wir zunächst die drei ersten, einfachsten Fälle und führen gleichzeitig die Werte der Zähler- und Nennerpolynome ein. Die Koeffizienten $c_k$ (3.99) werden zur Abkürzung verwendet.

$k = 0$: $\quad R_0(x) = c_0 =: \dfrac{p_0}{q_0}, \quad\quad p_0 := c_0, \quad q_0 := 1 \quad\quad\quad (3.102)$

$k = 1$: $\quad R_1(x) = c_0 + \dfrac{x - x_0}{c_1} = \dfrac{c_0 c_1 + (x - x_0)}{c_1} =: \dfrac{p_1}{q_1},$

$\quad\quad p_1 := c_0 c_1 + (x - x_0), \quad q_1 := c_1 \quad\quad\quad (3.103)$

$k = 2:$ $\quad R_2(x) = c_0 + \dfrac{x - x_0}{c_1 + \dfrac{x - x_1}{c_2}} = \dfrac{c_2[c_0 c_1 + (x - x_0)] + (x - x_1)c_0}{c_2 \cdot [c_1] + (x - x_1) \cdot 1} =: \dfrac{p_2}{q_2}$

$$p_2 := c_2 p_1 + (x - x_1)p_0, \quad q_2 := c_2 q_1 + (x - x_1)q_0 \qquad (3.104)$$

In (3.104) sind zur Definition von $p_2$ und $q_2$ die vorgängigen Werte für $p_1, q_1, p_0, q_0$ verwendet worden. Im nächsten Schritt, in dem $R_3(x)$ zu berechnen ist, deuten wir die Idee des allgemeinen Induktionsschrittes an. Um nämlich den Wert von

$$R_3(x) = c_0 + \dfrac{x - x_0}{c_1 + \dfrac{x - x_1}{c_2 + \dfrac{x - x_2}{c_3}}}$$

zu erhalten, substituieren wir in $R_2(x)$ $c_2$ durch $c_2 + (x - x_2)/c_3$, setzen diesen Ausdruck in (3.104) ein, erweitern je mit $c_3$ und erhalten so

$$p_3 := \{c_2 c_3 + (x - x_2)\}p_1 + c_3(x - x_1)p_0 = c_3[c_2 p_1 + (x - x_1)p_0] + (x - x_2)p_1$$
$$q_3 := \{c_2 c_3 + (x - x_2)\}q_1 + c_3(x - x_1)q_0 = c_3[c_2 q_1 + (x - x_1)q_0] + (x - x_2)q_1$$

In den eckigen Klammern stehen aber $p_2$ bzw. $q_2$, und es gelten allgemein die Rekursionsformeln

$$\left. \begin{array}{l} p_k = c_k p_{k-1} + (x - x_{k-1})p_{k-2} \\ q_k = c_k q_{k-1} + (x - x_{k-1})q_{k-2} \end{array} \right\} \quad (k = 2, 3, \ldots, n), \qquad (3.105)$$

wobei (3.102) und (3.103) als Startwerte zu verwenden sind.

Der Rechengang der rationalen Interpolation mit Hilfe des Thieleschen Kettenbruchs besteht aus der Aufstellung des Schemas der inversen dividierten Differenzen (3.96), wobei nur die Werte der obersten Schrägzeile als Koeffizienten $c_k$ im Kettenbruch gebraucht werden. Die zeilenweise Berechnung des Schemas (3.96) geschieht etwa nach folgendem Algorithmus:

$$\boxed{\begin{array}{l} \text{für } i = 0, 1, \ldots, n: \\ \quad \text{Eingabe von } x_i, f(x_i); \; h = f(x_i) \\ \quad \text{für } k = 1, 2, \ldots, i: \\ \quad\quad h = (x_i - x_{k-1})/(h - c_{k-1}) \\ \quad c_i = h \end{array}} \qquad (3.106)$$

Die Auswertung des Thieleschen Kettenbruchs zusammen mit den Teilkettenbrüchen in aufsteigender Reihenfolge erhält mit den Rekursionsformeln (3.105) die algorithmische Beschreibung:

## 3.6 Rationale Interpolation

$$\begin{aligned}
\text{Start:} \quad & p_0 := c_0, \; q_0 := 1, & R_0(x) = p_0/q_0 \\
& p_1 := c_0 \times c_1 + (x - x_0), \; q_1 := c_1, \; R_1(x) = p_1/q_1 \\
\text{Rekursion:} \quad & \text{für } k = 2, 3, \ldots, n: \\
& p_k = c_k \times p_{k-1} + (x - x_{k-1}) \times p_{k-2} \\
& q_k = c_k \times q_{k-1} + (x - x_{k-1}) \times q_{k-2} \\
& R_k(x) = p_k/q_k
\end{aligned}$$
(3.107)

Die beiden Algorithmen (3.106) und (3.107) können selbstverständlich in geeigneter Form miteinander kombiniert werden, um sie auf diese Weise insbesondere für die Extrapolation anwenden zu können. Die Folge der Teilkettenbrüche $R_k(x)$ gibt Einblick in die Konvergenz und liefert somit die Information für ein Abbruchkriterium.

**Beispiel 3.17** Der Thielesche Kettenbruch zum Schema der inversen dividierten Differenzen ist

| $x_i$ | $f_i$ | $\varphi_1$ | $\varphi_2$ | $\varphi_3$ |
|---|---|---|---|---|
| 1 | 1 | | | |
| 2 | −1 | $-\frac{1}{2}$ | | |
| 3 | 2 | 2 | $\frac{2}{5}$ | |
| 4 | −2 | −1 | −4 | $-\frac{5}{22}$ |

$$R(x) = 1 + \cfrac{x-1}{-\cfrac{1}{2} + \cfrac{x-2}{\cfrac{2}{5} + \cfrac{x-3}{-\cfrac{5}{22}}}}$$

$$= \frac{-11x^2 + 53x - 56}{8x - 22} = \frac{P_2(x)}{Q_1(x)}.$$

Für die Neustelle $x = 2.4$ ergeben sich die Werte

| $k$ | $p_k$ | $q_k$ | $R_k(x)$ |
|---|---|---|---|
| 0 | 1 | 1 | 1 |
| 1 | 0.9 | −0.5 | −1.8 |
| 2 | 0.76 | 0.2 | 3.8 |
| 3 | −0.712727 | 0.254545 | $-2.8 = R(2.4)$ |

△

**Beispiel 3.18** Die Überlegenheit der rationalen Interpolation im Vergleich zur Polynom-Interpolation in der Nähe eines Pols soll am Beispiel der Funktion $f(x) = 0.1/(x\sqrt{5x+1})$ dargestellt werden. Die Funktion sei für $x_0 = 0.01$, $x_1 = 0.02$, $x_2 = 0.03$, $x_3 = 0.04$, $x_4 = 0.05$ tabelliert. Gesucht ist der interpolierte Wert an der Neustelle $x = 0.024$. Das Schema der inversen dividierten Differenzen und die rekursive Berechnung der Teilkettenbrüche nach (3.107) ergeben bei zehnstelliger Rechnung die beiden folgenden Tabellen.

132   3 Interpolation

| $x_i$ | $f_i$ | $\varphi_1$ | $\varphi_2$ | $\varphi_3$ | $\varphi_4$ |
|---|---|---|---|---|---|
| 0.01 | 9.759000729 = $c_0$ | | | | |
| 0.02 | 4.767312946 | −0.002003330423 = $c_1$ | | | |
| 0.03 | 3.108349361 | −0.003007224239 | −9.961212870 = $c_2$ | | |
| 0.04 | 2.282177323 | −0.004012399166 | −9.954860962 | 1.574330107 = $c_3$ | |
| 0.05 | 1.788854382 | −0.005018728422 | −9.948935434 | 1.629004623 | 0.1829005674 = $c_4$ |

| $k$ | $p_k$ | $q_k$ | $R_k(0.024)$ |
|---|---|---|---|
| 0 | 9.759000729 | 1.000000000 | 9.759000729 |
| 1 | −0.005550503060 | −0.002003330423 | 2.770637832 |
| 2 | 0.09432574544 | 0.02395560079 | 3.937523683 |
| 3 | 0.1485331639 | 0.03772604354 | 3.937151897 |
| 4 | 0.02565758803 | 0.006516825156 | 3.937130031 |

Weil $f(0.024) = 3.937129927$ ist, liefert der Thielesche Kettenbruch einen sehr guten Näherungswert, während das Interpolationspolynom vierten Grades zu dem sehr schlechten Wert $P_4(0.024) \doteq 3.8886$ führt. △

**Beispiel 3.19** Wir greifen nochmals die genäherte Berechnung von $\pi$ aus den Umfängen von einbeschriebenen, regulären $n$-Ecken im Kreis vom Durchmesser Eins auf (vgl. Beispiel 3.11). Die Extrapolation mit rationalen Funktionen ergibt häufig bessere extrapolierte Werte. Bei zehnstelliger Rechnung erhalten wir das Schema der inversen dividierten Differenzen und daraus die Werte zur rekursiven Berechnung der Teilkettenbrüche.

| $h_i$ | $f_i$ | $\varphi_1$ | $\varphi_2$ | $\varphi_3$ | $\varphi_4$ |
|---|---|---|---|---|---|
| 1/4 | 2.000000000 = $c_0$ | | | | |
| 1/9 | 2.598076211 | −0.2322260714 = $c_1$ | | | |
| 1/16 | 2.828427125 | −0.2263325214 | −8.248188460 = $c_2$ | | |
| 1/36 | 3.000000000 | −0.2222222222 | −8.330126900 | 0.4237598644 = $c_3$ | |
| 1/64 | 3.061467459 | −0.2208028122 | −8.358920115 | 0.4233206846 | 27.67153175 = $c_4$ |

| $k$ | $p_k$ | $q_k$ | $R_k$ |
|---|---|---|---|
| 0 | 2.000000000 | 1.000000000 | 2.000000000 |
| 1 | −0.7144521428 | −0.2322260714 | 3.076537180 |
| 2 | 5.670713697 | 1.804333291 | 3.142830499 |
| 3 | 2.447674126 | 0.7791181602 | 3.141595526 |
| 4 | 67.57337247 | 21.50927254 | 3.141592648 |

Der so erhaltene extrapolierte Näherungswert für $\pi$ stimmt zufälligerweise mit demjenigen der polynomialen Extrapolation im Beispiel 3.11 überein. △

## 3.7 Spline-Interpolation

Wir betrachten die Aufgabe, eine nur durch Stützwerte gegebene Funktion $f(x)$ durch eine mindestens einmal stetig differenzierbare Interpolationsfunktion zu approximieren. Bei einer größeren Zahl von Stützstellen ist es oft nicht sinnvoll, das zugehörige Interpolationspolynom als Lösung zu betrachten, zumal dann, wenn die Stützstellen äquidistant sind. Deshalb werden Interpolationspolynome niedrigen Grades verwendet, die man in geeigneter Weise den Teilintervallen zuordnet, in denen die Neustelle $x$ liegt. Die derart festgelegten Interpolationspolynome sind in benachbarten Intervallen im allgemeinen voneinander verschieden, so daß die stückweise aus Polynomen zusammengesetzte Interpolierende an den inneren Stützstellen zwar stetig, im allgemeinen aber nicht stetig differenzierbar ist. In bestimmten Anwendungen ist jedoch nur eine glatte, d. h. stetig differenzierbare interpolierende Funktion brauchbar. Häufig ist eine empirische Funktion, die nur durch eine größere Zahl von genauen Meßwerten definiert ist, auf die genannte Art zu approximieren, wobei allenfalls vorhandene Unstetigkeiten der ersten Ableitung unerwünscht sind. In [Rut60] wurde wohl zum ersten Mal die glatte Interpolation behandelt. Zuerst werden wir die gesuchte glatte Interpolationsfunktion durch bestimmte Eigenschaften charakterisieren, die sich aus dem Modell der dünnen Latten (= splines) ergeben. Darauf basiert dann der Algorithmus zur Berechnung der Spline-Funktion. Für ausführliche Darstellungen der Theorie und von Anwendungen sei auf [Böh74, Boo78, Nür89, Spä86, Spä90] verwiesen.

### 3.7.1 Charakterisierung der Spline-Funktion

Gegeben seien $(n+1)$ paarweise verschiedene Stützstellen $x_0 < x_1 < \ldots < x_n$, welche im Sinn wachsender Abszissen numeriert seien, und zugehörige Stützwerte $y_0, y_1, \ldots, y_n$. Gesucht wird eine mindestens einmal stetig differenzierbare Interpolationsfunktion $s(x)$. Um sie festzulegen, benötigen wir zusätzliche Annahmen. Dazu gehen wir vom Modell aus, wonach durch die gegebenen Stützpunkte eine dünne, homogene Latte gelegt sei, die in den Stützpunkten gelenkig gelagert sei und dort keinen äußeren Kräften unterliege. Dann soll die Biegelinie der Latte die Lösung $s(x)$ der Interpolationsaufgabe sein.

Nach Extremalprinzipien wird die Deformationsenergie der Latte durch ihre angenommene Form minimiert. Sie ist für eine dünne, homogene Latte unter vereinfachenden Annahmen und, abgesehen von physikalischen und geometrischen Konstanten, gegeben durch den Integralausdruck

$$E = \frac{1}{2} \int_{x_0}^{x_n} s''(x)^2 \, dx.$$

Die gesuchte Spline-Interpolierende definieren wir als Lösung von folgender Variationsaufgabe unter den präzisierten Nebenbedingungen:

a) Die Funktion $s(x)$ erfülle die Interpolationseigenschaften

$$s(x_i) = y_i, \quad (i = 0, 1, \ldots, n). \tag{3.108}$$

b) Die Funktion $s(x)$ sei an allen inneren Stützstellen $x_i$, $(i = 1, 2, \ldots, n-1)$ mindestens einmal stetig differenzierbar.
c) Zwischen den Stützstellen sei $s(x)$ viermal stetig differenzierbar.
d) $s(x)$ minimiere das Integral

$$J = \frac{1}{2} \int_{x_0}^{x_n} s''(x)^2 \, dx. \tag{3.109}$$

Die klassische Variationsrechnung [Akh 88, Cle 70, Fun 70, Kli 88] liefert notwendige Bedingungen, welche die Funktion $s(x)$ als Lösung der formulierten Variationsaufgabe erfüllen muß. So muß die erste Variation des Integralausdrucks (3.109) für alle zulässigen Variationen der Lösungsfunktion verschwinden, d. h.

$$\delta J = \int_{x_0}^{x_n} s''(x) \delta s''(x) \, dx = 0. \tag{3.110}$$

Weil die Stützstellen $x_i$ bei der Berücksichtigung der Nebenbedingungen a) und b) eine spezielle Rolle spielen werden, ist das Integral der ersten Variation als Summe von Integralen über die $n$ Teilintervalle zu schreiben, um dann partielle Integration anzuwenden. Beachtet man, daß die Operation der Variation mit derjenigen der Differentiation vertauschbar ist, erhalten wir aus (3.110) nach zweimaliger partieller Integration

$$\delta J = \sum_{i=1}^{n} \int_{x_{i-1}}^{x_i} s''(x) \delta s''(x) \, dx \tag{3.111}$$

$$= \sum_{i=1}^{n} \left\{ s''(x) \delta s'(x) \Big|_{x_{i-1}}^{x_i} - s^{(3)}(x) \delta s(x) \Big|_{x_{i-1}}^{x_i} + \int_{x_{i-1}}^{x_i} s^{(4)}(x) \delta s(x) \, dx \right\} = 0.$$

Wegen der Eigenschaft a) muß die erste Variation $\delta s(x)$ an allen Stützstellen $x_i$ verschwinden. Folglich entfallen in (3.111) alle ausintegrierten Terme mit $\delta s(x)$. Weiter sind alle zulässigen Variationen $\delta s(x)$ hinreichend oft stetig differenzierbar vorausgesetzt. Aus der Stetigkeitsforderung b) für die erste Ableitung von $s(x)$ an den inneren Stützstellen folgt die Stetigkeit von $\delta s'(x)$ insbesondere an allen $x_i$ ($i = 1, 2, \ldots, n-1$), so daß sich (3.111) mit $\delta s'(x_i - 0) = \delta s'(x_i + 0) = \delta s'(x_i)$ wie folgt darstellen läßt.

$$\delta J = s''(x_n - 0) \delta s'(x_n) - s''(x_0 + 0) \delta s'(x_0)$$
$$- \sum_{i=1}^{n-1} \{s''(x_i + 0) - s''(x_i - 0)\} \delta s'(x_i) + \sum_{i=1}^{n} \int_{x_{i-1}}^{x_i} s^{(4)}(x) \delta s(x) \, dx = 0. \tag{3.112}$$

Aus dem Verschwinden der ersten Variation für beliebige zulässige Variationen $\delta s(x)$ folgen auf Grund der üblichen Technik von geeigneten Konkurrenzeinschränkungen

## 3.7 Spline-Interpolation

nacheinander die folgenden zu den Eigenschaften a) und b) zusätzlichen notwendigen Bedingungen für $s(x)$:

$$s^{(4)}(x) = 0 \qquad \text{für alle} \quad x \neq x_0, x_1, \ldots, x_n \qquad (3.113)$$

$$s''(x_i + 0) = s''(x_i - 0) \qquad \text{für} \quad i = 1, 2, \ldots, n - 1 \qquad (3.114)$$

$$s''(x_0) = 0 \text{ und } s''(x_n) = 0. \qquad (3.115)$$

Die gesuchte Spline-Interpolierende $s(x)$ ist durch folgende Eigenschaften charakterisiert.

1) Wegen (3.113) ist $s(x)$ in jedem Teilintervall $(x_i, x_{i+1})$ ein kubisches Polynom. Die interpolierende Spline-Funktion setzt sich stückweise aus Polynomen dritten Grades zusammen.
2) Nicht nur die erste Ableitung, sondern auch die zweite Ableitung von $s(x)$ ist wegen (3.114) an den inneren Stützstellen stetig.
3) Die zweite Ableitung verschwindet an den Stützstellen $x_0$ und $x_n$.

Durch diese drei Eigenschaften ist die interpolierende Spline-Funktion $s(x)$ eindeutig bestimmt, wie aus dem konstruktiven Algorithmus hervorgehen wird. Die dritte Eigenschaft $s''(x_0) = s''(x_n) = 0$ ist eine sogenannte natürliche Bedingung als Folge der Variationsaufgabe. Deshalb bezeichnet man die resultierende interpolierende Funktion als **natürliche kubische Spline-Funktion**.

Die kubische Spline-Interpolation besitzt verschiedene Verallgemeinerungen und Erweiterungen rein mathematischer Natur, denen dann allerdings die physikalische Motivation fehlt. So kann in naheliegender Weise die Ableitung unter dem Variationsintegral erhöht werden, wobei gleichzeitig die Nebenbedingungen b) und c) anzupassen sind. Für eine ganze Zahl $p \geq 2$ wird eine Spline-Funktion als Lösung der folgenden Variationsaufgabe definiert:

a) Die Funktion $s(x)$ erfülle die Interpolationsbedingungen (3.108).
b) Die Funktion $s(x)$ sei an allen inneren Stützstellen $x_i$, $(i = 1, 2, \ldots, n-1)$ mindestens $(p-1)$-mal stetig differenzierbar.
c) Zwischen den Stützstellen sei $s(x)$ $2p$-mal stetig differenzierbar.
d) $s(x)$ minimiere das Integral

$$J = \frac{1}{2} \int_{x_0}^{x_n} s^{(p)}(x)^2 \, dx.$$

Diese Variationsaufgabe charakterisiert interpolierende Spline-Funktionen, die sich intervallweise aus Polynomen vom Grad $(2p-1)$ so zusammensetzen, daß ihre ersten $(2p-2)$ Ableitungen an den inneren Stützstellen stetig sind und die Ableitungen $s^{(p)}(x), s^{(p+1)}(x), \ldots, s^{(2p-2)}(x)$ an den Endpunkten als natürliche Bedingungen verschwinden. So folgen aus der Variationsformulierung im Fall $p = 3$ die zusätzlichen notwendigen Bedingungen für die **natürliche quintische Spline-Funktion**

136    3 Interpolation

$$s^{(6)}(x) = 0 \quad \text{für alle } x \neq x_0, x_1, \ldots, x_n,$$

$$\left.\begin{array}{l} s^{(3)}(x_i+0) = s^{(3)}(x_i-0) \\ s^{(4)}(x_i+0) = s^{(4)}(x_i-0) \end{array}\right\} \quad \text{für } i = 1, 2, \ldots, n-1,$$

$$s^{(3)}(x_0) = s^{(4)}(x_0) = s^{(3)}(x_n) = s^{(4)}(x_n) = 0.$$

Im Vergleich zu den kubischen Spline-Interpolierenden besitzen die quintischen Spline-Funktionen höhere Differenzierbarkeitseigenschaften. Anderseits oszillieren die Spline-Funktionen höheren Grades im allgemeinen stärker als die kubischen Splines, weshalb sie sich für die Interpolation weniger gut eignen [SaS 68, Spä 86]. Schließlich kann man sich von der Charakterisierung der interpolierenden Spline-Funktion als Lösung einer Variationsaufgabe ganz lösen und anstelle von Polynomen andere, der speziellen Aufgabenstellung besser angepaßte Funktionen verwenden, die an den inneren Stützstellen mit analogen Differenzierbarkeitsbedingungen zusammengesetzt werden [Spä 86].

### 3.7.2   Berechnung der kubischen Spline-Interpolierenden

Durch die Eigenschaften 1), 2) und 3) ist die kubische Spline-Interpolierende $s(x)$ festgelegt, und die erforderlichen Schritte zu ihrer Konstruktion sind vorgezeichnet. Für das Teilintervall $[x_i, x_{i+1}]$ der Länge

$$h_i = x_{i+1} - x_i \tag{3.116}$$

wählen wir den hier zweckmäßigen Ansatz eines kubischen Polynoms

$$s_i(x) = a_i(x - x_i)^3 + b_i(x - x_i)^2 + c_i(x - x_i) + d_i. \tag{3.117}$$

Für seinen Wert und die ersten beiden Ableitungen an den Enden des Intervalls erhalten wir

$$s_i(x_i) = d_i = y_i \tag{3.118}$$

$$s_i(x_{i+1}) = a_i h_i^3 + b_i h_i^2 + c_i h_i + d_i = y_{i+1} \tag{3.119}$$

$$s_i'(x_i) = c_i \tag{3.120}$$

$$s_i'(x_{i+1}) = 3a_i h_i^2 + 2b_i h_i + c_i \tag{3.121}$$

$$s_i''(x_i) = 2b_i = y_i'' \tag{3.122}$$

$$s_i''(x_{i+1}) = 6a_i h_i + 2b_i = y_{i+1}'' \tag{3.123}$$

Um die Interpolations- und Stetigkeitsbedingungen der ersten und zweiten Ableitungen an den Stützstellen zu erfüllen, ist es zweckmäßig und üblich, die Koeffizienten $a_i, b_i, c_i$ und $d_i$ durch die gegebenen Stützwerte $y_i$ und $y_{i+1}$ und die unbekannten zweiten Ableitungen $y_i''$ und $y_{i+1}''$ an den Enden des betreffenden Teilintervalls $[x_i, x_{i+1}]$ auszudrücken. Aus (3.118), (3.119), (3.122) und (3.123) ergeben sich so

$$\boxed{\begin{aligned} a_i &= \frac{1}{6h_i}(y''_{i+1} - y''_i) \\ b_i &= \frac{1}{2}y''_i \\ c_i &= \frac{1}{h_i}(y_{i+1} - y_i) - \frac{1}{6}h_i(y''_{i+1} + 2y''_i) \\ d_i &= y_i \end{aligned}} \qquad (3.124)$$

Sobald neben den gegebenen Stützwerten $y_k$ auch die zweiten Ableitungen $y''_k$ an allen Stützstellen bekannt sind, sind die kubischen Polynome $s_i(x)$ in jedem Teilintervall eindeutig festgelegt und damit berechenbar. Mit diesen die Spline-Funktion beschreibenden Werten ist sowohl die Interpolationseigenschaft als auch die Stetigkeit der Funktion selbst und ihrer zweiten Ableitung in den inneren Stützpunkten sichergestellt. Es bleibt somit nur noch die Stetigkeit der ersten Ableitung an den inneren Stützstellen zu erfüllen. Nach Substitution der Darstellungen (3.124) für $a_i$, $b_i$ und $c_i$ in (3.121) ergibt sich für die erste Ableitung am Ende des Intervalls

$$s'_i(x_{i+1}) = \frac{1}{h_i}(y_{i+1} - y_i) + \frac{1}{6}h_i(2y''_{i+1} + y''_i)$$

und nach Substitution des Indexwertes $i$ durch $i-1$

$$s'_{i-1}(x_i) = \frac{1}{h_{i-1}}(y_i - y_{i-1}) + \frac{1}{6}h_{i-1}(2y''_i + y''_{i-1}). \qquad (3.125)$$

Die Bedingung $s'_{i-1}(x_i) = s'_i(x_i)$ für eine innere Stützstelle $x_i$ führt wegen (3.125), (3.120) und (3.124) auf die Gleichung

$$\frac{1}{h_{i-1}}(y_i - y_{i-1}) + \frac{1}{6}h_{i-1}(2y''_i + y''_{i-1})$$
$$= \frac{1}{h_i}(y_{i+1} - y_i) - \frac{1}{6}h_i(y''_{i+1} + 2y''_i),$$

die nach Multiplikation mit 6 und geordnet lautet

$$h_{i-1}y''_{i-1} + 2(h_{i-1} + h_i)y''_i + h_i y''_{i+1} - \frac{6}{h_i}(y_{i+1} - y_i) + \frac{6}{h_{i-1}}(y_i - y_{i-1}) = 0. \qquad (3.126)$$

Diese Bedingung muß für alle innern Stützstellen $x_i$, ($i = 1, 2, \ldots, n-1$) erfüllt sein und ergibt für die $(n-1)$ Unbekannten $y''_1, y''_2, \ldots, y''_{n-1}$ einer natürlichen kubischen Spline-Funktion mit $y''_0 = y''_n = 0$ ein System von $(n-1)$ linearen Gleichungen. Im Fall $n = 5$ lautet das Gleichungssystem

3 Interpolation

| $y_1''$ | $y_2''$ | $y_3''$ | $y_4''$ | 1 |
|---|---|---|---|---|
| $2(h_0+h_1)$ | $h_1$ | | | $\dfrac{6}{h_0}(y_1-y_0) - \dfrac{6}{h_1}(y_2-y_1) + h_0 y_0''$ |
| $h_1$ | $2(h_1+h_2)$ | $h_2$ | | $\dfrac{6}{h_1}(y_2-y_1) - \dfrac{6}{h_2}(y_3-y_2)$ |
| | $h_2$ | $2(h_2+h_3)$ | $h_3$ | $\dfrac{6}{h_2}(y_3-y_2) - \dfrac{6}{h_3}(y_4-y_3)$ |
| | | $h_3$ | $2(h_3+h_4)$ | $\dfrac{6}{h_3}(y_4-y_3) - \dfrac{6}{h_4}(y_5-y_4) + h_4 y_5''$ |

(3.127)

Im System (3.127) sind für spätere Zwecke die Werte von $y_0''$ und $y_5''$ in den Konstanten der ersten und letzten Gleichung mitgeführt worden. Für einen natürlichen Spline sind sie Null zu setzen.

Das Gleichungssystem (3.127) hat eine symmetrische und tridiagonale Matrix, die offensichtlich diagonaldominant ist. Nach Satz 1.5 ist das System mit dem Gauß-Algorithmus unter Verwendung der Diagonalstrategie, d. h. mit dem speziellen Algorithmus aus Abschnitt 1.3.3 lösbar. Dabei kann als Vereinfachung die Symmetrie ausgenützt werden. Wesentlich ist aber die Tatsache, daß das System von $(n-1)$ Gleichungen (3.127) für die $(n-1)$ unbekannten zweiten Ableitungen $y_1'', y_2'', \ldots, y_{n-1}''$ eindeutig lösbar ist, so daß daraus in der Tat die Existenz und Eindeutigkeit der kubischen Spline-Interpolierenden $s(x)$ folgt.

Im Fall von äquidistanten Stützstellen $x_i = x_0 + ih$ kann jede der Gleichungen (3.126) durch die vom Intervall unabhängige Schrittweite $h$ dividiert werden, so daß sich das System (3.127) vereinfacht zu

| $y_1''$ | $y_2''$ | $y_3''$ | $y_4''$ | 1 |
|---|---|---|---|---|
| 4 | 1 | | | $-\dfrac{6}{h^2}(y_2-2y_1+y_0) + y_0''$ |
| 1 | 4 | 1 | | $-\dfrac{6}{h^2}(y_3-2y_2+y_1)$ |
| | 1 | 4 | 1 | $-\dfrac{6}{h^2}(y_4-2y_3+y_2)$ |
| | | 1 | 4 | $-\dfrac{6}{h^2}(y_5-2y_4+y_3) + y_5''$ |

(3.128)

Die Matrix des Systems (3.128) ist sehr speziell aufgebaut, und ihre diagonale Dominanz ist offensichtlich. In der Konstantenkolonne erscheinen im wesentlichen die zweiten Differenzquotienten (3.24) der gegebenen Stützwerte.

Der Rechengang zur Bestimmung der kubischen Spline-Interpolierenden $s(x)$ liegt auf der Hand. Aus den gegebenen Stützpunkten $(x_i, y_i)$, $(i = 0, 1, \ldots, n)$ werden die Längen $h_i$ der Intervalle bestimmt und das Gleichungssystem (3.127) aufgebaut. Nach seiner Auflösung mit dem Algorithmus (1.112), (1.113) und (1.114) nach den Unbekannten $y_k''$ werden nach (3.124) die Koeffizienten $a_i, b_i, c_i$ und $d_i$ der zum Teilintervall $[x_i, x_{i+1}]$ gehörenden kubischen Polynome $s_i(x)$ bestimmt. Die Spline-Funktion $s_i(x)$ kann für jede beliebige Neustelle $x$ berechnet werden. Der Rechenaufwand ist bei $(n+1)$ gegebenen Stützpunkten nur proportional zu $n$, da dies für jeden Teilschritt zutrifft. Er fällt deshalb selbst für größere Werte von $n$ kaum ins Gewicht.

Schließlich ist auch die Konditionszahl der symmetrischen, tridiagonalen Systemmatrizen nicht sehr groß, so daß die numerische Auflösung der Systeme vollkommen problemlos ist und insbesondere keine Nachiteration erfordert. Um die Konditionszahl der Systemmatrix $A$ (3.127) bezüglich der Spektralnorm wenigstens abschätzen zu können, benötigen wir eine obere Schranke für den größten Eigenwert $\lambda_{\max}$ und eine untere Schranke für den kleinsten Eigenwert $\lambda_{\min}$ von $A$. Der Kreisesatz von Gerschgorin [KiS88, Mae85, StH82, Wil65, YoG73] liefert diese Angaben, und es gilt

$$\varkappa(A) = \frac{\lambda_{\max}}{\lambda_{\min}} \leqslant \frac{\max_i \{2h_0 + 3h_1, 3(h_i + h_{i+1}), 3h_{n-2} + 2h_{n-1}\}}{\min_i \{2h_0 + h_1, h_i + h_{i+1}, h_{n-2} + 2h_{n-1}\}}. \qquad (3.129)$$

Die Abschätzung (3.129) der Konditionszahl wird im wesentlichen durch das Verhältnis zwischen der größten und kleinsten Schrittweite bestimmt. Ist beispielsweise $\max(h_i) : \min(h_i) = 10 : 1$, so gilt nach (3.129) $\varkappa(A) \leqslant 30$. Im Fall von äquidistanten Stützstellen erhalten wir sogar die Abschätzung $\varkappa(A) \leqslant 3$. In beiden Fällen ist die angegebene obere Schranke für die Konditionszahl unabhängig von der Anzahl der Stützpunkte.

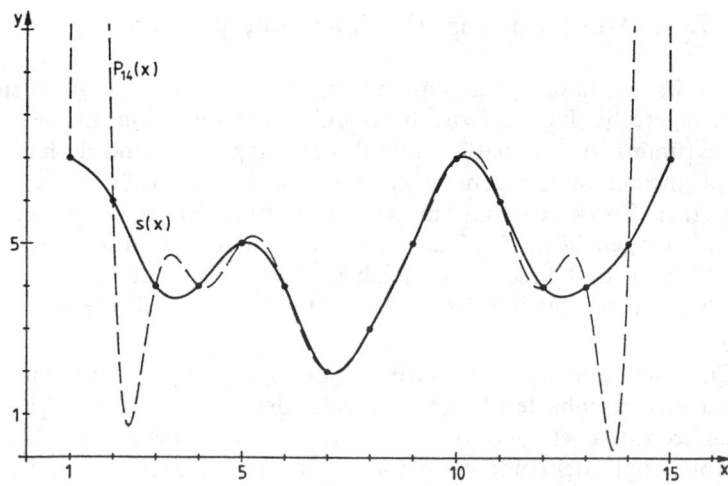

Fig. 3.7
Natürliche kubische Spline-Interpolation

140   3 Interpolation

**Beispiel 3.20** In der Tabelle (3.130) sind die 15 äquidistanten Stützstellen $x_k$ und die gewählten Stützwerte $y_k$ zusammengestellt. Da die Koeffizientenmatrix durch (3.128) gegeben ist, sind in (3.130) nur die 13 Konstanten der 13 linearen Gleichungen angegeben. Die letzte Kolonne enthält die resultierenden Werte der zweiten Ableitungen, ergänzt durch die beiden verschwindenden Ableitungen der natürlichen kubischen Spline-Interpolierenden $s(x)$. Sie ist in Fig. 3.7 dargestellt und weist einen zufriedenstellenden Verlauf auf. Zum Vergleich ist auch das Interpolationspolynom $P_{14}(x)$ vom Grad 14 als dünne Kurve eingezeichnet, soweit dies in der Figur möglich ist. Damit soll nochmals das außerordentlich stark oszillierende und damit unbefriedigende Verhalten des Interpolationspolynoms verdeutlicht werden.

| $k$ | $x_k$ | $y_k$ | Konstante | $y_k''$ |
|---|---|---|---|---|
| 0  | 1  | 7 | –   | 0         |
| 1  | 2  | 6 | 6   | −2.306437 |
| 2  | 3  | 4 | −12 | 3.225748  |
| 3  | 4  | 4 | − 6 | 1.403445  |
| 4  | 5  | 5 | 12  | −2.839529 |
| 5  | 6  | 4 | 6   | −2.045331 |
| 6  | 7  | 2 | −18 | 5.020853  |
| 7  | 8  | 3 | − 6 | −0.038080 |
| 8  | 9  | 5 | 0   | 1.131468  |
| 9  | 10 | 7 | 18  | −4.487791 |
| 10 | 11 | 6 | 6   | −1.180305 |
| 11 | 12 | 4 | −12 | 3.209010  |
| 12 | 13 | 4 | − 6 | 0.344264  |
| 13 | 14 | 5 | − 6 | 1.413934  |
| 14 | 15 | 7 | –   | 0         |

(3.130)

△

### 3.7.3  Allgemeine kubische Spline-Interpolation

Die beiden natürlichen Randbedingungen $s''(x_0) = s''(x_n) = 0$ sind dann nicht problemgerecht, falls die zu approximierende Funktion an den Intervallenden stark gekrümmt ist. Die natürlichen Randbedingungen sind deshalb durch zwei andere, geeignete Bedingungen zu ersetzen, und man erhält so **allgemeine kubische Spline-Funktionen**. Am naheliegendsten ist es, entweder Werte der zweiten Ableitungen $y_0''$ und $y_n''$ an den Stützstellen $x_0$ und $x_n$ vorzugeben oder aber zu verlangen, daß diese Werte gleich bestimmten Vielfachen der zweiten Ableitungen in den benachbarten inneren Stützpunkten seien, so daß $y_0'' = \alpha y_1''$ und $y_n'' = \beta y_{n-1}''$ gelten [Spä86].

Eine andere Idee besteht darin zu verlangen, daß die kubischen Polynome je in den beiden benachbarten Teilintervallen an den Enden von $[x_0, x_n]$ identisch sind [Boo78]. Diese **not-a-knot-Bedingung** wird dadurch erfüllt, daß auch noch die dritten Ableitungen der beiden Polynome je an den Stützstellen $x_1$ und $x_{n-1}$ übereinstimmen.

3.7 Spline-Interpolation 141

Die Bedingungen $s_0'''(x_1) = s_1'''(x_1)$ und $s_{n-2}'''(x_{n-1}) = s_{n-1}'''(x_{n-1})$ liefern wegen (3.117) und (3.124) die zwei linearen Gleichungen

$$h_1 y_0'' - (h_0 + h_1) y_1'' + h_0 y_2'' = 0,$$
$$h_{n-1} y_{n-2}'' - (h_{n-2} + h_{n-1}) y_{n-1}'' + h_{n-2} y_n'' = 0. \tag{3.131}$$

Da jetzt $y_0''$ und $y_n''$ unbekannt sind, müssen die $(n-1)$ Gleichungen (3.126) ergänzt werden durch die beiden Gleichungen (3.131) zu einem System von $(n+1)$ linearen Gleichungen für die Unbekannten $y_0'', y_1'', \ldots, y_n''$. Das Gleichungssystem ist leider nicht mehr tridiagonal wegen der ersten und letzten Gleichung und auch nicht mehr symmetrisch und diagonal dominant. Es kann dennoch mit dem Gauß-Algorithmus mit Diagonalstrategie gelöst werden, wobei die erste und letzte Gleichung je eine gesonderte Behandlung erfordern, um der speziellen Struktur Rechnung zu tragen.

In bestimmten Anwendungen sollten die Werte der ersten Ableitungen in den Endpunkten vorgegeben werden können. In diesem Fall sind die Werte $y_0''$ und $y_n''$ als weitere Unbekannte zu betrachten. Die zusätzlichen Bedingungen $s'(x_0) = y_0'$ und $s'(x_n) = y_n'$ liefern auf Grund von (3.120), (3.121) und (3.124) nach Multiplikation mit $-6$ bzw. mit $6$ die weiteren beiden Gleichungen

$$2h_0 y_0'' + h_0 y_1'' - \frac{6}{h_0}(y_1 - y_0) + 6 y_0' = 0 \tag{3.132}$$

$$h_{n-1} y_{n-1}'' + 2h_{n-1} y_n'' + \frac{6}{h_{n-1}}(y_n - y_{n-1}) - 6 y_n' = 0. \tag{3.133}$$

Fügt man (3.132) als erste und (3.133) als letzte Gleichung zum System (3.127) hinzu, entsteht ein Gleichungssystem für die $(n+1)$ Unbekannten $y_0'', y_1'', \ldots, y_n''$, dessen Matrix tridiagonal, symmetrisch und diagonal dominant ist und folglich positiv definit. Für äquidistante Stützstellen lautet es nach Division aller Gleichungen durch die Länge $h$ der Intervalle für $n = 4$

| $y_0''$ | $y_1''$ | $y_2''$ | $y_3''$ | $y_4''$ | 1 |
|---|---|---|---|---|---|
| 2 | 1 | | | | $-\frac{6}{h^2}(y_1 - y_0) + \frac{6}{h} y_0'$ |
| 1 | 4 | 1 | | | $-\frac{6}{h^2}(y_2 - 2y_1 + y_0)$ |
| | 1 | 4 | 1 | | $-\frac{6}{h^2}(y_3 - 2y_2 + y_1)$ |
| | | 1 | 4 | 1 | $-\frac{6}{h^2}(y_4 - 2y_3 + y_2)$ |
| | | | 1 | 2 | $\frac{6}{h^2}(y_4 - y_3) - \frac{6}{h} y_4'$ |

(3.134)

142    3 Interpolation

**Beispiel 3.21** Eine Hysteresis-Kurve ist durch Meßwerte an nicht äquidistanten Stützstellen gemäß (3.135) definiert. Sie soll durch eine kubische Spline-Funktion dargestellt werden. Aus physikalischen Gründen soll die erste Ableitung im Nullpunkt den Wert $y'_0 = 0.00125664$ aufweisen. Im Endpunkt legen wir die erste Ableitung durch $y'_8 = 0.0001$ fest.

| $k$ | $x_k$ | $y_k$ | $y''_k$ |
|---|---|---|---|
| 0 | 0    | 0   | 0.022181  |
| 1 | 8.2  | 0.5 | −0.000665 |
| 2 | 14.7 | 1.0 | −0.010253 |
| 3 | 17.0 | 1.1 | −0.006909 |
| 4 | 21.1 | 1.2 | −0.000613 |
| 5 | 35.0 | 1.4 | −0.000691 |
| 6 | 54.1 | 1.5 | −0.000040 |
| 7 | 104  | 1.6 | −0.000014 |
| 8 | 357  | 1.7 | 0.000004  |

(3.135)

Das Gleichungssystem für die neun Unbekannten $y''_0, y''_1, \ldots, y''_8$ lautet mit (3.127), (3.132) und (3.133)

| $y''_0$ | $y''_1$ | $y''_2$ | $y''_3$ | $y''_4$ | $y''_5$ | $y''_6$ | $y''_7$ | $y''_8$ | 1 |
|---|---|---|---|---|---|---|---|---|---|
| 16.4 | 8.2  |      |      |      |      |      |       |     | −0.358314 |
| 8.2  | 29.4 | 6.5  |      |      |      |      |       |     | −0.095685 |
|      | 6.5  | 17.6 | 2.3  |      |      |      |       |     | 0.200668  |
|      |      | 2.3  | 12.8 | 4.1  |      |      |       |     | 0.114530  |
|      |      |      | 4.1  | 36.0 | 13.9 |      |       |     | 0.060010  |
|      |      |      |      | 13.9 | 66.0 | 19.1 |       |     | 0.054917  |
|      |      |      |      |      | 19.1 | 138  | 49.9  |     | 0.019390  |
|      |      |      |      |      |      | 49.9 | 605.8 | 253 | 0.009653  |
|      |      |      |      |      |      |      | 253   | 506 | 0.001772  |

Die resultierenden Unbekannten sind in (3.135) eingetragen. Die Spline-Funktion besitzt in der unmittelbaren Nähe von $x_2 = 8.2$ eine Wendetangente, was bei der konkreten Aufgabenstellung sogar gefordert war.

Da sehr unterschiedliche Schrittweiten $h_i$ auftreten, bestimmen wir die Konditionszahl der Gleichungsmatrix. Mit $\lambda_{\min} \geqslant 6.4$ und $\lambda_{\max} \leqslant 908.7$ auf Grund des Gerschgorinschen Kreisesatzes ist $\varkappa \leqslant 142$. Tatsächlich ist $\lambda_{\max} \doteq 816$ und $\lambda_{\min} \doteq 10.1$, also $\varkappa \doteq 81$. Die Konditionszahl ist klein, und deshalb ist die Auflösung des Systems numerisch problemlos.    △

### 3.7.4  Periodische kubische Spline-Interpolation

Soll eine periodische, mindestens zweimal stetig differenzierbare Funktion auf Grund von diskreten Stützpunkten in ihrem Periodenintervall durch eine periodische Spline-Funktion dargestellt werden, sind die natürlichen Endbedingungen (3.115)

## 3.7 Spline-Interpolation

durch Bedingungen zu ersetzen, welche der Periodizität gerecht werden. Wir wollen die Stützstellen $x_0 < x_1 < \ldots < x_n$ so festlegen, daß $x_n = x_0 + T$ gilt, wo $T$ die Periode bedeutet. Unter den getroffenen Annahmen ist $y_0 = y_n, y_0' = y_n'$ und $y_0'' = y_n''$. Mit den zweiten Ableitungen $y_i''$, $(i = 0, 1, \ldots, n-1)$ als Unbekannte ist die Stetigkeit der ersten Ableitung an den $n$ Stützstellen $x_0, x_1, \ldots, x_{n-1}$ zu erfüllen. Die Bedingungen (3.126) liefern ein System von $n$ linearen Gleichungen für die $n$ Unbekannten $y_0'', y_1'', \ldots, y_{n-1}''$. Bei seiner Formulierung sind wegen der Periodizität die Beziehungen $h_{-1} = x_0 - x_{-1} = x_n - x_{n-1} = h_{n-1}$, $y_{-1}'' = y_{n-1}''$, $y_{-1} = y_{n-1}$ zu beachten. Das System lautet im Fall $n = 5$

| $y_0''$ | $y_1''$ | $y_2''$ | $y_3''$ | $y_4''$ | 1 |
|---|---|---|---|---|---|
| $2(h_4 + h_0)$ | $h_0$ | | | $h_4$ | $-\dfrac{6}{h_0}(y_1 - y_0) + \dfrac{6}{h_4}(y_0 - y_4)$ |
| $h_0$ | $2(h_0 + h_1)$ | $h_1$ | | | $-\dfrac{6}{h_1}(y_2 - y_1) + \dfrac{6}{h_0}(y_1 - y_0)$ |
| | $h_1$ | $2(h_1 + h_2)$ | $h_2$ | | $-\dfrac{6}{h_2}(y_3 - y_2) + \dfrac{6}{h_1}(y_2 - y_1)$ |
| | | $h_2$ | $2(h_2 + h_3)$ | $h_3$ | $-\dfrac{6}{h_3}(y_4 - y_3) + \dfrac{6}{h_2}(y_3 - y_2)$ |
| $h_4$ | | | $h_3$ | $2(h_3 + h_4)$ | $-\dfrac{6}{h_4}(y_5 - y_4) + \dfrac{6}{h_3}(y_4 - y_3)$ |

(3.136)

Die Matrix des Gleichungssystems (3.136) ist **symmetrisch**, aber nicht mehr tridiagonal. Sie ist **diagonal dominant**, so daß das System nach Satz 1.5 mit dem Gauß-Algorithmus unter Verwendung der **Diagonalstrategie** eindeutig lösbar ist. Da die Matrix mit positiven Diagonalelementen positiv definit ist [SRS 72], eignet sich die Methode von Cholesky besser. Die beiden von Null verschiedenen Matrixelemente in den Ecken der Matrix außerhalb des tridiagonalen Bandes erfordern eine kleine zusätzliche Betrachtung. Man stellt sofort fest, daß der erste Reduktionsschritt eine reduzierte Matrix mit derselben Struktur liefert. Das gilt dann für alle weiteren Schritte, so daß die Linksdreiecksmatrix $L$ der Cholesky-Zerlegung $A = LL^T$ zusätzlich zur unteren Nebendiagonalen auch in der letzten Zeile von Null verschiedene Elemente erhält. Um der sehr speziellen Struktur Rechnung zu tragen, verwenden wir für die symmetrische Matrix $A$ und für $L$ folgende Ansätze.

$$\begin{pmatrix} a_1 & b_1 & & & c \\ b_1 & a_2 & b_2 & & \\ & b_2 & a_3 & b_3 & \\ & & b_3 & a_4 & b_4 \\ c & & & b_4 & a_5 \end{pmatrix} = \begin{pmatrix} l_1 & & & & \\ m_1 & l_2 & & & \\ & m_2 & l_3 & & \\ & & m_3 & l_4 & \\ e_1 & e_2 & e_3 & m_4 & l_5 \end{pmatrix} \cdot \begin{pmatrix} l_1 & m_1 & & & e_1 \\ & l_2 & m_2 & & e_2 \\ & & l_3 & m_3 & e_3 \\ & & & l_4 & m_4 \\ & & & & l_5 \end{pmatrix} \quad (3.137)$$

Die unbekannten Größen $l_i$, $m_i$ und $e_i$ bestimmen wir durch Koeffizientenvergleich. Wir erhalten die wesentlichen Bestimmungsgleichungen

$$a_1 = l_1^2, \qquad b_1 = m_1 l_1, \qquad c = e_1 l_1,$$
$$a_2 = m_1^2 + l_2^2, \qquad b_2 = m_2 l_2, \qquad 0 = e_1 m_1 + e_2 l_2,$$
$$a_3 = m_2^2 + l_3^2, \qquad b_3 = m_3 l_3, \qquad 0 = e_2 m_2 + e_3 l_3,$$
$$a_4 = m_3^2 + l_4^2, \qquad b_4 = e_3 m_3 + m_4 l_4,$$
$$a_5 = e_1^2 + e_2^2 + e_3^2 + m_4^2 + l_5^2.$$

Aus diesem Satz von Gleichungen berechnen sich die unbekannten Koeffizienten in der Reihenfolge $l_1; m_1, e_1, l_2; m_2, e_2, l_3; \ldots; m_4, l_5$. Für allgemeines $n$ lautet der Algorithmus zur Zerlegung (3.137):

$$\boxed{\begin{array}{l} l_1 = \sqrt{a_1};\ e_1 = c/l_1;\ s = 0 \\ \text{für } i = 1, 2, \ldots, n-2: \\ \quad m_i = b_i/l_i \\ \quad \text{falls } i \neq 1: e_i = -e_{i-1} \times m_{i-1}/l_i \\ \quad l_{i+1} = \sqrt{a_{i+1} - m_i^2} \\ \quad s = s + e_i^2 \\ m_{n-1} = (b_{n-1} - e_{n-2} \times m_{n-2})/l_{n-1} \\ l_n = \sqrt{a_n - m_{n-1}^2 - s} \end{array}}$$ (3.138)

Das Vorwärtseinsetzen $Ly - d = 0$ lautet jetzt

$$\boxed{\begin{array}{l} y_1 = d_1/l_1;\ s = 0 \\ \text{für } i = 2, 3, \ldots, n-1: \\ \quad y_i = (d_i - m_{i-1} \times y_{i-1})/l_i \\ \quad s = s + e_{i-1} \times y_{i-1} \\ y_n = (d_n - m_{n-1} \times y_{n-1} - s)/l_n \end{array}}$$ (3.139)

Das Rückwärtseinsetzen $L^T x + y = 0$ erhält die algorithmische Formulierung

$$\boxed{\begin{array}{l} x_n = -y_n/l_n \\ x_{n-1} = -(y_{n-1} + m_{n-1} \times x_n)/l_{n-1} \\ \text{für } i = n-2, n-3, \ldots, 1: \\ \quad x_i = -(y_i + m_i \times x_{i+1} + e_i \times x_n)/l_i \end{array}}$$ (3.140)

Eine andere, elegantere Art Gleichungssysteme der Art (3.136) zu lösen beruht auf der Anwendung von Rang-Eins-Modifikationen [Gan85].

**Beispiel 3.22** Eine periodische Funktion mit der Periode $T = 16$ sei durch die Werte an nichtäquidistanten Stützstellen gemäß (3.141) gegeben. Die Koeffizienten $a_k$ und $b_k$ sowie die Konstanten $d_k$ des linearen Gleichungssystems $A y'' + d = 0$ (3.136) für die unbekannten 2. Ableitungen $y_0'', y_1'', \ldots, y_5''$ sind zusammen mit den resultierenden Werten für die $y_k''$ in (3.141) zusammengefaßt. Die zugehörige periodische Spline-Funktion $s(x)$ und die Funktion $f(x) = 2.5[\cos(2\pi x/16) - \sin(4\pi x/16)] + 5$, die zur Festlegung der Stützwerte $y_k$ verwendet worden ist, sind in Fig. 3.8 dargestellt. Schon mit den wenigen Stützpunkten erhält man eine recht gute Übereinstimmung. △

| $k$ | $x_k$ | $y_k$ | $a_k$ | $b_k$ | $d_k$ | $y_k''$ |
|---|---|---|---|---|---|---|
| 0 | 1.0 | 5.541932 | – | – | – | 0.819490 |
| 1 | 2.5 | 4.079227 | 8.0 | 1.50 | −3.380638 | 1.555705 |
| 2 | 5.25 | 5.900182 | 8.5 | 2.75 | −9.823814 | −1.683242 |
| 3 | 9.5 | 0.611627 | 14.0 | 4.25 | 11.439189 | 1.846591 |
| 4 | 12.0 | 5.000000 | 13.5 | 2.50 | −17.998290 | 0.089237 |
| 5 | 14.5 | 9.388373 | 10.0 | 2.50 | 0 | −2.203537 |
| 6 | 17.0 | 5.541932 | 10.0 | – | 19.763553 | 0.819490 |

(3.141)

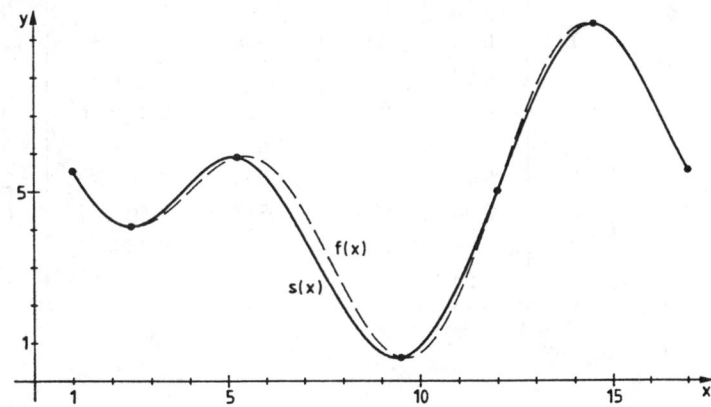

Fig. 3.8
Periodische kubische
Spline-Interpolation

### 3.7.5 Glatte zweidimensionale Kurvendarstellung

Eine Anwendung der kubischen Spline-Interpolation besteht in der Konstruktion von glatten Kurven in der Ebene durch gegebene $(n + 1)$ Punkte mit Koordinaten $(x_k, y_k)$, die sich in so allgemeiner Lage befinden, daß keine Darstellung der Form $y = f(x)$ möglich ist. In diesem Fall ist für die gesuchte Kurve die Parameterdarstellung

$$x = x(t), \quad y = y(t) \tag{3.142}$$

zu verwenden mit $t$ als Kurvenparameter. Die Parameterwerte $t_0, t_1, \ldots, t_n$, welche den gegebenen $(n + 1)$ Punkten entsprechen, können als eine im strengen Sinn zunehmende

Wertefolge angenommen werden. Zu den beiden tabellierten Funktionen $(t_k, x_k)$ und $(t_k, y_k)$, $(k = 0, 1, \ldots, n)$ werden die zugehörigen Spline-Interpolierenden bestimmt, die dann vermittels der Parameterdarstellung (3.142) die gesuchte Kurve beschreiben.

Als Kurvenparameter $t$ wäre die Bogenlänge der Kurve am geeignetsten. Da sie aber a priori nicht bekannt ist, legt man die Parameterwerte $t_k$ durch die Distanzen der aufeinanderfolgenden Punkte so fest, daß gilt

$$t_0 = 0, \quad t_k = t_{k-1} + \sqrt{(x_k - x_{k-1})^2 + (y_k - y_{k-1})^2}, \quad (k = 1, 2, \ldots, n). \quad (3.143)$$

**Beispiel 3.23** Das Profil eines Strömungskörpers sei etwa durch neun Punkte festgelegt, deren Koordinaten in (3.144) zusammengestellt sind. Die nach (3.143) berechneten Parameterwerte $t_k$, auf drei Stellen nach dem Komma gerundet, sowie die auf Grund von zwei natürlichen kubischen Spline-Interpolationen resultierenden zweiten Ableitungen $x_k''$ und $y_k''$, je gerundet auf sechs Stellen nach dem Komma, sind ebenfalls in (3.144) angegeben. Das Ergebnis der glatten, parametrischen Kurvendarstellung ist in Fig. 3.9 dargestellt. △

| $k$ | $x_k$ | $y_k$ | $t_k$ | $x_k''$ | $y_k''$ |
|---|---|---|---|---|---|
| 0 | 1.50 | 0.75 | 0 | 0 | 0 |
| 1 | 0.90 | 0.90 | 0.618 | 0.026366 | 1.029327 |
| 2 | 0.60 | 1.00 | 0.935 | 0.251299 | −4.686680 |
| 3 | 0.35 | 0.80 | 1.255 | 2.119916 | −0.018687 |
| 4 | 0.20 | 0.45 | 1.636 | −1.918770 | −0.630358 |
| 5 | 0.10 | 0.20 | 1.905 | 6.768642 | 2.862123 |
| 6 | 0.50 | 0.10 | 2.317 | −1.602547 | 0.931113 |
| 7 | 1.00 | 0.20 | 2.827 | 0.446407 | −0.520770 |
| 8 | 1.50 | 0.25 | 3.330 | 0 | 0 |

(3.144)

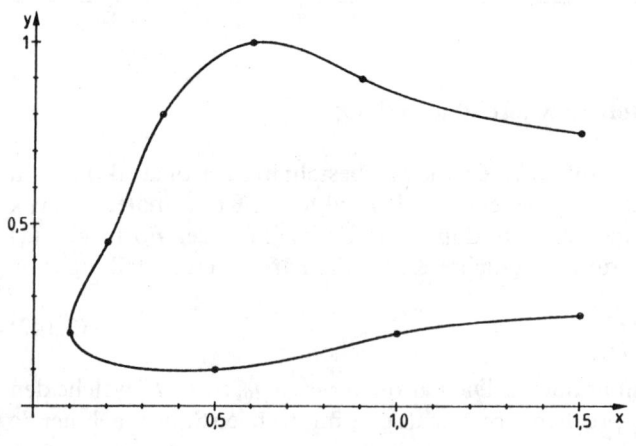

Fig. 3.9
Zweidimensionale
Kurvendarstellung

**Beispiel 3.24** Die Aufgabe, zu einer gegebenen Folge von Punkten in der Ebene eine glatte Kurve zu konstruieren und zu zeichnen, stellt sich etwa im Anschluß an die numerische Integration eines Systems von zwei Differentialgleichungen erster Ordnung (vgl. Kap. 9). Die diskreten Lösungspunkte in der Phasenebene, die man nach je einer bestimmten Anzahl von Integrationsschritten erhält, sollen durch die glatte Phasenkurve interpoliert werden. So sollen die in Fig. 3.10 markierten Punkte $P_0, P_1, \ldots, P_{30}$ interpoliert werden, und die durch zwei natürliche kubische Spline-Interpolationen gewonnene Kurve ist eine Näherung der Phasenkurve. △

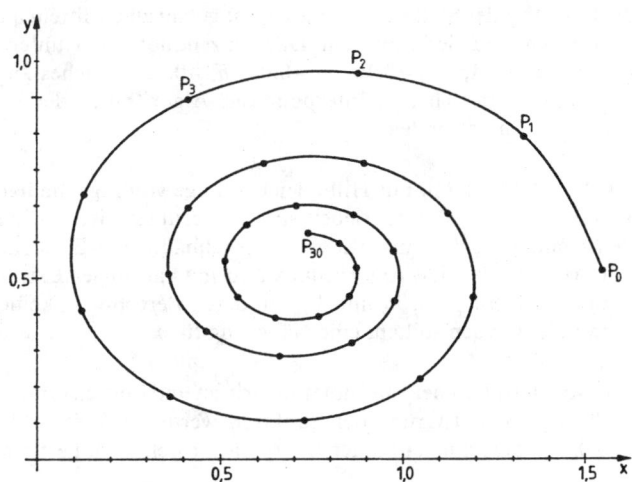

Fig. 3.10
Konstruktion einer Phasenkurve

## 3.8 Aufgaben

**3.1** Auf Grund des kubischen Interpolationspolynoms $P_3(x)$ für die äquidistanten Stützstellen $x_0, x_1 = x_0 + h, x_2 = x_0 + 2h, x_3 = x_0 + 3h$ leite man die Formeln (3.29) zur genäherten Berechnung der ersten und zweiten Ableitung an den Stellen $x_0$, $x_1$ und $x_M = (x_0 + x_3)/2$ her. Mit den Differentiationsformeln berechne man an der Stelle $x_M = 0.4$ die Näherungen für die erste und zweite Ableitung der Funktion $f(x) = e^{-x}$ für die Folge der Schrittweiten $h = 0.1, 0.01, 0.001, \ldots, 10^{-8}$. Die berechneten Werte sind mit den exakten Werten der Ableitungen zu vergleichen.

**3.2** Für die Funktion $f(x) = \log(x) - 2(x-1)/x$ sind zu den nicht äquidistanten Stützstellen $x_0 = 1, x_1 = 2, x_2 = 4, x_3 = 8, x_4 = 10$ mit dem Interpolationspolynom $P_4(x)$ an den beiden Stellen $x = 2.9$ und $x = 5.25$ die interpolierten Werte zu berechnen. Dazu sollen die Lagrangesche und Newtonsche Interpolationsmethode angewandt werden. Wie groß ist der tatsächliche Interpolationsfehler und die Fehlerschranke?

**3.3** Eine sechsmal stetig differenzierbare Funktion $f(x)$ wird durch ein Interpolationspolynom $P_5(x)$ mit äquidistanten Stützstellen $x_0, x_1 = x_0 + h, \ldots, x_5 = x_0 + 5h$ approximiert. Welche Schranken für den maximalen Interpolationsfehler ergeben sich für die einzelnen Intervalle? Die Stützstellen sollen geeignet gewählt werden, um die Herleitung der Schranken wesentlich zu vereinfachen. Welche Fehlerschranken resultieren für die Funktionen $f(x) = \sin(x)$, $x \in [0, \pi/2]$, $h = \pi/10$ und $g(x) = e^{-3x}$, $x \in [0, 5]$, $h = 1$?

**3.4** Mit einem Computerprogramm bestimme man die Fehlerfunktion $r(x) = f(x) - P_{10}(x)$ für die Funktion $f(x) = e^{-3x}$ im Intervall $[0, 5]$ unter Verwendung der elf äquidistanten Stützstellen $x_k = 0.5k$, $(k = 0, 1, \ldots, 10)$. Zur Berechnung von $P_{10}(x)$ verwende man die Lagrangesche oder Newtonsche Interpolationsformel.

**3.5** Mit der Methode der Extrapolation ist der Wert der ersten Ableitung der Funktion $f(x) = e^{-x}$ an der Stelle $x = 0.4$ möglichst genau zu ermitteln auf Grund des ersten Differenzenquotienten und des zentralen Differenzenquotienten unter Verwendung der Schrittweiten $h_0 = 0.2$, $h_1 = 0.15$, $h_2 = 0.10$, $h_3 = 0.05$, $h_4 = 0.02$. Welches sind die extrapolierten Werte für lineare, quadratische, ... Interpolation? Algorithmen der Lagrange-, Newton- und Neville-Interpolation anwenden.

**3.6** Die Zahl $\pi$ kann mit Hilfe der Umfänge von regelmäßigen $n$-Ecken, die einem Kreis mit Durchmesser Eins umschrieben sind, näherungsweise berechnet werden. Man zeige, daß für den Umfang $V_n$ des umschriebenen, regelmäßigen $n$-Ecks eine zu (3.81) analoge Darstellung gilt. Mit dem Neville-Algorithmus und mit rationaler Extrapolation berechne man aus den Umfängen $V_3$, $V_4$, $V_6$, $V_8$ und $V_{12}$, zu deren Berechnung keine trigonometrischen Funktionen verwendet werden sollten, eine Näherung für $\pi$.

**3.7** Mit Hermitescher Interpolation dritten und fünften Grades ist der interpolierte Wert an der Stelle $x = 0.34$ auf Grund der Funktionswerte von $f(x) = e^{-x}$ an den Stützstellen $x_0 = 0.3$ und $x_1 = 0.4$ zu berechnen und der Interpolationsfehler zu bestimmen.

**3.8** Zur Bestimmung der kleinsten positiven Lösung der transzendenten Gleichung $f(x) = \cos(x)\cosh(x) + 1 = 0$, die im Intervall $[1.8, 1.9]$ liegt, ist die Methode der inversen Interpolation anzuwenden.

**3.9** Mit den Funktionswerten von $f(x) = \cot(x)$ an den Stützstellen $x_0 = 1°$, $x_1 = 2°$, $x_2 = 3°$, $x_3 = 4°$, $x_4 = 5°$ ist der interpolierte Wert an der Neustelle $x = 2.5°$ zu berechnen mit dem Neville-Algorithmus und mit Hilfe der rationalen Interpolation. Man erkläre die unterschiedlich guten Näherungswerte.

**3.10** Zur Funktion $f(x) = 1/(1 + x^2)$ bestimme man die natürliche Spline-Interpolierende $s(x)$ a) zu den sechs äquidistanten Stützstellen $x_k = -5 + 2k$, $(k = 0, 1, \ldots, 5)$ und b) zu den elf äquidistanten Stützstellen $x_k = -5 + k$, $(k = 0, 1, \ldots, 10)$. Man stelle beide kubischen Spline-Interpolierenden graphisch dar und bestimme die maximalen Abweichungen.

**3.11** Zur $2\pi$-periodischen Funktion $f(x) = 4 + 3\cos(x) - 2\sin(2x) + \sin(5x)$ ist die periodische Spline-Interpolierende $s(x)$ zu bestimmen und zusammen mit $f(x)$ graphisch darzustellen. Als Stützstellen sind zu verwenden a) $x_k = 2\pi k/5$, $(k = 0, 1, \ldots, 5)$; b) $x_k = \pi k/5$, $(k = 0, 1, \ldots, 10)$; c) $x_k = \pi k/6$, $(k = 0, 1, \ldots, 12)$.

**3.12** Das vollständige Profil eines Körpers ist durch die zwölf Punkte $P_0, P_1, \ldots, P_{10}, P_{11} = P_0$ in der Ebene beschrieben, wobei das Profil im Punkt $P_0$ eine Spitze aufweist. Die Koordinaten der Punkte $P_k(x_k, y_k)$ sind

| k     | 0  | 1   | 2   | 3   | 4 | 5   | 6 | 7   | 8 | 9   | 10  | 11 |
|-------|----|-----|-----|-----|---|-----|---|-----|---|-----|-----|----|
| $x_k$ | 25 | 19  | 13  | 9   | 5 | 2.2 | 1 | 3   | 8 | 13  | 18  | 25 |
| $y_k$ | 5  | 7.5 | 9.1 | 9.4 | 9 | 7.5 | 5 | 2.1 | 2 | 3.5 | 4.5 | 5  |

Gesucht ist die Parameterdarstellung der Kurve auf Grund von zwei Spline-Interpolationen, und das resultierende Profil soll graphisch dargestellt werden.

**3.13** Eine Ellipse mit den Halbachsen $a = 3$ und $b = 1$ ist vermittels einer glatten zweidimensionalen Kurvendarstellung zu approximieren. Dazu wähle man 4, 8 und 12 Punkte auf der Ellipse und bestimme die Parameterdarstellungen auf Grund von periodischen Spline-Interpolationen.

# 4 Funktionsapproximation

Im folgenden betrachten wir die Aufgabe, eine durch einen analytischen Ausdruck definierte Funktion $f(x)$ in einem bestimmten Intervall durch eine Ersatzfunktion $g(x)$ im quadratischen Mittel zu approximieren. Die Ersatzfunktion $g(x)$ soll dabei Element eines linearen Funktionenraumes sein, der entsprechend den Eigenschaften der zu approximierenden Funktion $f(x)$ passend zu wählen ist. Als Basis eignen sich orthogonale Funktionen besonders gut. Zuerst behandeln wir die Approximation von periodischen Funktionen durch endliche Fourierreihen. Dann betrachten wir zwei Systeme von orthogonalen Polynomen, den Tschebyscheff- und den Legendre-Polynomen, von denen die erstgenannten für die Approximation von Funktionen im Computer von Bedeutung sind.

## 4.1 Fourierreihen

Gegeben sei eine stückweise stetige Funktion $f: \mathbb{R} \to \mathbb{R}$ mit der Periode $2\pi$

$$\boxed{f(x + 2\pi) = f(x) \quad \text{für alle } x \in \mathbb{R}.} \tag{4.1}$$

Die Funktion $f(x)$ darf Sprungstellen aufweisen, derart daß für eine Unstetigkeitsstelle $x_0$ die Grenzwerte $y_0^-$ und $y_0^+$

$$\lim_{h \to +0} f(x_0 - h) = y_0^-, \quad \lim_{h \to +0} f(x_0 + h) = y_0^+ \tag{4.2}$$

existieren und endlich sind. Die Funktion $f(x)$ soll durch eine Linearkombination der $(2\pi)$-periodischen trigonometrischen Funktionen

$$1, \quad \cos(x), \quad \sin(x), \quad \cos(2x), \quad \sin(2x), \quad \ldots, \quad \cos(nx), \quad \sin(nx) \tag{4.3}$$

in der Form

$$\boxed{g_n(x) = \frac{1}{2} a_0 + \sum_{k=1}^{n} \{a_k \cos(kx) + b_k \sin(kx)\}} \tag{4.4}$$

im quadratischen Mittel approximiert werden, so daß gilt

$$\|g_n(x) - f(x)\|_2 := \left[ \int_{-\pi}^{\pi} \{g_n(x) - f(x)\}^2 \, dx \right]^{1/2} = \text{Min!} \tag{4.5}$$

Die Differenz zwischen der approximierenden Funktion $g_n(x)$ und der gegebenen Funktion $f(x)$ soll in der $L_2$-Norm (4.5) minimal sein. Die Koeffizienten $a_k$

und $b_k$ im Ansatz (4.4) lassen sich aus der Bedingung (4.5) bestimmen mit Hilfe von

**Satz 4.1** *Die trigonometrischen Funktionen (4.3) bilden für das Intervall* $[-\pi, \pi]$ *ein System von paarweise orthogonalen Funktionen. Es gelten folgende Beziehungen*

$$\int_{-\pi}^{\pi} \cos(jx) \cos(kx) \, dx = \begin{cases} 0 & \text{für alle } j \neq k \\ 2\pi & \text{für } j = k = 0 \\ \pi & \text{für } j = k > 0 \end{cases} \tag{4.6}$$

$$\int_{-\pi}^{\pi} \sin(jx) \sin(kx) \, dx = \begin{cases} 0 & \text{für alle } j \neq k, j, k > 0 \\ \pi & \text{für } j = k > 0 \end{cases} \tag{4.7}$$

$$\int_{-\pi}^{\pi} \cos(jx) \sin(kx) \, dx = 0 \quad \text{für alle } j \geq 0, k > 0 \tag{4.8}$$

Beweis. Auf Grund von bekannten trigonometrischen Identitäten gilt

$$\int_{-\pi}^{\pi} \cos(jx) \cos(kx) \, dx = \frac{1}{2} \int_{-\pi}^{\pi} [\cos\{(j+k)x\} + \cos\{(j-k)x\}] \, dx. \tag{4.9}$$

Für $j \neq k$ ergibt sich daraus

$$\frac{1}{2} \left[ \frac{1}{j+k} \sin\{(j+k)x\} + \frac{1}{j-k} \sin\{(j-k)x\} \right]_{-\pi}^{\pi} = 0$$

die erste Relation (4.6). Für $j = k > 0$ folgt aus (4.9)

$$\frac{1}{2} \left[ \frac{1}{j+k} \sin\{(j+k)x\} + x \right]_{-\pi}^{\pi} = \pi$$

der dritte Fall von (4.6), während die zweite Beziehung von (4.6) trivial ist. Die Aussage (4.7) zeigt man völlig analog auf Grund der Identität

$$\int_{-\pi}^{\pi} \sin(jx) \sin(kx) \, dx = -\frac{1}{2} \int_{-\pi}^{\pi} [\cos\{(j+k)x\} - \cos\{(j-k)x\}] \, dx,$$

während (4.8) aus der Tatsache folgt, daß der Integrand als Produkt einer geraden und einer ungeraden Funktion ungerade ist, so daß der Integralwert verschwindet. □

Die Orthogonalitätsrelationen (4.6) bis (4.8) gelten wegen der Periodizität der trigonometrischen Funktionen selbstverständlich für irgendein Intervall der Länge $2\pi$.

Für das Quadrat der $L_2$-Norm der Differenz $g_n(x) - f(x)$ erhalten wir wegen den Orthogonalitätseigenschaften der trigonometrischen Funktionen die folgende Darstellung

## 4 Funktionsapproximation

$$\|g_n(x) - f(x)\|_2^2 = \int_{-\pi}^{\pi} \left[\frac{1}{2}a_0 + \sum_{k=1}^{n}\{a_k \cos(kx) + b_k \sin(kx)\} - f(x)\right]^2 dx$$

$$= \int_{-\pi}^{\pi} \left\{\frac{1}{2}a_0 - f(x)\right\}^2 dx + 2\sum_{k=1}^{n}\int_{-\pi}^{\pi}\left\{\frac{1}{2}a_0 - f(x)\right\}\{a_k \cos(kx) + b_k \sin(kx)\}dx$$

$$+ \sum_{k=1}^{n}\sum_{j=1}^{n}\int_{-\pi}^{\pi}\{a_k \cos(kx) + b_k \sin(kx)\}\{a_j \cos(jx) + b_j \sin(jx)\}dx$$

$$= \frac{\pi}{2}a_0^2 - a_0\int_{-\pi}^{\pi}f(x)dx + \int_{-\pi}^{\pi}f(x)^2 dx - 2\sum_{k=1}^{n}a_k\int_{-\pi}^{\pi}f(x)\cos(kx)dx$$

$$- 2\sum_{k=1}^{n}b_k\int_{-\pi}^{\pi}f(x)\sin(kx)dx + \pi\sum_{k=1}^{n}\{a_k^2 + b_k^2\} =: F. \tag{4.10}$$

Die notwendige Bedingung dafür, daß die quadratische Funktion $F$ der $(2n+1)$ Variablen $a_0, a_1, \ldots, a_n, b_1, \ldots, b_n$ ein Minimum annimmt, besteht darin, daß ihre ersten partiellen Ableitungen nach den Variablen gleich Null sind.

$$\frac{\partial F}{\partial a_0} = \pi a_0 - \int_{-\pi}^{\pi} f(x)dx = 0$$

$$\frac{\partial F}{\partial a_k} = -2\int_{-\pi}^{\pi} f(x)\cos(kx)dx + 2\pi a_k = 0, \quad (k = 1, 2, \ldots, n)$$

$$\frac{\partial F}{\partial b_k} = -2\int_{-\pi}^{\pi} f(x)\sin(kx)dx + 2\pi b_k = 0, \quad (k = 1, 2, \ldots, n)$$

Die gesuchten Koeffizienten $a_k$ und $b_k$ sind also gegeben durch

$$\boxed{\begin{aligned} a_k &= \frac{1}{\pi}\int_{-\pi}^{\pi} f(x)\cos(kx)dx, \quad (k = 0, 1, \ldots, n) \\ b_k &= \frac{1}{\pi}\int_{-\pi}^{\pi} f(x)\sin(kx)dx, \quad (k = 1, 2, \ldots, n) \end{aligned}} \tag{4.11}$$

Man nennt die durch (4.11) definierten $a_k$ und $b_k$ die **Fourierkoeffizienten** der $(2\pi)$-periodischen Funktion $f(x)$ und die mit ihnen gebildete Funktion $g_n(x)$ (4.4) das **Fourierpolynom**. Die Fourierkoeffizienten und das zugehörige Fourierpolynom können für beliebig großes $n$ definiert werden, so daß zu jeder $(2\pi)$-periodischen, stückweise stetigen Funktion $f(x)$ durch Grenzübergang die unendliche **Fourierreihe**

$$g(x) := \frac{1}{2}a_0 + \sum_{k=1}^{\infty}\{a_k \cos(kx) + b_k \sin(kx)\} \tag{4.12}$$

formal gebildet werden kann. Ohne Beweis [CoH68, Heu90, Smi72] zitieren wir den

**Satz 4.2** *Es sei $f(x)$ eine $(2\pi)$-periodische, stückweise stetige Funktion mit stückweise stetiger erster Ableitung. Dann konvergiert die zugehörige Fourierreihe $g(x)$ (4.12) gegen*
a) *den Wert $f(x_0)$, falls $f(x)$ an der Stelle $x_0$ stetig ist,*
b) $\frac{1}{2}\{y_0^- + y_0^+\}$ *mit den Grenzwerten (4.2), falls $f(x)$ an der Stelle $x_0$ eine Sprungstelle besitzt.*

Die Voraussetzungen des Satzes 4.2 schließen solche stückweise stetigen Funktionen aus, deren Graph eine vertikale Tangente aufweist wie beispielsweise $f(x) = \sqrt{|x|}$ für $x = 0$.

**Beispiel 4.1** Die $(2\pi)$-periodische Funktion $f(x)$ sei im Grundintervall $[-\pi, \pi]$ definiert als

$$f(x) = |x|, \quad -\pi \leqslant x \leqslant \pi. \tag{4.13}$$

Man bezeichnet sie wegen ihres Graphs als Dachfunktion (vgl. Fig. 4.1). Sie ist eine stetige Funktion, und da sie gerade ist, sind alle Koeffizienten $b_k = 0$. Zudem kann die Berechnung der $a_k$ vereinfacht werden.

$$a_0 = \frac{1}{\pi} \int_{-\pi}^{\pi} |x|dx = \frac{2}{\pi} \int_0^{\pi} x dx = \pi$$

$$a_k = \frac{2}{\pi} \int_0^{\pi} x \cos(kx) dx = \frac{2}{\pi} \left[ \frac{1}{k} x \sin(kx) \Big|_0^{\pi} - \frac{1}{k} \int_0^{\pi} \sin(kx) dx \right]$$

$$= \frac{2}{\pi k^2} \cos(kx) \Big|_0^{\pi} = \frac{2}{\pi k^2} [(-1)^k - 1], \quad k > 0$$

Die zugehörige Fourierreihe lautet deshalb

$$g(x) = \frac{1}{2}\pi - \frac{4}{\pi} \left\{ \frac{\cos(x)}{1^2} + \frac{\cos(3x)}{3^2} + \frac{\cos(5x)}{5^2} + \ldots \right\}. \tag{4.14}$$

In Fig. 4.1 ist das Fourierpolynom $g_3(x)$ eingezeichnet. Es approximiert die Funktion $f(x)$ bereits sehr gut. Da $f(x)$ die Voraussetzungen des Satzes 4.2 erfüllt, ergibt sich aus (4.14) für

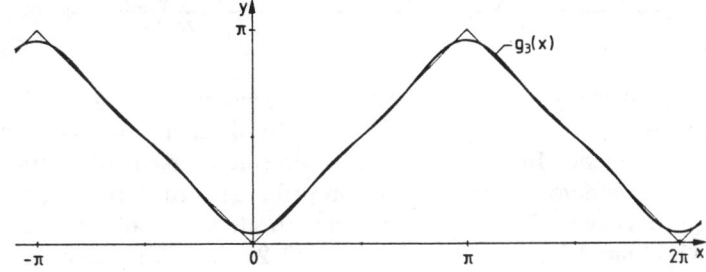

Fig. 4.1
Dachkurve mit approximierendem Fourierpolynom

$x=0$ der Wert der Reihe

$$\frac{1}{1^2}+\frac{1}{3^2}+\frac{1}{5^2}+\frac{1}{7^2}+\ldots=\frac{\pi^2}{8}.$$

△

**Beispiel 4.2** Die $(2\pi)$-periodische Funktion $f(x)$ sei im Intervall $(0, 2\pi)$ definiert durch

$$f(x) = x^2, \quad 0 < x < 2\pi. \tag{4.15}$$

Sie besitzt für $x_k = 2\pi k$, $(k \in \mathbb{Z})$ Sprungstellen, erfüllt aber die Voraussetzungen von Satz 4.2. Die zugehörigen Fourierkoeffizienten erhält man mit Hilfe partieller Integration.

$$a_0 = \frac{1}{\pi} \int_0^{2\pi} x^2 \, dx = \frac{8\pi^2}{3}$$

$$a_k = \frac{1}{\pi} \int_0^{2\pi} x^2 \cos(kx) \, dx = \frac{4}{k^2}, \quad (k = 1, 2, \ldots)$$

$$b_k = \frac{1}{\pi} \int_0^{2\pi} x^2 \sin(kx) \, dx = -\frac{4\pi}{k}, \quad (k = 1, 2, \ldots)$$

Die Fourierreihe ist

$$g(x) = \frac{4\pi^2}{3} + \sum_{k=1}^{\infty} \left\{ \frac{4}{k^2} \cos(kx) - \frac{4\pi}{k} \sin(kx) \right\}. \tag{4.16}$$

In Fig. 4.2 ist zur Illustration der Approximation von $f(x)$ das Fourierpolynom $g_4(x)$ angegeben. Die vorhandenen Sprungstellen bewirken eine lokal schlechtere Konvergenz. △

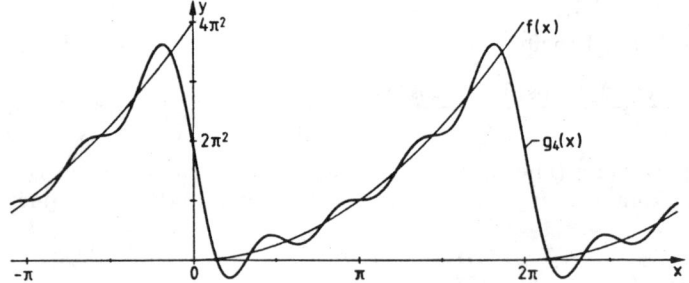

Fig. 4.2
Periodische Funktion mit Sprungstellen

Zur näherungsweisen numerischen Berechnung der Fourierkoeffizienten wählen wir als Integrationsformel die **Trapezregel**, denn sie liefert bei äquidistanten, fest vorgegebenen Integrationsstützstellen einen verschiebungsinvarianten Wert des Integrals. Zudem besitzt sie zur approximativen Berechnung eines Integrals einer periodischen Funktion über ein Periodenintervall besondere Eigenschaften (vgl. Abschnitt 8.2.1). Wird das Intervall $[0, 2\pi]$ in $N$ Teilintervalle unterteilt, so daß für die

Schrittweite $h$ und die Intergrationsstützstellen $x_j$

$$h = \frac{2\pi}{N}, \qquad x_j = hj = \frac{2\pi}{N} j, \qquad (j = 0, 1, 2, \ldots, N) \tag{4.17}$$

gelten, dann erhalten wir aus der Trapezregel (8.4)

$$a_k = \frac{1}{\pi} \int_0^{2\pi} f(x) \cos(kx) \, dx$$

$$\approx \frac{1}{\pi} \frac{2\pi}{2N} \left\{ f(x_0) \cos(kx_0) + 2 \sum_{j=1}^{N-1} f(x_j) \cos(kx_j) + f(x_N) \cos(kx_N) \right\}.$$

Berücksichtigen wir die $(2\pi)$-Periodizität von $f(x) \cos(kx)$, so ergeben sich für die $a_k$ und analog für die $b_k$ die Näherungswerte

$$a_k^* := \frac{2}{N} \sum_{j=1}^{N} f(x_j) \cos(kx_j), \qquad (k = 0, 1, 2, \ldots)$$

$$b_k^* := \frac{2}{N} \sum_{j=1}^{N} f(x_j) \sin(kx_j), \qquad (k = 1, 2, 3, \ldots) \tag{4.18}$$

Fourierpolynome, welche mit den Koeffizienten $a_k^*$ und $b_k^*$ gebildet werden, haben Eigenschaften, die wir jetzt herleiten wollen. Als Vorbereitung dazu benötigen wir die zu (4.6) bis (4.8) analogen diskreten Orthogonalitätsrelationen der trigonometrischen Funktionen.

**Satz 4.3** *Für die diskreten Stützstellen $x_j$ (4.17) gelten*

$$\sum_{j=1}^{N} \cos(kx_j) = \begin{cases} 0 & \text{falls } k/N \notin \mathbb{Z} \\ N & \text{falls } k/N \in \mathbb{Z} \end{cases} \tag{4.19}$$

$$\sum_{j=1}^{N} \sin(kx_j) = 0 \quad \text{für alle } k \in \mathbb{Z}. \tag{4.20}$$

Beweis. Wir betrachten die komplexe Summe

$$S := \sum_{j=1}^{N} \{\cos(kx_j) + i \sin(kx_j)\} = \sum_{j=1}^{N} e^{ikx_j} = \sum_{j=1}^{N} e^{ijkh}, \tag{4.21}$$

welche eine endliche geometrische Reihe mit dem (komplexen) Quotienten $q := e^{ikh} = e^{2\pi ik/N}$ darstellt. Eine Fallunterscheidung ist nötig, um ihren Wert zu bestimmen.

Ist $k/N \notin \mathbb{Z}$, dann ist $q \neq 1$, und die Summenformel ergibt

$$S = e^{ikh} \frac{e^{ikhN} - 1}{e^{ikh} - 1} = e^{ikh} \frac{e^{2\pi ki} - 1}{e^{ikh} - 1} = 0, \quad k/N \notin \mathbb{Z}.$$

Ist hingegen $k/N \in \mathbb{Z}$, so folgt wegen $q = 1$, daß $S = N$ ist. Aus diesen beiden Ergebnissen folgen aus dem Realteil und dem Imaginärteil von $S$ (4.21) die Behauptungen (4.19) und (4.20). □

**Satz 4.4** *Die trigonometrischen Funktionen* (4.3) *erfüllen für die äquidistanten Stützstellen* $x_j$ (4.17) *die diskreten Orthogonalitätsrelationen*

$$\sum_{j=1}^{N} \cos(kx_j)\cos(lx_j) = \begin{cases} 0, & \text{falls } \dfrac{k+l}{N} \notin \mathbb{Z} \text{ und } \dfrac{k-l}{N} \notin \mathbb{Z} \\ \dfrac{N}{2}, & \text{falls entweder } \dfrac{k+l}{N} \in \mathbb{Z} \text{ oder } \dfrac{k-l}{N} \in \mathbb{Z} \\ N, & \text{falls } \dfrac{k+l}{N} \in \mathbb{Z} \text{ und } \dfrac{k-l}{N} \in \mathbb{Z} \end{cases} \quad (4.22)$$

$$\sum_{j=1}^{N} \sin(kx_j)\sin(lx_j) = \begin{cases} 0, & \text{falls } \dfrac{k+l}{N} \notin \mathbb{Z} \text{ und } \dfrac{k-l}{N} \notin \mathbb{Z} \\ & \text{oder } \dfrac{k+l}{N} \in \mathbb{Z} \text{ und } \dfrac{k-l}{N} \in \mathbb{Z} \\ -\dfrac{N}{2}, & \text{falls } \dfrac{k+l}{N} \in \mathbb{Z} \text{ und } \dfrac{k-l}{N} \notin \mathbb{Z} \\ \dfrac{N}{2}, & \text{falls } \dfrac{k+l}{N} \notin \mathbb{Z} \text{ und } \dfrac{k-l}{N} \in \mathbb{Z} \end{cases} \quad (4.23)$$

$$\sum_{j=1}^{N} \cos(kx_j)\sin(lx_j) = 0, \quad \text{für alle } k, l \in \mathbb{N}_0 \quad (4.24)$$

Beweis. Zur Verifikation der Behauptungen sind die Identitäten für trigonometrische Funktionen

$$\cos(kx_j)\cos(lx_j) = \frac{1}{2}[\cos\{(k+l)x_j\} + \cos\{(k-l)x_j\}]$$

$$\sin(kx_j)\sin(lx_j) = \frac{1}{2}[\cos\{(k-l)x_j\} - \cos\{(k+l)x_j\}]$$

$$\cos(kx_j)\sin(lx_j) = \frac{1}{2}[\sin\{(k+l)x_j\} - \sin\{(k-l)x_j\}]$$

und dann die Aussagen von Satz 4.3 anzuwenden, um die Beziehungen (4.22) bis (4.24) zu erhalten. □

**Satz 4.5** *Es sei* $N = 2n$, $n \in \mathbb{N}$. *Das spezielle Fourierpolynom*

$$g_n^*(x) := \frac{1}{2}a_0^* + \sum_{k=1}^{n-1}\{a_k^* \cos(kx) + b_k^* \sin(kx)\} + \frac{1}{2}a_n^* \cos(nx) \quad (4.25)$$

## 4.1 Fourierreihen

*mit den Koeffizienten (4.18) ist das eindeutige, interpolierende Fourierpolynom zu den Stützstellen $x_j$ (4.17) mit den Stützwerten $f(x_j)$, $(j=1,2,\ldots,N)$.*

Beweis. Infolge der Periodizität von $f(x)$ ist $f(x_0)=f(x_N)$. Es sind deshalb $N$ Interpolationsbedingungen zu erfüllen. Ein Fourierpolynom mit entsprechend vielen Koeffizienten kann in der Form

$$g_n(x) = \frac{1}{2}\alpha_0 + \sum_{k=1}^{n-1} \{\alpha_k \cos(kx) + \beta_k \sin(kx)\} + \frac{1}{2}\alpha_n \cos(nx) \qquad (4.26)$$

angesetzt werden. Wir zeigen zuerst, daß das lineare Gleichungssystem von $N$ Gleichungen für die $N$ unbekannten Koeffizienten $\alpha_k$ und $\beta_k$

$$\frac{1}{2}\alpha_0 + \sum_{k=1}^{n-1} \{\alpha_k \cos(kx_j) + \beta_k \sin(kx_j)\} + \frac{1}{2}\alpha_n \cos(nx_j) = f(x_j),$$
$$(j=1,2,\ldots N) \qquad (4.27)$$

eindeutig lösbar ist. Die Kolonnen der Koeffizientenmatrix des Gleichungssystems (4.27) sind wegen den diskreten Orthogonalitätseigenschaften (4.22) bis (4.24) paarweise orthogonal und auch von Null verschieden. Folglich ist die Matrix regulär, und das Gleichungssystem (4.27) hat eine eindeutige Lösung.

Die Unbekannten $\alpha_k$ und $\beta_k$ bestimmen sich aus (4.27) mit Hilfe der diskreten Orthogonalitätseigenschaften so, daß wir die $j$-te Gleichung mit $\cos(lx_j)$, $0 \leq l \leq n$, $l$ fest, multiplizieren und dann alle Gleichungen addieren. Das Resultat ist

$$\frac{1}{2}\alpha_0 \sum_{j=1}^{N} \cos(lx_j) + \sum_{k=1}^{n-1} \left\{\alpha_k \sum_{j=1}^{N} \cos(kx_j)\cos(lx_j) + \beta_k \sum_{j=1}^{N} \sin(kx_j)\cos(lx_j)\right\}$$
$$+ \frac{1}{2}\alpha_n \sum_{j=1}^{N} \cos(nx_j)\cos(lx_j) = \sum_{j=1}^{N} f(x_j)\cos(lx_j).$$

Wegen (4.22) und (4.24) bleibt auf der linken Seite genau $\frac{N}{2}\alpha_l$ stehen, so daß $\alpha_l = a_l^*$, $(l=0,1,2,\ldots,n)$ folgt. Multiplizieren wir die $j$-te Gleichung von (4.27) mit $\sin(lx_j)$, $1 \leq l \leq n-1$, $l$ fest, addieren dann alle Gleichungen, so ergibt sich auf analoge Weise $\beta_l = b_l^*$, $(l=1,2,\ldots,n-1)$. □

Als Ergänzung zu Satz 4.5 sei noch bemerkt, daß der Funktionswert $f(x_j)$ in Anlehnung an Satz 4.2 im Fall einer Sprungstelle $x_j$ als das arithmetische Mittel der beiden Grenzwerte $y_j^-$ und $y_j^+$ (4.2) festzulegen ist. Ist $N$ ungerade, so kann ein ebenfalls interpolierendes Fourierpolynom mit den Koeffizienten $a_k^*$ und $b_k^*$ gebildet werden [YoG73].

**Beispiel 4.3** Für die Dachfunktion $f(x)$ (4.13) ergeben sich für $N=8$, $h=\pi/4$, $x_j=\pi j/4$, $(j=1,2,\ldots,8)$ die Werte

$$a_0^* = \pi, \quad a_1^* \doteq -1.34076, \quad a_2^* = 0, \quad a_3^* \doteq -0.230038, \quad a_4^* = 0, \quad b_1^* = b_2^* = b_3^* = 0.$$

## 4 Funktionsapproximation

Das interpolierende Fourierpolynom $g_4^*(x)$ lautet

$$g_4^*(x) \doteq 1.57080 - 1.34076 \cos(x) - 0.230038 \cos(3x)$$

und ist in Fig. 4.3 dargestellt. Die Approximation der Dachkurve ist im Vergleich zu Fig. 4.1 wegen der Interpolationseigenschaft natürlich verschieden. △

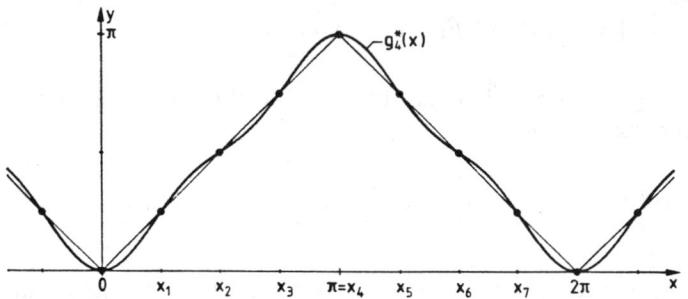

Fig. 4.3
Dachkurve mit interpolierendem Fourierpolynom

**Satz 4.6** *Es sei $N = 2n$, $n \in \mathbb{N}$. Das Fourierpolynom*

$$g_m^*(x) := \frac{1}{2} a_0^* + \sum_{k=1}^{m} \{a_k^* \cos(kx) + b_k^* \sin(kx)\} \tag{4.28}$$

*vom Grad $m < n$ mit den Koeffizienten (4.18) approximiert die Funktion $f(x)$ im diskreten quadratischen Mittel der N Stützstellen $x_j$ (4.17) derart, daß die Summe der Quadrate der Abweichungen*

$$F := \sum_{j=1}^{N} \{g_m^*(x_j) - f(x_j)\}^2 \tag{4.29}$$

*minimal ist.*

Beweis. Wir betrachten das Fourierpolynom

$$g_m(x) := \frac{1}{2} \alpha_0 + \sum_{k=1}^{m} \{\alpha_k \cos(kx) + \beta_k \sin(kx)\}, \quad m < n = \frac{N}{2}, \tag{4.30}$$

dessen Koeffizienten $\alpha_0, \alpha_1, \ldots, \alpha_m, \beta_1, \ldots, \beta_m$ so zu bestimmen sind, daß die Summe der Quadrate der Abweichungen in den $N$ Stützstellen $x_j$ minimal ist.

$$F := \sum_{j=1}^{N} \left[ \frac{1}{2} \alpha_0 + \sum_{k=1}^{m} \{\alpha_k \cos(kx_j) + \beta_k \sin(kx_j)\} - f(x_j) \right]^2 = \text{Min!} \tag{4.31}$$

Die notwendige Bedingung dafür, daß $F$ ein Minimum annimmt, besteht darin, daß die partiellen Ableitungen von $F$ nach den Variablen $\alpha_k$ und $\beta_k$ gleich Null sind. Wir erhalten so folgende Bedingungen unter Beachtung der diskreten Orthogonalitätsrelationen (4.22) bis (4.24).

$$\frac{\partial F}{\partial \alpha_0} = \sum_{j=1}^{N} \left[ \frac{1}{2} \alpha_0 + \sum_{k=1}^{m} \{\alpha_k \cos(kx_j) + \beta_k \sin(kx_j)\} - f(x_j) \right]$$

$$= \frac{N}{2} \alpha_0 - \sum_{j=1}^{N} f(x_j) = 0 \Rightarrow \alpha_0 = \frac{2}{N} \sum_{j=1}^{N} f(x_j).$$

Für $l = 1, 2, \ldots, m$ sind sie

$$\frac{\partial F}{\partial \alpha_l} = 2 \sum_{j=1}^{N} \left[ \frac{1}{2} \alpha_0 + \sum_{k=1}^{m} \{\alpha_k \cos(kx_j) + \beta_k \sin(kx_j)\} - f(x_j) \right] \cos(lx_j)$$

$$= 2 \left\{ \alpha_l \frac{N}{2} - \sum_{j=1}^{N} f(x_j) \cos(lx_j) \right\} = 0 \Rightarrow \alpha_l = \frac{2}{N} \sum_{j=1}^{N} f(x_j) \cos(lx_j),$$

$$\frac{\partial F}{\partial \beta_l} = 2 \left[ \beta_l \frac{N}{2} - \sum_{j=1}^{N} f(x_j) \sin(lx_j) \right] = 0 \Rightarrow \beta_l = \frac{2}{N} \sum_{j=1}^{N} f(x_j) \sin(lx_j).$$

Folglich gilt für das gesuchte Fourierpolynom (4.30) in der Tat $\alpha_k = a_k^*$, $(k = 0, 1, 2, \ldots, m)$ und $\beta_k = b_k^*$, $(k = 1, 2, 3, \ldots, m)$. □

Die Aussage von Satz 4.6 kann auch so interpretiert werden, daß das Fourierpolynom $g_m^*(x)$ (4.28) die Lösung eines Ausgleichsproblems nach der Methode der kleinsten Quadrate (vgl. Kapitel 7) darstellt. Denn es approximiert die gegebene periodische Funktion $f(x)$ in dem Sinn, daß die Summe der Quadrate der Residuen $r_j := g_m^*(x_j) - f(x_j)$, $(j = 1, 2, \ldots, N)$ minimiert wird. Für das vorliegende Problem kann die Lösung in geschlossener Form auf Grund der diskreten Orthogonalitätseigenschaften angegeben werden.

**Beispiel 4.4** Für die $(2\pi)$-periodisch fortgesetzte Funktion $f(x) = x^2$, $0 < x < 2\pi$, für welche an den Sprungstellen $f(0) = f(2\pi) = 2\pi^2$ festgesetzt sei, ergeben sich für $N = 12$ die Koeffizienten

$a_0^* \doteq 26.410330$, $\quad a_1^* \doteq 4.092652$, $\quad a_2^* \doteq 1.096623$, $\quad a_3^* \doteq 0.548311$,

$b_1^* \doteq -12.277955$, $\quad b_2^* \doteq -5.698219$, $\quad b_3^* \doteq -3.289868$.

Das zugehörige Fourierpolynom $g_3^*(x)$ ist zusammen mit $f(x)$ in Fig. 4.4 dargestellt. Die Residuen $r_j$ sind in der Figur angedeutet. △

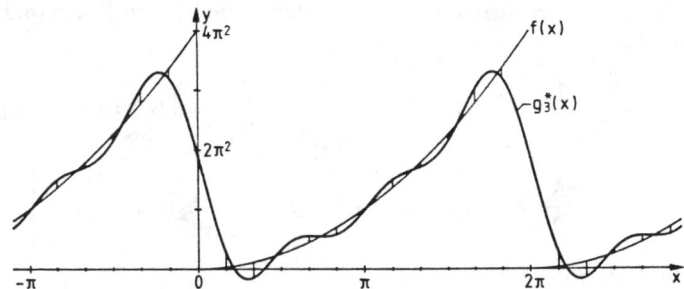

Fig. 4.4
Approximation
im diskreten
quadratischen Mittel

4 Funktionsapproximation

Die Fourierkoeffizienten $a_k$ und $b_k$ (4.11) einer Funktion $f(x)$ können durch die Werte $a_k^*$ und $b_k^*$ (4.18) approximiert werden. Der folgende Satz gibt Auskunft über den Fehler.

**Satz 4.7** *Es sei $f(x)$ eine $(2\pi)$-periodische Funktion, welche die Voraussetzungen von Satz 4.2 erfüllt, und es sei $N = 2n$, $n \in \mathbb{N}$. Wird $f(x_j)$ an einer Sprungstelle $x_j$ als arithmetisches Mittel der beiden Grenzwerte (4.2) definiert, dann gelten für die Koeffizienten $a_k^*$ und $b_k^*$ die Darstellungen*

$$a_k^* = a_k + a_{N-k} + a_{N+k} + a_{2N-k} + a_{2N+k} + \ldots, \quad (k = 0, 1, \ldots, n) \tag{4.32}$$

$$b_k^* = b_k - b_{N-k} + b_{N+k} - b_{2N-k} + b_{2N+k} + \ldots, \quad (k = 1, 2, \ldots, n-1) \tag{4.33}$$

Beweis. Da unter den Voraussetzungen für $f(x)$ die unendliche Fourierreihe (4.12) an den Stützstellen $x_j$ gegen $f(x_j)$ konvergiert, kann sie in (4.18) eingesetzt werden. Wir erhalten

$$a_k^* = \frac{2}{N} \sum_{j=1}^{N} \left[ \frac{1}{2} a_0 + \sum_{l=1}^{\infty} \{a_l \cos(lx_j) + b_l \sin(lx_j)\} \right] \cos(kx_j)$$

$$= \frac{2}{N} \left[ \frac{1}{2} a_0 \sum_{j=1}^{N} \cos(kx_j) + \sum_{l=1}^{\infty} \left\{ a_l \sum_{j=1}^{N} \cos(kx_j)\cos(lx_j) + b_l \sum_{j=1}^{N} \cos(kx_j)\sin(lx_j) \right\} \right].$$

Auf Grund der diskreten Orthogonalitätsbeziehungen (4.22) und (4.24) ergeben sich daraus für die drei gesondert zu behandelnden Fälle

$k = 0$: $\quad a_0^* = \dfrac{2}{N}\left[\dfrac{N}{2} a_0 + N\{a_N + a_{2N} + a_{3N} + \ldots\}\right] = a_0 + 2(a_N + a_{2N} + \ldots)$

$1 \leqslant k < n$: $\quad a_k^* = \dfrac{2}{N}\left[\dfrac{N}{2} a_k + \dfrac{N}{2}\{a_{N-k} + a_{N+k} + a_{2N-k} + a_{2N+k} + \ldots\}\right]$

$\qquad \qquad \quad = a_k + a_{N-k} + a_{N+k} + a_{2N-k} + a_{2N+k} + \ldots$

$k = n$: $\quad a_n^* = \dfrac{2}{N}[N\{a_n + a_{3n} + a_{5n} + \ldots\}] = 2(a_n + a_{3n} + a_{5n} + \ldots)$

Die drei Ergebnisse lassen sich in der einheitlichen Form (4.32) zusammenfassen. Für $b_k^*$ ergibt sich

$$b_k^* = \frac{2}{N}\left[\frac{1}{2} a_0 \sum_{j=1}^{N} \sin(kx_j) + \sum_{l=1}^{\infty}\left\{a_l \sum_{j=1}^{N} \cos(lx_j)\sin(kx_j) + b_l \sum_{j=1}^{N} \sin(lx_j)\sin(kx_j)\right\}\right]$$

$$= \frac{2}{N}\left[\frac{N}{2}(b_k - b_{N-k} + b_{N+k} - b_{2N-k} + b_{2N+k} - + \ldots)\right]$$

die Relation (4.33). $\qquad\square$

## 4.2 Effiziente Berechnung der Fourierkoeffizienten

Die Beziehungen (4.32) und (4.33) erlauben, die Fehler

$$|a_k^* - a_k| \leq \sum_{\mu=1}^{\infty} \{|a_{\mu N-k}| + |a_{\mu N+k}|\}, \quad (0 \leq k \leq n) \tag{4.34}$$

$$|b_k^* - b_k| \leq \sum_{\mu=1}^{\infty} \{|b_{\mu N-k}| + |b_{\mu N+k}|\}, \quad (1 \leq k \leq n-1) \tag{4.35}$$

zu gegebenem $N$ abzuschätzen, falls bekannt ist, wie die Fourierkoeffizienten $a_k$ und $b_k$ für eine gegebene Funktion $f(x)$ gegen Null konvergieren. Umgekehrt läßt sich in diesem Fall der Wert $N$ schätzen, der nötig ist, damit zu vorgegebenem $\varepsilon > 0$ $|a_k^* - a_k| \leq \varepsilon$ und $|b_k^* - b_k| \leq \varepsilon$ für $k = 0, 1, 2, \ldots, m < n$ gelten.

**Beispiel 4.5** Für die Dachfunktion $f(x)$ (4.13) wurde für die Fourierkoeffizienten im Beispiel 4.1 gefunden

$$a_0 = \pi; \quad a_k = \begin{cases} -\dfrac{4}{\pi k^2}, & \text{falls } k \text{ ungerade,} \\ 0, & \text{falls } k > 0 \text{ gerade.} \end{cases} \tag{4.36}$$

Mit $N = 8$ (vgl. Beispiel 4.3) gelten beispielsweise

$$a_0^* = a_0 + 2(a_8 + a_{16} + a_{24} + a_{32} + \ldots) = a_0,$$

$$a_1^* = a_1 + a_7 + a_9 + a_{15} + a_{17} + \ldots = a_1 - \frac{4}{\pi}\left\{\frac{1}{49} + \frac{1}{81} + \frac{1}{225} + \frac{1}{289} + \ldots\right\}.$$

Es soll nun der Wert von $N$ abgeschätzt werden, so daß die ersten von Null verschiedenen Koeffizienten $a_k$ durch die entsprechenden $a_k^*$ mit einem maximalen, absoluten Fehler von $\varepsilon = 10^{-6}$ approximiert werden. Für $k$ ungerade und $k \ll N$ gilt

$$a_k^* - a_k = -\frac{4}{\pi}\left\{\frac{1}{(N-k)^2} + \frac{1}{(N+k)^2} + \frac{1}{(2N-k)^2} + \frac{1}{(2N+k)^2} + \ldots\right\}$$

$$= -\frac{4}{\pi}\left\{\frac{2N^2+2k^2}{(N^2-k^2)^2} + \frac{8N^2+2k^2}{(4N^2-k^2)^2} + \ldots\right\} \approx -\frac{8}{\pi}\left\{\frac{1}{N^2} + \frac{1}{(2N)^2} + \frac{1}{(3N)^2} + \ldots\right\}$$

$$= -\frac{8}{\pi N^2}\left\{\frac{1}{1^2} + \frac{1}{2^2} + \frac{1}{3^2} + \ldots\right\} = -\frac{8}{\pi N^2} \cdot \frac{\pi^2}{6} = -\frac{4\pi}{3N^2}.$$

Die Summe der Kehrwerte der Quadrate der ganzen Zahlen ergibt sich aus der Fourierreihe (4.16) für $x = 0$. Aus der Bedingung $|a_k^* - a_k| \leq \varepsilon = 10^{-6}$ folgt $N > 2046$. △

## 4.2 Effiziente Berechnung der Fourierkoeffizienten

Wir haben die Formeln (4.18) zur genäherten Berechnung der Fourierkoeffizienten $a_k$ und $b_k$ einer $(2\pi)$-periodischen Funktion $f(x)$ verwendet. Die Summen (4.18) treten auch im Zusammenhang mit der diskreten Fouriertransformation auf, die von

## 4 Funktionsapproximation

großer Bedeutung ist beispielsweise in der Physik, Elektrotechnik, Bildverarbeitung und Statistik. Dabei ist $N$ oft sehr groß, und deshalb ist es besonders wichtig, diese Summen mit möglichst geringem Rechenaufwand zu bestimmen. Die naheliegende, direkte Realisierung der Berechnung der Summen erfordert für die Bestimmung der total $N=2n$ Koeffizienten $a_k^*$, $(k=0,1,\ldots,n)$ und $b_k^*$, $(k=1,2,\ldots,n-1)$ etwa $N^2$ Multiplikationen und $N^2$ trigonometrische Funktionsauswertungen. Für größere Werte von $N$ ($N \geqslant 1000$) wird der Rechenaufwand prohibitiv groß. Wir werden zwei Algorithmen darstellen, welche die diskrete Fouriertransformation effizient durchführen. Es sei auch noch auf den Algorithmus von Reinsch [SaS68, Sto89] hingewiesen, welcher die Fourierkoeffizienten numerisch stabil, etwas weniger effizient, jedoch mit minimalstem Speicherbedarf liefert.

### 4.2.1 Der Algorithmus von Runge

Zur Berechnung der Summen

$$\boxed{\begin{aligned} a'_k &:= \sum_{j=1}^{N} f(x_j) \cos(kx_j), \quad k = 0, 1, 2, \ldots, \frac{N}{2} \\ b'_k &:= \sum_{j=1}^{N} f(x_j) \sin(kx_j), \quad k = 1, 2, \ldots, \frac{N}{2} - 1 \end{aligned}} \quad (4.37)$$

mit $x_j = \dfrac{2\pi}{N} j$ hat Runge [Run03, Run05, RuK24] unter der Voraussetzung

$$\boxed{N = 4m, \quad m \in \mathbb{N}} \quad (4.38)$$

ein Rechenschema vorgeschlagen, welches unter Ausnützung von bestimmten Eigenschaften der trigonometrischen Funktionen mit relativ wenig Rechenoperationen auskommt. In den zu berechnenden Summen werden zwei Terme mit den Indexwerten $j$ und $N-j$ betrachtet, für deren cos- und sin-Werte auf Grund von Periodizitäts- und Symmetrie-Eigenschaften folgendes gilt.

$$\cos(kx_{N-j}) = \cos\left[k(N-j)\frac{2\pi}{N}\right] = \cos[2\pi k - kx_j] = \cos(kx_j) \quad (4.39)$$

$$\sin(kx_{N-j}) = \sin\left[k(N-j)\frac{2\pi}{N}\right] = \sin[2\pi k - kx_j] = -\sin(kx_j) \quad (4.40)$$

In den Summen (4.37) können deshalb bestimmte Paare von Termen zusammengefaßt werden, wobei zu beachten ist, daß einerseits für $j = \dfrac{N}{2} = 2m$ und $j = N = 4m$ die Summanden allein stehen, daß aber anderseits $\sin(kx_{2m}) = \sin\left(k\dfrac{2\pi}{4m} 2m\right) =$

## 4.2 Effiziente Berechnung der Fourierkoeffizienten

$\sin(k\pi) = 0$ und $\sin(kx_N) = \sin\left(k\dfrac{2\pi}{N}N\right) = \sin(2k\pi) = 0$ sind. Aus (4.37) folgen somit wegen (4.39) und (4.40)

$$a'_k = \sum_{j=1}^{2m-1} \{f(x_j) + f(x_{N-j})\} \cos(kx_j) + f(x_{2m})\cos(k\pi) + f(x_{4m})\cos(2k\pi),$$

$$b'_k = \sum_{j=1}^{2m-1} \{f(x_j) - f(x_{N-j})\} \sin(kx_j). \qquad (4.41)$$

Der Rechenaufwand kann also durch die simple Bildung von Summen und Differenzen der gegebenen Stützwerte $f(x_j)$ auf die Hälfte reduziert werden. Deshalb definieren wir unter Berücksichtigung der Periodizität von $f(x)$ in einem ersten Schritt die Größen

$$\boxed{\begin{aligned} s_0 &= f(x_0), \quad s_{2m} = f(x_{2m}) \\ s_j &= f(x_j) + f(x_{N-j}); \quad d_j = f(x_j) - f(x_{N-j}), \quad (j = 1, 2, \ldots, 2m-1) \end{aligned}} \qquad (4.42)$$

Man nennt den Prozeß (4.42) eine erste Faltung der diskreten Daten $f(x_j)$. Die Summen (4.37) erhalten nach (4.41) und (4.42) die neuen Darstellungen

$$a'_k = \sum_{j=0}^{2m} s_j \cos(kx_j), \qquad b'_k = \sum_{j=1}^{2m-1} d_j \sin(kx_j). \qquad (4.43)$$

Auch in diesen Summen mit je einer ungeraden Anzahl von Summanden lassen sich Paare von Termen zusammenfassen, denn es gelten jetzt

$$\cos(kx_{2m-j}) = \cos\left\{k(2m-j)\dfrac{2\pi}{4m}\right\} = \cos(k\pi - kx_j) = (-1)^k \cos(kx_j), \qquad (4.44)$$

$$\sin(kx_{2m-j}) = \sin\left\{k(2m-j)\dfrac{2\pi}{4m}\right\} = \sin(k\pi - kx_j) = (-1)^{k+1} \sin(kx_j). \qquad (4.45)$$

Wegen (4.44) und (4.45) ist für die weitere Umformung von (4.43) offensichtlich eine Fallunterscheidung notwendig. Für gerades $k$ mit $0 < k < 2m$ erhalten wir aus (4.43)

$$\left.\begin{aligned} a'_k &= \sum_{j=0}^{m-1} \{s_j + s_{2m-j}\} \cos(kx_j) + s_m \cos(kx_m) \\ b'_k &= \sum_{j=1}^{m-1} \{d_j - d_{2m-j}\} \sin(kx_j) + d_m \sin(kx_m) \end{aligned}\right\} \quad (k = 2, 4, \ldots, 2m-2) \qquad (4.46)$$

Für später ist zu beachten, daß $\sin(kx_m) = \sin\left(k\dfrac{2\pi}{4m}m\right) = \sin\left(k\dfrac{\pi}{2}\right) = 0$ ist für $k$ gerade. Für ungerades $k$ mit $1 \leq k \leq 2m-1$ ist

## 4 Funktionsapproximation

$$a'_k = \sum_{j=0}^{m-1} \{s_j - s_{2m-j}\} \cos(kx_j) + s_m \cos(kx_m)$$

$$b'_k = \sum_{j=1}^{m-1} \{d_j + d_{2m-j}\} \sin(kx_j) + d_m \sin(kx_m)$$

$(k = 1, 3, \ldots, 2m-1)$ (4.47)

Hier ist $\cos(kx_m) = 0$. Aus den $s_j$ und $d_j$ (4.42) werden weitere Summen und Differenzen in einer **zweiten Faltung** gebildet und die Größen definiert

$$\begin{aligned} ss_j &= s_j + s_{2m-j}, & ds_j &= s_j - s_{2m-j}, & (j = 0, 1, \ldots, m-1) \\ sd_j &= d_j + d_{2m-j}, & dd_j &= d_j - d_{2m-j}, & (j = 1, 2, \ldots, m-1) \\ ss_m &= s_m, & sd_m &= d_m \end{aligned}$$ (4.48)

Die Summen $a'_0$ und $a'_{2m}$ ergeben sich aus (4.46) als Sonderfälle mit $\cos(0) = 1$ und $\cos(2mx_j) = \cos(j\pi) = (-1)^j$, so daß wir die Berechnung der Koeffizienten $a_k^*$ und $b_k^*$ zusammenfassend so formulieren können.

$$a_0^* = \frac{2}{N} \sum_{j=0}^{m} ss_j; \qquad a_{2m}^* = \frac{2}{N} \sum_{j=0}^{m} (-1)^j ss_j$$

$$a_k^* = \frac{2}{N} \sum_{j=0}^{m} ss_j \cos(kx_j)$$

$$b_k^* = \frac{2}{N} \sum_{j=1}^{m-1} dd_j \sin(kx_j)$$

$(k = 2, 4, \ldots, 2m-2)$

$$a_k^* = \frac{2}{N} \sum_{j=0}^{m-1} ds_j \cos(kx_j)$$

$$b_k^* = \frac{2}{N} \sum_{j=1}^{m} sd_j \sin(kx_j)$$

$(k = 1, 3, \ldots, 2m-1)$

(4.49)

Der **Algorithmus von Runge** besteht also aus den beiden vorbereitenden Faltungen (4.42) und (4.48), die nur je rund $N$ Additionen und Subtraktionen benötigen. Um den Aufwand für die Ausführung von (4.49) zu bestimmen, stellen wir fest, daß infolge der Periodizität von $\cos(x)$ und $\sin(x)$ nur die Werte

$$\gamma_j := \cos(x_j), \qquad \sigma_j := \sin(x_j), \qquad (j = 0, 1, \ldots, N-1)$$ (4.50)

an den diskreten Stützstellen $x_j$ benötigt werden, da alle Argumente $kx_j$ auf diese reduziert werden können. Wir nehmen deshalb an, diese $(2N)$ Werte werden als Tabellen vorbereitet. Wegen der Voraussetzung (4.38) sind zur Erstellung dieser Tabelle nur $m$ Werte einer der beiden trigonometrischen Funktionen zu berechnen. Der Rest der Tabelle kann daraus abgeleitet werden. Die Zahl der Multiplikationen

## 4.2 Effiziente Berechnung der Fourierkoeffizienten

zur Berechnung der $a_k^*$ und $b_k^*$ mit dem Runge-Schema (4.49) beträgt

$$Z_{\text{Runge}} \cong \frac{1}{4} N^2. \qquad (4.51)$$

Dieser Aufwand entspricht der computermäßigen Durchführung von (4.49). Er läßt sich für spezielle Werte von $N$ weiter reduzieren, falls man beachtet, daß unter den vorkommenden cos- und sin-Werten nur sehr wenige, untereinander verschiedene und einige sogar gleich Eins oder Null sind. Dies trifft für $N = 12, 24, 36$ und $72$ zu, so daß die Durchführung der diskreten Fouriertransformation mit einem Minimum an Multiplikationen möglich ist [JoR 82, RuK 24].

**Beispiel 4.6** Für die $(2\pi)$-periodisch fortgesetzte Funktion $f(x) = x^2$, $0 < x < 2\pi$ mit Sprungstellen für $x = 2\pi k$, $(k \in \mathbb{Z})$ sind die Zahlwerte des Rungeschen Algorithmus für $N = 12$ bei sechsstelliger Rechnung in (4.52) zusammengestellt.

| $f(x_j) = f_j$ | 1. Faltung | 2. Faltung | $a_k^*, b_k^*$ |
|---|---|---|---|
| $f_0 = 19.7392$ | $s_0 = 19.7392$ | $ss_0 = 29.6088$ | $a_0^* = 26.4103$ |
| $f_1 = 0.274156$ | $s_1 = 33.4470$ | $ss_1 = 53.7345$ | $a_2^* = 1.09662$ |
| $f_2 = 1.09662$ | $s_2 = 28.5122$ | $ss_2 = 50.4447$ | $a_4^* = 0.365550$ |
| $f_3 = 2.46740$ | $s_3 = 24.6740$ | $ss_3 = 24.6740$ | $a_6^* = 0.274167$ |
| $f_4 = 4.38649$ | $s_4 = 21.9325$ | $ds_0 = 9.86960$ | $a_1^* = 4.09267$ |
| $f_5 = 6.85389$ | $s_5 = 20.2875$ | $ds_1 = 13.1595$ | $a_3^* = 0.548317$ |
| $f_6 = 9.86960$ | $s_6 = 9.86960$ | $ds_2 = 6.57970$ | $a_5^* = 0.293825$ |
| $f_7 = 13.4336$ | $d_1 = -32.8986$ | $sd_1 = -39.4783$ | $b_1^* = -12.2780$ |
| $f_8 = 17.5460$ | $d_2 = -26.3190$ | $sd_2 = -39.4785$ | $b_3^* = -3.28985$ |
| $f_9 = 22.2066$ | $d_3 = -19.7392$ | $sd_3 = -19.7392$ | $b_5^* = -0.881505$ |
| $f_{10} = 27.4156$ | $d_4 = -13.1595$ | $dd_1 = -26.3189$ | $b_2^* = -5.69822$ |
| $f_{11} = 33.1728$ | $d_5 = -6.57971$ | $dd_2 = -13.1595$ | $b_4^* = -1.89940$ |

(4.52)

△

Es stellt sich die naheliegende Frage, ob es nicht möglich ist, durch analoge Fortsetzung der Faltung unter der Voraussetzung $N = 8m$ oder allgemeiner $N = 2^\gamma$ den Rechenaufwand weiter zu verringern. Offenbar hat schon Runge festgestellt, daß trigonometrische Relationen der Art (4.44) und (4.45) keine weiteren Vereinfachungen der Formeln (4.49) erlauben. Die Zahl der Multiplikationen (4.51) kann zwar auf die Hälfte reduziert werden, falls Faltungen mit den Fourierkoeffizienten vorgenommen werden [Zur 65]. Das entsprechende Rechenverfahren ist jedoch wenig systematisch.

### 4.2.2 Die schnelle Fouriertransformation

Ein sehr effizienter Algorithmus ergibt sich im Spezialfall, wo $N$ eine Potenz von 2 ist, falls man zu einer komplexen Fouriertransformation übergeht. Im folgenden betrachten wir nur die Berechnung der trigonometrischen Summen

## 4 Funktionsapproximation

$$a'_k := \sum_{j=0}^{N-1} f(x_j) \cos(kx_j), \quad \left(k = 0, 1, 2, \ldots, \frac{N}{2}\right)$$

$$b'_k := \sum_{j=0}^{N-1} f(x_j) \sin(kx_j), \quad \left(k = 1, 2, \ldots, \frac{N}{2} - 1\right) \quad (4.53)$$

mit $x_j = \frac{2\pi}{N} j$. Unter Ausnützung der Periodizität läuft in (4.53) der Summationsindex $j$ von $0$ bis $N-1$. Aus je zwei aufeinanderfolgenden Stützwerten bilden wir die $n = \frac{N}{2}$ komplexen Zahlwerte

$$\boxed{y_j := f(x_{2j}) + \mathrm{i} f(x_{2j+1}), \quad (j = 0, 1, \ldots, n-1), n = \frac{N}{2}} \quad (4.54)$$

Zu diesen komplexen Daten $y_j$ definieren wir die diskrete, komplexe Fouriertransformation der Ordnung $n$

$$\boxed{\begin{aligned}c_k &:= \sum_{j=0}^{n-1} y_j \mathrm{e}^{-\mathrm{i} j k \frac{2\pi}{n}} = \sum_{j=0}^{n-1} y_j w_n^{jk}, \quad (k = 0, 1, \ldots, n-1) \\ \text{mit } w_n &:= \mathrm{e}^{-\mathrm{i} \frac{2\pi}{n}} = \cos\left(\frac{2\pi}{n}\right) - \mathrm{i} \sin\left(\frac{2\pi}{n}\right).\end{aligned}} \quad (4.55)$$

Die komplexe Größe $w_n$ stellt eine $n$-te Einheitwurzel dar. Der Zusammenhang zwischen den komplexen Fouriertransformierten $c_k$ und den gesuchten reellen Größen $a'_k$ und $b'_k$ folgt aus dem

**Satz 4.8** *Die reellwertigen trigonometrischen Summen $a'_k$ und $b'_k$ sind gegeben durch die komplexen Fouriertransformierten $c_k$ gemäß*

$$a'_k - \mathrm{i} b'_k = \frac{1}{2}(c_k + \bar{c}_{n-k}) + \frac{1}{2\mathrm{i}}(c_k - \bar{c}_{n-k}) \mathrm{e}^{-\mathrm{i} k\pi/n} \quad (4.56)$$

$$a'_{n-k} - \mathrm{i} b'_{n-k} = \frac{1}{2}(\bar{c}_k + c_{n-k}) + \frac{1}{2\mathrm{i}}(\bar{c}_k - c_{n-k}) \mathrm{e}^{\mathrm{i} k\pi/n} \quad (4.57)$$

*für $k = 0, 1, \ldots, n$, falls $b'_0 = b'_n = 0$ und $c_n = c_0$ gesetzt wird.*

Beweis. Für den ersten Summanden von (4.56) erhalten wir

$$\frac{1}{2}(c_k + \bar{c}_{n-k}) = \frac{1}{2} \sum_{j=0}^{n-1} \{y_j w_n^{jk} + \bar{y}_j \overline{w_n^{j(n-k)}}\} = \frac{1}{2} \sum_{j=0}^{n-1} (y_j + \bar{y}_j) w_n^{jk},$$

## 4.2 Effiziente Berechnung der Fourierkoeffizienten

und für den Klammerausdruck des zweiten Summanden

$$\frac{1}{2i}(c_k - \bar{c}_{n-k}) = \frac{1}{2i}\sum_{j=0}^{n-1}\{y_j w_n^{jk} - \bar{y}_j \overline{w_n^{j(n-k)}}\} = \frac{1}{2i}\sum_{j=0}^{n-1}(y_j - \bar{y}_j)w_n^{jk}.$$

Verwenden wir die Definition (4.54), ergibt sich

$$\frac{1}{2}(c_k + \bar{c}_{n-k}) + \frac{1}{2i}(c_k - \bar{c}_{n-k})e^{-ik\pi/n}$$

$$= \sum_{j=0}^{n-1}\{f(x_{2j})e^{-ijk2\pi/n} + f(x_{2j+1})e^{-ik(2j+1)\pi/n}\}$$

$$= \sum_{j=0}^{n-1}\{f(x_{2j})[\cos(kx_{2j}) - i\sin(kx_{2j})] +$$

$$+ f(x_{2j+1})[\cos(kx_{2j+1}) - i\sin(kx_{2j+1})]\} = a'_k - ib'_k.$$

Damit ist (4.56) verifiziert. (4.57) folgt aus (4.56) durch Substitution von $k$ durch $n-k$. □

Zur Berechnung der reellen Werte $a'_k$ und $b'_k$ können für festen Index $k$ durch Addition und Substraktion der Gleichungen (4.56) und (4.57) einfache Beziehungen für die Summen und Differenzen der Wertepaare $a'_k$ und $a'_{n-k}$, bzw. $b'_k$ und $b'_{n-k}$ gewonnen werden.

Wir wollen jetzt das Grundprinzip des effizienten Algorithmus zur Durchführung der diskreten Fouriertransformation (4.55) schrittweise darstellen. Da $w_n$ eine $n$-te Einheitswurzel darstellt, liegen die Potenzen $w_n^{jk}$ auf dem Einheitskreis der komplexen Ebene und bilden die Eckpunkte eines regelmäßigen $n$-Ecks. Die Exponenten lassen sich deshalb mod $n$ reduzieren. Nach dieser Vorbemerkung betrachten wir den Fall $n=4$. Die Fouriertransformation (4.55) stellen wir mit einer Matrix $W_4 \in \mathbb{C}^{4\times 4}$ als lineare Transformation dar.

$$\begin{pmatrix} c_0 \\ c_1 \\ c_2 \\ c_3 \end{pmatrix} = \begin{pmatrix} 1 & 1 & 1 & 1 \\ 1 & w^1 & w^2 & w^3 \\ 1 & w^2 & 1 & w^2 \\ 1 & w^3 & w^2 & w^1 \end{pmatrix} \begin{pmatrix} y_0 \\ y_1 \\ y_2 \\ y_3 \end{pmatrix}, \quad w = w_4; \; c = W_4 y \qquad (4.58)$$

Vertauschen wir in (4.58) die zweite und dritte Komponente im Vektor $c$ und damit auch die zweite und dritte Zeile in $W_4$, so läßt sich diese zeilenpermutierte Matrix in offensichtlicher Weise als Produkt von zwei Matrizen schreiben. Aus (4.58) erhalten wir

$$\begin{pmatrix} \tilde{c}_0 \\ \tilde{c}_1 \\ \tilde{c}_2 \\ \tilde{c}_3 \end{pmatrix} = \begin{pmatrix} c_0 \\ c_2 \\ c_1 \\ c_3 \end{pmatrix} = \begin{pmatrix} 1 & 1 & 1 & 1 \\ 1 & w^2 & 1 & w^2 \\ 1 & w & w^2 & w^3 \\ 1 & w^3 & w^2 & w^1 \end{pmatrix} \begin{pmatrix} y_0 \\ y_1 \\ y_2 \\ y_3 \end{pmatrix} = \begin{pmatrix} 1 & 1 & 0 & 0 \\ 1 & w^2 & 0 & 0 \\ 0 & 0 & 1 & 1 \\ 0 & 0 & 1 & w^2 \end{pmatrix} \begin{pmatrix} 1 & 0 & 1 & 0 \\ 0 & 1 & 0 & 1 \\ 1 & 0 & w^2 & 0 \\ 0 & w^1 & 0 & w^3 \end{pmatrix} \begin{pmatrix} y_0 \\ y_1 \\ y_2 \\ y_3 \end{pmatrix}.$$

(4.59)

## 4 Funktionsapproximation

Die erste Faktormatrix der Produktzerlegung, unterteilt in vier Untermatrizen der Ordnung zwei, hat Diagonalgestalt, wobei die beiden Untermatrizen in der Diagonale identisch sind. Die zweite Faktormatrix baut sich auf aus vier Diagonalmatrizen je der Ordnung zwei, wobei zweimal die Einheitsmatrix vorkommt. Auf Grund der Darstellung (4.59) führen wir die lineare Transformation auch in zwei Teilschritten aus. Wir multiplizieren den Vektor $y$ mit der zweiten Faktormatrix und erhalten für die Komponenten des Vektors $z$, falls wir dabei berücksichtigen, daß $w^2 = -1$ und $w^3 = -w^1$ gelten

$$z_0 = y_0 + y_2, \qquad z_1 = y_1 + y_3, \tag{4.60}$$

$$z_2 = (y_0 - y_2)w^0, \qquad z_3 = (y_1 - y_3)w^1. \tag{4.61}$$

Im Hinblick auf die Verallgemeinerung ist in (4.61) die triviale Multiplikation mit $w^0 = 1$ aufgeführt. Im zweiten Teilschritt wird der Hilfsvektor $z$ mit der ersten Faktormatrix multipliziert. Wir erhalten

$$\tilde{c}_0 = c_0 = z_0 + z_1, \qquad \tilde{c}_1 = c_2 = z_0 + w^2 z_1, \tag{4.62}$$

$$\tilde{c}_2 = c_1 = z_2 + z_3, \qquad \tilde{c}_3 = c_3 = z_2 + w^2 z_3. \tag{4.63}$$

Die Formelsätze (4.62) und (4.63) sind identisch gebaut. Im Hinblick auf die Verallgemeinerung wird die triviale Multiplikation mit $w^2 = -1$ mitgeführt. Wenn wir $w_4^2 = w_2^1$ berücksichtigen, erkennt man, daß (4.62) und (4.63) je eine komplexe Fouriertransformation der Ordnung zwei darstellen. Die Fouriertransformation (4.58) der Ordnung vier wurde somit vermittels (4.60) und (4.61) auf zwei Fouriertransformationen der Ordnung zwei zurückgeführt.

Die Reduktion einer komplexen Fouriertransformation von gerader Ordnung auf zwei Fouriertransformationen je der halben Ordnung ist stets möglich. Man kann dies vermittels einer analogen Faktorisierung der zeilenpermutierten Transformationsmatrix zeigen. Statt dessen zeigen wir dies mit Hilfe von algebraischen Umformungen. Es sei $n = 2m$, $m \in \mathbb{N}$. Dann gilt für die komplexen Fouriertransformierten $c_k$ (4.55) mit geraden Indizes $k = 2l$, ($l = 0, 1, \ldots, m-1$)

$$c_{2l} = \sum_{j=0}^{2m-1} y_j w_n^{2lj} = \sum_{j=0}^{m-1} (y_j + y_{m+j}) w_n^{2lj} = \sum_{j=0}^{m-1} (y_j + y_{m+j})(w_n^2)^{lj}.$$

Dabei wurde die Identität $w_n^{2l(m+j)} = w_n^{2lj} w_n^{2lm} = w_n^{2lj}$ verwendet. Mit den $m$ Hilfswerten

$$\boxed{z_j := y_j + y_{m+j}, \quad (j = 0, 1, \ldots, m-1)} \tag{4.64}$$

und wegen $w_n^2 = w_m$ sind die $m$ Koeffizienten

$$\boxed{c_{2l} = \sum_{j=0}^{m-1} z_j w_m^{jl}, \quad (l = 0, 1, \ldots, m-1)} \tag{4.65}$$

gemäß (4.55) die Fouriertransformierten der Ordnung $m$ der Hilfswerte $z_j$ (4.64).

## 4.2 Effiziente Berechnung der Fourierkoeffizienten

Für die $c_k$ mit ungeraden Indizes $k = 2l+1$, $(l = 0, 1, \ldots, m-1)$ gilt

$$c_{2l+1} = \sum_{j=0}^{2m-1} y_j w_n^{(2l+1)j} = \sum_{j=0}^{m-1} \{y_j w_n^{(2l+1)j} + y_{m+j} w_n^{(2l+1)(m+j)}\}$$

$$= \sum_{j=0}^{m-1} \{y_j - y_{m+j}\} w_n^{(2l+1)j} = \sum_{j=0}^{m-1} \{(y_j - y_{m+j}) w_n^j\} w_n^{2lj}.$$

Mit den weiteren $m$ Hilfswerten

$$\boxed{z_{m+j} := (y_j - y_{m+j}) w_n^j, \quad (j = 0, 1, \ldots, m-1)} \quad (4.66)$$

sind die $m$ Koeffizienten

$$\boxed{c_{2l+1} = \sum_{j=0}^{m-1} z_{m+j} w_m^{jl}, \quad (l = 0, 1, \ldots, m-1)} \quad (4.67)$$

die Fouriertransformierten der Ordnung $m$ der Hilfswerte $z_{m+j}$ (4.66).
Die Zurückführung einer komplexen Fouriertransformation der Ordnung $n = 2m$ auf zwei komplexe Fouriertransformationen der Ordnung $m$ erfordert wegen (4.66) als wesentlichen Rechenaufwand $m$ komplexe Multiplikationen. Ist die Ordnung $n = 2^\gamma$, $\gamma \in \mathbb{N}$, so können die beiden Fouriertransformationen der Ordnung $m$ selbst wieder auf je zwei Fouriertransformationen der halben Ordnung zurückgeführt werden, so daß eine systematische Reduktion möglich ist. Im Fall $n = 32 = 2^5$ besitzt dieses Vorgehen die formale Beschreibung

$$\text{FT}_{32} \xrightarrow{16} 2(\text{FT}_{16}) \xrightarrow{2 \cdot 8} 4(\text{FT}_8) \xrightarrow{4 \cdot 4} 8(\text{FT}_4) \xrightarrow{8 \cdot 2} 16(\text{FT}_2) \xrightarrow{16 \cdot 1} 32(\text{FT}_1),$$
(4.68)

in welcher $\text{FT}_k$ eine Fouriertransformation der Ordnung $k$ bedeutet, und die Zahl der erforderlichen komplexen Multiplikationen für die betreffenden Reduktionsschritte angegeben ist. Da die Fouriertransformierten der Ordnung Eins mit den zu transformierenden Werten übereinstimmen, stellen die nach dem letzten Reduktionsschritt erhaltenen Zahlwerte die gesuchten Fouriertransformierten $c_k$ dar.
Eine komplexe Fouriertransformation (4.55) der Ordnung $n = 2^\gamma$, $\gamma \in \mathbb{N}$ ist in Verallgemeinerung von (4.68) mit $\gamma$ Reduktionsschritten auf $n$ Fouriertransformationen der Ordnung Eins zurückführbar. Da jeder Schritt $\frac{1}{2} n$ komplexe Multiplikationen erfordert, beträgt der totale Rechenaufwand

$$\boxed{Z_{\text{FT}n} = \frac{1}{2} n\gamma = \frac{1}{2} n \log_2 n} \quad (4.69)$$

komplexe Multiplikationen. Der Rechenaufwand nimmt somit nur etwa linear mit der Ordnung $n$ zu, und man bezeichnet deshalb die skizzierte Methode als **schnelle Fouriertransformation** (fast Fourier transform = FFT). Man schreibt sie Cooley

## 4 Funktionsapproximation

und Tukey [CoT65] zu. Sie wurde aber bereits von Good formuliert [Goo58]. Die hohe Effizienz der schnellen Fouriertransformation ist in der Zusammenstellung (4.70) illustriert, wo für verschiedene Ordnungen $n$ die Anzahl $n^2$ der komplexen Multiplikationen, die bei der direkten Berechnung der Summen (4.55) erforderlich ist, dem Aufwand $Z_{FTn}$ (4.69) gegenübergestellt ist.

| $\gamma =$ | 5 | 6 | 8 | 9 | 10 | 11 | 12 |
|---|---|---|---|---|---|---|---|
| $n =$ | 32 | 64 | 256 | 512 | 1024 | 2048 | 4096 |
| $n^2 =$ | 1024 | 4096 | 65536 | $2.62 \cdot 10^5$ | $1.05 \cdot 10^6$ | $4.19 \cdot 10^6$ | $1.68 \cdot 10^7$ |
| $Z_{FTn} =$ | 80 | 192 | 1024 | 2304 | 5120 | 11264 | 24576 |
| Faktor | 12.8 | 21.3 | 64 | 114 | 205 | 372 | 683 |

(4.70)

Der Rechenaufwand der schnellen Fouriertransformation wird gegenüber $n^2$ um den Faktor in der letzten Zeile von (4.70) verringert. Auch im Vergleich zum Algorithmus von Runge zur Berechnung der reellen trigonometrischen Summen (4.53) ist die FFT stark überlegen. Denn wegen $N = 2n$ beträgt dort die Zahl der reellen Multiplikationen gemäß (4.51) etwa $\frac{1}{4} N^2 = n^2$, so daß der Reduktionsfaktor gegenüber (4.70) zwar viermal kleiner, aber für größere $n$ immer noch beträchtlich ist.

Eine mögliche algorithmische Realisierung der schnellen Fouriertransformation, welche auf den vorhergehenden Betrachtungen beruht, besteht aus einer sukzessiven Transformation der gegebenen $y$-Werte in die gesuchten $c$-Werte. Die erforderlichen Rechenschritte sind in Tab. 4.1 für den Fall $n = 16 = 2^4$ dargestellt. Für das ganze Schema gilt $w := e^{-i2\pi/16} = e^{-i\pi/8} = \cos(\pi/8) - i\sin(\pi/8)$. Die zu berechnenden Hilfsgrößen $z_j$ (4.64) und $z_{m+j}$ (4.66) werden wieder mit $y_j$ und $y_{m+j}$ bezeichnet, wobei die Wertzuweisungen so zu verstehen sind, daß die rechts stehenden Größen stets die Werte vor dem betreffenden Schritt bedeuten.

Im ersten Schritt sind gemäß (4.64) und (4.66) gleichzeitig Summen und Differenzen von $y$-Werten zu bilden, wobei die letzteren mit Potenzen von $w$ zu multiplizieren sind. Aus der ersten Gruppe von acht $y$-Werten resultieren die Fouriertransformierten $c_k$ mit geraden Indizes und aus der zweiten Gruppe die restlichen $c_k$. Die betreffenden $c$-Werte sind zur Verdeutlichung des Prozesses angegeben. Im zweiten Schritt sind für jede der beiden Gruppen von $y$-Werten entsprechende Summen und Differenzen zu bilden, wobei wegen $w_8 = w_{16}^2 = w^2$ nur gerade Potenzen von $w$ als Multiplikatoren auftreten. Zudem sind auch die Fouriertransformierten $c_k$ den entsprechenden Permutationen innerhalb jeder Gruppe zu unterwerfen. Im dritten Schritt sind die vier Gruppen analog mit der Einheitswurzel $w_4 = w_{16}^4 = w^4$ zu behandeln, wobei die Fouriertransformierten $c_k$ entsprechend zu (4.59) zu permutieren sind. Im vierten und letzten Schritt erfolgen noch die letzten Reduktionen mit $w_2 = w_{16}^8 = w^8$.

Die resultierenden $y$-Werte sind identisch mit den $c$-Werten, wobei allerdings die Zuordnung der Indexwerte eine zusätzliche Betrachtung erfordert. Den Schlüssel für

4.2 Effiziente Berechnung der Fourierkoeffizienten

Tab. 4.1 Eine algorithmische Realisierung der schnellen Fouriertransformation

| | ① → 2FT$_8$ | | ② → 4FT$_4$ | | ③ → 8FT$_2$ | | ④ → 16FT$_1$ | |
|---|---|---|---|---|---|---|---|---|
| $y_0$ | $y_0 := y_0+y_8$ | | $y_0 := y_0+y_4$ | $c_0$ | $y_0 := y_0+y_2$ | $c_0$ | $y_0 := y_0+y_1 = c_0$ | $c_0$ |
| $y_1$ | $y_1 := y_1+y_9$ | $c_2$ | $y_1 := y_1+y_5$ | | $y_1 := y_1+y_3$ | | $y_1 := (y_0-y_1)w^0 = c_8$ | $c_8$ |
| $y_2$ | $y_2 := y_2+y_{10}$ | $c_4$ | $y_2 := y_2+y_6$ | $c_8$ | $y_2 := (y_0-y_2)w^0$ | $c_4$ | $y_2 := y_2+y_3 = c_4$ | $c_4$ |
| $y_3$ | $y_3 := y_3+y_{11}$ | $c_6$ | $y_3 := y_3+y_7$ | $c_{12}$ | $y_3 := (y_1-y_3)w^4$ | | $y_3 := (y_2-y_3)w^0 = c_{12}$ | $c_{12}$ |
| $y_4$ | $y_4 := y_4+y_{12}$ | $c_8$ | $y_4 := (y_0-y_4)w^0$ | $c_2$ | $y_4 := y_4+y_6$ | $c_2$ | $y_4 := y_4+y_5 = c_2$ | $c_2$ |
| $y_5$ | $y_5 := y_5+y_{13}$ | $c_{10}$ | $y_5 := (y_1-y_5)w^2$ | $c_6$ | $y_5 := y_5+y_7$ | | $y_5 := (y_4-y_5)w^0 = c_{10}$ | $c_{10}$ |
| $y_6$ | $y_6 := y_6+y_{14}$ | $c_{12}$ | $y_6 := (y_2-y_6)w^4$ | $c_{10}$ | $y_6 := (y_4-y_6)w^0$ | $c_6$ | $y_6 := y_6+y_7 = c_6$ | $c_6$ |
| $y_7$ | $y_7 := y_7+y_{15}$ | $c_{14}$ | $y_7 := (y_3-y_7)w^6$ | $c_{14}$ | $y_7 := (y_5-y_7)w^4$ | | $y_7 := (y_6-y_7)w^0 = c_{14}$ | $c_{14}$ |
| $y_8$ | $y_8 := (y_0-y_8)w^0$ | $c_1$ | $y_8 := y_8+y_{12}$ | $c_1$ | $y_8 := y_8+y_{10}$ | $c_1$ | $y_8 := y_8+y_9 = c_1$ | $c_1$ |
| $y_9$ | $y_9 := (y_1-y_9)w^1$ | $c_3$ | $y_9 := y_9+y_{13}$ | $c_5$ | $y_9 := y_9+y_{11}$ | | $y_9 := (y_8-y_9)w^0 = c_9$ | $c_9$ |
| $y_{10}$ | $y_{10} := (y_2-y_{10})w^2$ | $c_5$ | $y_{10} := y_{10}+y_{14}$ | $c_9$ | $y_{10} := (y_8-y_{10})w^0$ | $c_5$ | $y_{10} := y_{10}+y_{11} = c_5$ | $c_5$ |
| $y_{11}$ | $y_{11} := (y_3-y_{11})w^3$ | $c_7$ | $y_{11} := y_{11}+y_{15}$ | $c_{13}$ | $y_{11} := (y_9-y_{11})w^4$ | | $y_{11} := (y_{10}-y_{11})w^0 = c_{13}$ | $c_{13}$ |
| $y_{12}$ | $y_{12} := (y_4-y_{12})w^4$ | $c_9$ | $y_{12} := (y_8-y_{12})w^0$ | $c_3$ | $y_{12} := y_{12}+y_{14}$ | $c_3$ | $y_{12} := y_{12}+y_{13} = c_3$ | $c_3$ |
| $y_{13}$ | $y_{13} := (y_5-y_{13})w^5$ | $c_{11}$ | $y_{13} := (y_9-y_{13})w^2$ | $c_7$ | $y_{13} := y_{13}+y_{15}$ | | $y_{13} := (y_{12}-y_{13})w^0 = c_{11}$ | $c_{11}$ |
| $y_{14}$ | $y_{14} := (y_6-y_{14})w^6$ | $c_{13}$ | $y_{14} := (y_{10}-y_{14})w^4$ | $c_{11}$ | $y_{14} := (y_{12}-y_{14})w^0$ | $c_7$ | $y_{14} := y_{14}+y_{15} = c_7$ | $c_7$ |
| $y_{15}$ | $y_{15} := (y_7-y_{15})w^7$ | $c_{15}$ | $y_{15} := (y_{11}-y_{15})w^6$ | $c_{15}$ | $y_{15} := (y_{13}-y_{15})w^4$ | | $y_{15} := (y_{14}-y_{15})w^0 = c_{15}$ | $c_{15}$ |

die richtige Zuordnung liefert die binäre Darstellung der Indexwerte. In Tab. 4.2 sind die Binärdarstellungen der Indizes der $c$-Werte nach den einzelnen Reduktionsschritten zusammengestellt.

Die Binärdarstellungen der letzten Kolonne sind genau umgekehrt zu denjenigen der ersten Kolonne. Ein Beweis dieser Feststellung beruht darauf, daß die Permutation der Indexwerte im ersten Schritt einer zyklischen Vertauschung der $\gamma$ Binärstellen entspricht. Im zweiten Schritt ist die Indexpermutation in den beiden Gruppen äquivalent zu einer zyklischen Vertauschung der ersten $(\gamma - 1)$ Binärstellen und so fort. Die eindeutige Wertzuordnung der resultierenden $y_j$ zu den gesuchten Fouriertransformierten $c_k$ erfolgt somit auf Grund einer Bitumkehr der Binärdarstellung von $j$. Man sieht übrigens noch leicht ein, daß es genügt, die Werte $y_j$ und $y_k$ zu vertauschen, falls auf Grund der Bitumkehr $k > j$ gilt, um die richtige Reihenfolge der $c_k$ zu erhalten.

Tab. 4.2 Folge der Binärdarstellungen der Indexwerte

| $j$ | $y_i$ | $c_k^{(1)}$ | $c_k^{(2)}$ | $c_k^{(3)}$ | $c_k^{(4)}$ | $k$ |
|---|---|---|---|---|---|---|
| 0 | 0000 | 0000 | 0000 | 0000 | 0000 | 0 |
| 1 | 000L | 00L0 | 0L00 | L000 | L000 | 8 |
| 2 | 00L0 | 0L00 | L000 | 0L00 | 0L00 | 4 |
| 3 | 00LL | 0LL0 | LL00 | LL00 | LL00 | 12 |
| 4 | 0L00 | L000 | 00L0 | 00L0 | 00L0 | 2 |
| 5 | 0L0L | L0L0 | 0LL0 | L0L0 | L0L0 | 10 |
| 6 | 0LL0 | LL00 | L0L0 | 0LL0 | 0LL0 | 6 |
| 7 | 0LLL | LLL0 | LLL0 | LLL0 | LLL0 | 14 |
| 8 | L000 | 000L | 000L | 000L | 000L | 1 |
| 9 | L00L | 00LL | 0L0L | L00L | L00L | 9 |
| 10 | L0L0 | 0L0L | L00L | 0L0L | 0L0L | 5 |
| 11 | L0LL | 0LLL | LL0L | LL0L | LL0L | 13 |
| 12 | LL00 | L00L | 00LL | 00LL | 00LL | 3 |
| 13 | LL0L | L0LL | 0LLL | L0LL | L0LL | 11 |
| 14 | LLL0 | LL0L | L0LL | 0LLL | 0LLL | 7 |
| 15 | LLLL | LLLL | LLLL | LLLL | LLLL | 15 |

Ein Rechenprogramm zum dargestellten Algorithmus der schnellen Fouriertransformation findet man in [Scw77]. Andere Realisierungen findet man beispielsweise in [Bri74, CoT65, SaS68, Sin68]. Der Prozeß der Bitumkehr kann durch eine andere Organisation der einzelnen Transformationsschritte eliminiert werden, doch erfordert die entsprechende Durchführung einen zusätzlichen Speicherplatz für $n$ komplexe Zahlwerte.

**Beispiel 4.7** Die schnelle Fouriertransformation wird angwandt zur Berechnng der approximativen Fourierkoeffizienten $a_k^*$ und $b_k^*$ der $(2\pi)$-periodischen Funktion $f(x) = x^2$, $0 < x < 2\pi$ von Beispiel 4.2. Bei $N = 16$ Stützstellen ist eine FFT der Ordnung $n = 8$ auszuführen. Die aus

## 4.2 Effiziente Berechnung der Fourierkoeffizienten

Tab. 4.3 Schnelle Fouriertransformation

| $j$ | $y_j^{(0)}$ | $y_j^{(1)}$ | $y_j^{(2)}$ |
|---|---|---|---|
| 0 | 19.73921 +  0.15421$i$ | 29.60881 + 12.64543$i$ |  54.28282 + 42.56267$i$ |
| 1 |  0.61685 +  1.38791$i$ | 16.03811 + 20.04763$i$ |  51.81542 + 62.30188$i$ |
| 2 |  2.46740 +  3.85531$i$ | 24.67401 + 29.91724$i$ |   4.93480 − 17.27181$i$ |
| 3 |  5.55165 +  7.55642$i$ | 35.77732 + 42.25424$i$ | −22.20661 + 19.73921$i$ |
| 4 |  9.86960 + 12.49122$i$ |  9.86960 − 12.33701$i$ | −12.33701 +  7.40220$i$ |
| 5 | 15.42126 + 18.65972$i$ | −22.68131 −  1.74472$i$ | −24.42602 + 34.89432$i$ |
| 6 | 22.20661 + 26.06192$i$ | −22.20661 + 19.73921$i$ |  32.07621 − 32.07621$i$ |
| 7 | 30.22566 + 34.69783$i$ | −1.74472 + 36.63904$i$ | −38.38375 + 20.93659$i$ |

| $j,k$ | $y_j^{(3)}$ | $c_k$ | $a_k^*$ | $b_k^*$ |
|---|---|---|---|---|
| 0 | 106.09825 + 104.86455$i$ | 106.09825 + 104.86455$i$ | 26.370349 | – |
| 1 |   2.46740 −  19.73921$i$ | −36.76303 + 42.29652$i$ |  4.051803 | −12.404463 |
| 2 | −17.27181 +   2.46740$i$ | −17.27181 +  2.46740$i$ |  1.053029 |  −5.956833 |
| 3 |  27.14141 −  37.01102$i$ |  −6.30754 − 11.13962$i$ |  0.499622 |  −3.692727 |
| 4 | −36.76303 +  42.29652$i$ |   2.46740 − 19.73921$i$ |  0.308425 |  −2.467401 |
| 5 |  12.08902 −  27.49212$i$ |  12.08902 − 27.49212$i$ |  0.223063 |  −1.648665 |
| 6 |  −6.30754 −  11.13962$i$ |  27.14141 − 37.01102$i$ |  0.180671 |  −1.022031 |
| 7 |  70.45997 −  53.01281$i$ |  70.45997 − 53.01281$i$ |  0.160314 |  −0.490797 |
| 8 | – | – | 0.154213 | – |

den reellen Stützwerten $f(x_l)$ gebildeten komplexen Werte werden mit $y_j^{(0)}$ bezeichnet. In Tab. 4.3 sind die gerundeten Zahlwerte im Verlauf der FFT zusammengestellt sowie die aus den Fouriertransformierten $c_k$ berechneten reellen Fourierkoeffizienten $a_k^*$ und $b_k^*$. △

Eine effiziente Realisierung der komplexen Fouriertransformation (4.55) ist auch für eine allgemeinere Ordnung $n$ möglich [Boo 80, Bri 74, Win 78]. Es sei $n = p \cdot m$ das Produkt einer Primzahl $p$ und einer ganzen Zahl $m$. In diesem Fall fassen wir die Fouriertransformierten $c_k$ zusammen, deren Indizes $k \equiv \mu \pmod{p}$ für ein festes $\mu = 0, 1, \ldots, p-1$ sind. Mit $k = lp + \mu$, $(l = 0, 1, \ldots, m-1)$ gilt die Darstellung

$$c_{lp+\mu} = \sum_{j=0}^{pm-1} y_j w_n^{j(lp+\mu)} = \sum_{j=0}^{m-1} \left\{ \sum_{\sigma=0}^{p-1} y_{j+\sigma m} w_n^{(j+\sigma m)(lp+\mu)} \right\}. \tag{4.71}$$

Für die in (4.71) auftretenden Potenzen von $w_n$ ergibt sich

$$w_n^{(j+\sigma m)(lp+\mu)} = w_n^{jlp} w_n^{\sigma lmp} w_n^{(j+\sigma m)\mu} = w_n^{(j+\sigma m)\mu}(w_n^p)^{jl},$$

und somit erhalten wir aus (4.71)

$$c_{lp+\mu} = \sum_{j=0}^{m-1} \left\{ \sum_{\sigma=0}^{p-1} y_{j+\sigma m} w_n^{(j+\sigma m)\mu} \right\} w_m^{jl}, \quad (l = 0, 1, \ldots, m-1). \tag{4.72}$$

174   4 Funktionsapproximation

Zu jedem festen $\mu \in \{0, 1, ..., p-1\}$ definieren wir die $m$ Hilfswerte

$$z_{j+m\mu} := \sum_{\sigma=0}^{p-1} y_{j+\sigma m} w_n^{(j+\sigma m)\mu}, \quad (j = 0, 1, ..., m-1), \qquad (4.73)$$

so daß aus (4.72) folgt

$$c_{lp+\mu} = \sum_{j=0}^{m-1} z_{j+m\mu} w_m^{jl}, \quad (l = 0, 1, ..., m-1). \qquad (4.74)$$

Nach (4.74) sind die $c_k$ mit den $m$ Indexwerten $k = lp + \mu$ die Fouriertransformierten der Ordnung $m$ der Werte $z_{j+m\mu}$ für jedes feste $\mu = 0, 1, ..., p-1$. Nun betrachten wir umgekehrt die Hilfswerte $z_{j+m\mu}$ (4.73) bei festem $j$ für $\mu = 0, 1, ..., p-1$. Dann erhalten wir aus (4.73) die neue Darstellung

$$z_{j+m\mu} = \left\{ \sum_{\sigma=0}^{p-1} y_{j+\sigma m} w_n^{\sigma m \mu} \right\} w_n^{j\mu} = \left\{ \sum_{\sigma=0}^{p-1} y_{j+\sigma m} w_p^{\sigma \mu} \right\} w_n^{j\mu}, \quad (\mu = 0, 1, ..., p-1).$$

(4.75)

In der geschweiften Klammer von (4.75) erkennen wir die Formeln einer Fouriertransformation der Ordnung $p$ für das $p$-tupel von Werten $y_j, y_{j+m}, ..., y_{j+(p-1)m}$. Somit entstehen die $p$ Werte $z_j, z_{j+m}, ..., z_{j+(p-1)m}$ im wesentlichen, d. h. abgesehen vom Faktor $w_n^{j\mu}$, durch eine Fouriertransformation der Ordnung $p$.

Folglich ist eine komplexe Fouriertransformation der Ordnung $n = p \cdot m$ zurückführbar auf $p$ Fouriertransformationen der Ordnung $m$ (4.74), die anzuwenden sind auf die $m$-tupel der Hilfswerte $z_{j+m\mu}$ (4.73). Diese Hilfswerte ergeben sich gemäß (4.75) als Resultat von $m$ Fouriertransformationen der Ordnung $p$. Wenn man berücksichtigt, daß in (4.74) für $\mu = 0$ nur eine Summe für $z_j$ zu bilden ist, und daß für $\sigma = 0$ der Faktor des ersten Summanden gleich Eins ist, so erkennt man, daß der Rechenaufwand für den Reduktionsschritt $p(p-1)m$ komplexe Multiplikationen beträgt. Für den Rechenaufwand $Z_n$ einer Fouriertransformation der Ordnung $n = p \cdot m$ gilt

$$Z_n = Z_{p \cdot m} = p \cdot Z_m + p(p-1)m, \quad p > 2. \qquad (4.76)$$

Ist $m$ keine Primzahl, so lassen sich die Fouriertransformationen der Ordnung $m$ wiederum auf solche mit kleinerer Ordnung zurückführen. Falls für die Ordnung die Primzahlzerlegung

$$n = p_1^{q_1} \cdot p_2^{q_2} \ldots p_r^{q_r}, \quad p_i \text{ prim}, q_i \in \mathbb{N} \qquad (4.77)$$

gilt, erreicht man die systematische Reduktion auf Fouriertransformationen der Ordnung Eins mit total $q_1 + q_2 + ... + q_r$ Schritten.

**Beispiel 4.8** Für eine komplexe Fouriertransformation der Ordnung $n = 360 = 2^3 \cdot 3^2 \cdot 5$ ist in Tab. 4.4 die Anzahl der erforderlichen komplexen Multiplikationen für die einzelnen Reduktionsschritte zusammengestellt. Im Vergleich zur direkten Auswertung der Summen, welche $n^2 = 360^2 = 129\,600$ Multiplikationen erfordert, ist die schnelle Fouriertransformation etwa 38mal weniger aufwendig.   △

Tab. 4.4 Rechenaufwand einer FFT allgemeiner Ordnung

| Schritt | $p$ | komplexe Multiplikationen | Zahl FT | Ordnung der FT |
|---|---|---|---|---|
| 1 | 2 | 1 · 1 · 180 = 180 | 2 | 180 |
| 2 | 2 | 2 · 1 · 90 = 180 | 4 | 90 |
| 3 | 2 | 4 · 1 · 45 = 180 | 8 | 45 |
| 4 | 3 | 8 · 6 · 15 = 720 | 24 | 15 |
| 5 | 3 | 24 · 6 · 5 = 720 | 72 | 5 |
| 6 | 5 | 72 · 20 · 1 = 1440 | 360 | 1 |
| | | Total:     3420 | | |

Es ist nicht notwendig, eine gegebene Ordnung $n$ vollständig in ihre Primfaktoren zu zerlegen. Die Reduktion der Ordnung kann mit einem beliebigen Teiler von $n$ vorgenommen werden, und so ergeben sich viele Varianten [Bri 74]. Beispielsweise wird der Rechenaufwand weiter verkleinert, falls man anstelle von $p=2$ mit 4, 8 oder 16 die Reduktion vornehmen kann und dabei die sehr speziellen Werte der diesbezüglichen $w$-Potenzen berücksichtigt. Rechenprogramme für die allgemeine schnelle Fouriertransformation findet man beispielsweise in [Boo 80, Sin 68].

## 4.3 Orthogonale Polynome

Wir betrachten im folgenden zwei Systeme von orthogonalen Polynomen, die für bestimmte Anwendungen von Bedeutung sind. Wir stellen die Eigenschaften nur soweit zusammen, wie sie für die späteren Zwecke benötigt werden. Die sehr speziellen Eigenschaften der Tschebyscheff-Polynome machen diese geeignet zur Approximation von Funktionen, wobei sich eine Beziehung zu den Fourierreihen ergeben wird. Die Legendre-Polynome werden hauptsächlich die Grundlage bilden für die Herleitung von bestimmten Quadraturformeln in Kapitel 8.

### 4.3.1 Die Tschebyscheff-Polynome

Zur Definition der Tschebyscheff-Polynome gehen wir aus von der trigonometrischen Identität

$$\cos[(n+1)\varphi] + \cos[(n-1)\varphi] = 2\cos(\varphi)\cos(n\varphi), \quad n \in \mathbb{N}. \qquad (4.78)$$

Die Verifikation der Relation (4.78) erfolgt wegen $\cos(\varphi) = \frac{1}{2}(e^{i\varphi} + e^{-i\varphi})$ durch

$$\cos[(n+1)\varphi] + \cos[(n-1)\varphi] = \frac{1}{2}[e^{i(n+1)\varphi} + e^{-i(n+1)\varphi} + e^{i(n-1)\varphi} + e^{-i(n-1)\varphi}]$$

$$= \frac{1}{2}[e^{in\varphi} + e^{-in\varphi}][e^{i\varphi} + e^{-i\varphi}] = 2\cos(\varphi)\cos(n\varphi).$$

**Satz 4.9** *Für $n \in \mathbb{N}_0$ ist $\cos(n\varphi)$ als Polynom n-ten Grades in $\cos(\varphi)$ darstellbar.*

Beweis. Für $n=0$ und $n=1$ ist die Aussage trivial. Wegen (4.78) gelten sukzessive

$$\cos(2\varphi) = 2\cos^2(\varphi) - 1$$
$$\cos(3\varphi) = 2\cos(\varphi)\cos(2\varphi) - \cos(\varphi) = 4\cos^3(\varphi) - 3\cos(\varphi) \qquad (4.79)$$
$$\cos(4\varphi) = 2\cos(\varphi)\cos(3\varphi) - \cos(2\varphi) = 8\cos^4(\varphi) - 8\cos^2(\varphi) + 1$$

Ein Beweis der Behauptung ist jetzt durch vollständige Induktion nach $n$ offensichtlich. □

Das $n$-te Tschebyscheff-Polynom $T_n(x)$ wird auf Grund von Satz 4.9 definiert durch

$$\boxed{\cos(n\varphi) =: T_n(\cos(\varphi)) = T_n(x), \quad x = \cos(\varphi), \quad x \in [-1, 1], \quad n \in \mathbb{N}_0.}$$
(4.80)

Der wegen $x = \cos(\varphi)$ zunächst nur für das Intervall $[-1, 1]$ gültige Definitionsbereich der Polynome $T_n(x)$ kann natürlich auf ganz $\mathbb{R}$ erweitert werden. Im folgenden werden wir aber die T-Polynome nur im Intervall $[-1, 1]$ betrachten. Die ersten T-Polynome lauten gemäß (4.79)

$$T_0(x) = 1, \quad T_1(x) = x, \quad T_2(x) = 2x^2 - 1,$$
$$T_3(x) = 4x^3 - 3x, \quad T_4(x) = 8x^4 - 8x^2 + 1.$$

Aus der Definition (4.80) folgt sofort die Eigenschaft

$$\boxed{|T_n(x)| \leqslant 1 \quad \text{für} \quad x \in [-1, 1], \quad n \in \mathbb{N}_0.} \qquad (4.81)$$

Das $n$-te Polynom $T_n(x)$ nimmt die Extremalwerte $\pm 1$ dann an, falls $n\varphi = k\pi$, $(k = 0, 1, \ldots, n)$ gilt. Deshalb sind die $(n+1)$ Extremalstellen von $T_n(x)$ gegeben durch

$$\boxed{x_k^{(e)} = \cos\left(\frac{k\pi}{n}\right), \quad (k = 0, 1, 2, \ldots, n); n \geqslant 1.} \qquad (4.82)$$

4.3 Orthogonale Polynome 177

Sie sind nicht äquidistant im Intervall $[-1, 1]$, sondern liegen gegen die Enden des Intervalls dichter. Geometrisch können sie als Projektionen von regelmäßig auf dem Halbkreis mit Radius Eins verteilten Punkten interpretiert werden. In Fig. 4.5 ist die Konstruktion für $n = 8$ dargestellt. Die Extremalstellen $x_k^{(e)}$ liegen im Intervall $[-1, 1]$ symmetrisch bezüglich des Nullpunktes. Wegen dem oszillierenden Verhalten von $\cos(n\varphi)$ werden die Extremalwerte mit alternierendem Vorzeichen angenommen, falls $x$ und damit auch $\varphi$ das Intervall monoton durchläuft.

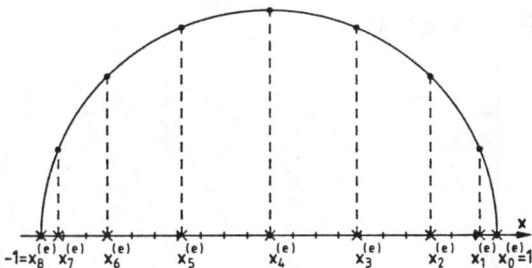

Fig. 4.5
Extremalstellen von $T_8(x)$

Zwischen zwei aufeinanderfolgenden Extremalstellen von $T_n(x)$ liegt notwendigerweise je eine Nullstelle. Aus der Bedingung $\cos(n\varphi) = 0$ ergibt sich $n\varphi = (2k - 1)\frac{\pi}{2}$, $(k = 1, 2, ..., n)$. Folglich sind die $n$ Nullstellen von $T_n(x)$

$$x_k = \cos\left(\frac{2k-1}{n}\frac{\pi}{2}\right), \quad (k = 1, 2, ..., n); n \geq 1. \tag{4.83}$$

Die Nullstellen von $T_n(x)$ sind reell und einfach und liegen im Innern des Intervalls $[-1, 1]$ symmetrisch zum Nullpunkt. Sie sind gegen die Enden des Intervalls dichter verteilt. Ihre geometrische Konstruktion ist in Fig. 4.6 für $n = 8$ dargestellt. Wegen ihrer Bedeutung im Zusammenhang mit der Approximation von Funktionen bezeichnet man sie als die Tschebyscheff-Abszissen zum $n$-ten T-Polynom. Wegen (4.78) und (4.80) erfüllen die T-Polynome die Rekursionsformel

$$T_{n+1}(x) = 2xT_n(x) - T_{n-1}(x), \quad n \geq 1; T_0(x) = 1, T_1(x) = x. \tag{4.84}$$

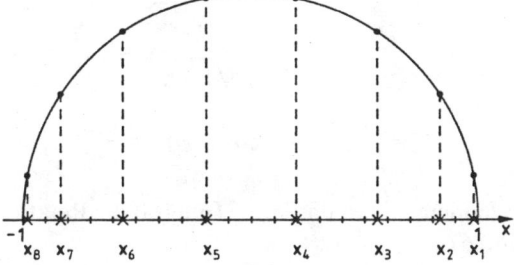

Fig. 4.6
Nullstellen von $T_8(x)$

## 178   4 Funktionsapproximation

Mit vollständiger Induktion nach $n$ zeigt man mit Hilfe von (4.84), daß der Koeffizient von $x^n$ des Polynoms $T_n(x)$ für $n \geq 1$ gleich $2^{n-1}$ ist. Analog folgt aus (4.84) die Eigenschaft

$$\boxed{T_n(-x) = (-1)^n T_n(x), \quad n \geq 0.} \tag{4.85}$$

Somit ist $T_n(x)$ entsprechend der Parität von $n$ ein gerades oder ungerades Polynom. In Fig. 4.7 sind deshalb die Tschebyscheff-Polynome $T_2(x)$ bis $T_{10}(x)$ nur im Intervall [0, 1] dargestellt.

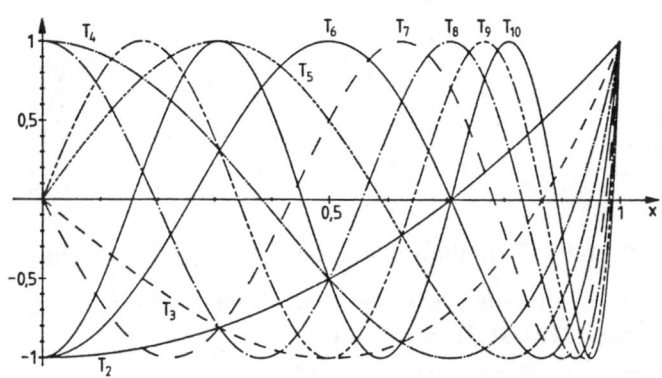

Fig. 4.7
Tschebyscheff-Polynome
$T_2(x)$ bis $T_{10}(x)$

**Satz 4.10** *Die Polynome $T_n(x)$, $(n = 0, 1, 2, \ldots)$ bilden für das Intervall $[-1, 1]$ und für die Gewichtsfunktion $w(x) = 1/\sqrt{1-x^2}$ ein System von orthogonalen Polynomen. Es gelten die Beziehungen*

$$\boxed{\int_{-1}^{1} T_k(x) T_j(x) \frac{dx}{\sqrt{1-x^2}} = \begin{cases} 0 & \text{falls } k \neq j \\ \frac{1}{2}\pi & \text{falls } k = j > 0 \\ \pi & \text{falls } k = j = 0 \end{cases}, \quad k, j \in \mathbb{N}_0} \tag{4.86}$$

Beweis. Mit den Substitutionen $x = \cos(\varphi)$, $T_k(x) = \cos(k\varphi)$, $T_j(x) = \cos(j\varphi)$ und $dx = -\sin(\varphi) d\varphi$ ergibt sich

$$\int_{-1}^{1} T_k(x) T_j(x) \frac{dx}{\sqrt{1-x^2}} = -\int_{\pi}^{0} \cos(k\varphi) \cos(j\varphi) \frac{\sin(\varphi) d\varphi}{\sin(\varphi)}$$

$$= \int_{0}^{\pi} \cos(k\varphi) \cos(j\varphi) d\varphi = \frac{1}{2} \int_{-\pi}^{\pi} \cos(k\varphi) \cos(j\varphi) d\varphi.$$

Wenden wir auf das letzte Integral die Relationen (4.6) an, so erhalten wir die Aussage (4.86). □

## 4.3 Orthogonale Polynome

Jetzt betrachten wir die Aufgabe, eine im Intervall $[-1, 1]$ gegebene, stetige Funktion $f(x)$ im quadratischen Mittel durch ein Polynom $g_n(x)$ $n$-ten Grades in der Darstellung mit T-Polynomen

$$g_n(x) = \frac{1}{2} c_0 T_0(x) + \sum_{k=1}^{n} c_k T_k(x) \qquad (4.87)$$

zu approximieren. Die Entwicklungskoeffizienten $c_0, c_1, \ldots, c_n$ sollen so bestimmt werden, daß die Differenz zwischen der approximierenden Funktion $g_n(x)$ und der gegebenen Funktion $f(x)$ in der verallgemeinerten $L_2$-Norm mit der Gewichtsfunktion $w(x)$ minimal ist. Wegen (4.86) ergibt sich die Forderung

$$\begin{aligned}
\Phi &:= \int_{-1}^{1} \{g_n(x) - f(x)\}^2 \frac{dx}{\sqrt{1-x^2}} \\
&= \int_{-1}^{1} \left\{ \frac{1}{2} c_0 T_0(x) + \sum_{k=1}^{n} c_k T_k(x) - f(x) \right\}^2 \frac{dx}{\sqrt{1-x^2}} \\
&= \frac{\pi}{4} c_0^2 + \sum_{k=1}^{n} \frac{\pi}{2} c_k^2 - c_0 \int_{-1}^{1} \frac{f(x)dx}{\sqrt{1-x^2}} - 2 \sum_{k=1}^{n} c_k \int_{-1}^{1} f(x) T_k(x) \frac{dx}{\sqrt{1-x^2}} \\
&\quad + \int_{-1}^{1} \frac{f(x)^2 dx}{\sqrt{1-x^2}} = \text{Min!}
\end{aligned}$$

Die notwendige Bedingung dafür, daß die in den $(n+1)$ Variablen $c_0, c_1, \ldots, c_n$ quadratische Funktion $\Phi$ ein Minimum annimmt, besteht darin, daß ihre ersten partiellen Ableitungen nach den Variablen gleich Null sind

$$\frac{\partial \Phi}{\partial c_0} = \frac{\pi}{2} c_0 - \int_{-1}^{1} \frac{f(x) dx}{\sqrt{1-x^2}} = 0$$

$$\frac{\partial \Phi}{\partial c_k} = \pi c_k - 2 \int_{-1}^{1} f(x) T_k(x) \frac{dx}{\sqrt{1-x^2}} = 0, \quad (k = 1, 2, \ldots, n).$$

Folglich sind die gesuchten Koeffizienten $c_k$ gegeben durch

$$c_k = \frac{2}{\pi} \int_{-1}^{1} f(x) T_k(x) \frac{dx}{\sqrt{1-x^2}}, \quad (k = 0, 1, 2, \ldots, n). \qquad (4.88)$$

Die Integraldarstellung (4.88) vereinfacht sich stark, falls wir die Variablensubstitution $x = \cos(\varphi)$ durchführen und (4.80) berücksichtigen. Nach elementaren Umformungen ergibt sich aus (4.88)

$$c_k = \frac{2}{\pi} \int_{0}^{\pi} f(\cos \varphi) \cos(k\varphi) d\varphi, \quad (k = 0, 1, \ldots, n). \qquad (4.89)$$

## 4 Funktionsapproximation

Nun ist aber $F(\varphi) := f(\cos \varphi)$ offensichtlich eine gerade und $(2\pi)$-periodische Funktion des Arguments $\varphi$. Deshalb gilt auch

$$c_k = \frac{1}{\pi} \int_{-\pi}^{\pi} f(\cos \varphi) \cos (k\varphi) \mathrm{d}\varphi, \quad (k = 0, 1, 2, \ldots, n). \tag{4.90}$$

**Folgerung** Die Koeffizienten $c_k$ in der Entwicklung (4.87) der approximierenden Funktion $g_n(x)$ sind die Fourierkoeffizienten $a_k$ (4.11) der geraden, $(2\pi)$-periodischen Funktion $F(\varphi) := f(\cos \varphi)$.

Damit ist die betrachtete Aufgabe auf die Berechnung von Fourierkoeffizienten zurückgeführt worden, und die im Abschnitt 4.1 entwickelten Methoden sind anwendbar. Die Koeffizienten $c_k$ und das zugehörige Polynom $g_n(x)$ können für beliebig großes $n$ definiert werden, und zu jeder im Intervall $[-1, 1]$ stetigen Funktion $f(x)$ kann durch Grenzübergang die unendliche Tschebyscheff-Entwicklung

$$g(x) = \frac{1}{2} c_0 T_0(x) + \sum_{k=1}^{\infty} c_k T_k(x) \tag{4.91}$$

gebildet werden. Die Frage der Konvergenz der Reihe (4.91) läßt sich mit Hilfe von Satz 4.2 beantworten. Dazu stellen wir fest, daß die $(2\pi)$-periodische Funktion $F(\varphi)$ als Zusammensetzung von zwei stetigen Funktionen stetig ist. Besitzt die gegebene Funktion $f(x)$ im Intervall $[-1, 1]$ eine stückweise stetige erste Ableitung, dann trifft dies auch für $F(\varphi)$ zu. Unter dieser Zusatzvoraussetzung konvergiert die zu $f(x)$ gehörige T-Entwicklung (4.91) für alle $x \in [-1, 1]$ gegen den Wert $f(x)$.
Der Approximationsfehler $f(x) - g_n(x)$ kann unter einer zusätzlichen Voraussetzung abgeschätzt werden.

**Satz 4.11** *Falls die Reihe* $\sum_{k=1}^{\infty} |c_k|$, *gebildet mit den Koeffizienten $c_k$ der T-Entwicklung einer stetigen und einmal stückweise stetig differenzierbaren Funktion $f(x)$, konvergiert, dann konvergiert die T-Entwicklung (4.91) für alle $x \in [-1, 1]$ gleichmäßig gegen $f(x)$ und es gilt*

$$|f(x) - g_n(x)| \leq \sum_{k=n+1}^{\infty} |c_k| \quad \text{für } x \in [-1, 1]. \tag{4.92}$$

Beweis. Nach Voraussetzung konvergiert die unendliche T-Reihe (4.91) punktweise gegen $f(x)$ für $|x| \leq 1$. Für den Beweis der gleichmäßigen Konvergenz benützen wir die Tatsache, daß zu jedem $\varepsilon > 0$ ein $N$ existiert mit

$$\sum_{k=n}^{\infty} |c_k| < \varepsilon \quad \text{für alle } n > N. \tag{4.93}$$

## 4.3 Orthogonale Polynome

Dann gilt für jedes $n > N$ und $|x| \leqslant 1$ wegen $|T_k(x)| \leqslant 1$

$$|f(x) - g_n(x)| = \left| \sum_{k=n+1}^{\infty} c_k T_k(x) \right| \leqslant \sum_{k=n+1}^{\infty} |c_k| < \varepsilon. \tag{4.94}$$

Damit ist auch die Fehlerabschätzung (4.92) gezeigt. □

**Beispiel 4.9** Die Funktion $f(x) = e^x$ soll im Intervall $[-1, 1]$ durch ein Polynom $g_n(x)$ (4.87) approximiert werden. Die Entwicklungskoeffizienten sind nach (4.89) gegeben durch

$$c_k = \frac{2}{\pi} \int_0^{\pi} e^{\cos\varphi} \cos(k\varphi) \, d\varphi = 2I_k(1), \quad (k = 0, 1, 2, \ldots), \tag{4.95}$$

wo $I_k(x)$ die modifizierte $k$-te Besselfunktion darstellt [AbS 71]. Auf Grund der Potenzreihe für $I_k(x)$ erhalten wir

$$\begin{aligned}
&c_0 \doteq 2.5321317555, & &c_1 \doteq 1.1303182080, & &c_2 \doteq 0.2714953395, \\
&c_3 \doteq 0.0443368498, & &c_4 \doteq 0.0054742404, & &c_5 \doteq 0.0005429263, \\
&c_6 \doteq 0.0000449773, & &c_7 \doteq 0.0000031984, & &c_8 \doteq 0.0000001992, \\
&c_9 \doteq 0.0000000110, & &c_{10} \doteq 0.0000000006.
\end{aligned} \tag{4.96}$$

Die Koeffizienten $c_k$ bilden eine rasch konvergente Nullfolge, und die zugehörige Reihe ist gleichmäßig konvergent. Die zu approximierende Funktion $f(x)$ ist beliebig oft stetig differenzierbar, so daß die Voraussetzungen von Satz 4.11 erfüllt sind. Für $g_6(x)$ erhalten wir nach (4.92) als Schranke für den Approximationsfehler

$$|f(x) - g_6(x)| \leqslant 3.409 \cdot 10^{-6} \quad \text{für alle } |x| \leqslant 1. \qquad \triangle$$

Die Entwicklungskoeffizienten $c_k$ können nur in seltenen Fällen explizit dargestellt werden, und so sind sie näherungsweise zu berechnen. Da die $c_k$ gleich den Fourierkoeffizienten $a_k$ der $(2\pi)$-periodischen Funktion $F(\varphi) = f(\cos\varphi)$ sind, stehen im Prinzip die Formeln (4.18) zur Verfügung. In jenen Formeln ist $x$ durch $\varphi$ zu ersetzen, und so erhalten wir

$$c_k^* = \frac{2}{N} \sum_{j=1}^{N} F(\varphi_j) \cos(k\varphi_j) = \frac{2}{N} \sum_{j=0}^{N-1} f(\cos\varphi_j) \cos(k\varphi_j),$$

$$\varphi_j = \frac{2\pi}{N} j, \quad N \in \mathbb{N}, \quad \left( k = 0, 1, 2, \ldots, \left[\frac{N}{2}\right] \right). \tag{4.97}$$

Diese Näherungswerte $c_k^*$ lassen sich für kleinere Werte $N$ mit dem Algorithmus von Runge und für größere $N$ mit der schnellen Fouriertransformation effizient berechnen. Im Algorithmus von Runge müssen die Differenzen $d_j$ in (4.42) und alle daraus abgeleiteten Größen nicht berechnet werden. Da nämlich $F(\varphi)$ eine gerade Funktion ist, sind die Koeffizienten $b_k^*$ gleich Null. Eine Ausnützung dieses Sachverhaltes in der FFT erfordert umfangreichere Maßnahmen.
Zur direkten Berechnung der Koeffizienten $c_k^*$ für nicht zu großes $N = 2m$, $m \in \mathbb{N}$, kann die Summation vereinfacht werden. Da $F(\varphi)$ eine gerade, $(2\pi)$-periodische Funktion

## 4 Funktionsapproximation

ist, gilt ja $F(\varphi_j) = F(\varphi_{N-j})$. Indem wir im wesentlichen die erste Rungesche Faltung (4.41) anwenden, erhalten wir aus (4.97)

$$c_k^* = \frac{2}{N}\{f(\cos\varphi_0)\cos(k\varphi_0) + 2\sum_{j=1}^{m-1} f(\cos\varphi_j)\cos(k\varphi_j) + f(\cos\varphi_m)\cos(k\varphi_m)\}$$

$$= \frac{2}{2m}\{f(1) + 2\sum_{j=1}^{m-1} f(\cos\varphi_j)\cos(k\varphi_j) + f(-1)\cos(k\pi)\}$$

und damit die Darstellung

$$\boxed{c_k^* = \frac{2}{m}\left\{\frac{1}{2}(f(1) + f(-1)\cos(k\pi)) + \sum_{j=1}^{m-1} f\left(\cos\left(\frac{j\pi}{m}\right)\right)\cos\left(\frac{kj\pi}{m}\right)\right\},}$$
$$(k = 0, 1, 2, \ldots, n), n \leq m.$$

(4.98)

Die Rechenvorschrift (4.98) ist interpretierbar als summierte Trapezregel zur genäherten Berechnung des Integrals in (4.89) bei Unterteilung des Integrationsintervalls $[0, \pi]$ in $m$ Teilintervalle.

Falls die im Intervall $[-1, 1]$ stetige Funktion $f(x)$ auch eine stückweise stetige erste Ableitung besitzt, so besteht zwischen den Näherungen $c_k^*$ und den exakten Koeffizienten $c_k$ nach (4.32) die Beziehung

$$\boxed{c_k^* = c_k + c_{N-k} + c_{N+k} + c_{2N-k} + c_{2N+k} + \ldots, \quad (k = 0, 1, \ldots, n \leq m); N = 2m.}$$

(4.99)

Unter der Voraussetzung, daß das asymptotisch gültige Gesetz über das Verhalten der Koeffizienten $c_k$ einer gegebenen Funktion bekannt ist, kann der Fehler $|c_k^* - c_k|$ bei gegebenem $N$ abgeschätzt werden oder der erforderliche Wert von $N$ bestimmt werden, um den Fehler hinreichend klein zu machen.

**Beispiel 4.10** Die Koeffizienten $c_k$ der T-Entwicklung der Funktion $f(x) = e^x$ konvergieren rasch gegen Null. Da $c_{11} \doteq 2.50 \cdot 10^{-11}$ und $c_{12} \doteq 1.04 \cdot 10^{-12}$ sind und für die weiteren Koeffizienten $|c_k| < 10^{-13}$, $k \geq 13$ gilt, folgt aus (4.99), daß bereits für $m = 12$, d. h. $N = 24$ die Formel (4.98) die ersten elf Entwicklungskoeffizienten mit einer Genauigkeit von zehn Dezimalstellen nach dem Komma liefert. Es gilt sogar

$$|c_k^* - c_k| \leq |c_{24-k}| + |c_{24+k}| + \ldots < 10^{-13} \quad \text{für } k = 0, 1, \ldots, 10. \qquad \triangle$$

Wir betrachten noch die Aufgabe, den Wert eines approximierenden Polynoms $g_n(x)$ in der Darstellung (4.87) effizient und numerisch stabil zu berechnen. Die naheliegende Idee, zu gegebenem $x$ die Werte der T-Polynome mit Hilfe der Rekursionsformel (4.84) sukzessive zu ermitteln und damit die Partialsummen zu bilden, führt zu einer instabilen Methode. Es zeigt sich, daß es besser ist, die endliche T-Reihe (4.87) unter Verwendung der Rekursionsformel (4.84) rückwärts abzubauen, d. h. mit dem letzten Term zu beginnen. Wir stellen den Algorithmus im Fall $n = 5$ dar.

$$g_5(x) = \frac{1}{2} c_0 T_0 + c_1 T_1 + c_2 T_2 + c_3 T_3 + c_4 T_4 + c_5 T_5$$

$$= \frac{1}{2} c_0 T_0 + c_1 T_1 + c_2 T_2 + (c_3 - c_5) T_3 + (c_4 + 2xc_5) T_4$$

Mit der Substitution $d_4 := c_4 + 2xc_5$ ergibt der nachfolgende Schritt

$$g_5(x) = \frac{1}{2} c_0 T_0 + c_1 T_1 + (c_2 - d_4) T_2 + (c_3 + 2xd_4 - c_5) T_3.$$

Jetzt setzen wir $d_3 := c_3 + 2xd_4 - c_5$ und erhalten in analoger Fortsetzung mit den entsprechenden Definitionen weiter

$$g_5(x) = \frac{1}{2} c_0 T_0 + (c_1 - d_3) T_1 + (c_2 + 2xd_3 - d_4) T_2$$

$$= \left(\frac{1}{2} c_0 - d_2\right) T_0 + (c_1 + 2xd_2 - d_3) T_1 = \left(\frac{1}{2} c_0 - d_2\right) T_0 + d_1 T_1.$$

Wegen $T_0(x) = 1$ und $T_1(x) = x$ erhalten wir schließlich

$$g_5(x) = \frac{1}{2} c_0 + xd_1 - d_2 = \frac{1}{2} \{(c_0 + 2xd_1 - d_2) - d_2\} = \frac{1}{2}(d_0 - d_2).$$

Aus den gegebenen T-Koeffizienten $c_0, c_1, \ldots, c_n$ sind die Werte $d_{n-1}, d_{n-2}, \ldots, d_0$ rekursiv zu berechnen. Der Wert des Polynoms $g_n(x)$ ergibt sich dann als halbe Differenz von $d_0$ und $d_2$. Der Algorithmus von Clenshaw [Cle55] zur Berechnung des Wertes $g_n(x)$ zu gegebenem $x$ lautet zusammengefaßt:

$$\boxed{\begin{aligned}&d_n = c_n; \quad y = 2 \times x; \quad d_{n-1} = c_{n-1} + y \times c_n \\ &\text{für } k = n-2, n-3, \ldots, 0: \\ &\quad d_k = c_k + y \times d_{k+1} - d_{k+2} \\ &g_n(x) = (d_0 - d_2)/2\end{aligned}} \qquad (4.100)$$

Der Rechenaufwand zur Auswertung von $g_n(x)$ für einen Argumentwert $x$ beträgt nur $(n+2)$ Multiplikationen. Der Algorithmus (4.100) ist stabil, da gezeigt werden kann, daß der totale Fehler in $g_n(x)$ höchstens gleich der Summe der Beträge der Rundungsfehler ist, die bei der Berechnung der $d_k$ auftreten [FoP68].

### 4.3.2 Tschebyscheffsche Interpolation

Zur Funktionsapproximation mit Hilfe von T-Polynomen ist ein bestimmtes Interpolationspolynom im Vergleich zur endlichen T-Reihe oft ebenso zweckmäßig. Um das Vorgehen zu motivieren, benötigen wir folgenden

## 4 Funktionsapproximation

**Satz 4.12** *Unter allen Polynomen $P_n(x)$ von Grad $n \geq 1$, deren Koeffizient von $x^n$ gleich Eins ist, hat $T_n(x)/2^{n-1}$ die kleinste Maximumnorm im Intervall $[-1, 1]$, d. h. es gilt*

$$\min_{P_n(x)} \left\{ \max_{x \in [-1,1]} |P_n(x)| \right\} = \max_{x \in [-1,1]} \left| \frac{1}{2^{n-1}} T_n(x) \right| = \frac{1}{2^{n-1}}. \tag{4.101}$$

Beweis. Wir zeigen die Minimax-Eigenschaft (4.101) des $n$-ten T-Polynoms $T_n(x)$ indirekt. Wir nehmen an, es existiere ein Polynom $P_n(x)$ mit Höchstkoeffizient Eins, so daß $|P_n(x)| < 1/2^{n-1}$ für alle $x \in [-1, 1]$ gilt. Unter dieser Annahme gelten für die $(n+1)$ Extremalstellen $x_k^{(e)}$(4.82) von $T_n(x)$ die folgenden Ungleichungen

$$P_n(x_0^{(e)}) < T_n(x_0^{(e)})/2^{n-1} = 1/2^{n-1},$$
$$P_n(x_1^{(e)}) > T_n(x_1^{(e)})/2^{n-1} = -1/2^{n-1},$$
$$P_n(x_2^{(e)}) < T_n(x_2^{(e)})/2^{n-1} = 1/2^{n-1}, \quad \text{u.s.f.}$$

Folglich nimmt das Differenzpolynom

$$Q(x) := P_n(x) - T_n(x)/2^{n-1}$$

an den in abnehmender Reihenfolge angeordneten $(n+1)$ Extremalstellen $x_0^{(e)} > x_1^{(e)} > \ldots > x_n^{(e)}$ Werte mit alternierenden Vorzeichen an. Aus Stetigkeitsgründen besitzt $Q(x)$ (mindestens) $n$ verschiedene Nullstellen. Da aber sowohl $P_n(x)$ als auch $T_n(x)/2^{n-1}$ den Höchstkoeffizienten Eins haben, ist der Grad von $Q(x)$ höchstens gleich $(n-1)$. Wegen des Hauptsatzes der Algebra ist dies ein Widerspruch. □

Die Minimax-Eigenschaft der T-Polynome besitzt eine wichtige Anwendung im Zusammenhang mit der Polynominterpolation. Wird eine mindestens $(n+1)$-mal stetig differenzierbare Funktion $f(x)$ im Intervall $[-1, 1]$ durch ein Interpolationspolynom $P_n(x)$ approximiert, so gilt nach (3.38) mit $M_{n+1} := \max_{-1 \leq \xi \leq 1} |f^{(n+1)}(\xi)|$ für den Approximationsfehler die Ungleichung

$$|f(x) - P_n(x)| \leq \frac{M_{n+1}}{(n+1)!} |(x - x_0)(x - x_1) \ldots (x - x_n)|, \quad x \in [-1, 1].$$

Die $(n+1)$ Stützstellen $x_0, x_1, \ldots, x_n$ sollen jetzt so gewählt werden, daß

$$\max_{-1 \leq x \leq 1} |(x - x_0)(x - x_1) \ldots (x - x_n)| = \text{Min!}$$

gilt. Die Funktion $\varphi(x) := (x - x_0)(x - x_1) \ldots (x - x_n)$ stellt ein Polynom vom Grad $(n+1)$ mit dem Höchstkoeffizienten Eins dar. Nach Satz 4.12 ist sein Betrags-Maximum für alle $x \in [-1, 1]$ genau dann minimal, falls die $(n+1)$ Stützstellen gleich den $(n+1)$ Nullstellen von $T_{n+1}(x)$ sind. Es gilt dann $\max |\varphi(x)| = 2^{-n}$. Für das Interpolationspolynom $P_n^*(x)$, dessen Stützstellen gleich den Tschebyscheff-Abszissen zum $(n+1)$-ten T-Polynom sind, erhält man somit die kleinstmögliche Schranke für den Interpolationsfehler

$$\boxed{|f(x) - P_n^*(x)| \leq \frac{M_{n+1}}{2^n \cdot (n+1)!}, \quad x \in [-1, 1].} \tag{4.102}$$

## 4.3 Orthogonale Polynome

Das Ergebnis (4.102) bedeutet aber nicht, daß das Interpolationspolynom $P_n^*(x)$ das Polynom bester Approximation im Tschebyscheffschen Sinn darstellt, denn in der jetzt gültigen Darstellung des Interpolationsfehlers (3.35)

$$f(x) - P_n^*(x) = \frac{f^{(n+1)}(\xi)}{2^n \cdot (n+1)!} T_{n+1}(x), \quad x \in [-1, 1] \tag{4.103}$$

ist $\xi$ von $x$ abhängig.

In den Abschnitten 3.2 und 3.4 sind wir bereits ausführlich auf die Polynominterpolation eingegangen. Für das Polynom $P_n^*(x)$ zu den Tschebyscheff-Abszissen ist jetzt die folgende Darstellung als Linearkombination von T-Polynomen besonders vorteilhaft.

$$P_n^*(x) = \frac{1}{2} \gamma_0 T_0(x) + \sum_{k=1}^{n} \gamma_k T_k(x) \tag{4.104}$$

Zur Bestimmung der Koeffizienten $\gamma_0, \gamma_1, \ldots, \gamma_n$ aus den $(n+1)$ Interpolationsbedingungen

$$\frac{1}{2} \gamma_0 T_0(x_l) + \sum_{k=1}^{n} \gamma_k T_k(x_l) = f(x_l), \quad (l = 1, 2, \ldots, n+1) \tag{4.105}$$

an den Tschebyscheff-Abszissen $x_l = \cos\left(\frac{2l-1}{n+1} \frac{\pi}{2}\right)$ von $T_{n+1}(x)$ benötigen wir eine diskrete Orthogonalitätseigenschaft der T-Polynome.

**Satz 4.13** *Es seien $x_l$ die $(n+1)$ Nullstellen von $T_{n+1}(x)$. Dann gelten*

$$\sum_{l=1}^{n+1} T_k(x_l) T_j(x_l) = \begin{cases} 0 & \text{falls } k \neq j \\ \frac{1}{2}(n+1) & \text{falls } k = j > 0 \\ n+1 & \text{falls } k = j = 0 \end{cases} \quad 0 \leq k, j \leq n \tag{4.106}$$

Beweis. Wegen (4.80) und (4.83) sind die Werte der T-Polynome an den Tschebyscheff-Abszissen

$$T_k(x_l) = \cos(k \cdot \arccos(x_l)) = \cos\left(k \frac{2l-1}{n+1} \frac{\pi}{2}\right) = \cos\left(k\left(l - \frac{1}{2}\right)h\right),$$

$$h := \frac{\pi}{n+1}.$$

## 4 Funktionsapproximation

Zur Verwendung von bekannten trigonometrischen Identitäten folgt

$$\sum_{l=1}^{n+1} T_k(x_l)T_j(x_l) = \sum_{l=1}^{n+1} \cos\left(kh\left(l-\frac{1}{2}\right)\right)\cos\left(jh\left(l-\frac{1}{2}\right)\right)$$

$$= \frac{1}{2}\sum_{l=1}^{n+1}\left\{\cos\left((k-j)h\left(l-\frac{1}{2}\right)\right) + \cos\left((k+j)h\left(l-\frac{1}{2}\right)\right)\right\}$$

$$= \frac{1}{2}\operatorname{Re}\left\{\sum_{l=1}^{n+1} e^{i(k-j)h\left(l-\frac{1}{2}\right)} + \sum_{l=1}^{n+1} e^{i(k+j)h\left(l-\frac{1}{2}\right)}\right\}. \quad (4.107)$$

Die beiden Summen stellen je endliche geometrische Reihen mit den Quotienten $q_1 = e^{i(k-j)h}$ beziehungsweise $q_2 = e^{i(k+j)h}$ dar. Wir betrachten zuerst den Fall $k \neq j$. Da $0 \leqslant k \leqslant n$ und $0 \leqslant j \leqslant n$ gelten, folgen die Ungleichungen $0 < |k-j| \leqslant n$ und $0 < k+j < 2n$. Deshalb sind wegen

$$\frac{\pi}{n+1} \leqslant |(k-j)h| \leqslant \frac{n\pi}{n+1}, \qquad \frac{\pi}{n+1} \leqslant (k+j)h < \frac{2\pi n}{n+1}$$

$q_1 \neq 1$ und $q_2 \neq 1$. Für die erste Summe ergibt sich somit

$$\sum_{l=1}^{n+1} e^{i(k-j)h\left(l-\frac{1}{2}\right)} = e^{\frac{1}{2}i(k-j)h} \cdot \frac{e^{i(k-j)h(n+1)} - 1}{e^{i(k-j)h} - 1} = \frac{(-1)^{k-j} - 1}{2i\sin\left(\frac{1}{2}(k-j)\frac{\pi}{n+1}\right)}$$

ein rein imaginärer oder verschwindender Wert. Dasselbe gilt für die zweite Summe, so daß der Realteil in (4.107) auf jeden Fall gleich Null ist. Damit ist die erste Zeile von (4.106) gezeigt.

Für $k = j > 0$ ist die erste Summe in (4.107) gleich $(n+1)$, während die zweite den Wert Null hat. Im Fall $k = j = 0$ sind alle Summanden der beiden Summen in (4.107) gleich Eins. Damit sind die beiden letzten Aussagen von (4.106) gezeigt. □

Die Relationen (4.106) bedeuten für die Matrix des linearen Gleichungssystems (4.105), daß ihre Spaltenvektoren paarweise orthogonal sind. Die Unbekannten $\gamma_0, \gamma_1, \ldots, \gamma_n$ lassen sich aus diesem Grund explizit als Lösung von (4.105) angeben. Dazu multiplizieren wir die $l$-te Gleichung von (4.105) mit $T_j(x_l)$, wo $j$ ein fester Index mit $0 \leqslant j \leqslant n$ sein soll. Dann addieren wir alle $(n+1)$ Gleichungen und erhalten unter Berücksichtigung von (4.106) nach einer Indexsubstitution für die Koeffizienten $\gamma_k$ die Darstellung

$$\boxed{\gamma_k = \frac{2}{n+1}\sum_{l=1}^{n+1} f(x_l)T_k(x_l) = \frac{2}{n+1}\sum_{l=1}^{n+1} f\left(\cos\left(\frac{2l-1}{n+1}\frac{\pi}{2}\right)\right)\cos\left(k\frac{2l-1}{n+1}\frac{\pi}{2}\right),}$$
$(k = 0, 1, \ldots, n).$

(4.108)

## 4.3 Orthogonale Polynome

Die Entwicklungskoeffizienten $\gamma_k$ des interpolierenden Polynoms $P_n^*(x)$ bezüglich der Tschebyscheff-Abszissen von $T_{n+1}(x)$ unterscheiden sich von den Näherungskoeffizienten $c_k^*$ (4.98). Auch mit diesen Koeffizienten kann ein Polynom $n$-ten Grades

$$g_n^*(x) := \frac{1}{2} c_0^* T_0(x) + \sum_{k=1}^{n-1} c_k^* T_k(x) + \frac{1}{2} c_n^* T_n(x) \tag{4.109}$$

gebildet werden, welches im Fall $n = m = \dfrac{N}{2}$ wegen Satz 4.5 die interpolierende Eigenschaft an den $(n+1)$ Extremalstellen $x_j^{(e)} = \cos\left(\dfrac{j\pi}{n}\right)$ von $T_n(x)$ hat. In diesem Fall bilden die Intervallendpunkte $\pm 1$ Stützstellen des Interpolationspolynoms $g_n^*(x)$. Für $g_n^*(x)$ gilt die Abschätzung (4.102) des Interpolationsfehlers nicht.

**Beispiel 4.11** Für die Funktion $f(x) = e^x$ erhalten wir für die Koeffizienten $\gamma_k$ des an den Tschebyscheff-Abszissen interpolierenden Polynoms $P_6^*(x)$ nach (4.108) die Werte

$\gamma_0 \doteq 2.5321317555,$ $\quad \gamma_1 \doteq 1.1303182080,$ $\quad \gamma_2 \doteq 0.2714953395,$

$\gamma_3 \doteq 0.0443368498,$ $\quad \gamma_4 \doteq 0.0054742399,$ $\quad \gamma_5 \doteq 0.0005429153,$

$\gamma_6 \doteq 0.0000447781.$

Im Vergleich zu den Entwicklungskoeffizienten $c_k$ (4.96) unterscheiden sich nur die letzten drei Koeffizienten $\gamma_4, \gamma_5$ und $\gamma_6$ von $c_4, c_5$ und $c_6$ innerhalb von zehn Dezimalstellen nach dem Komma. Der maximale Interpolationsfehler von $P_6^*(x)$ beträgt nach (4.102) wegen $M_7 = \max\limits_{-1 \leqslant x \leqslant 1} |f^{(7)}(x)| = \max\limits_{-1 \leqslant x \leqslant 1} |e^x| \doteq 2.7183$ höchstens

$$|e^x - P_6^*(x)| \leqslant 8.43 \cdot 10^{-6} \quad \text{für alle } |x| \leqslant 1.$$

Der Interpolationsfehler wird naturgemäß etwas überschätzt. Der maximale Betrag der Abweichung beträgt tatsächlich $3.620 \cdot 10^{-6}$. Das Interpolationspolynom $P_6^*(x)$ liefert eine vergleichbar gute Approximation wie $g_6(x)$. In Fig. 4.8 sind die beiden Fehlerfunktionen $\varepsilon^*(x) := e^x - P_6^*(x)$ und $\varepsilon(x) := e^x - g_6(x)$ dargestellt. △

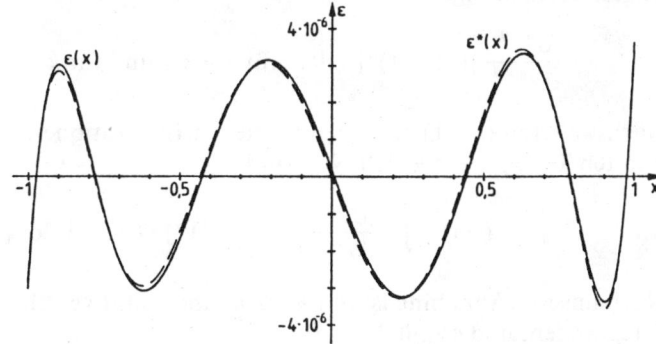

Fig. 4.8
Approximationsfehler
für $e^x$, T-Polynome

## 4 Funktionsapproximation

### 4.3.3 Die Legendre-Polynome

In diesem Abschnitt bedeutet $P_n(x)$ das $n$-te Legendre-Polynom, welches definiert ist durch

$$P_n(x) := \frac{1}{2^n \cdot n!} \frac{d^n}{dx^n} [(x^2 - 1)^n], \quad n \in \mathbb{N}_0. \tag{4.110}$$

Da der Ausdruck in der eckigen Klammer ein Polynom vom echten Grad $2n$ ist, stellt seine $n$-te Ableitung ein Polynom vom Grad $n$ dar.

**Satz 4.14** *Die Legendre-Polynome $P_n(x)$, $n = 0, 1, 2, \ldots$ bilden für das Intervall $[-1, 1]$ ein Orthogonalsystem. Es gilt*

$$\int_{-1}^{1} P_m(x) P_n(x) dx = \begin{cases} 0 & \text{falls } m \neq n \\ \dfrac{2}{2n+1} & \text{falls } m = n \end{cases} \quad m, n \in \mathbb{N}_0. \tag{4.111}$$

Beweis. Wir zeigen zuerst die Orthogonalitätseigenschaft der Legendre-Polynome und setzen ohne Einschränkung $m < n$ voraus. Dann gilt für das Integral nach partieller Integration

$$I_{m,n} := 2^m \cdot m! \, 2^n \cdot n! \int_{-1}^{1} P_m(x) P_n(x) dx = \int_{-1}^{1} \frac{d^m}{dx^m} [(x^2 - 1)^m] \cdot \frac{d^n}{dx^n} [(x^2 - 1)^n] dx$$

$$= \frac{d^m}{dx^m} [(x^2 - 1)^m] \cdot \frac{d^{n-1}}{dx^{n-1}} [(x^2 - 1)^n] \Big|_{-1}^{1} \tag{4.112}$$

$$- \int_{-1}^{1} \frac{d^{m+1}}{dx^{m+1}} \{[(x^2 - 1)^m]\} \cdot \frac{d^{n-1}}{dx^{n-1}} [(x^2 - 1)^n] dx.$$

Nun ist zu beachten, daß das Polynom $(x^2 - 1)^n$ für $x = \pm 1$ je eine $n$-fache Nullstelle besitzt. Demzufolge gilt

$$\frac{d^{n-k}}{dx^{n-k}} [(x^2 - 1)^n] = 0 \quad \text{für } x = \pm 1 \text{ und für } k = 1, 2, \ldots, n. \tag{4.113}$$

Nach weiteren $(n-1)$ analogen partiellen Integrationen erhält man, da die ausintegrierten Teile jeweils gleich Null sind

$$I_{m,n} = (-1)^n \int_{-1}^{1} \frac{d^{m+n}}{dx^{m+n}} [(x^2 - 1)^m] \cdot (x^2 - 1)^n dx. \tag{4.114}$$

Nach unserer Annahme ist $m + n > 2m$, und somit verschwindet der erste Faktor des Integranden, und es gilt $I_{m,n} = 0$.

Der zweite Teil der Behauptung (4.111) folgt aus der Darstellung (4.114) des Integrals, welche auch für $m = n$ gültig ist. Mit

$$\frac{d^{2n}}{dx^{2n}}[(x^2-1)^n] = (2n)!$$

ergibt sich aus (4.114) durch $n$-malige partielle Integration

$$I_{n,n} = (-1)^n (2n)! \int_{-1}^{1} (x-1)^n (x+1)^n dx$$

$$= (-1)^n (2n)! \left[ (x-1)^n \frac{1}{n+1}(x+1)^{n+1} \Big|_{-1}^{1} - \frac{n}{n+1} \int_{-1}^{1} (x-1)^{n-1}(x+1)^{n+1} dx \right]$$

$$\vdots$$

$$= (-1)^{2n}(2n!) \frac{n(n-1)(n-2)\ldots 1}{(n+1)(n+2)(n+3)\ldots(2n)} \int_{-1}^{1} (x+1)^{2n} dx = (n!)^2 \cdot \frac{2^{2n+1}}{2n+1}.$$

Wegen (4.112) folgt daraus die zweite Aussage von (4.111). □

Aus der Definition (4.110) der Legendre-Polynome ist klar, daß $P_n(x)$ eine gerade oder ungerade Funktion in $x$ ist entsprechend der Parität von $n$. Denn der Ausdruck in der eckigen Klammer von (4.110) ist eine gerade Funktion in $x$. Da die Ableitung einer geraden Funktion ungerade ist und umgekehrt, hat die $n$-te Ableitung die genannte Eigenschaft und es gilt

$$\boxed{P_n(-x) = (-1)^n P_n(x), \quad n \in \mathbb{N}_0.} \tag{4.115}$$

**Satz 4.15** *Das Legendre-Polynom $P_n(x)$, $n \geq 1$, besitzt im offenen Intervall $(-1, 1)$ $n$ einfache Nullstellen.*

Beweis. Ausgehend von der Tatsache, daß $(x^2 - 1)^n$ für $x = \pm 1$ je eine $n$-fache Nullstelle besitzt, folgt die Aussage durch $n$-malige Anwendung des Satzes von Rolle. Dabei ist zu beachten, daß $\frac{d^k}{dx^k}[(x^2-1)^n]$ für $x = \pm 1$ und $k = 1, 2, \ldots, n-1$ je eine $(n-k)$-fache Nullstelle aufweist. Daraus folgt die Existenz von mindestens $n$ paarweise verschiedenen Nullstellen im Innern von $[-1, 1]$. Da ein Polynom $n$-ten Grades genau $n$ Nullstellen (unter Berücksichtigung ihrer Vielfachheiten) besitzt, folgt die Behauptung. □

Die Nullstellen von $P_n(x)$ können für allgemeines $n$ nicht wie im Fall der T-Polynome durch eine geschlossene Formel angegeben werden. Ihre Werte findet man beispielsweise in [AbS 71, ScS 76, Str 74] tabelliert.

**Satz 4.16** *Drei aufeinanderfolgende Legendre-Polynome erfüllen die Rekursionsformel*

$$\boxed{P_{n+1}(x) = \frac{2n+1}{n+1} x P_n(x) - \frac{n}{n+1} P_{n-1}(x), (n = 1, 2, \ldots); \quad P_0(x) = 1, P_1(x) = x.}$$

$$\tag{4.116}$$

190     4 Funktionsapproximation

Beweis. Aus der Definition (4.110) folgt sofort $P_0(x) = 1$ und $P_1(x) = x$. Weiter zeigen wir zuerst, daß zwischen drei aufeinanderfolgenden Legendre-Polynomen eine Relation der Art (4.116) existiert, um in einem zweiten Schritt die Koeffizienten zu verifizieren. Es sei $a_n$ der Höchstkoeffizient von $P_n(x) = a_n x^n + \dots$. Dann muß eine Beziehung

$$P_{n+1}(x) - \frac{a_{n+1}}{a_n} x P_n(x) = \sum_{i=0}^{n-1} c_i P_i(x), \quad n \geqslant 1 \tag{4.117}$$

gelten, weil die linke Seite von (4.117) als Differenz von zwei Polynomen mit dem gleichen Höchstkoeffizienten wegen (4.115) ein Polynom vom Grad höchstens $(n-1)$ ist, welches sich als Linearkombination der Legendre-Polynome $P_0(x)$, $P_1(x)$, $\dots$, $P_{n-1}(x)$ darstellen läßt. Aus (4.117) folgt für jeden festen Index $j = 0, 1, \dots, n-2$

$$\int_{-1}^{1} P_j(x) P_{n+1}(x) dx - \frac{a_{n+1}}{a_n} \int_{-1}^{1} P_j(x) x P_n(x) dx = \sum_{i=0}^{n-1} c_i \int_{-1}^{1} P_j(x) P_i(x) dx. \tag{4.118}$$

Auf der linken Seite der Gleichung (4.118) sind beide Integrale wegen (4.111) gleich Null. Dabei ist zu beachten, daß $xP_j(x)$ ein Polynom vom Grad kleiner $n$ ist und somit als Linearkombination von Legendre-Polynomen mit Grad kleiner als $n$ darstellbar ist. Auf der rechten Seite bleibt wiederum wegen (4.111) nur $2c_j/(2j+1)$ stehen. Folglich gilt in (4.117) $c_0 = c_1 = \dots = c_{n-2} = 0$ und $c_{n-1} \neq 0$.
Zur Bestimmung der Koeffizienten der Rekursionsformel benötigen wir die Koeffizienten von $x^n$ und $x^{n-2}$ von $P_n(x)$. Nach (4.110) gilt

$$P_n(x) = \frac{1}{2^n \cdot n!} \left\{ \frac{d^n}{dx^n} \left( x^{2n} - \binom{n}{1} x^{2n-2} + \dots \right) \right\}$$

$$= \frac{(2n)!}{2^n \cdot (n!)^2} x^n - \frac{n \cdot (2n-2)!}{2^n \cdot n! \cdot (n-2)!} x^{n-2} + \dots . \tag{4.119}$$

Aus (4.119) ergibt sich erstens für

$$\frac{a_{n+1}}{a_n} = \frac{[2(n+1)]! \cdot 2^n \cdot (n!)^2}{2^{n+1} \cdot [(n+1)!]^2 \cdot (2n)!} = \frac{(2n+2)(2n+1)}{2(n+1)(n+1)} = \frac{2n+1}{n+1}.$$

Zweitens folgt durch Koeffizientenvergleich für $x^{n-1}$ aus (4.117)

$$-\frac{(n+1) \cdot (2n)!}{2^{n+1} \cdot (n+1)! \cdot (n-1)!} + \frac{2n+1}{n+1} \cdot \frac{n \cdot (2n-2)!}{2^n \cdot n! \cdot (n-2)!} = c_{n-1} \cdot \frac{(2n-2)!}{2^{n-1} \cdot [(n-1)!]^2},$$

und daraus durch eine einfache Rechnung

$$c_{n-1} = -\frac{n}{n+1}. \qquad \square$$

## 4.3 Orthogonale Polynome

Auf Grund der Rekursionsformel (4.116) ergeben sich die weiteren Legendre-Polynome

$$P_2(x) = \frac{1}{2}(3x^2 - 1), \qquad P_3(x) = \frac{1}{2}(5x^3 - 3x),$$

$$P_4(x) = \frac{1}{8}(35x^4 - 30x^2 + 3), \qquad P_5(x) = \frac{1}{8}(63x^5 - 70x^3 + 15x),$$

$$P_6(x) = \frac{1}{16}(231x^6 - 315x^4 + 105x^2 - 5).$$

Zur weiteren Charakterisierung der Legendre-Polynome zeigt man mit vollständiger Induktion nach $n$ mit Hilfe von (4.116)

$$\boxed{P_n(1) = 1, \qquad P_n(-1) = (-1)^n, \qquad (n = 0, 1, 2, \ldots).} \tag{4.120}$$

In Fig. 4.9 sind die Legendre-Polynome $P_2(x)$ bis $P_8(x)$ wegen (4.115) nur im Intervall $[0, 1]$ dargestellt. Ohne Beweis sei erwähnt, daß die Legendre-Polynome im Intervall $[-1, 1]$ betragsmäßig durch Eins beschränkt sind.

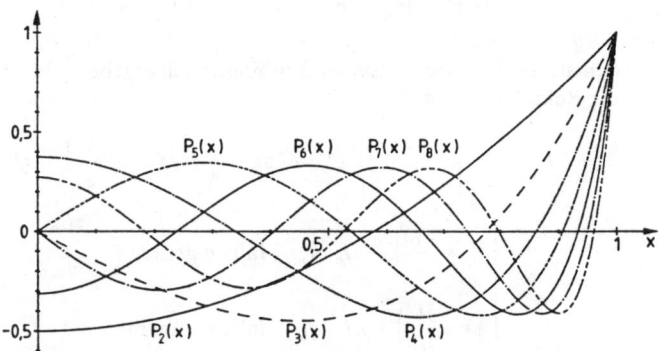

Fig. 4.9
Legendre-Polynome
$P_2(x)$ bis $P_8(x)$

Die Legendre-Polynome eignen sich dann gut, falls eine stetige Funktion $f(x)$ im Intervall $[-1, 1]$ durch ein Polynom $n$-ten Grades in der Darstellung

$$g_n(x) = \sum_{k=0}^{n} c_k P_k(x) \tag{4.121}$$

im quadratischen Mittel approximiert werden soll, so daß gilt

$$\int_{-1}^{1} [g_n(x) - f(x)]^2 dx = \text{Min!} \tag{4.122}$$

## 4 Funktionsapproximation

In Analogie zu der entsprechenden Aufgabe mit T-Polynomen bestimmen sich die Koeffizienten $c_k$ in (4.121) wegen (4.111) zu

$$c_k = \frac{2k+1}{2} \int_{-1}^{1} f(x) P_k(x) \, dx, \quad (k = 0, 1, \ldots, n). \tag{4.123}$$

Die exakte, analytische Berechnung der Integrale (4.123) ist meistens recht mühsam, und die erhaltenen Formeln unterliegen bei ihrer numerischen Auswertung oft einer starken Stellenauslöschung. Zur genäherten Berechnung der Integrale ist die **Gauß-sche Quadraturformel** (vgl. Abschnitt 8.3.2) gut geeignet, die auf den Legendre-Polynomen beruht.

**Beispiel 4.12** Es soll die Funktion $f(x) = e^x$ im Intervall $[-1, 1]$ durch ein Polynom sechsten Grades $g_6(x)$ im quadratischen Mittel approximiert werden. Die Entwicklungskoeffizienten $c_k$ des Polynoms $g_6(x)$ nach den Legendre-Polynomen sind gegeben durch (4.123)

$$c_k = \frac{2k+1}{2} \int_{-1}^{1} e^x P_k(x) \, dx, \quad (k = 0, 1, 2, \ldots, 6). \tag{4.124}$$

Um diese Integrale zu berechnen, bestimmen wir zur Vorbereitung die Hilfsintegrale

$$I_n := \int_{-1}^{1} x^n e^x \, dx, \quad (n = 0, 1, 2, \ldots, 6), \tag{4.125}$$

aus denen sich die $c_k$ durch Linearkombinationen ergeben. Durch partielle Integration erhalten wir die Rekursionsformel

$$I_n = x^n e^x \Big|_{-1}^{1} - n \int_{-1}^{1} x^{n-1} e^x \, dx = \left(e - (-1)^n \frac{1}{e}\right) - n I_{n-1}, \quad n \geq 1,$$

also
$$I_n = \begin{cases} \left(e - \dfrac{1}{e}\right) - n I_{n-1}, & \text{falls } n \text{ gerade} \\ \left(e + \dfrac{1}{e}\right) - n I_{n-1}, & \text{falls } n \text{ ungerade} \end{cases} \tag{4.126}$$

Für größere Werte von $n$ ist (4.126) für numerische Zwecke hoffnungslos instabil, da sich ein Anfangsfehler in $I_0$ mit einem Verstärkungsfaktor $n!$ auf den Wert von $I_n$ auswirkt! Die Rekursionsformel (4.126) wird numerisch stabil, falls man sie in der umgekehrten Form

$$I_{n-1} = \begin{cases} \left\{\left(e - \dfrac{1}{e}\right) - I_n\right\}/n, & \text{falls } n \text{ gerade} \\ \left\{\left(e + \dfrac{1}{e}\right) - I_n\right\}/n, & \text{falls } n \text{ ungerade} \end{cases} \tag{4.127}$$

anwendet und für ein hinreichend großes $N$ mit $I_N = 0$ startet. Um die gewünschten Integrale mit vierzehnstelliger Genauigkeit zu erhalten, genügt es $N = 24$ zu wählen. In Tab. 4.6 sind die Werte der Integrale $I_0$ bis $I_6$ zusammengestellt mit den daraus resultierenden Koeffizienten $c_0$ bis $c_6$.

Tab. 4.6 Integrale und Entwicklungskoeffizienten

| $k=$ | $I_k$ | $c_k$ |
|---|---|---|
| 0 | 2.35040238729 | 1.1752011936 |
| 1 | 0.73575888234 | 1.1036383235 |
| 2 | 0.87888462260 | 0.3578143506 |
| 3 | 0.44950740182 | 0.0704556337 |
| 4 | 0.55237277999 | 0.0099651281 |
| 5 | 0.32429736969 | 0.0010995861 |
| 6 | 0.40461816913 | 0.0000994543 |

Der Verlauf der Fehlerfunktion $\varepsilon(x) := e^x - g_6(x)$ ist in Fig. 4.10 dargestellt. Im Vergleich zur entsprechenden Approximation mit T-Polynomen ist der Betrag des Fehlers an den Enden des Intervalls gut zweimal größer, während er im Innern des Intervalls vergleichbar ist. Das unterschiedliche Verhalten der Fehlerfunktionen ist auf die Gewichtsfunktionen zurückzuführen. △

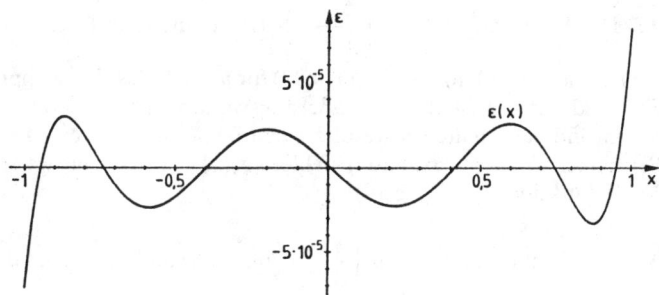

Fig. 4.10
Approximationsfehler
für $e^x$, Approximation im
quadratischen Mittel

## 4.4 Aufgaben

**4.1** Wie lauten die Fourierreihen von folgenden ($2\pi$)-periodischen Funktionen, die in der Elektrotechnik bedeutungsvoll sind?

a) $\quad f_1(x) = |\sin(x)|$, (kommutierte Sinusfunktion)

b) $\quad f_2(x) = \begin{cases} \sin(x), & 0 \leqslant x \leqslant \pi \\ 0, & \pi \leqslant x \leqslant 2\pi, \end{cases}$ (gleichgerichtete Sinusfunktion)

c) $\quad f_3(x) = \begin{cases} 1, & 0 < x < \pi \\ -1, & \pi < x < 2\pi \end{cases}$, (Rechteckfunktion)

d) $\quad f_4(x) = x - \pi, 0 < x < 2\pi$, (Sägezahnfunktion)

Aus den Fourierreihen leite man auf Grund von Satz 4.2 für geeignete Wahl von $x$ die Werte von speziellen Reihen her. Um das Konvergenzverhalten der Fourierreihen zu studieren, stelle man den Verlauf von Fourierpolynomen $g_n(x)$ für $3 \leqslant n \leqslant 8$ graphisch dar.

## 4 Funktionsapproximation

**4.2** Zu den Funktionen $f_i(x)$, $(i = 1, 2, 3, 4)$ von Aufgabe 4.1 berechne man die Näherungswerte (4.18) der Fourierkoeffizienten für $N = 8, 12, 16, 24, 32, 64$. Dazu verwende man den Algorithmus von Runge und, soweit dies möglich ist, auch die schnelle Fouriertransformation. An den erhaltenen Näherungswerten verifiziere man die Relationen (4.32) und (4.33). Wie groß muß $N$ gewählt werden, damit die Näherungswerte $a_k^*$ und $b_k^*$ die Fourierkoeffizienten $a_k$ und $b_k$ höchstens mit einem Fehler von $10^{-6}$ approximieren?

**4.3** Mit den Näherungen $a_k^*$ und $b_k^*$ der Fourierkoeffizienten der Funktionen $f_i(x)$ von Aufgabe 4.1 für $N = 16$ stelle man die zugehörigen Fourierpolynome $g_4^*(x)$ und $g_8^*(x)$ zusammen mit den Funktionen $f_i(x)$ graphisch dar. In welchem Sinn approximieren die Fourierpolynome die gegebenen Funktionen?

**4.4** Es sei $N = 2n + 1$, $n \in \mathbb{N}$. Man zeige, daß

$$g_n^*(x) := \frac{1}{2} a_0^* + \sum_{k=1}^{n} \{a_k^* \cos(kx) + b_k^* \sin(kx)\}$$

mit den Koeffizienten (4.18) das eindeutige, interpolierende Fourierpolynom zu den Stützstellen $x_j$ (4.17) mit den Stützwerten $f(x_j)$, $(j = 0, 1, \ldots, N)$ ist.

**4.5** Die Funktion $f(x) = \sin\left(\frac{\pi}{2} x\right)$ ist im Intervall $[-1, 1]$ durch eine Entwicklung nach Tschebyscheff-Polynomen $g_n(x)$ (4.87) für $n = 3, 5, 7, 9, 11$ zu approximieren. Man berechne die Entwicklungskoeffizienten $c_k$ näherungsweise als Fourierkoeffizienten mit $N = 32$ und schätze auf Grund der erhaltenen Resultate den Fehler in den Koeffizienten $c_k^*$ ab. Wie groß sind die Schranken der Approximationsfehler $|g_n(x) - f(x)|$? Welches ist der qualitative Verlauf der Fehlerfunktionen $\varepsilon_n(x) = g_n(x) - f(x)$?

**4.6** Zur Funktion $f(x) = \sin\left(\frac{\pi}{2} x\right)$ im Intervall $[-1, 1]$ sind die interpolierenden Polynome $P_n^*(x)$ für $n = 3, 5, 7, 9, 11$ bezüglich der Tschebyscheff-Abszissen zu bestimmen und die Schranken des maximalen Interpolationsfehlers anzugeben. Diese sind mit den Schranken der Approximationsfehler von Aufgabe 4.5 zu vergleichen, und die Fehlerfunktionen $\varepsilon_n^*(x) = P_n^*(x) - f(x)$ sollen graphisch dargestellt werden.

**4.7** Zur Funktion $f(x) = 1/(1 + 25x^2)$ im Intervall $[-1, 1]$ (Beispiel von Runge) sind die interpolierenden Polynome $P_n^*(x)$ für $n = 6, 8, 10, 12, 14, 16$ bezüglich der Tschebyscheff-Abszissen als Entwicklungen nach T-Polynomen zu bestimmen und graphisch darzustellen. Beachten Sie das Konvergenzverhalten der interpolierenden Polynome mit zunehmendem $n$.

**4.8** Die Funktion $f(x) = \sin\left(\frac{\pi}{2} x\right)$ ist für $n = 3, 5, 7, 9$ im Intervall $[-1, 1]$ durch ein Polynom $n$-ten Grades in der Form einer Entwicklung nach Legendre-Polynomen im quadratischen Mittel zu approximieren. Die Entwicklungskoeffizienten $c_k$ können unter Verwendung von Rekursionsformeln für Integrale explizit angegeben werden. Sind die resultierenden Formeln für die numerische Auswertung besonders gut geeignet? Man vergleiche die Koeffizienten der approximierenden Polynome $g_n(x)$ mit den entsprechenden der abgebrochenen Taylorreihen $t_n(x)$ von $f(x)$. Schließlich stelle man die Fehlerfunktionen $\varepsilon_n(x) = g_n(x) - f(x)$ und $\delta_n(x) = t_n(x) - f(x)$ dar und bestimme daraus das Verhältnis der maximalen Fehlerbeträge.

**4.9** Die Laguerre-Polynome $L_n(x)$ können definiert werden durch

$$L_n(x) := e^x \frac{d^n}{dx^n}(x^n e^{-x}), \quad (n = 0, 1, 2, \ldots).$$

a) Wie lauten die Laguerre-Polynome $L_0(x), L_1(x), \ldots, L_6(x)$? Man zeige, daß $L_n(x)$ auf Grund der Definition ein Polynom vom echten Grad $n$ ist, und daß die allgemeine Darstellung gilt

$$L_n(x) = n! \sum_{j=0}^{n} \binom{n}{j} \frac{(-x)^j}{j!}, \quad (n = 0, 1, 2, \ldots).$$

b) Man zeige die Orthogonalitätseigenschaft der $L_n(x)$

$$\int_0^\infty e^{-x} L_i(x) L_j(x) dx = 0 \quad \text{für alle } i \neq j, \, i, j \in \mathbb{N}_0.$$

Wie groß ist die Normierungskonstante?

c) Man beweise, daß das Laguerre-Polynom $L_n(x)$ im Intervall $(0, \infty)$ $n$ einfache Nullstellen besitzt.

d) Man zeige, daß die Rekursionsformel gilt

$$L_{n+1}(x) = (2n + 1 - x)L_n(x) - n^2 L_{n-1}(x), \quad (n = 1, 2, 3, \ldots).$$

# 5 Nichtlineare Gleichungen

Als Teilaufgabe zur Behandlung komplexer Probleme sind oft die Lösungen einer nichtlinearen Gleichung oder eines Systems von nichtlinearen Gleichungen zu bestimmen. Dazu sind iterative Verfahren notwendig, welche eine gesuchte Lösung als Grenzwert einer Folge von Näherungen liefern. Als theoretische Grundlage für das Studium der Konvergenzeigenschaften werden wir zuerst den Banachschen Fixpunktsatz in allgemeiner Formulierung bereitstellen. Für die Brauchbarkeit und Effizienz eines Verfahrens ist das Konvergenzverhalten der Näherungsfolge gegen die Lösung entscheidend. Unter diesem Gesichtspunkt werden einige Methoden zur Bestimmung einer Lösung einer nichtlinearen Gleichung in einer Unbekannten entwickelt und betrachtet. Anschließend werden die Überlegungen auf Systeme übertragen. Als wichtigen Spezialfall und teilweise als Anwendung der Methoden behandeln wir abschließend die Berechnung von Polynom-Nullstellen.

## 5.1 Banachscher Fixpunktsatz

Eine große Klasse von Iterationsverfahren hat die Form

$$x^{(k+1)} = F(x^{(k)}), \quad (k = 0, 1, 2, \ldots),  \qquad (5.1)$$

wo $x^{(k)}$ eine reelle Zahl, ein Vektor oder auch eine Funktion mit bestimmten Eigenschaften sein kann und $F(x)$ eine Abbildung der betreffenden Menge in sich darstellt. Mit (5.1) wird zu einem gegebenen Startwert $x^{(0)}$ eine Folge von Iterierten $x^{(k)}$ definiert mit dem Ziel, die Gleichung

$$x = F(x) \qquad (5.2)$$

zu lösen. Die gesuchte Lösung $x$ stellt einen Fixpunkt der Abbildung $F(x)$ dar, und deshalb bezeichnet man (5.2) als Fixpunktgleichung. Die Iterationsvorschrift (5.1) nennt man Fixpunktiteration, oder man spricht auch von der Methode der sukzessiven Approximation. Da in (5.1) zur Definition des Folgeelementes $x^{(k+1)}$ nur das Element $x^{(k)}$ benötigt wird, und da die angewandte Rechenvorschrift von $k$ unabhängig sein soll, findet man in der Literatur auch die präzisierende Bezeichnung als einstelliges, stationäres Iterationsverfahren.

Zur einheitlichen theoretischen Behandlung der Iterationsverfahren (5.1) legt man den Betrachtungen einen Banach-Raum zugrunde.

## 5.1 Banachscher Fixpunktsatz

**Definition 5.1** *Unter einem* Banach-Raum *B versteht man einen Vektorraum über einem Körper* $\mathbb{K}(=\mathbb{R}, \mathbb{C})$, *für dessen Elemente x eine Norm gegeben ist mit den Eigenschaften*

$\|x\| \geq 0$ \hspace{2em} *für alle* $x \in B$,

$\|x\| = 0 \Leftrightarrow x = 0$,

$\|\gamma x\| = |\gamma| \cdot \|x\|$ \hspace{2em} *für alle* $\gamma \in \mathbb{K}, x \in B$,

$\|x + y\| \leq \|x\| + \|y\|$ \hspace{2em} *für alle* $x, y \in B$,

*so daß jede Cauchy-Folge* $x^{(k)}$ *aus B konvergiert und der Grenzwert in B liegt.*

Der Körper der reellen Zahlen $\mathbb{R}$ mit dem Betrag als Norm ist ein Banach-Raum. Allgemeiner ist der $n$-dimensionale reelle Vektorraum $\mathbb{R}^n$ mit irgendeiner Vektornorm $\|x\|$ ein Banach-Raum. Schließlich bildet auch die Menge der stetigen Funktionen über einem abgeschlossenen Intervall $I = [a, b]$, d. h. $C(I)$ mit der Norm

$$\|f\| := \max_{x \in I} |f(x)|, \quad f(x) \in C(I) \tag{5.3}$$

einen Banach-Raum.

**Definition 5.2** *Für eine abgeschlossene Teilmenge* $A \subset B$ *eines Banach-Raumes B sei eine Abbildung* $F: A \to A$ *von A in A gegeben. Die Abbildung F heißt* Lipschitz-stetig *auf A mit der Lipschitz-Konstanten* $0 < L < \infty$, *wenn gilt*

$$\|F(x) - F(y)\| \leq L \|x - y\| \quad \textit{für alle } x, y \in A. \tag{5.4}$$

*Die Abbildung F nennt man* kontrahierend *auf A, falls die Lipschitz-Konstante in (5.4) $L < 1$ ist.*

**Satz 5.1** (*Banachscher Fixpunktsatz*) *Es sei A eine abgeschlossene Teilmenge eines Banach-Raumes B und* $F: A \to A$ *eine kontrahierende Abbildung* ($L < 1$). *Dann gelten*
a) *Die Abbildung F besitzt genau einen Fixpunkt* $s \in A$.
b) *Für jeden Startwert* $x^{(0)} \in A$ *konvergiert die durch (5.1) definierte Folge* $x^{(k)}$ *gegen den Fixpunkt s.*
c) *Es gilt die Fehlerabschätzung*

$$\|s - x^{(k)}\| \leq \frac{L^{k-l}}{1-L} \|x^{(l+1)} - x^{(l)}\| \quad \textit{für } 0 \leq l < k. \tag{5.5}$$

Beweis. Als Vorbereitung stellen wir eine Abschätzung für die Norm der Differenz von zwei aufeinanderfolgenden Elementen der Iterationsfolge $x^{(k)}$ bereit.

$$\|x^{(k+1)} - x^{(k)}\| = \|F(x^{(k)}) - F(x^{(k-1)})\| \leq L \|x^{(k)} - x^{(k-1)}\|$$
$$= L \|F(x^{(k-1)}) - F(x^{(k-2)})\| \leq L^2 \|x^{(k-1)} - x^{(k-2)}\| = \ldots$$

Daraus folgt allgemein

$$\|x^{(k+1)} - x^{(k)}\| \leq L^{k-l} \|x^{(l+1)} - x^{(l)}\| \quad \textit{für } 0 \leq l \leq k. \tag{5.6}$$

Um die Existenz eines Fixpunktes nachzuweisen, zeigen wir als erstes, daß die durch (5.1) erzeugte Folge $x^{(k)}$ für ein beliebiges $x^{(0)} \in A$ konvergiert. Die $x^{(k)}$ bilden eine Cauchy-Folge, denn für beliebige $m \geqslant 1$ und $k \geqslant 1$ gilt wegen (5.6) mit $l=0$

$$\|x^{(k+m)} - x^{(k)}\| = \|x^{(k+m)} - x^{(k+m-1)} + x^{(k+m-1)} - + \ldots - x^{(k)}\|$$

$$\leqslant \sum_{\mu=k}^{k+m-1} \|x^{(\mu+1)} - x^{(\mu)}\| \leqslant L^k(L^{m-1} + L^{m-2} + \ldots + L + 1)\|x^{(1)} - x^{(0)}\|$$

$$= L^k \frac{1-L^m}{1-L} \|x^{(1)} - x^{(0)}\|. \tag{5.7}$$

Auf Grund der Voraussetzung $L<1$ existiert somit zu jedem $\varepsilon > 0$ ein $N \in \mathbb{N}$, so daß für $k \geqslant N$ und $m \geqslant 1$ $\|x^{(k+m)} - x^{(k)}\| < \varepsilon$ ist. Deshalb besitzt die Folge $x^{(k)}$ in der abgeschlossenen Teilmenge $A$ einen Grenzwert

$$s := \lim_{k \to \infty} x^{(k)}, \quad s \in A.$$

Infolge der Lipschitz-Stetigkeit der Abbildung $F$ gilt weiter

$$F(s) = F(\lim_{k \to \infty} x^{(k)}) = \lim_{k \to \infty} F(x^{(k)}) = \lim_{k \to \infty} x^{(k+1)} = s.$$

Damit ist nicht allein die Existenz eines Fixpunktes $s \in A$ nachgewiesen, sondern gleichzeitig auch die Konvergenz der Folge $x^{(k)}$ gegen einen Fixpunkt.
Die Eindeutigkeit des Fixpunktes zeigen wir indirekt. Es seien $s_1 \in A$ und $s_2 \in A$ zwei Fixpunkte der Abbildung $F$ mit $\|s_1 - s_2\| > 0$. Da $s_1 = F(s_1)$ und $s_2 = F(s_2)$ gelten, führt dies wegen $\|s_1 - s_2\| = \|F(s_1) - F(s_2)\| \leqslant L\|s_1 - s_2\|$ auf den Widerspruch $L \geqslant 1$.
Wird in (5.7) die Abschätzung (5.6) für einen festen Wert $l < k$ angewandt, erhalten wir

$$\|x^{(k+m)} - x^{(k)}\| \leqslant L^{k-l} \left\{ \frac{1-L^m}{1-L} \right\} \|x^{(l+1)} - x^{(l)}\|, \quad m \geqslant 1. \tag{5.8}$$

In (5.8) halten wir $k$ und $l$ fest und lassen $m \to \infty$ streben. Wegen $\lim_{m \to \infty} x^{(k+m)} = s$ und $L<1$ ergibt sich aus (5.8) die Fehlerabschätzung (5.5). □

Aus (5.5) ergeben sich zwei für die Rechenpraxis nützliche Abschätzungen, falls die Lipschitz-Konstante $L$ wenigstens näherungsweise bekannt ist. Für $l=0$ erhalten wir die a priori Fehlerabschätzung

$$\boxed{\|s - x^{(k)}\| \leqslant \frac{L^k}{1-L} \|x^{(1)} - x^{(0)}\|, \quad (k=1, 2, \ldots).} \tag{5.9}$$

Sie gestattet, nach Berechnung von $x^{(1)}$ aus dem Startwert $x^{(0)}$ den Fehler von $x^{(k)}$ gegenüber $s$ mit einer absoluten Schranke vorherzusagen. Gleichzeitig besagt (5.9), daß die Norm des Fehlers $s - x^{(k)}$ mindestens wie eine geometrische Folge mit dem Quotienten $L$ abnimmt. Je kleiner die Lipschitz-Konstante ist, desto besser ist die Konvergenz der Folge $x^{(k)}$ gegen $s$.

## 5.1 Banachscher Fixpunktsatz

Setzen wir in (5.5) $l = k - 1$, so resultiert die a posteriori Fehlerabschätzung

$$\|s - x^{(k)}\| \leq \frac{L}{1 - L} \|x^{(k)} - x^{(k-1)}\|, \quad (k = 1, 2, \ldots). \tag{5.10}$$

Nach ausgeführtem $k$-tem Iterationsschritt kann damit die Abweichung von $x^{(k)}$ gegenüber $s$ abgeschätzt werden.

Die Aussage von Satz 5.1 hat in vielen praktischen Anwendungen nur lokalen Charakter, denn die abgeschlossene Teilmenge $A$ kann sehr klein sein. Auch wird es häufig schwierig sein, im konkreten Fall die Menge $A$ quantitativ zu beschreiben, und man wird sich mit der Existenz zufrieden geben müssen.

**Beispiel 5.1** Gesucht sei die Lösung der nichtlinearen Gleichung

$$x = e^{-x} =: F(x), \quad x \in \mathbb{R}, \tag{5.11}$$

d. h. der Fixpunkt der Abbildung $F: \mathbb{R} \to \mathbb{R}_+$. Um den Fixpunktsatz anwenden zu können, benötigen wir im Banach-Raum $B = \mathbb{R}$ ein abgeschlossenes Intervall $A$, für welches die Voraussetzungen zutreffen. Beispielsweise wird $A := [0.5, 0.69]$ durch die Abbildung $F$ (5.11) in sich abgebildet. Nach dem Mittelwertsatz der Differentialrechnung ist die Lipschitz-Konstante $L$ für die stetig differenzierbare Funktion $F$ gegeben durch

$$L = \max_{x \in A} |F'(x)| = \max_{x \in A} |-e^{-x}| = e^{-0.5} \doteq 0.606531 < 1.$$

Folglich ist $F$ in $A$ eine kontrahierende Abbildung, und es existiert in $A$ ein eindeutiger Fixpunkt $s$. Das Ergebnis der Fixpunktiteration ist in Tab. 5.1 für den Startwert $x^{(0)} = 0.55 \in A$ auszugsweise bei achtstelliger Dezimalrechnung wiedergegeben.

**Tab. 5.1** Fixpunktiteration

| $k$ | $x^{(k)}$ | $k$ | $x^{(k)}$ | $k$ | $x^{(k)}$ |
|---|---|---|---|---|---|
| 0 | 0.55000000 | 10 | 0.56708394 | 20 | 0.56714309 |
| 1 | 0.57694981 | 11 | 0.56717695 | 21 | 0.56714340 |
| 2 | 0.56160877 | 12 | 0.56712420 | 22 | 0.56714323 |
| 3 | 0.57029086 | 13 | 0.56715412 | 23 | 0.56714332 |
| 4 | 0.56536097 | 14 | 0.56713715 | 24 | 0.56714327 |

Auf Grund der beiden ersten Werte $x^{(0)}$ und $x^{(1)}$ kann mit der a priori Fehlerabschätzung (5.9) die Zahl $k$ der Iterationen geschätzt werden, die nötig sind, damit die Abweichung $|s - x^{(k)}| \leq \varepsilon = 10^{-6}$ ist. Man erhält aus (5.9)

$$k \geq \log\left(\frac{\varepsilon(1 - L)}{|x^{(1)} - x^{(0)}|}\right) / \log(L) \doteq 22.3 \tag{5.12}$$

eine leichte, zu erwartende Überschätzung, wie aus Tab. 5.1 ersichtlich ist.

Für den iterierten Wert $x^{(12)}$ liefert (5.9) die a priori Fehlerschranke $|s - x^{(12)}| \leq 1.70 \cdot 10^{-4}$, während (5.10) die bessere a posteriori Fehlerschranke $|s - x^{(12)}| \leq 8.13 \cdot 10^{-5}$ ergibt.

200  5 Nichtlineare Gleichungen

Da der Fixpunkt $s \doteq 0.56714329$ ist, beträgt die Abweichung tatsächlich $|s - x^{(12)}| \doteq 1.91 \cdot 10^{-5}$. Für $x^{(22)}$ erhalten wir nach (5.10) die sehr realistische Abschätzung $|s - x^{(22)}| \leqslant 2.6 \cdot 10^{-7}$, die nur etwa viermal zu groß ist. Sie zeigt, daß nicht 22 Iterationen nötig sind, um die oben geforderte absolute Genauigkeit zu erreichen. △

## 5.2 Konvergenzverhalten und Konvergenzordnung

Wir wollen das Konvergenzverhalten der durch die Fixpunktiteration erzeugten Folge $x^{(k)}$ gegen den Fixpunkt $s$ für große $k$ näher analysieren. Unter den Voraussetzungen des Fixpunktsatzes von Banach gilt ja

$$\|s - x^{(k+1)}\| = \|F(s) - F(x^{(k)})\| \leqslant L\|s - x^{(k)}\|, \quad (k = 0, 1, 2, \ldots), \quad (5.13)$$

so daß die Norm des Fehlers

$$\varepsilon^{(k)} := x^{(k)} - s, \quad (k = 0, 1, 2, \ldots) \quad (5.14)$$

in jedem Iterationsschritt mindestens um den Faktor $L < 1$ verkleinert wird. Wir betrachten im folgenden hauptsächlich den Fall $B = \mathbb{R}$ mit einer Funktion $F: \mathbb{R} \to \mathbb{R}$.

**Satz 5.2** *Gegeben sei ein abgeschlossenes Intervall $I = [a, b] \subset \mathbb{R}$ und eine Abbildung $F: I \to I$. Die Funktion $F(x)$ sei auf $I$ Lipschitz-stetig, kontrahierend und einmal stetig differenzierbar. Zudem sei $F'(x) \neq 0$ für alle $x \in I$. Dann gilt für den Fehler $\varepsilon^{(k)}$*

$$\lim_{k \to \infty} \frac{\varepsilon^{(k+1)}}{\varepsilon^{(k)}} = F'(s). \quad (5.15)$$

Beweis. Zuerst zeigen wir, daß mit $s \neq x^{(0)} \in I$ für alle $k > 0$ auch $x^{(k)} \neq s$ gilt, daß also die Fixpunktiteration den Fixpunkt $s$ nicht in endlich vielen Schritten liefern kann. Wir verifizieren diese Behauptung indirekt und nehmen an, daß ein Index $k$ existiert, für den $x^{(k-1)} \neq s$ und $x^{(k)} = s$ gilt. Aus dieser Gegenannahme folgt wegen $F(x^{(k)}) = x^{(k)}$ und dem Mittelwertsatz der Differentialrechnung

$$0 = F(x^{(k-1)}) - F(x^{(k)}) = (x^{(k-1)} - x^{(k)})F'(x^*)$$

wegen $(x^{(k-1)} - x^{(k)}) \neq 0$, daß $F'(x^*) = 0$ sein muß für ein $x^* \in I$ im Widerspruch zur Voraussetzung.

Nach dem Mittelwertsatz ist weiter

$$\varepsilon^{(k+1)} = x^{(k+1)} - s = F(x^{(k)}) - F(s) = F(s + \varepsilon^{(k)}) - F(s) = \varepsilon^{(k)}F'(s + \theta_k \varepsilon^{(k)})$$

mit $0 < \theta_k < 1$, und da $\varepsilon^{(k)} \neq 0$ ist, folgt daraus

$$\frac{\varepsilon^{(k+1)}}{\varepsilon^{(k)}} = F'(s + \theta_k \varepsilon^{(k)}), \quad (k = 0, 1, 2, \ldots).$$

Wegen den Voraussetzungen über $F(x)$ ist $\lim_{k \to \infty} x^{(k)} = s$ und somit $\lim_{k \to \infty} \varepsilon^{(k)} = 0$. Auf Grund der vorausgesetzten Stetigkeit von $F'(x)$ auf $I$ folgt die Behauptung (5.15). □

Für hinreichend große $k$ nimmt der Fehler $\varepsilon^{(k)}$ wie eine geometrische Folge mit dem Quotienten $q = F'(s)$ ab, und es gilt asymptotisch

$$\varepsilon^{(k+1)} \approx q\varepsilon^{(k)}, \quad |q| < 1, k \gg 1. \tag{5.16}$$

Da der Fehler $\varepsilon^{(k+1)}$ näherungsweise proportional zu $\varepsilon^{(k)}$ ist, heißt die Folge $x^{(k)}$ **linear konvergent**, und $|q|$ nennen wir den **Konvergenzquotienten**. Im Fall linearer Konvergenz werden asymptotisch stets gleich viele Iterationsschritte benötigt, um den Betrag von $\varepsilon^{(k)}$ auf den zehnten Teil zu reduzieren. Das bedeutet mit anderen Worten, daß nach je $m$ weiteren Iterationen je eine weitere Dezimalstelle der Näherung richtig ist. Aus $\varepsilon^{(k+m)} \approx q^m \varepsilon^{(k)}$ folgt für $m$ die Bedingung

$$m \geq \frac{-1}{\log_{10} |q|}, \quad q = F'(s). \tag{5.17}$$

Der Konvergenzquotient $|q|$ ist entscheidend für die Konvergenzgüte. Die folgende Zusammenstellung gibt dazu einen Anhaltspunkt.

| $|q| =$ | 0.316 | 0.562 | 0.681 | 0.750 | 0.794 | 0.891 | 0.944 | 0.9716 |
|---|---|---|---|---|---|---|---|---|
| $m =$ | 2 | 4 | 6 | 8 | 10 | 20 | 40 | 80 |

(5.18)

Aus Gründen der Effizienz sollte deshalb der Konvergenzquotient möglichst klein sein, damit im Fall linearer Konvergenz die Folge der Näherungen $x^{(k)}$ rasch konvergiert.

Zur Illustration der asymptotisch gültigen Aussage (5.17) betrachten wir das Beispiel 5.1. Dort ist $q = F'(s) = -e^{-s} = -s \doteq -0.5671$, und nach Tabelle (5.18) sind also etwa vier Iterationen nötig, damit in $x^{(k+4)}$ gegenüber $x^{(k)}$ eine Dezimalstelle mehr richtig ist. Gleichbedeutend damit gewinnt man mit zwölf Iterationen etwa drei weitere Dezimalstellen. In (5.12) ist diese qualitative Aussage an den Werten $x^{(0)}$, $x^{(12)}$ und $x^{(24)}$ klar ersichtlich.

Wir werden Fixpunktiterationen kennen lernen, für welche die Voraussetzungen des Satzes 5.2 nicht erfüllt sind, insbesondere wird $F'(s) = 0$ sein. Für diesen Fall haben wir den

**Satz 5.3** *Auf dem abgeschlossenen Intervall $I = [a, b]$ sei eine Abbildung $F: I \to I$ gegeben. Die Funktion $F(x)$ sei auf $I$ Lipschitz-stetig, kontrahierend und zweimal stetig differenzierbar. Ferner gelte $F'(s) = 0$ und $F''(x) \neq 0$ für alle $x \in I$. Dann gilt für $\varepsilon^{(k)}$*

$$\lim_{k \to \infty} \frac{\varepsilon^{(k+1)}}{\varepsilon^{(k)^2}} = \frac{1}{2} F''(s). \tag{5.19}$$

**Beweis.** Verwenden wir die Taylorreihenentwicklung mit Restglied, so erhalten wir für

$$\varepsilon^{(k+1)} = x^{(k+1)} - s = F(x^{(k)}) - F(s) = F(s + \varepsilon^{(k)}) - F(s)$$

$$= F(s) + \varepsilon^{(k)} F'(s) + \frac{1}{2} \varepsilon^{(k)^2} F''(s + \theta_k \varepsilon^{(k)}) - F(s) = \frac{1}{2} \varepsilon^{(k)^2} F''(s + \theta_k \varepsilon^{(k)})$$

## 5 Nichtlineare Gleichungen

mit $0 < \theta_k < 1$. Auf Grund der Voraussetzung $F''(x) \neq 0$ für alle $x \in I$ folgt aus der letzten Darstellung auch wieder, daß für $s \neq x^{(0)} \in I$ für alle $k > 0$ die Iterierten $x^{(k)} \neq s$ sind, so daß $\varepsilon^{(k)} \neq 0$ ist. Also erhalten wir

$$\frac{\varepsilon^{(k+1)}}{\varepsilon^{(k)2}} = \frac{1}{2} F''(s + \theta_k \varepsilon^{(k)}), \quad (k = 0, 1, 2, \ldots). \tag{5.20}$$

Wegen den Voraussetzungen über $F(x)$ ist $\lim\limits_{k \to \infty} \varepsilon^{(k)} = 0$, und infolge der vorausgesetzten Stetigkeit von $F''(x)$ auf $I$ folgt aus (5.20) die Behauptung (5.19). □

Unter den Voraussetzungen von Satz 5.3 gilt für hinreichend große $k$ näherungsweise die Beziehung

$$\varepsilon^{(k+1)} \approx K \varepsilon^{(k)2}, \quad K = \frac{1}{2} F''(s), k \gg 1. \tag{5.21}$$

Nach (5.21) ist $\varepsilon^{(k+1)}$ proportional zum Quadrat von $\varepsilon^{(k)}$, wobei der Proportionalitätsfaktor $K$ unabhängig von $k$ ist. Man nennt deshalb die Folge $x^{(k)}$ **quadratisch konvergent**. Die quadratische Konvergenz einer Iterationsfolge $x^{(k)}$ gegen $s$ bedeutet, daß für $|K| \approx 1$ die Anzahl der mit $s$ übereinstimmenden Dezimalstellen in $x^{(k)}$ in jedem Schritt verdoppelt wird. Für dem Betrag nach große Werte $K$ gilt dies nur noch im abgeschwächten Sinn.

**Definition 5.3** *Ein Iterationsverfahren besitzt mindestens die* Konvergenzordnung *$p \geq 1$, falls die von ihm erzeugte Folge $x^{(k)}$ so gegen den Grenzwert $s$ konvergiert, daß gilt*

$$\limsup_{k \to \infty} \frac{\|x^{(k+1)} - s\|}{\|x^{(k)} - s\|^p} = K, \quad \text{wobei } 0 < K < \infty \quad \text{und} \quad K < 1 \quad \text{für} \quad p = 1. \tag{5.22}$$

Neben der Konvergenzordnung $p$ charakterisiert auch die in (5.22) definierte **asymptotische Fehlerkonstante** $K$ das Konvergenzverhalten der Folge $x^{(k)}$. Eine hohe Konvergenzordnung in Verbindung mit einer kleinen Fehlerkonstanten bedeutet eine sehr rasche, wenigstens asymptotisch gültige, Konvergenz. Die speziellen Fälle $p = 1$ (lineare Konvergenz) und $p = 2$ (quadratische Konvergenz) haben wir in den Sätzen 5.2 und 5.3 zusammen mit den Fehlerkonstanten kennengelernt. Es gibt auch Verfahren, deren Konvergenzordnung $p$ nicht ganzzahlig ist.

Die Kenntnis, daß eine Iterationsfolge $x^{(k)}$ linear gegen $s$ konvergiert, kann dazu benützt werden, aus ihr eine schneller konvergente Folge zu konstruieren. Dazu nehmen wir an, $k$ sei hinreichend groß, so daß wir (5.16) für zwei aufeinanderfolgende Indexwerte in guter Näherung aufschreiben können.

$$x^{(k+1)} - s \approx q(x^{(k)} - s), \quad x^{(k+2)} - s \approx q(x^{(k+1)} - s). \tag{5.23}$$

In (5.23) sind sowohl $s$ als auch $q$ unbekannt. Der unbekannte Quotient $q$ läßt sich aus den beiden, näherungsweise gültigen Gleichungen eliminieren. Wir erhalten zunächst

$$(x^{(k+1)} - s)^2 \approx (x^{(k)} - s)(x^{(k+2)} - s),$$

## 5.2 Konvergenzverhalten und Konvergenzordnung

und aufgelöst nach $s$

$$s \approx \frac{x^{(k+2)}x^{(k)} - x^{(k+1)^2}}{x^{(k+2)} - 2x^{(k+1)} + x^{(k)}}. \tag{5.24}$$

Aus drei aufeinanderfolgenden Iterierten $x^{(k)}$, $x^{(k+1)}$, $x^{(k+2)}$ läßt sich der Grenzwert $s$ der Folge nach (5.24) näherungsweise berechnen. Die für jedes $k$ unter der Voraussetzung eines nichtverschwindenden Nenners in (5.24) definierten Ausdrücke fassen wir als Glieder einer neuen Folge auf. In der Literatur existieren dafür zwei verschiedene Darstellungen. Wir wählen jene Form, welche sich später für die Definition eines aus der Fixpunktiteration abgeleiteten Verfahrens besser eignet. Um das gravierende Problem der Stellenauslöschung im Zähler von (5.24) zu eliminieren, formulieren wir jenen Ausdruck um und erhalten

$$z^{(k)} := \frac{x^{(k)}x^{(k+2)} - x^{(k+1)^2}}{x^{(k+2)} - 2x^{(k+1)} + x^{(k)}}$$

$$= \frac{x^{(k)}(x^{(k+2)} - 2x^{(k+1)} + x^{(k)}) - x^{(k+1)^2} + 2x^{(k+1)}x^{(k)} - x^{(k)^2}}{x^{(k+2)} - 2x^{(k+1)} + x^{(k)}}$$

$$\boxed{z^{(k)} := x^{(k)} - \frac{(x^{(k+1)} - x^{(k)})^2}{x^{(k+2)} - 2x^{(k+1)} + x^{(k)}}, \quad (k = 0, 1, 2, \ldots)} \tag{5.25}$$

Die Formel (5.25) zur Berechnung der neuen Folgeglieder $z^{(k)}$ erhält eine einprägsame Gestalt, falls die ersten und zweiten Differenzen

$$\Delta^1_{k+\frac{1}{2}} := x^{(k+1)} - x^{(k)} \tag{5.26}$$

$$\Delta^2_{k+1} := x^{(k+2)} - 2x^{(k+1)} + x^{(k)} = \Delta^1_{k+\frac{3}{2}} - \Delta^1_{k+\frac{1}{2}} \tag{5.27}$$

eingeführt werden. Aus (5.25) ergibt sich mit (5.26) und (5.27) die Rechenvorschrift

$$\boxed{z^{(k)} = x^{(k)} - \frac{\left(\Delta^1_{k+\frac{1}{2}}\right)^2}{\Delta^2_{k+1}}, \quad (k = 0, 1, 2, \ldots),} \tag{5.28}$$

die man als Aitkens $\Delta^2$-Prozeß bezeichnet. Die Wertefolge $z^{(k)}$ konvergiert schneller gegen $s$, denn es gilt der

**Satz 5.4** *Für die aus der linear konvergenten Folge $x^{(k)}$ mit $\varepsilon^{(k+1)} \approx q\varepsilon^{(k)}$, $|q| < 1$ nach dem Aitkenschen $\Delta^2$-Prozeß konstruierte Folge $z^{(k)}$ (5.28) ist*

$$\lim_{k \to \infty} \frac{z^{(k)} - s}{x^{(k)} - s} = 0. \tag{5.29}$$

## 5 Nichtlineare Gleichungen

**Beweis.** Das asymptotisch gültige Verhalten des Fehlers $\varepsilon^{(k)}$ formulieren wir in der Form

$$\varepsilon^{(k+1)} = (q + \delta_k)\varepsilon^{(k)} \quad \text{mit} \quad \lim_{k \to \infty} \delta_k = 0 \tag{5.30}$$

und damit

$$\varepsilon^{(k+2)} = (q + \delta_{k+1})\varepsilon^{(k+1)} = (q + \delta_{k+1})(q + \delta_k)\varepsilon^{(k)}.$$

Für die erste und die zweite Differenz ergibt sich

$$\Delta^1_{k+\frac{1}{2}} = (x^{(k+1)} - s) - (x^{(k)} - s) = \varepsilon^{(k+1)} - \varepsilon^{(k)} = (q - 1 + \delta_k)\varepsilon^{(k)},$$

$$\begin{aligned}
\Delta^2_{k+1} &= \varepsilon^{(k+2)} - 2\varepsilon^{(k+1)} + \varepsilon^{(k)} \\
&= [q^2 - 2q + 1 + (q\delta_k + q\delta_{k+1} + \delta_k\delta_{k+1} - 2\delta_k)]\varepsilon^{(k)} \\
&=: [(q-1)^2 + \delta'_k]\varepsilon^{(k)} \quad \text{mit} \quad \lim_{k \to \infty} \delta'_k = 0.
\end{aligned} \tag{5.31}$$

Da $|q| < 1$ ist, folgt aus $\varepsilon^{(k)} \neq 0$ für hinreichend großes $k$, daß (theoretisch) der Nenner in (5.28) $\Delta^2_{k+1} \neq 0$ ist. Für den Fehler $\eta^{(k)} := z^{(k)} - s$ ergibt sich mit diesen Ausdrücken aus (5.28)

$$\eta^{(k)} = \varepsilon^{(k)} - \frac{[(q-1) + \delta_k]^2}{[(q-1)^2 + \delta'_k]}\varepsilon^{(k)} = \frac{\delta'_k - 2(q-1)\delta_k - \delta_k^2}{(q-1)^2 + \delta'_k}\varepsilon^{(k)}. \tag{5.32}$$

Berücksichtigt man (5.30) und (5.31), so folgt aus (5.32) die Behauptung (5.29). □

**Beispiel 5.2** Wir zeigen die Wirkungsweise des $\Delta^2$-Prozesses von Aitken am Beispiel der Fixpunktiterationen zur Lösung von $x = e^{-x}$. Bei achtstelliger Dezimalrechnung sind die Zahlwerte in Tab. 5.2 zusammengestellt. Die deutlich raschere Konvergenz der Wertefolge $z^{(k)}$ ist erkennbar. Aus den Fehlern $\eta^{(k)}$ kann näherungsweise der Konvergenzquotient der Folge $z^{(k)}$ zu

$$q_z = \lim_{k \to \infty} \frac{\eta^{(k+1)}}{\eta^{(k)}} \doteq 0.32 < |q_x| \doteq 0.567 \tag{5.33}$$

Tab. 5.2 $\Delta^2$-Prozeß von Aitken, Fixpunktiteration

| $k$ | $x^{(k)}$ | $\Delta^1_{k+\frac{1}{2}}$ | $\Delta^2_{k+1}$ | $z^{(k)}$ | $\eta^{(k)}$ |
|---|---|---|---|---|---|
| 0  | 0.55000000 | 0.02694981  | −0.04229085 | 0.56717375 | 0.00003046 |
| 1  | 0.57694981 | −0.01534104 | 0.02402313  | 0.56715311 | 0.00000982 |
| 2  | 0.56160877 | 0.00868209  | −0.01361198 | 0.56714644 | 0.00000315 |
| 3  | 0.57029086 | −0.00492989 | 0.00772394  | 0.56714430 | 0.00000101 |
| 4  | 0.56536097 | 0.00279405  | −0.00437929 | 0.56714361 | 0.00000032 |
| 5  | 0.56815502 | −0.00158524 | 0.00248411  | 0.56714340 | 0.00000011 |
| 6  | 0.56656978 | 0.00089887  | −0.00140873 | 0.56714332 | 0.00000003 |
| 7  | 0.56746865 | −0.00050986 | 0.00079901  | 0.56714330 | 0.00000001 |
| 8  | 0.56695879 | 0.00028915  | −0.00045315 | 0.56714329 | |
| 9  | 0.56724794 | −0.00016400 | | | |
| 10 | 0.56708394 | | | | |

## 5.2 Konvergenzverhalten und Konvergenzordnung

bestimmt werden. Da $z^{(0)}$ bereits eine gute Näherung für $s$ darstellt, stimmt im Einklang mit (5.18) $z^{(8)}$ in allen aufgeführten Dezimalstellen mit $s$ überein. △

Der $\Delta^2$-Prozeß von Aitken ist unabhängig von einer Fixpunktiteration auf eine beliebige, linear konvergente Folge zur Verbesserung der Konvergenz anwendbar. Beispielsweise kann er nützlich sein zur Berechnung der Summe $s = \sum_{j=0}^{\infty} a_j$ einer unendlichen, konvergenten Reihe. Erfüllt die Reihe das Quotientenkriterium $\lim_{j \to \infty} a_{j+1}/a_j = q$, $|q| < 1$, so daß für hinreichend großen Index $j$ die Terme der Reihe wie eine geometrische Reihe abnehmen, dann ist die Folge der Partialsummen $x^{(k)} := \sum_{j=0}^{k} a_j$ linear konvergent. Nach Satz 5.4 konvergiert die Folge $z^{(k)}$ schneller gegen $s$. Da im allgemeinen die $z^{(k)}$ wieder eine linear konvergente Folge bilden, ist es möglich, darauf nochmals den Aitkenschen $\Delta^2$-Prozeß anzuwenden, um eine noch schneller konvergente Zahlfolge zu erhalten. Dem Vorgehen sind allerdings numerische Grenzen gesetzt, da die Berechnung der ersten und zweiten Differenzen dem störenden Einfluß der Rundungsfehler unterliegt.

**Beispiel 5.3** Die unendliche Reihe

$$s = \sum_{j=0}^{\infty} \frac{1}{\cosh(j)} \quad \text{mit} \quad \lim_{j \to \infty} a_{j+1}/a_j = e^{-1}$$

erfüllt die Voraussetzungen für die Anwendung des Aitkenschen $\Delta^2$-Prozesses auf die Partialsummen $x^{(k)}$. Es gilt hier $\Delta^1_{k+\frac{1}{2}} = a_{k+1}$. In der Tab. 5.3 sind die wesentlichen Zahlwerte bei achtstelliger Dezimalrechnung zusammengestellt, wobei auf die Wertefolge $z^{(k)}$ nochmals der Aitkensche $\Delta^2$-Prozeß angewandt wurde. Innerhalb der verwendeten Rechengenauigkeit erhält man so die Summe $s$ mit geringem Aufwand. △

Tab. 5.3 Summation einer Reihe, $\Delta^2$-Prozeß

| $k$ | $x^{(k)}$ | $\Delta^1_{k+\frac{1}{2}} = a_{k+1}$ | $z^{(k)}$ | $\zeta^{(k)}$ |
|---|---|---|---|---|
| 0 | 1.0000000 | 0.64805427 | 2.0986844 | 2.0711234 |
| 1 | 1.6480543 | 0.26580223 | 2.0724491 | 2.0711213 |
| 2 | 1.9138565 | 0.099327927 | 2.0711872 | 2.0711213 |
| 3 | 2.0131844 | 0.036618993 | 2.0711246 | 2.0711213 |
| 4 | 2.0498034 | 0.013475282 | 2.0711215 | |
| 5 | 2.0632787 | 0.0049574739 | 2.0711213 | |
| 6 | 2.0682362 | 0.0018237624 | | |
| 7 | 2.0700600 | | | |
| ⋮ | ⋮ | | | |
| 18 | 2.0711213 | | | |

## 5 Nichtlineare Gleichungen

Der Aitkensche $\Delta^2$-Prozeß dient auch dazu, um zu einer Fixpunktiteration mit Konvergenzordnung Eins ein anderes Iterationsverfahren zu definieren, welches eine höhere Konvergenzordnung besitzt. Der Wert $z^{(0)}$, den man aus den drei aufeinanderfolgenden Iterierten $x^{(0)}$, $x^{(1)}$ und $x^{(2)}$ nach (5.25) erhält, stellt eine bessere Näherung für den Fixpunkt $s$ dar als $x^{(2)}$. Deshalb ist es naheliegend, $z^{(0)}$ als neuen Startwert für zwei Schritte der Fixpunktiteration zu betrachten, und auf dieses Tripel von Werten wieder den $\Delta^2$-Prozeß anzuwenden. Durch Kombination der gegebenen Fixpunktiteration $x^{(k+1)} = F(x^{(k)})$ mit dem Aitkenschen $\Delta^2$-Prozeß gelangt man so zum **Verfahren von Steffensen**

$$x^{(k+1)} = x^{(k)} - \frac{[F(x^{(k)}) - x^{(k)}]^2}{F(F(x^{(k)})) - 2F(x^{(k)}) + x^{(k)}} =: \tilde{F}(x^{(k)}), \quad (k=0, 1, 2, \ldots). \tag{5.34}$$

Die Rechenvorschrift (5.34) ist eine Fixpunktiteration mit der Abbildung $\tilde{F}(x)$, die sich aus $F(x)$ aufbaut. Der Quotient in (5.34) ist im Fixpunkt $s$ gleich dem unbestimmten Ausdruck $\frac{0}{0}$, doch wird aus den Formeln für den Zähler und den Nenner, die im Beweis von Satz 5.4 verwendet worden sind, sofort klar, daß für $x^{(k)} \to s$ der Zähler schneller gegen Null konvergiert als der Nenner. Diese Bemerkung ist für die numerische Anwendung von (5.34) von Bedeutung. Algorithmisch wird das Verfahren von Steffensen besser so formuliert:

$$\begin{aligned} y &:= F(x^{(k)}); & \Delta^1 &:= y - x^{(k)}; & \text{Test: } \Delta^1 = 0 \\ z &:= F(y); & \Delta^2 &:= (z - y) - \Delta^1 \\ x^{(k+1)} &= x^{(k)} - (\Delta^1)^2/\Delta^2 & (&= \tilde{F}(x^{(k)})) \end{aligned} \tag{5.35}$$

Ein Interationsschritt (5.35) erfordert zweimal die Auswertung der Funktion $F(x)$. Dieser Mehraufwand lohnt sich aber wegen

**Satz 5.5** *Hat die Fixpunktiteration $x^{(k+1)} = F(x^{(k)})$ die Konvergenzordnung Eins, dann hat das Verfahren von Steffensen (5.34) mindestens die Konvergenzordnung zwei.*

Beweis. Die Funktion $F(x)$ sei hinreichend oft stetig differenzierbar. Für den Fehler $\varepsilon^{(k)} = x^{(k)} - s$ folgt aus (5.34) die Beziehung

$$\varepsilon^{(k+1)} = \varepsilon^{(k)} - \frac{[F(s + \varepsilon^{(k)}) - s - \varepsilon^{(k)}]^2}{F(F(s + \varepsilon^{(k)})) - 2F(s + \varepsilon^{(k)}) + s + \varepsilon^{(k)}} =: \varepsilon^{(k)} - \frac{Z}{N}. \tag{5.36}$$

Zähler und Nenner von (5.36) entwickeln wir in Taylorreihen an der Stelle $s$. Wir beachten, daß $F(s) = s$ gilt und lassen zur Vereinfachung der Schreibweise vorübergehend den Index $k$ weg. Mit den Taylorreihen

$$F(s + \varepsilon) = s + \varepsilon F'(s) + \frac{1}{2}\varepsilon^2 F''(s) + O(\varepsilon^3)$$

## 5.2 Konvergenzverhalten und Konvergenzordnung

$$F(F(s+\varepsilon)) = F\left(s + \varepsilon F'(s) + \frac{1}{2}\varepsilon^2 F''(s) + O(\varepsilon^3)\right)$$

$$= s + \varepsilon F'(s)^2 + \frac{1}{2}\varepsilon^2 F'(s)F''(s)\{1 + F'(s)\} + O(\varepsilon^3)$$

ergeben sich für Zähler und Nenner nach einfacher Rechnung

$$Z = \left\{(F'(s) - 1) + \frac{1}{2}\varepsilon F''(s)\right\}^2 \varepsilon^2 + O(\varepsilon^4)$$

$$N = \left\{(F'(s) - 1)^2 + \frac{1}{2}\varepsilon(F'(s)^2 + F'(s) - 2)F''(s)\right\}\varepsilon + O(\varepsilon^3).$$

Nach Substitution dieser Ausdrücke in (5.36) und nach weiteren algebraischen Umformungen erhalten wir

$$\varepsilon^{(k+1)} = \frac{\frac{1}{2}F'(s)F''(s)\{F'(s) - 1\}\varepsilon^{(k)2} + O(\varepsilon^{(k)3})}{\{F'(s) - 1\}^2 + \frac{1}{2}F''(s)\{F'(s)^2 + F'(s) - 2\}\varepsilon^{(k)} + O(\varepsilon^{(k)2})}$$

$$= \frac{1}{2}\frac{F'(s)F''(s) + O(\varepsilon^{(k)})}{\{F'(s) - 1\} + O(\varepsilon^{(k)})}(\varepsilon^{(k)})^2. \tag{5.37}$$

Da nach Voraussetzung die Fixpunktiteration $x^{(k+1)} = F(x^{(k)})$ lineare Konvergenz aufweist, gelten $F'(s) \neq 1$ und $F'(s) \neq 0$. Falls $F''(s) \neq 0$ ist, folgt aus (5.37) für hinreichend kleines $|\varepsilon^{(0)}|$ die Konvergenz der $\varepsilon^{(k)}$ gegen Null und deshalb

$$\lim_{k \to \infty} \frac{|\varepsilon^{(k+1)}|}{|\varepsilon^{(k)}|^2} = \frac{1}{2}\left|\frac{F'(s)F''(s)}{F'(s) - 1}\right| =: K, \quad 0 < K < \infty, \tag{5.38}$$

so daß in diesem Fall die Konvergenzordnung $p = 2$ ist. Andernfalls ist sie höher. □

**Beispiel 5.4** Die Methode von Steffensen zur Lösung von $x = F(x) = e^{-x}$ liefert bei zehnstelliger Dezimalrechnung die Zahlwerte von Tab. 5.4.

Tab. 5.4 Methode von Steffensen

| $k$ | $x^{(k)}$ | $F(x^{(k)}) = y$ | $F(y) = z$ | $\varepsilon^{(k)} = x^{(k)} - s$ |
|---|---|---|---|---|
| 0 | 0.4000000000 | 0.6703200460 | 0.5115448337 | −0.1671432904 |
| 1 | 0.5702953502 | 0.5653584353 | 0.5681564629 | 0.0031520598 |
| 2 | 0.5671443082 | 0.5671427132 | 0.5671436178 | 0.0000010178 |
| 3 | 0.5671432904 = s | | | |

Die asymptotische Fehlerkonstante beträgt mit $F'(s) \doteq -0.56714$, $F''(s) \doteq 0.56714$ $K \doteq 0.1026$. Das bedeutet, daß in diesem Beispiel die Zahl der richtigen Dezimalstellen in jedem Iterationsschritt mehr als verdoppelt wird. △

Das Verfahren von Steffensen hat die interessante Eigenschaft, sogar dann eine quadratische konvergente Folge $x^{(k)}$ zu erzeugen, wenn die Konvergenzbedingung für die zugrundeliegende Fixpunktiteration nicht erfüllt ist. Das Resultat (5.38) behält seine Gültigkeit auch im Fall $|F'(s)| > 1$, so daß asymptotisch die quadratische Konvergenz sichergestellt ist. In diesem Fall muß der Startwert $x^{(0)}$ allerdings hinreichend nahe bei $s$ gewählt werden.

## 5.3 Gleichungen in einer Unbekannten

Wir betrachten die Aufgabe, zu einer stetigen, nichtlinearen Funktion $f(x)$ mit $f: \mathbb{R} \to \mathbb{R}$ die Lösungen der Gleichung

$$f(x) = 0 \qquad (5.39)$$

zu berechnen. Wir behandeln hauptsächlich den Fall von reellen Lösungen von (5.39) und werden aber an einigen Stellen darauf hinweisen, wie auch komplexe Lösungen gefunden werden können.

### 5.3.1 Intervallschachtelung, Regula falsi, Sekantenmethode

Das Verfahren der Intervallschachtelung ist durch Überlegungen der Analysis motiviert, die reelle Lösung einer Gleichung (5.39) durch systematisch kleiner werdende Intervalle einzuschließen. Dazu geht man von der Annahme aus, es sei ein Intervall $I = [a, b]$ bekannt, so daß $f(a) \cdot f(b) < 0$ gilt. Aus Stetigkeitsgründen existiert eine Lösung $s$ im Innern von $I$ mit $f(s) = 0$. Für den Mittelpunkt $\mu = \frac{1}{2}(a + b)$ wird der Funktionswert $f(\mu)$ berechnet. Ist $f(\mu) \neq 0$, entscheidet sein Vorzeichen, in welchem der beiden Teilintervalle $[a, \mu]$ und $[\mu, b]$ die gesuchte Lösung $s$ ist. Die Lage der Lösung $s$ ist auf das Innere eines gegenüber $I$ halb so langen Intervalls eingeschränkt, und das Verfahren kann fortgesetzt werden, bis $s$ im Innern eines hinreichend kleinen Intervalls liegt. Bezeichnen wir mit $L_0 := b - a$ die Länge des Startintervalls, so bilden die Längen $L_k := (b-a)/2^k$, $(k = 0, 1, 2, \ldots)$ eine Nullfolge. Der Mittelpunkt $x^{(k)}$ des Intervalls nach $k$ Intervallhalbierungen stellt für $s$ eine Näherung dar mit der a priori Fehlerabschätzung

$$|x^{(k)} - s| \leq \frac{b-a}{2^{k+1}}, \quad (k = 0, 1, 2, \ldots). \qquad (5.40)$$

Da diese Fehlerschranke wie eine geometrische Folge mit dem Quotienten $q = \frac{1}{2}$ abnimmt, ist die Konvergenzordnung $p = 1$.

In der Methode der Regula falsi geht man auch davon aus, daß ein Intervall $I = [x^{(0)}, x^{(1)}]$ bekannt sei mit $f(x^{(0)}) \cdot f(x^{(1)}) < 0$. Die beiden Startwerte $x^{(0)}$ und $x^{(1)}$ können wir als zwei geeignete Näherungen für die gesuchte Lösung $s$ betrachten.

## 5.3 Gleichungen in einer Unbekannten

Anstatt den Mittelpunkt des Intervalls als nächsten Testwert oder Näherungswert zu nehmen, bestimmt man $x^{(2)}$ als Nullstelle der linearen interpolierenden Funktion zu den Stützstellen $x^{(0)}$ und $x^{(1)}$ mit den Stützwerten $y_0 := f(x^{(0)})$ und $y_1 := f(x^{(1)})$. Die Interpolierende $P_1(x)$ hat die Darstellung

$$P_1(x) = y_0 + (x - x^{(0)}) \frac{y_1 - y_0}{x^{(1)} - x^{(0)}},$$

woraus $\quad x^{(2)} = x^{(0)} - y_0 \dfrac{x^{(1)} - x^{(0)}}{y_1 - y_0} = \dfrac{x^{(0)} y_1 - x^{(1)} y_0}{y_1 - y_0}$ \hfill (5.41)

folgt. Mit $x^{(2)}$ verfährt man analog zur Methode der Intervallhalbierung. Das Vorzeichen von $y_2 := f(x^{(2)})$ legt das Intervall fest, in welchem $s$ liegt. Wir fassen die Rechenvorschrift der Regula falsi zusammen.

$$\boxed{\begin{array}{l}
\text{Start: Vorgabe von } x^{(0)} < x^{(1)} \\
\quad y_0 = f(x^{(0)}), \; y_1 = f(x^{(1)}) \text{ mit } y_0 y_1 < 0 \\
\text{Iteration: für } k = 1, 2, \ldots: \\
\quad x^{(k+1)} = (x^{(k-1)} \times y_k - x^{(k)} \times y_{k-1})/(y_k - y_{k-1}) \\
\quad y_{k+1} = f(x^{(k+1)}) \\
\quad \text{falls } y_{k+1} = 0 \text{ dann } s = x^{(k+1)}; \text{ STOP} \\
\quad \text{falls } y_{k+1} \times y_{k-1} < 0 \text{ dann} \\
\quad\quad x^{(k)} := x^{(k-1)}; \; y_k := y_{k-1} \\
\quad \text{sonst Vertauschung der Wertepaare} \\
\quad\quad (x^{(k+1)}, y_{k+1}) \leftrightarrow (x^{(k)}, y_k)
\end{array}}$$ \hfill (5.42)

Im Algorithmus (5.42) wird erreicht, daß stets $x^{(k-1)} < x^{(k)}$ gilt, und somit enthält das Intervall $I_k := [x^{(k-1)}, x^{(k)}]$ die gesuchte Lösung $s$ im Innern. Aus numerischen Gründen wird der Test $y_{k+1} = 0$ nicht erfüllbar sein. Er ist durch eine, der Funktion $f(x)$ angepaßte, Toleranz für den Betrag zu ersetzen. Für eine zweckmäßige Realisierung als Rechenprogramm sind nur die sechs Werte $x^{(k-1)}, x^{(k)}, x^{(k+1)}, y_{k-1}, y_k$ und $y_{k+1}$ nötig, für die keine indizierten Variablen angewendet werden müssen.

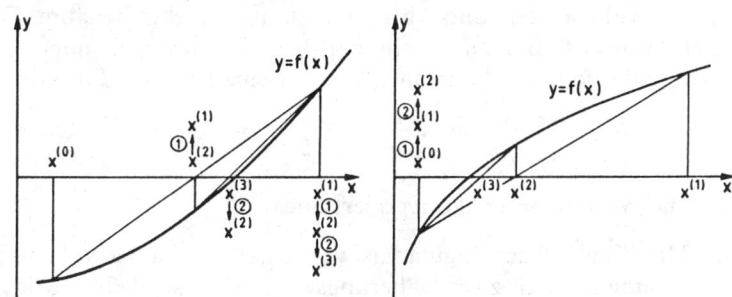

Fig. 5.1
Regula falsi
für konvexe und
konkave Funktion

## 5 Nichtlineare Gleichungen

Die Längen der Intervalle $I_k$ brauchen in der Methode der Regula falsi keine Nullfolge zu bilden, wie aus der Figur 5.1 ersichtlich ist, wo für die beiden Fälle einer konvexen und einer konkaven Funktion $f(x)$ die Folgen der $x^{(k)}$ dargestellt sind.

**Satz 5.6** *Die Konvergenzordnung der Methode der Regula falsi ist für eine einfache Lösung s, d. h. $f'(s) \neq 0$, und unter der Voraussetzung $f''(s) \neq 0$ gleich Eins.*

Beweis. Die Funktion $f(x)$ sei mindestens dreimal stetig differenzierbar. Dann gilt nach (5.42) und wegen $f(s) = 0$

$$\varepsilon^{(k+1)} = x^{(k+1)} - s = \frac{(x^{(k-1)} - s)f(x^{(k)}) - (x^{(k)} - s)f(x^{(k-1)})}{f(x^{(k)}) - f(x^{(k-1)})}$$

$$= \frac{\varepsilon^{(k-1)} f(s + \varepsilon^{(k)}) - \varepsilon^{(k)} f(s + \varepsilon^{(k-1)})}{f(s + \varepsilon^{(k)}) - f(s + \varepsilon^{(k-1)})}$$

$$= \frac{\varepsilon^{(k-1)} \left\{ \varepsilon^{(k)} f'(s) + \frac{1}{2} \varepsilon^{(k)2} f''(s) + \ldots \right\} - \varepsilon^{(k)} \left\{ \varepsilon^{(k-1)} f'(s) + \frac{1}{2} \varepsilon^{(k-1)2} f''(s) + \ldots \right\}}{\left\{ \varepsilon^{(k)} f'(s) + \frac{1}{2} \varepsilon^{(k)2} f''(s) + \ldots \right\} - \left\{ \varepsilon^{(k-1)} f'(s) + \frac{1}{2} \varepsilon^{(k-1)2} f''(s) + \ldots \right\}}$$

$$= \frac{\frac{1}{2} \varepsilon^{(k-1)} \varepsilon^{(k)} (\varepsilon^{(k)} - \varepsilon^{(k-1)}) f''(s) + \ldots}{(\varepsilon^{(k)} - \varepsilon^{(k-1)}) \left\{ f'(s) + \frac{1}{2} (\varepsilon^{(k)} + \varepsilon^{(k-1)}) f''(s) + \ldots \right\}} = \frac{\frac{1}{2} \varepsilon^{(k-1)} \varepsilon^{(k)} f''(s) + \ldots}{f'(s) + \ldots}$$

Entsprechend unserer Vereinbarung $x^{(k-1)} < s < x^{(k)}$ haben $\varepsilon^{(k-1)}$ und $\varepsilon^{(k)}$ entgegengesetzte Vorzeichen, so daß $\varepsilon^{(k)} - \varepsilon^{(k-1)} > 0$ ist. Im Sinn einer asymptotisch gültigen Analyse des Konvergenzverhaltens, d. h. für hinreichend kleine $|\varepsilon^{(k-1)}|$ und $|\varepsilon^{(k)}|$, gilt deshalb

$$\varepsilon^{(k+1)} \approx \frac{f''(s)}{2f'(s)} \varepsilon^{(k)} \varepsilon^{(k-1)}. \tag{5.43}$$

Aus dem qualitativen Fehlergesetz (5.43) darf nicht auf quadratische Konvergenz geschlossen werden. Denn unter der Voraussetzung $f''(s) \neq 0$ ist die Funktion $f(x)$ in einer hinreichend kleinen Umgebung von $s$ konvex oder konkav, und folglich bleibt ein Intervallende fest und wird im Verfahren nur umbenannt. Deshalb ist $\varepsilon^{(k+1)}$ nur direkt proportional zu einem der beiden vorhergehenden $\varepsilon^{(k)}$ oder $\varepsilon^{(k-1)}$. Die asymptotische Fehlerkonstante $K$ ist für eine konkave Funktion gegeben durch

$$K = \left| \frac{f''(s)}{2f'(s)} \varepsilon^{(k-1)} \right|, \quad \varepsilon^{(k-1)} = x^{(0)} - s,$$

und die Wertefolge $x^{(k)}$ konvergiert linear. □

Als Modifikation der Regula falsi verzichtet man in der Sekantenmethode darauf, die Lösung $s$ durch zwei Näherungswerte einzuschließen. Mit zwei vorzugebenden

## 5.3 Gleichungen in einer Unbekannten

Näherungswerten $x^{(0)}$ und $x^{(1)}$, welche die Lösung $s$ nicht einzuschließen brauchen, bestimmt man analog zur Regula falsi den Wert $x^{(2)}$ als Abszisse des Schnittpunktes der Sekanten mit der $x$-Achse. Ungeachtet der Vorzeichen der Funktionswerte $f(x^{(0)})$, $f(x^{(1)})$ und $f(x^{(2)})$ wird mit der Interpolierenden zu den beiden Stützstellen $x^{(1)}$ und $x^{(2)}$ der nächste Wert $x^{(3)}$ ermittelt (vgl. Fig. 5.2).

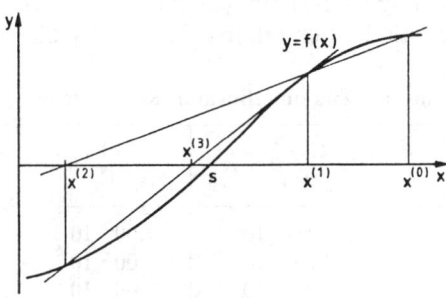

Fig. 5.2
Sekantenmethode

Die Berechnung des iterierten Wertes $x^{(k+1)}$ aus $x^{(k)}$ und $x^{(k-1)}$ erfolgt im Prinzip nach (5.41) oder (5.42). Es ist hier zweckmäßiger, jenen Ausdruck umzuformen in

$$x^{(k+1)} = x^{(k)} - y_k \frac{x^{(k)} - x^{(k-1)}}{y_k - y_{k-1}}, \quad (k=1,2,\ldots). \tag{5.44}$$

Die Rechenvorschrift (5.44) setzt natürlich voraus, daß $y_k = f(x^{(k)}) \neq y_{k-1} = f(x^{(k-1)})$ gilt. Sie gehört nicht zur Klasse der Fixpunktiterationen (5.1), da zur Bestimmung von $x^{(k+1)}$ die Information an den Stellen $x^{(k)}$ und $x^{(k-1)}$ benötigt wird. Die Sekantenmethode wird deshalb als **zweistufiges Iterationsverfahren** bezeichnet.

**Satz 5.7** *Falls $f'(s) \neq 0$ und $f''(s) \neq 0$ gelten, ist die Konvergenzordnung der Sekantenmethode $p = \frac{1}{2}(1 + \sqrt{5}) \doteq 1.618$.*

Beweis. Für hinreichend kleine Fehler $|\varepsilon^{(k-1)}|$ und $|\varepsilon^{(k)}|$ bleibt (5.43) für die Sekantenmethode gültig, jedoch mit dem wesentlichen Unterschied, daß bei Erhöhung von $k$ beide Werte $\varepsilon^{(k-1)}$ und $\varepsilon^{(k)}$ ändern. Mit der Konstanten $C := |f''(s)/(2f'(s))|$ gilt für hinreichend großes $k$

$$|\varepsilon^{(k+1)}| \approx C|\varepsilon^{(k)}| \cdot |\varepsilon^{(k-1)}|. \tag{5.45}$$

Auf Grund der Definition 5.3 der Konvergenzordnung versuchen wir die approximativ gültige nichtlineare Differenzengleichung (5.45) mit dem Ansatz

$$|\varepsilon^{(k)}| = K|\varepsilon^{(k-1)}|^p, \quad K > 0, p \geq 1 \tag{5.46}$$

zu lösen. Nach Substitution von (5.46) in die als Gleichung aufgefaßte Relation (5.45) erhalten wir

$$K|\varepsilon^{(k)}|^p = K \cdot K^p |\varepsilon^{(k-1)}|^{p^2} = C \cdot K|\varepsilon^{(k-1)}|^{p+1}. \tag{5.47}$$

## 5 Nichtlineare Gleichungen

Die letzte Gleichung in (5.47) kann für alle (hinreichend großen) $k$ nur dann gelten, falls

$$K^p = C \quad \text{und} \quad p^2 = p + 1 \tag{5.48}$$

erfüllt sind. Die positive Lösung $p = \frac{1}{2}(1 + \sqrt{5}) \doteq 1.618$ der quadratischen Gleichung ist deshalb gleich der Konvergenzordnung der Sekantenmethode. Die asymptotische Fehlerkonstante ist $K = C^{1/p} \doteq C^{0.618}$. □

Tab. 5.5 Zur superlinearen Konvergenz

| $k$ | $C=1$ $|\varepsilon^{(k)}|$ | $C=1$ $|\varepsilon^{(k)}|$ | $C=5$ $|\varepsilon^{(k)}|$ | $C=5$ $|\varepsilon^{(k)}|$ | $C=5$ $|\varepsilon^{(k)}|$ |
|---|---|---|---|---|---|
| 0 | $1.00 \cdot 10^{-1}$ | $1.00 \cdot 10^{-1}$ | $1.00 \cdot 10^{-1}$ | $1.00 \cdot 10^{-1}$ | $5.00 \cdot 10^{-2}$ |
| 1 | $8.00 \cdot 10^{-2}$ | $5.00 \cdot 10^{-2}$ | $5.00 \cdot 10^{-2}$ | $2.00 \cdot 10^{-2}$ | $1.00 \cdot 10^{-1}$ |
| 2 | $8.00 \cdot 10^{-3}$ | $5.00 \cdot 10^{-3}$ | $2.50 \cdot 10^{-2}$ | $1.00 \cdot 10^{-2}$ | $2.50 \cdot 10^{-2}$ |
| 3 | $6.40 \cdot 10^{-4}$ | $2.50 \cdot 10^{-4}$ | $6.25 \cdot 10^{-3}$ | $1.00 \cdot 10^{-3}$ | $1.25 \cdot 10^{-2}$ |
| 4 | $5.12 \cdot 10^{-6}$ | $1.25 \cdot 10^{-6}$ | $7.81 \cdot 10^{-4}$ | $5.00 \cdot 10^{-5}$ | $1.56 \cdot 10^{-3}$ |
| 5 | $3.28 \cdot 10^{-9}$ | $3.13 \cdot 10^{-10}$ | $2.44 \cdot 10^{-5}$ | $2.50 \cdot 10^{-7}$ | $9.77 \cdot 10^{-5}$ |
| 6 | $1.68 \cdot 10^{-14}$ | $3.91 \cdot 10^{-16}$ | $9.54 \cdot 10^{-8}$ | $6.25 \cdot 10^{-11}$ | $7.63 \cdot 10^{-7}$ |

Die praktische Bedeutung der **superlinearen** Konvergenzeigenschaft der Sekantenmethode wird in der Tab. 5.5 illustriert. Sie enthält für zwei Konstanten $C$ und verschiedene Startwerte $|\varepsilon^{(0)}|$ und $|\varepsilon^{(1)}|$ die nach (5.45) resultierenden Folgewerte $|\varepsilon^{(k)}|$, welche die rasche Konvergenz der zugehörigen Nullfolgen aufzeigen.

Mit der Aussage von Satz 5.7 über die Konvergenzordnung der Sekantenmethode steht nur fest, wie die Näherungswerte $x^{(k)}$ im Fall der Konvergenz gegen $s$ streben. Der Satz läßt insbesondere die Frage offen, aus welchem Intervall, das $s$ im Inneren enthält, die Startwerte $x^{(0)}$ und $x^{(1)}$ zu wählen sind, damit eine gegen $s$ konvergente Folge resultiert. Darüber existieren wohl theoretische Aussagen, die garantieren, daß die Werte $x^{(k)}$ ein bestimmtes Intervall nicht verlassen, falls $x^{(0)}$ und $x^{(1)}$ in ihm gewählt werden, und daß sie auch gegen $s$ konvergieren [TöS 88]. Da aber $s$ unbekannt ist, sind diese Aussagen für die Rechenpraxis oft wenig hilfreich. Deshalb behilft man sich so, daß man durch eine grobe Tabellierung der Funktion $f(x)$ ein Intervall $I = [a, b]$ ermittelt, für welches $f(a)f(b) < 0$ gilt. Mit $x^{(0)} = a$ und $x^{(1)} = b$ wird die Sekantenmethode durchgeführt und geprüft, ob $x^{(k)} \in I$ für $k > 1$ zutrifft und ob auch $|f(x^{(k)})|$ eine monoton abnehmende Folge bildet. Trifft dies nicht zu, ist die Iteration mit zwei anderen Startwerten auszuführen.

**Beispiel 5.5** Zur Berechnung der kleinsten positiven Lösung der transzendenten Gleichung

$$f(x) = \cos(x) \cosh(x) + 1 = 0 \tag{5.49}$$

werden die drei Methoden angewandt. Für alle drei Verfahren wird das Startintervall $I = [1.8, 1.9]$ verwendet, für welches $f(1.8) \doteq 0.29398$ und $f(1.9) \doteq -0.10492$ gilt. Der Rechengang der Methode der Intervallhalbierung ist auszugsweise in Tab. 5.6 zusammengestellt für

## 5.3 Gleichungen in einer Unbekannten

Tab. 5.6 Methode der Intervallhalbierung

| $k$ | $a$ | $b$ | $\mu$ | $f(\mu)$ |
|---|---|---|---|---|
| 0 | 1.8 | 1.9 | 1.85 | > 0 |
| 1 | 1.85 | 1.9 | 1.875 | > 0 |
| 2 | 1.875 | 1.9 | 1.8875 | < 0 |
| 3 | 1.875 | 1.8875 | 1.88125 | < 0 |
| 4 | 1.875 | 1.88125 | 1.878125 | < 0 |
| 5 | 1.875 | 1.878125 | 1.8765625 | < 0 |
| ⋮ | ⋮ | ⋮ | ⋮ | ⋮ |
| 21 | 1.875104048 | 1.875104096 | 1.875104072 | < 0 |
| 22 | 1.875104048 | 1.875104072 | 1.875104060 | > 0 |
| 23 | 1.875104060 | 1.875104072 | 1.875104066 | > 0 |
| 24 | 1.875104066 | 1.875104072 | 1.875104069 ≐ $s$ | |

eine zehnstellige Dezimalrechnung. Die Iteration wurde abgebrochen, sobald $|f(\mu)| \leq 10^{-9}$ galt.

Die Länge des letzten Intervalls ist $L_{24} \doteq 6 \cdot 10^{-9}$, so daß sich für den letzten Mittelpunkt $\mu$ die Fehlerabschätzung $|\mu - s| \leq 3 \cdot 10^{-9}$ ergibt.

Die Methode der Regula falsi arbeitet im Vergleich zur Intervallhalbierung bedeutend effizienter. Da die Funktion $f(x)$ im betrachteten Invervall konvex ist, bleibt die obere Intervallgrenze unverändert. Die Lösung $s$ ergibt sich nach nur fünf Iterationsschritten. Die wichtigsten Zahlwerte sind in Tab. 5.7 zusammengestellt.

Tab. 5.7 Methode der Regula falsi

| $k$ | $x^{(k-1)}$ | $x^{(k)}$ | $x^{(k+1)}$ | $f(x^{(k+1)})$ |
|---|---|---|---|---|
| 1 | 1.80 | 1.90 | 1.873697942 | $5.8127 \cdot 10^{-3}$ |
| 2 | 1.873697942 | 1.90 | 1.875078665 | $1.0512 \cdot 10^{-4}$ |
| 3 | 1.875078665 | 1.90 | 1.875103609 | $1.9021 \cdot 10^{-6}$ |
| 4 | 1,875103609 | 1.90 | 1.875104061 | $3.19 \cdot 10^{-8}$ |
| 5 | 1,875104061 | 1.90 | 1.875104068 | $2.9 \cdot 10^{-9}$ |

Die Sekantenmethode liefert die Lösung in vier Iterationsschritten gemäß Tab. 5.8.

Tab. 5.8 Sekantenmethode

| $k$ | $x^{(k)}$ | $f(x^{(k)})$ | $|\varepsilon^{(k)}|$ |
|---|---|---|---|
| 0 | 1.80 | $2.939755852 \cdot 10^{-1}$ | $7.5104 \cdot 10^{-2}$ |
| 1 | 1.90 | $-1.049169460 \cdot 10^{-1}$ | $2.4896 \cdot 10^{-2}$ |
| 2 | 1.873697942 | $5.8127364 \cdot 10^{-3}$ | $1.4061 \cdot 10^{-3}$ |
| 3 | 1.875078664 | $1.051126 \cdot 10^{-4}$ | $2.5405 \cdot 10^{-5}$ |
| 4 | 1.875104095 | $-1.09 \cdot 10^{-7}$ | $2.6 \cdot 10^{-8}$ |
| 5 | 1.875104069 | $-1.0 \cdot 10^{-9}$ | $(4.8 \cdot 10^{-13})$ |

Die nach der Sekantenmethode und der Regula falsi berechneten Werte $x^{(2)}$ und $x^{(3)}$ müßten in diesem Beispiel identisch sein. Die unterschiedliche Berechnungsart liefert aber verschiedene Zahlwerte infolge von Rundungseffekten. Die Sekantenmethode erfordert die geringste Anzahl von Funktionsauswertungen. Die superlineare Konvergenz kommt noch nicht richtig zum Zuge infolge der zehnstelligen Rechengenauigkeit. Die Konstante $C$ in (5.45) ist $C = |f''(s)/(2f'(s))| \doteq 0.73410$, so daß auf Grund von $|\varepsilon^{(3)}|$ und $|\varepsilon^{(4)}|$ der Wert $x^{(5)}$ bei entsprechend höherer Stellenzahl auf 12 Dezimalstellen nach dem Komma mit der Lösung $s$ übereinstimmen müßte. △

Ob man der Regula falsi oder der Sekantenmethode den Vorzug geben soll, hängt davon ab, ob man in der praktischen Situation darauf Wert legt, die gesuchte Lösung stets durch untere und obere Grenzen einschränken zu wollen.

### 5.3.2 Verfahren von Newton

Ist die Funktion $f(x)$ der zu lösenden Gleichung $f(x) = 0$ stetig differenzierbar, und ist überdies die erste Ableitung ohne großen Rechenaufwand berechenbar, so wird im Verfahren von Newton die Funktion $f(x)$ im allgemeinen Näherungswert $x^{(k)}$ linearisiert und der iterierte Wert $x^{(k+1)}$ als Abszisse des Schnittpunktes der Tangenten mit der x-Achse definiert (Fig. 5.3). Im Vergleich zur Sekantenmethode wird also die Sekante durch die Tangente an die Kurve an der Stelle $x^{(k)}$ ersetzt.

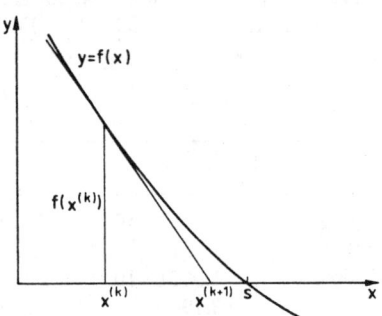

Fig. 5.3
Methode von Newton

Aus der Tangentengleichung

$$y = f(x^{(k)}) + (x - x^{(k)}) f'(x^{(k)})$$

ergibt sich so die Iterationsvorschrift

$$x^{(k+1)} = x^{(k)} - \frac{f(x^{(k)})}{f'(x^{(k)})}, \quad (k = 0, 1, 2, \ldots). \tag{5.50}$$

Die Methode von Newton gehört zur Klasse der Fixpunktiterationen mit der Funktion

$$F(x) := x - \frac{f(x)}{f'(x)}, \quad \text{mit } F(s) = s. \tag{5.51}$$

## 5.3 Gleichungen in einer Unbekannten

Über die Konvergenzbedingung und die Konvergenzordnung der Folge (5.50) gibt der folgende Satz Auskunft.

**Satz 5.8** *Die Funktion $f(x)$ sei dreimal stetig differenzierbar in einem Intervall $I_1 = [a,b]$ mit $a < s < b$, und es sei $f'(s) \neq 0$, d. h. s sei eine einfache Nullstelle von $f(x)$. Dann existiert ein Intervall $I = [s-\delta, s+\delta]$ mit $\delta > 0$, für welches $F: I \to I$ eine kontrahierende Abbildung ist. Für jeden Startwert $x^{(0)} \in I$ ist die Folge $x^{(k)}$ des Newtonschen Verfahrens (5.50) mindestens quadratisch konvergent.*

**Beweis.** Um die kontrahierende Eigenschaft der Abbildung $F$ (5.51) in einer nicht leeren Umgebung von $s$ nachzuweisen, zeigen wir, daß der Betrag der ersten Ableitung von $F$ in einer Umgebung von $s$ kleiner Eins ist. Für die erste Ableitung erhalten wir

$$F'(x) = 1 - \frac{f'(x)^2 - f(x)f''(x)}{f'(x)^2} = \frac{f(x)f''(x)}{f'(x)^2}, \tag{5.52}$$

und deshalb ist wegen $f(s) = 0$ unter Berücksichtigung der vorausgesetzten Differenzierbarkeitseigenschaften von $f(x)$ auch $F'(s) = 0$. Aus Stetigkeitsgründen existiert dann in der Tat ein $\delta > 0$, so daß

$$-1 < F'(x) < 1 \quad \text{für alle } x \in [s-\delta, s+\delta] =: I$$

gilt. Für das Intervall $I$ sind die Voraussetzungen des Banachschen Fixpunktsatzes erfüllt, und die Konvergenz der Folge $x^{(k)}$ gegen $s$ ist damit gezeigt. Nach Satz 5.3 ist die Konvergenzordnung des Verfahrens von Newton $p=2$, falls $F''(s) \neq 0$ gilt. Aus (5.52) ergibt sich

$$F''(x) = \frac{f'(x)^2 f''(x) + f(x)f'(x)f^{(3)}(x) - 2f(x)f''(x)^2}{f'(x)^3}, \tag{5.53}$$

und somit ist $F''(s) = f''(s)/f'(s)$. Folglich ist $p = 2$ genau dann, wenn $f''(s) \neq 0$ ist, andernfalls ist die Konvergenzordnung der Methode von Newton höher. □

Die Länge des Intervalls $I$, dessen Existenz im Satz 5.8 gezeigt worden ist, und für welches Konvergenz herrscht, kann in manchen Fällen sehr klein sein. Die praktische Bestimmung von $I$ aus der Darstellung (5.52) ist entsprechend kompliziert.

Die quadratische Konvergenz der Newtonfolge $x^{(k)}$ (5.50) macht die Methode sehr beliebt. Dennoch drängt sich ein Vergleich des Rechenaufwandes des Verfahrens von Newton mit demjenigen der Sekantenmethode auf. Dazu treffen wir die Arbeitshypothese, daß die Berechnung eines Funktionswertes $f(x)$ vergleichbar aufwendig ist wie die Berechnung der Ableitung $f'(x)$ zu gegebenem $x$. Ein Iterationsschritt des Verfahrens von Newton erfordert die gleichzeitige Auswertung von $f(x^{(k)})$ und $f'(x^{(k)})$. Mit demselben Aufwand können zwei Schritte der Sekantenmethode ausgeführt werden, für welche asymptotisch wegen (5.48)

$$|\varepsilon_S^{(k+2)}| \approx K_S |\varepsilon_S^{(k+1)}|^p \approx K_S^{p+1} |\varepsilon_S^{(k)}|^{p^2} = \left|\frac{f''(s)}{2f'(s)}\right|^p \cdot |\varepsilon_S^{(k)}|^{p^2} =: K_{DS} |\varepsilon_S^{(k)}|^{p^2} \tag{5.54}$$

gilt. Die Konvergenzordnung für einen Doppelschritt der Sekantenmethode ist deshalb $p_{DS} = p_S^2 = p_S + 1 \doteq 2.618$ und somit größer als die Konvergenzordnung des Verfahrens von Newton. Zwischen den asymptotischen Fehlerkonstanten $K_{DS}$ eines Doppelschrittes und $K_N$ des Newtonschen Verfahrens besteht die Relation $K_{DS} \doteq (K_N)^{1.618}$. Unter dem Gesichtspunkt des asymptotisch gültigen Fehlergesetzes ist die Sekantenmethode effizienter.

**Beispiel 5.6** Die $m$-te Wurzel aus einer positiven Zahl $a$ ist Lösung der Gleichung

$$f(x) = x^m - a = 0, \quad a > 0. \tag{5.55}$$

Das Verfahren von Newton ergibt mit $f'(x) = mx^{m-1}$ die Vorschrift

$$x^{(k+1)} = x^{(k)} - \frac{(x^{(k)})^m - a}{m(x^{(k)})^{m-1}} = \frac{a + (m-1)(x^{(k)})^m}{m(x^{(k)})^{m-1}}$$

oder
$$\boxed{x^{(k+1)} = \frac{1}{m}\left\{\frac{a}{(x^{(k)})^{m-1}} + (m-1)x^{(k)}\right\}, \quad (k = 0, 1, 2, \ldots).} \tag{5.56}$$

Daraus leiten sich die folgenden Spezialfälle ab:

$$x^{(k+1)} = \frac{1}{2}\left[\frac{a}{x^{(k)}} + x^{(k)}\right] \quad \text{Quadratwurzel} \tag{5.57}$$

$$x^{(k+1)} = \frac{1}{3}\left[\frac{a}{(x^{(k)})^2} + 2x^{(k)}\right] \quad \text{Kubikwurzel} \tag{5.58}$$

$$x^{(k+1)} = (2 - ax^{(k)})x^{(k)} \quad m = -1, \text{ Kehrwert} \tag{5.59}$$

Da $f''(s) = m(m-1)s^{m-2} \neq 0$ ist, ist die Konvergenzordnung für das Iterationsverfahren (5.56) $p = 2$. (5.57) wird in Rechnern zur Bestimmung der Quadratwurzel verwendet.

Um die asymptotische Fehlerkonstante $K = \left|\frac{1}{2}f''(s)/f'(s)\right| = 1/(2\sqrt{a})$ in Grenzen zu halten, wird aus $a$ durch Multiplikation mit einer geraden Potenz der Zahlenbasis des Rechners ein Hilfswert $a'$ gebildet, der in einem bestimmten Intervall liegt. Dann wird ein von $a'$ abhängiger Startwert $x^{(0)}$ so gewählt, daß eine bestimmte Zahl von Iterationsschritten die Quadratwurzel mit voller Rechnergenauigkeit liefert.

Die Iteration (5.59) ermöglichte für erste Computer ohne eingebaute Division die Zurückführung dieser Operation auf Multiplikationen und Subtraktionen. Die Division von zwei Zahlen wurde so ausgeführt, daß der Kehrwert des Divisors bestimmt und dieser dann mit dem Dividenden multipliziert wurde. △

**Beispiel 5.7** Die Berechnung der kleinsten positiven Lösung der Gleichung $f(x) = \cos(x) \cdot \cosh(x) + 1 = 0$ von Beispiel 5.5 nach der Methode von Newton mit $f'(x) = \cos(x)\sinh(x) - \sin(x)\cosh(x)$ zeigt bei zehnstelliger Dezimalrechnung den Verlauf gemäß Tab. 5.9.

Die Iteration wurde auf Grund einer betragsmäßig hinreichend kleinen Korrektur von $x^{(k)}$ nach vier Schritten abgebrochen. Es wurden je vier Auswertungen von $f(x)$ und $f'(x)$ benötigt. Da die Berechnungen von $f(x)$ und $f'(x)$ gleich aufwendig sind, bestimmt die Sekantenmethode die Lösung $s$ mit weniger Aufwand. Die Korrekturen bilden offensichtlich eine quadratisch konvergente Nullfolge. △

**Tab. 5.9** Methode von Newton

| k | $x^{(k)}$ | $f(x^{(k)})$ | $f'(x^{(k)})$ | $f(x^{(k)})/f'(x^{(k)})$ |
|---|---|---|---|---|
| 0 | 1.800000000 | $2.939755852 \cdot 10^{-1}$ | −3.694673552 | $7.95674046 \cdot 10^{-2}$ |
| 1 | 1.879567405 | $-1.8530467 \cdot 10^{-2}$ | −4.165295668 | $-4.44877590 \cdot 10^{-3}$ |
| 2 | 1.875118629 | $-6.0253 \cdot 10^{-5}$ | −4.138222447 | $-1.4560116 \cdot 10^{-5}$ |
| 3 | 1.875104069 | $-1.0 \cdot 10^{-9}$ | −4.138133987 | $-2.4165 \cdot 10^{-10}$ |
| 4 | 1.875104069 = s | | | |

Der Wert der ersten Ableitung ändert sich im Verfahren von Newton oft nicht mehr stark in den letzten Iterationsschritten. Um dieser Feststellung Rechnung zu tragen, und um gleichzeitig die Zahl der oft aufwendigen Berechnungen der ersten Ableitung zu reduzieren, rechnet man oft mit dem **vereinfachten Verfahren von Newton**

$$x^{(k+1)} = x^{(k)} - \frac{f(x^{(k)})}{f'(x^{(0)})}, \quad (k = 0, 1, 2, \ldots). \tag{5.60}$$

Die erste Ableitung wird einmal für den (guten!) Startwert $x^{(0)}$ berechnet und für die weiteren Iterationen beibehalten. Die Konvergenzordnung für das vereinfachte Verfahren (5.60) ist zwar nur $p = 1$, doch ist die asymptotische Fehlerkonstante $K := |F'(s)| = |1 - f'(s)/f'(x^{(0)})|$ oft sehr klein.

**Beispiel 5.8** Mit der hier verwendeten sehr guten Startnäherung arbeitet die vereinfachte Newtonsche Methode zur Berechnung der kleinsten positiven Lösung der Gleichung $f(x) = \cos(x)\cosh(x) + 1 = 0$ recht zufriedenstellend (vgl. Tab. 5.10). Die asymptotische Fehlerkonstante ist hier $K \doteq 0.00715$. △

**Tab. 5.10** Vereinfachte Methode von Newton

| k | $x^{(k)}$ | $f(x^{(k)})$ | $f'(x^{(0)})$ | $f(x^{(k)})/f'(x^{(0)})$ |
|---|---|---|---|---|
| 0 | 1.880000000 | $-2.0332923 \cdot 10^{-2}$ | −4.167932940 | $-4.878419 \cdot 10^{-3}$ |
| 1 | 1.875121581 | $-7.2469 \cdot 10^{-5}$ | | $-1.738728 \cdot 10^{-5}$ |
| 2 | 1.875104194 | $-5.19 \cdot 10^{-7}$ | | $-1.245222 \cdot 10^{-7}$ |
| 3 | 1.875104069 | $-1.0 \cdot 10^{-9}$ | | $-2.399 \cdot 10^{-10}$ |
| 4 | 1.875104069 = s | | | |

### 5.3.3 Interpolationsmethoden

Die Regula falsi und die Sekantenmethode stellen zwei Repräsentanten von Methoden dar, welche auf Grund einer linearen Interpolation zu zwei gegebenen Näherungswerten $x^{(k-1)}$ und $x^{(k)}$ den nachfolgenden $x^{(k+1)}$ festlegen. Um den Verlauf der Funktion $f(x)$ besser zu erfassen, kann auch ein Interpolationspolynom höheren Grades verwendet werden, um aus seinen Nullstellen einen geeigneten neuen

# 5 Nichtlineare Gleichungen

Näherungswert zu ermitteln. Im Verfahren von Muller [Mul56] wird quadratisch interpoliert, wofür natürlich drei Näherungswerte $x^{(k-2)}$, $x^{(k-1)}$, $x^{(k)}$ mit den zugehörigen Funktionswerten $y_i := f(x^{(i)})$, $(i = k-2, k-1, k)$ nötig sind (Fig. 5.4). Zu den drei Stützpunkten wird das interpolierende Polynom $P_2(x)$ zweckmäßigerweise in folgender Form angesetzt

$$P_2(x) = A(x - x^{(k)})^2 + B(x - x^{(k)}) + C, \tag{5.61}$$

da wir diejenige Nullstelle von $P_2(x)$ ermitteln wollen, die am nächsten zu $x^{(k)}$ liegt. Die Koeffizienten $A$, $B$ und $C$ bestimmen sich aus den Interpolationsbedingungen

$$A(x^{(k-2)} - x^{(k)})^2 + B(x^{(k-2)} - x^{(k)}) + C = y_{k-2}$$
$$A(x^{(k-1)} - x^{(k)})^2 + B(x^{(k-1)} - x^{(k)}) + C = y_{k-1} \tag{5.62}$$
$$C = y_k$$

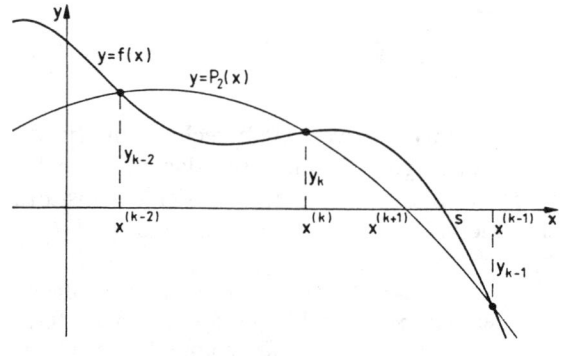

Fig. 5.4
Verfahren von Muller

mit den Hilfsgrößen

$$\begin{aligned} h_2 &:= x^{(k-2)} - x^{(k)}, & h_1 &:= x^{(k-1)} - x^{(k)} \\ d_2 &:= y_{k-2} - y_k, & d_1 &:= y_{k-1} - y_k \end{aligned} \tag{5.63}$$

zu

$$A = \frac{h_1 d_2 - h_2 d_1}{h_2 h_1 (h_2 - h_1)}, \quad B = \frac{h_2^2 d_1 - h_1^2 d_2}{h_2 h_1 (h_2 - h_1)}, \quad C = y_k. \tag{5.64}$$

Aus (5.61) erhalten wir für die Differenz $h := x^{(k+1)} - x^{(k)}$ die im allgemeinen quadratische Gleichung

$$Ah^2 + Bh + C = 0 \quad \text{mit } C \neq 0. \tag{5.65}$$

Die Ausnahmesituation $A = B = 0$ tritt nach (5.64) und (5.63) genau dann ein, falls $y_{k-2} = y_{k-1} = y_k$ gilt. Diesen Fall betrachten wir im folgenden nicht mehr weiter. Ist $A = 0$ und $B \neq 0$, liegen die drei Stützpunkte auf einer Geraden, und aus (5.65) resultiert nur eine Lösung. Ist $A \neq 0$ und $B = 0$, liefert (5.65) zwei betragsgleiche Lösungen, und man entscheidet sich willkürlich für eine der beiden. Im allgemeinen Fall berechnet man die betragskleinere Lösung. Zusammenfassend erhalten wir so

$$h = \begin{cases} -C/B, & \text{falls } A = 0 \text{ und } B \neq 0 \\ \sqrt{-C/A}, & \text{falls } A \neq 0 \text{ und } B = 0 \\ \dfrac{-2\,\text{sgn}(B)C}{|B| + \sqrt{B^2 - 4AC}} & \end{cases} \tag{5.66}$$

Die Formeln (5.63), (5.64) und (5.66) beschreiben die wesentlichen Elemente eines Iterationsschrittes der Methode von Muller. Da $x^{(k+1)}$ aus der Information an den drei Stellen $x^{(k)}$, $x^{(k-1)}$ und $x^{(k-2)}$ berechnet wird, hat sie die allgemeine Form $x^{(k+1)} = F(x^{(k-2)}, x^{(k-1)}, x^{(k)})$ eines dreistufigen Iterationsverfahrens. Die Herleitung der Relation, welcher vier aufeinanderfolgende Fehler $\varepsilon^{(k)} = x^{(k)} - s$ näherungsweise genügen, ist etwas aufwendig [YoG73]. Man findet

$$\varepsilon^{(k+1)} \approx \frac{f^{(3)}(s)}{6f'(s)} \varepsilon^{(k)} \varepsilon^{(k-1)} \varepsilon^{(k-2)}, \quad (k \gg 1). \tag{5.67}$$

Mit der analogen Technik, wie sie zur Bestimmung der Konvergenzordnung der Sekantenmethode angewandt wurde, ergibt sich, daß die Methode von Muller superlineare Konvergenz besitzt mit $p \doteq 1.839$. Die Konvergenzordnung des Verfahrens von Muller ist erwartungsgemäß höher als diejenige der Sekantenmethode.

Die Methode von Muller wurde in der Originalarbeit [Mul56] zur Berechnung aller Nullstellen von Polynomen vorgeschlagen. Sie ist in diesem Zusammenhang auch dann ohne Einschränkung anwendbar, wenn komplexe Nullstellen vorhanden sind. Im Vergleich zur Methode von Newton hat sie den Vorteil, auch im Fall von reellen Startwerten zu komplexen Näherungen und damit zu konvergenten Folgen $x^{(k)}$ zu führen, da die zu lösende quadratische Gleichung (5.65) mit $h$ eine komplexwertige Änderung für $x^{(k)}$ liefert, falls bei reellen $A$, $B$, $C$ die Diskriminante $B^2 - 4AC < 0$ ist. Das Verfahren zeigt auf diese Weise automatisch an, falls mit komplexen Lösungen einer gegebenen Gleichung $f(x) = 0$ zu rechnen ist.

**Beispiel 5.9** Zur Bestimmung der kleinsten positiven Lösung der Gleichung $f(x) = \cos(x)\cosh(x) + 1 = 0$ ist die Methode von Muller sehr effizient. Der Rechengang ist in Tab. 5.11 bei

**Tab. 5.11** Methode von Muller

| $k$ | $x^{(k)}$ | $A$ | $B$ | $C = f(x^{(k)})$ | $h$ |
|---|---|---|---|---|---|
| 0 | 1.800000000 | | | $2.93976 \cdot 10^{-1}$ | |
| 1 | 1.900000000 | | | $-1.04917 \cdot 10^{-1}$ | |
| 2 | 1.850000000 | $-2.98082$ | $-3.98893$ | $1.01981 \cdot 10^{-1}$ | $2.50955 \cdot 10^{-2}$ |
| 3 | 1.875095505 | $-3.03752$ | $-4.13855$ | $3.54376 \cdot 10^{-5}$ | $8.56276 \cdot 10^{-6}$ |
| 4 | 1.875104068 | $-3.01939$ | $-4.13814$ | $2.9 \cdot 10^{-9}$ | $7.008 \cdot 10^{-10}$ |
| 5 | $\underline{1.875104069} = s$ | | | | |

zehnstelliger Rechnung zusammengestellt. Die Koeffizienten $A$, $B$ und $C$ der quadratischen Gleichung (5.65) sind nur sechsstellig angegeben. Die ersten beiden Startwerte $x^{(0)}$ und $x^{(1)}$ wurden wie in der Sekantenmethode so gewählt, daß $f(x^{(0)})f(x^{(1)}) < 0$ gilt. Für $x^{(2)}$ wurde willkürlich der Mittelwert angenommen. In diesem Beispiel genügen fünf Funktionsauswertungen. △

Unter der Voraussetzung, daß die Funktion $f(x)$ in einer Umgebung der gesuchten Nullstelle $s$ monoton ist, kann die **Methode der inversen Interpolation** erfolgreich angewandt werden. Der dazu erforderliche Algorithmus ist im Abschnitt 3.5.3 dargestellt.

## 5.4 Gleichungen in mehreren Unbekannten

Gegeben sei ein System von $n$ nichtlinearen Gleichungen in $n$ Unbekannten, und gesucht seien seine Lösungen. Die Aufgabe läßt sich mit einer stetigen, nichtlinearen Funktion $f(x)$ mit $f: \mathbb{R}^n \to \mathbb{R}^n$ allgemein so formulieren, daß Lösungen $x \in \mathbb{R}^n$ der Gleichung

$$\boxed{f(x) = 0} \tag{5.68}$$

zu bestimmen sind. Um die Darstellung zu vereinfachen, werden wir die grundlegenden Ideen und Prinzipien an einem System von zwei nichtlinearen Gleichungen in zwei Unbekannten darlegen. Sie lassen sich in offenkundiger Weise verallgemeinern.

### 5.4.1 Fixpunktiteration und Konvergenz

Als Grundlage für die Diskussion des Konvergenzverhaltens der nachfolgend dargestellten Iterationsverfahren zur Lösung von (5.68) betrachten wir zwei nichtlineare Gleichungen in zwei Unbekannten in der **Fixpunktform**

$$x = F(x, y), \qquad y = G(x, y). \tag{5.69}$$

Jedes Wertepaar $(s, t)$ mit der Eigenschaft

$$s = F(s, t), \qquad t = G(s, t) \tag{5.70}$$

heißt **Fixpunkt** der Abbildung $F: \mathbb{R}^2 \to \mathbb{R}^2$, welche definiert ist durch

$$F(x) := \begin{bmatrix} F(x, y) \\ G(x, y) \end{bmatrix}, \qquad x := \begin{bmatrix} x \\ y \end{bmatrix} \in \mathbb{R}^2. \tag{5.71}$$

Um den Banachschen Fixpunktsatz anwenden zu können, muß für die Abbildung $F: \mathbb{R}^2 \to \mathbb{R}^2$ ein abgeschlossener Bereich $A \subset \mathbb{R}^2$ (beispielsweise ein Rechteck oder ein Kreis) angegeben werden können, für den mit einer beliebigen Vektornorm

$$F: A \to A \text{ mit } \|F(x) - F(x^*)\| \leqslant L\|x - x^*\|, \quad L < 1; x, x^* \in A \tag{5.72}$$

## 5.4 Gleichungen in mehreren Unbekannten

gilt. Unter der zusätzlichen Voraussetzung, daß die Funktionen $F(x, y)$ und $G(x, y)$ in $A$ stetige partielle Ableitungen nach $x$ und $y$ besitzen, lassen sich hinreichende Kriterien für die Lipschitz-Bedingung (5.72) angeben. Die Jacobi-Matrix oder Funktionalmatrix der Abbildung $\boldsymbol{F}: \mathbb{R}^2 \to \mathbb{R}^2$ ist gegeben durch

$$\boldsymbol{J}(x, y) := \begin{bmatrix} \dfrac{\partial F}{\partial x} & \dfrac{\partial F}{\partial y} \\ \dfrac{\partial G}{\partial x} & \dfrac{\partial G}{\partial y} \end{bmatrix}_{(x,y)}. \tag{5.73}$$

Falls für irgend eine Matrixnorm $\|\boldsymbol{J}(x, y)\| \leqslant L < 1$ für alle $x \in A$ gilt, dann ist für eine mit ihr verträglichen Vektornorm (5.72) erfüllt. Mit feineren Hilfsmitteln der linearen Algebra kann gezeigt werden, daß folgende Bedingung notwendig und hinreichend ist (vgl. Abschn. 11.1.2). Es seien $\lambda_i(\boldsymbol{J})$ die Eigenwerte einer Matrix $\boldsymbol{J} \in \mathbb{R}^{n \times n}$. Man bezeichnet mit

$$\varrho(\boldsymbol{J}) := \max_i |\lambda_i(\boldsymbol{J})| \tag{5.74}$$

den Spektralradius der Matrix $\boldsymbol{J}$. Dann ist $\boldsymbol{F}: A \to A$ genau dann kontrahierend, falls für alle $x \in A$ der Spektralradius $\varrho(\boldsymbol{J}) < 1$ ist.

Es ist oft schwierig, den Bereich $A$ für eine Abbildung $\boldsymbol{F}$ konkret anzugeben, für den eine der genannten Bedingungen für die Anwendung des Fixpunktsatzes von Banach auf die Iteration $\boldsymbol{x}^{(k+1)} = \boldsymbol{F}(\boldsymbol{x}^{(k)})$, $(k = 0, 1, 2, \ldots)$ erfüllt ist. Wir wenden uns unter der Annahme, die Voraussetzungen des Banachschen Fixpunktsatzes seien erfüllt, der Frage nach der Konvergenzordnung der Iteration zu. Um das asymptotisch gültige Gesetz für den Fehlervektor

$$\boldsymbol{\varepsilon}^{(k)} := \boldsymbol{x}^{(k)} - \boldsymbol{s} = \begin{bmatrix} x^{(k)} - s \\ y^{(k)} - t \end{bmatrix} = \begin{bmatrix} \varepsilon^{(k)} \\ \delta^{(k)} \end{bmatrix} \tag{5.75}$$

zu erkennen, nehmen wir an, $\varepsilon^{(k)}$ und $\delta^{(k)}$ seien betragsmäßig sehr klein und die Funktionen $F(x, y)$ und $G(x, y)$ seien mindestens zweimal stetig differenzierbar. Dann gelten die Entwicklungen

$$\varepsilon^{(k+1)} = x^{(k+1)} - s = F(x^{(k)}, y^{(k)}) - F(s, t) = F(s + \varepsilon^{(k)}, t + \delta^{(k)}) - F(s, t)$$
$$= \varepsilon^{(k)} F_x(s, t) + \delta^{(k)} F_y(s, t) + \frac{1}{2} \varepsilon^{(k)2} F_{xx} + \varepsilon^{(k)} \delta^{(k)} F_{xy} + \frac{1}{2} \delta^{(k)2} F_{yy} + \ldots$$
$$\delta^{(k+1)} = \varepsilon^{(k)} G_x(s, t) + \delta^{(k)} G_y(s, t) + \frac{1}{2} \varepsilon^{(k)2} G_{xx} + \varepsilon^{(k)} \delta^{(k)} G_{xy} + \frac{1}{2} \delta^{(k)2} G_{yy} + \ldots$$
$$\tag{5.76}$$

Aus den Darstellugen (5.76) folgt im Fall $\boldsymbol{J}(s, t) \neq \boldsymbol{0}$ näherungsweise

$$\boldsymbol{\varepsilon}^{(k+1)} \approx \boldsymbol{J}(s, t) \boldsymbol{\varepsilon}^{(k)}, \quad (k \gg 1). \tag{5.77}$$

Die Folge $\boldsymbol{x}^{(k)}$ konvergiert deshalb **linear** gegen den Fixpunkt $\boldsymbol{s}$.

Ist jedoch die Funktionalmatrix $J(s,t)$ gleich der Nullmatrix, so erhalten wir aus (5.76) mit den Hesseschen Matrizen der Funktionen $F(x,y)$ und $G(x,y)$

$$H_F := \begin{bmatrix} F_{xx} & F_{xy} \\ F_{xy} & F_{yy} \end{bmatrix}, \qquad H_G := \begin{bmatrix} G_{xx} & G_{xy} \\ G_{xy} & G_{yy} \end{bmatrix}, \qquad (5.78)$$

je berechnet im Fixpunkt $s$ die Darstellungen

$$\varepsilon^{(k+1)} = \frac{1}{2} \varepsilon^{(k)T} H_F \varepsilon^{(k)} + \ldots, \qquad \delta^{(k+1)} = \frac{1}{2} \varepsilon^{(k)T} H_G \varepsilon^{(k)} + \ldots \qquad (5.79)$$

Falls nicht beide Hesseschen Matrizen (5.78) im Fixpunkt Nullmatrizen sind, bedeutet (5.79) quadratische Konvergenz der Iterationsfolge $x^{(k)}$.

### 5.4.2 Verfahren von Newton

Zur iterativen Bestimmung einer Lösung $(s,t)$ eines Systems von zwei nichtlinearen Gleichungen

$$\boxed{f(x,y) = 0, \qquad g(x,y) = 0} \qquad (5.80)$$

ist das Verfahren von Newton oder eine seiner Varianten oft recht geeignet. Die Funktionen $f(x,y)$ und $g(x,y)$ seien im folgenden als mindestens einmal stetig differenzierbar vorausgesetzt. Ausgehend von einer geeigneten Startnäherung $x^{(0)} = (x^{(0)}, y^{(0)})^T$ für eine gesuchte Lösung $s = (s,t)^T$ von (5.80) arbeitet man im allgemeinen $k$-ten Schritt mit dem Korrekturansatz

$$s = x^{(k)} + \xi^{(k)}, \qquad t = y^{(k)} + \eta^{(k)}, \qquad (5.81)$$

mit welchem das gegebene nichtlineare System linearisiert wird.

$$\begin{aligned} f(s,t) &= f(x^{(k)} + \xi^{(k)}, y^{(k)} + \eta^{(k)}) \approx f(x^{(k)}, y^{(k)}) + \xi^{(k)} f_x(x^{(k)}, y^{(k)}) \\ &\quad + \eta^{(k)} f_y(x^{(k)}, y^{(k)}) = 0 \\ g(s,t) &= g(x^{(k)} + \xi^{(k)}, y^{(k)} + \eta^{(k)}) \approx g(x^{(k)}, y^{(k)}) + \xi^{(k)} g_x(x^{(k)}, y^{(k)}) \\ &\quad + \eta^{(k)} g_y(x^{(k)}, y^{(k)}) = 0 \end{aligned} \qquad (5.82)$$

Auf diese Weise ist für die Korrekturen $\xi^{(k)}$, $\eta^{(k)}$ ein lineares Gleichungssystem entstanden. (5.82) lautet mit den Vektoren

$$x^{(k)} := \begin{bmatrix} x^{(k)} \\ y^{(k)} \end{bmatrix}, \qquad \xi^{(k)} := \begin{bmatrix} \xi^{(k)} \\ \eta^{(k)} \end{bmatrix}, \qquad f^{(k)} := \begin{bmatrix} f(x^{(k)}, y^{(k)}) \\ g(x^{(k)}, y^{(k)}) \end{bmatrix}$$

$$\boxed{\Phi(x^{(k)}, y^{(k)}) \xi^{(k)} + f^{(k)} = 0,} \qquad (5.83)$$

## 5.4 Gleichungen in mehreren Unbekannten

wo wir im Unterschied zu (5.73) die Funktionalmatrix

$$\Phi(x,y) := \begin{bmatrix} f_x & f_y \\ g_x & g_y \end{bmatrix}_{(x,y)}, \tag{5.84}$$

zugehörig zu den Funktionen $f(x,y)$ und $g(x,y)$ des Systems (5.80) eingeführt haben. Unter der Voraussetzung, daß die Jacobi-Matrix $\Phi$ (5.84) für die Näherung $x^{(k)}$ regulär ist, besitzt das lineare Gleichungssystem (5.83) eine eindeutige Lösung $\xi^{(k)}$. Dieser Korrekturvektor $\xi^{(k)}$ liefert natürlich nicht die Lösung $s$, sondern eine neue Näherung $x^{(k+1)} = x^{(k)} + \xi^{(k)}$, welche die formale Darstellung

$$x^{(k+1)} = x^{(k)} - \Phi^{-1}(x^{(k)}) f^{(k)} =: F(x^{(k)}), \quad (k = 0, 1, 2, \ldots) \tag{5.85}$$

bekommt. (5.85) stellt eine Rechenvorschrift einer Fixpunktiteration dar. Sie kann als direkte Verallgemeinerung der Iterationsvorschrift (5.50) angesehen werden. Sie darf aber nicht dazu verleiten, die Inverse von $\Phi$ zu berechnen, vielmehr soll die Korrektur $\xi^{(k)}$ als Lösung von (5.83) nach Abschnitt 1.1 mit dem Gaußschen Algorithmus bestimmt werden.

Im Fall eines Systems von zwei nichtlinearen Gleichungen (5.80) lautet die Rechenvorschrift (5.85) explizit

$$\boxed{\begin{aligned} x^{(k+1)} &= x^{(k)} + \xi^{(k)} = x^{(k)} + \left.\frac{g \cdot f_y - f \cdot g_y}{f_x \cdot g_y - f_y \cdot g_x}\right|_{(x^{(k)}, y^{(k)})} =: F(x^{(k)}, y^{(k)}) \\ y^{(k+1)} &= y^{(k)} + \eta^{(k)} = y^{(k)} + \left.\frac{f \cdot g_x - g \cdot f_x}{f_x \cdot g_y - f_y \cdot g_x}\right|_{(x^{(k)}, y^{(k)})} =: G(x^{(k)}, y^{(k)}) \end{aligned}} \tag{5.86}$$

**Satz 5.9** *Die Funktionen $f(x,y)$ und $g(x,y)$ von (5.80) seien in einem Bereich $A$, welcher die Lösung $s$ im Innern enthält, dreimal stetig differenzierbar. Die Funktionalmatrix $\Phi(s,t)$ (5.84) sei regulär. Dann besitzt die Methode von Newton mindestens die Konvergenzordnung $p = 2$.*

Beweis. Wir zeigen, daß die Funktionalmatrix $J(s,t)$ der Fixpunktiteration (5.85) des Newtonschen Verfahrens im Lösungspunkt gleich der Nullmatrix ist. Aus der expliziten Darstellung (5.86) läßt sich diese Tatsache im Fall von zwei Gleichungen leicht dadurch verifizieren, daß man die ersten partiellen Ableitungen von $F(x,y)$ und $G(x,y)$ bildet, und dann das Lösungspaar $(s,t)$ einsetzt. Wir führen den Beweis jedoch so, daß seine Verallgemeinerung auf Systeme von $n$ nichtlinearen Gleichungen auf der Hand liegt. Die Jacobi-Matrix $J(x,y)$ ist gegeben durch

$$J(x,y) = \begin{bmatrix} 1 + \xi_x & \xi_y \\ \eta_x & 1 + \eta_y \end{bmatrix}_{(x,y)}, \tag{5.87}$$

wo $\xi(x,y)$ und $\eta(x,y)$ die Korrekturen darstellen in Abhängigkeit von $x$ und $y$. Sie sind als Lösung des linearen Gleichungssystems

$$\begin{aligned} f_x(x,y)\xi(x,y) + f_y(x,y)\eta(x,y) + f(x,y) &= 0 \\ g_x(x,y)\xi(x,y) + g_y(x,y)\eta(x,y) + g(x,y) &= 0 \end{aligned} \tag{5.88}$$

## 224   5 Nichtlineare Gleichungen

definiert. Die in (5.87) benötigten partiellen Ableitungen der Korrekturen gewinnen wir durch implizite Differentiationen der Gleichungen (5.88) nach $x$ und nach $y$. Die Differentiation nach $x$ liefert die beiden Beziehungen, in denen wir die Argumente weglassen.

$$\begin{aligned} f_{xx}\xi + f_x\xi_x + f_{xy}\eta + f_y\eta_x + f_x &= 0 \\ g_{xx}\xi + g_x\xi_x + g_{xy}\eta + g_y\eta_x + g_x &= 0 \end{aligned} \tag{5.89}$$

In (5.88) setzen wir $x = s$ und $y = t$ ein. Wegen $f(s,t) = g(s,t) = 0$ und auf Grund der vorausgesetzten Regularität der Funktionalmatrix $\Phi(s,t)$ ist $\xi(s,t) = \eta(s,t) = 0$. Deshalb erhalten wir aus (5.89) das homogene Gleichungssystem

$$\begin{aligned} f_x \cdot (1 + \xi_x) + f_y \cdot \eta_x &= 0 \\ g_x \cdot (1 + \xi_x) + g_y \cdot \eta_x &= 0 \end{aligned} \quad (\text{mit } x = s, y = t) \tag{5.90}$$

für die Unbekannten $1 + \xi_x(s,t)$ und $\eta_x(s,t)$, welches nur die triviale Lösung haben kann, weil $\Phi(s,t)$ als regulär vorausgesetzt ist. Damit ist bereits gezeigt, daß die Elemente der ersten Kolonne von $J(s,t)$ (5.87) verschwinden. Differentiation von (5.88) nach $y$ liefert auf analoge Weise dieselbe Aussage für die zweite Kolonne von $J(s,t)$. Die Konvergenzordnung ist folglich größer als Eins. Ob die Konvergenzordnung des Verfahrens von Newton $p = 2$ oder höher ist, entscheiden die Hesseschen Matrizen (5.78). Um ihre Elemente zu bestimmen, sind die Gleichungen (5.89) und die dazu analogen weiter nach $x$ und $y$ implizit zu differenzieren.   □

**Beispiel 5.10**   Gesucht sei die Lösung der beiden quadratischen Gleichungen

$$\begin{aligned} f(x,y) &= x^2 + y^2 + 0.6y - 0.16 = 0 \\ g(x,y) &= x^2 - y^2 + x - 1.6y - 0.14 = 0 \end{aligned} \tag{5.91}$$

für die $s > 0$ und $t > 0$ gilt. Die im Verfahren von Newton benötigten ersten partiellen Ableitungen sind

$$f_x = 2x, \quad f_y = 2y + 0.6, \quad g_x = 2x + 1, \quad g_y = -2y - 1.6.$$

Für die Startnäherungen $x^{(0)} = 0.6$, $y^{(0)} = 0.25$ lautet (5.83)

$$\begin{aligned} 1.2\xi^{(0)} + 1.1\eta^{(0)} + 0.4125 &= 0 \\ 2.2\xi^{(0)} - 2.1\eta^{(0)} + 0.3575 &= 0 \end{aligned} \tag{5.92}$$

mit den resultierenden Korrekturen $\xi^{(0)} \doteq -0.254960$, $\eta^{(0)} \doteq -0.096862$ und den neuen Näherungen $x^{(1)} \doteq 0.345040$, $y^{(1)} \doteq 0.153138$. Das zugehörige Gleichungssystem lautet mit gerundeten Zahlwerten

$$\begin{aligned} 0.690081\xi^{(1)} + 0.906275\eta^{(1)} + 0.0743867 &= 0 \\ 1.690081\xi^{(1)} - 1.906275\eta^{(1)} + 0.0556220 &= 0. \end{aligned} \tag{5.93}$$

Der weitere Rechenablauf der Methode von Newton ist bei zehnstelliger Rechnung in Tab. 5.12 zusammengestellt. Die euklidische Norm des nachträglich berechneten Fehlers $\|\varepsilon^{(k)}\|$ nimmt quadratisch gegen Null ab.

## 5.4 Gleichungen in mehreren Unbekannten

Tab. 5.12 Methode von Newton für ein System nichtlinearer Gleichungen

| k | $x^{(k)}$ | $y^{(k)}$ | $\xi^{(k)}$ | $\eta^{(k)}$ | $\|\varepsilon^{(k)}\|$ |
|---|---|---|---|---|---|
| 0 | 0.6000000000 | 0.2500000000 | $-2.54960 \cdot 10^{-1}$ | $-9.68623 \cdot 10^{-2}$ | $3.531 \cdot 10^{-1}$ |
| 1 | 0.3450404858 | 0.1531376518 | $-6.75094 \cdot 10^{-2}$ | $-3.06747 \cdot 10^{-2}$ | $8.050 \cdot 10^{-2}$ |
| 2 | 0.2775310555 | 0.1224629827 | $-5.64594 \cdot 10^{-3}$ | $-2.79860 \cdot 10^{-3}$ | $6.347 \cdot 10^{-3}$ |
| 3 | 0.2718851108 | 0.1196643843 | $-4.06023 \cdot 10^{-5}$ | $-2.10056 \cdot 10^{-5}$ | $4.572 \cdot 10^{-5}$ |
| 4 | 0.2718445085 | 0.1196433787 | $-2.1579 \cdot 10^{-9}$ | $-1.1043 \cdot 10^{-9}$ | $2.460 \cdot 10^{-9}$ |
| 5 | 0.2718845063 | 0.1196433776 | | | |

Die Lösungsschritte der Methode von Newton besitzen eine geometrische Interpretation, die für die beiden ersten Schritte in Fig. 5.5 dargestellt ist. Die beiden linearen Gleichungen (5.82) sind die Gleichungen der Spuren $s_f$ und $s_g$ der Tangentialebenen an die räumlichen Flächen $z = f(x, y)$ und $z = g(x, y)$ im Punkt $P(x^{(k)}, y^{(k)})$, bezogen auf ein lokales $(\xi^{(k)}, \eta^{(k)})$-Koordinatensystem, dessen Ursprung im Punkt $P(x^{(k)}, y^{(k)})$ liegt. Der Schnittpunkt der beiden Spuren liefert den Näherungspunkt $P(x^{(k+1)}, y^{(k+1)})$. △

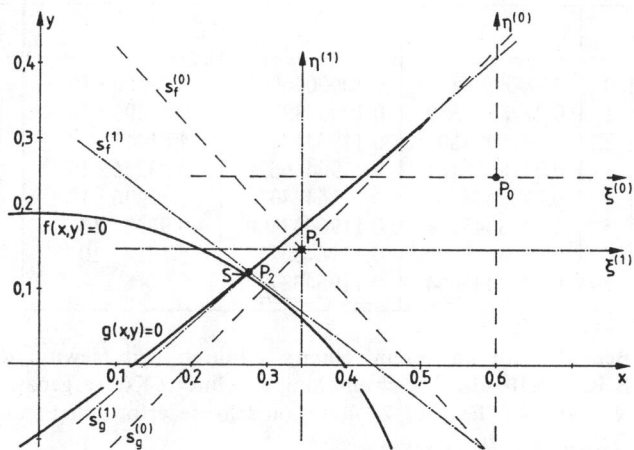

Fig. 5.5
Verfahren von Newton
für ein System

Die Berechnung der Funktionalmatrix $\Phi(x^{(k)})$ kann in komplizierteren Fällen sehr aufwendig sein, da für ein System von $n$ nichtlinearen Gleichungen $n^2$ partielle Ableitungen auszuwerten sind. Aus diesem Grund existieren eine Reihe von vereinfachenden Varianten, die skizziert werden sollen.

Im vereinfachten Verfahren von Newton wird die Funktionalmatrix $\Phi(x^{(0)})$ nur einmal für den möglichst guten Startvektor $x^{(0)}$ berechnet, und die Korrekturen $\xi^{(k)}$ werden anstelle von (5.83) aus dem Gleichungssystem

$$\boxed{\Phi(x^{(0)})\xi^{(k)} + f^{(k)} = \mathbf{0}, \quad (k = 0, 1, 2, \ldots)} \tag{5.94}$$

mit der gleichbleibenden Matrix $\Phi(x^{(0)})$ bestimmt. Aufwandmäßig bringt dies zudem den Vorteil, daß bei Anwendung des Gaußschen Algorithmus die LR-Zerlegung der

## 5 Nichtlineare Gleichungen

Matrix nur einmal erfolgen muß, und für alle Iterationsschritte das Vorwärts- und Rückwärtseinsetzen genügen. Die vereinfachte Methode (5.94) hat die Konvergenzordnung $p = 1$, da die Jacobi-Matrix $J(s, t)$ (5.87) nicht die Nullmatrix ist. Eine zum Beweis von Satz 5.9 analoge Analyse zeigt, daß für eine gute Startnäherung $x^{(0)}$ die Matrixelemente von $J(s, t)$ betragsmäßig klein sind, so daß die Folge $x^{(k)}$ wegen (5.77) doch relativ rasch konvergiert.

**Beispiel 5.11** Das Gleichungssystem (5.91) wird mit dem vereinfachten Verfahren von Newton mit den guten Näherungen $x^{(0)} = 0.3$ und $y^{(0)} = 0.1$ behandelt. Mit der Funktionalmatrix

$$\Phi(x^{(0)}, y^{(0)}) = \begin{pmatrix} 0.6 & 0.8 \\ 1.6 & -1.8 \end{pmatrix} \tag{5.95}$$

konvergiert die Folge der Näherungen $x^{(k)}$ linear mit einem Konvergenzquotienten $q \approx 0.06$, so daß die euklidische Norm des Fehlers $\varepsilon^{(k)}$ in jedem Schritt etwa auf den fünfzehnten Teil verkleinert wird. Deshalb sind nur sieben Iterationsschritte nötig, um die Lösung mit zehnstelliger Genauigkeit zu erhalten. Die Ergebnisse sind in Tab. 5.13 zusammengefaßt.

Tab. 5.13 Vereinfachte Methode von Newton für ein System

| $k$ | $x^{(k)}$ | $y^{(k)}$ | $\xi^{(k)}$ | $\eta^{(k)}$ | $\|\varepsilon^{(k)}\|$ |
|---|---|---|---|---|---|
| 0 | 0.3000000000 | 0.1000000000 | $-2.71186 \cdot 10^{-2}$ | $2.03390 \cdot 10^{-2}$ | $3.433 \cdot 10^{-2}$ |
| 1 | 0.2728813559 | 0.1203389831 | $-9.85495 \cdot 10^{-4}$ | $-6.97248 \cdot 10^{-4}$ | $1.249 \cdot 10^{-3}$ |
| 2 | 0.2718958608 | 0.1196417355 | $-4.81441 \cdot 10^{-5}$ | $2.92648 \cdot 10^{-6}$ | $5.138 \cdot 10^{-5}$ |
| 3 | 0.2718477167 | 0.1196446620 | $-3.03256 \cdot 10^{-6}$ | $-1.25483 \cdot 10^{-6}$ | $3.458 \cdot 10^{-6}$ |
| 4 | 0.2718446841 | 0.1196434072 | $-1.67246 \cdot 10^{-7}$ | $-2.64407 \cdot 10^{-8}$ | $1.802 \cdot 10^{-7}$ |
| 5 | 0.2718445169 | 0.1196433808 | $-9.9322 \cdot 10^{-9}$ | $-3.0508 \cdot 10^{-9}$ | $1.107 \cdot 10^{-8}$ |
| 6 | 0.2718445070 | 0.1196433777 | $-6.1017 \cdot 10^{-10}$ | $-4.2373 \cdot 10^{-11}$ | $7.07 \cdot 10^{-10}$ |
| 7 | 0.2718445064 | 0.1196433777 | | | |

Benutzt man im vereinfachten Verfahren von Newton die gleichen Startwerte wie im Beispiel 5.10, so stellt sich eine langsame lineare Konvergenz ein mit einem Konvergenzquotienten $q \approx 0.45$. Es sind 27 Iterationsschritte erforderlich, um die Lösung mit zehnstelliger Genauigkeit zu berechnen. △

Eine andere Variante, in welcher die Berechnung der Funktionalmatrix $\Phi(x^{(k)})$ teilweise vermieden wird, besteht darin, die Lösung eines Systems von $n$ nichtlinearen Gleichungen in $n$ Unbekannten auf die sukzessive Lösung von nichtlinearen Gleichungen in einer Unbekannten zurückzuführen. Wir betrachten das System von $n$ Gleichungen

$$f_i(x_1, x_2, \ldots, x_n) = 0, \quad (i = 1, 2, \ldots, n). \tag{5.96}$$

Wir setzen voraus, daß sie so angeordnet seien, daß

$$\frac{\partial f_i(x_1, x_2, \ldots, x_n)}{\partial x_i} \neq 0 \quad \text{für } i = 1, 2, \ldots, n \tag{5.97}$$

gilt, was nur bedeutet, daß die $i$-te Gleichung die $i$-te Unbekannte $x_i$ enthält. Es sei $x^{(k)} = (x_1^{(k)}, x_2^{(k)}, \ldots, x_n^{(k)})^T$ der $k$-te Näherungsvektor. In Anlehnung an das Einzelschrittverfahren zur iterativen Lösung von linearen Gleichungssystemen (vgl. Abschn. 11.1.1) soll die *i*-te Komponente des $(k+1)$-ten Näherungsvektors als Lösung der *i*-ten Gleichung wie folgt bestimmt werden.

$$f_i(x_1^{(k+1)}, \ldots, x_{i-1}^{(k+1)}, x_i^{(k+1)}, x_{i+1}^{(k)}, \ldots, x_n^{(k)}) = 0, \quad (i = 1, 2, \ldots, n) \tag{5.98}$$

Für die ersten $(i-1)$ Variablen werden in (5.98) die bereits bekannten Komponenten von $x^{(k+1)}$ eingesetzt, für die letzten $(n-i)$ Variablen die entsprechenden Komponenten von $x^{(k)}$. Für jeden Index $i$ stellt somit (5.98) eine Gleichung für die Unbekannte $x_i^{(k+1)}$ dar, welche mit dem Verfahren von Newton bestimmt werden kann. Zur Durchführung dieser **inneren Iteration** werden nur die partiellen Ableitungen $\partial f_i / \partial x_i$ benötigt. Insgesamt sind dies nur die $n$ Diagonalelemente der Funktionalmatrix $\boldsymbol{\Phi}$, aber natürlich mit wechselnden Argumenten. Der Wert $x_i^{(k)}$ stellt einen geeigneten Startwert für die Iteration dar. Zu gegebenem Startvektor $x^{(0)}$ besitzt das nichtlineare Einzelschrittverfahren für ein System (5.96) die algorithmische Beschreibung (5.99).

$$\boxed{\begin{array}{l} \text{für } k = 0, 1, 2, \ldots: \\ \quad s = 0 \\ \quad \text{für } i = 1, 2, \ldots, n: \\ \quad\quad \xi_i = x_i^{(k)} \\ \text{INNIT:} \quad \Delta \xi_i = \dfrac{f_i(x_1^{(k+1)}, \ldots, x_{i-1}^{(k+1)}, \xi_i, x_{i+1}^{(k)}, \ldots, x_n^{(k)})}{\dfrac{\partial f_i(x_1^{(k+1)}, \ldots, x_{i-1}^{(k+1)}, \xi_i, x_{i+1}^{(k)}, \ldots, x_n^{(k)})}{\partial x_i}} \\ \quad\quad \xi_i = \xi_i - \Delta \xi_i \\ \quad\quad \text{falls } |\Delta \xi_i| > \text{tol}_1: \text{ gehe nach INNIT} \\ \quad\quad s = s + |\xi_i - x_i^{(k)}| \,;\, x_i^{(k+1)} = \xi_i \\ \quad \text{falls } s < \text{tol}_2: \text{STOP} \end{array}} \tag{5.99}$$

Das nichtlineare Einzelschrittverfahren auf der Basis des Verfahrens von Newton zur Lösung der *i*-ten Gleichung (5.98) besitzt mehrere Modifikationsmöglichkeiten. So braucht die *i*-te Gleichung nicht exakt nach $x_i^{(k+1)}$ aufgelöst zu werden, da dieser Wert ohnehin nur eine neue Näherung darstellt. Deshalb verzichtet man auf die innere Iteration und führt nur einen einzigen Schritt der Newton-Korrektur zur Bestimmung von $x_i^{(k+1)}$ mit Hilfe der *i*-ten Gleichung aus. So entsteht das **Newtonsche Einzelschrittverfahren** mit

$$\boxed{x_i^{(k+1)} = x_i^{(k)} - \dfrac{f_i(x_1^{(k+1)}, \ldots, x_{i-1}^{(k+1)}, x_i^{(k)}, x_{i+1}^{(k)}, \ldots, x_n^{(k)})}{\dfrac{\partial f_i(x_1^{(k+1)}, \ldots, x_{i-1}^{(k+1)}, x_i^{(k)}, x_{i+1}^{(k)}, \ldots, x_n^{(k)})}{\partial x_i}}, \quad (i = 1, 2, \ldots, n)}$$

$$\tag{5.100}$$

Die lineare Konvergenz des Newtonschen Einzelschrittverfahrens läßt sich in der Regel dadurch verbessern, daß in Analogie zur Methode der **Überrelaxation** (= successive overrelaxation = SOR) zur iterativen Lösung von linearen Gleichungssystemen (vgl. Abschn. 11.1.1) die Korrektur der $i$-ten Komponente $x_i^{(k)}$ mit einem konstanten, geeignet gewählten **Relaxationsfaktor** $\omega \in (0,2)$ multipliziert wird. Das so entstehende **SOR-Newton-Verfahren** lautet somit

$$x_i^{(k+1)} = x_i^{(k)} - \omega \frac{f_i(x_1^{(k+1)}, \ldots, x_{i-1}^{(k+1)}, x_i^{(k)}, \ldots, x_n^{(k)})}{\dfrac{\partial f_i(x_1^{(k+1)}, \ldots, x_{i-1}^{(k+1)}, x_i^{(k)}, \ldots, x_n^{(k)})}{\partial x_i}}, \quad (i = 1, 2, \ldots, n).$$

(5.101)

Das SOR-Newton-Verfahren wird sehr erfolgreich zur Lösung von großen Systemen von nichtlinearen Gleichungen eingesetzt, welche die Eigenschaft besitzen, daß die $i$-te Gleichung nur wenige der Unbekannten miteinander verknüpft. Diese Situation trifft man an im Zusammenhang mit der numerischen Behandlung von nichtlinearen Randwertaufgaben mit Differenzenmethoden oder mit der Methode der finiten Elemente. In diesen wichtigen Spezialfällen existieren Aussagen über die günstige Wahl des Relaxationsfaktors $\omega$ zur Erzielung optimaler Konvergenz [OrR70].

## 5.5 Nullstellen von Polynomen

Zur Berechnung der Nullstellen eines Polynoms $n$-ten Grades

$$P_n(x) = a_0 x^n + a_1 x^{n-1} + a_2 x^{n-2} + \ldots + a_{n-1} x + a_n, \quad a_0 \neq 0 \qquad (5.102)$$

stellt die Methode von Newton ein zweckmäßiges, effizientes und einfach zu programmierendes Hilfsmittel dar. Wir betrachten hauptsächlich den Fall von Polynomen mit reellen Koeffizienten $a_j$. Die meisten Überlegungen bleiben ohne Einschränkung auch für Polynome mit komplexen Koeffizienten gültig.

Als Grundlage für die Anwendung der Methode von Newton wenden wir uns der Aufgabe zu, den Wert des Polynoms $P_n(x)$ und denjenigen seiner ersten Ableitung für einen gegebenen Wert des Argumentes $x$ effizient und auf einfache Art zu berechnen. Der zu entwickelnde Algorithmus beruht auf der Division mit Rest eines Polynoms durch einen linearen Faktor

$$P_n(x) = (x - p) P_{n-1}(x) + R, \quad p \text{ gegeben}. \qquad (5.103)$$

Das Quotientenpolynom $P_{n-1}(x)$ habe die Darstellung

$$P_{n-1}(x) = b_0 x^{n-1} + b_1 x^{n-2} + b_2 x^{n-3} + \ldots + b_{n-2} x + b_{n-1}, \qquad (5.104)$$

und der Rest wird aus bald ersichtlichen Gründen $R = b_n$ gesetzt. Dann folgt aus (5.103)

$$a_0 x^n + a_1 x^{n-1} + a_2 x^{n-2} + \ldots + a_{n-2} x^2 + a_{n-1} x + a_n$$
$$= (x - p)(b_0 x^{n-1} + b_1 x^{n-2} + b_2 x^{n-3} + \ldots + b_{n-2} x + b_{n-1}) + b_n$$

durch Koeffizientenvergleich

$$a_0 = b_0, \quad a_1 = b_1 - pb_0, \quad a_2 = b_2 - pb_1, \quad ..., \quad a_{n-1} = b_{n-1} - pb_{n-2},$$
$$a_n = b_n - pb_{n-1}.$$

Daraus resultiert der folgende Algorithmus zur rekursiven Berechnung der Koeffizienten $b_j$

$$\boxed{b_0 = a_0; \quad b_j = a_j + pb_{j-1}, \quad (j = 1, 2, ..., n); \quad R = b_n.} \qquad (5.105)$$

Die praktische Bedeutung des Divisionsalgorithmus (5.105) wird deutlich durch den

**Satz 5.10** *Der Wert des Polynoms $P_n(x)$ für $x = p$ ist gleich dem Rest $R$ bei der Division von $P_n(x)$ durch $(x - p)$.*

Beweis. Setzen wir in (5.103) $x = p$ ein, so folgt in der Tat

$$\boxed{P_n(p) = R.} \qquad \square \quad (5.106)$$

Der einfach durchführbare Algorithmus (5.105) liefert somit den Wert des Polynoms $P_n(x)$ für einen gegebenen Wert $x$ mit einem Rechenaufwand von je $n$ Multiplikationen und Additionen. Um auch für die Berechnung der ersten Ableitung eine ähnliche Rechenvorschrift zu erhalten, differenzieren wir (5.103) nach $x$ und erhalten die Beziehung

$$P'_n(x) = P_{n-1}(x) + (x - p)P'_{n-1}(x). \qquad (5.107)$$

Für $x = p$ folgt daraus

$$\boxed{P'_n(p) = P_{n-1}(p).} \qquad (5.108)$$

Der Wert der ersten Ableitung von $P_n(x)$ für einen bestimmten Argumentwert $x = p$ ist gleich dem Wert des Quotientenpolynoms $P_{n-1}(x)$ für $x = p$. Nach Satz 5.10 kann sein Wert mit Hilfe des Divisionsalgorithmus berechnet werden. Setzen wir

$$P_{n-1}(x) = (x - p)P_{n-2}(x) + R_1$$

und $\quad P_{n-2}(x) = c_0 x^{n-2} + c_1 x^{n-3} + ... + c_{n-3} x + c_{n-2}, \quad c_{n-1} = R_1,$

dann sind die Koeffizienten $c_j$ rekursiv gegeben durch

$$\boxed{c_0 = b_0; \quad c_j = b_j + pc_{j-1}, \quad (j = 1, 2, ..., n-1); \quad R_1 = c_{n-1}.} \qquad (5.109)$$

Die erste Ableitung $P'_n(p)$ ist wegen (5.108) und (5.109) mit weiteren $(n-1)$ Multiplikationen berechenbar.

Obwohl im Zusammenhang mit der Methode von Newton die höheren Ableitungen nicht benötigt werden, sei doch darauf hingewiesen, daß sie durch die analoge

## 5 Nichtlineare Gleichungen

Fortsetzung des Divisionsalgorithmus berechnet werden können. Differentiation von (5.107) liefert die Identität

$$P_n''(x) = 2P_{n-1}'(x) + (x-p)P_{n-1}''(x) \tag{5.110}$$

und daraus unter sinngemäßer Anwendung von (5.108)

$$\boxed{P_n''(p) = 2P_{n-1}'(p) = 2P_{n-2}(p).} \tag{5.111}$$

Allgemein kann durch sukzessive Differentiation von (5.110) und unter rekursiver Verwendung der bisherigen Ergebnisse gezeigt werden, daß für die $m$-te Ableitung

$$\boxed{P_n^{(m)}(p) = m!\, P_{n-m}(p), \quad (m = 1, 2, \ldots, n)} \tag{5.112}$$

gilt, wo $P_{n-m}(x)$ das Quotientenpolynom nach $m$-maliger Anwendung des Divisionsalgorithmus bedeutet. Das Resultat (5.112) stellt die Grundlage dar, um alle $n$ Ableitungen eines Polynoms $P_n(x)$ für einen Wert $x = p$ in effizienter Weise zu berechnen. Sie werden etwa dann benötigt, falls man die Entwicklung eines gegebenen Polynoms nach Potenzen von $(x-p)$ braucht.

Die im Divisionsalgorithmus anfallenden Größen werden zweckmäßigerweise im Horner-Schema zusammengestellt, das sich insbesondere für die Handrechnung gut eignet. Das Horner-Schema ist in (5.113) im Fall $n=6$ für die ersten beiden Divisionsschritte mit ergänzenden Erklärungen wiedergegeben.

| | | | | | | | | |
|---|---|---|---|---|---|---|---|---|
| $P_6(x)$: | | $a_0$ | $a_1$ | $a_2$ | $a_3$ | $a_4$ | $a_5$ | $a_6$ |
| | p) | | $pb_0$ | $pb_1$ | $pb_2$ | $pb_3$ | $pb_4$ | $pb_5$ |
| $P_5(x)$: | | $b_0$ | $b_1$ | $b_2$ | $b_3$ | $b_4$ | $b_5$ | $b_6 = P_6(p)$ |
| | p) | | $pc_0$ | $pc_1$ | $pc_2$ | $pc_3$ | $pc_4$ | |
| $P_4(x)$: | | $c_0$ | $c_1$ | $c_2$ | $c_3$ | $c_4$ | $c_5 = P_6'(p)$ | |

(5.113)

Jede weitere Zeile verkürzt sich um einen Wert entsprechend der Abnahme des Grades des Quotientenpolynoms.

Ist man nur am Wert eines Polynoms $n$-ten Grades ($n > 2$) und seiner ersten Ableitung für gegebenes $p$ interessiert, kann dies in einem Rechner ohne indizierte Variablen $b$ und $c$ realisiert werden. Es genügt dazu die Feststellung, daß der Wert von $b_{j-1}$ nicht mehr benötigt wird, sobald zuerst $c_{j-1}$ und dann $b_j$ berechnet sind. Der entsprechende Algorithmus lautet deshalb

$$\boxed{\begin{aligned} & b = a_0;\ c = b;\ b = a_1 + p \times b \\ & \text{für } j = 2, 3, \ldots, n: \\ & \quad c = b + p \times c;\ b = a_j + p \times b \\ & P_n(p) = b;\ P_n'(p) = c \end{aligned}} \tag{5.114}$$

## 5.5 Nullstellen von Polynomen

**Beispiel 5.12** Für das Polynom fünften Grades

$$P_5(x) = x^5 - 5x^3 + 4x + 1$$

soll eine Nullstelle berechnet werden, für welche die Näherung $x^{(0)} = 2$ bekannt ist. Das Horner-Schema lautet

|       | 1 | 0       | −5      | 0       | 4        | 1         |
|-------|---|---------|---------|---------|----------|-----------|
| 2)    |   | 2       | 4       | −2      | −4       | 0         |
|       | 1 | 2       | −1      | −2      | 0        | $1 = P_5(2)$ |
| 2)    |   | 2       | 8       | 14      | 24       |           |
|       | 1 | 4       | 7       | 12      | $24 = P'_5(2)$ | |

Mit diesen Werten erhält man mit dem Verfahren von Newton $x^{(1)} = 2 - \dfrac{1}{24} \doteq 1.95833$. Wir setzen die Rechnung fort mit sechsstelliger Genauigkeit. Das nächste Horner-Schema für $x^{(1)}$ lautet

|           | 1 | 0       | −5       | 0        | 4        | 1          |
|-----------|---|---------|----------|----------|----------|------------|
| 1.95833)  |   | 1.95833 | 3.83506  | −2.28134 | −4.46762 | −0.915754  |
|           | 1 | 1.95833 | −1.16494 | −2.28134 | −0.467620 | 0.084246  |
| 1.95833)  |   | 1.95833 | 7.67011  | 12.7393  | 20.4802  |            |
|           | 1 | 3.91666 | 6.50517  | 10.4580  | 20.0126  |            |

Daraus ergibt sich der zweite Näherungswert $x^{(2)} \doteq 1.95833 - 0.00420965 \doteq 1.95412$. Ein weiterer Iterationsschritt gibt $x^{(3)} \doteq 1.95408$, und dies ist der auf sechs Stellen gerundete Wert einer ersten Nullstelle. △

Für eine Nullstelle $z_1$ des Polynoms $P_n(x)$ ist $(x - z_1)$ ein Teiler von $P_n(x)$, so daß diese Nullstelle abgespalten werden kann. Division von $P_n(x)$ durch den Linearfaktor $(x - z_1)$ liefert das Quotientenpolynom $P_{n-1}(x)$, dessen Nullstellen die restlichen Nullstellen von $P_n(x)$ sind. Die Koeffizienten von $P_{n-1}(x)$ berechnen sich nach dem Divisionsalgorithmus (5.105), wobei der resultierende Rest $R$ als Rechenkontrolle dienen kann. Man fährt mit $P_{n-1}(x)$ analog weiter, dividiert einen weiteren Linearfaktor $(x - z_2)$ ab und reduziert auf diese Weise sukzessive den Grad des Polynoms, für welches eine nächste Nullstelle zu berechnen ist.

Die sukzessive Deflation von Nullstellen kann sich auf die nachfolgend zu bestimmenden Nullstellen der Polynome von kleinerem Grad aus zwei Gründen ungünstig auswirken. Einerseits ist die berechnete Nullstelle im allgemeinen nur eine Näherung der exakten Nullstelle, und anderseits entstehen bei der Berechnung der Koeffizienten $b_j$ von $P_{n-1}(x)$ unvermeidlich Rundungsfehler. Deshalb berechnet man eine Nullstelle $z_2^*$ eines gefälschten Polynoms $P_{n-1}^*(x)$, die bei entsprechender Empfindlichkeit auf kleine Änderungen in den Koeffizienten eine große Abweichung gegenüber der exakten Nullstelle $z_2$ von $P_n(x)$ aufweisen kann. Man vergleiche dazu die Empfindlichkeitsanalyse im Abschnitt 6.1. Der beschriebene Effekt kann sich so

232  5 Nichtlineare Gleichungen

dramatisch auf die zuletzt berechneten Nullstellen auswirken, daß nicht einmal mehr von Näherungen gesprochen werden kann. Will man trotzdem die Methode der Deflation anwenden, sollten die Nullstellen nach Möglichkeit in der Reihenfolge zunehmenden Betrages ermittelt werden, da sich dann die resultierenden Fehler in den Polynomkoeffizienten in Grenzen halten [Wil69]. Zudem ist eine **Nachkorrektur** der erhaltenen Näherungen mit dem gegebenen Polynom $P_n(x)$ angezeigt.

Um die erwähnten Schwierigkeiten zu vermeiden, existiert eine einfache Modifikation des Verfahrens von Newton. Die bekannten Nullstellen von $P_n(x)$ werden **implizit** abgespalten, so daß mit den unveränderten Koeffizienten $P_n(x)$ gearbeitet werden kann. Wir bezeichnen mit $z_1, z_2, ..., z_n$ die Nullstellen $P_n(x)$. Dann gelten

$$P_n(x) = \sum_{j=0}^{n} a_j x^{n-j} = a_0 \prod_{j=1}^{n} (x - z_j), \quad a_0 \neq 0, \tag{5.115}$$

$$P'_n(x) = a_0 \sum_{i=1}^{n} \prod_{\substack{j=1 \\ j \neq i}}^{n} (x - z_j), \quad \frac{P'_n(x)}{P_n(x)} = \sum_{i=1}^{n} \frac{1}{x - z_i}. \tag{5.116}$$

Die Korrektur eines Näherungswertes $x^{(k)}$ im Verfahren von Newton ist gegeben durch den Kehrwert der formalen Partialbruchzerlegung (5.116) des Quotienten $P'_n(x^{(k)})/P_n(x^{(k)})$. Nun nehmen wir an, es seien bereits die $m$ Nullstellen $z_1, z_2, ..., z_m$, $(1 \leqslant m < n)$ berechnet worden, so daß nach ihrer Deflation das Polynom

$$P_{n-m}(x) := P_n(x) \Big/ \prod_{i=1}^{m} (x - z_i) = a_0 \prod_{j=m+1}^{n} (x - z_j) \tag{5.117}$$

im Prinzip für die Bestimmung der nächsten Nullstelle zu verwenden ist. Für $P_{n-m}(x)$ gilt wegen (5.116)

$$\frac{P'_{n-m}(x)}{P_{n-m}(x)} = \sum_{j=m+1}^{n} \frac{1}{x - z_j} = \frac{P'_n(x)}{P_n(x)} - \sum_{i=1}^{m} \frac{1}{x - z_i}, \tag{5.118}$$

und folglich lautet die modifizierte Rechenvorschrift des Verfahrens von Newton mit **impliziter Deflation** von (näherungsweise) bekannten Nullstellen $z_1, z_2, ..., z_m$

$$\boxed{x^{(k+1)} = x^{(k)} - \frac{1}{\dfrac{P'_n(x^{(k)})}{P_n(x^{(k)})} - \sum_{i=1}^{m} \dfrac{1}{(x^{(k)} - z_i)}}, \quad (k = 0, 1, 2, ...).} \tag{5.119}$$

Der Rechenaufwand für einen Iterationsschritt (5.119) beträgt für die $(m+1)$-te Nullstelle $Z_N = 2n + m + 1$ multiplikative Operationen. Er nimmt mit jeder berechneten Nullstelle zu.

**Beispiel 5.13** Für das Polynom von Beispiel 5.12 und der näherungsweise bekannten Nullstelle $z_1 = 1.95408$ wird mit der Technik der impliziten Deflation eine zweite Nullstelle bestimmt. Bei sechsstelliger Rechnung erhalten wir Werte, die in Tab. 5.14 wiedergegeben sind. Es wurde absichtlich die gleiche Startnäherung $x^{(0)} = 2$ wie im Beispiel 5.12 gewählt, um zu illustrieren,

Tab. 5.14 Methode von Newton mit impliziter Deflation

| $k$ | $x^{(k)}$ | $P_5(x^{(k)})$ | $P_5'(x^{(k)})$ | $(x^{(k)} - z_1)^{-1}$ | $\Delta x^{(k)}$ |
|---|---|---|---|---|---|
| 0 | 2.00000 | 1.00000 | 24.000 | 21.7770 | $-4.49843 \cdot 10^{-1}$ |
| 1 | 1.55016 | $-2.47327$ | $-3.17298$ | $-2.47574$ | $-2.66053 \cdot 10^{-1}$ |
| 2 | 1.28411 | $-0.959150$ | $-7.13907$ | $-1.49260$ | $-1.11910 \cdot 10^{-1}$ |
| 3 | 1.17220 | $-0.151390$ | $-7.17069$ | $-1.27897$ | $-2.05572 \cdot 10^{-2}$ |
| 4 | 1.15164 | $-0.00466$ | $-7.09910$ | $-1.24620$ | $-6.55884 \cdot 10^{-4}$ |
| 5 | $\underline{\underline{1.15098}} \doteq z_2$ | | | | |

daß die Folge der iterierten Werte $x^{(k)}$ tatsächlich gegen eine andere Nullstelle $z_2$ konvergiert. △

Das Verfahren von Newton zur Berechnung der Nullstellen von Polynomen ist ohne Änderung auch dann durchführbar, wenn entweder die Koeffizienten des Polynoms komplex sind oder bei reellen Koeffizienten paarweise konjugiert komplexe Nullstellen auftreten. Die Rechenschritte sind mit komplexen Zahlen und Operationen durchzuführen, wobei im zweiten genannten Fall der Startwert komplex zu wählen ist, da andernfalls die Folge der Iterierten $x^{(k)}$ reell bleibt.

Das Rechnen mit komplexen Zahlen kann aber vollständig vermieden werden im Fall von Polynomen $P_n(x)$ mit reellen Koeffizienten. Ist nämlich $z_1 = u + iv, v \neq 0$, eine komplexe Nullstelle von $P_n(x)$, dann ist bekanntlich auch der dazu konjugiert komplexe Wert $z_2 = u - iv$ Nullstelle von $P_n(x)$. Somit ist das Produkt der zugehörigen Linearfaktoren

$$(x - z_1)(x - z_2) = (x - u - iv)(x - u + iv) = x^2 - 2ux + (u^2 + v^2) \qquad (5.120)$$

ein quadratischer Teiler von $P_n(x)$, dessen Koeffizienten nach (5.120) reell sind. Auf Grund dieser Feststellung formulieren wir als neue Zielsetzung die Bestimmung eines quadratischen Teilers mit reellen Koeffizienten von $P_n(x)$. Ist ein solcher quadratischer Teiler gefunden, folgen daraus entweder ein Paar von konjugiert komplexen Nullstellen oder zwei reelle Nullstellen des Polynoms $P_n(x)$. Die übrigen $(n-2)$ Nullstellen werden anschließend als Nullstellen des Quotientenpolynoms $P_{n-2}(x)$ ermittelt.

Als Vorbereitung ist der Divisionsalgorithmus mit Rest für einen quadratischen Faktor zu formulieren. Das gegebene Polynom sei wieder

$$P_n(x) = a_0 x^n + a_1 x^{n-1} + a_2 x^{n-2} + \ldots + a_{n-2} x^2 + a_{n-1} x + a_n, \quad a_j \in \mathbb{R}, a_0 \neq 0.$$

Den quadratischen Faktor setzen wir wie folgt fest

$$x^2 - px - q, \quad p, q \in \mathbb{R}. \qquad (5.121)$$

Gesucht sind die Koeffizienten des Quotientenpolynoms

$$P_{n-2}(x) = b_0 x^{n-2} + b_1 x^{n-3} + b_2 x^{n-4} + \ldots + b_{n-4} x^2 + b_{n-3} x + b_{n-2}, \qquad (5.122)$$

## 5 Nichtlineare Gleichungen

so daß gilt

$$P_n(x) = (x^2 - px - q)P_{n-2}(x) + b_{n-1}(x-p) + b_n. \tag{5.123}$$

Das lineare Restpolynom $R_1(x) = b_{n-1}(x-p) + b_n$ in (5.123) wird in dieser unkonventionellen Form angesetzt, damit die resultierende Rechenvorschrift zur Berechnung der Koeffizienten $b_j$ systematisch für alle Indizes gilt. Der Koeffizientenvergleich liefert die Beziehungen

$$x^n: \quad a_0 = b_0$$
$$x^{n-1}: \quad a_1 = b_1 - pb_0$$
$$x^{n-2}: \quad a_2 = b_2 - pb_1 - qb_0$$
$$\vdots$$
$$x^{n-j}: \quad a_j = b_j - pb_{j-1} - qb_{j-2}, \quad (j = 2, 3, \ldots, n).$$

Die gesuchten Koeffizienten von $P_{n-2}(x)$ und des Restes $R_1(x)$ lassen sich somit rekursiv berechnen mit dem einfachen Divisionsalgorithmus

$$\boxed{\begin{aligned} b_0 &= a_0; \quad b_1 = a_1 + pb_0 \\ b_j &= a_j + pb_{j-1} + qb_{j-2}, \quad (j = 2, 3, \ldots, n) \end{aligned}} \tag{5.124}$$

Ein Faktor $x^2 - px - q$ ist genau dann Teiler von $P_n(x)$, falls der Rest $R_1(x)$ identisch verschwindet, d. h. falls in (5.123) die beiden Koeffizienten $b_{n-1} = b_n = 0$ sind. Zu gegebenen Werten $p$ und $q$ sind sowohl die Koeffizienten von $P_{n-2}(x)$ als auch die Koeffizienten des Restes $R_1(x)$ eindeutig bestimmt. Sie können somit als Funktionen der beiden Variablen $p$ und $q$ aufgefaßt werden. Die oben formulierte Aufgabe, einen quadratischen Teiler von $P_n(x)$ zu bestimmen, ist deshalb äquivalent damit, das nichtlineare Gleichungssystem

$$\boxed{b_{n-1}(p,q) = 0, \quad b_n(p,q) = 0} \tag{5.125}$$

nach den Unbekannten $p$ und $q$ zu lösen. Die Funktionen $b_{n-1}(p,q)$ und $b_n(p,q)$ sind durch den Algorithmus (5.124) definiert. Entsprechend unserer Zielsetzung interessieren allein die reellen Lösungen von (5.125), und diese sollen mit der Methode von Newton iterativ berechnet werden. Dazu werden die partiellen Ableitungen der beiden Funktionen $b_{n-1}(p,q)$ und $b_n(p,q)$ nach $p$ und $q$ benötigt. Diese können mit Hilfe einer einzigen Rekursionsformel berechnet werden, die zu (5.124) analog gebaut ist. Aus (5.124) folgt

$$\frac{\partial b_j}{\partial p} = b_{j-1} + p \frac{\partial b_{j-1}}{\partial p} + q \frac{\partial b_{j-2}}{\partial p}, \quad (j = 2, 3, \ldots n) \tag{5.126}$$

und zusätzlich

$$\frac{\partial b_0}{\partial p} = 0, \quad \frac{\partial b_1}{\partial p} = b_0. \tag{5.127}$$

## 5.5 Nullstellen von Polynomen

Die Struktur von (5.126) legt es nahe, die Hilfsgrößen

$$c_{j-1} := \frac{\partial b_j}{\partial p}, \quad (j = 1, 2, \ldots, n) \tag{5.128}$$

zu definieren. Denn so wird (5.126) unter Berücksichtigung von (5.127) zur Rechenvorschrift

$$\begin{aligned} c_0 &= b_0; \quad c_1 = b_1 + p c_0 \\ c_j &= b_j + p c_{j-1} + q c_{j-2}, \quad (j = 2, 3, \ldots, n-1). \end{aligned} \tag{5.129}$$

Partielle Differentiation von (5.124) nach $q$ gibt die Identität

$$\frac{\partial b_j}{\partial q} = b_{j-2} + p \frac{\partial b_{j-1}}{\partial q} + q \frac{\partial b_{j-2}}{\partial q}, \quad (j = 2, 3, \ldots, n), \tag{5.130}$$

wobei jetzt zu beachten ist, daß zusätzlich

$$\frac{\partial b_0}{\partial q} = 0, \quad \frac{\partial b_1}{\partial q} = 0, \quad \frac{\partial b_2}{\partial q} = b_0, \quad \frac{\partial b_3}{\partial q} = b_1 + p \frac{\partial b_2}{\partial q}$$

gelten. Damit wird offensichtlich, daß mit der Identifikation

$$\frac{\partial b_j}{\partial q} =: c_{j-2}, \quad (j = 2, 3, \ldots, n) \tag{5.131}$$

diese partiellen Ableitungen dieselbe Rekursionsformel (5.129) erfüllen. Im speziellen erhalten wir nach (5.128) und (5.131) für die im Verfahren von Newton wichtigen Ableitungen

$$\frac{\partial b_{n-1}}{\partial p} = c_{n-2}; \quad \frac{\partial b_{n-1}}{\partial q} = c_{n-3}; \quad \frac{\partial b_n}{\partial p} = c_{n-1}; \quad \frac{\partial b_n}{\partial q} = c_{n-2}. \tag{5.132}$$

Damit sind alle Elemente bereitgestellt, die für einen Iterationsschritt zur Lösung des Systems (5.125) nötig sind. Durch (5.132) sind die vier Matrixelemente der Funktionalmatrix $\Phi$ gegeben. Aus der allgemeinen Rechenvorschrift (5.86) erhalten wir durch entsprechende Substitutionen

$$p^{(k+1)} = p^{(k)} + \frac{b_n c_{n-3} - b_{n-1} c_{n-2}}{c_{n-2}^2 - c_{n-1} c_{n-3}}, \quad q^{(k+1)} = q^{(k)} + \frac{b_{n-1} c_{n-1} - b_n c_{n-2}}{c_{n-2}^2 - c_{n-1} c_{n-3}}. \tag{5.133}$$

In (5.133) sind die auftretenden $b$- und $c$-Werte für $p^{(k)}$ und $q^{(k)}$ zu berechnen. Der Nenner $c_{n-2}^2 - c_{n-1} c_{n-3}$ ist gleich der Determinanten der Funktionalmatrix $\Phi$. Ist die Determinante gleich Null, so ist (5.133) nicht anwendbar. In diesem Fall sind die Näherungen $p^{(k)}$ und $q^{(k)}$ beispielsweise durch Addition von Zufallszahlen zu ändern.

Weiter ist es möglich, daß die Determinante zwar nicht verschwindet, aber betragsmäßig klein ist. Das hat zur Folge, daß dem Betrag nach sehr große Werte $p^{(k+1)}$ und $q^{(k+1)}$ entstehen können, welche unmöglich brauchbare Näherungen für die Koeffizienten eines quadratischen Teilers des Polynoms darstellen können. Denn es ist zu beachten, daß die Beträge der Nullstellen eines Polynoms $P_n(x)$ (5.102) beschränkt sind beispielsweise durch

$$|z_i| \leqslant R := \max\left\{ \left|\frac{a_n}{a_0}\right|, 1 + \left|\frac{a_1}{a_0}\right|, 1 + \left|\frac{a_2}{a_0}\right|, \ldots, 1 + \left|\frac{a_{n-1}}{a_0}\right| \right\}. \qquad (5.134)$$

Die Schranke (5.134) resultiert auf Grund der sogenannten Begleitmatrix [Zur65], deren charakteristisches Polynom $\frac{1}{a_0} P_n(x)$ ist. Diese Matrix enthält in der letzten Kolonne im wesentlichen die Koeffizienten von $\frac{1}{a_0} P_n(x)$, in der Subdiagonalen Elemente gleich Eins und sonst lauter Nullen. Die Zeilensummennorm dieser Matrix stellt eine obere Schranke für die Beträge der Eigenwerte und somit für die Nullstellen von $P_n(x)$ dar. Nach (5.120) und (5.121) ist insbesondere $q = -(u^2 + v^2) = -|z_1|^2$ im Fall eines konjugiert komplexen Nullstellenpaars oder aber es ist $|q| = |z_1| \cdot |z_2|$ für zwei reelle Nullstellen. Deshalb ist es angezeigt zu prüfen, ob $|q^{(k+1)}| \leqslant R^2$ gilt. Andernfalls muß für $p^{(k+1)}$ und $q^{(k+1)}$ eine entsprechende Reduktion vorgenommen werden.

Die Methode von Bairstow zur Bestimmung eines quadratischen Teilers $x^2 - px - q$ eines Polynoms $P_n(x)$ mit reellen Koeffizienten vom Grad $n > 2$ besteht zusammengefaßt aus den folgenden Teilschritten einer einzelnen Iteration: 1) Zu gegebenen Näherungen $p^{(k)}$ und $q^{(k)}$ berechne man die Werte $b_j$ nach (5.124) und die Werte $c_j$ nach (5.129). 2) Falls die Determinante der Funktionalmatrix $\Phi$ von Null verschieden ist, können die iterierten Werte $p^{(k+1)}$ und $q^{(k+1)}$ gemäß (5.133) bestimmt werden. 3) Die Iteration soll abgebrochen werden, sobald die Werte $b_{n-1}$ und $b_n$ dem Betrag nach in Relation zu den $a_{n-1}$ und $a_n$, aus denen sie gemäß (5.124) entstehen, genügend klein sind. Wir verwenden deshalb die Bedingung

$$|b_{n-1}| + |b_n| \leqslant \varepsilon(|a_{n-1}| + |a_n|). \qquad (5.135)$$

Darin ist $\varepsilon > 0$ eine Toleranz, die größer als die kleinste positive Zahl $\delta$ ist, für die im Rechner $1 + \delta \neq 1$ gilt. 4) Es sind die beiden Nullstellen $z_1$ und $z_2$ des gefundenen quadratischen Teilers zu bestimmen. Erst an dieser Stelle tritt im Fall eines konjugiert komplexen Nullstellenpaares eine komplexe Zahl auf. 5) Die Deflation der beiden Nullstellen erfolgt durch Division von $P_n(x)$ durch den zuletzt erhaltenen Teiler. Die Koeffizienten des Quotientenpolynoms sind durch (5.124) gegeben.

Das Verfahren von Bairstow besitzt die Konvergenzordnung $p = 2$, denn das zu lösende System von nichtlinearen Gleichungen (5.125) wird mit der Methode von Newton behandelt. Die im Verfahren zu berechnenden Größen des Divisionsalgorithmus werden zweckmäßigerweise in einem doppelzeiligen Horner-Schema zusammengestellt, welches sich für eine übersichtliche Handrechnung gut eignet. Im Fall $n = 6$ ist das Schema in (5.136) angegeben.

## 5.5 Nullstellen von Polynomen

|   | $a_0$ | $a_1$ | $a_2$ | $a_3$ | $a_4$ | $a_5$ | $a_6$ |   |
|---|---|---|---|---|---|---|---|---|
| $q$) |   |   | $qb_0$ | $qb_1$ | $qb_2$ | $qb_3$ | $qb_4$ |   |
| $p$) |   | $pb_0$ | $pb_1$ | $pb_2$ | $pb_3$ | $pb_4$ | $pb_5$ |   |
|   | $b_0$ | $b_1$ | $b_2$ | $b_3$ | $b_4$ | $\boxed{b_5}$ | $\boxed{b_6}$ | (5.136) |
| $q$) |   |   | $qc_0$ | $qc_1$ | $qc_2$ | $qc_3$ |   |   |
| $p$) |   | $pc_0$ | $pc_1$ | $pc_2$ | $pc_3$ | $pc_4$ |   |   |
|   | $c_0$ | $c_1$ | $c_2$ | $\boxed{c_3}$ | $c_4$ | $\boxed{c_5}$ |   |   |

**Beispiel 5.14** Für das Polynom fünften Grades

$$P_5(x) = x^5 - 2x^4 + 3x^3 - 12x^2 + 18x - 12$$

lautet das doppelzeilige Horner-Schema (5.136) für die Startwerte $p^{(0)} = -2$, $q^{(0)} = -5$

|   | 1 | −2 | 3 | −12 | 18 | −12 |
|---|---|---|---|---|---|---|
| −5) |   |   | −5 | 20 | −30 | 20 |
| −2) |   | −2 | 8 | −12 | 8 | 8 |
|   | 1 | −4 | 6 | −4 | $\boxed{-4}$ | $\boxed{16}$ |
| −5) |   |   | −5 | 30 | −65 |   |
| −2) |   | −2 | 12 | −26 | 0 |   |
|   | 1 | −6 | $\boxed{13}$ | 0 | $\boxed{-69}$ |   |

Der Verlauf des Verfahrens von Bairstow ist bei achtstelliger Rechnung mit den wesentlichen Zahlwerten in Tab. 5.15 dargestellt.

**Tab. 5.15** Methode von Bairstow

| $k =$ | 0 | 1 | 2 | 3 | 4 |
|---|---|---|---|---|---|
| $p^{(k)} =$ | −2 | −1.7681159 | −1.7307716 | −1.7320524 | −1.7320508 |
| $q^{(k)} =$ | −5 | −4.6923077 | −4.7281528 | −4.7320527 | −4.7320508 |
| $b_4 =$ | −4 | 0.17141800 | 0.0457260 | −0.000029 | $-1 \cdot 10^{-6}$ |
| $b_5 =$ | 16 | 2.2742990 | −0.0455520 | 0.000077 | 0 |
| $c_2 =$ | 13 | 10.066549 | 9.4534922 | 9.4641203 | 9.4641012 |
| $c_3 =$ | 0 | 5.0722220 | 6.9160820 | 6.9281770 | 6.9282040 |
| $c_4 =$ | −69 | −56.032203 | −56.621988 | −56.784711 | −56.784610 |
| $\Delta p^{(k)} =$ | 0.23188406 | 0.037344320 | −0.0012808444 | $1.5880 \cdot 10^{-6}$ | $1.1835 \cdot 10^{-8}$ |
| $\Delta q^{(k)} =$ | 0.30769231 | −0.035845122 | −0.0038998894 | $1.9017 \cdot 10^{-6}$ | $9.6999 \cdot 10^{-8}$ |

Aus dem quadratischen Teiler $x^2 + 1.7320508x + 4.7320507$ ergibt sich das konjugiert komplexe Nullstellenpaar $z_{1,2} = -0.86602540 \pm 1.9955076i$. Mit dem Quotientenpolynom $P_3(x) = x^3 - 3.7320508x^2 + 4.7320509x - 2.5358990$ kann mit der Methode von Bairstow ein weiterer quadratischer Teiler $x^2 - 1.7320506x + 1.2679494$ ermittelt werden mit dem zweiten konjugiert komplexen Nullstellenpaar $z_{3,4} = 0.86602530 \pm 0.71968714i$. Die fünfte Nullstelle ist $z_5 = 2$. △

## 5.6 Aufgaben

**5.1** Eine Fixpunktiteration $x^{(n+1)} = F(x^{(n)})$ ist definiert durch $F(x) = 1 + \dfrac{1}{x} + \left(\dfrac{1}{x}\right)^2$.

a) Man verifiziere, daß $F(x)$ für das Intervall $[1.75, 2.0]$ die Voraussetzungen des Fixpunktsatzes von Banach erfüllt. Wie groß ist die Lipschitz-Konstante $L$?

b) Mit $x^{(0)} = 1.825$ bestimme man die Iterierten bis $x^{(20)}$. Welche a priori und a posteriori Fehlerschranken ergeben sich? Wie groß ist der asymptotisch gültige Konvergenzquotient $|q|$ und die Anzahl der erforderlichen Iterationsschritte zur Gewinnung einer weiteren richtigen Dezimalstelle?

c) Auf die Folge der Iterierten $x^{(k)}$ wende man den Aitkenschen $\Delta^2$-Prozeß an und ermittle näherungsweise den Konvergenzquotienten der Aitken-Folge $z^{(k)}$.

d) Man bestimme den Fixpunkt $s$ mit dem Verfahren von Steffensen.

**5.2** Die nichtlineare Gleichung $2x - \sin(x) = 0.5$ kann in die Fixpunktform $x = 0.5 \sin(x) + 0.25 = F(x)$ übergeführt werden. Man bestimme ein Intervall, für welches $F(x)$ die Voraussetzungen des Fixpunktsatzes von Banach erfüllt. Zur Bestimmung des Fixpunktes $s$ verfahre man wie in Aufgabe 5.1.

**5.3** Man berechne die positive Nullstelle von $f(x) = e^{2x} - \sin(x) - 2$

a) mit der Regula falsi, $x^{(0)} = 0$, $x^{(1)} = 1$;

b) mit der Sekantenmethode, $x^{(0)} = 0.25$, $x^{(1)} = 0.35$;

c) mit der Methode von Newton, $x^{(0)} = 0.25$;

d) mit der vereinfachten Methode von Newton, $x^{(0)} = 0.25$;

e) mit der Methode von Muller, $x^{(0)} = 0$, $x^{(1)} = 1$.

**5.4** Wie in Aufgabe 5.3 bestimme man die kleinsten positiven Lösungen von folgenden Gleichungen

a) $\tan(x) - \tanh(x) = 0$;

b) $\tan(x) - x - 4x^3 = 0$;

c) $(1 + x^2)\tan(x) - x(1 - x^2) = 0$.

**5.5** Zur Bestimmung einer Lösung der Gleichung $f(x) = 0$ kann die Iterationsvorschrift

$$x^{(k+1)} = x^{(k)} - \frac{f(x^{(k)})f'(x^{(k)})}{f'(x^{(k)})^2 - 0.5f(x^{(k)})f''(x^{(k)})}, \quad (k = 0, 1, 2, \ldots)$$

verwendet werden unter der Voraussetzung, daß $f(x)$ mindestens zweimal stetig differenzierbar ist. Man zeige, daß die Konvergenzordnung (mindestens) $p = 3$ ist. Wie lauten die daraus resultierenden Iterationsformeln zur Berechnung von $\sqrt{a}$ als Lösung von $f(x) = x^2 - a = 0$ und von $\sqrt[3]{a}$ als Lösung von $f(x) = x^3 - a = 0$? Man berechne mit diesen Iterationsvorschriften $\sqrt{2}$ und $\sqrt[3]{2}$ mit den Startwerten $x^{(0)} = 1$.

**5.6** Das lineare Gleichungssystem

$$8x_1 + x_2 - 2x_3 - 8 = 0$$
$$x_1 + 18x_2 - 6x_3 + 10 = 0$$
$$2x_1 + x_2 + 16x_3 + 2 = 0$$

mit diagonal dominanter Matrix kann beispielsweise in folgende Fixpunktform übergeführt werden:

$$x_1 = \phantom{-}0.2x_1 - 0.1x_2 + 0.2x_3 + 0.8$$
$$x_2 = -0.05x_1 + 0.1x_2 + 0.3x_3 - 0.5$$
$$x_3 = \phantom{-}-0.1x_1 - 0.05x_2 + 0.2x_3 - 0.1$$

Man verifiziere, daß die beiden Systeme äquivalent sind. Dann zeige man, daß die so definierte Abbildung in ganz $\mathbb{R}^3$ kontrahierend ist und bestimme die Lipschitz-Konstante $L$ und den Spektralradius der Jacobi-Matrix. Mit dem Startvektor $x^{(0)} = (1, -0.5, -0.3)^T$ führe man (mindestens) zehn Iterationsschritte durch und gebe die a priori und a posteriori Fehlerschranken an. An der Folge der iterierten Vektoren verifiziere man den Konvergenzquotienten.

**5.7** Das nichtlineare Gleichungssystem

$$e^{xy} + x^2 + y - 1.2 = 0$$
$$x^2 + y^2 + x - 0.55 = 0$$

ist zu lösen. Mit den Startwerten $x^{(0)} = 0.6$, $y^{(0)} = 0.5$ wende man die Methode von Newton an und interpretiere die beiden ersten Iterationsschritte graphisch. Für die besseren Startwerte $x^{(0)} = 0.4$, $y^{(0)} = 0.25$ löse man das Gleichungssystem mit Hilfe des vereinfachten Newton-Verfahrens. Wie groß ist der Konvergenzquotient der linear konvergenten Iterationsfolge auf Grund des Spektralradius der zugehörigen Jacobi-Matrix?

**5.8** Zur Lösung des nichtlinearen Gleichungssystems

$$4.72 \sin(2x) - 3.14 e^y - 0.495 = 0$$
$$3.61 \cos(3x) + \sin(y) - 0.402 = 0$$

verwende man mit den Startwerten $x^{(0)} = 1.5$, $y^{(0)} = -4.7$ das Verfahren von Newton, das vereinfachte Verfahren von Newton, das Newtonsche Einzelschrittverfahren und das SOR-Newton-Verfahren für verschiedene Werte von $\omega$.

**5.9** Die Nullstellen der Polynome

$$P_5(x) = x^5 - 2x^4 - 13x^3 + 14x^2 + 24x - 1,$$
$$P_8(x) = x^8 - x^7 - 50x^6 + 62x^5 + 650x^4 - 528x^3 - 2760x^2 + 470x + 2185$$

sollen mit der Methode von Newton unter Verwendung der impliziten Deflation der berechneten Nullstellen bestimmt werden.

**5.10** Mit der Methode von Bairstow und dem Verfahren von Muller berechne man die (komplexen) Nullstellen der Polynome

$$P_6(x) = 3x^6 + 9x^5 + 9x^4 + 5x^3 + 3x^2 + 8x + 5,$$
$$P_8(x) = 3x^8 + 2x^7 + 6x^6 + 4x^5 + 7x^4 + 3x^3 + 5x^2 + x + 8.$$

# 6 Eigenwertprobleme

Wir betrachten die Aufgabe, die Eigenwerte und Eigenvektoren einer reellen, quadratischen Matrix $A$ zu berechnen. Diese Aufgabenstellung tritt insbesondere in der Physik und den Ingenieurwissenschaften bei der Behandlung von Schwingungsproblemen auf. Auch ist etwa in der Statistik im Zusammenhang mit der Varianzanalyse eine Eigenwertaufgabe zu lösen. Dem Eigenwertproblem sind wir auch schon im Kapitel 1 begegnet, wo zur Bestimmung der Konditionszahl einer Matrix auf Grund der Spektralnorm der größte und der kleinste Eigenwert einer bestimmten Matrix zu berechnen sind. In ähnlicher Weise sind bei der Lösung von gewöhnlichen Differentialgleichungssystemen und von partiellen Differentialgleichungen mit bestimmten Methoden die Eigenwerte von Matrizen für das stabile Verhalten der Verfahren maßgebend (vgl. dazu die Kapitel 9 und 10).

Wir werden uns auf die Behandlung von einigen wenigen, geeigneten Methoden zur Eigenwertbestimmung beschränken müssen, die normalerweise auf Rechenanlagen in Form von Bibliotheksprogrammen direkt verfügbar sind. Für ausführlichere und umfassendere Darstellungen von Eigenwertmethoden verweisen wir auf [BuB84, GoV89, Jen77, Par80, Ste73, TöS88, Wil65, ZuF84, ZuF86].

## 6.1 Das charakteristische Polynom, Problematik

Gegeben sei eine reelle, quadratische Matrix $A$ der Ordnung $n$. Gesucht sind ihre Eigenwerte $\lambda_k$ und die zugehörigen Eigenvektoren $x_k$, so daß

$$A x_k = \lambda_k x_k \quad \text{oder} \quad (A - \lambda_k I)x_k = 0 \tag{6.1}$$

gilt. Da der Eigenvektor $x_k$ nicht der Nullvektor sein darf, muß notwendigerweise die Determinante der Matrix $A - \lambda_k I$ verschwinden. Folglich muß der Eigenwert $\lambda_k$ Nullstelle des **charakteristischen Polynoms**

$$P(\lambda) := (-1)^n |A - \lambda I| = \lambda^n + p_{n-1}\lambda^{n-1} + p_{n-2}\lambda^{n-2} + \ldots + p_1 \lambda + p_0 \tag{6.2}$$

sein. Da das charakteristische Polynom den echten Grad $n$ besitzt, hat es $n$ Nullstellen, falls sie mit der entsprechenden Vielfachheit gezählt werden. Auf Grund dieser Betrachtung scheint die Aufgabe der Bestimmung der Eigenwerte bereits gelöst, denn man braucht dazu nur die Koeffizienten des charakteristischen Polynoms zu berechnen, um anschließend seine Nullstellen nach einer bekannten Methode von Abschnitt 5.5 zu ermitteln. Die Eigenvektoren $x_k$ zu den Eigenwerten $\lambda_k$ ergeben sich dann als nichttriviale Lösungen der homogenen Gleichungssysteme (6.1).

Das durch die Theorie vorgezeichnete Lösungsverfahren ist aber aus numerischen Gründen für größere Ordnungen $n$ sehr ungeeignet, da einmal mehr die endliche

242    6 Eigenwertprobleme

Rechengenauigkeit zu berücksichtigen ist. Jede Methode zur Berechnung der Koeffizienten $p_j$ des charakteristischen Polynoms $P(\lambda)$ aus den gegebenen Matrixelementen von $A$ ist Rundungsfehlern unterworfen. Wir müssen also davon ausgehen, daß die erhaltenen Werte $p_j^*$ mit einem Fehler behaftet sind. Im günstigsten Fall werden die $p_j^*$ gleich den nächstgelegenen Computerzahlen zu den exakten Werten $p_j$ sein. Folglich ist für die Rechenpraxis die realistische Annahme zu treffen, daß alle berechneten Polynomkoeffizienten $p_j^*$ mindestens einen relativen Fehler $\varepsilon$ aufweisen, der bei $d$-stelliger dezimaler Rechnung höchstens gleich $5 \cdot 10^{-d}$ ist. An die Stelle des exakten charakteristischen Polynoms tritt somit das Polynom

$$P^*(\lambda) = \lambda^n + p_{n-1}^* \lambda^{n-1} + p_{n-2}^* \lambda^{n-2} + \ldots + p_1^* \lambda + p_0^*, \qquad (6.3)$$

dessen Nullstellen $\lambda_k^*$ als Eigenwerte der gegebenen Matrix bestimmt werden.

Wir wollen nun die Empfindlichkeit der Nullstellen $\lambda_k$ des Polynoms $P(\lambda)$ auf kleine Änderungen seiner Koeffizienten qualitativ untersuchen. Zu diesem Zweck führen wir die Größen $q_j$ gemäß

$$p_j^* := p_j + \varepsilon q_j, \quad (j = 0, 1, \ldots, n-1) \qquad (6.4)$$

ein und definieren mit ihnen das Polynom

$$Q(\lambda) := q_{n-1} \lambda^{n-1} + q_{n-2} \lambda^{n-2} + \ldots + q_1 \lambda + q_0, \qquad (6.5)$$

dessen Grad kleiner oder gleich $(n-1)$ ist. Damit lautet das Polynom $P^*(\lambda)$ in (6.3)

$$P^*(\lambda) = P(\lambda) + \varepsilon Q(\lambda). \qquad (6.6)$$

In (6.6) betrachten wir $\varepsilon$ als kleinen Parameter, und $Q(\lambda)$ stellt das Störpolynom dar. Die Nullstellen $\lambda_k^*$ von $P^*(\lambda)$ sind von $\varepsilon$ zwar stetig, aber nicht in jedem Fall stetig differenzierbar abhängig. Um die Empfindlichkeitsanalyse zu vereinfachen, betrachten wir nur den Fall einer einfachen Nullstelle $\lambda_k$ von $P(\lambda)$, so daß gelten

$$P(\lambda_k) = 0 \quad \text{und} \quad P'(\lambda_k) \neq 0. \qquad (6.7)$$

Wegen der stetigen Abhängigkeit kann für hinreichend kleines $\varepsilon$ die Nullstelle $\lambda_k^*$ in guter Approximation durch eine Newton-Korrektur (5.50) aus dem Näherungswert $\lambda_k$ bestimmt werden. Diese Korrektur lautet

$$\Delta \lambda_k = -\frac{P^*(\lambda_k)}{P^{*\prime}(\lambda_k)} = -\frac{P(\lambda_k) + \varepsilon Q(\lambda_k)}{P'(\lambda_k) + \varepsilon Q'(\lambda_k)} = \frac{-\varepsilon Q(\lambda_k)}{P'(\lambda_k) + \varepsilon Q'(\lambda_k)}. \qquad (6.8)$$

Wir treffen noch die Zusatzannahme, daß $\varepsilon$ so klein sei, daß

$$|\varepsilon Q'(\lambda_k)| \ll |P'(\lambda_k)|$$

gilt, was wegen (6.7) stets möglich ist. Damit gelangen wir zur gewünschten qualitativen Aussage

$$\boxed{\lambda_k^* \approx \lambda_k - \varepsilon \frac{Q(\lambda_k)}{P'(\lambda_k)}.} \qquad (6.9)$$

## 6.1 Das charakteristische Polynom, Problematik

Die Änderung der Nullstelle $\lambda_k$ hängt einerseits ab vom Wert des Störpolynoms $Q(\lambda_k)$ und anderseits vom Wert der Ableitung $P'(\lambda_k)$ des Polynoms $P(\lambda)$. Der Quotient $Q(\lambda_k)/P'(\lambda_k)$ in (6.9) stellt den Verstärkungsfaktor des (unvermeidlichen) relativen Fehlers $\varepsilon$ dar. Diese von $\lambda_k$ abhängigen Quotienten kann man deshalb als **Konditionszahlen** der Nullstellen $\lambda_k$ bezeichnen. Die Konditionszahl für eine bestimmte Nullstelle $\lambda_k$ ist nach (6.9) in der Regel dann groß, falls die Ableitung $P'(\lambda_k)$ betragsmäßig klein ist. Dies ist der Fall bei benachbarten Nullstellen, so daß (6.9) die plausible Tatsache erklären kann, daß eng benachbarte Nullstellen sehr empfindlich auf kleine Änderungen der Koeffizienten sind.

**Beispiel 6.1** Wir betrachten das Polynom vom Grad $n=12$ mit den Nullstellen $\lambda_1 = 1$, $\lambda_2 = 2, \ldots, \lambda_{12} = 12$

$$P(\lambda) = \prod_{k=1}^{12} (\lambda - k) = \lambda^{12} - 78\lambda^{11} + 2717\lambda^{10} - + \ldots - 6926634\lambda^7 + \ldots + 479001600.$$

Um die Darstellung durchsichtig zu gestalten, soll die Empfindlichkeit der Nullstellen $\lambda_k$ bei Änderung eines einzigen Koeffizienten $p_j$ um den Wert $\varepsilon p_j$ untersucht werden. Das Störpolynom (6.5) lautet unter dieser Annahme

$$Q(\lambda) = p_j \lambda^j \quad \text{für ein } j \text{ mit } 0 \leq j \leq 11.$$

Für die erste Ableitung des Polynoms $P(\lambda)$ an der Nullstelle $\lambda_k = k$ erhält man aus der Produktdarstellung den Wert

$$P'(\lambda_k) = P'(k) = (-1)^{12-k}(k-1)!\,(12-k)!. \tag{6.10}$$

Nach (6.9) ergeben sich so die von $k$ und $j$ abhängigen Konditionszahlen

$$C_{k,j} := \left| \frac{Q(\lambda_k)}{P'(\lambda_k)} \right| = \frac{|p_j| k^j}{(k-1)!\,(12-k)!}, \quad \begin{pmatrix} k=1,2,\ldots,12;\\ j=0,1,\ldots,11 \end{pmatrix} \tag{6.11}$$

Zur Illustration der sehr unterschiedlichen, teilweise sehr großen Empfindlichkeiten der Nullstellen $\lambda_k$ sind in Tab. 6.1 für einige Indexkombinationen $k$ und $j$ die Konditionszahlen $C_{k,j}$ zusammengestellt.

Tab. 6.1 Konditionszahlen $C_{k,j}$

| $k=$ \ $j=$ | 1 | 3 | 6 | 8 | 9 | 10 | 12 |
|---|---|---|---|---|---|---|---|
| 0 | $1.20 \cdot 10^1$ | $6.60 \cdot 10^2$ | $5.54 \cdot 10^3$ | $3.96 \cdot 10^3$ | $1.98 \cdot 10^3$ | $6.60 \cdot 10^2$ | $1.20 \cdot 10^1$ |
| 3 | $3.54 \cdot 10^1$ | $5.26 \cdot 10^4$ | $3.54 \cdot 10^6$ | $5.99 \cdot 10^6$ | $4.26 \cdot 10^6$ | $1.95 \cdot 10^6$ | $6.12 \cdot 10^4$ |
| 6 | $1.13 \cdot 10^0$ | $4.52 \cdot 10^4$ | $2.43 \cdot 10^7$ | $9.75 \cdot 10^7$ | $9.88 \cdot 10^7$ | $6.20 \cdot 10^7$ | $3.37 \cdot 10^6$ |
| 7 | $1.74 \cdot 10^{-1}$ | $2.09 \cdot 10^4$ | $2.24 \cdot 10^7$ | $1.20 \cdot 10^8$ | $1.37 \cdot 10^8$ | $9.54 \cdot 10^7$ | $6.22 \cdot 10^6$ |
| 8 | $1.88 \cdot 10^{-2}$ | $6.78 \cdot 10^3$ | $1.46 \cdot 10^7$ | $1.04 \cdot 10^8$ | $1.33 \cdot 10^8$ | $1.03 \cdot 10^8$ | $8.07 \cdot 10^6$ |
| 11 | $1.95 \cdot 10^{-6}$ | $1.90 \cdot 10^1$ | $3.28 \cdot 10^5$ | $5.54 \cdot 10^6$ | $1.01 \cdot 10^7$ | $1.07 \cdot 10^7$ | $1.45 \cdot 10^6$ |

In diesem Beispiel sind die kleinsten Nullstellen $\lambda_1$ bis $\lambda_3$ am wenigsten empfindlich, während $\lambda_6$ bis $\lambda_{10}$ bedeutend größere Konditionszahlen aufweisen. Die größte Konditionszahl ist $C_{9,7} = 1.37 \cdot 10^8$. Unterliegt also der Koeffizient $p_7 = -6926634$ bei zehnstelliger dezimaler Rechnung einem Rundungsfehler um eine Einheit in der letzten Stelle, so ist mit $p_7^* = -6926634.001$ der relative Fehler $\varepsilon \doteq 1.444 \cdot 10^{-10}$. Bei Berücksichtigung der Vorzeichen von $Q(\lambda_9) = p_7 \lambda_9^7$ und von $P'(\lambda_9)$ gemäß (6.10) liefert die qualitative Formel (6.9)

$$\lambda_9^* \approx \lambda_9 - 1.444 \cdot 10^{-10} \times 1.37 \cdot 10^8 \doteq 8.980.$$

Die recht große Änderung der Nullstelle $\lambda_9$, verursacht durch die kleine Störung des einzigen Koeffizienten $p_7$ wird von einer Rechnung mit hoher Genauigkeit bestätigt. △

Die am Beispiel 6.1 aufgezeigte mögliche hohe Empfindlichkeit der Nullstellen verstärkt sich in der Regel mit zunehmendem Polynomgrad. Es können sogar reelle Nullstellenpaare zu konjugiert komplexen Nullstellen werden [Wil69]. Aus diesen Gründen muß das charakteristische Polynom als Hilfsmittel zur Berechnung von Eigenwerten vermieden werden. Deshalb werden im folgenden nur solche Verfahren zur Behandlung der Eigenwertaufgabe betrachtet, welche die Berechnung der Koeffizienten des charakteristischen Polynoms nicht erfordern.

## 6.2 Jacobi-Verfahren

In diesem Abschnitt betrachten wir das Problem, für eine relle **symmetrische Matrix** $A$ alle Eigenwerte und die zugehörigen Eigenvektoren zu berechnen. Die numerische Behandlung dieser Aufgabe wird erleichtert durch die Tatsachen, daß die Eigenwerte $\lambda_k$ einer symmetrischen Matrix der Ordnung $n$ reell sind, und daß die Eigenvektoren $x_k$ ein vollständiges System von $n$ orthonormierten Vektoren bilden, insbesondere auch im Fall von mehrfachen Eigenwerten.

Die Motivation für die folgenden Rechenverfahren gab das sogenannte **Hauptachsentheorem**, wonach sich jede symmetrische Matrix $A$ vermittels einer orthogonalen Matrix $U$ ähnlich auf eine Diagonalmatrix $D$ transformieren läßt, so daß gilt

$$U^{-1} A U = D. \tag{6.12}$$

Die Spalten von $U$ werden durch die Eigenvektoren $x_k$ gebildet, und die Diagonalelemente von $D$ sind die Eigenwerte $\lambda_k$ von $A$. Denn (6.12) ist äquivalent zu $AU = UD$, was nur eine Zusammenfassung der $n$ Beziehungen (6.1) in Matrizenform darstellt. Allgemein heißen zwei Matrizen $A$ und $B$ **ähnlich**, falls eine reguläre Matrix $C$ existiert, so daß

$$C^{-1} A C = B \tag{6.13}$$

gilt. Den Übergang von der Matrix $A$ zur Matrix $B$ gemäß (6.13) bezeichnet man als **Ähnlichkeitstransformation**. Wesentlich ist die Tatsache, daß ähnliche Matrizen die gleichen Eigenwerte besitzen. In der Tat besitzen sie die gleichen charakteristischen Polynome, denn es gilt

$$P_B(\lambda) = |\lambda I - B| = |\lambda I - C^{-1} A C| = |C^{-1}(\lambda I - A) C|$$
$$= |C^{-1}| \cdot |\lambda I - A| \cdot |C| = |\lambda I - A| = P_A(\lambda).$$

Dabei haben wir die Determinantenrelationen $|XY| = |X| \cdot |Y|$ und $|C^{-1}| = |C|^{-1}$ verwendet.

### 6.2.1 Elementare Rotationsmatrizen

Zur Transformation einer Matrix auf eine bestimmte Form benützt man oft möglichst einfache Transformationsmatrizen, deren Effekt übersichtlich ist. Zu dieser Klasse gehören die orthogonalen Matrizen

$$U(p, q; \varphi) := \begin{pmatrix} 1 \\ & \ddots \\ & & 1 \\ & & & \cos \varphi & & \sin \varphi \\ & & & & 1 \\ & & & & & \ddots \\ & & & & & & 1 \\ & & -\sin \varphi & & \cos \varphi \\ & & & & & & & 1 \\ & & & & & & & & \ddots \\ & & & & & & & & & 1 \end{pmatrix} \begin{matrix} \\ \\ \leftarrow p \\ \\ \\ \leftarrow q \\ \\ \end{matrix} \quad \begin{matrix} u_{ii} = 1, i \neq p, q \\ u_{pp} = u_{qq} = \cos \varphi \\ u_{pq} = \sin \varphi \\ u_{qp} = -\sin \varphi \\ u_{ij} = 0 \text{ sonst} \end{matrix} \quad (6.14)$$

Die Orthogonalität der Matrix $U(p, q; \varphi)$ ist offenkundig, so daß wegen $U^T U = I$ sofort $U^{-1} = U^T$ folgt. Wenn wir $U(p, q; \varphi)$ als Darstellungsmatrix einer linearen Transformation im $\mathbb{R}^n$ auffassen, entspricht sie einer Drehung um den Winkel $-\varphi$ in der zweidimensionalen Ebene, aufgespannt durch die $p$-te und $q$-te Koordinatenrichtung. Das Indexpaar $(p, q)$ mit $1 \leq p < q \leq n$ heißt das Rotationsindexpaar und die Matrix $U(p, q; \varphi)$ eine $(p, q)$-Rotationsmatrix.

Die Wirkung einer $(p, q)$-Rotationsmatrix (6.14) auf eine Matrix $A$ im Fall einer Ähnlichkeitstransformation $A'' = U^{-1} A U = U^T A U$ stellen wir in zwei Schritten fest. Die Multiplikation der Matrix $A$ von links mit $U^T$ zur Matrix $A' = U^T A$ bewirkt nur eine Linearkombination der $p$-ten und $q$-ten Zeilen von $A$, während die übrigen Matrixelemente unverändert bleiben. Die Elemente von $A' = U^T A$ sind gegeben durch

$$\left. \begin{matrix} a'_{pj} = a_{pj} \cos \varphi - a_{qj} \sin \varphi \\ a'_{qj} = a_{pj} \sin \varphi + a_{qj} \cos \varphi \\ a'_{ij} = a_{ij} \text{ für } i \neq p, q \end{matrix} \right\} \quad (j = 1, 2, \ldots, n) \quad (6.15)$$

Die anschließende Multiplikation der Matrix $A'$ von rechts mit $U$ zur Bildung von $A'' = A' U$ bewirkt jetzt nur eine Linearkombination der $p$-ten und $q$-ten Kolonnen von

$A'$, während alle andern Kolonnen unverändert bleiben. Die Elemente von $A'' = A'U = U^T A U$ sind gegeben durch

$$\left. \begin{array}{l} a''_{ip} = a'_{ip} \cos \varphi - a'_{iq} \sin \varphi \\ a''_{iq} = a'_{ip} \sin \varphi + a'_{iq} \cos \varphi \\ a''_{ij} = a'_{ij} \quad \text{für } j \neq p, q \end{array} \right\} \quad (i = 1, 2, \ldots, n) \quad (6.16)$$

Zusammenfassend können wir festhalten, daß eine Ähnlichkeitstransformation der Matrix $A$ mit einer $(p, q)$-Rotationsmatrix $U$ nur die Elemente der $p$-ten und $q$-ten Zeilen und Kolonnen verändert, wie dies in Fig. 6.1 anschaulich dargestellt ist.

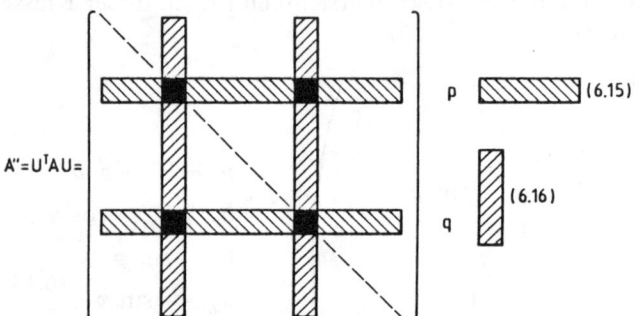

Fig. 6.1
Wirkung der Ähnlichkeitstransformation

Die Matrixelemente in den vier Kreuzungspunkten werden sowohl nach (6.15) als auch nach (6.16) transformiert. Bevor wir die entsprechenden Formeln angeben, halten wir noch fest, daß bei einer orthogonalen Ähnlichkeitstransformation die Symmetrie erhalten bleibt. In der Tat gilt mit $A^T = A$ und $U^{-1} = U^T$ allgemein

$$A''^T = (U^{-1} A U)^T = (U^T A U)^T = U^T A^T U = U^T A U = A''.$$

Nach Substitution von (6.15) in (6.16) sind die Elemente an den Kreuzungsstellen definiert durch

$$a''_{pp} = a_{pp} \cos^2 \varphi - 2 a_{pq} \cos \varphi \sin \varphi + a_{qq} \sin^2 \varphi \quad (6.17)$$

$$a''_{qq} = a_{pp} \sin^2 \varphi + 2 a_{pq} \cos \varphi \sin \varphi + a_{qq} \cos^2 \varphi \quad (6.18)$$

$$a''_{pq} = a''_{qp} = (a_{pp} - a_{qq}) \cos \varphi \sin \varphi + a_{pq}(\cos^2 \varphi - \sin^2 \varphi) \quad (6.19)$$

Solche elementaren orthogonalen Ähnlichkeitstransformationen wurden von Jacobi 1846 [Jac46] zur sukzessiven Diagonalisierung einer symmetrischen Matrix verwendet. Man nennt sie deshalb Jacobi-Rotationen oder auch, um das Rotationsindexpaar hervorzuheben, $(p, q)$-Drehungen.

Die tatsächliche Ausführung einer Jacobi-Rotation kann unter Berücksichtigung der Symmetrie mit den Matrixelementen in und unterhalb der Diagonalen erfolgen. Deshalb sind nach Fig. 6.1 insgesamt $2(n - 2)$ Elemente gemäß (6.15) und (6.16) und dazu die drei Elemente an den Kreuzungsstellen umzurechnen. Beachtet man die Relation $a''_{pp} + a''_{qq} = a_{pp} + a_{qq}$, so sind nur etwas mehr als $4n$ Multiplikationen erforderlich.

## 6.2.2 Das klassische Jacobi-Verfahren

Auf Grund des Hauptachsentheorems läßt sich jede symmetrische Matrix $A$ durch eine orthogonale Ähnlichkeitstransformation diagonalisieren. Die Idee von Jacobi besteht darin, diese Transformation durch eine geeignete Folge von Jacobi-Rotationen durchzuführen.

Eine naheliegende Strategie besteht darin, in einem einzelnen Transformationsschritt das momentan absolut größte Paar von Außendiagonalelementen $a_{pq} = a_{qp}$ zum Verschwinden zu bringen. Dies soll durch eine $(p, q)$-Drehung erfolgen, so daß also $a_{pq}$ und $a_{qp}$ in den außendiagonalen Kreuzungsstellen liegen (vgl. Fig. 6.1). Um unnötige Indizes zu vermeiden, betrachten wir einen Schritt der Transformationsfolge. Nach (6.19) ergibt sich folgende Bedingungsgleichung für den Drehwinkel $\varphi$

$$(a_{pp} - a_{qq}) \cos \varphi \sin \varphi + a_{qp}(\cos^2 \varphi - \sin^2 \varphi) = 0. \tag{6.20}$$

In (6.20) ist mit $a_{qp}$ berücksichtigt, daß mit der unteren Hälfte der Matrix $A$ gearbeitet werden soll. Mit den trigonometrischen Identitäten $\sin(2\varphi) = 2 \cos \varphi \sin \varphi$ und $\cos(2\varphi) = \cos^2 \varphi - \sin^2 \varphi$ lautet (6.20)

$$\cot(2\varphi) = \frac{\cos^2 \varphi - \sin^2 \varphi}{2 \cos \varphi \sin \varphi} = \frac{a_{qq} - a_{pp}}{2 a_{qp}} =: \Theta. \tag{6.21}$$

Da $a_{qp} \neq 0$ ist, hat der Quotient $\Theta$ stets einen endlichen Wert. Für die Jacobi-Rotation wird aber nicht der Winkel $\varphi$, sondern die Werte von $\cos \varphi$ und $\sin \varphi$ benötigt. Diese Werte können aus (6.21) numerisch sicher wie folgt berechnet werden. Mit $t := \tan \varphi$ ergibt sich aus (6.21)

$$\frac{1 - t^2}{2t} = \Theta \quad \text{oder} \quad t^2 + 2\Theta t - 1 = 0 \tag{6.22}$$

eine quadratische Gleichung für $t$ mit den beiden Lösungen

$$t_{1,2} = -\Theta \pm \sqrt{\Theta^2 + 1} = \frac{1}{\Theta \pm \sqrt{\Theta^2 + 1}}. \tag{6.23}$$

Wir wählen die betragskleinere der beiden Lösungen und setzen fest

$$\boxed{t = \tan \varphi = \begin{cases} \dfrac{1}{\Theta + \operatorname{sgn}(\Theta) \sqrt{\Theta^2 + 1}} & \text{für } \Theta \neq 0 \\ 1 & \text{für } \Theta = 0 \end{cases}} \tag{6.24}$$

Damit wird erreicht, daß einerseits im Nenner von (6.24) keine numerische Auslöschung stattfindet und daß anderseits $-1 < \tan \varphi \leqslant 1$ gilt, so daß der Drehwinkel $\varphi$ auf das Intervall $-\pi/4 < \varphi \leqslant \pi/4$ beschränkt ist. Aus dem jetzt bekannten Wert für $\tan \varphi$ ergeben sich schließlich

$$\boxed{\cos \varphi = \frac{1}{\sqrt{1 + t^2}}, \quad \sin \varphi = t \cdot \cos \varphi} \tag{6.25}$$

## 6 Eigenwertprobleme

Damit sind die Elemente der Jacobi-Rotation festgelegt, und die Transformation der Matrix $A$ in $A'' = U^\mathrm{T} A U$ kann nach den Formeln (6.15) und (6.16) erfolgen. Für die Diagonalelemente der transformierten Matrix $A''$ ergeben sich infolge des aus der Gleichung (6.20) bestimmten Drehwinkels $\varphi$ bedeutend einfachere Darstellungen. Aus (6.17) folgt nämlich mit (6.21)

$$\begin{aligned} a''_{pp} &= a_{pp} - 2a_{qp}\cos\varphi\sin\varphi + (a_{qq} - a_{pp})\sin^2\varphi \\ &= a_{pp} - a_{qp}\left\{2\cos\varphi\sin\varphi - \frac{\cos^2\varphi - \sin^2\varphi}{\cos\varphi\sin\varphi}\sin^2\varphi\right\} = a_{pp} - a_{qp}\tan\varphi. \end{aligned}$$

Also gelten die beiden Darstellungen

$$\boxed{a''_{pp} = a_{pp} - a_{qp}\tan\varphi, \qquad a''_{qq} = a_{qq} + a_{qp}\tan\varphi} \qquad (6.26)$$

Mit den Formeln (6.26) wird nicht nur die Zahl der Multiplikationen verkleinert, sondern es wird vor allem auch der Rundungsfehler in den Diagonalelementen verringert. Desgleichen lassen sich die Formeln (6.15) und (6.16) so umformen, daß sie bessere Eigenschaften hinsichtlich Rundungsfehlern aufweisen [Rut 66]. Dies gilt insbesondere für betragskleine Drehwinkel $\varphi$. Um die modifizierten Darstellungen der transformierten Matrixelemente zu erhalten, verwenden wir die Identität für

$$\cos\varphi = \frac{\cos\varphi + \cos^2\varphi}{1 + \cos\varphi} = \frac{1 + \cos\varphi - \sin^2\varphi}{1 + \cos\varphi} = 1 - \frac{\sin^2\varphi}{1 + \cos\varphi}.$$

Mit dem Wert

$$\boxed{r := \frac{\sin\varphi}{1 + \cos\varphi} \left(= \tan\left(\frac{\varphi}{2}\right)\right)} \qquad (6.27)$$

ergeben sich aus (6.15) und (6.16)

$$\boxed{\begin{aligned} a'_{pj} &= a_{pj} - \sin\varphi[a_{qj} + ra_{pj}] \\ a'_{qj} &= a_{qj} + \sin\varphi[a_{pj} - ra_{qj}] \end{aligned}} \quad (j = 1, 2, \ldots, n) \qquad (6.28)$$

$$\boxed{\begin{aligned} a''_{ip} &= a'_{ip} - \sin\varphi[a'_{iq} + ra'_{ip}] \\ a''_{iq} &= a'_{iq} + \sin\varphi[a'_{ip} - ra'_{iq}] \end{aligned}} \quad (i = 1, 2, \ldots, n) \qquad (6.29)$$

Man beachte, daß die Zahl der Multiplikationen unverändert bleibt.

Im klassischen Jacobi-Verfahren wird mit $A^{(0)} = A$ eine Folge von orthogonalähnlichen Matrizen

$$A^{(k)} = U_k^\mathrm{T} A^{(k-1)} U_k, \quad (k = 1, 2, \ldots) \qquad (6.30)$$

gebildet, so daß im $k$-ten Schritt das absolut größte Nichtdiagonalelement $a^{(k-1)}_{qp}$ der

Matrix $A^{(k-1)}$

$$|a_{qp}^{(k-1)}| = \max_{i>j} |a_{ij}^{(k-1)}| \tag{6.31}$$

durch eine Jacobi-Rotation mit $U_k = U(p,q;\varphi)$ zu Null gemacht wird. Obwohl die Nichtdiagonalelemente, die mit einer bestimmten Jacobi-Rotation zum Verschwinden gebracht werden, im allgemeinen in einem nachfolgenden Transformationsschritt wieder ungleich Null werden, gilt der

**Satz 6.1** *Die Folge von ähnlichen Matrizen $A^{(k)}$ (6.30) des klassischen Jacobi-Verfahrens konvergiert gegen eine Diagonalmatrix $D$.*

Beweis. Wir betrachten die Summe der Quadrate der Nichtdiagonalelemente der Matrix $A^{(k)}$

$$S(A^{(k)}) = \sum_{i=1}^{n} \sum_{\substack{j=1 \\ j \neq i}}^{n} \{a_{ij}^{(k)}\}^2, \quad (k = 1, 2, \ldots) \tag{6.32}$$

und zeigen, daß $S(A^{(k)})$ mit wachsendem $k$ eine monotone Nullfolge bildet. Dazu untersuchen wir vorbereitend die Änderung von $S(A)$ im Fall einer allgemeinen Jacobi-Rotation mit dem Rotationsindexpaar $(p,q)$. Die Summe $S(A'') = S(U^T A U)$ wird dazu in Teilsummen aufgeteilt.

$$S(A'') = \sum_{i=1}^{n} \sum_{\substack{j=1 \\ j \neq i}}^{n} a_{ij}''^2 = \sum_{\substack{i=1 \\ i \neq p,q}}^{n} \sum_{\substack{j=1 \\ j \neq i,p,q}}^{n} a_{ij}''^2 + \sum_{\substack{i=1 \\ i \neq p,q}}^{n} (a_{ip}''^2 + a_{iq}''^2) + \sum_{\substack{j=1 \\ j \neq p,q}}^{n} (a_{pj}''^2 + a_{qj}''^2) + 2a_{qp}''^2 \tag{6.33}$$

Einerseits ändern sich bei einer $(p,q)$-Drehung nur die Elemente in den $p$-ten und $q$-ten Zeilen und Kolonnen, so daß $a_{ij}'' = a_{ij}$ für alle $i \neq p,q$ und alle $j \neq i,p,q$ gilt, und andererseits gelten wegen der Orthogonalität der Transformation

$$a_{ip}''^2 + a_{iq}''^2 = a_{ip}^2 + a_{iq}^2 \quad (i \neq p,q),$$
$$a_{pj}''^2 + a_{qj}''^2 = a_{pj}^2 + a_{qj}^2 \quad (j \neq p,q).$$

Deshalb folgt aus (6.33) für eine allgemeine Jacobi-Rotation

$$S(A'') = S(U^T A U) = \{S(A) - 2a_{qp}^2\} + 2a_{qp}''^2. \tag{6.34}$$

Im klassischen Jacobi-Verfahren gilt nach dem $k$-ten Schritt $a_{qp}^{(k)} = 0$, so daß aus (6.34) folgt

$$S(A^{(k)}) = S(A^{(k-1)}) - 2a_{qp}^{(k-1)^2}, \quad (k = 1, 2, \ldots). \tag{6.35}$$

Die Werte $S(A^{(k)})$ bilden mit zunehmendem $k$ eine streng monoton abnehmende Folge, solange $\max_{i \neq j} |a_{ij}^{(k-1)}| \neq 0$ ist. Die Abnahme des Wertes $S(A^{(k-1)})$ in der $k$-ten Jacobi-Rotation ist sogar maximal. Es bleibt noch zu zeigen, daß $S(A^{(k)})$ eine Nullfolge bildet. Wegen (6.31) gilt

$$S(A^{(k-1)}) \leq (n^2 - n) a_{qp}^{(k-1)^2},$$

## 6 Eigenwertprobleme

und deshalb folgt für $S(A^{(k)})$ aus (6.35) die Abschätzung

$$S(A^{(k)}) = S(A^{(k-1)}) - 2a_{qp}^{(k-1)2} \leq \left\{1 - \frac{2}{n^2-n}\right\} S(A^{(k-1)}). \tag{6.36}$$

Da die Abschätzung (6.36) unabhängig von $a_{qp}^{(k-1)2}$ ist, ergibt ihre rekursive Anwendung

$$S(A^{(k)}) \leq \left\{1 - \frac{2}{n^2-n}\right\}^k S(A^{(0)}). \tag{6.37}$$

Für $n=2$ ist $1 - 2/(n^2 - n) = 0$ im Einklang mit der Tatsache, daß mit $S(A^{(1)}) = 0$ eine einzige Jacobi-Rotation in diesem Fall zur Diagonalisierung der Matrix der Ordnung zwei genügt. Für $n > 2$ ist $1 - 2/(n^2 - n) < 1$ und somit gilt

$$\lim_{k \to \infty} S(A^{(k)}) = 0. \qquad \square$$

Das Produkt der Rotationsmatrizen

$$V_k := U_1 U_2 \ldots U_k, \quad (k = 1, 2, \ldots) \tag{6.38}$$

ist eine orthogonale Matrix, für die

$$A^{(k)} = U_k^T U_{k-1}^T \ldots U_2^T U_1^T A^{(0)} U_1 U_2 \ldots U_{k-1} U_k = V_k^T A V_k \tag{6.39}$$

gilt. Nach Satz 6.1 stellt die Matrix $A^{(k)}$ für hinreichend großes $k$ mit beliebiger Genauigkeit eine Diagonalmatrix $D$ dar, d. h. es gilt

$$A^{(k)} = V_k^T A V_k \approx D.$$

Die Diagonalelemente von $A^{(k)}$ stellen Approximationen der Eigenwerte $\lambda_j$ von $A$ dar. Die Spalten von $V_k$ sind Näherungen der zugehörigen orthonormierten Eigenvektoren $x_j$. Insbesondere erhält man auch im Fall von mehrfachen Eigenwerten ein vollständiges System von orthonormierten Näherungen der Eigenvektoren.

Auf Grund der Abschätzung (6.37) nimmt die Wertefolge $S(A^{(k)})$ mindestens wie eine geometrische Folge mit dem Quotienten $q = 1 - 2/(n^2 - n)$ ab, d. h. die Konvergenz ist mindestens linear. Damit läßt sich die Anzahl der erforderlichen Jacobi-Rotationen zumindest abschätzen, um etwa die Bedingung

$$S(A^{(k)})/S(A^{(0)}) \leq \varepsilon^2 \tag{6.40}$$

zu erfüllen. Bezeichnen wir mit $N = \frac{1}{2}(n^2 - n)$ die Anzahl der Nichtdiagonalelemente der unteren Hälfte der Matrix $A$, so ist (6.40) sicher erfüllt, falls gilt

$$\left[1 - \frac{1}{N}\right]^k \leq \varepsilon^2.$$

Aufgelöst nach $k$ erhalten wir daraus mit dem natürlichen Logarithmus für größere Werte von $N$

$$k \geqslant \frac{2\log(\varepsilon)}{\log\left(1 - \frac{1}{N}\right)} \approx 2N \log\left(\frac{1}{\varepsilon}\right) = (n^2 - n) \log\left(\frac{1}{\varepsilon}\right). \quad (6.41)$$

Da eine Jacobi-Rotation rund $4n$ Multiplikationen erfordert, liefert (6.41) mit $\varepsilon = 10^{-\alpha}$ eine Schätzung des Rechenaufwandes zur Diagonalisierung einer symmetrischen Matrix $A$ der Ordnung $n$ mit dem klassischen Jacobi-Verfahren von

$$Z_{\text{Jacobi}} \approx 9.21 \alpha (n^3 - n^2) \quad (6.42)$$

Multiplikationen. Der Aufwand steigt mit der dritten Potenz der Ordnung $n$, wobei der Faktor $9.21\alpha$ von der geforderten Genauigkeit abhängt. Die Schätzung des Rechenaufwandes (6.42) ist zu pessimistisch, denn die Wertefolge der $S(A^{(k)})$ konvergiert sogar quadratisch gegen Null, sobald die Nichtdiagonalelemente betragsmäßig genügend klein bezüglich der minimalen Differenz von zwei Eigenwerten geworden sind [Hen 58, Scö 61, Scö 64]. Falls für die Eigenwerte

$$\min_{i \neq j} |\lambda_i - \lambda_j| = 2\delta > 0 \quad (6.43)$$

gilt, und im klassischen Jacobi-Verfahren der Zustand erreicht worden ist, daß

$$S(A^{(k)}) < \frac{1}{4} \delta^2 \quad (6.44)$$

zutrifft, dann ist nach $N = \frac{1}{2}(n^2 - n)$ weiteren Jacobi-Rotationen

$$S(A^{(k+N)}) \leqslant \left(\frac{1}{2}n - 1\right) S(A^{(k)})^2 / \delta^2. \quad (6.45)$$

Eine zu (6.45) analoge Aussage über die quadratische Konvergenz kann auch für den Fall von doppelten Eigenwerten gezeigt werden [Scö 61, Scr 64]. Die sich asymptotisch einstellende quadratische Konvergenz reduziert selbstverständlich den totalen Rechenaufwand wesentlich. Er bleibt aber doch proportional zu $n^3$, wobei aber der Proportionalitätsfaktor im Vergleich zu (6.42) kleiner ist.

Eine Aussage über den absoluten Fehler der Approximation der Eigenwerte $\lambda_j$ von $A$ durch die Diagonalelemente $a_{ii}^{(k)}$ der Matrix $A^{(k)}$ liefert der in [Hen 58] bewiesene

**Satz 6.2** *Die Eigenwerte $\lambda_j$ der symmetrischen Matrix $A = A^{(0)}$ seien in aufsteigender Reihenfolge $\lambda_1 \leqslant \lambda_2 \leqslant \ldots \leqslant \lambda_n$ angeordnet. Desgleichen bezeichnen wir mit $d_j^{(k)}$ die der Größe nach geordneten Diagonalelemente $a_{ii}^{(k)}$, so daß $d_1^{(k)} \leqslant d_2^{(k)} \leqslant \ldots \leqslant d_n^{(k)}$ gilt. Dann erfüllen die Eigenwerte $\lambda_j$ die Fehlerabschätzung*

$$|d_j^{(k)} - \lambda_j| \leqslant \sqrt{S(A^{(k)})}, \quad (j = 1, 2, \ldots, n; k = 0, 1, 2, \ldots). \quad (6.46)$$

Um die aufwendige Berechnung von $S(A^{(k)})$ zu vermeiden, schätzen wir die Summe mit Hilfe des absolut größten Nichtdiagonalelementes $a_{qp}^{(k)}$ von $A^{(k)}$ durch $S(A^{(k)}) \leqslant (n^2 - n)\{a_{qp}^{(k)}\}^2 < n^2\{a_{qp}^{(k)}\}^2$ ab. Dies liefert die gegenüber (6.46) im allgemeinen bedeutend schlechtere Abschätzung

$$|d_j^{(k)} - \lambda_j| < n|a_{qp}^{(k)}|, \quad (j = 1, 2, \ldots, n; k = 0, 1, 2, \ldots). \tag{6.47}$$

Sie ist als einfaches Abbruchkriterium anwendbar.
Die gleichzeitige Berechnung der Eigenvektoren der Matrix $A$ ist bereits durch (6.38) und (6.39) vorgezeichnet. Die $j$-te Kolonne von $V_k$ enthält eine Näherung des normierten Eigenvektors zur Eigenwertnäherung $a_{jj}^{(k)}$. Die so erhaltenen Approximationen der Eigenvektoren bilden innerhalb der numerischen Genauigkeit stets ein System von paarweise orthogonalen und normierten Vektoren. Dies trifft auf Grund der Konstruktion auch im Fall von mehrfachen Eigenwerten zu. Da die Konvergenz der Matrixfolge $V_k$ komplizierteren Gesetzen gehorcht als die Konvergenz der Diagonalelemente $a_{jj}^{(k)}$ gegen die Eigenwerte, werden die Eigenvektoren in der Regel weniger gut approximiert [Wil 65]. Die Matrixfolge $V_k$ berechnet sich rekursiv durch sukzessive Multiplikation der Rotationsmatrizen gemäß der Vorschrift

$$V_0 = I; \quad V_k = V_{k-1} U_k, \quad (k = 1, 2, \ldots). \tag{6.48}$$

Für die Matrizen $V_k$ ist eine volle $(n \times n)$-Matrix vorzusehen, weil sie ja nicht symmetrisch sind. Ist $U_k$ eine $(p, q)$-Rotationsmatrix, bewirkt die Multiplikation $V_{k-1} U_k$ nur eine Linearkombination der $p$-ten und $q$-ten Kolonnen von $V_{k-1}$ gemäß den Formeln (6.16) oder (6.29). Der Rechenaufwand für diese Operation beträgt $4n$ wesentliche Operationen. Werden also die Eigenvektoren mitberechnet, so verdoppelt sich der Gesamtaufwand des klassischen Jacobi-Verfahrens.

### 6.2.3 Zyklisches Jacobi-Verfahren

Der Suchprozeß des klassischen Jacobi-Verfahrens zur Ermittlung des absolut größten Nichtdiagonalelementes erfordert $N = \frac{1}{2}(n^2 - n)$ Vergleichsoperationen. Da eine Jacobi-Rotation nur $4n$ Multiplikationen benötigt, steht der Aufwand des Suchprozesses, zumindest für größere Ordnungen $n$, in einem ungünstigen Verhältnis zu demjenigen der eigentlichen Transformation. Aus diesem Grund sollen die $N$ Nichtdiagonalelemente unterhalb der Diagonale in systematischer und immer gleichbleibender Reihenfolge in einem Zyklus von $N$ Rotationen je einmal zum Verschwinden gebracht werden. Im speziellen zyklischen Jacobi-Verfahren ist die Reihenfolge der Rotationsindexpaare

$$(1, 2), (1, 3), \ldots, (1, n), (2, 3), (2, 4), \ldots, (2, n), (3, 4), \ldots, (n-1, n) \tag{6.49}$$

so festgelegt, daß die Nichtdiagonalelemente der unteren Hälfte kolonnenweise pro Zyklus genau einmal Null werden. Eine $(p, q)$-Rotation soll bei diesem Vorgehen selbstverständlich nicht ausgeführt werden, falls der aktuelle Wert von $a_{qp} = 0$ ist. Die Werte für $\cos \varphi$ und $\sin \varphi$ werden wie im klassischen Jacobi-Verfahren bestimmt, so daß insbesondere $-\pi/4 < \varphi \leqslant \pi/4$ gilt.

**Satz 6.3** *Die Matrixfolge $A^{(k)}$, gebildet nach dem speziellen zyklischen Jacobi-Verfahren (6.49) mit den gemäß (6.24) definierten Drehwinkeln $\varphi_k$, konvergiert gegen eine Diagonalmatrix $D$.*

Der Nachweis der Konvergenz ist bei weitem nicht mehr so elementar wie im Fall des klassischen Jacobi-Verfahrens. Obwohl die Wertefolge $S(A^{(k)})$ jetzt nur noch im schwachen Sinn abnimmt, kann in [FoH 60, Hen 58] durch eine sehr subtile Beweisführung unter Berücksichtigung der Vorgeschichte der Nichtdiagonalelemente gezeigt werden, daß $S(A^{(k)})$ eine Nullfolge bildet. Überdies kann unter den Voraussetzungen (6.43) und (6.44) die quadratische Konvergenz der Matrixfolge $A^{(k)}$ in dem Sinn nachgewiesen werden, daß nach einem vollen Zyklus von $N$ Rotationen die Abschätzung gilt [Hen 58, Scö 61, Scr 64, Wil 62]

$$S(A^{(k+N)}) \leq S(A^{(k)})^2/(2\delta^2). \tag{6.50}$$

Die grundlegende Idee für den Nachweis der asymptotisch gültigen quadratischen Konvergenz ist einfach und soll in den wesentlichen Zügen dargestellt werden. Wir setzen voraus, daß die Eigenwerte einfach sind, so daß (6.43) zutrifft. Wegen (6.44) und (6.46) gilt dann für die Diagonalelemente von $A^{(k)}$

$$|a_{ii}^{(k)} - a_{jj}^{(k)}| > \delta \quad \text{für alle } i \neq j. \tag{6.51}$$

Für die Nichtdiagonalelemente treffen wir die Zusatzannahme

$$\max_{i>j} |a_{ij}^{(k)}| = \varepsilon \ll \delta. \tag{6.52}$$

Dann erfüllt aber der Drehwinkel $\varphi$ einer $(p,q)$-Rotation wegen (6.51) die Bedingung $|\varphi| < \pi/4$ und unter Beachtung von (6.21) die Ungleichung

$$|\sin \varphi| \leq |\varphi| \leq |\tan \varphi| \leq \frac{1}{2}|\tan(2\varphi)| = \frac{|a_{qp}|}{|a_{qq}-a_{pp}|} < \frac{\varepsilon}{\delta}.$$

Ein beliebiges Element der unteren Hälfte, beispielsweise $a_{pj}$, welches nicht im Kreuzungspunkt der Rotation liegt, ändert sich nach (6.28) betragsmäßig höchstens um

$$|a'_{pj} - a_{pj}| = |\sin \varphi| \, |a_{qj} + r\, a_{pj}| < \frac{\varepsilon}{\delta}\left(\varepsilon + \frac{\varepsilon}{\delta}\varepsilon\right) = \frac{\varepsilon^2}{\delta} + O(\varepsilon^3), \tag{6.53}$$

d. h. um einen zu $\varepsilon^2$ proportionalen Wert. Nun untersuchen wir die Wertänderungen, die ein bestimmtes Matrixelement der unteren Hälfte im Verlauf eines Zyklus (6.49) erfährt, falls die genannten Voraussetzungen zu Beginn des Zyklus erfüllt sind. Wir betrachten das typische Element $a_{52}$. Dieses wird zunächst von den Rotationen mit den Indexpaaren $(1,2), (1,5), (2,3)$ und $(2,4)$ gemäß (6.53) höchstens um Werte der Größenordnung $\varepsilon^2$ geändert, so daß sein momentaner Wert immer noch $a_{52} = O(\varepsilon)$ ist. Mit der Rotation $(2,5)$ erhält es den Wert Null. Anschließend wird sein Wert noch durch die Transformationen mit den Rotationsindexpaaren $(2,6), (2,7),\ldots,(2,n)$, $(3,5), (4,5), (5,6), (5,7),\ldots,(5,n)$ geändert. Dies sind insgesamt $(n-5)+2+(n-5) = 2n-8$ Rotationen, bei denen der Wert betragsmäßig höchstens um $\varepsilon^2/\delta$ vergrößert wird. Allgemein gilt für ein beliebiges Matrixelement nach vollendetem Zyklus

$$|a_{ij}^{(k+N)}| < (2n-4)\frac{\varepsilon^2}{\delta}, \quad (i > j), \tag{6.54}$$

START: für $i = 1, 2, \ldots, n$:
    für $j = 1, 2, \ldots, n$:
        $v_{ij} = 0$
    $v_{ii} = 1$

ZYKLUS: sum = 0
    für $i = 2, 3, \ldots, n$:
        für $j = 1, 2, \ldots, i-1$:
            sum = sum + $a_{ij}^2$

TEST: falls $2 \times$ sum $< \varepsilon^2$: STOP
    für $p = 1, 2, \ldots, n-1$:
        für $q = p+1, p+2, \ldots, n$:
            falls $|a_{qp}| \geq \varepsilon$:
                $\Theta = (a_{qq} - a_{pp})/(2 \times a_{qp}); t = 1$
                falls $|\Theta| > \delta$: $t = 1/(\Theta + \text{sgn}(\Theta)\sqrt{\Theta^2+1})$
                $c = 1/\sqrt{1+t^2}; s = c \times t; r = s/(1+c)$
                $a_{pp} = a_{pp} - t \times a_{qp}; a_{qq} = a_{qq} + t \times a_{qp}; a_{qp} = 0$
                für $j = 1, 2, \ldots, p-1$:
                    $g = a_{qj} + r \times a_{pj}; h = a_{pj} - r \times a_{qj}$
                    $a_{pj} = a_{pj} - s \times g; a_{qj} = a_{qj} + s \times h$
                für $i = p+1, p+2, \ldots, q-1$:
                    $g = a_{qi} + r \times a_{ip}; h = a_{ip} - r \times a_{qi}$
                    $a_{ip} = a_{ip} - s \times g; a_{qi} = a_{qi} + s \times h$
                für $i = q+1, q+2, \ldots, n$:
                    $g = a_{iq} + r \times a_{ip}; h = a_{ip} - r \times a_{iq}$
                    $a_{ip} = a_{ip} - s \times g; a_{iq} = a_{iq} + s \times h$
                für $i = 1, 2, \ldots, n$:
                    $g = v_{iq} + r \times v_{ip}; h = v_{ip} - r \times v_{iq}$
                    $v_{ip} = v_{ip} - s \times g; v_{iq} = v_{iq} + s \times h$
    gehe nach ZYKLUS

und dies beinhaltet die quadratische Konvergenz der Nichtdiagonalelemente und damit von $S(A^{(k)})$ gegen Null.

Wir fassen die spezielle zyklische Jacobi-Methode als Algorithmus zusammen. Dabei ist vorausgesetzt, daß die Matrixelemente von $A$ in und unterhalb der Diagonale gespeichert seien. Zur besseren Übersicht wird die normale Indizierung der Matrixelemente benutzt. Die verwendete Größe $\varepsilon$ stellt die absolute Toleranz dar, mit welcher die Eigenwerte berechnet werden sollen. Die Iteration wird abgebrochen, sobald $S(A^{(k)}) < \varepsilon^2$ ist. Ferner stellt $\delta$ die kleinste positive Zahl dar, so daß auf dem verwendeten Rechner $1 + \delta \neq 1$ gilt. Nach beendetem Programm stellen die Diagonalelemente $a_{ii}$ die Näherungen der Eigenwerte dar, und die Matrix $V$ enthält kolonnenweise die zugehörigen orthonormierten Approximationen der Eigenvektoren. Eine Jacobi-Rotation wird nicht ausgeführt, falls $|a_{qp}| < \varepsilon$ ist.

Die quadratische Konvergenz des zyklischen Jacobi-Verfahrens setzt erfahrungsgemäß nach wenigen Zyklen ein, so daß in der Regel sechs bis acht Zyklen notwendig sind, um die Matrix $A$ mit hinreichender Genauigkeit zu diagonalisieren. Bei $N = \frac{1}{2}(n^2 - n)$ Rotationen pro Zyklus und rund $8n$ Multiplikationen pro Drehung, worin die Berechnung der Eigenvektoren eingeschlossen ist, ergibt sich somit ein Rechenaufwand von größenordnungsmäßig

$$Z_{\text{zyklJac}} \approx 32n^3 \tag{6.55}$$

multiplikativen Operationen. Die Berechnung von allen Eigenwerten und Eigenvektoren mit dem zyklischen Jacobi-Verfahren ist im Vergleich zur Auflösung eines Gleichungssystems ein bedeutend aufwendigerer Prozeß. Auch wenn wir im folgenden effizientere Methoden kennen lernen werden, erfreut sich das Jacobi-Verfahren großer Beliebtheit. Dies erklärt sich durch seine Einfachheit, Durchsichtigkeit, hohe numerische Stabilität und problemlose Realisierung als Computerprogramm.

**Beispiel 6.2** Die Eigenwerte und Eigenvektoren der Matrix

$$A^{(0)} = \begin{pmatrix} 20 & -7 & 3 & -2 \\ -7 & 5 & 1 & 4 \\ 3 & 1 & 3 & 1 \\ -2 & 4 & 1 & 2 \end{pmatrix} \quad \text{mit } S(A^{(0)}) = 160$$

werden mit dem zyklischen Jacobi-Verfahren berechnet. Nach einem vollen Zyklus zu sechs Rotationen lautet die resultierende Matrix $A^{(6)}$, von der nur die Elemente der unteren Hälfte angegeben sind,

$$A^{(6)} \doteq \begin{pmatrix} 23.523089 & & & \\ -0.009053 & -0.437554 & & \\ -0.238471 & -1.397689 & 6.174371 & \\ 0.151640 & 0.931475 & 0 & 0.740095 \end{pmatrix}$$

Die Summe der Quadrate der Nichtdiagonalelemente ist $S(A^{(6)}) \doteq 5.802252$. In den nachfolgenden drei Zyklen sind $S(A^{(12)}) \doteq 1.387334 \cdot 10^{-2}$, $S(A^{(18)}) \doteq 1.094265 \cdot 10^{-9}$ und $S(A^{(24)}) \doteq 3.7645 \cdot 10^{-31}$. Die sehr rasche, quadratische Konvergenz ist deutlich erkennbar und

setzt in diesem Beispiel sehr früh ein, weil die Eigenwerte, entnommen aus der Diagonale von $A^{(24)}$, $\lambda_1 \doteq 23.527386$, $\lambda_2 \doteq -1.160950$, $\lambda_3 \doteq 6.460515$, $\lambda_4 \doteq 1.173049$ mit $\min_{i \neq j} |\lambda_i - \lambda_j| \doteq 2.334$
gut getrennt sind. Die resultierende Matrix $V_{24}$ mit den Näherungen der Eigenvektoren lautet

$$V_{24} \doteq \begin{pmatrix} 0.910633 & 0.172942 & 0.260705 & 0.269948 \\ -0.370273 & 0.674951 & 0.587564 & 0.249212 \\ 0.107818 & -0.116811 & 0.549910 & -0.819957 \\ -0.148394 & -0.707733 & 0.533292 & 0.438967 \end{pmatrix}.$$

△

## 6.3 Transformationsmethoden

Die numerische Behandlung der Eigenwertaufgabe wird stark vereinfacht, falls die gegebene Matrix $A$ durch eine orthogonale Ähnlichkeitstransformation zuerst auf eine geeignete Form gebracht wird. Im folgenden behandeln wir diese Transformation im Sinn eines vorbereitenden Schrittes, und betrachten in erster Linie den Fall einer unsymmetrischen Matrix $A$. Die Anwendung derselben Transformation auf eine symmetrische Matrix liefert eine entsprechend einfachere Form. In beiden Fällen werden die erhaltenen Matrizen den Ausgangspunkt für bestimmte Verfahren darstellen.

### 6.3.1 Transformation auf Hessenbergform

Eine gegebene **unsymmetrische** Matrix $A$ der Ordnung $n$ soll durch eine Ähnlichkeitstransformation auf eine **obere Hessenbergmatrix**

$$H = \begin{pmatrix} h_{11} & h_{12} & h_{13} & h_{14} & \ldots & h_{1,n-1} & h_{1n} \\ h_{21} & h_{22} & h_{23} & h_{24} & \ldots & h_{2,n-1} & h_{2n} \\ 0 & h_{32} & h_{33} & h_{34} & \ldots & h_{3,n-1} & h_{3n} \\ 0 & 0 & h_{43} & h_{44} & \ldots & h_{4,n-1} & h_{4n} \\ \vdots & \vdots & \vdots & \vdots & & \vdots & \vdots \\ 0 & 0 & 0 & 0 & \ldots & h_{n,n-1} & h_{nn} \end{pmatrix} \quad (6.56)$$

gebracht werden, für deren Elemente gilt

$$h_{ij} = 0 \quad \text{für alle } i > j + 1. \quad (6.57)$$

Die gewünschte Transformation wird erreicht durch eine geeignete Folge von Jacobi-Rotationen, wobei in jedem Schritt ein Matrixelement zum Verschwinden gebracht wird. Dabei wird darauf geachtet, daß ein einmal verschwindendes Matrixelement durch nachfolgende Drehungen den Wert Null beibehält. Im Gegensatz zu den Jacobi-Verfahren müssen die Rotationsindexpaare so gewählt werden, daß das zu Null zu machende Element nicht im außendiagonalen Kreuzungspunkt der veränderten Zeilen und Kolonnen liegt. Zur Unterscheidung spricht man deshalb auch von

**Givens-Rotationen [Par 80].** Zur Durchführung der Transformation existieren zahlreiche Möglichkeiten. Es ist naheliegend, die Matrixelemente unterhalb der Nebendiagonale kolonnenweise in der Reihenfolge

$$a_{31}, a_{41}, \ldots, a_{n1}, a_{42}, a_{52}, \ldots, a_{n2}, a_{53}, \ldots, a_{n,n-2} \tag{6.58}$$

zu eliminieren. Mit den korrespondierenden Rotationsindexpaaren

$$(2, 3), (2, 4), \ldots, (2, n), (3, 4), (3, 5), \ldots, (3, n), (4, 5), \ldots, (n-1, n) \tag{6.59}$$

und noch geeignet festzulegenden Drehwinkeln $\varphi$ wird das Ziel erreicht werden. Zur Elimination des aktuellen Elementes $a_{ij} \neq 0$ mit $i \geqslant j+2$ wird gemäß (6.58) und (6.59) eine $(j+1, i)$-Drehung angewandt. Das Element $a_{ij}$ wird durch diese Rotation nur von der Zeilenoperation betroffen. Die Forderung, daß das transformierte Element $a'_{ij}$ verschwinden soll, liefert nach (6.15) wegen $p = j+1 < i = q$ die Bedingung

$$a'_{ij} = a_{j+1,j} \sin \varphi + a_{ij} \cos \varphi = 0. \tag{6.60}$$

Zusammen mit der Identität $\cos^2 \varphi + \sin^2 \varphi = 1$ ist das Wertepaar $\cos \varphi$ und $\sin \varphi$, abgesehen von einem frei wählbaren Vorzeichen, bestimmt. Aus einem bald ersichtlichen Grund soll der Drehwinkel $\varphi$ auf das Intervall $[-\pi/2, \pi/2]$ beschränkt werden. Deshalb werden die Werte wie folgt festgelegt.

$$\boxed{\begin{array}{l} \text{Falls } a_{j+1,j} \neq 0: \quad \cos \varphi = \dfrac{|a_{j+1,j}|}{\sqrt{a_{j+1,j}^2 + a_{ij}^2}}, \quad \sin \varphi = \dfrac{-\operatorname{sgn}(a_{j+1,j}) a_{ij}}{\sqrt{a_{j+1,j}^2 + a_{ij}^2}} \\ \text{Falls } a_{j+1,j} = 0: \quad \cos \varphi = 0, \quad \sin \varphi = 1 \end{array}} \tag{6.61}$$

Nun bleibt noch zu verifizieren, daß mit der Rotationsreihenfolge (6.59) die Transformation einer Matrix $A$ auf Hessenbergform (6.56) erreicht wird. Dazu ist zu zeigen, daß die bereits erzeugten verschwindenden Matrixelemente durch spätere Drehungen unverändert bleiben. Für die erste Kolonne ist dies offensichtlich, denn jede der $(2, i)$-Rotationen betrifft nur die zweiten und $i$-ten Zeilen und Kolonnen, wobei genau das Element $a_{i1}$ eliminiert wird. Für die Transformation der weiteren Kolonnen zeigen wir dies durch einen Induktionsschluß. Dazu nehmen wir an, daß die ersten $r$ Kolonnen bereits auf die gewünschte Form gebracht worden seien. Zur Elimination der Elemente $a_{i,r+1}$ der $(r+1)$-ten Spalte mit $i \geqslant r+3$ werden sukzessive $(r+2, i)$-Drehungen angewandt. Unter der getroffenen Voraussetzung werden in den ersten $r$ Kolonnen durch die Zeilenoperation nur Nullelemente miteinander linear kombiniert, so daß diese unverändert bleiben. Da $i > r+2$ ist, werden in der Kolonnenoperation nur Spalten mit Indizes größer als $(r+1)$ verändert.

Somit wird mit insgesamt $N^* = \dfrac{1}{2}(n-1)(n-2)$ Givens-Rotationen die Ähnlichkeitstransformation von $A$ auf eine obere Hessenbergmatrix $H$ erzielt. Um den dazu erforderlichen Rechenaufwand zu bestimmen, sehen wir uns noch die Transformation des Elementes $a_{j+1,j}$ näher an. Nach (6.15) und mit (6.61) ergibt sich

$$a'_{j+1,j} = \frac{a_{j+1,j}|a_{j+1,j}| + \text{sgn}\,(a_{j+1,j})a_{ij}^2}{\sqrt{a_{j+1,j}^2 + a_{ij}^2}} = \text{sgn}\,(a_{j+1,j})\sqrt{a_{j+1,j}^2 + a_{ij}^2}.$$

Die Berechnung dieses neuen Elementes erfordert keine Operation. Werden die Formeln (6.61) modifiziert zu

Falls $a_{j+1,j} \neq 0$: $\quad w := \text{sgn}\,(a_{j+1,j})\sqrt{a_{j+1,j}^2 + a_{ij}^2},\ \cos \varphi = a_{j+1,j}/w,\ \sin \varphi = -a_{ij}/w$

Falls $a_{j+1,j} = 0$: $\quad w := -a_{ij}, \qquad \cos \varphi = 0, \qquad \sin \varphi = 1$

(6.62)

dann ist $a'_{j+1,j} = w$. Eine Givens-Rotation zur Elimination des Elementes $a_{ij}$ der $j$-ten Kolonne benötigt vier multiplikative Operationen und eine Quadratwurzel gemäß (6.62), dann $4(n-j)$ Multiplikationen für die Zeilenoperation (6.15) und schließlich $4n$ Multiplikationen für die Kolonnenoperation (6.16). Zur Behandlung der $j$-ten Kolonne sind somit $4(n-j-1)(2n-j+1)$ Multiplikationen und $(n-j-1)$ Quadratwurzeln erforderlich. Die Summation über $j$ von 1 bis $(n-2)$ ergibt einen Rechenaufwand von

$$Z_{\text{HessG}} = \frac{10}{3}n^3 - 8n^2 + \frac{2}{3}n + 4 \qquad (6.63)$$

Multiplikationen und $N^* = \frac{1}{2}(n-1)(n-2)$ Quadratwurzeln.

Da wir im folgenden die Eigenwertaufgabe für die Hessenbergmatrix $H$ lösen werden, müssen wir uns dem Problem zuwenden, wie die Eigenvektoren von $A$ aus denjenigen von $H$ erhalten werden können. Für $H$ gilt die Darstellung

$$H = U_{N^*}^T \ldots U_2^T U_1^T A\, U_1 U_2 \ldots U_{N^*} = Q^T A\, Q, \qquad Q = U_1 U_2 \ldots U_{N^*}.$$

Darin ist $U_k$ die $k$-te Jacobi-Rotationsmatrix, und $Q$ ist als Produkt der $N^*$ orthogonalen Matrizen $U_k$ selbst orthogonal. Die Eigenwertaufgabe $A\,x = \lambda\,x$ geht mit der Matrix $Q$ über in

$$Q^T A\, Q\, Q^T x = H(Q^T x) = \lambda(Q^T x),$$

d. h. zwischen den Eigenvektoren $x_j$ von $A$ und $y_i$ von $H$ besteht die Beziehung

$$y_j = Q^T x_j, \quad \text{oder} \quad x_j = Q\, y_j = U_1 U_2 \ldots U_{N^*} y_j. \qquad (6.64)$$

Ein Eigenvektor $x_j$ berechnet sich somit aus $y_j$ durch sukzessive Multiplikation des letzteren mit den Jacobi-Rotationsmatrizen $U_k$, jedoch in umgekehrter Reihenfolge, wie sie bei der Transformation von $A$ auf Hessenbergform zur Anwendung gelangten. Dazu muß die Information über die einzelnen Jacobi-Matrizen zur Verfügung stehen. Es ist naheliegend, die Werte $\cos \varphi$ und $\sin \varphi$ abzuspeichern, doch sind dazu $(n-1)(n-2) \approx n^2$ Speicherplätze erforderlich. Nach einem geschickten

## 6.3 Transformationsmethoden

Vorschlag [Ste 76] genügt aber ein einziger Zahlwert, aus dem sich $\cos \varphi$ und $\sin \varphi$ mit geringem Rechenaufwand und vor allem numerisch genau wieder berechnen lassen. Man definiert den Zahlwert

$$\varrho := \begin{cases} 1, & \text{falls } \sin \varphi = 1 \\ \sin \varphi, & \text{falls } |\sin \varphi| < \cos \varphi \\ \operatorname{sgn}(\sin \varphi)/\cos \varphi, & \text{falls } |\sin \varphi| \geqslant \cos \varphi \text{ und } \sin \varphi \neq 1 \end{cases} \quad (6.65)$$

Hier wird wesentlich von der oben getroffenen Begrenzung des Drehwinkels Gebrauch gemacht, denn dadurch ist sichergestellt, daß $\cos \varphi \geqslant 0$ gilt. Die Berechnung von $\cos \varphi$ und $\sin \varphi$ aus $\varrho$ erfolgt durch entsprechende Fallunterscheidungen.

Der die Rotation vollkommen charakterisierende Wert $\varrho$ kann an die Stelle des eliminierten Matrixelementes $a_{ij}$ gespeichert werden. Nach ausgeführter Transformation von $A$ auf Hessenbergform $H$ ist die Information für die Rücktransformation der Eigenvektoren unterhalb der Nebendiagonale vorhanden.

Die Transformation einer unsymmetrischen Matrix $A$ der Ordnung $n$ auf Hessenbergform besitzt eine einfache algorithmische Beschreibung. Die Bereitstellung der Werte $\varrho$ ist allerdings nicht berücksichtigt. $\delta$ bedeutet die kleinste positive Zahl, so daß im Rechner $1 + \delta \neq 1$ ist.

$$\begin{aligned}
&\text{für } j = 1, 2, \ldots, n - 2: \\
&\quad \text{für } i = j + 2, j + 3, \ldots, n: \\
&\quad\quad \text{falls } a_{ij} \neq 0: \\
&\quad\quad\quad \text{falls } |a_{j+1,j}| < \delta \times |a_{ij}|: \\
&\quad\quad\quad\quad w = -a_{ij};\ c = 0;\ s = 1 \\
&\quad\quad\quad \text{sonst} \\
&\quad\quad\quad\quad w = \operatorname{sgn}(a_{j+1,j}) \sqrt{a_{j+1,j}^2 + a_{ij}^2} \\
&\quad\quad\quad\quad c = a_{j+1,j}/w;\ s = -a_{ij}/w \\
&\quad\quad\quad a_{j+1,j} = w;\ a_{ij} = 0 \\
&\quad\quad\quad \text{für } k = j + 1, j + 2, \ldots, n: \\
&\quad\quad\quad\quad h = c \times a_{j+1,k} - s \times a_{ik} \\
&\quad\quad\quad\quad a_{ik} = s \times a_{j+1,k} + c \times a_{ik};\ a_{j+1,k} = h \\
&\quad\quad\quad \text{für } k = 1, 2, \ldots, n: \\
&\quad\quad\quad\quad h = c \times a_{k,j+1} - s \times a_{ki} \\
&\quad\quad\quad\quad a_{ki} = s \times a_{k,j+1} + c \times a_{ki};\ a_{k,j+1} = h
\end{aligned} \quad (6.66)$$

**Beispiel 6.3** Die Matrix

$$A = \begin{pmatrix} 7 & 3 & 4 & -11 & -9 & -2 \\ -6 & 4 & -5 & 7 & 1 & 12 \\ -1 & -9 & 2 & 2 & 9 & 1 \\ -8 & 0 & -1 & 5 & 0 & 8 \\ -4 & 3 & -5 & 7 & 2 & 10 \\ 6 & 1 & 4 & -11 & -7 & -1 \end{pmatrix} \quad (6.67)$$

wird vermittels einer orthogonalen Ähnlichkeitstransformation auf Hessenbergform transformiert. Nach vier Givens-Transformationen zur Elimination der Elemente der ersten Kolonne lautet die zu $A$ ähnliche Matrix $A^{(4)}$, falls die Matrixelemente auf sechs Dezimalstellen nach dem Komma gerundet werden.

$$A^{(4)} \doteq \begin{pmatrix} 7.000000 & -7.276069 & 3.452379 & -9.536895 & -5.933434 & -6.323124 \\ -12.369317 & 4.130719 & -6.658726 & 8.223249 & 0.509438 & 19.209667 \\ 0 & -0.571507 & 4.324324 & 7.618758 & 9.855831 & -1.445000 \\ 0 & -0.821267 & 3.340098 & -0.512443 & -0.698839 & -5.843013 \\ 0 & 1.384035 & -3.643194 & 0.745037 & -0.162309 & 5.627779 \\ 0 & -6.953693 & 0.630344 & -4.548600 & -3.872656 & 4.219708 \end{pmatrix}$$

Die Fortsetzung der Transformation liefert die Hessenbergmatrix $H$, in welcher unterhalb der Subdiagonale die Werte $\varrho$ (6.65) anstelle der Nullen eingesetzt sind.

$$H \doteq \begin{pmatrix} 7.000000 & -7.276069 & -5.812049 & 0.139701 & 9.015201 & -7.936343 \\ -12.369317 & 4.130719 & 18.968509 & -1.207073 & -10.683309 & 2.415951 \\ -0.164399 & -7.160342 & 2.447765 & -0.565594 & 4.181396 & -3.250955 \\ -1.652189 & -1.750721 & -8.598771 & 2.915100 & 3.416858 & 5.722969 \\ -0.369800 & 1.706882 & -1.459149 & -1.046436 & -2.835101 & 10.979178 \\ 0.485071 & -4.192677 & 4.429714 & 1.459546 & -1.414293 & 5.341517 \end{pmatrix}$$

(6.68)

△

### 6.3.2 Transformation auf tridiagonale Form

Wird die Folge der Ähnlichkeitstransformationen des vorhergehenden Abschnitts auf eine symmetrische Matrix $A$ angewendet, so ist die resultierende Matrix $J = Q^T A Q$ infolge der Bewahrung der Symmetrie tridiagonal.

$$J = \begin{pmatrix} \alpha_1 & \beta_1 & & & & \\ \beta_1 & \alpha_2 & \beta_2 & & & \\ & \beta_2 & \alpha_3 & \beta_3 & & \\ & & \ddots & \ddots & \ddots & \\ & & & \beta_{n-2} & \alpha_{n-1} & \beta_{n-1} \\ & & & & \beta_{n-1} & \alpha_n \end{pmatrix} \quad (6.69)$$

## 6.3 Transformationsmethoden

Den Prozeß bezeichnet man als **Methode von Givens** [Giv54, Giv58]. Unter Berücksichtigung der Symmetrie vereinfacht sich der oben beschriebene Algorithmus, da allein mit den Matrixelementen in und unterhalb der Diagonale gearbeitet werden kann. Die typische Situation ist in Fig. 6.2 zur Elimination des Elementes $a_{ij}$, $(i \geq j+2)$ dargestellt.

Aus Fig. 6.2 ergibt sich folgender Ablauf für die Durchführung der Givens-Rotation:
1) In der $j$-ten Kolonne ist nur das Element $a_{j+1,j}$ zu ersetzen. 2) Es werden die drei Matrixelemente in den Kreuzungspunkten umgerechnet. 3) Behandlung der Matrixelemente zwischen den Kreuzungspunkten in der $(j+1)$-ten Kolonne und der $i$-ten Zeile. 4) Transformation der Elemente unterhalb der $i$-ten Zeile, die in der $(j+1)$-ten und der $i$-ten Kolonne liegen.

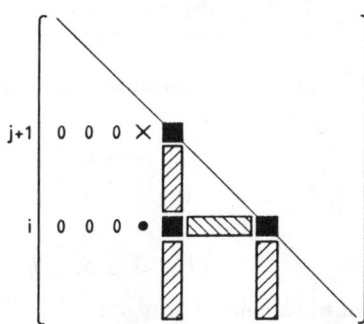

Fig. 6.2
Givens-Rotation für eine symmetrische Matrix

Zur Reduktion des Rechenaufwandes schreiben wir die Formeln (6.17), (6.18) und (6.19) mit $z := (a_{pp} - a_{qq}) \sin \varphi + 2 a_{pq} \cos \varphi$ in der Form

$$a''_{pp} = a_{pp} - (z \cdot \sin \varphi), \qquad a''_{qq} = a_{qq} + (z \cdot \sin \varphi),$$

$$a''_{qp} = -a_{qp} + z \cdot \cos \varphi.$$

Damit beträgt der Rechenaufwand zur Elimination von $a_{ij}$ nur $4 + 5 + 4(n - j - 2) = 4(n - j) + 1$ Multiplikationen und eine Quadratwurzel. Zur Behandlung der $j$-ten Kolonne sind somit $(n - j - 1)(4n - 4j + 1)$ Multiplikationen und $(n - j - 1)$ Quadratwurzeln nötig. Nach Summation über $j$ von 1 bis $(n - 2)$ ergibt sich der Rechenaufwand der Methode von Givens zu

$$Z_{\text{Givens}} = \frac{4}{3} n^3 - \frac{7}{2} n^2 + \frac{7}{6} n + 1 \qquad (6.70)$$

Multiplikationen und $N^* = \frac{1}{2}(n-1)(n-2)$ Quadratwurzeln.

Die algorithmische Beschreibung der Transformation auf tridiagonale Gestalt geht aus (6.66) dadurch hervor, daß dort die beiden letzten Schleifenanweisungen ersetzt werden durch

$$d = a_{j+1,j+1} - a_{ii}; z = d \times s + 2 \times c \times a_{i,j+1};$$
$$h = z \times s; a_{j+1,j+1} = a_{j+1,j+1} - h; a_{ii} = a_{ii} + h;$$
$$a_{i,j+1} = z \times c - a_{i,j+1}$$
für $k = j + 2, j + 3, \ldots, i - 1$:
$$h = c \times a_{k,j+1} - s \times a_{ik}$$
$$a_{ik} = s \times a_{k,j+1} + c \times a_{ik}; a_{k,j+1} = h$$
für $k = i + 1, i + 2, \ldots, n$:
$$h = c \times a_{k,j+1} - s \times a_{ki}$$
$$a_{ki} = s \times a_{k,j+1} + c \times a_{ki}; a_{k,j+1} = h$$

**Beispiel 6.4** Die Transformation der symmetrischen Matrix

$$A = \begin{pmatrix} 5 & 4 & 3 & 2 & 1 \\ 4 & 6 & 0 & 4 & 3 \\ 3 & 0 & 7 & 6 & 5 \\ 2 & 4 & 6 & 8 & 7 \\ 1 & 3 & 5 & 7 & 9 \end{pmatrix}$$

auf tridiagonale Form gibt

$$J \doteq \begin{pmatrix} 5.000000 & 5.477226 & 0 & 0 & 0 \\ 5.477226 & 13.933333 & 9.298506 & 0 & 0 \\ -0.600000 & 9.298506 & 9.202474 & -2.664957 & 0 \\ -0.371391 & -3.758508 & -2.664957 & 4.207706 & 2.154826 \\ -0.182574 & -1.441553 & 0.312935 & 2.154826 & 2.656486 \end{pmatrix}. \quad (6.71)$$

Unterhalb der Subdiagonale sind in der Matrix $J$ (6.71) die Werte $\varrho$ (6.65) der Givens-Rotationen eingesetzt, die allenfalls für eine Rücktransformation der Eigenvektoren von $J$ in diejenigen von $A$ gebraucht werden. △

### 6.3.3 Schnelle Givens-Transformation

Wir betrachten die Multiplikation einer Matrix $A$ mit einer $(p, q)$-Rotationsmatrix $U(p, q; \varphi)$ (6.14) $A' = U^T A$. Da nur die Matrixelemente der $p$-ten und $q$-ten Zeilen geändert werden, richten wir unser Augenmerk darauf und schreiben zur Vereinfachung $c = \cos \varphi, s = \sin \varphi$. Nach den Formeln (6.15) sind zur Berechnung eines Paares von geänderten Matrixelementen

$$a'_{pj} = c\, a_{pj} - s\, a_{qj}$$
$$a'_{qj} = s\, a_{pj} + c\, a_{qj} \quad (6.72)$$

vier Multiplikationen erforderlich. Es gelingt aber nach einer Idee von Gentleman [Gen 73, Ham 74, Rat 82] die Zahl der Operationen im wesentlichen auf die Hälfte zu

## 6.3 Transformationsmethoden

reduzieren, indem man sowohl die Matrix $A$ als auch die transformierte Matrix $A'$ mit geeignet zu wählenden regulären Diagonalmatrizen $D$ und $D'$ in der faktorisierten Form ansetzt

$$A = D\tilde{A}, \qquad A' = D'\tilde{A}', \qquad D = \text{diag}(d_1, d_2, \ldots, d_n). \tag{6.73}$$

Aus (6.72) erhalten wir so die neue Darstellung

$$\begin{aligned} d'_p \tilde{a}'_{pj} &= c\, d_p \tilde{a}_{pj} - s\, d_q \tilde{a}_{qj} \\ d'_q \tilde{a}'_{qj} &= s\, d_p \tilde{a}_{pj} + c\, d_q \tilde{a}_{qj} \end{aligned} \tag{6.74}$$

Um die Elemente $\tilde{a}'_{pj}$ und $\tilde{a}'_{qj}$ mit nur zwei Multiplikationen berechnen zu können, existieren im wesentlichen die folgenden vier Möglichkeiten zur Festlegung der Diagonalelemente $d'_p$ und $d'_q$.

$$\begin{aligned} &\text{a)} \quad d'_p = c\, d_p \quad &\text{und} \quad & d'_q = c\, d_q \\ &\text{b)} \quad d'_p = s\, d_q \quad &\text{und} \quad & d'_q = s\, d_p \\ &\text{c)} \quad d'_p = c\, d_p \quad &\text{und} \quad & d'_q = s\, d_p \\ &\text{d)} \quad d'_p = s\, d_q \quad &\text{und} \quad & d'_q = c\, d_q \end{aligned} \tag{6.75}$$

Im folgenden verwenden wir den Fall a) von (6.75), falls $|c| \geqslant |s|$ ist, sonst den Fall b). Dies geschieht im Hinblick darauf, daß stets eine Folge von Multiplikationen mit Rotationsmatrizen anzuwenden sein wird, so daß entsprechende Diagonalelemente in $D$ mit $c$ oder $s$ zu multiplizieren sein werden. Mit der getroffenen Wahl kann die Gefahr des Unterflusses im Rechner verringert werden. Wir erhalten somit

$$\boxed{\begin{aligned} \text{Fall a)} \quad \tilde{a}'_{pj} &= \tilde{a}_{pj} - \left(\frac{s\, d_q}{c\, d_p}\right) \tilde{a}_{qj} \\ \tilde{a}'_{qj} &= \left(\frac{s\, d_p}{c\, d_q}\right) \tilde{a}_{pj} + \tilde{a}_{qj} \\[6pt] \text{Fall b)} \quad \tilde{a}'_{pj} &= \left(\frac{c\, d_p}{s\, d_q}\right) \tilde{a}_{pj} - \tilde{a}_{qj} \\ \tilde{a}'_{qj} &= \tilde{a}_{pj} + \left(\frac{c\, d_q}{s\, d_p}\right) \tilde{a}_{qj} \end{aligned}} \tag{6.76}$$

$$\tag{6.77}$$

Mit (6.76) oder (6.77) ist bereits der entscheidende Schritt vollzogen worden, die neuen Elemente $\tilde{a}'_{pj}$ und $\tilde{a}'_{qj}$ der diagonalskalierten Matrix $\tilde{A}'$ nach Vorbereitung der einschlägigen Multiplikatoren mit zwei Multiplikationen zu berechnen. Wir gehen noch einen Schritt weiter und beachten, daß eine Multiplikation von $A$ mit $U^T$ das Ziel hat, das Matrixelement $a_{qk} \neq 0$ mit einem bestimmten Index $k$ zum Verschwinden zu bringen. Nach (6.74) soll dann

$$d'_q \tilde{a}'_{qk} = s\, d_p \tilde{a}_{pk} + c\, d_q \tilde{a}_{qk} = 0$$

## 6 Eigenwertprobleme

sein, also

$$T := \cot \varphi = \frac{c}{s} = -\frac{d_p \tilde{a}_{pk}}{d_q \tilde{a}_{qk}}. \tag{6.78}$$

Mit (6.78) gilt dann aber für die beiden Multiplikatoren in (6.77)

$$-\frac{c\,d_p}{s\,d_q} = \frac{d_p^2 \tilde{a}_{pk}}{d_q^2 \tilde{a}_{qk}} =: f_1, \qquad -\frac{c\,d_q}{s\,d_p} = \frac{\tilde{a}_{pk}}{\tilde{a}_{qk}} =: f_2, \tag{6.79}$$

während die beiden Multiplikatoren in (6.76) die Kehrwerte von (6.79) sind. Aus (6.79) erkennt man aber, daß zur Bestimmung der Multiplikatoren $f_1$ und $f_2$ gar nicht die Diagonalelemente $d_p$ und $d_q$ benötigt werden, sondern ihre Quadrate $d_p^2$ und $d_q^2$. Deshalb führt man diese Werte mit und ersetzt (6.75) durch

$$\begin{array}{ll} \text{a)} \ (d_p')^2 = c^2 (d_p)^2 & \text{und} \quad (d_q')^2 = c^2 (d_q)^2 \\ \text{b)} \ (d_p')^2 = s^2 (d_q)^2 & \text{und} \quad (d_q')^2 = s^2 (d_p)^2 \end{array} \tag{6.80}$$

Die in (6.80) benötigten Werte $c^2$ oder $s^2$ lassen sich entweder aus $T^2 = \cot^2 \varphi$ oder aus seinem Kehrwert $t^2 = \tan^2 \varphi$ auf Grund von trigonometrischen Identitäten berechnen. Die Entscheidung, ob Fall a) oder b) vorliegt, erfolgt auf Grund des nach (6.79) berechneten Zahlwertes von $T^2 = f_1 f_2$, welcher unter der getroffenen Voraussetzung $\tilde{a}_{qk} \neq 0$ problemlos gebildet werden kann. Mit $T^2 \geq 1$ liegt der Fall a) vor, und es sind für die jetzt gültigen Multiplikatoren die Kehrwerte zu bilden. Mit dieser Fallunterscheidung erhalten wir

$$\begin{array}{ll} \text{a)} \ t^2 = 1/T^2; & c^2 = \cos^2 \varphi = \dfrac{1}{1+t^2} \\ \text{b)} \ T^2 = f_1 f_2; & s^2 = \sin^2 \varphi = \dfrac{1}{1+T^2} \end{array} \tag{6.81}$$

Mit dieser Modifikation ist gleichzeitig die Berechnung der Quadratwurzel in (6.62) eliminiert worden. Die **schnelle Givens-Transformation** beruht also darauf, die **Quadrate der Diagonalelemente** von $D$ der faktorisierten Matrix $A = D \tilde{A}$ nachzuführen und die Matrix $\tilde{A}$ umzurechnen, so daß $D' \tilde{A}'$ gleich der transformierten Matrix $A'$ ist. Wird die transformierte Matrix nach einer Folge von Givens-Transformationen benötigt, ist die faktorisierte Darstellung noch auszumultiplizieren. Dazu sind $n$ Quadratwurzeln und eine der Form der transformierten Matrix entsprechende Zahl von Multiplikationen nötig.

Nun wenden wir uns den Givens-Rotationen als Ähnlichkeitstransformationen zu. Da sowohl eine Multiplikation von links als auch eine Multiplikation von rechts erfolgt, sind die Matrizen in der folgenden faktorisierten Form anzusetzen

$$A = D \tilde{A} D, \qquad A'' = D' \tilde{A}'' D', \qquad D = \text{diag}\,(d_1, d_2, \ldots, d_n). \tag{6.82}$$

## 6.3 Transformationsmethoden

Den ersten Teilschritt der Transformation $A' = U^T A$ mit der Darstellung $A' = D'\tilde{A}'D$, wo die rechts stehende Diagonalmatrix $D$ diejenige aus der Faktorisierung von $A$ ist, können wir von oben unverändert übernehmen. Denn die Diagonalelemente von $D$ treten in den zu (6.74) analogen Formeln beidseitig auf und kürzen sich deshalb weg. Für den zweiten Teilschritt erhalten wir aus (6.16) und (6.82)

$$a''_{ip} = d'_i \tilde{a}''_{ip} d'_p = c\, a'_{ip} - s\, a'_{iq} = c\, d'_i \tilde{a}'_{ip} d_p - s\, d'_i \tilde{a}'_{iq} d_q$$

$$a''_{iq} = d'_i \tilde{a}''_{iq} d'_q = s\, a'_{ip} + c\, a'_{iq} = s\, d'_i \tilde{a}'_{ip} d_p + c\, d'_i \tilde{a}'_{iq} d_q$$

Hier kürzen sich für jeden Index $i$ die Diagonalelemente $d'_i$ weg, so daß sich daraus für die beiden Fälle a) und b) die zu (6.76) und (6.77) analogen Formeln ergeben.

$$\boxed{\begin{aligned}
\text{Fall a)} \quad & \tilde{a}''_{ip} = \tilde{a}'_{ip} - \left(\frac{s\, d_q}{c\, d_p}\right) \tilde{a}'_{iq} = \tilde{a}'_{ip} + f_1 \tilde{a}'_{iq} \\
& \tilde{a}''_{iq} = \left(\frac{s\, d_p}{c\, d_q}\right) \tilde{a}'_{ip} + \tilde{a}'_{iq} = -f_2 \tilde{a}'_{ip} + \tilde{a}'_{iq} \\
\text{Fall b)} \quad & \tilde{a}''_{ip} = \left(\frac{c\, d_p}{s\, d_q}\right) \tilde{a}'_{ip} - \tilde{a}'_{iq} = -f_1 \tilde{a}'_{ip} - \tilde{a}'_{iq} \\
& \tilde{a}''_{iq} = \tilde{a}'_{ip} + \left(\frac{c\, d_q}{s\, d_p}\right) \tilde{a}'_{iq} = \tilde{a}'_{ip} - f_2 \tilde{a}'_{iq}
\end{aligned}} \quad (6.83)$$

Die schnelle Version der Givens-Rotationen wenden wir an, um eine unsymmetrische Matrix $A$ auf Hessenbergform zu transformieren. Die Behandlung des Elementes $a_{ij}$ mit $i \geqslant j+2$ der $j$-ten Kolonne benötigt die aufeinanderfolgende Berechnung der Werte $f_1$ und $f_2$ nach (6.79) und von $T^2 = f_1 f_2$ (4 wesentliche Operationen). Nach einer Fallunterscheidung sind allenfalls die Kehrwerte dieser drei Werte zu bilden (3 wesentliche Operationen). Die Berechnung von $c^2$ oder $s^2$ und die Nachführung der beiden Diagonalelemente nach (6.80) erfordert drei Operationen. Bis zu dieser Stelle beträgt die Zahl der multiplikativen Rechenoperationen entweder 7 oder 10. Unter der Annahme, die beiden Fälle seien etwa gleich häufig, setzen wir die Zahl der Operationen für das folgende mit 9 fest. Eine weitere Multiplikation tritt auf zur Berechnung von $\tilde{a}'_{j+1,j}$ nach (6.76) oder (6.77), und die Zeilen- und Kolonnenoperationen benötigen zusammen $2(n-j+n)$ Multiplikationen. Für die Elimination der Elemente $a_{ij}$ der $j$-ten Kolonne ist der Aufwand $(n-j-1)(4n-2j+10)$, und nach Summation über $j$ von 1 bis $(n-2)$ ergibt sich so die Zahl von $\frac{5}{3}n^3 - \frac{35}{3}n + 10$ Operationen. Aus der faktorisierten Darstellung erhalten wir die gesuchte Hessenbergmatrix $H$ bei $\frac{1}{2}(n^2 + 3n - 2)$ von Null verschiedenen Matrixelementen mit weiteren $(n^2 + 3n - 2)$ Multiplikationen und $n$ Quadratwurzeln. Der totale Rechenaufwand zur Transformation von $A$ auf Hessenbergform mit den schnellen Givens-

Rotationen beträgt damit

$$Z_{\text{HessSG}} = \frac{5}{3} n^3 + n^2 - \frac{26}{3} n + 8. \tag{6.84}$$

Im Vergleich zu (6.63) reduziert sich die Zahl der Multiplikationen für große Ordnungen $n$ tatsächlich auf die Hälfte, und die Anzahl der Quadratwurzeln sinkt von $N^* = \frac{1}{2}(n-1)(n-2)$ auf $n$.

Die schnelle Givens-Transformation hat den kleinen Nachteil, daß die Information über die ausgeführten Rotationen nicht mehr in je einer einzigen Zahl $\varrho$ (6.65) zusammengefaßt werden kann, vielmehr sind jetzt zwei Werte nötig.

Obwohl die auf die skalierten Matrizen $\tilde{A}$ angewandten Transformationen nicht mehr orthogonal sind, zeigt eine Analyse der Fehlerfortpflanzung, daß die schnelle Version der Givens-Rotationen im wesentlichen die gleichen guten Eigenschaften hat wie die normale Givens-Transformation [Par 80, Rat 82].

Die algorithmische Beschreibung der schnellen Givens-Transformation ist weitgehend analog zu (6.66). Die Bestimmung der Faktoren $f_1$ und $f_2$ und die problemgerechte Wahl und Ausführung der Fälle a) oder b) erfordern entsprechende Erweiterungen.

**Beispiel 6.5** Die Matrix $A$ (6.67) der Ordnung $n=6$ soll mit Hilfe der schnellen Givens-Transformation auf Hessenbergform transformiert werden. Zur Elimination von $a_{31}$ ist wegen $D = I$ gemäß (6.79) $f_1 = f_2 = 6$, und da $T^2 = f_1 f_2 = 36 > 1$ ist, liegt Fall a) vor, d. h. es gelten $f_1 = f_2 = 1/6$ und $c^2 \doteq 0.97297297$. Nach der betreffenden Transformation ist

$$\tilde{A}_1 \doteq \begin{pmatrix} 7.00000 & 3.66667 & 3.50000 & -11.00000 & -9.00000 & -2.00000 \\ -6.16667 & 1.72222 & -5.08333 & 7.33333 & 2.50000 & 12.16667 \\ 0 & -9.19444 & 4.44444 & 0.83333 & 8.83333 & -1.00000 \\ -8.00000 & -0.16667 & -1.00000 & 5.00000 & 0 & 8.00000 \\ -4.00000 & 2.16667 & -5.50000 & 7.00000 & 2.00000 & 10.00000 \\ 6.00000 & 1.66667 & 3.83333 & -11.00000 & -7.00000 & -1.00000 \end{pmatrix}$$

und $D_1^2 \doteq \text{diag}(1, 0.97297297, 0.97297297, 1, 1, 1)$. Die Elimination von $\tilde{a}_{41}^{(1)}$ erfolgt mit Multiplikatoren von Fall b), nämlich $f_1 = 0.75$ und $f_2 \doteq 0.770833$, und somit sind $T^2 = 0.578125$ und $s^2 \doteq 0.63366337$. Die transformierte Matrix ist

$$\tilde{A}_2 \doteq \begin{pmatrix} 7.00000 & 8.25000 & 3.50000 & 12.14583 & -9.00000 & -2.00000 \\ 12.62500 & 11.34375 & 4.81250 & 6.96875 & -1.87500 & -17.12500 \\ 0 & 6.06250 & 4.44444 & -9.83681 & 8.83333 & -1.00000 \\ 0 & -4.86719 & -4.31250 & -0.83116 & 2.50000 & 6.00000 \\ -4.00000 & -8.62500 & -5.50000 & -3.22917 & 2.00000 & 10.00000 \\ 6.00000 & 9.75000 & 3.83333 & 10.14583 & -7.00000 & -1.00000 \end{pmatrix}$$

mit $D_2^2 \doteq \text{diag}\,(1, 0.633663, 0.972973, 0.616537, 1, 1)$. Nach zehn Transformationsschritten erhält man die gesuchte Matrix in faktorisierter Form mit

$$\tilde{A}_{10} \doteq \begin{pmatrix} 7.00000 & 11.25000 & 6.84385 & -0.19611 & -33.40105 & -18.47911 \\ 19.12500 & 9.87500 & 34.53504 & -2.61995 & -61.19928 & -8.69770 \\ 0 & -13.03649 & 3.39400 & -0.93493 & 18.24220 & 8.91338 \\ 0 & 0 & -14.21384 & 5.74463 & 17.77116 & -18.70622 \\ 0 & 0 & 0 & -5.44254 & -38.91688 & -94.71419 \\ 0 & 0 & 0 & 0 & 12.20070 & 28.95913 \end{pmatrix}$$

und $D_{10}^2 \doteq \text{diag}\,(1, 0.418301, 0.721204, 0.507448, 0.072850, 0.184450)$. Daraus ergibt sich die Hessenbergmatrix $H = D_{10} \tilde{A}_{10} D_{10}$, welche im wesentlichen mit (6.68) übereinstimmt. Die beiden resultierenden Matrizen unterscheiden sich nur dadurch, daß die Vorzeichen der Elemente einer Zeile und der entsprechenden Kolonne verschieden sein können. △

### 6.3.4 Methode von Hyman

Als eine erste praktische Anwendung der Transformation einer unsymmetrischen Matrix $A$ auf Hessenbergform $H$ wollen wir eine einfache, recht brauchbare Methode darstellen, um die Eigenwerte und Eigenvektoren von $H$ zu berechnen. Die Grundidee des Verfahrens von Hyman [Hym 57] besteht darin, den Wert des charakteristischen Polynoms $P(\lambda) := |H - \lambda I|$ und den Wert seiner ersten Ableitung $P'(\lambda)$ zu gegebenem $\lambda$ zu berechnen, um die Eigenwerte als Nullstellen von $P(\lambda)$ iterativ mit der Methode von Newton zu bestimmen.

Für das charakteristische Polynom einer Hessenbergmatrix $H$ gilt die Darstellung

$$P(\lambda) = \begin{vmatrix} h_{11}-\lambda & h_{12} & h_{13} & \dots & h_{1,n-1} & h_{1n} \\ h_{21} & h_{22}-\lambda & h_{23} & \dots & h_{2,n-1} & h_{2n} \\ 0 & h_{32} & h_{33}-\lambda & \dots & h_{3,n-1} & h_{3n} \\ \vdots & \vdots & \vdots & \vdots & \vdots & \vdots \\ 0 & 0 & 0 & \dots & h_{n-1,n-1}-\lambda & h_{n-1,n} \\ 0 & 0 & 0 & \dots & h_{n,n-1} & h_{nn}-\lambda \end{vmatrix}. \quad (6.85)$$

Es sei vorausgesetzt, daß die Nebendiagonalelemente $h_{21}, h_{32}, \ldots, h_{n,n-1}$ von Null verschieden sind, da andernfalls das charakteristische Polynom als Produkt von Determinanten niedrigerer Ordnung darstellbar ist, und das Problem der Eigenwertberechnung in Teilprobleme zerfällt. Da der Wert einer Determinante unverändert bleibt, falls zu einer Kolonne eine beliebige Linearkombination der anderen Kolonnen addiert wird, können zur letzten Spalte die mit $x_j$ multiplizierten $j$-ten Spalten addiert werden. Die $x_j$ sollen dabei so bestimmt werden, daß die letzte Kolonne ein Vielfaches des ersten Einheitsvektors $e_1$ wird. Diese Forderung führt auf folgende $(n-1)$ Bestimmungsgleichungen für $x_1, x_2, \ldots, x_{n-1}$.

$$h_{21}x_1 + (h_{22}-\lambda)x_2 + h_{23}x_3 \quad +\ldots+ h_{2,n-2}x_{n-2} \quad + h_{2,n-1}x_{n-1} \quad + h_{2n} \quad = 0$$
$$h_{32}x_2 \quad + (h_{33}-\lambda)x_3 +\ldots+ h_{3,n-2}x_{n-2} \quad + h_{3,n-1}x_{n-1} \quad + h_{3n} \quad = 0$$
$$\cdots\cdots\cdots\cdots\cdots\cdots\cdots\cdots\cdots\cdots\cdots\cdots\cdots\cdots\cdots\cdots$$
$$h_{n-1,n-2}x_{n-2} + (h_{n-1,n-1}-\lambda)x_{n-1} + h_{n-1,n} = 0$$
$$h_{n,n-1}x_{n-1} \quad + (h_{nn}-\lambda) = 0$$

(6.86)

Unter der gemachten Voraussetzung $h_{i+1,i}\neq 0$ stellt (6.86) ein lineares Gleichungssystem mit einer regulären Rechtsdreiecksmatrix dar, so daß sich die Unbekannten durch den Prozeß des Rückwärtseinsetzens berechnen lassen. Setzen wir $x_n=1$, so erhalten wir allgemein

$$\boxed{x_i = \left[(\lambda - h_{i+1,i+1})x_{i+1} - \sum_{j=i+2}^{n} h_{i+1,j}x_j\right]\Big/h_{i+1,i}, \quad (i=n-1,n-2,\ldots,1).}$$

(6.87)

Für die erste Komponente der letzten Spalte ergibt sich schließlich

$$\boxed{(h_{11}-\lambda)x_1 + h_{12}x_2 + \ldots + h_{1,n-1}x_{n-1} + h_{1n}x_n =: p(\lambda).}$$

(6.88)

Die Determinante (6.85) geht durch diese Operation über in

$$P(\lambda) = \begin{vmatrix} h_{11}-\lambda & h_{12} & h_{13} & \ldots & h_{1,n-1} & p(\lambda) \\ h_{21} & h_{22}-\lambda & h_{23} & \ldots & h_{2,n-1} & 0 \\ 0 & h_{32} & h_{33}-\lambda & & h_{3,n-1} & 0 \\ \vdots & \vdots & \vdots & \vdots\vdots\vdots & \vdots & \vdots \\ 0 & 0 & 0 & \ldots & h_{n-1,n-1}-\lambda & 0 \\ 0 & 0 & 0 & \ldots & h_{n,n-1} & 0 \end{vmatrix}, \quad (6.89)$$

so daß daraus die Darstellung für $P(\lambda)$ folgt

$$\boxed{P(\lambda) = (-1)^{n+1}h_{21}h_{32}\ldots h_{n,n-1}p(\lambda).}$$

(6.90)

Der Wert des charakteristischen Polynoms einer Hessenbergmatrix $H$ zu einem gegebenen $\lambda$ ist bis auf einen Faktor gleich $p(\lambda)$, dessen Wert durch (6.88) definiert ist. Die Koeffizienten $x_i$ stellen gemäß (6.87) Polynome in $\lambda$ vom echten Grad $(n-i)$ dar. Differentiation von (6.87) nach $\lambda$ liefert mit $x'_n=0$

$$\boxed{x'_i = \left[x_{i+1} + (\lambda - h_{i+1,i+1})x'_{i+1} - \sum_{j=i+2}^{n-1} h_{i+1,j}x'_j\right]\Big/h_{i+1,i}, \quad (i=n-1,n-2,\ldots,1)}$$

(6.91)

## 6.3 Transformationsmethoden

eine ähnlich gebaute Rekursionsformel für die Ableitungen $x_i'$. Aus (6.88) ergibt sich weiter

$$p'(\lambda) = -x_1 + (h_{11} - \lambda)x_1' + h_{12}x_2' + \ldots + h_{1,n-1}x_{n-1}'. \tag{6.92}$$

Wegen (6.90) ist $P'(\lambda) = (-1)^{n+1} h_{21} h_{32} \ldots h_{n,n-1} p'(\lambda)$, und da in der Methode von Newton zur Berechnung der Korrektur eines Näherungswertes $\lambda$ nur der Quotient $P(\lambda)/P'(\lambda)$ maßgebend ist, benötigen wir in diesem Zusammenhang tatsächlich nur die Werte $p(\lambda)$ und $p'(\lambda)$.

Im Verfahren von Hyman werden zuerst die Koeffizienten $x_i$ und ihre Ableitungen $x_i' =: y_i$ gleichzeitig berechnet und dann $p(\lambda)$ und $p'(\lambda)$. Der Algorithmus dazu lautet zusammengefaßt, falls zur Vereinheitlichung der Formeln in (6.91) die Summation mit $y_n = x_n' = 0$ bis $n$ ausgedehnt wird, und $\lambda$ als vorgegeben betrachtet wird:

$$\begin{aligned}
& x_n = 1; \; y_n = 0 \\
& \text{für } i = n-1, n-2, \ldots, 1: \\
& \quad s = (\lambda - h_{i+1,i+1}) \times x_{i+1}; \; t = x_{i+1} + (\lambda - h_{i+1,i+1}) \times y_{i+1} \\
& \quad \text{für } j = i+2, i+3, \ldots, n: \\
& \quad\quad s = s - h_{i+1,j} \times x_j; \; t = t - h_{i+1,j} \times y_j \\
& \quad x_i = s/h_{i+1,i}; \; y_i = t/h_{i+1,i} \\
& s = (h_{11} - \lambda) \times x_1; \; t = (h_{11} - \lambda) \times y_1 - x_1 \\
& \text{für } i = 2, 3, \ldots, n: \\
& \quad s = s + h_{1i} \times x_i; \; t = t + h_{1i} \times y_i \\
& (p(\lambda) = s; \; p'(\lambda) = t)
\end{aligned} \tag{6.93}$$

Der Aufwand zur Berechnung des Wertepaares $p(\lambda)$ und $p'(\lambda)$ für einen reellen Wert $\lambda$ nach dem Algorithmus (6.93) beträgt

$$Z_{\text{Hyman}} = n^2 + 3n - 2 \tag{6.94}$$

multiplikative Operationen. Da die Eigenwerte von reellen, unsymmetrischen Matrizen komplex sein können, sind in einem Rechenprogramm komplexe Werte $\lambda$ vorzusehen. Der Rechenaufwand erhöht sich dadurch, doch soll der Tatsache Rechnung getragen werden, daß die Matrixelemente $h_{ij}$ reell sind, so daß die in (6.93) häufigen Multiplikationen eines reellen Matrixelementes mit einer komplexen Zahl nur zwei Operationen erfordern. Für ein komplexes $\lambda$ verdoppelt sich die Zahl der multiplikativen Operationen gegenüber (6.94) im wesentlichen. Da aber die Eigenwerte paarweise konjugiert komplex sind, ist mit der Berechnung eines komplexen Eigenwertes $\lambda_k$ gleichzeitig der dazu konjugiert komplexe Eigenwert $\lambda_{k+1} = \bar{\lambda}_k$ bekannt.

Zur sukzessiven Berechnung von mehreren oder von allen Eigenwerten der Hessenbergmatrix $H$ ist die in Abschnitt 5.5 entwickelte implizite Abspaltung von bereits bestimmten Nullstellen des charakteristischen Polynoms anzuwenden.

Um die quadratische Konvergenz der Newton-Methode in der Nähe einer Nullstelle zu erhöhen, kann auch die Laguerresche Methode mit kubischer Konvergenz angewandt werden [Par 64]. Dazu muß auch die zweite Ableitung $p''(\lambda)$ bekannt sein. Zu ihrer Berechnung kann durch Differentiation von (6.91) eine analoge Rekursionsformel für die $x_i''$ gewonnen werden. Der Wert von $p''(\lambda)$ ergibt sich durch Differentiation von (6.92) nach $\lambda$.

Sobald ein Eigenwert $\lambda_k$ der Hessenbergmatrix $H$ als Nullstelle des Polynoms $p(\lambda)$ bestimmt ist, so folgt aus (6.88) und den Gleichungen (6.86) mit $p(\lambda_k)=0$, daß der Vektor $x_k := (x_1, x_2, \ldots, x_n)^T$ mit den nach (6.87) berechneten Komponenten $x_i$ wegen $H x_k = \lambda_k x_k$ ein Eigenvektor von $H$ zum Eigenwert $\lambda_k$ ist. Der Algorithmus von Hyman liefert also theoretisch auch den zugehörigen Eigenvektor. Nun kann zwar mit einer Fehleranalyse gezeigt werden, daß die Berechnung des Wertes $p(\lambda)$ im Rahmen der bekannten Problematik der Auswertung eines Polynoms numerisch stabil erfolgt [Wil 65]. Für die Komponenten $x_i$ gilt jedoch keine entsprechende Aussage. Die numerische Instabilität in der Berechnung der $x_i$ kann in bestimmten Fällen, insbesondere bei großer Ordnung $n$ der Matrix $H$, so gravierend sein, daß in den Komponenten des resultierenden Vektors $x_k$ keine einzige Ziffer richtig ist!

Der zu $\lambda_k$ gehörige Eigenvektor $x_k$ kann mit Hilfe der inversen Vektoriteration berechnet werden. Mit dem Näherungswert $\bar{\lambda}$ für den Eigenwert $\lambda_k$ und ausgehend von einem geeigneten Startvektor $z^{(0)}$ wird die Folge von Vektoren $z^{(v)}$ auf Grund der Vorschrift

$$(H - \bar{\lambda} I) z^{(v)} = z^{(v-1)}, \quad (v = 1, 2, \ldots) \tag{6.95}$$

gebildet. Unter der vereinfachenden Annahme, daß die Hessenbergmatrix $H$ ein System von $n$ linear unabhängigen Eigenvektoren $x_1, x_2, \ldots, x_n$ besitzt, hat $z^{(0)}$ die eindeutige Darstellung

$$z^{(0)} = \sum_{i=1}^{n} c_i x_i. \tag{6.96}$$

Für die iterierten Vektoren $z^{(v)}$ gilt dann wegen $(H - \bar{\lambda} I) x_i = (\lambda_i - \bar{\lambda}) x_i$

$$z^{(v)} = \sum_{i=1}^{n} \frac{c_i}{(\lambda_i - \bar{\lambda})^v} x_i. \tag{6.97}$$

Unter den weiteren Voraussetzungen

$$c_k \neq 0 \quad \text{und} \quad 0 < |\lambda_k - \bar{\lambda}| = \varepsilon \ll \delta := \min_{i \neq k} |\lambda_i - \bar{\lambda}| \tag{6.98}$$

folgt für $z^{(v)}$ aus (6.97)

$$z^{(v)} = \frac{1}{(\lambda_k - \bar{\lambda})^v} \left[ c_k x_k + \sum_{\substack{i=1 \\ i \neq k}}^{n} c_i \left( \frac{\lambda_k - \bar{\lambda}}{\lambda_i - \bar{\lambda}} \right)^v x_i \right] \tag{6.99}$$

## 6.3 Transformationsmethoden

eine sehr rasche Konvergenz gegen den Eigenvektor $x_k$, falls nach jedem Iterationsschritt der resultierende Vektor $z^{(\nu)}$ normiert wird. Trotz der erwähnten Instabilität liefert die Methode von Hyman einen guten Startvektor $z^{(0)}$ mit $c_k \neq 0$, für den in der Regel ein Iterationsschritt (6.95) genügt, um $x_k$ mit genügender Genauigkeit zu bestimmen. Die Konvergenz wird gemäß (6.98) und (6.99) durch die gegenseitige Lage der Eigenwerte und die Güte der Näherung $\bar{\lambda}$ bestimmt.

Die Lösung des linearen Gleichungssystems (6.95) nach $z^{(\nu)}$ erfolgt mit dem Gauß-Algorithmus unter Verwendung der relativen Kolonnenmaximumstrategie. Da es sich bei $H - \bar{\lambda}I$ um eine Hessenbergmatrix handelt, wird mit Vorteil die im Abschnitt 1.3.3 entwickelte Rechentechnik für tridiagonale Gleichungssysteme angewandt. Werden die Zeilenvertauschungen wie dort vor Ausführung des betreffenden Eliminationsschrittes vorgenommen, dann entsteht in Analogie zu (1.121) ein Schlußschema mit Hessenbergstruktur. Die resultierende Rechtsdreiecksmatrix ist selbstverständlich ausgefüllt mit von Null verschiedenen Elementen. Das Vorgehen vereinfacht sowohl die Eliminationsschritte, d. h. im wesentlichen die Zerlegung, als auch das Vorwärtseinsetzen.

Die Matrix $H - \bar{\lambda}I$ ist fast singulär, weil $\bar{\lambda}$ eine gute Näherung eines Eigenwertes darstellt. Folglich ist das Gleichungssystem (6.95) sehr schlecht konditioniert. Deshalb ist zu erwarten, daß der berechnete Vektor $\tilde{z}^{(\nu)}$ einen großen relativen Fehler gegenüber dem exakten Vektor $z^{(\nu)}$ aufweist. Es zeigt sich, daß der Fehler $\tilde{z}^{(\nu)} - z^{(\nu)}$ eine dominante Komponente in Richtung des Eigenvektors des betragskleinsten Eigenwertes von $H - \bar{\lambda}I$ besitzt. In unserem Fall ist aber $\lambda_k - \bar{\lambda}$ der betragskleinste Eigenwert von $H - \bar{\lambda}I$, und folglich ist der Fehler in der Lösung im wesentlichen proportional zu $x_k$, d. h. in der gewünschten Richtung. Diese Feststellung macht die inverse Vektoriteration überhaupt erst zu einem brauchbaren Verfahren zur Eigenvektorberechnung.

**Beispiel 6.6** Die Eigenwerte und Eigenvektoren der Hessenbergmatrix $H$ (6.68) von Beispiel 6.3 werden nach der Methode von Hyman berechnet. Mit dem reellen Startwert $\lambda^{(0)} = 2.5$ liefert der Algorithmus (6.93) in Verbindung mit der Methode von Newton die in der folgenden Tabelle zusammengestellten, gerundeten Zahlwerte.

| $\mu$ | $\lambda^{(\mu)}$ | $p(\lambda^{(\mu)})$ | $p'(\lambda^{(\mu)})$ | $\Delta\lambda$ |
|---|---|---|---|---|
| 0 | 2.500000000 | $1.7571 \cdot 10^{-1}$ | $-0.40502$ | $4.3384 \cdot 10^{-1}$ |
| 1 | 2.933837624 | $1.9506 \cdot 10^{-2}$ | $-0.30537$ | $6.3877 \cdot 10^{-2}$ |
| 2 | 2.997714268 | $6.4983 \cdot 10^{-4}$ | $-0.28469$ | $2.2826 \cdot 10^{-3}$ |
| 3 | 2.999996881 | $8.8553 \cdot 10^{-7}$ | $-0.28391$ | $3.1190 \cdot 10^{-6}$ |
| 4 | 3.000000000 | $-6 \cdot 10^{-11}$ | | |

Zum Eigenwert $\lambda_1 = 3$ liefert die Methode von Hyman in diesem problemlosen Beispiel auch den (normierten) Eigenvektor

$$y_1 \doteq (0.247016, 0.113164, 0.475263, 0.456783, 0.600192, 0.362520)^T$$

der Hessenbergmatrix $H$, für den die Nachiteration keine Verbesserung bringt. Die Rücktransformation von $y_1$ in den Eigenvektor $x_1$ von $A$ mit der Technik (6.64) unter Verwendung der $\varrho$-Werte in (6.68) gibt

$$x_1 \doteq (0.247016, -0.123508, 0.823387, 0.411693, -0.123508, 0.247016)^T.$$

Die weiteren Eigenwerte von $H$ sind $\lambda_2 = 4$, $\lambda_{3,4} = 1 \pm 2i$, $\lambda_{5,6} = 5 \pm 6i$. △

## 6.4 QR-Algorithmus

Die numerisch zuverlässigste Methode zur Berechnung der Eigenwerte einer Hessenbergmatrix $H$ oder einer symmetrischen, tridiagonalen Matrix $J$ besteht darin, eine Folge von orthogonal-ähnlichen Matrizen zu bilden, die gegen eine Grenzmatrix konvergieren, welche die gesuchten Eigenwerte liefert.

### 6.4.1 Grundlagen zur QR-Transformation

Zur Begründung und anschließenden praktischen Durchführung des Verfahrens stellen wir einige Tatsachen zusammen.

**Satz 6.4** *Jede quadratische Matrix $A$ läßt sich als Produkt einer orthogonalen Matrix $Q$ und einer Rechtsdreiecksmatrix $R$ in der Form*

$$\boxed{A = QR} \tag{6.100}$$

*darstellen. Man bezeichnet die Faktorisierung* (6.100) *als* QR-Zerlegung *der Matrix $A$.*

Beweis. Die Existenz der QR-Zerlegung zeigen wir auf konstruktive Art. Zu diesem Zweck wird die Matrix $A$ sukzessive mit geeignet zu wählenden Rotationsmatrizen $U^T(p, q; \varphi)$ von links so multipliziert, daß die Matrixelemente unterhalb der Diagonale fortlaufend eliminiert werden. Die Elimination erfolgt etwa kolonnenweise in der Reihenfolge

$$a_{21}, a_{31}, \ldots, a_{n1}, a_{32}, a_{42}, \ldots, a_{n2}, a_{43}, \ldots, a_{n,n-1} \tag{6.101}$$

mit $(p, q)$-Rotationsmatrizen und den entsprechenden Rotationsindexpaaren

$$(1, 2), (1, 3), \ldots, (1, n), (2, 3), (2, 4), \ldots, (2, n), (3, 4), \ldots, (n-1, n). \tag{6.102}$$

Zur Elimination des Matrixelementes $a_{ij}^{(k-1)}$ in $A^{(k-1)}$ wird eine $(j, i)$-Rotationsmatrix $U_k^T = U^T(j, i; \varphi_k)$ angewandt zur Bildung von

$$A^{(k)} = U_k^T A^{(k-1)}, \qquad A^{(0)} = A, \qquad \left(k = 1, 2, \ldots, \frac{1}{2} n(n-1)\right). \tag{6.103}$$

Bei dieser Multiplikation werden nach Abschnitt 6.2.1 nur die $j$-te und $i$-te Zeile linear kombiniert. Insbesondere soll nach (6.15)

$$a_{ij}^{(k)} = a_{jj}^{(k-1)} \sin \varphi_k + a_{ij}^{(k-1)} \cos \varphi_k = 0 \tag{6.104}$$

sein, woraus sich die Werte $\cos\varphi_k$ und $\sin\varphi_k$ analog zu (6.62) bestimmen lassen. Ist $a_{ij}^{(k-1)} = 0$, so erfolgt selbstverständlich keine Multiplikation, und es ist $U_k = I$ zu setzen.

Nun bleibt zu verifizieren, daß die in (6.103) erzeugte Folge von Matrizen $A^{(k)}$ für $N = \frac{1}{2}n(n-1)$ eine Rechtsdreiecksmatrix $A^{(N)} = R$ liefert. Die ersten $(n-1)$ Multiplikationen eliminieren in offensichtlicher Weise die Elemente $a_{i1}$ mit $2 \leq i \leq n$. Wir nehmen jetzt an, daß die ersten $(j-1)$ Kolonnen bereits die gewünschte Form aufweisen. Die Elimination irgend eines Elementes $a_{ij}$ der $j$-ten Kolonne mit $i > j$ geschieht durch Linksmultiplikation mit einer $(j, i)$-Rotationsmatrix. In den ersten $(j-1)$ Kolonnen werden nur Matrixelemente linear kombiniert, die nach Annahme verschwinden. Die bereits erzeugten Nullelemente bleiben tatsächlich erhalten, und es gilt

$$U_N^T U_{N-1}^T \ldots U_2^T U_1^T A^{(0)} = R.$$

Die Matrix $Q^T := U_N^T U_{N-1}^T \ldots U_2^T U_1^T$ ist als Produkt von orthogonalen Matrizen orthogonal, und somit ist die Existenz der QR-Zerlegung $A^{(0)} = A = QR$ (6.100) nachgewiesen. □

Eine unmittelbare Folge des Beweises von Satz 6.4 ist der

**Satz 6.5** *Die QR-Zerlegung einer Hessenbergmatrix $H$ oder einer tridiagonalen Matrix $J$ der Ordnung $n$ ist mit $(n-1)$ Rotationsmatrizen durchführbar.*

Beweis. Ist die gegebene Matrix $A$ entweder von Hessenbergform oder tridiagonal, erfolgt die Elimination des einzigen, eventuell von Null verschiedenen Elementes $a_{21}$ der ersten Kolonne unterhalb der Diagonale durch Linksmultiplikation mit der Matrix $U^T(1, 2; \varphi_1) = U_1^T$. Dadurch bleibt die Struktur der Matrix $A$ für die $(n-1)$-reihige Untermatrix erhalten, welche durch Streichen der ersten Zeile und Kolonne von $A^{(1)} = U_1^T A$ entsteht. Diese Feststellung gilt dann zwangsläufig auch für die folgenden Eliminationsschritte. Die Linksmultiplikation von $A$ mit der Folge von $(n-1)$ Rotationsmatrizen mit den Indexpaaren $(1, 2), (2, 3), \ldots, (n-1, n)$ leistet die QR-Zerlegung $A = QR$ mit $Q := U_1 U_2 \ldots U_{n-1}$. Im Fall einer tridiagonalen Matrix $J$ enthält die Rechtsdreiecksmatrix $R$ in den beiden der Diagonale benachbarten oberen Nebendiagonalen im allgemeinen von Null verschiedene Elemente, denn jede Linksmultiplikation mit $U^T(i, i+1; \varphi_i)$ erzeugt einen in der Regel nichtverschwindenden Wert an der Stelle $(i, i+2)$ für $i = 1, 2, \ldots, n-2$. □

Die Aussage des Satzes 6.5 ist für den nachfolgend beschriebenen Algorithmus von entscheidender Bedeutung, da die Berechnung der QR-Zerlegung einer Hessenbergmatrix wesentlich weniger aufwendig ist als diejenige einer vollbesetzten Matrix.

Auf Grund der QR-Zerlegung einer quadratischen Matrix $A$ versteht man unter einer QR-Transformation folgende Zuordnung:

$$\boxed{A = QR, \qquad A' = RQ \qquad \text{QR-Transformation}} \qquad (6.105)$$

**Satz 6.6** *Die Matrix $A'$ der QR-Transformation* (6.105) *ist orthogonal-ähnlich zur Matrix $A$.*

Beweis. Da die Matrix $Q$ der QR-Zerlegung von $A$ orthogonal und somit regulär ist, existiert ihre Inverse $Q^{-1} = Q^T$. Aus (6.105) folgt die orthogonale Ähnlichkeit der Matrizen $A'$ und $A$ gemäß

$$R = Q^{-1}A \quad \text{und} \quad A' = RQ = Q^{-1}AQ. \qquad \square$$

**Satz 6.7** *Die Hessenbergform einer Matrix $H$ der Ordnung $n$ bleibt bei einer QR-Transformation erhalten.*

Beweis. Nach Satz 6.5 ist die Matrix $Q$ der QR-Zerlegung einer Hessenbergmatrix $H$ der Ordnung $n$ gegeben als Produkt der $(n-1)$ Rotationsmatrizen

$$Q = U(1, 2; \varphi_1) U(2, 3; \varphi_2) \ldots U(n-1, n; \varphi_{n-1}). \tag{6.106}$$

Die QR-Transformierte $H' = RQ$ ergibt sich mit (6.106) durch fortgesetzte Multiplikation der Rechtsdreiecksmatrix $R$ von rechts mit den Rotationsmatrizen. Die Matrix $RU(1, 2; \varphi_1)$ ist keine Rechtsdreiecksmatrix mehr, denn die Linearkombinationen der ersten und zweiten Kolonnen erzeugen genau an der Stelle $(2,1)$ ein von Null verschiedenes Matrixelement unterhalb der Diagonale. Die darauffolgende Multiplikation mit $U(2, 3; \varphi_2)$ liefert durch die Kolonnenoperation genau ein weiteres von Null verschiedenes Element an der Position $(3, 2)$. Allgemein erzeugt die Rechtsmultiplikation mit $U(k, k+1; \varphi_k)$ an der Stelle $(k+1, k)$ ein Matrixelement ungleich Null, ohne dabei die vorhergehenden Kolonnen zu verändern. $H'$ ist somit eine Hessenbergmatrix. $\qquad \square$

Der Rechenaufwand einer QR-Transformation für eine Hessenbergmatrix $H$ der Ordnung $n$ setzt sich zusammen aus demjenigen für die Bildung der Rechtsdreiecksmatrix $R$ und demjenigen für die Berechnung von $H'$. Der allgemeine $j$-te Schritt des ersten Teils benötigt unter Verwendung von (6.62) und (6.15) $4+4(n-j)$ Multiplikationen und eine Quadratwurzel. Die Matrixmultiplikation mit $U(j, j+1; \varphi_j)$ im zweiten Teil erfordert $4j+2$ Multiplikationen, falls man berücksichtigt, daß das Diagonalelement und das neu entstehende Nebendiagonalelement nur je eine Operation benötigen. Nach Summation über $j$ von 1 bis $(n-1)$ beträgt der Aufwand

$$Z_{\text{QR Hess}} = (4n + 6)(n - 1) = 4n^2 + 2n - 6 \tag{6.107}$$

Multiplikationen und $(n-1)$ Quadratwurzeln.

**Satz 6.8** *Die QR-Transformierte einer symmetrischen, tridiagonalen Matrix ist wieder symmetrisch und tridiagonal.*

Beweis. Da nach Satz 6.6 die Matrix $A'$ orthogonal-ähnlich zu $A$ ist, bleibt die Symmetrie wegen $A'^T = (Q^{-1}AQ)^T = Q^T A^T Q^{-1T} = Q^{-1}AQ = A'$ erhalten. Weiter ist eine tridiagonale Matrix eine spezielle Hessenbergmatrix, und folglich ist $A'$ nach Satz 6.7 von Hessenbergform. Unter Berücksichtigung der Symmetrie muß $A'$ demzufolge tridiagonal sein. $\qquad \square$

## 6.4 QR-Algorithmus

Als motivierende Grundlage des QR-Algorithmus dient der folgende Satz von Schur [Scu09]. Da wir die Eigenwerte von reellen Matrizen berechnen wollen, wird der Satz nur in seiner reellen Form formuliert.

**Satz 6.9** *Zu jeder reellen Matrix $A$ der Ordnung $n$ existiert eine orthogonale Matrix $U$ der Ordnung $n$, so daß die zu $A$ ähnliche Matrix $R := U^{-1}AU$ die Quasidreiecksgestalt hat*

$$R := U^{-1}AU = \begin{pmatrix} R_{11} & R_{12} & R_{13} & \cdots & R_{1m} \\ 0 & R_{22} & R_{23} & \cdots & R_{2m} \\ 0 & 0 & R_{33} & \cdots & R_{3m} \\ \vdots & \vdots & \vdots & \ddots & \vdots \\ 0 & 0 & 0 & \cdots & R_{mm} \end{pmatrix}. \qquad (6.108)$$

*Die Matrizen $R_{ii}$, $(i = 1, 2, \ldots, m)$ besitzen entweder die Ordnung eins oder die Ordnung zwei und haben im letzten Fall ein Paar von konjugiert komplexen Eigenwerten.*

Beweis. Der Nachweis der Existenz einer orthogonalen Matrix $U$ erfolgt in drei Teilen.

1) Es sei $\lambda$ ein reeller Eigenwert von $A$ und $x$ ein zugehöriger, normierter Eigenvektor mit $\|x\|_2 = 1$. Zu $x$ gibt es im $\mathbb{R}^n$ weitere $(n-1)$ normierte, paarweise und zu $x$ orthogonale Vektoren, welche die Kolonnen einer orthogonalen Matrix $U_1$ bilden sollen. Der Eigenvektor $x$ stehe in der ersten Kolonne von $U_1 = (x, \tilde{U}_1)$, wo $\tilde{U}_1 \in \mathbb{R}^{n \times (n-1)}$ eine Matrix mit $(n-1)$ orthonormierten Vektoren darstellt. Dann gilt $AU_1 = (\lambda x, A\tilde{U}_1)$ und weiter

$$U_1^{-1} A U_1 = U_1^T A U_1 = \begin{pmatrix} x^T \\ \tilde{U}_1^T \end{pmatrix} (\lambda x, A\tilde{U}_1) = \begin{pmatrix} \lambda & x^T A \tilde{U}_1 \\ \hline 0 & \tilde{U}_1^T A \tilde{U}_1 \end{pmatrix} =: A_1. \qquad (6.109)$$

In der zu $A$ orthogonal-ähnlichen Matrix $A_1$ (6.109) steht der Eigenwert $\lambda$ in der linken oberen Ecke. In der ersten Kolonne steht darunter der Nullvektor auf Grund der Orthogonalität von $x$ zu den Kolonnen von $\tilde{U}_1$, und $\tilde{U}_1^T A \tilde{U}_1$ ist eine reelle Matrix der Ordnung $(n-1)$.

2) Ist $\lambda = \alpha + i\beta$ mit $\beta \neq 0$ ein komplexer Eigenwert von $A$ mit dem zugehörigen Eigenvektor $x = u + iv$, dann ist notwendigerweise $\bar{\lambda} = \alpha - i\beta$ der dazu konjugiert komplexe Eigenwert mit dem zugehörigen konjugiert komplexen Eigenvektor $\bar{x} = u - iv$. Es gilt also

$$A(u \pm iv) = (\alpha \pm i\beta)(u \pm iv),$$

und damit für den Real- und Imaginärteil

$$Au = \alpha u - \beta v, \qquad Av = \beta u + \alpha v. \qquad (6.110)$$

Weil Eigenvektoren zu verschiedenen Eigenwerten linear unabhängig sind, trifft dies für $x$ und $\bar{x}$ zu, so daß auch die beiden Vektoren $u$ und $v$ linear unabhängig sind und folglich einen zweidimensionalen Unterraum im $\mathbb{R}^n$ aufspannen. Bildet man mit $u$ und

276  6 Eigenwertprobleme

$v$ die Matrix $Y := (u, v) \in \mathbb{R}^{n \times 2}$, so gilt nach (6.110)

$$A Y = Y \begin{pmatrix} \alpha & \beta \\ -\beta & \alpha \end{pmatrix} =: Y\Gamma. \qquad (6.111)$$

In dem von $u$ und $v$ aufgespannten Unterraum gibt es zwei orthonormierte Vektoren $x_1$ und $x_2$, welche wir zur Matrix $X \in \mathbb{R}^{n \times 2}$ zusammenfassen, und es besteht eine Beziehung

$$Y = XC \quad \text{mit } C \in \mathbb{R}^{2 \times 2} \text{ regulär.}$$

Die Matrizengleichung (6.111) geht damit über in

$$A X C = X C \Gamma \quad \text{oder} \quad A X = X C \Gamma C^{-1} =: XS. \qquad (6.112)$$

Die Matrix $S = C \Gamma C^{-1} \in \mathbb{R}^{2 \times 2}$ ist ähnlich zu $\Gamma$ und besitzt folglich das Paar von konjugiert komplexen Eigenwerten $\lambda = \alpha + i\beta$ und $\bar{\lambda} = \alpha - i\beta$.
Zu $x_1$ und $x_2$ gibt es im $\mathbb{R}^n$ $(n-2)$ weitere orthonormierte Vektoren, die zu $x_1$ und $x_2$ orthogonal sind. Mit diesem Satz von $n$ orthonormierten Vektoren bilden wir die orthogonale Matrix $U_2 := (x_1, x_2, \tilde{U}_2) = (X, \tilde{U}_2)$, wo $\tilde{U}_2 \in \mathbb{R}^{n \times (n-2)}$ eine Matrix mit orthonormierten Kolonnenvektoren ist. Wegen (6.112) gilt dann

$$U_2^{-1} A U_2 = U_2^\mathrm{T} A U_2 = \begin{pmatrix} X^\mathrm{T} \\ \tilde{U}_2^\mathrm{T} \end{pmatrix} A(X, \tilde{U}_2) = \begin{pmatrix} S & X^\mathrm{T} A \tilde{U}_2 \\ \hline 0 & \tilde{U}_2^\mathrm{T} A \tilde{U}_2 \end{pmatrix} =: A_2. \qquad (6.113)$$

In der zu $A$ orthogonal-ähnlichen Matrix $A_2$ (6.113) steht links oben die Matrix $S$. Darunter ist $\tilde{U}_2^\mathrm{T} A X = \tilde{U}_2^\mathrm{T} X S = 0 \in \mathbb{R}^{(n-2) \times 2}$ eine Nullmatrix wegen der Orthogonalität der Vektoren $x_1$ und $x_2$ zu den Kolonnenvektoren von $\tilde{U}_2$. Schließlich ist $\tilde{U}_2^\mathrm{T} A \tilde{U}_2$ eine reelle Matrix der Ordnung $(n-2)$.
3) Auf Grund der Gestalt der Matrizen $A_1$ (6.109) und $A_2$ (6.113) besteht die Gesamtheit der Eigenwerte von $A$ im ersten Fall aus $\lambda$ und den Eigenwerten von $\tilde{U}_1^\mathrm{T} A \tilde{U}_1$ und im zweiten Fall aus dem konjugiert komplexen Eigenwertpaar von $S$ und den Eigenwerten von $\tilde{U}_2^\mathrm{T} A \tilde{U}_2$. Die orthogonal-ähnliche Transformation kann analog auf die Untermatrix $\tilde{A}_i := \tilde{U}_i^\mathrm{T} A \tilde{U}_i$ der Ordnung $(n-i)$ mit $i=1$ oder $i=2$ mit einem weiteren Eigenwert oder Eigenwertpaar angewandt werden. Ist $\tilde{V}_i \in \mathbb{R}^{(n-i) \times (n-i)}$ die orthogonale Matrix, welche $\tilde{A}_i$ in die Form von (6.109) oder (6.113) transformiert, so ist

$$V := \begin{pmatrix} I_i & 0 \\ \hline 0 & \tilde{V}_i \end{pmatrix} \in \mathbb{R}^{n \times n}$$

diejenige orthogonale Matrix, welche mit $V^\mathrm{T} A_i V$ die gegebene Matrix $A$ einen Schritt weiter auf Quasidreiecksgestalt transformiert. Die konsequente Fortsetzung der Transformation liefert die Aussage des Satzes, wobei $U$ als Produkt der orthogonalen Matrizen gegeben ist. □

Der Satz von Schur gilt unabhängig von der Vielfachheit der Eigenwerte der Matrix $A$. Die Eigenwerte von $A$ sind aus den Untermatrizen $R_{ii}$ der Quasidreiecksmatrix $R$

entweder direkt ablesbar oder leicht berechenbar. Der Satz 6.9 enthält eine reine Existenzaussage, und der Beweis ist leider nicht konstruktiv, da er von der Existenz eines Eigenwertes und eines zugehörigen Eigenvektors Gebrauch macht, die ja erst zu bestimmen sind.

Um an dieser Stelle eventuell möglichen, falschen Interpretationen zuvorzukommen, sei darauf hingewiesen, daß die Kolonnen der orthogonalen Matrix $U$ in (6.108) im allgemeinen nichts mit den Eigenvektoren von $A$ zu tun haben. Für einen komplexen Eigenwert von $A$ ist dies ganz offensichtlich, da die aus (6.108) hervorgehende Matrizengleichung $AU = UR$ reelle Matrizen enthält.

### 6.4.2 Praktische Durchführung, reelle Eigenwerte

Durch sukzessive Anwendung der QR-Transformation (6.105) bilden wir nach Satz 6.6 eine Folge von orthogonal-ähnlichen Matrizen mit dem Ziel, die Aussage des Satzes von Schur konstruktiv zu realisieren. Um den Rechenaufwand zu reduzieren und wegen Satz 6.7 wird die QR-Transformation nur auf eine Hessenbergmatrix $H = H_1$ angewandt und die Folge der ähnlichen Matrizen gemäß folgender Rechenvorschrift konstruiert.

$$H_k = Q_k R_k, \qquad H_{k+1} = R_k Q_k, \qquad (k = 1, 2, \ldots) \qquad (6.114)$$

Mit (6.114) ist der einfache QR-Algorithmus von Francis [Fra61] erklärt. Für die Folge der Matrizen $H_k$ kann folgende Konvergenzeigenschaft gezeigt werden [Fra61, Par80, Wil65].

**Satz 6.10** *Es seien $\lambda_i$ die Eigenwerte von $H$ mit der Eigenschaft $|\lambda_1| > |\lambda_2| > \ldots > |\lambda_n|$. Weiter seien $x_i$ die Eigenvektoren von $H$, die als Kolonnen in der regulären Matrix $X \in \mathbb{R}^{n \times n}$ zusammengefaßt seien. Falls für $X^{-1}$ die LR-Zerlegung existiert, dann konvergieren die Matrizen $H_k$ für $k \to \infty$ gegen eine Rechtsdreiecksmatrix, und es gilt $\lim_{k \to \infty} h_{ii}^{(k)} = \lambda_i$, $(i = 1, 2, \ldots, n)$. Hat die Matrix $H$ Paare von konjugiert komplexen Eigenwerten, derart daß ihre Beträge und die Beträge der reellen Eigenwerte paarweise verschieden sind, und existiert die (komplexe) LR-Zerlegung von $X^{-1}$, dann konvergieren die Matrizen $H_k$ gegen eine Quasidreiecksmatrix* (6.108).

Der Satz 6.10 garantiert zwar unter den einschränkenden Voraussetzungen die Konvergenz der Matrizenfolge $H_k$ (6.114) gegen eine Quasidreiecksmatrix, doch kann die Konvergenz derjenigen Matrixelemente $h_{i+1,i}^{(k)}$, die überhaupt gegen Null konvergieren, sehr langsam sein. Somit kann der einfache QR-Algorithmus wegen der großen Zahl von Iterationsschritten zu aufwendig sein. Der QR-Algorithmus steht in enger Beziehung zur Methode der Vektoriteration [GoV89, Ste73], und eine darauf beruhende Analyse des Konvergenzverhaltens der Subdiagonalelemente zeigt, daß asymptotisch für hinreichend großes $k$ gilt

$$|h_{i+1,i}^{(k)}| \approx \left| \frac{\lambda_{i+1}}{\lambda_i} \right|^k, \qquad (i = 1, 2, \ldots, n-1). \qquad (6.115)$$

Die Beträge der Subdiagonalelemente $h_{i+1,i}^{(k)}$ konvergieren für $|\lambda_{i+1}/\lambda_i| < 1$ wie geometrische Folgen gegen Null. Die lineare Konvergenz wird bestimmt durch den Quotienten der Beträge aufeinanderfolgender Eigenwerte, welcher natürlich beliebig nahe bei Eins sein kann. Für ein konjugiert komplexes Paar $\lambda_i, \lambda_{i+1} = \bar{\lambda}_i$ kann $h_{i+1,i}^{(k)}$ wegen (6.115) nicht gegen Null konvergieren.

Die Konvergenzaussage (6.115) liefert aber den Hinweis, daß die lineare Konvergenz für bestimmte Subdiagonalelemente durch eine geeignete **Spektralverschiebung** wesentlich verbessert werden kann. Wir wollen vorerst den Fall betrachten, daß $H$ nur reelle Eigenwerte hat und das Vorgehen im Fall von komplexen Eigenwerten später behandeln. Mit $\sigma \in \mathbb{R}$ hat die Matrix $H - \sigma I$ die Eigenwerte $\lambda_i - \sigma$, $(i = 1, 2, \ldots, n)$. Sie seien jetzt so indiziert, daß $|\lambda_1 - \sigma| > |\lambda_2 - \sigma| > \ldots > |\lambda_n - \sigma|$ gilt. Für die Matrizenfolge $\tilde{H}_k$ (6.114) mit $\tilde{H}_1 = H - \sigma I$ folgt aus (6.115)

$$|\tilde{h}_{i+1,i}^{(k)}| \approx \left| \frac{\lambda_{i+1} - \sigma}{\lambda_i - \sigma} \right|^k, \quad (i = 1, 2, \ldots, n-1). \tag{6.116}$$

Ist $\sigma$ eine gute Näherung für $\lambda_n$ mit $|\lambda_n - \sigma| \ll |\lambda_i - \sigma|$, $(i = 1, 2, \ldots, n-1)$, dann konvergiert $\tilde{h}_{n,n-1}^{(k)}$ sehr rasch gegen Null, und die Matrix $\tilde{H}_k$ zerfällt nach wenigen Iterationsschritten.

Die Technik der Spektralverschiebung wird nicht nur einmal angewandt, sondern vor Ausführung eines jeden Schrittes des QR-Algorithmus, wobei die Verschiebung $\sigma_k$ auf Grund der vorliegenden Information in $H_k$ geeignet gewählt wird. Anstelle von (6.114) definiert man mit

$$\boxed{H_k - \sigma_k I = Q_k R_k, \quad H_{k+1} = R_k Q_k + \sigma_k I, \quad (k = 1, 2, \ldots)} \tag{6.117}$$

den **QR-Algorithmus mit expliziter Spektralverschiebung**. Da die Spektralverschiebung in $H_k$ bei der Berechnung von $H_{k+1}$ wieder rückgängig gemacht wird, sind die Matrizen $H_{k+1}$ und $H_k$ orthogonal-ähnlich zueinander. Auf Grund der oben erwähnten Verwandtschaft des QR-Algorithmus mit der Vektoriteration ist die Wahl der Verschiebung $\sigma_k$ gemäß

$$\boxed{\sigma_k = h_{nn}^{(k)}, \quad (k = 1, 2, \ldots)} \tag{6.118}$$

als letztes Diagonalelement von $H_k$ angezeigt [Ste 73]. Mit dieser Festsetzung von $\sigma_k$ wird erreicht, daß die Folge der Subdiagonalelemente $h_{n,n-1}^{(k)}$ schließlich **quadratisch** gegen Null konvergiert [Ste 73].

Die praktische Durchführung des QR-Algorithmus (6.117) ist durch die Überlegungen in den Beweisen der Sätze 6.5 und 6.7 vollkommen vorgezeichnet, falls man zuerst die QR-Zerlegung von $H_k - \sigma_k I$ mit Hilfe von $(n-1)$ Rotationsmatrizen durchführt und anschließend die Matrix $H_{k+1}$ bildet. Bei diesem Vorgehen sind die $(n-1)$ Wertepaare $c_i := \cos \varphi_i$ und $s_i := \sin \varphi_i$ der Matrizen $U(i, i+1; \varphi_i) =: U_i$ abzuspeichern. Das ist aber nicht nötig, wie die folgende Betrachtung zeigt. Für eine QR-

Transformation gelten ja

$$U_{n-1}^T \ldots U_3^T U_2^T U_1^T (H_k - \sigma_k I) = Q_k^T (H_k - \sigma_k I) = R_k$$
$$H_{k+1} = R_k Q_k + \sigma_k I = R_k U_1 U_2 U_3 \ldots U_{n-1} + \sigma_k I \quad (6.119)$$
$$= U_{n-1}^T \ldots U_3^T U_2^T U_1^T (H_k - \sigma_k I) U_1 U_2 U_3 \ldots U_{n-1} + \sigma_k I$$

Infolge der Assoziativität der Matrizenmultiplikation können wir die Reihenfolge der Operationen zur Bildung von $H_{k+1}$ gemäß (6.119) geeignet wählen. Nach Ausführung der beiden Matrizenmultiplikationen $U_2^T U_1^T (H_k - \sigma_k I)$ im Verlauf der QR-Zerlegung hat die resultierende Matrix für $n = 6$ die Struktur, wie sie in Fig. 6.3 dargestellt ist.

$$\begin{pmatrix} \times & \times & \times & \times & \times & \times & \times \\ 0 & \times & \times & \times & \times & \times & \times \\ 0 & 0 & \times & \times & \times & \times & \times \\ 0 & 0 & \times & \times & \times & \times & \times \\ 0 & 0 & 0 & \times & \times & \times & \times \\ 0 & 0 & 0 & 0 & \times & \times & \times \\ 0 & 0 & 0 & 0 & 0 & \times & \times \end{pmatrix}$$

Fig. 6.3
Struktur von $U_2^T U_1^T (H_k - \sigma_k I)$

$$\begin{aligned}
&h_{11} = h_{11} - \sigma \\
&\text{für } i = 1, 2, \ldots, n: \\
&\quad \text{falls } i < n: \\
&\quad\quad \text{falls } |h_{ii}| < \delta \times |h_{i+1,i}|: \\
&\quad\quad\quad w = |h_{i+1,i}|; \ c = 0; \ s = \text{sgn}(h_{i+1,i}) \\
&\quad\quad \text{sonst} \\
&\quad\quad\quad w = \sqrt{h_{ii}^2 + h_{i+1,i}^2}; \ c = h_{ii}/w; \ s = -h_{i+1,i}/w \\
&\quad\quad h_{ii} = w; \ h_{i+1,i} = 0; \ h_{i+1,i+1} = h_{i+1,i+1} - \sigma \\
&\quad\quad \text{für } j = i+1, i+2, \ldots, n: \\
&\quad\quad\quad g = c \times h_{ij} - s \times h_{i+1,j} \\
&\quad\quad\quad h_{i+1,j} = s \times h_{ij} + c \times h_{i+1,j}; \ h_{ij} = g \\
&\quad \text{falls } i > 1: \\
&\quad\quad \text{für } j = 1, 2, \ldots, i: \\
&\quad\quad\quad g = \tilde{c} \times h_{j,i-1} - \tilde{s} \times h_{ji} \\
&\quad\quad\quad h_{ji} = \tilde{s} \times h_{j,i-1} + \tilde{c} \times h_{ji}; \ h_{j,i-1} = g \\
&\quad\quad h_{i-1,i-1} = h_{i-1,i-1} + \sigma \\
&\quad \tilde{c} = c; \ \tilde{s} = s \\
&h_{nn} = h_{nn} + \sigma
\end{aligned} \quad (6.120)$$

## 6 Eigenwertprobleme

Nun ist zu beachten, daß die weiteren Multiplikationen von links mit $U_3^T, U_4^T, \ldots$ nur noch die dritte und die folgenden Zeilen betreffen, d. h. daß die ersten beiden Zeilen und damit auch die ersten beiden Kolonnen in der momentanen Matrix durch die QR-Zerlegung nicht mehr verändert werden. Die Multiplikation mit $U_1$ von rechts, die ja Linearkombinationen der ersten und zweiten Kolonnen bewirkt, operiert folglich mit den hier vorhandenen, bereits endgültigen Werten der Matrix $R_k$ der QR-Zerlegung. Sobald die Multiplikation mit $U_3^T$ erfolgt ist, ist aus dem analogen Grund die Multiplikation mit $U_2$ von rechts ausführbar.

Bei dieser gestaffelten Ausführung der QR-Transformation (6.119) wird im $i$-ten Schritt $(2 \leq i \leq n-1)$ in der $i$-ten und $(i+1)$-ten Zeile die QR-Zerlegung weitergeführt, während in der $(i-1)$-ten und $i$-ten Kolonne bereits im wesentlichen die Hessenbergmatrix $H_{k+1}$ aufgebaut wird. Die Subtraktion von $\sigma_k$ in der Diagonale von $H_k$ und die spätere Addition von $\sigma_k$ zu den Diagonalelementen kann fortlaufend in den Prozeß einbezogen werden. Falls wir die Matrix $H_{k+1}$ am Ort von $H_k$ aufbauen und die sich laufend verändernde Matrix mit $H$ bezeichnen, können wir den QR-Schritt (6.119) zu gegebenem Wert von $\sigma$ algorithmisch in (6.120) formulieren. Es ist $\delta$ die kleinste positive Zahl, so daß im Rechner $1 + \delta \neq 1$ gilt.

Da die Subdiagonalelemente von $H_k$ gegen Null konvergieren, ist ein Kriterium notwendig um zu entscheiden, wann ein Element $|h_{i+1,i}^{(k)}|$ als genügend klein betrachtet werden darf, um es gleich Null zu setzen. Ein sicheres, auch betragskleinen Eigenwerten von $H_1$ Rechnung tragendes Kriterium ist

$$|h_{i+1,i}^{(k)}| < \delta \cdot \max \{|h_{ii}^{(k)}|, |h_{i+1,i+1}^{(k)}|\}. \tag{6.121}$$

Sobald ein Subdiagonalelement $h_{i+1,i}^{(k)}$ die Bedingung (6.121) erfüllt, dann zerfällt die Hessenbergmatrix $H_k$. Die Berechnung der Eigenwerte von $H_k$ ist zurückgeführt auf die Aufgabe, die Eigenwerte der beiden Untermatrizen von Hessenbergform zu bestimmen.

Im betrachteten Fall von reellen Eigenwerten von $H_1$ und unter der angewandten Strategie der Spektralverschiebungen (6.118) ist es am wahrscheinlichsten, daß das Subdiagonalelement $h_{n,n-1}^{(k)}$ zuerst die Bedingung (6.121) erfüllt. Die Matrix $H_k$ zerfällt dann in eine Hessenbergmatrix $\hat{H}$ der Ordnung $(n-1)$ und eine Matrix der Ordnung Eins, welche notwendigerweise als Element einen Eigenwert $\lambda$ enthalten muß.

$$H_k = \begin{pmatrix} X & X & X & X & X & \vdots & X \\ X & X & X & X & X & \vdots & X \\ 0 & X & X & X & X & \vdots & X \\ 0 & 0 & X & X & X & \vdots & X \\ 0 & 0 & 0 & X & X & \vdots & X \\ \hline 0 & 0 & 0 & 0 & 0 & \vdots & \lambda \end{pmatrix} = \begin{pmatrix} \hat{H} & \vdots & \hat{h} \\ \hline \mathbf{0}^T & \vdots & \lambda \end{pmatrix} \tag{6.122}$$

Sobald die Situation (6.122) eingetreten ist, kann der QR-Algorithmus mit der Untermatrix $\hat{H} \in \mathbb{R}^{(n-1) \times (n-1)}$ fortgesetzt werden, die ja die übrigen Eigenwerte besitzt. Darin zeigt sich ein wesentlicher Vorteil des QR-Algorithmus: Mit jedem berechneten Eigenwert reduziert sich die Ordnung der noch weiter zu bearbeitenden Matrix. Im Verfahren von Hyman war dies nicht der Fall. Dort wurde stets mit der gegebenen Hessenbergmatrix gearbeitet, und die Abspaltung eines Eigenwertes erfolgte implizit.

**Beispiel 6.7** Zur Berechnung von Eigenwerten der Hessenbergmatrix $H$ (6.68) aus Beispiel 6.3 wird der QR-Algorithmus (6.120) angewandt. Die Spektralverschiebungen $\sigma_k$ für die QR-Schritte werden dabei nach der Vorschrift (6.124) des folgenden Abschnittes festgelegt. Die ersten sechs QR-Schritte ergeben folgende Zahlwerte.

| $k$ | $\sigma_k$ | $h_{66}^{(k+1)}$ | $h_{65}^{(k+1)}$ | $h_{55}^{(k+1)}$ |
|---|---|---|---|---|
| 1 | 2.342469183 | 2.358475293 | $-1.65619 \cdot 10^{-1}$ | 5.351616732 |
| 2 | 2.357470399 | 2.894439187 | $-4.69253 \cdot 10^{-2}$ | 0.304289831 |
| 3 | 2.780738412 | 2.984399174 | $-7.64577 \cdot 10^{-3}$ | 1.764372360 |
| 4 | 2.969415975 | 2.999399624 | $-1.04138 \cdot 10^{-4}$ | 5.056039373 |
| 5 | 2.999618708 | 2.999999797 | $-3.90852 \cdot 10^{-8}$ | 3.998363523 |
| 6 | 3.000000026 | 3.000000000 | $1.15298 \cdot 10^{-15}$ | 3.871195470 |

Man erkennt an den Zahlwerten $\sigma_k$ und $h_{66}^{(k+1)}$ die Konvergenz gegen einen Eigenwert $\lambda_1 = 3$ und das quadratische Konvergenzverhalten von $h_{65}^{(k+1)}$ gegen Null. Nach dem sechsten QR-Schritt ist die Bedingung (6.121) mit $\delta = 10^{-12}$ erfüllt. Die Untermatrix $\hat{H}$ der Ordnung fünf in $H_7$ lautet näherungsweise

$$\hat{H} \doteq \begin{pmatrix} 4.991623 & 5.988209 & -3.490458 & -5.233181 & 1.236387 \\ -5.982847 & 5.021476 & 6.488094 & 7.053759 & -16.317615 \\ 0 & -0.033423 & 0.160555 & 5.243584 & 11.907163 \\ 0 & 0 & -0.870774 & 1.955150 & -1.175364 \\ 0 & 0 & 0 & -0.107481 & 3.871195 \end{pmatrix}.$$

Wir stellen fest, daß die Subdiagonalelemente von $\hat{H}$ im Vergleich zur Matrix (6.68) betragsmäßig abgenommen haben. Deshalb stellt die Verschiebung $\sigma_7$ für den nächsten QR-Schritt bereits eine gute Näherung für einen weiteren reellen Eigenwert dar. Die wichtigsten Zahlwerte der drei folgenden QR-Schritte für $\hat{H}$ sind

| $k$ | $\sigma_k$ | $h_{55}^{(k+1)}$ | $h_{54}^{(k+1)}$ | $h_{44}^{(k+1)}$ |
|---|---|---|---|---|
| 7 | 3.935002781 | 4.003282759 | $-2.36760 \cdot 10^{-3}$ | 0.782074 |
| 8 | 4.000557588 | 4.000000470 | $2.91108 \cdot 10^{-7}$ | $-0.391982$ |
| 9 | 4.000000053 | 4.000000000 | $-2.29920 \cdot 10^{-15}$ | $-1.506178$ |

Die Bedingung (6.121) ist bereits erfüllt, und wir erhalten den Eigenwert $\lambda_2 = 4$ und die Untermatrix der Ordnung vier

$$\hat{\hat{H}} \doteq \begin{pmatrix} 4.993897 & 5.997724 & -10.776453 & 2.629846 \\ -6.000388 & 4.999678 & -1.126468 & -0.830809 \\ 0 & -0.003201 & 3.512604 & 2.722802 \\ 0 & 0 & -3.777837 & -1.506178 \end{pmatrix}.$$

Die Eigenwerte von $\hat{\hat{H}}$ sind paarweise konjugiert komplex. Ihre Berechnung wird im folgenden Abschnitt im Beispiel 6.8 erfolgen. △

### 6.4.3 QR-Doppelschritt, komplexe Eigenwerte

Die reelle Hessenbergmatrix $H = H_1$ besitze jetzt auch Paare von konjugiert komplexen Eigenwerten. Da mit den Spektralverschiebungen (6.118) $\sigma_k = h_{nn}^{(k)}$ keine brauchbaren Näherungen für komplexe Eigenwerte zur Verfügung stehen, muß ihre Wahl angepaßt werden. Man betrachtet deshalb in $H_k$ die Untermatrix der Ordnung zwei in der rechten unteren Ecke

$$C_k := \begin{pmatrix} h_{n-1,n-1}^{(k)} & h_{n-1,n}^{(k)} \\ h_{n,n-1}^{(k)} & h_{n,n}^{(k)} \end{pmatrix}. \tag{6.123}$$

Sind die Eigenwerte $\mu_1^{(k)}$ und $\mu_2^{(k)}$ von $C_k$ reell, so wird die Verschiebung $\sigma_k$ anstelle von (6.118) häufig durch denjenigen Eigenwert $\mu_1^{(k)}$ festgelegt, welcher näher bei $h_{nn}^{(k)}$ liegt, d. h.

$$\boxed{\sigma_k = \mu_1^{(k)} \in \mathbb{R} \text{ mit } |\mu_1^{(k)} - h_{nn}^{(k)}| \leq |\mu_2^{(k)} - h_{nn}^{(k)}|, \quad (k = 1, 2, \ldots).} \tag{6.124}$$

Falls aber die Eigenwerte von $C_k$ konjugiert komplex sind, sollen die Spektralverschiebungen für die beiden folgenden QR-Transformationen durch die konjugiert komplexen Werte festgelegt werden.

$$\boxed{\sigma_k = \mu_1^{(k)}, \quad \sigma_{k+1} = \mu_2^{(k)} = \bar{\sigma}_k, \quad \mu_1^{(k)} \in \mathbb{C}} \tag{6.125}$$

Die Matrix $H_k - \sigma_k I$ ist mit (6.125) eine Matrix mit komplexen Diagonalelementen. In Verallgemeinerung von Satz 6.4 existiert zu jeder komplexen Matrix $A$ eine Faktorzerlegung in der Form

$$A = UR, \tag{6.126}$$

wo $U$ eine unitäre Matrix mit $U^H U = I$, $U^H = \bar{U}^T$, und $R$ eine komplexe Rechtsdreiecksmatrix mit reellen Diagonalelementen ist. Die unitäre QR-Zerlegung (6.126) benötigen wir nur für eine kurze theoretische Betrachtung, aber nicht für die Rechenpraxis.

Die beiden Schritte des QR-Algorithmus mit den expliziten Spektralverschiebungen $\sigma_k$ und $\sigma_{k+1}$ gemäß (6.125) lauten formal mit unitären Zerlegungen (6.126)

$$H_k - \sigma_k I = U_k R_k, \qquad H_{k+1} = R_k U_k + \sigma_k I, \tag{6.127}$$

$$H_{k+1} - \sigma_{k+1} I = U_{k+1} R_{k+1}, \qquad H_{k+2} = R_{k+1} U_{k+1} + \sigma_{k+1} I. \tag{6.128}$$

## 6.4 QR-Algorithmus

In Verallgemeinerung der Aussage des Satzes 6.6 ist die Matrix $H_{k+2}$ unitär-ähnlich zu $H_k$, und es gilt

$$H_{k+2} = U_{k+1}^H U_k^H H_k U_k U_{k+1} = (U_k U_{k+1})^H H_k (U_k U_{k+1}). \tag{6.129}$$

Aus (6.128) und (6.127) erhalten wir für das Produkt der Matrizen

$$\begin{aligned} U_k U_{k+1} R_{k+1} R_k &= U_k (H_{k+1} - \sigma_{k+1} I) R_k \\ &= U_k (H_{k+1} - \sigma_{k+1} I) U_k^H (H_k - \sigma_k I) \\ &= U_k (R_k U_k + \sigma_k I - \sigma_{k+1} I) U_k^H (H_k - \sigma_k I) \\ &= (H_k - \sigma_{k+1} I)(H_k - \sigma_k I) = H_k^2 - (\sigma_k + \sigma_{k+1}) H_k + \sigma_k \sigma_{k+1} I. \end{aligned} \tag{6.130}$$

Wegen (6.125) sind die beiden Werte

$$\boxed{\begin{aligned} s &:= \sigma_k + \sigma_{k+1} = h_{n-1,n-1}^{(k)} + h_{n,n}^{(k)} \\ t &:= \sigma_k \cdot \sigma_{k+1} = h_{n-1,n-1}^{(k)} h_{n,n}^{(k)} - h_{n-1,n}^{(k)} h_{n,n-1}^{(k)} \end{aligned}} \tag{6.131}$$

reell, und deshalb ist auch die Matrix in (6.130)

$$X := H_k^2 - s H_k + t I \tag{6.132}$$

reell. Folglich stellt nach (6.130) $(U_k U_{k+1})(R_{k+1} R_k) = X$ eine unitäre QR-Zerlegung der reellen Matrix $X$ dar. Da aber zu jeder reellen Matrix $X$ eine reelle QR-Zerlegung (6.100) existiert, können $U_k$ und $U_{k+1}$ so gewählt werden, daß ihr Produkt $U_k U_{k+1} =: Q$ eine orthogonale Matrix ist. Nach (6.129) ist die Matrix $H_{k+2}$, die durch den QR-Doppelschritt (6.127) und (6.128) definiert ist, wieder eine reelle Hessenbergmatrix.

Zur Vermeidung von komplexer Rechnung könnte $H_{k+2}$ aus $H_k$ so berechnet werden, daß die Matrix $X$ (6.132) gebildet wird, um dann die QR-Zerlegung $X = QR$ zu bestimmen, aus der sich nach (6.129) $H_{k+2} = Q^T H_k Q$ ergibt. Diese Realisierung ist zu aufwendig, denn bereits die Berechnung von $X$ erfordert rund $\frac{1}{6} n^3$ Multiplikationen.

Die Grundlage für eine effiziente Berechnung von $H_{k+2}$ aus $H_k$ bildet der

**Satz 6.11** *Die orthogonal-ähnliche Transformation einer Matrix $A$ in eine Hessenbergmatrix $H = Q^T A Q$ ist eindeutig bestimmt durch die erste Kolonne von $Q$, falls in der nichtreduzierten Matrix $H$ die Subdiagonalelemente $h_{i+1,i}$, $(i = 1, 2, ..., n-1)$ positiv sind.*

Beweis. Wir bezeichnen mit $q_k$ die $k$-te Kolonne der orthogonalen Matrix $Q$. Nach Voraussetzung ist $q_1$ vorgegeben. Durch vollständige Induktion nach dem Index $k$ wollen wir zeigen, daß bei bereits bekannten Kolonnen $q_1, q_2, ..., q_k$ die $(k+1)$-te Kolonne $q_{k+1}$ und die Matrixelemente $h_{ik}$, $(i = 1, 2, ..., k+1)$ der $k$-ten Kolonne von $H$ eindeutig festgelegt sind. Aus der Forderung der orthogonalen Ähnlichkeit von $A$ und $H$ folgt die Matrizengleichung $QH = AQ$. Für die Elemente der $k$-ten Kolonne ergibt sich daraus die Vektorgleichung

$$h_{1k}\boldsymbol{q}_1 + h_{2k}\boldsymbol{q}_2 + \ldots + h_{kk}\boldsymbol{q}_k + h_{k+1,k}\boldsymbol{q}_{k+1} = \boldsymbol{A}\,\boldsymbol{q}_k. \tag{6.133}$$

Aus der Orthonormiertheit der Vektoren $\boldsymbol{q}_i$ mit $\boldsymbol{q}_i^\mathrm{T}\boldsymbol{q}_j = \delta_{ij}$ folgt aus (6.133) nach Multiplikation von links mit $\boldsymbol{q}_i^\mathrm{T}$ für $i = 1, 2, \ldots, k$ die Eindeutigkeit der Matrixelemente $h_{ik}$, gegeben durch

$$h_{ik} = \boldsymbol{q}_i^\mathrm{T} \boldsymbol{A}\, \boldsymbol{q}_k, \quad (i = 1, 2, \ldots, k).$$

Der Vektor $\boldsymbol{q}_{k+1}$ ist nach (6.133) gegeben durch

$$\boldsymbol{q}_{k+1} = \frac{1}{h_{k+1,k}} \left[ \boldsymbol{A}\,\boldsymbol{q}_k - \sum_{i=1}^{k} h_{ik}\boldsymbol{q}_i \right].$$

Der positiv vorausgesetzte, nichtverschwindende Wert von $h_{k+1,k}$ ist zusammen mit $\boldsymbol{q}_{k+1}$ aus der Normierungsbedingung $\boldsymbol{q}_{k+1}^\mathrm{T}\boldsymbol{q}_{k+1} = 1$ eindeutig bestimmt. Für $k = n$ ist in (6.133) $\boldsymbol{q}_{n+1} = \boldsymbol{0}$, und es folgt dann die Eindeutigkeit der Matrixelemente $h_{in}$ der letzten Kolonne von $\boldsymbol{H}$. □

Die Forderung, daß die Subdiagonalelemente positiv sind, war für die Eindeutigkeit nötig, denn $\boldsymbol{q}_{k+1}$ und $h_{k+1,k}$ sind nur bis auf das Vorzeichen festgelegt. Im folgenden werden wir den Satz 6.11 nur in dem Sinn anwenden, daß die Hessenbergmatrix $\boldsymbol{H}$ und die orthogonale Matrix $\boldsymbol{Q}$ im wesentlichen, d. h. bis auf bestimmte Vorzeichen, durch Vorgabe der ersten normierten Kolonne von $\boldsymbol{Q}$ festgelegt sind.

Für die konkrete Anwendung der Aussage von Satz 6.11 auf die Berechnung von $\boldsymbol{H}_{k+2} = \boldsymbol{Q}^\mathrm{T}\boldsymbol{H}_k\boldsymbol{Q}$ sind die folgenden Tatsachen wesentlich. Erstens ist die orthogonale Matrix $\boldsymbol{Q}$ durch die QR-Zerlegung von $\boldsymbol{X}$ definiert. Die erste Kolonne von $\boldsymbol{Q}$ ist im wesentlichen durch die erste Kolonne von $\boldsymbol{X}$ festgelegt. Denn sei $\boldsymbol{Q}_0$ diejenige orthogonale Matrix, welche in der QR-Zerlegung von $\boldsymbol{X}$ nur die erste Kolonne auf die gewünschte Form bringt, so daß gilt

$$\boldsymbol{Q}_0^\mathrm{T}\boldsymbol{X} = \left( \begin{array}{c|c} r_{11} & \boldsymbol{g}^\mathrm{T} \\ \hline \boldsymbol{0} & \hat{\boldsymbol{X}} \end{array} \right). \tag{6.134}$$

Im weiteren Verlauf der QR-Zerlegung mit der Folge von Givens-Rotationen (6.102) ändert sich die erste Kolonne von $\boldsymbol{Q}_0$ nicht mehr. Zweitens hat die orthogonale Matrix $\tilde{\boldsymbol{Q}}$, welche eine beliebige Matrix $\boldsymbol{A}$ auf Hessenbergform transformiert, die Eigenschaft, daß ihre erste Kolonne $\tilde{\boldsymbol{q}}_1$ gleich dem ersten Einheitsvektor $\boldsymbol{e}_1$ ist. In der Tat folgt dies auf Grund der Darstellung von $\tilde{\boldsymbol{Q}} = \boldsymbol{U}_1\boldsymbol{U}_2\ldots\boldsymbol{U}_{N*}$ als Produkt der Rotationsmatrizen $\boldsymbol{U}_k$ unter Berücksichtigung der Rotationsindexpaare (6.59), unter denen der Index Eins nie vorkommt. Dann ist aber in der Matrix

$$\boldsymbol{Q} := \boldsymbol{Q}_0 \tilde{\boldsymbol{Q}} \tag{6.135}$$

die erste Kolonne $\boldsymbol{q}_1$ gleich der ersten Kolonne von $\boldsymbol{Q}_0$. Wenn wir also die gegebene Hessenbergmatrix $\boldsymbol{H}_k$ in einem ersten Teilschritt mit der Matrix $\boldsymbol{Q}_0$ orthogonal-ähnlich in

$$B = Q_0^T H_k Q_0 \tag{6.136}$$

transformieren, und anschließend $B$ vermittels $\tilde{Q}$ wieder auf Hessenbergform gemäß

$$H_{k+2} = \tilde{Q}^T B \tilde{Q} = \tilde{Q}^T Q_0^T H_k Q_0 \tilde{Q} = Q^T H_k Q \tag{6.137}$$

bringen, dann ist auf Grund der wesentlichen Eindeutigkeit die gewünschte Transformation erreicht.

Zur Durchführung des skizzierten Vorgehens ist zuerst die Matrix $Q_0$ durch die Elemente der ersten Kolonne von $X$ (6.132) festzulegen. Da $H_k$ eine Hessenbergmatrix ist, sind in der ersten Kolonne von $X$ nur die ersten drei Elemente, die wir mit $x_1, x_2$ und $x_3$ bezeichnen, ungleich Null. Sie sind wegen (6.132) wie folgt definiert.

$$\boxed{\begin{aligned} x_1 &= h_{11}^2 + h_{12}h_{21} - s h_{11} + t \\ x_2 &= h_{21}[h_{11} + h_{22} - s] \\ x_3 &= h_{21}h_{32} \end{aligned}} \tag{6.138}$$

Die Matrix $Q_0$ ist infolge dieser speziellen Struktur als Produkt von zwei Rotationsmatrizen darstellbar

$$Q_0 = U(1, 2; \varphi_1) U(1, 3; \varphi_2) \tag{6.139}$$

mit Winkeln $\varphi_1$ und $\varphi_2$, die sich nacheinander aus den Wertepaaren $(x_1, x_2)$ und $(x_1', x_3)$ nach (6.104) bestimmen, wobei $x_1'$ der durch die erste Transformation geänderte Wert von $x_1$ ist.

Die Ähnlichkeitstransformation (6.136) von $H_k$ mit $Q_0$ betrifft in $H_k$ nur die ersten drei Zeilen und Kolonnen, so daß die Matrix $B$ eine spezielle Struktur erhält. Sie ist beispielsweise für $n = 7$:

$$B = Q_0^T H_k Q_0 = \begin{pmatrix} X & X & X & X & X & X & X \\ X & X & X & X & X & X & X \\ \boxed{\begin{matrix} X \\ X \end{matrix}} & \begin{matrix} X \\ 0 \end{matrix} & \begin{matrix} X \\ X \end{matrix} & \begin{matrix} X \\ X \end{matrix} & \begin{matrix} X \\ X \end{matrix} & \begin{matrix} X \\ X \end{matrix} & \begin{matrix} X \\ X \end{matrix} \\ 0 & 0 & 0 & X & X & X & X \\ 0 & 0 & 0 & 0 & X & X & X \\ 0 & 0 & 0 & 0 & 0 & X & X \end{pmatrix} \tag{6.140}$$

Die Hessenbergform ist nur in der ersten Kolonne von $B$ verloren gegangen, da dort zwei im allgemeinen von Null verschiedene Matrixelemente unterhalb der Subdiagonalen entstanden sind. Es gilt nun, die Matrix $B$ ähnlich auf Hessenbergform zu transformieren, was mit geeigneten Givens-Rotationen nach Abschnitt 6.3.1 erfolgen kann unter Ausnützung der Struktur von $B$. Die Behandlung der ersten Kolonne von $B$ erfordert nur zwei Givens-Rotationen mit Matrizen $U_{23} = U(2, 3; \varphi_3)$ und $U_{24} = U(2, 4; \varphi_4)$. Da dabei zuerst nur die zweiten und dritten Zeilen und Kolonnen und dann nur die zweiten und vierten Zeilen und Kolonnen linear kombiniert werden, erhält die so transformierte Matrix für $n=7$ folgende Struktur.

$$B_1 := U_{24}^T U_{23}^T B\, U_{23} U_{24} = \begin{pmatrix} X & X & X & X & X & X & X \\ X & X & X & X & X & X & X \\ 0 & X & X & X & X & X & X \\ 0 & \boxed{X} & X & X & X & X & X \\ 0 & \boxed{X} & 0 & X & X & X & X \\ 0 & 0 & 0 & 0 & X & X & X \\ 0 & 0 & 0 & 0 & 0 & X & X \end{pmatrix}. \qquad (6.141)$$

Die beiden von Null verschiedenen Matrixelemente in der ersten Kolonne unterhalb der Subdiagonalen von $B$ sind durch die Transformation (6.141) in zwei andere, von Null verschiedene Matrixelemente in der zweiten Kolonne unterhalb der Subdiagonalen von $B_1$ übergegangen. Mit Ausnahme der zweiten Kolonne hat $B_1$ Hessenberggestalt. Mit Paaren von analogen Givens-Transformationen werden die zwei, die Hessenbergform störenden Elemente sukzessive nach rechts unten verschoben, bis die Hessenberggestalt wieder hergestellt ist. Die Behandlung der $(n-2)$-ten Kolonne erfordert selbstverständlich nur eine Givens-Transformation.

Damit sind die rechentechnischen Details zur Berechnung von $H_{k+2}$ aus $H_k$ für einen QR-Doppelschritt mit den zueinander konjugiert komplexen Spektralverschiebungen $\sigma_k$ und $\sigma_{k+1} = \bar{\sigma}_k$ nach (6.125) vollständig beschrieben. Die beiden Verschiebungen mit $\sigma_k$ und $\sigma_{k+1}$ werden bei diesem Vorgehen gar nicht explizit vorgenommen, vielmehr sind sie nur durch die Werte $s$ und $t$ (6.131) und dann durch die Werte $x_1, x_2$ und $x_3$ (6.138) zur Festlegung der ersten Kolonne von $Q$ verwendet worden, d. h. sie sind implizit in der orthogonalen Matrix $Q_0$ enthalten. Deshalb nennt man den Übergang von $H_k$ nach $H_{k+2}$ einen **QR-Doppelschritt mit impliziter Spektralverschiebung** [Fra 61].

Der Rechenaufwand für einen solchen QR-Doppelschritt setzt sich im wesentlichen aus demjenigen zur Berechnung von $B$ (6.140) und demjenigen zur Transformation von $B$ in $H_{k+2}$ zusammen. Die Bereitstellung der Werte $c=\cos\varphi$ und $s=\sin\varphi$ der beiden Rotationsmatrizen für $Q_0$ benötigt acht multiplikative Operationen und zwei Quadratwurzeln. Die Ausführung der beiden Givens-Transformationen erfordert $8n+24$ Multiplikationen. Dasselbe gilt für die beiden Transformationen, die zur Behandlung der $j$-ten Kolonne nötig sind, unabhängig von $j$, falls die Struktur beachtet wird. Da der letzte Schritt nur halb so aufwendig ist, beträgt der Rechenaufwand für den QR-Doppelschritt etwa

$$Z_{\text{QR-Doppel}} \cong 8n^2 + 20n - 44 \qquad (6.142)$$

multiplikative Operationen und $(2n-3)$ Quadratwurzeln. Er verdoppelt sich gegenüber dem Aufwand (6.107) für einen einzelnen QR-Schritt mit expliziter Spektralverschiebung für größere $n$. Der Rechenaufwand für den Doppelschritt kann reduziert werden, falls entweder die schnelle Givens-Transformation [Rat 82] oder die House-

## 6.4 QR-Algorithmus

holder-Transformation [GoV89, Ste73, WiR71] angewandt wird. Im besten Fall wird der Aufwand $Z_{\text{QR-Doppel}} \approx 5n^2$.

Die algorithmische Formulierung des QR-Doppelschrittes in der hier beschriebenen Form muß die Hessenbergstruktur berücksichtigen, da davon auszugehen ist, daß

$s = h_{n-1,n-1} + h_{n,n}$; $t = h_{n-1,n-1} \times h_{n,n} - h_{n-1,n} \times h_{n,n-1}$
$x_1 = (h_{11} - s) \times h_{11} + h_{12} \times h_{21} + t$
$x_2 = h_{21} \times (h_{11} + h_{22} - s)$; $x_3 = h_{21} \times h_{32}$
für $p = 1, 2, \ldots, n - 1$:
  für $i = 2, 3$:
    falls $x_i \neq 0$:
      falls $|x_1| < \delta \times |x_i|$:
        $w = -x_i$; $c = 0$; $s = 1$
      sonst
        $w = \sqrt{x_1^2 + x_i^2}$; $c = x_1/w$; $s = -x_i/w$
      $x_1 = w$; $q = p + i - 1$
      für $k = q - 1, q, \ldots, n$:
        $g = c \times h_{pk} - s \times h_{qk}$
        $h_{qk} = s \times h_{pk} + c \times h_{qk}$; $h_{pk} = g$
      falls $i = 3$:
        $g = c \times h_{pp} - s \times x_2$; $x_2 = s \times h_{pp} + c \times x_2$; $h_{pp} = g$
      für $j = 1, 2, \ldots, p + 1$:
        $g = c \times h_{jp} - s \times h_{jq}$
        $h_{jq} = s \times h_{jp} + c \times h_{jq}$; $h_{jp} = g$
      falls $i = 2 \wedge p < n - 1$:
        $x_2 = -s \times h_{p+2,q}$; $h_{p+2,q} = c \times h_{p+2,q}$
      falls $i = 3$:
        $g = c \times x_2 - s \times h_{qq}$; $h_{qq} = s \times x_2 + c \times h_{qq}$; $x_2 = g$
        falls $p < n - 2$:
          $x_3 = -s \times h_{p+3,q}$; $h_{p+3,q} = c \times h_{p+3,q}$
        sonst
          $x_3 = 0$
  falls $p > 1$: $h_{p,p-1} = x_1$
  $x_1 = h_{p+1,p}$

(6.143)

unterhalb der Subdiagonalen die Zahlwerte gespeichert sind, die zur Rücktransformation der Eigenvektoren gebraucht werden. Im Rechenprogramm (6.143) werden auch die beiden unterhalb der Subdiagonalen auftretenden Matrixelemente mit $x_2$ und $x_3$ bezeichnet. Denn es ist zu beachten, daß bei der Elimination des Elementes $h_{j+2,j} = x_2$ in der $j$-ten Kolonne gerade das neue, von Null verschiedene Matrixelement $h_{j+3,j+1} =: x_2$ entsteht. Analoges gilt für $h_{j+3,j} = x_3$. Die Matrix $H_{k+2}$ wird am Platz von $H_k$ aufgebaut und mit $H$ bezeichnet. Die Transformationen mit $Q_0$ und mit den weiteren Matrizen $U(p, q; \varphi)$ werden zusammengefaßt. Dazu sind einige geeignete Zuweisungen und Fallunterscheidungen nötig. $\delta$ ist die kleinste positive Zahl im Rechner mit $1 + \delta \neq 1$.

**Beispiel 6.8** Die beiden Eigenwerte der Untermatrix $C_k$ (6.123) der Hessenbergmatrix $\hat{\hat{H}}$ von Beispiel 6.7 sind konjugiert komplex. Mit $s_1 \doteq 2.006425$ und $t_1 \doteq 4.995697$ liefert der QR-Doppelschritt mit impliziter Spektralverschiebung die Matrix

$$\hat{\hat{H}}_2 \doteq \begin{pmatrix} 4.999999 & -5.999999 & -3.368568 & 2.979044 \\ 5.999997 & 5.000002 & -9.159566 & 4.566268 \\ 0 & 2.292 \cdot 10^{-6} & 1.775362 & -5.690920 \\ 0 & 0 & 0.808514 & 0.224637 \end{pmatrix}.$$

Nach einem weiteren QR-Doppelschritt mit $s_2 \doteq 1.999999$ und $t_2 \doteq 5.000001$ zerfällt die Hessenbergmatrix

$$\hat{\hat{H}}_3 \doteq \begin{pmatrix} 5.000000 & -6.000000 & -6.320708 & 5.447002 \\ 6.000000 & 5.000000 & 4.599706 & -5.847384 \\ 0 & 0 & 0.296328 & -5.712541 \\ 0 & 0 & 0.786892 & 1.703672 \end{pmatrix}.$$

Daraus berechnen sich die beiden Paare von konjugiert komplexen Eigenwerten $\lambda_{3,4} = 1 \pm 2i$ und $\lambda_{5,6} = 5 \pm 6i$. △

### 6.4.4 QR-Algorithmus für tridiagonale Matrizen

Im Abschnitt 6.3.2 wurde gezeigt, wie eine symmetrische Matrix $A$ orthogonalähnlich auf eine symmetrische, tridiagonale Matrix

$$J = \begin{pmatrix} \alpha_1 & \beta_1 & & & \\ \beta_1 & \alpha_2 & \beta_2 & & \\ & \beta_2 & \alpha_3 & \beta_3 & \\ & & \ddots & \ddots & \ddots \\ & & & \beta_{n-2} & \alpha_{n-1} & \beta_{n-1} \\ & & & & \beta_{n-1} & \alpha_n \end{pmatrix} \qquad (6.144)$$

transformiert werden kann. Wir setzen voraus, daß die Matrix $J$ nicht zerfällt, so daß also $\beta_i \neq 0$ für $i = 1, 2, \ldots, (n-1)$ gilt. Da nach Satz 6.8 der QR-Algorithmus eine Folge von orthogonal-ähnlichen tridiagonalen Matrizen $J_{k+1} = Q_k^T J_k Q_k$, $J_1 = J$,

## 6.4 QR-Algorithmus

($k = 1, 2, \ldots$) erzeugt, ergibt sich ein sehr effizientes Rechenverfahren zur Berechnung aller Eigenwerte von $J$. Als Spektralverschiebung $\sigma_k$ könnte nach (6.118) $\sigma_k = \alpha_n^{(k)}$ gewählt werden. Doch bietet die Festsetzung der Verschiebung $\sigma_k$ durch denjenigen der beiden reellen Eigenwerte der Untermatrix

$$C_k := \begin{pmatrix} \alpha_{n-1}^{(k)} & \beta_{n-1}^{(k)} \\ \beta_{n-1}^{(k)} & \alpha_n^{(k)} \end{pmatrix}, \tag{6.145}$$

welcher näher bei $\alpha_n^{(k)}$ liegt, Vorteile bezüglich der Konvergenzeigenschaften des Algorithmus. Die beiden Eigenwerte von $C_k$ sind gegeben durch

$$\mu_{1,2}^{(k)} = \frac{\alpha_{n-1}^{(k)} + \alpha_n^{(k)}}{2} \pm \sqrt{\left(\frac{\alpha_{n-1}^{(k)} - \alpha_n^{(k)}}{2}\right)^2 + \beta_{n-1}^{(k)2}}$$

$$= \alpha_n^{(k)} + d \pm \sqrt{d^2 + \beta_{n-1}^{(k)2}}, \qquad d = \frac{\alpha_{n-1}^{(k)} - \alpha_n^{(k)}}{2}.$$

Man erhält den zu $\alpha_n^{(k)}$ näher gelegenen Eigenwert, falls das Vorzeichen der Wurzel gleich dem entgegengesetzten von $d$ gewählt wird. Ist zufällig $d = 0$, sind beide Eigenwerte $\mu_{1,2}^{(k)}$ gleich weit von $\alpha_n^{(k)}$ entfernt, und man wählt $\sigma_k = \alpha_n^{(k)}$, falls $\alpha_n^{(k)} \neq 0$ ist. Damit erhält die Spektralverschiebung im Normalfall die Darstellung

$$\boxed{\sigma_k = \alpha_n^{(k)} + d - \text{sgn}(d) \sqrt{d^2 + \beta_{n-1}^{(k)2}}, \qquad d = \frac{1}{2}(\alpha_{n-1}^{(k)} - \alpha_n^{(k)}).} \tag{6.146}$$

Zur praktischen Durchführung des QR-Schrittes $J_k - \sigma_k I = Q_k R_k$, $J_{k+1} = R_k Q_k + \sigma_k I$ mit $J_{k+1} = Q_k^T J_k Q_k$ soll die Technik der **impliziten Spektralverschiebung** angewandt werden. Die Überlegungen von Abschnitt 6.4.3 werden sinngemäß und in vereinfachter Form übernommen. Durch Spezialisierung folgt aus Satz 6.11 der

**Satz 6.12** *Die orthogonal-ähnliche Transformation einer symmetrischen Matrix $A$ in eine tridiagonale Matrix $J = Q^T A Q$ ist eindeutig bestimmt durch die erste Kolonne von $Q$, falls in der nichtzerfallenden Matrix $J$ die Subdiagonalelemente $\beta_i$, ($i = 1, 2, \ldots, n-1$) positiv sind.*

Die Matrix $Q_0$, welche in der QR-Zerlegung von $J_k - \sigma_k I$ die erste Kolonne transformiert, ist im vorliegenden Fall eine Jacobi-Matrix $U(1, 2; \varphi_0)$, deren Werte $c = \cos \varphi_0$ und $s = \sin \varphi_0$ durch die beiden Elemente $\alpha_1 - \sigma_k$ und $\beta_1$ bestimmt sind. Mit $Q_0$ bilden wir die orthogonal-ähnliche Matrix $B = Q_0^T J_k Q_0$, die anschließend durch weitere orthogonale Ähnlichkeitstransformationen auf tridiagonale Form gebracht werden muß. Die Matrix $B$ besitzt eine besonders einfache Struktur, da nur die ersten beiden Zeilen und Kolonnen von $J_k$ verändert werden. Ohne den oberen Indexwert $k$ lautet $B$ für $n = 6$

## 6 Eigenwertprobleme

$$B = Q_0^T J_k Q_0 = \begin{pmatrix} \alpha_1' & \beta_1' & y & & & \\ \beta_1' & \alpha_2' & \beta_2' & & & \\ y & \beta_2' & \alpha_3 & \beta_3 & & \\ & & \beta_3 & \alpha_4 & \beta_4 & \\ & & & \beta_4 & \alpha_5 & \beta_5 \\ & & & & \beta_5 & \alpha_6 \end{pmatrix}. \quad (6.147)$$

Die tridiagonale Gestalt ist nur in der ersten Kolonne und ersten Zeile zerstört worden. Eine erste Givens-Rotation mit einer Jacobi-Matrix $U_1 = U(2, 3; \varphi_1)$ eliminiert mit geeignetem Winkel $\varphi_1$ das Element $y$ in (6.147), erzeugt aber ein neues, von Null verschiedenes Paar von Matrixelementen außerhalb der drei Diagonalen. Das Resultat ist

$$U_1^T B U_1 = \begin{pmatrix} \alpha_1' & \beta_1'' & & & & \\ \beta_1'' & \alpha_2'' & \beta_2'' & y' & & \\ & \beta_2'' & \alpha_3' & \beta_3' & & \\ & y' & \beta_3' & \alpha_4 & \beta_4 & \\ & & & \beta_4 & \alpha_5 & \beta_5 \\ & & & & \beta_5 & \alpha_6 \end{pmatrix}. \quad (6.148)$$

Durch jede weitere Givens-Rotation wird das störende Element nach rechts unten verschoben. Nach $(n-2)$ Transformationsschritten ist $B$ auf tridiagonale Form gebracht und stellt damit die Matrix $J_{k+1}$ dar.

Für die praktische Realisierung eines QR-Schrittes mit impliziter Spektralverschiebung $\sigma$ für eine tridiagonale Matrix $J$ werden die Elemente der beiden Diagonalen zweckmäßigerweise als zwei Vektoren $\boldsymbol{a} = (\alpha_1, \alpha_2, \ldots, \alpha_n)^T$ und $\boldsymbol{\beta} = (\beta_1, \beta_2, \ldots, \beta_{n-1})^T$ vorgegeben, mit denen die Transformation von $J_k$ in $J_{k+1}$ vorgenommen wird. Weiter ist zu beachten, daß alle auszuführenden $(n-1)$ Givens-Transformationen zwei aufeinanderfolgende Zeilen und Kolonnen betreffen, so daß die Diagonalelemente und die zugehörigen Nebendiagonalelemente nach den Formeln (6.17), (6.18) und (6.19) umzurechnen sind. Die Darstellung (6.26) ist nicht anwendbar, da der Drehwinkel $\varphi$ anders bestimmt wird. Die erwähnten Formeln werden zur Reduktion der Rechenoperationen mit $c = \cos \varphi$, $s = \sin \varphi$ und $q = p + 1$ wie folgt umgeformt.

$$\alpha_p'' = \alpha_p - 2\beta_p cs - (\alpha_p - \alpha_{p+1})s^2 = \alpha_p - z$$
$$\alpha_{p+1}'' = \alpha_{p+1} + 2\beta_p cs + (\alpha_p - \alpha_{p+1})s^2 = \alpha_{p+1} + z$$
$$\beta_p'' = (\alpha_p - \alpha_{p+1})cs + \beta_p(c^2 - s^2)$$
$$\text{mit } z = [2\beta_p c + (\alpha_p - \alpha_{p+1})s]s$$

Schließlich unterscheidet sich die Bestimmung des Drehwinkels für die Transformation mit $Q_0$ von derjenigen für die nachfolgenden Givens-Rotationen mit $U_k$. Dies wird durch eine geeignete Definition von Variablen $x$ und $y$ im nachfolgenden Rechenprogramm erreicht. Die Spektralverschiebung $\sigma$ sei nach (6.146) vorgegeben.

$$x = \alpha_1 - \sigma;\ y = \beta_1$$
für $p = 1, 2, \ldots, n - 1$:
  falls $|x| \leq \delta \times |y|$:
    $w = -y;\ c = 0;\ s = 1$
  sonst
    $w = \sqrt{x^2 + y^2};\ c = x/w;\ s = -y/w$ \hfill (6.149)
  $d = \alpha_p - \alpha_{p+1};\ z = (2 \times c \times \beta_p + d \times s) \times s$
  $\alpha_p = \alpha_p - z;\ \alpha_{p+1} = \alpha_{p+1} + z$
  $\beta_p = d \times c \times s + (c^2 - s^2) \times \beta_p;\ x = \beta_p$
  falls $p > 1$: $\beta_{p-1} = w$
  falls $p < n - 1$: $y = -s \times \beta_{p+1};\ \beta_{p+1} = c \times \beta_{p+1}$

Ein QR-Schritt für eine symmetrische, tridiagonale Matrix $J_k$ erfordert mit dem Algorithmus (6.149) etwa

$$Z_{QR,\text{trid}} \cong 15(n-1) \tag{6.150}$$

multiplikative Operationen und $(n-1)$ Quadratwurzeln. Die hohe Effizienz des Verfahrens beruht darauf, daß das letzte Außendiagonalelement $\beta_{n-1}^{(k)}$ kubisch gegen Null konvergiert [GoW73, Wil68]. Das hat zur Folge, daß für größere Ordnung $n$ im Durchschnitt zur Berechnung aller Eigenwerte nur zwei bis drei QR-Schritte nötig sind, da mit fortschreitender Rechnung die Spektralverschiebungen (6.146) hervorragende Näherungen für den nächsten Eigenwert liefern. Zudem nimmt die Ordnung der zu bearbeitenden tridiagonalen Matrizen ab.

**Beispiel 6.9** Der QR-Algorithmus zur Berechnung der Eigenwerte der tridiagonalen Matrix $J$ (6.71) aus Beispiel 6.4 ist sehr effizient. Mit den Spektralverschiebungen $\sigma_k$ (6.146) liefern drei QR-Schritte Zahlwerte gemäß folgender Zusammenstellung.

| $k$ | $\sigma_k$ | $\alpha_5^{(k+1)}$ | $\beta_4^{(k+1)}$ |
|---|---|---|---|
| 1 | 1.141933723 | 1.330722500 | $-0.148259790$ |
| 2 | 1.323643137 | 1.327045601 | $1.46939 \cdot 10^{-4}$ |
| 3 | 1.327045590 | 1.327045600 | $-4.388 \cdot 10^{-13}$ |

Die kubische Konvergenz von $\beta_4^{(k)}$ gegen Null ist deutlich erkennbar. Nach diesen drei QR-Schritten zerfällt die tridiagonale Matrix. Mit $\alpha_5^{(4)}$ ist der erste Eigenwert $\lambda_1 \doteq 1.327045600$ gefunden. Die reduzierte Matrix der Ordnung vier lautet

$$\hat{J} \doteq \begin{pmatrix} 22.354976 & 0.881561 & & \\ 0.881561 & 7.399454 & 0.819413 & \\ & 0.819413 & 1.807160 & 3.010085 \\ & & 3.010085 & 2.111365 \end{pmatrix}.$$

# 6 Eigenwertprobleme

Die wichtigsten Zahlwerte der weiteren QR-Schritte für $\hat{J}$ sind in der folgenden Tabelle zusammengestellt.

| $k$ | $\sigma_k$ | $\alpha_4^{(k+1)}$ | $\beta_3^{(k+1)}$ |
|---|---|---|---|
| 4 | 4.973188459 | 4.846875984 | 0.116631770 |
| 5 | 4.849265094 | 4.848950120 | $6.52773 \cdot 10^{-6}$ |
| 6 | 4.848950120 | 4.848950120 | $-1.2 \cdot 10^{-16}$ |

Der zweite berechnete Eigenwert ist $\lambda_2 \doteq 4.848950120$, und die verbleibende Untermatrix der Ordnung drei ist

$$\hat{\hat{J}} \doteq \begin{pmatrix} 22.406874 & 0.003815 & \\ 0.003815 & 3.850210 & 4.257076 \\ & 4.257076 & 2.566920 \end{pmatrix},$$

aus der sich die weiteren Eigenwerte mit zwei, bzw. einem QR-Schritt in der Reihenfolge $\lambda_3 \doteq -1.096595182$, $\lambda_4 \doteq 7.513724154$ und $\lambda_5 \doteq 22.406875308$ bestimmen. △

### 6.4.5 Zur Berechnung der Eigenvektoren

Der QR-Algorithmus, wie er oben dargestellt worden ist, liefert die Eigenwerte einer Hessenbergmatrix $H$ oder einer tridiagonalen, symmetrischen Matrix $J$. Wir behandeln jetzt noch die Aufgabe, die zugehörigen Eigenvektoren zu bestimmen. Das Produkt von allen orthogonalen Matrizen $Q_k$, $(k = 1, 2, \ldots, M)$, die im Verlauf des QR-Algorithmus auftreten, ist eine orthogonale Matrix

$$Q := Q_1 Q_2 \ldots Q_M, \qquad (6.151)$$

welche $H$ auf eine Quasidreiecksmatrix $R = Q^T H Q$ (6.108), bzw. $J$ auf eine Diagonalmatrix $D = Q^T J Q$ transformiert. Mit dieser Matrix $Q$ wird die Eigenwertaufgabe $Hx = \lambda x$, bzw. $Jx = \lambda x$ übergeführt in

$$Ry = \lambda y, \quad \text{bzw.} \quad Dy = \lambda y \quad \text{mit } y = Q^T x. \qquad (6.152)$$

Bei bekanntem Eigenwert $\lambda_k$ ist der zugehörige Eigenvektor $y_k$ von $R$ einfach berechenbar. Im Fall der Matrix $D$ ist $y_k = e_k$, falls $\lambda_k$ das $k$-te Diagonalelement von $D$ ist. Der Eigenvektor $x_k$ von $H$ ist wegen (6.152) gegeben durch $x_k = Q y_k$, derjenige von $J$ ist gleich der $k$-ten Kolonne von $Q$.

Eine erste Methode zur Berechnung der Eigenvektoren besteht darin, die Matrix $Q$ (6.151) explizit als Produkt von sämtlichen $Q_k$ zu bilden. Jede der Matrizen $Q_k$ ist selbst wieder das Produkt von einfachen Jacobi-Rotationsmatrizen, so daß sich $Q$ analog zu (6.48) rekursiv aufbauen läßt. Der Rechenaufwand für einen einzelnen QR-Schritt erhöht sich sehr stark, denn die Multiplikation von rechts mit einer Rotationsmatrix ist stets für die ganzen Kolonnen von $Q$ auszuführen, auch dann wenn nach Berechnung von einigen Eigenwerten die Ordnung der zu behandelnden Matrix $H$ oder $J$ kleiner als $n$ ist. Das skizzierte Vorgehen hat den Vorteil, in $Q$

für die tridiagonale, symmetrische Matrix $J$ $n$ orthonormierte Eigenvektoren zu liefern.

Um die aufwendige Berechnung der Matrix $Q$ zu vermeiden, werden in einer zweiten Methode die Eigenvektoren $x_k$ mit der **inversen Vektoriteration** nach Abschnitt 6.3.4 bestimmt. Der Startvektor $z^{(0)}$ kann entweder nach der Methode von Hyman gefunden werden, oder aber nach einem Vorschlag von Wilkinson als Lösung des Gleichungssystems

$$\tilde{R} z^{(0)} = e, \quad e = (1, 1, ..., 1)^T \qquad (6.153)$$

mit der vom Näherungswert $\bar{\lambda}$ für $\lambda_k$ abhängigen Rechtsdreiecksmatrix $\tilde{R}$, welche im Gaußschen Algorithmus bei der Zerlegung von $(H - \bar{\lambda}I)$, bzw. von $(J - \bar{\lambda}I)$ unter Verwendung der relativen Kolonnenmaximumstrategie entsteht. Der Vektor $z^{(0)}$ wird aus (6.153) durch das Rückwärtseinsetzen gewonnen. Dies entspricht einem halben Iterationsschritt der inversen Vektoriteration.

Die Eigenvektorbestimmung nach der zweiten Methode erfordert im wesentlichen eine Zerlegung von $(H - \bar{\lambda}I)$ für jeden Eigenwert. Eine Zerlegung für eine Hessenbergmatrix $H$ der Ordnung $n$ erfordert etwa $\frac{1}{2}n^2$, das Vorwärtseinsetzen etwa $n$ und das Rückwärtseinsetzen etwa $\frac{1}{2}n^2$ multiplikative Operationen. Unter der meistens zutreffenden Annahme, daß zwei Iterationsschritte der inversen Vektoriteration genügen, beträgt der Rechenaufwand zur Bestimmung von allen $n$ Eigenvektoren etwa $2n^3$ Operationen. Für eine tridiagonale Matrix $J$ ist der Rechenaufwand sogar nur proportional zu $n^2$.

Ist die Matrix $H$ bzw. $J$ durch eine Ähnlichkeitstransformation aus einer Matrix $A$ entstanden, sind die Eigenvektoren gemäß Abschnitt 6.3.1 in diejenigen von $A$ zurückzutransformieren.

## 6.5 Aufgaben

**6.1** Man untersuche die Empfindlichkeiten der Nullstellen $z_i$ der beiden Polynome bei einer Störung eines einzigen Koeffizienten $p_k$ um $\varepsilon p_k$.

a) $\quad P_8(x) = x^8 - 37.3x^7 + 592x^6 - 5207.8x^5 + 27661x^4$
$\qquad - 90255.7x^3 + 174786x^2 - 180115.2x + 72576$

$\quad$ mit $z_1 = 1$, $z_2 = 3$, $z_3 = 4$, $z_4 = 4.5$, $z_5 = 4.8$, $z_6 = 5$, $z_7 = 7$, $z_8 = 8$.

b) $\quad P_{12}(x) = x^{12} - 78x^{11} + 1001x^{10} - 5005x^9 + 12870x^8 - 19448x^7 + 18564x^6$
$\qquad - 11628x^5 + 4845x^4 - 1330x^3 + 231x^2 - 23x + 1$

$\quad$ mit $z_i = 0.5/[1 - \cos((2i - 1)\pi/25)]$, $\quad (i = 1, 2, ..., 12)$.

Welche konkrete Bedeutung hat das Ergebnis für die Nullstellen, falls bei acht-, bzw. zwölfstelliger Rechnung ein relativer Fehler $\varepsilon$ in der betreffenden Größenordnung bei der Darstellung der Polynomkoeffizienten unvermeidbar ist?

## 6 Eigenwertprobleme

**6.2** Die Matrix

$$A = \begin{pmatrix} 1 & -6 \\ -6 & -4 \end{pmatrix}$$

soll durch eine Jacobi-Rotation auf Diagonalgestalt transformiert werden. Welches sind die Eigenwerte und Eigenvektoren?

**6.3** An der symmetrischen Matrix

$$A = \begin{pmatrix} 2 & 3 & -4 \\ 3 & 6 & 2 \\ -4 & 2 & 10 \end{pmatrix}$$

führe man einen Schritt des klassischen Jacobi-Verfahrens aus. Um welchen Wert nimmt $S(A)$ ab? Die Matrix $A$ ist sodann mit dem Verfahren von Givens auf tridiagonale Form zu transformieren. Warum entsteht im Vergleich zum vorhergehenden Ergebnis eine andere tridiagonale Matrix? Wie groß ist in diesem Fall die Abnahme von $S(A)$? Zur Transformation von $A$ auf tridiagonale Gestalt wende man auch noch die schnelle Givens-Transformation an.

**6.4** Mit Rechenprogrammen bestimme man sowohl mit dem klassischen als auch mit dem zyklischen Jacobi-Verfahren, dann mit Hilfe der Transformation auf tridiagonale Form und mit dem QR-Algorithmus sowie inverser Vektoriteration die Eigenwerte und Eigenvektoren von folgenden symmetrischen Matrizen.

$$A_1 = \begin{pmatrix} 3 & -2 & 4 & 5 \\ -2 & 7 & 3 & 8 \\ 4 & 3 & 10 & 1 \\ 5 & 8 & 1 & 6 \end{pmatrix}, \quad A_2 = \begin{pmatrix} 5 & -5 & 5 & 0 \\ -5 & 16 & -8 & 7 \\ 5 & -8 & 16 & 7 \\ 0 & 7 & 7 & 21 \end{pmatrix}$$

$$A_3 = \begin{pmatrix} 1 & 1 & 1 & 1 & 1 & 1 \\ 1 & 2 & 3 & 4 & 5 & 6 \\ 1 & 3 & 6 & 10 & 15 & 21 \\ 1 & 4 & 10 & 20 & 35 & 56 \\ 1 & 5 & 15 & 35 & 70 & 126 \\ 1 & 6 & 21 & 56 & 126 & 252 \end{pmatrix}, \quad A_4 = \begin{pmatrix} 19 & 5 & -12 & 6 & 7 & 16 \\ 5 & 13 & 9 & -18 & 12 & 4 \\ -12 & 9 & 18 & 4 & 6 & 14 \\ 6 & -18 & 4 & 19 & 2 & -16 \\ 7 & 12 & 6 & 2 & 5 & 15 \\ 16 & 4 & 14 & -16 & 15 & 13 \end{pmatrix}$$

**6.5** Für die Hessenbergmatrix

$$H = \begin{pmatrix} 2 & -5 & -13 & -25 \\ 4 & 13 & 29 & 60 \\ 0 & -2 & -15 & -48 \\ 0 & 0 & 5 & 18 \end{pmatrix}$$

führe man mit dem Startwert $\lambda^{(0)} = 2.5$ zwei Iterationsschritte der Methode von Hyman aus und berechne mit dem erhaltenen Näherungswert unter Verwendung der Vektoriteration den zugehörigen Eigenvektor. Ein anderer Startwert ist $\lambda^{(0)} = 7.5$.

**6.6** Mit Rechenprogrammen (Transformation auf Hessenbergform, Methode von Hyman, QR-Transformation und Vektoriteration) bestimme man die Eigenwerte und Eigenvektoren von folgenden unsymmetrischen Matrizen.

$$A_1 = \begin{pmatrix} -3 & 9 & 0 & 1 \\ 1 & 6 & 0 & 0 \\ -23 & 23 & 4 & 3 \\ -12 & 15 & 1 & 3 \end{pmatrix}, \quad A_2 = \begin{pmatrix} 28 & 17 & -16 & 11 & 9 & -2 & -27 \\ -1 & 29 & 7 & -6 & -2 & 28 & 1 \\ -11 & -1 & 12 & 3 & -8 & 10 & 11 \\ -6 & -11 & 12 & 8 & -12 & -5 & 6 \\ -3 & 1 & -4 & 3 & 8 & 4 & 3 \\ 14 & 16 & -7 & 6 & 2 & 4 & -14 \\ -37 & -18 & -9 & 5 & 7 & 26 & 38 \end{pmatrix},$$

$$A_3 = \begin{pmatrix} 1 & 2 & 3 & 4 & 5 & 6 \\ 6 & 1 & 2 & 3 & 4 & 5 \\ 5 & 6 & 1 & 2 & 3 & 4 \\ 4 & 5 & 6 & 1 & 2 & 3 \\ 3 & 4 & 5 & 6 & 1 & 2 \\ 2 & 3 & 4 & 5 & 6 & 1 \end{pmatrix}, \quad A_4 = \begin{pmatrix} 3 & -5 & 4 & -2 & 0 & 8 & 1 \\ 4 & 2 & -1 & 7 & 6 & 2 & 9 \\ -5 & 8 & -2 & 3 & 1 & 4 & 2 \\ -6 & -4 & 2 & 5 & -8 & 1 & -3 \\ 1 & -2 & 7 & 5 & 2 & 8 & 4 \\ 8 & 1 & -7 & 6 & 4 & 0 & -1 \\ -1 & -8 & -9 & -1 & 3 & -3 & 2 \end{pmatrix}$$

Die Matrizen $A_1$ und $A_2$ haben reelle Eigenwerte.

**6.7** Es sei $H$ eine nichtreduzierte Hessenbergmatrix der Ordnung $n$. Man zeige mit Hilfe der Transformationsformeln der einzelnen Schritte, daß in der QR-Zerlegung $H = QR$ für die Diagonalelemente von $R$

$$|r_{ii}| \geq |h_{i+1,i}| \quad \text{für } i = 1, 2, \ldots, n-1$$

gilt. Falls $\bar{\lambda}$ eine gute Näherung eines Eigenwertes von $H$ ist, folgere man daraus, daß in der QR-Zerlegung von $(H - \bar{\lambda}I) = QR$ höchstens $r_{nn}$ betragsmäßig sehr klein sein kann.

**6.8** Für die Matrizen der Aufgaben 6.4 und 6.6 untersuche man experimentell den Einfluß der reellen Spektralverschiebungen $\sigma_k$ nach (6.118) oder (6.124) auf die Zahl der Iterationsschritte des QR-Algorithmus.

**6.9** Man entwickle den Algorithmus für einen QR-Schritt mit impliziter, reeller Spektralverschiebung $\sigma$ für eine Hessenbergmatrix und schreibe dazu ein Rechenprogramm.

# 7 Ausgleichsprobleme, Methode der kleinsten Quadrate

In manchen Wissenschaftszweigen, wie etwa Experimentalphysik und Biologie, stellt sich die Aufgabe, unbekannte Parameter einer Funktion, die entweder auf Grund eines Naturgesetzes oder von Modellannahmen gegeben ist, durch eine Reihe von Messungen oder Beobachtungen zu bestimmen. Die Anzahl der vorgenommenen Messungen ist in der Regel bedeutend größer als die Zahl der Parameter, um dadurch den unvermeidbaren Beobachtungsfehlern Rechnung zu tragen. Die resultierenden, überbestimmten Systeme von linearen oder nichtlinearen Gleichungen für die unbekannten Parameter sind im allgemeinen nicht exakt lösbar, sondern man kann nur verlangen, daß die in den einzelnen Gleichungen auftretenden Abweichungen oder Residuen in einem zu präzisierenden Sinn minimal sind. In der betrachteten Situation wird aus wahrscheinlichkeitstheoretischen Gründen nur die Methode der kleinsten Quadrate von Gauß der Annahme von statistisch normalverteilten Meßfehlern gerecht [Lud69]. Das Gaußsche Ausgleichsprinzip führt auf einfacher durchführbare Rechenverfahren als das Tschebyscheffsche Prinzip, welches zur Funktionsapproximation aus mathematischen Gründen seine Bedeutung hat.

## 7.1 Lineare Ausgleichsprobleme, Normalgleichungen

Wir betrachten ein überbestimmtes System von $N$ linearen Gleichungen in $n$ Unbekannten $x_1, x_2, \ldots, x_n$

$$\sum_{k=1}^{n} c_{ik} x_k + d_i = r_i, \quad (i = 1, 2, \ldots, N), \, n < N, \tag{7.1}$$

in denen wir die Residuen $r_i$ eingeführt haben. In Matrizenform lauten die sogenannten Fehlergleichungen (7.1)

$$\boxed{C x + d = r, \quad C \in \mathbb{R}^{N \times n}, \, x \in \mathbb{R}^n, \, d, r \in \mathbb{R}^N.} \tag{7.2}$$

Für das folgende setzen wir voraus, daß die Matrix $C$ den Maximalrang $n$ besitzt, d. h. daß ihre Spalten linear unabhängig sind. Die Unbekannten $x_k$ der Fehlergleichungen sollen nach dem Gaußschen Ausgleichsprinzip so bestimmt werden, daß die Summe der Quadrate der Residuen $r_i$ minimal ist. Diese Forderung ist äquivalent dazu, das Quadrat der euklidischen Norm des Residuenvektors zu minimieren. Aus (7.2) ergibt sich dafür

$$\begin{aligned} r^T r &= (C x + d)^T (C x + d) = x^T C^T C x + x^T C^T d + d^T C x + d^T d \\ &= x^T C^T C x + 2 (C^T d)^T x + d^T d. \end{aligned} \tag{7.3}$$

## 7.1 Lineare Ausgleichsprobleme, Normalgleichungen

Das Quadrat der euklidischen Länge von $r$ ist nach (7.3) darstellbar als quadratische Funktion $F(x)$ der $n$ Unbekannten $x_k$. Zur Vereinfachung der Schreibweise definieren wir

$$A := C^T C, \qquad b := C^T d, \quad A \in \mathbb{R}^{n \times n}, b \in \mathbb{R}^n. \tag{7.4}$$

Weil $C$ Maximalrang hat, ist die symmetrische Matrix $A$ positiv definit, denn für die zugehörige quadratische Form gilt

$$Q(x) = x^T A\, x = x^T C^T C\, x = (C\, x)^T (C\, x) \geqslant 0 \text{ für alle } x \in \mathbb{R}^n,$$
$$Q(x) = 0 \Leftrightarrow (C\, x) = 0 \Leftrightarrow x = 0.$$

Mit (7.4) lautet die zu minimierende quadratische Funktion $F(x)$

$$F(x) := r^T r = x^T A\, x + 2 b^T x + d^T d = \text{Min!} \tag{7.5}$$

Die notwendige Bedingung dafür, daß $F(x)$ ein Minimum annimmt, besteht darin, daß ihr Gradient $\nabla F(x)$ verschwindet. Die $i$-te Komponente des Gradienten $\nabla F(x)$ berechnet sich aus der expliziten Darstellung von (7.5) zu

$$\frac{\partial F(x)}{\partial x_i} = 2 \sum_{k=1}^{n} a_{ik} x_k + 2 b_i, \quad (i = 1, 2, \ldots, n). \tag{7.6}$$

Nach Division durch 2 ergibt sich somit aus (7.6) als notwendige Bedingung für ein Minimum von $F(x)$ das lineare Gleichungssystem

$$A\, x + b = 0 \tag{7.7}$$

für die Unbekannten $x_1, x_2, \ldots, x_n$. Man nennt (7.7) die **Normalgleichungen** zu den Fehlergleichungen (7.2). Da die Matrix $A$ wegen der getroffenen Voraussetzung für $C$ positiv definit ist, sind die Unbekannten $x_k$ durch die Normalgleichungen (7.7) eindeutig bestimmt und lassen sich mit der Methode von Cholesky berechnen. Die Funktion $F(x)$ wird durch diese Werte auch tatsächlich minimiert, denn die Hessesche Matrix von $F(x)$, gebildet aus den zweiten partiellen Ableitungen, ist die positiv definite Matrix $2A$.

Die klassische Behandlung der Fehlergleichungen (7.2) nach dem Gaußschen Ausgleichsprinzip besteht somit aus den folgenden, einfachen Lösungsschritten.

$$\begin{aligned}
&1.\ A = C^T C, \qquad b = C^T d \qquad &&\text{(Normalgleichungen } A\, x + b = 0)\\
&2.\ A = L L^T &&\text{(Cholesky-Zerlegung)}\\
&\quad L\, y - b = 0, \qquad L^T x + y = 0 &&\text{(Vor-/Rückwärtseinsetzen)}\\
&[3.\ r = C\, x + d &&\text{(Residuenberechnung)]}
\end{aligned} \tag{7.8}$$

## 7 Ausgleichsprobleme, Methode der kleinsten Quadrate

Für die Berechnung der Matrixelemente $a_{ik}$ und der Komponenten $b_i$ der Normalgleichungen erhält man eine einprägsame Rechenvorschrift, falls die Spaltenvektoren $c_i$ der Matrix $C$ eingeführt werden. Dann gelten die Darstellungen

$$a_{ik} = c_i^T c_k, \qquad b_i = c_i^T d, \qquad (i, k = 1, 2, \ldots, n), \tag{7.9}$$

so daß sich $a_{ik}$ als Skalarprodukt des $i$-ten und $k$-ten Spaltenvektors von $C$ und $b_i$ als Skalarprodukt des $i$-ten Spaltenvektors $c_i$ und des Konstantenvektors $d$ der Fehlergleichungen bestimmt. Aus Symmetriegründen sind in $A$ nur die Elemente in und unterhalb der Diagonalen zu berechnen. Der Rechenaufwand zur Aufstellung der Normalgleichungen beträgt somit $Z_{\text{Normgl}} = \dfrac{1}{2} nN(n+3)$ Multiplikationen. Zur Lösung von $N$ Fehlergleichungen (7.1) in $n$ Unbekannten mit dem Algorithmus (7.8) einschließlich der Berechnung der Residuen sind wegen (1.102)

$$\boxed{Z_{\text{Fehlergl}} = \frac{1}{2} nN(n+5) + \frac{1}{6} n^3 + \frac{3}{2} n^2 + \frac{1}{3} n} \tag{7.10}$$

multiplikative Operationen und $n$ Quadratwurzeln erforderlich.

**Beispiel 7.1** Zu bestimmten, nicht äquidistanten Zeitpunkten $t_i$ wird eine physikalische Größe $z$ gemäß (7.11) beobachtet.

| $i =$ | 1 | 2 | 3 | 4 | 5 | 6 | 7 |
|---|---|---|---|---|---|---|---|
| $t_i =$ | 0.04 | 0.32 | 0.51 | 0.73 | 1.03 | 1.42 | 1.60 |
| $z_i =$ | 2.63 | 1.18 | 1.16 | 1.54 | 2.65 | 5.41 | 7.67 |

(7.11)

Es ist bekannt, daß $z$ eine quadratische Funktion der Zeit $t$ ist, und es sollen ihre Parameter nach der Methode der kleinsten Quadrate bestimmt werden. Mit dem Ansatz

$$z(t) = \alpha_0 + \alpha_1 t + \alpha_2 t^2 \tag{7.12}$$

lautet die $i$-te Fehlergleichung

$$\alpha_0 + \alpha_1 t_i + \alpha_2 t_i^2 - z_i = r_i, \qquad (i = 1, 2, \ldots, 7)$$

und damit das Fehlergleichungssystem als Schema ohne Residuen

| $\alpha_0$ | $\alpha_1$ | $\alpha_2$ | 1 |
|---|---|---|---|
| 1 | 0.04 | 0.0016 | −2.63 |
| 1 | 0.32 | 0.1024 | −1.18 |
| 1 | 0.51 | 0.2601 | −1.16 |
| 1 | 0.73 | 0.5329 | −1.54 |
| 1 | 1.03 | 1.0609 | −2.65 |
| 1 | 1.42 | 2.0164 | −5.41 |
| 1 | 1.60 | 2.5600 | −7.67 |

(7.13)

# 7.1 Lineare Ausgleichsprobleme, Normalgleichungen

Die ersten drei Kolonnen von (7.13) gehören zur Matrix $C$, und die vierte Kolonne ist gleich dem Vektor $d$ der Fehlergleichungen (7.2). Die Normalgleichungen sind bei sechsstelliger Rechnung

$$\begin{array}{cccc} \alpha_0 & \alpha_1 & \alpha_2 & 1 \\ \hline 7.00000 & 5.65000 & 6.53430 & -22.2400 \\ 5.65000 & 6.53430 & 8.60652 & -24.8823 \\ 6.53430 & 8.60652 & 12.1071 & -34.6027 \end{array} \qquad (7.14)$$

Die Cholesky-Zerlegung und das Vorwärts- und Rückwärtseinsetzen ergeben

$$L = \begin{pmatrix} 2.64575 & & \\ 2.13550 & 1.40497 & \\ 2.46973 & 2.37187 & 0.617867 \end{pmatrix}, \quad y = \begin{pmatrix} -8.40593 \\ -4.93349 \\ -3.46466 \end{pmatrix}, \quad a = \begin{pmatrix} 2.74928 \\ -5.95501 \\ 5.60745 \end{pmatrix}. \tag{7.15}$$

Die resultierende quadratische Funktion

$$z(t) = 2.74928 - 5.95501\, t + 5.60745\, t^2 \tag{7.16}$$

hat den Residuenvektor $r \doteq (-0.1099, 0.2379, 0.0107, -0.1497, -0.0854, 0.1901, -0.0936)^T$. Die Meßpunkte und der Graph der quadratischen Funktion sind in Fig. 7.1 dargestellt. Die Residuen $r_i$ sind die Ordinatendifferenzen zwischen der Kurve $z(t)$ und den Meßpunkten und können als Korrekturen der Meßwerte interpretiert werden, so daß die korrigierten Meßpunkte auf die Kurve zu liegen kommen. △

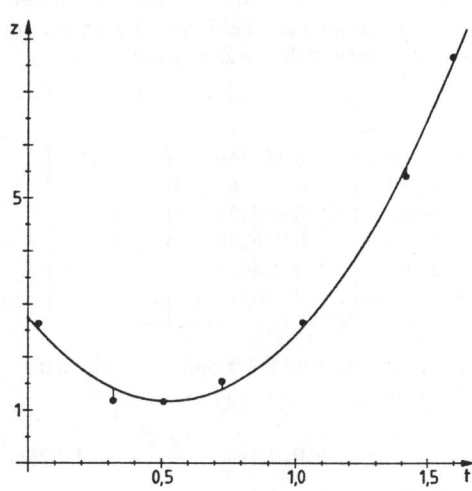

Fig. 7.1
Ausgleichung mit quadratischer Funktion

Für die Lösungsmethode der Normalgleichungen besteht eine numerische Problematik darin, daß die Konditionszahl der Matrix $A$ der Normalgleichungen sehr groß sein kann. Die berechnete Lösung $\tilde{x}$ kann in diesem Fall einen entsprechend großen relativen Fehler aufweisen (vgl. Abschnitt 1.2.1). Da die Matrixelemente $a_{ik}$ und die Komponenten $b_i$ des Konstantenvektors als Skalarprodukte (7.9) zu berechnen sind, sind Rundungsfehler unvermeidlich.

300  7 Ausgleichsprobleme, Methode der kleinsten Quadrate

Die Matrix $A$ der Normalgleichungen (7.14) besitzt die Konditionszahl $\varkappa_2(A) = \lambda_{\max}/\lambda_{\min} \doteq 23.00/0.09000 \doteq 256$. Bei sechsstelliger Rechnung sind nach Abschnitt 1.2.1 in der Lösung $\tilde{a}$ nur die drei ersten Ziffern garantiert richtig. Eine zwölfstellige Rechnung liefert in der Tat für $z(t)$ mit den auf sieben Ziffern gerundeten Koeffizienten

$$z(t) \doteq 2.749198 - 5.954657\, t + 5.607247\, t^2. \tag{7.17}$$

**Beispiel 7.2** Zur Illustration der möglichen schlechten Kondition von Normalgleichungen betrachten wir ein typisches Ausgleichsproblem. Zur analytischen Beschreibung der Kennlinie eines nichtlinearen Übertragungselementes $y = f(x)$ sind für exakte Eingangsgrößen $x_i$ die Ausgangsgrößen $y_i$ beobachtet worden.

| $x =$ | 0.2 | 0.5 | 1.0 | 1.5 | 2.0 | 3.0 |
|---|---|---|---|---|---|---|
| $y =$ | 0.3 | 0.5 | 0.8 | 1.0 | 1.2 | 1.3 |

(7.18)

Das Übertragungselement verhält sich für kleine $x$ linear, und die Kennlinie besitzt für große $x$ eine horizontale Asymptote. Um diesem Verhalten Rechnung zu tragen, soll für $f(x)$ der Ansatz

$$f(x) = \alpha_1 \frac{x}{1+x} + \alpha_2(1 - e^{-x}) \tag{7.19}$$

mit den beiden zu bestimmenden Parametern $\alpha_1$ und $\alpha_2$ verwendet werden. Bei sechsstelliger Rechnung lauten das Fehlergleichungssystem, die Normalgleichungen und die Linksdreiecksmatrix $L$ der Cholesky-Zerlegung

| $\alpha_1$ | $\alpha_2$ | 1 |
|---|---|---|
| 0.166667 | 0.181269 | $-0.3$ |
| 0.333333 | 0.393469 | $-0.5$ |
| 0.500000 | 0.632121 | $-0.8$ |
| 0.600000 | 0.776870 | $-1.0$ |
| 0.666667 | 0.864665 | $-1.2$ |
| 0.750000 | 0.950213 | $-1.3$ |

| $\alpha_1$ | $\alpha_2$ | 1 |
|---|---|---|
| 1.75583 | 2.23266 | $-2.99167$ |
| 2.23266 | 2.84134 | $-3.80656$ |

$$L = \begin{pmatrix} 1.32508 & \\ 1.68492 & 0.0487852 \end{pmatrix} \tag{7.20}$$

Das Vorwärts- und Rückwärtseinsetzen liefern mit $\alpha_1 = 0.384196$ und $\alpha_2 = 1.03782$ die gesuchte Darstellung für die Kennlinie

$$f(x) = 0.384196 \frac{x}{1+x} + 1.03782(1 - e^{-x}) \tag{7.21}$$

mit dem Residuenvektor $\boldsymbol{r} \doteq (-0.0478, 0.0364, 0.0481, 0.0368, -0.0465, -0.0257)^T$. Aus den beiden Eigenwerten $\lambda_1 \doteq 4.59627$ und $\lambda_2 \doteq 0.0009006$ der Matrix der Normalgleichungen folgt die Konditionszahl $\varkappa_2(A) \doteq 5104$. Da die berechneten Werte der Parameter $\alpha_1$ und $\alpha_2$ einen entsprechend großen relativen Fehler aufweisen können, wurde das Fehlergleichungssystem mit zwölfstelliger Rechnung behandelt. Sie lieferte die Werte $\alpha_1 \doteq 0.382495$ und $\alpha_2 \doteq 1.03915$, für welche die Residuen aber mit den oben angegebenen Werten übereinstimmen. Das Resultat zeigt die große Empfindlichkeit der Parameter $\alpha_1$ und $\alpha_2$ auf. △

## 7.2 Methoden der Orthogonaltransformation

Die aufgezeigte Problematik der Normalgleichungen infolge möglicher schlechter Kondition verlangt nach numerisch sichereren Verfahren zur Lösung der Fehlergleichungen nach der Methode der kleinsten Quadrate. Die Berechnung der Normalgleichungen ist zu vermeiden, und die gesuchte Lösung ist durch eine direkte Behandlung der Fehlergleichungen zu bestimmen. Im folgenden werden zwei Varianten beschrieben.

### 7.2.1 Givens-Transformation

Als wesentliche Grundlage für die Verfahren dient die Tatsache, daß die Länge eines Vektors unter orthogonalen Transformationen invariant bleibt. Zur Lösung der Fehlergleichungen $Cx + d = r$ nach dem Gaußschen Ausgleichsprinzip dürfen sie mit einer orthogonalen Matrix $Q \in \mathbb{R}^{N \times N}$ transformiert werden, ohne dadurch die Summe der Quadrate der Residuen zu verändern. Somit wird das Fehlergleichungssystem (7.2) ersetzt durch das äquivalente System

$$Q^T C x + Q^T d = Q^T r = \hat{r}. \tag{7.22}$$

Die orthogonale Matrix $Q$ wird in (7.22) so gewählt werden, daß die Matrix $Q^T C$ eine spezielle Gestalt aufweist. In Verallgemeinerung des Satzes 6.4 gilt der

**Satz 7.1** *Zu jeder Matrix $C \in \mathbb{R}^{N \times n}$ mit Maximalrang $n < N$ existiert eine orthogonale Matrix $Q \in \mathbb{R}^{N \times N}$ derart, daß*

$$C = Q \hat{R} \quad \text{mit} \quad \hat{R} = \begin{pmatrix} R \\ -- \\ 0 \end{pmatrix}, \quad R \in \mathbb{R}^{n \times n}, \; 0 \in \mathbb{R}^{(N-n) \times n} \tag{7.23}$$

*gilt, wo $R$ eine reguläre Rechtsdreiecksmatrix und $0$ eine Nullmatrix darstellen.*

Beweis. Analog zur Beweisführung von Satz 6.4 erkennt man, daß die sukzessive Multiplikation der Matrix $C$ von links mit Rotationsmatrizen $U^T(p,q;\varphi)$ mit den Rotationsindexpaaren

$$(1,2), (1,3), \ldots, (1,N), (2,3), (2,4), \ldots, (2,N), (3,4), \ldots, (n,N) \tag{7.24}$$

und nach (6.104) gewählten Drehwinkeln die aktuellen Matrixelemente in der Reihenfolge

$$c_{21}, c_{31}, \ldots, c_{N1}, c_{32}, c_{42}, \ldots, c_{N2}, c_{43}, \ldots, c_{Nn} \tag{7.25}$$

eliminiert. Nach $N^* = \dfrac{1}{2} n(2N - n - 1)$ Transformationsschritten gilt (7.23) mit

$$U_{N^*}^T \ldots U_2^T U_1^T C = Q^T C = \hat{R}, \quad \text{oder} \quad C = Q \hat{R}. \tag{7.26}$$

Da die orthogonale Matrix $Q$ regulär ist, ist der Rang von $C$ und der Rang von $\hat{R}$ gleich $n$, und folglich ist die Rechtsdreiecksmatrix $R$ regulär. □

Mit der nach Satz 7.1 gewählten Matrix $Q$ lautet (7.22)

$$\hat{R}x + \hat{d} = \hat{r}, \qquad \hat{d} = Q^T d. \tag{7.27}$$

Das orthogonal transformierte Fehlergleichungssystem (7.27) hat wegen (7.23) die Form

$$\begin{aligned} r_{11}x_1 + r_{12}x_2 + \ldots + r_{1n}x_n + \hat{d}_1 &= \hat{r}_1 \\ r_{22}x_2 + \ldots + r_{2n}x_n + \hat{d}_2 &= \hat{r}_2 \\ &\vdots \\ r_{nn}x_n + \hat{d}_n &= \hat{r}_n \\ \hat{d}_{n+1} &= \hat{r}_{n+1} \\ &\vdots \\ \hat{d}_N &= \hat{r}_N \end{aligned} \tag{7.28}$$

Die Methode der kleinsten Quadrate verlangt nun, daß die Summe der Quadrate der transformierten Residuen $\hat{r}_i$ minimal sei. Die Werte der letzten $(N-n)$ Residuen sind durch die zugehörigen $\hat{d}_i$ unabhängig von den Unbekannten $x_k$ vorgegeben. Die Summe der Residuenquadrate ist genau dann minimal, falls $\hat{r}_1 = \hat{r}_2 = \ldots = \hat{r}_n = 0$ gilt, und sie ist gleich der Summe der Quadrate der letzten $(N-n)$ Residuen $\hat{r}_j$. Folglich sind die Unbekannten $x_k$ gemäß (7.28) gegeben durch das lineare Gleichungssystem

$$Rx + \hat{d}_1 = 0, \tag{7.29}$$

worin $\hat{d}_1 \in \mathbb{R}^n$ den Vektor bedeutet, welcher aus den $n$ ersten Komponenten von $\hat{d} = Q^T d$ gebildet wird. Den Lösungsvektor $x$ erhält man aus (7.29) durch den Prozeß des Rückwärtseinsetzens.

Falls man sich nur für die Unbekannten $x_k$ des Fehlergleichungssystems $Cx + d = r$ interessiert, ist der Algorithmus bereits vollständig beschrieben. Sollen auch die Residuen $r_i$ berechnet werden, können dieselben im Prinzip durch Einsetzen in die gegebenen Fehlergleichungen ermittelt werden. Dieses Vorgehen erfordert, daß die Matrix $C$ und der Vektor $d$ noch verfügbar sind. Es ist in Bezug auf den Speicherbedarf ökonomischer, den Residuenvektor $r$ wegen (7.22) und (7.26) aus $\hat{r}$ gemäß

$$r = Q\hat{r} = U_1 U_2 \ldots U_{N^*} \hat{r} \tag{7.30}$$

zu berechnen. Die Information für die einzelnen Rotationsmatrizen $U_k$ kann in den $\varrho$-Werten (6.65) an der Stelle der eliminierten Matrixelemente $c_{ij}$ gespeichert werden. Die ersten $n$ Komponenten des Residuenvektors $\hat{r}$ sind gleich Null, und die letzten $(N-n)$ Komponenten sind durch die entsprechenden $\hat{d}_j$ definiert. Der gesuchte Residuenvektor $r$ entsteht somit aus $\hat{r}$ durch sukzessive Multiplikation mit den Rotationsmatrizen $U_k$ in der umgekehrten Reihenfolge wie sie bei der Transformation von $C$ in $\hat{R}$ angewandt wurden.

## 7.2 Methoden der Orthogonaltransformation

Zusammenfassend besteht die Behandlung von Fehlergleichungen (7.2) nach dem Gaußschen Ausgleichsprinzip mit Hilfe der Orthogonaltransformation mit Givens-Rotationen aus folgenden Schritten.

$$
\begin{aligned}
&1.\ C = Q\,\hat{R} && \text{(QR-Zerlegung, Givens-Rotationen)} \\
&2.\ \hat{d} = Q^\mathrm{T} d && \text{(Transformation von } d\text{)} \\
&3.\ Rx + \hat{d}_1 = 0 && \text{(Rückwärtseinsetzen)} \\
&[4.\ r = Q\,\hat{r} && \text{(Rücktransformation von } \hat{r}\text{)}]
\end{aligned}
\quad (7.31)
$$

Der erste und der zweite Schritt von (7.31) werden im allgemeinen gleichzeitig ausgeführt, falls nur ein Fehlergleichungssystem zu lösen ist. Sobald aber mehrere Systeme (7.2) mit derselben Matrix $C$ aber verschiedenen Vektoren $d$ nacheinander zu behandeln sind, so ist es zweckmäßig, die beiden Schritte zu trennen. Für die Ausführung des zweiten Schrittes muß die Information über die Rotationen verfügbar sein.

Der Rechenaufwand für den Rechenprozeß (7.31) beträgt

$$
Z_\text{FGlGivens} = 2nN(n+6) - \frac{2}{3}n^3 - \frac{13}{2}n^2 - \frac{35}{6}n \quad (7.32)
$$

multiplikative Operationen und $n(2N - n - 1)$ Quadratwurzeln. Im Vergleich zu (7.10) ist er um einen Faktor zwischen 2 und 4 größer, abhängig vom Verhältnis von $N$ zu $n$. Der Mehraufwand rechtfertigt sich dadurch, daß die berechnete Lösung $\tilde{x}$ der Fehlergleichungen bei gleicher Rechengenauigkeit einen bedeutend kleineren relativen Fehler aufweist.

Die Berechnung der Lösung $x$ eines Fehlergleichungssystems $Cx + d = r$ mit dem Verfahren (7.31) besitzt die algorithmische Beschreibung (7.33). Dabei wird angenommen, daß die Matrix $\hat{R}$ an der Stelle von $C$ aufgebaut wird und die Werte $\varrho$ (6.65) am Platz der eliminierten Matrixelemente $c_{ij}$ gespeichert werden. Die beiden Schritte 1 und 2 von (7.31) werden gleichzeitig ausgeführt. Zur Vermeidung eines Namenkonfliktes bedeuten $\gamma = \cos \varphi$ und $\sigma = \sin \varphi$. Schließlich ist $\delta$ die kleinste positive Zahl des Rechners mit $1 + \delta \neq 1$.

**Beispiel 7.3** Das Fehlergleichungssystem (7.13) von Beispiel 7.1 wird mit der Methode der Orthogonaltransformation (7.31) behandelt. Bei sechsstelliger Rechnung lauten die Matrix $\hat{R}$ der QR-Zerlegung von $C$ mit den $\varrho$-Werten anstelle der Nullen, der transformierte Vektor $\hat{d}$ und der Residuenvektor $r$

$$
\hat{R} = \begin{pmatrix} 2.64575 & 2.13549 & 2.46973 \\ -1.41421 & 1.40497 & 2.37187 \\ -0.577351 & -1.68878 & 0.617881 \\ -0.500000 & -1.51616 & -2.53186 \\ -0.447213 & -1.49516 & -2.19433 \\ -0.408248 & -1.46945 & -1.98963 \\ -0.377965 & -0.609538 & -0.635138 \end{pmatrix},\ \hat{d} = \begin{pmatrix} -8.40594 \\ -4.93353 \\ -3.46460 \\ 0.128686 \\ 0.234145 \\ 0.211350 \\ -0.165290 \end{pmatrix},\ r = \begin{pmatrix} -0.110017 \\ 0.237881 \\ 0.0108260 \\ -0.149594 \\ -0.0853911 \\ 0.190043 \\ -0.0937032 \end{pmatrix}
$$
(7.34)

# 7 Ausgleichsprobleme, Methode der kleinsten Quadrate

für $j = 1, 2, \ldots, n$:
    für $i = j + 1, j + 2, \ldots, N$:
        falls $c_{ij} \neq 0$:
            falls $|c_{jj}| < \delta \times |c_{ij}|$:
                $w = -c_{ij}; \gamma = 0; \sigma = 1; \varrho = 1$
            sonst
                $w = \text{sgn}(c_{jj}) \times \sqrt{c_{jj}^2 + c_{ij}^2}$
                $\gamma = c_{jj}/w; \sigma = -c_{ij}/w$
                falls $|\sigma| < \gamma$: $\varrho = \sigma$ sonst $\varrho = \text{sgn}(\sigma)/\gamma$
            $c_{jj} = w; c_{ij} = \varrho$
            für $k = j + 1, j + 2, \ldots, n$:
                $h = \gamma \times c_{jk} - \sigma \times c_{ik}$
                $c_{ik} = \sigma \times c_{jk} + \gamma \times c_{ik}; c_{jk} = h$
            $h = \gamma \times d_j - \sigma \times d_i; d_i = \sigma \times d_j + \gamma \times d_i; d_j = h$
für $i = n, n - 1, \ldots, 1$:
    $s = d_i; r_i = 0$
    für $k = i + 1, i + 2, \ldots, n$:
        $s = s + c_{ik} \times x_k$
    $x_i = -s/c_{ii}$
für $i = n + 1, n + 2, \ldots, N$:
    $r_i = d_i$
für $j = n, n - 1, \ldots, 1$:
    für $i = N, N - 1, \ldots, j + 1$:
        $\varrho = c_{ij}$
        falls $\varrho = 1$: $\gamma = 0; \sigma = 1$
        sonst
            falls $|\varrho| < 1$: $\sigma = \varrho; \gamma = \sqrt{1 - \sigma^2}$
            sonst $\gamma = 1/|\varrho|; \sigma = \text{sgn}(\varrho) \times \sqrt{1 - \gamma^2}$
        $h = \gamma \times r_j + \sigma \times r_i; r_i = -\sigma \times r_j + \gamma \times r_i; r_j = h$

(7.33)

Der Lösungsvektor $a = (2.74920, -5.95463, 5.60723)^T$ ergibt sich aus dem Prozeß des Rückwärtseinsetzens mit der Matrix $R$ und den ersten drei Komponenten von $\hat{d}$. Er stimmt mit der exakten Lösung (7.17) bis auf höchstens drei Einheiten der letzten Ziffer überein und weist einen wesentlich kleineren relativen Fehler auf im Vergleich zu (7.16). △

## 7.2 Methoden der Orthogonaltransformation

**Beispiel 7.4** Die Methode der Orthogonaltransformation liefert auch für das Fehlergleichungssystem (7.20) von Beispiel 7.2 eine Näherungslösung mit kleinerem Fehler. Die wesentlichsten Ergebnisse sind bei sechsstelliger Rechnung

$$\hat{R} = \begin{pmatrix} 1.32508 & 1.68492 \\ -2.23607 & 0.0486849 \\ -1.67332 & -2.47237 \\ -0.693334 & -0.653865 \\ -0.610277 & -0.403536 \\ -0.566004 & 0.0862074 \end{pmatrix}, \quad \hat{d} = \begin{pmatrix} -2.25773 \\ -0.0505901 \\ -0.0456739 \\ -0.0314087 \\ -0.0778043 \\ -0.0313078 \end{pmatrix}, \quad r = \begin{pmatrix} -0.0478834 \\ 0.0363745 \\ 0.0481185 \\ 0.0367843 \\ -0.0464831 \\ -0.0257141 \end{pmatrix}. \quad (7.35)$$

Die resultierenden Parameterwerte $\alpha_1 = 0.382528$ und $\alpha_2 = 1.03913$ sind jetzt auf vier Dezimalstellen nach dem Komma richtig. △

Wie die Zahlenbeispiele vermuten lassen, besteht zwischen der klassischen Methode der Normalgleichungen und der Methode der Orthogonaltransformation ein Zusammenhang. So wird die Matrix $C$ der Fehlergleichungen nach (7.23) zerlegt in $C = Q\hat{R}$, und somit gilt für die Matrix $A$ der Normalgleichungen wegen der Orthogonalität von $Q$ und der Struktur von $\hat{R}$

$$A = C^{\mathrm{T}}C = \hat{R}^{\mathrm{T}}Q^{\mathrm{T}}Q\hat{R} = \hat{R}^{\mathrm{T}}\hat{R} = R^{\mathrm{T}}R. \quad (7.36)$$

Die Cholesky-Zerlegung einer symmetrischen, positiv definiten Matrix $A = LL^{\mathrm{T}}$ ist eindeutig, falls die Diagonalelemente von $L$ positiv sind. Folglich muß wegen (7.36) die Matrix $R$ im wesentlichen mit $L^{\mathrm{T}}$ übereinstimmen, d.h. bis auf eventuell verschiedene Vorzeichen von Zeilen in $R$. Obwohl theoretisch die beiden Verfahren im wesentlichen die gleichen Dreiecksmatrizen liefern, besteht numerisch doch ein entscheidender Unterschied für deren Berechnung.

Um eine plausible Erklärung dafür zu erhalten, betrachten wir zuerst die Entstehung der Diagonalelemente von $R$. Die Folge von orthogonalen Givens-Transformationen läßt die euklidischen Normen der Kolonnenvektoren $c_j$ von $C$ invariant. Nach Elimination der Elemente der ersten Kolonne gilt somit $|r_{11}| = \|c_1\|_2$. Weil das geänderte Element $c'_{12}$ während der Elimination der Elemente der zweiten Kolonne unverändert stehen bleibt, folgt für das zweite Diagonalelement $|r_{22}| = \|c'_2 - c'_{12}e_1\|_2 \leq \|c_2\|_2$. Allgemein gilt $|r_{jj}| \leq \|c_j\|_2$, $(j = 1, 2, \ldots, n)$. Wichtig ist nun die Tatsache, daß die Diagonalelemente $r_{jj}$ aus den Vektoren $c_j$ als euklidische Normen von Teilvektoren nach orthogonalen Transformationen entstehen.

Die Diagonalelemente $l_{jj}$ von $L$ der Cholesky-Zerlegung von $A = C^{\mathrm{T}}C$ entstehen aus den Diagonalelementen $a_{jj}$, nachdem von $a_{jj}$ Quadrate von Matrixelementen $l_{jk}$ subtrahiert worden sind. Nach (7.9) ist aber $a_{jj} = c_j^{\mathrm{T}}c_j = \|c_j\|_2^2$ gleich dem Quadrat der euklidischen Norm des Kolonnenvektors $c_j$. Im Verlauf der Cholesky-Zerlegung von $A$ wird folglich solange mit den Quadraten der Norm gerechnet, bis mit dem Ziehen der Quadratwurzel mit $l_{jj}$ die Norm eines Vektors erscheint. Da nun das Quadrat der Norm im Verfahren von Cholesky verkleinert wird, kann bei endlicher Rechengenauigkeit im Fall einer starken Reduktion des Wertes der relative Fehler infolge Stellenauslöschung bedeutend größer sein, als im Fall der Orthogonaltransformation, bei der mit den Vektoren $c_j$ selbst gearbeitet wird. Deshalb ist die Matrix $R$ numerisch genauer als die Matrix $L$ der Cholesky-Zerlegung.

Schließlich berechnet sich die Lösung $x$ der Fehlergleichungen aus dem Gleichungssystem (7.29) mit der genaueren Rechtsdreiecksmatrix $R$ und dem Vektor $\hat{d}_1$. Dieser ist aus $d$ durch eine Folge von Orthogonaltransformationen entstanden, die sich durch gute numerische Eigenschaften auszeichnen. Der Vektor $\hat{d}_1$ ist theoretisch im wesentlichen gleich dem Vektor $y$, der sich durch das Vorwärtseinsetzen aus $Ly - b = 0$ ergibt, der aber mit $L$ bereits ungenauer ist als $\hat{d}_1$.

Der Rechenaufwand des Verfahrens (7.31) kann reduziert werden, falls die schnelle Givens-Transformation von Abschnitt 6.3.3 angewandt wird. Nach der dort ausführlich dargestellten Methode erhalten wir wegen (7.27) sowohl die transformierte Matrix $\hat{R}$ als auch die transformierten Vektoren $\hat{d}$ und $\hat{r}$ in faktorisierter Form

$$\hat{R} = D\hat{\tilde{R}}, \qquad \hat{d} = D\hat{\tilde{d}}, \qquad \hat{r} = D\hat{\tilde{r}}, \qquad D \in \mathbb{R}^{N \times N}. \tag{7.37}$$

Da die Matrix $D$ regulär ist, ist sie für die Berechnung der Lösung $x$ aus dem zu (7.28) analogen Fehlergleichungssystem irrelevant, so daß die explizite Bildung von $\hat{R}$ und $\hat{d}$ nicht nötig ist. Ist $\tilde{R}$ die Rechtsdreiecksmatrix in $\hat{\tilde{R}}$ und $\hat{\tilde{d}}_1$ der Vektor, gebildet aus den $n$ ersten Komponenten von $\hat{\tilde{d}}$, so berechnet sich $x$ aus

$$\tilde{R}x + \hat{\tilde{d}}_1 = 0. \tag{7.38}$$

Zur Bestimmung des Residuenvektors $r$ aus $\hat{r}$ in Analogie zu (7.30) wäre die Information über die Transformationen erforderlich. Da aber pro Schritt zwei Zahlwerte nötig sind, ist es wohl sinnvoller, $r$ aus den gegebenen Fehlergleichungen $Cx + d = r$ zu berechnen. Falls man sich nur für die Summe der Quadrate der Residuen interessiert, kann sie direkt aus den letzten $(N-n)$ Komponenten von $\hat{\tilde{d}}$ und den zugehörigen Diagonalelementen von $D$ bestimmt werden.

Der Rechenaufwand zur Elimination der aktuellen Matrixelemente $c_{ij}$, ($i = j+1$, $j+2, \ldots, N$) der $j$-ten Kolonne beträgt nach Abschnitt 6.3.3 unter Einschluß der Transformation der beiden Komponenten im Vektor $d$ $(N-j)(2n-2j+12)$ Operationen. Nach Summation über $j$ von 1 bis $n$ ergibt sich der totale Rechenaufwand zur Bestimmung der Lösung $x$ und des Residuenvektors $r$ zu

$$\boxed{Z_{\text{FGLSG}} = nN(n+12) - \frac{1}{3}n^3 - \frac{11}{2}n^2 - \frac{31}{6}n.} \tag{7.39}$$

Im Vergleich zu (7.32) reduziert sich die Zahl der multiplikativen Operationen für große Werte von $n$ und $N$ tatsächlich auf die Hälfte, und zudem entfallen im Fall der schnellen Givens-Transformationen alle Quadratwurzeln. Für kleine $n$ und $N$ überwiegt der Term $12nN$ so stark, daß die schnelle Version sogar aufwendiger sein kann. Dies trifft zu in den Beispielen 7.3 und 7.4.

## 7.2.2 Spezielle Rechentechniken

Fehlergleichungssysteme aus der Landes- oder Erdvermessung haben die Eigenschaft, daß die Matrix $C$ schwach besetzt ist, denn jede Fehlergleichung enthält nur wenige der Unbekannten, und ihre Anzahl ist klein im Verhältnis zu $n$. Die Methode der Orthogonaltransformation in der normalen oder schnellen Version der Givens-Transformation nützt die schwache Besetzung von $C$ sicher einmal dadurch aus, daß Rotationen zu verschwindenden Matrixelementen $c_{ij}$ unterlassen werden. Dann ist aber auf Grund der Reihenfolge (7.25) offensichtlich, daß die Matrixelemente $c_{ij}$ der $i$-ten Zeile mit $i > j$, welche in der gegebenen Matrix $C$ gleich null sind und links vom ersten, von Null verschiedenen Matrixelement liegen, im Verlauf des Eliminationsprozesses unverändert bleiben. Um diese Tatsache speicherplatzmäßig zu verwerten, bezeichnen wir mit

$$f_i(C) := \min\{j | c_{ij} \neq 0, j = 1, 2, \ldots, n\}, \quad (i = 1, 2, \ldots, N) \tag{7.40}$$

den Index des ersten von Null verschiedenen Matrixelementes von $C$ in der $i$-ten Zeile. Da in den ersten $n$ Zeilen von $C$ die reguläre Rechtsdreiecksmatrix $R$ entsteht, setzen wir voraus, daß

$$f_i(C) \leq i \quad \text{für } i = 1, 2, \ldots, n \tag{7.41}$$

gilt. Durch geeignete Vertauschungen der Fehlergleichungen und allenfalls durch eine Umnumerierung der Unbekannten kann (7.41) stets erfüllt werden. Unter dieser Voraussetzung ist die orthogonale Transformation von $C$ mit denjenigen Matrixelementen $c_{ij}$ ausführbar, deren Indexpaare $(i, j)$ der Hülle von $C$ angehören, welche wie folgt definiert ist,

$$\text{Env}(C) := \{(i, j) | f_i(C) \leq j \leq n; i = 1, 2, \ldots, N\}. \tag{7.42}$$

Zur ökonomischen Speicherung der relevanten Matrixelemente ist es naheliegend, dieselben zeilenweise in einem eindimensionalen Feld anzuordnen, wobei die einzelnen Zeilen je mit dem ersten, von Null verschiedenen Element beginnen. Für die Matrix $C \in \mathbb{R}^{6 \times 4}$

$$C = \begin{pmatrix} c_{11} & 0 & c_{13} & c_{14} \\ 0 & c_{22} & 0 & c_{24} \\ 0 & c_{32} & c_{33} & 0 \\ 0 & 0 & c_{43} & c_{44} \\ 0 & 0 & c_{53} & c_{54} \\ c_{61} & 0 & 0 & c_{64} \end{pmatrix} \quad \text{mit} \quad \begin{matrix} f_1 = 1 \\ f_2 = 2 \\ f_3 = 2 \\ f_4 = 3 \\ f_5 = 3 \\ f_6 = 1 \end{matrix} \tag{7.43}$$

sieht diese Anordnung konkret so aus:

$$C: \quad \boxed{c_{11}\,c_{12}\,c_{13}\,c_{14} \quad | \quad c_{22}\,c_{23}\,c_{24} \quad | \quad c_{32}\,c_{33}\,c_{34} \quad | \quad c_{43}\,c_{44} \quad | \quad c_{53}\,c_{54} \quad | \quad c_{61}\,c_{62}\,c_{63}\,c_{64}} \tag{7.44}$$

Für die in $C$ verschwindenden Matrixelemente, deren Indizes der Hülle angehören, sind Plätze vorzusehen, da sie im Verlauf des Rechenprozesses ungleich Null werden können. Um den Zugriff zu den Matrixelementen $c_{ij}$ in der Anordnung (7.44) zu ermöglichen, ist ein Zeigervektor $z \in \mathbb{R}^N$ nötig, dessen $i$-te Komponente den Platz des letzten Matrixelementes $c_{in}$ der $i$-ten Zeile angibt. Für (7.44) lautet er

$$z = (4, 7, 10, 12, 14, 18)^T.$$

Das Matrixelement $c_{ij}$ mit $(i,j) \in \text{Env}(C)$ steht in einer allgemeinen Anordnung der Art (7.44) am Platz $k$ mit der Zuordnung

$$(i,j) \in \text{Env}(C) \rightarrow k = z_i + j - n. \tag{7.45}$$

Die Transformation von $C$ in die Matrix $\hat{R}$ ist ohne Test durchführbar, falls die Matrixelemente $c_{ij}$ mit $(i,j) \in \text{Env}(C)$ zeilenweise anstatt kolonnenweise eliminiert werden. Man verifiziert analog zum Beweis von Satz 6.4, daß die entsprechende Folge von Rotationen zur zeilenweisen Elimination die gewünschte Transformation leistet. Der benötigte Index des ersten von Null verschiedenen Matrixelementes der $i$-ten Zeile ist gegeben durch

$$f_i(C) = n - z_i + z_{i-1} + 1, \quad (i = 2, 3, \ldots, N). \tag{7.46}$$

Mit diesen Angaben kann der Algorithmus (7.33) leicht der neuen Situation angepaßt werden. Die Schleifenanweisungen für $i$ und $j$ sind zu vertauschen, der Startwert für $j$ ist durch $f_i(C)$ (7.46) und die Indizes der Matrixelemente $c_{ij}$ sind gemäß (7.45) zu ersetzen.

Für die bisher betrachteten Realisierungen der Methode haben wir angenommen, daß die Matrix $C$ und der Vektor $d$ gespeichert seien. Im Fall, daß die Fehlergleichungen entweder sukzessive gebildet werden oder von einem externen Speichermedium (Band, Diskette) abrufbar sind, existiert eine Variante, mit welcher bei minimalem Speicherbedarf die Lösung $x$ der Fehlergleichungen (7.2) berechnet werden kann [GeH80]. Sie ist bedeutungsvoll für die Behandlung von großen Fehlergleichungssystemen auf Kleinrechnern.

Um das Vorgehen zu erklären, soll die Transformation von $C$ in $\hat{R}$ zeilenweise erfolgen, und der Vektor $\hat{d}$ soll gleichzeitig aus $d$ berechnet werden. Wir untersuchen die Behandlung der $i$-ten Fehlergleichung und ihren Beitrag zum schließlich resultierenden Gleichungssystem (7.29). Die erste Fehlergleichung liefert die Startwerte der ersten Zeile von $R$ und der ersten Komponente von $\hat{d}_1$. Für $2 \leqslant i \leqslant n$ sind höchstens $(i-1)$ Rotationen zur Elimination der ersten $(i-1)$ Elemente $c_{ij}$, $(j = 1, 2, \ldots, i-1)$ auszuführen. Die verbleibende transformierte Gleichung ergibt die Startwerte der $i$-ten Zeile von $R$ und der $i$-ten Komponente von $\hat{d}_1$. In den weiteren Fehlergleichungen ($i > n$) sind alle $n$ Koeffizienten $c_{ij}$ durch entsprechende Rotationen zu eliminieren mit Hilfe der $n$ Zeilen der entstehenden Matrix $R$. Da eine solche $i$-te Fehlergleichung nach ihrer Bearbeitung unverändert bleibt, wird sie nicht mehr benötigt. Der (transformierte) konstante Term $\hat{d}_i$ liefert gemäß (7.28) höchstens seinen Beitrag zur Summe der Residuenquadrate. Somit lassen sich die einzelnen Fehlergleichungen unabhängig voneinander bearbeiten, und das Gleichungssystem (7.29) wird

## 7.2 Methoden der Orthogonaltransformation

zukzessive aufgebaut. Für die Realisierung benötigt man nur den Speicherplatz für die Rechtsdreiecksmatrix $R$, den Konstantenvektor $\hat{d}_1$ und eine Fehlergleichung. Der Speicherbedarf beträgt also nur etwa $S \approx \frac{1}{2} n(n+1) + 2n$ Plätze bei entsprechender Speicherung von $R$.

Die folgende algorithmische Formulierung des beschriebenen Prozesses erfolgt unter den Festsetzungen, daß für die Matrix $R = (r_{ij})$ zur besseren Verständlichkeit die übliche Indizierung verwendet wird, die Komponenten des Vektors $\hat{d}$ mit $d_i$ bezeichnet werden und die $i$-te Fehlergleichung ohne den Index $i$

$$c_1 x_1 + c_2 x_2 + \ldots + c_n x_n + \tilde{d} = r$$

laute, deren Koeffizienten an der angegebenen Stelle zu definieren sind. Das Rückwärtseinsetzen zur Lösung von $Rx + \hat{d}_1 = 0$ kann aus (7.33) übernommen werden.

---

für $i = 1, 2, \ldots, N$:

    Vorgabe von $c_1, c_2, \ldots, c_n, \tilde{d}$

    für $j = 1, 2, \ldots, \min(i-1, n)$:

        falls $c_j \neq 0$:

            falls $|r_{jj}| < \delta \times |c_j|$:

                $w = -c_j;\ \gamma = 0;\ \sigma = 1$

            sonst

                $w = \operatorname{sgn}(r_{jj}) \times \sqrt{r_{jj}^2 + c_j^2}$

                $\gamma = r_{jj}/w;\ \sigma = -c_j/w$

            $r_{jj} = w$

            für $k = j+1, j+2, \ldots, n$:

                $h = \gamma \times r_{jk} - \sigma \times c_k$

                $c_k = \sigma \times r_{jk} + \gamma \times c_k;\ r_{jk} = h$

            $h = \gamma \times d_j - \sigma \times \tilde{d};\ \tilde{d} = \sigma \times d_j + \gamma \times \tilde{d};\ d_j = h$

    falls $i \leqslant n$:

        für $k = i, i+1, \ldots, n$:

            $r_{ik} = c_k$

        $d_i = \tilde{d}$

### 7.2.3 Householder-Transformation

Zur orthogonalen Transformation des Fehlergleichungssystems $Cx+d=r$ in das dazu äquivalente System (7.27) $\hat{R}x + \hat{d} = \hat{r}$ werden anstelle der Rotationsmatrizen auch sogenannte Householder-Matrizen [Hou58]

$$U := I - 2ww^T \quad \text{mit} \quad w^Tw = 1,\, w \in \mathbb{R}^N,\, U \in \mathbb{R}^{N \times N} \tag{7.47}$$

verwendet. Die in (7.47) definierte Matrix $U$ ist symmetrisch und involutorisch, denn es gilt unter Benützung der Normierungseigenschaft von $w$

$$UU = (I - 2ww^T)(I - 2ww^T) = I - 2ww^T - 2ww^T + 4ww^Tww^T = I.$$

Daraus folgt mit $U^T = U$, daß $U$ orthogonal ist. Die Householder-Matrix $U$, aufgefaßt als Darstellung einer linearen Abbildung im $\mathbb{R}^N$, entspricht einer Spiegelung an einer bestimmten Hyperebene. Um dies einzusehen, sei $s \in \mathbb{R}^N$ ein beliebiger Vektor, der orthogonal zu $w$ ist. Sein Bildvektor

$$s' := Us = (I - 2ww^T)s = s - 2w(w^Ts) = s$$

ist identisch mit $s$. Der Bildvektor eines Vektors $z \in \mathbb{R}^N$, der mit $z = cw$ proportional zu $w$ ist,

$$z' := Uz = cUw = c(I - 2ww^T)w = c(w - 2w(w^Tw)) = -cw = -z$$

ist entgegengesetzt zu $z$. Ein beliebiger Vektor $x \in \mathbb{R}^N$ ist eindeutig als Summe $x = s + z$ eines Vektors $s$ und eines Vektors $z$ mit den genannten Eigenschaften darstellbar. Für sein Bild gilt deshalb

$$x' := Ux = U(s + z) = s - z,$$

d. h. der Vektor $x$ wird an der zu $w$ orthogonalen Hyperebene durch den Nullpunkt gespiegelt.

Mit Householder-Matrizen (7.47) können bei entsprechender Wahl des normierten Vektors $w$ im Bildvektor $x' = Ux$ eines beliebigen Vektors $x \in \mathbb{R}^N$ bestimmte Komponenten gleichzeitig gleich Null gemacht werden. Selbstverständlich ist das Quadrat der euklidischen Länge der beiden Vektoren $x$ und $x'$ gleich. Auf Grund dieser Tatsache wird es möglich sein, vermittels einer Folge von $n$ Transformationsschritten die Matrix $C \in \mathbb{R}^{N \times n}$ in die gewünschte Form $\hat{R}$ (7.23) zu überführen, wobei in jedem Schritt mit Hilfe einer Householder-Matrix eine ganze Kolonne behandelt wird.

Im ersten Transformationsschritt soll eine Householder-Matrix $U_1 := I - 2w_1 w_1^T$ so angewandt werden, daß in der Matrix $C' = U_1 C$ die erste Kolonne gleich einem Vielfachen des ersten Einheitsvektors $e_1 \in \mathbb{R}^N$ wird. Bezeichnen wir den ersten Kolonnenvektor von $C$ mit $c_1$, dann soll

$$U_1 c_1 = \gamma e_1 \tag{7.48}$$

gelten, wobei für die Konstante $\gamma$ infolge der Invarianz der euklidischen Länge der Vektoren

$$|\gamma| = \|c_1\|_2 \tag{7.49}$$

gilt. Da der Bildvektor $c_1' = \gamma e_1$ aus $c_1$ durch Spiegelung an der zu $w_1$ orthogonalen Hyperebene hervorgeht, muß der Vektor $w_1$ die Richtung der Winkelhalbierenden der Vektoren $c_1$ und $-c_1' = -\gamma e_1$ aufweisen, und somit muß $w_1$ proportional zum Vektor $c_1 - \gamma e_1$ sein. Das Vorzeichen von $\gamma$ ist aber durch (7.49) nicht festgelegt, und so kann als Richtung von $w_1$ ebenso gut der Vektor $c_1 + \gamma e_1$ verwendet werden, der zum erstgenannten orthogonal ist.

Der gespiegelte Bildvektor von $c_1$ ist in diesem Fall entgegengesetzt zu demjenigen des ersten Falles. Die Freiheit in der Wahl der Richtung von $w_1$ wird so ausgenützt, daß bei der Berechnung der ersten Komponente des Richtungsvektors

$$h := c_1 + \gamma e_1 \tag{7.50}$$

keine Stellenauslöschung stattfindet. Dies führt zu folgender Festsetzung von $\gamma$ in (7.50)

$$\gamma := \begin{cases} \|c_1\|_2 & \text{falls } c_{11} \geq 0 \\ -\|c_1\|_2 & \text{falls } c_{11} < 0 \end{cases} \tag{7.51}$$

Zur Normierung von $h$ zum Vektor $w_1$ benötigen wir sein Längenquadrat. Dafür gilt nach (7.50) und wegen (7.49) und (7.51)

$$h^T h = c_1^T c_1 + 2\gamma\, c_1^T e_1 + \gamma^2 e_1^T e_1 = \gamma^2 + 2\gamma\, c_{11} + \gamma^2$$
$$= 2\gamma(\gamma + c_{11}) =: \beta^2 > 0. \tag{7.52}$$

Mit der Normierungskonstanten $\beta > 0$ ergibt sich so der Vektor

$$w_1 = h/\beta, \tag{7.53}$$

wobei zu beachten sein wird, daß sich $h$ von $c_1$ nur in der ersten Komponente unterscheidet. Die Berechnung der Komponenten von $w_1$ fassen wir wie folgt zusammen:

$$\boxed{\begin{aligned} &\gamma = \sqrt{\sum_{i=1}^{N} c_{i1}^2}; \quad \text{falls } c_{11} < 0 : \gamma = -\gamma \\ &\beta = \sqrt{2\gamma(\gamma + c_{11})} \\ &w_1 = (c_{11} + \gamma)/\beta \\ &\text{für } k = 2, 3, \ldots, N: \quad w_k = c_{k1}/\beta \end{aligned}} \tag{7.54}$$

Damit ist die Householder-Matrix $U_1 = I - 2 w_1 w_1^T$ festgelegt, und die Berechnung der im ersten Schritt transformierten Matrix $C' = U_1 C$ kann erfolgen. Für die erste Kolonne von $C'$ ergibt sich

$$\begin{aligned} U_1 c_1 &= (I - 2 w_1 w_1^T) c_1 = c_1 - 2 w_1 w_1^T c_1 \\ &= c_1 - 2(c_1 + \gamma e_1)(c_1 + \gamma e_1)^T c_1/\beta^2 \\ &= c_1 - 2(c_1 + \gamma e_1)(\gamma^2 + \gamma c_{11})/\beta^2 = -\gamma e_1. \end{aligned} \tag{7.55}$$

Somit gilt für die erste Komponente $c'_{11} = -\gamma$ und für die übrigen der ersten Kolonne $c'_{k1} = 0$ für $k = 2, 3, \ldots, N$. Die andern Elemente der transformierten Matrix $C'$ sind gegeben durch

$$c'_{ij} = \sum_{k=1}^{N} (\delta_{ik} - 2w_i w_k) c_{kj} = c_{ij} - 2w_i \sum_{k=1}^{N} w_k c_{kj} =: c_{ij} - w_i p_j \qquad (7.56)$$
$$(i = 1, 2, \ldots, N, \quad j = 2, 3, \ldots, n)$$

mit den nur von $j$ abhängigen Hilfsgrößen

$$p_j := 2 \sum_{k=1}^{N} w_k c_{kj}, \quad (j = 2, 3, \ldots, n). \qquad (7.57)$$

Die wesentlichen Elemente von $C'$ berechnen sich wegen (7.55) gemäß

$$\left.\begin{array}{l} c'_{11} = -\gamma \\ p_j = 2 \displaystyle\sum_{k=1}^{N} w_k c_{kj} \\ c'_{ij} = c_{ij} - w_i p_j, \quad (i = 1, 2, \ldots, N) \end{array}\right\} \quad (j = 2, 3, \ldots n) \qquad (7.58)$$

Die Transformation der Matrix $C'$ wird mit einer Householder-Matrix $U_2 := I - 2w_2 w_2^T$ fortgesetzt mit dem Ziel, die Matrixelemente $c'_{k2}$ mit $k \geqslant 3$ zu Null zu machen und dabei die erste Kolonne unverändert zu lassen. Beide Forderungen erreicht man mit einem Vektor $w_2 = (0, w_2, w_3, \ldots, w_N)^T$, dessen erste Komponente gleich Null ist. Die Matrix $U_2$ hat dann die Gestalt

$$U_2 = I - 2w_2 w_2^T = \begin{pmatrix} 1 & 0 & 0 & \ldots & 0 \\ 0 & w_2^2 & w_2 w_3 & \ldots & w_2 w_N \\ 0 & w_2 w_3 & w_3^2 & \ldots & w_3 w_N \\ \vdots & \vdots & \vdots & & \vdots \\ 0 & w_2 w_N & w_3 w_N & \ldots & w_N^2 \end{pmatrix}, \qquad (7.59)$$

so daß in der Matrix $C'' = U_2 C'$ nicht nur die erste Kolonne von $C'$ unverändert bleibt sondern auch die erste Zeile. Die letzten $(N-1)$ Komponenten von $w_2$ werden analog zum ersten Schritt aus der Bedingung bestimmt, daß der Teilvektor $(c'_{22}, c'_{32}, \ldots, c'_{N2})^T \in \mathbb{R}^{N-1}$ in ein Vielfaches des Einheitsvektors $e_1 \in \mathbb{R}^{N-1}$ transformiert wird. Die sich ändernden Matrixelemente ergeben sich mit entsprechenden Modifikationen analog zu (7.58).

Sind allgemein die ersten $(l-1)$ Kolonnen von $C$ mit Hilfe von Householder-Matrizen $U_1, U_2, \ldots U_{l-1}$ auf die gewünschte Form transformiert worden, erfolgt die Behandlung der $l$-ten Kolonne mit $U_l = I - 2w_l w_l^T$, wo in $w_l = (0, 0, \ldots, 0, w_l, w_{l+1}, \ldots, w_N)^T$ die ersten $(l-1)$ Komponenten gleich Null sind. Im zugehörigen Transformationsschritt bleiben die ersten $(l-1)$ Kolonnen und Zeilen der momentanen Matrix $C$ deshalb unverändert.

Nach $n$ Transformationsschritten ist das Ziel (7.27) mit

$$U_n U_{n-1} \ldots U_2 U_1 C = \hat{R}, \qquad U_n U_{n-1} \ldots U_2 U_1 d = \hat{d} \tag{7.60}$$

erreicht. Der gesuchte Lösungsvektor $x$ ergibt sich aus dem System (7.29) durch den Prozeß des Rückwärtseinsetzens.

Ist auch der Residuenvektor $r$ gewünscht, so gilt zunächst

$$U_n U_{n-1} \ldots U_2 U_1 r = \hat{r} = (0, 0, \ldots, 0, \hat{d}_{n+1}, \hat{d}_{n+2}, \ldots, \hat{d}_N)^T. \tag{7.61}$$

Infolge der Symmetrie der Householder-Matrizen $U_l$ folgt daraus

$$r = U_1 U_2 \ldots U_{n-1} U_n \hat{r}. \tag{7.62}$$

Der bekannte Residuenvektor $\hat{r}$ ist sukzessive mit den Matrizen $U_n, U_{n-1}, \ldots, U_1$ zu multiplizieren. Die typische Multiplikation eines Vektors $y \in \mathbb{R}^N$ mit $U_l$ erfordert gemäß

$$y' = U_l y = (I - 2 w_l w_l^T) y = y - 2(w_l^T y) w_l \tag{7.63}$$

die Bildung des Skalarproduktes $w_l^T y =: a$ und die anschließende Subtraktion des $(2a)$-fachen des Vektors $w_l$ von $y$. Da in $w_l$ die ersten $(l-1)$ Komponenten gleich Null sind, erfordert dieser Schritt $2(N-l+1)$ Multiplikationen. Die Rücktransformation von $\hat{r}$ in $r$ nach (7.62) benötigt also insgesamt $Z_{\text{Rück}} = n(2N - n + 1)$ Operationen.

Zur tatsächlichen Ausführung der Berechnung von $r$ sind die Vektoren $w_1, w_2, \ldots, w_n$ nötig, welche die Householder-Matrizen definieren. Die Komponenten von $w_l$ können in der Matrix $C$ in der $l$-ten Kolonne an die Stelle von $c_{ll}$ und anstelle der eliminierten Matrixelemente $c_{il}$ gesetzt werden. Da die Diagonalelemente $r_{ii} = c_{ii}$ der Rechtsdreiecksmatrix $R$ ohnehin beim Rückwärtseinsetzen eine spezielle Rolle spielen, werden sie in einem Vektor $t \in \mathbb{R}^n$ gespeichert.

In der nachfolgenden algorithmischen Formulierung der Householder-Transformation zur Lösung eines Fehlergleichungssystems $Cx + d = r$ sind die orthogonale Transformation von $C$ und dann die sukzessive Berechnung von $\hat{d}$, des Lösungsvektors $x$ und des Residuenvektors $r$ getrennt dargestellt. Das erlaubt, nacheinander verschiedene Fehlergleichungen mit derselben Matrix $C$ aber unterschiedlichen Vektoren $d$ zu lösen. Die von Null verschiedenen Komponenten der Vektoren $w_l$ werden in den entsprechenden Kolonnen von $C$ gespeichert. Deshalb ist einerseits kein Vektor $w$ nötig, anderseits erfahren die Formeln (7.58) eine Modifikation. Weiter ist es nicht nötig, die Werte $p_j$ in (7.58) zu indizieren. Die Berechnung des Vektors $\hat{d}$ aus $d$ gemäß (7.60) erfolgt nach den Formeln (7.63). Dasselbe gilt natürlich für den Residuenvektor $r$.

## 7 Ausgleichsprobleme, Methode der kleinsten Quadrate

für $l = 1, 2, \ldots, n$:

$\gamma = 0$

für $i = l, l+1, \ldots, N$:

$\gamma = \gamma + c_{il}^2$

$\gamma = \sqrt{\gamma}$; falls $c_{ll} < 0$: $\gamma = -\gamma$

$\beta = \sqrt{2 \times \gamma \times (\gamma + c_{ll})}$;  $t_l = -\gamma$

$c_{ll} = (c_{ll} + \gamma)/\beta$

für $k = l+1, l+2, \ldots, N$:                                       (7.64)

$c_{kl} = c_{kl}/\beta$

für $j = l+1, l+2, \ldots, n$:

$p = 0$

für $k = l, l+1, \ldots, N$:

$p = p + c_{kl} \times c_{kj}$

$p = p + p$

für $i = l, l+1, \ldots, N$:

$c_{ij} = c_{ij} - p \times c_{il}$

Die Methode der Householder-Transformation löst die Aufgabe mit dem kleinsten Rechenaufwand. Im Algorithmus (7.64) erfordert der $l$-te Schritt $(N-l+1) + 3 + (N-l) + 2(n-l)(N-l+1) = 2(N-l+1)(n-l+1) + 2$ multiplikative Operationen und 2 Quadratwurzeln. Summiert über $l$ von 1 bis $n$ ergibt als Rechenaufwand für die orthogonale Transformation von $C$

$$Z_{\text{Householder}} = Nn(n+1) - \frac{1}{3}n(n^2 - 7)$$

multiplikative Operationen und $2n$ Quadratwurzeln. Der Aufwand zur Berechnung von $\hat{d}$ ist gleich groß wie zur Rücktransformation des Residuenvektors. Deshalb werden im Algorithmus (7.65)

$$2n(2N - n + 1) + \frac{1}{2}n(n+1) = 4Nn - \frac{3}{2}n^2 + \frac{5}{2}n$$

für $l = 1, 2, \ldots, n$:
    $s = 0$
    für $k = l, l+1, \ldots, N$:
        $s = s + c_{kl} \times d_k$
    $s = s + s$
    für $k = l, l+1, \ldots, N$:
        $d_k = d_k - s \times c_{kl}$
für $i = n, n-1, \ldots, 1$:
    $s = d_i;\ r_i = 0$
    für $k = i+1, i+2, \ldots, n$:
        $s = s + c_{ik} \times x_k$
    $x_i = -s/t_i$
für $i = n+1, n+2, \ldots, N$:
    $r_i = d_i$
für $l = n, n-1, \ldots, 1$:
    $s = 0$
    für $k = l, l+1, \ldots, N$:
        $s = s + c_{kl} \times r_k$
    $s = s + s$
    für $k = l, l+1, \ldots, N$:
        $r_k = r_k - s \times c_{kl}$

(7.65)

Multiplikationen benötigt, und der Gesamtaufwand beträgt

$$Z_{\text{FG1Householder}} = nN(n+5) - \frac{1}{3}n^3 - \frac{3}{2}n^2 + \frac{35}{6}n \qquad (7.66)$$

multiplikative Operationen und $2n$ Quadratwurzeln. Im Vergleich zu (7.32) ist der Aufwand an wesentlichen Operationen tatsächlich nur etwa halb so groß, und die Zahl der Quadratwurzeln ist bedeutend kleiner. Auch im Vergleich zur Methode der schnellen Givens-Transformation ist die Zahl der Operationen günstiger.

Die praktische Durchführung der Householder-Transformation setzt voraus, daß die Matrix $C$ gespeichert ist. Die Behandlung von schwach besetzten Fehlergleichungssystemen erfordert zusätzliche Überlegungen, um das Auffüllen gering zu halten [DuR76, GiM76, GoP80, GoV89]. Schließlich ist es mit dieser Methode nicht mög-

# 7 Ausgleichsprobleme, Methode der kleinsten Quadrate

lich, die Matrix $R$ wie mit der Givens-Transformation sukzessive durch Bearbeitung der einzelnen Fehlergleichungen aufzubauen.

**Beispiel 7.5** Die Householder-Transformation liefert für das Fehlergleichungssystem (7.20) bei sechsstelliger Rechnung die transformierte Matrix $\tilde{C}$, welche die Vektoren $w_i$ enthält und das Nebendiagonalelement von $\hat{R}$, den orthogonal transfomierten Vektor $\hat{d}$ und den Vektor $t$ mit den Diagonalelementen von $R$.

$$\tilde{C} = \begin{pmatrix} 0.750260 & -1.68491 \\ 0.167646 & 0.861177 \\ 0.251470 & -0.0789376 \\ 0.301764 & -0.313223 \\ 0.335293 & -0.365641 \\ 0.377205 & -0.142624 \end{pmatrix}, \quad \hat{d} = \begin{pmatrix} 2.25773 \\ -0.0505840 \\ 0.0684838 \\ 0.0731628 \\ -0.00510470 \\ 0.00616310 \end{pmatrix}, \quad t = \begin{pmatrix} -1.32508 \\ 0.0486913 \end{pmatrix}$$

Das Rückwärtseinsetzen ergibt die Parameterwerte $\alpha_1 = 0.382867$ und $\alpha_2 = 1.03887$, welche nur auf drei Dezimalstellen nach dem Komma richtig sind. Die Abweichungen haben eine Größe, die auf Grund einer Fehleranalyse zu erwarten ist [Kau79, LaH74]. △

## 7.3 Singulärwertzerlegung

Im Satz 7.1 wurde mit (7.23) eine Zerlegung der Matrix $C \in \mathbb{R}^{N \times n}$ unter der Voraussetzung, daß $C$ den Maximalrang $n < N$ hat, eingeführt, um sie zur Lösung der Fehlergleichungen anzuwenden. Wir werden jetzt eine allgemeinere orthogonale Zerlegung einer Matrix kennenlernen, wobei die Voraussetzung über den Maximalrang fallengelassen wird. Diese Zerlegung gestattet, die Lösungsmenge des Fehlergleichungssystems in dieser allgemeineren Situation zu beschreiben und insbesondere eine Lösung mit einer speziellen Eigenschaft zu charakterisieren und festzulegen. Als Vorbereitung verallgemeinern wir die Aussage des Satzes 7.1, die wir im Hinblick auf ihre Anwendung nur für die betreffende Situation formulieren.

**Satz 7.2** *Zu jeder Matrix $C \in \mathbb{R}^{N \times n}$ mit Rang $r < n < N$ existieren zwei orthogonale Matrizen $Q \in \mathbb{R}^{N \times N}$ und $W \in \mathbb{R}^{n \times n}$ derart, daß*

$$Q^T C W = \hat{R} \quad \text{mit } \hat{R} = \begin{pmatrix} R & | & 0_1 \\ --- & | & --- \\ 0_2 & | & 0_3 \end{pmatrix}, \quad \hat{R} \in \mathbb{R}^{N \times n}, R \in \mathbb{R}^{r \times r} \quad (7.67)$$

*gilt, wo $R$ eine reguläre Rechtsdreiecksmatrix der Ordnung $r$ und die $0_i$, $(i=1,2,3)$ Nullmatrizen darstellen.*

Beweis. Es sei $P \in \mathbb{R}^{N \times N}$ eine Permutationsmatrix, so daß in $C' = PC$ die ersten $r$ Zeilenvektoren linear unabhängig sind. Wird die Matrix $C'$ sukzessive von rechts mit Rotationsmatrizen $U(p, q; \varphi) \in \mathbb{R}^{n \times n}$ mit den Rotationsindexpaaren

$$(1, 2), (1, 3), \ldots, (1, n), (2, 3), (2, 4), \ldots, (2, n), \ldots, (r, r+1), \ldots, (r, n)$$

7.3 Singulärwertzerlegung 317

mit geeignet, analog zu (6.104) bestimmten Drehwinkeln multipliziert, so werden die aktuellen Matrixelemente der ersten $r$ Zeilen in der Reihenfolge

$$c'_{12}, c'_{13}, \ldots, c'_{1n}, c'_{23}, c'_{24}, \ldots, c'_{2n}, \ldots, c'_{r,r+1}, \ldots, c'_{rn}$$

eliminiert. Bezeichnen wir das Produkt dieser Rotationsmatrizen mit $W \in \mathbb{R}^{n \times n}$, so besitzt die transformierte Matrix die Gestalt

$$C'W = PCW = C'' = \left( \begin{array}{c|c} L & \mathbf{0}_1 \\ \hline X & \mathbf{0}_2 \end{array} \right), \quad \mathbf{0}_1 \in \mathbb{R}^{r \times (n-r)}, \mathbf{0}_2 \in \mathbb{R}^{(N-r) \times (n-r)} \tag{7.68}$$

wo $L \in \mathbb{R}^{r \times r}$ eine reguläre Linksdreiecksmatrix, $X \in \mathbb{R}^{(N-r) \times r}$ eine im allgemeinen von Null verschiedene Matrix und $\mathbf{0}_1, \mathbf{0}_2$ Nullmatrizen sind. Auf Grund der getroffenen Annahme für $C'$ müssen auch in $C''$ die ersten $r$ Zeilen linear unabhängig sein, und folglich ist $L$ regulär. Da der Rang von $C''$ gleich $r$ ist, muß notwendigerweise $\mathbf{0}_2$ eine Nullmatrix sein.

Nach Satz 7.1 existiert zu $C''$ eine orthogonale Matrix $Q_1 \in \mathbb{R}^{N \times N}$, so daß $Q_1^T C'' = \hat{R}$ die Eigenschaft (7.67) besitzt. Auf Grund jener konstruktiven Beweisführung genügt es, die ersten $r$ Kolonnen zu behandeln, und die Nullelemente in den letzten $(n-r)$ Spalten von $C''$ werden nicht zerstört. Die orthogonale Matrix $Q$ ist gegeben durch $Q^T = Q_1^T P$. □

**Satz 7.3** *Zu jeder Matrix $C \in \mathbb{R}^{N \times n}$ mit Rang $r \leq n < N$ existieren zwei orthogonale Matrizen $U \in \mathbb{R}^{N \times N}$ und $V \in \mathbb{R}^{n \times n}$ derart, daß die* Singulärwertzerlegung

$$C = U \hat{S} V^T \quad \text{mit } \hat{S} = \left( \begin{array}{c} S \\ \hline \mathbf{0} \end{array} \right), \quad \hat{S} \in \mathbb{R}^{N \times n}, S \in \mathbb{R}^{n \times n} \tag{7.69}$$

*gilt, wo $S$ eine Diagonalmatrix mit nichtnegativen Diagonalelementen $s_i$ ist, die eine nichtzunehmende Folge mit $s_1 \geq s_2 \geq \ldots \geq s_r > s_{r+1} = \ldots = s_n = 0$ bilden, und $\mathbf{0}$ eine Nullmatrix darstellt.*

Beweis. Wir betrachten zuerst den Fall $r = n$, um anschließend die allgemeinere Situation $r < n$ zu behandeln. Für $r = n$ ist die Matrix $A := C^T C \in \mathbb{R}^{n \times n}$ symmetrisch und positiv definit. Ihre reellen und positiven Eigenwerte $s_i^2$ seien in nicht zunehmender Reihenfolge $s_1^2 \geq s_2^2 \geq \ldots \geq s_n^2 > 0$ indiziert. Nach dem Hauptachsentheorem existiert eine orthogonale Matrix $V \in \mathbb{R}^{n \times n}$, so daß

$$V^T A V = V^T C^T C V = D \quad \text{mit } D = \text{diag}(s_1^2, s_2^2, \ldots, s_n^2) \tag{7.70}$$

gilt. Weiter sei $S$ die reguläre Diagonalmatrix mit den positiven Werten $s_i$ in der Diagonale. Dann definieren wir die Matrix

$$\hat{U} := CVS^{-1} \in \mathbb{R}^{N \times n}, \tag{7.71}$$

die unter Berücksichtigung von (7.70) wegen $\hat{U}^T \hat{U} = S^{-1} V^T C^T C V S^{-1} = I_n$ $n$ orthonormierte Kolonnenvektoren enthält. Im $\mathbb{R}^N$ lassen sie sich zu einer orthonormierten Basis ergänzen, und so können wir $\hat{U}$ zu einer orthogonalen Matrix

$U := (\hat{U}, Y) \in \mathbb{R}^{N \times N}$ erweitern, wobei $Y^T \hat{U} = Y^T C V S^{-1} = 0$ ist. In diesem Fall erhalten wir mit

$$U^T C V = \begin{pmatrix} S^{-1} V^T C^T \\ \hline Y^T \end{pmatrix} C V = \begin{pmatrix} S^{-1} V^T C^T C V \\ \hline Y^T C V \end{pmatrix} = \begin{pmatrix} S \\ \hline 0 \end{pmatrix} = \hat{S}$$

die Aussage (7.69).

Dieses Teilresultat wenden wir an, um (7.69) im Fall $r < n$ zu zeigen. Nach Satz 7.2 existieren orthogonale Matrizen $Q$ und $W$, so daß $Q^T C W = \hat{R}$ gilt mit der Matrix $\hat{R}$ gemäß (7.67). Die Teilmatrix von $\hat{R}$, gebildet aus den ersten $r$ Kolonnen, hat den Maximalrang $r$, und folglich existieren zwei orthogonale Matrizen $\tilde{U}$ und $\tilde{V}$, so daß

$$\begin{pmatrix} R \\ \hline 0 \end{pmatrix} = \tilde{U} \tilde{S} \tilde{V}^T = \tilde{U} \begin{pmatrix} S_1 \\ \hline 0 \end{pmatrix} \tilde{V}^T, \quad \tilde{U} \in \mathbb{R}^{N \times N}, \tilde{V} \in \mathbb{R}^{r \times r}, \tilde{S} \in \mathbb{R}^{N \times r}, S_1 \in \mathbb{R}^{r \times r}$$

gilt. Die Matrix $\tilde{S}$ erweitern wir durch $(n-r)$ Nullvektoren und die Matrix $\tilde{V}$ zu einer orthogonalen Matrix gemäß

$$\hat{S} := \begin{pmatrix} S_1 & | & 0 \\ \hline 0 & | & 0 \end{pmatrix} \in \mathbb{R}^{N \times n}, \quad \hat{V} := \begin{pmatrix} \tilde{V} & | & 0 \\ \hline 0 & | & I_{n-r} \end{pmatrix} \in \mathbb{R}^{n \times n},$$

wo $I_{n-r}$ die $(n-r)$-reihige Einheitsmatrix darstellt. Mit den orthogonalen Matrizen

$$U := Q \tilde{U} \in \mathbb{R}^{N \times N} \quad \text{und} \quad V := W \hat{V} \in \mathbb{R}^{n \times n}$$

ergibt sich

$$U^T C V = \tilde{U}^T Q^T C W \hat{V} = \tilde{U}^T \begin{pmatrix} R & | & 0 \\ \hline 0 & | & 0 \end{pmatrix} \begin{pmatrix} \tilde{V} & | & 0 \\ \hline 0 & | & I \end{pmatrix} = \begin{pmatrix} S_1 & | & 0 \\ \hline 0 & | & 0 \end{pmatrix} = \hat{S}. \quad (7.72)$$

Dies ist im wesentlichen die Behauptung (7.69), die aus (7.72) durch eine entsprechende Partitionierung von $\hat{S}$ hervorgeht. □

Die $s_i$ heißen die singulären Werte der Matrix $C$. Bezeichnen wir weiter mit $u_i \in \mathbb{R}^N$ und $v_i \in \mathbb{R}^n$ die Kolonnenvektoren von $U$ und $V$, so folgen aus (7.69) die Relationen

$$C v_i = s_i u_i \quad \text{und} \quad C^T u_i = s_i v_i, \quad (i = 1, 2, \ldots, n). \quad (7.73)$$

Die $v_i$ nennt man die Rechtssingulärvektoren und die $u_i$ die Linkssingulärvektoren der Matrix $C$.

Die Singulärwertzerlegung (7.69) eröffnet eine weitere Möglichkeit, ein System von Fehlergleichungen $C x + d = r$ durch ein orthogonal transformiertes, äquivalentes System zu ersetzen. Mit $V V^T = I$ können wir schreiben

$$U^T C V V^T x + U^T d = U^T r = \hat{r}. \quad (7.74)$$

Dann führen wir die Hilfsvektoren

$$y := V^T x \in \mathbb{R}^n, \quad b := U^T d \in \mathbb{R}^N \quad \text{mit } b_i = u_i^T d \quad (7.75)$$

ein. Dann lautet aber (7.74) auf Grund der Singulärwertzerlegung sehr speziell

$$\left.\begin{array}{ll} s_i y_i + b_i = \hat{r}_i, & (i = 1, 2, \ldots, r) \\ b_i = \hat{r}_i, & (i = r+1, r+2, \ldots, N) \end{array}\right\} \quad (7.76)$$

Da die letzten $(N-r)$ Residuen $\hat{r}_i$ unabhängig von den (neuen) Unbekannten sind, ist die Summe der Quadrate der Residuen genau dann minimal, falls $\hat{r}_i = 0, (i = 1, 2, \ldots, r)$ gilt, und sie hat folglich den eindeutigen Wert

$$\varrho_{\min} := r^T r = \sum_{i=r+1}^{N} \hat{r}_i^2 = \sum_{i=r+1}^{N} b_i^2 = \sum_{i=r+1}^{N} (u_i^T d)^2. \quad (7.77)$$

Die ersten $r$ Unbekannten $y_i$ sind nach (7.76) gegeben durch

$$y_i = -b_i/s_i, \quad (i = 1, 2, \ldots, r), \quad (7.78)$$

während die restlichen $(n-r)$ Unbekannten frei wählbar sind. Der Lösungsvektor $x$ der Fehlergleichungen besitzt nach (7.75) somit die Darstellung

$$x = -\sum_{i=1}^{r} \frac{u_i^T d}{s_i} v_i + \sum_{i=r+1}^{n} y_i v_i \quad (7.79)$$

mit den $(n-r)$ freien Parametern $y_{r+1}, y_{r+2}, \ldots, y_n$. Hat die Matrix $C$ nicht Maximalrang, ist die allgemeine Lösung als Summe einer partikulären Lösung im Unterraum der $r$ Rechtssingulärvektoren $v_i$ zu den positiven singulären Werten $s_i$ und einem beliebigen Vektor aus dem Nullraum der Matrix $C$ darstellbar. Denn nach (7.73) gilt für die verschwindenden singulären Werte $Cv_i = 0$, $(i = r+1, r+2, \ldots, n)$.

In der Lösungsmenge des Fehlergleichungssystems existiert eine spezielle Lösung $x^*$ mit minimaler euklidischer Norm. Infolge der Orthogonalität der Rechtssingulärvektoren $v_i$ ist sie durch $y_{r+1} = y_{r+2} = \ldots = y_n = 0$ gekennzeichnet und ist gegeben durch

$$\boxed{x^* = -\sum_{i=1}^{r} \frac{u_i^T d}{s_i} v_i, \quad \|x^*\|_2 = \min_{Cx+d=r} \|x\|_2.} \quad (7.80)$$

Die Singulärwertzerlegung der Matrix $C$ liefert einen wesentlichen Einblick in den Aufbau der allgemeinen Lösung $x$ (7.79) oder der speziellen Lösung $x^*$, der für die problemgerechte Behandlung von heiklen Fehlergleichungen wegweisend sein kann. In statistischen Anwendungen treten häufig Fehlergleichungen auf, deren Normalgleichungen eine extrem schlechte Kondition haben. Da ja im Fall $r = n$ die singulären Werte $s_i$ die Quadratwurzeln der Eigenwerte der Normalgleichungsmatrix $A = C^T C$ sind, existieren sehr kleine singuläre Werte. Aber auch im Fall $r < n$ stellt man oft fest, daß sehr kleine positive singuläre Werte auftreten. Da sie in (7.80) im Nenner stehen, können die kleinsten der positiven singulären Werte sehr große und eventuell unerwünschte Beiträge zum Lösungsvektor $x^*$ bewirken. Anstelle von (7.80) kann es

## 7 Ausgleichsprobleme, Methode der kleinsten Quadrate

deshalb sinnvoll sein, die Folge von Vektoren

$$x^{(k)} := -\sum_{i=1}^{k} \frac{u_i^T d}{s_i} v_i, \quad (k = 1, 2, \ldots, r) \tag{7.81}$$

zu betrachten. Man erhält sie formal mit $y_{k+1} = \ldots = y_r = 0$, so daß wegen (7.76) die zugehörigen Summen der Quadrate der Residuen

$$\varrho^{(k)} := \sum_{i=k+1}^{N} \hat{r}_i^2 = \varrho_{\min} + \sum_{i=k+1}^{r} b_i^2 = \varrho_{\min} + \sum_{i=k+1}^{r} (u_i^T d)^2 \tag{7.82}$$

mit zunehmendem $k$ eine monotone, nicht zunehmende Folge bildet mit $\varrho^{(r)} = \varrho_{\min}$. Die euklidische Norm $\|x^{(k)}\|_2$ hingegen nimmt mit wachsendem $k$ im schwachen Sinn zu. Die Vektoren $x^{(k)}$ können deshalb als Näherungen für $x^*$ betrachtet werden. Je nach Aufgabenstellung oder Zielsetzung ist entweder jene Näherung $x^{(k)}$ problemgerecht, für welche $\varrho^{(k)} - \varrho_{\min}$ eine vorgegebene Schranke nicht übersteigt, oder in welcher alle Anteile weggelassen sind, die zu singulären Werten gehören, die eine Schranke unterschreiten [GoV89, LaH74].

Das Rechenverfahren ist bei bekannter Singulärwertzerlegung von $C = U\hat{S}V^T$ (7.69) durch (7.80) oder (7.81) vorgezeichnet. Die algorithmische Durchführung der Singulärwertzerlegung kann hier nicht im Detail entwickelt werden. Sie besteht im wesentlichen aus zwei Schritten. Zuerst wird die Matrix $C$ in Analogie zu (7.67) mit zwei orthogonalen Matrizen $Q$ und $W$ so transformiert, daß $R$ nur in der Diagonale und in der Nebendiagonale von Null verschiedene Elemente aufweist, also eine bidiagonale Matrix ist. Die Matrix $\hat{R}$ wird dann mit einer Variante des QR-Algorithmus weiter iterativ in die Matrix $\hat{S}$ übergeführt [Cha82, GoK65, GoV89, KiS88, LaH74]. Rechenprogramme findet man in [Cha82, FMM77, GoR70, LaH74].

**Beispiel 7.6** Die Matrix $C \in \mathbb{R}^{7 \times 3}$ in (7.13) von Beispiel 7.1 besitzt eine Singulärwertzerlegung mit den Matrizen

$$U \doteq \begin{pmatrix} 0.103519 & -0.528021 & -0.705006 & 0.089676 & 0.307578 & 0.171692 & -0.285166 \\ 0.149237 & -0.485300 & -0.074075 & -0.259334 & -0.694518 & -0.430083 & 0.046303 \\ 0.193350 & -0.426606 & 0.213222 & -0.003650 & 0.430267 & -0.101781 & 0.734614 \\ 0.257649 & -0.328640 & 0.403629 & 0.513837 & -0.295124 & 0.544000 & -0.125034 \\ 0.368194 & -0.143158 & 0.417248 & -0.597155 & 0.297387 & 0.046476 & -0.471858 \\ 0.551347 & 0.187483 & 0.010556 & 0.496511 & 0.152325 & -0.589797 & -0.207770 \\ 0.650918 & 0.374216 & -0.338957 & -0.239885 & -0.197914 & 0.359493 & 0.308912 \end{pmatrix}$$

und $V \doteq \begin{pmatrix} 0.474170 & -0.845773 & -0.244605 \\ 0.530047 & 0.052392 & 0.846348 \\ 0.703003 & 0.530965 & -0.473142 \end{pmatrix}$

und den singulären Werten $s_1 \doteq 4.796200$, $s_2 \doteq 1.596202$, $s_3 \doteq 0.300009$. Der Vektor $b$ (7.75) ist $b \doteq (-10.02046, -0.542841, 2.509634, 0.019345, -0.128170, -0.353416, 0.040857)^T$, so daß sich mit $y_1 \doteq 2.089251$, $y_2 \doteq 0.340083$, $y_3 \doteq -8.365203$ die Komponenten des Lösungsvektors aus den Kolonnen von $V$ berechnen lassen. Ihre Werte sind $\alpha_0 \doteq 2.749198$, $\alpha_1 \doteq -5.954657$, $\alpha_2 \doteq 5.607247$. △

## 7.4 Nichtlineare Ausgleichsprobleme

Zur Behandlung von überbestimmten Systemen von nichtlinearen Gleichungen nach der Methode der kleinsten Quadrate existieren zwei grundlegend verschiedene Verfahren, deren Prinzip dargestellt werden wird. Zahlreiche Varianten sind für spezielle Problemstellungen daraus entwickelt worden.

### 7.4.1 Gauß-Newton Methode

Wir betrachten das überbestimmte System von $N$ nichtlinearen Gleichungen zur Bestimmung der $n$ Unbekannten $x_1, x_2, \ldots, x_n$ aus den beobachteten $N$ Meßwerten $l_1, l_2, \ldots, l_N$

$$\boxed{f_i(x_1, x_2, \ldots, x_n) - l_i = r_i, \quad (i = 1, 2, \ldots, N).} \tag{7.83}$$

In (7.83) ist angenommen, daß die in den Unbekannten nichtlinearen Funktionen $f_i(x_1, x_2, \ldots, x_n)$ vom Index $i$ der Fehlergleichung abhängig seien, obwohl dies in den meisten Fällen nicht zutrifft. Zudem ist in (7.83) das für die Ausgleichsrechnung prinzipielle Vorgehen angewandt worden, wonach der theoretische Wert mit dem Beobachtungswert zu vergleichen ist und ihre Differenz das Residuum ergibt, denn nur so ist das Gaußsche Ausgleichsprinzip sinnvoll anwendbar.
Die notwendigen Bedingungen zur Minimierung der Funktion

$$F(x) := r^T r = \sum_{i=1}^{N} [f_i(x_1, x_2, \ldots, x_n) - l_i]^2 \tag{7.84}$$

sind $\quad \dfrac{1}{2} \dfrac{\partial F(x)}{\partial x_j} = \sum_{i=1}^{N} [f_i(x_1, x_2, \ldots, x_n) - l_i] \dfrac{\partial f_i(x_1, x_2, \ldots, x_n)}{\partial x_j} = 0,$
$(j = 1, 2, \ldots, n),$ (7.85)

und ergeben ein System von $n$ nichtlinearen Gleichungen für die Unbekannten $x_1, x_2, \ldots x_n$, welches aber sehr mühsam zu lösen ist.
Deshalb werden die nichtlinearen Fehlergleichungen (7.83) zuerst linearisiert. Wir nehmen an, für die gesuchten Werte der Unbekannten seien Näherungen $x_1^{(0)}, x_2^{(0)}, \ldots, x_n^{(0)}$ geeignet vorgegeben. Dann verwenden wir den Korrekturansatz

$$x_j = x_j^{(0)} + \xi_j, \quad (j = 1, 2, \ldots, n), \tag{7.86}$$

so daß die $i$-te Fehlergleichung von (7.83) im Sinn einer Approximation ersetzt werden kann durch

$$\sum_{j=1}^{n} \frac{\partial f_i(x_1^{(0)}, x_2^{(0)}, \ldots, x_n^{(0)})}{\partial x_j} \xi_j + f_i(x_1^{(0)}, x_2^{(0)}, \ldots, x_n^{(0)}) - l_i = \varrho_i^{(0)}. \tag{7.87}$$

Da in den linearisierten Fehlergleichungen andere Residuenwerte auftreten, bezeichnen wir sie mit $\varrho_i$. Wir definieren die Größen

$$c_{ij}^{(0)} := \frac{\partial f_i(x_1^{(0)}, x_2^{(0)}, \ldots, x_n^{(0)})}{\partial x_j}, \quad d_i^{(0)} := f_i(x_1^{(0)}, x_2^{(0)}, \ldots, x_n^{(0)}) - l_i, \tag{7.88}$$
$$(i = 1, 2, \ldots, N; j = 1, 2, \ldots, n),$$

so daß (7.87) mit $C^{(0)} = (c_{ij}^{(0)}) \in \mathbb{R}^{N \times n}$, $d^{(0)} = (d_1^{(0)}, d_2^{(0)}, \ldots, d_N^{(0)})^T$ ein lineares Fehlergleichungssystem $C^{(0)} \xi + d^{(0)} = \varrho^{(0)}$ für den Korrekturvektor $\xi = (\xi_1, \xi_2, \ldots, \xi_n)^T$ darstellt. Dieser kann mit den Verfahren von Abschnitt 7.2 oder 7.3 bestimmt werden. Der Korrekturvektor $\xi^{(1)}$ als Lösung des linearisierten Fehlergleichungssystems (7.87) kann im allgemeinen nach (7.86) nicht zu der Lösung des nichtlinearen Fehlergleichungssystems (7.83) führen. Vielmehr stellen die Werte

$$x_j^{(1)} := x_j^{(0)} + \xi_j^{(1)}, \quad (j = 1, 2, \ldots, n) \tag{7.89}$$

im günstigen Fall bessere Näherungen für die Unbekannten $x_j$ dar, die iterativ weiter verbessert werden können. Das Iterationsverfahren bezeichnet man als **Gauß-Newton Methode**, da die Korrektur $\xi^{(1)}$ aus (7.87) nach dem Gaußschen Prinzip ermittelt wird und sich die Fehlergleichungen (7.87) im Sonderfall $N = n$ auf die linearen Gleichungen reduzieren, die in der Methode von Newton zur Lösung von nichtlinearen Gleichungen auftreten. Die Matrix $C^{(0)}$, deren Elemente in (7.88) erklärt sind, ist die **Jacobi-Matrix** der Funktionen $f_i(x_1, x_2, \ldots, x_n)$.

**Beispiel 7.7** Zur Bestimmung der Abmessungen einer Pyramide mit quadratischem Grundriß sind die Seite der Grundfläche, ihre Diagonale, die Höhe, die Pyramidenkante und die Höhe einer Seitenfläche gemessen worden (Fig. 7.2). Die Meßwerte sind (in Längeneinheiten) $a = 2.8$, $d = 4.0$, $H = 4.5$, $s = 5.0$ und $h = 4.7$. Die Unbekannten des Problems sind die Länge $x_1$ der Grundkante und die Höhe $x_2$ der Pyramide. Das System von fünf teilweise nichtlinearen Fehlergleichungen lautet mit den hier verschiedenen Funktionen $f_i(x_1, x_2)$

$$\begin{aligned}
x_1 - a &= r_1, & f_1(x_1, x_2) &:= x_1 \\
\sqrt{2} x_1 - d &= r_2, & f_2(x_1, x_2) &:= \sqrt{2} x_1 \\
x_2 - H &= r_3, & f_3(x_1, x_2) &:= x_2 \\
\sqrt{\frac{1}{2} x_1^2 + x_2^2} - s &= r_4, & f_4(x_1, x_2) &:= \sqrt{\frac{1}{2} x_1^2 + x_2^2} \\
\sqrt{\frac{1}{4} x_1^2 + x_2^2} - h &= r_5, & f_5(x_1, x_2) &:= \sqrt{\frac{1}{4} x_1^2 + x_2^2}
\end{aligned} \tag{7.90}$$

## 7.4 Nichtlineare Ausgleichsprobleme

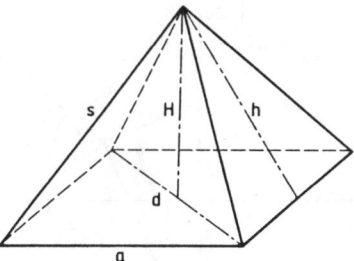

Fig. 7.2 Pyramide

Die Meßwerte $a$ und $H$ stellen brauchbare Näherungen der Unbekannten dar, und wir setzen $x_1^{(0)} \doteq 2.8$, $x_2^{(0)} \doteq 4.5$. Mit diesen Startwerten erhalten wir bei sechsstelliger Rechnung

$$C^{(0)} \doteq \begin{pmatrix} 1.00000 & 0 \\ 1.41421 & 0 \\ 0 & 1.00000 \\ 0.284767 & 0.915322 \\ 0.148533 & 0.954857 \end{pmatrix}, \quad d^{(0)} \doteq \begin{pmatrix} 0 \\ -0.04021 \\ 0 \\ -0.08370 \\ 0.01275 \end{pmatrix} = r^{(0)},$$

daraus mit der Methode von Householder den Korrekturvektor $\xi^{(1)} \doteq (0.0227890, 0.0201000)^T$ und die Näherungen $x_1^{(1)} \doteq 2.82279$, $x_2^{(1)} \doteq 4.52010$. Mit diesen Werten resultieren die Matrix $C^{(1)}$ und der Konstantenvektor $d^{(1)}$

$$C^{(1)} \doteq \begin{pmatrix} 1.00000 & 0 \\ 1.41421 & 0 \\ 0 & 1.00000 \\ 0.285640 & 0.914780 \\ 0.149028 & 0.954548 \end{pmatrix}, \quad d^{(1)} \doteq \begin{pmatrix} 0.02279 \\ -0.00798 \\ 0.02010 \\ -0.05881 \\ 0.03533 \end{pmatrix} = r^{(1)}.$$

Der resultierende Korrekturvektor ist $\xi^{(2)} \doteq (0.00001073, -0.00001090)^T$, so daß $x_1^{(2)} \doteq 2.82280$, $x_2^{(2)} \doteq 4.52009$ sind. Die begonnene Iteration wird solange fortgesetzt, bis eine Norm des Korrekturvektors $\xi^{(k)}$ genügend klein ist. Wegen der raschen Konvergenz bringt der nächste Schritt in diesem Beispiel bei der verwendeten Rechengenauigkeit keine Änderung der Näherungslösung. Die Vektoren $d^{(k)}$ sind gleich den Residuenvektoren des nichtlinearen Fehlergleichungssystems (7.90). Ihre euklidischen Normen $\|r^{(0)}\| \doteq 9.373 \cdot 10^{-2}$, $\|r^{(1)}\| \doteq 7.546 \cdot 10^{-2}$ und $\|r^{(2)}\| \doteq 7.546 \cdot 10^{-2}$ nehmen nur innerhalb der angegebenen Ziffern monoton ab. △

**Beispiel 7.8** Die Standortbestimmung eines Schiffes kann beispielsweise durch Radiopeilung erfolgen, indem die Richtungen zu bekannten Sendestationen ermittelt werden. Zur Vereinfachung der Aufgabenstellung wollen wir annehmen, daß die Erdkrümmung nicht zu berücksichtigen und daß eine feste Richtung bekannt sei. In einem rechtwinkligen Koordinatensystem sind somit die unbekannten Koordinaten $x$ und $y$ eines Punktes $P$ zu bestimmen, falls mehrere Winkel $\alpha_i$ gemessen werden, unter denen Sender $S_i$ mit bekannten Koordinaten $(x_i, y_i)$ angepeilt werden (vgl. Fig. 7.3).

Die $i$-te Fehlergleichung für die Unbekannten $x$ und $y$ lautet

$$\arctan\left(\frac{y - y_i}{x - x_i}\right) - \alpha_i = r_i.$$

# 7 Ausgleichsprobleme, Methode der kleinsten Quadrate

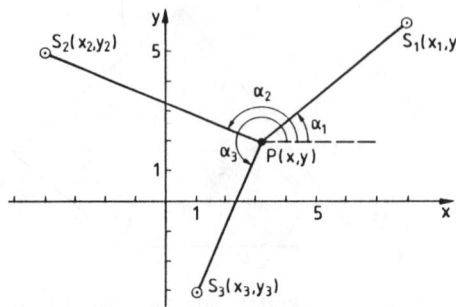

Fig. 7.3
Ortsbestimmung durch Radiopeilung

Für die Linearisierung ist zu beachten, daß die Winkel im Bogenmaß zu verstehen sind, und daß sie zudem auf das Intervall des Hauptwertes der arctan-Funktion reduziert werden. Mit den Näherungen $x^{(k)}$, $y^{(k)}$ lautet die $i$-te linearisierte Fehlergleichung für die Korrekturen $\xi$ und $\eta$

$$\frac{-(y^{(k)}-y_i)}{(x^{(k)}-x_i)^2+(y^{(k)}-y_i)^2}\xi + \frac{x^{(k)}-x_i}{(x^{(k)}-x_i)^2+(y^{(k)}-y_i)^2}\eta + \arctan\left(\frac{y^{(k)}-y_i}{x^{(k)}-x_i}\right) - \alpha_i = \varrho_i \quad (7.91)$$

Die Daten, die der Fig. 7.3 zugrunde liegen, sind

| $i$ | $x_i$ | $y_i$ | $\alpha_i$ | Hauptwert |
|---|---|---|---|---|
| 1 | 8 | 6 | 42° | 0.733038 |
| 2 | −4 | 5 | 158° | −0.383972 |
| 3 | 1 | −3 | 248° | 1.18682 |

Für die geschätzten Standortkoordinaten $x^{(0)}=3$, $y^{(0)}=2$ resultieren nach (7.91) die Matrix $C^{(0)}$ und der Konstantenvektor $d^{(0)}$ bei sechsstelliger Rechnung

$$C^{(0)} \doteq \begin{pmatrix} 0.0975610 & -0.121951 \\ 0.0517241 & 0.120690 \\ -0.172414 & 0.0689655 \end{pmatrix}, \quad d^{(0)} \doteq \begin{pmatrix} -0.058297 \\ -0.020919 \\ 0.003470 \end{pmatrix}.$$

Der weitere Verlauf der Iteration ist in der folgenden Tabelle dargestellt.

| $k$ | $x^{(k)}$ | $y^{(k)}$ | $r^{(k)\mathrm{T}}r^{(k)}$ | $\xi^{(k+1)}$ | $\eta^{(k+1)}$ |
|---|---|---|---|---|---|
| 0 | 3.00000 | 2.00000 | $3.84819 \cdot 10^{-3}$ | 0.148633 | −0.0648092 |
| 1 | 3.14863 | 1.93519 | $2.42227 \cdot 10^{-3}$ | 0.00721119 | 0.00834256 |
| 2 | 3.15584 | 1.94353 | $2.42007 \cdot 10^{-3}$ | 0.00021494 | −0.00014632 |
| 3 | 3.15605 | 1.94338 | $2.42029 \cdot 10^{-3}$ | 0.00000367 | 0.00001563 |
| 4 | 3.15605 | 1.94340 | | | |

△

## 7.4.2 Minimierungsverfahren

Die mit der Gauß-Newton Methode gebildete Folge der Vektoren $x^{(k)}$ braucht bei ungeeigneter Wahl des Startvektors $x^{(0)}$ oder bei kritischen Ausgleichsproblemen nicht gegen die gesuchte Lösung $x$ des nichtlinearen Fehlergleichungssystems zu konvergieren. Um stets eine gegen $x$ konvergente Folge von Vektoren $x^{(k)}$ zu konstruieren, soll sie, geleitet durch das Gaußsche Prinzip, die Eigenschaft haben, daß die Summe der Quadrate der Residuen $F(x) = r^T r$ (7.84) die Bedingung

$$F(x^{(k)}) < F(x^{(k-1)}), \quad (k = 1, 2, \ldots) \tag{7.92}$$

erfüllt. Dies ist die Forderung eines Minimierungsverfahrens und bedeutet, das Minimum einer Funktion $F(x)$ aufzufinden. Dazu muß eine sogenannte **Abstiegsrichtung** $v^{(k)}$ bekannt sein, für welche positive Werte $t$ existieren, so daß mit

$$x^{(k)} = x^{(k-1)} + t v^{(k)}, \quad t > 0 \tag{7.93}$$

die Bedingung (7.92) erfüllt ist. Eine Abstiegsrichtung $v^{(k)}$ stellt der negative Gradient der Funktion $F(x)$ im Punkt $x^{(k-1)}$ dar. Nach (7.85), (7.83) und (7.88) ist diese Richtung berechenbar als

$$v^{(k)} = -C^{(k-1)T} r^{(k-1)}, \tag{7.94}$$

wo $C^{(k-1)}$ die Jacobi-Matrix und $r^{(k-1)}$ den Residuenvektor für $x^{(k-1)}$ darstellen. Wird der Parameter $t$ so bestimmt, daß

$$F(x^{(k)}) = \min_t F(x^{(k-1)} + t v^{(k)}) \tag{7.95}$$

gilt, spricht man von der **Methode des stärksten Abstiegs**. Die in (7.95) zu minimierende Funktion ist nichtlinear in der Unbekannten $t$. Der Wert von $t$ wird aus Gründen des Rechenaufwandes in der Regel nur näherungsweise mit Hilfe eines Suchverfahrens ermittelt [Bre73, JKP72]. Die lokal optimale Suchrichtung (7.94) liefert eine Folge von Näherungen $x^{(k)}$, welche in der Regel sehr langsam gegen die Lösung $x$ konvergiert. Aus diesem Grund erweist sich die Methode des stärksten Abstiegs oft als sehr ineffizient.

**Satz 7.4** *Der Korrekturvektor $\xi^{(k+1)}$ der Gauß-Newton Methode für die Näherung $x^{(k)}$ stellt stets eine Abstiegsrichtung dar, solange $\nabla F(x^{(k)}) \neq 0$ ist.*

Beweis. Es ist zu zeigen, daß der Korrekturvektor $\xi^{(k+1)}$ als Lösung der linearisierten Fehlergleichungen $C^{(k)} \xi^{(k+1)} + d^{(k)} = \varrho^{(k)}$ mit dem Grandienten $\nabla F(x^{(k)})$ einen stumpfen Winkel bildet. Zur Vereinfachung der Schreibweise lassen wir im folgenden die oberen Indizes weg. Somit ist zu zeigen, daß $(\nabla F)^T \xi < 0$ gilt. Wir verwenden die Singulärwertzerlegung (7.69) der Matrix $C = U \hat{S} V^T$, um den allgemeinen Fall zu erfassen. Da $d = r$ ist, hat der Gradient $\nabla F$ die Darstellung

$$\nabla F = 2 C^T d = 2 V (\hat{S}^T U^T d) = 2 \sum_{j=1}^{r} s_j (u_j^T d) v_j. \tag{7.96}$$

326   7 Ausgleichsprobleme, Methode der kleinsten Quadrate

Der Korrekturvektor $\xi^*$ mit minimaler euklidischer Länge ist nach (7.80)

$$\xi^* = -\sum_{i=1}^{r} \frac{(u_i^T d)}{s_i} v_i,$$

und somit ist wegen der Orthonormierung der Vektoren $v_i$

$$(\nabla F)^T \xi^* = -2 \sum_{j=1}^{r} (u_j^T d)^2 < 0,$$

da in (7.96) nicht alle Skalare $u_j^T d$ verschwinden können, solange $\nabla F \neq 0$ ist. □

Mit der Gauß-Newton Methode ergibt sich auf Grund von Satz 7.4 ein Minimierungsalgorithmus. Nach Wahl eines Startvektors $x^{(0)}$ führen wir für $k = 0, 1, \ldots$ die folgenden Schritte durch: Aus den linearisierten Fehlergleichungen $C^{(k)} \xi^{(k+1)} + d^{(k)} = \varrho^{(k)}$ wird der Korrekturvektor $\xi^{(k+1)}$ als Abstiegsrichtung berechnet. Um eine Abnahme des Funktionswertes $F(x^{(k+1)})$ gegenüber $F(x^{(k)})$ zu erzielen, prüft man für die Folge der Parameterwerte $t = 1, 1/2, 1/4, \ldots$ mit den Vektoren $y := x^{(k)} + t \xi^{(k+1)}$, ob die Bedingung $F(y) < F(x^{(k)})$ erfüllt ist. Sobald dies eintritt, setzen wir $x^{(k+1)} = y$, und es folgt ein Test auf Konvergenz. Man beachte, daß zur Berechnung von $F(y)$ der zu $y$ gehörende Residuenvektor $r$ berechnet werden muß. Sobald $y$ ein akzeptabler Vektor ist, ist mit $r^{(k+1)} = d^{(k+1)}$ bereits der Konstantenvektor der Fehlergleichungen des nächsten Iterationsschrittes vorhanden.

Durch die garantierte Abnahme der nach unten beschränkten Summe der Quadrate der Residuen ist die Konvergenz der Folge $x^{(k)}$ sichergestellt. Bei ungünstiger Wahl des Startvektors $x^{(0)}$ kann die Konvergenz zu Beginn der Iteration sehr langsam sein. In der Nähe des Lösungsvektors $x$ ist die Konvergenz annähernd quadratisch [Fle80].

Eine effizientere Methode stammt von Marquardt [Mar63]. Um eine günstigere Abstiegsrichtung zu bestimmen, betrachtet er die Aufgabe, mit $C = C^{(k)}$ und $d = d^{(k)}$ den Vektor $v$ als Lösung des Extremalproblems

$$\|Cv + d\|_2^2 + \lambda^2 \|v\|_2^2 = \text{Min!}, \quad \lambda > 0 \tag{7.97}$$

zu bestimmen. Bei gegebenem Wert des Parameters $\lambda$ ist $v$ die Lösung des Systems von Fehlergleichungen nach der Methode der kleinsten Quadrate

$$\tilde{C} v + \tilde{d} = \tilde{\varrho} \quad \text{mit } \tilde{C} := \begin{pmatrix} C \\ --- \\ \lambda I \end{pmatrix} \in \mathbb{R}^{(N+n) \times n}, \tilde{d} := \begin{pmatrix} d \\ --- \\ 0 \end{pmatrix} \in \mathbb{R}^{N+n}, \tilde{\varrho} \in \mathbb{R}^{N+n}. \tag{7.98}$$

Für jedes $\lambda > 0$ hat die Matrix $\tilde{C}$ den Maximalrang $n$ unabhängig vom Rang von $C$. Im Vergleich zur Gauß-Newton-Methode wurde jenes Fehlergleichungssystem (7.87) um $n$ Gleichungen erweitert und auf diese Weise regularisiert. Der Lösungsvektor $v$ besitzt folgende Eigenschaften.

**Satz 7.5** *Der Vektor $v = v^{(k+1)}$ als Lösung von (7.97) ist eine Abstiegsrichtung, solange $\nabla F(x^{(k)}) \neq 0$ ist.*

## 7.4 Nichtlineare Ausgleichsprobleme

**Beweis.** Da $\tilde{C}$ Maximalrang hat, kann $v$ als Lösung von (7.98) formal mit Hilfe der zugehörigen Normalgleichungen dargestellt werden in der Form

$$v = -(\tilde{C}^T \tilde{C})^{-1}(\tilde{C}^T \tilde{d}) = -(\tilde{C}^T \tilde{C})^{-1}(C^T d) = -\frac{1}{2}(\tilde{C}^T \tilde{C})^{-1}(\nabla F). \quad (7.99)$$

Folglich ist

$$(\nabla F)^T v = -\frac{1}{2}(\nabla F)^T(\tilde{C}^T \tilde{C})^{-1}(\nabla F) < 0, \quad \text{falls } \nabla F \neq \mathbf{0},$$

denn die Matrix $(\tilde{C}^T \tilde{C})^{-1}$ ist symmetrisch und positiv definit, und somit bilden $\nabla F$ und $v$ einen stumpfen Winkel. □

**Satz 7.6** *Die euklidische Norm $\|v\|_2$ des Vektors $v$ als Lösung von (7.97) ist mit zunehmendem $\lambda$ eine monoton abnehmende Funktion.*

**Beweis.** Die Matrix $A$ der Normalgleichungen zu (7.98) ist wegen der speziellen Struktur von $\tilde{C}$ gegeben durch

$$A = \tilde{C}^T \tilde{C} = C^T C + \lambda^2 I.$$

Zur symmetrischen, positiv semidefiniten Matrix $C^T C$ existiert eine orthogonale Matrix $U \in \mathbb{R}^{n \times n}$, so daß gelten

$$U^T C^T C U = D \quad \text{und} \quad U^T A U = D + \lambda^2 I, \quad D = \text{diag}(d_1, d_2, \ldots, d_n), \, d_i \geq 0. \quad (7.100)$$

Aus (7.99) und (7.100) folgt für das Quadrat der euklidischen Norm

$$\|v\|_2^2 = v^T v = d^T C U(D + \lambda^2 I)^{-1} U^T U(D + \lambda^2 I)^{-1} U^T C^T d$$

$$= \sum_{j=1}^{n} \frac{h_j^2}{(d_j + \lambda^2)^2} \quad \text{mit } h := U^T C^T d = (h_1, h_2, \ldots, h_n)^T$$

die Behauptung des Satzes 7.6. □

Im Verfahren von Marquardt zur Minimierung der Summe der Quadrate der Residuen wird die euklidische Norm des Vektors $v^{(k+1)}$ durch den Parameter $\lambda$ so gesteuert, daß mit

$$x^{(k+1)} = x^{(k)} + v^{(k+1)}, \quad F(x^{(k+1)}) < F(x^{(k)}), \quad (k = 0, 1, 2, \ldots) \quad (7.101)$$

gilt. Die Wahl des Wertes $\lambda$ erfolgt auf Grund des Rechenablaufes. Ist die Bedingung (7.101) für das momentane $\lambda$ erfüllt, dann soll $\lambda$ für den nachfolgenden Schritt verkleinert werden, beispielsweise halbiert. Ist aber (7.101) für das momentane $\lambda$ nicht erfüllt, soll $\lambda$ solange vergrößert, beispielsweise verdoppelt werden, bis ein Vektor $v^{(k+1)}$ resultiert, für den die Bedingung gilt. Selbstverständlich muß mit dem Startvektor $x^{(0)}$ auch ein Startwert $\lambda^{(0)}$ vorgegeben werden. Ein problemabhängiger

## 7 Ausgleichsprobleme, Methode der kleinsten Quadrate

Vorschlag ist

$$\lambda^{(0)} = \|C^{(0)}\|_F/\sqrt{nN} = \sqrt{\frac{1}{nN}\sum_{i,j}(c_{ij}^{(0)})^2}$$

mit der Frobenius-Norm der Matrix $C^{(0)}$ zum Startvektor $x^{(0)}$.
Ein Iterationsschritt des Verfahrens von Marquardt erfordert die Berechnung des Vektors $v^{(k+1)}$ aus dem Fehlergleichungssystem (7.98) für möglicherweise mehrere Werte des Parameters $\lambda$. Um diesen Schritt möglichst effizient zu gestalten, erfolgt die Behandlung von (7.98) in zwei Teilen [GoP73]. In einem vorbereitenden Teilschritt werden die ersten $N$, von $\lambda$ unabhängigen Fehlergleichungen mit einer orthogonalen Matrix $Q_1$ so transformiert, daß

$$Q_1^T \tilde{C} = \begin{pmatrix} R_1 \\ \hline 0_1 \\ \hline \lambda I \end{pmatrix}, \quad Q_1^T \tilde{d} = \begin{pmatrix} \hat{d}_1 \\ \hline \hat{d}_2 \\ \hline 0 \end{pmatrix}, \quad R_1 \in \mathbb{R}^{n\times n}, 0_1 \in \mathbb{R}^{(N-n)\times n} \quad (7.102)$$

gilt. Unter der Annahme, daß $C$ Maximalrang hat, ist $R_1$ eine reguläre Rechtsdreiecksmatrix, und die Transformation kann entweder mit der Methode von Givens oder Householder erfolgen. Auf jeden Fall bleiben die letzten $n$ Fehlergleichungen unverändert. Ausgehend von (7.102) wird zu gegebenem $\lambda$ mit einer orthogonalen Matrix $Q_2$ die Transformation beendet, um die Matrizen und Vektoren

$$Q_2^T Q_1^T \tilde{C} = \begin{pmatrix} R_2 \\ \hline 0_1 \\ \hline 0_2 \end{pmatrix}, \quad Q_2^T Q_1^T \tilde{d} = \begin{pmatrix} \hat{\hat{d}}_1 \\ \hline \hat{d}_2 \\ \hline \hat{d}_3 \end{pmatrix}, \quad R_2, 0_2 \in \mathbb{R}^{n\times n} \quad (7.103)$$

zu erhalten. Der gesuchte Vektor $v^{(k+1)}$ ergibt sich aus $R_2 v^{(k+1)} + \hat{\hat{d}}_1 = 0$, mit der stets regulären Rechtsdreiecksmatrix $R_2$ durch den Prozeß des Rückwärtseinsetzens. Muß der Wert $\lambda$ vergrößert werden, so ist nur der zweite Teilschritt zu wiederholen. Dazu sind $R_1$ und $\hat{d}_1$ als Ergebnis des ersten Teils abzuspeichern. Da die Nullmatrix $0_1$ und der Teilvektor $\hat{d}_2$ (7.102) für den zweiten Teilschritt bedeutungslos sind, kann er sowohl speicherökonomisch als auch sehr effizient durchgeführt werden. Die sehr spezielle Struktur der noch zu behandelnden Fehlergleichungen des zweiten Teilschrittes weist auf die Anwendung der Givens-Transformation hin. Die im Abschnitt 7.2.2 dargelegte Rechentechnik erfordert den kleinsten Speicherbedarf. Soll hingegen die Householder-Transformation angewandt werden, ist der zweite Teilschritt mit einer Hilfsmatrix $C_H \in \mathbb{R}^{(2n)\times n}$ und einem Hilfsvektor $d_H \in \mathbb{R}^{2n}$ durchführbar, wobei auch hier die sehr spezielle Struktur zur Erhöhung der Effizienz berücksichtigt werden kann.

In manchen praktischen Aufgabenstellungen der Naturwissenschaften liegt den Fehlergleichungen eine bestimmte Funktion

$$f(x) = \sum_{j=1}^{\mu} a_j \varphi_j(x; \alpha_1, \alpha_2, \ldots, \alpha_\nu)$$

zugrunde, in welcher die unbekannten Parameter $a_1, a_2, \ldots, a_\mu; \alpha_1, \alpha_2, \ldots, \alpha_\nu$ aus einer Anzahl von $N$ Beobachtungen der Funktion $f(x)$ für $N$ verschiedene Argumente $x_i$ zu bestimmen sind. Dabei sollen die Funktionen $\varphi_j(x; \alpha_1, \alpha_2, \ldots, \alpha_\nu)$ in den $\alpha_k$ nichtlinear sein. In den resultierenden Fehlergleichungen verhalten sich die $a_j$ bei festen $\alpha_k$ linear und umgekehrt die $\alpha_k$ bei festgehaltenen $a_j$ nichtlinear. In diesem Sinn existieren zwei Klassen von unbekannten Parametern, und zur effizienten Behandlung solcher Probleme ist ein spezieller Algorithmus entwickelt worden [GoP73].

## 7.5 Aufgaben

**7.1** An einem Quader werden die Längen seiner Kanten und die Umfänge senkrecht zur ersten und zweiten Kante gemessen. Die Meßwerte sind:

Kante 1: 26 mm; Kante 2: 38 mm; Kante 3: 55 mm;

Umfang $\perp$ Kante 1: 188 mm; Umfang $\perp$ Kante 2: 163 mm.

Wie groß sind die ausgeglichenen Kantenlängen nach der Methode der kleinsten Quadrate?

**7.2** Um die Amplitude $A$ und den Phasenwinkel $\phi$ einer Schwingung $x = A \sin(2t + \phi)$ zu bestimmen, sind an vier Zeitpunkten $t_k$ die Auslenkungen $x_k$ beobachtet worden.

| $t_k =$ | 0 | $\pi/4$ | $\pi/2$ | $3\pi/4$ |
|---|---|---|---|---|
| $x_k =$ | 1.6 | 1.1 | $-1.8$ | $-0.9$ |

Um ein lineares Fehlergleichungssystem zu erhalten, sind auf Grund einer trigonometrischen Formel neue Unbekannte einzuführen.

**7.3** Die Funktion $y = \sin(x)$ ist im Intervall $[0, \pi/4]$ durch ein Polynom $P(x) = a_1 x + a_3 x^3$ zu approximieren, das wie $\sin(x)$ ungerade ist. Die Koeffizienten $a_1$ und $a_3$ sind nach der Methode der kleinsten Quadrate für die diskreten Stützstellen $x_k = k\pi/24$, $(k = 1, 2, \ldots, 6)$ zu bestimmen. Mit dem gefundenen Polynom $P(x)$ zeichne man den Graphen der Fehlerfunktion $r(x) := P(x) - \sin(x)$. Das Resultat soll mit demjenigen von Aufgabe 2.7 verglichen werden.

**7.4** Mit Rechenprogrammen zur Lösung von linearen Fehlergleichungssystemen mit Hilfe der Normalgleichungen und der beiden Varianten der Orthogonaltransformation sollen die Funktionen

a) $f(x) = \cos(x)$, $x \in [0, \pi/2]$;  b) $f(x) = e^x$, $x \in [0, 1]$

durch Polynome $n$-ten Grades $P_n(x) = a_0 + a_1 x + a_2 x^2 + \ldots + a_n x^n$ für $n = 2, 3, 4, 5, 6, 7, 8$ so approximiert werden, daß die Summe der Quadrate der Residuen an $N = 10, 20$ äquidistanten

Stützstellen minimal ist. Zur Erklärung der verschiedenen Ergebnisse berechne man Schätzwerte der Konditionszahlen der Normalgleichungsmatrix $A$ mit Hilfe der Inversen der Rechtsdreiecksmatrix $R$ unter Benützung von $\|A^{-1}\|_F \leqslant \|R^{-1}\|_F \|R^{-T}\|_F = \|R^{-1}\|_F^2$, wo $\|A\|_F$ die Frobeniusnorm bedeutet.

**7.5** An einem Quader mißt man die Kanten der Grundfläche $a = 21$ cm, $b = 28$ cm und die Höhe $c = 12$ cm. Weiter erhält man als Meßwerte für die Diagonale der Grundfläche $d = 34$ cm, für die Diagonale der Seitenfläche $e = 24$ cm und für die Körperdiagonale $f = 38$ cm. Zur Bestimmung der Längen der Kanten des Quaders nach der Methode der kleinsten Quadrate verwende man das Verfahren von Gauß-Newton und Minimierungsmethoden.

**7.6** Um den Standort eines illegalen Senders festzustellen, werden fünf Peilwagen eingesetzt, mit denen die Richtungen zum Sender ermittelt werden. Die Aufstellung der Peilwagen ist in einem $(x, y)$-Koordinatensystem gegeben, und die Richtungswinkel $\alpha$ sind von der positiven $x$-Achse im Gegenuhrzeigersinn angegeben.

| Peilwagen | 1 | 2 | 3 | 4 | 5 |
|---|---|---|---|---|---|
| $x$-Koordinate | 4 | 18 | 26 | 13 | 0 |
| $y$-Koordinate | 1 | 0 | 15 | 16 | 14 |
| Richtungswinkel $\alpha$ | 45° | 120° | 210° | 270° | 330° |

Die Situation ist an einer großen Zeichnung darzustellen. Welches sind die mutmaßlichen Koordinaten des Senders nach der Methode der kleinsten Quadrate? Als Startwert für das Verfahren von Gauß-Newton und für Minimierungsmethoden wähle man beispielsweise $P_0(12.6, 8.0)$.

**7.7** Die Konzentration $z(t)$ eines Stoffes in einem chemischen Prozeß gehorcht dem Gesetz

$$z(t) = a_1 + a_2 e^{\alpha_1 t} + a_3 e^{\alpha_2 t}, \quad \alpha_1, \alpha_2 \in \mathbb{R}, \alpha_1, \alpha_2 < 0.$$

Zur Bestimmung der Parameter $a_1, a_2, a_3, \alpha_1, \alpha_2$ liegen für $z(t)$ folgende Meßwerte $z_k$ vor.

| $t_k =$ | 0 | 0.5 | 1.0 | 1.5 | 2.0 | 3.0 | 5.0 | 8.0 | 10.0 |
|---|---|---|---|---|---|---|---|---|---|
| $z_k =$ | 3.85 | 2.95 | 2.63 | 2.33 | 2.24 | 2.05 | 1.82 | 1.80 | 1.75 |

Als Startwerte verwende man beispielsweise $a_1^{(0)} = 1.75$, $a_2^{(0)} = 1.20$, $a_3^{(0)} = 0.8$, $\alpha_1^{(0)} = -0.5$, $\alpha_2^{(0)} = -2$ und behandle die nichtlinearen Fehlergleichungen mit dem Verfahren von Gauß-Newton und mit Minimierungsmethoden.

# 8 Integralberechnung

Manche Probleme der angewandten Mathematik führen auf die Berechnung von Integralen, die meistens nicht in expliziter Form dargestellt werden können. Die numerische Integralberechnung, die man kurz als Quadratur bezeichnet, spielt deshalb eine wichtige Rolle. Wir befassen uns im folgenden mit der genäherten Berechnung von bestimmten Integralen. Unbestimmte Integrale (Stammfunktionen) werden zweckmäßig als Anfangswertprobleme gewöhnlicher Differentialgleichungen behandelt (vgl. Kapitel 9). Von den zahlreichen Anwendungen der numerischen Quadratur nennen wir die Berechnung von Oberflächen, Volumina, Wahrscheinlichkeiten und Wirkungsquerschnitten, die Auswertung von Integraltransformationen und Integralen im Komplexen, die Konstruktion von konformen Abbildungen für Polygonbereiche nach der Formel von Schwarz-Christoffel [Hen 85], die Behandlung von Integralgleichungen etwa im Zusammenhang mit der Randelementmethode und schließlich die Methode der finiten Elemente [Scw 91].

Zur Berechnung bestimmter Integrale stehen mehrere Verfahren zur Verfügung, unter denen das geeignetste nach folgenden Kriterien ausgewählt wird: a) Glattheit des Integranden und das Vorhandensein von Singularitäten; b) verfügbare Information über den Integranden, d.h. ob eine Wertetabelle vorliegt oder ob er für beliebige Argumente berechenbar ist; c) die gewünschte Genauigkeit; d) die Anzahl der zu behandelnden Fälle. Die numerische Quadratur ist im allgemeinen ein sehr stabiler Prozeß, der auch mit einfachen Algorithmen genau und effizient durchführbar ist. Wir werden einige der wichtigsten Verfahren zusammen mit ihrem Anwendungsfeld beschreiben. Dabei steht die Einfachheit gekoppelt mit der Effizienz im Vordergrund. Diese Anforderungen werden in hohem Maß von den Transformationsmethoden in Verbindung mit der Trapezregel erfüllt. Daneben behandeln wir auch die klassischen Verfahren wie diejenigen von Romberg und Gauß und stellen auch ein adaptives Verfahren vor. Für eine ausführliche Behandlung des Problemkreises sei auf [DaR 84, Eng 80, Kry 62, Str 71, Str 74] verwiesen.

## 8.1 Die Trapezmethode

Obwohl die Trapezmethode das einfachste Quadraturverfahren darstellt, ist sie in wichtigen Spezialfällen am genauesten und effizientesten. Da außerdem weitere Verfahren auf der Trapezmethode beruhen, beginnen wir mit ihrer ausführlichen Diskussion.

## 8.1.1 Problemstellung und Begriffe

Wir betrachten das Problem, für das bestimmte Integral

$$I := \int_a^b f(x)\,dx \tag{8.1}$$

einen Näherungswert $\tilde{I}$ zu berechnen, so daß der Fehler die Bedingung $|\tilde{I}-I| < \varepsilon$ mit einer gegebenen Toleranz $\varepsilon > 0$ erfüllt. Dabei ist $f(x)$ eine im Intervall $[a,b]$ definierte und integrierbare, reellwertige Funktion. Eine endliche Rechenvorschrift zur Berechnung von $\tilde{I}$ nennt man eine **Quadraturformel**. Sie sollte wie die rechte Seite in (8.1) ein **lineares Funktional** von $f$ sein. Falls nur endlich viele Funktionswerte $f(x_j)$, $x_j \in [a,b]$ in der Quadraturformel vorkommen sollen, dann muß sie die Form

$$\tilde{I} = \sum_{j=1}^n w_j f(x_j), \quad x_j \in [a,b], (j = 1, 2, \ldots, n) \tag{8.2}$$

haben. Man nennt (8.2) eine $n$-**Punkt-Formel**, und die Werte $x_j$ heißen die **Knoten** oder **Integrationsstützstellen** und die $w_j$ die zugehörigen **Gewichte** der Quadraturformel. Gelegentlich werden auch Quadraturformeln betrachtet, in denen nebst dem Funktionswert $f(x_j)$ auch Ableitungen $f'(x_j)$, $f''(x_j)$, ... auftreten. Die Stelle $x_j$ heißt dann ein **mehrfacher Knoten** [GoK 83].

## 8.1.2 Definition der Trapezmethode und Verfeinerung

Zur Approximation des Integrals (8.1) soll das endliche Intervall $[a,b]$ in $n > 0$ gleich lange Teilintervalle der Länge $h := (b-a)/n$ unterteilt werden, so daß die Teilpunkte gegeben sind durch

$$x_j := a + jh, \quad (j = 0, 1, \ldots, n). \tag{8.3}$$

Als **Trapeznäherung** für das Integral (8.1) mit der Schrittlänge $h$ definieren wir die Summe

$$\boxed{T(h) := h\left[\frac{1}{2}f(x_0) + \sum_{j=1}^{n-1} f(x_j) + \frac{1}{2}f(x_n)\right] = h \sum_{j=0}^n {}'' f(x_j).} \tag{8.4}$$

Sie stellt die Fläche unterhalb des in Fig. 8.1 gezeichneten Polygonzuges dar. Das Symbol $\sum''$ deutet die halbe Gewichtung des ersten und des letzten Summanden an. Eine ebenso anschauliche Approximation des Integrals (8.1), welche der Riemannschen Summe entspricht, bildet die **Mittelpunktsumme**

$$\boxed{M(h) := h \sum_{j=0}^{n-1} f\left(x_{j+\frac{1}{2}}\right), \quad x_{j+\frac{1}{2}} := a + \left(j + \frac{1}{2}\right)h.} \tag{8.5}$$

$M(h)$ stellt die Fläche unterhalb der Treppenkurve in Fig. 8.2 dar.

8.1 Die Trapezmethode

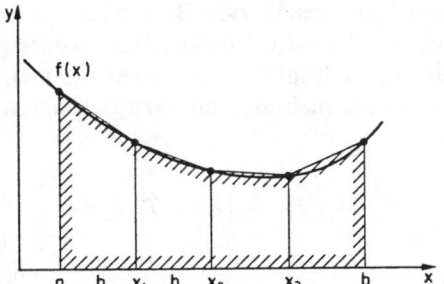

Fig. 8.1 Trapezregel

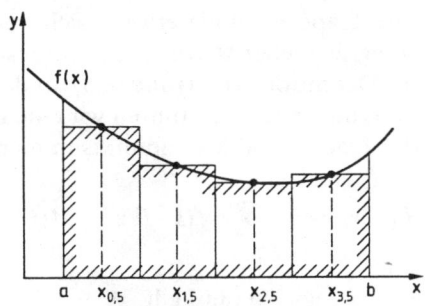

Fig. 8.2 Mittelpunktregel

Aus (8.4) und (8.5) folgt unmittelbar die Relation

$$T\left(\frac{h}{2}\right) = \frac{1}{2}\,[T(h) + M(h)]. \tag{8.6}$$

Die Beziehung (8.6) erlaubt die Verbesserung der Trapezapproximationen durch sukzessive Halbierung der Schrittlänge in der Weise, daß zur bereits berechneten Näherung $T(h)$ auch noch $M(h)$ berechnet wird. Bei jeder Halbierung der Schrittweite wird der Rechenaufwand, gemessen mit der Anzahl der Funktionsauswertungen, etwa verdoppelt, doch werden die schon berechneten Funktionswerte auf ökonomische Weise wieder verwendet. Die sukzessive Halbierung der Schrittweite kann beispielsweise dann abgebrochen werden, wenn sich $T(h)$ und $M(h)$ um weniger als eine gegebene Toleranz $\varepsilon > 0$ unterscheiden. Dann ist der Fehler $\left|T\left(\dfrac{h}{2}\right) - I\right|$ im allgemeinen höchstens gleich $\varepsilon$.

Die Berechnung der Trapezsummen $T(h)$ bei sukzessiver Halbierung der Schrittlänge $h$ fassen wir im folgenden Algorithmus zusammen, in welchem $\varepsilon$ die vorzugebende Toleranz, $f(x)$ den Integranden und $a, b$ die Integrationsgrenzen bedeuten.

$$\boxed{\begin{aligned}
&h = b - a;\; n = 1;\; T = h \times (f(a) + f(b))/2 \\
&\text{für } k = 1, 2, \ldots, 10: \\
&\quad M = 0 \\
&\quad \text{für } j = 0, 1, \ldots, n - 1: \\
&\quad\quad M = M + f(a + (j + 0.5) \times h) \\
&\quad M = h \times M;\; T = (T + M)/2;\; h = h/2;\; n = 2 \times n \\
&\quad \text{falls } |T - M| < \varepsilon\text{: STOP}
\end{aligned}} \tag{8.7}$$

Ohne weitere Maßnahmen konvergieren die Trapezsummen im allgemeinen recht langsam gegen den Integralwert $I$. Falls aber $f(x)$ periodisch und analytisch auf $\mathbb{R}$ ist, und falls $(b-a)$ gleich der Periode ist, dann bedarf der Algorithmus (8.7) keiner weiteren Verbesserung mehr (vgl. Abschnitt 8.2.1).

8 Integralberechnung

Die Trapezmethode erweist sich auch als günstig zur genäherten Berechnung von Integralen über $\mathbb{R}$ von genügend rasch abklingenden Funktionen $f(x)$. Dazu werden die Definitionen (8.4) und (8.5) für das beidseitig unbeschränkte Intervall verallgemeinert, und zusätzlich führen wir eine frei wählbare Verschiebung $s$ ein. Wir definieren die Trapez- und Mittelpunktsummen

$$T(h, s) := h \sum_{j=-\infty}^{\infty} f(s + jh); \quad M(h, s) := h \sum_{j=-\infty}^{\infty} f\left(s + \left(j + \frac{1}{2}\right)h\right) = T\left(h, s + \frac{h}{2}\right).$$
(8.8)

In Analogie zu (8.6) gilt

$$T\left(\frac{h}{2}, s\right) = \frac{1}{2}\left[T(h, s) + M(h, s)\right].$$

Wegen der sich ins Unendliche erstreckenden Summen ist die Anwendung von (8.8) nur für genügend rasch, beispielsweise exponentiell abklingende Integranden praktikabel. Ausgehend von einer geeignet gewählten Verschiebung $s$, welche dem Verlauf des Integranden $f(x)$ Rechnung trägt, und einem Anfangsschritt $h_0$ werden die Werte $T$ und $M$ zweckmäßig mit $j = 0$ beginnend und dann mit zunehmendem $|j|$ nach jeder Seite hin aufsummiert. Die (unendliche) Summation über $j$ muß abgebrochen werden, sobald die Beträge der Funktionswerte kleiner als eine vorgegebene Abbruchtoleranz $\delta$ werden. Damit ergibt sich der folgende modifizierte Algorithmus zur Berechnung der Trapezsummen für das uneigentliche Integral

$$I = \int_{-\infty}^{\infty} f(x) \, dx$$

einer genügend rasch abklingenden Funktion $f(x)$.

$$
\begin{array}{l}
h = h_0;\ T = f(s);\ j = 1;\ z = 0 \\
\text{ST:}\ f1 = f(s + j \times h);\ f2 = f(s - j \times h);\ T = T + f1 + f2;\ j = j + 1 \\
\quad \text{falls } |f1| + |f2| > \delta:\ z = 0;\ \text{gehe nach ST} \\
\quad z = z + 1;\ \text{falls } z = 1:\ \text{gehe nach ST} \\
\quad T = h \times T \\
\quad \text{für } k = 1, 2, \ldots, 10: \\
\qquad M = f(s + 0.5 \times h);\ j = 1;\ z = 0 \\
\text{SM:}\ f1 = f(s + (j + 0.5) \times h);\ f2 = f(s - (j - 0.5) \times h) \\
\qquad M = M + f1 + f2;\ j = j + 1 \\
\qquad \text{falls } |f1| + |f2| > \delta:\ z = 0;\ \text{gehe nach SM} \\
\qquad z = z + 1;\ \text{falls } z = 1:\ \text{gehe nach SM} \\
\qquad M = h \times M;\ T = (T + M)/2;\ h = h/2 \\
\qquad \text{falls } |T - M| < \varepsilon:\ \text{STOP}
\end{array}
$$
(8.9)

Um unnötige Funktionsauswertungen im Fall eines asymmetrisch abklingenden Integranden zu vermeiden, könnte der Algorithmus (8.9) so verbessert werden, daß die Summationen nach oben und unten getrennt ausgeführt werden.

**Beispiel 8.1** Zur genäherten Berechnung von

$$I = \int_{-\infty}^{\infty} e^{-0.25x^2} \cos(2x) dx$$

mit oszillierendem, aber rasch abnehmendem Integranden mit dem Algorithmus (8.9) ergeben sich Trapezsummen gemäß Tab. 8.1. Mit der Startschrittweite $h_0 = 2$ ist die Zahl $Z$ der Funktionsauswertungen für drei verschiedene Werte von $s$ angegeben. Die verwendeten Toleranzen sind $\delta = 10^{-14}$ und $\varepsilon = 10^{-10}$. Das Verhalten des Algorithmus ist von der Wahl von $s$ praktisch unabhängig. △

Tab. 8.1 Uneigentliches Integral mit oszillierenden Integranden

|   | $s=0$ | $Z$ | $s=0.12$ | $Z$ | $s=0.3456$ | $Z$ |
|---|---|---|---|---|---|---|
| $T$ | 1.0279082242 | 15 | 0.9602843084 | 15 | 0.5139297286 | 15 |
| $M$ | −0.8980536479 | 17 | −0.8304297538 | 17 | −0.3840752730 | 17 |
| $T$ | 0.0649272881 |  | 0.0649272773 |  | 0.0649272278 |  |
| $M$ | 0.0649272112 | 27 | 0.0649272215 | 27 | 0.0649272710 | 29 |
| $T$ | 0.0649272496 |  | 0.0649272494 |  | 0.0649272494 |  |
| $M$ | 0.0649272494 | 51 | 0.0649272494 | 51 | 0.0649272494 | 51 |
| $T$ | 0.0649272495 |  | 0.0649272494 |  | 0.0649272494 |  |

### 8.1.3 Die Euler-Maclaurinsche Summenformel

Die von Euler zuerst entdeckte und von Maclaurin wenig später unabhängig gefundene Beziehung erlaubt die asymptotische Untersuchung des Fehlers der Trapezmethode für $h \to 0$. Wir begnügen uns im folgenden mit einer heuristischen Motivation der formalen Gestalt der wichtigen Relation und verweisen für eine rigorose Behandlung auf [HäH89, Hen77, ScS76, Sto89].
Es sei $f(x)$ für alle $x \in [a, b]$ in eine Taylorreihe entwickelbar. Wir schreiben die Taylorreihe als Operatorbeziehung mit dem Differentiationsoperator D in der Form

$$f(x+h) - f(x) := (e^{hD} - 1)f(x) \quad \text{mit } D := \frac{d}{dx}.$$

Die formale Auflösung nach $f(x)$ ergibt

$$f(x) = \mathscr{E}(f(x+h) - f(x)), \tag{8.10}$$

wobei der inverse Operator $\mathscr{E}$ durch die reziproke Reihe

$$\mathscr{E} := (e^{hD} - 1)^{-1} = \sum_{k=0}^{\infty} \frac{B_k}{k!} (hD)^{k-1}$$

gegeben ist. Dabei sind $B_k$ die Bernoulli-Zahlen

$$B_0 = 1, \quad B_1 = -\frac{1}{2}, \quad B_2 = \frac{1}{6}, \quad B_3 = B_5 = B_7 = \ldots = 0,$$

$$B_4 = -\frac{1}{30}, \quad B_6 = \frac{1}{42}, \quad B_8 = -\frac{1}{30}, \quad B_{10} = \frac{5}{66}, \quad \ldots,$$

für welche asymptotisch gilt [EMO 53]

$$|B_k| \sim 2 \cdot k! (2\pi)^{-k}, \quad k \text{ gerade}, k \to \infty.$$

Aus (8.10) erhalten wir durch formale Anwendung des inversen Operators die Darstellung

$$f(x) = \left[ (hD)^{-1} - \frac{1}{2} + \sum_{k=2}^{\infty} \frac{B_k}{k!} (hD)^{k-1} \right] (f(x+h) - f(x))$$

$$= h^{-1} D^{-1}(f(x+h) - f(x)) - \frac{1}{2}(f(x+h) - f(x))$$

$$+ \sum_{k=2}^{\infty} \frac{B_k}{k!} h^{k-1} [f^{(k-1)}(x+h) - f^{(k-1)}(x)].$$

Beachten wir darin, daß die Bernoulli-Zahlen mit ungeraden Indizes größer als Eins gleich Null sind, so folgt daraus

$$\frac{h}{2}[f(x) + f(x+h)] = \int_{x}^{x+h} f(t) dt + \sum_{k=1}^{\infty} \frac{B_{2k}}{(2k)!} h^{2k} [f^{(2k-1)}(x+h) - f^{(2k-1)}(x)].$$

Wird diese formale Darstellung für die $n$ Teilintervalle der Trapezintegration (8.4) summiert, so ergibt sich

$$T(h) = \int_{a}^{b} f(x) dx + \sum_{k=1}^{\infty} \frac{B_{2k}}{(2k)!} h^{2k} [f^{(2k-1)}(b) - f^{(2k-1)}(a)]. \tag{8.11}$$

Wegen des meist sehr starken Wachstums der Ableitungen $f^{(2k-1)}(x)$ mit zunehmendem $k$ konvergiert die Reihe (8.11) im allgemeinen nicht, so daß (8.11) in dieser Form ungültig ist. In den meisten Fällen kann jedoch gezeigt werden, daß jede endliche Partialsumme in (8.11) für $h \to 0$ zu $T(h)$ asymptotisch ist. In diesen Fällen gilt die Euler-Maclaurinsche Summenformel (8.11) in der Form

$$\boxed{T(h) = \int_{a}^{b} f(x) dx + \sum_{k=1}^{N} c_k h^{2k} + R_{N+1}(h)} \tag{8.12}$$

mit bestimmten, von $h$ unabhängigen Koeffizienten $c_k$ und einem Restglied $R_{N+1}(h)$, wobei $R_{N+1}(h) = O(h^{2N+2})$ für jedes feste $N$ und $h \to 0$ ist.
Im allgemeinen Fall $c_1 \neq 0$ ist somit der Fehler der Trapezmethode $O(h^2)$, d. h. von zweiter Ordnung. Bei Halbierung der Schrittlänge $h$ reduziert sich der Fehler lediglich um den Faktor vier bei einer Verdoppelung des Rechenaufwandes. Verbesserungen der Trapezmethode auf Grund von (8.12) diskutieren wir im folgenden Abschnitt. Falls jedoch $c_k = 0$ für $k = 1, 2, \ldots, N$ gilt, ist der Fehler der Trapezmethode allein durch das Restglied gegeben. Es ist zu erwarten, daß die Trapezmethode in diesem Fall besonders gute Näherungswerte liefert, doch vermag die Euler-Maclaurinsche Summenformel nichts über den genauen Fehler auszusagen. Diese wichtigen Spezialfälle betrachten wir im Abschnitt 8.2.

### 8.1.4  Das Romberg-Verfahren

Die Trapezmethode soll jetzt unter der Annahme, daß eine asymptotische Entwicklung (8.12) mit $c_k \neq 0$ gilt, verbessert werden. Dazu wird aus Trapezsummen $T(h_i)$ für einige Schrittlängen $h_i$ auf den Wert $T(0) = I$ extrapoliert, was mit dem Neville-Algorithmus von Abschnitt 3.5.2 erfolgen kann. Aus dem Halbierungsalgorithmus (8.7) erhalten wir die Funktionswerte $T(h_i)$ mit $h_0 = b - a$, $h_i = h_{i-1}/2$, $(i = 1, 2, \ldots)$ für Argumente, welche eine geometrische Folge mit dem Quotienten $q = \dfrac{1}{2}$ bilden. Da die Entwicklung (8.12) nur gerade Potenzen von $h$ enthält, wird die Extrapolation durch die Rekursion (3.82) beschrieben. Das Schema der Hilfswerte $p_i^{(k)}$ heißt Romberg-Schema [Rom55].

**Beispiel 8.2** Für das Integral

$$\int_1^2 \frac{dx}{x} = \log(2) \doteq 0.6931471806 \tag{8.13}$$

lautet das Romberg-Schema mit den auf zehn Stellen nach dem Komma gerundeten Zahlwerten

| $h_i$ | $T(h_i) = p_i^{(0)}$ | $p_i^{(1)}$ | $p_i^{(2)}$ | $p_i^{(3)}$ | $p_i^{(4)}$ |
|---|---|---|---|---|---|
| 1 | 0.7500000000 | | | | |
| 0.5 | 0.7083333333 | 0.6944444444 | | | |
| 0.25 | 0.6970238095 | 0.6932539683 | 0.6931746032 | | |
| 0.125 | 0.6941218504 | 0.6931545307 | 0.6931479015 | 0.6931474776 | |
| 0.0625 | 0.6933912022 | 0.6931476528 | 0.6931471843 | 0.6931471831 | 0.6931471819 |

△

Gewöhnlich wird die oberste Diagonale im Romberg-Schema mit den Werten $p_k^{(k)}$ zur Beobachtung der Konvergenz verwendet. Wird der Halbierungsalgorithmus (8.7) in Kombination mit dem Romberg-Schema beendet, sobald beispielsweise $|p_k^{(k)} - p_{k-1}^{(k-1)}| < \varepsilon$ ist, erhält man ein recht effizientes Verfahren, das für glatte Integranden auch genaue Resultate liefert. Zur Vermeidung sehr hoher Rechenzeiten bei Vorgabe einer allzu kleinen Toleranz $\varepsilon$ sollte die Anzahl der Halbierungsschritte

338   8 Integralberechnung

begrenzt werden. In [BRS63] wird gezeigt, daß im allgemeinen die Diagonalfolge der $p_k^{(k)}$ superlinear konvergiert, d. h. daß die Quotienten

$$q_k := \frac{p_k^{(k)} - I}{p_{k-1}^{(k-1)} - I}, \quad I = \int_a^b f(x)\,\mathrm{d}x \tag{8.14}$$

mit zunehmendem $k$ gegen Null konvergieren. Im Beispiel 8.2 erhält man die Quotienten $q_1 \doteq 0.00228$, $q_2 \doteq 0.00211$, $q_3 \doteq 0.00108$, $q_4 \doteq 0.00046$, was zwar die Aussage über die superlineare Konvergenz bestätigt, doch auch zeigt, daß die Konvergenz nicht bedeutend besser als linear ist.

**Beispiel 8.3** Der scheinbar harmlose Integrand von

$$I = \int_0^1 x^{3/2}\,\mathrm{d}x = 0.4$$

zeigt, daß manchmal in der Anwendung des Romberg-Verfahrens Vorsicht geboten ist.

| $h_i$ | $T(h_i) = p_i^{(0)}$ | $p_i^{(1)}$ | $p_i^{(2)}$ | $p_i^{(3)}$ | $p_i^{(4)}$ |
|---|---|---|---|---|---|
| 1      | 0.5000000000 |              |              |              |              |
| 0.5    | 0.4267766953 | 0.4023689271 |              |              |              |
| 0.25   | 0.4070181109 | 0.4004319161 | 0.4003027820 |              |              |
| 0.125  | 0.4018124648 | 0.4000772494 | 0.4000536050 | 0.4000496498 |              |
| 0.0625 | 0.4004634013 | 0.4000137135 | 0.4000094777 | 0.4000087773 | 0.4000086170 |

Die Quotienten (8.14) werden hier $q_1 \doteq 0.0237$, $q_2 \doteq 0.1278$, $q_3 \doteq 0.1640$, $q_4 \doteq 0.1736$. Daraus und aus dem Romberg-Schema selbst ist ersichtlich, daß nur noch die Kolonne $p_i^{(1)}$ gegenüber $T(h_i)$ eine wesentliche Verbesserung bringt. Die Erklärung dafür besteht darin, daß wegen der Singularität der zweiten Ableitung des Integranden $f(x)$ an der Stelle $x = 0$ das Fehlergesetz (8.12) nur für $N = 1$ gültig ist. Für das betrachtete Integral tritt in der Euler-Maclaurinschen Summenformel ein zusätzlicher Fehlerterm der Form $O(h^{5/2})$ auf [Rut63]. Dieser kann vermittels des Neville-Algorithmus ebenfalls eliminiert werden, indem man auf die Kolonne der $p_i^{(1)}$-Werte eine Zusatzkolonne $\tilde{p}_i^{(2)}$ mit dem Divisor $(2^{5/2} - 1)$ an Stelle von $(2^4 - 1)$ in (3.82) folgen läßt. Anschließend kann das normale Romberg-Verfahren wieder angewandt werden, und wir erhalten so das modifizierte Schema

| $h_i$ | $\tilde{p}_i^{(2)}$ | $\tilde{p}_i^{(3)}$ | $\tilde{p}_i^{(4)}$ |
|---|---|---|---|
| 0.25   | 0.4000159678 |              |              |
| 0.125  | 0.4000010892 | 0.4000000973 |              |
| 0.0625 | 0.4000000701 | 0.4000000022 | 0.4000000007 |

Die Quotienten (8.14) $\tilde{q}_2 \doteq 0.00674$, $\tilde{q}_3 \doteq 0.00610$, $\tilde{q}_4 \doteq 0.00466$ nehmen jetzt ab. △

Die in Beispiel 8.3 angedeutete Technik der exakten Berücksichtigung von Singularitäten wollen wir nicht weiter verfolgen, denn die allgemeiner verwendbaren Transformationsmethoden von Abschnitt 8.2 sind bedeutend effizienter.

Das Romberg-Verfahren besitzt eine anschauliche Interpretation. Der Rekursionsschritt (3.82) im Neville-Algorithmus

$$p_i^{(k)} = p_i^{(k-1)} + (p_i^{(k-1)} - p_{i-1}^{(k-1)})/(4^k - 1) \tag{8.15}$$

8.1 Die Trapezmethode

für $k = 1, i = 1, 2, \ldots$ bewirkt die Elimination des ersten Fehlerterms $c_1 h^2$ aus (8.12), so daß asymptotisch gilt

$$p_i^{(1)} = \int_a^b f(x)\,dx + \sum_{k=2}^N c_k^* h^{2k} + R_{N+1}^*(h). \tag{8.16}$$

Entsprechend eliminieren die weiteren Rekursionsschritte ($k = 2, 3, \ldots$) die Fehlerterme mit $h^4$, $h^6$, .... Somit gilt für die Werte

$$p_i^{(k)} = \int_a^b f(x)\,dx + O(h_i^{2k+2}), \quad (i \geq k = 1, 2, \ldots).$$

Im speziellen stellen die Werte $p_i^{(1)}$ der ersten Kolonne des Romberg-Schemas Näherungen des Integralwertes $I$ mit einem Fehler $O(h_i^4)$ dar. Wenn wir $h_{i-1} = h$ und $h_i = h/2$ setzen, dann gilt gemäß (8.15) und (8.16)

$$p_i^{(1)} = \frac{1}{3}\left[4T\left(\frac{h}{2}\right) - T(h)\right] = \frac{1}{3}[T(h) + 2M(h)].$$

Daraus folgt explizit die für eine beliebige Schrittlänge $h = (b-a)/n$, $n \in \mathbb{N}$ gültige Simpsonsche Quadraturformel

$$\boxed{S(h) := \frac{h}{3}\left[\sum_{j=0}^{n}{}'' f(x_j) + 2 \sum_{j=0}^{n-1} f(x_{j+\frac{1}{2}})\right], \quad x_\mu := a + \mu h.} \tag{8.17}$$

Das Romberg-Verfahren besitzt den Vorteil, einfach durchführbar zu sein, doch ist es oft zu aufwendig, falls Integrale mit hoher Genauigkeit berechnet werden müssen. Falls der Integrand $f(x)$ an beliebigen Stellen $x \in [a,b]$ verfügbar ist, sind die Verfahren der Abschnitte 8.2 und 8.4 viel effizienter. Für nicht allzu einfache Integranden ist der Rechenaufwand eines Quadraturalgorithmus im wesentlichen proportional zur Anzahl der Auswertungen $f(x_j)$. Beim Romberg-Verfahren verdoppelt sich der Aufwand bei jedem Halbierungsschritt. Der dadurch erzielte bescheidene Genauigkeitsgewinn von höchstens einigen Dezimalstellen stellt den Hauptnachteil des Romberg-Verfahrens dar.

Die Situation wird etwas verbessert durch die von Bulirsch vorgeschlagene Folge von Schrittlängen [Bul 64]

$$h_0 = b - a, \quad h_1 = h_0/2, \quad h_2 = h_0/3, \quad h_3 = h_0/4, \quad h_4 = h_0/6, \quad h_5 = h_0/8,$$
$$h_6 = h_0/12, \quad h_7 = h_0/16, \ldots \tag{8.18}$$

Sie hat den Vorteil, daß für (8.18) der Rechenaufwand zur Berechnung von nachfolgenden Trapezsummen langsamer ansteigt. Anstelle der Extrapolation mit Polynomen kann auch die oft genauere rationale Extrapolation verwendet werden. Ein entsprechendes Rechenprogramm findet man in [BuS 67].

## 8.1.5 Adaptive Quadraturverfahren

Der große Rechenaufwand der Romberg-Quadratur ist durch die uniforme Knotenverteilung bedingt. Eine Reduktion des Aufwandes kann dadurch erzielt werden, daß die Wahl der Integrationsstützstellen dem individuellen Integranden angepaßt wird. In adaptiven Quadraturverfahren erfolgt diese Wahl automatisch auf Grund von bestimmten Kriterien.

Wir beginnen mit der Feststellung, daß im allgemeinen ein Integral über ein kurzes Intervall genauer und schneller berechnet werden kann als ein entsprechendes Integral über ein langes Intervall. Deshalb ist es immer vorteilhaft, vor der Anwendung einer Quadraturformel das Integrationsintervall $[a, b]$ geeignet zu unterteilen und dann die Teilintegrale aufzusummieren. Adaptive Verfahren unterteilen $[a, b]$ fortgesetzt solange, bis in jedem Teilintervall mit der zugrundegelegten Quadraturformel die geforderte Genauigkeit erreicht wird. Die Unterteilung wird dort feiner, wo $f(x)$ stark variiert, und gröber in Intervallen geringer Variation (vgl. Fig. 8.3). Die Entscheidung, ob ein Teilintervall weiter unterteilt werden soll, erfolgt auf Grund des Vergleichs von zwei verschiedenen Näherungswerten $\tilde{I}_1$ und $\tilde{I}_2$ für dasselbe Teilintegral.

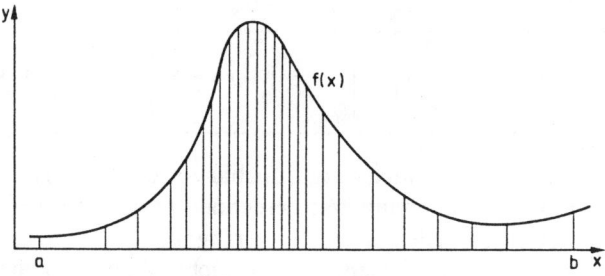

Fig. 8.3
Adaptive Quadratur

Um das Prinzip darzulegen, verwenden wir als Näherung $\tilde{I}_1$ den Trapezwert für das Teilintervall $[a_j, b_j]$

$$\tilde{I}_1 = \frac{1}{2} h_j [f(a_j) + f(b_j)], \quad h_j := b_j - a_j.$$

Für $\tilde{I}_2$ wird der Simpsonwert gemäß (8.17)

$$\tilde{I}_2 = \frac{1}{3} [\tilde{I}_1 + 2 h_j f(m_j)], \quad m_j := \frac{1}{2} (a_j + b_j)$$

gewählt [Lyn69]. Die berechneten Funktionswerte lassen sich so ökonomisch weiter verwenden.

Als Abbruchkriterium für die lokale Intervallhalbierung übernehmen wir einen Vorschlag von Gander [Gan85]. Danach wird die Halbierung eines Intervalls dann abgebrochen, wenn in Maschinenarithmetik

$$\tilde{I}_1 + I_S = \tilde{I}_2 + I_S$$

gilt, wo $I_S \neq 0$ ein Schätzwert für den zu berechnenden Integralwert $I$ ist. Dieser braucht kein guter Näherungswert für $I \neq 0$ zu sein, sondern muß nur die Größenordnung richtig wiedergeben. Dieses Kriterium bewirkt, daß betragsmäßig kleine Beiträge zum Integral $I$ nicht mit zu kleinen relativen Fehlern berechnet werden müssen, und daß für $I$ ein Näherungswert mit praktisch voller Rechnergenauigkeit geliefert wird. Ist man hingegen mit einem Näherungswert für $I \neq 0$ mit der **relativen Genauigkeit** $\varepsilon > 0$ zufrieden, dann erreicht man dies dadurch, daß der Schätzwert $I_S$ etwa gleich $\varepsilon I/\delta$ gesetzt wird, wo $\delta$ die kleinste positive Zahl des Rechners bedeutet, so daß $1 + \delta \neq 1$ gilt.

Die eleganteste und kompakteste algorithmische Beschreibung der adaptiven Quadratur ergibt sich vermittels rekursiver Definition eines Unterprogramms [Gan 85]. Wenn wir von dieser Möglichkeit absehen, dann erfordert die algorithmische Realisierung die Abspeicherung der Teilpunkte $a_j$ und der zugehörigen Funktionswerte $f_j = f(a_j)$ als Vektoren, um sie wiederverwenden zu können. Zudem wird die Information über die Teilintervalle, über welche die Integrale noch zu berechnen sind, benötigt. Dazu wird im folgenden Algorithmus ein Indexvektor $u$ verwendet, welcher die Indizes $p$ der laufend generierten Teilpunkte $a_p$ enthält, mit denen die Integrationsintervalle erklärt werden können. Die Zahl der Komponenten des Vektors $u$ variiert im Verlauf des Algorithmus (8.19), während jene der Vektoren $a$ und $f$ monoton zunimmt.

$$
\begin{aligned}
&\text{START: } a_0 = a; a_1 = b; f_0 = f(a); f_1 = f(b); I = 0 \\
&\qquad\quad j = 0, k = 1; p = 1; l = 1; u_1 = 1 \\
&\text{HALB: } h = a_k - a_j; m = (a_j + a_k)/2; fm = f(m) \\
&\qquad\quad I1 = h \times (f_j + f_k)/2; I2 = (I1 + 2 \times h \times fm)/3 \\
&\qquad\quad \text{falls } IS + I1 \neq IS + I2: \\
&\qquad\qquad p = p + 1; a_p = m; f_p = fm; k = p \\
&\qquad\qquad l = l + 1; u_l = p; \text{ gehe nach HALB} \\
&\qquad\quad \text{sonst} \\
&\qquad\qquad I = I + I2; j = u_l; l = l - 1; k = u_l \\
&\qquad\quad \text{falls } l > 0: \text{ gehe nach HALB}
\end{aligned}
\qquad (8.19)
$$

Die adaptive Quadratur ist natürlich effizienter, falls einfache Quadraturformeln mit höheren Fehlerordnungen kombiniert werden. Solche Verfahren werden in Abschnitt 8.3 behandelt werden.

**Beispiel 8.4** Das singuläre Integral von Beispiel 8.3 ist mit (8.19) näherungsweise berechnet worden. Bei vierzehnstelliger Rechnung, $\delta = 10^{-14}$ und dem Schätzwert 0.5 für $I$ erhält man folgende Resultate, wobei $N$ die Anzahl der Auswertungen des Integranden bedeutet.

| $\varepsilon =$ | $10^{-4}$ | $10^{-5}$ | $10^{-6}$ | $10^{-7}$ | $10^{-8}$ |
|---|---|---|---|---|---|
| $\tilde{I} =$ | 0.4000004636 | 0.4000000214 | 0.4000000029 | 0.4000000005 | 0.4000000001 |
| $N =$ | 43 | 85 | 207 | 387 | 905 |

△

# 342    8 Integralberechnung

**Beispiel 8.5** Das Integral

$$I = \int_0^1 \{e^{-50(x-0.5)^2} + e^{-2x}\}\,dx \doteq 0.68299504214$$

wurde mit der adaptiven Quadratur (8.19) näherungsweise berechnet. Der Integrand weist in der Gegend von $x=0.5$ eine starke Variation auf. Deshalb erfordert die Quadratur dort eine feine Intervalleinteilung. Die Einteilung ist für $\varepsilon = 10^{-4}$ und dem Schätzwert 0.5 in Fig. 8.4 dargestellt. Man erhält folgende Resultate bei verschiedenem $\varepsilon$ und $N$ Auswertungen des Integranden.

| $\varepsilon =$ | $10^{-2}$ | $10^{-3}$ | $10^{-4}$ | $10^{-5}$ | $10^{-6}$ |
|---|---|---|---|---|---|
| $\tilde{I} =$ | 0.6829949919 | 0.6829956160 | 0.6829950665 | 0.6829950432 | 0.6829950421 |
| $N =$ | 47 | 95 | 215 | 465 | 953 |

Fig. 8.4 Teilintervalle der adaptiven Quadratur △

Adaptive Methoden zeichnen sich dadurch aus, daß sie für fast beliebige Integranden, die beispielsweise nur stückweise stetig oder sogar unbeschränkt sind, annehmbare Integralwerte liefern. Jedoch wird die Anzahl der Funktionsauswertungen meist recht hoch sein. Man wird deshalb diese Methode am ehesten in Einzelfällen einsetzen, wo eine vorgängige Analyse des Integranden nicht möglich ist. Eine Sammlung von Rechenprogrammen mit adaptiven Quadraturalgorithmen findet man beispielsweise in [PDÜ83].

Abschließend verweisen wir auf die Tatsache, daß es keinen absolut sicheren, auf deterministische Weise arbeitenden automatischen Quadraturalgorithmus geben kann. Falls wir ein solches hypothetisches Verfahren auf die Funktion $f(x) = 0$ für $[a,b]$ mit $a<b$ anwenden, so erhalten wir nach einer gewissen Anzahl $N$ von Funktionsaufrufen $f(x_j)$ an den Stützstellen $x_j$ das richtige Ergebnis $\tilde{I} = 0$. Für die Funktion

$$g(x) := \prod_{j=1}^{N} (x - x_j)^2,$$

welche $g(x_j) = 0$, $(j=1,2,\ldots,N)$ erfüllt, bildet der Algorithmus die genau gleichen Stützstellen $x_j$, und somit erhalten wir ebenfalls $\tilde{I} = 0$, obwohl $I > 0$ ist.

Ebenso wird es nicht leicht sein, einen praktikablen, universellen Quadraturalgorithmus anzugeben, der beispielsweise

$$f(x) = \begin{cases} 1000, & 0.334 < x < 0.335 \\ 0, & \text{sonst} \end{cases}$$

korrekt von $a = -1$ bis $b = 1$ integriert.

## 8.2 Transformationsmethoden

In diesem Abschnitt behandeln wir solche Integrale, für welche im Fehlergesetz (8.12) der Trapezregel alle Terme endlicher Ordnung verschwinden. Das übrig bleibende Restglied ist dann exponentiell klein. Integrale mit dieser Eigenschaft treten nicht allzu selten auf und haben wichtige Anwendungen. Zudem können Integrale mit analytischen Integranden $f(x)$ durch geeignete Transformationen auf die erwähnten Fälle zurückgeführt werden.

### 8.2.1 Periodische Integranden

Ein erster Fall, wo in der Euler-Maclaurinschen Summenformel (8.12) alle $c_k$ verschwinden, liegt vor, wenn der in $\mathbb{R}$ analytische Integrand $f(x)$ $\tau$-periodisch ist,

$$f(x + \tau) = f(x) \quad \text{für alle } x \in \mathbb{R},$$

und sich die Integration über eine volle Periode erstreckt. Ohne Einschränkung der Allgemeinheit setzen wir $a = 0$, $b = \tau$. Dann gilt

$$f^{(2k-1)}(b) - f^{(2k-1)}(a) = 0, \quad (k = 1, 2, \ldots). \tag{8.20}$$

Für jedes $N$ ist im Fehlergesetz (8.12) nur das Restglied vorhanden. Anstatt das Restglied in (8.12) für periodische Funktionen zu untersuchen, ist es einfacher, direkt den Fehler der Trapezsummen durch die Fourierreihe von $f(x)$ auszudrücken. In komplexer Schreibweise mit $i^2 = -1$ sei also

$$f(x) = \sum_{k=-\infty}^{\infty} f_k e^{ikx \frac{2\pi}{\tau}} \tag{8.21}$$

mit den komplexen Fourierkoeffizienten

$$f_k := \frac{1}{\tau} \int_0^\tau f(x) e^{-ikx \frac{2\pi}{\tau}} \, dx. \tag{8.22}$$

Wegen $f(\tau) = f(0)$ schreibt sich die Trapezsumme (8.4) bei $n$ Teilintervallen als

$$T(h) = h \sum_{j=0}^{n-1} f(jh), \quad h = \frac{\tau}{n}, n \in \mathbb{N}. \tag{8.23}$$

Setzen wir die Fourierreihe (8.21) in (8.23) ein und vertauschen die Summationsreihenfolge, ergibt sich

$$T(h) = \frac{\tau}{n} \sum_{k=-\infty}^{\infty} f_k \sum_{j=0}^{n-1} e^{ijk \frac{2\pi}{n}}.$$

Wegen $\sum_{j=0}^{n-1} e^{ijk\frac{2\pi}{n}} = \begin{cases} n, & \text{für } k \equiv 0 \pmod{n} \\ 0, & \text{sonst} \end{cases}$

bleiben von der Summe über $k$ nur die Terme mit $k = nl$, $l \in \mathbb{Z}$ übrig, und wir erhalten

$$T(h) = \tau \sum_{l=-\infty}^{\infty} f_{nl}. \tag{8.24}$$

Speziell gilt gemäß (8.22)

$$\tau f_0 = \int_0^\tau f(x)\,\mathrm{d}x = I,$$

und somit ergibt sich aus (8.24) das Fehlergesetz

$$\boxed{T(h) - I = \tau(f_n + f_{-n} + f_{2n} + f_{-2n} + \ldots).} \tag{8.25}$$

Zur weiteren Diskussion benutzen wir aus der komplexen Analysis den folgenden [Hen 77]

**Satz 8.1** *Sei $f(z)$ $\tau$-periodisch und analytisch im Streifen $|\mathrm{Im}(z)| < \omega$, $0 < \omega < \infty$, wobei der Rand des Streifens Singularitäten von $f(z)$ enthält. Dann klingen die Fourierkoeffizienten $f_k$ (8.22) von $f(z)$ ab wie eine geometrische Folge gemäß*

$$|f_k| = O\left(e^{-|k|(\omega-\varepsilon)\frac{2\pi}{\tau}}\right), \quad k \to \infty,\, \varepsilon > 0.$$

Für Funktionen $f(x)$, welche die Voraussetzungen des Satzes 8.1 erfüllen, folgt aus (8.25) wegen $h = \tau/n$

$$\boxed{|T(h) - I| = O\left(e^{-(\omega-\varepsilon)\frac{2\pi}{h}}\right), \quad h > 0,\, \varepsilon > 0.} \tag{8.26}$$

Somit nimmt der Fehler der Trapezsumme $T(h)$ mit abnehmender Schrittlänge $h$ **exponentiell** ab. Für hinreichend kleines $h$ bewirkt die Halbierung der Schrittlänge etwa die Quadrierung des Fehlers. Die Anzahl der richtigen Dezimalstellen nimmt also etwa proportional zum geleisteten Rechenaufwand zu.

Der Algorithmus (8.7) eignet sich gut zur genäherten Berechnung von solchen Integralen. Um dem Konvergenzverhalten Rechnung zu tragen, kann als Abbruchkriterium in (8.7) die Bedingung $|T - M| < \sqrt{\varepsilon}$ verwendet werden, falls die zuletzt berechnete Trapezsumme etwa den Fehler $\varepsilon$ gegenüber $I$ aufweisen darf.

Integrale der diskutierten Art treten in der Praxis recht häufig auf. Zu nennen wären beispielsweise die Berechnung der Oberfläche eines Ellipsoides, die Integraldarstellung der Besselfunktionen, die Berechnung der reellen Fourierkoeffizienten und die Bestimmung von Mittelwerten und Perioden. Man vergleiche dazu die Behandlung in [Dav 59].

**Beispiel 8.6** Der Umfang $U$ einer Ellipse mit den Halbachsen $A$ und $B$ mit $0 < B < A$ ist gegeben durch

$$U = \int_0^{2\pi} \sqrt{A^2 \sin^2 \varphi + B^2 \cos^2 \varphi}\, d\varphi = 4A \int_0^{\pi/2} \sqrt{1 - e^2 \cos^2 \varphi}\, d\varphi. \tag{8.27}$$

wo $e := \sqrt{A^2 - B^2}/A$ ihre Exzentrizität ist. Wir berechnen die Trapezsummen mit den Schrittlängen $h = 2\pi/n$, ($n = 8, 16, 24, \ldots, 64$) für $A = 1$, $B = 0.25$ und damit $e \doteq 0.968246$. In Tab. 8.2 sind die Ergebnisse zusammengestellt.

Tab. 8.2 Trapezsummen für periodischen Integranden

| $n$ | $T\left(\dfrac{2\pi}{n}\right)$ | $q_n$ |
|---|---|---|
| 8  | 4.2533048630 |        |
| 16 | 4.2877583000 | 0.0405 |
| 24 | 4.2891119296 | 0.0681 |
| 32 | 4.2892026897 | 0.0828 |
| 40 | 4.2892101345 | 0.0919 |
| 48 | 4.2892108138 | 0.0980 |
| 56 | 4.2892108800 | 0.1024 |
| 64 | 4.2892108868 | 0.1057 |

Die $q$-Werte sind die Quotienten von aufeinanderfolgenden Fehlern. Zur besseren Illustration des Konvergenzverhaltens wurde die Zahl $n$ der Teilintervalle in arithmetischer Folge mit der Differenz $d = 8$ erhöht. Gemäß (8.26) verhalten sich dann die Fehler etwa wie eine geometrische Folge mit dem Quotienten $e^{-d\omega} = e^{-8\omega}$. Der Integrand (8.27) hat bei $\varphi = \pm i\omega$ mit $\cosh(\omega) = 4/\sqrt{15}$ Verzweigungspunkte und ist damit nur analytisch im Streifen $|\text{Im}(\varphi)| < 0.2554128$. Nach Satz 8.1 und (8.26) folgt daraus $\lim_{n \to \infty} |q_n| = e^{-8\omega} \doteq 0.1296$ in guter Übereinstimmung mit den festgestellten Quotienten in Tab. 8.2. Infolge des kleinen Wertes von $\omega$ für das gewählte Achsenverhältnis ist die Konvergenz der Trapezsummen relativ langsam. Für ein Achsenverhältnis $A/B = 2$ liefern bereits $n = 32$ Teilintervalle, d. h. acht Teilintervalle der Viertelperiode zehnstellige Genauigkeit. △

### 8.2.2 Integrale über $\mathbb{R}$

Den zweiten Spezialfall des Fehlergesetzes (8.12) erhalten wir für uneigentliche Integrale der Form

$$I = \int_{-\infty}^{\infty} f(x)\, dx. \tag{8.28}$$

Dabei sei $f(x)$ absolut integrierbar und auf der ganzen reellen Achse analytisch. Zudem soll $f^{(k)}(a) \to 0$ für $a \to \pm\infty$, ($k = 0, 1, 2, \ldots$) gelten. Der formale Grenzübergang $a \to -\infty$ und $b \to \infty$ in (8.11) läßt erwarten, daß die Trapezintegration (8.9) für die Berechnung des Integrals (8.28) ebenfalls besonders gute Approximationen liefert.

Dies ist in der Tat der Fall, denn das Fehlergesetz wird jetzt durch die Poissonsche Summenformel geliefert. Wir begnügen uns mit einer formalen Diskussion und verweisen für eine strenge Behandlung auf [Hen 77]. Die zu (8.28) definierte Trapezsumme (8.8)

$$T(h, s) := h \sum_{j=-\infty}^{\infty} f(jh + s) \tag{8.29}$$

ist als Funktion von $s$ periodisch mit der Periode $h$ und kann deshalb als Fourierreihe

$$T(h, s) = \sum_{k=-\infty}^{\infty} t_k e^{iks \frac{2\pi}{h}} \tag{8.30}$$

mit den Fourierkoeffizienten

$$t_k = \frac{1}{h} \int_0^h T(h, s) e^{-iks \frac{2\pi}{h}} ds \tag{8.31}$$

geschrieben werden. Einsetzen von (8.29) in (8.31) ergibt nach Vertauschung von Integration und Summation

$$t_k = \sum_{j=-\infty}^{\infty} \int_0^h f(jh + s) e^{-iks \frac{2\pi}{h}} ds = \int_{-\infty}^{\infty} f(s) e^{-iks \frac{2\pi}{h}} ds.$$

Führen wir das Fourierintegral

$$g(t) := \int_{-\infty}^{\infty} f(s) e^{-ist} ds \tag{8.32}$$

des Integranden $f(s)$ ein, so erhalten wir aus (8.30) die Poissonsche Summenformel

$$T(h, s) = \mathrm{HW} \left\{ \sum_{k=-\infty}^{\infty} g\left(k \frac{2\pi}{h}\right) e^{isk \frac{2\pi}{h}} \right\}, \tag{8.33}$$

wobei HW für den Hauptwert steht, der bei symmetrischer Bildung der unendlichen Summe resultiert. Nun ist speziell $g(0) = I$, und somit folgt aus (8.33)

$$T(h, s) - I = \mathrm{HW} \left\{ \sum_{k \neq 0} g\left(k \frac{2\pi}{h}\right) e^{isk \frac{2\pi}{h}} \right\}. \tag{8.34}$$

Für das Verhalten des Fehlers bei $h \to 0$ ist das Verhalten des Fourierintegrals (8.32) bei $t \to \infty$ maßgebend. Dazu gilt

**Satz 8.2** *Sei $f(z)$ eine über $\mathbb{R}$ integrierbare, im Streifen $|\mathrm{Im}(z)| < \omega$, $0 < \omega < \infty$, analytische Funktion, wobei der Rand des Streifens Singularitäten von $f(z)$ enthält. Dann gilt für das Fourierintegral (8.32) asymptotisch $|g(t)| = O(e^{-|t|(\omega-\varepsilon)})$ für $|t| \to \infty$ und jedes $\varepsilon > 0$.*

Auf Grund von Satz 8.2 folgt aus (8.34)

$$|T(h, s) - I| = O\left(e^{-(\omega - \varepsilon)\frac{2\pi}{h}}\right), \quad h > 0, \varepsilon > 0. \tag{8.35}$$

In formaler Übereinstimmung mit (8.26) ist der Fehler der Trapezsumme wiederum für $h \to 0$ exponentiell klein.

**Beispiel 8.7** Für $f(x) = e^{-x^2/2}$ sind

$$I = \int_{-\infty}^{\infty} e^{-x^2/2} dx = \sqrt{2\pi} \doteq 2.50662827463, \quad g(t) = \sqrt{2\pi} e^{-t^2/2}. \tag{8.36}$$

Mit dem Verfahren (8.9) erhalten wir $T(2,0) = 2.542683044$, $T(1,0) = 2.506628288$, $T\left(\frac{1}{2}, 0\right)$
$= 2.506628275$. Da der Integrand sehr rasch abklingt, liefert die Summation im Intervall $[-7, 7]$ schon zehnstellige Genauigkeit. Bei hinreichend hoher Rechengenauigkeit wäre gemäß (8.34) und (8.36) der Fehler in $T\left(\frac{1}{2}, 0\right)$ betragsmäßig kleiner als $3 \cdot 10^{-34}$. △

Die rasche Konvergenz von $T(h, s)$ bezüglich Verkleinerung von $h$ besteht nach (8.35) auch in Fällen von langsam abklingendem $f(x)$. Allerdings wird dann die Berechnung von $T(h, s)$ nach (8.9) sehr aufwendig.

**Beispiel 8.8** Für die Funktion $f(x) = 1/(1 + x^2)$ ist das Fourierintegral (8.32) $g(t) = \pi e^{-|t|}$. Somit besitzen die Trapezsummen für das uneigentliche Integral nach (8.33) die explizite Darstellung

$$T(h, s) = \pi + 2\pi \sum_{k=1}^{\infty} e^{-k\frac{2\pi}{h}} \cos\left(sk\frac{2\pi}{h}\right).$$

Aus dieser expliziten Formel berechnen sich die Werte $T(2,0) = 3.425377150$, $T(1,0)$
$= 3.153348095$, $T\left(\frac{1}{2}, 0\right) = 3.141614566$, $T\left(\frac{1}{4}, 0\right) = 3.141592654$. Die rasche Konvergenz der Trapezsummen gegen den Wert $I = \pi$ besteht auch hier, doch wären zur Berechnung von $T(h, 0)$ nach (8.9) mit derselben Genauigkeit rund $10^{10}$ Terme nötig. △

### 8.2.3 Transformationsmethoden

Die klassische Technik der Variablensubstitution soll im folgenden dazu eingesetzt werden, das Integral (8.1) so zu transformieren, daß es mit einer schnell konvergenten Quadraturmethode ausgewertet werden kann. Wir definieren die Transformation durch

$$x = \varphi(t), \quad \varphi'(t) > 0, \tag{8.37}$$

wo $\varphi(t)$ eine geeignet gewählte, einfach berechenbare und streng monotone, analytische Funktion ist. Ihre Inverse bildet das Integrationsintervall $[a, b]$ bijektiv

## 8 Integralberechnung

auf das Intervall $[\alpha, \beta]$ mit $\varphi(\alpha) = a$, $\varphi(\beta) = b$ ab. Damit erhalten wir

$$I = \int_a^b f(x)\mathrm{d}x = \int_\alpha^\beta F(t)\mathrm{d}t \quad \text{mit } F(t) := f(\varphi(t))\varphi'(t). \tag{8.38}$$

Hauptanwendungen der Transformationsmethoden sind die Behandlung von Integralen mit singulärem Integranden und von Integralen über unbeschränkte Intervalle mit schwach abklingenden Integranden. Die ersten Ansätze der Transformationsmethoden gehen zurück auf [Goo49, SaS64, Scw69, Ste73, TaM73]. Im folgenden stellen wir einige der wichtigsten Transformationen vor.

a) **Algebraische Substitution.** Als Modell eines Integrals mit einer algebraischen Randsingularität betrachten wir

$$I = \int_0^1 x^{p/q} f(x)\mathrm{d}x, \quad q = 2, 3, \ldots; p > -q, p \in \mathbb{Z}, \tag{8.39}$$

wobei $f(x)$ in $[0, 1]$ analytisch sei. Die Bedingung für $p$ und $q$ garantiert die Existenz von $I$. Die Variablensubstitution

$$x = \varphi(t) = t^q, \qquad \varphi'(t) = qt^{q-1} > 0 \text{ in } (0, 1)$$

führt (8.39) über in das Integral

$$I = q \int_0^1 t^{p+q-1} f(t^q)\mathrm{d}t,$$

welches wegen $p + q - 1 \geqslant 0$ existiert und keine Singularität aufweist. Es kann mit dem Romberg-Verfahren oder der Gaußschen Quadratur (vgl. Abschnitt 8.3.2) effizient ausgewertet werden.

Das Integral $I = \int_0^1 x^{3/2}\mathrm{d}x$ von Beispiel 8.3 geht durch die Substitution $x = t^2$ in das Integral $I = 2\int_0^1 t^4 \mathrm{d}t$ mit polynomialem Integranden über, das numerisch problemlos zu berechnen ist.

b) **tanh-Transformation.** Sind integrierbare Singularitäten von unbekannter, eventuell von logarithmischer Natur an den beiden Intervallenden vorhanden, soll $\varphi(t)$ in (8.37) so gewählt werden, daß das Integrationsintervall auf die ganze reelle Achse ($\alpha = -\infty$, $\beta = \infty$) abgebildet wird. Um exponentielles Abklingen des transformierten Integranden zu begünstigen, soll $\varphi(t)$ asymptotisch exponentiell gegen die Grenzwerte $a$ und $b$ streben. Für das Integral

$$I = \int_{-1}^1 f(x)\mathrm{d}x$$

erfüllt beispielsweise die Substitution

$$x = \varphi(t) = \tanh(t), \qquad \varphi'(t) = \frac{1}{\cosh^2(t)} \tag{8.40}$$

die gestellten Bedingungen. Das transformierte Integral ist

$$I = \int_{-\infty}^{\infty} F(t) \, dt \quad \text{mit } F(t) = \frac{f(\tanh(t))}{\cosh^2(t)}. \tag{8.41}$$

Wegen des sehr rasch anwachsenden Nenners wird der Integrand $F(t)$ für $t \to \pm\infty$ meistens exponentiell abklingen, so daß das Integral (8.41) mit der Trapezmethode (8.9) effizient berechnet werden kann. Die numerische Auswertung von $F(t)$ muß aber sehr sorgfältig erfolgen. Denn für große Werte von $|t|$ kann im Rahmen der Genauigkeit des Rechners $\tanh(t) = \pm 1$ resultieren. Hat $f(x)$ Randsingularitäten, könnte $F(t)$ für große $|t|$ aus diesem Grund nicht berechnet werden. Um diese numerische Schwierigkeit zu beheben, können beispielsweise die Relationen

$$\tanh(t) = -1 + e^t/\cosh(t) = -1 + \xi, \; t \leq 0; \qquad \tanh(t) = 1 - e^{-t}/\cosh(t) = 1 - \eta, \; t \geq 0$$

zusammen mit lokal gültigen Entwicklungen für $f(-1+\xi)$ und $f(1-\eta)$ verwendet werden. Eine weitere Schwierigkeit der tanh-Transformation besteht darin, daß sehr große Zahlen erzeugt werden, so daß sie auf Rechnern mit kleinem Exponentenbereich versagen kann.

Durch die Transformation (8.40) wird nicht in jedem Fall garantiert, daß der transformierte Integrand $F(t)$ beidseitig exponentiell abklingt. Ein Beispiel dazu ist

$$f(x) = \frac{x^2}{(1-x^2)\operatorname{Artanh}^2(x)} \quad \text{mit } F(t) = \frac{\tanh^2(t)}{t^2}.$$

c) sinh-Transformation. Wir betrachten Integrale mit unbeschränktem Integrationsintervall, die wegen zu langsamem Abklingen von $f(x)$ die Berechnung von zu vielen Termen in der Trapezmethode erfordern. In diesen Fällen eignet sich die Variablensubstitution

$$x = \varphi(t) = \sinh(t), \tag{8.42}$$

so daß wir

$$I = \int_{-\infty}^{\infty} f(x) \, dx = \int_{-\infty}^{\infty} F(t) \, dt \quad \text{mit } F(t) = f(\sinh(t))\cosh(t) \tag{8.43}$$

erhalten. Nach einer endlichen Anzahl von Anwendungen der sinh-Transformation (8.42) resultiert ein beidseitig exponentiell abklingender Integrand, auf den die Trapezmethode (8.9) effizient anwendbar ist. Meistens genügt ein Transformationsschritt. Nur in sehr speziellen Fällen von integrierbaren Funktionen kann die gewünschte Eigenschaft nicht mit einer endlichen Anzahl von sinh-Transformationen erreicht werden [Sze 61].

350   8 Integralberechnung

**Beispiel 8.9** Mit der sinh-Transformation ergibt sich für das Integral von Beispiel 8.8

$$I = \int_{-\infty}^{\infty} \frac{dx}{1+x^2} = \int_{-\infty}^{\infty} \frac{dt}{\cosh(t)} = \pi.$$

Die Trapezsummen sind $T(2,0) = 3.232618532$, $T(1,0) = 3.142242660$, $T\left(\frac{1}{2}, 0\right) = 3.141592687$, $T\left(\frac{1}{4}, 0\right) = 3.141592654$. Um die Trapezsummen mit zehnstelliger Genauigkeit zu erhalten, sind nur Werte $|t| \leq 23$ zu berücksichtigen. Die Trapezsumme $T\left(\frac{1}{2}, 0\right)$ ist bereits eine achtstellig genaue Näherung für $I$, und $T\left(\frac{1}{4}, 0\right)$ wäre bei hinreichend genauer Rechnung sogar sechzehnstellig genau.   △

d) **exp-Transformation**. Integrale mit halbunendlichen Intervallen $(a, \infty)$ lassen sich vermittels der einfachen Transformation

$$x = \varphi(t) = a + e^t$$

überführen in

$$I = \int_a^\infty f(x)dx = \int_{-\infty}^\infty f(a + e^t)e^t dt.$$

Ein Nachteil der Substitutionsmethode mag sein, daß ein Quadraturverfahren erst angewendet werden kann, nachdem von Hand Umformungen ausgeführt worden sind. Wir zeigen nun, daß bei gegebener Abbildung $x = \varphi(t)$ die Transformation rein numerisch, d. h. mit Werten von $\varphi(t)$ und $\varphi'(t)$ ausgeführt werden kann. Zu diesem Zweck nehmen wir an, daß die genäherte Berechnung des transformierten Integrals (8.38) mit einer $n$-Punkt-Quadraturformel (8.2) mit Knoten $t_j$, Gewichten $v_j$ und Restglied $R_{n+1}$ erfolgt.

$$I = \int_\alpha^\beta F(t)dt = \sum_{j=1}^n v_j F(t_j) + R_{n+1} \qquad (8.44)$$

Auf Grund der Definition von $F(t)$ in (8.38) läßt sich (8.44) auch als Quadraturformel für das ursprüngliche Integral interpretieren mit Knoten $x_j$ und Gewichten $w_j$, nämlich

$$\tilde{I} = \sum_{j=1}^n w_j f(x_j), \quad x_j := \varphi(t_j), w_j := v_j \varphi'(t_j), (j = 1, 2, \ldots, n). \qquad (8.45)$$

Am einfachsten ist es, die Werte von $x_j$ und $w_j$ direkt zu berechnen, wenn sie gebraucht werden. Dies ist wegen der Wahl von $\varphi(t)$ als einfache Funktion meistens sehr effizient möglich. Um die Rechnung noch effizienter zu gestalten, kann aber auch eine Tabelle der $x_j$ und $w_j$ bereitgestellt werden, auf die bei der Anwendung der Quadraturformel (8.45) zugegriffen wird. Weitere und insbesondere speziellere Realisierungen dieser Idee findet man in [IMT 70, Mor 78, TaM 74].

## 8.3 Interpolatorische Quadraturformeln

Zur genäherten Berechnung von bestimmten Integralen betrachten wir im folgenden Methoden, denen Approximationen des Integranden $f(x)$ durch Interpolationspolynome zugrunde liegen. Wir betrachten die beiden Fälle, in denen die interpolierenden Stützstellen im Integrationsintervall entweder äquidistant vorgegeben sind, um beispielsweise tabellarisch definierte Funktionen zu integrieren oder dann geeignet so festgelegt werden, daß ein maximal hoher Genauigkeitsgrad erreicht wird.

### 8.3.1 Newton-Cotes Quadraturformeln

Für die genäherte numerische Berechnung des bestimmten Integrals

$$I := \int_a^b f(x)\,dx, \tag{8.46}$$

wo $f(x)$ eine reelle, im Intervall $[a,b]$ stetige Funktion sei, seien $(n+1)$ paarweise voneinander verschiedene Stützstellen $x_0, x_1, \ldots, x_n$ gegeben. Ohne Einschränkung wollen wir vereinbaren, daß

$$a \leqslant x_0 < x_1 < x_2 < \ldots < x_{n-1} < x_n \leqslant b \tag{8.47}$$

gilt. Zu diesen Stützstellen und den zugehörigen Stützwerten $f_k := f(x_k)$, $(k = 0, 1, \ldots, n)$ existiert nach Satz 3.1 das eindeutige Interpolationspolynom $P_n(x)$ vom Grad kleiner oder gleich $n$, das mit den Lagrange-Polynomen $L_k(x)$ (3.3) die Darstellung

$$P_n(x) = \sum_{k=0}^n f(x_k) L_k(x)$$

besitzt. Zur Approximation von $I$ (8.46) definieren wir den Wert

$$Q_n := \int_a^b P_n(x)\,dx = \sum_{k=0}^n f(x_k) \int_a^b L_k(x)\,dx =: (b-a) \sum_{k=0}^n w_k f(x_k). \tag{8.48}$$

Die nur von den Stützstellen $x_0, x_1, \ldots, x_n$ und von $(b-a)$ abhängigen Größen

$$w_k := \frac{1}{b-a} \int_a^b L_k(x)\,dx, \quad (k = 0, 1, \ldots, n) \tag{8.49}$$

sind die Integrationsgewichte der Quadraturformel (8.48) zu den Integrationsstützstellen $x_k$.
Auf Grund der Definition (8.48) der interpolatorischen Quadraturformel ist klar, daß $Q_n$ den exakten Wert des bestimmten Integrals liefert, falls $f(x)$ ein Polynom vom Grad kleiner oder gleich $n$ ist. Andernfalls stellt $Q_n$ eine Näherung für $I$ mit einem vom

## 8 Integralberechnung

Integranden abhängigen Fehler

$$E_n[f] := I - Q_n = \int_a^b f(x)\,dx - (b-a)\sum_{k=0}^n w_k f(x_k) \tag{8.50}$$

dar. In bestimmten Fällen ist die Quadraturformel (8.48) auch noch exakt für Polynome höheren Grades. Als Maß für die Güte der Genauigkeit einer Quadraturformel führt man folgenden Begriff ein.

**Definition 8.1** *Eine Quadraturformel (8.48) besitzt den* Genauigkeitsgrad *$m \in \mathbb{N}$, falls sie alle Polynome bis zum Grad m exakt integriert, und m die größtmögliche Zahl mit dieser Eigenschaft ist.*

Da $E_n[f]$ ein lineares Funktional in $f$ ist, besitzt eine Quadraturformel (8.48) genau dann den Genauigkeitsgrad $m$, falls folgende Aussage

$$E[x^j] = 0 \quad \text{für } j = 0, 1, \ldots, m \quad \text{und} \quad E[x^{m+1}] \neq 0 \tag{8.51}$$

gilt. Aus den bisherigen Betrachtungen folgt zusammenfassend der

**Satz 8.3** *Zu beliebig vorgegebenen $(n+1)$ paarweise verschiedenen Integrationsstützstellen $x_k$ mit der Eigenschaft (8.47) existiert eine eindeutig bestimmte, interpolatorische Quadraturformel*

$$Q_n = (b-a)\sum_{k=0}^n w_k f(x_k) \quad \text{mit } w_k = \frac{1}{b-a}\int_a^b L_k(x)\,dx,\ (k=0,1,\ldots,n), \tag{8.52}$$

*deren Genauigkeitsgrad mindestens gleich n ist.*

Nach diesen allgemeinen Betrachtungen wenden wir uns einer ersten Klasse von Quadraturformeln zu, bei denen die Integrationsstützstellen äquidistant im Intervall $[a,b]$ verteilt sind gemäß

$$x_i := a + ih, \quad (i = 0, 1, \ldots, n); \quad h := \frac{b-a}{n}. \tag{8.53}$$

Damit erfassen wir insbesondere die genäherte Integralberechnung einer tabellarisch gegebenen Funktion $f(x)$. Zur Berechnung der zugehörigen Integrationsgewichte $w_k$ nach (8.52) ist die Variablensubstitution $x = a + (b-a)t$, $dx = (b-a)dt$ zweckmäßig. Mit der Definition der Lagrange-Polynome $L_k(x)$ erhalten wir die Darstellung

$$w_k = \frac{1}{b-a}\int_a^b \prod_{\substack{i=0 \\ i \neq k}}^n \left(\frac{x-x_i}{x_k-x_i}\right)dx = \int_0^1 \prod_{\substack{i=0 \\ i \neq k}}^n \left(\frac{nt-i}{k-i}\right)dt. \tag{8.54}$$

Für $n = 2$ ergeben sich gemäß (8.54) die Integrationsgewichte

$$w_0 = \int_0^1 \frac{(2t-1)(2t-2)}{(-1)(-2)}dt = \frac{1}{2}\int_0^1 (4t^2 - 6t + 2)dt = \frac{1}{6},$$

$$w_1 = \int_0^1 \frac{2t(2t-2)}{(1)(-1)}\,dt = -\int_0^1 (4t^2 - 4t)\,dt = \frac{2}{3},$$

$$w_2 = \int_0^1 \frac{2t(2t-1)}{(2)(1)}\,dt = \frac{1}{2}\int_0^1 (4t^2 - 2t)\,dt = \frac{1}{6}.$$

Die resultierende Quadraturformel

$$Q_2 = \frac{(b-a)}{6}[f_0 + 4f_1 + f_2] = \frac{h}{3}[f_0 + 4f_1 + f_2], f_i = f(x_i) \qquad (8.55)$$

ist die Regel von Simpson oder die Keplersche Faßregel. Ihr Genauigkeitsgrad ist sogar $m = 3$, obwohl zu ihrer Herleitung nur ein Interpolationspolynom zweiten Grades verwendet worden ist. In der Tat gilt

$$E_2[x^3] = \int_a^b x^3\,dx - \frac{b-a}{6}\left[a^3 + 4\left(\frac{a+b}{2}\right)^3 + b^3\right]$$

$$= \frac{1}{4}(b^4 - a^4) - \frac{1}{6}(b-a)\left[a^3 + \frac{1}{2}(a^3 + 3a^2b + 3ab^2 + b^3) + b^3\right]$$

$$= (b-a)\left[\frac{1}{4}(b^3 + ab^2 + a^2b + a^3) - \frac{1}{4}(a^3 + a^2b + ab^2 + b^3)\right] = 0,$$

jedoch ist $E_2[x^4] \neq 0$. Um dies einzusehen genügt es, $I$ und $Q_2$ für $a = -1$ und $b = 1$ auszurechnen.

Für $n = 3$ ergibt sich die Quadraturformel

$$Q_3 = \frac{3h}{8}[f_0 + 3f_1 + 3f_2 + f_3], \quad h = \frac{b-a}{3}, \qquad (8.56)$$

die man als (3/8)-Regel von Newton bezeichnet. Sie besitzt den Genauigkeitsgrad $m = 3$, denn für sie ist $E_3[x^4] \neq 0$.

Die Anzahl der Integrationsstützstellen und damit der Grad des Interpolationspolynoms kann beliebig erhöht werden. Die Quadraturformeln für $n = 4$ und $n = 5$ sind

$$Q_4 = \frac{2h}{45}[7f_0 + 32f_1 + 12f_2 + 32f_3 + 7f_4] \qquad (8.57)$$

$$Q_5 = \frac{5h}{288}[19f_0 + 75f_1 + 50f_2 + 50f_3 + 75f_4 + 19f_5] \qquad (8.58)$$

Der Genauigkeitsgrad der beiden Formeln (8.57) und (8.58) ist $m = 5$.

Die Formeln (8.55) bis (8.58) werden als geschlossene Newton-Cotes-Quadraturformeln bezeichnet, da sowohl der Anfangs- als auch der Endpunkt des Inter-

354    8 Integralberechnung

valls $[a, b]$ Integrationsstützstellen sind. Man kann allerdings zeigen, daß sie den Genauigkeitsgrad $m = n + 1$, falls $n$ gerade, und $m = n$, falls $n$ ungerade ist, besitzen [IsK66]. Unter diesem Gesichtspunkt ist es vorteilhafter, Quadraturformeln von Newton-Cotes für gerades $n$, d.h. mit einer ungeraden Anzahl von Knoten zu verwenden. Will man in dieser Klasse von Quadraturformeln den Genauigkeitsgrad erhöhen, müssen somit Paare von zusätzlichen Stützstellen hinzugenommen werden. Der Erhöhung des Grades $n$ sind im Prinzip keine Grenzen gesetzt. Für $n = 8$ und $n \geqslant 10$ werden jedoch einige Integrationsgewichte $w_k$ der Newton-Cotes Quadraturformeln negativ [Str74]. Da zudem die höhergradigen Interpolationspolynome die Tendenz haben, gegen die Enden des Interpolationsintervalls hin stark zu oszillieren, sollten die Formeln von Newton-Cotes nur für $n < 8$ verwendet werden.

Der Quadraturfehler $E_n[f] = I - Q_n$ einer Newton-Cotes Formel zu $(n+1)$ Integrationsstützstellen hat für eine in $[a, b]$ $(n+1)$-mal stetig differenzierbare Funktion $f(x)$ wegen (3.35) die Darstellung

$$E_n[f] = \frac{1}{(n+1)!} \int_a^b f^{(n+1)}(\xi(x))\varphi_n(x)\mathrm{d}x \quad \text{mit } \varphi_n(x) := \prod_{i=0}^{n}(x - x_i). \quad (8.59)$$

Da $\varphi_n(x)$ im Intervall $[a, b]$ das Vorzeichen an jeder Stützstelle wechselt, erfordert die weitere Diskussion des Integrals (8.59) umfangreiche Hilfsmittel, um schließlich zu einer einfachen Beschreibung des Quadraturfehlers zu gelangen. Ohne Beweis formulieren wir das Ergebnis in den beiden folgenden Sätzen [IsK66].

**Satz 8.4** *Ist $n$ gerade, und ist $f(x)$ in $[a, b]$ $(n+2)$-mal stetig differenzierbar, dann ist der Quadraturfehler der geschlossenen Newton-Cotes-Formel (8.52) gegeben durch*

$$E_n[f] = \frac{K_n}{(n+2)!} f^{(n+2)}(\zeta), \quad a < \zeta < b, \quad K_n := \int_a^b x\varphi_n(x)\mathrm{d}x. \quad (8.60)$$

**Satz 8.5** *Für $n$ ungerade und eine $(n+1)$-mal in $[a, b]$ stetig differenzierbare Funktion $f(x)$ ist der Quadraturfehler der geschlossenen Newton-Cotes-Formel (8.52) gegeben durch*

$$E_n[f] = \frac{K_n}{(n+1)!} f^{(n+1)}(\zeta), \quad a < \zeta < b, \quad K_n := \int_a^b \varphi_n(x)\mathrm{d}x. \quad (8.61)$$

Für die Simpsonsche Regel (8.55) folgt wegen $n = 2$ aus (8.60)

$$K_2 = \int_a^b x(x - x_0)(x - x_1)(x - x_2)\mathrm{d}x = (b - a)\int_0^1 (a + 2ht)(2ht)(2ht - h)(2ht - 2h)\mathrm{d}t$$

$$= (b - a)\left\{ah^3 \int_0^1 2t(2t - 1)(2t - 2)\mathrm{d}t + 4h^4 \int_0^1 t^2(2t - 1)(2t - 2)\mathrm{d}t\right\}$$

$$= 16h^5 \int_0^1 (2t^4 - 3t^3 + t^2)\mathrm{d}t = -\frac{4}{15} h^5.$$

## 8.3 Interpolatorische Quadraturformeln

Das erste Integral in der geschweiften Klammer ist gleich Null, weil der Integrand bezüglich des Mittelpunktes des Intervalls ungerade ist. Für den Quadraturfehler der Simpsonschen Regel folgt deshalb aus (8.60)

$$E_2[f] = -\frac{1}{90} h^5 f^{(4)}(\zeta) = -\frac{1}{2880} (b-a)^5 f^{(4)}(\zeta), \quad a < \zeta < b. \tag{8.62}$$

Analog berechnet man für die (3/8)-Regel von Newton (8.56) wegen $n = 3$ aus (8.61) mit

$$K_3 = \int_a^b (x - x_0)(x - x_1)(x - x_2)(x - x_3) dx$$

$$= (b - a) \int_0^1 (3ht)(3ht - h)(3ht - 2h)(3ht - 3h) dt$$

$$= 27 h^5 \int_0^1 t(3t - 1)(3t - 2)(t - 1) dt = -\frac{9}{10} h^5$$

den Quadraturfehler zu

$$E_3[f] = -\frac{3}{80} h^5 f^{(4)}(\zeta) = -\frac{1}{6480} (b-a)^5 f^{(4)}(\zeta), \quad a < \zeta < b. \tag{8.63}$$

Der Koeffizient des Quadraturfehlers der (3/8)-Regel ist 2.25mal kleiner als derjenige der Simpson-Regel. Mit der Hinzunahme einer Integrationsstützstelle verringert sich der Fehler nur rund auf die Hälfte.

Für die beiden weiteren Newton-Cotes-Formeln (8.57) und (8.58) ergeben sich die Quadraturfehler

$$E_4[f] = -\frac{8 h^7}{945} f^{(6)}(\zeta) = -\frac{(b-a)^7}{1935360} f^{(6)}(\zeta), \quad a < \zeta < b, \tag{8.64}$$

$$E_5[f] = -\frac{275 h^7}{12096} f^{(6)}(\zeta) = -\frac{11(b-a)^7}{37800000} f^{(6)}(\zeta), \quad a < \zeta < b.$$

Der Koeffizient des Quadraturfehlers von $Q_5$ ist etwa 1.78mal kleiner als derjenige von $Q_4$, so daß der Fehler von $Q_5$ im Vergleich zu $Q_4$ bei einer zusätzlichen Funktionsauswertung nicht einmal halbiert wird.

**Beispiel 8.10** Wir berechnen den Wert von

$$I = \int_0^1 e^{-x} dx = 1 - \frac{1}{e} \doteq 0.632120559$$

näherungsweise mit den Newton-Cotes-Formeln (8.55) bis (8.58).

$$h = \frac{1}{2}, \qquad Q_2 \doteq 0.632334, \qquad E_2 \doteq -0.000213;$$

$$h = \frac{1}{3}, \qquad Q_3 \doteq 0.632216, \qquad E_3 \doteq -0.000095;$$

$$h = \frac{1}{4}, \quad Q_4 \doteq 0.632120875, \quad E_4 \doteq -0.000000317;$$

$$h = \frac{1}{5}, \quad Q_5 \doteq 0.632120737, \quad E_5 \doteq -0.000000179.$$

Die Quadraturfehler der Integrationsregeln erfüllen die genannten Gesetze über die Abnahme mit hoher Genauigkeit. Es bestätigt sich, daß es vorteilhaft ist, die geschlossenen Quadraturformeln von Newton-Cotes nur für gerades $n$ zu verwenden. △

**Beispiel 8.11** Für das Integral

$$I = \int_0^1 \frac{4}{1+x^2}\,dx = \pi \tag{8.65}$$

liefern die Newton-Cotes Formeln (8.55) bis (8.58) die Näherungen

$$h = \frac{1}{2}, \quad Q_2 \doteq 3.133333, \quad E_2 \doteq 0.008259;$$

$$h = \frac{1}{3}, \quad Q_3 \doteq 3.138462, \quad E_3 \doteq 0.003131;$$

$$h = \frac{1}{4}, \quad Q_4 \doteq 3.142118, \quad E_4 \doteq -0.000525;$$

$$h = \frac{1}{5}, \quad Q_5 \doteq 3.141878, \quad E_5 \doteq -0.000286.$$

Im Vergleich zu den Ergebnissen von Beispiel 8.10 sind die Quadraturfehler, relativ zum exakten Integralwert, bedeutend größer. △

Mit den Quadraturformeln von Newton-Cotes kann der Wert $I$ eines bestimmten Integrals dadurch besser approximiert werden, daß das Integrationsintervall $[a, b]$ in $N$ gleichgroße Teilintervalle unterteilt wird. Die Quadraturformel wird auf jedes Teilintervall angewandt, und die einzelnen Beiträge werden addiert. Auf diese Weise gelangt man zu den **summierten Newton-Cotes-Quadraturformeln**. Aus der einfachen Simpson-Regel (8.55) folgt so die **summierte Simpson-Regel**

$$\boxed{\begin{array}{l} S_2 = \dfrac{h}{3}\left[f(a) + 4f(x_1) + f(b) + 2\displaystyle\sum_{k=1}^{N-1}\{f(x_{2k}) + 2f(x_{2k+1})\}\right] \\ \text{mit } h := \dfrac{b-a}{2N},\ x_j := a + jh,\ (j = 1, 2, \ldots, 2N-1). \end{array}} \tag{8.66}$$

Die Formulierung (8.66) erlaubt eine direkte Realisierung als Rechenprogramm. Aus (8.62) folgt durch Summation der Quadraturfehler der Teilintegrale und unter Benützung des Zwischenwertsatzes für den Fehler der summierten Simpson-Regel

$$E_{S_2}[f] = -\frac{(b-a)}{180}h^4 f^{(4)}(\zeta), \quad a < \zeta < b. \tag{8.67}$$

## 8.3 Interpolatorische Quadraturformeln

Die aus $Q_4$ folgende summierte Newton-Cotes-Quadraturformel ist

$$S_4 = \frac{2h}{45}\left[7\{f(a)+f(b)\} + 32\{f(x_1)+f(x_3)\} + 12f(x_2)\right.$$
$$\left.+ \sum_{k=1}^{N-1}\{14f(x_{4k}) + 32(f(x_{4k+1})+f(x_{4k+3})) + 12f(x_{4k+2})\}\right] \quad (8.68)$$

$$\text{mit } h := \frac{b-a}{4N}, \; x_j := a + jh, \; (j = 1, 2, \ldots, 4N-1).$$

Ihr Quadraturfehler ist gemäß (8.64)

$$E_{S_4}[f] = -\frac{2(b-a)}{945}h^6 f^{(6)}(\zeta), \quad a < \zeta < b. \quad (8.69)$$

**Beispiel 8.12** Zur genaueren Berechnung des Integrals (8.65) wenden wir die summierten Newton-Cotes-Formeln (8.66) und (8.68) für $N = 2, 3, 4, 6, 8$ an. In Tab. 8.3 sind die Ergebnisse mit den Quadraturfehlern zusammengestellt. Im Fall der summierten Simpson-Regel nimmt der Quadraturfehler $E_{S_4}$ rascher als $h^4$ ab. Infolge des Vorzeichenwechsels der vierten Ableitung von $f(x)$ heben sich die Quadraturfehler der Teilintervalle weitgehend auf. △

Tab. 8.3 Summierte Newton-Cotes-Quadraturformeln, Beispiel 8.12

| $N$ | $S_2$ | $E_{S_2}$ | $S_4$ | $E_{S_4}$ |
|---|---|---|---|---|
| 2 | 3.1415686275 | 0.0000240261 | 3.1415940941 | −0.0000014405 |
| 3 | 3.1415917809 | 0.0000008727 | 3.1415926976 | −0.0000000440 |
| 4 | 3.1415925025 | 0.0000001511 | 3.1415926611 | −0.0000000076 |
| 6 | 3.1415926403 | 0.0000000133 | 3.1415926543 | −0.0000000007 |
| 8 | 3.1415926512 | 0.0000000024 | 3.1415926537 | −0.0000000001 |

**Beispiel 8.13** Zur genäherten Berechnung von

$$I = \int_0^{\pi/2} x\cos(x)\,dx = \frac{\pi}{2} - 1 \doteq 0.5707963268 \quad (8.70)$$

sind die summierten Quadraturformeln $S_2$ und $S_4$ für $N = 2, 3, 4, 6, 8, 12$ angewandt worden. Die Näherungswerte und die Quadraturfehler sind in Tab. 8.4 zusammengestellt. Die Quadraturfehler nehmen wie $h^4$ bzw. $h^6$ ab. △

Tab. 8.4 Summierte Newton-Cotes-Formeln, Beispiel 8.13

| $N$ | $S_2$ | $E_{S_2}$ | $S_4$ | $E_{S_4}$ |
|---|---|---|---|---|
| 2 | 0.5714164993 | −0.0006201725 | 0.5707955084 | 0.0000008184 |
| 3 | 0.5709170264 | −0.0001206997 | 0.5707962560 | 0.0000000708 |
| 4 | 0.5708343204 | −0.0000379936 | 0.5707963143 | 0.0000000125 |
| 6 | 0.5708038042 | −0.0000074774 | 0.5707963257 | 0.0000000011 |
| 8 | 0.5707986896 | −0.0000023628 | 0.5707963266 | 0.0000000002 |
| 12 | 0.5707967931 | −0.0000004663 | 0.5707963268 | 0.0000000000 |

## 8 Integralberechnung

Bei den offenen Quadraturformeln von Newton-Cotes werden die Integrationsstützstellen äquidistant im Innern des Intervalls $[a,b]$ festgelegt. Mit einer einzigen Stützstelle $x_1$ in der Mitte des Intervalls ist das zugehörige interpolierende Polynom $P_0(x)$ konstant gleich $f(x_1)$, und es resultiert die Mittelpunktregel oder Tangententrapezregel

$$Q_0^0 = (b-a)f(x_1), \quad x_1 = (a+b)/2. \tag{8.71}$$

Der Näherungswert $Q_0^0$ für das Integral $I$ besitzt gemäß Fig. 8.5 auch die Interpretation als Fläche des Trapezes, welches durch die Tangente an den Graphen der Funktion im Mittelpunkt gebildet wird. Der Genauigkeitsgrad der Tangententrapezregel ist offensichtlich $m=1$, und ihr Quadraturfehler ist

$$E_0^0[f] = \frac{1}{24}(b-a)^3 f''(\zeta), \quad a < \zeta < b.$$

Im Vergleich zur Trapezregel ist der Koeffizient von $f''(\zeta)$ nur halb so groß und hat zudem entgegengesetztes Vorzeichen. Im Fall einer konvexen oder konkaven Funktion $f(x)$ liefern deshalb die Trapezregel und die Tangententrapezregel Schranken für den Integralwert $I$.

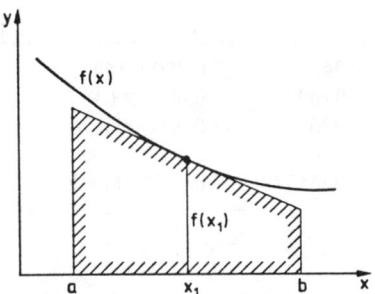

Fig. 8.5 Tangententrapezregel

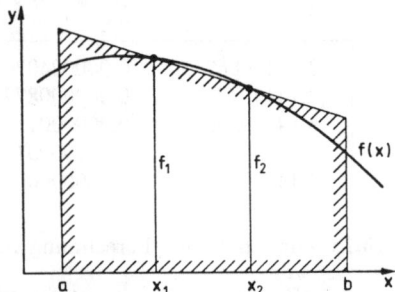

Fig. 8.6 Offene Newton-Cotes Quadraturformel

Unterteilen wir $[a,b]$ in drei gleich große Intervalle der Länge $h=(b-a)/3$, so liefert das lineare Interpolationspolynom zu den beiden inneren Stützstellen $x_1=a+h$, $x_2=a+2h$ die Quadraturformel (vgl. Fig. 8.6)

$$Q_1^0 = \frac{3h}{2}[f_1 + f_2], \quad h = (b-a)/3. \tag{8.72}$$

Auch sie besitzt nur den Genauigkeitsgrad $m=1$ mit dem Quadraturfehler

$$E_1^0[f] = \frac{1}{108}(b-a)^3 f''(\zeta), \quad a < \zeta < b.$$

Bei vier Teilintervallen mit den drei inneren Stützstellen $x_1 = a+h$, $x_2 = a+2h$, $x_3 = a + 3h$ erhält man die interpolatorische Quadraturformel

$$Q_2^0 = \frac{4h}{3} [2f_1 - f_2 + 2f_3], \quad h = (b-a)/4, \; x_i = a + ih. \tag{8.73}$$

Sie hat den Genauigkeitsgrad $m = 3$ mit dem Quadraturfehler

$$E_2^0[f] = \frac{7}{23040} (b-a)^5 f^{(4)}(\zeta), \quad a < \zeta < b.$$

Der Koeffizient von $f^{(4)}(\zeta)$ ist im Vergleich zu demjenigen der Simpson-Regel (8.62) etwas kleiner.

## 8.3.2 Gaußsche Quadraturformeln

Bei den bisher betrachteten Quadraturformeln sind wir stets von vorgegebenen Integrationsstützstellen ausgegangen und haben die zugehörigen Integrationsgewichte bestimmt. Im folgenden stellen wir uns die Aufgabe, sowohl die Stützstellen $x_k$ als auch die Gewichte $w_k$ so zu wählen, daß die resultierende interpolatorische Quadraturformel (8.52) einen maximalen Genauigkeitsgrad besitzt.

Wir wollen jetzt für das Intervall $[-1, 1]$ eine solche Quadraturformel $Q_n$

$$\int_{-1}^{1} f(x) \, \mathrm{d}x = \sum_{k=1}^{n} w_k f(x_k) + E_n[f] = Q_n + E_n[f], \quad x_k \in [-1, 1] \tag{8.74}$$

mit $n \in \mathbb{N}$ Integrationsstützstellen $x_k$ und den Integrationsgewichten $w_k$ finden. Die Festlegung des Integrationsintervalls auf $[-1, 1]$ stellt keine Einschränkung dar, denn jedes endliche Intervall $[a, b]$ läßt sich vermittels einer linearen Transformation auf das normierte Intervall abbilden. Man betrachtet dieses spezielle Intervall, da bestimmte Eigenschaften der Legendre-Polynome zur Begründung der Methode verwendet werden.

**Satz 8.6** *Der Genauigkeitsgrad einer Quadraturformel* (8.74) *mit n Knoten ist höchstens* $(2n-1)$.

Beweis. Wir betrachten das Polynom vom Grad $2n$

$$q(x) := \prod_{k=1}^{n} (x - x_k)^2,$$

welches mit den $n$ paarweise verschiedenen Integrationsstützstellen der Quadraturformel gebildet wird. Für das nicht identisch verschwindende Polynom gilt $q(x) \geqslant 0$ für alle $x \in [-1, 1]$, und folglich ist

$$I = \int_{-1}^{1} q(x) \, \mathrm{d}x > 0.$$

360   8 Integralberechnung

Die Quadraturformel (8.74) ergibt jedoch wegen $q(x_k)=0$, $(k=1,2,\ldots,n)$ den Wert $Q=0$, d. h. es ist $E[q] \neq 0$, und ihr Genauigkeitsgrad muß kleiner als $2n$ sein.  □

**Satz 8.7** *Es existiert genau eine Quadraturformel*

$$Q = \sum_{k=1}^{n} w_k f(x_k), \quad x_k \in [-1, 1] \tag{8.75}$$

*mit n Integrationsstützstellen $x_k$, welche den maximalen Genauigkeitsgrad $(2n-1)$ besitzt. Die Stützstellen $x_k$ sind die Nullstellen des n-ten Legendre-Polynoms $P_n(x)$ (4.110), und die Integrationsgewichte sind gegeben durch*

$$w_k = \int_{-1}^{1} \prod_{\substack{j=1 \\ j \neq k}}^{n} \left( \frac{x-x_j}{x_k-x_j} \right)^2 dx > 0, \quad (k=1,2,\ldots,n). \tag{8.76}$$

Beweis. Die verschiedenen Aussagen beweisen wir in drei Teilen.

a) Zuerst befassen wir uns mit der Existenz einer Quadraturformel vom Genauigkeitsgrad $(2n-1)$. Zu diesem Zweck benützen wir die Tatsache, daß das Legendre-Polynom $P_n(x)$ nach Satz 4.15 $n$ einfache Nullstellen $x_1, x_2, \ldots, x_n$ im Innern des Intervalls $[-1, 1]$ besitzt. Zu diesen $n$ paarweise verschiedenen Stützstellen existiert nach Satz 8.3 eine eindeutig bestimmte, interpolatorische Quadraturformel, deren Genauigkeitsgrad mindestens gleich $(n-1)$ ist.

Es sei $p(x)$ ein beliebiges Polynom, dessen Grad höchstens gleich $(2n-1)$ ist. Wird $p(x)$ durch das $n$-te Legendre-Polynom $P_n(x)$ dividiert mit Rest, erhalten wir folgende Darstellung

$$p(x) = q(x)P_n(x) + r(x) \tag{8.77}$$

mit Grad $(q(x)) \leq n-1$ und Grad $(r(x)) \leq n-1$. Damit ergibt sich

$$\int_{-1}^{1} p(x)dx = \int_{-1}^{1} q(x)P_n(x)dx + \int_{-1}^{1} r(x)dx = \int_{-1}^{1} r(x)dx. \tag{8.78}$$

Hier wurde verwendet, daß das Legendre-Polynom $P_n(x)$ auf Grund der Orthogonalitätseigenschaften (4.111) zu allen Legendre-Polynomen kleineren Grades $P_0(x)$, $P_1(x), \ldots, P_{n-1}(x)$ und folglich zu $q(x)$ orthogonal ist.

Für die interpolatorische Quadraturformel zu den Stützstellen $x_k$ mit den zugehörigen Gewichten $w_k$ gilt für das Polynom $p(x)$ wegen (8.77), sowie wegen $P_n(x_k)=0$ und gemäß (8.78)

$$\sum_{k=1}^{n} w_k p(x_k) = \sum_{k=1}^{n} w_k q(x_k) P_n(x_k) + \sum_{k=1}^{n} w_k r(x_k) = \sum_{k=1}^{n} w_k r(x_k)$$

$$= \int_{-1}^{1} r(x)dx = \int_{-1}^{1} p(x)dx. \tag{8.79}$$

## 8.3 Interpolatorische Quadraturformeln

Die zweitletzte Gleichung in (8.79) beruht auf der Tatsache, daß die interpolatorische Quadraturformel mindestens den Genauigkeitsgrad $(n-1)$ besitzt. Somit ist gezeigt, daß die Quadraturformel (8.75) für jedes Polynom vom Grad kleiner $2n$ exakt ist. Wegen Satz 8.6 ist der Genauigkeitsgrad maximal.

b) Die Integrationsgewichte $w_k$ der interpolatorischen Quadraturformel sind wegen dem gegenüber (8.52) leicht geänderten Ansatz gegeben durch

$$w_k = \int_{-1}^{1} L_k(x)\,dx = \int_{-1}^{1} \prod_{\substack{j=1 \\ j \neq k}}^{n} \left(\frac{x - x_j}{x_k - x_j}\right) dx, \quad (k = 1, 2, \ldots, n), \tag{8.80}$$

wo $L_k(x)$ das Lagrange-Polynom zu den Stützstellen $x_1, x_2, \ldots, x_n$ mit $L_k(x_j) = \delta_{kj}$ vom Grad $(n-1)$ darstellt. Diese Darstellung führt nicht weiter. Deshalb nützen wir die bereits bewiesene Tatsache aus, daß die zu den Stützstellen $x_k$ gehörige interpolatorische Quadraturformel den Genauigkeitsgrad $(2n-1)$ besitzt, und deshalb für das Polynom $L_k^2(x)$ vom Grad $(2n-2)$ den exakten Wert liefert. Folglich gilt

$$0 < \int_{-1}^{1} \prod_{\substack{j=1 \\ j \neq k}}^{n} \left(\frac{x - x_j}{x_k - x_j}\right)^2 dx = \sum_{\mu=1}^{n} w_\mu L_k^2(x_\mu) = w_k, \quad (k = 1, 2, \ldots, n). \tag{8.81}$$

Damit ist (8.76) bewiesen. Insbesondere folgt aus dieser Darstellung, daß die Gewichte $w_k$ für jedes $n \in \mathbb{N}$ positiv sind.

c) Um die Eindeutigkeit der Quadraturformel zu beweisen, nehmen wir an, es existiere eine weitere Formel

$$Q^* := \sum_{k=1}^{n} w_k^* f(x_k^*), \quad x_k^* \neq x_j^* \text{ für alle } k \neq j, \tag{8.82}$$

deren Genauigkeitsgrad ebenfalls gleich $(2n-1)$ ist. Auf Grund der Betrachtungen im Teil b) gilt auch für (8.82), daß die Gewichte $w_k^* > 0$, $(k = 1, 2, \ldots, n)$ sind. Wir wollen zeigen, daß die Integrationsstützstellen $x_k^*$ unter den genannten Bedingungen bis auf eine Permutation mit den $x_k$ von (8.75) übereinstimmen. Dazu betrachten wir das Hilfspolynom

$$h(x) := L_k^*(x) P_n(x), \quad L_k^*(x) := \prod_{\substack{j=1 \\ j \neq k}}^{n} \left(\frac{x - x_j^*}{x_k^* - x_j^*}\right), \quad \text{Grad } (h(x)) = 2n - 1.$$

Wegen unserer Annahme liefert die Quadraturformel (8.82) den exakten Wert des Integrals für $h(x)$, und somit gilt für $k = 1, 2, \ldots, n$

$$0 = \int_{-1}^{1} h(x)\,dx = \int_{-1}^{1} L_k^*(x) P_n(x)\,dx = \sum_{\mu=1}^{n} w_\mu^* L_k^*(x_\mu^*) P_n(x_\mu^*) \tag{8.83}$$

$$= w_k^* P_n(x_k^*),$$

denn das zweite Integral ist infolge der Orthogonalität von $P_n(x)$ zu allen Polynomen vom Grad kleiner als $n$ gleich Null. Da aber $w_k^* > 0$ ist, muß $P_n(x_k^*) = 0$, $(k = 1, 2, \ldots, n)$

gelten, d. h. die Integrationsstützstellen $x_k^*$ von (8.82) müssen notwendigerweise die Nullstellen des $n$-ten Legendre-Polynoms $P_n(x)$ sein. Sie sind damit eindeutig festgelegt. Für die zugehörige interpolatorische Quadraturformel sind auch die Gewichte durch (8.80) eindeutig bestimmt. □

Die nach Satz 8.7 charakterisierten Integrationsmethoden mit maximalem Genauigkeitsgrad heißen **Gaußsche Quadraturformeln**. Die von Null verschiedenen Stützstellen $x_k$ liegen paarweise symmetrisch zum Nullpunkt. Wegen (8.76) sind die Gewichte für diese Paare gleich. Deshalb genügt die Angabe der nichtnegativen Knoten $x_k$ und ihrer Gewichte $w_k$. In der Regel werden die Stützstellen $x_k$ in absteigender Reihenfolge $1 > x_1 > x_2 > \ldots$ tabelliert [AbS71, ScS76, Str74, StS66].

Um mit den Gaußschen Quadraturformeln arbeiten zu können, müssen die Stützstellen $x_k$ und die Gewichte $w_k$ zahlenmäßig vorliegen. Man kann natürlich die aus Tabellen entnommenen Werte als Datensätze in einem Rechenprogramm vorgeben. Statt dessen wollen wir eine numerisch stabile Methode darstellen, um die Nullstellen $x_k$ des $n$-ten Legendre-Polynoms und die Integrationsgewichte $w_k$ zu berechnen [Gau70, GoW69]. Als Grundlage dient der

**Satz 8.8** *Das $n$-te Legendre-Polynom $P_n(x)$, $n \geqslant 1$ ist gleich der Determinante $n$-ter Ordnung*

$$P_n(x) = \begin{vmatrix} a_1 x & b_1 & & & & \\ b_1 & a_2 x & b_2 & & & \\ & b_2 & a_3 x & b_3 & & \\ & & \ddots & \ddots & \ddots & \\ & & & b_{n-2} & a_{n-1} x & b_{n-1} \\ & & & & b_{n-1} & a_n x \end{vmatrix}, \quad \begin{aligned} a_k &= \frac{2k-1}{k}, \\ b_k &= \sqrt{\frac{k}{k+1}}, \\ (n &= 1, 2, 3, \ldots). \end{aligned} \quad (8.84)$$

Beweis. Wir zeigen, daß die Determinanten für drei aufeinanderfolgende Werte von $n$ die Rekursionsformel (4.116) der Legendre-Polynome erfüllen. Dazu entwickeln wir die Determinante (8.84) nach der letzten Zeile und erhalten

$$P_n(x) = a_n x P_{n-1}(x) - b_{n-1}^2 P_{n-2}(x), \quad n \geqslant 3. \tag{8.85}$$

Ersetzen wir darin $n$ durch $(n+1)$ und beachten die Definition der $a_k$ und $b_k$, folgt in der Tat die bekannte Rekursionsformel

$$P_{n+1}(x) = \frac{2n+1}{n+1} x P_n(x) - \frac{n}{n+1} P_{n-1}(x), \quad n \geqslant 2.$$

Wenn wir $P_0(x) = 1$ definieren, dann gilt sie wegen $P_1(x) = x$ auch für $n = 1$. □

Nach Satz 8.7 sind die $x_k$ die Nullstellen der Determinante (8.84). Diese können als Eigenwerte einer symmetrischen, tridiagonalen Matrix $J_n$ erhalten werden. Um dies einzusehen, eliminieren wir die verschiedenen Koeffizienten $a_i$ in der Diagonale derart, daß die Symmetrie der Determinante erhalten bleibt. Dazu wird die $k$-te Zeile

## 8.3 Interpolatorische Quadraturformeln

und Kolonne durch $\sqrt{a_k} = \sqrt{(2k-1)/k}$ dividiert, und aus (8.84) folgt

$$P_n(x) = \begin{vmatrix} x & \beta_1 & & & & \\ \beta_1 & x & \beta_2 & & & \\ & \beta_2 & x & \beta_3 & & \\ & & \ddots & \ddots & \ddots & \\ & & & \beta_{n-2} & x & \beta_{n-1} \\ & & & & \beta_{n-1} & x \end{vmatrix} \cdot \prod_{k=1}^{n} a_k. \tag{8.86}$$

Die Nebendiagonalelemente der Determinante (8.86) sind

$$\beta_k = \frac{b_k}{\sqrt{a_k a_{k+1}}} = \sqrt{\frac{k \cdot k \cdot (k+1)}{(k+1)(2k-1)(2k+1)}} = \frac{k}{\sqrt{4k^2-1}},$$

$$(k = 1, 2, \ldots, n-1). \tag{8.87}$$

Da die von Null verschiedenen Nullstellen von $P_n(x)$ paarweise entgegengesetzt sind, sind die $x_k$ die Eigenwerte der symmetrischen, tridiagonalen Matrix

$$J_n := \begin{pmatrix} 0 & \beta_1 & & & & \\ \beta_1 & 0 & \beta_2 & & & \\ & \beta_2 & 0 & \beta_3 & & \\ & & \ddots & \ddots & \ddots & \\ & & & \beta_{n-2} & 0 & \beta_{n-1} \\ & & & & \beta_{n-1} & 0 \end{pmatrix} \in \mathbb{R}^{n \times n}, \tag{8.88}$$

die mit dem QR-Algorithmus stabil und effizient berechnet werden können. Aber auch die Integrationsgewichte $w_k$ lassen sich mit Hilfe der Eigenwertaufgabe für $J_n$ berechnen. Um diese Verbindung herzustellen, verifizieren wir, daß

$$z^{(k)} := (\alpha_0 \sqrt{a_1} P_0(x_k), \alpha_1 \sqrt{a_2} P_1(x_k), \alpha_2 \sqrt{a_3} P_2(x_k), \ldots, \alpha_{n-1} \sqrt{a_n} P_{n-1}(x_k))^T \in \mathbb{R}^n$$

$$\text{mit } \alpha_0 := 1, \; \alpha_j := 1 \Big/ \prod_{l=1}^{j} b_l, \quad (j = 1, 2, \ldots, n-1) \tag{8.89}$$

für $k = 1, 2, \ldots, n$ Eigenvektor von $J_n$ zum Eigenwert $x_k$ ist. Für die erste Komponente von $J_n z^{(k)}$ gilt wegen (8.84), (8.87) und (8.89)

$$\alpha_1 \beta_1 \sqrt{a_2} P_1(x_k) = x_k = x_k \{\alpha_0 \sqrt{a_1} P_0(x_k)\}.$$

Für die $i$-te Komponente ($1 < i < n$) erhalten wir nach mehreren Substitutionen und wegen (8.85)

$$\alpha_{i-2} \beta_{i-1} \sqrt{a_{i-1}} P_{i-2}(x_k) + \alpha_i \beta_i \sqrt{a_{i+1}} P_i(x_k)$$

$$= \frac{\alpha_{i-1}}{\sqrt{a_i}} \{P_i(x_k) + b_{i-1}^2 P_{i-2}(x_k)\} = x_k \{\alpha_{i-1} \sqrt{a_i} P_{i-1}(x_k)\}.$$

## 8 Integralberechnung

Diese Beziehung bleibt auch für die letzte Komponente mit $i=n$ wegen $P_n(x_k)=0$ gültig.

Weiter benutzen wir die Tatsachen, daß die Legendre-Polynome $P_0(x)$, $P_1(x)$, ..., $P_{n-1}(x)$ durch die Gaußsche Quadraturformel exakt integriert werden und daß die Orthogonalitätseigenschaft (4.111) gilt.

$$\int_{-1}^{1} P_0(x)P_i(x)\,dx = \int_{-1}^{1} P_i(x)\,dx = \sum_{k=1}^{n} w_k P_i(x_k) = \begin{cases} 2 & \text{für } i=0 \\ 0 & \text{für } i=1,2,\ldots,n-1 \end{cases} \quad (8.90)$$

Die Gewichte $w_k$ erfüllen somit ein Gleichungssystem (8.90). Wenn wir die erste Gleichung mit $\alpha_0 \sqrt{a_1} = 1$, und die $j$-te Gleichung ($j=2,3,\ldots,n$) mit $\alpha_{j-1}\sqrt{a_j} \neq 0$ multiplizieren, dann enthält die Matrix $C$ des resultierenden Systems

$$Cw = 2e_1, \quad w := (w_1, w_2, \ldots, w_n)^T, \; e_1 = (1, 0, 0, \ldots, 0)^T \quad (8.91)$$

als Kolonnen die Eigenvektoren $z^{(k)}$ (8.89). Als Eigenvektoren der symmetrischen Matrix $J_n$ zu paarweise verschiedenen Eigenwerten sind sie paarweise orthogonal. Multiplizieren wir (8.91) von links mit $z^{(k)T}$, so ergibt sich

$$(z^{(k)T} z^{(k)}) w_k = 2 z^{(k)T} e_1 = 2 z_1^{(k)} = 2, \quad (8.92)$$

wo $z_1^{(k)} = 1$ die erste Komponente des nicht normierten Eigenvektors $z^{(k)}$ (8.89) ist. Mit dem normierten Eigenvektor $\tilde{z}^{(k)}$ folgt aus (8.92)

$$\boxed{w_k = 2(\tilde{z}_1^{(k)})^2, \quad (k = 1, 2, \ldots, n).} \quad (8.93)$$

Aus (8.92) oder (8.93) folgt wiederum, daß die Gewichte $w_k$ der Gaußschen Quadraturformeln für alle $n \in \mathbb{N}$ positiv sind.

In Tab. 8.5 sind für einige Werte von $n$ die Stützstellen und Gewichte angegeben.

Zur genäherten Berechnung eines Integrals

$$I = \int_a^b f(t)\,dt$$

Tab. 8.5 Knoten und Gewichte der Gaußschen Quadratur

| $n = 2$ | $x_1 \doteq 0.5773502692,$ | $w_1 = 1$ |
|---|---|---|
| $n = 3$ | $x_1 \doteq 0.7745966692,$ $x_2 = 0,$ | $w_1 \doteq 0.5555555556$ $w_2 \doteq 0.8888888889$ |
| $n = 4$ | $x_1 \doteq 0.8611363116,$ $x_2 \doteq 0.3399810436,$ | $w_1 \doteq 0.3478548451$ $w_2 \doteq 0.6521451549$ |
| $n = 5$ | $x_1 \doteq 0.9061798459,$ $x_2 \doteq 0.5384693101,$ $x_3 = 0,$ | $w_1 \doteq 0.2369268851$ $w_2 \doteq 0.4786286705$ $w_3 \doteq 0.5688888889$ |

mit einer Gaußschen Quadraturformel ist die Variablensubstitution

$$t = \frac{b-a}{2} x + \frac{a+b}{2} \tag{8.94}$$

anzuwenden, so daß

$$I = \int_a^b f(t) \, dt = \frac{b-a}{2} \int_{-1}^1 f\left(\frac{b-a}{2} x + \frac{a+b}{2}\right) dx$$

gilt. Die Quadraturformel erhält die Gestalt

$$Q = \frac{b-a}{2} \sum_{k=1}^n w_k f\left(\frac{b-a}{2} x_k + \frac{a+b}{2}\right) = \frac{b-a}{2} \sum_{k=1}^n w_k f(t_k), \tag{8.95}$$

wo $t_k$ die vermöge (8.94) transformierten Gaußschen Integrationsstützstellen darstellen.

**Beispiel 8.14** Um den hohen Genauigkeitsgrad der Gaußschen Quadraturformeln darzulegen, berechnen wir

$$I_1 = \int_0^1 \frac{4}{1+x^2} dx = \pi, \qquad I_2 = \int_0^{\pi/2} x \cos(x) \, dx = \frac{\pi}{2} - 1$$

für einige Werte von $n$. In Tab. 8.6 sind die Ergebnisse mit den Quadraturfehlern zusammengestellt. Die Rechnung erfolgte vierzehnstellig mit entsprechend genauen Knoten $x_k$ und Gewichten $w_k$ aus [AbS72, ScS76]. △

Tab. 8.6 Gauß-Quadratur

| $n$ | $I_1$ | | $I_2$ | |
|---|---|---|---|---|
|  | $Q_n$ | $E_n$ | $Q_n$ | $E_n$ |
| 2 | 3.1475409836 | −0.0059483300 | 0.563562244208 | 0.007234082587 |
| 3 | 3.1410681400 | 0.0005245136 | 0.570851127976 | −0.000054801181 |
| 4 | 3.1416119052 | −0.0000192517 | 0.570796127158 | 0.000000199637 |
| 5 | 3.1415926399 | 0.0000000138 | 0.570796327221 | −0.000000000426 |
| 6 | 3.1415926112 | 0.0000000424 | 0.570796326794 | 0.000000000001 |
| 7 | 3.1415926563 | −0.0000000027 | 0.570796326796 | −0.000000000001 |

## 8.4 Aufgaben

**8.1** Seien $a \leqslant b < c$ die Halbachsen eines Ellipsoides. Seine Oberfläche $A$ ist gegeben durch das Integral einer periodischen Funktion

$$A = ab \int_0^{2\pi} \left[1 + \left(\frac{1}{w} + w\right) \arctan(w)\right] d\varphi, \quad w = \sqrt{\frac{c^2-a^2}{a^2} \cos^2\varphi + \frac{c^2-b^2}{b^2} \sin^2\varphi}.$$

Man berechne $A$ mit dem Algorithmus (8.7). Wegen der Symmetrie genügt die Integration über eine Viertelperiode. Falls $a \geqslant b > c$, gilt in reeller Form

$$A = ab \int_0^{2\pi} \left[1 + \left(\frac{1}{v} - v\right) \text{Artanh}(v)\right] d\varphi, \quad v = iw.$$

**8.2** Man transformiere die folgenden Integrale so, daß sie vermittels Algorithmus (8.9) für Integrale über $\mathbb{R}$ effizient berechnet werden können.

a) $\displaystyle\int_0^1 x^{0.21} \sqrt{\log\left(\frac{1}{x}\right)} \, dx = \sqrt{\pi}/2.662$

b) $\displaystyle\int_0^1 \frac{dx}{(3-2x)x^{3/4}(1-x)^{1/4}} = \pi\sqrt{2} \cdot 3^{-3/4}$

c) $\displaystyle\int_0^\infty x^{-0.7} e^{-0.4x} \cos(2x) dx = \Gamma(0.3) \, \text{Re}\,(0.4 + 2i)^{-0.3}$

d) $\displaystyle\int_0^\infty \frac{dx}{x^{1-\alpha} + x^{1+\beta}} = \frac{\omega}{\sin(\alpha\omega)}, \quad \omega = \frac{\pi}{\alpha+\beta}, \, \alpha > 0, \beta > 0$

e) $\displaystyle\int_{-\infty}^\infty \frac{dx}{(1+x^2)^{5/4}} = \left(\frac{\pi}{2}\right)^{3/2} \Gamma(1.25)^{-2}$

f) $\displaystyle\int_{-\infty}^\infty \frac{dx}{x^2 + e^{4x}} \doteq 3.1603228697485$

**8.3** Man forme das Integral von Beispiel 8.9 mittels weiterer sinh-Transformationen $t = t_1 = \sinh(t_2), \ldots$ um und vergleiche die Effizienz von Algorithmus (8.9) für die entsprechenden Integrale.

**8.4** Der adaptive Quadraturalgorithmus (8.19) funktioniert sogar für viele unstetige Integranden, beispielsweise für

$$I = \int_1^x \frac{[\xi]}{\xi} d\xi = [x]\log(x) - \log([x]!), \quad x > 1,$$

wobei $[x]$ die größte ganze Zahl kleiner oder gleich $x$ bedeutet. Für das durch die Substitution $\xi = e^t$ entstehende Integral

$$I = \int_0^{\log x} [e^t] dt$$

versagt jedoch der Algorithmus (8.19), indem er im allgemeinen zu früh abbricht. Was ist der Grund dafür?

**8.5** In Analogie zu (8.19) entwickle man einen Algorithmus zur adaptiven Quadratur auf der Basis der interpolatorischen Quadraturformeln $Q_2$ (8.55) und $Q_4$ (8.57). Die berechneten Funktionswerte sollen im Hinblick auf eine Wiederverwendung abgespeichert werden. Welche Erhöhung der Effizienz resultiert für die Berechnung der Integrale von Beispiel 8.3 und 8.5?

**8.6** Berechnen Sie die folgenden Integrale mit dem Romberg-Verfahren, einer adaptiven Quadraturmethode, den summierten Newton-Cotes-Quadraturformeln $S_2$ (8.66) und $S_4$ (8.68) für $N = 2, 3, 4, 6, 8, 12$ und mit Gaußschen Quadraturformeln mit $n = 4, 5, 6, 7, 8$ Knoten. Vergleichen Sie die Zahl der Funktionsauswertungen zur Erzielung der gleichen Genauigkeit der Näherungswerte.

a) $\displaystyle\int_0^3 \frac{x}{1+x^2}\,dx = \frac{1}{2}\log(10);$    b) $\displaystyle\int_0^{0.95} \frac{dx}{1-x} = \log(20);$

c) $\displaystyle\frac{1}{\pi}\int_0^\pi \cos(x\sin\varphi)\,d\varphi = J_0(x)$    (Besselfunktion)

$J_0(1) \doteq 0.7651976866$, $J_0(3) \doteq -0.2600519549$, $J_0(5) \doteq -0.1775967713$;

d) $\displaystyle\int_0^{\pi/2} \frac{d\varphi}{\sqrt{1-m\sin^2\varphi}} = K(m)$    (vollständiges elliptisches Integral erster Art)

$K(0.5) \doteq 1.8540746773$, $K(0.8) \doteq 2.2572053268$, $K(0.96) \doteq 3.0161124925$.

**8.7** Man berechne die Knoten $x_k$ und Gewichte $w_k$ der Gaußschen Quadraturformeln für $n = 5, 6, 8, 10, 12, 16, 20$, indem man den QR-Algorithmus und die inverse Vektoriteration auf die tridiagonalen Matrizen $J_n$ (8.88) anwendet.

# 9 Gewöhnliche Differentialgleichungen

Zahlreiche Problemstellungen der angewandten Mathematik führen auf gewöhnliche Differentialgleichungen oder Differentialgleichungssysteme, welche die zeitliche Änderung einer oder mehrerer Zustandsgrößen beschreiben. Da nur in relativ wenigen Fällen die Lösung in geschlossener, analytischer Form angegeben werden kann, sind numerische Methoden erforderlich, welche hinreichend genaue Näherungswerte der gesuchten Lösungsfunktionen liefern. Im folgenden werden wir verschiedene Klassen von Verfahren darstellen und bestimmte Eigenschaften beschreiben, die bei der Anwendung der Rechenverfahren unbedingt zu beachten sind. Denn die Differentialgleichungssysteme der Physik, Chemie, Biologie oder Ingenieurwissenschaften besitzen oft sehr spezielle Eigenschaften, welche die Auswahl der Lösungsmethode entscheidend bestimmen.

Die Verfahren werden aus Gründen der Einfachheit und Durchsichtigkeit anhand der skalaren Differentialgleichung erster Ordnung $y' = f(x, y)$ für eine unbekannte Lösungsfunktion $y(x)$ dargestellt, um an geeigneter Stelle das Vorgehen für Systeme von Differentialgleichungen zu besprechen. Zur Festlegung einer bestimmten Lösung aus der einparametrigen Lösungsschar einer Differentialgleichung erster Ordnung ist eine Anfangsbedingung $y(x_0) = y_0$ nötig, welche an einer vorgegebenen Stelle $x_0$ den Wert $y_0$ vorschreibt. Wir befassen uns nicht mit Fragen der Existenz und Eindeutigkeit einer Lösung, sondern setzen stillschweigend voraus, daß die betreffenden Voraussetzungen erfüllt sind [Ama83, Col90, Heu90, Wal72]. Für weiterführende und ausführlichere Darstellungen von numerischen Verfahren zur Lösung von gewöhnlichen Differentialgleichungen sei insbesondere auf [Aik85, But87, Fat88, Gea71, Gek84, Gri72, Gri77, HNW87, HaW91, Hen62, Jai84, Lam73, Lam91, LaS71, Sew88, ShG84] verwiesen.

## 9.1 Einschrittmethoden

### 9.1.1 Die Methode von Euler und der Taylorreihe

Wir betrachten die skalare Differentialgleichung erster Ordnung

$$y'(x) = f(x, y(x)) \tag{9.1}$$

für die gesuchte Lösungsfunktion $y(x)$ der unabhängigen Variablen $x$ unter der Anfangsbedingung

$$y(x_0) = y_0, \tag{9.2}$$

wo $x_0$ und $y_0$ vorgegebene Werte sind. Da die Differentialgleichung (9.1) im Punkt $(x_0, y_0)$ mit dem Wert $y'(x_0) = f(x_0, y_0)$ die Steigung der Tangente der gesuchten

## 9.1 Einschrittmethoden

Lösungsfunktion festlegt, besteht die einfachste numerische Methode zur Behandlung der Anfangswertaufgabe (9.1), (9.2) darin, die Lösungskurve $y(x)$ im Sinn einer Linearisierung durch die Tangente zu approximieren (vgl. Fig. 9.1). Mit der Schrittweite $h$ und den zugehörigen äquidistanten Stützstellen

$$x_k = x_0 + kh, \quad (k = 1, 2, \ldots) \tag{9.3}$$

erhalten wir sukzessive die Näherungen $y_k$ für die exakten Lösungswerte $y(x_k)$ auf Grund der allgemeinen Rechenvorschrift

$$\boxed{y_{k+1} = y_k + h f(x_k, y_k), \quad (k = 0, 1, 2, \ldots).} \tag{9.4}$$

Die Integrationsmethode von Euler benutzt in den einzelnen Näherungspunkten $(x_k, y_k)$ die Steigung des durch die Differentialgleichung definierten Richtungsfeldes dazu, den nächstfolgenden Näherungswert $y_{k+1}$ zu bestimmen. Wegen der anschaulich geometrischen Konstruktion der Näherungen bezeichnet man das Verfahren auch als Polygonzugmethode. Sie ist offensichtlich sehr grob und kann nur für kleine Schrittweiten $h$ gute Näherungswerte liefern. Sie stellt den einfachsten Repräsentanten einer expliziten Einschrittmethode dar, die zur Berechnung der Näherung $y_{k+1}$ an der Stelle $x_{k+1} = x_k + h$ einzig den bekannten Näherungswert $y_k$ an der Stützstelle $x_k$ verwendet.

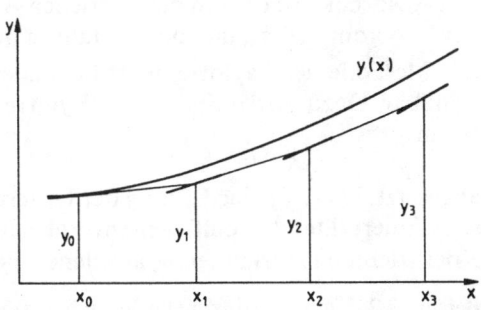

Fig. 9.1
Methode von Euler

Tab. 9.1 Methode von Euler, verschiedene Schrittweiten

| $x_k$ | $y(x_k)$ | $h=0.1$ | | $h=0.01$ | | $h=0.001$ | |
|---|---|---|---|---|---|---|---|
| | | $y_k$ | $e_k$ | $y_k$ | $e_k$ | $y_k$ | $e_k$ |
| 0 | 1.00000 | 1.00000 | – | 1.00000 | – | 1.00000 | – |
| 0.1 | 0.99010 | 1.00000 | −0.00990 | 0.99107 | −0.00097 | 0.99020 | −0.00010 |
| 0.2 | 0.96154 | 0.98000 | −0.01846 | 0.96330 | −0.00176 | 0.96171 | −0.00018 |
| 0.3 | 0.91743 | 0.94158 | −0.02415 | 0.91969 | −0.00226 | 0.91766 | −0.00022 |
| 0.4 | 0.86207 | 0.88839 | −0.02632 | 0.86448 | −0.00242 | 0.86231 | −0.00024 |
| 0.5 | 0.80000 | 0.82525 | −0.02525 | 0.80229 | −0.00229 | 0.80023 | −0.00023 |
| 0.6 | 0.73529 | 0.75715 | −0.02185 | 0.73727 | −0.00198 | 0.73549 | −0.00020 |

## 9 Gewöhnliche Differentialgleichungen

**Beispiel 9.1** Wir betrachten die Anfangswertaufgabe

$$y' = -2xy^2, \qquad y(0) = 1 \tag{9.5}$$

mit der exakten Lösung $y(x) = 1/(x^2 + 1)$. Mit der Methode von Euler erhalten wir die in Tab. 9.1 zusammengestellten Näherungswerte $y_k$ für verschiedene Schrittweiten $h$ an gleichen diskreten Stellen $x_k$ sowie die zugehörigen Fehler $e_k := y(x_k) - y_k$. Der Fehler nimmt etwa proportional zur Schrittweite $h$ ab. △

Eine bedeutend bessere Approximation der gesuchten Lösungsfunktion $y(x)$ in der Umgebung des Startpunktes $(x_0, y_0)$ kann mit der Taylorreihe mit Restglied

$$y(x) = y(x_0) + \frac{(x-x_0)}{1!} y'(x_0) + \frac{(x-x_0)^2}{2!} y''(x_0) + \ldots + \frac{(x-x_0)^p}{p!} y^{(p)}(x_0) + R_{p+1} \tag{9.6}$$

erzielt werden. Vernachlässigt man in (9.6) das Restglied $R_{p+1}$, erhält man mit der Schrittweite $h := x_{k+1} - x_k$ den Näherungswert $y_{k+1}$ allgemein nach der Rechenvorschrift

$$y_{k+1} = y_k + \frac{h}{1!} y'_k + \frac{h^2}{2!} y''_k + \ldots + \frac{h^p}{p!} y_k^{(p)}. \tag{9.7}$$

Darin bedeutet $y_k^{(m)}$ den Wert der $m$-ten Ableitung im Punkt $(x_k, y_k)$. Das Vorgehen erfordert also die Kenntnis der Ableitungen der Funktion $y(x)$ bis zu einer vorgegebenen Ordnung $p$ an der Stelle $x_k$. Die zweiten und höheren Ableitungen lassen sich im Prinzip durch sukzessive Differentiation der gegebenen Differentialgleichung (9.1) nach $x$ und wiederholte Substitution von $y'$ gewinnen. Die entstehenden Ausdrücke werden in den partiellen Ableitungen der gegebenen Funktion $f(x, y)$ rasch so kompliziert, daß das Verfahren nur in sehr einfachen Fällen praktikabel ist.

Die Methode der Taylorreihe ist bei anderer Durchführung oft sehr erfolgreich anwendbar. Dazu wird die gesuchte Taylorreihe mit unbekannten Koeffizienten $c_i$ in der Form

$$y(x) = y(x_0) + c_1(x - x_0) + c_2(x - x_0)^2 + c_3(x - x_0)^3 + \ldots \tag{9.8}$$

angesetzt. Da (9.8) eine Lösung der Differentialgleichung liefern soll, wird sie in (9.1) substituiert. Durch Koeffizientenvergleich lassen sich Bedingungsgleichungen für die Koeffizienten $c_i$ formulieren, aus denen sich die $c_i$ rekursiv berechnen lassen.

**Beispiel 9.2** Um das prinzipielle Vorgehen aufzuzeigen, betrachten wir die Anfangswertaufgabe (9.5) $y' = -2xy^2$, $y(0) = 1$. Im allgemeinen Näherungspunkt $(x_k, y_k)$ lautet der Ansatz

$$y(x) = y_k + c_1(x - x_k) + c_2(x - x_k)^2 + c_3(x - x_k)^3 + c_4(x - x_k)^4 + \ldots$$

Diese Entwicklung wird zusammen mit ihrer ersten Ableitung in die Differentialgleichung eingesetzt. Dann ist ein Koeffizientenvergleich bezüglich der Potenzen von $(x - x_k) =: h$ vorzunehmen. Deshalb wird in der Differentialgleichung auch die Variable $x = x_k + h$ geschrieben. So erhalten wir die zu erfüllende Identität

$$c_1 + 2c_2 h + 3c_3 h^2 + 4c_4 h^3 + \ldots$$
$$= -2[x_k + h][y_k + c_1 h + c_2 h^2 + c_3 h^3 + \ldots]^2$$
$$= -2[x_k + h][y_k^2 + 2c_1 y_k h + (c_1^2 + 2c_2 y_k)h^2 + (2c_1 c_2 + 2c_3 y_k)h^3 + \ldots]$$
$$= -2x_k y_k^2 + (-2y_k^2 - 4c_1 x_k y_k)h + \{-4c_1 y_k - 2x_k(c_1^2 + 2c_2 y_k)\}h^2$$
$$\quad + \{-2(c_1^2 + 2c_2 y_k) - 4x_k(c_1 c_2 + 2c_3 y_k)\}h^3 + \ldots.$$

Wenn wir uns auf den Koeffizientenvergleich bis zur dritten Potenz von $h$ beschränken, erhalten wir nach leichter Umformung die Bedingungsgleichungen

$$c_1 = -2x_k y_k^2$$
$$c_2 = -(y_k + 2c_1 x_k)y_k$$
$$c_3 = -\{4c_1 y_k + 2x_k(c_1^2 + 2c_2 y_k)\}/3$$
$$c_4 = -\left\{\frac{1}{2}c_1^2 + c_2 y_k + x_k(c_1 c_2 + c_3 y_k)\right\}$$

Die Koeffizienten $c_1$, $c_2$, $c_3$ und $c_4$ lassen sich daraus in der Tat rekursiv berechnen. Der Näherungswert $y_{k+1}$ an der Stelle $x_{k+1} = x_k + h$ ergibt sich bei gegebener Schrittweite $h$ zu

$$y_{k+1} = y_k + c_1 h + c_2 h^2 + c_3 h^3 + c_4 h^4. \tag{9.9}$$

Die Tab. 9.2 enthält die mit der Schrittweite $h = 0.1$ berechneten Werte $y_k$, die zugehörigen Koeffizienten $c_i$ und die Fehler $e_k = y(x_k) - y_k$. Da in der Taylorreihe die Ableitungen bis zur vierten Ordnung berücksichtigt sind, stellen die resultierenden Werte $y_k$ im Vergleich zu den Ergebnissen der Methode von Euler bedeutend bessere Näherungen dar. △

Tab. 9.2 Tayloralgorithmus, $h = 0.1$

| $x_k$ | $y_k$ | $c_1$ | $c_2$ | $c_3$ | $c_4$ | $e_k$ |
|---|---|---|---|---|---|---|
| 0   | 1.0000000 | 0.0000000  | −1.0000000 | 0.0000000 | 1.0000000  | —          |
| 0.1 | 0.9901000 | −0.1960596 | −0.9414743 | 0.3805494 | 0.8567973  | −0.0000010 |
| 0.2 | 0.9615455 | −0.3698279 | −0.7823272 | 0.6565037 | 0.4997400  | −0.0000071 |
| 0.3 | 0.9174459 | −0.5050242 | −0.5637076 | 0.7736352 | 0.0913102  | −0.0000147 |
| 0.4 | 0.8620892 | −0.5945582 | −0.3331480 | 0.7423249 | −0.2247569 | −0.0000202 |
| 0.5 | 0.8000218 | −0.6400348 | −0.1279930 | 0.6144390 | −0.3891673 | −0.0000218 |
| 0.6 | 0.7353139 | −0.6488238 | 0.0318205  | 0.4490115 | −0.4195953 | −0.0000197 |
| 0.7 | 0.6711567 | −0.6306319 | 0.1421026  | 0.2897305 | −0.3676095 | −0.0000158 |
| 0.8 | 0.6097675 | −0.5949063 | 0.2085909  | 0.1592475 | −0.2825582 | −0.0000114 |
| 0.9 | 0.5524938 | −0.5494489 | 0.2411714  | 0.0637248 | −0.1966194 | −0.0000076 |
| 1.0 | 0.5000047 |            |            |           |            | −0.0000047 |

Die Anzahl der Glieder der Taylorreihe läßt sich im Prinzip beliebig erhöhen und damit die Güte der Approximation steigern. In bestimmten Anwendungsbereichen leistet der Tayloralgorithmus sehr gute Dienste [Hal83, Wal84]. Er hat zwar den Nachteil, daß für jede Differentialgleichung der zugehörige Satz von Rekursionsformeln zuerst ermittelt werden muß. Doch kann diese Arbeit mit einem geeigneten Rechenprogramm dem Computer übertragen werden, welches nach Vorgabe der Differentialgleichung nicht nur die Rekursionsformeln bestimmt, sondern gleichzeitig das zugehörige Programm zu ihrer Auswertung entwickelt [CoC82, Hal83]. Die Methode der Taylorreihe erlaubt in dieser Form eine relativ einfache Steuerung der Schrittweite und der Anzahl der Glieder, um den Approximationsfehler in vorgegebenen Schranken zu halten.

Um den erwähnten Aufwand zu vermeiden, werden wir andere Methoden beschreiben, welche direkt auf die gegebene Differentialgleichung anwendbar sind.

## 9.1.2 Diskretisationsfehler, Fehlerordnung

Zur Beurteilung der Genauigkeit von Einzelschrittverfahren betrachten wir in Verallgemeinerung der bisher betrachteten Methoden eine implizite Rechenvorschrift der Gestalt

$$y_{k+1} = y_k + h\Phi(x_k, y_k, y_{k+1}, h), \tag{9.10}$$

aus welcher bei gegebener Information $(x_k, y_k)$ und Schrittweite $h$ der neue Näherungswert $y_{k+1}$ an der Stelle $x_{k+1} = x_k + h$ zu berechnen ist. Mit (9.10) sollen auch die später zu behandelnden impliziten Einschrittmethoden erfaßt werden. Im Fall der Methode von Euler ist

$$\Phi(x_k, y_k, y_{k+1}, h) = f(x_k, y_k)$$

als explizite Methode von $y_{k+1}$ unabhängig. Dasselbe gilt auch für einen Tayloralgorithmus mit

$$\Phi(x_k, y_k, y_{k+1}, h) = c_1 + c_2 h + c_3 h^2 + \ldots + c_p h^{p-1},$$

wo die Koeffizienten $c_i$ sowohl von der zu lösenden Differentialgleichung, d. h. von $f(x, y)$, als auch vom momentanen Punkt $(x_k, y_k)$ abhängen.

Für die folgenden Betrachtungen setzen wir vereinfachend eine konstante Schrittweite $h$ voraus, so daß die Stützstellen $x_k = x_0 + kh$ äquidistant sind. Ferner bedeute $y(x)$ stets die exakte Lösung der Differentialgleichung $y'(x) = f(x, y(x))$ unter der Anfangsbedingung $y(x_0) = y_0$, und damit $y(x_k)$ den Wert der exakten Lösung an der Stelle $x_k$. Schließlich bezeichnen wir mit $y_k$ den Wert der Näherung an der Stelle $x_k$, wie er sich auf Grund der Integrationsmethode (9.10) ergibt. Wir setzen exakte Arithmetik voraus und lassen Rundungsfehler unberücksichtigt. Mit diesen Festsetzungen führen wir folgende Größe ein.

**Definition 9.1** *Unter dem* lokalen Diskretisationsfehler *an der Stelle $x_{k+1}$ versteht man den Wert*

$$d_{k+1} := y(x_{k+1}) - y(x_k) - h\Phi(x_k, y(x_k), y(x_{k+1}), h). \tag{9.11}$$

Man beachte, daß der lokale Diskretisationsfehler $d_{k+1}$ die Abweichung darstellt, um welchen die exakte Lösungsfunktion $y(x)$ die Integrationsvorschrift in einem einzelnen Schritt nicht erfüllt. Im Fall einer expliziten Methode wie derjenigen von Euler oder der Taylorreihe besitzt $d_{k+1}$ die Bedeutung der Differenz zwischen dem exakten Wert $y(x_{k+1})$ und dem berechneten Wert $y_{k+1}$, falls an der Stelle $x_k$ vom exakten Wert $y(x_k)$ ausgegangen wird. Der Wert $d_{k+1}$ stellt dann den lokalen Fehler eines einzelnen Integrationsschrittes dar.

Für die Rechenpraxis ist der Fehler wichtig, den die Näherung nach einer bestimmten Zahl von Integrationsschritten gegenüber der exakten Lösung aufweist.

**Definition 9.2** *Als* globalen Fehler $g_k$ *an der Stelle $x_k$ bezeichnet man die Differenz*

$$g_k := y(x_k) - y_k. \tag{9.12}$$

Um den globalen Fehler $g_k$ mit dem lokalen Diskretisationsfehler $d_k$ in Beziehung zu bringen und mit seiner Hilfe abschätzen zu können, müssen wir voraussetzen, daß die Funktion $\Phi(x,y,z,h)$ in (9.10) für einen geeigneten Bereich $B$ bezüglich der Variablen $y$ und $z$ je eine Lipschitz-Bedingung

$$\left.\begin{array}{l}|\Phi(x,y,z,h)-\Phi(x,y^*,z,h)|\leq L|y-y^*|\\|\Phi(x,y,z,h)-\Phi(x,y,z^*,h)|\leq L|z-z^*|\end{array}\right\} x,y,y^*,z,z^*,h\in B \qquad (9.13)$$

mit der gemeinsamen Lipschitz-Konstanten $0<L<\infty$ erfüllt. Im Fall der Methode von Euler (9.4) ist dies die übliche Lipschitz-Bedingung an die Funktion $f(x,y)$, welche für die Existenz und Eindeutigkeit der Lösung von (9.1) ohnehin zu fordern ist. Bei allgemeineren Einschrittverfahren besteht zwischen der Lipschitz-Konstanten $L$ in (9.13) und derjenigen für die Funktion $f(x,y)$ eine Beziehung. Für explizite Einschrittverfahren mit von $z$ unabhängiger Funktion $\Phi$ entfällt die zweite Bedingung von (9.13).

Aus der Definition des lokalen Diskretisationsfehlers (9.11) ergibt sich

$$y(x_{k+1}) = y(x_k) + h\Phi(x_k, y(x_k), y(x_{k+1}), h) + d_{k+1},$$

und durch Subtraktion von (9.10) erhalten wir nach Ergänzung

$$\begin{aligned}g_{k+1} = g_k &+ h[\Phi(x_k, y(x_k), y(x_{k+1}), h) - \Phi(x_k, y_k, y(x_{k+1}), h)\\&+ \Phi(x_k, y_k, y(x_{k+1}), h) - \Phi(x_k, y_k, y_{k+1}, h)] + d_{k+1}.\end{aligned}$$

Wegen (9.13) folgt daraus im allgemeinen, impliziten Fall

$$\begin{aligned}|g_{k+1}| &\leq |g_k| + h[L|y(x_k)-y_k| + L|y(x_{k+1})-y_{k+1}|] + |d_{k+1}|\\&= (1+hL)|g_k| + hL|g_{k+1}| + |d_{k+1}|,\end{aligned} \qquad (9.14)$$

und damit unter der Voraussetzung $hL<1$ weiter

$$|g_{k+1}| \leq \frac{1+hL}{1-hL}|g_k| + \frac{|d_{k+1}|}{1-hL}. \qquad (9.15)$$

Zu jedem $h>0$ existiert eine Konstante $K>0$, so daß in (9.15) $(1+hL)/(1-hL) = 1+hK$ gilt. Für ein explizites Einschrittverfahren entfällt in (9.14) der Term $hL|g_{k+1}|$, so daß aus (9.14) die Ungleichung

$$|g_{k+1}| \leq (1+hL)|g_k| + |d_{k+1}| \qquad (9.16)$$

folgt. Weiter soll der Betrag des lokalen Diskretisationsfehlers abgeschätzt werden können durch

$$\max_k |d_k| \leq D. \qquad (9.17)$$

Bei entsprechender Festsetzung der Konstanten $a$ und $b$ erfüllen die Beträge der globalen Fehler gemäß (9.15) oder (9.16) eine Differenzengleichung

$$|g_{k+1}| \leq (1+a)|g_k| + b, \quad (k=0,1,2,\ldots). \qquad (9.18)$$

## 9 Gewöhnliche Differentialgleichungen

**Hilfssatz 9.1** *Erfüllen die Werte $g_k$ die Ungleichung (9.18), dann gilt*

$$|g_n| \leq \frac{(1+a)^n - 1}{b} + (1+a)^n |g_0| \leq \frac{b}{a} \{e^{na} - 1\} + e^{na}|g_0|. \tag{9.19}$$

Beweis. Wiederholte Anwendung von (9.18) ergibt die erste Ungleichung

$$|g_n| \leq (1+a)|g_{n-1}| + b$$
$$\leq (1+a)^2 |g_{n-2}| + \{(1+a) + 1\}b$$
$$\vdots$$
$$\leq (1+a)^n |g_0| + \{(1+a)^{n-1} + \ldots + (1+a) + 1\}b$$
$$= \frac{(1+a)^n - 1}{a} b + (1+a)^n |g_0|.$$

Die zweite Ungleichung ergibt sich aus der Tatsache, daß die Funktion $e^t$ konvex ist, so daß für die Tangente im Punkt $t = 0$ die Ungleichung $(1+t) \leq e^t$ für alle $t$ gilt. Daraus folgt $(1+a)^n \leq e^{na}$ und damit der zweite Teil der Behauptung. □

Da der Fehler $g_0 = y(x_0) - y_0 = 0$ ist, ergibt sich aus Hilfssatz 9.1 der

**Satz 9.2** *Für den globalen Fehler $g_n$ an der festen Stelle $x_n = x_0 + nh$ gilt für eine explizite Methode*

$$|g_n| \leq \frac{D}{hL} \{e^{nhL} - 1\} \leq \frac{D}{hL} e^{nhL}, \tag{9.20}$$

*und für eine implizite Methode*

$$|g_n| \leq \frac{D}{hK(1-hL)} \{e^{nhK} - 1\} \leq \frac{D}{hK(1-hL)} e^{nhK}. \tag{9.21}$$

Die Schranken (9.20) und (9.21) für den globalen Fehler zeigen, daß neben den Konstanten $L$ und $K$ der maximale Betrag $D$ der lokalen Diskretisationsfehler $d_k$ die ausschlaggebende Größe ist. Zur Bestimmung von $d_{k+1}$ aus (9.11) werden wir Taylorreihenentwicklungen verwenden unter der stillschweigenden Annahme, daß die Funktion $f(x, y)$ und die Lösungsfunktion $y(x)$ hinreichend oft stetig differenzierbar sind.

Der lokale Diskretisationsfehler der Methode von Euler ist gegeben durch

$$d_{k+1} = y(x_{k+1}) - y(x_k) - hf(x_k, y(x_k)).$$

Indem wir $y(x_{k+1})$ durch die Taylorreihenentwicklung von $y(x)$ im Punkt $x_k$ mit Restglied ersetzen und beachten, daß $f(x_k, y(x_k)) = y'(x_k)$ gilt, wird mit $0 < \theta < 1$

$$d_{k+1} = y(x_k) + hy'(x_k) + \frac{1}{2} h^2 y''(x_k + \theta h) - y(x_k) - hy'(x_k) = \frac{1}{2} h^2 y''(x_k + \theta h).$$

Es sei

$$D := \max_{k=0,\ldots,n-1} |d_{k+1}| \leq \frac{1}{2} h^2 \max_{x_0 \leq \xi \leq x_n} |y''(\xi)| =: \frac{1}{2} h^2 M_2,$$

dann folgt aus (9.21) die Abschätzung

$$|g_n| \leq \frac{hM_2}{2L} e^{L(x_n - x_0)} \qquad (9.22)$$

für den globalen Fehler der Methode von Euler. Halten wir die Stelle $x_n$ fest und lassen die Schrittweite $h = (x_n - x_0)/n$ mit größer werdendem $n$ abnehmen, dann zeigt (9.22), daß die Fehlerschranke proportional zur Schrittweite $h$ abnimmt. Folglich konvergiert der Wert $y_n$ an der festgehaltenen Stelle $x_n$ mit $h \to 0$ – bei Abwesenheit von Rundungsfehlern – gegen den exakten Wert $y(x_n)$. Die Konvergenz ist linear bezüglich der Schrittweite $h$, und man sagt deshalb, daß die Methode von Euler die Fehlerordnung 1 besitzt (vgl. Beispiel 9.1).

**Definition 9.3** *Ein Einschrittverfahren* (9.10) *besitzt die* Fehlerordnung $p$, *falls für seinen lokalen Diskretisationsfehler $d_k$ die Abschätzung*

$$\max_{1 \leq k \leq n} |d_k| \leq D = \text{const} \cdot h^{p+1} = O(h^{p+1}) \qquad (9.23)$$

*gilt.*

Der globale Fehler $g_n$ einer expliziten Methode ist wegen (9.20) beschränkt durch

$$|g_n| \leq \frac{\text{const}}{L} e^{nhL} \cdot h^p = O(h^p). \qquad (9.24)$$

Wegen $1/(1 - hL) = 1 + O(h)$ gilt (9.24) auch für eine implizite Einschrittmethode wegen (9.21).
Auf Grund der Definition 9.3 besitzt die Methode der Taylorreihe (9.7) die Fehlerordnung $p$, denn für ihren lokalen Diskretisationsfehler gilt in der Tat

$$d_{k+1} = y(x_{k+1}) - y(x_k) - hy'(x_k) - \frac{h^2}{2!} y''(x_k) - \ldots - \frac{h^p}{p!} y^{(p)}(x_k)$$

$$= \frac{h^{p+1}}{(p+1)!} y^{(p+1)}(x_k + \theta h), \quad 0 < \theta < 1.$$

Die im Beispiel 9.2 angewandte Integrationsmethode hat die Fehlerordnung 4, was die hohe Genauigkeit der dort berechneten Näherungen erklärt.
Eine Rechenvorschrift (9.10) kann nur dann eine brauchbare Methode darstellen, falls der globale Fehler $g_n$ beim Grenzübergang $h \to 0$ ebenfalls abnimmt.

**Definition 9.4** *Ein Einschrittverfahren* (9.10) *heißt mit der Differentialgleichung* (9.1) konsistent, *falls ihre Fehlerordnung mindestens gleich Eins ist.*

Die Methode von Euler und die Methode der Taylorreihe sind deshalb konsistente Verfahren.

## 9.1.3 Verbesserte Polygonzugmethode, Trapezmethode, Verfahren von Heun

Da die Methode von Euler die Fehlerordnung 1 besitzt, kann eine Extrapolation vorgenommen werden. Wir nehmen zu diesem Zweck an, mit der Polygonzugmethode (9.4) seien bis zu einer gegebenen Stelle $x$ zwei Integrationen durchgeführt worden, zuerst mit der Schrittweite $h_1 = h$ und dann mit der Schrittweite $h_2 = h/2$. Für die erhaltenen Werte $y_n$ und $y_{2n}$ nach $n$, beziehungsweise $2n$ Integrationsschritten gilt näherungsweise

$$y_n \simeq y(x) + c_1 h + O(h^2),$$

$$y_{2n} \simeq y(x) + c_1 \frac{h}{2} + O(h^2).$$

Durch Linearkombination der beiden Ausdrücke gemäß der sogenannten **Richardson-Extrapolation** bilden wir den extrapolierten Wert

$$\tilde{y} = 2y_{2n} - y_n \simeq y(x) + O(h^2), \tag{9.25}$$

dessen Fehler gegenüber $y(x)$ von zweiter Ordnung in $h$ ist.

Anstatt eine Differentialgleichung nach der Methode von Euler mit zwei verschiedenen Schrittweiten parallel zu integrieren, ist es zweckmäßiger, die Extrapolation direkt auf die Werte anzuwenden, welche einerseits von einem Integrationsschritt mit der Schrittweite $h$ und anderseits von einem Doppelschritt mit der halben Schrittweite geliefert werden. In beiden Fällen geht man vom Näherungspunkt $(x_k, y_k)$ aus. Der Normalschritt der Methode von Euler mit $h$ liefert den Wert

$$y^{(1)}_{k+1} = y_k + h f(x_k, y_k). \tag{9.26}$$

Ein Doppelschritt mit $h/2$ ergibt sukzessive die Werte

$$y^{(2)}_{k+\frac{1}{2}} = y_k + \frac{h}{2} f(x_k, y_k),$$

$$y^{(2)}_{k+1} = y^{(2)}_{k+\frac{1}{2}} + \frac{h}{2} f\left(x_k + \frac{h}{2}, y^{(2)}_{k+\frac{1}{2}}\right). \tag{9.27}$$

Die Richardson-Extrapolation, angewandt auf $y^{(2)}_{k+1}$ und $y^{(1)}_{k+1}$, definiert uns den extrapolierten Wert

$$y_{k+1} = 2y^{(2)}_{k+1} - y^{(1)}_{k+1} = 2y^{(2)}_{k+\frac{1}{2}} + hf\left(x_k + \frac{h}{2}, y^{(2)}_{k+\frac{1}{2}}\right) - y_k - hf(x_k, y_k)$$

$$= 2y_k + hf(x_k, y_k) + hf\left(x_k + \frac{h}{2}, y^{(2)}_{k+\frac{1}{2}}\right) - y_k - hf(x_k, y_k)$$

$$= y_k + hf\left(x_k + \frac{h}{2}, y_k + \frac{h}{2} f(x_k, y_k)\right). \tag{9.28}$$

## 9.1 Einschrittmethoden

Das Ergebnis (9.28) formulieren wir algorithmisch folgendermaßen:

$$\boxed{\begin{aligned} k_1 &= f(x_k, y_k) \\ k_2 &= f\left(x_k + \frac{h}{2}, y_k + \frac{1}{2} h k_1\right) \\ y_{k+1} &= y_k + h k_2 \end{aligned}} \qquad (9.29)$$

Die Rechenvorschrift (9.29) nennt man die **verbesserte Polygonzugmethode von Euler**. Ein einzelner Schritt erfordert die Auswertung der Funktion $f(x, y)$ an zwei verschiedenen Stellen. Dabei stellt $k_1$ die Steigung des Richtungsfeldes im Punkt $(x_k, y_k)$ dar. Sie dient dazu, den Hilfspunkt $\left(x_k + \frac{h}{2}, y^{(2)}_{k+\frac{1}{2}}\right)$ zu bestimmen und die zugehörige Steigung $k_2$. Der Näherungswert $y_{k+1}$ wird sodann mit Hilfe dieser Steigung berechnet, womit die Änderung des Richtungsfeldes berücksichtigt wird. Die geometrische Interpretation des Verfahrens ist in Fig. 9.2 dargestellt.

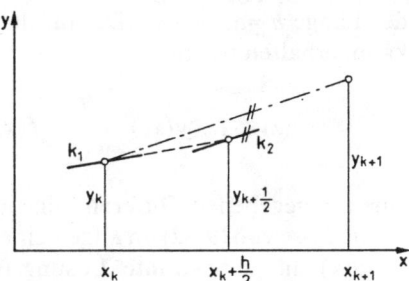

Fig. 9.2
Verbesserte Polygonzugmethode

Als Vorbereitung zur Bestimmung der Fehlerordnung der verbesserten Polygonzugmethode stellen wir einige Formeln zusammen, die auch später gebraucht werden. Durch Differentiation der gegebenen Differentialgleichung ergeben sich

$$y' = f(x, y)$$

$$y'' = f_x + f_y y' = f_x + f f_y =: F \qquad (9.30)$$

$$\begin{aligned} y''' &= f_{xx} + f_{xy} y' + (f_x + f_y y') f_y + f(f_{xy} + f_{yy} y') \\ &= (f_{xx} + 2 f f_{xy} + f^2 f_{yy}) + (f_x + f f_y) f_y =: G + F f_y \end{aligned} \qquad (9.31)$$

Für den lokalen Diskretisationsfehler der verbesserten Polygonzugmethode erhalten wir nach Entwicklung in Taylorreihen und unter Beachtung der Relationen (9.30) und (9.31)

378  9 Gewöhnliche Differentialgleichungen

$$d_{k+1} = y(x_{k+1}) - y(x_k) - hf\left(x_k + \frac{h}{2}, y(x_k) + \frac{h}{2} f(x_k, y(x_k))\right)$$

$$= hy'(x_k) + \frac{1}{2} h^2 y''(x_k) + \frac{1}{6} h^3 y'''(x_k) + O(h^4)$$

$$- h\left\{f(x_k, y(x_k)) + \frac{h}{2} f_x(x_k, y(x_k)) + \frac{h}{2} f(x_k, y(x_k)) f_y(x_k, y(x_k))\right.$$

$$\left. + \frac{1}{2} \left(\frac{h}{2}\right)^2 f_{xx} + \left(\frac{h}{2}\right)^2 f f_{xy} + \frac{1}{2} \left(\frac{h}{2}\right)^2 f^2 f_{yy} + O(h^3)\right\}$$

$$= \frac{1}{6} h^3 y'''(x_k) - \frac{1}{8} h^3 G(x_k, y(x_k)) + O(h^4) = \frac{1}{6} \left\{\frac{1}{4} G + F f_y\right\} h^3 + O(h^4).$$

Der Hauptanteil in $d_{k+1}$ ist im allgemeinen proportional zu $h^3$, und somit ist die Fehlerordnung der verbesserten Polygonzugmethode 2.

Weitere Einschrittmethoden zur genäherten Lösung der Anfangswertaufgabe (9.1) und (9.2) ergeben sich durch bestimmte Integration der Differentialgleichung $y'(x) = f(x, y(x))$ bezüglich der unabhängigen Variablen $x$ über das Intervall $[x_k, x_{k+1}]$ der Länge $h = x_{k+1} - x_k$. Da auf der linken Seite die Integration ausgeführt werden kann, erhalten wir mit

$$y(x_{k+1}) - y(x_k) = \int_{x_k}^{x_{k+1}} f(x, y(x)) dx \tag{9.32}$$

eine zur gegebenen Differentialgleichung äquivalente Integralgleichung. Da für die rechte Seite von (9.32) im allgemeinen keine Stammfunktion angegeben werden kann, da $y(x)$ die unbekannte Lösungsfunktion darstellt, wird das Integral mit einer Quadraturformel approximiert. Wir wenden dazu die einfache Trapezregel an. Die Gleichung (9.32) wird demzufolge nur noch genähert gültig sein, weshalb wir $y(x_k)$ durch $y_k$ ersetzen und gelangen so zur **Trapezmethode**

$$\boxed{y_{k+1} = y_k + \frac{h}{2} \{f(x_k, y_k) + f(x_{k+1}, y_{k+1})\}.} \tag{9.33}$$

Sie ist eine **implizite Integrationsmethode**, weil jeder Integrationsschritt die Lösung einer impliziten Gleichung nach dem unbekannten Näherungswert $y_{k+1}$ verlangt. Die zu lösende implizite, im allgemeinen Fall nichtlineare Gleichung für $y_{k+1}$ hat Fixpunktform und kann mit der Methode der sukzessiven Approximation gelöst werden. Da der Wert $f(x_k, y_k)$ ohnehin zu berechnen ist, steht als geeigneter Startwert $y_{k+1}^{(0)}$ für die Fixpunktiteration der Wert

$$y_{k+1}^{(0)} = y_k + hf(x_k, y_k) \tag{9.34}$$

der Methode von Euler zur Verfügung. Die Wertefolge

$$y_{k+1}^{(n+1)} = y_k + \frac{h}{2}\{f(x_k, y_k) + f(x_{k+1}, y_{k+1}^{(n)})\}, \quad (n = 0, 1, 2, \ldots) \tag{9.35}$$

konvergiert gegen den Fixpunkt $y_{k+1}$, falls $f(x, y)$ die Lipschitz-Bedingung mit der Lipschitz-Konstanten $L$ erfüllt und $hL/2 < 1$ ist, weil dann die Voraussetzungen des lokalen Fixpunktsatzes von Banach erfüllt sind.

Im Rahmen der oben allgemein betrachteten Rechenvorschrift (9.10) ist die Funktion $\Phi$ der Trapezmethode gegeben durch

$$\Phi(x_k, y_k, y_{k+1}, h) := \frac{1}{2}\{f(x_k, y_k) + f(x_k + h, y_{k+1})\},$$

und die Lipschitz-Konstante $L_\Phi$ in (9.13) ist jetzt gegeben durch $L_\Phi = L/2$, wo $L$ die Lipschitz-Konstante für $f(x, y)$ bedeutet.

Um die Fehlerordnung der Trapezmethode zu ermitteln, benötigen wir wegen (9.21) und (9.24) den lokalen Diskretisationsfehler, der gegeben ist durch

$$\begin{aligned} d_{k+1} &= y(x_{k+1}) - y(x_k) - \frac{h}{2}\{f(x_k, y(x_k)) + f(x_{k+1}, y(x_{k+1}))\} \\ &= y(x_{k+1}) - y(x_k) - \frac{h}{2}\{y'(x_k) + y'(x_{k+1})\} \\ &= hy'(x_k) + \frac{1}{2}h^2 y''(x_k) + \frac{1}{6}h^3 y'''(x_k) + O(h^4) \\ &\quad - \frac{h}{2}\left\{y'(x_k) + y'(x_k) + hy''(x_k) + \frac{1}{2}h^2 y'''(x_k) + O(h^3)\right\} \\ &= -\frac{1}{12}h^3 y'''(x_k) + O(h^4). \end{aligned}$$

Auf Grund des Hauptanteils in $d_{k+1}$ ist die Fehlerordnung der Trapezmethode 2. Sie ist also gleich derjenigen der verbesserten Polygonzugmethode. Die Trapezmethode besitzt jedoch spezielle Stabilitätseigenschaften (vgl. Abschnitt 9.3).

Da der Wert $y_{k+1}$, wie er durch (9.33) definiert ist, doch nur eine Näherung für $y(x_{k+1})$ darstellt, beschränkt man sich darauf, in der Fixpunktiteration (9.35) nur einen Schritt auszuführen. Mit leicht geänderter Notation erhält man so die **Methode von Heun**:

$$\boxed{\begin{aligned} y_{k+1}^{(P)} &= y_k + hf(x_k, y_k) \\ y_{k+1} &= y_k + \frac{h}{2}\{f(x_k, y_k) + f(x_{k+1}, y_{k+1}^{(P)})\} \end{aligned}} \tag{9.36}$$

Die explizite Methode von Euler mit der Fehlerordnung 1 wird dazu verwendet, einen sogenannten **Prädiktorwert** $y_{k+1}^{(P)}$ zu bestimmen, der dann mit der impliziten

380  9 Gewöhnliche Differentialgleichungen

Trapezmethode zum Wert $y_{k+1}$ korrigiert wird. Man bezeichnet deshalb die Methode von Heun (9.36) auch als **Prädiktor-Korrektor-Methode**, welche explizit ist. Ihre Fehlerordnung ist ebenfalls 2, was man ähnlich wie im Fall der verbesserten Polygonzugmethode zeigt. Algorithmisch läßt sich die Methode von Heun wie folgt formulieren:

$$\boxed{\begin{aligned} k_1 &= f(x_k, y_k) \\ k_2 &= f(x_k + h, y_k + hk_1) \\ y_{k+1} &= y_k + \frac{1}{2} h\{k_1 + k_2\} \end{aligned}} \qquad (9.37)$$

Zur Bestimmung von $y_{k+1}$ werden die beiden Steigungen $k_1$ und $k_2$ in den Punkten $(x_k, y_k)$ und $(x_{k+1}, y_{k+1}^{(P)})$ gemittelt.

Sowohl die verbesserte Polygonzugmethode (9.29) als auch die Methode von Heun (9.37) sind Repräsentanten von expliziten zweistufigen **Runge-Kutta-Verfahren** mit der Fehlerordnung 2. Ihre Verallgemeinerung erfolgt im nächsten Abschnitt.

**Beispiel 9.3** Die Anfangswertaufgabe $y' = -2xy^2, y(0) = 1$ ist mit der verbesserten Polygonzugmethode und mit der Methode von Heun je mit den Schrittweiten $h = 0.1$ und $h = 0.05$ behandelt worden. Die erhaltenen Näherungswerte $y_k$ sind mit den zugehörigen globalen Fehlern $g_k = y(x_k) - y_k$ in der Tab. 9.3 zusammengestellt. Die Resultate offenbaren die bedeutend kleineren Diskretisationsfehler der beiden Methoden und ihre Fehlerordnung 2. △

Tab. 9.3 Verbesserte Polygonzugmethode und Methode von Heun

| | Verbesserte Polygonzugmethode | | | | Methode von Heun | | | |
|---|---|---|---|---|---|---|---|---|
| | $h=0.1$ | | $h=0.05$ | | $h=0.1$ | | $h=0.05$ | |
| $x_k$ | $y_k$ | $g_k$ | $y_k$ | $g_k$ | $y_k$ | $g_k$ | $y_k$ | $g_k$ |
| 0   | 1.00000 | –       | 1.00000 | –       | 1.00000 | –        | 1.00000 | –        |
| 0.1 | 0.99000 | 0.00010 | 0.99007 | 0.00002 | 0.99000 | 0.00010  | 0.99009 | 0.00001  |
| 0.2 | 0.96118 | 0.00036 | 0.96145 | 0.00009 | 0.96137 | 0.00017  | 0.96152 | 0.00002  |
| 0.3 | 0.91674 | 0.00069 | 0.91727 | 0.00016 | 0.91725 | 0.00019  | 0.91742 | 0.00001  |
| 0.4 | 0.86110 | 0.00096 | 0.86184 | 0.00023 | 0.86195 | 0.00011  | 0.86208 | −0.00001 |
| 0.5 | 0.79889 | 0.00111 | 0.79974 | 0.00026 | 0.80003 | −0.00003 | 0.80004 | −0.00004 |
| 0.6 | 0.73418 | 0.00111 | 0.73503 | 0.00026 | 0.73553 | −0.00023 | 0.73538 | −0.00009 |
| 0.7 | 0.67014 | 0.00100 | 0.67091 | 0.00023 | 0.67159 | −0.00045 | 0.67128 | −0.00014 |
| 0.8 | 0.60895 | 0.00080 | 0.60957 | 0.00018 | 0.61040 | −0.00064 | 0.60993 | −0.00018 |
| 0.9 | 0.55191 | 0.00058 | 0.55236 | 0.00013 | 0.55329 | −0.00080 | 0.55270 | −0.00021 |
| 1.0 | 0.49964 | 0.00036 | 0.49992 | 0.00008 | 0.50092 | −0.00092 | 0.50024 | −0.00024 |

## 9.1.4 Runge-Kutta-Verfahren

Wir wollen das Prinzip der Herleitung von Einschrittmethoden höherer Fehlerordnung darlegen. Da die betreffenden Entwicklungen sehr rasch kompliziert und umfangreich werden, beschränken wir uns auf die ausführliche Behandlung des Falls von dreistufigen Runge-Kutta-Verfahren. Anschließend werden wir einige ausgewählte Verfahren höherer Fehlerordnung mit speziellen Eigenschaften angeben.

Analog zur Herleitung der Trapezmethode gehen wir aus von der zur Differentialgleichung (9.1) äquivalenten Integralgleichung (9.32)

$$y(x_{k+1}) - y(x_k) = \int_{x_k}^{x_{k+1}} f(x, y(x)) \, dx.$$

Der Wert des Integrals soll nun durch eine allgemeine Quadraturformel approximiert werden, welche auf drei Stützstellen $\xi_1, \xi_2, \xi_3$ im Intervall $[x_k, x_{k+1}]$ beruht mit zugehörigen Integrationsgewichten $c_1, c_2, c_3$. Die Lage der Integrationsstützstellen $\xi_i$ sowie die Gewichte $c_i$ sollen vorderhand beliebig sein. Sie werden später so bestimmt werden, daß das resultierende Verfahren eine möglichst hohe Fehlerordnung besitzt. Damit gelangt man zu einem Ansatz für die Näherung $y_{k+1}$

$$y_{k+1} = y_k + h\{c_1 f(\xi_1, y(\xi_1)) + c_2 f(\xi_2, y(\xi_2)) + c_3 f(\xi_3, y(\xi_3))\}. \quad (9.38)$$

In (9.38) sind einerseits die Integrationsstellen $\xi_i$ und anderseits die unbekannten Werte $y(\xi_i)$ festzulegen. Für die letzteren wenden wir die Idee der Prädiktormethode an, wobei wir darauf achten wollen, daß die Methode explizit wird. Dazu werden die Integrationsstützstellen wie folgt festgelegt:

$$\xi_1 = x_k, \quad \xi_2 = x_k + a_2 h, \quad \xi_3 = x_k + a_3 h, \quad 0 < a_2, a_3 \leq 1 \quad (9.39)$$

Die erste Stützstelle wird gleich $x_k$ gesetzt, so daß demzufolge $y(\xi_1) = y_k$ gelten soll. Für die beiden verbleibenden Werte $y(\xi_i)$ verwendet man die Ansätze von Prädiktorwerten

$$\begin{aligned} y(\xi_2): \quad & y_2^* = y_k + h b_{21} f(x_k, y_k) \\ y(\xi_3): \quad & y_3^* = y_k + h b_{31} f(x_k, y_k) + h b_{32} f(x_k + a_2 h, y_2^*) \end{aligned} \quad (9.40)$$

mit den drei weiteren zu wählenden Parametern $b_{21}, b_{31}$ und $b_{32}$. Der erste Prädiktorwert $y_2^*$ hängt ab von der Steigung im Punkt $(x_k, y_k)$, während der zweite Wert $y_3^*$ auch noch von der Steigung im Hilfspunkt $(\xi_2, y_2^*)$ abhängt.

Wenn wir die Ansätze (9.39) und (9.40) in (9.38) einsetzen, erhalten wir eine explizite Einschrittmethode in folgender algorithmischer Form:

$$\boxed{\begin{aligned} k_1 &= f(x_k, y_k) \\ k_2 &= f(x_k + a_2 h, y_k + h b_{21} k_1) \\ k_3 &= f(x_k + a_3 h, y_k + h(b_{31} k_1 + b_{32} k_2)) \\ y_{k+1} &= y_k + h\{c_1 k_1 + c_2 k_2 + c_3 k_3\} \end{aligned}} \quad (9.41)$$

## 9 Gewöhnliche Differentialgleichungen

Da in der Methode (9.41) die Funktion $f(x,y)$ pro Integrationsschritt dreimal ausgewertet werden muß, spricht man von einem dreistufigen Runge-Kutta-Verfahren. Die acht Parameter $a_2, a_3, b_{21}, b_{31}, b_{32}, c_1, c_2, c_3$ wollen wir nun so bestimmen, daß das durch (9.41) beschriebene Einschrittverfahren eine möglichst hohe Fehlerordnung aufweist. Bevor wir die Darstellung des lokalen Diskretisationsfehlers bestimmen, fordern wir noch folgende Bedingungen für die Parameter.

$$a_2 = b_{21}, \qquad a_3 = b_{31} + b_{32} \tag{9.42}$$

Die Bedingungen (9.42) können so motiviert werden, daß die Prädiktorwerte $y_2^*$ und $y_3^*$ für die spezielle Differentialgleichung $y' = 1$ exakt sein sollen.

Der lokale Diskretisationsfehler des Verfahrens (9.41) ist gegeben durch

$$d_{k+1} = y(x_{k+1}) - y(x_k) - h\{c_1\bar{k}_1 + c_2\bar{k}_2 + c_3\bar{k}_3\}, \tag{9.43}$$

worin $\bar{k}_i$ die Ausdrücke bedeuten, die aus $k_i$ dadurch hervorgehen, daß $y_k$ durch $y(x_k)$ ersetzt wird. Wir entwickeln die Ausdrücke für $\bar{k}_1, \bar{k}_2$ und $\bar{k}_3$ sukzessive in Taylorreihen an der Stelle $x_k$, um sie anschließend in (9.43) einzusetzen. Wir machen Gebrauch von den Identitäten (9.30) und (9.31) und lassen zur Entlastung der Schreibweise die Argumente $x_k, y(x_k)$ meistens weg. Wir erhalten so mit (9.42)

$$\bar{k}_1 = f(x_k, y(x_k)) = f$$
$$\bar{k}_2 = f(x_k + a_2 h, y(x_k) + a_2 h f(x_k, y(x_k)))$$
$$= f + a_2 h f_x + a_2 h f f_y + \frac{1}{2} a_2^2 h^2 f_{xx} + a_2^2 h^2 f f_{xy} + \frac{1}{2} a_2^2 h^2 f^2 f_{yy} + O(h^3)$$
$$= f + a_2 h F + \frac{1}{2} a_2^2 h^2 G + O(h^3)$$
$$\bar{k}_3 = f(x_k + a_3 h, y(x_k) + h(b_{31}\bar{k}_1 + b_{32}\bar{k}_2))$$
$$= f + a_3 h f_x + h(b_{31}\bar{k}_1 + b_{32}\bar{k}_2) f_y$$
$$\quad + \frac{1}{2} a_3^2 h^2 f_{xx} + a_3(b_{31}\bar{k}_1 + b_{32}\bar{k}_2) h^2 f_{xy} + \frac{1}{2} (b_{31}\bar{k}_1 + b_{32}\bar{k}_2)^2 h^2 f_{yy} + O(h^3)$$
$$= f + h\{a_3 f_x + (b_{31} + b_{32}) f f_y\}$$
$$\quad + h^2\left\{a_2 b_{32} F f_y + \frac{1}{2} a_3^2 f_{xx} + a_3(b_{31} + b_{32}) f f_{xy} + \frac{1}{2}(b_{31} + b_{32})^2 f^2 f_{yy}\right\} + O(h^3)$$
$$= f + a_3 h F + h^2\left\{a_2 b_{32} F f_y + \frac{1}{2} a_3^2 G\right\} + O(h^3)$$

$$d_{k+1} = hf\{1 - c_1 - c_2 - c_3\} + h^2 F\left\{\frac{1}{2} - a_2 c_2 - a_3 c_3\right\}$$
$$\quad + h^3\left\{F f_y\left[\frac{1}{6} - a_2 c_3 b_{32}\right] + G\left[\frac{1}{6} - \frac{1}{2} a_2^2 c_2 - \frac{1}{2} a_3^2 c_3\right]\right\} + O(h^4)$$

## 9.1 Einschrittmethoden

Soll das Verfahren mindestens die Fehlerordnung 3 aufweisen, dann müssen die sechs Parameter $c_1$, $c_2$, $c_3$, $a_2$, $a_3$ und $b_{32}$ das nichtlineare System von vier Gleichungen erfüllen:

$$\boxed{\begin{aligned} c_1 + c_2 + c_3 &= 1 \\ a_2 c_2 + a_3 c_3 &= \frac{1}{2} \\ a_2 c_3 b_{32} &= \frac{1}{6} \\ a_2^2 c_2 + a_3^2 c_3 &= \frac{1}{3} \end{aligned}} \qquad (9.44)$$

Da die Zahl der Gleichungen (9.44) kleiner als die Zahl der Unbekannten ist, stellt sich die Frage, ob nicht ein Verfahren mit der Fehlerordnung 4 möglich wäre. Dies trifft jedoch nicht zu, weil in der Taylorreihe für $d_{k+1}$ im Koeffizienten von $h^4$ ein Term vorhanden ist, der von den sechs Parametern unabhängig ist. Die maximal erreichbare Fehlerordnung für explizite, dreistufige Runge-Kutta-Verfahren (9.41) ist gleich 3.

Das Gleichungssystem (9.44) besitzt eine zweiparametrige Lösungsmenge, und wir wählen beispielsweise $a_2$ und $a_3$ als Parameter. Unter der Einschränkung $a_2 \neq a_3$ und $a_2 \neq 2/3$ ergibt sich für die übrigen Unbekannten

$$\boxed{\begin{aligned} c_2 &= \frac{3a_3 - 2}{6a_2(a_3 - a_2)}, & c_3 &= \frac{2 - 3a_2}{6a_3(a_3 - a_2)} \\ c_1 &= \frac{6a_2 a_3 + 2 - 3(a_2 + a_3)}{6a_2 a_3}, & b_{32} &= \frac{a_3(a_3 - a_2)}{a_2(2 - 3a_2)} \end{aligned}} \qquad (9.45)$$

Die Festlegung der Parameter in der zweiparametrigen Familie von dreistufigen Runge-Kutta-Verfahren mit der Fehlerordnung 3 erfolgt nach verschiedenen Kriterien. Für die Handrechnung war man an einfachen, einprägsamen Zahlwerten interessiert, die auch hinsichtlich der Zahlrundung günstig waren. Für moderne Computer tritt dieser Gesichtspunkt in den Hintergrund. So kann auch gefordert werden, daß der Betrag des Hauptanteils von $d_{k+1}$ in einem zu präzisierenden Sinn, beispielsweise für eine bestimmte Klasse von Differentialgleichungen, minimal sei. Aber auch das Problem der Schrittweitensteuerung kann für die Wahl der Parameter ausschlaggebend sein.

Ein erstes Runge-Kutta-Verfahren dritter Ordnung erhält man mit $a_2 = \frac{1}{3}$ und $a_3 = \frac{2}{3}$. Gemäß (9.45) und (9.42) sind $c_2 = 0$, $c_3 = \frac{3}{4}$, $c_1 = \frac{1}{4}$, $b_{32} = \frac{2}{3}$, $b_{31} = a_3 - b_{32} = 0$, und die Methode von Heun dritter Ordnung lautet:

# 9 Gewöhnliche Differentialgleichungen

$$\begin{aligned}
k_1 &= f(x_k, y_k) \\
k_2 &= f\left(x_k + \frac{1}{3}h, y_k + \frac{1}{3}hk_1\right) \\
k_3 &= f\left(x_k + \frac{2}{3}h, y_k + \frac{2}{3}hk_2\right) \\
y_{k+1} &= y_k + \frac{h}{4}\{k_1 + 3k_3\}
\end{aligned}$$

(9.46)

Mit den einprägsamen Zahlwerten wird für die Steigung $k_3$ nur die zuvor berechnete Steigung benötigt. Der Näherungswert $y_{k+1}$ wird bestimmt, indem nur die Steigungen $k_1$ und $k_3$ verwendet werden. Der Wert von $k_2$ ist als Hilfswert zur Berechnung von $k_3$ erforderlich. Fig. 9.3 zeigt die Größen auf, die für eine geometrische Interpretation der Methode (9.46) nützlich sind.

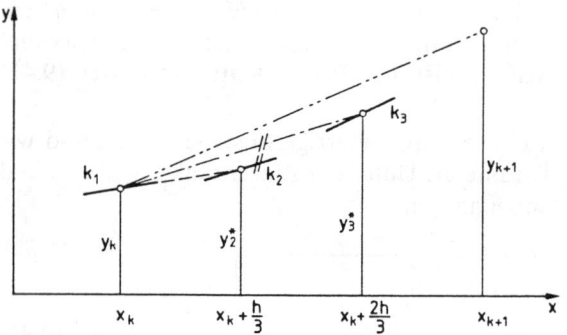

Fig. 9.3
Methode von Heun dritter Ordnung

Ein anderes Runge-Kutta-Verfahren dritter Ordnung erhält man mit $a_2 = \frac{1}{2}$ und $a_3 = 1$. Aus (9.45) folgen $c_2 = \frac{2}{3}$, $c_3 = \frac{1}{6}$, $c_1 = \frac{1}{6}$, $b_{32} = 2$ und aus (9.42) $b_{31} = a_3 - b_{32} = -1$. Damit lautet die Methode von Kutta dritter Ordnung [Kut01]:

$$\begin{aligned}
k_1 &= f(x_k, y_k) \\
k_2 &= f\left(x_k + \frac{1}{2}h, y_k + \frac{1}{2}hk_1\right) \\
k_3 &= f(x_k + h, y_k - hk_1 + 2hk_2) \\
y_{k+1} &= y_k + \frac{h}{6}\{k_1 + 4k_2 + k_3\}
\end{aligned}$$

(9.47)

Bei diesem Verfahren erscheint als Quadraturformel die Simpsonregel (8.55).
Da die dem Problem angepaßte Wahl der Schrittweite $h$ eine wichtige Rolle spielt, wollen wir anhand der dargestellten Verfahren ein einfaches Prinzip der Schritt-

weitensteuerung darlegen. Es besteht darin, den lokalen Fehler der verwendeten Methode, der für eine explizite Methode identisch ist mit dem lokalen Diskretisationsfehler, mit Hilfe eines Verfahrens höherer Fehlerordnung zu schätzen. Um den Schätzwert mit möglichst geringem Aufwand zu erhalten, muß das Runge-Kutta-Verfahren höherer Fehlerordnung die gleichen $k_i$-Werte verwenden wie das der Integration zugrundeliegende Verfahren.

Die verbesserte Polygonzugmethode (9.29) und die Methode von Kutta (9.47) erfüllen diese Forderung. Der lokale Diskretisationsfehler $d_{k+1}^{(VP)}$ der verbesserten Polygonzugmethode ist gegeben durch

$$d_{k+1}^{(VP)} = y(x_{k+1}) - y(x_k) - h\bar{k}_2$$

und derjenige des Verfahrens von Kutta

$$d_{k+1}^{(K)} = y(x_{k+1}) - y(x_k) - \frac{h}{6}\{\bar{k}_1 + 4\bar{k}_2 + \bar{k}_3\}.$$

Aus diesen beiden Darstellungen folgt

$$d_{k+1}^{(VP)} = \frac{h}{6}\{\bar{k}_1 + 4\bar{k}_2 + \bar{k}_3\} - h\bar{k}_2 + d_{k+1}^{(K)}.$$

Die unbekannten Werte $\bar{k}_i$ ersetzen wir durch die bekannten Näherungen $k_i$ und erhalten so wegen $d_{k+1}^{(K)} = O(h^4)$

$$d_{k+1}^{(VP)} \approx \frac{h}{6}\{k_1 + 4k_2 + k_3\} - hk_2 + O(h^4) = \frac{h}{6}\{k_1 - 2k_2 + k_3\} + O(h^4). \qquad (9.48)$$

Mit einer zusätzlichen Funktionsauswertung für $k_3$ stellt der Ausdruck $\frac{h}{6}\{k_1 - 2k_2 + k_3\}$ einen Schätzwert für den lokalen Diskretisationsfehler $d_{k+1}^{(VP)}$ der verbesserten Polygonzugmethode dar. Auf Grund seines Betrages kann entschieden werden, ob die Schrittweite zu verkleinern ist, um eine gegebene Genauigkeitsforderung zu erfüllen, oder ob sie für den folgenden Integrationsschritt vergrößert werden kann.

Auch die Methode von Heun zweiter Ordnung (9.37) kann in ein Runge-Kutta-Verfahren dritter Ordnung eingebettet werden, mit dessen Hilfe der lokale Diskretisationsfehler abgeschätzt werden kann. Durch (9.37) ist $a_2 = 1$ vorgegeben. Die verbleibenden fünf Parameter des gesuchten dreistufigen Verfahrens müssen dann das aus (9.44) resultierende Gleichungssystem erfüllen.

$$\begin{aligned} c_1 + c_2 + c_3 &= 1 \\ c_2 + a_3 c_3 &= \frac{1}{2} \\ c_3 b_{32} &= \frac{1}{6} \\ c_2 + a_3^2 c_3 &= \frac{1}{3} \end{aligned}$$

## 9 Gewöhnliche Differentialgleichungen

Aus der zweiten und vierten Gleichung folgt $a_3 c_3 (1 - a_3) = 1/6$. Wählen wir darin den Parameter $a_3 = 1/2$, ergeben sich $c_3 = 2/3$, $c_2 = 1/6$, $c_1 = 1/6$, $b_{32} = 1/4$ und $b_{31} = a_3 - b_{32} = 1/4$. Das Runge-Kutta-Verfahren dritter Ordnung lautet somit

$$\begin{aligned}
k_1 &= f(x_k, y_k) \\
k_2 &= f(x_k + h, y_k + h k_1) \\
k_3 &= f\left(x_k + \frac{1}{2} h, y_k + \frac{h}{4}(k_1 + k_2)\right) \\
y_{k+1} &= y_k + \frac{h}{6}\{k_1 + k_2 + 4 k_3\}
\end{aligned} \qquad (9.49)$$

In Analogie zu (9.48) liefert die Differenz der Näherungen

$$d_{k+1}^{(H)} \approx \frac{h}{6}\{k_1 + k_2 + 4k_3\} - \frac{h}{2}\{k_1 + k_2\} + O(h^4) = \frac{h}{3}\{-k_1 - k_2 + 2k_3\} + O(h^4) \qquad (9.50)$$

einen Schätzwert des lokalen Diskretisationsfehlers $d_{k+1}^{(H)}$ der Methode von Heun zweiter Ordnung.

**Beispiel 9.4** Die Schrittweitensteuerung soll anhand der Methode von Heun zweiter Ordnung (9.37) vermöge der Abschätzung (9.50) für die Anfangswertaufgabe $y' = -2xy^2$, $y(0) = 1$ illustriert werden. Der lokale Diskretisationsfehler soll in jedem Schritt betragsmäßig den Wert $\varepsilon = 10^{-6}$ nicht überschreiten. Fällt die Schätzung des lokalen Diskretisationsfehlers $d_{k+1}^{(H)}$ betragsmäßig zu groß aus, soll die Schrittweite halbiert werden. Sinkt sie unter den Wert $10^{-7}$, soll die Schrittweite verdoppelt werden. In Tab. 9.4 ist der Rechengang zusammengestellt. Gestartet wird mit der Versuchsschrittweite $h = 0.05$, die im ersten Integrationsschritt sofort angepaßt werden muß. Mit der Schrittweite $h = 0.025$ sind sechs Schritte ausführbar. Da auf Grund der Werte von $k_1$, $k_2$ und $k_3$ an der Stelle $x_k = 0.125$ der Schätzwert für $d_{k+1}^{(H)}$

Tab. 9.4 Methode von Heun zweiter Ordnung mit Schrittweitensteuerung

| $x_k$ | $y_k$ | $10^8 g_k$ | $h$ | $k_1$ | $k_2$ | $k_3$ | $10^8 d_{k+1}^{(H)}$ |
|---|---|---|---|---|---|---|---|
| 0 | 1.00000000 | 0 | 0.050 | 0 | −0.1000000 | −0.0498751 | 416 (!) |
|  |  |  | 0.025 | 0 | −0.0500000 | −0.0249844 | 26 |
| 0.025 | 1.99937500 | 39 | 0.025 | −0.0499375 | −0.0996257 | −0.0747662 | 26 |
| 0.050 | 0.99750546 | 77 | 0.025 | −0.0995017 | −0.1485091 | −0.1239909 | 24 |
| 0.075 | 0.99440533 | 114 | 0.025 | −0.1483263 | −0.1962962 | −0.1722985 | 21 |
| 0.100 | 0.99009754 | 147 | 0.025 | −0.1960586 | −0.2426528 | −0.2193460 | 16 |
| 0.125 | 0.98461365 | 173 | 0.025 | −0.2423660 | −0.2872707 | −0.2648130 | 9 |
| 0.150 | 0.97799319 | 192 | 0.050 | −0.2869412 | −0.3714456 | −0.3291543 | 130 (!) |
|  |  |  | 0.025 | −0.2869412 | −0.3298718 | −0.3084071 | 1 |
| 0.175 | 0.97028303 | 199 | 0.050 | −0.3295072 | −0.4093871 | −0.3694444 | 9 |
| 0.225 | 0.95181067 | 372 | 0.050 | −0.4076746 | −0.4771559 | −0.4425056 | −301 (!) |
|  |  |  | 0.025 | −0.4076746 | −0.4433230 | −0.4255273 | −48 |
| 0.250 | 0.94117320 | 327 | 0.025 | −0.4429035 | −0.4757979 | −0.4593917 | −68 |
| 0.275 | 0.92968944 | 260 | 0.025 | −0.4753774 | −0.5054196 | −0.4904532 | −91 |
| 0.300 | 0.91742947 | 172 | 0.025 | −0.5050061 | −0.5321361 | −0.5186407 | −116 (!) |

betragsmäßig kleiner als $10^{-7}$ ausfällt, wird die Schrittweite versuchsweise verdoppelt. Doch wird der nächste Schätzwert zu groß, so daß die Schrittweite wieder auf den alten Wert verkleinert werden muß. Das scheinbare Versagen der Strategie hängt mit dem Vorzeichenwechsel des lokalen Diskretisationsfehlers zusammen. Nach diesem Schritt ist eine Integration mit $h = 0.05$ erfolgreich, und eine nochmalige Vergrößerung der Schrittweite wäre auf Grund des Schätzwertes $d_{k+1}^{(H)}$ an sich möglich, doch erfolgt dies nur nach zwei aufeinanderfolgenden erfolgreichen Integrationsschritten. Bei $x_k = 0.300$ ist die Schrittweite zu halbieren. Der globale Fehler $g_k$ wurde mit der exakten Lösung berechnet. $\triangle$

Der Ansatz für ein explizites vierstufiges Runge-Kutta-Verfahren enthält in Verallgemeinerung von (9.41) dreizehn Parameter $a_2, b_{21}, a_3, b_{31}, b_{32}, a_4, b_{41}, b_{42}, b_{43}, c_1, c_2, c_3, c_4$, zwischen denen wiederum die Relationen

$$a_k = \sum_{j=1}^{k-1} b_{kj}, \quad (k = 2, 3, 4) \tag{9.51}$$

gefordert werden. Wie im Fall der dreistufigen Runge-Kutta-Verfahren wird der lokale Diskretisationsfehler in eine Taylorreihe nach Potenzen der Schrittweite $h$ entwickelt. Das Postulat nach einer Methode der Fehlerordnung 4 führt nach Elimination von drei Parametern gemäß (9.51) auf ein nichtlineares System von acht Gleichungen für die zehn restlichen Parameter [Gea71, Gri72]. Das System besitzt eine zweiparametrige Lösungsmenge, die in Abhängigkeit von $a_2$ und $a_3$ analog zu (9.45) dargestellt werden kann [Gea71, RaR78]. Wir geben im folgenden einige der wichtigeren Varianten an.

Die historisch älteste, und deshalb oft als klassische Runge-Kutta-Methode vierter Ordnung bezeichnet, lautet

$$\boxed{\begin{aligned}
k_1 &= f(x_k, y_k) \\
k_2 &= f\left(x_k + \frac{1}{2}h, y_k + \frac{1}{2}hk_1\right) \\
k_3 &= f\left(x_k + \frac{1}{2}h, y_k + \frac{1}{2}hk_2\right) \\
k_4 &= f(x_k + h, y_k + hk_3) \\
y_{k+1} &= y_k + \frac{h}{6}\{k_1 + 2k_2 + 2k_3 + k_4\}
\end{aligned}} \tag{9.52}$$

Das Verfahren (9.52) ist von bestechender Einfachheit mit simplen Parameterwerten und hat die Eigenschaft, daß die sukzessive Bestimmung der Steigungen $k_i, (i \geqslant 3)$ nur den unmittelbar vorangehenden Wert $k_{i-1}$ benötigt.

Eine andere Runge-Kutta-Methode vierter Ordnung stellt den direkten Zusammenhang mit der sogenannten $\frac{3}{8}$-Integrationsregel (8.56) her. Sie lautet

## 9 Gewöhnliche Differentialgleichungen

$$
\begin{aligned}
k_1 &= f(x_k, y_k) \\
k_2 &= f\left(x_k + \frac{1}{3}h, y_k + \frac{1}{3}hk_1\right) \\
k_3 &= f\left(x_k + \frac{2}{3}h, y_k - \frac{1}{3}hk_1 + hk_2\right) \\
k_4 &= f(x_k + h, y_k + hk_1 - hk_2 + hk_3) \\
y_{k+1} &= y_k + \frac{h}{8}\{k_1 + 3k_2 + 3k_3 + k_4\}
\end{aligned}
\tag{9.53}
$$

Eine zu oben analoge Schrittweitensteuerung durch Einbettung von drei- in vierstufigen Runge-Kutta-Methoden ist nicht möglich, weil die betreffenden Gleichungssysteme keine Lösung zulassen, so daß $k_1$, $k_2$ und $k_3$ in den beiden Verfahren identisch sind.

Eine andere Idee der Einbettung von Runge-Kutta-Verfahren zur Gewinnung von Schätzungen des lokalen Fehlers stammt von Fehlberg [Feh64, Feh68, Feh69, Feh70]. Die Zahl der Auswertungen pro Schritt wird dabei einerseits erhöht, doch werden anderseits die zusätzlichen freien Parameter so festgelegt, daß die jeweils letzte Auswertung, welche nur zur Schätzung des Fehlers benötigt wird, gleichzeitig als erste Auswertung für den nächsten Integrationsschritt verwendbar ist. Es gibt mehrere Möglichkeiten von solchen eingebetteten vier- und fünfstufigen Runge-Kutta-Verfahren [But87]. Durch entsprechende Wahl der freien Parameter kann zusätzlich erreicht werden, daß die Koeffizienten in der Darstellung des Hauptanteils des lokalen Diskretisationsfehlers betragsmäßig möglichst klein werden. Ein Beispiel eines vierstufigen Runge-Kutta-Verfahrens dritter Ordnung lautet [Feh69]

$$
\begin{aligned}
k_1 &= f(x_k, y_k) \\
k_2 &= f\left(x_k + \frac{1}{4}h, y_k + \frac{1}{4}hk_1\right) \\
k_3 &= f\left(x_k + \frac{4}{9}h, y_k + \frac{4}{81}hk_1 + \frac{32}{81}hk_2\right) \\
k_4 &= f\left(x_k + \frac{6}{7}h, y_k + \frac{57}{98}hk_1 - \frac{432}{343}hk_2 + \frac{1053}{686}hk_3\right) \\
y_{k+1} &= y_k + h\left\{\frac{1}{6}k_1 + \frac{27}{52}k_3 + \frac{49}{156}k_4\right\}
\end{aligned}
\tag{9.54}
$$

## 9.1 Einschrittmethoden

Mit der zusätzlichen fünften Auswertung wird (9.54) erweitert zu einem Runge-Kutta-Verfahren vierter Ordnung:

$$\begin{aligned} k_5 &= f\left(x_k + h, y_k + \frac{1}{6}hk_1 + \frac{27}{52}hk_3 + \frac{49}{156}hk_4\right) \\ \hat{y}_{k+1} &= y_k + h\left\{\frac{43}{288}k_1 + \frac{243}{416}k_3 + \frac{343}{1872}k_4 + \frac{1}{12}k_5\right\} \end{aligned} \qquad (9.55)$$

Durch Subtraktion des Wertes $y_{k+1}$ nach (9.54) vom Wert $\hat{y}_{k+1}$ nach (9.55) ergibt sich als Schätzwert des lokalen Diskretisationsfehlers $d_{k+1}$ der Methode (9.54) dritter Ordnung

$$d_{k+1} \approx h\left\{-\frac{5}{288}k_1 + \frac{27}{416}k_3 - \frac{245}{1872}k_4 + \frac{1}{12}k_5\right\}. \qquad (9.56)$$

Entspricht der Schätzwert (9.56) der gestellten Bedingung, so stellt der Wert $k_5$ in (9.55) gleichzeitig den Wert $k_1$ des nächsten Schrittes für (9.54) dar, so daß insgesamt pro erfolgreichen Integrationsschritt nur vier Auswertungen von $f(x,y)$ erforderlich sind.

Die Schätzung von $d_{k+1}$ eines vierstufigen Runge-Kutta-Verfahrens vierter Ordnung kann mit Hilfe einer Methode der Fehlerordnung fünf erfolgen. Dazu muß allerdings ein sechsstufiges Verfahren verwendet werden, denn Butcher [But65, But87] hat gezeigt, daß die erreichbare Fehlerordnung $p$ einer expliziten $m$-stufigen Runge-Kutta-Methode gemäß Tab. 9.5 gegeben ist.

Tab. 9.5 Maximale Fehlerordnung von expliziten Runge-Kutta-Verfahren

| $m=$ | 1 | 2 | 3 | 4 | 5 | 6 | 7 | 8 | 9 |
|---|---|---|---|---|---|---|---|---|---|
| $p=$ | 1 | 2 | 3 | 4 | 4 | 5 | 6 | 6 | 7 |

Eine vierstufige Runge-Kutta-Methode vierter Ordnung, welche in einer sechsstufigen Methode fünfter Ordnung eingebettet ist, wurde von England [Eng69] vorgeschlagen. Da für die Schätzung des lokalen Fehlers ohnehin sechs Funktionsauswertungen nötig sind, hat Fehlberg [Feh69] eine bedeutend bessere Variante entwickelt, in welcher die Runge-Kutta-Methode vierter Ordnung fünf der Auswertungen verwendet, wodurch der lokale Diskretisationsfehler im Vergleich zur Methode von England bedeutend verringert werden kann. Eine dieser von Fehlberg vorgeschlagenen Methoden mit einfachen Zahlwerten lautet

9 Gewöhnliche Differentialgleichungen

$$
\begin{aligned}
k_1 &= f(x_k, y_k) \\
k_2 &= f\left(x_k + \frac{2}{9}h, y_k + \frac{2}{9}hk_1\right) \\
k_3 &= f\left(x_k + \frac{1}{3}h, y_k + \frac{1}{12}hk_1 + \frac{1}{4}hk_2\right) \\
k_4 &= f\left(x_k + \frac{3}{4}h, y_k + \frac{69}{128}hk_1 - \frac{243}{128}hk_2 + \frac{135}{64}hk_3\right) \\
k_5 &= f\left(x_k + h, y_k - \frac{17}{12}hk_1 + \frac{27}{4}hk_2 - \frac{27}{5}hk_3 + \frac{16}{15}hk_4\right) \\
y_{k+1} &= y_k + h\left\{\frac{1}{9}k_1 + \frac{9}{20}k_3 + \frac{16}{45}k_4 + \frac{1}{12}k_5\right\}
\end{aligned}
$$
(9.57)

Mit der Erweiterung zu

$$
\begin{aligned}
k_6 &= f\left(x_k + \frac{5}{6}h, y_k + \frac{65}{432}hk_1 - \frac{5}{16}hk_2 + \frac{13}{16}hk_3 + \frac{4}{27}hk_4 + \frac{5}{144}hk_5\right) \\
\hat{y}_{k+1} &= y_k + h\left\{\frac{47}{450}k_1 + \frac{12}{25}k_3 + \frac{32}{225}k_4 + \frac{1}{30}k_5 + \frac{6}{25}k_6\right\}
\end{aligned}
$$
(9.58)

ergibt sich der Schätzwert des lokalen Fehlers der Methode (9.57) zu

$$d_{k+1} \approx \frac{h}{300}\{-2k_1 + 9k_3 - 64k_4 - 15k_5 + 72k_6\}.$$
(9.59)

Die Kombination der Methoden (9.57) und (9.58) zur Schrittweitensteuerung hat nicht die Eigenschaft, daß eine der Funktionsauswertungen im nachfolgenden Schritt wiederverwendet werden kann.
In [But87, Feh64, Feh68, Feh69, Feh70] sind weitere Kombinationen von expliziten Runge-Kutta-Verfahren verschiedener Ordnung mit eingebauter Schrittweitensteuerung angegeben. Eine andersgeartete Methode der automatischen Schrittweitensteuerung stammt von Zonneveld [Str74, Zon64]. Der lokale Diskretisationsfehler wird mit Hilfe einer weiteren Funktionsauswertung so abgeschätzt, daß aus den berechneten $k_i$-Werten eine geeignete Linearkombination gebildet wird. Eine weitere interessante Idee besteht auch darin, den lokalen Fehler auf Grund einer eingebetteten Methode niedrigerer Ordnung zu schätzen [DoP78, DoP80, HNW87].

## 9.1.5 Implizite Runge-Kutta-Verfahren

Zur numerischen Lösung von Differentialgleichungen mit bestimmten Eigenschaften (vgl. Abschnitt 9.3) sind spezielle Methoden erforderlich. Zu diesen gehören die impliziten Runge-Kutta-Verfahren, die dadurch charakterisiert sind, daß die Steigungen $k_1, k_2, \ldots$ durch ein implizites Gleichungssystem definiert werden. Wir wollen das Prinzip nur an einem einstufigen Verfahren ausführlich darlegen, da die Herleitung von mehrstufigen Methoden aufwendig ist. Ein solches Verfahren ist definiert durch die beiden Formeln

$$k_1 = f(x_k + a_1 h, y_k + b_{11} h k_1)$$
$$y_{k+1} = y_k + h c_1 k_1, \tag{9.60}$$

in denen die Parameter $a_1$, $b_{11}$ und $c_1$ so bestimmt werden sollen, daß die Methode (9.60) eine möglichst hohe Fehlerordnung besitzt. Man verlangt auch hier, daß $a_1 = b_{11}$ gilt, so daß nur noch zwei freie Parameter verfügbar sind. Die Entwicklung des zugehörigen lokalen Diskretisationsfehlers in eine Potenzreihe in $h$ ist etwas komplizierter, weil die Gleichung für $k_1$ implizit ist. Wir bezeichnen wieder mit $\bar{k}_1$ den Wert, der aus (9.60) resultiert, falls wir dort $y_k$ durch $y(x_k)$ ersetzen. Wir entwickeln nun $\bar{k}_1$ in eine Taylorreihe an der Stelle $(x_k, y(x_k))$, wobei wir zur Entlastung der Schreibweise dieses Argument weglassen.

$$\bar{k}_1 = f(x_k + a_1 h, y(x_k) + a_1 h \bar{k}_1)$$
$$= f + a_1 h \{f_x + \bar{k}_1 f_y\} + \frac{1}{2} a_1^2 h^2 \{f_{xx} + 2\bar{k}_1 f_{xy} + \bar{k}_1^2 f_{yy}\} + O(h^3) \tag{9.61}$$

Zur Lösung dieser impliziten Gleichung für $\bar{k}_1$ wird $\bar{k}_1$ selbst als eine Potenzreihe in $h$ angesetzt.

$$\bar{k}_1 = \alpha_0 + \alpha_1 h + \alpha_2 h^2 + \ldots \tag{9.62}$$

Die Koeffizienten $\alpha_i$ bestimmen wir durch Substitution von (9.62) in (9.61).

$$\alpha_0 + \alpha_1 h + \alpha_2 h^2 + O(h^3)$$
$$= f + a_1 h \{f_x + (\alpha_0 + \alpha_1 h) f_y\} + \frac{1}{2} a_1^2 h^2 \{f_{xx} + 2\alpha_0 f_{xy} + \alpha_0^2 f_{yy}\} + O(h^3)$$

Durch Koeffizientenvergleich erhalten wir daraus mit (9.30) und (9.31)

$$\alpha_0 = f$$
$$\alpha_1 = a_1(f_x + \alpha_0 f_y) = a_1(f_x + f f_y) = a_1 F$$
$$\alpha_2 = a_1 \alpha_1 f_y + \frac{1}{2} a_1^2 \{f_{xx} + 2 f f_{xy} + f^2 f_{yy}\} = a_1^2 \left\{ F f_y + \frac{1}{2} G \right\}$$

## 9 Gewöhnliche Differentialgleichungen

Mit diesen Werten wird der lokale Diskretisationsfehler der Methode (9.60)

$$d_{k+1} = y(x_{k+1}) - y(x_k) - hc_1\bar{k}_1$$

$$= hf + \frac{1}{2}h^2F + \frac{1}{6}h^3\{G + Ff_y\} - hc_1f - h^2c_1a_1F - h^3a_1^2c_1\left\{Ff_y + \frac{1}{2}G\right\} + O(h^4)$$

$$= \{1 - c_1\}hf + \left\{\frac{1}{2} - a_1c_1\right\}h^2F + \left\{\left(\frac{1}{6} - a_1^2c_1\right)Ff_y + \left(\frac{1}{6} - \frac{1}{2}a_1^2c_1\right)G\right\}h^3 + O(h^4).$$

Setzen wir $c_1 = 1$ und $a_1 = \frac{1}{2}$, dann verschwinden die Koeffizienten von $h$ und $h^2$, während der Koeffizient von $h^3$ gleich $-\frac{1}{12}Ff_y + \frac{1}{24}G$ wird. Die Fehlerordnung der impliziten Runge-Kutta-Methode

$$\boxed{\begin{aligned} k_1 &= f\left(x_k + \frac{1}{2}h, y_k + \frac{1}{2}hk_1\right) \\ y_{k+1} &= y_k + hk_1 \end{aligned}} \tag{9.63}$$

ist 2. Jeder Integrationsschritt erfordert die Lösung der impliziten Gleichung nach $k_1$, wofür die Fixpunktiteration angewendet werden kann. Im Vergleich zur ebenfalls impliziten Trapezmethode (9.33) bietet (9.63) keine besonderen Vorteile, da der Hauptanteil des lokalen Diskretisationsfehlers etwa gleich groß ist.

Der Ansatz eines zweistufigen, impliziten Runge-Kutta-Verfahrens

$$\begin{aligned} k_1 &= f(x_k + a_1h, y_k + hb_{11}k_1 + hb_{12}k_2) \\ k_2 &= f(x_k + a_2h, y_k + hb_{21}k_1 + hb_{22}k_2) \\ y_{k+1} &= y_k + h\{c_1k_1 + c_2k_2\} \end{aligned} \tag{9.64}$$

enthält acht Parameter, die den beiden Bedingungen $a_1 = b_{11} + b_{12}$, $a_2 = b_{21} + b_{22}$ genügen sollen. Mit den sechs freien Parametern kann eine Methode mit der Fehlerordnung 4 konstruiert werden. Die entsprechend aufwendige Analyse des lokalen Diskretisationsfehlers liefert die bis auf eine triviale Vertauschung der $k$-Werte eindeutige implizite Runge-Kutta-Methode vierter Ordnung

$$\boxed{\begin{aligned} k_1 &= f\left(x_k + \frac{3-\sqrt{3}}{6}h, y_k + \frac{1}{4}hk_1 + \frac{3-2\sqrt{3}}{12}hk_2\right) \\ k_2 &= f\left(x_k + \frac{3+\sqrt{3}}{6}h, y_k + \frac{3+2\sqrt{3}}{12}hk_1 + \frac{1}{4}hk_2\right) \\ y_{k+1} &= y_k + \frac{h}{2}\{k_1 + k_2\} \end{aligned}} \tag{9.65}$$

Allgemein gilt, daß ein $m$-stufiges implizites Runge-Kutta-Verfahren durch geeignete Wahl der $m(m+1)$ freien Parameter die maximal erreichbare Fehlerordnung $2m$

besitzt [But 63]. Beispiele dazu findet man in [But 64, But 87]. Trotz der beträchtlichen Steigerung der Fehlerordnung sind die impliziten Runge-Kutta-Methoden für den allgemeinen Einsatz wenig attraktiv, weil in jedem Integrationsschritt ein im allgemeinen nichtlineares Gleichungssystem für die $m$ Unbekannten $k_i$ zu lösen ist. Erfolgt die Bestimmung der Werte $k_1, k_2, \ldots, k_m$ mit der Methode der Fixpunktiteration, so sind pro Schritt bedeutend mehr als $m$ Funktionsauswertungen notwendig. Die Fixpunktiteration ist konvergent für alle Schrittweiten $h$, die der Bedingung

$$hBL < 1 \quad \text{mit } B := \max_i \sum_j |b_{ij}|$$

genügen und $L$ die Lipschitz-Konstante der Funktion $f(x, y)$ darstellt. Die impliziten Runge-Kutta-Verfahren besitzen eine Stabilitätseigenschaft, die bei der Integration von steifen Differentialgleichungssystemen entscheidend ist (vgl. Abschnitt 9.3).

### 9.1.6 Differentialgleichungen höherer Ordnung und Systeme

Wir beschreiben jetzt die nötigen Maßnahmen, um Differentialgleichungen höherer Ordnung und Systeme von Differentialgleichungen numerisch zu lösen. Solche Aufgabenstellungen werden durch die Einführung von neuen unbekannten Funktionen auf Systeme von gewöhnlichen Differentialgleichungen erster Ordnung zurückgeführt.

Das Vorgehen stellen wir an einer Anfangswertaufgabe mit einer Differentialgleichung vierter Ordnung dar, von der wir voraussetzen, daß sie explizit nach der höchsten Ableitung aufgelöst werden kann.

$$y^{(4)}(x) = f(x, y(x), y'(x), y''(x), y^{(3)}(x)) \tag{9.66}$$

In (9.66) stellt $f$ eine im allgemeinen nichtlineare Funktion der fünf Argumente dar. Die Anfangsbedingungen zu (9.66) lauten

$$y(x_0) = y_0, \quad y'(x_0) = y'_0, \quad y''(x_0) = y''_0, \quad y^{(3)}(x_0) = y^{(3)}_0, \tag{9.67}$$

welche den Wert der Funktion $y(x)$ und ihrer drei ersten Ableitungen an einer Stelle $x_0$ vorschreiben. Wir betrachten die erste bis dritte Ableitung von $y(x)$ als weitere unbekannte Funktionen und definieren

$$y_1(x) := y(x), \quad y_2(x) := y'(x), \quad y_3(x) := y''(x), \quad y_4(x) := y^{(3)}(x). \tag{9.68}$$

Dann läßt sich die gegebene Anfangswertaufgabe (9.66) und (9.67) äquivalent als System von vier Differentialgleichungen erster Ordnung für die vier Funktionen $y_1(x)$, $y_2(x)$, $y_3(x)$, $y_4(x)$ formulieren

$$\begin{aligned} y'_1(x) &= y_2(x) \\ y'_2(x) &= y_3(x) \\ y'_3(x) &= y_4(x) \\ y'_4(x) &= f(x, y_1(x), y_2(x), y_3(x), y_4(x)) \end{aligned} \tag{9.69}$$

## 9 Gewöhnliche Differentialgleichungen

mit den Anfangsbedingungen

$$y_1(x_0) = y_0, \quad y_2(x_0) = y'_0, \quad y_3(x_0) = y''_0, \quad y_4(x_0) = y_0^{(3)}. \tag{9.70}$$

Weiter führen wir folgende Vektorfunktionen und den Vektor

$$y(x) = \begin{pmatrix} y_1(x) \\ y_2(x) \\ y_3(x) \\ y_4(x) \end{pmatrix}, \quad f(x, y) = \begin{pmatrix} y_2(x) \\ y_3(x) \\ y_4(x) \\ f(x, y_1(x), y_2(x), y_3(x), y_4(x)) \end{pmatrix}, \quad y_0 = \begin{pmatrix} y_0 \\ y'_0 \\ y''_0 \\ y_0^{(3)} \end{pmatrix} \tag{9.71}$$

ein. Damit schreibt sich die Anfangswertaufgabe (9.69), (9.70) kurz

$$\boxed{y'(x) = f(x, y(x)), \quad y(x_0) = y_0.} \tag{9.72}$$

Formal ist (9.72) die gleiche Aufgabenstellung wie im Fall einer skalaren Differentialgleichung (9.1), (9.2), mit dem einzigen Unterschied, daß die Vektorfunktion $y(x)$ an die Stelle von $y(x)$ und $f(x, y(x))$ an die Stelle von $f(x, y(x))$ tritt. Die beschriebenen Einschrittmethoden werden auf Grund dieser Feststellung unmittelbar zur Behandlung von (9.72) anwendbar.

Die Bewegungsgleichungen der Physik und Mechanik führen auf Grund von Naturgesetzen auf Systeme von Differentialgleichungen zweiter Ordnung. Beispielsweise lauten die Differentialgleichungen für ein gekoppeltes System von zwei Pendeln allgemein

$$\begin{aligned} u''(x) &= f(x, u(x), u'(x), v(x), v'(x)) \\ v''(x) &= g(x, u(x), u'(x), v(x), v'(x)) \end{aligned} \tag{9.73}$$

für die Auslenkungswinkel $u(x)$, $v(x)$, für welche Anfangsbedingungen

$$u(x_0) = u_0, \quad u'(x_0) = u'_0, \quad v(x_0) = v_0, \quad v'(x_0) = v'_0 \tag{9.74}$$

vorliegen. Neben $u(x)$ und $v(x)$ betrachten wir auch ihre ersten Ableitungen $u'(x)$ und $v'(x)$ als unbekannte Funktionen und definieren

$$y_1(x) := u(x), \quad y_2(x) := u'(x), \quad y_3(x) := v(x), \quad y_4(x) := v'(x). \tag{9.75}$$

Die Anfangswertaufgabe (9.73), (9.74) läßt sich mit der Substitution (9.75) als äquivalentes System von vier Differentialgleichungen

$$\begin{aligned} y'_1(x) &= y_2(x) \\ y'_2(x) &= f(x, y_1(x), y_2(x), y_3(x), y_4(x)) \\ y'_3(x) &= y_4(x) \\ y'_4(x) &= g(x, y_1(x), y_2(x), y_3(x), y_4(x)) \end{aligned}$$

mit den Anfangsbedingungen

$$y_1(x_0) = u_0, \quad y_2(x_0) = u'_0, \quad y_3(x_0) = v_0, \quad y_4(x_0) = v'_0$$

schreiben. Mit zu (9.71) analogen Definitionen ergibt sich wieder die Darstellung (9.72).

Aufgabenstellungen der Chemie und Biologie führen oft direkt auf Systeme von gewöhnlichen Differentialgleichungen (9.72) für Zustandsgrößen $y_1(x)$, $y_2(x)$, ..., $y_n(x)$, mit denen die zeitlichen Änderungen der Zustandsvariablen auf Grund von bestimmten Gesetzen oder Modellannahmen in Abhängigkeit des Zustandes des Systems beschrieben werden. In diesen Fällen wird meistens jede Komponente der Vektorfunktionen $f(x, y(x))$ von allen unbekannten Funktionen $y_i(x)$ abhängen.

Alle bisher wie auch im folgenden beschriebenen Methoden zur Lösung einer einzelnen Differentialgleichung erster Ordnung lassen sich mühelos auf Systeme von Differentialgleichungen erster Ordnung übertragen. Dazu sind lediglich bestimmte skalare Größen durch Vektoren zu ersetzen. Zur Illustration formulieren wir die klassische Runge-Kutta-Methode vierter Ordnung (9.52) für ein System von $n$ Differentialgleichungen.

$$\begin{aligned} \boldsymbol{k}_1 &= \boldsymbol{f}(x_k, \boldsymbol{y}_k) \\ \boldsymbol{k}_2 &= \boldsymbol{f}\left(x_k + \frac{1}{2}h, \boldsymbol{y}_k + \frac{1}{2}h\boldsymbol{k}_1\right) \\ \boldsymbol{k}_3 &= \boldsymbol{f}\left(x_k + \frac{1}{2}h, \boldsymbol{y}_k + \frac{1}{2}h\boldsymbol{k}_2\right) \\ \boldsymbol{k}_4 &= \boldsymbol{f}(x_k + h, \boldsymbol{y}_k + h\boldsymbol{k}_3) \\ \boldsymbol{y}_{k+1} &= \boldsymbol{y}_k + \frac{h}{6}\{\boldsymbol{k}_1 + 2\boldsymbol{k}_2 + 2\boldsymbol{k}_3 + \boldsymbol{k}_4\} \end{aligned} \qquad (9.76)$$

Darin stellen $\boldsymbol{y}_k, \boldsymbol{y}_{k+1}, \boldsymbol{k}_1, \boldsymbol{k}_2, \boldsymbol{k}_3$ und $\boldsymbol{k}_4$ Vektoren im $\mathbb{R}^n$ dar.

Wenn wir in analoger Weise das implizite Runge-Kutta-Verfahren vierter Ordnung (9.65) für ein System von $n$ Differentialgleichungen (9.72) formulieren, so ist in jedem Integrationsschritt ein System von $2n$ gekoppelten und im allgemeinen nichtlinearen Gleichungen für die je $n$ Komponenten von $\boldsymbol{k}_1$ und $\boldsymbol{k}_2$ aufzulösen.

Wenden wir die von Fehlberg vorgeschlagene Runge-Kutta-Methode (9.57), (9.58) mit Schrittweitensteuerung auf ein System an, so stellt der Schätzwert des lokalen Diskretisationsfehlers einen Vektor $\boldsymbol{d}_{k+1} \in \mathbb{R}^n$ dar. Sein Betrag ist durch eine Vektornorm, beispielsweise die euklidische Norm, zu ersetzen.

**Beispiel 9.5** An einem einfachen Beispiel aus der Biologie wird die Integration eines Differentialgleichungssystems dargestellt. Wir betrachten das klassische Räuber-Beute-Modell von Lotka-Volterra, welches durch das nichtlineare, autonome Differentialgleichungssystem

$$\begin{aligned} \dot{y}_1(t) &= ay_1(t)\{1 - y_2(t)\} \\ \dot{y}_2(t) &= y_2(t)\{y_1(t) - 1\} \end{aligned} \qquad (9.77)$$

beschrieben wird, worin $y_1(t)$ und $y_2(t)$ Maßzahlen für die Größe der Populationen der Beute- und der Raubtiere in Abhängigkeit der Zeit $t$ als unabhängige Variable und $a > 0$ einen

Parameter bedeuten. Das System (9.77) soll für $a = 10$ unter der Anfangsbedingung $y_1(0) = 3$, $y_2(0) = 1$ mit der Runge-Kutta-Methode vierter Ordnung (9.57) von Fehlberg mit der Schrittweitensteuerung auf Grund von (9.58) und (9.59) behandelt werden. Die euklidische Vektornorm des Schätzwertes des lokalen Diskretisationsfehlers soll den Wert $\varepsilon = 10^{-7}$ nicht übersteigen. Da $\|d_{k+1}\| = O(h^5)$ ist, wird die Schrittweite $h$ nach dem einfachen Prinzip gesteuert, daß sie mit dem Faktor 0.875 verkleinert wird, sobald die Ungleichung $\|d_{k+1}\| \leqslant \varepsilon$ nicht erfüllt ist, daß sie aber mit dem Faktor $1/0.875 \doteq 1.143$ vergrößert wird, falls $\|d_{k+1}\| < \varepsilon/2$ gilt. In Fig. 9.4 sind die Lösungsfunktionen $y_1(t)$ und $y_2(t)$, die Norm der Schätzung für $d_{k+1}$ sowie die verwendete Schrittweite $h$ in Abhängigkeit von $t$ dargestellt. Mit der Startschrittweite $h = 0.025$ wurden zur Integration bis $t = 5$ (etwas mehr als zwei Perioden) 116 Integrationsschritte ausgeführt bei einer minimalen Schrittweite $h_{\min} = 0.025$ und einer maximalen Schrittweite $h_{\max} \doteq 0.0832$. Mit der konstanten Schrittweite $h = 0.025$ wären im Vergleich dazu 200 Integrationsschritte nötig. Die Vektorfunktionen für (9.77) sind

$$y(t) = \begin{bmatrix} y_1(t) \\ y_2(t) \end{bmatrix}, \qquad f(t, y(t)) = \begin{bmatrix} ay_1(t)\{1 - y_2(t)\} \\ y_2(t)\{y_1(t) - 1\} \end{bmatrix}, \qquad y_0 = \begin{bmatrix} 3 \\ 1 \end{bmatrix}.$$

△

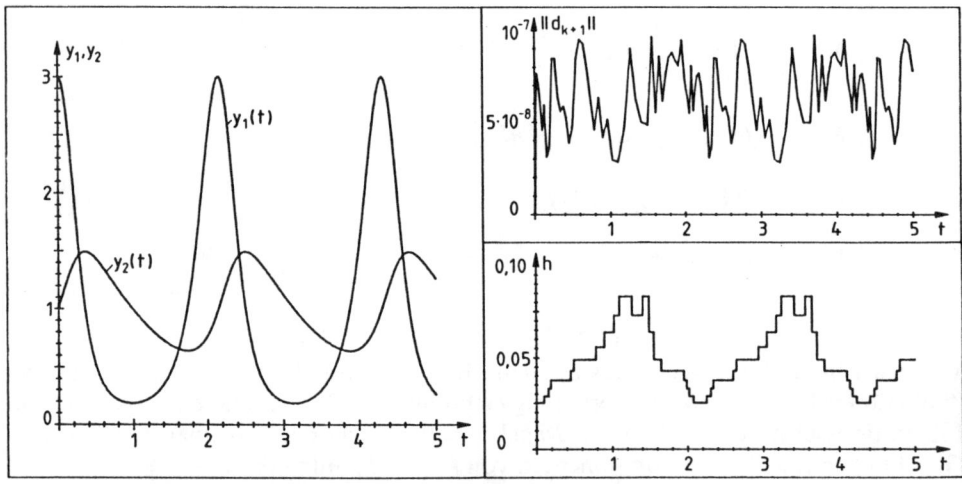

Fig. 9.4 Lösungsfunktionen und Schrittweitensteuerung

## 9.2 Mehrschrittverfahren

Mit Einschrittverfahren wird der Näherungswert $y_{k+1}$ an der Stelle $x_{k+1} = x_k + h$ allein auf Grund des Näherungspunktes $(x_k, y_k)$ bestimmt. Im Gegensatz dazu verwenden die Mehrschrittverfahren zur Berechnung von $y_{k+1}$ die vorhandene Information auch an vorhergehenden, äquidistant vorausgesetzten Stützstellen $x_{k-1}, x_{k-2}, \ldots, x_{k-m}$. Wir leiten zuerst die historisch ältesten Varianten her, um anschließend allgemeinere lineare Mehrschrittverfahren zu betrachten.

## 9.2.1 Die Methoden von Adams-Bashforth

Wiederum bildet die zur Differentialgleichung äquivalente Integralgleichung

$$y(x_{k+1}) = y(x_k) + \int_{x_k}^{x_{k+1}} f(x, y(x))dx \qquad (9.78)$$

den Ausgangspunkt. Um das Prinzip darzulegen, soll das Integral mit den als bekannt vorausgesetzten Werten $f_k := f(x_k, y_k)$, $f_{k-1} := f(x_{k-1}, y_{k-1})$, $f_{k-2} := f(x_{k-2}, y_{k-2})$ und $f_{k-3} := f(x_{k-3}, y_{k-3})$ durch eine interpolatorische Quadraturformel approximiert werden. Dazu verwenden wir das eindeutig bestimmte Interpolationspolynom $P_3(x)$ dritten Grades, welches durch die vier Stützpunkte $(x_{k-3}, f_{k-3})$, $(x_{k-2}, f_{k-2})$, $(x_{k-1}, f_{k-1})$, $(x_k, f_k)$ an den äquidistanten Stützstellen $x_{k-j} = x_k - jh$, $(j = 0, 1, 2, 3)$ gegeben ist (vgl. Fig. 9.5). Mit den Lagrange-Polynomen $L_{k-j}(x)$ (3.3) lautet seine Darstellung

$$P_3(x) = \sum_{j=0}^{3} f_{k-j} L_{k-j}(x). \qquad (9.79)$$

Das Integral in (9.78) wird durch das Integral von $P_3(x)$ über das überhängende Intervall $[x_k, x_{k+1}]$ angenähert. Das führt zu

$$y_{k+1} = y_k + \sum_{j=0}^{3} f_{k-j} \int_{x_k}^{x_{k+1}} L_{k-j}(x)dx. \qquad (9.80)$$

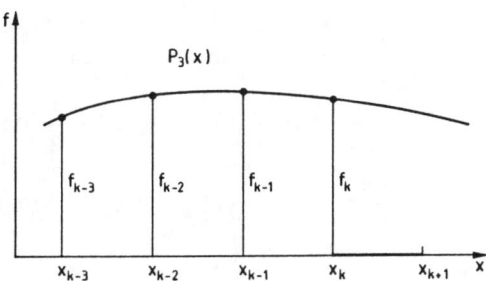

Fig. 9.5
Zur Approximation des Integrals

Die elementare Berechnung der vier Integrale wollen wir nur für $j=0$ durchführen. Mit der Variablensubstitution $x = x_k + h\xi$, $dx = h d\xi$ erhält man

$$I_0 = \int_{x_k}^{x_{k+1}} L_k(x)dx = \int_{x_k}^{x_{k+1}} \frac{(x-x_{k-3})(x-x_{k-2})(x-x_{k-1})}{(x_k-x_{k-3})(x_k-x_{k-2})(x_k-x_{k-1})} dx$$

$$= h \int_0^1 \frac{(3+\xi)(2+\xi)(1+\xi)}{3 \cdot 2 \cdot 1} d\xi = \frac{h}{6} \int_0^1 \{6 + 11\xi + 6\xi^2 + \xi^3\}d\xi = \frac{55}{24}h.$$

## 9 Gewöhnliche Differentialgleichungen

Aus (9.80) folgt so die **Methode von Adams-Bashforth**

$$y_{k+1} = y_k + \frac{h}{24} \{55 f_k - 59 f_{k-1} + 37 f_{k-2} - 9 f_{k-3}\}. \tag{9.81}$$

Da zur expliziten Berechnung des Näherungswertes $y_{k+1}$ die Information an den vier aufeinanderfolgenden Stützstellen $x_{k-3}, x_{k-2}, x_{k-1}, x_k$ linear kombiniert wird, bezeichnet man die Methode von Adams-Bashforth (9.81) als **explizites, lineares 4-Schrittverfahren**. Eine offensichtliche Eigenschaft der Methode besteht darin, daß pro Integrationsschritt nur eine einzige Funktionsauswertung von $f(x_k, y_k)$ erforderlich ist, da die vorhergehenden Werte $f_{k-1}, f_{k-2}$ und $f_{k-3}$ bereits berechnet worden sind. Doch ist die Schrittweitenänderung nicht mehr so einfach durchführbar, weil wegen den äquidistanten neuen Stützstellen $x^*_{k-j}$ andere Näherungswerte $y^*_{k-j}$ benötigt werden. Diese kann man sich beispielsweise durch eine geeignete Hermite-Interpolation beschaffen.

Der lokale Diskretisationsfehler einer Mehrschrittmethode wird gemäß Definition 9.1 erklärt. Für die Methode (9.81) ist er gegeben durch

$$\begin{aligned}
d_{k+1} &:= y(x_{k+1}) - y(x_k) - \frac{h}{24} \{55 f(x_k, y(x_k)) - 59 f(x_{k-1}, y(x_{k-1})) \\
&\quad + 37 f(x_{k-2}, y(x_{k-2})) - 9 f(x_{k-3}, y(x_{k-3}))\} \\
&= y(x_{k+1}) - y(x_k) - \frac{h}{24} \{55 y'(x_k) - 59 y'(x_{k-1}) + 37 y'(x_{k-2}) - 9 y'(x_{k-3})\} \\
&= hy' + \frac{1}{2} h^2 y'' + \frac{1}{6} h^3 y^{(3)} + \frac{1}{24} h^4 y^{(4)} + \frac{1}{120} h^5 y^{(5)} + O(h^6) \\
&\quad - \frac{h}{24} \left\{ 55 y' - 59 \left[ y' - hy'' + \frac{1}{2} h^2 y^{(3)} - \frac{1}{6} h^3 y^{(4)} + \frac{1}{24} h^4 y^{(5)} + O(h^5) \right] \right. \\
&\quad + 37 \left[ y' - 2hy'' + 2h^2 y^{(3)} - \frac{4}{3} h^3 y^{(4)} + \frac{2}{3} h^4 y^{(5)} + O(h^5) \right] \\
&\quad \left. - 9 \left[ y' - 3hy'' + \frac{9}{2} h^2 y^{(3)} - \frac{9}{2} h^3 y^{(4)} + \frac{27}{8} h^4 y^{(5)} + O(h^5) \right] \right\} \\
&= \frac{251}{720} h^5 y^{(5)} + O(h^6). \tag{9.82}
\end{aligned}$$

Der Zusammenhang zwischen den lokalen Diskretisationsfehlern $d_k$ eines Mehrschrittverfahrens und dem globalen Fehler $g_n = y(x_n) - y_n$ an einer Stelle $x_n = x_0 + nh$ gehorcht komplizierteren Regeln im Vergleich zu Einschrittmethoden. Wir werden darauf zurückkommen nach der Diskussion von allgemeinen Mehrschrittverfahren im Abschnitt 9.2.3 und begnügen uns im Moment mit der

**Definition 9.5** *Ein m-Schrittverfahren besitzt die* Ordnung *p, falls für seinen lokalen Diskretisationsfehler $d_k$ die Abschätzung gilt*

$$\max_{m \leqslant k \leqslant n} |d_k| \leqslant D = \text{const} \cdot h^{p+1} = O(h^{p+1}). \tag{9.83}$$

Die numerische Konstante im Hauptanteil des lokalen Diskretisationsfehlers wird für Vergleichszwecke wichtig sein. Wir bezeichnen sie im folgenden als Koeffizienten des Hauptanteils. Die Methode von Adams-Bashforth (9.81) besitzt demzufolge die Ordnung 4, und ihr Koeffizient des Hauptanteils ist 251/720. Unter zusätzlichen Voraussetzungen gilt für den globalen Fehler einer Mehrschrittmethode eine zu (9.24) analoge Abschätzung.

Durch Variation der Zahl der zurückliegenden Stützstellen können in offensichtlicher Weise ähnliche Methoden hergeleitet werden. Die entsprechenden 5- und 6-Schrittverfahren lauten

$$y_{k+1} = y_k + \frac{h}{720} \{1901 f_k - 2774 f_{k-1} + 2616 f_{k-2} - 1274 f_{k-3} + 251 f_{k-4}\} \tag{9.84}$$

$$y_{k+1} = y_k + \frac{h}{1440} \{4277 f_k - 7923 f_{k-1} + 9982 f_{k-2} - 7298 f_{k-3} + 2877 f_{k-4} - 475 f_{k-5}\} \tag{9.85}$$

Es ist leicht nachzurechnen, daß jedes explizite *m*-Schrittverfahren vom Typus Adams-Bashforth die Ordnung $p = m$ hat. Die Ordnung kann somit einfach erhöht werden, wobei alle diese Verfahren pro Integrationsschritt nur eine einzige Funktionsauswertung erfordern. Wegen diesem minimalen Aufwand werden die Methoden von Adams-Bashforth gerne angewandt. Zudem erlaubt die Kombination von zwei Verfahren verschiedener Ordnung eine praktisch kostenlose Berechnung eines Schätzwertes des lokalen Diskretisationsfehlers $d_{k+1}$. So erhält man beispielsweise für das 4-Schrittverfahren (9.81) in Kombination mit (9.84) den Schätzwert

$$d_{k+1} \approx \frac{h}{720} \{251 f_k - 1004 f_{k-1} + 1506 f_{k-2} - 1004 f_{k-3} + 251 f_{k-4}\} + O(h^6),$$

der für die Schrittweitensteuerung verwendet werden kann. Der lokale Diskretisationsfehler einer Adams-Bashforth-Methode ist im Vergleich zu einem expliziten Runge-Kutta-Verfahren gleicher Fehlerordnung stets bedeutend größer. Deshalb ist für die Mehrschrittverfahren eine kleinere Schrittweite notwendig, damit sie betragsmäßig vergleichbare Fehler aufweisen.

Um ein *m*-Schrittverfahren überhaupt anwenden zu können, sind neben der Anfangsbedingung $y(x_0) = y_0$ noch $(m - 1)$ weitere Startwerte $y_1, y_2, \ldots, y_{m-1}$ nötig. Sie sind aus später ersichtlichen Gründen so zu bestimmen, daß ihre Fehler der Ordnung des verwendeten Mehrschrittverfahrens entsprechen. Dazu eignen sich die Runge-Kutta-Methoden, mit denen, allenfalls unter Verwendung einer kleineren

Schrittweite $h^* \leqslant h$, die Näherungswerte $y_j$ an den Stellen $x_j = x_0 + jh$, ($j = 1, 2, \ldots, m-1$) berechnet werden. Es existieren auch Startverfahren, die ihrerseits auf Mehrschrittmethoden basieren [Gri77].

### 9.2.2 Die Methoden von Adams-Moulton

Zur genäherten Berechnung des Integrals in (9.78) soll jetzt zusätzlich zu den bekannten Werten der Funktion $f(x, y)$ an den Stellen $x_{k-3}, x_{k-2}, x_{k-1}, x_k$ auch noch der unbekannte Wert $f_{k+1} := f(x_{k+1}, y_{k+1})$ an der nächsten Stelle $x_{k+1}$ mitverwendet werden. Mit den fünf verfügbaren Stützwerten $f_{k-3}, f_{k-2}, f_{k-1}, f_k, f_{k+1}$ können wir ein Interpolationspolynom $P_4(x)$ vierten Grades konstruieren. Seine Darstellung lautet mit den Lagrange-Polynomen

$$P_4(x) = \sum_{j=-1}^{3} f_{k-j} L_{k-j}(x). \tag{9.86}$$

Wird der Integrand in (9.78) durch das Polynom $P_4(x)$ ersetzt, so resultiert

$$y_{k+1} = y_k + \sum_{j=-1}^{3} f_{k-j} \int_{x_k}^{x_{k+1}} L_{k-j}(x) dx. \tag{9.87}$$

Nach elementarer Auswertung der Integrale folgt aus (9.87) die Methode von Adams-Moulton

$$\boxed{y_{k+1} = y_k + \frac{h}{720} \{251 f(x_{k+1}, y_{k+1}) + 646 f_k - 264 f_{k-1} + 106 f_{k-2} - 19 f_{k-3}\}.}$$

$$\tag{9.88}$$

Die Integrationsvorschrift (9.88) ist implizit, wie es durch die Angabe von Argumenten hervorgehoben ist. Die implizite Gleichung (9.88) für $y_{k+1}$ kann mit der Fixpunkt-Iteration gelöst werden. Die Konvergenz ist für alle Schrittweiten $h$ gesichert, für die $251 hL < 720$ gilt, wo $L$ die Lipschitz-Konstante von $f(x, y)$ bedeutet. Da die bekannte Information an vier Stützstellen verwendet wird, bezeichnet man (9.88) als implizite 4-Schrittmethode. Die Ordnung der Methode von Adams-Moulton (9.88) ist gleich 5, denn ihr lokaler Diskretisationsfehler ist

$$d_{k+1} = -\frac{3}{160} h^6 y^{(6)}(x_k) + O(h^7).$$

Die implizite Methode von Adams-Moulton (9.88) besitzt im Vergleich zur expliziten Methode von Adams-Bashforth (9.81) eine um Eins höhere Ordnung. Zudem ist der Koeffizient des Hauptanteils des lokalen Diskretisationsfehlers für das implizite 4-Schrittverfahren im Vergleich zu demjenigen des expliziten 5-Schrittverfahrens gleicher Ordnung wesentlich kleiner.

Durch Variation der Anzahl der zurückliegenden Stützstellen erhält man weitere implizite $m$-Schrittverfahren von Adams-Moulton, deren Ordnung $p = m + 1$ ist. Als

## 9.2 Mehrschrittverfahren

Beispiele geben wir die impliziten 3- und 5-Schrittverfahren an.

$$y_{k+1} = y_k + \frac{h}{24}\{9f(x_{k+1}, y_{k+1}) + 19f_k - 5f_{k-1} + f_{k-2}\} \qquad (9.89)$$

$$y_{k+1} = y_k + \frac{h}{1440}\{475f(x_{k+1}, y_{k+1}) + 1427f_k - 798f_{k-1} + 482f_{k-2} - 173f_{k-3} + 27f_{k-4}\} \qquad (9.90)$$

Die Berechnung von $y_{k+1}$ aus der impliziten Gleichung in jedem Integrationsschritt wird auch hier mit der Prädiktor-Korrektor-Technik vermieden. Die implizite Formel wird nur dazu verwendet, eine möglichst gute Startnäherung $y_{k+1}^{(0)}$ mit einem einzigen Schritt der Fixpunkt-Iteration zu verbessern. Es ist naheliegend, den Startwert $y_{k+1}^{(0)}$ für eine implizite $m$-Schrittmethode von Adams-Moulton mit der expliziten $m$-Schrittmethode von Adams-Bashforth zu bestimmen. Eine solche Kombination von zwei 3-Schrittverfahren zu einer Prädiktor-Korrektor-Methode lautet

$$y_{k+1}^{(P)} = y_k + \frac{h}{12}\{23f_k - 16f_{k-1} + 5f_{k-2}\}$$
$$y_{k+1} = y_k + \frac{h}{24}\{9f(x_{k+1}, y_{k+1}^{(P)}) + 19f_k - 5f_{k-1} + f_{k-2}\} \qquad (9.91)$$

Das Adams-Bashforth-Moulton-Verfahren (9.91), kurz als A-B-M-Methode bezeichnet, besitzt einen lokalen Diskretisationsfehler $d_{k+1} = O(h^5)$, und seine Ordnung ist 4. Man kann zeigen, daß eine Prädiktor-Korrektor-Methode, die durch Kombination eines expliziten $m$-Schritt-Prädiktors der Ordnung $m$ mit einem impliziten $m$-Schritt-Korrektor der Ordnung $m+1$ erklärt ist, die Ordnung $p = m+1$ besitzt [Gri77, Lam73]. Die entsprechende Analyse zeigt, daß der Koeffizient $C_{m+2}^{(PC)}$ von $h^{m+2}$ des Hauptanteils des lokalen Diskretisationsfehlers als Linearkombination der Konstanten $C_{m+1}^{(P)}$ und $C_{m+2}^{(C)}$ der beiden Verfahren gegeben ist, wobei problembedingt verschiedene Ableitungen von $y(x)$ zur Bildung von $C_{m+2}^{(PC)}$ auftreten. Da im speziellen die Koeffizienten $C_{m+1}^{(AB)}$ der Adams-Bashforth-Verfahren betragsmäßig bedeutend größer als die Konstanten $C_{m+2}^{(AM)}$ der Adams-Moulton-Methoden sind (vgl. Tab. 9.6),

Tab. 9.6 Koeffizienten der Hauptanteile lokaler Diskretisationsfehler

| $m$ | | 3 | 4 | 5 | 6 |
|---|---|---|---|---|---|
| Adams-Bashforth | $C_{m+1}^{(AB)}$ | $\dfrac{3}{8}$ | $\dfrac{251}{720}$ | $\dfrac{95}{288}$ | $\dfrac{19087}{60480}$ |
| Adams-Moulton | $C_{m+2}^{(AM)}$ | $-\dfrac{19}{720}$ | $-\dfrac{3}{160}$ | $-\dfrac{863}{60480}$ | $-\dfrac{275}{24192}$ |

# 9 Gewöhnliche Differentialgleichungen

wird die Größe des lokalen Diskretisationsfehlers der Prädiktor-Korrektor-Methode im wesentlichen durch den Hauptanteil der expliziten Prädiktor-Methode bestimmt. Die Situation wird verbessert, falls als Prädiktorformel eine Adams-Bashforth-Methode mit der gleichen Ordnung wie die Korrektorformel verwendet wird. Wir kombinieren somit zwei Verfahren mit verschiedener Schrittzahl. Als Beispiel formulieren wir das Prädiktor-Korrektor-Verfahren, welches aus der expliziten 4-Schrittmethode von Adams-Bashforth (9.81) als Prädiktor und aus der impliziten 3-Schrittmethode von Adams-Moulton (9.89) besteht.

$$y_{k+1}^{(P)} = y_k + \frac{h}{24} \{55f_k - 59f_{k-1} + 37f_{k-2} - 9f_{k-3}\}$$

$$y_{k+1} = y_k + \frac{h}{24} \{9f(x_{k+1}, y_{k+1}^{(P)}) + 19f_k - 5f_{k-1} + f_{k-2}\}$$

(9.92)

Das Integrationsverfahren (9.92) besitzt wie (9.91) die Ordnung 4. Die Analyse des Diskretisationsfehlers zeigt, daß der Koeffizient des Hauptanteils $C_5^{(PC)} = -\frac{19}{720}$ = $C_5^{(AM)}$ ist. Bei solchen Kombinationen von Prädiktor-Korrektor-Verfahren ist stets der Koeffizient des Hauptanteils der Korrektorformel maßgebend [Gri 77, Lam 73]. Der lokale Diskretisationsfehler der Methode (9.92) ist deshalb kleiner als derjenige von (9.91). Die praktische Anwendung der Prädiktor-Korrektor-Methode (9.92) erfordert selbstverständlich vier Startwerte $y_0, y_1, y_2, y_3$, weil dem Prädiktor ein 4-Schrittverfahren zugrunde liegt.

Tab. 9.7 Runge-Kutta-Methode und A-B-M-Verfahren

| $x_k$ | $y(x_k)$ | Runge-Kutta- $y_k$ | A-B-M (9.91) $y_k^{(P)}$ | $y_k$ | A-B-M (9.92) $y_k^{(P)}$ | $y_k$ |
|---|---|---|---|---|---|---|
| 1.0 | 0 | 0 | | | | |
| 1.1 | 0.2626847 | 0.2626829 | | | | |
| 1.2 | 0.5092384 | 0.5092357 | | | | |
| 1.3 | 0.7423130 | 0.7423100 | | | | |
| 1.4 | 0.9639679 | 0.9639648 | 0.9641567 | 0.9639538 | 0.9638945 | 0.9639751 |
| 1.5 | 1.1758340 | 1.1758309 | 1.1759651 | 1.1758147 | 1.1757894 | 1.1758460 |
| 1.6 | 1.3792243 | 1.3792213 | 1.3793138 | 1.3792027 | 1.3792028 | 1.3792382 |
| 1.7 | 1.5752114 | 1.5752087 | 1.5752742 | 1.5751894 | 1.5751995 | 1.5752258 |
| 1.8 | 1.7646825 | 1.7646799 | 1.7647268 | 1.7646610 | 1.7646775 | 1.7646965 |
| 1.9 | 1.9483792 | 1.9483769 | 1.9484106 | 1.9483588 | 1.9483785 | 1.9483924 |
| 2.0 | 2.1269280 | 2.1269258 | 2.1269503 | 2.1269089 | 2.1269298 | 2.1269401 |
| ⋮ | ⋮ | ⋮ | ⋮ | ⋮ | ⋮ | ⋮ |
| 2.5 | 2.9587436 | 2.9587422 | 2.9587472 | 2.9587315 | 2.9587478 | 2.9587508 |
| ⋮ | ⋮ | ⋮ | ⋮ | ⋮ | ⋮ | ⋮ |
| 3.0 | 3.7177359 | 3.7177350 | 3.7177359 | 3.7177287 | 3.7177388 | 3.7177399 |

**Beispiel 9.6** Wir behandeln die Anfangswertaufgabe $y' = xe^{x-y}$, $y(1) = 0$ mit den beiden A-B-M-Methoden (9.91) und (9.92) und wählen die Schrittweite $h = 0.1$. Um die beiden Verfahren unter gleichen Bedingungen vergleichen zu können, werden in beiden Fällen die drei Startwerte $y_1, y_2, y_3$ mit der klassischen Runge-Kutta-Methode (9.52) berechnet. Die Tab. 9.7 enthält die Näherungswerte, die sowohl mit dem Runge-Kutta-Verfahren vierter Ordnung (9.52) als auch mit den beiden Prädiktor-Korrektor-Methoden erhalten worden sind, wobei für diese Verfahren auch die Prädiktorwerte $y_{k+1}^{(P)}$ angegeben sind. Die Mehrschrittmethoden arbeiten etwas ungenauer im Vergleich zum Runge-Kutta-Verfahren. △

### 9.2.3 Allgemeine lineare Mehrschrittverfahren

Die zwei behandelten Klassen von Mehrschrittverfahren basierten auf der Integration der Differentialgleichung über das Intervall $[x_k, x_{k+1}]$. Wir betrachten jetzt einen allgemeineren Ansatz eines linearen $m$-Schrittverfahrens derart, daß auch die Näherungswerte $y_k, y_{k-1}, \ldots, y_{k-m+1}$ selbst in Form einer Linearkombination zur Bestimmung von $y_{k+1}$ verwendet werden. Er lautet zu den äquidistanten Stützstellen $x_{k-j} = x_k - jh$ und mit $s := k - m + 1$

$$\sum_{j=0}^{m} a_j y_{s+j} = h \sum_{j=0}^{m} b_j f(x_{s+j}, y_{s+j}), \quad (m \geq 2). \tag{9.93}$$

In (9.93) soll $a_m \neq 0$ sein, und ohne Beschränkung der Allgemeinheit setzen wir im folgenden $a_m = 1$. Damit ein echtes $m$-Schritt-Verfahren vorliegt, dürfen die Koeffizienten $a_0$ und $b_0$ nicht gleichzeitig verschwinden. Ist $b_m = 0$, so stellt (9.93) ein **explizites**, andernfalls ein **implizites Mehrschrittverfahren** dar. Die verbleibenden $2m$, beziehungsweise $(2m + 1)$ Parameter in (9.93) sollen so bestimmt werden, daß das resultierende Verfahren noch näher zu spezifizierende Eigenschaften besitzt.

**Definition 9.6** *Das lineare Mehrschrittverfahren* (9.93) *besitzt die* **Ordnung** $p$, *falls in der Entwicklung des lokalen Diskretisationsfehlers $d_{k+1}$ in eine Potenzreihe von $h$ für eine beliebige Stelle $\bar{x}$*

$$\begin{aligned} d_{k+1} &= \sum_{j=0}^{m} \{a_j y(x_{s+j}) - h b_j f(x_{s+j}, y(x_{s+j}))\} \\ &= c_0 y(\bar{x}) + c_1 h y'(\bar{x}) + \ldots + c_p h^p y^{(p)}(\bar{x}) + c_{p+1} h^{p+1} y^{(p+1)}(\bar{x}) + \ldots \end{aligned} \tag{9.94}$$

$c_0 = c_1 = \ldots = c_p = 0$ *und* $c_{p+1} \neq 0$ *gilt.*

In der Definition der Ordnung $p$ ist die Stelle $\bar{x}$ nicht näher spezifiziert. Man kann leicht verifizieren, daß $p$ unabhängig von $\bar{x}$ ist, für welche die Potenzreihe gebildet wird, und daß auch der Koeffizient $c_{p+1}$ des Hauptanteils des lokalen Diskretisationsfehlers davon unabhängig ist [Lam 73]. Durch geeignete Wahl von $\bar{x}$ lassen sich die Entwicklungskoeffizienten $c_i$ oft in besonders einfacher Form in Abhängigkeit der Parameter $a_j$ und $b_j$ darstellen. Dies geschieht mit Hilfe von Taylorreihen für $y(x_{s+j})$ und $y'(x_{s+j})$ unter der stillschweigenden Annahme, daß $y(x)$ hinreichend oft stetig differenzierbar sei. Mit der günstigen Wahl $\bar{x} = x_s$ lauten die Taylorreihen

$$y(x_{s+j}) = y(\bar{x} + jh) = \sum_{l=0}^{q} \frac{(jh)^l}{l!} y^{(l)}(\bar{x}) + R_{q+1},$$

$$y'(x_{s+j}) = y'(\bar{x} + jh) = \sum_{l=0}^{q-1} \frac{(jh)^l}{l!} y^{(l+1)}(\bar{x}) + \bar{R}_q.$$
(9.95)

Nach Substitution der Taylorreihen (9.95) in (9.94) erhalten wir

$$c_0 = a_0 + a_1 + a_2 + \ldots + a_m$$
$$c_1 = a_1 + 2a_2 + \ldots + ma_m - \{b_0 + b_1 + b_2 + \ldots + b_m\}$$
$$c_2 = \frac{1}{2!}\{a_1 + 2^2 a_2 + \ldots + m^2 a_m\} - \frac{1}{1!}\{b_1 + 2b_2 + \ldots + mb_m\} \quad (9.96)$$
$$\vdots$$
$$c_l = \frac{1}{l!}\{a_1 + 2^l a_2 + \ldots + m^l a_m\} - \frac{1}{(l-1)!}\{b_1 + 2^{l-1} b_2 + \ldots + m^{l-1} b_m\}$$
$$(l = 2, 3, \ldots, q)$$

Zu vorgegebenem $m$ können die Parameter $a_j$ und $b_j$, möglicherweise unter einschränkenden Bedingungen an die Struktur der gewünschten Mehrschrittmethode, so bestimmt werden, daß die Ordnung $p$ maximal ist.

**Beispiel 9.7** Wir suchen eine explizite 3-Schrittmethode maximaler Ordnung

$$a_0 y_{k-2} + a_1 y_{k-1} + a_2 y_k + a_3 y_{k+1} = h\{b_0 f_{k-2} + b_1 f_{k-1} + b_2 f_k\}$$

und verlangen $a_0 = a_2 = 0$. Wegen der Normierung $a_3 = 1$ können die vier verbleibenden Parameter als Lösung der vier linearen Gleichungen

$$c_0 = a_1 + \phantom{0}a_3 \phantom{-b_0 - b_1 - b_2} = 0$$
$$c_1 = a_1 + 3a_3 - b_0 - \phantom{0}b_1 - \phantom{0}b_2 = 0$$
$$2c_2 = a_1 + 9a_3 \phantom{- b_0} - 2b_1 - \phantom{0}4b_2 = 0$$
$$6c_3 = a_1 + 27a_3 \phantom{- b_0} - 3b_1 - 12b_2 = 0$$

eindeutig bestimmt werden zu $a_1 = -1$, $b_0 = \frac{1}{3}$, $b_1 = -\frac{2}{3}$, $b_2 = \frac{7}{3}$. Die resultierende Mehrschrittmethode mit der Ordnung $p = 3$ lautet

$$\boxed{y_{k+1} = y_{k-1} + \frac{h}{3}\{7f_k - 2f_{k-1} + f_{k-2}\}.} \quad (9.97)$$

Dies ist eine Nyström-Methode als Repräsentant aus der Klasse von expliziten $m$-Schrittverfahren mit der Eigenschaft, daß $a_0 = a_1 = \ldots = a_{m-3} = a_{m-1} = 0$ und $a_m = 1$ gilt. Mit den $(m+1)$ verfügbaren Parametern $a_{m-2}, b_0, b_1, \ldots, b_{m-1}$ können in der Entwicklung (9.94) die ersten $(m+1)$ Koeffizienten $c_0, c_1, \ldots, c_m$ gleich Null gemacht werden, so daß die Ordnung der $m$-Schrittverfahren von Nyström $p = m$ ist. △

## 9.2 Mehrschrittverfahren

**Beispiel 9.8** Wie lautet die implizite 3-Schrittmethode maximaler Ordnung

$$a_0 y_{k-2} + a_1 y_{k-1} + a_2 y_k + a_3 y_{k+1} = h\{b_0 f_{k-2} + b_1 f_{k-1} + b_2 f_k + b_3 f_{k+1}\}$$

mit $a_0 = a_2 = 0$? Wegen $a_3 = 1$ können wir die fünf freien Parameter als Lösung der ersten fünf Gleichungen von (9.96) bestimmen.

$$
\begin{aligned}
c_0 &= a_1 + \phantom{0}a_3 \phantom{{}-b_0-b_1-b_2-b_3} = 0 \\
c_1 &= a_1 + 3a_3 - b_0 - \phantom{0}b_1 - \phantom{0}b_2 - \phantom{00}b_3 = 0 \\
2c_2 &= a_1 + 9a_3 \phantom{{}-b_0} - 2b_1 - 4b_2 - \phantom{0}6b_3 = 0 \\
6c_3 &= a_1 + 27a_3 \phantom{{}-b_0} - 3b_1 - 12b_2 - 27b_3 = 0 \\
24c_4 &= a_1 + 81a_3 \phantom{{}-b_0} - 4b_1 - 32b_2 - 108b_3 = 0
\end{aligned}
$$

Daraus folgen $a_1 = -1$, $b_0 = 0$, $b_1 = \dfrac{1}{3}$, $b_2 = \dfrac{4}{3}$, $b_3 = \dfrac{1}{3}$. Weil $b_0 = 0$ ist, resultiert eine implizite 2-Schrittmethode der Ordnung $p = 4$.

$$\boxed{y_{k+1} = y_{k-1} + \frac{h}{3}\{f(x_{k+1}, y_{k+1}) + 4f_k + f_{k-1}\}} \qquad (9.98)$$

In (9.98) erscheint als Integrationsformel die Simpsonsche Regel (8.55). (9.98) ist ein Verfahren von **Milne-Simpson** aus der Klasse von impliziten $m$-Schrittverfahren, die sich durch $a_0 = a_1 = \ldots = a_{m-3} = a_{m-1} = 0$ und $a_m = 1$ charakterisieren lassen. Da $(m+2)$ freie Parameter $a_{m-2}$, $b_0, b_1, \ldots, b_m$ zur Verfügung stehen, erreichen die Verfahren von Milne-Simpson die Ordnung $p = (m+1)$. △

**Beispiel 9.9** Anstatt wie in den bisherigen Beispielen einige Werte $a_k$ vorzuschreiben, suchen wir jetzt eine implizite 3-Schrittmethode maximaler Ordnung mit $b_0 = b_1 = b_2 = 0$. Die vier verbleibenden Parameter $a_0, a_1, a_2$ und $b_3$ werden erlauben, eine Methode der Ordnung drei zu konstruieren, falls sie die Gleichungen

$$
\begin{aligned}
c_0 &= a_0 + a_1 + a_2 \phantom{{}-b_3} + 1 = 0 \\
c_1 &= \phantom{a_0 + {}} a_1 + 2a_2 - \phantom{0}b_3 + 3 = 0 \\
2c_2 &= \phantom{a_0 + {}} a_1 + 4a_2 - \phantom{0}6b_3 + 9 = 0 \\
6c_3 &= \phantom{a_0 + {}} a_1 + 8a_2 - 27b_3 + 27 = 0
\end{aligned}
$$

erfüllen. Als Lösung ergeben sich daraus $a_0 = -2/11$, $a_1 = 9/11$, $a_2 = -18/11$, $b_3 = 6/11$, und die resultierende implizite 3-Schrittmethode lautet

$$y_{k+1} = \frac{18}{11} y_k - \frac{9}{11} y_{k-1} + \frac{2}{11} y_{k-2} + \frac{6}{11} hf(x_{k+1}, y_{k+1}).$$

Sie wird nach Multiplikationen mit 11/6 üblicherweise wie folgt geschrieben.

$$\boxed{\frac{11}{6} y_{k+1} - 3y_k + \frac{3}{2} y_{k-1} - \frac{1}{3} y_{k-2} = hf(x_{k+1}, y_{k+1})} \qquad (9.99)$$

Das Verfahren (9.99) ist ein Repräsentant aus der Klasse der Rückwärtsdifferentiationsmethoden (backward differentiation formula), die kurz BDF-Methoden genannt werden [Gea71, HNW87, Hen62]. Der Name erklärt sich so, daß die linke Seite von (9.99) das $h$-fache einer Formel der numerischen Differentiation für die erste Ableitung von $y(x)$ an der Stelle $x_{k+1}$ ist (vgl. Abschn. 3.2.2). Die Differentialgleichung $y'=f(x,y)$ wird unter Verwendung einer Differentiationsformel an der Stelle $x_{k+1}$ mit Hilfe von zurückliegenden Funktionswerten approximiert. Diese speziellen impliziten $m$-Schrittverfahren können auch direkt auf diese Weise hergeleitet werden, sie sind allgemein durch $b_0 = b_1 = \ldots = b_{m-1} = 0$ charakterisiert und besitzen die Ordnung $m$. Die BDF-Methoden haben bis zur Ordnung $m = 6$ eine solche Eigenschaft, daß sie sich zur numerischen Behandlung einer speziellen Klasse von Differentialgleichungen besonders gut eignen (vgl. Abschn. 9.3 und [HaW91]). △

**Beispiel 9.10** Wir wollen noch ein explizites 2-Schrittverfahren

$$a_0 y_{k-1} + a_1 y_k + a_2 y_{k+1} = h\{b_0 f_{k-1} + b_1 f_k\}$$

ohne jede Einschränkung an die Koeffizienten herleiten, welches maximale Ordnung haben soll. Mit den vier freien Parametern kann die Ordnung $p = 3$ erreicht werden, falls sie Lösung des folgenden Gleichungssystems sind.

$$\begin{aligned}
c_0 &= a_0 + a_1 + a_2 &&= 0 \\
c_1 &= \phantom{a_0 +} a_1 + 2a_2 - b_0 - b_1 &&= 0 \\
2c_2 &= \phantom{a_0 +} a_1 + 4a_2 \phantom{- b_0} - 2b_1 &&= 0 \\
6c_3 &= \phantom{a_0 +} a_1 + 8a_2 \phantom{- b_0} - 3b_1 &&= 0
\end{aligned}$$

Seine Lösung $a_0 = -5$, $a_1 = 4$, $a_2 = 1$, $b_0 = 2$, $b_1 = 4$ ergibt die 2-Schrittmethode

$$\boxed{y_{k+1} = 5y_{k-1} - 4y_k + h\{4f_k + 2f_{k-1}\}.} \tag{9.100}$$

Obwohl die Ordnung des Verfahrens (9.100) $p = 3$ ist, wird sich zeigen, daß die Methode nicht brauchbar ist, weil eine fundamentale Bedingung verletzt ist, die wir nun erkennen wollen. △

Als Hilfsmittel für bestimmte Untersuchungen definieren wir zum linearen Mehrschrittverfahren (9.93) das erste und das zweite charakteristische Polynom

$$\varrho(z) := \sum_{j=0}^{m} a_j z^j, \qquad \sigma(z) := \sum_{j=0}^{m} b_j z^j. \tag{9.101}$$

Weiter führen wir in Analogie zur Definition 9.4 den folgenden Begriff ein.

**Definition 9.7** *Ein Mehrschrittverfahren* (9.93) *heißt* konsistent, *falls seine Ordnung $p$ mindestens gleich Eins ist.*

Ein lineares Mehrschrittverfahren (9.93) ist wegen (9.96) genau dann konsistent, falls die beiden charakteristischen Polynome den Relationen

$$c_0 = \varrho(1) = 0, \qquad c_1 = \varrho'(1) - \sigma(1) = 0 \tag{9.102}$$

genügen. Diese Relationen werden später noch von Bedeutung sein.
Wir wollen jetzt auf Grund einer Plausibilitätsbetrachtung einsehen, daß die Konsistenzeigenschaft eines Mehrschrittverfahrens eine notwendige Bedingung ist,

falls die resultierenden Näherungswerte $y_k$ beim Grenzübergang $h \to 0$ gegen die Werte der Lösungsfunktion $y(x)$ der Differentialgleichung konvergieren. Es sei $\bar{x}$ eine feste Stelle, die wir gleich $x_s = x_{k-m+1}$ wählen. Dann betrachten wir (9.93) unter der Anfangsbedingung $y(\bar{x}) = y_s$ und treffen die Annahme, daß die weiteren Werte $y_{s+j}$, ($j = 1, 2, \ldots, m$) für $h \to 0$ so gegen den Wert $y(\bar{x})$ konvergieren, daß gilt

$$y_{s+j} = y(\bar{x}) + O(h^r), \quad r \geq 1, (j = 1, 2, \ldots, m). \tag{9.103}$$

Setzen wir (9.103) in (9.93) ein, so folgt mit $h \to 0$

$$\sum_{j=0}^{m} a_j y(\bar{x}) = 0,$$

und da $y(\bar{x})$ ein beliebiger Wert ist, insbesondere $y(\bar{x}) \neq 0$, muß notwendigerweise die erste Bedingung (9.102) erfüllt sein. Diese Bedingung folgte allein aus der Voraussetzung, daß die Näherungswerte an einer festen Stelle $\bar{x}$ gegen den Funktionswert $y(\bar{x})$ konvergieren. Nun verwenden wir noch die Voraussetzung, daß $y(x)$ Lösungsfunktion der Differentialgleichung ist. Für die Differenzquotienten gilt

$$\lim_{h \to 0} \frac{y_{s+j} - y_s}{jh} = y'(\bar{x}), \quad (j = 1, 2, \ldots, m),$$

so daß wir daraus auf eine Darstellung folgender Art schließen können

$$y_{s+j} = y(\bar{x}) + jhy'(\bar{x}) + O(h^q), \quad q \geq 2, (j = 1, 2, \ldots, m). \tag{9.104}$$

Nach Substitution von (9.104) in (9.93) erhalten wir

$$\sum_{j=0}^{m} a_j y_{s+j} = y(\bar{x}) \sum_{j=0}^{m} a_j + hy'(\bar{x}) \sum_{j=1}^{m} ja_j + O(h^q) = h \sum_{j=0}^{m} b_j f(x_{s+j}, y_{s+j}).$$

Der Koeffizient von $y(\bar{x})$ ist gleich Null und wir können die letzte Gleichung durch $h$ dividieren und anschließend den Grenzübergang $h \to 0$ durchführen. Da weiter $\lim_{h \to 0} f(x_{s+j}, y_{s+j}) = f(\bar{x}, y(\bar{x}))$, ($j = 1, 2, \ldots, m$) gilt, folgt

$$y'(\bar{x}) \sum_{j=1}^{m} ja_j = f(\bar{x}, y(\bar{x})) \sum_{j=0}^{m} b_j.$$

Wegen $y'(\bar{x}) = f(\bar{x}, y(\bar{x}))$ muß somit notwendigerweise auch die zweite Konsistenzbedingung $\varrho'(1) = \sigma(1)$ erfüllt sein.

Die bisher betrachteten Mehrschrittverfahren sind konsistent, weil ihre Ordnungen mindestens gleich Eins sind. Die Konsistenzeigenschaft allein ist jedoch nicht hinreichend dafür, daß ein Mehrschrittverfahren umgekehrt die oben vorausgesetzte Konvergenzeigenschaft aufweist. Diesen Sachverhalt untersuchen wir anhand der linearen Testanfangswertaufgabe

$$y'(x) = \lambda y(x), \quad y(0) = 1, \quad \lambda \in \mathbb{R}, \quad \lambda < 0 \tag{9.105}$$

## 9 Gewöhnliche Differentialgleichungen

mit der bekannten Lösung $y(x) = e^{\lambda x}$. Wir behandeln die Testdifferentialgleichung mit der Methode (9.93) und erhalten nach Substitution von $f_l = \lambda y_l$

$$\sum_{j=0}^{m} (a_j - h\lambda b_j) y_{s+j} = 0. \qquad (9.106)$$

Für $m = 3$ lautet die Gleichung (9.106)

$$(a_0 - h\lambda b_0) y_{k-2} + (a_1 - h\lambda b_1) y_{k-1} + (a_2 - h\lambda b_2) y_k + (a_3 - h\lambda b_3) y_{k+1} = 0. \qquad (9.107)$$

Die Näherungswerte $y_k$, die mit der $m$-Schrittmethode berechnet werden, erfüllen somit die lineare, homogene Differenzengleichung $m$-ter Ordnung (9.106). Für eine feste Schrittweite $h$ sind ihre Koeffizienten konstant. Der folgenden Betrachtung legen wir die Differenzengleichung dritter Ordnung (9.107) zugrunde. Ihre allgemeine Lösung bestimmt man mit dem Potenzansatz $y_k = z^k, z \neq 0$. Nach seiner Substitution in (9.107) und nachfolgender Division durch $z^{k-2} \neq 0$ erhalten wir für $z$ die algebraische Gleichung dritten Grades

$$(a_0 - h\lambda b_0) + (a_1 - h\lambda b_1)z + (a_2 - h\lambda b_2)z^2 + (a_3 - h\lambda b_3)z^3 = 0, \qquad (9.108)$$

welche sich mit den beiden charakteristischen Polynomen der betreffenden Mehrschrittmethode in der allgemeinen Form

$$\varphi(z) := \varrho(z) - h\lambda\sigma(z) = 0 \qquad (9.109)$$

schreiben läßt. (9.108) und (9.109) bezeichnet man als die **charakteristische Gleichung** der entsprechenden Differenzengleichung. (9.108) besitzt drei Lösungen $z_1, z_2, z_3$, die wir vorderhand paarweise verschieden voraussetzen wollen. Dann bilden aber $z_1^k$, $z_2^k$ und $z_3^k$ ein Fundamentalsystem von unabhängigen Lösungen der Differenzengleichung (9.107). Auf Grund der Linearität von (9.107) lautet ihre allgemeine Lösung

$$y_k = c_1 z_1^k + c_2 z_2^k + c_3 z_3^k, \quad c_1, c_2, c_3 \text{ beliebig}. \qquad (9.110)$$

Die Konstanten $c_1, c_2, c_3$ ergeben sich aus den drei Startwerten $y_0, y_1, y_2$, die ja für die Anwendung einer 3-Schrittmethode bekannt sein müssen. Die Bedingungsgleichungen lauten

$$\begin{aligned} c_1 + c_2 + c_3 &= y_0 \\ z_1 c_1 + z_2 c_2 + z_3 c_3 &= y_1 \\ z_1^2 c_1 + z_2^2 c_2 + z_3^2 c_3 &= y_2 \end{aligned} \qquad (9.111)$$

Unter der getroffenen Annahme $z_i \neq z_j$ für $i \neq j$ ist das lineare Gleichungssystem (9.111) eindeutig lösbar, da seine Vandermondesche Determinante ungleich Null ist. Mit den so bestimmten Koeffizienten $c_i$ erhalten wir eine explizite Darstellung für die Näherungswerte $y_k$, $(k \geqslant 3)$ der Testdifferentialgleichung. Speziell kann das qualitative Verhalten der Werte $y_k$ auf Grund von (9.110) für $h \to 0$ und $k \to \infty$ diskutiert werden. Da wir in (9.105) $\lambda < 0$ vorausgesetzt haben, ist die exakte Lösung $y(x)$ exponentiell abklingend. Dies sollte natürlich auch für die berechneten Werte $y_k$

zutreffen, ganz speziell auch für beliebig kleine Schrittweiten $h > 0$. Wegen (9.110) ist dies genau dann erfüllt, falls alle Lösungen $z_i$ der charakteristischen Gleichung (9.109) betragsmäßig kleiner als Eins sind. Da für $h \to 0$ die Lösungen $z_i$ von $\varphi(z) = 0$ wegen (9.109) in die Nullstellen des ersten charakteristischen Polynoms $\varrho(z)$ übergehen, dürfen dieselben folglich nicht außerhalb des abgeschlossenen Einheitskreises der komplexen Ebene liegen. Diese notwendige Bedingung für die Brauchbarkeit eines Mehrschrittverfahrens zur Integration der Testanfangswertaufgabe gilt zunächst nur unter der vereinfachenden Voraussetzung von paarweise verschiedenen Lösungen $z_i$ von (9.109).

Falls beispielsweise für ein 6-Schrittverfahren die Lösungen $z_1$, $z_2 = z_3$, $z_4 = z_5 = z_6$ sind, so hat die allgemeine Lösung der Differenzengleichung die Form [Hen 62, Hen 72]

$$y_k = c_1 z_1^k + c_2 z_2^k + c_3 k z_2^k + c_4 z_4^k + c_5 k z_4^k + c_6 k(k-1) z_4^k. \tag{9.112}$$

Aus der Darstellung (9.112) schließt man wieder, daß $y_k$ genau dann mit zunehmendem $k$ abklingt, falls alle Lösungen $z_i$ betragsmäßig kleiner Eins sind. Im Grenzfall $h \to 0$ dürfen keine mehrfachen Nullstellen den Betrag Eins haben. Diese Feststellungen führen zu folgender

**Definition 9.8** *Ein Mehrschrittverfahren* (9.93) *heißt* nullstabil, *falls die Nullstellen $z_i$ des ersten charakteristischen Polynoms $\varrho(z)$*

a) *betragsmäßig höchstens gleich Eins sind, und*

b) *mehrfache Nullstellen im Innern des Einheitskreises liegen.*

Zur gleichen Bedingung der Nullstabilität eines allgemeinen Mehrschrittverfahrens (9.93) gelangt man, falls man sie zur Lösung der speziellen Anfangswertaufgabe

$$y'(x) = 0, \qquad y(0) = 0 \tag{9.113}$$

mit der exakten Lösungsfunktion $y(x) = 0$ anwendet. In diesem Fall lautet die resultierende Differenzengleichung $m$-ter Ordnung

$$a_0 y_s + a_1 y_{s+1} + \ldots + a_{m-1} y_{s+m-1} + a_m y_{s+m} = 0. \tag{9.114}$$

Die sich aus (9.114) ergebende Wertefolge $y_n$ hat, falls die charakteristische Gleichung $\varrho(z) = 0$ $m$ verschiedene Nullstellen $z_i$ besitzt, die Darstellung

$$y_n = \sum_{i=1}^{m} c_i z_i^n, \qquad (n = 0, 1, 2, \ldots).$$

Damit $y_n$ für $n \to \infty$ beschränkt bleibt und damit für (9.113) sinnvolle Resultate liefert, ist notwendig und hinreichend, daß das Mehrschrittverfahren nullstabil ist. Dies gilt natürlich auch im Fall von mehrfachen Nullstellen $z_i$.

Alle $m$-Schrittverfahren von Adams-Bashforth und Adams-Moulton erfüllen die Bedingung der Nullstabilität, denn ihre ersten charakteristischen Polynome $\varrho(z) = z^m - z^{m-1} = z^{m-1}(z-1)$ haben die einfache Nullstelle $z_1 = 1$ und die $(m-1)$-fache Nullstelle $z_2 = z_3 = \ldots = z_m = 0$. Dasselbe trifft zu für die Nyström- und Milne-Simpson-Methoden, da ihre ersten charakteristischen Polynome $\varrho(z) = z^m - z^{m-2}$

$= z^{m-2}(z^2-1)$ die einfachen Nullstellen $z_1 = 1$ und $z_2 = -1$ auf dem Rand des Einheitskreises und die $(m-2)$-fache Nullstelle $z_3 = \ldots = z_m = 0$ im Nullpunkt besitzen. Die implizite BDF-Methode (9.99) ist ebenfalls nullstabil, denn das zugehörige charakteristische Polynom

$$\varrho(z) = 11z^3 - 18z^2 + 9z - 2$$

hat die einfache Nullstelle $z_1 = 1$ vom Betrag Eins und die beiden komplexen Nullstellen $z_{2,3} \doteq 0.31818 \pm 0.28386i$, welche im Innern des Einheitskreises liegen. Dagegen ist die Mehrschrittmethode (9.100) mit dem ersten charakteristischen Polynom $\varrho(z) = z^2 + 4z - 5$ und den Nullstellen $z_1 = 1$, $z_2 = -5$ nicht nullstabil. Zur Konkretisierung der Situation sind in Tab. 9.7 für $\lambda = -1$ und einige Werte von $h$ die Lösungen $z_1$ und $z_2$ der charakteristischen Gleichung $\varphi(z) = z^2 + 4(1+h)z - (5-2h) = 0$ und die Koeffizienten $c_1$ und $c_2$ der Lösung $y_k = c_1 z_1^k + c_2 z_2^k$ der Differenzengleichung angegeben, falls die exakten Anfangsstartwerte $y_0 = 1$, $y_1 = e^{-h}$ verwendet werden. Die Zahlwerte zeigen, daß der zweite Anteil in $y_k$ für $k \to \infty$ oszillierend zunimmt, während der erste Anteil die gesuchte Lösung qualitativ richtig wiedergeben würde, denn $z_1$ ist eine gute Approximation für $e^{-h}$.

Tab. 9.7 Zur Instabilität der Methode (9.100)

| $h$ | $e^{-h}$ | $z_1$ | $z_2$ | $c_1$ | $c_2$ |
|---|---|---|---|---|---|
| 0.4 | 0.670320046 | 0.669870315 | $-6.269870$ | 1.000064805 | $-6.481 \cdot 10^{-5}$ |
| 0.2 | 0.818730753 | 0.818695388 | $-5.618695$ | 1.000005494 | $-5.494 \cdot 10^{-6}$ |
| 0.1 | 0.904837418 | 0.904834939 | $-5.304835$ | 1.000000399 | $-3.992 \cdot 10^{-7}$ |
| 0.05 | 0.951229425 | 0.951229261 | $-5.151229$ | 1.000000027 | $-2.688 \cdot 10^{-8}$ |
| 0.02 | 0.980198673 | 0.980198669 | $-5.060199$ | 1.000000001 | $-7.195 \cdot 10^{-10}$ |
| 0.01 | 0.990049834 | 0.990049834 | $-5.030050$ | 1.000000000 | $-4.634 \cdot 10^{-11}$ |
| $\downarrow$ | $\downarrow$ | $\downarrow$ | $\downarrow$ | | |
| 0 | 1 | 1 | $-5$ | | |

Für konsistente und nullstabile Mehrschrittverfahren kann gezeigt werden, daß sie auch konvergent sind [Hen 62]. Das bedeutet, daß die berechneten Näherungswerte $y_k$ an einer festen Stelle $\bar{x} = x_0 + kh$ für $h \to 0$ mit $kh = \bar{x} - x_0$ gegen den Wert $y(\bar{x})$ der Lösungsfunktion $y(x)$ der Differentialgleichung konvergieren.

Wir schließen die Behandlung von Mehrschrittverfahren damit ab, den Zusammenhang zwischen dem lokalen Diskretisationsfehler und dem globalen Fehler herzustellen. Um die aufwendige Analyse für den allgemeinen Fall zu vereinfachen, beschränken wir uns auf explizite $m$-Schrittverfahren mit der zusätzlichen Eigenschaft

$$a_j \leqslant 0, \qquad (j = 0, 1, 2, \ldots, m-1); \qquad a_m = 1. \tag{9.115}$$

Die oben betrachteten Klassen von nullstabilen Mehrschrittverfahren besitzen diese Eigenschaft entweder mit $a_{m-1} = -1$ oder $a_{m-2} = -1$. Zu den $m$ vorzugebenden Startwerten $y_0, y_1, \ldots, y_{m-1}$ definieren wir die maximale Abweichung von den exakten

Lösungswerten $y(x_0), y(x_1), ..., y(x_{m-1})$

$$\max_{0 \leq i \leq m-1} |y(x_i) - y_i| =: G < \infty. \qquad (9.116)$$

**Satz 9.3** *Für den globalen Fehler $g_n = y(x_n) - y_n$ eines expliziten m-Schrittverfahrens mit der Eigenschaft (9.115) gilt an der Stelle $x_n = x_0 + nh$ die Abschätzung*

$$|g_n| \leq \left\{ G + \frac{D}{hLB} \right\} e^{nhLB}, \quad n \geq m, \qquad (9.117)$$

*wo G den Betrag des maximalen Fehlers (9.116) der Startwerte, $D = \max_{m \leq k \leq n} |d_k|$ den maximalen Betrag der lokalen Diskretisationsfehler $d_k$, L die Lipschitz-Konstante der Funktion $f(x, y)$ bedeuten, und B definiert ist durch*

$$B := \sum_{j=0}^{m-1} |b_j|. \qquad (9.118)$$

Beweis. Die betrachteten expliziten Mehrschrittmethoden lauten

$$y_{k+1} = \sum_{j=0}^{m-1} \{-a_j y_{s+j} + h b_j f(x_{s+j}, y_{s+j})\}. \qquad (9.119)$$

Die Definition (9.94) des lokalen Diskretisationsfehlers $d_{k+1}$ liefert

$$y(x_{k+1}) = \sum_{j=0}^{m-1} \{-a_j y(x_{s+j}) + h b_j f(x_{s+j}, y(x_{s+j}))\} + d_{k+1}. \qquad (9.120)$$

Durch Subtraktion von (9.119) von (9.120) und gleichzeitigem Übergang zum Absolutbetrag erhalten wir unter Ausnützung der Lipschitz-Stetigkeit von $f(x, y)$ mit der Lipschitz-Konstanten $L$ für den globalen Fehler die Abschätzung

$$|g_{k+1}| \leq \sum_{j=0}^{m-1} \{|a_j| + hL|b_j|\} |g_{s+j}| + |d_{k+1}|, \quad (k \geq m-1). \qquad (9.121)$$

Die Abschätzung für $|g_{k+1}|$ ist abhängig von den $m$ vorhergehenden globalen Fehlern. Zur weiteren Behandlung der Differenzenungleichung (9.121) definieren wir

$$C_j := |a_j| + hL|b_j|, \quad (j = 0, 1, ..., m-1), \quad C := \sum_{j=0}^{m-1} C_j. \qquad (9.122)$$

Wegen (9.115) und wegen der Konsistenzbedingung $\sum_{j=0}^{m-1} a_j = -a_m = -1$ gilt für die Konstante $C = 1 + hLB \geq 1$. Dann folgt aus (9.121)

$$|g_{k+1}| \leq \sum_{j=0}^{m-1} C_j |g_{s+j}| + D, \quad (k = m-1, m, ...). \qquad (9.123)$$

## 9 Gewöhnliche Differentialgleichungen

Wir wenden (9.123) sukzessive für die Werte $k = m-1, m, m+1$ an, um das allgemeine Gesetz zu erkennen.

$$|g_m| \leq \sum_{j=0}^{m-1} C_j|g_j| + D \leq G \sum_{j=0}^{m-1} C_j + D = GC + D$$

$$|g_{m+1}| \leq \sum_{j=0}^{m-1} C_j|g_{j+1}| + D \leq G \sum_{j=0}^{m-2} C_j + C_{m-1}(GC+D) + D$$

$$\leq (GC+D) \sum_{j=0}^{m-1} C_j + D = C^2 G + (C+1)D$$

$$|g_{m+2}| \leq \sum_{j=0}^{m-1} C_j|g_{j+2}| + D \leq \{C^2 G + (C+1)D\}C + D$$

$$= C^3 G + (C^2 + C + 1)D$$

Durch vollständige Induktion verifiziert man die Abschätzung

$$|g_{m+l}| \leq C^{l+1}G + D \sum_{\mu=0}^{l} C^\mu \leq C^{m+l}G + D \sum_{\mu=0}^{m+l-1} C^\mu, \quad (l \geq 0). \tag{9.124}$$

Die zweite gröbere Schranke in (9.124) ergibt sich durch Vergrößerung des Exponenten unter Beachtung von $C \geq 1$ und unter Hinzunahme von weiteren Termen in der Summe. Setzen wir in (9.124) $m + l = n$, so erhalten wir weiter

$$|g_n| \leq C^n G + D \sum_{\mu=0}^{n-1} C^\mu = C^n G + D \frac{C^n - 1}{C - 1} = (1+hLB)^n G + \frac{D}{hLB}\{(1+hLB)^n - 1\}$$

$$\leq G e^{nhLB} + \frac{D}{hLB}\{e^{nhLB} - 1\} \leq \left\{G + \frac{D}{hLB}\right\} e^{nhLB}. \qquad \square$$

Eine zu Satz 9.3 analoge Aussage für allgemeine und auch implizite Mehrschrittverfahren ist in [Hen 62] bewiesen. Die Abschätzung (9.117) lehrt zwei Dinge. Falls wir erstens annehmen, daß die $m$ Startwerte exakt sind, d.h. $G = 0$, und daß die Mehrschrittmethode die Ordnung $p$ hat mit $D = \text{const} \cdot h^{p+1}$, dann folgt aus (9.117)

$$|g_n| \leq \frac{\text{const}}{LB} h^p e^{nhLB} = O(h^p). \tag{9.125}$$

Der globale Fehler $g_n$ ist somit proportional zu $h^p$, und das Verfahren hat die Fehlerordnung $p$. Da aber die Startwerte $y_0, y_1, \ldots, y_{m-1}$ in der Regel nur Näherungswerte sind, zeigt (9.117) zweitens die für die Rechenpraxis relevante Tatsache auf, daß diese Anfangsfehler den globalen Fehler wesentlich mitbeeinflussen. Die Abschätzung (9.125) behält mit $G \neq 0$ ihre Gültigkeit nur dann, falls auch

$$\max_{0 \leq i \leq m-1} |y(x_i) - y_i| = \max_{0 \leq i \leq m-1} |g_i| = G = O(h^p) \tag{9.126}$$

zutrifft. Wird zur numerischen Integration einer Differentialgleichung ein $m$-Schrittverfahren der Ordnung $p$ angewandt, dann sind die $m$ Startwerte $y_0, y_1, \ldots, y_{m-1}$ mit derselben Fehlerordnung vorzugeben. Benützt man dazu ein Einschrittverfahren, muß es die gleiche Fehlerordnung $p$ haben. Diese Regel ist im Beispiel 9.6 beachtet worden.

## 9.3 Stabilität

Bei der Wahl eines bestimmten Verfahrens zur genäherten Lösung eines Differentialgleichungssystems erster Ordnung sind die Eigenschaften der gegebenen Differentialgleichungen und der resultierenden Lösungsfunktionen zu berücksichtigen. Tut man dies nicht, können die berechneten Näherungslösungen mit den exakten Lösungsfunktionen sehr wenig zu tun haben oder schlicht sinnlos sein. Es geht im folgenden um die Analyse von Instabilitäten, die bei unsachgemäßer Anwendung von Verfahren auftreten können, und die es zu vermeiden gilt [Dah 85, Rut 52].

### 9.3.1 Inhärente Instabilität

Wir untersuchen die Abhängigkeit der Lösung $y(x)$ vom Anfangswert $y(x_0) = y_0$ anhand einer Klasse von Differentialgleichungen, deren Lösungsmenge geschlossen angegeben werden kann. Die Anfangswertaufgabe laute

$$y'(x) = \lambda\{y(x) - F(x)\} + F'(x), \qquad y(x_0) = y_0, \tag{9.127}$$

wo $F(x)$ eine mindestens einmal stetig differenzierbare Funktion sei in einem Intervall $I$, das $x_0$ enthält. Da $y_{\text{hom}}(x) = Ce^{\lambda x}$ die allgemeine Lösung der homogenen Differentialgleichung und $y_{\text{part}}(x) = F(x)$ eine partikuläre Lösung der inhomogenen Differentialgleichung ist, lautet die Lösung von (9.127)

$$y(x) = \{y_0 - F(x_0)\}e^{\lambda(x-x_0)} + F(x). \tag{9.128}$$

Für den speziellen Anfangswert $y_0 = F(x_0)$ ist $y(x) = F(x)$, und der Anteil der Exponentialfunktion ist nicht vorhanden. Für den leicht geänderten Anfangswert $\hat{y}_0 = F(x_0) + \varepsilon$, wo $\varepsilon$ eine betragsmäßig kleine Größe darstellt, lautet die Lösungsfunktion

$$\hat{y}(x) = \varepsilon e^{\lambda(x-x_0)} + F(x). \tag{9.129}$$

Ist $\lambda \in \mathbb{R}$, $\lambda > 0$, nimmt der erste Summand in $\hat{y}(x)$ mit zunehmendem $x$ exponentiell zu, so daß sich die benachbarte Lösung $\hat{y}(x)$ von $y(x)$ mit zunehmendem $x$ immer mehr entfernt. Es besteht somit eine starke Empfindlichkeit der Lösung auf kleine Änderungen $\varepsilon$ des Anfangswertes. Die Aufgabenstellung kann als schlecht konditioniert bezeichnet werden. Da die Empfindlichkeit der Lösungsfunktion durch die gegebene Anfangswertaufgabe bedingt ist, bezeichnet man dieses Phänomen als inhärente Instabilität. Sie ist unabhängig von der verwendeten Methode zur genäherten Lösung von (9.127). Sie äußert sich so, daß sich die berechneten

Näherungswerte $y_n$ entsprechend zu (9.129) von den exakten Werten $y(x_n) = F(x_n)$ in exponentieller Weise entfernen. Die inhärente Instabilität kann man nur so in den Griff bekommen, daß man mit Methoden hoher Fehlerordnung und mit hoher Rechengenauigkeit arbeitet, um sowohl die Diskretisations- als auch die Rundungsfehler genügend klein zu halten.

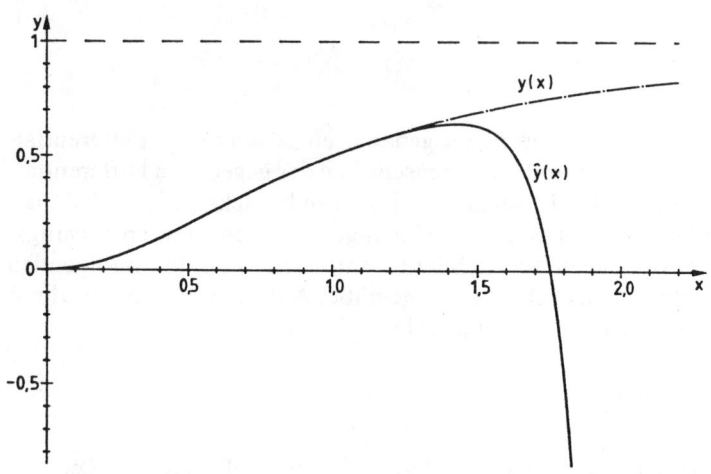

Fig. 9.6
Zur inhärenten Instabilität

**Beispiel 9.11** Wir betrachten die Anfangswertaufgabe

$$y'(x) = 10\left\{y(x) - \frac{x^2}{1+x^2}\right\} + \frac{2x}{(1+x^2)^2}, \qquad y(0) = y_0 = 0$$

vom Typus (9.127) mit der Lösung $y(x) = x^2/(1+x^2)$. Mit dem klassischen Runge-Kutta-Verfahren vierter Ordnung (9.52) ergibt sich bei einer Schrittweite $h = 0.01$ die Näherung $\hat{y}(x)$, welche zusammen mit $y(x)$ in Fig. 9.6 im Intervall $[0, 2.2]$ dargestellt ist und die inhärente Instabilität deutlich aufzeigt. △

### 9.3.2 Absolute Stabilität

Die Betrachtungen werden wieder an der linearen Testanfangswertaufgabe

$$y'(x) = \lambda y(x), \qquad y(0) = 1, \qquad \lambda \in \mathbb{R} \text{ oder } \lambda \in \mathbb{C} \tag{9.130}$$

mit der bekannten Lösung $y(x) = e^{\lambda x}$ durchgeführt.
Als typischen Vertreter der Einschrittmethoden betrachten wir das klassische Runge-Kutta-Verfahren (9.52) vierter Ordnung und bestimmen seine Wirkungsweise für die Anfangswertaufgabe (9.130). Wir erhalten sukzessive

$$k_1 = \lambda y_k$$
$$k_2 = \lambda \left(y_k + \frac{1}{2} h k_1\right) = \left(\lambda + \frac{1}{2} h \lambda^2\right) y_k$$

$$k_3 = \lambda\left(y_k + \frac{1}{2}hk_2\right) = \left(\lambda + \frac{1}{2}h\lambda^2 + \frac{1}{4}h^2\lambda^3\right)y_k$$

$$k_4 = \lambda(y_k + hk_3) = \left(y + h\lambda^2 + \frac{1}{2}h^2\lambda^3 + \frac{1}{4}h^3\lambda^4\right)y_k$$

$$y_{k+1} = y_k + \frac{h}{6}\{k_1 + 2k_2 + 2k_3 + k_4\}$$

$$= \left(1 + h\lambda + \frac{1}{2}h^2\lambda^2 + \frac{1}{6}h^3\lambda^3 + \frac{1}{24}h^4\lambda^4\right)y_k \qquad (9.131)$$

Nach (9.131) entsteht $y_{k+1}$ aus $y_k$ durch Multiplikation mit dem Faktor

$$F(h\lambda) := 1 + h\lambda + \frac{1}{2}h^2\lambda^2 + \frac{1}{6}h^3\lambda^3 + \frac{1}{24}h^4\lambda^4, \qquad (9.132)$$

der vom Produkt $h\lambda$ abhängt und offensichtlich gleich dem Beginn der Taylorreihe für $e^{h\lambda}$ ist mit einem Fehler $O(h^5)$. Für die Lösung $y(x)$ gilt ja $y(x_{k+1}) = y(x_k + h) = e^{h\lambda}y(x_k)$, und somit steht die letzte Feststellung im Einklang damit, daß der lokale Diskretisationsfehler der klassischen Runge-Kutta-Methode $d_{k+1} = O(h^5)$ ist. Der Multiplikator $F(h\lambda)$ (9.132) stellt für betragskleine Werte $h\lambda$ sicher eine gute Approximation für $e^{h\lambda}$ dar.

Betrachten wir zuerst den einfachen Fall reeller Werte $\lambda$. Mit $\lambda > 0$ ist $h\lambda > 0$ und damit $F(h\lambda) > 1$, d. h. die Näherungswerte $y_n$ werden qualitativ richtig berechnet. Dieser Fall ist nicht sehr interessant, weil die in den Naturwissenschaften durch Differentialgleichungen beschriebenen Vorgänge in der Regel exponentiell abklingende Komponenten aufweisen. Dies ist für $\lambda < 0$ der Fall. Die Näherungslösung $y_n$ klingt wie $y(x_n)$ dann und nur dann ab, falls $|F(h\lambda)| < 1$ ist. Als Polynom vierten Grades ist wegen $\lim\limits_{h\lambda \to -\infty} F(h\lambda) = +\infty$ die erwähnte Bedingung nicht für alle negativen Werte von $h\lambda$ erfüllt.

Systeme von Differentialgleichungen besitzen oft auch oszillierende, exponentiell abklingende Komponenten, welche komplexen Werten von $\lambda$ entsprechen. Für die jetzt komplexwertige Lösung $y(x)$ gilt wiederum $y(x_{k+1}) = e^{h\lambda}y(x_k)$. Der komplexe Faktor $e^{h\lambda}$ ist im interessierenden Fall mit $\text{Re}(\lambda) < 0$ betragsmäßig kleiner Eins. Damit die berechneten Näherungswerte $y_n$ wenigstens wie $y(x_n)$ dem Betrag nach abnehmen, muß wiederum die notwendige und hinreichende Bedingung $|F(h\lambda)| < 1$ erfüllt sein. Analoge Bedingungen gelten für alle expliziten Runge-Kutta-Verfahren. Eine einfache Rechnung zeigt, daß bei Anwendung eines expliziten $p$-stufigen Runge-Kutta-Verfahrens der Fehlerordnung $p \leqslant 4$ auf die Testanfangswertaufgabe (9.130) der Faktor $F(h\lambda)$ stets gleich den ersten $(p+1)$ Termen der Taylorreihe von $e^{h\lambda}$ ist. Runge-Kutta-Verfahren höherer Ordnung $p$ erfordern aber $m > p$ Stufen, so daß $F(h\lambda)$ ein Polynom vom Grad $m$ wird, welches in den ersten $(p+1)$ Termen mit der Taylorreihe von $e^{h\lambda}$ übereinstimmt. Die Koeffizienten bis zur Potenz $m$ sind vom Verfahren abhängig. Die notwendige und hinreichende Bedingung erfaßt man mit der

**Definition 9.9** *Für ein Einschrittverfahren, welches für die Testanfangswertaufgabe (9.130) auf $y_{k+1} = F(h\lambda)y_k$ führt, heißt die Menge*

$$B := \{\mu \in \mathbb{C} | \ |F(\mu)| < 1\} \tag{9.133}$$

Gebiet der absoluten Stabilität.

Die Schrittweite $h$ ist so zu wählen, daß für $\text{Re}(\lambda) < 0$ stets $h\lambda \in B$ gilt. Andernfalls liefert das Verfahren unsinnige Ergebnisse, es arbeitet instabil. Diese Stabilitätsbedingung ist speziell bei der Integration von Differentialgleichungssystemen zu beachten, denn die Schrittweite $h$ ist so zu bemessen, daß für alle Abklingkonstanten $\lambda_j$ mit $\text{Re}(\lambda_j) < 0$ die Bedingungen $h\lambda_j \in B$ erfüllt sind.

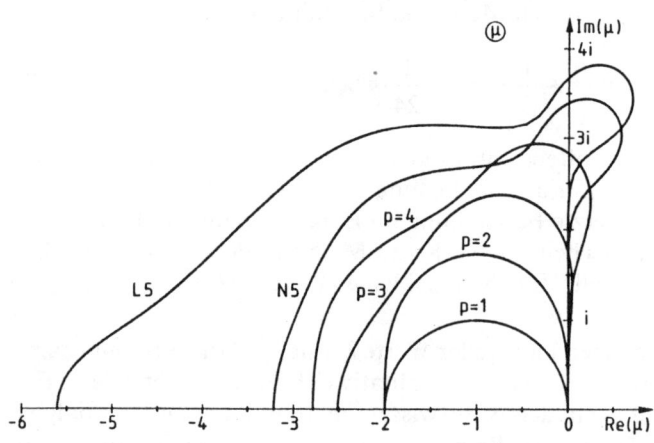

Fig. 9.7
Stabilitätsgebiete
für explizite
Runge-Kutta-Methoden

In Fig. 9.7 sind die Berandungen der Gebiete der absoluten Stabilität für explizite Runge-Kutta-Verfahren der Ordnungen $p = 1, 2, 3, 4, 5$ für die obere Hälfte der komplexen Ebene dargestellt, denn die Gebiete sind symmetrisch bezüglich der reellen Achse. Im Fall $p = 5$ ist die spezielle Runge-Kutta-Methode von Nyström [Gri72] zugrunde gelegt mit der Eigenschaft, daß $F(h\lambda)$ mit den ersten sechs Termen der Taylorreihe von $e^{h\lambda}$ übereinstimmt. Die Randkurve ist mit N5 angeschrieben.

Die Stabilitätsgebiete werden mit zunehmender Ordnung größer. Das Stabilitätsgebiet der Methode von Euler ist das Innere des Kreises vom Radius Eins mit Mittelpunkt $\mu = -1$. Ein Maß für die Größe des Stabilitätsgebietes ist das Stabilitätsintervall für reelle negative Werte $\mu$. Die Tab. 9.8 enthält die Angaben über die Stabilitätsintervalle der Methoden der Ordnungen $p = 1, 2, 3, 4, 5$, wobei im letzten Fall wieder die Methode von Nyström angenommen ist.

Tab. 9.8 Stabilitätsintervalle von Runge-Kutta-Verfahren

| $p =$ | 1 | 2 | 3 | 4 | 5 |
|---|---|---|---|---|---|
| Intervall | $(-2.0, 0)$ | $(-2.0, 0)$ | $(-2.51, 0)$ | $(-2.78, 0)$ | $(-3.21, 0)$ |

Lawson [Law 66] hat ein sechsstufiges Runge-Kutta-Verfahren fünfter Ordnung mit dem besonders großen Stabilitätsintervall $(-5.60, 0)$ angegeben. Das zugehörige Stabilitätsgebiet ist in Fig. 9.7 mit seinem Rand L5 eingezeichnet.

Nun betrachten wir die impliziten Einschrittverfahren, zu denen die Trapezmethode und die impliziten Runge-Kutta-Verfahren gehören. Die Trapezmethode (9.33) ergibt für die Testanfangswertaufgabe (9.130) die explizite Rechenvorschrift

$$y_{k+1} = y_k + \frac{h}{2}\{\lambda y_k + \lambda y_{k+1}\}, \quad \text{also} \quad y_{k+1} = \frac{1 + \frac{1}{2}h\lambda}{1 - \frac{1}{2}h\lambda} y_k =: F(h\lambda)y_k. \tag{9.134}$$

Die maßgebende Funktion $F(h\lambda)$ ist jetzt gebrochen rational mit der Eigenschaft

$$|F(\mu)| = \left|\frac{2+\mu}{2-\mu}\right| < 1 \quad \text{für alle } \mu \text{ mit } \operatorname{Re}(\mu) < 0. \tag{9.135}$$

Denn der Realteil des Zählers ist für $\operatorname{Re}(\mu) < 0$ betragsmäßig stets kleiner als der Realteil des Nenners, während die Imaginärteile entgegengesetzt gleich sind. Das Gebiet der absoluten Stabilität der Trapezmethode umfaßt somit die ganze linke Halbebene. Man bezeichnet deshalb die Trapezmethode als **absolut stabil**, weil für die stabile Integration keine Grenze für die Schrittweite $h$ zu beachten ist. Auf die problemgerechte Wahl von $h$ werden wir im Zusammenhang mit steifen Differentialgleichungssystemen eingehen.

Für das einstufige implizite Runge-Kutta-Verfahren (9.63) erhalten wir

$$k_1 = \lambda\left(y_k + \frac{1}{2}hk_1\right), \quad \text{also} \quad k_1 = \frac{\lambda}{1 - \frac{1}{2}h\lambda} y_k$$

$$y_{k+1} = y_k + hk_1 = \frac{1 + \frac{1}{2}h\lambda}{1 - \frac{1}{2}h\lambda} y_k =: F(h\lambda)y_k.$$

Da $F(h\lambda)$ mit derjenigen der Trapezmethode übereinstimmt, ist auch das einstufige implizite Runge-Kutta-Verfahren absolut stabil.

Für das zweistufige implizite Runge-Kutta-Verfahren (9.65) sind die beiden für die Testdifferentialgleichung linearen Gleichungen nach $k_1$ und $k_2$ aufzulösen und ihre Werte in der Formel für $y_{k+1}$ einzusetzen. Eine einfache Rechnung ergibt

$$y_{k+1} = \frac{1 + \frac{1}{2}h\lambda + \frac{1}{12}h^2\lambda^2}{1 - \frac{1}{2}h\lambda + \frac{1}{12}h^2\lambda^2} y_k =: F(h\lambda)y_k. \tag{9.136}$$

## 9 Gewöhnliche Differentialgleichungen

Die gebrochen rationale Funktion $F(h\lambda) = F(\mu)$ in (9.136) ist wie (9.134) eine **Padé-Approximation** für $e^\mu$. Sie hat die Eigenschaft, daß $|F(\mu)| < 1$ für alle $\mu$ mit $\text{Re}(\mu) < 0$ ist, so daß (9.65) auch eine absolut stabile Methode darstellt. Man verifiziert dies so, daß man die Berandungskurve des Gebietes absoluter Stabilität bestimmt, für die $|F(\mu)| = 1$ gilt. Die Werte $\mu$ auf der Randkurve müssen somit die Gleichung

$$1 + \frac{1}{2}\mu + \frac{1}{12}\mu^2 = e^{i\theta}\left(1 - \frac{1}{2}\mu + \frac{1}{12}\mu^2\right), \quad 0 \leq \theta \leq 2\pi$$

erfüllen, d. h. Lösungen der folgenden quadratischen Gleichung sein.

$$\mu^2 + 6\frac{1+e^{i\theta}}{1-e^{i\theta}}\mu + 12 = 0, \quad \text{oder} \quad \mu^2 + \frac{6i\sin\theta}{1-\cos\theta}\mu + 12 = 0 \qquad (9.137)$$

Die quadratische Gleichung (9.137) besitzt nur rein imaginäre Lösungen, so daß die imaginäre Achse den Rand des Stabilitätsgebietes bildet. Für reelle negative Werte $\mu$ ist offensichtlich $|F(\mu)| < 1$.

Das analoge Stabilitätsproblem stellt sich auch bei den linearen Mehrschrittverfahren. Nach den Überlegungen von Abschnitt 9.2.3, welche zum Begriff der Nullstabilität führten, erfüllen die Näherungswerte $y_k$ für die Testanfangswertaufgabe (9.130) einer allgemeinen $m$-Schrittmethode (9.93) die lineare Differenzengleichung (9.106) $m$-ter Ordnung. Ihre allgemeine Lösung ist mit den $m$ Lösungen $z_1, z_2, \ldots, z_m$ der charakteristischen Gleichung $\varphi(z) = \varrho(z) - h\lambda\sigma(z) = 0$

$$y_k = c_1 z_1^k + c_2 z_2^k + \ldots + c_m z_m^k, \qquad (9.138)$$

wobei die $z_j$ vereinfachend paarweise verschieden angenommen sind. Die allgemeine Lösung (9.138) klingt im allein interessierenden Fall $\text{Re}(\lambda) < 0$ genau dann ab, falls alle $z_j$ betragsmäßig kleiner als Eins sind. Dies gilt auch dann, falls mehrfache $z_j$ vorkommen (vgl. (9.112)).

**Definition 9.10** *Zu einer linearen Mehrschrittmethode (9.93) heißt die Menge der komplexen Werte $\mu = h\lambda$, für welche die charakteristische Gleichung $\varphi(z) = \varrho(z) - \mu\sigma(z) = 0$ nur Lösungen $z_j \in \mathbb{C}$ im Innern des Einheitskreises besitzt,* Gebiet der absoluten Stabilität.

Die explizite 4-Schrittmethode von Adams-Bashforth (9.81) hat die charakteristische Gleichung (nach Multiplikation mit 24)

$$24\varphi(z) = 24z^4 - (24 + 55\mu)z^3 + 59\mu z^2 - 37\mu z + 9\mu = 0. \qquad (9.139)$$

Der Rand des Stabilitätsgebietes für Mehrschrittmethoden kann als geometrischer Ort der Werte $\mu \in \mathbb{C}$ ermittelt werden, für welchen $|z| = 1$ ist. Dazu genügt es, mit $z = e^{i\theta}$, $0 \leq \theta \leq 2\pi$ den Einheitskreis zu durchlaufen und die zugehörigen Werte $\mu$ zu berechnen. Im Fall der charakteristischen Gleichung (9.139) führt dies für $\mu$ auf die explizite Darstellung

$$\mu = \frac{24z^4 - 24z^3}{55z^3 - 59z^2 + 37z - 9} = \frac{\varrho(z)}{\sigma(z)}, \quad z = e^{i\theta}, \quad 0 \leq \theta \leq 2\pi.$$

Der Rand des Stabilitätsgebietes ist offensichtlich symmetrisch zur reellen Achse. Deshalb ist er für die 4-Schrittmethode von Adams-Bashforth (9.81) in Fig. 9.8 nur für die obere Halbebene dargestellt und mit AB4 angeschrieben. Das Stabilitätsintervall $(-0.3, 0)$ ist im Vergleich zu den Runge-Kutta-Verfahren vierter Ordnung etwa neunmal kleiner. Die expliziten Adams-Bashforth-Methoden besitzen allgemein sehr kleine Gebiete der absoluten Stabilität.

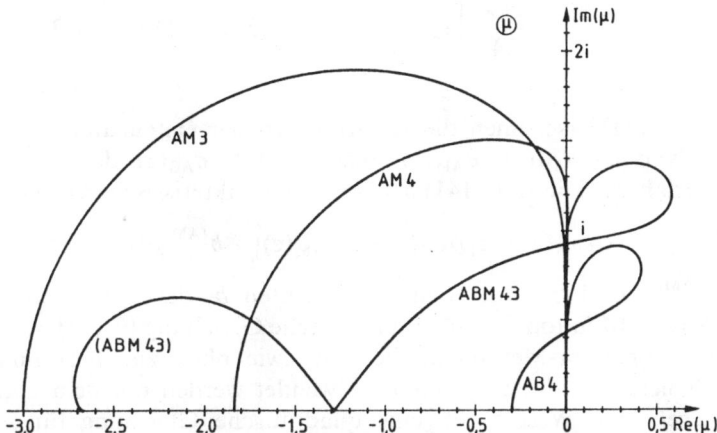

Fig. 9.8
Gebiete absoluter Stabilität für verschiedene Mehrschrittmethoden

Die zur impliziten 4-Schrittmethode von Adams-Moulton (9.88) gehörende charakteristische Gleichung ist nach Multiplikation mit 720

$$(720 - 251\mu)z^4 - (720 + 646\mu)z^3 + 264\mu z^2 - 106\mu z + 19\mu = 0. \quad (9.140)$$

Der zugehörige Rand des Gebietes der absoluten Stabilität ist in Fig. 9.8 eingezeichnet und mit AM4 beschriftet. Im Vergleich zur expliziten 4-Schrittmethode ist das Stabilitätsgebiet bedeutend größer, das Stabilitätsintervall ist $(-1.836, 0)$. Obwohl die Methode implizit ist, ist das Stabilitätsgebiet endlich, und das Verfahren ist nicht absolut stabil.

Das Gebiet der absoluten Stabilität der impliziten 3-Schrittmethode von Adams-Moulton (9.89) mit der Fehlerordnung vier, dessen Rand in Fig. 9.8 mit AM3 bezeichnet ist, ist noch größer. Das Stabilitätsintervall $(-3.0, 0)$ ist sogar größer als dasjenige des klassischen Runge-Kutta-Verfahrens gleicher Ordnung.

In der Regel wird die Adams-Moulton-Methode in Verbindung mit der Adams-Bashforth-Methode als Prädiktor-Korrektor-Verfahren verwendet. Das Verfahren (9.92) liefert für die Testanfangswertaufgabe den folgenden Prädiktor- und Korrekturwert

$$y_{k+1}^{(P)} = y_k + \frac{h\lambda}{24}\{55y_k - 59y_{k-1} + 37y_{k-2} - 9y_{k-3}\}$$

$$y_{k+1} = y_k + \frac{h\lambda}{24}\left[9\left\{y_k + \frac{h\lambda}{24}(55y_k - 59y_{k-1} + 37y_{k-2} - 9y_{k-3})\right\}\right.$$
$$\left. + 19y_k - 5y_{k-1} + y_{k-2}\right].$$

## 9 Gewöhnliche Differentialgleichungen

Durch Addition von $9y_{k+1}$ und anschließender Subtraktion desselben Wertes in der eckigen Klammer erhalten wir für die berechneten Näherungswerte $y_k$ die Differenzengleichung

$$y_{k+1} - y_k - \frac{h\lambda}{24}\{9y_{k+1} + 19y_k - 5y_{k-1} + y_{k-2}\}$$

$$+ \frac{9h\lambda}{24}\left\{y_{k+1} - y_k - \frac{h\lambda}{24}(55y_k - 59y_{k-1} + 37y_{k-2} - 9y_{k-3})\right\} = 0.$$

(9.141)

In (9.141) erscheinen die Koeffizienten der ersten und zweiten charakteristischen Polynome $\varrho_{AM}(z)$, $\sigma_{AM}(z)$, bzw. $\varrho_{AB}(z)$, $\sigma_{AB}(z)$ der beiden zugrundeliegenden Verfahren. Die zu (9.141) gehörende charakteristische Gleichung lautet

$$\varphi_{ABM}(z) = z[\varrho_{AM}(z) - \mu\sigma_{AM}(z)] + b_3^{(AM)}\mu\{\varrho_{AB}(z) - \mu\sigma_{AB}(z)\} = 0. \qquad (9.142)$$

$b_3^{(AM)} = 9/24$ bedeutet den Koeffizienten $b_3$ der impliziten 3-Schrittmethode von Adams-Moulton. Die charakteristische Gleichung (9.142) ist typisch für alle Prädiktor-Korrektor-Methoden. Sie kann wie oben zur Bestimmung des Randes des Gebietes absoluter Stabilität verwendet werden mit dem Unterschied, daß sie bei gegebenem Wert $z = e^{i\theta}$ eine quadratische Gleichung für $\mu$ mit zwei Lösungen darstellt. In Fig. 9.8 ist der Rand des Stabilitätsgebietes für das A-B-M-Verfahren (9.92) wiedergegeben. Er ist mit ABM43 bezeichnet um zu verdeutlichen, daß das explizite 4-Schrittverfahren von Adams-Bashforth mit dem impliziten 3-Schrittverfahren von Adams-Moulton kombiniert ist. Das Stabilitätsgebiet ist gegenüber der Adams-Moulton-Methode (AM3) kleiner, da der Prädiktor-Korrektorwert anstelle der exakten Lösung $y_{k+1}$ der impliziten Gleichung verwendet wird. Das Stabilitätsintervall des Verfahrens (9.92) ist $(-1.28, 0)$.

Die Nyström- und Milne-Simpson-Verfahren, wie auch deren Kombination zu Prädiktor-Korrektor-Methoden sind hinsichtlich der absoluten Stabilität unbrauchbar. Denn die diesen Verfahren gemeinsame Nullstelle $z_2 = -1$ des ersten charakteristischen Polynoms $\varrho(z)$ wird mit $h > 0$ zu einer Lösung der charakteristischen Gleichung $\varphi(z) = \varrho(z) - h\lambda\sigma(z) = 0$, die außerhalb des Einheitskreises liegt, sobald $\text{Re}(h\lambda) < 0$ ist. Das Gebiet der absoluten Stabilität enthält somit keine in der linken Halbebene gelegene Umgebung des Nullpunktes. Zur Illustration des Sachverhaltes betrachten wir die 3-Schrittmethode von Nyström (9.97). Ihre charakteristische Gleichung lautet

$$\varphi(z) = z^3 - \frac{7}{3}\mu z^2 - \left(1 - \frac{2}{3}\mu\right)z - \frac{1}{3}\mu = 0.$$

Ihre Nullstellen sind in Tab. 9.9 für einige reelle, negative Werte $\mu$ zusammengestellt. Die charakteristische Gleichung des Milne-Simpson-Verfahrens (9.98)

$$\varphi(z) = \left(1 - \frac{1}{3}\mu\right)z^2 - \frac{4}{3}\mu z - \left(1 + \frac{1}{3}\mu\right) = 0$$

Tab. 9.9 Zur absoluten Instabilität des Nyström-Verfahrens

| $\mu$ | $-0.01$ | $-0.02$ | $-0.05$ | $-0.10$ | $-0.20$ | $-0.30$ |
|---|---|---|---|---|---|---|
| $z_1 =$ | 0.9900 | 0.9802 | 0.9512 | 0.9048 | 0.8185 | 0.7396 |
| $z_2 =$ | $-1.0167$ | $-1.0334$ | $-1.0841$ | $-1.1697$ | $-1.3457$ | $-1.5281$ |
| $z_3 =$ | 0.0033 | 0.0066 | 0.0162 | 0.0315 | 0.0605 | 0.0885 |

hat die Lösungen $z_1 = \{2\mu + \sqrt{9+3\mu^2}\}/(3-\mu)$, $z_2 = \{2\mu - \sqrt{9+3\mu^2}\}/(3-\mu)$, von denen $z_2 < -1$ ist für alle $\mu < 0$.

Die Gebiete absoluter Stabilität einiger Rückwärtsdifferenzenmethoden, wie beispielsweise (9.99), sind für bestimmte Anwendungen recht bedeutungsvoll. Die einfachste Einschrittmethode aus dieser Klasse ist das **Rückwärts-Euler-Verfahren**

$$\boxed{y_{k+1} - y_k = hf(x_{k+1}, y_{k+1}).} \tag{9.143}$$

Die Testanfangswertaufgabe liefert für (9.143) die Differenzengleichung $y_{k+1} - y_k = h\lambda y_{k+1}$ und damit

$$y_{k+1} = \frac{1}{1-h\lambda} y_k \quad \text{mit } F(\mu) := \frac{1}{1-\mu}. \tag{9.144}$$

Die implizite Methode (9.143) ist absolut stabil, weil $|F(\mu)| < 1$ gilt für alle $\mu \in \mathbb{C}$ mit $\text{Re}(\mu) < 0$.

Die 2-Schrittmethode der BDF-Verfahren lautet

$$\boxed{\frac{3}{2} y_{k+1} - 2y_k + \frac{1}{2} y_{k-1} = hf(x_{k+1}, y_{k+1}),} \tag{9.145}$$

für welche die Testanfangswertaufgabe auf die charakteristische Gleichung $\varphi(z) = \left(\frac{3}{2} - \mu\right) z^2 - 2z + \frac{1}{2} = 0$ führt. Der Rand des zugehörigen Gebietes absoluter Stabilität ist gegeben durch

$$\mu = \frac{3z^2 - 4z + 1}{2z^2}, \quad z = e^{i\Theta}, \quad 0 \leqslant \Theta \leqslant 2\pi,$$

und liegt in der rechten komplexen Halbebene. Die Randkurve ist in Fig. 9.9 aus Symmetriegründen nur in der oberen Halbebene wiedergegeben und ist mit BDF2 angeschrieben. Da weiter die beiden Nullstellen der charakteristischen Gleichung $\varphi(z) = 0$ für alle $\mu \in \mathbb{R}$ mit $\mu < 0$ betragsmäßig kleiner als Eins sind, gehört die ganze linke komplexe Halbebene zum Gebiet absoluter Stabilität. Die 2-Schritt-BDF-Methode (9.145) ist also auch absolut stabil.

9 Gewöhnliche Differentialgleichungen

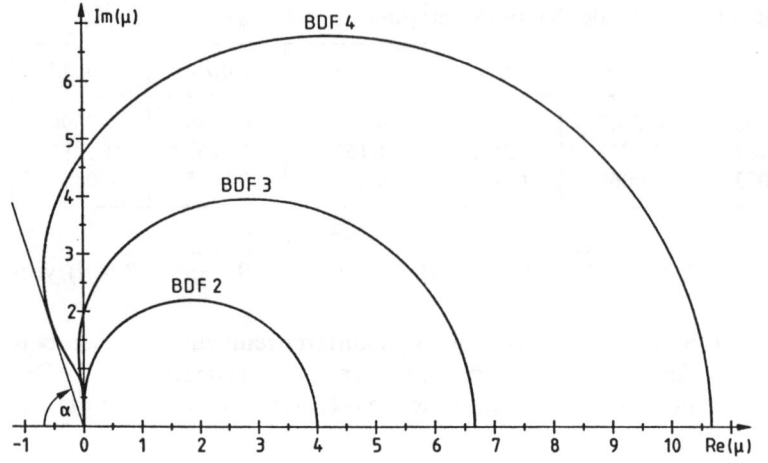

Fig. 9.9
Gebiete absoluter
Stabilität von
BDF-Methoden

Für die 3-Schritt-BDF-Methode (9.99) wird der Rand des Gebietes absoluter Stabilität gegeben durch

$$\mu = \frac{11z^3 - 18z^2 + 9z - 2}{6z^3}, \quad z = e^{i\Theta}, \quad 0 \leq \Theta \leq 2\pi.$$

Die Randkurve, welche in Fig. 9.9 mit BDF3 angeschrieben ist, verläuft teilweise in der linken komplexen Halbebene. Da aber für $\mu \in \mathbb{R}$ mit $\mu < 0$ die drei Nullstellen der charakteristischen Gleichung $\varphi(z) = (11 - 6\mu)z^3 - 18z^2 + 9z - 2 = 0$ betragsmäßig kleiner als Eins sind, umfaßt das Gebiet der absoluten Stabilität doch fast die ganze linke komplexe Halbebene. Dieser Situation wird so Rechnung getragen, daß man einen maximalen Winkelbereich mit dem halben Öffnungswinkel $\alpha > 0$ definiert, dessen Spitze im Nullpunkt liegt, der Teilbereich des Gebietes absoluter Stabilität ist, und bezeichnet ein Mehrschrittverfahren mit dieser Eigenschaft als A($\alpha$)-stabil. Der Winkel der BDF-Methode (9.99) beträgt etwa 88°, so daß das Verfahren A(88°)-stabil ist.

Die 4-Schritt-BDF-Methode lautet

$$\boxed{\frac{25}{12} y_{k+1} - 4y_k + 3y_{k-1} - \frac{4}{3} y_{k-2} + \frac{1}{4} y_{k-3} = hf(x_{k+1}, y_{k+1}).} \qquad (9.146)$$

Die Randkurve des Gebietes absoluter Stabilität ist in Fig. 9.9 eingezeichnet und mit BDF4 angeschrieben. Der Winkelbereich besitzt jetzt einen halben Öffnungswinkel von etwa 72°, so daß die Methode (9.146) nur noch A(72°)-stabil ist.

Die BDF-Methoden fünfter und sechster Ordnung besitzen noch kleinere Winkelbereiche innerhalb des Gebietes absoluter Stabilität, und BDF-Methoden noch höherer Ordnung sind nicht mehr nullstabil und somit für den praktischen Einsatz unbrauchbar [Gea71, Gri77].

### 9.3.3 Steife Differentialgleichungen

Die Lösungsfunktionen von Differentialgleichungssystemen, welche physikalische, chemische oder biologische Vorgänge beschreiben, haben oft die Eigenschaft, daß sie sich aus stark verschieden rasch exponentiell abklingenden Anteilen zusammensetzen. Wird ein Verfahren angewendet, dessen Gebiet absoluter Stabilität nicht die ganze linke komplexe Halbebene umfaßt, so ist die Schrittweite $h$ auf jeden Fall so zu wählen, daß die komplexen Werte $\mu$ als Produkte von $h$ und den Abklingkonstanten $\lambda_j$ dem Gebiet absoluter Stabilität angehören, um damit eine stabile Integration sicherzustellen.

**Beispiel 9.12** Die Situation und Problematik zeigen wir auf am System von drei linearen und homogenen Differentialgleichungen

$$\begin{aligned} y_1' &= -0.5 y_1 + 32.6 y_2 + 35.7 y_3 \\ y_2' &= \phantom{-0.5 y_1 +} -48\, y_2 + \phantom{35.}9 y_3 \\ y_3' &= \phantom{-0.5 y_1 +} \phantom{-4}9\, y_2 - 72 y_3 \end{aligned} \quad (9.147)$$

mit der Anfangsbedingung $y_1(0) = 4$, $y_2(0) = 13$, $y_3(0) = 1$. Der Lösungsansatz

$$y_1(x) = a_1 e^{\lambda x}, \quad y_2(x) = a_2 e^{\lambda x}, \quad y_3(x) = a_3 e^{\lambda x}$$

führt nach Substitution in (9.147) auf das Eigenwertproblem

$$\begin{aligned} (-0.5 - \lambda) a_1 + 32.6 a_2 + \phantom{(-4}35.7 a_3 &= 0 \\ (-48 - \lambda) a_2 + \phantom{3}9 a_3 &= 0 \\ 9 a_2 + (-72 - \lambda) a_3 &= 0. \end{aligned} \quad (9.148)$$

Daraus ist ein nichttriviales Wertetripel $(a_1, a_2, a_3)^T =: a$ als Eigenvektor der Koeffizientenmatrix $A$ des Differentialgleichungssystems (9.147) zu bestimmen. Die drei Eigenwerte von (9.148) sind $\lambda_1 = -0.5$, $\lambda_2 = -45$, $\lambda_3 = -75$. Zu jedem Eigenwert gehört eine Lösung von (9.147), und die allgemeine Lösung stellt sich als Linearkombination dieser drei Basislösungen dar. Nach Berücksichtigung der Anfangsbedingung lauten die Lösungsfunktionen

$$\begin{aligned} y_1(x) &= 15 e^{-0.5x} - 12 e^{-45x} + \phantom{3}e^{-75x} \\ y_2(x) &= \phantom{15 e^{-0.5x} -} 12 e^{-45x} + \phantom{3}e^{-75x} \\ y_3(x) &= \phantom{15 e^{-0.5x} -} \phantom{1}4 e^{-45x} - 3 e^{-75x} \end{aligned} \quad (9.149)$$

Die stark unterschiedlichen Abklingkonstanten der Lösungskomponenten sind durch die Eigenwerte $\lambda_j$ gegeben. Zur numerischen Integration von (9.147) soll die klassische Runge-Kutta-Methode (9.52) vierter Ordnung verwendet werden. Um die am raschesten exponentiell abklingende Komponente $e^{-75x}$ mit mindestens vierstelliger Genauigkeit zu erfassen, ist mit einer Schrittweite $h_1 = 0.0025$ zu arbeiten. Diese Schrittweite bestimmt sich aus der Forderung, daß $e^{-75h_1}$ mit $F(-75h_1)$ gemäß (9.132) auf fünf Stellen übereinstimmt. Integrieren wir (9.147) über 60 Schritte bis zur Stelle $x_1 = 0.150$, dann ist $e^{-75 \cdot 0.150} = e^{-11.25} \doteq 0.000013$ gegenüber $e^{-45 \cdot 0.150} = e^{-6.75} \doteq 0.001171$ bedeutend kleiner. Diese rasch abklingende, und bereits kleine Komponente braucht ab dieser Stelle nicht mehr so genau integriert zu werden, und wir können die Schrittweite vergrößern. Damit jetzt die Komponente $e^{-45x}$ mit einer vergleichbaren Genauigkeit behandelt wird, müssen wir die Schrittweite $h_2 = 0.005$ wählen. Nach weiteren 30 Schritten erreichen wir $x_2 = x_1 + 30 h_2 = 0.300$. Jetzt ist auch $e^{-45 \cdot 0.300} = e^{-13.5} \doteq 0.0000014$ sehr klein geworden, so daß wir die Schrittweite nochmals vergrößern können. Betrachten wir die sehr langsam abklingende Komponente $e^{-0.5x}$ für sich allein, so würde das Runge-Kutta-Verfahren (9.52) diese mit einer Schrittweite $\tilde{h}=0.4$ mit der geforderten Genauigkeit wiedergeben. Doch verletzt diese Schrittweite wegen $\tilde{\mu}=-75\tilde{h}=-30$ die Bedingung bei weitem, daß $\tilde{\mu}$ im Intervall der absoluten Stabilität $(-2.78,0)$ liegen muß! Die maximal verwendbare Schrittweite $h^*$ muß der Ungleichung $h^* \leqslant 2.78/75 \doteq 0.037$ genügen. Mit $h_3=0.035$ sind für eine Integration von (9.147) bis $x=24$, wo $|y_1(x)| \leqslant 0.0001$ wird, weitere 678 Integrationsschritte nötig. In Fig. 9.10 ist die euklidische Norm des globalen Fehlers $\|g_k\|=\|y(x_k)-y_k\|$ mit logarithmischem Maßstab in Abhängigkeit von $x$ im Intervall $[0, 1.2]$ dargestellt, falls die oben beschriebenen Schrittweiten gewählt werden. Jede Schrittweitenvergrößerung bewirkt einen vorübergehenden sprunghaften Anstieg der Norm des globalen Fehlers, da jeweils eine betreffende Lösungskomponente mit einem größeren Fehler integriert wird. Das langsame, im logarithmischen Maßstab praktisch lineare Anwachsen von $\|g_k\|$ ab etwa $x=0.6$ entspricht dem Fehlergesetz (9.20) für den globalen Fehler. Wird ab $x_2=0.3$ anstelle von $h_3$ die Schrittweite $\tilde{h}_3=0.045$ gewählt, welche der Bedingung der absoluten Stabilität wegen $-75 \cdot 0.045 = -3.35 < -2.78$ nicht genügt, zeigt die Norm des globalen Fehlers die Instabilität des Runge-Kutta-Verfahrens an. △

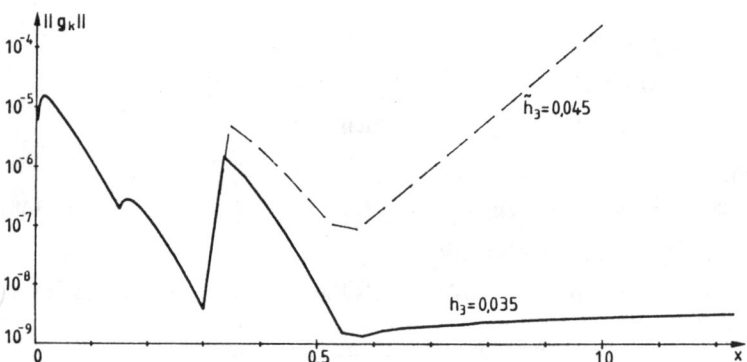

Fig. 9.10 Stabile und instabile Integration eines Differentialgleichungssystems

Ein lineares, inhomogenes Differentialgleichungssystem

$$y'(x) = Ay(x) + b(x), \quad A \in \mathbb{R}^{n \times n}, y, b \in \mathbb{R}^n \qquad (9.150)$$

heißt **steif**, falls die Eigenwerte $\lambda_j$, $(j=1,2,\ldots,n)$ der Matrix $A$ sehr unterschiedliche negative Realteile aufweisen. Als Maß der **Steifheit** $S$ des Differentialgleichungssystems (9.150) gilt der Quotient der Beträge der absolut größten und kleinsten Realteile der Eigenwerte

$$S := \max_j |\text{Re}(\lambda_j)| / \min_j |\text{Re}(\lambda_j)|. \qquad (9.151)$$

Für das Differentialgleichungssystem (9.147) ist $S=150$. Es ist nicht besonders steif, denn in manchen Fällen erreicht $S$ Werte zwischen $10^3$ und $10^6$. Um solche Systeme mit einer nicht allzu kleinen Schrittweite integrieren zu können, kommen nur Verfahren in Betracht, deren Gebiet der absoluten Stabilität entweder die ganze linke Halbebene $\text{Re}(\mu) < 0$ umfaßt oder aber zumindest $A(\alpha)$-stabil sind. Diese Bedingung

## 9.3 Stabilität

erfüllen die Trapezmethode (9.33) und die impliziten Runge-Kutta-Verfahren (9.63) und (9.65), während die impliziten $m$-Schritt-BDF-Methoden für $m = 1$ bis $m = 6$ wenigstens $A(\alpha)$-stabil sind. Alle diese Methoden erfordern aber in jedem Integrationsschritt die Lösung eines Gleichungssystems nach den Unbekannten.

Das Problem der Steifheit existiert ausgeprägt bei nichtlinearen Differentialgleichungssystemen für $n$ Funktionen

$$y'(x) = f(x, y(x)), \qquad y(x) \in \mathbb{R}^n. \tag{9.152}$$

Die Steifheit von (9.152) wird vermittels einer Linearisierung zu erfassen versucht, indem man das lokale Verhalten der exakten Lösung $y(x)$ in einer kleinen Umgebung von $x_k$ studiert unter der Anfangsbedingung $y(x_k) = y_k$, wo $y_k$ die berechnete Näherungslösung an der Stelle $x_k$ bedeutet. Die gesuchte Funktion $y(x)$ wird in der Form

$$y(x) = y_k + z(x) \quad \text{für } x_k \leq x \leq x_k + h \tag{9.153}$$

angesetzt und angenommen, daß sowohl $h$ als auch die Norm des Vektors $z(x) = (z_1(x), z_2(x), \ldots, z_n(x))^T$ klein seien. Nach Substitution von (9.153) in (9.152) wird die rechte Seite der Differentialgleichung linearisiert, so daß sich für die $i$-te Gleichung ($i = 1, 2, \ldots, n$) folgendes ergibt:

$$z_i'(x) = f_i(x_k + (x - x_k), y_{1k} + z_1(x), y_{2k} + z_2(x), \ldots, y_{nk} + z_n(x))$$

$$\approx f_i(x_k, y_k) + (x - x_k) \frac{\partial f_i(x_k, y_k)}{\partial x} + \sum_{j=1}^{n} \frac{\partial f_i(x_k, y_k)}{\partial y_j} z_j(x). \tag{9.154}$$

Die so erhaltenen $n$ linearen, inhomogenen Differentialgleichungen für die Funktionen $z_1(x), z_2(x), \ldots, z_n(x)$ lassen sich mit der Jacobi-Matrix

$$J(x_k) := \begin{pmatrix} \dfrac{\partial f_1}{\partial y_1} & \dfrac{\partial f_1}{\partial y_2} & \cdots & \dfrac{\partial f_1}{\partial y_n} \\ \dfrac{\partial f_2}{\partial y_1} & \dfrac{\partial f_2}{\partial y_2} & \cdots & \dfrac{\partial f_2}{\partial y_n} \\ \vdots & \vdots & & \vdots \\ \dfrac{\partial f_n}{\partial y_1} & \dfrac{\partial f_n}{\partial y_2} & \cdots & \dfrac{\partial f_n}{\partial y_n} \end{pmatrix}_{(x_k, y_k)} \in \mathbb{R}^{n \times n} \tag{9.155}$$

und den Vektoren

$$z(x) := \begin{pmatrix} z_1(x) \\ z_2(x) \\ \vdots \\ z_n(x) \end{pmatrix}, \qquad f_k := \begin{pmatrix} f_1(x_k, y_k) \\ f_2(x_k, y_k) \\ \vdots \\ f_n(x_k, y_k) \end{pmatrix}, \qquad g_k := \begin{pmatrix} \dfrac{\partial f_1}{\partial x} \\ \dfrac{\partial f_2}{\partial x} \\ \vdots \\ \dfrac{\partial f_n}{\partial x} \end{pmatrix}_{(x_k, y_k)} \in \mathbb{R}^n$$

zusammenfassen zu

$$z'(x) \approx J(x_k)z(x) + f_k + (x - x_k)g_k, \quad z(x_k) = 0. \tag{9.156}$$

Im allgemeinen wird das qualitative Verhalten von $y(x)$ in der Umgebung von $x_k$ tatsächlich durch $z(x)$ als Lösung von (9.156) beschrieben. Das nichtlineare Differentialgleichungssystem (9.152) wird als **steif** bezeichnet, falls die Eigenwerte $\lambda_i$ der Jacobi-Matrix $J(x_k)$ (9.155) sehr unterschiedliche negative Realteile haben und somit der Wert $S$ (9.151) groß ist. Das Maß der so definierten Steifheit von (9.152) ist jetzt sowohl abhängig von $x_k$ als auch von der aktuellen berechneten Lösung $y_k$, so daß sich $S$ im Verlauf der Integration und abhängig von den Anfangsbedingungen stark ändern kann. An dieser Stelle sei aber darauf hingewiesen, daß Beispiele von Differentialgleichungssystemen und Lösungen konstruiert werden können, für welche die Eigenwerte der Jacobi-Matrix (9.155) irreführende Informationen bezüglich der Steifheit liefern [Aik85, DeV84, Lam91].

**Beispiel 9.13** Wir betrachten das nichtlineare Differentialgleichungssystem erster Ordnung für drei unbekannte Funktionen

$$\begin{aligned}\dot{y}_1 &= -0.1 y_1 + 100 y_2 y_3 \\ \dot{y}_2 &= \phantom{-}0.1 y_1 - 100 y_2 y_3 - 500 y_2^2 \\ \dot{y}_3 &= \phantom{-}500 y_2^2 - 0.5 y_3\end{aligned} \tag{9.157}$$

unter der Anfangsbedingung $y_1(0) = 4$, $y_2(0) = 2$, $y_3(0) = 0.5$. Das System (9.157) beschreibt die kinetische Reaktion von drei chemischen Substanzen $Y_1, Y_2, Y_3$ nach dem Massenwirkungsgesetz, wobei $y_1(t), y_2(t), y_3(t)$ die entsprechenden Konzentrationen der Substanzen zum Zeitpunkt $t$ bedeuten. Die Reaktionen laufen mit sehr unterschiedlichen Zeitkonstanten ab, was in den verschieden großen Koeffizienten in (9.157) zum Ausdruck kommt. Die Jacobi-Matrix $J(t)$ des Systems (9.157) lautet

$$J(t) = \begin{pmatrix} -0.1 & 100 y_3 & 100 y_2 \\ 0.1 & -100 y_3 - 1000 y_2 & -100 y_2 \\ 0 & 1000 y_2 & -0.5 \end{pmatrix}. \tag{9.158}$$

Die Matrixelemente von $J$ sind vom Ablauf der chemischen Reaktion abhängig, so daß die Eigenwerte $\lambda_i$ von $J(t)$ zeitabhängig sind. Zur Startzeit $t = 0$ sind die Eigenwerte von

$$J(0) = \begin{pmatrix} -0.1 & 50 & 200 \\ 0.1 & -2050 & -200 \\ 0 & 2000 & -0.5 \end{pmatrix}$$

$\lambda_1 \doteq -0.000249$, $\lambda_2 \doteq -219.0646$, $\lambda_3 \doteq -1831.535$. Folglich ist $S \doteq 7.35 \cdot 10^6$, und das Differentialgleichungssystem (9.157) ist zum Zeitpunkt $t = 0$ sehr steif. Um das Problem der Steifheit zu illustrieren, integrieren wir (9.157) mit Hilfe der klassischen Runge-Kutta-Methode (9.52) vierter Ordnung. Der absolut größte, negative Eigenwert $\lambda_3$ verlangt eine kleine Schrittweite $h = 0.0002$, damit die zugehörige, rasch abklingende Lösungskomponente mit einem lokalen, relativen Diskretisationsfehler von etwa $10^{-4}$ integriert wird. Nach 25 Integrationsschritten hat die Steifheit des Systems abgenommen (vgl. Tab. 9.10), und da jetzt $\lambda_3 \doteq -372.48$ ist, kann die Schrittweite auf $h = 0.001$ vergrößert werden, denn die rasch abklingende und bereits mit einem kleinen Anteil beteiligte Komponente kann schon mit geringerer (relativen) Genauigkeit

## 9.3 Stabilität

Tab. 9.10 Integration eines steifen Differentialgleichungssystems

| $t$ | $y_{1,k}$ | $y_{2,k}$ | $y_{3,k}$ | $\lambda_1$ | $\lambda_2$ | $\lambda_3$ | $S$ | $h$ |
|---|---|---|---|---|---|---|---|---|
| 0      | 4.0000 | 2.0000 | 0.5000 | $-0.00025$ | $-219.06$ | $-1831.5$ | $7.35 \cdot 10^6$ | 0.0002 |
| 0.001  | 4.1379 | 0.9177 | 1.4438 | $-0.00054$ | $-86.950$ | $-975.74$ | $1.80 \cdot 10^6$ | |
| 0.002  | 4.2496 | 0.5494 | 1.6996 | $-0.00090$ | $-45.359$ | $-674.62$ | $7.52 \cdot 10^5$ | |
| 0.003  | 4.3281 | 0.3684 | 1.8013 | $-0.00133$ | $-26.566$ | $-522.56$ | $3.94 \cdot 10^5$ | |
| 0.004  | 4.3846 | 0.2630 | 1.8493 | $-0.00184$ | $-16.588$ | $-431.91$ | $2.35 \cdot 10^5$ | |
| 0.005  | 4.4264 | 0.1952 | 1.8743 | $-0.00243$ | $-10.798$ | $-372.48$ | $1.54 \cdot 10^5$ | 0.0010 |
| 0.006  | 4.4581 | 0.1489 | 1.8880 | $-0.00310$ | $-7.2503$ | $-331.06$ | $1.07 \cdot 10^5$ | |
| 0.008  | 4.5016 | 0.0914 | 1.9001 | $-0.00465$ | $-3.5318$ | $-278.45$ | $5.99 \cdot 10^4$ | |
| 0.010  | 4.5287 | 0.0588 | 1.9038 | $-0.00620$ | $-1.9132$ | $-247.81$ | $4.00 \cdot 10^4$ | 0.0025 |
| 0.020  | 4.5735 | 0.0097 | 1.8985 | $-0.00444$ | $-0.5477$ | $-199.60$ | $4.50 \cdot 10^4$ | |
| 0.030  | 4.5795 | 0.0035 | 1.8892 | $-0.00178$ | $-0.5063$ | $-192.48$ | $1.08 \cdot 10^5$ | |
| 0.040  | 4.5804 | 0.0026 | 1.8799 | $-0.00134$ | $-0.5035$ | $-190.65$ | $1.42 \cdot 10^5$ | |
| 0.050  | 4.5805 | 0.0025 | 1.8705 | $-0.00128$ | $-0.5032$ | $-189.60$ | $1.48 \cdot 10^5$ | 0.0050 |
| 0.10   | 4.5803 | 0.0025 | 1.8245 | $-0.00134$ | $-0.5034$ | $-185.03$ | $1.39 \cdot 10^5$ | |
| 0.15   | 4.5800 | 0.0025 | 1.7796 | $-0.00140$ | $-0.5036$ | $-180.60$ | $1.29 \cdot 10^5$ | |
| 0.20   | 4.5798 | 0.0026 | 1.7358 | $-0.00147$ | $-0.5039$ | $-176.29$ | $1.20 \cdot 10^5$ | 0.010 |
| 0.25   | 4.5796 | 0.0027 | 1.6931 | $-0.00154$ | $-0.5042$ | $-172.08$ | $1.12 \cdot 10^5$ | |
| 0.50   | 4.5782 | 0.0030 | 1.4951 | $-0.00196$ | $-0.5060$ | $-152.63$ | $7.80 \cdot 10^4$ | |
| 0.75   | 4.5765 | 0.0034 | 1.3207 | $-0.00247$ | $-0.5086$ | $-135.56$ | $5.48 \cdot 10^4$ | 0.020 |
| 1.00   | 4.5745 | 0.0038 | 1.1670 | $-0.00311$ | $-0.5124$ | $-120.63$ | $3.88 \cdot 10^4$ | |
| 2.00   | 4.5601 | 0.0061 | 0.7177 | $-0.00710$ | $-0.5482$ | $-77.88$  | $1.10 \cdot 10^4$ | |
| 3.00   | 4.5290 | 0.0089 | 0.4583 | $-0.01255$ | $-0.6514$ | $-54.71$  | $4.36 \cdot 10^3$ | 0.050 |
| 4.00   | 4.4720 | 0.0117 | 0.3216 | $-0.01620$ | $-0.8284$ | $-43.62$  | $2.69 \cdot 10^3$ | |
| 5.00   | 4.3899 | 0.0134 | 0.2590 | $-0.01749$ | $-0.9863$ | $-38.92$  | $2.23 \cdot 10^3$ | |
| 10.00  | 3.8881 | 0.0141 | 0.2060 | $-0.01854$ | $-1.1115$ | $-34.14$  | $1.84 \cdot 10^3$ | |

behandelt werden. Dasselbe gilt auch für die weitere Integration, deren Resultat in Tab. 9.10 zusammengestellt ist. Angegeben sind auszugsweise zu ausgewählten Zeitpunkten die berechneten Näherungswerte der drei Lösungsfunktionen, die aus der Jacobi-Matrix $J$ resultierenden Eigenwerte $\lambda_1, \lambda_2, \lambda_3$, das Maß $S$ der Steifheit und die verwendeten Schrittweiten. Nach einer raschen Abnahme nimmt $S$ vorübergehend wieder etwas zu, um dann mit wachsender Zeit $t$ monoton abzunehmen. Ab $t = 0.25$ wird die Schrittweite $h$ durch das Stabilitätsintervall der verwendeten expliziten Runge-Kutta-Methode beschränkt. △

## 9.4 Aufgaben

**9.1** Man bestimme die exakte Lösung der Anfangswertaufgabe

$$y' = \frac{2x}{y^2}, \qquad y(0) = 1$$

und berechne im Intervall $[0, 3]$ die Näherungslösungen

a) nach der Methode von Euler mit den Schrittweiten $h = 0.1, 0.01, 0.001$;

b) nach der verbesserten Polygonzugmethode und der Methode von Heun mit den Schrittweiten $h = 0.1, 0.05, 0.025, 0.01$;

c) nach je einem Runge-Kutta-Verfahren der Ordnung drei und vier mit den Schrittweiten $h = 0.2, 0.1, 0.05, 0.025$;

d) mit der Methode der Taylorreihe, für welche die Rekursionsformeln für die Koeffizienten bis zur Ordnung vier in $h$ hergeleitet werden sollen. Als Schrittweiten wähle man $h = 0.2, 0.1, 0.05$.

Mit den an den Stellen $x_k = 0.2k$, $(k = 1, 2, \ldots, 15)$ berechneten globalen Fehlern verifiziere man die Fehlerordnungen der Methoden.

**9.2** Wie lauten die Bedingungen für die drei Parameter $a, c_1$ und $c_2$ des zweistufigen Runge-Kutta-Verfahrens

$$k_1 = f(x_k, y_k), \qquad k_2 = f(x_k + ah, y_k + ahk_1),$$
$$y_{k+1} = y_k + h[c_1 k_1 + c_2 k_2],$$

damit es maximale Fehlerordnung besitzt? Man erkläre, daß die Fehlerordnung höchstens zwei ist. Als Spezialfälle sind sowohl die Methode von Heun als auch die verbesserte Polygonzugmethode abzuleiten.

**9.3** Die Anfangswertaufgaben

a) $\quad y' = \dfrac{1}{1+4x^2} - 8y^2, \qquad y(0) = 0; \quad x \in [0, 4]$

b) $\quad y' = \dfrac{1}{1+4x^2} + 0.4y^2, \qquad y(0) = 0; \quad x \in [0, 4]$

c) $\quad y' = \dfrac{1-x^2-y^2}{1+x^2+xy}, \qquad y(0) = 0; \quad x \in [0, 10]$

sollen mit einer Runge-Kutta-Methode zweiter und vierter Ordnung unter Verwendung einer Schrittweitensteuerung in den angegebenen Intervallen näherungsweise so gelöst werden, daß der Schätzwert des lokalen Diskretisationsfehlers betragsmäßig höchstens $\varepsilon$, ($\varepsilon = 10^{-4}$, $10^{-6}, 10^{-8}$) ist. Für die Steuerung der Schrittweite experimentiere man mit verschiedenen Strategien.

**9.4** Die kleine Auslenkung $x(t)$ eines schwingenden Pendels mit Reibung wird durch die Differentialgleichung zweiter Ordnung

$$\ddot{x}(t) + 0.12\dot{x}(t) + 2x(t) = 0$$

beschrieben. Die Anfangsbedingung sei $x(0) = 1$, $\dot{x}(0) = 0$. Das zugehörige System von Differentialgleichungen erster Ordnung ist mit der klassischen Runge-Kutta-Methode vierter Ordnung mit drei verschiedenen Schrittweiten $h$ näherungsweise zu lösen, und die Näherungslösung $x_k$ soll graphisch dargestellt werden. Zudem ist der globale Fehler mit Hilfe der exakten Lösung zu berechnen und sein Verhalten zu studieren. Erfolgt die genäherte Integration der beiden komplexen Lösungsanteile amplituden- und phasentreu?

**9.5** Das Differentialgleichungssystem

$$\dot{x} = 1.2x - x^2 - \frac{xy}{x+0.2}$$

$$\dot{y} = \frac{1.5xy}{x+0.2} - y$$

beschreibt ein Räuber-Beute-Modell der Biologie, wobei $x(t)$ eine Maßzahl für die Anzahl der Beutetiere und $y(t)$ eine Maßzahl für die Anzahl der Raubtiere bedeuten. Für die zwei verschiedenen Anfangsbedingungen $x(0) = 1$, $y(0) = 0.75$ und $\bar{x}(0) = 0.75$, $\bar{y}(0) = 0.25$ ist das System mit dem klassischen Runge-Kutta-Verfahren vierter Ordnung im Intervall $0 \leqslant t \leqslant 30$ mit der Schrittweite $h = 0.1$ näherungsweise zu lösen. Die Lösung soll in der $(x, y)$-Phasenebene dargestellt und das gefundene Ergebnis interpretiert werden.

Als Variante löse man die Aufgabe mit automatischer Schrittweitensteuerung nach der Methode von Fehlberg.

**9.6** Man leite das explizite 3-Schrittverfahren von Adams-Bashforth und das implizite 3-Schrittverfahren von Adams-Moulton auf Grund der Integralgleichung und als Spezialfall eines allgemeinen Mehrschrittverfahrens her. Sodann zeige man, daß die Ordnung der Verfahren drei, bzw. vier ist, und man verifiziere die Koeffizienten der Hauptanteile der lokalen Diskretisationsfehler in Tab. 9.6 für diese beiden Methoden.

**9.7** Die Differentialgleichungen der Aufgaben 9.1 und 9.3 sind mit den Adams-Bashforth-Moulton-Methoden ABM33 (9.91) und ABM43 (9.92) näherungsweise mit der Schrittweite $h = 0.1$ zu lösen. Um die Resultate der beiden Verfahren fair vergleichen zu können, sollen mit dem klassischen Runge-Kutta-Verfahren vierter Ordnung drei Startwerte $y_1, y_2, y_3$ bestimmt werden.

**9.8** Welches sind die Gebiete der absoluten Stabilität der folgenden Mehrschrittmethoden?

a)      AB3: $y_{k+1} = y_k + \frac{h}{12}[23f_k - 16f_{k-1} + 5f_{k-2}]$;

b)      AM2: $y_{k+1} = y_k + \frac{h}{12}[5f(x_{k+1}, y_{k+1}) + 8f_k - f_{k-1}]$;

c)      Prädiktor-Korrektor-Methode ABM32.

Für die ABM32-Methode zeige man, daß der Koeffizient des Hauptanteils des lokalen Diskretisationsfehlers gleich demjenigen des AM2-Verfahrens ist.

**9.9** Zur Problematik der stabilen Integration betrachten wir das lineare homogene Differentialgleichungssystem [Lam 73]

$$y_1' = -21y_1 + 19y_2 - 20y_3, \quad y_1(0) = 1$$
$$y_2' = 19y_1 - 21y_2 + 20y_3, \quad y_2(0) = 0$$
$$y_3' = 40y_1 - 40y_2 - 40y_3, \quad y_3(0) = -1.$$

Die Eigenwerte der Matrix des Systems sind $\lambda_1 = -2$, $\lambda_{2,3} = -40 \pm 40i$. Das System soll mit der Trapezmethode und dem klassischen Runge-Kutta-Verfahren vierter Ordnung näherungsweise gelöst werden. Welche Schrittweiten $h$ sind zu wählen, um mit den beiden Methoden im Intervall $[0, 0.3]$ eine vierstellige Genauigkeit der Näherungen zu garantieren? Dazu ist $e^{\lambda h}$ mit dem entsprechenden $F(\lambda h)$ zu vergleichen. Mit welchen Schrittweiten kann anschließend im Intervall $[0.3, 5]$ weiter integriert werden? Man überprüfe die Richtigkeit der Aussagen, indem das System numerisch gelöst wird. Welche maximale Schrittweite ist im Fall der ABM43-Methode (9.92) möglich?

**9.10** Das nichtlineare Differentialgleichungssystem

$$\dot{y}_1 = -0.01 y_1 + 0.01 y_2$$
$$\dot{y}_2 = y_1 - y_2 - y_1 y_3$$
$$\dot{y}_3 = y_1 y_2 - 100 y_3$$

ist für die Anfangsbedingung $y_1(0) = 0$, $y_2(0) = 1$, $y_3(0) = 1$ in Abhängigkeit von $t$ auf Steifheit zu untersuchen.

**9.11** Man zeige, daß die implizite zweistufige Runge-Kutta-Methode

$$k_1 = f\left(x_k, y_k + \frac{1}{4} hk_1 - \frac{1}{4} hk_2\right)$$
$$k_2 = f\left(x_k + \frac{2}{3} h, y_k + \frac{1}{4} hk_1 + \frac{5}{12} hk_2\right)$$
$$y_{k+1} = y_k + \frac{h}{4} (k_1 + 3k_2)$$

die Ordnung drei besitzt und absolut stabil ist. Die Funktion $F(\mu)$, welche für die Testanfangswertaufgabe (9.130) resultiert, hat im Gegensatz zu derjenigen der Trapezmethode die Eigenschaft, daß $\lim\limits_{\mu \to -\infty} F(\mu) = 0$ gilt. Welche Konsequenzen ergeben sich daraus für rasch abklingende Komponenten von steifen Systemen? Man wende diese Methode zur numerischen Integration des Differentialgleichungssystems von Aufgabe 9.9 an unter Verwendung einer konstanten Schrittweite $h$. Was kann festgestellt werden?

# 10 Partielle Differentialgleichungen

Zahlreiche Vorgänge oder Zustände, die man in der Physik, Chemie oder Biologie beobachten kann, lassen sich durch Funktionen in mehreren unabhängigen Variablen beschreiben, welche auf Grund von einschlägigen Naturgesetzen bestimmten partiellen Differentialgleichungen genügen müssen. Die Vielfalt der in den Anwendungen auftretenden partiellen Differentialgleichungen und Differentialgleichungssystemen ist sehr groß, und ihre sachgemäße numerische Behandlung erfordert in der Regel sehr spezielle Methoden, so daß wir uns im folgenden einschränken müssen. Wir betrachten nur die Lösung von partiellen Differentialgleichungen zweiter Ordnung für eine unbekannte Funktion in zwei und drei unabhängigen Variablen. Die partiellen Differentialgleichungen sind zudem entweder elliptisch oder parabolisch. Im ersten Fall haben alle unabhängigen Variablen die Bedeutung von räumlichen Koordinaten, und die gesuchte Funktion beschreibt in der Regel einen stationären Zustand. Im andern Fall ist eine Variable gleich der Zeit, während die übrigen wieder Ortskoordinaten sind, und die Funktion beschreibt einen instationären Vorgang in Abhängigkeit der Zeit und zwar im speziellen einen Diffusionsprozeß. Mit diesen beiden Problemklassen erfassen wir eine gewisse Menge von praktisch relevanten Aufgabenstellungen, an denen wir einige einfache Lösungsmethoden entwickeln und ihre grundlegenden Eigenschaften diskutieren wollen. Ausführlichere Darstellungen findet man beispielsweise in [Ame77, Col66, GlW79, Hac86, Jai84, Mar76, MeM78, MiG80, Par79, Sew88, Smi78, TGK85, Twi84, VeK81], wo auch andere Typen von partiellen Differentialgleichungen behandelt werden.

## 10.1 Elliptische Randwertaufgaben, Differenzenmethode

### 10.1.1 Problemstellung

Gesucht sei eine Funktion $u(x,y)$, welche in einem Gebiet $G \subset \mathbb{R}^2$ eine lineare partielle Differentialgleichung zweiter Ordnung

$$\boxed{Au_{xx} + 2Bu_{xy} + Cu_{yy} + Du_x + Eu_y + Fu = H} \qquad (10.1)$$

erfüllen soll. Dabei können die gegebenen Koeffizienten $A$, $B$, $C$, $D$, $E$, $F$ und $H$ in (10.1) stückweise stetige Funktionen von $x$ und $y$ sein. In Analogie zur Klassifikation von Kegelschnittgleichungen

$$Ax^2 + 2Bxy + Cy^2 + Dx + Ey + F = 0$$

teilt man die partiellen Differentialgleichungen (10.1) in drei Klassen ein gemäß

**Definition 10.1** *Eine partielle Differentialgleichung zweiter Ordnung* (10.1) *mit* $A^2 + B^2 + C^2 \neq 0$ *heißt in einem Gebiet G*

a) elliptisch, *falls* $AC - B^2 > 0$     *für alle* $(x, y) \in G$
b) hyperbolisch, *falls* $AC - B^2 < 0$     *für alle* $(x, y) \in G$
c) parabolisch, *falls* $AC - B^2 = 0$     *für alle* $(x, y) \in G$ gilt.

Die klassischen Repräsentanten von elliptischen Differentialgleichungen sind

$$u_{xx} + u_{yy} = 0 \quad \text{Laplace-Gleichung,} \tag{10.2}$$
$$u_{xx} + u_{yy} = f(x, y) \quad \text{Poisson-Gleichung.} \tag{10.3}$$

Die Laplace-Gleichung tritt beispielsweise auf bei Problemen aus der Elektrostatik sowie der Strömungslehre. Die Lösung der Poisson-Gleichung beschreibt die stationäre Temperaturverteilung in einem homogenen Medium oder den Spannungszustand bei bestimmten Torsionsproblemen.

Um die gesuchte Lösungsfunktion einer elliptischen Differentialgleichung eindeutig festzulegen, müssen auf dem Rand des Grundgebietes $G$ Randbedingungen vorgegeben sein. Wir wollen der Einfachheit halber annehmen, das Gebiet $G$ sei beschränkt, und es werde durch mehrere Randkurven berandet (vgl. Fig. 10.1). Die Vereinigung sämtlicher Randkurven bezeichnen wir mit $\Gamma$. Der Rand bestehe aus stückweise stetig differenzierbaren Kurven, auf denen die vom Gebiet $G$ ins Äußere zeigende Normalenrichtung $n$ erklärt werden kann. Der Rand $\Gamma$ werde in drei disjunkte Randteile $\Gamma_1$, $\Gamma_2$ und $\Gamma_3$ aufgeteilt, derart daß

$$\Gamma_1 \cup \Gamma_2 \cup \Gamma_3 = \Gamma \tag{10.4}$$

gilt. Dabei ist es durchaus zulässig, daß leere Teilränder vorkommen. Die problemgerechte Formulierung der Randbedingungen zu (10.1) oder speziell zu (10.2) oder (10.3) lautet dann

$$u = \varphi \text{ auf } \Gamma_1 \quad \text{(Dirichlet-Bedingung),} \tag{10.5}$$

$$\frac{\partial u}{\partial n} = \gamma \text{ auf } \Gamma_2 \quad \text{(Neumann-Bedingung),} \tag{10.6}$$

$$\frac{\partial u}{\partial n} + \alpha u = \beta \text{ auf } \Gamma_3 \quad \text{(Cauchy-Bedingung),} \tag{10.7}$$

wobei $\varphi$, $\gamma$, $\alpha$ und $\beta$ gegebene Funktionen auf den betreffenden Randteilen bedeuten. In der Regel sind sie als Funktionen der Bogenlänge $s$ auf dem Rand erklärt. Die Bedingungen (10.5), (10.6) und (10.7) werden oft auch als erste, zweite und dritte Randbedingung bezeichnet. Sind zur elliptischen Differentialgleichung nur Dirichletsche Randbedingungen gegeben ($\Gamma_1 = \Gamma$), dann bezeichnet man das Problem auch als

10.1 Elliptische Randwertaufgaben, Differenzenmethode

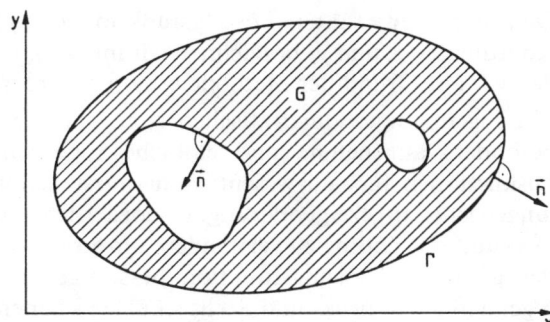

Fig. 10.1
Grundgebiet $G$ und Rand $\Gamma$

Dirichletsche Randwertaufgabe. Ist dagegen $\Gamma_2 = \Gamma$, so liegt eine Neumannsche Randwertaufgabe vor. Damit das Problem eine Lösung besitzt, muß die Funktion $\gamma(s)$ die Integralbedingung $\int_\Gamma \gamma(s) \mathrm{d}s = \iint_G f(x,y) \mathrm{d}x \mathrm{d}y$ erfüllen [Wil80].

## 10.1.2 Diskretisation der Aufgabe

Wir wollen die Laplace- oder Poisson-Gleichung in einem Gebiet $G$ unter Randbedingungen (10.5) bis (10.7) näherungsweise lösen. Wir beginnen mit einfachen Aufgabenstellungen, um dann sukzessive kompliziertere Situationen in die Behandlung einzubeziehen. Das Vorgehen der Differenzenmethode läßt sich durch die folgenden, recht allgemein formulierten Lösungsschritte beschreiben.

1. Lösungsschritt. Die gesuchte Funktion $u(x,y)$ wird ersetzt durch ihre Werte an diskreten Punkten des Gebietes $G$ und des Randes $\Gamma$. Für diese Diskretisation von $u(x,y)$ ist es naheliegend, ein regelmäßiges quadratisches Netz mit der Maschenweite $h$ über das Grundgebiet $G$ zu legen (vgl. Fig. 10.2). Die Funktionswerte $u$ in den Gitterpunkten sollen berechnet werden, soweit sie nicht schon durch Dirichletsche Randbedingungen bekannt sind. Im Fall von krummlinigen Randstücken wird es auch nötig sein, Gitterpunkte als Schnittpunkte von Netzgeraden mit dem Rand zu betrachten. In Fig. 10.2 sind die Gitterpunkte durch ausgefüllte Kreise markiert.

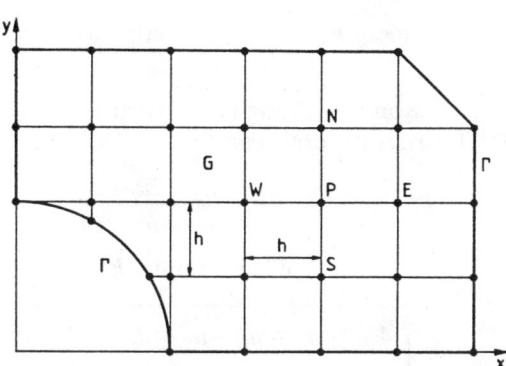

Fig. 10.2
Grundgebiet mit Netz und Gitterpunkten

## 10 Partielle Differentialgleichungen

Den Wert der exakten Lösungsfunktion $u(x,y)$ in einem Gitterpunkt $P$ mit den Koordinaten $x_i$ und $y_i$ bezeichnen wir mit $u(x_i, y_j)$. Den zugehörigen Näherungswert, den wir auf Grund der Methode erhalten werden, bezeichnen wir mit $u_{i,j}$.

Ein regelmäßiges quadratisches Netz zur Generierung der Gitterpunkte besitzt besonders angenehme und einfache Eigenschaften, die sich in den folgenden Diskussionen auch als wesentlich herausstellen werden. In bestimmten Problemstellungen ist es angezeigt oder sogar erforderlich, ein Netz mit variablen Maschenweiten in $x$- und $y$-Richtung zu verwenden, um so entweder dem Gebiet oder dem Verhalten der gesuchten Lösungsfunktion besser gerecht zu werden [Mar76]. Aber auch regelmäßige Dreieck- und Sechsecknetze können sich als sehr zweckmäßig erweisen [Col66, Mar76], da insbesondere die regelmäßigen Sechsecknetze eine lokal feinere Diskretisation ohne Probleme erlauben.

**2. Lösungsschritt.** Nach vorgenommener Diskretisation der Funktion ist die partielle Differentialgleichung mit Hilfe der diskreten Funktionswerte $u_{i,j}$ in den Gitterpunkten geeignet zu approximieren. Im Fall eines regelmäßigen quadratischen Netzes können die ersten und zweiten partiellen Ableitungen durch entsprechende Differenzenquotienten gemäß Abschnitt 3.2.2 angenähert werden, wobei für die ersten partiellen Ableitungen mit Vorteil zentrale Differenzenquotienten (3.28) verwendet werden. Für einen **regelmäßigen inneren Gitterpunkt** $P(x_i, y_j)$, welcher vier benachbarte Gitterpunkte im Abstand $h$ besitzt, setzen wir

$$u_x(x_i, y_j) \approx \frac{u_{i+1,j} - u_{i-1,j}}{2h}, \quad u_y(x_i, y_j) \approx \frac{u_{i,j+1} - u_{i,j-1}}{2h} \quad (10.8)$$

$$u_{xx}(x_i, y_j) \approx \frac{u_{i+1,j} - 2u_{i,j} + u_{i-1,j}}{h^2},$$

$$u_{yy}(x_i, y_j) \approx \frac{u_{i,j+1} - 2u_{i,j} + u_{i,j-1}}{h^2}, \quad (10.9)$$

wobei wir die Differenzenquotienten bereits mit den Näherungswerten in den Gitterpunkten gebildet haben. Um für das folgende eine leicht einprägsame Schreibweise ohne Doppelindizes zu erhalten, bezeichnen wir die vier Nachbarpunkte von $P$ nach den Himmelsrichtungen mit $N$, $W$, $S$ und $E$ (vgl. Fig. 10.2) und definieren

$$u_P := u_{i,j}, \quad u_N := u_{i,j+1}, \quad u_W := u_{i-1,j}, \quad u_S := u_{i,j-1}, \quad u_E := u_{i+1,j}.$$
(10.10)

Die Poisson-Gleichung (10.3) wird damit im Gitterpunkt $P$ approximiert durch die **Differenzengleichung**

$$\frac{u_E - 2u_P + u_W}{h^2} + \frac{u_N - 2u_P + u_S}{h^2} = f_P, \quad f_P := f(x_i, y_j),$$

welche nach Multiplikation mit $-h^2$ übergeht in

$$\boxed{4u_P - u_N - u_W - u_S - u_E + h^2 f_P = 0.} \quad (10.11)$$

## 10.1 Elliptische Randwertaufgaben, Differenzenmethode

Sie wird häufig in der **Operatorform**

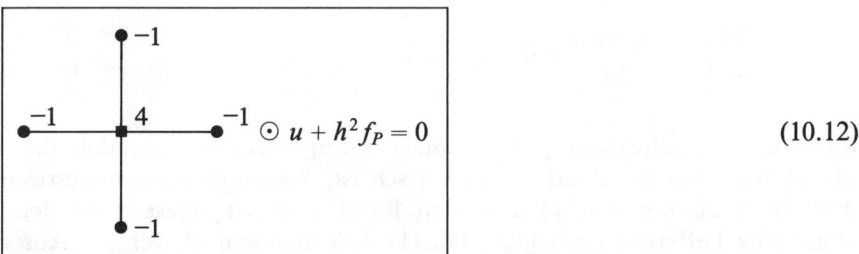

$$\odot u + h^2 f_P = 0 \qquad (10.12)$$

dargestellt, wo die Koeffizienten erscheinen, mit denen die betreffenden $u$-Werte zu multiplizieren sind. Der Gitterpunkt $P$, für den die Operatorform zuständig ist, wird zur Verdeutlichung durch ein ausgefülltes Quadrat markiert.

**3. Lösungsschritt.** Die gegebenen Randbedingungen der Randwertaufgabe sind jetzt zu berücksichtigen, und allenfalls ist die Differenzenapproximation der Differentialgleichung den Randbedingungen anzupassen.

Die einfachste Situation liegt vor, falls nur Dirichletsche Randbedingungen zu erfüllen sind und das Netz so gewählt werden kann, daß nur regelmäßige innere Gitterpunkte entstehen. In diesem Fall ist die Differenzengleichung (10.11) für alle inneren Gitterpunkte, in denen der Funktionswert unbekannt ist, uneingeschränkt anwendbar, wobei die bekannten Randwerte eingesetzt werden können. Existieren jedoch unregelmäßige Gitterpunkte wie in Fig. 10.2, so sind für diese geeignete Differenzengleichungen herzuleiten. Auf die Behandlung von solchen randnahen, unregelmäßigen Gitterpunkten werden wir in Abschnitt 10.1.3 eingehen.

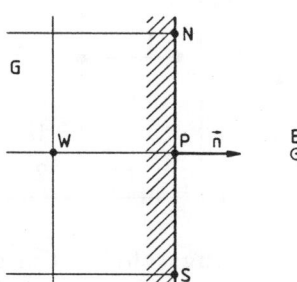

Fig. 10.3
Spezielle Neumannsche Randbedingung

Neumannsche und Cauchysche Randbedingungen (10.6) und (10.7) erfordern im allgemeinen umfangreichere Maßnahmen, die wir systematisch im Abschnitt 10.1.3 behandeln werden. An dieser Stelle wollen wir wenigstens eine einfache Situation betrachten, die leicht zu berücksichtigen ist. Wir wollen annehmen, der Rand falle mit einer Netzgeraden parallel zur $y$-Achse zusammen, und die Neumannsche Randbedingung verlange, daß die Normalableitung verschwinde (vgl. Fig. 10.3). Die äußere Normale $n$ zeige in Richtung der positiven $x$-Achse. Mit dem vorübergehend eingeführten Hilfsgitterpunkt $E$ und dem Wert $u_E$ kann die Normalableitung durch

# 10 Partielle Differentialgleichungen

den zentralen Differenzenquotienten approximiert werden, so daß aus

$$\left.\frac{\partial u}{\partial n}\right|_P \approx \frac{u_E - u_W}{2h} = 0 \quad u_E = u_W$$

folgt. Das Verschwinden der Normalableitung bedeutet oft, daß die Funktion $u(x,y)$ bezüglich des Randes symmetrisch ist. Wegen dieser Symmetrieeigenschaft darf die Funktion $u(x, y)$ über den Rand hinaus fortgesetzt werden, und die allgemeine Differenzengleichung (10.11) darf angewendet werden. Aus ihr erhalten wir

$$4u_P - u_N - 2u_W - u_S + h^2 f_P = 0,$$

die wir aus einem später ersichtlichen Grund durch 2 dividieren.

$$\boxed{2u_P - \frac{1}{2} u_N - u_W - \frac{1}{2} u_S + \frac{1}{2} h^2 f_P = 0} \tag{10.13}$$

Die zugehörige Operatorform der Differenzengleichung für einen regulären Randpunkt $P$ mit den drei benachbarten Gitterpunkten $N$, $W$ und $S$ lautet somit

$$\odot u + \frac{1}{2} h^2 f_P = 0; \quad \left.\frac{\partial u}{\partial n}\right|_P = \left.\frac{\partial u}{\partial x}\right|_P = 0. \tag{10.14}$$

**4. Lösungsschritt.** Um die unbekannten Funktionswerte in den Gitterpunkten berechnen zu können, sind dafür Gleichungen zu formulieren. Da nach den beiden vorangehenden Lösungsschritten für jeden solchen Gitterpunkt eine lineare Differenzengleichung vorliegt, ist es möglich, ein lineares Gleichungssystem für die unbekannten Funktionswerte zu formulieren. Zu diesem Zweck werden zur Vermeidung von Doppelindizes die Gitterpunkte des Netzes, deren Funktionswerte unbekannt sind, durchnumeriert. Die Numerierung der Gitterpunkte muß nach bestimmten Gesichtspunkten erfolgen, damit das entstehende Gleichungssystem geeignete Strukturen erhält, welche den Lösungsverfahren angepaßt sind. Das lineare Gleichungssystem stellt die **diskrete Form** der gegebenen Randwertaufgabe dar.

## 10.1 Elliptische Randwertaufgaben, Differenzenmethode

**Beispiel 10.1** Im Grundgebiet $G$ der Fig. 10.4 soll die Poisson-Gleichung

$$u_{xx} + u_{yy} = -2 \quad \text{in } G \tag{10.15}$$

unter den Randbedingungen

$$u = 0 \quad \text{auf } DE \text{ und } EF \tag{10.16}$$

$$u = 1 \quad \text{auf } AB \text{ und } BC \tag{10.17}$$

$$\frac{\partial u}{\partial n} = 0 \quad \text{auf } CD \text{ und } FA \tag{10.18}$$

gelöst werden. Die Lösung der Randwertaufgabe beschreibt beispielsweise den Spannungszustand eines unter Torsion belasteten Balkens. Sein Querschnitt ist ringförmig und geht aus $G$ durch fortgesetzte Spiegelung an den Seiten $CD$ und $FA$ hervor. Aus Symmetriegründen kann die Aufgabe im Gebiet der Fig. 10.4 gelöst werden, wobei die Neumannschen Randbedingungen (10.18) auf den beiden Randstücken $CD$ und $FA$ die Symmetrie beinhalten. Die betrachtete Randwertaufgabe (10.15) bis (10.18) kann auch so interpretiert werden, daß die stationäre Temperaturverteilung $u(x,y)$ in dem ringförmigen Querschnitt eines (langen) Behälters gesucht ist, falls durch eine chemische Reaktion eine konstante Wärmequelle vorhanden ist. Die Temperatur an der Innenwand des Behälters werde auf dem (normierten) Wert Eins und außen auf dem Wert Null gehalten.

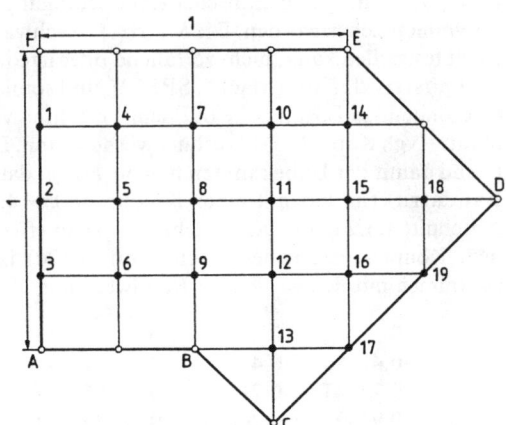

Fig. 10.4
Grundgebiet $G$ mit Netz und Gitterpunkten, $h = 0.25$

Zur Diskretisierung der Randwertaufgabe soll das in Fig. 10.4 eingezeichnete regelmäßige Netz mit der Maschenweite $h = 0.25$ verwendet werden. Die Gitterpunkte sind entweder Randpunkte oder reguläre innere Punkte. Die Gitterpunkte mit unbekanntem Funktionswert sind durch ausgefüllte Kreise markiert, diejenigen mit nach (10.16) und (10.17) bekannten Werten durch leere Kreise.

Für alle im Innern des Grundgebietes liegenden Gitterpunkte ist die Differenzengleichung (10.11) oder die Operatorform (10.12) anwendbar mit $f_P = -2$. Für die auf dem Randstück $FA$ liegenden Gitterpunkte ist eine zu (10.14) gespiegelte Operatorform zuständig. Für die Gitterpunkte auf $CD$ erhalten wir aus Symmetriegründen mit $u_S = u_W$ und $u_E = u_N$ aus (10.11) die Differenzengleichung $4u_P - 2u_N - 2u_W + h^2 f_P = 0$, die aus einem bald ersichtlichen Grund durch 2 dividiert wird. Wir fassen die Operatorgleichungen für diese Randwertaufgabe zusammen.

# 438  10 Partielle Differentialgleichungen

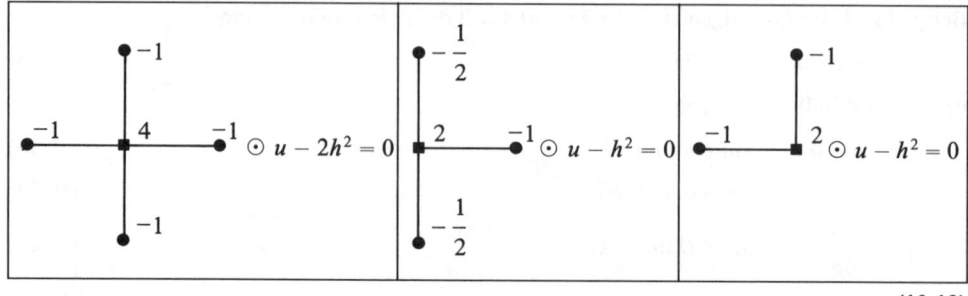

(10.19)

Die Gitterpunkte mit unbekanntem Funktionswert numerieren wir kolonnenweise durch, wie dies in Fig. 10.4 erfolgt ist. Für die zugehörigen 19 Unbekannten $u_1, u_2, \ldots, u_{19}$ können wir das lineare Gleichungssystem aufstellen. Dabei werden wir die Differenzengleichungen vernünftigerweise in der Reihenfolge der numerierten Gitterpunkte aufschreiben und dabei in den Operatorgleichungen allfällige Dirichletsche Randbedingungen einsetzen. Auf diese Weise entsteht das lineare Gleichungssystem (10.20), in welchem nur die von Null verschiedenen Koeffizienten angegeben sind.

Die Systemmatrix $A$ ist **symmetrisch**. Hätten wir die Differenzengleichungen für die Randpunkte mit Neumannscher Randbedingung nicht durch 2 dividiert, so wäre die Matrix $A$ unsymmetrisch geworden. Die Matrix $A$ ist schwach diagonal dominant und ist, wie man relativ leicht feststellen kann, nicht zerfallend oder irreduzibel. Da die Diagonalelemente positiv sind, ist $A$ **positiv definit** [Mae 85, SRS 72], und somit besitzt das lineare Gleichungssystem (10.20) eine eindeutige Lösung, die mit dem Verfahren von Cholesky nach Abschnitt 1.3.1 oder auch iterativ (vgl. Kapitel 11) berechnet werden kann. Die verwendete Numerierung der Gitterpunkte und damit der Unbekannten hat zur Folge, daß die schwach besetzte Koeffizientenmatrix $A$ **Bandstruktur** hat mit einer Bandbreite $m = 4$. Mit der Rechen- und Speichertechnik von Abschnitt 1.3.2 kann das Gleichungssystem effizient gelöst werden. Die auf fünf Stellen nach dem Komma gerundete Lösung von (10.20) ist entsprechend der Lage der Gitterpunkte zusammen mit den gegebenen Randwerten in (10.21) zusammengestellt.

|  0      | 0       | 0       | 0       | 0       |         |   |         |
|---------|---------|---------|---------|---------|---------|---|---------|
| 0.41686 | 0.41101 | 0.39024 | 0.34300 | 0.24049 | 0       |   |         |
| 0.72044 | 0.71193 | 0.68195 | 0.61628 | 0.49398 | 0.28682 | 0 | (10.21) |
| 0.91603 | 0.90933 | 0.88436 | 0.82117 | 0.70731 | 0.52832 |   |         |
| 1       | 1       | 1       | 0.95174 | 0.86077 |         |   |         |
|         |         |         | 1       |         |         |   |         |

△

## 10.1.3 Randnahe Gitterpunkte, allgemeine Randbedingungen

Wir wollen unregelmäßige innere Punkte sowie auf dem Rand liegende Gitterpunkte mit Neumannschen oder Cauchyschen Randbedingungen allgemeiner Art betrachten. Die systematische Behandlung solcher Situationen erläutern wir an typischen Beispielen, so daß die Übertragung auf andere Fälle möglich ist. Dabei geht es stets um das Problem, zu einem gegebenen Differentialausdruck, in unserem momentan betrachteten Fall $u_{xx} + u_{yy}$, eine geeignete Differenzenapproximation zu konstruieren.

## 10.1 Elliptische Randwertaufgaben, Differenzenmethode

$$
\begin{array}{c} \\ (10.20) \end{array}
$$

| | $u_1$ | $u_2$ | $u_3$ | $u_4$ | $u_5$ | $u_6$ | $u_7$ | $u_8$ | $u_9$ | $u_{10}$ | $u_{11}$ | $u_{12}$ | $u_{13}$ | $u_{14}$ | $u_{15}$ | $u_{16}$ | $u_{17}$ | $u_{18}$ | $u_{19}$ | 1 | |
|---|---|---|---|---|---|---|---|---|---|---|---|---|---|---|---|---|---|---|---|---|---|
| | 2 | −1/2 | | −1 | | | | | | | | | | | | | | | | | −0.0625 |
| | −1/2 | 2 | −1/2 | | | | | | | | | | | | | | | | | | −0.0625 |
| | | −1/2 | 2 | | | −1 | | | | | | | | | | | | | | | −0.5625 |
| | −1 | | | 4 | −1 | | −1 | | | | | | | | | | | | | | −0.125 |
| | | | | −1 | 4 | −1 | | −1 | | | | | | | | | | | | | −0.125 |
| | | | −1 | | −1 | 4 | | | −1 | | | | | | | | | | | | −1.125 |
| | | | | −1 | | | 4 | −1 | | −1 | | | | | | | | | | | −0.125 |
| | | | | | −1 | | −1 | 4 | −1 | | −1 | | | | | | | | | | −0.125 |
| | | | | | | −1 | | −1 | 4 | | | −1 | | | | | | | | | −1.125 |
| | | | | | | | −1 | | | 4 | −1 | | −1 | | | | | | | | −0.125 |
| | | | | | | | | −1 | | −1 | 4 | −1 | | −1 | | | | | | | −0.125 |
| | | | | | | | | | −1 | | −1 | 4 | −1 | | −1 | | | | | | −0.125 |
| | | | | | | | | | | | | −1 | 4 | | | | | | | | −2.125 |
| | | | | | | | | | | −1 | | | | 4 | −1 | | | | | | −0.125 |
| | | | | | | | | | | | −1 | | | −1 | 4 | −1 | | | | | −0.125 |
| | | | | | | | | | | | | −1 | | | −1 | 4 | −1 | | | | −0.125 |
| | | | | | | | | | | | | | | | | −1 | 2 | | | | −0.0625 |
| | | | | | | | | | | | | | | −1 | | | | 4 | −1 | | −0.125 |
| | | | | | | | | | | | | | | | | | | −1 | 2 | | −0.0625 |

**Beispiel 10.2** Wir betrachten einen unregelmäßigen inneren Gitterpunkt P, der in der Nähe des Randes $\Gamma$ so liegen möge, wie dies in Fig. 10.5 dargestellt ist. Die Randkurve $\Gamma$ schneide die Netzgeraden in den Punkten $W'$ und $S'$, welche von P die Abstände $ah$ und $bh$ mit $0 < a, b < 1$ besitzen.

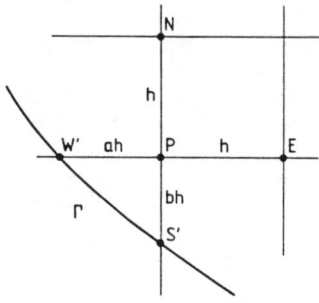

Fig. 10.5
Randnaher, unregelmäßiger Gitterpunkt

Unser Ziel besteht darin, für die zweiten partiellen Ableitungen $u_{xx}$ und $u_{yy}$ im Punkt $P(x, y)$ eine Approximation herzuleiten, die sich als Linearkombination der Werte $u_P$, $u_E$ und $u_{W'}$ beziehungsweise von $u_P$, $u_N$ und $u_{S'}$ darstellen lassen. Wir setzen $u(x, y)$ als genügend oft stetig differenzierbar voraus. Mit Hilfe der Taylorentwicklungen mit Restglied erhalten wir die folgenden Darstellungen für die Funktionswerte $u(x, y)$ in den betreffenden Punkten. Auf die Angabe des Restgliedes wird verzichtet.

$$u(x + h, y) = u(x, y) + hu_x(x, y) + \frac{1}{2} h^2 u_{xx}(x, y) + \frac{1}{6} h^3 u_{xxx}(x, y) + \ldots$$

$$u(x - ah, y) = u(x, y) - ahu_x(x, y) + \frac{1}{2} a^2 h^2 u_{xx}(x, y) - \frac{1}{6} a^3 h^3 u_{xxx}(x, y) + \ldots$$

$$u(x, y) = u(x, y)$$

Wenn wir mit Koeffizienten $c_1, c_2, c_3$ die Linearkombination der drei Darstellungen bilden, erhalten wir

$$c_1 u(x + h, y) + c_2 u(x - ah, y) + c_3 u(x, y)$$
$$= (c_1 + c_2 + c_3) u(x, y) + (c_1 - ac_2) hu_x(x, y) + (c_1 + a^2 c_2) \frac{1}{2} h^2 u_{xx}(x, y) + \ldots$$

Aus unserer Forderung, daß die Linearkombination die zweite partielle Ableitung $u_{xx}$ im Punkt $P(x, y)$ approximieren soll, ergeben sich notwendigerweise die drei Bedingungsgleichungen

$$c_1 + c_2 + c_3 = 0$$
$$(c_1 - ac_2)h = 0$$
$$\frac{1}{2} h^2 (c_1 + a^2 c_2) = 1.$$

Daraus folgen die Werte

$$c_1 = \frac{2}{h^2(1+a)}, \quad c_2 = \frac{2}{h^2 a(1+a)}, \quad c_3 = -\frac{2}{h^2 a}.$$

## 10.1 Elliptische Randwertaufgaben, Differenzenmethode

Da die exakten Funktionswerte von $u$ in den Gitterpunkten $E$, $P$ und $W'$ nicht verfügbar sind, verwenden wir die Näherungen $u_E$, $u_P$ und $u_{W'}$ und setzen als Approximation

$$u_{xx}(P) \approx \frac{2}{h^2} \left\{ \frac{u_E}{1+a} + \frac{u_{W'}}{a(1+a)} - \frac{u_P}{a} \right\}. \tag{10.22}$$

Analog ergibt sich

$$u_{yy}(P) \approx \frac{2}{h^2} \left\{ \frac{u_N}{1+b} + \frac{u_{S'}}{b(1+b)} - \frac{u_P}{b} \right\}. \tag{10.23}$$

Aus (10.22) und (10.23) erhalten wir so für die Poisson-Gleichung (10.3) im unregelmäßigen Gitterpunkt $P$ der Fig. 10.5 nach Multiplikation mit $-h^2$ die Differenzengleichung

$$\boxed{2\left(\frac{1}{a} + \frac{1}{b}\right) u_P - \frac{2}{1+b} u_N - \frac{2}{a(1+a)} u_{W'} - \frac{2}{b(1+b)} u_{S'} - \frac{2}{1+a} u_E + h^2 f_P = 0.} \tag{10.24}$$

Falls $a \neq b$ ist, sind die Koeffizienten von $u_N$ und $u_E$ in (10.24) verschieden. Dies wird im allgemeinen zur Folge haben, daß die Matrix $A$ des Systems von Differenzengleichungen unsymmetrisch sein wird. Um das einzusehen, nehmen wir an, die Punkte $E$ und $N$ in Fig. 10.5 seien regelmäßige innere Punkte, für welche die Fünfpunkte-Differenzengleichung (10.11) anwendbar ist. Falls $P$, $E$ und $N$ die Nummern $i$, $j$ und $k$ besitzen, gelten $a_{ij} = -2/(1+a)$ $\neq a_{ji} = -1$, $a_{ik} = -2/(1+b) \neq a_{ki} = -1$. Auch durch Skalierung der Differenzengleichungen ist es im allgemeinen nicht möglich, Symmetrie zu erreichen. Im Spezialfall $a = b$ soll (10.24) mit dem Faktor $\frac{1}{2}(1+a)$ multipliziert werden, so daß $u_N$ und $u_E$ die Koeffizienten $-1$ erhalten, und die Symmetrie von $A$ wird hinsichtlich $P$ bewahrt werden können. In diesem Fall geht die Differenzengleichung (10.24) über in

$$\boxed{\frac{2(1+a)}{a} u_P - u_N - \frac{1}{a} u_{W'} - \frac{1}{a} u_{S'} - u_E + \frac{1}{2}(1+a)h^2 f_P = 0; \quad a = b.} \tag{10.25}$$

$\triangle$

**Beispiel 10.3** Auf einem Randstück $\Gamma_2$ sei eine Neumann-Bedingung zu erfüllen. Wir betrachten die einfache Situation, wo der Randpunkt $P$ ein Gitterpunkt ist, und die Randkurve $\Gamma_2$ verlaufe gemäß Fig. 10.6. Die äußere Normalenrichtung $n$ im Punkt $P$ bilde mit der positiven $x$-Richtung den Winkel $\psi$, definiert in der üblichen Weise im Gegenuhrzeigersinn. Wir verwenden auch den Wert der Normalableitung, um den Differentialausdruck $u_{xx} + u_{yy}$ im Punkt $P(x, y)$ durch eine geeignete Linearkombination zu approximieren.

Sicher werden die Funktionswerte von $u$ in den Gitterpunkten $P$, $W$ und $S$ der Fig. 10.6 verwendet werden. Zusammen mit der Normalableitung in $P$ sind dies vier Größen. Es ist leicht einzusehen, daß es im allgemeinen nicht möglich ist, eine Linearkombination dieser vier Werte zu finden, welche den gegebenen Differentialausdruck in $P$ approximiert. Dazu sind mindestens fünf Größen notwendig, falls in keiner Taylorentwicklung die gemischte zweite partielle Ableitung auftritt. Andernfalls benötigen wir sechs Größen, denn der Koeffizientenvergleich liefert jetzt sechs Bedingungsgleichungen. Wir wählen die beiden zusätzlichen Randpunkte $R(x-h, y+bh)$ und $T(x+ah, y-h)$ mit $0 < a, b \leqslant 1$. Es gelten die folgenden Darstellungen bezüglich des Punktes $P(x, y)$, wobei wir die Argumente teilweise weglassen.

## 10 Partielle Differentialgleichungen

| | | | | | | | |
|---|---|---|---|---|---|---|---|
| $P$: | $u(x, y)$ | $= u$ | | | | | $c_P$ |
| $W$: | $u(x - h, y)$ | $= u -$ | $hu_x$ | | $+ \dfrac{1}{2} h^2 u_{xx} + \ldots$ | | $c_W$ |
| $S$: | $u(x, y - h)$ | $= u$ | $- hu_y$ | | $+ \dfrac{1}{2} h^2 u_{yy} + \ldots$ | | $c_S$ |
| $R$: | $u(x - h, y + bh)$ | $= u -$ | $hu_x + bhu_y +$ | $\dfrac{1}{2} h^2 u_{xx} - bh^2 u_{xy} + \dfrac{1}{2} b^2 h^2 u_{yy} + \ldots$ | | | $c_R$ |
| $T$: | $u(x + ah, y - h)$ | $= u +$ | $ahu_x - hu_y +$ | $\dfrac{1}{2} a^2 h^2 u_{xx} - ah^2 u_{xy} + \dfrac{1}{2} h^2 u_{yy} + \ldots$ | | | $c_T$ |
| $P$: | $\dfrac{\partial u(2x, y)}{\partial n}$ | $=$ | $u_x \cos \psi + u_y \sin \psi$ | | | | $c_n$ |

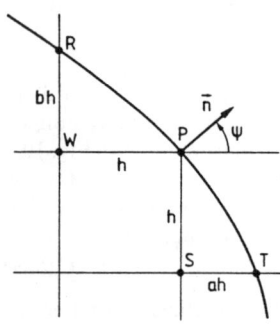

Fig. 10.6
Neumann-Bedingung im Randpunkt $P$

Aus der Linearkombination der sechs Darstellungen erhalten wir für die Koeffizienten $c_P$, $c_W$, $c_S$, $c_R$, $c_T$ und $c_n$ die sechs Bedingungsgleichungen

$$
\begin{aligned}
u: \quad & c_P + c_W + c_S + c_R + c_T && = 0 \\
u_x: \quad & -hc_W - hc_R + ahc_T + c_n \cos \psi && = 0 \\
u_y: \quad & -hc_S + bhc_R - hc_T + c_n \sin \psi && = 0 \\
u_{xx}: \quad & \tfrac{1}{2} h^2 c_W + \tfrac{1}{2} h^2 c_R + \tfrac{1}{2} a^2 h^2 c_T && = 1 \\
u_{xy}: \quad & -bh^2 c_R - ah^2 c_T && = 0 \\
u_{yy}: \quad & \tfrac{1}{2} h^2 c_S + \tfrac{1}{2} b^2 h^2 c_R + \tfrac{1}{2} h^2 c_T && = 1
\end{aligned}
\quad (10.26)
$$

Das Gleichungssystem (10.26) besitzt eine eindeutige Lösung. Man erhält auszugsweise mit $N := (a+1) \sin \psi + (b+1) \cos \psi$

$$c_n = \frac{2(a+b+2)}{hN}, \quad c_T = \frac{2(\sin \psi - \cos \psi)}{ah^2 N}, \quad c_R = \frac{2(\cos \psi - \sin \psi)}{bh^2 N}. \quad (10.27)$$

Die Ausdrücke für die übrigen Koeffizienten sind komplizierter. Man erkennt, daß die Geometrie des Gebietes $G$ in der Umgebung des Randpunktes $P$ in die zugehörige Differenzenapproximation eingeht. Im konkreten Fall mit gegebenen Werten von $a$, $b$ und $\psi$ kann das lineare Gleichungssystem (10.26) numerisch gelöst werden. Mit den resultierenden Zahlwerten

## 10.1 Elliptische Randwertaufgaben, Differenzenmethode

für die Koeffizienten lautet dann die Differenzengleichung im Punkt $P$

$$c_P u_P + c_W u_W + c_S u_S + c_R u_R + c_T u_T + c_n \left.\frac{\partial u}{\partial n}\right|_P - f_P = 0, \tag{10.28}$$

die zweckmäßigerweise mit $-h^2$ zu multiplizieren ist, damit der Koeffizient von $u_P$ positiv wird. Die Neumannsche Bedingung im Punkt $P$ wird so berücksichtigt, daß der vorgegebene Wert der Normalableitung in (10.28) eingesetzt wird.

Im Spezialfall $\psi = 45°$ mit $\cos \psi = \sin \psi = \frac{1}{2}\sqrt{2}$ sind gemäß (10.27) die Koeffizienten $c_T$ und $c_R$ gleich Null. Somit treten die Werte $u_T$ und $u_R$ von diesen beiden Randpunkten in der Differenzengleichung (10.28) nicht auf. In diesem Fall können die Koeffizienten wegen $N = \frac{1}{2}(a + b + 2)\sqrt{2}$ in einfacher geschlossener Form angegeben werden, nämlich

$$c_n = \frac{2\sqrt{2}}{h}, \qquad c_S = \frac{2}{h^2}, \qquad c_W = \frac{2}{h^2}, \qquad c_P = -\frac{4}{h^2}.$$

Die Differenzengleichung lautet nach Multiplikation mit $-h^2/2$

$$\boxed{2u_P - u_W - u_S - h\sqrt{2}\left.\frac{\partial u}{\partial n}\right|_P + \frac{1}{2} h^2 f_P = 0.} \tag{10.29}$$

Für den Sonderfall $\left.\frac{\partial u}{\partial n}\right|_P = 0$ erhalten wir im wesentlichen die letzte der Operatorgleichungen (10.19), die dort auf andere Weise hergeleitet wurde. △

**Beispiel 10.4** Die Behandlung einer Cauchyschen Randbedingung (10.7) in einem allgemeinen Randpunkt $P$ erfolgt analog zu derjenigen einer Neumannschen Randbedingung. Um das Vorgehen aufzuzeigen, betrachten wir die Situation von Fig. 10.7. Der Randpunkt $P(x, y)$ sei nicht Schnittpunkt von Netzgeraden. Die Richtung der äußeren Normalen bilde den Winkel $\psi$ mit der positiven $x$-Achse.

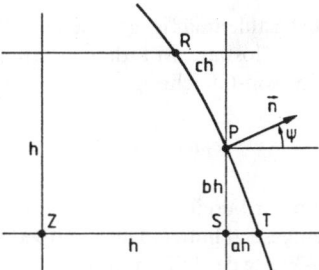

Fig. 10.7
Cauchy-Bedingung im Randpunkt $P$

Wiederum werden wir zur Approximation von $u_{xx} + u_{yy}$ sechs Größen benötigen. Neben dem Ausdruck $\frac{\partial u}{\partial n} + \alpha u$ der linken Seite der Cauchy-Bedingung im Punkt $P$ werden wir in naheliegender Weise die Werte von $u$ in den Punkten $P$, $S$, $R$ und $T$ verwenden. Als sechste Größe wählen wir den Wert von $u$ im zu $P$ nächstgelegenen Gitterpunkt im Innern des Gebietes. Für

## 444  10 Partielle Differentialgleichungen

$b \leqslant 1/2$ ist dies $Z$. Wir erhalten mit $B := 1 - b$

$$
\begin{array}{lll}
P: & u(x, y) = u & \quad c_P \\
S: & u(x, y - bh) = u - bhu_y + \frac{1}{2} b^2 h^2 u_{yy} + \ldots & \quad c_S \\
Z: & u(x - h, y - bh) = u - hu_x - bhu_y + \frac{1}{2} h^2 u_{xx} + bh^2 u_{xy} + \frac{1}{2} b^2 h^2 u_{yy} + \ldots & \quad c_Z \\
R: & u(x - ch, y + Bh) = u - chu_x + Bhu_y + \frac{1}{2} c^2 h^2 u_{xx} - cBh^2 u_{xy} + \frac{1}{2} B^2 h^2 u_{yy} + \ldots & \quad c_R \\
T: & u(x + ah, y - bh) = u + ahu_x - bhu_y + \frac{1}{2} a^2 h^2 u_{xx} - abh^2 u_{xy} + \frac{1}{2} b^2 h^2 u_{yy} + \ldots & \quad c_T \\
P: & \dfrac{\partial u}{\partial n} + \alpha u = \alpha u + u_x \cos \psi + u_y \sin \psi & \quad c_n
\end{array}
$$

Für die Koeffizienten $c_P, c_S, c_Z, c_R, c_T$ und $c_n$ der zu bildenden Linearkombination ergeben sich durch Koeffizientenvergleich die sechs Bedingungsgleichungen

$$
\begin{array}{lrcl}
u: & c_P + c_S + c_Z + c_R + c_T + \alpha c_n & = & 0 \\
u_x: & -hc_Z - chc_R + ahc_T + c_n \cos \psi & = & 0 \\
u_y: & -bhc_S - bhc_Z + Bhc_R - bhc_T + c_n \sin \psi & = & 0 \\
u_{xx}: & \frac{1}{2} h^2 c_Z + \frac{1}{2} c^2 h^2 c_R + \frac{1}{2} a^2 h^2 c_T & = & 1 \\
u_{xy}: & bh^2 c_Z - cBh^2 c_R - abh^2 c_T & = & 0 \\
u_{yy}: & \frac{1}{2} b^2 h^2 c_S + \frac{1}{2} b^2 h^2 c_Z + \frac{1}{2} B^2 h^2 c_R + \frac{1}{2} b^2 h^2 c_T & = & 1
\end{array}
$$

Bei zahlenmäßig gegebenen Werten für $a, b, c, h$ und $\psi$ ist das Gleichungssystem numerisch lösbar. Mit den erhaltenen Koeffizienten lautet die Differenzenapproximation der Poisson-Gleichung

$$c_P u_P + c_S u_S + c_Z u_Z + c_R u_R + c_T u_T + c_n \gamma - f_P = 0, \tag{10.30}$$

wo wir bereits für die linke Seite der Cauchy-Bedingung den bekannten Wert $\gamma$ gemäß (10.7) eingesetzt haben. Die Randbedingung im Punkt $P$ ist einerseits implizit in den Koeffizienten der $u$-Werte der Differenzengleichung (10.30) und anderseits im konstanten Beitrag $c_n \gamma$ berücksichtigt.

In der Differenzengleichung (10.30) wird im allgemeinen $c_Z \neq 0$ sein. Ist der Gitterpunkt $Z$ ein regelmäßiger innerer Punkt, wie dies nach Fig. 10.7 anzunehmen ist, dann ist für ihn die Fünfpunkte-Differenzengleichung (10.11) anwendbar. In ihr tritt der Funktionswert $u_P$ nicht auf, und somit wird die Matrix $A$ des Gleichungssystems auf jeden Fall unsymmetrisch. Denn nehmen wir an, der Punkt $P$ erhalte die Nummer $i$ und $Z$ die Nummer $j \neq i$. Dann ist in der Tat das Matrixelement $a_{ij} \neq 0$, aber das dazu symmetrische $a_{ji} = 0$. △

## 10.1 Elliptische Randwertaufgaben, Differenzenmethode

**Beispiel 10.5** Wir betrachten im Gebiet $G$ der Fig. 10.8 die Randwertaufgabe

$$\left. \begin{array}{ll} u_{xx} + u_{yy} = -2 & \text{in } G \\ u = 0 & \text{auf } CD \\ \dfrac{\partial u}{\partial n} = 0 & \text{auf } BC \text{ und } DA \\ \dfrac{\partial u}{\partial n} + 2u = -1 & \text{auf } AB. \end{array} \right\} \tag{10.31}$$

Fig. 10.8
Grundgebiet $G$ der Randwertaufgabe
mit Netz und Gitterpunkten, $h = 1/3$

Die Randkurve $AB$ ist ein Kreisbogen mit dem Radius $r = 1$, dessen Mittelpunkt der Schnittpunkt der Verbindungsgeraden $DA$ und $CB$ ist. Die Randwertaufgabe kann als Wärmeleitungsproblem interpretiert werden, bei dem die stationäre Temperaturverteilung $u(x, y)$ im Querschnitt eines (langen) Behälters gesucht ist, in welchem eine konstante Wärmequellendichte vorhanden ist. Der Behälter enthält eine Röhre, in welcher Wärme entzogen wird. Aus Symmetriegründen genügt es, die Lösung im Gebiet $G$ zu bestimmen.

Zur Diskretisierung der Aufgabe soll das in Fig. 10.8 eingezeichnete Netz mit der Maschenweite $h = 1/3$ verwendet werden. Die resultierenden Gitterpunkte sind eingezeichnet, wobei diejenigen mit unbekanntem Funktionswert durch ausgefüllte Kreise markiert und bereits kolonnenweise numeriert sind.

Für die meisten Gitterpunkte sind die Operatorgleichungen (10.19) anwendbar. Eine Sonderbehandlung erfordern die Punkte 3, 6, 7, 10 und 11. Die Differenzengleichungen für die Punkte 6 und 10 ergeben sich unmittelbar aus (10.24). Mit den einfach berechenbaren, zur Schrittweite $h$ relativen Abständen zwischen 6 und 7, bzw. 10 und 11

$$b_6 = \overline{P_6 P_7}/h = 3 - 2\sqrt{2} \doteq 0.171573, \quad b_{10} = \overline{P_{10} P_{11}}/h = 3 - \sqrt{5} \doteq 0.763932$$

ergeben sich mit $a = 1$ aus (10.24) die beiden Operatorgleichungen

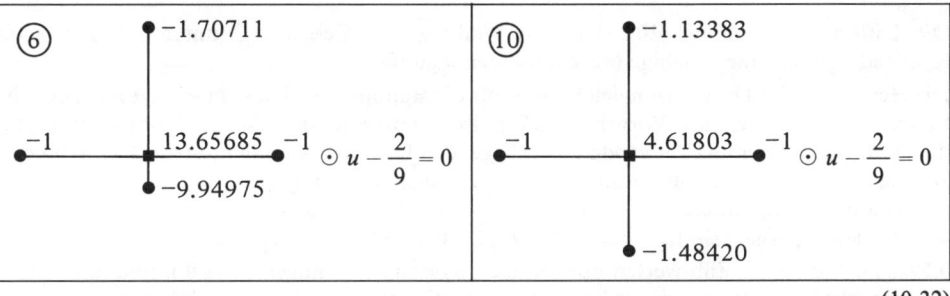

(10.32)

446    10 Partielle Differentialgleichungen

Im Punkt 3 stoßen zwei Randstücke aneinander, auf denen eine Neumann-, bzw. eine Cauchy-Bedingung zu erfüllen ist. Wir behandeln diese Situation entsprechend den Beispielen 10.3 und 10.4, wobei die wesentliche Vereinfachung vorliegt, daß im Punkt 3 bezüglich des Randstückes $DA \; \dfrac{\partial u}{\partial n} = -u_x$ und bezüglich $AB \; \dfrac{\partial u}{\partial n} = -u_y$ gilt. Es genügt hier, fünf Größen zur Approximation des Differentialausdrucks heranzuziehen, nämlich

3:     $u(x, y) \;\;\;\;\; = u$  |  $c_3$

2:     $u(x, y + h) = u \;\;\;\;\; + hu_y \;\;\;\;\; + \dfrac{1}{2} h^2 u_{yy} + \ldots$ | $c_2$

6:     $u(x + h, y) = u + hu_x \;\;\;\;\; + \dfrac{1}{2} h^2 u_{xx} + \ldots$ | $c_6$

$3_1$:   $\dfrac{\partial u(x, y)}{\partial n_1} = \;\; - u_x$ | $c_n$

$3_2$:   $\dfrac{\partial u}{\partial n_2} + 2u = 2u \;\;\;\;\; - u_y$ | $c_m$

Aus dem Gleichungssystem, welches durch Koeffizientenvergleich folgt, erhält man die Koeffizienten

$$c_2 = \frac{2}{h^2}, \quad c_6 = \frac{2}{h^2}, \quad c_n = \frac{2}{h}, \quad c_m = \frac{2}{h}, \quad c_3 = -\frac{4}{h^2} - \frac{4}{h},$$

und damit nach Multiplikation mit $-\dfrac{1}{2} h^2$ die Differenzengleichung

$$2(1 + h)u_3 - u_2 - u_6 - h\left(\frac{\partial u}{\partial n_1}\right) - h\left(\frac{\partial u}{\partial n_2} + 2u\right) - h^2 = 0.$$

Unter Berücksichtigung der beiden verschiedenen Randbedingungen im Punkt 3 ergibt sich die Operatorgleichung

$$\boxed{\begin{array}{c} \bullet \, -1 \\[1ex] \\[1ex] \underset{2(1+h)}{\blacksquare}\!\!\!\!\!\!\!\!\!\!\!\!\!\!\!\!\!\!\!\!\!\!\!\!\!\!\!\!\!\!\!\!\!\!\!\!\!\!\!\bullet -1 \end{array}} \odot u - h^2 + h = 0. \qquad (10.33)$$

Die Differenzengleichung (10.33) ist im Punkt $A$ des Gebietes $G$ unter den gegebenen Randbedingungen für beliebige Maschenweiten $h$ gültig.

Die Herleitung der Differenzengleichungen für die Randpunkte 7 und 11 erfolgt nach dem im Beispiel 10.4 beschriebenen Vorgehen. In Fig. 10.9 ist die Situation für den Punkt 7 mit den für die Differenzengleichung verwendeten umliegenden Gitterpunkten dargestellt. Der Winkel $\psi$ zwischen der positiven $x$-Richtung und der Normalenrichtung $n$ beträgt $\psi \doteq 250.53°$, und die benötigten trigonometrischen Funktionswerte sind $\cos \psi = -1/3$ und $\sin \psi = -2\sqrt{2}/3$ $\doteq -0.942809$. Ferner sind $a = b_6 = 3 - 2\sqrt{2} \doteq 0.171573$ und $b = b_{10} - b_6 = 2\sqrt{2} - \sqrt{5} \doteq 0.592359$. Mit diesen Zahlwerten können die Taylorentwicklungen der Funktion in den fünf Punkten sowie der Ausdruck der linken Seite der Cauchy-Bedingung bezüglich des Punktes 7

## 10.1 Elliptische Randwertaufgaben, Differenzenmethode

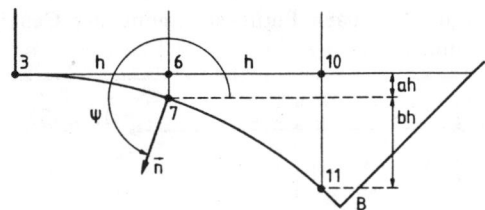

Fig. 10.9
Zur Herleitung der Differenzengleichung
im Randpunkt 7

aufgeschrieben werden, und das Gleichungssystem für die gesuchten sechs Parameter lautet, falls die zweite und dritte Gleichung durch $h$, die vierte und sechste Gleichung durch $\frac{1}{2}h^2$ und die fünfte Gleichung durch $h^2$ dividiert werden

| $c_7$ | $c_3$ | $c_6$ | $c_{10}$ | $c_{11}$ | $c_n$ | 1 |
|---|---|---|---|---|---|---|
| 1 | 1 | 1 | 1 | 1 | 2 | 0 |
| 0 | −1 | 0 | 1 | 1 | −1 | 0 |
| 0 | 0.171573 | 0.171573 | 0.171573 | −0.592359 | −2.828427 | 0 |
| 0 | 1 | 0 | 1 | 1 | 0 | −18 |
| 0 | −0.171573 | 0 | 0.171573 | −0.592359 | 0 | 0 |
| 0 | 0.0294373 | 0.0294373 | 0.0294373 | 0.350889 | 0 | −18 |

Daraus resultieren die Werte $c_7 \doteq -597.59095$, $c_3 \doteq -6.33443$, $c_6 \doteq 518.25323$, $c_{10} \doteq 17.44645$, $c_{11} \doteq 6.88798$, $c_n \doteq 30.66886$. Wenn wir den vorgeschriebenen Wert $-1$ der Cauchy-Bedingung berücksichtigen, die Differenzengleichung mit $-h^2 = -1/9$ multiplizieren, erhalten wir für den Punkt 7 die Operatorgleichung

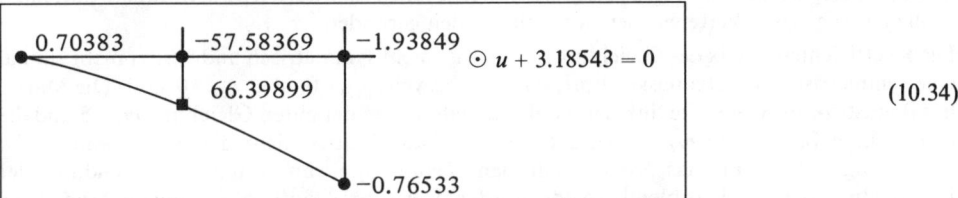

(10.34)

Auffällig an dieser Differenzengleichung sind die betragsmäßig großen Koeffizienten der Funktionswerte $u_7$ und $u_6$. Dies wird einerseits durch den kleinen Abstand von Punkt 6 zum Punkt 7 und anderseits durch die Cauchy-Bedingung verursacht.

Für den verbleibenden Gitterpunkt 11 sind in Fig. 10.10 diejenigen Punkte markiert, deren Funktionswerte verwendet werden zur Approximation des Differentialausdrucks. Für den Winkel $\psi$ gelten jetzt $\cos\psi = -2/3$ und $\sin\psi = -\sqrt{5}/3 \doteq -0.745356$. Aus dem analog hergeleiteten Gleichungssystem für die gesuchten Koeffizienten $c_{11}, c_7, c_6, c_{10}, c_{14}$ und $c_n$

| $c_{11}$ | $c_7$ | $c_6$ | $c_{10}$ | $c_{14}$ | $c_n$ | 1 |
|---|---|---|---|---|---|---|
| 1 | 1 | 1 | 1 | 1 | 2 | 0 |
| 0 | −1 | −1 | 0 | 1 | −2 | 0 |
| 0 | 0.592359 | 0.763932 | 0.763932 | 0.763932 | −2.236068 | 0 |
| 0 | 1 | 1 | 0 | 1 | 0 | −18 |
| 0 | −0.592359 | −0.763932 | 0 | 0.763932 | 0 | 0 |
| 0 | 0.350889 | 0.583592 | 0.583592 | 0.583592 | 0 | −18 |

448  10 Partielle Differentialgleichungen

ergibt sich nach Berücksichtigung der Cauchy-Bedingung die Operatorgleichung für den Punkt 11

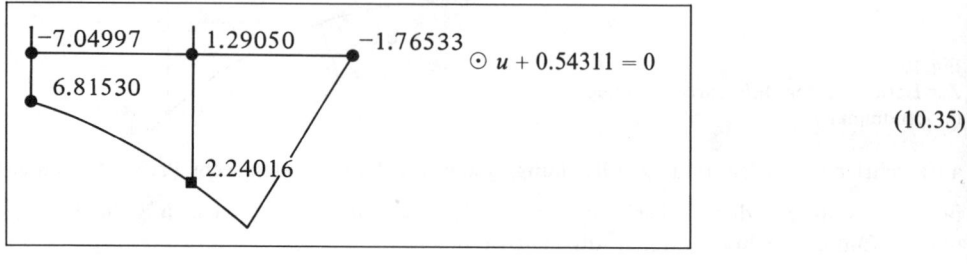

$$\odot u + 0.54311 = 0 \qquad (10.35)$$

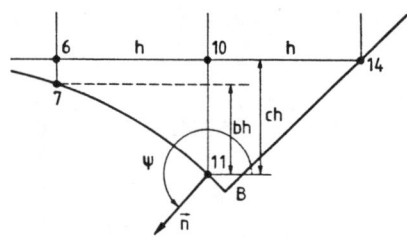

Fig. 10.10
Zur Herleitung der Differenzengleichung im Randpunkt 11

Nach diesen Vorbereitungen für die unregelmäßigen randnahen und für die auf dem Kreisbogen liegenden Punkte kann das System der Differenzengleichungen für die Randwertaufgabe (10.31) formuliert werden. Aus Platzgründen sind im System (10.36) die nichtganzzahligen Koeffizienten auf drei Dezimalstellen angegeben. Das Gleichungssystem wurde mit den in den Operatorgleichungen (10.32) bis (10.35) angegebenen Zahlwerten gelöst. Andere dort nicht explizit angegebene Werte wurden auf sechs Stellen gerundet.

Die Koeffizientenmatrix des Gleichungssystems ist nicht symmetrisch und besitzt nicht einmal eine symmetrische Besetzungsstruktur, da beispielsweise $a_{73} \neq 0$, aber $a_{37} = 0$ sind. Die Matrix hat Bandstruktur, wobei die linksseitige Bandbreite wegen der elften Gleichung $m_1 = 5$ und die rechtsseitige Bandbreite $m_2 = 4$ betragen. Obwohl die Matrix nicht diagonal dominant ist (Gleichung 11!), kann das System mit dem Gauß-Algorithmus unter Verwendung der Diagonalpivotstrategie problemlos gelöst werden. Der Prozeß läuft vollständig im Band ab, so daß eine rechen- und speicherökonomische Technik in Analogie zu derjenigen von Abschnitt 1.3.2 angewandt werden kann.

Die auf vier Stellen nach dem Komma gerundete Lösung des Gleichungssystems (10.36) ist in der ungefähren Anordnung der Gitterpunkte zusammen mit den Randwerten am oberen Rand in (10.37) zusammengestellt. Die Ergebnisse vermitteln ein anschauliches Bild von der Temperaturverteilung, die im Innern des Gebietes ein Maximum annimmt und gegen den Kreisbogen hin abnimmt infolge des Wärmeabflusses.

$$\begin{array}{ccccccc} 0 & 0 & 0 & 0 & 0 & 0 & 0 \\ 0.2912 & 0.3006 & 0.3197 & 0.3272 & 0.2983 & 0.2047 & \\ 0.3414 & 0.3692 & 0.4288 & 0.4687 & 0.4391 & & \\ 0.1137 & 0.1840 & 0.3353 & 0.4576 & & & \\ & 0.1217 & 0.1337 & & & & \end{array} \qquad (10.37)$$

△

Die Herleitung von Differenzengleichungen für Randpunkte mit Neumannscher oder Cauchyscher Bedingung ist mühsam und fehleranfällig. Die Berechnung der Koeffizienten kann aber mit Hilfe eines relativ einfachen Rechenprogramms erfolgen, dem

$$\tag{10.36}$$

| | $u_1$ | $u_2$ | $u_3$ | $u_4$ | $u_5$ | $u_6$ | $u_7$ | $u_8$ | $u_9$ | $u_{10}$ | $u_{11}$ | $u_{12}$ | $u_{13}$ | $u_{14}$ | $u_{15}$ | $u_{16}$ | $u_{17}$ | 1 |
|---|---|---|---|---|---|---|---|---|---|---|---|---|---|---|---|---|---|---|
| | 2 | −0.5 | −0.5 | −1 | | | | | | | | | | | | | | −0.111 |
| | −0.5 | 2 | | | −1 | | | | | | | | | | | | | −0.111 |
| | | −1 | 2.67 | | | −1 | | | | | | | | | | | | 0.222 |
| | | | 0.704 | | | | | | | | | | | | | | | |
| | −1 | | | 4 | −1 | | | −1 | | | | | | | | | | −0.222 |
| | | −1 | | −1 | 4 | −1 | | | −1 | | | | | | | | | −0.222 |
| | | | | | −1 | −1.71 | 13.7 | | | | | | | | | | | −0.222 |
| | | | | | | | −9.95 | | | | | | | | | | | 3.19 |
| | | | | | | | −57.6 | 66.4 | | | | | | | | | | |
| | | | | −1 | | | | 4 | −1 | | | −1 | | | | | | −0.222 |
| | | | | | | | | −1 | 4 | −1 | | | −1 | | | | | −0.222 |
| | | | | | | −1 | | | −1 | −1.13 | 4.62 | | | −1 | | | | −0.222 |
| | | | | | | −7.05 | 6.82 | | | −1.94 | −1.48 | | | −1.77 | | | | 0.543 |
| | | | | | | | | | | | −0.765 | | | | | | | |
| | | | | | | | | | | | 2.24 | | | | | | | |
| | | | | | | | | −1 | | | | 4 | −1 | | −1 | | | −0.222 |
| | | | | | | | | | −1 | | | −1 | 4 | −1 | | −1 | | −0.222 |
| | | | | | | | | | | −1 | | | −1 | | | | −1 | −0.111 |
| | | | | | | | | | | | | | | | 4 | −1 | | −0.222 |
| | | | | | | | | | | | | | | | −1 | 2 | −1 | −0.111 |
| | | | | | | | | | | | | | | | | −1 | 2 | −0.111 |

man nur die Angaben über die einzubeziehenden Nachbarpunkte (Koordinaten bezüglich des Randpunktes) und den Typus der Randbedingung mit dem Winkel $\psi$ und den betreffenden Werten $\gamma$, beziehungsweise $\alpha$ und $\beta$, sowie die zu approximierende elliptische Differentialgleichung vorzugeben hat. Spezialisiert man sich auf die Poisson-Gleichung, genügt hier der Wert von $f(x,y)$ im betrachteten Randpunkt. Man kann noch einen Schritt weitergehen und den Computer dazu benutzen, das System von Differenzengleichungen zu einer Randwertaufgabe in geeigneter Form, beispielsweise als Operatorgleichungen, generieren zu lassen. Dazu sind dem Computer die Angaben über die Differentialgleichung, das Gebiet, die Randkurven und Randbedingungen, sowie das Netz in einer bestimmten Form vorzugeben [Eng62].

### 10.1.4 Diskretisationsfehler

Die berechneten Funktionswerte in den Gitterpunkten als Lösung des linearen Systems von Differenzengleichungen stellen selbstverständlich nur Näherungen für die exakten Werte der Lösungsfunktion der gestellten Randwertaufgabe dar. Um für den Fehler wenigstens qualitative Abschätzungen zu erhalten, bestimmen wir den **lokalen Diskretisationsfehler** der verwendeten Differenzenapproximation. Den folgenden Betrachtungen legen wir die Poisson-Gleichung und die bisher verwendeten Differenzengleichungen zugrunde. Analog zu den gewöhnlichen Differentialgleichungen versteht man unter dem lokalen Diskretisationsfehler einer Differenzengleichung den Wert, der bei Substitution der exakten Lösung $u(x,y)$ der Differentialgleichung in die Differenzengleichung resultiert. Für die Fünfpunkte-Differenzengleichung (10.11) eines regelmäßigen inneren Gitterpunktes $P(x,y)$ ist er definiert als

$$d_P := \frac{1}{h^2}[u(x, y+h) + u(x-h, y) + u(x, y-h) + u(x+h, y) - 4u(x,y)] - f(x,y). \tag{10.38}$$

Für die Funktion $u(x,y)$ gelten die Taylorentwicklungen

$$u(x \pm h, y) = u \pm h u_x + \frac{1}{2}h^2 u_{xx} \pm \frac{1}{6}h^3 u_{xxx} + \frac{1}{24}h^4 u_{xxxx} \pm \frac{h^5}{120}u_{xxxxx} + \frac{h^6}{720}u_{xxxxxx} \pm \ldots$$

$$u(x, y \pm h) = u \pm h u_y + \frac{1}{2}h^2 u_{yy} \pm \frac{1}{6}h^3 u_{yyy} + \frac{1}{24}h^4 u_{yyyy} \pm \frac{h^5}{120}u_{yyyyy} + \frac{h^6}{720}u_{yyyyyy} \pm \ldots$$
(10.39)

Dabei sind die Werte von $u$ und der partiellen Ableitungen an der Stelle $(x,y)$ zu verstehen. Nach ihrer Substitution in (10.38) ergibt sich

$$d_P = [u_{xx} + u_{yy} - f(x,y)]_P + \frac{h^2}{12}[u_{xxxx} + u_{yyyy}]_P + \frac{h^4}{360}[u_{xxxxxx} + u_{yyyyyy}]_P + \ldots.$$

Da vorausgesetzt worden ist, daß $u(x,y)$ die Poisson-Gleichung erfüllt, verschwindet der erste Klammerausdruck. Der lokale Diskretisationsfehler der Differenzenglei-

## 10.1 Elliptische Randwertaufgaben, Differenzenmethode

chung in einem regelmäßigen inneren Gitterpunkt ist somit gegeben durch

$$d_P = \frac{h^2}{12}[u_{xxxx} + u_{yyyy}]_P + \frac{h^4}{360}[u_{xxxxxx} + u_{yyyyyy}]_P + \ldots \qquad (10.40)$$

Wenn wir im Moment nur den Hauptteil des lokalen Diskretisationsfehlers betrachten, so besagt (10.40), daß $d_P = O(h^2)$ ist. Diese Aussage behält ihre Gültigkeit auch für einen Randpunkt mit der Neumann-Bedingung $\partial u/\partial n = 0$, falls der Rand entweder eine Netzgerade oder eine Diagonale des Netzes ist.

Für einen unregelmäßigen, randnahen Gitterpunkt $P$ nach Fig. 10.5 ist auf Grund der zu (10.39) analogen Taylorentwicklungen und der in Beispiel 10.2 durchgeführten Herleitung sofort ersichtlich, daß in der Darstellung des lokalen Diskretisationsfehlers die dritten partiellen Ableitungen, multipliziert mit der Maschenweite $h$, auftreten. Der Hauptteil des lokalen Diskretisationsfehlers ist folglich proportional zu $h$, d. h. es ist $d_P = O(h)$. Dasselbe trifft auch zu für die Differenzengleichungen von Randpunkten, die wir in den Beispielen 10.3 bis 10.5 angetroffen haben, da in allen jenen Fällen die dritten partiellen Ableitungen im lokalen Diskretisationsfehler stehen bleiben.

Um nun weiter vom lokalen Diskretisationsfehler $d_P$ auf den Fehler $e_P := u(x,y) - u_P$ zwischen dem exakten Wert und dem berechneten Näherungswert im Punkt $P(x,y)$ schließen zu können, setzen wir voraus, daß in jedem Gitterpunkt eine Differenzengleichung anwendbar sei, deren Diskretisationsfehler die Form (10.40) besitzt. Im typischen Fall eines regelmäßigen inneren Gitterpunktes $P$ gilt nach (10.38) einerseits

$$\frac{1}{h^2}[u(x,y+h) + u(x-h,y) + u(x,y-h) + u(x+h,y) - 4u(x,y)] - f(x,y) - d_P = 0$$

und anderseits sind die Näherungswerte Lösung der Differenzengleichung

$$\frac{1}{h^2}[u_N + u_W + u_S + u_E - 4u_P] - f_P = 0.$$

Durch Subtraktion der beiden Gleichungen folgt für den Fehler

$$\frac{1}{h^2}[e_N + e_W + e_S + e_E - 4e_P] - d_P = 0. \qquad (10.41)$$

Nach der üblichen Multiplikation von (10.41) mit $-h^2$ und unter Berücksichtigung von (10.40) erhalten wir für jeden regelmäßigen Punkt $P$

$$4e_P - e_N - e_W - e_S - e_E + C_P h^4 + D_P h^6 + \ldots = 0, \qquad (10.42)$$

wo $C_P, D_P, \ldots$ von $P$ und der Lösungsfunktion $u(x,y)$ abhängige Konstanten sind. Die diskreten Fehler erfüllen somit ein lineares Gleichungssystem, dessen Koeffizientenmatrix $A$ identisch ist mit jener des Systems von Differenzengleichungen. Der Hauptteil des Konstantenvektors ist $O(h^4)$. Wir fassen die Fehler in den Gitterpunkten zum Fehlervektor $\varepsilon$ und die Konstanten $C_P$ und $D_P$ in den Vektoren $\gamma$ und $\delta$

## 10 Partielle Differentialgleichungen

zusammen. Aus (10.42) erhalten wir das System

$$A\varepsilon + h^4\gamma + h^6\delta + \ldots = 0.$$

Da $A$ regulär ist, können wir die letzte Gleichung formal nach $\varepsilon$ auflösen.

$$\varepsilon = -A^{-1}(h^4\gamma + h^6\delta + \ldots)$$

Mit der euklidischen Vektornorm und der zugehörigen Spektralnorm ergibt sich daraus die Abschätzung

$$\|\varepsilon\|_e \leq \|A^{-1}\|_e \{h^4\|\gamma\|_e + h^6\|\delta\|_e + \ldots\}. \tag{10.43}$$

Für die Spektralnorm der Inversen von $A$ kann gezeigt werden, daß $\|A^{-1}\|_e \leq K \cdot h^{-2}$ gilt (vgl. Beispiel 10.6). Deshalb folgt aus (10.43) die Abschätzung des Fehlers

$$\|\varepsilon\|_e \leq K\{h^2\|\gamma\|_e + h^4\|\delta\|_e + \ldots\}. \tag{10.44}$$

Die euklidische Norm des Fehlers nimmt mit dem Quadrat der Schrittweite ab. Die **Fehlerordnung** der Fünfpunkt-Formel (10.11) ist somit zwei. Gleichzeitig ist damit gezeigt, daß die Näherungslösungen in den Gitterpunkten für $h \to 0$ gegen die exakten Werte der Randwertaufgabe konvergieren. Die Ungleichung (10.44) kann auch mit andern Methoden erhalten werden [Col66, Fin77].

Eine analoge Konvergenzaussage folgt auch, falls Differenzengleichungen vorkommen, deren lokaler Diskretisationsfehler $O(h)$ ist. In (10.43) existiert dann ein Term mit $h^3$, und als Folge davon ist die Schranke für die Norm des Fehlers nur proportional zu $h$.

Es sei aber nochmals ausdrücklich betont, daß das Konvergenzverhalten nur unter der Voraussetzung gilt, daß die Lösungsfunktion in $\bar{G} = G \cup \Gamma$ mindestens viermal stetig differenzierbar ist. Dies trifft beispielsweise dann nicht zu, falls Dirichletsche Randbedingungen unstetig sind oder das Gebiet einspringende Ecken aufweist. Partielle Ableitungen niedriger Ordnung der Lösungsfunktion besitzen an diesen Stellen eine Singularität. Solche Fälle erfordern spezielle Analysen, um das Konvergenzverhalten zu erfassen [BHZ68]. Bei der numerischen Lösung solcher Probleme ist es oft vorteilhaft, die Singularitäten durch geeignete Ansätze zu berücksichtigen [GlW79, MiG80].

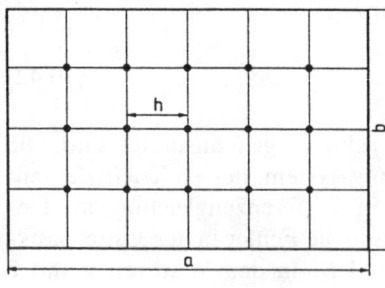

Fig. 10.11
Rechteckiges Gebiet

## 10.1 Elliptische Randwertaufgaben, Differenzenmethode

**Beispiel 10.6** Um das oben erwähnte Wachstum der Spektralnorm von $A^{-1}$ aufzuzeigen, betrachten wir die Randwertaufgabe

$$u_{xx} + u_{yy} = f(x, y) \quad \text{in } G = \{(x, y) | 0 < x < a, 0 < y < b\},$$
$$u = \varphi(s) \quad \text{auf } \Gamma.$$

Die Maschenweite $h$ sei so wählbar, daß $h = a/(N+1) = b/(M+1)$ mit $N, M \in \mathbb{N}$ gilt. In Fig. 10.11 ist der Fall $N = 5$, $M = 3$ dargestellt. Allgemein besitzt die diskretisierte Aufgabe $N \cdot M$ innere Gitterpunkte, für welche die Fünfpunkte-Formel (10.11) anwendbar ist. Numerieren wir die Gitterpunkte kolonnenweise durch, erhält die Matrix $A$ der Ordnung $N \cdot M$ eine regelmäßige Blockstruktur, die für $N = 5$ und $M = 3$ lautet

$$A = \begin{pmatrix} B & -I & & & \\ -I & B & -I & & \\ & -I & B & -I & \\ & & -I & B & -I \\ & & & -I & B \end{pmatrix} \in \mathbb{R}^{15 \times 15}, \quad \text{mit } B = \begin{pmatrix} 4 & -1 & \\ -1 & 4 & -1 \\ & -1 & 4 \end{pmatrix}. \tag{10.45}$$

Die Matrix $A$ schreiben wir als Summe von zwei Matrizen $A_1$ und $A_2$ mit

$$A_1 := \begin{pmatrix} J & & & & \\ & J & & & \\ & & J & & \\ & & & J & \\ & & & & J \end{pmatrix}, \quad A_2 := \begin{pmatrix} 2I & -I & & \\ -I & 2I & -I & \\ & -I & 2I & -I \\ & & -I & 2I \end{pmatrix}, \quad J := \begin{pmatrix} 2 & -1 & \\ -1 & 2 & -1 \\ & -1 & 2 \end{pmatrix}.$$
$$\tag{10.46}$$

Die erste Matrix $A_1$ ist eine Blockdiagonalmatrix, wobei $J$ tridiagonal ist. Die beiden symmetrischen Matrizen $A_1$ und $A_2$ sind vertauschbar, d. h. es gilt $A_1 A_2 = A_2 A_1$. Deshalb existiert eine orthogonale Matrix $U$, so daß beide Matrizen $A_1$ und $A_2$ gleichzeitig vermittels $U$ ähnlich in Diagonalmatrizen übergeführt werden [Var62].

$$U^T A_1 U = D_1, \quad U^T A_2 U = D_2, \quad U^T = U^{-1} \tag{10.47}$$

Folglich gilt dann auch

$$U^T A U = U^T (A_1 + A_2) U = D_1 + D_2, \tag{10.48}$$

so daß sich die Eigenwerte von $A$ als Summe der Eigenwerte von $A_1$ und $A_2$ bestimmen lassen. Die Eigenwerte von $A_1$ besitzen die Vielfachheit $N$ und sind gegeben durch [ZuF84]

$$\lambda_j^{(1)} = 2 - 2\cos\left(\frac{j\pi}{M+1}\right), \quad (j = 1, 2, \ldots, M). \tag{10.49}$$

Unterwirft man die Matrix $A_2$ einer gleichzeitigen Zeilen- und Kolonnenpermutation, welche der zeilenweisen Numerierung der Gitterpunkte entspricht, so erhält $A_2$ eine Blockdiagonalstruktur mit tridiagonalen Matrizen $J \in \mathbb{R}^{N \times N}$. Deshalb haben die Eigenwerte von $A_2$ die Vielfachheit $M$ und sind gleich

$$\lambda_k^{(2)} = 2 - 2\cos\left(\frac{k\pi}{N+1}\right), \quad (k = 1, 2, \ldots, N). \tag{10.50}$$

Wenn wir die Permutation wieder rückgängig machen, so daß die Diagonalelemente von $D_2$ in der richtigen Reihenfolge bezüglich $D_1$ erscheinen, erhalten wir für die Eigenwerte von $A$ die Darstellung

$$\lambda_{jk} = 4 - 2\cos\left(\frac{j\pi}{M+1}\right) - 2\cos\left(\frac{k\pi}{N+1}\right) = 4\left\{\sin^2\left(\frac{j\pi}{2M+2}\right) + \sin^2\left(\frac{k\pi}{2N+2}\right)\right\},$$

$$(j = 1, 2, ..., M; k = 1, 2, ..., N). \tag{10.51}$$

Der reziproke Wert des kleinsten Eigenwertes der symmetrischen und positiv definiten Matrix $A$ ist gleich der Spektralnorm von $A^{-1}$. Nach (10.51) gilt für den kleinsten Eigenwert für $M \gg 1$ und $N \gg 1$

$$\lambda_{\min} = \lambda_{11} = 4\left\{\sin^2\left(\frac{\pi}{2M+2}\right) + \sin^2\left(\frac{\pi}{2N+2}\right)\right\} \approx \pi^2\left\{\frac{1}{(M+1)^2} + \frac{1}{(N+1)^2}\right\}$$

$$= \pi^2\left\{\frac{h^2}{a^2} + \frac{h^2}{b^2}\right\} = \pi^2\left\{\frac{1}{a^2} + \frac{1}{b^2}\right\}h^2 =: \frac{1}{C}h^2.$$

Deshalb gilt in der Tat $\|A^{-1}\|_e \approx C \cdot h^{-2}$ für hinreichend kleines $h$. Es ist übrigens leicht, auf Grund des Verlaufs der sin-Funktion aus der Darstellung für $\lambda_{11}$ die Konstante $K$ anzugeben, so daß die Spektralnorm von $A^{-1}$ nach oben abgeschätzt werden kann.   △

**Beispiel 10.7** Zur Steigerung der Genauigkeit der Näherungslösung der Differenzengleichungen ist die Maschenweite $h$ zu verkleinern. Auf Grund der Fehlerabschätzung (10.44) verkleinert sich der Fehler bei Halbierung der Maschenweite $h$ nur etwa auf den vierten Teil. Die Zahl der Gitterpunkte und damit die Ordnung des linearen Gleichungssystems steigt etwa auf das Vierfache an. Zur Illustration behandeln wir die Randwertaufgabe (10.15) bis (10.18) von Beispiel 10.1 mit der Maschenweite $h = 0.125$ und erhalten gemäß Fig. 10.12 $n = 81$ Gitterpunkte mit unbekannten Funktionswerten. Es können die Operatorgleichungen (10.19) angewandt werden. Das Gleichungssystem erhält bei kolonnenweiser Numerierung der Gitterpunkte eine Bandstruktur mit der Bandbreite $m = 9$.

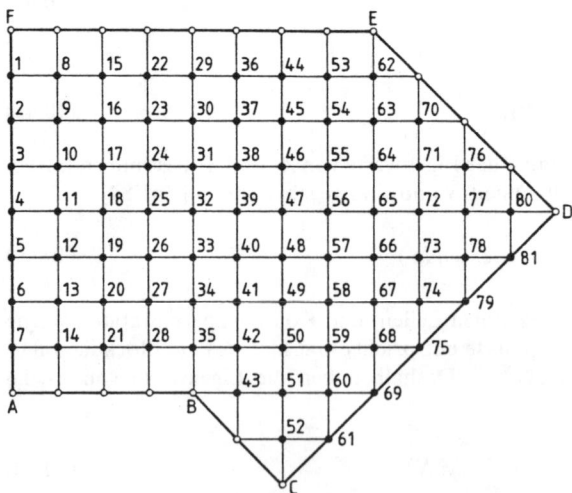

Fig. 10.12
Netz und Gitterpunkte für $h = 0.125$

## 10.1 Elliptische Randwertaufgaben, Differenzenmethode

Zu Vergleichszwecken sind in (10.52) die aus dem Gleichungssystem resultierenden, auf fünf Stellen nach dem Komma gerundeten Näherungswerte an den Gitterpunkten von Fig. 10.4 in deren Anordnung zusammengestellt.

$$\begin{array}{ccccccccc} 0 & 0 & 0 & 0 & 0 & & & & \\ 0.41771 & 0.41178 & 0.39070 & 0.34227 & 0.23286 & 0 & & & \\ 0.72153 & 0.71270 & 0.68149 & 0.61400 & 0.48858 & 0.28386 & 0 & & (10.52) \\ 0.91686 & 0.90979 & 0.88268 & 0.81815 & 0.70244 & 0.52389 & & & \\ 1 & 1 & 1 & 0.94836 & 0.85602 & & & & \\ & & & 1 & & & & & \end{array}$$

Eine Gegenüberstellung mit dem Ergebnis (10.21) für die doppelt so große Maschenweite zeigt eine recht gute Übereinstimmung. Die größte Differenz beträgt maximal acht Einheiten in der dritten Dezimalstelle nach dem Komma. Wenn wir trotz der Ecken des Gebietes die Fehlerordnung zwei annehmen, dann zeigt sich auf Grund einer Extrapolation, daß (10.52) die gesuchte Lösung mit mindestens zweistelliger Genauigkeit darstellt. △

Jede Verkleinerung der Maschenweite $h$ bewirkt eine starke Vergrößerung der Zahl der Unbekannten. Zudem wird die Konditionszahl der Matrix $A$ des Systems von Differenzengleichungen wegen der Zunahme der Spektralnorm $\|A^{-1}\|_e$ groß. Eine andere Möglichkeit zur Erhöhung der Genauigkeit der Näherungslösung besteht darin, die Fehlerordnung der Differenzenapproximation zu erhöhen. Zur Bildung der betreffenden Differenzengleichung müssen Funktionswerte an mehr Gitterpunkten verwendet werden. Zur besseren Approximation der zweiten partiellen Ableitungen wäre es recht naheliegend, folgende Differenzenapproximation heranzuziehen

$$u_{xx}(x, y) \approx \frac{1}{12h^2} \{-u(x - 2h, y) + 16u(x - h, y)$$
$$- 30u(x, y) + 16u(x + h, y) - u(x + 2h, y)\},$$

deren Diskretisationsfehler $O(h^4)$ ist. Für die Poisson-Gleichung (10.3) ergibt sich damit nach Multiplikation mit $-12h^2$ die Operatorgleichung für einen regelmäßigen inneren Gitterpunkt

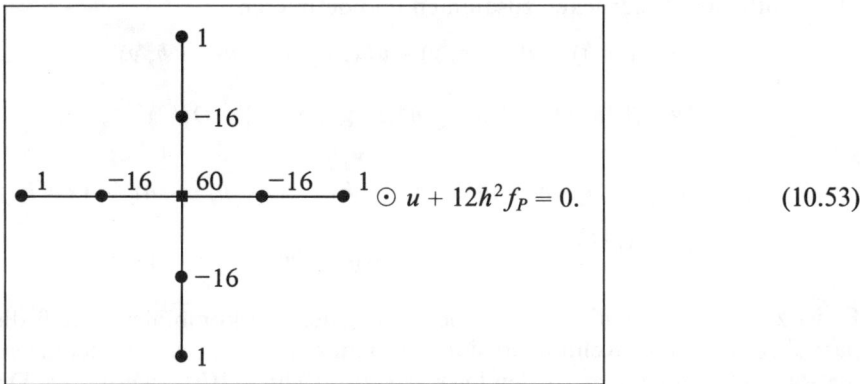

$$u + 12h^2 f_P = 0. \qquad (10.53)$$

## 10 Partielle Differentialgleichungen

Da diese Differenzengleichung Funktionswerte in Gitterpunkten einbezieht, die sowohl in $x$- wie in $y$-Richtung relativ weit vom zentralen Punkt entfernt sind, müssen für zahlreiche randnahe Gitterpunkte spezielle Differenzenapproximationen hergeleitet werden. Wegen diesem Nachteil behandeln wir (10.53) nicht mehr weiter.

Anstatt die zweiten partiellen Ableitungen je getrennt zu approximieren, setzen wir uns das Ziel, den Differentialausdruck $\Delta u = u_{xx} + u_{yy}$ im Punkt $P$ als Einheit durch eine Linearkombination von Funktionswerten anzunähern. Wir betrachten dazu die acht Nachbarpunkte von $P(x,y)$ gemäß Fig. 10.13, die wir nach den Himmelsrichtungen bezeichnen.

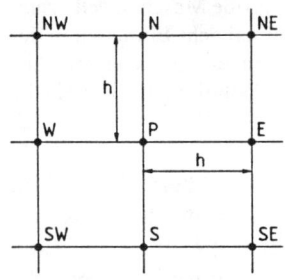

Fig. 10.13
Netzausschnitt mit Nachbarpunkten

Die Taylorentwicklungen der exakten Lösungsfunktion $u(x,y)$ in den neun Gitterpunkten dienen als Hilfsmittel. Neben den Entwicklungen (10.39) gelten für die zusätzlichen Gitterpunkte $NE$, $NW$, $SW$ und $SE$ beispielsweise

$$u(x \pm h, y + h) = u \pm hu_x + hu_y + \frac{1}{2} h^2 \{u_{xx} \pm 2u_{xy} + u_{yy}\}$$

$$+ \frac{1}{6} h^3 \{\pm u_{xxx} + 3u_{xxy} \pm 3u_{xyy} + u_{yyy}\} \tag{10.54}$$

$$+ \frac{1}{24} h^4 \{u_{xxxx} \pm 4u_{xxxy} + 6u_{xxyy} \pm 4u_{xyyy} + u_{yyyy}\} + \ldots$$

Aus Symmetriegründen fassen wir die Funktionswerte von je vier Gitterpunkten zu übersichtlichen Ausdrücken zusammen und definieren

$$\Sigma_1 := u(x, y+h) + u(x-h, y) + u(x, y-h) + u(x+h, y)$$

$$= 4u + h^2 \{u_{xx} + u_{yy}\} + \frac{1}{12} h^4 \{u_{xxxx} + u_{yyyy}\} + O(h^6), \tag{10.55}$$

$$\Sigma_2 := u(x+h, y+h) + u(x-h, y+h) + u(x-h, y-h) + u(x+h, y-h)$$

$$= 4u + 2h^2 \{u_{xx} + u_{yy}\} + \frac{1}{6} h^4 \{u_{xxxx} + 6u_{xxyy} + u_{yyyy}\} + O(h^6). \tag{10.56}$$

Es ist zwar nicht möglich, $u$, $\Sigma_1$ und $\Sigma_2$ so linear zu kombinieren, daß die vierten partiellen Ableitungen eliminiert sind, um damit die gewünschte Differenzenapproximation für $\Delta u$ mit einem lokalen Diskretisationsfehler $O(h^4)$ zu erhalten. Doch kann

## 10.1 Elliptische Randwertaufgaben, Differenzenmethode

erreicht werden, daß die vierten partiellen Ableitungen in einer günstigen Kombination auftreten, die anschließend weiterbehandelt werden kann. So gilt zunächst nach (10.55) und (10.56)

$$4\Sigma_1 + \Sigma_2 - 20u = 6h^2\{u_{xx} + u_{yy}\} + \frac{1}{2}h^4\{u_{xxxx} + 2u_{xxyy} + u_{yyyy}\} + O(h^6). \tag{10.57}$$

Der zweite Klammerausdruck ist aber gleich

$$u_{xxxx} + 2u_{xxyy} + u_{yyyy} = (u_{xx} + u_{yy})_{xx} + (u_{xx} + u_{yy})_{yy} = \Delta(\Delta u).$$

An dieser Stelle verwenden wir, daß $u(x,y)$ Lösung der Poisson-Gleichung sein soll, so daß $\Delta u = f$ und damit $\Delta(\Delta u) = \Delta f = f_{xx} + f_{yy}$ gilt. Ferner erinnern wir uns daran, daß in allen vorgängigen Taylorentwicklungen die Werte ohne Argumentangabe an der Stelle des Punktes $P$ zu verstehen sind. Der zweite Klammerausdruck in (10.57) kann deshalb fehlerfrei durch den Wert $\Delta f$ im Punkt $P$ ersetzt werden, und wir erhalten so

$$(u_{xx} + u_{yy})_P \approx \frac{1}{6h^2}\{4\Sigma_1 + \Sigma_2 - 20u\} - \frac{h^2}{12}(\Delta f)_P.$$

Die in $\Sigma_1$ und $\Sigma_2$ auftretenden exakten Werte der Lösungsfunktion ersetzen wir wieder durch die Näherungen in den betreffenden Gitterpunkten und gelangen nach Multiplikation mit $-6h^2$ zur folgenden Differenzengleichung für einen regelmäßigen inneren Gitterpunkt $P$

$$\boxed{20u_P - 4(u_N + u_W + u_S + u_E) - u_{NE} - u_{NW} - u_{SW} - u_{SE} + \frac{h^4}{2}(\Delta f)_p + 6h^2 f_P = 0}$$

(10.58)

Sie schreibt sich übersichtlicher in Operatorform

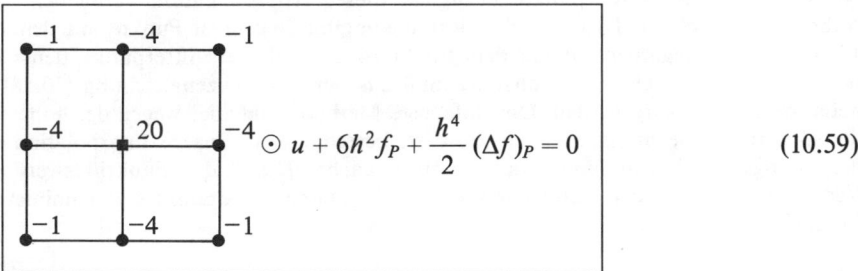

(10.59)

Der konstante Term in (10.59) setzt sich aus dem Funktionswert und der Summe $f_{xx} + f_{yy}$ im Punkt $P$ zusammen. Ist speziell $f(x,y) = $ const, so entfällt selbstverständlich der letzte Term. Für die Laplace-Gleichung sind beide Summanden nicht

458  10 Partielle Differentialgleichungen

vorhanden. Der lokale Diskretisationsfehler der Differenzengleichung ist offensichtlich $O(h^4)$.

**Beispiel 10.8** Wir wollen die Randwertaufgabe (10.15) bis (10.18) für das Gebiet $G$ der Fig. 10.4 mit dem dort verwendeten Netz der Maschenweite $h = 0.25$ näherungsweise lösen, wobei jetzt die Differenzengleichung (10.58) angewendet wird. Da $f = -2$ ist, vereinfacht sich die Operatorgleichung (10.59). Für die Gitterpunkte auf dem Randstück $FA$ wie auch auf $CD$ lassen sich durch Symmetriebetrachtungen und Division durch 2 die zugehörigen Differenzengleichungen gewinnen. Dasselbe gilt auch für den Gitterpunkt 16 in Fig. 10.4. Diese vier Typen von Differenzengleichungen sind in (10.60) zusammengestellt.

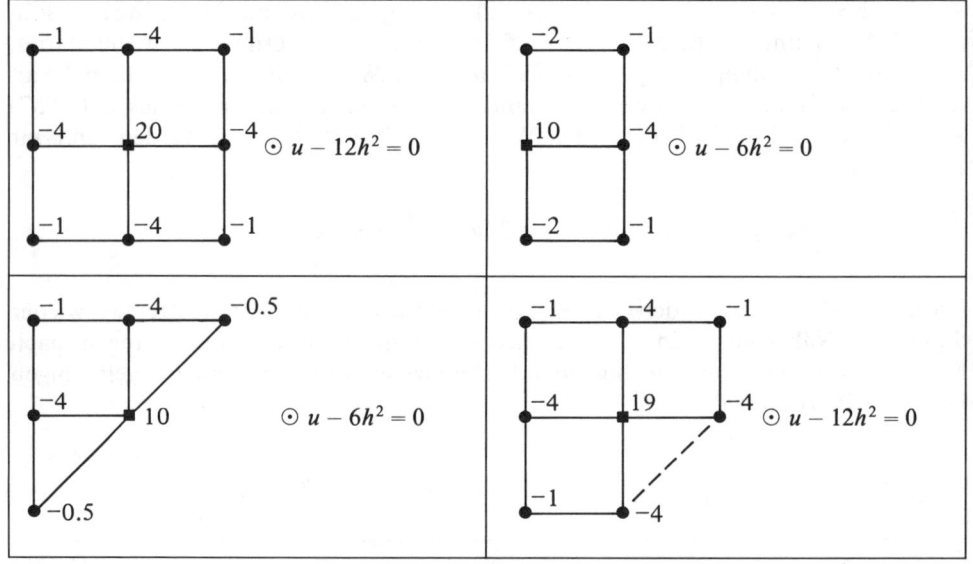

(10.60)

Als unregelmäßige Gitterpunkte bezüglich dieser Approximation verbleiben die in der Nähe des Randes mit Dirichletscher Randbedingung liegenden Punkte mit den Nummern 13, 14 und 18. Beginnen wir mit dem Punkt 14. Es fehlt der Gitterpunkt, den wir mit $NE$ bezeichnet haben. Sein Funktionswert muß aus der Differenzengleichung (10.58) in geeigneter Weise eliminiert werden. Die einfachste Methode, die aber wegen der hohen Ordnung der Differenzengleichung ziemlich grob ist, besteht darin, lineare Interpolation anzuwenden. Längs der Verbindungsgeraden von $P$ nach $NE$ soll der Funktionswert $u_{NE}$ unter Verwendung des in der Mitte der Geraden liegenden Randpunktes $R$ eliminiert werden. Folglich ist

$$u_R = \frac{1}{2}(u_P + u_{NE}), \quad \text{d. h.} \quad u_{NE} = 2u_R - u_P,$$

und dies führt zu folgender Operatorgleichung im Punkt 14.

10.1 Elliptische Randwertaufgaben, Differenzenmethode

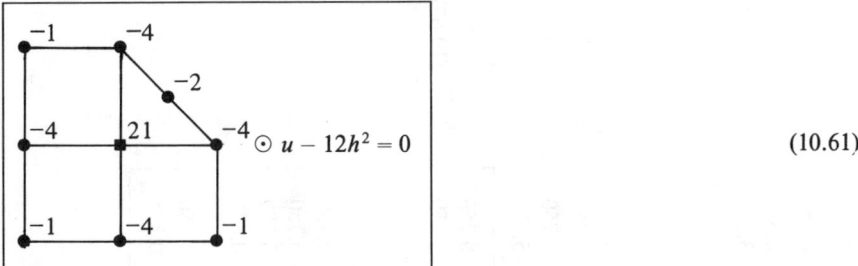
(10.61)

Mit der gleichen Maßnahme können aus der vierten Operatorgleichung von (10.60) für die Punkte 13 und 18 die entsprechenden Differenzengleichungen gewonnen werden.

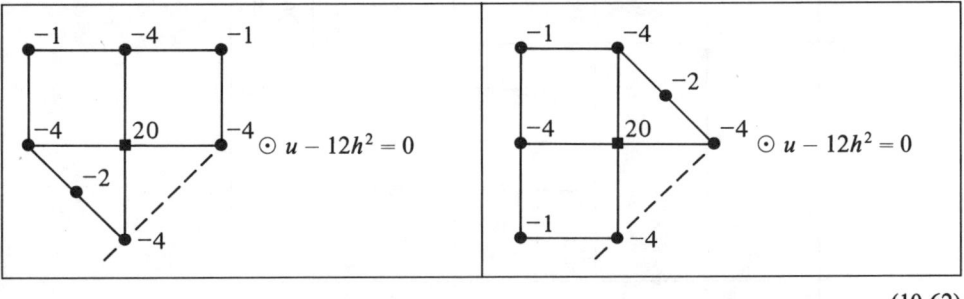
(10.62)

Das aus den Differenzengleichungen (10.60) bis (10.62) folgende System von linearen Gleichungen (10.63) besitzt eine symmetrische Koeffizientenmatrix $A$. Im Vergleich zu (10.20) ist die Matrix $A$ etwa stärker mit Elementen ungleich Null besetzt, und die Bandbreite ist $m = 5$ als Folge der etwas komplizierteren Operatorgleichungen (s. S. 460).

Die auf fünf Stellen nach dem Komma gerundeten resultierenden Näherungswerte sind in (10.64) in der Anordnung der Gitterpunkte zusammengestellt.

| 0 | 0 | 0 | 0 | 0 | | |
|---|---|---|---|---|---|---|
| 0.41888 | 0.41315 | 0.39282 | 0.34614 | 0.23862 | 0 | |
| 0.72327 | 0.71469 | 0.68421 | 0.61759 | 0.49253 | 0.28880 | 0 |
| 0.91823 | 0.91152 | 0.88530 | 0.82184 | 0.70621 | 0.52776 | |
| 1 | 1 | 1 | 0.95343 | 0.85993 | | |
| | | 1 | | | | |

(10.64)

Anstelle der linearen Interpolation als Hilfsmittel zur Elimination eines nichtverfügbaren Funktionswertes kann auch quadratische Interpolation angewandt werden. Wir betrachten wiederum den Gitterpunkt 14 und verwenden jetzt das quadratische Interpolationspolynom längs der Geraden vom Punkt $SW$ zu $NE$ zu den nichtäquidistanten Stützstellen $SW$, $P$ und $R$ mit den zugehörigen Stützwerten $u_{SW}$, $u_P$ und $u_R$. Wir bezeichnen mit $H := h\sqrt{2}$ den Abstand von $SW$ von $P$. Das Newtonsche Interpolationspolynom mit dem Parameter $t$ lautet

$$P_2(t) = u_{SW} + (t+H)\frac{u_P - u_{SW}}{H} + (t+H)t\frac{2u_R - 3u_P + u_{SW}}{\frac{3}{2}H^2}.$$

$$
\begin{array}{|ccc|ccc|ccc|ccc|c|cc|cc|cc|c|}
\hline
u_1 & u_2 & u_3 & u_4 & u_5 & u_6 & u_7 & u_8 & u_9 & u_{10} & u_{11} & u_{12} & u_{13} & u_{14} & u_{15} & u_{16} & u_{17} & u_{18} & u_{19} & 1 \\
\hline
10 & -2 &    &    &    &    &    &    &    &    &    &    &    &    &    &    &    &    &    & -0.375 \\
-2 & 10 & -2 &    &    &    &    &    &    &    &    &    &    &    &    &    &    &    &    & -0.375 \\
   & -2 & 10 &    &    &    &    &    &    &    &    &    &    &    &    &    &    &    &    & -3.375 \\
\hline
-4 & -1 &    & 20 & -4 &    & -4 & -1 &    &    &    &    &    &    &    &    &    &    &    & -0.750 \\
-1 & -4 & -1 & -4 & 20 & -4 & -1 & -4 & -1 &    &    &    &    &    &    &    &    &    &    & -0.750 \\
   & -1 & -4 &    & -4 & 20 &    & -1 & -4 &    &    &    &    &    &    &    &    &    &    & -6.750 \\
\hline
   &    &    & -4 & -1 &    & 20 & -4 &    & -4 & -1 &    &    &    &    &    &    &    &    & -0.750 \\
   &    &    & -1 & -4 & -1 & -4 & 20 & -4 & -1 & -4 & -1 &    &    &    &    &    &    &    & -0.750 \\
   &    &    &    & -1 & -4 &    & -4 & 20 &    & -1 & -4 &    &    &    &    &    &    &    & -5.750 \\
\hline
   &    &    &    &    &    & -4 & -1 &    & 20 & -4 &    & -4 & -1 &    &    &    &    &    & -0.750 \\
   &    &    &    &    &    & -1 & -4 & -1 & -4 & 20 & -4 & -1 & -4 & -1 &    &    &    &    & -0.750 \\
   &    &    &    &    &    &    & -1 & -4 &    & -4 & 20 &    & -1 & -4 &    &    &    &    & -1.750 \\
   &    &    &    &    &    &    &    &    &    &    &    & -4 & 20 & -4 & -4 & -1 &    &    & -10.75 \\
\hline
   &    &    &    &    &    &    &    &    & -4 & -1 &    & 21 & -4 &    & -1 & -1 &    &    & -0.750 \\
   &    &    &    &    &    &    &    &    & -1 & -4 & -1 & -4 & 20 & -4 & -4 & -1 &    &    & -0.750 \\
   &    &    &    &    &    &    &    &    &    & -1 & -4 &    & -4 & 19 & -4 & -4 & -1 & -1 & -0.750 \\
   &    &    &    &    &    &    &    &    &    &    &    &    &    & -4 & 10 &    & -0.5 & -0.5 & -0.875 \\
\hline
   &    &    &    &    &    &    &    &    &    &    &    &    & -1 & -4 &    &    & 20 & -4 & -0.750 \\
   &    &    &    &    &    &    &    &    &    &    &    &    &    & -1 &    &    & -4 & 10 & -0.375 \\
\hline
\end{array}
\quad (10.63)
$$

## 10.1 Elliptische Randwertaufgaben, Differenzenmethode

Sein Wert für $t = H$ wird als $u_{NE}$ definiert.

$$u_{NE} := \frac{1}{3} u_{SW} - 2u_P + \frac{8}{3} u_R,$$

und dieser extrapolierte Wert wird in der Differenzengleichung substituiert. Anstelle von (10.61) und (10.62) erhalten wir jetzt folgende Operatorgleichungen für die Punkte 14, 13 und 18.

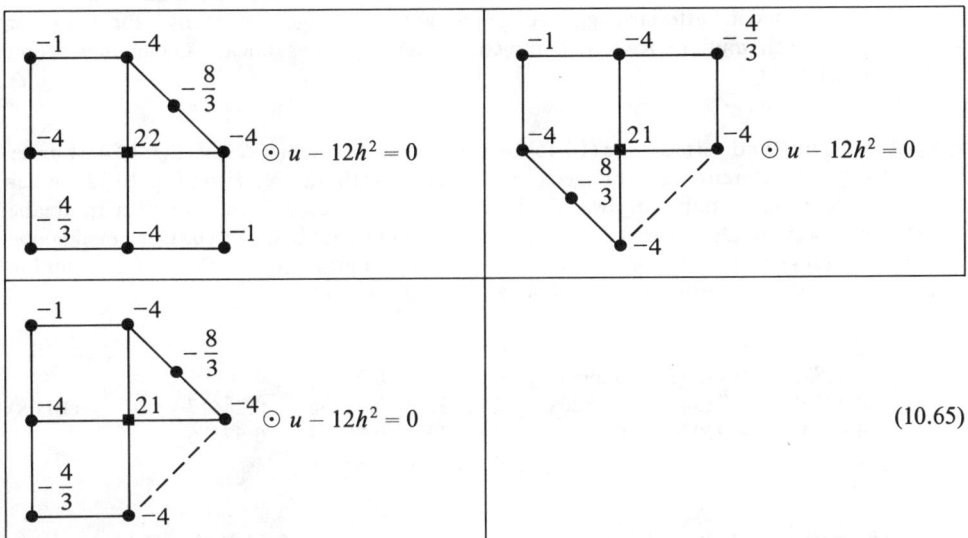

(10.65)

Im System der Differenzengleichungen bleiben die zwölf ersten Gleichungen von (10.63) unverändert. Deshalb sind in (10.66) nur die letzten sieben Gleichungen angegeben.

| ... | $u_9$ | $u_{10}$ | $u_{11}$ | $u_{12}$ | $u_{13}$ | $u_{14}$ | $u_{15}$ | $u_{16}$ | $u_{17}$ | $u_{18}$ | $u_{19}$ | 1 |
|---|---|---|---|---|---|---|---|---|---|---|---|---|
| $-1$ | | | | $-4$ | 21 | | $-1.333$ | $-4$ | | | | $-11.41667$ |
| | | $-4$ | $-1.333$ | | | 22 | $-4$ | | | $-1$ | | $-0.750$ |
| | $-1$ | $-4$ | | $-1$ | | $-4$ | 20 | $-4$ | | $-4$ | $-1$ | $-0.750$ |
| | | $-1$ | | $-4$ | $-1$ | | $-4$ | 19 | $-4$ | $-1$ | $-4$ | $-0.750$ |
| | | | | $-1$ | $-4$ | | | $-4$ | 10 | | $-0.5$ | $-0.875$ |
| | | | | | | $-1$ | $-4$ | $-1.333$ | | 21 | $-4$ | $-0.750$ |
| | | | | | | | $-1$ | $-4$ | $-0.5$ | $-4$ | 10 | $-0.375$ |

(10.66)

Die Koeffizientenmatrix des Gleichungssystems ist nicht symmetrisch als Folge der Operatorgleichungen (10.65), und sie ist auch nicht symmetrisierbar. Zur Auflösung des Gleichungssystems kann der Gauß-Algorithmus mit Diagonalstrategie angewandt werden. Die Lösung ist in der Anordnung der Gitterpunkte in (10.67) angegeben.

10 Partielle Differentialgleichungen

$$
\begin{array}{cccccccc}
0 & 0 & 0 & 0 & 0 & & & \\
0.41861 & 0.41281 & 0.39223 & 0.34505 & 0.23622 & 0 & & \\
0.72286 & 0.71416 & 0.68326 & 0.61595 & 0.49011 & 0.28494 & 0 & (10.67) \\
0.91792 & 0.91108 & 0.88432 & 0.81975 & 0.70355 & 0.52476 & & \\
1 & 1 & 1 & 0.94982 & 0.85706 & & & \\
& & & 1 & & & &
\end{array}
$$

Beim Vergleich mit den Näherungswerten (10.52) stellt man höchstens eine Abweichung von drei Einheiten in der dritten Dezimalstelle fest. Die quadratische Interpolation zur Elimination von Funktionswerten in Differenzengleichungen für unregelmäßige Gitterpunkte führt zu einer Verbesserung, doch muß in Kauf genommen werden, daß das lineare Gleichungssystem unsymmetrisch wird. △

**Beispiel 10.9** Die Randwertaufgabe (10.15) bis (10.18) für das Gebiet $G$ von Fig. 10.4 ist unter Verwendung der Differenzengleichungen (10.60) bis (10.62) für das Netz von Fig. 10.12 mit der Maschenweite $h = 0.125$ näherungsweise gelöst worden. Zu diesem Zweck sind für randnahe Punkte einige weitere Operatorgleichungen von der Art (10.62) herzuleiten. Das entstehende lineare Gleichungssystem ist symmetrisch. Seine Lösung ist auszugsweise für die Gitterpunkte von Fig. 10.4 in deren Anordnung in (10.68) zusammengestellt.

$$
\begin{array}{cccccccc}
0 & 0 & 0 & 0 & 0 & & & \\
0.41822 & 0.41232 & 0.39139 & 0.34309 & 0.23216 & 0 & & \\
0.72226 & 0.71340 & 0.68209 & 0.61432 & 0.48836 & 0.28417 & 0 & (10.68) \\
0.91744 & 0.91036 & 0.88287 & 0.81830 & 0.70223 & 0.52376 & & \\
1 & 1 & 1 & 0.94855 & 0.85588 & & & \\
& & & 1 & & & &
\end{array}
$$

Wenn wir trotz der Ecken des Gebietes davon ausgehen, daß sich der Fehler in den Näherungswerten wie $h^4$ verhält, so folgt aus einer Extrapolation, angewandt auf die Werte (10.68) und (10.64), daß die Ergebnisse (10.68) die exakte Lösung $u(x,y)$ in diesen Gitterpunkten auf etwa vier Dezimalstellen wiedergeben. Die Neunpunkte-Differenzengleichung (10.58) liefert im Vergleich zur Fünfpunkte-Gleichung (10.11) erwartungsgemäß Näherungen mit kleineren Fehlern. Zudem nehmen die Fehler bei Verkleinerung der Maschenweite $h$ wesentlich rascher ab. △

### 10.1.5 Ergänzungen

Die Fehlerordnung der Differenzenapproximation für die Poisson-Gleichung läßt sich weiter erhöhen, ohne daß die Zahl der Gitterpunkte im Vergleich zur Neunpunkte-Formel (10.58) weiter vergrößert werden muß. Hatte man dort die zu lösende Differentialgleichung im Punkt $P$ dazu benützt, um einen Term in der Taylorentwicklung des lokalen Diskretisationsfehlers zum Verschwinden zu bringen, so besteht die Idee nun darin, neben den Funktionswerten in den zu $P$ benachbarten Gitterpunkten zusätzlich den Differentialausdruck mitzuverwenden. Der Wert des Differentialausdrucks in den betreffenden Gitterpunkten kann durch die rechte Seite der zu lösenden Differentialgleichung ersetzt werden. Die Taylorentwicklungen von $u_{xx} + u_{yy}$ in den vier benachbarten Gitterpunkten $N$, $W$, $S$ und $E$ lauten

## 10.1 Elliptische Randwertaufgaben, Differenzenmethode

$$u_{xx}(x \pm h, y) + u_{yy}(x \pm h, y) = u_{xx} + u_{yy} \pm hu_{xxx} \pm hu_{xyy} + \frac{1}{2} h^2 u_{xxxx} + \frac{1}{2} h^2 u_{xxyy} + \ldots,$$

$$u_{xx}(x, y \pm h) + u_{yy}(x, y \pm h) = u_{xx} + u_{yy} \pm hu_{xxy} \pm hu_{yyy} + \frac{1}{2} h^2 u_{xxyy} + \frac{1}{2} h^2 u_{yyyy} + \ldots,$$

und damit wird die Summe dieser vier Differentialausdrücke

$$\begin{aligned}\Sigma_3 := & u_{xx}(x, y + h) + u_{yy}(x, y + h) + u_{xx}(x - h, y) + u_{yy}(x - h, y) \\ & + u_{xx}(x, y - h) + u_{yy}(x, y - h) + u_{xx}(x + h, y) + u_{yy}(x + h, y) \\ = & 4\{u_{xx} + u_{yy}\} + h^2 \{u_{xxxx} + 2u_{xxyy} + u_{yyyy}\} + \ldots \end{aligned} \quad (10.69)$$

Zusammen mit $\Sigma_1$ und $\Sigma_2$ (10.55) und (10.56) können die vierten partiellen Ableitungen durch folgende Linearkombination eliminiert werden.

$$8\Sigma_1 + 2\Sigma_2 - h^2 \Sigma_3 - 40u = 8h^2 \{u_{xx} + u_{yy}\}_P + O(h^6) \quad (10.70)$$

Somit erhalten wir aus (10.70) die Approximation

$$\{u_{xx} + u_{yy}\}_P \approx \frac{1}{8h^2} \{8\Sigma_1 + 2\Sigma_2 - h^2 \Sigma_3 - 40u\},$$

in welcher wir in $\Sigma_3$ die auftretenden Größen $u_{xx} + u_{yy}$ in den vier umliegenden Gitterpunkten durch die Werte von $f$ ersetzen. In $\Sigma_1$ und $\Sigma_2$ ersetzen wir die exakten Funktionswerte durch ihre Näherungen und gelangen so für die Poisson-Gleichung $u_{xx} + u_{yy} = f(x, y)$ zur Differenzengleichung in einem regelmäßigen inneren Gitterpunkt $P$

$$\boxed{\begin{array}{l} 20u_P - 4(u_N + u_W + u_S + u_E) - u_{NE} - u_{NW} - u_{SW} - u_{SE} \\ \\ + \dfrac{1}{2} h^2 (8f_P + f_N + f_W + f_S + f_E) = 0 \end{array}} \quad (10.71)$$

Sie lautet in Operatorform

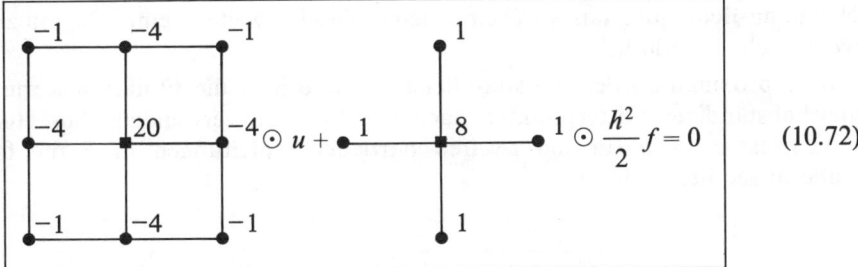

$$(10.72)$$

Der Funktionswert von $f(x, y)$ tritt in (10.71) an mehreren Gitterpunkten auf, weil die Differentialgleichung bei der Herleitung der Differenzenapproximation an mehreren Stellen benützt worden ist. Man bezeichnet deshalb (10.72) als **Mehrstellenopera-**

464     10 Partielle Differentialgleichungen

tor [Col66], zugehörig zur Poisson-Gleichung. Auf Grund der Herleitung ist offensichtlich, daß der analog zu (10.38) definierte lokale Diskretisationsfehler von (10.71) $O(h^4)$ ist. Eine sorgfältigere Analyse zeigt aber, daß er sogar $O(h^6)$ ist, und die Fehlerordnung der Mehrstellenformel (10.72) beträgt somit sechs. Interessant ist weiter die Tatsache, daß im Spezialfall $f(x,y) = $ const die Operatorgleichung (10.72) einfacher wird und für $f = -2$ in die erste Gleichung (10.60) übergeht. Jene Differenzengleichung besitzt also auch die Fehlerordnung sechs, und dies erklärt die hohe Genauigkeit der Näherungslösungen (10.64), (10.67) und (10.68).

Die Diskretisation einer allgemeinen partiellen Differentialgleichung (10.1) vom elliptischen Typus erfolgt nach dem oben vorgezeichneten Vorgehen. Im einfachsten Fall werden die auftretenden partiellen Ableitungen gemäß (10.8) und (10.9) durch Differenzenquotienten approximiert. In einem regelmäßigen inneren Punkt verwendet man für die gemischte zweite partielle Ableitung die Approximation

$$u_{xy}(u_i, y_j) \approx \frac{u_{i+1,j+1} - u_{i-1,j+1} - u_{i+1,j-1} + u_{i-1,j-1}}{4h^2},$$

welche durch zweimalige Anwendung der zentralen Differenzenquotienten (10.8) resultiert. Tritt in der zu lösenden partiellen Differentialgleichung der Term $u_{xy}$ auf, dann erhält die einfachste Differenzenapproximation die Struktur der Neunpunkte-Formel. Die Berücksichtigung von komplizierten Randbedingungen kann systematisch mit der Technik der Taylorentwicklung erfolgen. Desgleichen ist es durchaus sinnvoll, diese Technik auch bei der Approximation des Differentialausdrucks durch eine Linearkombination von Funktionswerten zu verwenden. Man erhält so direkt die Information über den lokalen Diskretisationsfehler [Eng62].

Zur numerischen Lösung von elliptischen Randwertaufgaben ist es in bestimmten Situationen zweckmäßig, ein Netz mit variablen Maschenweiten in $x$- und $y$-Richtung zu verwenden, um auf diese Weise eine lokal feinere Diskretisation zu erreichen. Dies ist angezeigt in Teilgebieten, in denen sich die Lösungsfunktion rasch ändert oder die Ableitungen eine Singularität aufweisen, beispielsweise in der Nähe einer einspringenden Ecke. Für das Gebiet $G$ der Randwertaufgabe (10.15) bis (10.18) trägt beispielsweise das Netz von Fig. 10.14 der einspringenden Ecke $B$ Rechnung. Die in $y$-Richtung in der Nähe von $B$ gewählte Maschenweite $h = 1/16$ hat wegen der Neumann-Bedingung längs $CD$ eine kleine Maschenweite in einer Region zur Folge, wo es nicht erforderlich wäre.

Zur Approximation der Poisson-Gleichung sind jetzt die Funktionswerte in nicht gleichabständigen Gitterpunkten nach Fig. 10.15 zu verwenden. Aus (10.22) und (10.23) lassen sich für die zweiten partiellen Ableitungen in $P$ die folgenden Näherungen herleiten

$$u_{xx}(P) \approx 2\left\{\frac{u_E}{h_1(h_1+h_2)} + \frac{u_W}{h_2(h_1+h_2)} - \frac{u_P}{h_1 h_2}\right\},$$

$$u_{yy}(P) \approx 2\left\{\frac{u_N}{h_3(h_3+h_4)} + \frac{u_S}{h_4(h_3+h_4)} - \frac{u_P}{h_3 h_4}\right\}.$$

## 10.2 Parabolische Anfangsrandwertaufgaben

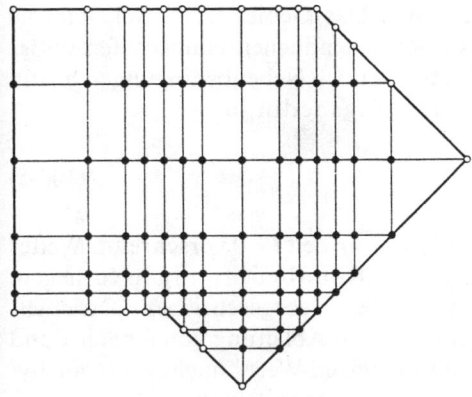

Fig. 10.14 Gebiet mit unregelmäßigem Netz

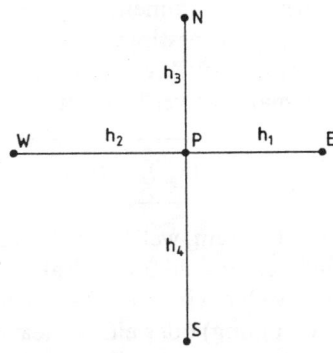

Fig. 10.15 Gitterpunkte im unregelmäßigen Netz

Daraus folgt die Differenzengleichung für den typischen Punkt $P$

$$2\left(\frac{1}{h_1 h_2} + \frac{1}{h_3 h_4}\right) u_P - \frac{2u_N}{h_3(h_3+h_4)} - \frac{2u_W}{h_2(h_1+h_2)} - \frac{2u_S}{h_4(h_3+h_4)} - \frac{2u_E}{h_1(h_1+h_2)} + f_P = 0.$$

(10.73)

Der lokale Diskretisationsfehler der Differenzengleichung (10.73) ist nur $O(h)$, falls $h = \max\{h_1, h_2, h_3, h_4\}$ und $h_1 \neq h_2$ oder $h_3 \neq h_4$ ist. Das resultierende System von Differenzengleichungen ist unsymmetrisch.

## 10.2 Parabolische Anfangsrandwertaufgaben

Die mathematische Beschreibung von zeitabhängigen Diffusions- und Wärmeleitungsproblemen führt auf eine parabolische Differentialgleichung für die gesuchte, von der Zeit und von Ortsvariablen abhängige Funktion. Wir behandeln zuerst ausführlich den eindimensionalen Fall, beschreiben zu seiner Lösung zwei Diskretisationsmethoden mit unterschiedlichen Eigenschaften und betrachten anschließend noch den zweidimensionalen Fall.

### 10.2.1 Eindimensionale Probleme, explizite Methode

Die einfachste parabolische Differentialgleichung lautet

$$u_t = u_{xx} \tag{10.74}$$

für eine Funktion $u(x, t)$ der Ortsvariablen $x$ und der Zeit $t$. In der Regel wird die Funktion $u(x, t)$ gesucht in einem beschränkten Intervall für $x$, das wir auf $(0, 1)$

normieren können, und für positive Werte von $t$. Das Gebiet $G$, in welchem die Lösung zu bestimmen ist, besteht somit aus einem unendlichen Halbstreifen in der $(x, t)$-Ebene. Zur Differentialgleichung (10.74) treten noch Nebenbedingungen hinzu, die man in zwei Klassen einteilt. So muß eine **Anfangsbedingung**

$$u(x, 0) = f(x), \quad 0 < x < 1, \tag{10.75}$$

gegeben sein, welche die Werte der Lösungsfunktion zur Zeit $t = 0$ vorschreibt. Weiter müssen sowohl für $x = 0$ als auch für $x = 1$ für alle $t > 0$ **Randbedingungen** vorliegen. Entweder wird der Wert von $u$ in Funktion der Zeit $t$ vorgeschrieben (Dirichlet-Bedingung) oder eine Linearkombination der partiellen Ableitung von $u$ nach $x$ und der Funktion $u$ muß einen im allgemeinen zeitabhängigen Wert annehmen (Cauchy-Bedingung). Die Randbedingungen können beispielsweise so lauten

$$u(0, t) = \varphi(t), \quad u_x(1, t) + \alpha(t)u(1, t) = \beta(t), \quad t > 0, \tag{10.76}$$

wo $\varphi(t)$, $\alpha(t)$ und $\beta(t)$ gegebene Funktionen der Zeit sind.

Die Anfangsrandwertaufgabe (10.74) bis (10.76) wird nun analog zu den elliptischen Randwertaufgaben diskretisiert, indem zuerst über das Grundgebiet $G = [0, 1] \times [0, \infty)$ ein Netz mit den zwei, im allgemeinen unterschiedlichen Maschenweiten $h$ und $k$ in $x$- und $t$-Richtung gelegt wird. Gesucht werden dann Näherungen der Funktion $u(x, t)$ in den so definierten diskreten Gitterpunkten. Weiter wird die Differentialgleichung durch eine Differenzenapproximation ersetzt, wobei gleichzeitig die Randbedingungen berücksichtigt werden. Mit ihrer Hilfe wird die Funktion $u(x, t)$ näherungsweise mit zunehmender Zeit $t$ berechnet werden.

**Beispiel 10.10** Wir betrachten die Wärmeleitung in einem homogenen Stab konstanten Querschnitts mit der Länge Eins. Er sei auf der ganzen Länge wärmeisoliert, so daß keine Wärmeabstrahlung stattfinden kann. An seinem linken Ende (vgl. Fig. 10.16) ändere die Temperatur periodisch, während das rechte Ende wärmeisoliert sei. Gesucht wird die Temperaturverteilung im Stab in Abhängigkeit des Ortes $x$ und der Zeit $t$, falls zur Zeit $t = 0$ die Temperaturverteilung bekannt ist.

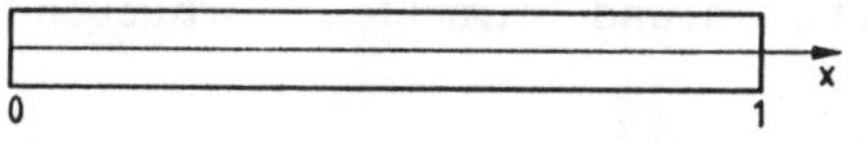

Fig. 10.16
Wärmeleitung im Stab

Die Anfangsrandwertaufgabe für die Temperaturverteilung $u(x, t)$ lautet:

$$\begin{aligned} u_t &= u_{xx} & &\text{für } 0 < x < 1, t > 0; \\ u(x, 0) &= 0 & &\text{für } 0 < x < 1; \\ u(0, t) &= \sin(\pi t), \quad u_x(1, t) = 0 & &\text{für } t > 0. \end{aligned} \tag{10.77}$$

In Fig. 10.17 ist das Netz in einem Teil des Halbstreifens für die Maschenweiten $h = 1/n$ und $k$ eingezeichnet. Die Gitterpunkte, in denen die Funktionswerte entweder durch die Anfangs- oder die Randbedingung bekannt sind, sind durch Kreise markiert, während die Gitterpunkte

## 10.2 Parabolische Anfangsrandwertaufgaben

mit unbekannten Funktionswerten durch ausgefüllte Kreise hervorgehoben sind. Die Gitterpunkte haben die Koordinaten $x_i = ih$, $(i = 0, 1, \ldots, n)$ und $t_j = jk$, $(j = 0, 1, 2, \ldots)$. Die Näherungswerte für die gesuchten Funktionswerte $u(x_i, t_j)$ bezeichnen wir mit $u_{i,j}$. Zur Approximation der partiellen Differentialgleichung in einem inneren Punkt $P(x_i, t_j)$ ersetzen wir die erste partielle Ableitung nach $t$ durch den sogenannten Vorwärtsdifferenzenquotienten

$$u_t(P) \approx \frac{u_{i,j+1} - u_{i,j}}{k}$$

und die zweite partielle Ableitung nach $x$ durch den zweiten Differenzenquotienten

$$u_{xx}(P) \approx \frac{u_{i+1,j} - 2u_{i,j} + u_{i-1,j}}{h^2}.$$

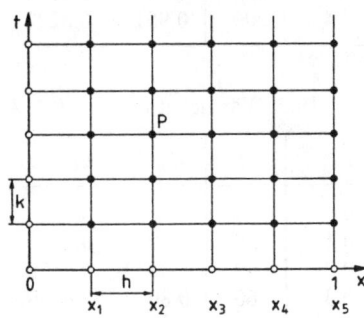

Fig. 10.17
Netz im Halbstreifen

Durch Gleichsetzen der beiden Ausdrücke resultiert die Differenzengleichung

$$u_{i,j+1} - u_{i,j} = \frac{k}{h^2}(u_{i+1,j} - 2u_{i,j} + u_{i-1,j}),$$

oder

$$\boxed{\begin{aligned} u_{i,j+1} &= ru_{i-1,j} + (1-2r)u_{i,j} + ru_{i+1,j}, \quad r := \frac{k}{h^2}, \\ (i &= 1, 2, \ldots, n-1; \, j = 0, 1, 2, \ldots). \end{aligned}} \qquad (10.78)$$

Die Berücksichtigung der Randbedingung am linken Rand ist problemlos, da für $i = 1$ in (10.78) der bekannte Wert $u_{0,j} = \sin(\pi jk)$ eingesetzt werden kann. Die Neumann-Bedingung am rechten Rand wird durch eine Symmetriebetrachtung berücksichtigt, so daß aus (10.78) die Formel folgt

$$\boxed{u_{n,j+1} = 2ru_{n-1,j} + (1-2r)u_{n,j}, \quad (j = 0, 1, 2, \ldots).} \qquad (10.79)$$

Zur Zeit $t = 0$, d. h. für $j = 0$, sind die Funktionswerte $u_{i,0}$ für $i = 0, 1, \ldots, n$ durch die Anfangsbedingung bekannt. Die Rechenvorschriften (10.78) und (10.79) gestatten, die Näherungen $u_{i,j+1}$, $(i = 1, 2, \ldots, n)$ für festes $j$ aus den Werten $u_{i,j}$ in expliziter Weise zu berechnen. Somit kann die Näherungslösung mit zunehmendem $j$, also in Zeitrichtung fortschreitend, sukzessive ermittelt werden. Die angewandte Diskretisierung der parabolischen Differentialgleichung führt zur **expliziten Methode von Richardson**.
Wir berechnen Näherungslösungen der Anfangsrandwertaufgabe (10.77) vermittels (10.78) und (10.79) für die feste Maschenweite $h = 0.1$ und die verschiedenen Zeitschritte $k = 0.002$,

$k = 0.005$ und $k = 0.01$. In Tab. 10.1 bis 10.3 sind die erhaltenen Ergebnisse auszugsweise zusammengestellt.

Tab. 10.1 Wärmeleitung, $h = 0.1$, $k = 0.002$, $r = 0.2$; explizite Methode

| $t$ | $j$ | $u_{0,j}$ | $u_{1,j}$ | $u_{2,j}$ | $u_{3,j}$ | $u_{4,j}$ | $u_{6,j}$ | $u_{8,j}$ | $u_{10,j}$ |
|---|---|---|---|---|---|---|---|---|---|
| 0   | 0   | 0      | 0      | 0      | 0      | 0      | 0      | 0      | 0      |
| 0.1 | 50  | 0.3090 | 0.2139 | 0.1438 | 0.0936 | 0.0590 | 0.0212 | 0.0069 | 0.0035 |
| 0.2 | 100 | 0.5878 | 0.4580 | 0.3515 | 0.2657 | 0.1980 | 0.1067 | 0.0599 | 0.0456 |
| 0.3 | 150 | 0.8090 | 0.6691 | 0.5476 | 0.4441 | 0.3578 | 0.2320 | 0.1611 | 0.1383 |
| 0.4 | 200 | 0.9511 | 0.8222 | 0.7050 | 0.6009 | 0.5107 | 0.3727 | 0.2909 | 0.2639 |

Tab. 10.2 Wärmeleitung, $h = 0.1$, $k = 0.005$, $r = 0.5$; explizite Methode

| $t$ | $j$ | $u_{0,j}$ | $u_{1,j}$ | $u_{2,j}$ | $u_{3,j}$ | $u_{4,j}$ | $u_{6,j}$ | $u_{8,j}$ | $u_{10,j}$ |
|---|---|---|---|---|---|---|---|---|---|
| 0   | 0   | 0      | 0      | 0      | 0      | 0      | 0      | 0      | 0      |
| 0.1 | 20  | 0.3090 | 0.2136 | 0.1430 | 0.0927 | 0.0579 | 0.0201 | 0.0061 | 0.0027 |
| 0.2 | 40  | 0.5878 | 0.4578 | 0.3510 | 0.2650 | 0.1970 | 0.1053 | 0.0583 | 0.0439 |
| 0.3 | 60  | 0.8090 | 0.6689 | 0.5472 | 0.4435 | 0.3569 | 0.2306 | 0.1594 | 0.1365 |
| 0.4 | 80  | 0.9511 | 0.8222 | 0.7049 | 0.6006 | 0.5101 | 0.3716 | 0.2895 | 0.2624 |
| 0.5 | 100 | 1.0000 | 0.9007 | 0.8049 | 0.7156 | 0.6350 | 0.5060 | 0.4263 | 0.3994 |
| 0.6 | 120 | 0.9511 | 0.8955 | 0.8350 | 0.7736 | 0.7147 | 0.6142 | 0.5487 | 0.5260 |
| 0.7 | 140 | 0.8090 | 0.8063 | 0.7904 | 0.7661 | 0.7376 | 0.6804 | 0.6387 | 0.6235 |
| 0.8 | 160 | 0.5878 | 0.6408 | 0.6737 | 0.6916 | 0.6985 | 0.6941 | 0.6828 | 0.6776 |
| 0.9 | 180 | 0.3090 | 0.4147 | 0.4954 | 0.5555 | 0.5992 | 0.6510 | 0.6731 | 0.6790 |
| 1.0 | 200 | 0      | 0.1497 | 0.2718 | 0.3699 | 0.4474 | 0.5528 | 0.6076 | 0.6245 |

Tab. 10.3 Wärmeleitung, $h = 0.1$, $k = 0.01$, $r = 1.0$; explizite Methode

| $t$ | $j$ | $u_{0,j}$ | $u_{1,j}$ | $u_{2,j}$ | $u_{3,j}$ | $u_{4,j}$ | $u_{6,j}$ | $u_{8,j}$ | $u_{10,j}$ |
|---|---|---|---|---|---|---|---|---|---|
| 0    | 0  | 0      | 0      | 0       | 0       | 0       | 0       | 0       | 0 |
| 0.05 | 5  | 0.1564 | 0.0312 | 0.1256  | −0.0314 | 0.0314  | 0       | 0       | 0 |
| 0.10 | 10 | 0.3090 | 5.4638 | −8.2955 | 8.8274  | −6.7863 | −2.0107 | −0.1885 | 0 |

In den beiden ersten Fällen ($k = 0.002$ und $k = 0.005$) erhält man qualitativ richtige Näherungen, wobei im zweiten Fall wegen dem größeren Wert von $k$ größere Fehler zu erwarten sind. Im dritten Fall mit $k = 0.01$ braucht man nur wenige Schritte durchzuführen, um zu erkennen, daß die erhaltenen Ergebnisse sinnlos sind. Die explizite Methode ist für diese Kombination von Maschenweiten $h$ und $k$ mit $r = 1.0$ offenbar instabil. △

Um die Eigenschaften der expliziten Methode von Richardson zu untersuchen, beginnen wir mit der Bestimmung des lokalen Diskretisationsfehlers der Rechenvorschrift (10.78). Mit der Lösungsfunktion $u(x, t)$ der Aufgabe (10.77) ist

## 10.2 Parabolische Anfangsrandwertaufgaben

dieser definiert durch

$$d_{i,j+1} := u(x_i, t_{j+1}) - ru(x_{i-1}, t_j) - (1 - 2r)u(x_i, t_j) - ru(x_{i+1}, t_j)$$

$$= u + ku_t + \frac{1}{2}k^2 u_{tt} + \dots$$

$$- r\left\{u - hu_x + \frac{1}{2}h^2 u_{xx} - \frac{1}{6}h^3 u_{xxx} + \frac{1}{24}h^4 u_{xxxx} - + \dots\right\}$$

$$- (1 - 2r)u$$

$$- r\left\{u + hu_x + \frac{1}{2}h^2 u_{xx} + \frac{1}{6}h^3 u_{xxx} + \frac{1}{24}h^4 u_{xxxx} + + \dots\right\}$$

$$= k\{u_t - u_{xx}\} + \frac{1}{2}k^2 u_{tt} - \frac{1}{12}kh^2 u_{xxxx} + \dots,$$

worin wir $k = rh^2$ verwendet haben. Der Koeffizient von $k$ ist gleich Null, weil $u(x, t)$ nach Voraussetzung die Differentialgleichung erfüllt. Somit gilt für den lokalen Diskretisationsfehler

$$d_{i,j+1} = \frac{1}{2}k^2 u_{tt}(x_i, t_j) - \frac{1}{12}kh^2 u_{xxxx}(x_i, t_j) + \dots = O(k^2) + O(kh^2). \tag{10.80}$$

Um weiter den globalen Fehler $g_{i,j+1}$ des Verfahrens abschätzen zu können, verwenden wir die Tatsache, daß mit der Methode eine Integration in Zeitrichtung erfolgt. Die Rechenvorschriften (10.78) und (10.79) entsprechen der Methode von Euler (9.4) zur Integration eines Systems von gewöhnlichen Differentialgleichungen. Man gelangt zu diesem System, wenn man die partielle Differentialgleichung nur bezüglich der Ortsvariablen $x$ diskretisiert. Die zweite partielle Ableitung ersetzen wir dabei durch den zweiten Differenzenquotienten, berücksichtigen die Randbedingungen am linken und am rechten Rand und definieren die $n$ Funktionen $y_i(t) := u(x_i, t)$, $(i = 1, 2, \dots, n)$ zugehörig zu den diskreten Stellen $x_i$. Dann lautet das System von gewöhnlichen Differentialgleichungen erster Ordnung

$$\dot{y}_1(t) = \frac{1}{h^2}\{-2y_1(t) + y_2(t) + \sin(\pi t)\},$$

$$\dot{y}_i(t) = \frac{1}{h^2}\{y_{i-1}(t) - 2y_i(t) + y_{i+1}(t)\}, \quad (i = 2, 3, \dots, n - 1), \tag{10.81}$$

$$\dot{y}_n(t) = \frac{1}{h^2}\{2y_{n-1}(t) - 2y_n(t)\}.$$

Integriert man (10.81) mit der Methode von Euler mit dem Zeitschritt $k$, so resultieren (10.78) und (10.79). Auf Grund dieses Zusammenhangs erkennt man, daß der globale Fehler gegenüber dem lokalen eine Potenz in $k$ verliert. Es gilt somit $g_{i,j+1} = O(k) + O(h^2)$. Die explizite Methode von Richardson ist von erster Ordnung bezüglich der Zeitintegration und zweiter Ordnung bezüglich der Ortsdiskretisation.

# 10 Partielle Differentialgleichungen

Es bleibt noch das zentrale Problem der **absoluten Stabilität** (vgl. Abschnitt 9.3.2) der expliziten Methode abzuklären. Zu diesem Zweck schreiben wir die Rechenvorschriften (10.78) und (10.79) unter Berücksichtigung der Randbedingung am linken Rand wie folgt:

$$\boldsymbol{u}_{j+1} = \boldsymbol{A}\boldsymbol{u}_j + \boldsymbol{b}_j, \quad (j = 0, 1, 2, \ldots) \tag{10.82}$$

Darin bedeuten

$$\boldsymbol{u}_j := \begin{pmatrix} u_{1,j} \\ u_{2,j} \\ u_{3,j} \\ \vdots \\ u_{n-1,j} \\ u_{n,j} \end{pmatrix}, \quad \boldsymbol{A} := \begin{pmatrix} 1-2r & r & & & & \\ r & 1-2r & r & & & \\ & r & 1-2r & r & & \\ & & \ddots & \ddots & \ddots & \\ & & & r & 1-2r & r \\ & & & & 2r & 1-2r \end{pmatrix}, \quad \boldsymbol{b}_j := \begin{pmatrix} r\sin(\pi j k) \\ 0 \\ 0 \\ \vdots \\ 0 \\ 0 \end{pmatrix}.$$

(10.83)

Die Matrix $\boldsymbol{A}$ ist tridiagonal und ist durch den Parameter $r$ von $k$ und $h$ abhängig. Notwendig und hinreichend für die absolute Stabilität ist die Bedingung, daß die Eigenwerte $\lambda_\nu$ der Matrix $\boldsymbol{A}$ betragsmäßig kleiner Eins sind. Um Aussagen über die Eigenwerte in Abhängigkeit von $r$ zu gewinnen, setzen wir

$$\boldsymbol{A} = \boldsymbol{I} - r\boldsymbol{J} \quad \text{mit } \boldsymbol{J} := \begin{pmatrix} 2 & -1 & & & & \\ -1 & 2 & -1 & & & \\ & -1 & 2 & -1 & & \\ & & \ddots & \ddots & \ddots & \\ & & & -1 & 2 & -1 \\ & & & & -2 & 2 \end{pmatrix} \in \mathbb{R}^{n \times n}. \tag{10.84}$$

Die Eigenwerte $\lambda_\nu$ von $\boldsymbol{A}$ sind durch die Eigenwerte $\mu_\nu$ von $\boldsymbol{J}$ gegeben durch $\lambda_\nu = 1 - r\mu_\nu$, ($\nu = 1, 2, \ldots, n$). Die Eigenwerte von $\boldsymbol{J}$ sind reell, denn $\boldsymbol{J}$ ist ähnlich zu einer symmetrischen Matrix $\hat{\boldsymbol{J}} := \boldsymbol{D}^{-1}\boldsymbol{J}\boldsymbol{D}$ mit $\boldsymbol{D} := \text{diag}(1, 1, \ldots, 1, \sqrt{2})$. Die Matrix $\hat{\boldsymbol{J}}$ ist positiv definit, denn der Gauß-Algorithmus für $\boldsymbol{J}$ ist mit Diagonalstrategie mit positiven Pivotelementen durchführbar. Folglich sind die Eigenwerte von $\boldsymbol{J}$ positiv und auf Grund der Zeilenmaximumnorm höchstens gleich vier. Die Matrix $\hat{\boldsymbol{J}} - 4\boldsymbol{I}$ negativ definit, und somit ist der Wert vier nicht Eigenwert von $\hat{\boldsymbol{J}}$. Für die Eigenwerte von $\boldsymbol{A}$ gilt folglich wegen $r > 0$

$$1 - 4r < \lambda_\nu < 1,$$

und die Bedingung der absoluten Stabilität ist erfüllt, falls

$$\boxed{r \leq \frac{1}{2} \quad \text{oder} \quad k \leq \frac{1}{2}h^2} \tag{10.85}$$

## 10.2 Parabolische Anfangsrandwertaufgaben

gilt. Im Beispiel 10.10 wurde mit $h=0.1$, $k=0.001$ und $r=1$ die hinreichende Bedingung (10.85) klar verletzt, was die erhaltenen Zahlwerte in Tab. 10.3 erklärt.
Die Beschränkung des Zeitschrittes $k$ durch (10.85) zur Sicherstellung der Stabilität der expliziten Methode ist für kleine Maschenweiten $h$ sehr restriktiv. Zur Lösung der Anfangsrandwertaufgabe bis zu einem Zeitpunkt $T \gg 1$ ist in diesem Fall eine derart große Anzahl von Schritten notwendig, daß der gesamte Rechenaufwand prohibitiv groß werden kann. Deshalb sind andersgeartete Differenzenapproximationen mit besseren Eigenschaften hinsichtlich der absoluten Stabilität nötig.
Die Untersuchung der absoluten Stabilität erfolgte für die konkrete Aufgabe (10.77). Die Bedingung (10.85) bleibt für die Differentialgleichung $u_t = u_{xx}$ auch für andere Randbedingungen bestehen [Smi 78].

### 10.2.2 Eindimensionale Probleme, implizite Methode

Aus der Sicht der Differenzenapproximation ist bei der Herleitung der expliziten Methode nachteilig, daß die beiden verwendeten Differenzenquotienten die zugehörigen partiellen Ableitungen an verschiedenen Stellen des Gebietes $G$ am besten approximieren. Um die Approximation unter diesem Gesichtspunkt zu verbessern, soll $u_{xx}$ durch das arithmetische Mittel der beiden zweiten Differenzenquotienten ersetzt werden, welche zu den Punkten $P(x_i, t_j)$ und $N(x_i, t_{j+1})$ in zwei aufeinanderfolgenden Zeitschichten gebildet werden (vgl. Fig. 10.18). Damit erfolgt eine Approximation von $u_t = u_{xx}$ bezüglich des Mittelpunktes $M$. Mit

$$u_{xx} \approx \frac{1}{2h^2} \{u_{i+1,j} - 2u_{i,j} + u_{i-1,j} + u_{i+1,j+1} - 2u_{i,j+1} + u_{i-1,j+1}\}$$

$$u_t \approx \frac{1}{k} \{u_{i,j+1} - u_{i,j}\}$$

erhalten wir durch Gleichsetzen der beiden Differenzenapproximationen, nach Multiplikation mit $2k$ und nachfolgendem Ordnen folgende Differenzengleichung für einen inneren Punkt $P$.

$$\boxed{\begin{aligned} &-ru_{i-1,j+1} + (2+2r)u_{i,j+1} - ru_{i+1,j+1} \\ &= ru_{i-1,j} + (2-2r)u_{i,j} + ru_{i+1,j}; \quad r = \frac{k}{h^2} \end{aligned}} \tag{10.86}$$

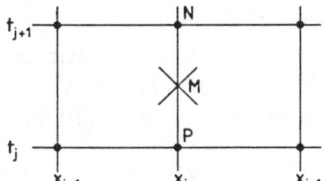

Fig. 10.18
Netzausschnitt

Für die folgenden Betrachtungen legen wir die Aufgabe (10.77) zugrunde. Die beiden Randbedingungen führen zu folgenden zusätzlichen Differenzengleichungen

$$\boxed{\begin{aligned}&(2+2r)u_{1,j+1} - ru_{2,j+1} \\ &= (2-2r)u_{1,j} \quad + ru_{2,j} + r\{\sin(\pi jk) + \sin(\pi(j+1)k)\},\end{aligned}} \qquad (10.87)$$

$$\boxed{-2ru_{n-1,j+1} + (2+2r)u_{n,j+1} = 2ru_{n-1,j} + (2-2r)u_{n,j}.} \qquad (10.88)$$

Schreibt man sich die Gleichungen (10.86) bis (10.88) für einen festen Index $j$ auf, entsteht ein lineares Gleichungssystem für die $n$ Unbekannten $u_{1,j+1}, u_{2,j+1}, \ldots, u_{n,j+1}$, dessen Koeffizientenmatrix tridiagonal ist. Da in jedem Zeitschritt ein Gleichungssystem zu lösen ist, ist die dargestellte Methode von Crank-Nicolson implizit.

Der lokale Diskretisationsfehler der Rechenvorschrift (10.86) ist definiert als

$$\begin{aligned}d_{i,j+1} :=& -ru(x_{i-1}, t_{j+1}) + (2+2r)u(x_i, t_{j+1}) - ru(x_{i+1}, t_{j+1}) \\ & -ru(x_{i-1}, t_j) \quad - (2-2r)u(x_i, t_j) \quad - ru(x_{i+1}, t_j).\end{aligned}$$

Setzt man darin die Taylorentwicklungen bezüglich $P(x_i, t_j)$ ein, so erhält man die folgende Darstellung für $d_{i,j+1}$.

$$\begin{aligned}d_{i,j+1} =& \; 2k\{u_t - u_{xx}\} + k^2\{u_{tt} - u_{xxt}\} \\ & + \frac{1}{3}k^3 u_{ttt} - \frac{1}{6}h^2 k u_{xxxx} - \frac{1}{2}k^3 u_{xxtt} + \frac{1}{12}k^4 u_{tttt} + \ldots .\end{aligned}$$

Die erste geschweifte Klammer ist gleich Null, denn $u(x,t)$ ist nach Voraussetzung Lösung von $u_t = u_{xx}$. Auch die zweite geschweifte Klammer ist gleich Null aus demselben Grund, denn der Ausdruck ist gleich der partiellen Ableitung nach $t$ von $u_t - u_{xx} = 0$. Folglich gilt wegen $u_{ttt} = u_{xxtt}$

$$\boxed{d_{i,j+1} = -\frac{1}{6}k^3 u_{xxtt} - \frac{1}{6}h^2 k u_{xxxx} + \ldots = O(k^3) + O(h^2 k).} \qquad (10.89)$$

Die Beziehung zum globalen Fehler $g_{i,j+1}$ der impliziten Methode von Crank-Nicolson wird hergestellt durch die Feststellung, daß die Formeln (10.86) bis (10.88) der Integration des Differentialgleichungssystems (10.81) nach der Trapezmethode (9.33) mit dem Zeitschritt $k$ entsprechen. Somit gilt $g_{i,j+1} = O(k^2) + O(h^2)$, und die implizite Methode von Crank-Nicolson ist von zweiter Ordnung bezüglich $h$ und $k$.

Als nächstes zeigen wir die absolute Stabilität der impliziten Methode für die Aufgabe (10.77). Mit Vektoren $u_j$ gemäß (10.83) und der Matrix $J$ (10.84) lauten die Rechenvorschriften (10.86) bis (10.88)

$$(2I + rJ)u_{j+1} = (2I - rJ)u_j + b_j, \qquad (10.90)$$

wo $b_j = r\{\sin(\pi jk) + \sin(\pi(j+1)k)\}e_1$ ist. Die Matrix $2I + rJ$ ist wegen $r > 0$ diagonal dominant und folglich regulär. Mit ihrer Inversen lautet (10.90) formal

$$u_{j+1} = (2I + rJ)^{-1}(2I - rJ)u_j + (2I + rJ)^{-1}b_j. \tag{10.91}$$

Die Methode ist absolut stabil, falls die Eigenwerte $\lambda_\nu$ der Matrix $B := (2I + rJ)^{-1}(2I - rJ)$ betragsmäßig kleiner als Eins sind. Wie oben bereits festgestellt worden ist, gilt $0 < \mu_\nu < 4$ für die Eigenwerte $\mu_\nu$ von $J$, und somit sind die Eigenwerte von $B$

$$-1 < \lambda_\nu = \frac{2 - r\mu_\nu}{2 + r\mu_\nu} < 1 \quad \text{für alle } \nu \text{ und alle } r > 0.$$

Die implizite Methode von Crank-Nicolson ist absolut stabil, denn der Wert $r = k/h^2$ unterliegt keiner Einschränkung bezüglich Stabilität. Natürlich darf $k$ nicht beliebig groß gewählt werden, da sonst der globale Fehler zu groß wird. Wegen (10.89) ist oft die Wahl $k = h$, also $r = 1/h$ durchaus sinnvoll. Die Integration in Zeitrichtung erfolgt dann in bedeutend größeren Zeitschritten als dies bei der expliziten Methode möglich wäre.

Die in jedem Zeitschritt durchzuführende Berechnung des Vektors $u_{j+1}$ aus dem Gleichungssystem (10.90) ist nicht sehr aufwendig. Denn die Matrix $(2I + rJ)$ ist erstens tridiagonal und diagonal dominant und zweitens konstant für alle $j$. Deshalb ist die LR-Zerlegung nur einmal, und zwar mit Diagonalstrategie durchzuführen, wozu etwa $2n$ wesentliche Operationen nötig sind (vgl. Abschnitt 1.3.3). Für jeden Integrationsschritt sind nur das Vorwärts- und Rückwärtseinsetzen mit etwa $3n$ multiplikativen Operationen für den jeweiligen Konstantenvektor auszuführen, dessen Berechnung weitere $2n$ Multiplikationen erfordert, falls man seine $i$-te Komponente in der Darstellung $\varrho u_{i,j} + r(u_{i-1,j} + u_{i+1,j})$ mit $\varrho = 2 - 2r$ ausrechnet. Ist $r = 1$, dann vereinfacht sich diese Formel wegen $\varrho = 0$. Der Rechenaufwand für einen Schritt mit der impliziten Methode von Crank-Nicolson beträgt somit

$$Z_{\text{CN}} \cong 5n$$

wesentliche Operationen. Nach (10.78) erfordert ein Schritt mit der expliziten Methode von Richardson etwa $2n$ Multiplikationen. Da aber der Zeitschritt $k$ der impliziten Methode keiner Stabilitätsbedingung unterliegt, ist sie bedeutend effizienter, da $k$ viel größer gewählt werden kann. Der Mehraufwand pro Schritt wird durch die geringere Zahl von Schritten bei weitem kompensiert.

**Beispiel 10.11** Die Anfangsrandwertaufgabe (10.77) behandeln wir mit der impliziten Methode von Crank-Nicolson für verschiedene Kombinationen von $h$ und $k$, um die oben behandelten Eigenschaften zu illustrieren. In Tab. 10.4 und 10.5 sind die Ergebnisse der Rechnung auszugsweise für $h = 0.1$ und $k = 0.01$ ($r = 1$), bzw. $k = 0.1$ ($r = 10$) zusammengestellt. Im ersten Fall erhalten wir eine Näherungslösung, welche mit den Ergebnissen von Tab. 10.1 oder Tab. 10.2 gut übereinstimmt, und dies trotz einer größeren Schrittweite $k$. Das ist eine Folge der höheren Fehlerordnung bezüglich $k$. Im zweiten Fall mit $r = 10$ ist die implizite Methode zwar stabil, doch sind die Diskretisierungsfehler für den Zeitschritt $k = 0.1$ erwartungsgemäß recht groß. Sie treten hauptsächlich in den Näherungswerten für die ersten diskreten Zeitwerte deutlich in

Erscheinung. Der Zeitschritt $k$ muß der zeitlichen Änderung der Randbedingung für $x=0$ angemessen sein und zudem auch der Größe von $h$ angepaßt sein, damit die beiden Hauptteile des globalen Fehlers vergleichbar groß sind.

Tab. 10.4 Wärmeleitung, $h = 0.1$, $k = 0.01$, $r = 1$; implizite Methode

| $t$ | $j$ | $u_{0,j}$ | $u_{1,j}$ | $u_{2,j}$ | $u_{3,j}$ | $u_{4,j}$ | $u_{6,j}$ | $u_{8,j}$ | $u_{10,j}$ |
|---|---|---|---|---|---|---|---|---|---|
| 0   | 0   | 0      | 0      | 0      | 0      | 0      | 0      | 0      | 0      |
| 0.1 | 10  | 0.3090 | 0.2141 | 0.1442 | 0.0942 | 0.0597 | 0.0219 | 0.0075 | 0.0039 |
| 0.2 | 20  | 0.5878 | 0.4582 | 0.3518 | 0.2662 | 0.1986 | 0.1076 | 0.0609 | 0.0467 |
| 0.3 | 30  | 0.8090 | 0.6691 | 0.5478 | 0.4445 | 0.3583 | 0.2328 | 0.1622 | 0.1395 |
| 0.4 | 40  | 0.9511 | 0.8222 | 0.7051 | 0.6011 | 0.5110 | 0.3733 | 0.2918 | 0.2649 |
| 0.5 | 50  | 1.0000 | 0.9005 | 0.8048 | 0.7156 | 0.6353 | 0.5069 | 0.4276 | 0.4008 |
| 0.6 | 60  | 0.9511 | 0.8952 | 0.8345 | 0.7730 | 0.7141 | 0.6140 | 0.5487 | 0.5262 |
| 0.7 | 70  | 0.8090 | 0.8057 | 0.7894 | 0.7649 | 0.7363 | 0.6791 | 0.6374 | 0.6224 |
| 0.8 | 80  | 0.5878 | 0.6401 | 0.6725 | 0.6899 | 0.6966 | 0.6918 | 0.6803 | 0.6751 |
| 0.9 | 90  | 0.3090 | 0.4140 | 0.4940 | 0.5535 | 0.5968 | 0.6479 | 0.6697 | 0.6754 |
| 1.0 | 100 | 0      | 0.1490 | 0.2704 | 0.3678 | 0.4448 | 0.5492 | 0.6036 | 0.6203 |

Tab. 10.5 Wärmeleitung, $h = 0.1$, $k = 0.1$, $r = 10$; implizite Methode

| $t$ | $j$ | $u_{0,j}$ | $u_{1,j}$ | $u_{2,j}$ | $u_{3,j}$ | $u_{4,j}$ | $u_{6,j}$ | $u_{8,j}$ | $u_{10,j}$ |
|---|---|---|---|---|---|---|---|---|---|
| 0   | 0  | 0      | 0      | 0      | 0      | 0      | 0      | 0      | 0      |
| 0.1 | 1  | 0.3090 | 0.1983 | 0.1274 | 0.0818 | 0.0527 | 0.0222 | 0.0104 | 0.0073 |
| 0.2 | 2  | 0.5878 | 0.4641 | 0.3540 | 0.2637 | 0.1934 | 0.1025 | 0.0587 | 0.0459 |
| 0.3 | 3  | 0.8090 | 0.6632 | 0.5436 | 0.4422 | 0.3565 | 0.2295 | 0.1575 | 0.1344 |
| 0.4 | 4  | 0.9511 | 0.8246 | 0.7040 | 0.5975 | 0.5064 | 0.3684 | 0.2866 | 0.2594 |
| 0.5 | 5  | 1.0000 | 0.8969 | 0.8022 | 0.7132 | 0.6320 | 0.5017 | 0.4215 | 0.3946 |
| ⋮   | ⋮  |        |        |        |        |        |        |        |        |
| 1.0 | 10 | 0      | 0.1498 | 0.2701 | 0.3672 | 0.4440 | 0.5477 | 0.6014 | 0.6179 |

Tab. 10.6 Wärmeleitung, $h = 0.05$, $k = 0.01$, $r = 4$; implizite Methode

| $t$ | $j$ | $u_{0,j}$ | $u_{2,j}$ | $u_{4,j}$ | $u_{6,j}$ | $u_{8,j}$ | $u_{12,j}$ | $u_{16,j}$ | $u_{20,j}$ |
|---|---|---|---|---|---|---|---|---|---|
| 0   | 0   | 0      | 0      | 0      | 0      | 0      | 0      | 0      | 0      |
| 0.1 | 10  | 0.3090 | 0.2140 | 0.1439 | 0.0938 | 0.0592 | 0.0214 | 0.0071 | 0.0037 |
| 0.2 | 20  | 0.5878 | 0.4581 | 0.3516 | 0.2659 | 0.1982 | 0.1070 | 0.0602 | 0.0460 |
| 0.3 | 30  | 0.8090 | 0.6691 | 0.5477 | 0.4442 | 0.3580 | 0.2323 | 0.1615 | 0.1387 |
| 0.4 | 40  | 0.9511 | 0.8222 | 0.7050 | 0.6010 | 0.5108 | 0.3729 | 0.2912 | 0.2642 |
| 0.5 | 50  | 1.0000 | 0.9006 | 0.8048 | 0.7156 | 0.6352 | 0.5067 | 0.4273 | 0.4005 |
| 0.6 | 60  | 0.9511 | 0.8953 | 0.8346 | 0.7732 | 0.7143 | 0.6140 | 0.5487 | 0.5261 |
| 0.7 | 70  | 0.8090 | 0.8058 | 0.7897 | 0.7652 | 0.7366 | 0.6794 | 0.6377 | 0.6226 |
| 0.8 | 80  | 0.5878 | 0.6403 | 0.6728 | 0.6903 | 0.6971 | 0.6924 | 0.6809 | 0.6757 |
| 0.9 | 90  | 0.3090 | 0.4142 | 0.4943 | 0.5540 | 0.5974 | 0.6487 | 0.6705 | 0.6763 |
| 1.0 | 100 | 0      | 0.1492 | 0.2707 | 0.3684 | 0.4454 | 0.5501 | 0.6046 | 0.6214 |

## 10.2 Parabolische Anfangsrandwertaufgaben

Zu Vergleichszwecken ist die Aufgabe mit $h = 0.05$, $k = 0.01$, also $r = 4.0$ behandelt worden. Das Ergebnis ist auszugsweise in Tab. 10.6 für die gleichen diskreten Stellen $x_i$ wie in den vorhergehenden Tabellen angegeben. Die Näherungen stellen die exakte Lösung mit einer maximalen Abweichung von drei Einheiten in der vierten Dezimalstelle dar. Bei dieser feinen Ortsdiskretisation zeigt sich die Überlegenheit der impliziten gegenüber der expliziten Methode bereits deutlich. Denn bei dieser müßte $k \leqslant 0.00125$ gewählt werden und somit wären achtmal mehr Schritte notwendig. Da der Rechenaufwand der impliziten Methode nur 2.5mal größer ist, ist sie mehr als dreimal effizienter.

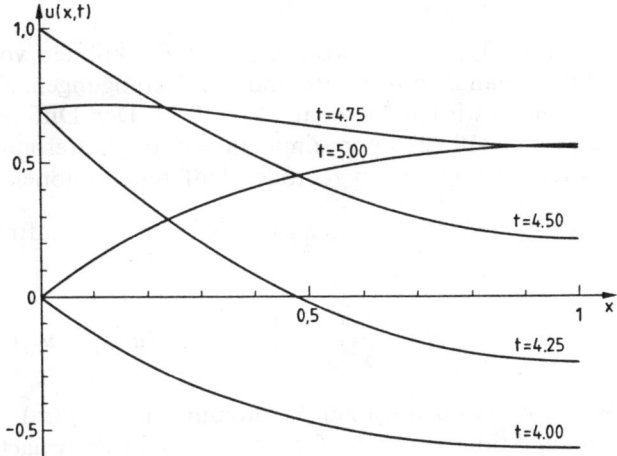

Fig. 10.19
Temperaturverteilungen
im stationären Zustand

Tab. 10.7 Zum stationären Temperaturablauf, $h = 0.05$, $k = 0.01$, $r = 4$

| $t$ | $j$ | $u_{0,j}$ | $u_{2,j}$ | $u_{4,j}$ | $u_{6,j}$ | $u_{8,j}$ | $u_{12,j}$ | $u_{16,j}$ | $u_{20,j}$ |
|---|---|---|---|---|---|---|---|---|---|
| 2.00 | 200 | 0 | −0.1403 | −0.2532 | −0.3425 | −0.4120 | −0.5040 | −0.5505 | −0.5644 |
| 2.25 | 225 | 0.7071 | 0.5176 | 0.3505 | 0.2057 | 0.0825 | −0.1018 | −0.2089 | −0.2440 |
| 2.50 | 250 | 1.0000 | 0.8726 | 0.7495 | 0.6344 | 0.5301 | 0.3620 | 0.2572 | 0.2217 |
| 2.75 | 275 | 0.7071 | 0.7167 | 0.7099 | 0.6921 | 0.6679 | 0.6148 | 0.5739 | 0.5588 |
| 3.00 | 300 | 0 | 0.1410 | 0.2546 | 0.3447 | 0.4148 | 0.5080 | 0.5551 | 0.5693 |
| 3.25 | 325 | −0.7071 | −0.5171 | −0.3497 | −0.2045 | −0.0810 | 0.1039 | 0.2114 | 0.2467 |
| 3.50 | 350 | −1.0000 | −0.8724 | −0.7491 | −0.6338 | −0.5293 | −0.3609 | −0.2559 | −0.2203 |
| 3.75 | 375 | −0.7071 | −0.7165 | −0.7097 | −0.6918 | −0.6674 | −0.6142 | −0.5732 | −0.5580 |
| 4.00 | 400 | 0 | −0.1410 | −0.2545 | −0.3445 | −0.4146 | −0.5076 | −0.5547 | −0.5689 |
| 4.25 | 425 | 0.7071 | 0.5172 | 0.3497 | 0.2046 | 0.0811 | −0.1037 | −0.2112 | −0.2464 |
| 4.50 | 450 | 1.0000 | 0.8724 | 0.7491 | 0.6338 | 0.5293 | 0.3610 | 0.2560 | 0.2204 |
| 4.75 | 475 | 0.7071 | 0.7165 | 0.7097 | 0.6918 | 0.6675 | 0.6142 | 0.5732 | 0.5581 |
| 5.00 | 500 | 0 | 0.1410 | 0.2545 | 0.3445 | 0.4146 | 0.5076 | 0.5547 | 0.5689 |

Schließlich ist die sich periodisch wiederholende Temperaturverteilung im Stab bestimmt worden. Dieser stationäre Zustand ist nach zwei Perioden ($t = 4$) bereits erreicht. In Tab. 10.7 sind die Temperaturnäherungen für $t \geqslant 2$ angegeben, und in Fig. 10.19 sind die Temperaturverteilungen für einige äquidistante Zeitpunkte einer halben Periode dargestellt. △

### 10.2.3 Diffusionsgleichung mit variablen Koeffizienten

Diffusionsprozesse mit vom Ort abhängigen Diffusionskennzahlen und Quellendichten werden beschrieben durch parabolische Differentialgleichungen für die Konzentrationsfunktion $u(x,t)$

$$\frac{\partial u}{\partial t} = \frac{\partial}{\partial x}\left(a(x)\frac{\partial u}{\partial x}\right) + p(x)u + q(x), \quad 0 < x < 1, t > 0, \tag{10.92}$$

wo $a(x) > 0$, $p(x)$ und $q(x)$ gegebene Funktionen von $x$ sind. Zu (10.92) gehören selbstverständlich Anfangs- und Randbedingungen. Zur Diskretisation der Aufgabe verwenden wir ein Netz nach Fig. 10.17. Den Differentialausdruck auf der rechten Seite von (10.92) approximieren wir im Gitterpunkt $P(x_i, t_j)$ durch zweimalige Anwendung des ersten zentralen Differenzenquotienten, wobei die Funktionswerte $a\left(x_i + \frac{h}{2}\right) =: a_{i+\frac{1}{2}}$ und $a\left(x_i - \frac{h}{2}\right) =: a_{i-\frac{1}{2}}$ auftreten.

$$\frac{\partial}{\partial x}\left(a(x)\frac{\partial u}{\partial x}\right)_P \approx \frac{1}{h^2}\left\{a_{i+\frac{1}{2}}(u_{i+1,j} - u_{i,j}) - a_{i-\frac{1}{2}}(u_{i,j} - u_{i-1,j})\right\}$$

Weiter bezeichnen wir zur Abkürzung mit $p_i := p(x_i)$, $q_i := q(x_i)$ die bekannten Werte der Funktionen. Die Differenzenapproximation nach dem impliziten Schema von Crank-Nicolson liefert für (10.92)

$$\frac{1}{k}[u_{i,j+1} - u_{i,j}]$$

$$= \frac{1}{2}\left[\frac{1}{h^2}\left\{a_{i+\frac{1}{2}}(u_{i+1,j+1} - u_{i,j+1}) - a_{i-\frac{1}{2}}(u_{i,j+1} - u_{i-1,j+1})\right\} + p_i u_{i,j+1} + q_i\right.$$

$$\left. + \frac{1}{h^2}\left\{a_{i+\frac{1}{2}}(u_{i+1,j} - u_{i,j}) - a_{i-\frac{1}{2}}(u_{i,j} - u_{i-1,j})\right\} + p_i u_{i,j} + q_i\right].$$

Nach Multiplikation mit $2k$ fassen wir zusammen und erhalten für einen inneren Punkt mit $r = k/h^2$ die Gleichung

$$-r a_{i-\frac{1}{2}} u_{i-1,j+1} + \left\{2 + r\left(a_{i-\frac{1}{2}} + a_{i+\frac{1}{2}} - h^2 p_i\right)\right\} u_{i,j+1} - r a_{i+\frac{1}{2}} u_{i+1,j+1}$$

$$= r a_{i-\frac{1}{2}} u_{i-1,j} + \left\{2 - r\left(a_{i-\frac{1}{2}} + a_{i+\frac{1}{2}} - h^2 p_i\right)\right\} u_{i,j} + r a_{i+\frac{1}{2}} u_{i+1,j} + 2k q_i,$$

$$(i = 1, 2, \ldots, n-1; j = 0, 1, 2, \ldots).$$

(10.93)

## 10.2 Parabolische Anfangsrandwertaufgaben

Wenn man noch die Randbedingungen berücksichtigt, resultiert aus (10.93) ein tridiagonales Gleichungssystem für die Unbekannten $u_{i,j+1}$, $j$ fest. Die Matrix des Systems ist meistens diagonal dominant.

**Beispiel 10.12** Zu lösen sei

$$\frac{\partial u}{\partial t} = \frac{\partial}{\partial x}\left((1 + 2x^2)\frac{\partial u}{\partial x}\right) + 4x(1-x)u + 5\sin(\pi x), \quad 0 < x < 1;$$

$$u(x, 0) = 0, \quad 0 < x < 1; \quad (10.94)$$

$$u(0, t) = 0, \; u_x(1, t) + 0.4u(1, t) = 0, \quad t > 0.$$

Die Dirichlet-Bedingung ist in (10.93) für $i = 1$ mit $u_{0,j} = u_{0,j+1} = 0$ einfach zu berücksichtigen. Die Cauchy-Bedingung am rechten Rand wird approximiert mit Hilfe des zentralen Differenzenquotienten unter der Annahme, daß die Funktion $u(x, t)$ auch außerhalb des Intervalls definiert ist, durch

$$\frac{u_{n+1,j} - u_{n-1,j}}{2h} + 0.4 u_{n,j} = 0 \quad \text{oder} \quad u_{n+1,j} = u_{n-1,j} - 0.8h u_{n,j}.$$

Nach Elimination von $u_{n+1,j}$ und $u_{n+1,j+1}$ in (10.93) lautet die Differenzengleichung unter der Voraussetzung, daß die Funktion $a(x)$ auch außerhalb des $x$-Intervalls definiert ist, für die Gitterpunkte des rechten Randes

$$-r\left(a_{n-\frac{1}{2}} + a_{n+\frac{1}{2}}\right)u_{n-1,j+1} + \left\{2 + r\left(a_{n-\frac{1}{2}} + (1+0.8h)a_{n+\frac{1}{2}}\right) - h^2 p_n\right\}u_{n,j+1}$$

$$= r\left(a_{n-\frac{1}{2}} + a_{n+\frac{1}{2}}\right)u_{n-1,j} + \left\{2 - r\left(a_{n-\frac{1}{2}} + (1+0.8h)a_{n+\frac{1}{2}}\right) - h^2 p_n\right\}u_{n,j} + 2kq_n.$$

Die diskrete Form der Anfangsrandwertaufgabe (10.94) ist für $n = 10$, $h = 0.1$, $k = 0.01$, $r = 1$ numerisch gelöst worden. Wenn wir die Matrix $A$ des tridiagonalen Gleichungssystems analog zu (10.90) als $A = 2I + r\tilde{J}$ schreiben, lautet die Matrix $\tilde{J} \in \mathbb{R}^{10 \times 10}$ auszugsweise

$$\tilde{J} = \begin{pmatrix} 2.0464 & -1.045 & & & & & \\ -1.045 & 2.1636 & -1.125 & & & & \\ & -1.125 & 2.3616 & -1.245 & & & \\ & & \cdot & \cdot & \cdot & & \\ & & & -2.125 & 4.5636 & -2.445 & \\ & & & & -2.445 & 5.2464 & -2.805 \\ & & & & & -6.01 & 6.2664 \end{pmatrix}$$

Auf Grund einer analogen Betrachtung, wie sie zur Abschätzung der Eigenwerte der Matrix $J$ (10.84) angewandt worden ist, folgt für die Eigenwerte $\mu_\nu$ von $\tilde{J}$

$$0 < \mu_\nu < 12.2764.$$

Für die zugehörige explizite Methode von Richardson ergibt sich daraus die Bedingung der absoluten Stabilität zu $r \leq 1/6.1382 \doteq 0.163$. Somit muß der Zeitschritt der Bedingung

# 478 10 Partielle Differentialgleichungen

Tab. 10.8 Diffusionsproblem, $h = 0.1$, $k = 0.01$, $r = 1$

| $t$ | $j$ | $u_{1,j}$ | $u_{2,j}$ | $u_{3,j}$ | $u_{4,j}$ | $u_{5,j}$ | $u_{6,j}$ | $u_{8,j}$ | $u_{10,j}$ |
|---|---|---|---|---|---|---|---|---|---|
| 0   | 0   | 0      | 0      | 0      | 0      | 0      | 0      | 0      | 0      |
| 0.1 | 10  | 0.1044 | 0.1963 | 0.2660 | 0.3094 | 0.3276 | 0.3255 | 0.2888 | 0.2533 |
| 0.2 | 20  | 0.1591 | 0.3010 | 0.4124 | 0.4872 | 0.5265 | 0.5365 | 0.5037 | 0.4560 |
| 0.3 | 30  | 0.1948 | 0.3695 | 0.5085 | 0.6044 | 0.6581 | 0.6765 | 0.6470 | 0.5915 |
| 0.4 | 40  | 0.2185 | 0.4150 | 0.5722 | 0.6821 | 0.7454 | 0.7695 | 0.7421 | 0.6814 |
| 0.5 | 50  | 0.2342 | 0.4451 | 0.6145 | 0.7336 | 0.8033 | 0.8311 | 0.8052 | 0.7410 |
| ⋮   |     |        |        |        |        |        |        |        |        |
| 1.0 | 100 | 0.2612 | 0.4969 | 0.6871 | 0.8222 | 0.9029 | 0.9371 | 0.9136 | 0.8435 |
| ⋮   |     |        |        |        |        |        |        |        |        |
| 1.5 | 150 | 0.2647 | 0.5035 | 0.6964 | 0.8336 | 0.9157 | 0.9507 | 0.9276 | 0.8567 |
| ⋮   |     |        |        |        |        |        |        |        |        |
| 2.0 | 200 | 0.2651 | 0.5044 | 0.6976 | 0.8351 | 0.9173 | 0.9525 | 0.9294 | 0.8584 |
| ⋮   |     |        |        |        |        |        |        |        |        |
| 2.5 | 250 | 0.2652 | 0.5045 | 0.6978 | 0.8353 | 0.9175 | 0.9527 | 0.9296 | 0.8586 |

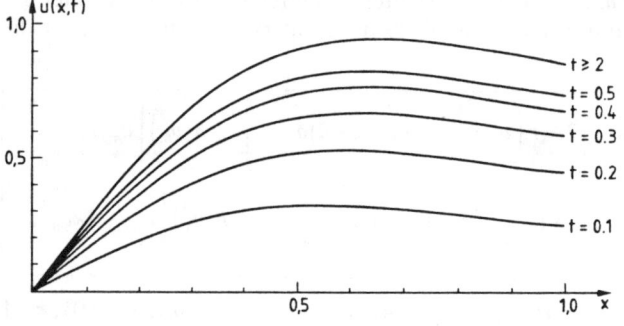

Fig. 10.20 Konzentrationsverteilung in Abhängigkeit der Zeit $t$

$k \leqslant 0.00163$ genügen. Für die implizite, absolut stabile Methode darf der etwa sechsmal größere Zeitschritt $k = 0.01$ verwendet werden. Die Ergebnisse sind auszugsweise in Tab. 10.8 wiedergegeben. Der stationäre Zustand wird innerhalb der angegebenen Stellenzahl bei etwa $t = 2.0$ erreicht. Die Funktion $u(x, t)$ ist in Fig. 10.20 für einige Zeitwerte dargestellt. △

## 10.2.4 Zweidimensionale Probleme

Die klassische parabolische Differentialgleichung für eine Funktion $u(x, y, t)$ der zwei Ortsvariablen $x$, $y$ und der Zeitvariablen $t$ lautet

$$u_t = u_{xx} + u_{yy}. \tag{10.95}$$

Sie ist zu lösen in einem Gebiet $G \subset \mathbb{R}^2$ der $(x, y)$-Ebene mit dem Rand $\Gamma$ für Zeiten $t > 0$. Zur Differentialgleichung (10.95) gehört sowohl eine Anfangsbedingung

$$u(x, y, 0) = f(x, y) \quad \text{in } G \tag{10.96}$$

## 10.2 Parabolische Anfangsrandwertaufgaben

als auch **Randbedingungen** auf dem Rand $\Gamma$, wie wir sie von den elliptischen Randwertaufgaben kennen. Da die Funktion $u(x,y,t)$ zeitabhängig ist, können die in den Dirichletschen, Neumannschen und Cauchyschen Randbedingungen (10.5) bis (10.7) auftretenden Funktionen auch von der Zeit $t$ abhängen. Die Argumentmenge $(x,y,t)$, für welche die Lösungsfunktion gesucht ist, besteht im $\mathbb{R}^3$ aus dem Halbzylinder über dem Gebiet $G$.

Zur Diskretisation der Anfangsrandwertaufgabe verwenden wir ein regelmäßiges dreidimensionales Gitter, welches sich aufbaut aus einem regelmäßigen Netz im Gebiet $G$ mit der Maschenweite $h$ (vgl. Fig. 10.2), und das sich in gleichen Zeitschichtabständen $k$ in Zeitrichtung fortsetzt. Gesucht werden Näherungen $u_{\mu,\nu,j}$ der Funktionswerte in den Gitterpunkten $P(x_\mu, y_\nu, t_j)$.

Die Approximation von (10.95) erfolgt in zwei Teilen. Der Differentialausdruck $u_{xx}+u_{yy}$, welcher nur partielle Ableitungen bezüglich der Ortsvariablen umfaßt, wird für eine feste Zeitschicht $t_j$ nach dem Vorgehen von Abschnitt 10.1 für jeden dieser Gitterpunkte durch einen entsprechenden Differenzenausdruck angenähert. Im einfachsten Fall eines regelmäßigen inneren Gitterpunktes $P(x_\mu, y_\nu, t_j)$ setzen wir

$$(u_{xx}+u_{yy})_P \approx \frac{1}{h^2}\{u_{\mu,\nu+1,j}+u_{\mu-1,\nu,j}+u_{\mu,\nu-1,j}+u_{\mu+1,\nu,j}-4u_{\mu,\nu,j}\}$$

während für einen randnahen oder einen auf dem Rand liegenden Gitterpunkt Approximationen gemäß Abschnitt 10.1.3 zu verwenden sind.

Die partielle Ableitung nach der Zeit $t$ kann beispielsweise durch den Vorwärtsdifferenzenquotienten in $P$

$$u_t \approx \frac{1}{k}(u_{\mu,\nu,j+1}-u_{\mu,\nu,j})$$

approximiert werden. Dies führt zur **expliziten Methode von Richardson** mit der Rechenvorschrift für einen regelmäßigen inneren Gitterpunkt

$$u_{\mu,\nu,j+1} = u_{\mu,\nu,j} + r\{u_{\mu,\nu+1,j}+u_{\mu-1,\nu,j}+u_{\mu,\nu-1,j}+u_{\mu+1,\nu,j}-4u_{\mu,\nu,j}\}. \tag{10.97}$$

Darin haben wir wieder $r=k/h^2$ gesetzt. Um für das folgende die Indizes zu vereinfachen, setzen wir voraus, daß die Gitterpunkte mit unbekanntem Wert $u$ in jeder Zeitschicht von 1 bis $n$ durchnumeriert seien, wie dies im Abschnitt 10.1.2 beschrieben ist. Dann fassen wir die Näherungswerte in der $j$-ten Zeitschicht mit $t_j = jk$ zum Vektor

$$\boldsymbol{u}_j := (u_{1,j}, u_{2,j}, \ldots, u_{n,j})^T \in \mathbb{R}^n \tag{10.98}$$

zusammen, wo sich der erste Index $i$ von $u_{i,j}$ auf die Nummer des Gitterpunktes bezieht. Dann läßt sich (10.97) zusammenfassen zu

$$\boldsymbol{u}_{j+1} = (I-rA)\boldsymbol{u}_j + \boldsymbol{b}_j, \quad (j=0,1,2,\ldots). \tag{10.99}$$

Die Matrix $A \in \mathbb{R}^{n \times n}$ ist die Koeffizientenmatrix des Gleichungssystems der Differenzengleichungen zur Lösung der Poisson-Gleichung im Gebiet $G$, und $\boldsymbol{b}_j$ enthält von den Randbedingungen herrührende Konstanten.

Die Bedingung für die absolute Stabilität der expliziten Methode besteht darin, daß die Eigenwerte der Matrix $(I - rA)$ dem Betrag nach kleiner als Eins sind. Die daraus für $r$ zu beachtende Bedingung kann allgemein nur für symmetrische und positiv definite Matrizen $A$ angegeben werden. In diesem Fall gilt für die Eigenwerte $\lambda_\nu$ von $(I - rA)$, falls $\mu_\nu$ die Eigenwerte von $A$ sind,

$$\lambda_\nu = 1 - r\mu_\nu, \quad (\nu = 1, 2, \ldots, n); \quad \mu_\nu > 0.$$

Daraus ergibt sich aus $1 - r\mu_\nu > -1$ für alle $\nu$ die Bedingung

$$r < 2/\max_\nu (\mu_\nu). \tag{10.100}$$

Für eine Matrix $A$, welche durch die Fünfpunkte-Formel (10.11) definiert ist, wie beispielsweise (10.20) oder (10.45), ist auf Grund der Zeilenmaximumnorm $\max_\nu (\mu_\nu) \leq 8$, so daß die Bedingung

$$\boxed{r < \frac{1}{4}, \quad \text{d. h.} \quad k < \frac{1}{4} h^2} \tag{10.101}$$

für die absolute Stabilität der expliziten Methode (10.97) zu beachten ist. Der größte Eigenwert von $A$ ist stets kleiner als 8, weshalb in (10.101) auch Gleichheit zulässig ist. Durch $k \leq \frac{1}{4} h^2$ wird aber die Größe des Zeitschrittes $k$ sehr stark eingeschränkt.

Deshalb ist wiederum das implizite Verfahren von Crank-Nicolson anzuwenden. In (10.97) wird die geschweifte Klammer durch das arithmetische Mittel der Ausdrücke der $j$-ten und $(j+1)$-ten Zeitschicht ersetzt. Anstelle von (10.99) tritt die Rechenvorschrift

$$(2I + rA)u_{j+1} = (2I - rA)u_j + b_j, \quad (j = 0, 1, 2, \ldots). \tag{10.102}$$

Sie ist absolut stabil für symmetrische und positiv definite Matrizen $A$ oder für unsymmetrische Matrizen $A$, deren Eigenwerte $\mu_\nu$ positiven Realteil haben, denn dann sind die Eigenwerte $\lambda_\nu$ von $(2I + rA)^{-1}(2I - rA)$ für alle $r > 0$ betragsmäßig kleiner als Eins.

Die Berechnung der Näherungswerte $u_{j+1}$ in den Gitterpunkten der $(j+1)$-ten Zeitschicht erfordert nach (10.102) die Lösung eines linearen Gleichungssystems mit der in der Regel diagonal dominanten, und für alle Zeitschritte konstanten Matrix $(2I + rA)$. Nach einer einmal erfolgten LR-Zerlegung ist für die bekannte rechte Seite von (10.102) das Vorwärts- und das Rückwärtseinsetzen auszuführen. Bei kleiner Maschenweite $h$ ist die Ordnung der Matrix $(2I + rA)$ und auch ihre Bandbreite recht groß, so daß sowohl ein beträchtlicher Speicherplatz als auch ein großer Rechenaufwand pro Zeitschritt notwendig sind.

Um den Aufwand hinsichtlich beider Gesichtspunkte wesentlich zu verringern, haben Peaceman und Rachford [PeR55] eine Diskretisation vorgeschlagen, die zum Ziel hat, in jedem Zeitschritt eine Folge von tridiagonalen Gleichungssystemen lösen zu müssen. Die Idee besteht darin, pro Schritt zwei verschiedene Differenzenapproximationen miteinander zu kombinieren. Dazu wird der Zeitschritt $k$ halbiert, und es werden Hilfswerte $u_{\mu,\nu,j+1/2} =: u^*_{\mu,\nu}$ zum Zeitpunkt $t_j + \frac{1}{2}k = t_{j+1/2}$ als Lösung der Differenzengleichungen

$$\frac{2}{k}(u^*_{\mu,\nu} - u_{\mu,\nu,j}) = \frac{1}{h^2}(u^*_{\mu+1,\nu} - 2u^*_{\mu,\nu} + u^*_{\mu-1,\nu})$$
$$+ \frac{1}{h^2}(u_{\mu,\nu+1,j} - 2u_{\mu,\nu,j} + u_{\mu,\nu-1,j}) \quad (10.103)$$

definiert. Zur Approximation von $u_{xx}$ wird der zweite Differenzenquotient mit Hilfswerten der Zeitschicht $t_{j+1/2}$ verwendet, die zweite partielle Ableitung $u_{yy}$ wird hingegen mit Hilfe von (bekannten) Näherungswerten der Zeitschicht $t_j$ approximiert, und die Ableitung $u_t$ durch den gewöhnlichen ersten Differenzenquotienten, aber natürlich mit der halben Schrittweite $\frac{1}{2}k$. Fassen wir die Hilfswerte $u^*_{\mu,\nu}$ für festes $\nu$, d. h. die Werte, die zu Gitterpunkten längs einer zur $x$-Achse parallelen Netzlinie gehören, zu Gruppen zusammen, so ergibt (10.103) für sie ein tridiagonales Gleichungssystem mit der typischen Gleichung

$$-ru^*_{\mu-1,\nu} + (2+2r)u^*_{\mu,\nu} - ru^*_{\mu+1,\nu}$$
$$= ru_{\mu,\nu-1,j} + (2-2r)u_{\mu,\nu,j} + ru_{\mu,\nu+1,j}; \quad r = k/h^2. \quad (10.104)$$

Zur Bestimmung der Gesamtheit aller Hilfswerte $u^*_{\mu,\nu}$ ist somit für jede zur $x$-Achse parallele Linie des Netzes ein tridiagonales Gleichungssystem zu lösen. Mit den so berechneten Hilfswerten werden die Näherungen $u_{\mu,\nu,j+1}$ der Zeitschicht $t_{j+1}$ aus den Differenzengleichungen

$$\frac{2}{k}(u_{\mu,\nu,j+1} - u^*_{\mu,\nu}) = \frac{1}{h^2}(u^*_{\mu+1,\nu} - 2u^*_{\mu,\nu} + u^*_{\mu-1,\nu})$$
$$+ \frac{1}{h^2}(u_{\mu,\nu+1,j+1} - 2u_{\mu,\nu,j+1} + u_{\mu,\nu-1,j+1}) \quad (10.105)$$

bestimmt. Darin ist jetzt $u_{xx}$ mit bekannten Hilfswerten und $u_{yy}$ durch die gesuchten Näherungswerte der $(j+1)$-ten Zeitschicht approximiert. Nun ist wichtig, daß wir in (10.105) die unbekannten Werte $u_{\mu,\nu,j+1}$ für festes $\mu$, d. h. für Gitterpunkte, die auf einer zur $y$-Achse parallelen Netzlinie liegen, zusammenfassen. Für jede dieser Gruppen stellt (10.105) wiederum ein tridiagonales Gleichungssystem mit der typischen Gleichung

$$-ru_{\mu,\nu-1,j+1} + (2+2r)u_{\mu,\nu,j+1} - ru_{\mu,\nu+1,j+1}$$
$$= ru^*_{\mu-1,\nu} + (2-2r)u^*_{\mu,\nu} + ru^*_{\mu+1,\nu}, \quad r = k/h^2 \quad (10.106)$$

dar. Damit ist wiederum eine Folge von tridiagonalen Gleichungssystemen für die Unbekannten $u_{\mu,\nu,j+1}$ in den Gitterpunkten, die zu Netzlinien parallel zur $y$-Achse gehören, zu lösen. Wegen dem Wechsel der Richtung, in welcher die Gitterpunkte

zusammengefaßt werden, heißt das Verfahren von Peaceman und Rachford auch **Methode der alternierenden Richtungen**.
Die tridiagonalen Gleichungssysteme (10.104) und (10.106) sind von der Art, wie sie bei eindimensionalen Problemen auftreten. Die Matrizen sind diagonal dominant. Der Speicherbedarf ist minimal, und der Rechenaufwand zur Lösung von allen tridiagonalen Systemen in einem Zeitschritt ist nur proportional zur Zahl der Gitterpunkte pro Zeitschicht.

**Beispiel 10.13** Eine besonders einfache und durchsichtige Situation ergibt sich für ein Rechteckgebiet $G$ gemäß Fig. 10.11, falls die Anfangswertaufgabe (10.95) unter Dirichletschen Randbedingungen zu lösen ist. Die Maschenweite $h$ sei so wählbar, daß $h = a/(N+1) = b/(M+1)$ mit $N, M \in \mathbb{N}$ gilt. Es ergeben sich somit $n = N \cdot M$ innere Gitterpunkte mit unbekanntem Funktionswert. Die tridiagonalen Gleichungssysteme für die Hilfswerte $u^*$, die für jede Netzlinie parallel zur $x$-Achse zu lösen sind, haben die gleiche Matrix, welche im Fall $N = 5$

$$H := \begin{pmatrix} 2+2r & -r & & & \\ -r & 2+2r & -r & & \\ & -r & 2+2r & -r & \\ & & -r & 2+2r & -r \\ & & & -r & 2+2r \end{pmatrix}$$

lautet. Es genügt somit, bei gewähltem $r$ für diese Matrix als Vorbereitung die LR-Zerlegung zu berechnen, um später für die Bestimmung der $M$ Gruppen von Hilfswerten nur das Vorwärts- und Rückwärtseinsetzen auszuführen. Zur Berechnung der Näherungen $u$ der $(j+1)$-ten Zeitschicht sind dann $N$ tridiagonale Gleichungssysteme mit je $M$ Unbekannten mit der festen Matrix ($M = 3$)

$$V := \begin{pmatrix} 2+2r & -r & \\ -r & 2+2r & -r \\ & -r & 2+2r \end{pmatrix}$$

zu lösen, für die ebenfalls die LR-Zerlegung bereitzustellen ist. Werden die bekannten rechten Seiten der Gleichungssysteme (10.104) und (10.106) mit einem Minimum an Multiplikationen berechnet, sind für einen Integrationsschritt total nur etwa $10n$ wesentliche Operationen nötig. △

**Beispiel 10.14** Für ein weniger einfaches Gebiet $G$ und andern Randbedingungen besitzt die Methode der alternierenden Richtungen eine entsprechend aufwendigere Realisierung. Wir betrachten dazu die parabolische Differentialgleichung $u_t = u_{xx} + u_{yy}$ für das Gebiet $G$ der Fig. 10.4 mit den Randbedingungen (10.16) bis (10.18) und der Anfangsbedingung $u(x, y, 0) = 0$ in $G$. Wir verwenden die Numerierung der Gitterpunkte von Fig. 10.4 und stellen die Matrizen der tridiagonalen Gleichungssysteme zusammen, die für die Hilfswerte zu Gitterpunkten in den vier horizontalen Linien zu lösen sind. Bei der Berücksichtigung der Randbedingungen auf den Randstücken $FA$ und $CD$ sind die Differenzenapproximationen nicht durch zwei zu dividieren. Zu den Matrizen sind die $u^*$-Werte angegeben.

$$H_1 := \begin{pmatrix} 2+2r & -2r & & & \\ -r & 2+2r & -r & & \\ & -r & 2+2r & -r & \\ & & -r & 2+2r & -r \\ & & & -r & 2+2r \end{pmatrix},$$

$$(u_1^*, u_4^*, u_7^*, u_{10}^*, u_{14}^*)^T$$

$$H_2 := \begin{pmatrix} 2+2r & -2r & & & & \\ -r & 2+2r & -r & & & \\ & -r & 2+2r & -r & & \\ & & -r & 2+2r & -r & \\ & & & -r & 2+2r & -r \\ & & & & -r & 2+2r \end{pmatrix},$$

$$(u_2^*, u_5^*, u_8^*, u_{11}^*, u_{15}^*, u_{18}^*)^T$$

$$H_3 := \begin{pmatrix} 2+2r & -2r & & & & \\ -r & 2+2r & -r & & & \\ & -r & 2+2r & -r & & \\ & & -r & 2+2r & -r & \\ & & & -r & 2+2r & -r \\ & & & & -2r & 2+2r \end{pmatrix}, \quad H_4 := \begin{pmatrix} 2+2r & -r \\ -2r & 2+2r \end{pmatrix}$$

$$(u_3^*, u_6^*, u_9^*, u_{12}^*, u_{16}^*, u_{19}^*)^T \qquad (u_{13}^*, u_{17}^*)^T$$

Für den zweiten Halbschritt entstehen für die sechs vertikalen Linien nun vier verschiedene tridiagonale Matrizen, denn für die ersten drei Linien sind die dreireihigen Matrizen identisch. Ihre Aufstellung sei dem Leser überlassen. △

## 10.3 Methode der finiten Elemente

Zur Lösung von elliptischen Randwertaufgaben betrachten wir im folgenden die Energiemethode, welche darin besteht, eine zugehörige Variationsaufgabe näherungsweise zu lösen. Wir werden die grundlegende Idee der Methode der finiten Elemente zur Diskretisierung der Aufgabe darlegen und das Vorgehen für einen ausgewählten Ansatz vollständig darstellen. Für eine ausführliche Behandlung der Methode sei auf [Scw91] verwiesen und die dort zitierte, weiterführende Literatur.

### 10.3.1 Grundlagen

In der $(x, y)$-Ebene sei ein beschränktes Gebiet $G$ gegeben, welches begrenzt wird vom stückweise stetig differenzierbaren Rand $\Gamma$, der auch aus mehreren geschlossenen Kurven bestehen darf (vgl. Fig. 10.1). Wir betrachten den Integralausdruck

## 10 Partielle Differentialgleichungen

$$I := \iint_G \left\{ \frac{1}{2}(u_x^2 + u_y^2) - \frac{1}{2}\varrho(x,y)u^2 + f(x,y)u \right\} dxdy + \oint_\Gamma \left\{ \frac{1}{2}\alpha(s)u^2 - \beta(s)u \right\} ds, \tag{10.107}$$

wo $\varrho(x,y)$ und $f(x,y)$ auf $G$ definierte Funktionen bedeuten, $s$ die Bogenlänge auf $\Gamma$ darstellt, und $\alpha(s)$ und $\beta(s)$ gegebene Funktionen der Bogenlänge sind. Zusätzlich zu (10.107) seien auf einem Teil $\Gamma_1$ des Randes $\Gamma$, der auch den ganzen Rand umfassen oder auch leer sein kann, für die Funktion $u(x,y)$ Randwerte vorgegeben.

$$u = \varphi(s) \quad \text{auf } \Gamma_1, \Gamma_1 \subset \Gamma. \tag{10.108}$$

Wir wollen nun zeigen, daß diejenige Funktion $u(x,y)$, welche den Integralausdruck $I$ unter der Nebenbedingung (10.108) stationär macht, eine bestimmte elliptische Randwertaufgabe löst unter der Voraussetzung, daß $u(x,y)$ hinreichend oft stetig differenzierbar ist. Somit wird es möglich sein, eine Extremalaufgabe für $I$ (10.107) unter der Nebenbedingung (10.108) zu behandeln, um auf diese Weise die Lösung einer elliptischen Randwertaufgabe zu bestimmen. Der Integralausdruck $I$ hat in den meisten Anwendungen die Bedeutung einer Energie und nimmt auf Grund von Extremalprinzipien (Hamiltonsches, Rayleighsches oder Fermatsches Prinzip) [Fun 70] nicht nur einen stationären Wert, sondern ein Minimum an. Dies trifft insbesondere dann zu, falls $\varrho(x,y) \leq 0$ in $G$ und $\alpha(s) \geq 0$ auf $\Gamma$ sind. Wegen dem erwähnten Zusammenhang spricht man von der Energiemethode.

Damit die Funktion $u(x,y)$ den Integralausdruck $I$ stationär macht, muß notwendigerweise seine erste Variation verschwinden. Nach den Regeln der Variationsrechnung [Akh 88, CoH 68, Fun 70, Kli 88] erhalten wir

$$\delta I = \iint_G \{u_x \delta u_x + u_y \delta u_y - \varrho(x,y)u\delta u + f(x,y)\delta u\} dxdy + \oint_\Gamma \{\alpha(s)u\delta u - \beta(s)\delta u\} ds. \tag{10.109}$$

Da $u_x \delta u_x + u_y \delta u_y = \operatorname{grad} u \cdot \operatorname{grad} \delta u$ ist, können wir die Greensche Formel unter der Voraussetzung $u(x,y) \in C^2(G \cup \Gamma)$, $v(x,y) \in C^1(G \cup \Gamma)$

$$\iint_G \operatorname{grad} u \cdot \operatorname{grad} v \, dxdy = -\iint_G \{u_{xx} + u_{yy}\} v \, dxdy + \oint_\Gamma \frac{\partial u}{\partial n} v \, ds$$

anwenden, wo $\partial u/\partial n$ die Ableitung von $u$ in Richtung der äußeren Normalen $n$ auf dem Rand $\Gamma$ bedeutet, und erhalten aus (10.109)

$$\delta I = -\iint_G \{u_{xx} + u_{yy} + \varrho(x,y)u - f(x,y)\}\delta u \, dxdy + \oint_\Gamma \left(\frac{\partial u}{\partial n} + \alpha(s)u - \beta(s)\right)\delta u \, ds. \tag{10.110}$$

Die erste Variation $\delta I$ muß für jede zulässige Änderung $\delta u$ der Funktion $u$ verschwinden. Mit Hilfe einer Konkurrenzeinschränkung mit $\delta u = 0$ auf $\Gamma$ folgt aus (10.110) als erste Bedingung die Eulersche Differentialgleichung

$$u_{xx} + u_{yy} + \varrho(x,y)u = f(x,y) \quad \text{in } G. \tag{10.111}$$

## 10.3 Methode der finiten Elemente

Die Funktion $u(x, y)$, welche als zweimal stetig differenzierbar vorausgesetzt ist, und den Integralausdruck $I$ (10.107) stationär macht, erfüllt notwendigerweise die elliptische Differentialgleichung (10.111) in $G$.

Falls der Teil $\Gamma_1$ mit vorgegebenen Randwerten (10.108), wo natürlich $\delta u = 0$ sein muß, nicht den ganzen Rand $\Gamma$ umfaßt, folgt für den Rest $\Gamma_2$ des Randes die weitere notwendige Bedingung

$$\frac{\partial u}{\partial n} + \alpha(s)u = \beta(s) \quad \text{auf } \Gamma_2 = \Gamma \setminus \Gamma_1. \tag{10.112}$$

Die Randbedingung (10.112) ist eine **natürliche Bedingung**, welcher die Lösungsfunktion $u(x, y)$ der Variationsaufgabe (10.107), (10.108) notwendigerweise genügen muß.

Falls $u(x, y) \in C^2(G \cup \Gamma)$ das Funktional (10.107) unter der Nebenbedingung (10.108) stationär macht, folgt also, daß $u(x, y)$ eine Lösung der elliptischen Differentialgleichung (10.111) unter den Randbedingungen (10.108) und (10.112) ist. Es stellt sich natürlich die Frage nach der Existenz einer Lösung des Variationsproblems, d. h. nach der Existenz einer Funktion $u(x, y)$, welche $I$ unter der Nebenbedingung (10.108) stationär macht. Diese Problematik ist verknüpft mit der Wahl des Raumes der zulässigen Funktionen zur Lösung des Variationsproblems. Beim Betrachten von $I$ erkennt man, daß $I(u(x, y))$ bereits unter viel schwächeren Voraussetzungen an $u(x, y)$ definiert ist, als oben vorausgesetzt wurde. So genügt es beispielsweise, daß $u(x, y)$ stückweise stetig differenzierbar ist. Durch eine Erweiterung des Raumes der zulässigen Funktionen erhält man einen bestimmten Sobolew-Raum. Für diesen kann mit relativ einfachen funktionalanalytischen Hilfsmitteln die Existenz einer Lösung des Variationsproblems bewiesen werden. Als Element des Sobolew-Raumes braucht diese Lösungsfunktion aber nicht zweimal stetig differenzierbar und damit auch nicht eine Lösung der elliptischen Randwertaufgabe zu sein. Die oben genannte Existenzaussage ist unter sehr allgemeinen Voraussetzungen an die Problemdaten $\varrho(x, y)$, $f(x, y)$, $\alpha(s)$, $\beta(s)$ und $G$ gültig. Falls wir zusätzlich voraussetzen, daß diese Daten hinreichend glatt sind, so läßt sich, allerdings unter großen mathematischen Schwierigkeiten, zeigen, daß die Lösung der Variationsaufgabe tatsächlich auch eine Lösung des elliptischen Randwertproblems ist.

Vom praktischen Gesichtspunkt aus ist die zuletzt geschilderte Problematik von geringer Bedeutung. Da in vielen Fällen die Variationsaufgabe die natürliche Art der Beschreibung eines physikalischen Sachverhalts darstellt, ist es nämlich überhaupt nicht notwendig auf das Randwertproblem zurückzugehen. Die Extremalaufgabe wird im folgenden approximativ gelöst, indem eine Näherung für $u(x, y)$ in einem endlich dimensionalen Funktionenraum von bestimmten stückweise stetig differenzierbaren Funktionen ermittelt wird.

Mit der Betrachtung der Variationsaufgabe zeigt sich eine für die Anwendung der Energiemethode wesentliche Unterscheidung der Randbedingungen. Die natürliche Randbedingung (10.112), welche die Normalableitung betrifft, ist in der Formulierung als Extremalproblem implizit im Randintegral von $I$ enthalten und braucht nicht explizit berücksichtigt zu werden.

# 10 Partielle Differentialgleichungen

Durch Spezialisierung der im Integralausdruck auftretenden Funktionen erhalten wir die folgenden elliptischen Randwertaufgaben

$u_{xx} + u_{yy} = 0$            Laplace-Gleichung ($\varrho = f = 0$),

$u_{xx} + u_{yy} = f(x,y)$       Poisson-Gleichung ($\varrho = 0$),

$u_{xx} + u_{yy} + \varrho(x,y)u = 0$    Helmholtz-Gleichung ($f = 0$).

Spezielle natürliche Randbedingungen sind

$$\frac{\partial u}{\partial n} = \beta(s) \qquad \text{Neumann-Bedingung } (\alpha = 0),$$

$$\frac{\partial u}{\partial n} + \alpha(s)u = 0 \quad \text{Cauchy-Bedingung } (\beta = 0).$$

## 10.3.2 Prinzip der Methode der finiten Elemente

Wir beschreiben zuerst das grundsätzliche Vorgehen der Methode und gehen anschließend auf die Detailausführung ein. Der Integralausdruck $I$ (10.107) bildet den Ausgangspunkt. Als erstes wollen wir diesen in geeigneter Weise approximieren, um dann die Bedingung des Stationärwerdens unter Berücksichtigung der Dirichletschen Randbedingung (10.108) zu formulieren.

In einem ersten Lösungsschritt erfolgt eine Diskretisation des Gebietes $G$ in einfache Teilgebiete, den sogenannten Elementen. Wir betrachten im folgenden nur Triangulierungen des Gebietes, in denen $G$ durch Dreieckelemente so überdeckt wird, daß aneinandergrenzende Dreiecke eine ganze Seite oder nur einen Eckpunkt gemeinsam haben (vgl. Fig. 10.21). Das Grundgebiet $G$ wird durch die Gesamtfläche der Dreiecke ersetzt. Ein krummlinig berandetes Gebiet kann sehr flexibel durch eine Triangulierung approximiert werden, wobei allenfalls am Rand eine lokal feinere Einteilung angewandt werden muß. Die Triangulierung sollte keine allzu stumpfwinkligen Dreiecke enthalten, um numerische Schwierigkeiten zu vermeiden.

Im zweiten Schritt wählt man für die gesuchte Funktion $u(x,y)$ in jedem Dreieck einen bestimmten Ansatz. Dafür eignen sich lineare, quadratische und auch höhergradige

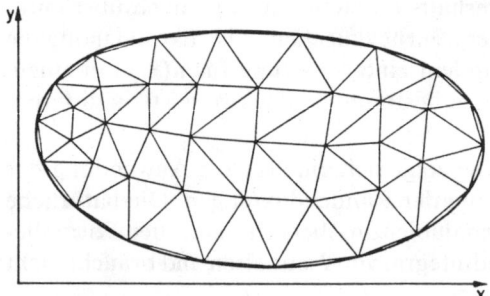

Fig. 10.21
Triangulierung des Gebietes

Polynome in den beiden Variablen $x$ und $y$

$$\tilde{u}(x, y) = c_1 + c_2 x + c_3 y, \tag{10.113}$$

$$\tilde{u}(x, y) = c_1 + c_2 x + c_3 y + c_4 x^2 + c_5 xy + c_6 y^2. \tag{10.114}$$

Diese für jedes Element gültigen Ansatzfunktionen müssen beim Übergang von einem Dreieck ins benachbarte zumindest stetig sein, damit eine für die Behandlung der Extremalaufgabe zulässige, d. h. stetige und einmal stückweise stetig differenzierbare Gesamtfunktion resultiert. Um diese Stetigkeitsbedingung zu erfüllen, sind entweder die Koeffizienten $c_k$ (10.113) oder (10.114) durch Funktionswerte in bestimmten Knotenpunkten des Dreiecks auszudrücken, oder aber man verwendet direkt einen geeigneten Ansatz für $\tilde{u}(x, y)$ mit sogenannten Basisfunktionen, die analog zu den Lagrange-Polynomen mit entsprechenden Interpolationseigenschaften bezüglich der Knotenpunkte definiert werden.

Im Fall des linearen Ansatzes (10.113) ist die Funktion $\tilde{u}(x, y)$ im Dreieck eindeutig bestimmt durch die drei Funktionswerte in den Eckpunkten. Die Stetigkeit der linearen Ansätze beim Übergang in benachbarte Dreiecke folgt aus der Tatsache, daß sie auf den Dreiecksseiten lineare Funktionen der Bogenlänge sind, welche durch die Funktionswerte in den Endpunkten eindeutig bestimmt sind.

Die quadratische Ansatzfunktion (10.114) ist in einem Dreick eindeutig festgelegt durch die sechs Funktionswerte in den drei Eckpunkten und den drei Mittelpunkten der Seiten. Die Ansatzfunktionen sind beim Übergang in benachbarte Elemente stetig, da sie auf der gemeinsamen Seite quadratische Funktionen der Bogenlänge sind, die eindeutig bestimmt sind durch die Funktionswerte im Mittelpunkt und den Endpunkten.

Der dritte Schritt besteht darin, den Integralausdruck $I$ in Abhängigkeit der Funktionswerte in den Knotenpunkten, den Knotenvariablen, für den gewählten Ansatz darzustellen. Dazu sind die Beiträge der einzelnen Dreieckelemente sowie der Randkanten bereitzustellen und zu addieren. Um das letztere systematisch vornehmen zu können, werden die Knotenpunkte durchnumeriert. Wir bezeichnen mit $u_j$ den Funktionswert im Punkt mit der Nummer $j$. Einerseits sind die Integranden entweder quadratische oder lineare Funktionen in $u$ und anderseits ist der Ansatz für $\tilde{u}(x, y)$ linear in den Koeffizienten $c_k$ und deshalb linear in den Knotenvariablen $u_j$. Deshalb ist der Integralausdruck $I(\tilde{u}(x, y))$ eine quadratische Funktion der Knotenvariablen $u_j$. Sie beschreibt den Integralausdruck für einen linearen Funktionenraum, definiert durch die elementweise erklärten Funktionen, dessen Dimension gleich der Anzahl der Knotenpunkte der Gebietsdiskretisation ist.

Im nächsten Schritt erfolgt die Berücksichtigung der Dirichletschen Randbedingung (10.108), welche in bestimmten Randknotenpunkten die Werte der betreffenden Knotenvariablen vorschreibt. Diese bekannten Größen sind im Prinzip in der quadratischen Funktion für $I$ einzusetzen. Für die verbleibenden, unbekannten Knotenvariablen $u_1, u_2, \ldots, u_n$, die wir im Vektor $\boldsymbol{u} := (u_1, u_2, \ldots, u_n)^T$ zusammenfassen, resultiert eine quadratische Funktion der Form

$$F := \frac{1}{2} u^T A u + b^T u + d, \quad A \in \mathbb{R}^{n \times n}, b \in \mathbb{R}^n. \tag{10.115}$$

Darin ist $A$ eine symmetrische Matrix, die positiv definit ist, falls der Integralausdruck $I$ (10.107) einer Energie entspricht oder $\varrho(x,y) \leqslant 0$ und $\alpha(s) \geqslant 0$ sind und hinreichende Zwangsbedingungen (10.108) gegeben sind. Der Vektor $b$ entsteht einerseits aus den linearen Anteilen von $I$ und anderseits durch Beiträge beim Einsetzen von bekannten Werten von Knotenvariablen. Dasselbe gilt für die Konstante $d$ in (10.115).

Die Bedingung des Stationärwerdens von $F$ führt in bekannter Weise auf ein lineares Gleichungssystem

$$A u + b = 0 \tag{10.116}$$

mit **symmetrischer und positiv definiter** Matrix $A$. Nach seiner Auflösung erhält man Werte $u_j$, die Näherungen für die exakten Funktionswerte von $u(x,y)$ in den betreffenden Knotenpunkten darstellen. Auf Grund des gewählten Funktionsansatzes (10.113) oder (10.114) ist der Verlauf der Näherungslösung $\tilde{u}(x,y)$ in den einzelnen Dreieckelementen definiert, so daß beispielsweise Niveaulinien der Näherungslösung konstruiert werden können.

### 10.3.3 Elementweise Bearbeitung

Für die gewählte Triangulierung sind die Beiträge der Integrale der einzelnen Dreieckelemente und Randstücke für den betreffenden Ansatz in Abhängigkeit der Knotenvariablen zu bestimmen. Diese Beiträge sind entweder rein quadratische oder lineare Funktionen in den $u_j$, und wir wollen die Matrizen der quadratischen Formen und die Koeffizienten der linearen Formen herleiten. Sie bilden die wesentliche Grundlage für den Aufbau des später zu lösenden linearen Gleichungssystems (10.116). Im folgenden betrachten wir den quadratischen Ansatz (10.114) und setzen zur Vereinfachung voraus, daß die Funktionen $\varrho(x,y)$, $f(x,y)$, $\alpha(s)$ und $\beta(s)$ im Integralausdruck $I$ (10.107) zumindest für jedes Element, bzw. jede Randkante konstant seien, so daß die betreffenden Werte $\varrho, f, \alpha$ und $\beta$ vor die entsprechenden Integrale gezogen werden können.

Wir betrachten ein Dreieck $T_i$ in allgemeiner Lage mit den sechs Knotenpunkten $P_1$ bis $P_6$ für den quadratischen Ansatz. Wir setzen fest, daß die Eckpunkte $P_1, P_2$ und $P_3$ im Gegenuhrzeigersinn nach Fig. 10.22 angeordnet sein sollen. Die Koordinaten der Eckpunkte $P_j$ seien $(x_j, y_j)$. Um den Wert des Integrals über ein solches Element

$$\iint_{T_i} (\tilde{u}_x^2 + \tilde{u}_y^2) \, dx \, dy \tag{10.117}$$

für irgendeinen Ansatz am einfachsten zu bestimmen, wird $T_i$ vermittels einer linearen Transformation auf ein gleichschenklig rechtwinkliges **Normaldreieck** $T$ abgebildet.

## 10.3 Methode der finiten Elemente

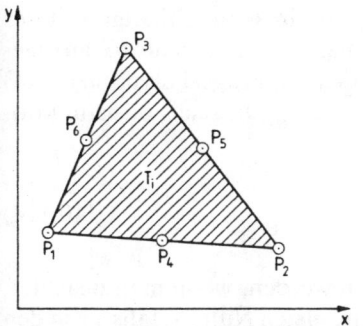

Fig. 10.22 Dreieckelement in beliebiger Lage, Knotenpunkte für quadratischen Ansatz

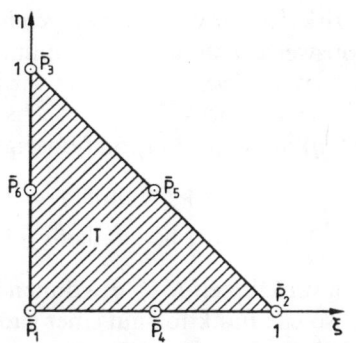

Fig. 10.23 Normaldreieck mit Knotenpunkten für quadratischen Ansatz

(Fig. 10.23). Die zugehörige Transformation lautet

$$x = x_1 + (x_2 - x_1)\xi + (x_3 - x_1)\eta$$
$$y = y_1 + (y_2 - y_1)\xi + (y_3 - y_1)\eta.$$
(10.118)

Das Gebietsintegral (10.117) für $T_i$ ist nach den Regeln der Analysis zu transformieren. Falls wir die transformierte Funktion gleich bezeichnen, gelten

$$\tilde{u}_x = \tilde{u}_\xi \xi_x + \tilde{u}_\eta \eta_x, \qquad \tilde{u}_y = \tilde{u}_\xi \xi_y + \tilde{u}_\eta \eta_y. \qquad (10.119)$$

Weiter folgen auf Grund der Transformation (10.118)

$$\xi_x = \frac{y_3 - y_1}{J}, \qquad \eta_x = -\frac{y_2 - y_1}{J}, \qquad \xi_y = -\frac{x_3 - x_1}{J}, \qquad \eta_y = \frac{x_2 - x_1}{J},$$
(10.120)

wo $\quad J := (x_2 - x_1)(y_3 - y_1) - (x_3 - x_1)(y_2 - y_1) > 0 \qquad$ (10.121)

die Jacobi-Determinante der Abbildung (10.118) bedeutet und wegen unserer Festsetzung über die Eckpunkte gleich der doppelten Fläche des Dreiecks $T_i$ ist. Damit ergibt sich nach Substitution von (10.119) und (10.120) in (10.117)

$$\iint_{T_i} (\tilde{u}_x^2 + \tilde{u}_y^2) \, dx \, dy = \iint_T [a\tilde{u}_\xi^2 + 2b\tilde{u}_\xi \tilde{u}_\eta + c\tilde{u}_\eta^2] \, d\xi \, d\eta \qquad (10.122)$$

mit den konstanten, vom Element $T_i$ abhängigen Koeffizienten

$$\boxed{\begin{aligned} a &= [(x_3 - x_1)^2 + (y_3 - y_1)^2]/J \\ b &= -[(x_3 - x_1)(x_2 - x_1) + (y_3 - y_1)(y_2 - y_1)]/J \\ c &= [(x_2 - x_1)^2 + (y_2 - y_1)^2]/J \end{aligned}} \qquad (10.123)$$

Der quadratische Ansatz (10.114) in den $x, y$-Variablen geht durch die lineare Transformation (10.118) in einen quadratischen Ansatz derselben Form in den $\xi, \eta$-Variablen über. Zu seiner Darstellung wollen wir Basisfunktionen oder sog.

# 10 Partielle Differentialgleichungen

Formfunktionen verwenden, welche gestatten, $\tilde{u}(\xi, \eta)$ direkt in Abhängigkeit der Funktionswerte $u_j$ in den Knotenpunkten $\bar{P}_i$ des Normaldreieckelementes $T$ anzugeben. Zu diesem Zweck definieren wir in Analogie zu den Lagrange-Polynomen (3.4) für das Normaldreieck $T$ und die sechs Knotenpunkte $\bar{P}_j(\xi_j, \eta_j)$ die sechs Basisfunktionen $N_i(\xi, \eta)$ mit den Interpolationseigenschaften

$$N_i(\xi_j, \eta_j) = \begin{Bmatrix} 1 & \text{falls } i=j \\ 0 & \text{falls } i \neq j \end{Bmatrix} \quad (i,j = 1, 2, \ldots, 6). \tag{10.124}$$

Die Formfunktionen $N_i(\xi, \eta)$ können leicht angegeben werden, wenn man beachtet, daß eine solche Funktion auf einer ganzen Dreiecksseite gleich Null ist, falls sie in den drei auf dieser Seite liegenden Knotenpunkten verschwinden muß. Somit sind

$$\begin{array}{|l|l|} \hline N_1(\xi, \eta) = (1 - \xi - \eta)(1 - 2\xi - 2\eta) & N_4(\xi, \eta) = 4\xi(1 - \xi - \eta) \\ N_2(\xi, \eta) = \xi(2\xi - 1) & N_5(\xi, \eta) = 4\xi\eta \\ N_3(\xi, \eta) = \eta(2\eta - 1) & N_6(\xi, \eta) = 4\eta(1 - \xi - \eta) \\ \hline \end{array} \tag{10.125}$$

In Fig. 10.24 sind zwei Formfunktionen veranschaulicht.

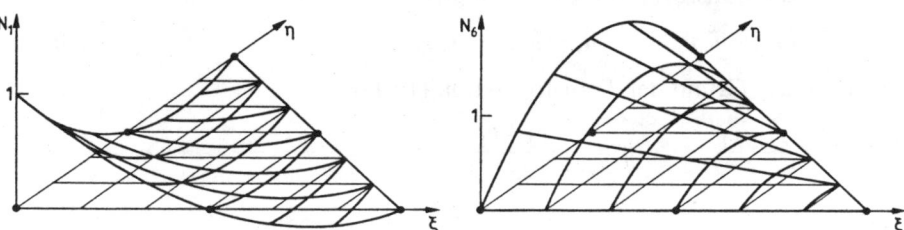

Fig. 10.24 Formfunktionen $N_1(\xi, \eta)$ und $N_6(\xi, \eta)$

Mit den Formfunktionen $N_i(\xi, \eta)$ (10.125) lautet die quadratische Ansatzfunktion $\tilde{u}(\xi, \eta)$ im Normaldreieck $T$

$$\tilde{u}(\xi, \eta) = \sum_{i=1}^{6} u_i N_i(\xi, \eta) = \boldsymbol{u}_e^T \boldsymbol{N}(\xi, \eta), \tag{10.126}$$

wo $u_i$ den Funktionswert im Knotenpunkt $\bar{P}_i$ bedeutet. Diese sechs Funktionswerte fassen wir im Vektor $\boldsymbol{u}_e := (u_1, u_2, \ldots, u_6)^T$ des Elementes zusammen, und die Formfunktionen im Vektor $\boldsymbol{N}(\xi, \eta) := (N_1(\xi, \eta), N_2(\xi, \eta), \ldots, N_6(\xi, \eta))^T$. Mit (10.126) sind dann die partiellen Ableitungen

$$\tilde{u}_\xi = \boldsymbol{u}_e^T \boldsymbol{N}_\xi(\xi, \eta), \qquad \tilde{u}_\eta = \boldsymbol{u}_e^T \boldsymbol{N}_\eta(\xi, \eta), \tag{10.127}$$

die in (10.122) benötigt werden. Für die drei Teilintegrale, welche nicht von der Geometrie des Dreieckelementes abhängen, erhalten wir mit der Identität

## 10.3 Methode der finiten Elemente

$$(\boldsymbol{u}_e^T \boldsymbol{N}_\xi)^2 = (\boldsymbol{u}_e^T \boldsymbol{N}_\xi)(\boldsymbol{N}_\xi^T \boldsymbol{u}_e) = \boldsymbol{u}_e^T \boldsymbol{N}_\xi \boldsymbol{N}_\xi^T \boldsymbol{u}_e$$

$$I_1 := \iint_T \tilde{u}_\xi^2 \mathrm{d}\xi \mathrm{d}\eta = \iint_T \{\boldsymbol{u}_e^T \boldsymbol{N}_\xi\}^2 \mathrm{d}\xi \mathrm{d}\eta = \boldsymbol{u}_e^T \left\{ \iint_T \boldsymbol{N}_\xi \boldsymbol{N}_\xi^T \mathrm{d}\xi \mathrm{d}\eta \right\} \boldsymbol{u}_e = \boldsymbol{u}_e^T \boldsymbol{S}_1 \boldsymbol{u}_e,$$

$$I_2 := 2 \iint_T \tilde{u}_\xi \tilde{u}_\eta \mathrm{d}\xi \mathrm{d}\eta = \boldsymbol{u}_e^T \left\{ \iint_T [\boldsymbol{N}_\xi \boldsymbol{N}_\eta^T + \boldsymbol{N}_\eta \boldsymbol{N}_\xi^T] \mathrm{d}\xi \mathrm{d}\eta \right\} \boldsymbol{u}_e = \boldsymbol{u}_e^T \boldsymbol{S}_2 \boldsymbol{u}_e, \quad (10.128)$$

$$I_3 := \iint_T \tilde{u}_\eta^2 \mathrm{d}\xi \mathrm{d}\eta = \boldsymbol{u}_e^T \left\{ \iint_T \boldsymbol{N}_\eta \boldsymbol{N}_\eta^T \mathrm{d}\xi \mathrm{d}\eta \right\} \boldsymbol{u}_e = \boldsymbol{u}_e^T \boldsymbol{S}_3 \boldsymbol{u}_e.$$

Im Sinn des Matrizenproduktes stellt beispielsweise $N_\xi N_\xi^T$ als Produkt eines Kolonnenvektors mit einem Zeilenvektor eine Matrix der Ordnung sechs dar, und das Integral ist komponentenweise zu verstehen. Um auch für $I_2$ darstellungsmäßig eine symmetrische Matrix als Integranden zu erhalten, ist $2\tilde{u}_\xi \tilde{u}_\eta$ in zwei Summanden aufgeteilt worden. $S_1$, $S_2$ und $S_3$ sind symmetrische, sechsreihige Matrizen. Sie müssen einmal ausgerechnet werden für den quadratischen Ansatz und bilden dann die Grundlage zur Berechnung des Beitrages des Dreieckelementes $T_i$ gemäß (10.122) mit den Koeffizienten (10.123). Die drei Matrizen $S_i$ in (10.128) erhält man mit den partiellen Ableitungen der Formfunktionen und unter Verwendung des Integralwertes

$$I_{p,q} := \iint_T \xi^p \eta^q \mathrm{d}\xi \mathrm{d}\eta = \frac{p!\, q!}{(p+q+2)!}, \quad p, q \in \mathbb{N}_0$$

nach einer längeren, aber elementaren Rechnung. Wir fassen das Ergebnis zusammen in der sogenannten Steifigkeitselementmatrix $S_e \in \mathbb{R}^{6 \times 6}$ eines Dreieckelementes $T_i$ mit quadratischem Ansatz.

$$\iint_{T_i} (\tilde{u}_x^2 + \tilde{u}_y^2)\mathrm{d}x\mathrm{d}y = \boldsymbol{u}_e^T \boldsymbol{S}_e \boldsymbol{u}_e$$

$$S_e = \frac{1}{6} \begin{pmatrix} 3(a+2b+c) & a+b & b+c & -4(a+b) & 0 & -4(b+c) \\ a+b & 3a & -b & -4(a+b) & 4b & 0 \\ b+c & -b & 3c & 0 & 4b & -4(b+c) \\ -4(a+b) & -4(a+b) & 0 & 8(a+b+c) & -8(b+c) & 8b \\ 0 & 4b & 4b & -8(b+c) & 8(a+b+c) & -8(a+b) \\ -4(b+c) & 0 & -4(b+c) & 8b & -8(a+b) & 8(a+b+c) \end{pmatrix}$$

(10.129)

Die Geometrie von $T_i$ ist in den Koeffizienten $a$, $b$ und $c$ (10.123) enthalten. Zueinander ähnliche, aber beliebig gedrehte Dreieckelemente besitzen wegen (10.123) identische Steifigkeitselementmatrizen.

Für das zweite Integral von $I$ ergibt sich nach seiner Transformation auf das Normaldreieck $T$ die Darstellung

$$I_4 := \iint\limits_{T_i} \tilde{u}^2(x,y) \mathrm{d}x \mathrm{d}y = J \iint\limits_{T} \tilde{u}^2(\xi,\eta) \mathrm{d}\xi \mathrm{d}\eta = J \iint\limits_{T} \{u_e^T N\}^2 \mathrm{d}\xi \mathrm{d}\eta$$

$$= u_e^T \left\{ J \iint\limits_{T} N N^T \mathrm{d}\xi \mathrm{d}\eta \right\} u_e = u_e^T M_e u_e.$$

Die Berechnung der Matrixelemente der sogenannten Massenelementmatrix $M_e \in \mathbb{R}^{6 \times 6}$ eines Dreieckelementes $T_i$ mit quadratischem Ansatz ist aufwendig, aber elementar. Wir fassen wieder zusammen.

$$\iint\limits_{T_i} \tilde{u}^2(x,y) \mathrm{d}x \mathrm{d}y = u_e^T M_e u_e$$

$$M_e = \frac{J}{360} \begin{pmatrix} 6 & -1 & -1 & 0 & -4 & 0 \\ -1 & 6 & -1 & 0 & 0 & -4 \\ -1 & -1 & 6 & -4 & 0 & 0 \\ 0 & 0 & -4 & 32 & 16 & 16 \\ -4 & 0 & 0 & 16 & 32 & 16 \\ 0 & -4 & 0 & 16 & 16 & 32 \end{pmatrix} \quad (10.130)$$

Die Geometrie des Dreieckelementes erscheint in der Massenelementmatrix $M_e$ allein in Form des gemeinsamen Faktors $J$, der doppelten Fläche des Dreiecks. Die Form des Dreiecks beeinflußt die Zahlwerte nicht.

Das dritte Integral von $I$ mit einem in $u$ linearen Term ergibt sich zu

$$I_5 := \iint\limits_{T_i} \tilde{u}(x,y) \mathrm{d}x \mathrm{d}y = J \iint\limits_{T} \tilde{u}(\xi,\eta) \mathrm{d}\xi \mathrm{d}\eta = J \iint\limits_{T} u_e^T N \mathrm{d}\xi \mathrm{d}\eta = u_e^T b_e = b_e^T u_e.$$

Die Komponenten des Elementvektors $b_e$ erhält man sehr einfach durch Integration der Formfunktionen über das Normaldreieck $T$. Das Ergebnis ist

$$\iint\limits_{T_i} \tilde{u}(x,y) \mathrm{d}x \mathrm{d}y = b_e^T u_e, \qquad b_e = \frac{J}{6}(0, 0, 0, 1, 1, 1)^T. \quad (10.131)$$

Das Resultat (10.131) stellt eine interpolatorische Quadraturformel für ein Dreieck auf der Basis einer quadratischen Interpolation dar. Bemerkenswert ist die Tatsache, daß nur die Funktionswerte in den Seitenmittelpunkten mit dem gleichen Gewicht in die Formel eingehen, und daß die Geometrie des Dreiecks einzig in Form der doppelten Fläche erscheint.

Jetzt bleiben noch die beiden Randintegrale zu behandeln. Auf Grund unserer Triangulierung wird der Rand stets durch einen Polygonzug approximiert. Somit müssen wir uns mit der Berechnung der Beiträge der Randintegrale für eine Dreiecksseite befassen. Die betrachtete Ansatzfunktion ist dort eine quadratische Funktion der Bogenlänge und ist durch die Funktionswerte in den drei Knotenpunkten eindeutig bestimmt. Wir betrachten deshalb eine Randkante $R_i$ in allgemeiner Lage mit der

Länge $L$. Ihre Endpunkte seien $P_A$ und $P_B$ und der Mittelpunkt $P_M$ (Fig. 10.25). Die Funktionswerte in diesen Knotenpunkten bezeichnen wir mit $u_A$, $u_B$ und $u_M$ und fassen sie im Vektor $\boldsymbol{u}_R := (u_A, u_M, u_B)^T$ zusammen. Zur Berechnung der Randintegrale führen wir die Substitution $s = L\sigma$ durch, womit eine Abbildung auf das Einheitsintervall erfolgt. Zur Darstellung der quadratischen Funktion $\tilde{u}(\sigma)$ verwenden wir die drei Lagrange-Polynome

$$N_1(\sigma) = (1-\sigma)(1-2\sigma), \quad N_2(\sigma) = 4\sigma(1-\sigma), \quad N_3(\sigma) = -\sigma(1-2\sigma), \quad (10.132)$$

die man als Basis- oder **Formfunktionen** für die Randstücke bezeichnet. Wir fassen sie im Vektor $\boldsymbol{N}(\sigma) := (N_1(\sigma), N_2(\sigma), N_3(\sigma))^T \in \mathbb{R}^3$ zusammen, und erhalten so für das erste Randintegral

$$I_6 := \int_{R_i} \tilde{u}^2(s)\,ds = L\int_0^1 \tilde{u}^2(\sigma)\,d\sigma = L\int_0^1 \{\boldsymbol{u}_R^T \boldsymbol{N}(\sigma)\}^2\,d\sigma = \boldsymbol{u}_R^T \left\{ L\int_0^1 \boldsymbol{N}\boldsymbol{N}^T\,d\sigma \right\} \boldsymbol{u}_R$$
$$= \boldsymbol{u}_R^T \boldsymbol{M}_R \boldsymbol{u}_R.$$

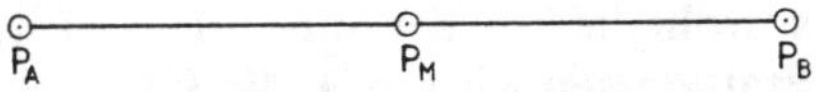

Fig. 10.25
Randkante mit Knotenpunkten $P_A$ —————— $P_M$ —————— $P_B$

Als Resultat der Integration der dreireihigen Matrix erhalten wir die **Massenelementmatrix** $\boldsymbol{M}_R$ einer geradlinigen Randkante $R_i$ mit quadratischer Ansatzfunktion

$$\int_{R_i} \tilde{u}^2(s)\,ds = \boldsymbol{u}_R^T \boldsymbol{M}_R \boldsymbol{u}_R, \quad \boldsymbol{M}_R = \frac{L}{30}\begin{pmatrix} 4 & 2 & -1 \\ 2 & 16 & 2 \\ -1 & 2 & 4 \end{pmatrix}. \quad (10.133)$$

Das zweite Randintegral wird durch die Simpsonregel (8.55) gegeben, da $\tilde{u}(s)$ eine quadratische Funktion der Bogenlänge $s$ und gleich dem Interpolationspolynom ist. Mit dem Randelementvektor $\boldsymbol{b}_R \in \mathbb{R}^3$ gilt somit

$$\int_{R_i} \tilde{u}(s)\,ds = \boldsymbol{b}_R^T \boldsymbol{u}_R, \quad \boldsymbol{b}_R = \frac{L}{6}(1,\ 4,\ 1)^T. \quad (10.134)$$

### 10.3.4 Aufbau und Behandlung der linearen Gleichungen

Für die praktische Durchführung der Methode der finiten Elemente auf einem Computer ist es am zweckmäßigsten, alle $N$ Knotenpunkte der vorgenommenen Triangulierung durchzunumerieren, also auch diejenigen, in denen die Funktionswerte durch eine Dirichletsche Randbedingung (10.108) vorgegeben sind. Die Numerierung der Knotenpunkte sollte so erfolgen, daß die maximale Differenz zwischen Nummern, welche zu einem Element gehören, minimal ist, damit die Bandbreite der Matrix $A$ im System (10.116) möglichst klein ist. Es existieren Algorithmen, um eine optimale Numerierung systematisch zu finden [Scw91].

Mit dieser Numerierung erfolgt die Summation der Beiträge der einzelnen Dreieckelemente und Randkanten zu einer quadratischen Funktion in den $N$ Knotenvariablen $u_1, u_2, \ldots, u_N$ der Form

$$\tilde{F} = \frac{1}{2} u^T \tilde{A} u + \tilde{b}^T u, \quad \tilde{A} \in \mathbb{R}^{N \times N}, \tilde{b}, u \in \mathbb{R}^N, \tag{10.135}$$

wo sich $\tilde{A}$ aus den Steifigkeits- und Massenelementmatrizen und $\tilde{b}$ aus den Elementvektoren entsprechend der Numerierung aufbauen. Man bezeichnet diesen Schritt, in welchem $\tilde{A}$ und $\tilde{b}$ gebildet werden, als Kompilationsprozeß. Die Gesamtsteifigkeitsmatrix $\tilde{A}$ ist symmetrisch, aber singulär. Die Berücksichtigung der Randbedingung (10.108) in den betreffenden Randknotenpunkten erfolgt systematisch auf folgende Art: Im Knotenpunkt mit der Nummer $i$ sei $u_k = \varphi_k$ gegeben. Deshalb treten in der quadratischen Funktion (10.135) im quadratischen Anteil $\frac{1}{2} u^T \tilde{A} u$ die linearen Terme $\frac{1}{2}(\tilde{a}_{ik} u_i \varphi_k + \tilde{a}_{ik} \varphi_k u_i) = \tilde{a}_{ik} u_i \varphi_k, (i \neq k)$ auf, die mit dem linearen Anteil $\tilde{b}^T u$ zusammengefaßt werden können. Das bedeutet, daß das $\varphi_k$-fache der $k$-ten Kolonne von $\tilde{A}$ zum Vektor $\tilde{b}$ zu addieren ist. Im Prinzip wäre jetzt in $\tilde{A}$ sowohl die $k$-te Kolonne und die $k$-te Zeile und in $\tilde{b}$ die $k$-te Komponente zu streichen. Statt dessen wird in $\tilde{A}$ die $k$-te Kolonne und Zeile durch Matrixelemente gleich Null ersetzt, das Diagonalelement $\tilde{a}_{kk} = 1$ und $\tilde{b}_k = -\varphi_k$ gesetzt. Sobald alle Randknotenpunkte mit Dirichletscher Randbedingung auf diese Weise behandelt sind, entsteht eine quadratische Funktion der Art (10.115), jetzt aber in $N$ Knotenvariablen. Mit der modifizierten Gesamtmatrix $A \in \mathbb{R}^{N \times N}$ und dem modifizierten Gesamtvektor $b \in \mathbb{R}^N$ ist das lineare Gleichungssystem $Au + b = 0$ zu lösen. Die Matrix $A$ ist positiv definit, und das Gleichungssystem enthält eine Reihe von trivialen Gleichungen, die den Randbedingungen entsprechen. Der Lösungsvektor $u \in \mathbb{R}^N$ enthält auch diejenigen Knotenvariablen, deren Werte durch Dirichletsche Randbedingungen gegeben sind, was im Fall einer Weiterverarbeitung sehr zweckmäßig ist, z. B. zur Bestimmung von Niveaulinien.

Das symmetrisch-definite Gleichungssystem $Au + b = 0$ kann mit der Methode von Cholesky unter Ausnützung der Bandstruktur gelöst werden. Die Bandbreite von $A$ variiert allerdings bei den meisten Anwendungen sehr stark, so daß die sogenannte hüllenorientierte Rechentechnik Vorteile bringt. Aber auch iterative Methoden sind für größere Gleichungssysteme effizient. Man vergleiche dazu [Scw91] sowie Kapitel 11.

### 10.3.5 Beispiele

Die folgenden Beispiele sind mit einem Tischrechner HP 85 gerechnet worden mit Programmen aus [Scw91]. Die Figuren entstanden auf dem zugehörigen Plotter.

**Beispiel 10.15** Im Gebiet $G$ der Fig. 10.4 soll die Randwertaufgabe (10.15) bis (10.18) gelöst werden. Die zugehörige Formulierung als Variationsaufgabe lautet

$$I = \iint_G \left\{ \frac{1}{2}(u_x^2 + u_y^2) - 2u \right\} dx dy = \text{Extr!} \quad (10.136)$$

unter den Randbedingungen

$$\begin{aligned} u &= 0 \quad \text{auf } DE \text{ und } EF, \\ u &= 1 \quad \text{auf } AB \text{ und } BC. \end{aligned} \quad (10.137)$$

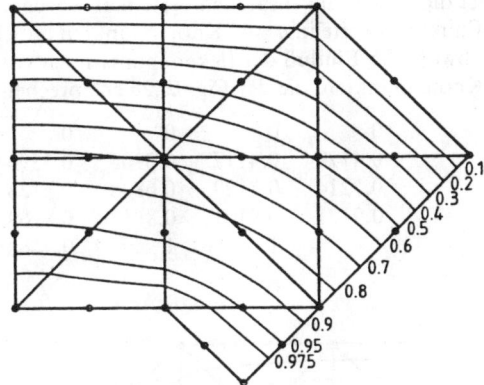

Fig. 10.26
Gebiet mit Triangulierung und
Niveaulinien der Näherungslösung

Zu Vergleichszwecken mit Beispiel 10.1 verwenden wir eine recht grobe Triangulierung des Gebietes nach Fig. 10.26 in dreizehn Dreieckelemente. Bei insgesamt $N = 32$ Knotenpunkten, unter denen zwölf mit bekannten Randwerten sind (als leere Kreise gekennzeichnet), bleiben $n = 20$ Knotenpunkte mit unbekannten Funktionswerten, die als ausgefüllte Kreise hervorgehoben sind. Da alle Dreieckelemente gleichschenklig rechtwinklig sind, sind alle Steifigkeitselementmatrizen identisch. Falls die Numerierung stets im Eckpunkt mit dem rechten Winkel begonnen wird, folgt wegen $a = c = 1, b = 0$

$$S_e = \frac{1}{6} \begin{pmatrix} 6 & 1 & 1 & -4 & 0 & -4 \\ 1 & 3 & 0 & -4 & 0 & 0 \\ 1 & 0 & 3 & 0 & 0 & -4 \\ -4 & -4 & 0 & 16 & -8 & 0 \\ 0 & 0 & 0 & -8 & 16 & -8 \\ -4 & 0 & -4 & 0 & -8 & 16 \end{pmatrix}.$$

Mit $S_e$ und dem Elementvektor $b_e$ kann das Gleichungssystem relativ leicht aufgebaut werden [Sti76]. Die resultierende Näherungslösung für die Randwertaufgabe ist in (10.138) in der Anordnung der Knotenpunkte, auf vier Dezimalstellen nach dem Komma gerundet, zusammengestellt. Die Diskretisationsfehler in dieser Näherung sind vergleichbar mit denjenigen von (10.21).

$$\begin{array}{cccccccc}
0 & 0 & 0 & 0 & 0 & & & \\
0.4176 & 0.4113 & 0.3899 & 0.3410 & 0.2371 & 0 & & \\
0.7229 & 0.7127 & 0.6822 & 0.6119 & 0.4826 & 0.2825 & 0 & \\
0.9167 & 0.9094 & 0.8834 & 0.8169 & 0.7000 & 0.5225 & & \\
1 & 1 & 1 & 0.9474 & 0.8529 & & & \\
& & & 1 & 0.9525 & & & \\
& & & & 1 & & &
\end{array} \quad (10.138)$$

In Fig. 10.26 sind einige Niveaulinien der Näherungslösung $\tilde{u}(x,y)$ eingezeichnet. Man erkennt die Stetigkeit der Näherungslösung, aber auch die Unstetigkeit der ersten partiellen Ableitungen beim Übergang von einem Dreieckelement ins benachbarte. Besonders auffällig ist der Verlauf der Niveaulinien in der Nähe der einspringenden Ecke des Gebietes $G$. Dies ist bedingt durch die dort vorhandene Singularität der partiellen Ableitungen der Lösungsfunktion [MiG 80]. Um dieser Tatsache besser Rechnung zu tragen, ist die Randwertaufgabe mit der feineren Triangulation von Fig. 10.27 behandelt worden. In der Nähe der einspringenden Ecke ist die Einteilung zusätzlich verfeinert worden. Bei insgesamt $N=65$ Knotenpunkten sind die Funktionswerte in $n=49$ Knotenpunkten unbekannt. Die Niveaulinien verlaufen jetzt glatter, obwohl der Einfluß der Ecken immer noch vorhanden ist. Die Näherungswerte in denjenigen Knotenpunkten, die der Fig. 10.26 entsprechen, sind in (10.139) zusammengestellt.

$$
\begin{array}{llllll}
0 & 0 & 0 & 0 & 0 & \\
0.4179 & 0.4117 & 0.3908 & 0.3396 & 0.2298 & 0 \\
0.7214 & 0.7129 & 0.6808 & 0.6128 & 0.4877 & 0.2824 & 0 \\
0.9171 & 0.9101 & 0.8817 & 0.8169 & 0.7006 & 0.5228 \\
1 & 1 & 1 & 0.9468 & 0.8544 \\
& & & 1 & 0.9531 \\
& & & & 1
\end{array}
\qquad (10.139)
$$

$\triangle$

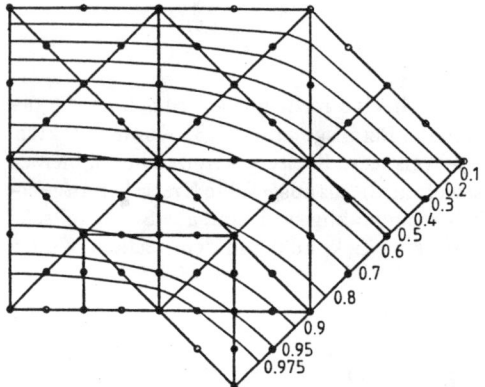

Fig. 10.27
Lokal feinere Triangulierung und Niveaulinien

**Beispiel 10.16** Wir betrachten die Randwertaufgabe (10.31) von Beispiel 10.5 für das Gebiet $G$ mit dem Kreisbogen $AB$ als Randstück (vgl. Fig. 10.8). Die zugehörige Formulierung als Variationsaufgabe lautet

$$I = \iint_G \left\{\frac{1}{2}(u_x^2 + u_y^2) - 2u\right\} dx\,dy + \int_{AB} \{u^2 + u\}\,ds = \text{Extr!} \qquad (10.140)$$

$u = 0 \quad \text{auf } CD.$

Das Randintegral erstreckt sich nur über den Kreisbogen $AB$ mit $\alpha(s)=2$ und $\beta(s)=-1$. Die Fig. 10.28 zeigt die verwendete Triangulierung. Der Kreisbogen ist durch vier gerade Randstücke approximiert, wobei die fünf Knotenpunkte gleichabständig auf dem Bogen festgelegt sind. Die approximierende Fläche der Triangulation ist etwas größer als die Fläche des gegebenen Gebietes $G$. Bei einer Totalzahl von $N=80$ Knotenpunkten sind in $n=67$ Knotenpunkten die Funktionswerte unbekannt. Diese Knotenpunkte sind in Fig. 10.28 durch ausgefüllte Kreise markiert. Die resultierenden Näherungswerte der Lösung sind in ausgewähl-

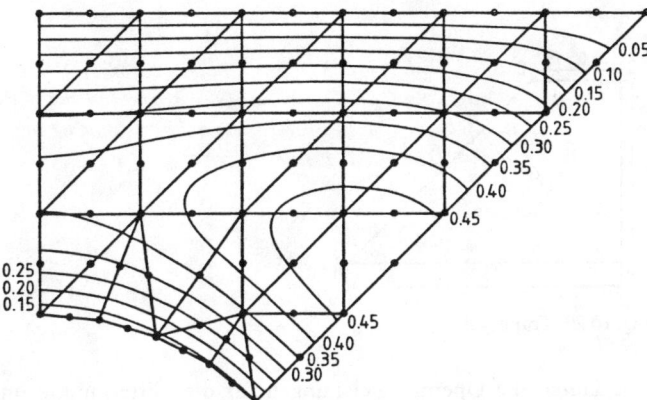

Fig. 10.28
Triangulierung des Gebietes
mit krummlinigem Rand,
Niveaulinien der
Näherungslösung

ten Knotenpunkten, die mit Ausnahme der Punkte auf dem Kreisbogen denjenigen der Fig. 10.8 entsprechen, in (10.141) wiedergegeben. Die Niveaulinien in Fig. 10.28 veranschaulichen den Verlauf der Lösungsfunktion.

$$\begin{array}{ccccccc} 0 & 0 & 0 & 0 & 0 & 0 & 0 \\ 0.2956 & 0.3043 & 0.3223 & 0.3295 & 0.3016 & 0.2094 & \\ 0.3483 & 0.3754 & 0.4326 & 0.4715 & 0.4423 & & \\ 0.1133 & 0.1312 & 0.3412 & 0.4605 & & & \\ & & 0.1474 & & & & \end{array} \qquad (10.141)$$

△

## 10.4 Aufgaben

**10.1** Für das Gebiet $G$ in Fig. 10.29 sei die Randwertaufgabe gegeben:

$$u_{xx} + u_{yy} = -1 \quad \text{in } G$$

$$u = 1 \quad \text{auf } AB, \qquad \frac{\partial u}{\partial n} = 0 \quad \text{auf } BC,$$

$$u = 0 \quad \text{auf } CD, \qquad \frac{\partial u}{\partial n} + 2u = 1 \quad \text{auf } DA.$$

Man löse sie näherungsweise mit der Differenzenmethode unter Verwendung der Fünfpunkte-Approximation für die Maschenweiten $h = 1/4$, $h = 1/6$ und $h = 1/8$. Wie lauten die Differenzengleichungen für die Gitterpunkte auf der Seite $DA$? Für welche Numerierung der Gitterpunkte hat die Matrix des Systems von Differenzengleichungen eine minimale Bandbreite?

**10.2** Im Gebiet $G$ in Fig. 10.30, dessen Randstück $BC$ ein Viertelkreis mit dem Radius $r = 3$ ist, soll die elliptische Randwertaufgabe gelöst werden:

$$u_{xx} + u_{yy} = -10 \quad \text{in } G$$

$$\frac{\partial u}{\partial n} = 0 \quad \text{auf } AB, \qquad u = 4 \quad \text{auf } BC, \qquad \frac{\partial u}{\partial n} = 0 \quad \text{auf } CD$$

$$\frac{\partial u}{\partial n} + 4u = 1 \quad \text{auf } DE, \qquad u = 0 \quad \text{auf } EA$$

498    10 Partielle Differentialgleichungen

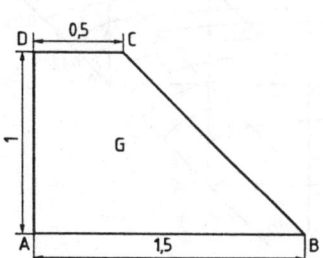

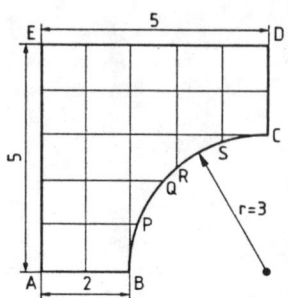

Fig. 10.29 Trapezgebiet

Fig. 10.30 Gebiet mit Kreisrand

Wie lauten die Operatorgleichungen für die Gitterpunkte im Netz von Fig. 10.30 mit der Maschenweite $h=1$? Ist das System der Differenzengleichungen symmetrisch?

**10.3** Im Randwertproblem von Aufgabe 10.2 ersetze man die Dirichletsche Randbedingung auf $BC$ durch die Cauchysche Bedingung

$$\frac{\partial u}{\partial n} + 3u = 2.$$

Für die Randpunkte $B$, $P$, $Q$, $R$, $S$ und $C$ sind weitere Differenzengleichungen herzuleiten. Welche Struktur erhält das System von Differenzengleichungen? Die Berechnung seiner Lösung kann mit dem Gauß-Algorithmus mit Diagonalstrategie erfolgen.

**10.4** Das elliptische Randwertproblem von Aufgabe 10.1 löse man näherungsweise unter Verwendung der Neunpunkt-Differenzengleichung (10.58). Um insbesondere die Differenzengleichungen für die Randpunkte auf $DA$ zu erhalten, ist $\partial u/\partial n = -\partial u/\partial x$ durch den zentralen Differenzenquotienten zu approximieren, so daß die Werte $u_{NW}$, $u_W$ und $u_{SW}$ in (10.58) eliminiert werden können. Die resultierenden Näherungen vergleiche man mit denjenigen aus Aufgabe 10.1.

**10.5** Man löse die parabolische Anfangsrandwertaufgabe

$u_t = u_{xx} + 1$ für $0 < x < 1, t > 0$;

$u(x, 0) = 0$ für $0 < x < 1$,

$u_x(0, t) - 0.5u(0, t) = 0$, $u_x(1, t) + 0.2u(1, t) = 0$ für $t > 0$

mit der expliziten und der impliziten Methode für $h = 0.1$ und $h = 0.05$ und für verschiedene Zeitschritte $k$. Man leite die Bedingung der absoluten Stabilität im Fall der expliziten Methode für die obigen Randbedingungen her. Die stationäre Lösung $u(x, t)$ für $t \to \infty$ mit $u_t = 0$ ist analytisch zu bestimmen und mit den berechneten Näherungen zu vergleichen.

**10.6** Ein Diffusionsproblem besitzt folgende Formulierung:

$$\frac{\partial u}{\partial t} = \frac{\partial}{\partial x}\left((x^2 - x + 1)\frac{\partial u}{\partial x}\right) + (2 - x)\sin(t), \quad 0 < x < 1, t > 0$$

$u(x, 0) = 0$, $\quad 0 < x < 1$

$u(0, t) = 0$, $\quad u_x(1, t) + 0.3u(1, t) = 0$, $\quad t > 0$.

Die Diffusionskennzahl ist ortsabhängig, und die Quellendichte ist orts- und zeitabhängig. Mit der Schrittweite $h = 0.1$ bestimme man die Lösungsfunktion näherungsweise mit der expliziten und der impliziten Methode. Wie lautet die Bedingung der absoluten Stabilität für die Methode von Richardson?

**10.7** Es soll die parabolische Differentialgleichung

$$u_t = u_{xx} + u_{yy} + 1 \quad \text{in } G \times (0, \infty)$$

unter der Anfangsbedingung

$$u(x, y, 0) = 0 \quad \text{in } G$$

und den zeitunabhängigen Randbedingungen

$$u = 1 \quad \text{auf } AB, \quad \frac{\partial u}{\partial n} = 0 \quad \text{auf } BC,$$

$$u = 0 \quad \text{auf } CD, \quad \frac{\partial u}{\partial n} + 2u = 1 \quad \text{auf } DA$$

gelöst werden, wo $G$ das Gebiet von Fig. 10.29 ist. Man verwende dazu die explizite Methode von Richardson, das implizite Verfahren von Crank-Nicolson sowie die Methode der alternierenden Richtungen. Als Maschenweiten wähle man $h = 1/4$ und $h = 1/6$. Die stationäre Lösung für $t \to \infty$ ist gleich der Lösung von Aufgabe 10.1.

**10.8** Wie lauten die Steifigkeitselementmatrizen $S_e$ im Fall des quadratischen Ansatzes für

a) ein gleichseitiges Dreieck;

b) ein rechtwinkliges Dreieck mit den Kathetenlängen $\overline{P_1P_2} = \alpha h$ und $\overline{P_1P_3} = \beta h$;

c) ein gleichschenkliges Dreieck mit der Schenkellänge $h$ und dem Zwischenwinkel $\gamma$?

Was folgt für die Matrixelemente von $S_e$ in den Fällen b) und c), falls $\beta \ll \alpha$, bzw. $\gamma$ sehr klein ist? Welchen Einfluß haben solche spitzwinkligen Dreieckelemente auf die Gesamtsteifigkeitsmatrix $A$?

**10.9** Linearer Ansatz in der Methode der finiten Elemente.

a) Wie lauten die Formfunktionen für den linearen Ansatz? Mit ihrer Hilfe leite man die Elementmatrizen zur Approximation des Integralausdrucks (10.107) unter der Annahme von konstanten Funktionen $\varrho(x, y)$, $f(x, y)$, $\alpha(s)$ und $\beta(s)$ her.

b) Welches sind die Steifigkeitselementmatrizen $S_e$ für ein gleichschenklig rechtwinkliges Dreieck, ein gleichseitiges Dreieck, ein rechtwinkliges Dreieck mit den Kathetenlängen $\alpha h$, und $\beta h$, sowie für ein gleichschenkliges Dreieck mit der Schenkellänge $h$ und dem Zwischenwinkel $\gamma$? Was passiert für spitzwinklige Dreiecke?

c) Man verifiziere, daß die Methode der finiten Elemente für die Poissonsche Differentialgleichung $u_{xx} + u_{yy} = f(x, y)$ im Fall der linearen Elemente für jeden im Innern liegenden Knotenpunkt bei Verwendung einer regelmäßigen Triangulierung in kongruente, rechtwinklig gleichschenklige Dreiecke die Fünfpunkte-Differenzengleichung (10.11) liefert, ganz unabhängig davon, wieviele Dreieckelemente im betreffenden Knotenpunkt zusammenstoßen.

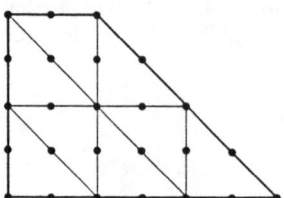

Fig. 10.31 Grobe Triangulierung des Trapezgebietes

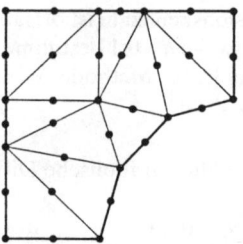

Fig. 10.32 Triangulierung des Gebietes mit Kreisrand

**10.10** Wie lauten die zu minimierenden Integralausdrücke zu den Randwertproblemen der Aufgaben 10.1 bis 10.3? Man löse jene Randwertaufgaben mit der Methode der finiten Elemente beispielsweise für die Triangulierungen der Fig. 10.31 und 10.32 unter Verwendung der quadratischen Ansätze.

# 11 Lineare Gleichungssysteme, iterative Verfahren

Die Behandlung von elliptischen Randwertaufgaben mit der Differenzenmethode oder mit finiten Elementen führt beispielsweise auf die Aufgabe, lineare Gleichungssysteme mit symmetrischer oder gelegentlich unsymmetrischer Matrix für die unbekannten Funktionswerte in den Gitterpunkten zu lösen. Bei feiner Diskretisierung des Grundgebietes sind die Systeme einerseits von hoher Ordnung und besitzen anderseits die Eigenschaft, sehr schwach besetzt zu sein. Grundsätzlich können sie mit den direkten Methoden von Kapitel 1 gelöst werden, wobei bei geeigneter Numerierung der Unbekannten die resultierende Bandstruktur ausgenützt werden kann. Im Verlauf des Eliminationsprozesses erfolgt aber im Inneren des Bandes ein oft vollständiger Auffüllprozeß, bei welchem Matrixelemente, die ursprünglich gleich Null sind, durch von Null verschiedene Werte ersetzt werden. Dadurch kann für sehr große Gleichungssysteme neben dem Rechenaufwand insbesondere der Speicherbedarf prohibitiv groß werden. Deshalb erweisen sich iterative Verfahren zur Lösung von sehr großen, schwach besetzten linearen Gleichungssystemen als geeignete Alternativen, mit denen die schwache Besetzung voll ausgenützt wird. Im folgenden betrachten wir die klassischen Iterationsmethoden und zeigen einige ihrer wichtigsten Eigenschaften auf. Dann wird die Methode der konjugierten Gradienten für symmetrische und positiv definite Gleichungssysteme sehr ausführlich unter Einschluß der zentralen, die Konvergenz verbessernden Vorkonditionierung behandelt, um daraus anschließend die Methode der verallgemeinerten minimierten Residuen zur Lösung von unsymmetrischen Gleichungssystemen zu entwickeln. Ausführlichere, unter anderem auch die effizienten Mehrgitterverfahren behandelnden Darstellungen von Iterationsmethoden findet man etwa in [Bar77, Hac85, Hac91, HaY81, StB90, Var62, You71].

## 11.1 Gesamtschritt- und Einzelschrittverfahren

### 11.1.1 Konstruktion der Iterationsverfahren

Wir betrachten ein allgemeines lineares Gleichungssystem

$$Ax + b = 0, \quad A \in \mathbb{R}^{n \times n}, \quad x, b \in \mathbb{R}^n \tag{11.1}$$

in $n$ Unbekannten mit der regulären Matrix $A$, so daß die Existenz und Eindeutigkeit der Lösung $x$ gewährleistet ist. Damit ein Gleichungssystem (11.1) iterativ gelöst werden kann, muß es in einer ersten Klasse von Verfahren zuerst in eine äquivalente Fixpunktform übergeführt werden. Unter den zahlreichen möglichen Varianten werden wir im folgenden nur einige klassische Methoden betrachten. Zu ihrer

## 11 Lineare Gleichungssysteme, iterative Verfahren

Herleitung treffen wir die Zusatzannahme, daß im zu lösenden Gleichungssystem (11.1)

$$\sum_{j=1}^{n} a_{ij}x_j + b_i = 0, \quad (i = 1, 2, \ldots, n) \tag{11.2}$$

für die Diagonalelemente von $A$

$$\boxed{a_{ii} \neq 0, \quad (i = 1, 2, \ldots, n)} \tag{11.3}$$

gilt. Die Voraussetzung (11.3) ist in der Regel bei einer zweckmäßigen Formulierung des Gleichungssystems automatisch erfüllt oder kann andernfalls durch eine geeignete Anordnung der Gleichungen erfüllt werden. Somit kann die $i$-te Gleichung von (11.2) nach der $i$-ten Unbekannten $x_i$ aufgelöst werden.

$$x_i = -\frac{1}{a_{ii}} \left[ \sum_{\substack{j=1 \\ j \neq i}}^{n} a_{ij}x_j + b_i \right], \quad (i = 1, 2, \ldots, n) \tag{11.4}$$

(11.4) und (11.2) stellen offensichtlich äquivalente Beziehungen dar. Durch (11.4) wird eine lineare Abbildung des $\mathbb{R}^n$ in den $\mathbb{R}^n$ definiert, für welche der Lösungsvektor $x$ von (11.1) ein Fixpunkt ist. Auf Grund dieser Tatsache können wir eine erste Iterationsvorschrift definieren gemäß

$$\boxed{x_i^{(k+1)} = -\frac{1}{a_{ii}} \left[ \sum_{\substack{j=1 \\ j \neq i}}^{n} a_{ij}x_j^{(k)} + b_i \right], \quad \begin{array}{l}(i=1,2,\ldots,n; \\ k=0,1,2,\ldots).\end{array}} \tag{11.5}$$

Da der iterierte Vektor $x^{(k)}$ in (11.5) gesamthaft in der rechten Seite eingesetzt wird, nennt man die Iterationsvorschrift das Gesamtschrittverfahren. Es ist jedoch üblich, die Methode (11.5) als das Jacobi-Verfahren oder kurz als J-Verfahren zu bezeichnen.

Anstatt in der rechten Seite von (11.4) den alten iterierten Vektor einzusetzen, besteht eine naheliegende Modifikation darin, die neu berechneten Komponenten $x_i^{(k+1)}$ zu verwenden und die Iterationsvorschrift im Fall $n=4$ wie folgt zu ändern:

$$\begin{aligned}
x_1^{(k+1)} &= -[\phantom{a_{21}x_1^{(k+1)}} \quad a_{12}x_2^{(k)} + a_{13}x_3^{(k)} + a_{14}x_4^{(k)} + b_1]/a_{11} \\
x_2^{(k+1)} &= -[a_{21}x_1^{(k+1)} \phantom{+ a_{32}x_2^{(k+1)}} + a_{23}x_3^{(k)} + a_{24}x_4^{(k)} + b_2]/a_{22} \\
x_3^{(k+1)} &= -[a_{31}x_1^{(k+1)} + a_{32}x_2^{(k+1)} \phantom{+ a_{43}x_3^{(k+1)}} + a_{34}x_4^{(k)} + b_3]/a_{33} \\
x_4^{(k+1)} &= -[a_{41}x_1^{(k+1)} + a_{42}x_2^{(k+1)} + a_{43}x_3^{(k+1)} \phantom{+ a_{34}x_4^{(k)}} + b_4]/a_{44}
\end{aligned} \tag{11.6}$$

Zusammengefaßt lautet das Einzelschrittverfahren oder Gauß-Seidel-Verfahren

## 11.1 Gesamtschritt- und Einzelschrittverfahren

$$x_i^{(k+1)} = -\frac{1}{a_{ii}} \left[ \sum_{j=1}^{i-1} a_{ij} x_j^{(k+1)} + \sum_{j=i+1}^{n} a_{ij} x_j^{(k)} + b_i \right],$$
$(i = 1, 2, \ldots, n;\ k = 0, 1, 2, \ldots).$ (11.7)

Die Reihenfolge, in welcher die Komponenten $x_i^{(k+1)}$ des iterierten Vektors $x^{(k+1)}$ gemäß (11.7) berechnet werden, ist wesentlich, denn nur so ist die Iterationsvorschrift (11.7) explizit, wie aus (11.6) offensichtlich ist.

Die Rechenpraxis zeigt, und die später folgende Analyse wird dies bestätigen, daß das Konvergenzverhalten der Iterationsvektoren $x^{(k)}$ gegen den Fixpunkt $x$ oft ganz wesentlich verbessert werden kann, falls die Korrekturen der einzelnen Komponenten mit einem festen Relaxationsfaktor $\omega \neq 1$ multipliziert und dann addiert werden. Falls $\omega > 1$ ist, spricht man von **Überrelaxation**, andernfalls von **Unterrelaxation**. Die geeignete Wahl des Relaxationsfaktors $\omega$ ist entweder abhängig von Eigenschaften des zu lösenden Gleichungssystems oder aber von speziellen Zielsetzungen, wie etwa im Zusammenhang mit der sogenannten Glättung bei Mehrgittermethoden.

Die Korrektur der $i$-ten Komponente im Fall des Jacobi-Verfahrens ist gemäß (11.5) gegeben durch

$$\Delta x_i^{(k+1)} = x_i^{(k+1)} - x_i^{(k)} = -\left[ \sum_{j=1}^{n} a_{ij} x_j^{(k)} + b_i \right] \Big/ a_{ii}, \quad (i = 1, 2, \ldots, n),$$

und das **JOR-Verfahren** ist definiert durch

$$\begin{aligned} x_i^{(k+1)} &:= x_i^{(k)} + \omega \cdot \Delta x_i^{(k+1)} \\ &= x_i^{(k)} - \frac{\omega}{a_{ii}} \left[ \sum_{j=1}^{n} a_{ij} x_j^{(k)} + b_i \right] \\ &= (1-\omega) x_i^{(k)} - \frac{\omega}{a_{ii}} \left[ \sum_{\substack{j=1 \\ j \neq i}}^{n} a_{ij} x_j^{(k)} + b_i \right], \end{aligned}$$
$(i = 1, 2, \ldots, n;\ k = 0, 1, 2, \ldots).$ (11.8)

In Analogie dazu resultiert aus dem Einzelschrittverfahren mit den aus (11.7) folgenden Korrekturen

$$\Delta x_i^{(k+1)} = x_i^{(k+1)} - x_i^{(k)} = -\left[ \sum_{j=1}^{i-1} a_{ij} x_j^{(k+1)} + \sum_{j=i}^{n} a_{ij} x_j^{(k)} + b_i \right] \Big/ a_{ii}$$

die Methode der **sukzessiven Überrelaxation**, oder abgekürzt das **SOR-Verfahren** (successive overrelaxation)

$$x_i^{(k+1)} := x_i^{(k)} - \frac{\omega}{a_{ii}} \left[ \sum_{j=1}^{i-1} a_{ij} x_j^{(k+1)} + \sum_{j=i}^{n} a_{ij} x_j^{(k)} + b_i \right]$$

$$= (1 - \omega) x_i^{(k)} - \frac{\omega}{a_{ii}} \left[ \sum_{j=1}^{i-1} a_{ij} x_j^{(k+1)} + \sum_{j=i+1}^{n} a_{ij} x_j^{(k)} + b_i \right], \quad (11.9)$$

$$(i = 1, 2, \ldots n; \, k = 0, 1, 2, \ldots).$$

Das JOR- und das SOR-Verfahren enthalten für $\omega = 1$ als Spezialfälle das J-Verfahren beziehungsweise das Einzelschrittverfahren.

Als Vorbereitung für die nachfolgenden Konvergenzbetrachtungen sollen die Iterationsverfahren, welche komponentenweise und damit auf einem Computer unmittelbar implementierbar formuliert worden sind, auf eine einheitliche Form gebracht werden. Da die Diagonalelemente und die Nichtdiagonalelemente der unteren und der oberen Hälfte der gegebenen Matrix $A$ eine zentrale Rolle spielen, wird die Matrix $A$ als Summe von drei Matrizen dargestellt gemäß

$$A := D - L - U. \qquad (11.10)$$

Darin bedeutet $D := \text{diag}(a_{11}, a_{22}, \ldots, a_{nn}) \in \mathbb{R}^{n \times n}$ eine Diagonalmatrix, gebildet mit den Diagonalelementen von $A$, die wegen der Voraussetzung (11.3) regulär ist. $L$ ist eine **strikt untere Linksdreiecksmatrix** (strictly lower triangular matrix) mit den negativen Nichtdiagonalelementen unterhalb der Diagonale von $A$, und $U$ stellt eine **strikt obere Rechtsdreiecksmatrix** (strictly upper triangular matrix) dar mit den negativen Nichtdiagonalelementen oberhalb der Diagonale von $A$.

Die Iterationsvorschrift (11.5) des Gesamtschrittverfahrens ist nach Multiplikation mit $a_{ii}$ äquivalent zu

$$D x^{(k+1)} = (L + U) x^{(k)} - b,$$

und infolge der erwähnten Regularität von $D$ ist dies gleichwertig zu

$$x^{(k+1)} = D^{-1}(L + U) x^{(k)} - D^{-1} b. \qquad (11.11)$$

Mit der **Iterationsmatrix**

$$T_J := D^{-1}(L + U) \qquad (11.12)$$

und dem Konstantenvektor $c_J := -D^{-1} b$ kann das J-Verfahren (11.5) formuliert werden als

$$x^{(k+1)} = T_J x^{(k)} + c_J, \quad (k = 0, 1, 2, \ldots). \qquad (11.13)$$

## 11.1 Gesamtschritt- und Einzelschrittverfahren

In Analogie ist die Rechenvorschrift (11.7) des Einzelschrittverfahrens äquivalent zu

$$D x^{(k+1)} = L x^{(k+1)} + U x^{(k)} - b,$$

beziehungsweise nach anderer Zusammenfassung gleichwertig zu

$$(D - L) x^{(k+1)} = U x^{(k)} - b.$$

Jetzt stellt $(D - L)$ eine Linksdreiecksmatrix mit von Null verschiedenen Diagonalelementen dar und ist deshalb regulär. Folglich erhalten wir für das Einzelschrittverfahren

$$x^{(k+1)} = (D - L)^{-1} U x^{(k)} - (D - L)^{-1} b. \tag{11.14}$$

Mit der nach (11.14) definierten Iterationsmatrix

$$\boxed{T_{\text{ES}} := (D - L)^{-1} U} \tag{11.15}$$

und dem entsprechenden Konstantenvektor $c_{\text{ES}} := -(D-L)^{-1} b$ erhält (11.14) die gleiche Form wie (11.13).

Aus dem JOR-Verfahren (11.8) resultiert auf ähnliche Weise die äquivalente Matrizenformulierung

$$D x^{(k+1)} = [(1 - \omega) D + \omega (L + U)] x^{(k)} - \omega b.$$

Deshalb ergeben sich wegen

$$x^{(k+1)} = [(1 - \omega) I + \omega D^{-1} (L + U)] x^{(k)} - \omega D^{-1} b \tag{11.16}$$

einerseits die vom Relaxationsparameter $\omega$ abhängige Iterationsmatrix des JOR-Verfahrens

$$\boxed{T_{\text{JOR}}(\omega) := (1 - \omega) I + \omega D^{-1} (L + U)} \tag{11.17}$$

und anderseits der Konstantenvektor $c_{\text{JOR}}(\omega) := -\omega D^{-1} b$. Für $\omega = 1$ gelten offensichtlich $T_{\text{JOR}}(1) = T_{\text{J}}$ und $c_{\text{JOR}}(1) = c_{\text{J}}$.

Aus der zweiten Darstellung der Iterationsvorschrift (11.9) des SOR-Verfahrens erhalten wir nach Multiplikation mit $a_{ii}$

$$D x^{(k+1)} = (1 - \omega) D x^{(k)} + \omega L x^{(k+1)} + \omega U x^{(k)} - \omega b,$$

oder nach entsprechender Zusammenfassung

$$(D - \omega L) x^{(k+1)} = [(1 - \omega) D + \omega U] x^{(k)} - \omega b.$$

Darin ist $(D - \omega L)$ unabhängig von $\omega$ eine reguläre Linksdreiecksmatrix, da ihre Diagonalelemente wegen (11.3) von Null verschieden sind, und sie ist somit invertierbar. Folglich kann die Iterationsvorschrift des SOR-Verfahrens geschrieben werden als

$$x^{(k+1)} = (D - \omega L)^{-1} [(1 - \omega) D + \omega U] x^{(k)} - \omega (D - \omega L)^{-1} b. \tag{11.18}$$

# 11 Lineare Gleichungssysteme, iterative Verfahren

Die von $\omega$ abhängige Iterationsmatrix des SOR-Verfahrens ist deshalb definiert durch

$$T_{\text{SOR}}(\omega) := (D - \omega L)^{-1}[(1 - \omega)D + \omega U], \tag{11.19}$$

und der Konstantenvektor ist $c_{\text{SOR}}(\omega) := -\omega(D - \omega L)^{-1}b$, mit denen das SOR-Verfahren auch die Gestalt (11.13) erhält. Für $\omega = 1$ gelten selbstverständlich $T_{\text{SOR}}(1) = T_{\text{ES}}$ und $c_{\text{SOR}}(1) = c_{\text{ES}}$.

Alle betrachteten Iterationsverfahren haben damit die einheitliche Form einer Fixpunktiteration

$$x^{(k+1)} = Tx^{(k)} + c, \quad (k = 0, 1, 2, \ldots) \tag{11.20}$$

mit der speziellen Eigenschaft, daß sie linear und stationär sind. Denn die Iterationsmatrix $T$ und der Konstantenvektor $c$ sind nicht vom iterierten Vektor $x^{(k)}$ und auch nicht von $k$ abhängig. Sowohl $T$ als auch $c$ sind konstant, falls im JOR- und SOR-Verfahren der Relaxationsparameter $\omega$ fest gewählt wird. Zudem handelt es sich um einstufige Iterationsverfahren, da zur Bestimmung von $x^{(k+1)}$ nur $x^{(k)}$ und keine zurückliegenden Iterationsvektoren verwendet werden.

Da Fixpunktiterationen zur iterativen Lösung von linearen Gleichungssystemen außer den oben betrachteten Herleitungen noch auf unzählig andere Arten konstruiert werden können, stellt sich das grundsätzliche Problem, ob die Fixpunktiteration in einer sinnvollen Relation zum Gleichungssystem steht. Diese Problematik führt zu folgender

**Definition 11.1** *Ein Gleichungssystem $Ax + b = 0$ heißt mit einer Fixpunktgleichung $x = Tx + c$ vollständig konsistent, wenn jede Lösung der einen Gleichung auch Lösung der andern ist.*

Wir wollen die vollständige Konsistenz von $Ax + b = 0$ mit dem JOR-Verfahren zeigen. Sei $x$ die eindeutige Lösung von $Ax + b = 0$. Dann folgen für $\omega \neq 0$ wegen (11.10) die beiden folgenden Relationen

$$\omega(D - L - U)x + \omega b = 0, \tag{11.21}$$

$$Dx = Dx - \omega(D - L - U)x - \omega b. \tag{11.22}$$

Wegen der Regularität von $D$ folgt aus (11.22) weiter

$$\begin{aligned} x &= x - \omega[I - D^{-1}(L + U)]x - \omega D^{-1}b \\ &= [(1 - \omega)I + \omega D^{-1}(L + U)]x - \omega D^{-1}b \\ &= T_{\text{JOR}}(\omega)x + c_{\text{JOR}}(\omega). \end{aligned} \tag{11.23}$$

Folglich ist $x$ Lösung der Fixpunktgleichung. Sei nun umgekehrt $x$ ein Fixpunkt von $x = T_{\text{JOR}}(\omega)x + c_{\text{JOR}}(\omega)$ und somit (11.23) erfüllt. Durch Multiplikation der ersten Zeile von (11.23) mit der regulären Matrix $D$ folgt (11.22), nach dem Wegstreichen von $Dx$ in (11.22) resultiert (11.21) und schließlich nach Division durch $\omega \neq 0$ das Gleichungssystem $Ax + b = 0$. Somit ist jeder Fixpunkt der Fixpunktgleichung des JOR-Verfahrens Lösung des linearen Gleichungssystems.

## 11.1.2 Einige Konvergenzsätze

Zuerst wollen wir allgemein die notwendigen und hinreichenden Bedingungen dafür erkennen, daß die lineare und stationäre Fixpunktgleichung (11.20) eine gegen den Fixpunkt konvergente Vektorfolge $x^{(k)}$ erzeugt. Auf Grund dieses Ergebnisses werden dann einige Konvergenzaussagen hergeleitet, die auf bestimmten Eigenschaften der Matrix $A$ beruhen. Für den ersten Punkt können wir den Banachschen Fixpunktsatz (vgl. Abschn. 5.1) heranziehen und brauchen jene Aussagen nur auf den vorliegenden Spezialfall zu übertragen.

Die Abbildung $F: \mathbb{R}^n \to \mathbb{R}^n$ ist gemäß (11.20) definiert durch $F(x) := Tx + c$ mit $T \in \mathbb{R}^{n \times n}$, $x, c \in \mathbb{R}^n$. Für miteinander kompatible Vektor- und Matrixnormen gilt für beliebige Vektoren $x, y \in \mathbb{R}^n$

$$\|F(x) - F(y)\| = \|Tx - Ty\| = \|T(x - y)\| \leq \|T\| \cdot \|x - y\|. \tag{11.24}$$

Die Matrixnorm $\|T\|$ übernimmt somit die Rolle der Lipschitz-Konstanten $L$ in (5.4), und die Abbildung ist sicher dann kontrahierend, falls für eine Matrixnorm $L := \|T\| < 1$ gilt. Entscheidend ist nun, daß die Norm $\|T\|$ eine feste, nur von der gewählten Matrixnorm abhängige Zahl darstellt und daß mit $\|T\| < 1$ die Abbildung in ganz $\mathbb{R}^n$ kontrahierend ist und diese Eigenschaft somit global gilt. Falls eine lineare Abbildung $F: \mathbb{R}^n \to \mathbb{R}^n$ kontrahierend ist bezüglich einer Matrixnorm, dann existiert einerseits stets eine dazu passende Vektornorm und anderseits eine abgeschlossene Teilmenge $A \subset \mathbb{R}^n$ derart, daß $F: A \to A$ gilt. Denn für jede Konstante $C \geq \|c\|/(1 - L)$ erfüllt $A := \{x \in \mathbb{R}^n | \|x\| \leq C\}$ diese Bedingung, weil

$$\|Tx + c\| \leq \|Tx\| + \|c\| \leq L \cdot \|x\| + \|c\| \leq LC + \|c\| \leq LC + C(1 - L) = C$$

gilt. Eine unmittelbare Folge von Satz 5.1 ist der

**Satz 11.1** *Falls für eine Matrixnorm $\|T\| < 1$ gilt, dann besitzt die Fixpunktgleichung $x = Tx + c$ genau einen Fixpunkt $s$, welcher der eindeutige Grenzwert der Iterationsfolge $x^{(k+1)} = Tx^{(k)} + c$, $(k = 0, 1, 2, \ldots)$ ist.*

An dieser hinreichenden Konvergenzaussage ist unbefriedigend, daß die Kontraktionsbedingung von der verwendeten Matrixnorm abhängig ist.

**Beispiel 11.1** Für die symmetrische Matrix

$$T = \begin{pmatrix} 0.1 & -0.4 \\ -0.4 & 0.8 \end{pmatrix}$$

ist die Zeilensummennorm (1.67) $\|T\|_Z = \|T\|_\infty = 1.2 > 1$, während für die Spektralnorm (1.78) $\|T\|_e = \|T\|_2 = \max_i |\lambda_i(T)| = 0.9815 < 1$ gilt. Die durch $T$ definierte lineare Abbildung $F: \mathbb{R}^2 \to \mathbb{R}^2$ ist bezüglich der Spektralnorm kontrahierend, bezüglich der Zeilensummennorm hingegen nicht. △

## 11 Lineare Gleichungssysteme, iterative Verfahren

Als nächstes wollen wir erkennen, daß der **Spektralradius** $\varrho(T) := \max_i |\lambda_i(T)|$ der Iterationsmatrix $T$ die entscheidende Größe für die Konvergenz der Fixpunktiteration ist. Denn für irgend eine Matrixnorm und eine dazu kompatible Vektornorm gilt für jeden Eigenvektor $y \neq 0$ von $T$ wegen $Ty = \lambda y$

$$\|\lambda y\| = |\lambda| \cdot \|y\| = \|Ty\| \leq \|T\| \cdot \|y\|,$$

und daraus folgt wegen $\|y\| > 0$ die Ungleichung $|\lambda| \leq \|T\|$ für jeden Eigenwert $\lambda$ von $T$ und somit natürlich

$$\varrho(T) \leq \|T\|. \tag{11.25}$$

Jede beliebige Matrixnorm liefert eine obere Schranke für den Spektralradius. Für das folgende ist nun wichtig, daß man zu jeder Matrix $T \in \mathbb{R}^{n \times n}$ eine geeignete Matrixnorm konstruieren kann, welche sich vom Spektralradius nur um eine beliebig kleine Größe $\varepsilon > 0$ unterscheidet. Dazu stellen wir einige vorbereitende Betrachtungen zusammen.

Erstens benötigen wir den Satz von Schur [Scu09, Hac91] in seiner allgemeineren Form, als er in Satz 6.9 formuliert und bewiesen worden ist. In offenkundiger Verallgemeinerung des Beweises von Satz 6.9 gilt der

**Satz 11.2** *Zu jeder reellen oder komplexen Matrix $T$ der Ordnung $n$ existiert eine* **unitäre Matrix** $U \in \mathbb{C}^{n \times n}$, *so daß die zu $T$ ähnlich transformierte Matrix*

$$R := U^H T U \in \mathbb{C}^{n \times n}, \qquad U^H U = I \tag{11.26}$$

*eine im allgemeinen komplexe Rechtsdreiecksmatrix ist. Ihre Diagonalelemente sind gleich den Eigenwerten $\lambda_i$ von $T$.*

Die gemäß Satz 11.2 existierende Matrix $R$ kann weiter einer Ähnlichkeitstransformation mit einer Diagonalmatrix

$$D_\delta := \text{diag}(1, \delta, \delta^2, \delta^3, \ldots, \delta^{n-1}) \in \mathbb{R}^{n \times n}, \quad \delta > 0 \tag{11.27}$$

unterworfen werden zu

$$R_\delta := D_\delta^{-1} R D_\delta. \tag{11.28}$$

Durch diese Transformation wird einerseits die $i$-te Zeile durch $\delta^{i-1}$ dividiert und anderseits die $j$-te Kolonne mit $\delta^{j-1}$ multipliziert. Die Nichtdiagonalelemente von $R_\delta$ oberhalb der Diagonale erhalten somit die Werte

$$r_{ij}^{(\delta)} := r_{ij} \delta^{j-i}, \quad (j > i), \tag{11.29}$$

während die Diagonalelemente unverändert bleiben. Zusammenfassend ist somit die Matrix $T$ ähnlich zu $R_\delta$ mit

$$R_\delta := D_\delta^{-1} U^H T U D_\delta, \tag{11.30}$$

welche die gleichen Eigenwerte $\lambda_i$ und somit den gleichen Spektralradius wie $T$ besitzt. Zweitens sind die Vektor- und Matrizennormen von Abschn. 1.2.1 in offensichtlicher Weise für komplexe Vektoren und Matrizen zu verallgemeinern und eine geeignete, spezielle Matrixnorm zu definieren. Im folgenden arbeiten wir konkret mit der Maximumnorm $\|x\|_\infty$ (1.59) und der ihr zugeordneten Zeilensummennorm $\|T\|_\infty = \|T\|_Z$ (1.67).

**Hilfssatz 11.3** *Falls $C$ eine reguläre, komplexe Matrix ist, dann ist $\|x\| := \|C^{-1}x\|_\infty$ eine Vektornorm, und die ihr zugeordnete Matrixnorm ist $\|T\| := \|C^{-1}TC\|_\infty$.*

Beweis. Die drei Eigenschaften einer Vektornorm (1.56) bis (1.58) sind offensichtlich erfüllt, denn es gelten

a) $\quad \|x\| = \|C^{-1}x\|_\infty \geq 0 \quad$ für alle $x \in \mathbb{C}^n$,

und $\quad \|x\| = \|C^{-1}x\|_\infty = 0 \Leftrightarrow C^{-1}x = 0$

$$\Leftrightarrow x = 0$$

wegen der Regularität von $C^{-1}$.

b) $\quad \|cx\| = \|C^{-1}(cx)\|_\infty = |c| \cdot \|C^{-1}x\|_\infty = |c| \cdot \|x\|$

c) $\quad \|x + y\| = \|C^{-1}(x+y)\|_\infty = \|C^{-1}x + C^{-1}y\|_\infty$
$$\leq \|C^{-1}x\|_\infty + \|C^{-1}y\|_\infty = \|x\| + \|y\|.$$

Dann ist die dieser Vektornorm zugeordnete Matrixnorm gemäß (1.74) definiert durch

$$\|T\| = \max_{x \neq 0} \frac{\|C^{-1}Tx\|_\infty}{\|C^{-1}x\|_\infty} = \max_{\substack{y \neq 0 \\ y = C^{-1}x}} \frac{\|C^{-1}TCy\|_\infty}{\|y\|_\infty} = \|C^{-1}TC\|_\infty.$$

Bei der Substitution $y = C^{-1}x$ wird wieder von der Regularität der Matrix $C^{-1}$ Gebrauch gemacht. □

**Satz 11.4** *Zu jeder Matrix $T \in \mathbb{R}^{n \times n}$ (oder $\mathbb{C}^{n \times n}$) und zu jedem $\varepsilon > 0$ existiert eine von $T$ und $\varepsilon$ abhängige Matrix $C \in \mathbb{C}^{n \times n}$, so daß für die in Hilfssatz 11.3 definierte Matrixnorm gilt:*

$$\|T\| = \|C^{-1}TC\|_\infty \leq \varrho(T) + \varepsilon. \tag{11.31}$$

Beweis. Wir setzen $C := UD_\delta$ mit der unitären Matrix $U$ aus (11.26) und der Diagonalmatrix $D_\delta$ (11.27). Dann folgt für die Matrixnorm von $T$ für jedes $\delta \in (0, 1]$

$$\|T\| = \|C^{-1}TC\|_\infty = \|R_\delta\|_\infty = \max_i \sum_{j=i}^n |r_{ij}^{(\delta)}|$$

$$= \max_i \left\{ |\lambda_i| + \sum_{j=i+1}^n \delta^{j-i} |r_{ij}| \right\}$$

$$\leq \max_i \left\{ |\lambda_i| + \delta \sum_{j=i+1}^n |r_{ij}| \right\}$$

$$\leq \varrho(T) + \delta \left\{ \max_i \sum_{j=i+1}^n |r_{ij}| \right\}.$$

510    11 Lineare Gleichungssysteme, iterative Verfahren

Wählen wir $\delta$ so, daß $\delta \left\{ \max_i \sum_{j=i+1}^{n} |r_{ij}| \right\} \leq \varepsilon$ und $\delta \in (0,1]$ gelten, dann folgt die Behauptung (11.31). □

Eine unmittelbare Folgerung von Satz 11.4 ist der

**Satz 11.5** *Falls $\varrho(T) < 1$ ist, dann existiert ein $\varepsilon > 0$ und eine reguläre Matrix $C \in \mathbb{C}^{n \times n}$, so daß $\|T\| := \|C^{-1}TC\|_\infty < 1$ gilt.*

Beweis. Mit $\varepsilon := [1 - \varrho(T)]/2 > 0$ ist die Behauptung wegen (11.31) erfüllt. □

Mit den bereitgestellten Hilfsmitteln können wir folgenden zentralen Satz zeigen.

**Satz 11.6** *Eine Fixpunktiteration $x^{(k+1)} = Tx^{(k)} + c$, $(k = 0, 1, 2, \ldots)$, welche zum Gleichungssystem $Ax + b = 0$ vollständig konsistent ist, erzeugt genau dann für jeden beliebigen Startvektor $x^{(0)}$ eine gegen die Lösung $x$ konvergente Folge, falls $\varrho(T) < 1$ ist.*

Beweis. Aus der vorausgesetzten Regularität der Matrix $A$ und der vollständigen Konsistenz folgen die Existenz und Eindeutigkeit des Fixpunktes $x$ der Iteration. Die Konvergenz der Folge der iterierten Vektoren $x^{(k)}$ gegen $x$ folgt aus $\varrho(T) < 1$, aus Satz 11.5 und dem Banachschen Fixpunktsatz. Die Voraussetzung $\varrho(T) < 1$ ist somit hinreichend für die Konvergenz der Iterationsfolge.

Die Notwendigkeit der Bedingung ergibt sich aus folgender Betrachtung. Aus den beiden Gleichungen $x^{(k+1)} = Tx^{(k)} + c$ und $x = Tx + c$ erhalten wir durch Subtraktion für den Fehler $f^{(k)} := x^{(k)} - x$ die Beziehung

$$f^{(k+1)} = Tf^{(k)}, \quad (k = 0, 1, 2, \ldots). \tag{11.32}$$

Aus der Annahme, es sei $\varrho(T) \geq 1$ folgt aber, daß ein Eigenwert $\lambda_1$ von $T$ existiert mit $|\lambda_1| \geq 1$. Ist dieser Eigenwert reell, gibt es einen zugehörigen reellen Eigenvektor $y_1$. Für einen Startvektor $x^{(0)}$ mit $f^{(0)} = x^{(0)} - x = cy_1$ kann die Folge der Fehlervektoren $f^{(k)} = T^k x^{(0)} = c\lambda_1^k y_1$ nicht gegen den Nullvektor konvergieren. Zum gleichen Schluß gelangt man im Fall eines komplexen Eigenwertes $|\lambda_1| \geq 1$, weil dann für eine reelle Matrix $T$ auch der konjugiert komplexe Wert $\lambda_2 = \bar{\lambda}_1$ Eigenwert von $T$ ist. Die zugehörigen Eigenvektoren $y_1$ und $y_2$ sind ebenfalls konjugiert komplex. Die Fehlervektoren $f^{(k)}$ zum reellen Startvektor $x^{(0)}$ mit $f^{(0)} = c(y_1 + y_2)$ können aus dem gleichen Grund keine Nullfolge bilden. □

Da nach Satz 11.4 der Spektralradius $\varrho(T)$ bei geeigneter Wahl der Matrixnorm beliebig genau approximiert werden kann, behalten die a priori und a posteriori Fehlerabschätzungen (5.9) und (5.10) ihre Gültigkeit, falls dort $L$ durch $\varrho(T)$ ersetzt und die einschlägige Vektornorm verwendet wird. Desgleichen bleiben die Betrachtungen über die Abnahme der Norm der Fehlervektoren $f^{(k)}$ gültig, und für die Anzahl $m$ von Iterationsschritten, welche nötig sind, um die Norm des Fehlers auf den zehnten Teil zu reduzieren, ist nach (5.17) gegeben durch

$$m \geq \frac{-1}{\log_{10} \|T\|} \cong \frac{1}{-\log_{10} \varrho(T)}.$$

Man bezeichnet $r(T) := -\log_{10} \varrho(T)$ als asymptotische Konvergenzrate der Fixpunktiteration, weil ihr Wert den Bruchteil von Dezimalstellen angibt, welcher pro Schritt in der Näherung $x^{(k)}$ an Genauigkeit gewonnen wird. Die Konstruktion von linearen Iterationsverfahren muß zum Ziel haben, Iterationsmatrizen $T$ mit möglichst kleinem Spektralradius zu erzeugen, um damit eine rasche Konvergenz zu garantieren. Iterationsverfahren mit zum Beispiel $\varrho(T) \geqslant 0.99$, d. h. $r(T) \leqslant 0.00436$ und damit $m \geqslant 230$ sind wohl wegen der hohen Zahl von Iterationsschritten wenig brauchbar.

Die Iterationsmatrix $T$ wird in den anvisierten Anwendungen eine große, kompliziert aufgebaute Matrix sein. Deshalb ist es in der Regel gar nicht möglich, ihren Spektralradius zu berechnen. In einigen wichtigen Fällen kann aber aus bestimmten Eigenschaften der Matrix $A$ auf $\varrho(T)$ geschlossen oder ihn in Abhängigkeit von Eigenwerten anderer Matrizen dargestellt werden. Im folgenden wird eine kleine Auswahl von solchen Aussagen zusammengestellt.

**Satz 11.7** *Falls das J-Verfahren konvergent ist, dann trifft dies auch für das JOR-Verfahren für $0 < \omega \leqslant 1$ zu.*

Beweis. Wir bezeichnen die Eigenwerte von $T_J = D^{-1}(L+U)$ des J-Verfahrens mit $\mu_j$ und diejenigen von $T_{JOR}(\omega) = (1-\omega)I + \omega D^{-1}(L+U)$ mit $\lambda_j$. Da zwischen den Iterationsmatrizen der Zusammenhang

$$T_{JOR}(\omega) = (1 - \omega)I + \omega T_J$$

besteht, so gilt für die Eigenwerte

$$\lambda_j = (1 - \omega) + \omega \mu_j, \quad (j = 1, 2, \ldots, n). \tag{11.33}$$

Wegen der Voraussetzung $\varrho(T) < 1$ liegen alle Eigenwerte $\mu_j$ im Innern der Einheitskreisscheibe der komplexen Zahlenebene. Die Eigenwerte $\lambda_j$ stellen sich nach (11.33) für $0 < \omega \leqslant 1$ als konvexe Linearkombination der Zahl 1 und des Wertes $\mu_j$ dar, wobei das Gewicht von 1 echt kleiner als Eins ist. Jeder Eigenwert $\lambda_j$ von $T_{JOR}(\omega)$ liegt somit auf der halboffenen Verbindungsgeraden von 1 nach $\mu_j$ und somit ebenfalls im Inneren der Einheitskreisscheibe. Folglich ist $\varrho(T_{JOR}(\omega)) < 1$ für alle $\omega \in (0, 1]$. □

**Satz 11.8** *Für eine strikt diagonal dominante Matrix $A$ ist das J-Verfahren konvergent und folglich auch das JOR-Verfahren für $\omega \in (0, 1]$.*

Beweis. Für eine diagonal dominante Matrix $A$ gilt nach (1.37)

$$|a_{ii}| > \sum_{\substack{j=1 \\ j \neq i}}^{n} |a_{ij}|, \quad (i = 1, 2, \ldots, n). \tag{11.34}$$

Folglich sind alle Diagonalelemente $a_{ii} \neq 0$, die Matrix $D$ ist invertierbar, und die Iterationsmatrix $T_J = D^{-1}(L+U)$ hat die Gestalt

$$T_J = \begin{pmatrix} 0 & -\dfrac{a_{12}}{a_{11}} & -\dfrac{a_{13}}{a_{11}} & \cdots & -\dfrac{a_{1n}}{a_{11}} \\ -\dfrac{a_{21}}{a_{22}} & 0 & -\dfrac{a_{23}}{a_{22}} & \cdots & -\dfrac{a_{2n}}{a_{22}} \\ \vdots & \vdots & \vdots & \ddots & \vdots \\ -\dfrac{a_{n1}}{a_{nn}} & -\dfrac{a_{n2}}{a_{nn}} & -\dfrac{a_{n3}}{a_{nn}} & \cdots & 0 \end{pmatrix}.$$

Wegen (11.34) folgt für den Spektralradius die Abschätzung

$$\varrho(T_J) \leqslant \|T_J\|_\infty = \max_i \sum_{\substack{j=1 \\ j \neq i}}^n \left|\frac{a_{ij}}{a_{ii}}\right| < 1$$

und damit die Konvergenz des Gesamtschrittverfahrens. □

Differenzenmethoden führen beispielsweise häufig auf Gleichungssysteme mit **schwach diagonal dominanter** Matrix $A$ mit der Eigenschaft

$$|a_{ii}| \geqslant \sum_{\substack{j=1 \\ j \neq i}}^n |a_{ij}|, \quad (i = 1, 2, \ldots, n), \tag{11.35}$$

wobei aber für mindestens einen Index $i$ in (11.35) strikte Ungleichheit gilt. Der Satz 11.8 läßt sich für solche Matrizen unter einer Zusatzbedingung verallgemeinern.

**Definition 11.2** *Eine Matrix $A \in \mathbb{R}^{n \times n}$ mit $n > 1$ heißt* irreduzibel, *falls für zwei beliebige, nichtleere und disjunkte Teilmengen $S$ und $T$ von $W = \{1, 2, \ldots, n\}$ mit $S \cup T = W$ stets Indexwerte $i \in S$ und $j \in T$ existieren, so daß $a_{ij} \neq 0$ ist.*

Es ist leicht einzusehen, daß folgende Definition äquivalent ist.

**Definition 11.3** *Eine Matrix $A \in \mathbb{R}^{n \times n}$ mit $n > 1$ heißt* irreduzibel, *falls es keine Permutationsmatrix $P \in \mathbb{R}^{n \times n}$ gibt, so daß bei gleichzeitiger Zeilen- und Kolonnenpermutation von $A$*

$$P^T A P = \begin{pmatrix} F & 0 \\ G & H \end{pmatrix} \tag{11.36}$$

*wird, wo $F$ und $H$ quadratische Matrizen und $0$ eine Nullmatrix darstellen.*

Diese Definition der Nichtreduzierbarkeit einer Matrix bedeutet im Zusammenhang mit der Lösung eines Gleichungssystems $Ax + b = 0$, daß sich die Gleichungen und gleichzeitig die Unbekannten nicht so umordnen lassen, daß das System derart zerfällt, daß zuerst ein Teilsystem mit der Matrix $F$ und anschließend ein zweites Teilsystem mit der Matrix $H$ gelöst werden kann.

Um die Unzerlegbarkeit einer gegebenen Matrix $A$ in einer konkreten Situation entscheiden zu können, ist die folgende äquivalente Definition nützlich [Hac91, You71].

## 11.1 Gesamtschritt- und Einzelschrittverfahren

**Definition 11.4** *Eine Matrix $A \in \mathbb{R}^{n \times n}$ heißt* irreduzibel, *falls zu beliebigen Indexwerten $i$ und $j$ mit $i, j \in W = \{1, 2, \ldots, n\}$ entweder $a_{ij} \neq 0$ ist oder eine Indexfolge $i_1, i_2, \ldots, i_s$ existiert, so daß*

$$a_{ii_1} \cdot a_{i_1 i_2} \cdot a_{i_2 i_3} \ldots a_{i_s j} \neq 0$$

*gilt.*

Die in der Definition 11.4 gegebene Charakterisierung der Irreduzibilität besitzt eine anschauliche Interpretation mit Hilfe eines der Matrix $A \in \mathbb{R}^{n \times n}$ zugeordneten gerichteten Graphen $G(A)$. Er besteht aus $n$ verschiedenen Knoten, die von 1 bis $n$ durchnumeriert seien. Zu jedem Indexpaar $(i, j)$, für welches $a_{ij} \neq 0$ ist, existiert eine gerichtete Kante vom Knoten $i$ zum Knoten $j$. Falls $a_{ij} \neq 0$ und $a_{ji} \neq 0$ sind, dann gibt es im Graphen $G(A)$ je eine gerichtete Kante von $i$ nach $j$ und von $j$ nach $i$. Für $a_{ii} \neq 0$ enthält $G(A)$ eine sogenannte Schleife. Diese sind für die Irreduzibilität allerdings bedeutungslos. Eine Matrix $A \in \mathbb{R}^{n \times n}$ ist genau dann irreduzibel, falls der Graph $G(A)$ in dem Sinn zusammenhängend ist, daß von jedem Knoten $i$ jeder (andere) Knoten $j$ über mindestens einen gerichteten Weg, der sich aus gerichteten Kanten zusammensetzt, erreichbar ist.

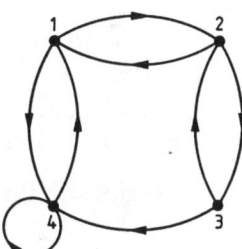

$$A = \begin{pmatrix} 0 & 1 & 0 & 1 \\ 1 & 0 & 1 & 0 \\ 0 & 1 & 0 & 1 \\ 1 & 0 & 0 & 1 \end{pmatrix}$$

Fig. 11.1
Matrix $A$ und gerichteter Graph $G(A)$

**Beispiel 11.2** Die Matrix $A$ der Fig. 11.1 ist irreduzibel, weil der zugeordnete gerichtete Graph $G(A)$ offensichtlich zusammenhängend ist. △

**Beispiel 11.3** Die Matrix $A$ in Fig. 11.2 ist hingegen reduzibel, denn der Graph $G(A)$ ist nicht zusammenhängend, da es keinen gerichteten Weg von 1 nach 4 gibt. In diesem Fall liefert eine gleichzeitige Vertauschung der zweiten und dritten Zeilen und Kolonnen eine Matrix der Gestalt (11.36). Mit $S := \{1, 3\}$ und $W := \{2, 4\}$ ist die Bedingung der Definition 11.2 nicht erfüllt. △

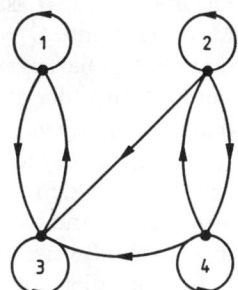

$$A = \begin{pmatrix} 1 & 0 & 1 & 0 \\ 0 & 1 & 1 & 1 \\ 1 & 0 & 1 & 0 \\ 0 & 1 & 1 & 1 \end{pmatrix}$$

Fig. 11.2
Beispiel einer nicht irreduziblen Matrix

**Hilfssatz 11.9** *Eine irreduzible, schwach diagonal dominante Matrix* $A \in \mathbb{C}^{n \times n}$ *hat nichtverschwindende Diagonalelemente und ist regulär, d. h. es gilt* $|A| \neq 0$.

Beweis. Zuerst zeigen wir, daß $a_{ii} \neq 0$ für alle $i \in W = \{1, 2, \ldots, n\}$ gilt. Angenommen, es sei für einen Index $i$ das Diagonalelement $a_{ii} = 0$. Wegen der schwachen diagonalen Dominanz müßte dann $a_{ij} = 0$ sein für alle $j \neq i$. Mit den Indexmengen $S := \{i\}$, $T := W - \{i\}$ steht dies im Widerspruch zur vorausgesetzten Irreduzibilität nach Definition 11.2.

Die zweite Aussage wird ebenfalls indirekt gezeigt. Wir nehmen an, es sei $|A| = 0$. Folglich besitzt das homogene Gleichungssystem $A z = 0$ eine nichttriviale Lösung $z \neq 0$. Wegen $a_{ii} \neq 0$ können alle Gleichungen nach der in der Diagonale stehenden Unbekannten $z_i$ aufgelöst werden, und wir erhalten

$$z_i = -\sum_{\substack{j=1 \\ j \neq i}}^{n} \frac{a_{ij}}{a_{ii}} z_j = \sum_{j=1}^{n} b_{ij} z_j, \quad (i = 1, 2, \ldots, n) \tag{11.37}$$

mit $b_{ii} := 0, b_{ij} := -a_{ij}/a_{ii}, (j \neq i)$. Aus der schwachen diagonalen Dominanz von $A$ folgt aber für die Matrix $B$

$$\sum_{j=1}^{n} |b_{ij}| \leq 1 \quad \text{für } i = 1, 2, \ldots, n, \tag{11.38}$$

wobei für mindestens einen Index $i_0$ in (11.38) strikte Ungleichung gilt. Wir definieren $M := \max_i |z_i| > 0$ und es sei $k$ einer jener Indizes, für welchen $|z_k| = M$ gilt. Aus (11.37) ergibt sich für die $k$-te Gleichung

$$M = |z_k| = \left| \sum_{j=1}^{n} b_{kj} z_j \right| \leq \sum_{j=1}^{n} |b_{kj}| \cdot |z_j|. \tag{11.39}$$

Wegen (11.38) gilt $\sum_{j=1}^{n} |b_{kj}| \cdot M \leq M$ und zusammen mit (11.39) erhalten wir

$$\sum_{j=1}^{n} |b_{kj}|(|z_j| - M) \geq 0. \tag{11.40}$$

Da aber $|z_j| \leq M$ ist für alle $j$, kann (11.40) nur dann erfüllt sein, falls für alle Matrixelemente $b_{kj} \neq 0$ die Gleichheit $|z_j| = M$ gilt. An dieser Stelle ist die Irreduzibilität von $A$ zu berücksichtigen. Nach Definition 11.4 existiert zu jedem Indexpaar $(k, j)$ mit $k \neq j$ entweder das Matrixelement $a_{kj} \neq 0$ oder aber eine Indexfolge $k_1, k_2, \ldots, k_s$, so daß $a_{kk_1} \cdot a_{k_1 k_2} \cdot a_{k_2 k_3} \ldots a_{k_s j} \neq 0$ ist. Folglich ist entweder $b_{kj} \neq 0$ oder $b_{kk_1} \cdot b_{k_1 k_2} \cdot b_{k_2 k_3} \ldots b_{k_s j} \neq 0$. Nach dem oben Gesagten muß somit entweder $|z_j| = M$ oder $|z_{k_1}| = M$ gelten. Im letzten Fall ist die Überlegung auch für die Gleichung mit dem Index $k_1$ anwendbar, und wegen $b_{k_1 k_2} \neq 0$ gilt dann auch $|z_{k_2}| = M$. Durch analoge Fortsetzung dieser Schlußweise ergibt sich somit, daß auch $|z_j| = M$ für jedes beliebige $j \neq k$ gelten muß. Für diejenige Gleichung mit dem Index $i_0$, für welche (11.38) als strikte

11.1 Gesamtschritt- und Einzelschrittverfahren 515

Ungleichung gilt, folgt deshalb wegen $|z_j| = M$

$$M \leqslant \sum_{j=1}^{n} |b_{i_0 j}| \cdot M < M$$

der gewünschte Widerspruch. Die Gegenannahme ist falsch, und die Matrix $A$ muß regulär sein. □

**Satz 11.10** *Für eine irreduzible, schwach diagonal dominante Matrix $A$ ist das J-Verfahren konvergent und somit auch das JOR-Verfahren für $\omega \in (0, 1]$.*

Beweis. Wir zeigen die Aussage auf indirekte Art und treffen die Gegenannahme, es gelte $\varrho(T_J) \geqslant 1$. Demnach existiert ein Eigenwert $\mu$ von $T_J$ mit $|\mu| \geqslant 1$, und für ihn gelten

$$|T_J - \mu I| = 0 \quad \text{oder} \quad |I - \mu^{-1} T_J| = 0.$$

Aus der Voraussetzung, die Matrix $A$ sei irreduzibel, folgt auch, daß die Iterationsmatrix des J-Verfahrens $T_J = D^{-1}(L + U)$ auch irreduzibel ist, da diese Eigenschaft nur die Nichtdiagonalelemente betrifft. Das gleiche gilt dann auch für die Matrix $C := I - \mu^{-1} T_J$, welche zudem schwach diagonal dominant ist. Denn für die Matrixelemente $t_{ij}$ von $T_J$ gelten $t_{ii} = 0$, $t_{ij} = -a_{ij}/a_{ii}$, $(j \neq i)$, und infolge der schwachen diagonalen Dominanz von $A$ folgt somit $\sum_{j \neq i} |t_{ij}| \leqslant 1$ für alle $i$, wobei für mindestens einen Index $i_0$ strikte Ungleichheit gilt. Weiter ist zu beachten, daß $|\mu^{-1}| \leqslant 1$ ist, und zusammen mit der vorerwähnten Eigenschaft folgt die schwache diagonale Dominanz von $C$. Nach dem Hilfssatz 11.9 muß aber $|C| = |I - \mu^{-1} T_J| \neq 0$ sein, was den Widerspruch liefert. Unsere Gegenannahme ist falsch, und es gilt $\varrho(T_J) < 1$. □

Im folgenden betrachten wir den Spezialfall, daß die Matrix $A$ des linearen Gleichungssystems symmetrisch und positiv definit ist.

**Satz 11.11** *Es sei $A \in \mathbb{R}^{n \times n}$ symmetrisch und positiv definit und überdies das J-Verfahren konvergent. Dann ist das JOR-Verfahren konvergent für alle $\omega$ mit*

$$0 < \omega < 2/(1 - \mu_{\min}) \leqslant 2, \tag{11.41}$$

*wobei $\mu_{\min}$ der kleinste, negative Eigenwert von $T_J$ ist.*

Beweis. Aus der Symmetrie von $A = D - L - U$ folgt $U = L^T$ und folglich ist $(U + L)$ symmetrisch. Wegen der positiven Definitheit von $A$ sind die Diagonalelemente $a_{ii} > 0$, und es kann die reelle, reguläre Diagonalmatrix $D^{1/2} := \text{diag}(\sqrt{a_{11}}, \sqrt{a_{22}}, ..., \sqrt{a_{nn}})$ gebildet werden. Dann ist die Iterationsmatrix $T_J = D^{-1}(L + U)$ ähnlich zur symmetrischen Matrix

$$S := D^{1/2} T_J D^{-1/2} = D^{-1/2}(L + U) D^{-1/2}.$$

Demzufolge sind die Eigenwerte $\mu_j$ von $T_J$ reell. Unter ihnen muß mindestens einer negativ sein. Denn die Diagonalelemente von $T_J$ sind gleich Null und somit ist auch die Spur von $T_J$ gleich Null, die aber gleich der Summe der Eigenwerte ist. Somit gilt,

## 11 Lineare Gleichungssysteme, iterative Verfahren

falls $T_J \neq 0$ ist, $\mu_{\min} = \min_j \mu_j < 0$. Wegen der vorausgesetzten Konvergenz des J-Verfahrens ist $\varrho(T_J) < 1$ und deshalb $\mu_{\min} > -1$.
Wegen der Relation (11.33) zwischen den Eigenwerten $\lambda_j$ von $T_{\text{JOR}}(\omega)$ und den Eigenwerten $\mu_j$ sind auch die $\lambda_j$ reell. Die notwendige und hinreichende Bedingung für die Konvergenz des JOR-Verfahrens lautet deshalb

$$-1 < 1 - \omega + \omega\mu_j < 1, \quad (j = 1, 2, \ldots, n),$$

oder nach Subtraktion von 1 und anschließender Multiplikation mit $-1$

$$0 < \omega(1 - \mu_j) < 2, \quad (j = 1, 2, \ldots, n).$$

Da $1 - \mu_j > 0$ gilt, ist $1 - \mu_j$ für $\mu_j = \mu_{\min} < 0$ am größten, und es folgt daraus die Bedingung (11.41). □

Das Gesamtschrittverfahren braucht nicht für jede symmetrische und positive definite Matrix $A$ zu konvergieren.

**Beispiel 11.4** Die symmetrische Matrix

$$A = \begin{pmatrix} 1 & a & a \\ a & 1 & a \\ a & a & 1 \end{pmatrix} = I - L - U$$

ist positiv definit für $a \in (-0.5, 1)$, wie man mit Hilfe ihrer Cholesky-Zerlegung bestimmen kann. Die zugehörige Iterationsmatrix

$$T_J = L + U = \begin{pmatrix} 0 & -a & -a \\ -a & 0 & -a \\ -a & -a & 0 \end{pmatrix}$$

hat die Eigenwerte $\mu_{1,2} = a$ und $\mu_3 = -2a$, so daß $\varrho(T_J) = 2|a|$ ist. Das J-Verfahren ist dann und nur dann konvergent, falls $a \in (-0.5, 0.5)$ gilt. Es ist nicht konvergent für $a \in [0.5, 1)$, für welche Werte $A$ positiv definit ist. △

Die bisherigen Sätze beinhalten nur die grundsätzliche Konvergenz des JOR-Verfahrens unter bestimmten Voraussetzungen an die Systemmatrix $A$, enthalten aber keine Hinweise über die optimale Wahl von $\omega$ für bestmögliche Konvergenz. Die diesbezügliche Optimierungsaufgabe lautet wegen (11.33):

$$\min_\omega \varrho(T_{\text{JOR}}(\omega)) = \min_\omega \left\{ \max_j |\lambda_j| \right\} = \min_\omega \left\{ \max_j |1 - \omega + \omega\mu_j| \right\}$$

Diese Aufgabe kann dann gelöst werden, wenn über die Lage oder Verteilung der Eigenwerte $\mu_j$ von $T_J$ konkrete Angaben vorliegen. Wir führen diese Diskussion im Spezialfall einer symmetrischen und positiv definiten Matrix $A$ durch, für die die Eigenwerte $\mu_j$ von $T_J$ reell sind, und unter der Voraussetzung, daß das J-Verfahren konvergent sei, und somit $-1 < \mu_{\min} \leq \mu_j \leq \mu_{\max} < 1$ gilt. Wegen (11.33) ist $|\lambda_j| = |1 - \omega(1 - \mu_j)|$ eine stückweise lineare Funktion von $\omega$. In Fig. 11.3 sind die Geraden $|\lambda_j|$ für $\mu_{\min} = -0.6$, $\mu_{\max} = 0.85$ und einen weiteren Eigenwert $\mu_j$ dargestellt.

## 11.1 Gesamtschritt- und Einzelschrittverfahren

Der Wert von $\omega_{\text{opt}}$ wird aus dem Schnittpunkt der beiden erstgenannten Geraden ermittelt, da sie den Spektralradius $\varrho(T_{\text{JOR}}(\omega))$ bestimmen. Aus der Gleichung

$$1 - \omega(1 - \mu_{\max}) = -1 + \omega(1 - \mu_{\min})$$

ergibt sich in diesem Fall

$$\omega_{\text{opt}} = 2/(2 - \mu_{\max} - \mu_{\min}). \tag{11.42}$$

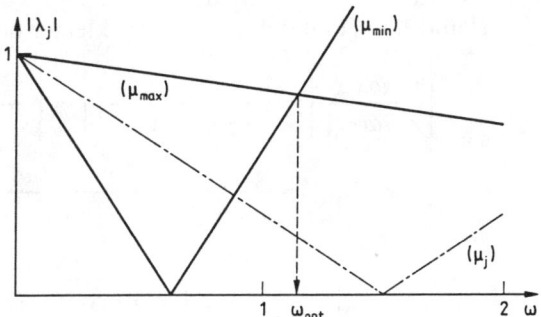

Fig. 11.3
Zur optimalen Wahl von $\omega$,
JOR-Verfahren

Die Abnahme des Spektralradius $\varrho(T_J)$ zu $\varrho(T_{\text{JOR}}(\omega_{\text{opt}}))$ ist im betrachteten Fall minim. Die Fig. 11.3 zeigt aber, daß mit einer Wahl von $\omega > \omega_{\text{opt}}$ die Konvergenz stark verschlechtert wird. Ist $\mu_{\min} = -\mu_{\max}$, dann ist $\omega_{\text{opt}} = 1$, d. h. das Gesamtschrittverfahren konvergiert am schnellsten.

Bei anderen, speziellen Eigenwertverteilungen $\mu_j$ kann durch geeignete Wahl von $\omega$ eine beträchtliche Konvergenzverbesserung erzielt werden (vgl. Aufgaben 11.7 und 11.8).

Im folgenden untersuchen wir die Konvergenz des SOR-Verfahrens und behandeln das Einzelschrittverfahren als Spezialfall für $\omega = 1$.

**Satz 11.12** *Das SOR-Verfahren ist für $0 < \omega \leqslant 1$ konvergent, falls die Matrix $A \in \mathbb{R}^{n \times n}$ entweder diagonal dominant oder irreduzibel und schwach diagonal dominant ist.*

Beweis. Aus der Voraussetzung für $A$ folgt $a_{ii} \neq 0$, so daß die Matrix $D$ (11.10) regulär ist. Der Beweis des Satzes wird indirekt geführt. Wir nehmen an, es sei $\varrho(T_{\text{SOR}}(\omega)) \geqslant 1$ für $0 < \omega \leqslant 1$. Somit existiert ein Eigenwert $\lambda$ der Iterationsmatrix $T_{\text{SOR}}(\omega) = (D - \omega L)^{-1}[(1 - \omega)D + \omega U]$ mit $|\lambda| \geqslant 1$. Für diesen Eigenwert gilt $|T_{\text{SOR}}(\omega) - \lambda I| = 0$. Für diese Determinante erhalten wir durch eine Reihe von Umformungen nacheinander

$$\begin{aligned}
0 = |T_{\text{SOR}}(\omega) - \lambda I| &= |(D - \omega L)^{-1}[(1 - \omega)D + \omega U] - \lambda I| \\
&= |(D - \omega L)^{-1}\{(1 - \omega)D + \omega U - \lambda(D - \omega L)\}| \\
&= |(D - \omega L)^{-1}| \cdot |(1 - \omega - \lambda)D + \omega U + \lambda \omega L| \\
&= |D - \omega L|^{-1}(1 - \omega - \lambda)^n \left| D - \frac{\omega}{\lambda + \omega - 1}U - \frac{\lambda \omega}{\lambda + \omega - 1}L \right|.
\end{aligned}$$

518    11 Lineare Gleichungssysteme, iterative Verfahren

Bei der letzten Umformung wurde verwendet, daß der Faktor $(1-\omega-\lambda)\neq 0$ ist wegen $0<\omega\leqslant 1$ und $|\lambda|\geqslant 1$. Deswegen und weil $|D-\omega L|\neq 0$ ist, gilt auf Grund unserer Annahme

$$\left|D-\frac{\omega}{\lambda+\omega-1}U-\frac{\lambda\omega}{\lambda+\omega-1}L\right|=0. \tag{11.43}$$

Der betrachtete Eigenwert $\lambda$ kann komplex sein. Seinen Kehrwert setzen wir deshalb in der Form $\lambda^{-1}=r\cdot e^{i\vartheta}$ an, und es gilt $r\leqslant 1$. Wir wollen nun zeigen, daß die Faktoren von $U$ und $L$ in (11.43) betragsmäßig kleiner oder gleich Eins sind.

$$\left|\frac{\omega\lambda}{\lambda+\omega-1}\right|=\left|\frac{\omega}{1+(\omega-1)\lambda^{-1}}\right|=\left|\frac{\omega}{1-(1-\omega)re^{i\vartheta}}\right|$$

$$=\frac{\omega}{[\{1-(1-\omega)r\cos\vartheta\}^2+(1-\omega)^2 r^2\sin^2\vartheta]^{1/2}}$$

$$=\frac{\omega}{[1-2(1-\omega)r\cos\vartheta+(1-\omega)^2 r^2]^{1/2}}\leqslant\frac{\omega}{1-r(1-\omega)}$$

Der letzte Quotient ist aber durch Eins beschränkt für $0<\omega\leqslant 1$ und $r\leqslant 1$, denn es ist

$$1-\frac{\omega}{1-r(1-\omega)}=\frac{(1-r)(1-\omega)}{1-r(1-\omega)}\geqslant 0.$$

Deshalb folgen in der Tat die Abschätzungen

$$\left|\frac{\omega}{\lambda+\omega-1}\right|\leqslant\left|\frac{\omega\lambda}{\lambda+\omega-1}\right|\leqslant 1.$$

Die Matrix $A$ ist diagonal dominant oder irreduzibel schwach diagonal dominant vorausgesetzt. Dasselbe gilt auch für die im allgemeinen komplexwertige Matrix der Determinante (11.43). Nach dem Hilfssatz 11.9 ist die Determinante einer solchen Matrix aber von Null verschieden, und dies liefert den Widerspruch. Die Annahme $\varrho(T_{\text{SOR}}(\omega))\geqslant 1$ für $0<\omega\leqslant 1$ ist falsch, und damit ist die Aussage des Satzes bewiesen. □

**Satz 11.13** *Das SOR-Verfahren ist höchstens für $0<\omega<2$ konvergent.*

Beweis. Zum Beweis verwenden wir die Tatsache, daß das Produkt der $n$ Eigenwerte einer $(n\times n)$-Matrix gleich der Determinante der Matrix ist. Für die Iterationsmatrix $T_{\text{SOR}}(\omega)$ gilt aber unter Beachtung der Dreiecksgestalt von Matrizen

$$|T_{\text{SOR}}(\omega)|=|(D-\omega L)^{-1}[(1-\omega)D+\omega U]|$$
$$=|D-\omega L|^{-1}\cdot|(1-\omega)D+\omega U|$$
$$=|D|^{-1}(1-\omega)^n|D|=(1-\omega)^n.$$

Daraus folgt die Ungleichung

$$\varrho(T_{\text{SOR}}(\omega))^n \geqslant \prod_{i=1}^{n} |\lambda_i| = |1 - \omega|^n,$$

und somit $\varrho(T_{\text{SOR}}(\omega)) \geqslant |1 - \omega|$. Damit kann $\varrho(T_{\text{SOR}}(\omega)) < 1$ höchstens dann gelten, falls $\omega \in (0, 2)$. □

Es gibt Fälle von Matrizen $A$, für welche für bestimmte $\omega$-Werte $\varrho(T_{\text{SOR}}(\omega)) = |1 - \omega|$ ist (vgl. Abschn. 11.1.3 und Aufgabe 11.8). Daß anderseits das mögliche Intervall für $\omega$ ausgeschöpft werden kann, zeigt der folgende

**Satz 11.14** *Für eine symmetrische und positiv definite Matrix* $A \in \mathbb{R}^{n \times n}$ *gilt*

$$\boxed{\varrho(T_{\text{SOR}}(\omega)) < 1 \quad \text{für} \quad \omega \in (0, 2).} \tag{11.44}$$

Beweis. Wir wollen zeigen, daß jeder Eigenwert $\lambda \in \mathbb{C}$ von $T_{\text{SOR}}(\omega)$ für $\omega \in (0, 2)$ betragsmäßig kleiner als Eins ist. Sei also $z \in \mathbb{C}^n$ ein zu $\lambda$ gehöriger Eigenvektor, so daß gilt

$$T_{\text{SOR}}(\omega) z = \lambda z.$$

Dann gelten auch die beiden folgenden äquivalenten Gleichungen

$$(D - \omega L)^{-1}[(1 - \omega)D + \omega U]z = \lambda z,$$
$$2[(1 - \omega)D + \omega U]z = \lambda 2(D - \omega L)z. \tag{11.45}$$

Für die beiden Matrizen in (11.45) sind Darstellungen zu verwenden, in denen insbesondere $A$ und $D$ auftreten, die symmetrisch und positiv definit sind. Wegen $A = D - L - U$ gelten

$$2[(1 - \omega)D + \omega U] = (2 - \omega)D - \omega D + 2\omega U$$
$$= (2 - \omega)D - \omega A - \omega L - \omega U + 2\omega U = (2 - \omega)D - \omega A + \omega(U - L),$$

$$2(D - \omega L) = (2 - \omega)D + \omega D - 2\omega L$$
$$= (2 - \omega)D + \omega A + \omega L + \omega U - 2\omega L = (2 - \omega)D + \omega A + \omega(U - L).$$

Setzen wir die beiden Ausdrücke, die sich nur im Vorzeichen des Summanden $\omega A$ unterscheiden, in (11.45) ein und multiplizieren die Vektorgleichung von links mit $z^H = \bar{z}^T$, erhalten wir unter Beachtung der Distributivität des Skalarproduktes für komplexe Vektoren und der Tatsache, daß $\omega$ und $(2 - \omega)$ reell sind

$$(2 - \omega)z^H D z - \omega z^H A z + \omega z^H (U - U^T) z$$
$$= \lambda[(2 - \omega)z^H D z + \omega z^H A z + \omega z^H (U - U^T) z]. \tag{11.46}$$

Da $A$ symmetrisch und positiv definit ist, ist für jeden komplexen Vektor $z \neq \mathbf{0}$ der Wert $z^H A z = a$ eine reelle positive Zahl. Dasselbe gilt auch für $z^H D z = d$. Die Matrix $(U - U^T)$ ist hingegen schiefsymmetrisch, so daß die quadratische Form $z^H (U - U^T) z = ib$, $b \in \mathbb{R}$, einen rein imaginären Wert annimmt. Aus der skalaren

Gleichung (11.46) folgt damit

$$\lambda = \frac{(2-\omega)d - \omega a + \mathrm{i}\omega b}{(2-\omega)d + \omega a + \mathrm{i}\omega b}.$$

Für $\omega \in (0,2)$ sind $(2-\omega)d > 0$ und $\omega a > 0$ und somit $|(2-\omega)d - \omega a| < (2-\omega)d + \omega a$. Jeder Eigenwert $\lambda$ von $T_{\text{SOR}}(\omega)$ ist darstellbar als Quotient von zwei komplexen Zahlen mit gleichem Imaginärteil, wobei der Zähler einen betragskleineren Realteil als der Nenner aufweist. Daraus folgt die Behauptung (11.44). $\square$

Für die zahlreichen weiteren Konvergenzsätze, Varianten und Verallgemeinerungen der hier behandelten Iterationsverfahren sei auf die weiterführende Spezialliteratur [Hac91, HaY81, You71] verwiesen.

### 11.1.3 Optimaler Relaxationsfaktor der Überrelaxation

Die Sätze 11.12 und 11.14 garantieren die Konvergenz der Überrelaxationsmethode für bestimmte $\omega$-Intervalle, lassen aber die Frage einer optimalen Wahl des Relaxationsfaktors $\omega$ zur Minimierung des Spektralradius $\varrho(T_{\text{SOR}}(\omega))$ offen. Für eine Klasse von Matrizen $A$ mit spezieller Struktur, wie sie bei Differenzenmethoden für elliptische Randwertaufgaben auftreten, existiert eine entsprechende Aussage.

**Definition 11.5** *Eine Matrix $A \in \mathbb{R}^{n \times n}$ mit der speziellen blockweisen tridiagonalen Gestalt*

$$A = \begin{pmatrix} D_1 & H_1 & 0 & 0 & \cdots & 0 \\ K_1 & D_2 & H_2 & 0 & \cdots & 0 \\ 0 & K_2 & D_3 & H_3 & \cdots & 0 \\ \vdots & & \ddots & \ddots & \ddots & \vdots \\ 0 & 0 & \cdots & K_{s-2} & D_{s-1} & H_{s-1} \\ 0 & 0 & \cdots & 0 & K_{s-1} & D_s \end{pmatrix}, \qquad (11.47)$$

*wo die $D_i$ quadratische Diagonalmatrizen sind, heißt eine* T-Matrix. *Die Matrizen $H_i$ und $K_i$ der beiden Nebendiagonalen sind im allgemeinen rechteckig.*

Solche $T$-Matrizen besitzen die folgende besondere Eigenschaft.

**Hilfssatz 11.15** *Ist $A = D - L - U$ eine T-Matrix, wo $L$ eine strikte untere, $U$ eine strikte obere Blockdreiecksmatrix bedeuten, dann gilt für alle $\alpha \neq 0$ und $\beta \in \mathbb{R}$*

$$\left| \alpha L + \frac{1}{\alpha} U - \beta D \right| = |L + U - \beta D|, \qquad (11.48)$$

*d. h. die Determinante hat einen von $\alpha$ unabhängigen Wert.*

**Beweis.** Im konkreten Fall $s = 4$ ist mit $\alpha \neq 0$

$$\alpha L + \frac{1}{\alpha} U - \beta D = -\begin{pmatrix} \beta D_1 & \alpha^{-1} H_1 & & \\ \alpha K_1 & \beta D_2 & \alpha^{-1} H_2 & \\ & \alpha K_2 & \beta D_3 & \alpha^{-1} H_3 \\ & & \alpha K_3 & \beta D_4 \end{pmatrix}.$$

Dann definieren wir die Matrix

$$Q := \begin{pmatrix} I_1 & & & \\ & \alpha I_2 & & \\ & & \alpha^2 I_3 & \\ & & & \alpha^3 I_4 \end{pmatrix}, \quad Q^{-1} = \begin{pmatrix} I_1 & & & \\ & \alpha^{-1} I_2 & & \\ & & \alpha^{-2} I_3 & \\ & & & \alpha^{-3} I_4 \end{pmatrix},$$

wo die Einheitsmatrizen $I_i$ die gleichen Ordnungen haben wie die entsprechenden Diagonalmatrizen $D_i$ von $A$. Man verifiziert leicht, daß folgendes gilt

$$Q^{-1} \left( \alpha L + \frac{1}{\alpha} U - \beta D \right) Q = L - \beta D + U$$

und deshalb

$$\left| \alpha L + \frac{1}{\alpha} U - \beta D \right| = |Q(L - \beta D + U)Q^{-1}| = |L - \beta D + U|. \qquad \square$$

Matrizen $A = D - L - U$, für welche die Determinante $|\alpha L + \alpha^{-1} U - \beta D|$ unabhängig von $\alpha \neq 0$ ist, nennt man auch **konsistent geordnet** [Var62]. Für solche Matrizen können die Eigenwerte der festen, einfach aufgebauten Matrix $T_J$ des Gesamtschrittverfahrens mit denjenigen der bedeutend komplizierteren Matrix $T_{\text{SOR}}(\omega)$ in Abhängigkeit von $\omega$ in Beziehung gebracht werden. Diese Relation stellt dann den Schlüssel dar zur Bestimmung des optimalen Relaxationsfaktors. Zur Herleitung dieser Beziehung ist es zweckmäßig, für $T_J$ und $T_{\text{SOR}}(\omega)$ folgende Darstellungen zu verwenden:

$$T_J = D^{-1}(L + U) = D^{-1}L + D^{-1}U =: E + F \qquad (11.49)$$

$$\begin{aligned} T_{\text{SOR}}(\omega) &= (D - \omega L)^{-1}[(1 - \omega)D + \omega U] \\ &= [D(I - \omega D^{-1}L)]^{-1}D[(1 - \omega)I + \omega D^{-1}U] \\ &= (I - \omega E)^{-1}[(1 - \omega)I + \omega F] \end{aligned} \qquad (11.50)$$

mit $\quad E := D^{-1}L$ und $F := D^{-1}U$.

**Hilfssatz 11.16** *Es sei $A \in \mathbb{R}^{n \times n}$ eine T-Matrix mit $a_{ii} \neq 0$ und $T_J = E + F$ die Iterationsmatrix des J-Verfahrens. Dann gelten folgende Aussagen:*

a) *Ist $\mu$ ein Eigenwert von $T_J$ mit der Vielfachheit $p$, dann ist auch $-\mu$ Eigenwert von $T_J$ mit derselben Vielfachheit.*

11 Lineare Gleichungssysteme, iterative Verfahren

b) *Ein $\lambda \in \mathbb{C}$ erfüllt die Gleichung*

$$(\lambda + \omega - 1)^2 = \omega^2 \mu^2 \lambda, \quad \omega \neq 0 \tag{11.51}$$

*für einen Eigenwert $\mu$ von $T_J$ genau dann, wenn $\lambda$ die Gleichung*

$$\lambda + \omega - 1 = \omega \mu \sqrt{\lambda}, \quad \omega \neq 0 \tag{11.52}$$

*für einen Eigenwert $\mu$ von $T_J$ erfüllt.*

c) *Wenn $\lambda \in \mathbb{C}$ (11.51) oder (11.52) erfüllt und $\mu$ Eigenwert von $T_J$ ist, dann ist $\lambda$ ein Eigenwert von $T_{\text{SOR}}(\omega)$ für das betreffende $\omega$. Ist umgekehrt $\lambda$ ein Eigenwert von $T_{\text{SOR}}(\omega)$, dann gibt es einen Eigenwert $\mu$ von $T_J$, so daß (11.51) und (11.52) erfüllt sind.*

Beweis. a) Wenn $A$ eine $T$-Matrix ist, dann trifft diese Eigenschaft auch für $T_J$ zu. Ist $\mu$ ein Eigenwert von $T_J$ mit der Vielfachheit $p$, dann ist $|E + F - \mu I| = 0$. Aus (11.48) folgt mit $\alpha = -1, \beta = \mu, D = I$

$$0 = |E + F - \mu I| = |-E - F - \mu I| = (-1)^n |E + F + \mu I|,$$

daß $-\mu$ Eigenwert mit derselben Vielfachheit ist.

b) Ist $\mu$ Eigenwert von $T_J$ und ist (11.51) für ein $\lambda \in \mathbb{C}$ erfüllt, dann gilt für $\lambda$ entweder $\lambda + \omega - 1 = \omega \mu \sqrt{\lambda}$ oder $\lambda + \omega - 1 = -\omega \mu \sqrt{\lambda}$. Da aber mit $\mu$ auch $-\mu$ Eigenwert von $T_J$ ist, folgt die eine Richtung der Aussage. Die Umkehrung ist trivial.

c) Nehmen wir den Fall $\lambda = 0$ vorweg. Aus (11.51) oder (11.52) folgt $\omega = 1$. In diesem Fall gilt aber (vgl. Beweis von Satz 11.13) $|T_{\text{SOR}}(\omega)| = (1-\omega)^n = 0$, und $\lambda = 0$ ist Eigenwert von $T_{\text{SOR}}(1)$. Dies gilt allerdings zu beliebigem $\mu$.

Jetzt seien $\lambda \neq 0$ und $\omega \neq 0$ vorausgesetzt. Um den gewünschten Zusammenhang herzustellen, betrachten wir die Determinante

$$|T_{\text{SOR}}(\omega) - \lambda I| = |(I - \omega E)^{-1}[(1-\omega)I + \omega F] - \lambda I|$$
$$= |(I - \omega E)^{-1}[(1-\omega)I + \omega F - \lambda(I - \omega E)]|$$
$$= |I - \omega E|^{-1} \cdot |\lambda \omega E + \omega F - (\lambda + \omega - 1)I|.$$

An dieser Stelle ist $|I - \omega E| = 1$ zu berücksichtigen. Auf die verbleibende Determinante soll der Hilfssatz 11.15 angewandt werden können. Zu diesem Zweck wird aus jeder Zeile der Faktor $\omega \sqrt{\lambda} \neq 0$ herausgezogen, und wir erhalten weiter

$$|T_{\text{SOR}}(\omega) - \lambda I| = \omega^n \lambda^{n/2} \left| \lambda^{1/2} E + \lambda^{-1/2} F - \frac{\lambda + \omega - 1}{\omega \sqrt{\lambda}} I \right|$$

$$= \omega^n \lambda^{n/2} \left| E + F - \frac{\lambda + \omega - 1}{\omega \sqrt{\lambda}} I \right|. \tag{11.53}$$

Erfüllt ein $\lambda \in \mathbb{C}$ (11.52) und ist $\mu$ Eigenwert von $T_J = E + F$, dann ist die letzte Determinante gleich Null und somit $\lambda$ Eigenwert von $T_{\text{SOR}}(\omega)$. Ist umgekehrt $\lambda$ ein Eigenwert von $T_{\text{SOR}}(\omega)$, dann muß definitionsgemäß wegen (11.53) $\mu = (\lambda + \omega - 1)/(\omega \sqrt{\lambda})$ Eigenwert von $T_J$ sein. □

## 11.1 Gesamtschritt- und Einzelschrittverfahren

Durch die Gleichung (11.51) oder (11.52) kann nach Hilfssatz 11.16 jedem Eigenwertpaar $\pm\mu$ von $T_J$ ein Eigenwertpaar $\lambda_{1,2}$ von $T_{SOR}(\omega)$ zugeordnet werden, womit eine Abbildung des Spektrums von $T_J$ auf dasjenige von $T_{SOR}(\omega)$ definiert ist. Bei bekannten Eigenschaften des Spektrums von $T_J$ ist es deshalb möglich, im Fall von $T$-Matrizen den Wert von $\omega_{opt}$ zur Minimierung von $\varrho(T_{SOR}(\omega))$ entweder exakt oder zumindest näherungsweise anzugeben [You71]. Die Abbildung kann am durchsichtigsten diskutiert werden, wenn die Eigenwerte von $T_J$ reell sind. Dazu werden wir die in $\sqrt{\lambda}$ quadratische Gleichung (11.52) auch in der folgenden Form verwenden

$$\lambda - \omega\mu\sqrt{\lambda} + (\omega - 1) = 0, \tag{11.54}$$

welche unter den getroffenen Annahmen reelle Koeffizienten besitzt. Für eine quadratische Gleichung

$$x^2 - bx + c = 0 \quad \text{mit } b, c \in \mathbb{R}$$

kann man zeigen, daß sie genau dann Lösungen $x_1, x_2$ vom Betrag kleiner als Eins hat, falls $|c| < 1$ und $|b| < 1 + c$ gilt. Deshalb sind die beiden Lösungen $\lambda_1^{1/2}$ und $\lambda_2^{1/2}$ von (11.54) genau dann betragsmäßig kleiner als Eins, falls $|\omega - 1| < 1$ und $|\omega\mu| < 1 + (\omega - 1) = \omega$, d. h. falls $\omega \in (0, 2)$ und $|\mu| < 1$ gelten. Das bedeutet aber, daß das SOR-Verfahren für eine $T$-Matrix $A$ genau dann konvergent ist, falls das Gesamtschrittverfahren konvergent und $\omega \in (0, 2)$ ist.

**Satz 11.17** *Ist $A$ eine $T$-Matrix mit $a_{ii} \neq 0$, und besitzt die Iterationsmatrix $T_J = D^{-1}(L + U)$ nur reelle Eigenwerte $\mu_j$ und gilt $\varrho(T_J) < 1$, dann ist der optimale Relaxationsfaktor $\omega_{opt}$ des SOR-Verfahrens gegeben durch*

$$\omega_{opt} = 2/[1 + \sqrt{1 - \mu_1^2}] \quad \text{mit } \mu_1 = \varrho(T_J), \tag{11.55}$$

*und der zugehörige optimale Spektralradius ist*

$$\varrho(T_{SOR}(\omega_{opt})) = \omega_{opt} - 1. \tag{11.56}$$

Beweis. Betrachten wir zuerst den Fall $\omega = 1$, d. h. das Einzelschrittverfahren. Die Gleichung (11.51) reduziert sich auf $\lambda^2 - \mu^2\lambda = 0$, so daß jedem Eigenwertpaar $\pm\mu_j \neq 0$ das Paar von Eigenwerten $\lambda_j^{(1)} = \mu_j^2 > 0$ und $\lambda_j^{(2)} = 0$ zugeordnet werden kann. Die von Null verschiedenen Eigenwerte der Iterationsmatrix $T_{ES}$ sind reell und positiv, und es gilt insbesondere

$$\varrho(T_{ES}) = \varrho(T_{SOR}(1)) = [\varrho(T_J)]^2. \tag{11.57}$$

Die Konvergenzrate $r(T_{ES})$ des Einzelschrittverfahrens ist in diesem Spezialfall doppelt so groß wie die Konvergenzrate $r(T_J)$ des J-Verfahrens.
Für die weitere Diskussion sei $\omega \neq 1$, $\omega \in (0, 2)$, und Gl. (11.51) verwenden wir in der äquivalenten Form

$$\lambda^2 + [2(\omega - 1) - \omega^2\mu^2]\lambda + (\omega - 1)^2 = 0. \tag{11.58}$$

Ist $\mu = 0$, dann sind die zugehörigen Eigenwerte $\lambda = -(\omega - 1)$, d. h. es gilt $|\lambda| = |\omega - 1|$.

524  11 Lineare Gleichungssysteme, iterative Verfahren

Zu jedem Eigenwertpaar $\pm\mu_j \neq 0$ gehören die beiden Eigenwerte $\lambda_j^{(1)}$ und $\lambda_j^{(2)}$ als Lösungen von (11.58), für die nach dem Satz von Vieta $\lambda_j^{(1)} \cdot \lambda_j^{(2)} = (\omega - 1)^2$ gilt. Sind $\lambda_j^{(1)}, \lambda_j^{(2)} \in \mathbb{C}$ und folglich konjugiert komplex, dann gilt für sie $|\lambda_j^{(1)}| = |\lambda_j^{(2)}| = |\omega - 1|$. Alle komplexen Eigenwerte von $T_{\text{SOR}}(\omega)$ liegen in der komplexen Zahlenebene auf dem Kreis mit dem Radius $|\omega - 1|$ mit Zentrum im Ursprung. Für den Fall, daß alle Eigenwerte $\lambda_j$ komplex sind für ein bestimmtes $\omega$, dann ist $\varrho(T_{\text{SOR}}(\omega)) = |\omega - 1|$. Diese Situation tritt ein, falls für alle Eigenwertpaare $\pm\mu_j$ die Diskriminante von (11.58) negativ ist, d. h. wenn

$$D = [2(\omega - 1) - \omega^2\mu^2]^2 - 4(\omega - 1)^2 = -\omega^2\mu^2[4(\omega - 1) - \omega^2\mu^2] < 0$$

gilt. Somit muß $4(\omega - 1) > \omega^2\mu^2$ sein und folglich $\omega > 1$. Die untere Schranke der letzten Ungleichung ist am größten für das betragsgrößte Eigenwertpaar $\pm\mu_1$ mit $\mu_1 = \varrho(T_J)$. Für denjenigen $\omega$-Wert, für den

$$4(\omega - 1) = \omega^2\mu_1^2 \quad \text{oder} \quad \mu_1^2\omega^2 - 4\omega + 4 = 0 \tag{11.59}$$

gilt, sind alle Eigenwerte $\lambda_j^{(1)}, \lambda_j^{(2)}$ komplex, die beiden zu $\pm\mu_1$ gehörigen Eigenwerte $\lambda_1^{(1)}$ und $\lambda_1^{(2)}$ fallen zusammen und haben ebenfalls den Betrag $(\omega - 1)$. Aus (11.59) ergeben sich die möglichen Lösungen für das kritische $\omega$

$$\omega_{1,2} = \frac{4 \pm \sqrt{16 - 16\mu_1^2}}{2\mu_1^2} = \frac{2(1 \pm \sqrt{1 - \mu_1^2})}{\mu_1^2} = \frac{2}{1 \mp \sqrt{1 - \mu_1^2}}. \tag{11.60}$$

Wegen $\omega \in (0, 2)$ fällt in (11.60) das obere Vorzeichen außer Betracht. Daraus folgt bereits, daß für alle $\omega \in [\omega_{\text{krit}}, 2)$ mit $\omega_{\text{krit}} = 2/[1 + \sqrt{1 - \mu_1^2}] < 2$ alle Eigenwerte $\lambda_j$ von $T_{\text{SOR}}(\omega)$ vom Betrag $\omega - 1$ sind, und folglich $\varrho(T_{\text{SOR}}(\omega)) = \omega - 1 \geq \omega_{\text{krit}} - 1$ ist. Umgekehrt existieren reelle Lösungen $\lambda_j^{(1)}, \lambda_j^{(2)}$ für $\omega \in (0, \omega_{\text{krit}})$, zugehörig zu den Eigenwertpaaren $\pm\mu_j$, für welche $\mu_j^2 > 4(\omega - 1)^2/\omega^2$ gilt. Wegen $\lambda_j^{(1)} \cdot \lambda_j^{(2)} = (\omega - 1)^2$ ist einer vom Betrag größer als $|\omega - 1|$. Beide Eigenwerte müssen aber positiv sein, denn für $\pm\mu_j \neq 0$ und $\omega = 1$ sind $\lambda_j^{(1)} = \mu_j^2 > 0$ und $\lambda_j^{(2)} = 0$. Die Lösungen der quadratischen Gleichung (11.58) sind stetig abhängig von den in $\omega$ stetigen Koeffizienten. Lassen wir $\omega$ von Eins stetig zu- oder abnehmen, bleibt $\lambda_j^{(1)} > 0$ und $\lambda_j^{(2)} < \lambda_j^{(1)}$ muß positiv werden. Schließlich erkennt man aus der Darstellung der größeren Lösung von (11.54)

$$\lambda_j^{(1)} = \left[\frac{\omega|\mu_j| + \sqrt{\omega^2\mu_j^2 - 4(\omega - 1)}}{2}\right]^2, \quad (D > 0) \tag{11.61}$$

daß diese mit $|\mu_j|$ monoton zunehmen. Dem größten Eigenwert $\mu_1$ wird der größte positive Eigenwert $\lambda_1^{(1)}$ zugeordnet, der größer als $|\omega - 1|$ ist und somit den Spektralradius $\varrho(T_{\text{SOR}}(\omega))$ bestimmt. Es bleibt noch zu zeigen, daß der dominante Eigenwert $\lambda_1^{(1)}$ mit wachsendem $\omega > 0$ monoton abnimmt. Aus (11.61) ergibt sich mit $|\mu_j| = \mu_1 = \varrho(T_J)$ für die Ableitung

$$\frac{d\lambda_1^{(1)}}{d\omega} = \sqrt{\lambda_1^{(1)}} \left[\mu_1 + \frac{\omega\mu_1^2 - 2}{\sqrt{\omega^2\mu_1^2 - 4(\omega - 1)}}\right] < 0 \quad \text{für } \omega \in (0, \omega_{\text{krit}}).$$

## 11.1 Gesamtschritt- und Einzelschrittverfahren

Denn es gilt $\omega\mu_1^2 - 2 < 0$ für $0 < \omega < 2$ wegen $\mu_1^2 < 1$, und für den Radikanden gilt die Abschätzung

$$\omega^2\mu_1^2 - 4\omega + 4 < \omega^2\mu_1^2 - 4\omega\mu_1^2 + 4 = (\omega\mu_1 - 2)^2 < (\omega\mu_1^2 - 2)^2.$$

Deshalb ist $\sqrt{\omega^2\mu_1^2 - 4(\omega - 1)} < |\omega\mu_1^2 - 2|$, der Quotient in der eckigen Klammer kleiner als $-1$ und damit die Klammer negativ.

Damit ist gezeigt, daß der Spektralradius $\varrho(T_{\text{SOR}}(\omega))$ für $\omega = \omega_{\text{krit}}$ am kleinsten ist, dies ist der optimale Wert von $\omega$, und es gelten (11.55) und (11.56). □

Auf Grund des Beweises von Satz 11.17 ist der Spektralradius $\varrho(T_{\text{SOR}}(\omega))$ des SOR-Verfahrens für eine $T$-Matrix $A$ gegeben durch

$$\varrho(T_{\text{SOR}}(\omega)) = \begin{cases} \left[\dfrac{\omega\mu_1 + \sqrt{\omega^2\mu_1^2 - 4(\omega-1)}}{2}\right]^2 & 0 \leq \omega \leq \omega_{\text{opt}} \\ \omega - 1 & \omega_{\text{opt}} \leq \omega \leq 2 \end{cases} \quad (11.62)$$

Der Graph des Spektralradius (11.62) ist in Fig. 11.4 dargestellt. Er besitzt für $\omega = \omega_{\text{opt}} - 0$ eine vertikale Tangente, weil der Nenner der Ableitung verschwindet. Für die Rechenpraxis bedeutet dies, daß es besser ist, $\omega$ etwas größer als $\omega_{\text{opt}}$ zu wählen, weil die Konvergenzverschlechterung nur gering ist, während eine zu kleine Wahl von $\omega < \omega_{\text{opt}}$ eine drastische Konvergenzeinbuße zur Folge hat.

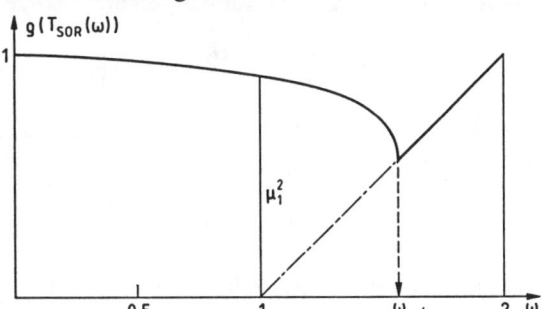

Fig. 11.4
Spektralradius des SOR-Verfahrens
für eine $T$-Matrix

**Beispiel 11.5** Um die Konvergenzverbesserung des SOR-Verfahrens gegenüber dem Gesamtschritt- und Einzelschrittverfahren zu illustrieren, betrachten wir das Modellproblem der elliptischen Randwertaufgabe in einem Rechteck von Beispiel 10.6, für welches der Spektralradius $\mu_1 = \varrho(T_J)$ des J-Verfahrens angegeben werden kann. Bei kolonnen- oder zeilenweiser Numerierung der Gitterpunkte ist die resultierende Matrix $A$ (10.45) keine $T$-Matrix, weil die Matrizen $B$ längs der Diagonale keine Diagonalmatrizen sind. Diese Eigenschaft kann aber durch eine schachbrettartige Färbung der inneren Gitterpunkte und eine anschließende Numerierung, bei der zuerst die Gitterpunkte der einen Farbe und dann diejenigen der andern Farbe erfaßt werden, erreicht werden, wie dies beispielsweise in Fig. 11.5 dargestellt ist.

Die Matrix $A$ der Ordnung $n = N \cdot M$ für die Fünfpunkte-Formel (10.11) erhält dann die sehr spezielle Blockstruktur

$$A = \begin{pmatrix} D_1 & H_1 \\ K_1 & D_2 \end{pmatrix},$$

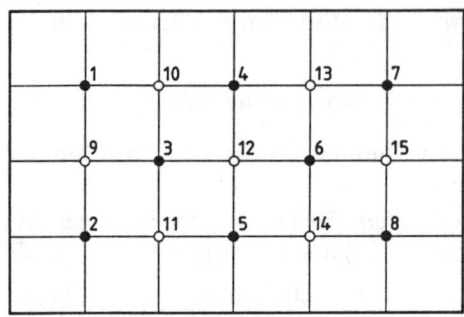

Fig. 11.5
Schachbrettartige Numerierung der Gitterpunkte

weil in der Differenzengleichung für einen schwarzen Gitterpunkt neben der Unbekannten des betreffenden Punktes nur Unbekannte von weißmarkierten Gitterpunkten auftreten und umgekehrt. Die Matrix $A$ geht aus derjenigen (10.45) durch eine gleichzeitige Zeilen- und Kolonnenpermutation hervor. Man sagt, daß eine Matrix $A$, welche auf diese Weise auf eine spezielle $T$-Matrix der Gestalt (11.47) gebracht werden kann, die „Property $A$" habe [You71]. Die Matrix $A$ ist irreduzibel schwach diagonal dominant, sie ist symmetrisch wegen $H_1^T = K_1$, die Iterationsmatrix $T_J$ hat reelle Eigenwerte $\mu_j$, und für sie gilt wegen Satz 11.10 $\varrho(T_J) < 1$. Deshalb ist der Satz 11.17 für die optimale Wahl des Relaxationsfaktors der SOR-Methode anwendbar.

Für das Modellproblem sind $D_1$ und $D_2$ je gleich den Vierfachen entsprechender Einheitsmatrizen. Aus diesem Grund gilt für die Iterationsmatrix

$$T_J = \frac{1}{4}\begin{pmatrix} 0 & -H_1 \\ -K_1 & 0 \end{pmatrix} = I - \frac{1}{4}A.$$

Aus den Eigenwerten (10.51) der Matrix $A$ ergeben sich somit für die Eigenwerte von $T_J$ die Darstellungen

$$\mu_{jk}^* = \frac{1}{2}\left\{\cos\left(\frac{j\pi}{N+1}\right) + \cos\left(\frac{k\pi}{M+1}\right)\right\}, \quad (j = 1, 2, \ldots, N; k = 1, 2, \ldots, M).$$

Daraus resultiert der Spektralradius für $j = k = 1$

$$\varrho(T_J) = \mu_1 = \frac{1}{2}\left\{\cos\left(\frac{\pi}{N+1}\right) + \cos\left(\frac{\pi}{M+1}\right)\right\}.$$

Tab. 11.1 Konvergenzverhalten für das Modellproblem

| $N, M$ | $n$ | $\mu_1$ | $m_J$ | $\varrho(T_{ES})$ | $m_{ES}$ | $\omega_{opt}$ | $\varrho(T_{SOR})$ | $m_{SOR}$ | $q$ |
|---|---|---|---|---|---|---|---|---|---|
| 5, 3 | 15 | 0.7866 | 10 | 0.6187 | 5 | 1.2365 | 0.2365 | 1.6 | 6 |
| 10, 6 | 60 | 0.9302 | 32 | 0.8653 | 16 | 1.4631 | 0.4631 | 3.0 | 11 |
| 20, 12 | 240 | 0.9799 | 113 | 0.9602 | 57 | 1.6673 | 0.6673 | 5.7 | 20 |
| 30, 18 | 540 | 0.9906 | 244 | 0.9813 | 122 | 1.7595 | 0.7595 | 8.4 | 29 |
| 40, 24 | 960 | 0.9946 | 424 | 0.9892 | 212 | 1.8118 | 0.8118 | 11 | 38 |
| 60, 36 | 2160 | 0.9975 | 933 | 0.9951 | 467 | 1.8689 | 0.8689 | 16 | 57 |
| 80, 48 | 3840 | 0.9986 | 1640 | 0.9972 | 820 | 1.8994 | 0.8994 | 22 | 75 |

In Tab. 11.1 sind für einige Wertekombinationen $N$ und $M$ die Ordnungen $n = N \cdot M$, die Spektralradien $\varrho(T_\text{J})$ des J-Verfahrens, $\varrho(T_\text{ES})$ des Einzelschrittverfahrens, die optimalen Werte $\omega_\text{opt}$ des SOR-Verfahrens und die zugehörigen Spektralradien $\varrho(T_\text{SOR}(\omega))$ angegeben. Zu Vergleichszwecken sind die ganzzahligen Werte $m$ von Iterationsschritten aufgeführt, welche zur Reduktion des Fehlers auf den zehnten Teil nötig sind sowie das Verhältnis $q = m_\text{J}/m_\text{SOR}$, welche die wesentliche Konvergenzsteigerung zeigen. Die Tabelle zeigt, daß das SOR-Verfahren etwa $N$-mal ($N > M$) schneller konvergiert als das Gesamtschrittverfahren, falls $\omega$ optimal gewählt wird. Diese Tatsache kann für das Modellproblem auf analytischem Weg nachgewiesen werden. △

## 11.2 Methode der konjugierten Gradienten

Im folgenden befassen wir uns mit der iterativen Lösung von linearen Gleichungssystemen $A\,x + b = 0$ mit symmetrischer und positiv definiter Matrix $A \in \mathbb{R}^{n \times n}$. Solche Gleichungssysteme treten auf im Zusammenhang mit Differenzenmethoden und insbesondere in der Methode der finiten Elemente zur Behandlung von elliptischen Randwertaufgaben.

### 11.2.1 Herleitung des Algorithmus

Als Grundlage zur Begründung des iterativen Verfahrens zur Lösung von symmetrisch-definiten Gleichungssystemen dient der

**Satz 11.18** *Die Lösung $x$ von $A\,x + b = 0$ mit symmetrischer und positiv definiter Matrix $A \in \mathbb{R}^{n \times n}$ ist das Minimum der quadratischen Funktion*

$$F(v) := \frac{1}{2} \sum_{i=1}^{n} \sum_{k=1}^{n} a_{ik} v_i v_k + \sum_{i=1}^{n} b_i v_i = \frac{1}{2}(v, A\,v) + (b, v). \tag{11.63}$$

Beweis. Die $i$-te Komponente des Gradienten von $F(v)$ ist

$$\frac{\partial F}{\partial v_i} = \sum_{k=1}^{n} a_{ik} v_k + b_i, \quad (i = 1, 2, \ldots, n), \tag{11.64}$$

und deshalb ist der Gradient

$$\operatorname{grad} F(v) = A\,v + b = r \tag{11.65}$$

gleich dem Residuenvektor $r$ zum Vektor $v$. Für die Lösung $x$ ist mit $\operatorname{grad} F(x) = 0$ die notwendige Bedingung für ein Extremum erfüllt. Überdies ist die Hessesche Matrix $H$ von $F(v)$ gleich der Matrix $A$ und somit positiv definit. Das Extremum ist in der Tat ein Minimum.
Umgekehrt ist jedes Minimum von $F(v)$ Lösung des Gleichungssystems, denn wegen der stetigen Differenzierbarkeit der Funktion $F(v)$ muß notwendigerweise $\operatorname{grad} F(v) = A\,v + b = 0$ gelten, d. h. $v$ muß gleich der eindeutigen Lösung $x$ sein. □

# 11 Lineare Gleichungssysteme, iterative Verfahren

Wegen Satz 11.18 wird die Aufgabe, $Ax+b=0$ zu lösen, durch die äquivalente Aufgabe ersetzt, das Minimum von $F(v)$ auf iterativem Weg zu bestimmen. Das grundlegende, angewandte Prinzip besteht darin, zu einem gegebenen Näherungsvektor $v$ und einem gegebenen, geeignet festzulegenden Richtungsvektor $p \neq 0$ die Funktion $F(v)$ in dieser Richtung zu minimieren. Gesucht wird $t \in \mathbb{R}$ in

$$v' := v + tp \quad \text{so, daß} \quad F(v') = F(v + tp) = \min! \tag{11.66}$$

Bei festem $v$ und $p$ stellt dies eine Bedingung an $t$ dar. Aus

$$F(v + tp) = \frac{1}{2}(v + tp, A(v + tp)) + (b, v + tp)$$

$$= \frac{1}{2}(v, Av) + t(p, Av) + \frac{1}{2}t^2(p, Ap) + (b, v) + t(b, p)$$

$$= \frac{1}{2}t^2(p, Ap) + t(p, r) + F(v) = F^*(t)$$

ergibt sich durch Nullsetzen der Ableitung nach $t$

$$t_{\min} = -\frac{(p, r)}{(p, Ap)}, \qquad r = Av + b. \tag{11.67}$$

Mit $p \neq 0$ ist der Nenner in (11.67) eine positive Zahl. Der Parameter $t_{\min}$ liefert tatsächlich ein Minimum von $F(v)$ in Richtung $p$, weil die zweite Ableitung von $F^*(t)$ nach $t$ positiv ist. Die Abnahme des Funktionswertes von $F(v)$ zu $F(v')$ im Minimalpunkt $v'$ ist maximal, weil der Graph von $F^*(t)$ eine sich nach oben öffnende Parabel ist. Der Richtungsvektor $p$ darf aber nicht orthogonal zum Residuenvektor $r$ sein, da andernfalls wegen $t_{\min} = 0$ dann $v' = v$ gilt.

**Satz 11.19** *Im Minimalpunkt $v'$ ist der zugehörige Residuenvektor $r' = Av' + b$ orthogonal zum Richtungsvektor $p$.*

Beweis. Wegen (11.67) gilt

$$(p, r') = (p, Av' + b) = (p, A(v + t_{\min}p) + b)$$
$$= (p, r + t_{\min}Ap) = (p, r) + t_{\min}(p, Ap) = 0. \qquad \square$$

Ein Iterationsschritt zur Verkleinerung des Wertes $F(v)$ besitzt für $n=2$ folgende geometrische Interpretation, welche später die Motivation für den Algorithmus liefert. Die Niveaulinien $F(v) = \text{const}$ sind konzentrische Ellipsen, deren gemeinsamer Mittelpunkt gleich dem Minimumpunkt $x$ ist. Im gegebenen Punkt $v$ steht der Residuenvektor $r$ senkrecht zur Niveaulinie durch den Punkt $v$. Mit dem Richtungsvektor $p$ wird derjenige Punkt $v'$ ermittelt, für den $F(v')$ minimal ist. Da dort nach Satz 11.19 der Residuenvektor $r'$ orthogonal zu $p$ ist, ist $p$ Tangente an die Niveaulinie durch $v'$ (vgl. Fig. 11.6).

Eine naheliegende Wahl des Richtungsvektors $p$ als negativen Gradienten $p = -\text{grad}\,F(v) = -(Av + b) = -r$ führt auf die **Methode des steilsten Abstiegs**, auf die wir aber nicht weiter eingehen werden. Denn dieses Vorgehen erweist sich oft nicht als besonders vorteilhaft, obwohl in jedem Iterationsschritt diejenige Richtung gewählt wird, welche lokal die stärkste Abnahme der Funktion $F(v)$ garantiert. Sind nämlich im Fall $n=2$ die Ellipsen sehr langgestreckt, entsprechend einer großen Konditionszahl von $A$, werden viele Schritte benötigt, um in die Nähe des Minimumpunktes $x$ zu gelangen.

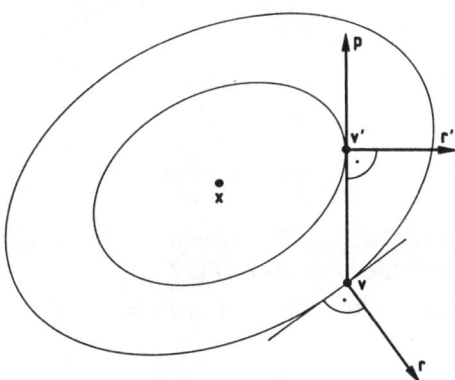

Fig. 11.6
Geometrische Interpretation eines Iterationsschrittes

In der Methode der konjugierten Gradienten von Hestenes und Stiefel [HeS 52] wird von der geometrischen Tatsache Gebrauch gemacht, daß diejenige Richtung $p$, welche vom Punkt $v$ den Mittelpunkt $x$ der Ellipsen trifft, mit der Tangentenrichtung im Punkt $v$ im Sinn der Kegelschnittgleichungen konjugiert ist. Mit dieser Wahl würde man im Fall $n=2$ die Lösung $x$ unmittelbar finden.

**Definition 1.6** *Zwei Vektoren $p, q \in \mathbb{R}^n$ heißen* konjugiert *oder* A-orthogonal, *falls für die positiv definite Matrix $A$ gilt*

$$(p, A q) = 0. \tag{11.68}$$

Ausgehend von einem Startvektor $x^{(0)}$ wird im ersten Schritt der Richtungsvektor $p^{(1)}$ durch den negativen Residuenvektor festgelegt und der Minimalpunkt $x^{(1)}$ bestimmt. In Formeln lautet dieser Schritt nach (11.67)

$$p^{(1)} = -r^{(0)} = -(A x^{(0)} + b),$$
$$q_1 := \frac{(r^{(0)}, r^{(0)})}{(p^{(1)}, A p^{(1)})}, \qquad x^{(1)} = x^{(0)} + q_1 p^{(1)}. \tag{11.69}$$

Im allgemeinen $k$-ten Schritt betrachtet man die zweidimensionale Ebene $E$ des $\mathbb{R}^n$ durch den Iterationspunkt $x^{(k-1)}$, welche aufgespannt wird vom vorhergehenden Richtungsvektor $p^{(k-1)}$ und dem nach Satz 11.19 dazu orthogonalen Residuenvektor $r^{(k-1)}$. Der Schnitt der Ebene $E$ mit der Niveaufläche $F(v) = F(x^{(k-1)})$ ist eine Ellipse (vgl. Fig. 11.7). Der Richtungsvektor $p^{(k-1)}$ von $x^{(k-2)}$ durch $x^{(k-1)}$ ist Tangente an diese Ellipse, weil $x^{(k-1)}$ Minimalpunkt ist. Das Ziel des $k$-ten Iterationsschrittes besteht darin, das Minimum von $F(v)$ bezüglich der Ebene $E$ zu ermitteln, welches im Mittelpunkt der Schnittellipse angenommen wird. Der Richtungsvektor $p^{(k)}$ muß

# 11 Lineare Gleichungssysteme, iterative Verfahren

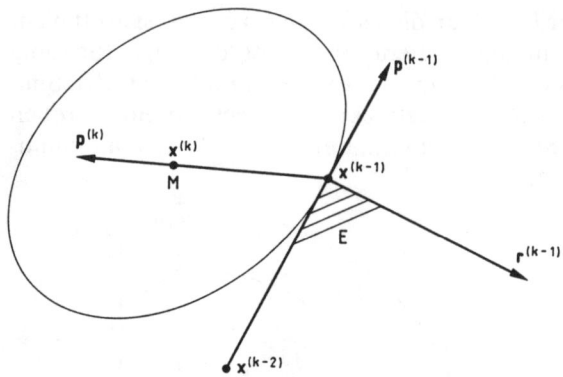

Fig. 11.7
Wahl des Richtungsvektors $p^{(k)}$

somit konjugiert sein zu $p^{(k-1)}$ bezüglich der Schnittellipse und damit auch bezüglich des Ellipsoids $F(v) = F(x^{(k-1)})$.

Im zweckmäßigen Ansatz für den Richtungsvektor

$$p^{(k)} = -r^{(k-1)} + e_{k-1} p^{(k-1)} \tag{11.70}$$

bestimmt sich $e_{k-1}$ aus der Bedingung $(p^{(k)}, A p^{(k-1)}) = 0$ zu

$$e_{k-1} = \frac{(r^{(k-1)}, A p^{(k-1)})}{(p^{(k-1)}, A p^{(k-1)})}. \tag{11.71}$$

Mit dem so festgelegten Richtungsvektor $p^{(k)}$ erhält man den iterierten Vektor $x^{(k)}$ als Minimalpunkt gemäß

$$x^{(k)} = x^{(k-1)} + q_k p^{(k)} \quad \text{mit} \quad q_k = -\frac{(r^{(k-1)}, p^{(k)})}{(p^{(k)}, A p^{(k)})}. \tag{11.72}$$

Die Nenner von $e_{k-1}$ und von $q_k$ sind positiv, falls $p^{(k-1)}$, bzw. $p^{(k)}$ von Null verschieden sind. Dies trifft dann zu, falls $r^{(k-2)}$ und $r^{(k-1)}$ ungleich Null sind, weil dann $p^{(k-1)} \neq 0$ und $p^{(k)} \neq 0$ wegen (11.70) gelten, d. h. solange $x^{(k-2)} \neq x$ und $x^{(k-1)} \neq x$ sind. Der Residuenvektor $r^{(k)}$ zu $x^{(k)}$ ist rekursiv berechenbar gemäß

$$r^{(k)} = A x^{(k)} + b = A(x^{(k-1)} + q_k p^{(k)}) + b = r^{(k-1)} + q_k (A p^{(k)}). \tag{11.73}$$

Die Methode der konjugierten Gradienten ist damit in seinen Grundzügen bereits vollständig beschrieben. Die Darstellung der beiden Skalare $e_{k-1}$ (11.71) und $q_k$ (11.72) kann noch vereinfacht werden. Dazu ist zu berücksichtigen, daß nach Satz 11.19 der Residuenvektor $r^{(k)}$ orthogonal zu $p^{(k)}$ ist, aber auch orthogonal zur Ebene $E$ ist, weil $x^{(k)}$ darin Minimalpunkt ist, und folglich gelten die Orthogonalitätsrelationen

$$(r^{(k)}, p^{(k)}) = 0, \quad (r^{(k)}, r^{(k-1)}) = 0, \quad (r^{(k)}, p^{(k-1)}) = 0. \tag{11.74}$$

Für den Zähler von $q_k$ ergibt sich deshalb

$$(r^{(k-1)}, p^{(k)}) = (r^{(k-1)}, -r^{(k-1)} + e_{k-1} p^{(k-1)}) = -(r^{(k-1)}, r^{(k-1)}),$$

und somit

$$q_k = \frac{(r^{(k-1)}, r^{(k-1)})}{(p^{(k)}, Ap^{(k)})}. \tag{11.75}$$

Wegen (11.75) ist sichergestellt, daß $q_k > 0$ gilt, falls $r^{(k-1)} \neq \mathbf{0}$, d. h. $x^{(k-1)} \neq x$ ist. Für den Zähler von $e_{k-1}$ erhalten wir wegen (11.73) für $k-1$ anstelle von $k$

$$Ap^{(k-1)} = (r^{(k-1)} - r^{(k-2)})/q_{k-1},$$
$$(r^{(k-1)}, Ap^{(k-1)}) = (r^{(k-1)}, r^{(k-1)})/q_{k-1}.$$

Verwendet man für $q_{k-1}$ den entsprechenden Ausdruck (11.75), so ergibt sich aus (11.71) für

$$e_{k-1} = \frac{(r^{(k-1)}, r^{(k-1)})}{(r^{(k-2)}, r^{(k-2)})}. \tag{11.76}$$

Mit den neuen Darstellungen wird eine Reduktion des Rechenaufwandes erzielt. Der CG-Algorithmus lautet damit:

$$\boxed{\begin{aligned}
&\text{Start: Wahl von } x^{(0)}; \; r^{(0)} = Ax^{(0)} + b; \; p^{(1)} = -r^{(0)}; \\
&\text{Iteration } (k = 1, 2, 3, \ldots): \\
&\qquad \text{falls } k > 1: \begin{cases} e_{k-1} = (r^{(k-1)}, r^{(k-1)})/(r^{(k-2)}, r^{(k-2)}) \\ p^{(k)} = -r^{(k-1)} + e_{k-1} p^{(k-1)} \end{cases} \\
&\qquad z = Ap^{(k)} \\
&\qquad q_k = (r^{(k-1)}, r^{(k-1)})/(p^{(k)}, z) \\
&\qquad x^{(k)} = x^{(k-1)} + q_k p^{(k)}; \; r^{(k)} = r^{(k-1)} + q_k z \\
&\qquad \text{Test auf Konvergenz}
\end{aligned}} \tag{11.77}$$

Der Rechenaufwand für einen typischen Iterationsschritt setzt sich zusammen aus einer Matrix-Vektor-Multiplikation $z = Ap$, bei der die schwache Besetzung von $A$ ausgenützt werden kann, aus zwei Skalarprodukten und drei skalaren Multiplikationen von Vektoren. Sind $\gamma n$ Matrixelemente von $A$ ungleich Null, wobei $\gamma \ll n$ gilt, beträgt der Rechenaufwand pro CG-Schritt etwa

$$Z_{\text{CGS}} = (\gamma + 5)n \tag{11.78}$$

multiplikative Operationen. Der Speicherbedarf beträgt neben der Matrix $A$ nur rund $4n$ Plätze, da für $p^{(k)}$, $r^{(k)}$ und $x^{(k)}$ offensichtlich nur je ein Vektor benötigt wird, und dann noch der Hilfsvektor $z$ auftritt.

## 11.2.2 Eigenschaften der Methode der konjugierten Gradienten

Wir stellen die wichtigsten Eigenschaften des CG-Algorithmus (11.77) zusammen, welche anschließend die Grundlage dazu bilden werden, über das Konvergenzverhalten Aussagen zu machen.

**Satz 11.20** *Die Residuenvektoren $r^{(k)}$ bilden ein Orthogonalsystem, und die Richtungsvektoren $p^{(k)}$ sind paarweise konjugiert. Für $k \geqslant 2$ gelten*

$$(r^{(k-1)}, r^{(j)}) = 0, \quad (j = 0, 1, \ldots, k-2); \tag{11.79}$$

$$(r^{(k-1)}, p^{(j)}) = 0, \quad (j = 1, 2, \ldots, k-1); \tag{11.80}$$

$$(p^{(k)}, A p^{(j)}) = 0, \quad (j = 1, 2, \ldots, k-1). \tag{11.81}$$

Beweis. Die Aussagen werden durch vollständige Induktion nach $k$ gezeigt.
Induktionsverankerung. Für $k=2$ sind wegen $r^{(0)} = -p^{(1)}$ und Satz 11.19 ($r^{(1)}$, $p^{(1)}$) = 0 und somit (11.79) und (11.80) richtig. (11.81) gilt für $k = 2$ nach Konstruktion von $p^{(2)}$.
Induktionsvoraussetzung. (11.79) bis (11.81) sind für ein $k \geqslant 2$ richtig.
Induktionsbehauptung. Die Relationen (11.79) bis (11.81) sind auch für $k+1$ richtig.
Induktionsbeweis. Um $(r^{(k)}, r^{(j)}) = 0$ für $j = 0, 1, 2, \ldots, k-1$ zu zeigen, wird zuerst $r^{(k)}$ auf Grund der Rekursionsformel ersetzt und dann im zweiten Skalarprodukt $r^{(j)} = e_j p^{(j)} - p^{(j+1)}$ gesetzt, was formal auch für $j = 0$ richtig bleibt mit $e_0 := 0$ und $p^{(0)} := 0$.

$$(r^{(k)}, r^{(j)}) = (r^{(k-1)}, r^{(j)}) + q_k(A p^{(k)}, r^{(j)})$$
$$= (r^{(k-1)}, r^{(j)}) + q_k e_j(A p^{(k)}, p^{(j)}) - q_k(A p^{(k)}, p^{(j+1)})$$

Wegen $(A p^{(k)}, p^{(j)}) = (p^{(k)}, A p^{(j)})$ sind nach Induktionsvoraussetzung alle drei Skalarprodukte für $j = 0, 1, \ldots, k-2$ gleich Null. Für $j = k-1$ ist das mittlere Skalarprodukt gleich Null, und die verbleibenden ergeben Null wegen (11.75).
Analog folgt für

$$(r^{(k)}, p^{(j)}) = (r^{(k-1)}, p^{(j)}) + q_k(p^{(k)}, A p^{(j)}).$$

Nach Induktionsvoraussetzung sind beide Skalarprodukte für $j = 1, 2, \ldots, k-1$ gleich Null. Für $j = k$ ist $(r^{(k)}, p^{(k)}) = 0$ wegen (11.74).
Für den Nachweis von $(p^{(k+1)}, A p^{(j)}) = 0$ können wir uns auf $j = 1, 2, \ldots, k-1$ beschränken, weil $p^{(k+1)}$ und $p^{(k)}$ nach Konstruktion konjugiert sind. Wegen (11.70) und (11.73) gilt

$$(p^{(k+1)}, A p^{(j)}) = -(r^{(k)}, A p^{(j)}) + e_k(p^{(k)}, A p^{(j)})$$
$$= -[(r^{(k)}, r^{(j)}) - (r^{(k)}, r^{(j-1)})]/q_j + e_k(p^{(k)}, A p^{(j)}).$$

Die Skalarprodukte sind auf Grund des ersten Teils des Induktionsbeweises oder der Induktionsvoraussetzung gleich Null. □

Eine unmittelbare Folge von Satz 11.20 ist der

**Satz 11.21** *Die Methode der konjugierten Gradienten liefert die Lösung eines Gleichungssystems in n Unbekannten nach höchstens n Schritten.*

Beweis. Da die Residuenvektoren $r^{(0)}, r^{(1)}, \ldots, r^{(k)}$ im $\mathbb{R}^n$ ein Orthogonalsystem bilden, kann es höchstens $n$ von Null verschiedene Vektoren enthalten, und es muß spätestens $r^{(n)} = 0$ und deshalb $x^{(n)} = x$ sein. □

Theoretisch ist der iterativ konzipierte CG-Algorithmus ein endlicher Prozeß. Numerisch werden die Orthogonalitätsrelationen (11.79) nicht exakt erfüllt sein. Im Prinzip ist eine Fortsetzung des Verfahrens über die $n$ Schritte durchaus sinnvoll, weil die Funktion $F(v)$ stets verkleinert wird. Anderseits ist aber zu hoffen, daß insbesondere bei sehr großen Gleichungssystemen bedeutend weniger als $n$ Schritte nötig sein werden, um eine Näherung der Lösung $x$ mit genügend kleinem Fehler zu produzieren.

Als nächstes zeigen wir eine Optimalitätseigenschaft der $k$-ten Iterierten $x^{(k)}$ des CG-Verfahrens. Auf Grund der Rekursionsformel (11.72) besitzt sie die Darstellung

$$x^{(k)} = x^{(0)} + \sum_{i=1}^{k} q_i p^{(i)}, \quad (k = 1, 2, 3, \ldots). \tag{11.82}$$

In jedem einzelnen CG-Schritt wird die Funktion $F(v)$, ausgehend von $x^{(k-1)}$, nur in Richtung von $p^{(k)}$ **lokal** minimiert. Wir wollen zeigen, daß der erreichte Wert $F(x^{(k)})$ gleich dem globalen Minimum von $F(v)$ bezüglich des Unterraums ist, der von den $k$ Richtungsvektoren aufgespannt ist.

**Satz 11.22** *Die k-te Iterierte $x^{(k)}$ der Methode der konjugierten Gradienten (11.77) minimiert die Funktion $F(v)$ in bezug auf den Unterraum $S_k := \text{span}\{p^{(1)}, p^{(2)}, \ldots, p^{(k)}\}$, denn es gilt*

$$F(x^{(k)}) = \min_{c_i} F\left(x^{(0)} + \sum_{i=1}^{k} c_i p^{(i)}\right). \tag{11.83}$$

Beweis. Es ist zu zeigen, daß die Koeffizienten $c_i$ in (11.83), welche die Funktion minimieren, mit den Werten der $q_i$ (11.75) identisch sind. Es ist wegen (11.81)

$$F\left(x^{(0)} + \sum_{i=1}^{k} c_i p^{(i)}\right) = \frac{1}{2}\left(x^{(0)} + \sum_{i=1}^{k} c_i p^{(i)}, A\left(x^{(0)} + \sum_{j=1}^{k} c_j p^{(j)}\right)\right) + \left(b, x^{(0)} + \sum_{i=1}^{k} c_i p^{(i)}\right)$$

$$= \frac{1}{2} \sum_{i=1}^{k} \sum_{j=1}^{k} c_i c_j (p^{(i)}, A p^{(j)}) + \sum_{i=1}^{k} c_i (p^{(i)}, A x^{(0)}) + \frac{1}{2}(x^{(0)}, A x^{(0)})$$

$$+ \sum_{i=1}^{k} c_i (p^{(i)}, b) + (b, x^{(0)})$$

$$= \frac{1}{2} \sum_{i=1}^{k} c_i^2 (p^{(i)}, A p^{(i)}) + \sum_{i=1}^{k} c_i (p^{(i)}, r^{(0)}) + F(x^{(0)}).$$

## 11 Lineare Gleichungssysteme, iterative Verfahren

Die notwendigen Bedingungen für ein Extremum von $F$ sind deshalb

$$\frac{\partial F}{\partial c_i} = c_i(\boldsymbol{p}^{(i)}, \boldsymbol{A}\boldsymbol{p}^{(i)}) + (\boldsymbol{p}^{(i)}, \boldsymbol{r}^{(0)}) = 0, \quad (i = 1, 2, \ldots, k),$$

also $\quad c_i = -(\boldsymbol{p}^{(i)}, \boldsymbol{r}^{(0)})/(\boldsymbol{p}^{(i)}, \boldsymbol{A}\boldsymbol{p}^{(i)}), \quad (i = 1, 2, \ldots, k)$.

Für $i=1$ ist $\boldsymbol{p}^{(1)} = -\boldsymbol{r}^{(0)}$, und somit gilt $c_1 = q_1$. Für $i > 1$ besitzt $\boldsymbol{p}^{(i)}$ nach wiederholter Anwendung von (11.70) die Darstellung

$$\boldsymbol{p}^{(i)} = -\boldsymbol{r}^{(i-1)} - e_{i-1}\boldsymbol{r}^{(i-2)} - e_{i-1}e_{i-2}\boldsymbol{r}^{(i-3)} - \ldots - \left(\prod_{j=1}^{i-1} e_j\right)\boldsymbol{r}^{(0)}. \tag{11.84}$$

Wegen (11.79) und (11.76) folgt daraus

$$-(\boldsymbol{p}^{(i)}, \boldsymbol{r}^{(0)}) = e_{i-1}e_{i-2} \ldots e_1(\boldsymbol{r}^{(0)}, \boldsymbol{r}^{(0)}) = (\boldsymbol{r}^{(i-1)}, \boldsymbol{r}^{(i-1)}),$$

und somit $c_i = q_i$ für $i = 1, 2, \ldots, k$. □

Die Unterräume $S_k = \text{span}\{\boldsymbol{p}^{(1)}, \boldsymbol{p}^{(2)}, \ldots, \boldsymbol{p}^{(k)}\}$, $(k = 1, 2, 3, \ldots)$ sind aber identisch mit denjenigen, welche durch die $k$ ersten Residuenvektoren $\boldsymbol{r}^{(0)}, \boldsymbol{r}^{(1)}, \ldots, \boldsymbol{r}^{(k-1)}$ aufgespannt werden. Das sieht man mit Hilfe einer induktiven Schlußweise wie folgt: Für $k=1$ ist wegen $\boldsymbol{p}^{(1)} = -\boldsymbol{r}^{(0)}$ offensichtlich $S_1 = \text{span}\{\boldsymbol{p}^{(1)}\} = \text{span}\{\boldsymbol{r}^{(0)}\}$. Es gelte nun $S_{k-1} = \text{span}\{\boldsymbol{p}^{(1)}, \ldots, \boldsymbol{p}^{(k-1)}\} = \text{span}\{\boldsymbol{r}^{(0)}, \ldots, \boldsymbol{r}^{(k-2)}\}$ für ein $k > 1$. Wegen (11.84) gilt dann aber, weil der Koeffizient von $\boldsymbol{r}^{(k-1)}$ gleich $-1$ ist, daß $\boldsymbol{p}^{(k)} \in \text{span}\{\boldsymbol{r}^{(0)}, \boldsymbol{r}^{(1)}, \ldots, \boldsymbol{r}^{(k-1)}\} = S_k$, aber $\boldsymbol{p}^{(k)} \notin S_{k-1}$. Daraus ergibt sich in der Tat

$$S_k = \text{span}\{\boldsymbol{p}^{(1)}, \boldsymbol{p}^{(2)}, \ldots, \boldsymbol{p}^{(k)}\} = \text{span}\{\boldsymbol{r}^{(0)}, \boldsymbol{r}^{(1)}, \ldots, \boldsymbol{r}^{(k-1)}\},$$
$$(k = 1, 2, 3, \ldots), \tag{11.85}$$

und wegen der Orthogonalität (11.79) der Residuenvektoren gilt natürlich für die Dimension der Unterräume $S_k$

$$\dim(S_k) = k,$$

solange $\boldsymbol{x}^{(k-1)} \neq \boldsymbol{x}$ und somit $\boldsymbol{r}^{(k-1)} \neq \boldsymbol{0}$ ist.

Die Folge der Unterräume $S_k$ (11.85) ist identisch mit der Folge von Krylov-Unterräumen, welche von $\boldsymbol{r}^{(0)}$ und der Matrix $A$ erzeugt werden gemäß

$$\mathscr{K}^{(k)}(\boldsymbol{r}^{(0)}, A) := \text{span}\{\boldsymbol{r}^{(0)}, A\boldsymbol{r}^{(0)}, A^2\boldsymbol{r}^{(0)}, \ldots, A^{k-1}\boldsymbol{r}^{(0)}\}. \tag{11.86}$$

Für $k=1$ ist die Aussage trivialerweise richtig. Für $k=2$ ist wegen $\boldsymbol{r}^{(1)} = \boldsymbol{r}^{(0)} + q_1(A\boldsymbol{p}^{(1)}) = \boldsymbol{r}^{(0)} - q_1(A\boldsymbol{r}^{(0)}) \in \text{span}\{\boldsymbol{r}^{(0)}, A\boldsymbol{r}^{(0)}\}$, aber $\boldsymbol{r}^{(1)} \notin \text{span}\{\boldsymbol{r}^{(0)}\}$, falls $\boldsymbol{r}^{(1)} \neq \boldsymbol{0}$ ist, und folglich ist $S_2 = \mathscr{K}^{(2)}(\boldsymbol{r}^{(0)}, A)$. Weiter ist offensichtlich $A\boldsymbol{r}^{(1)} = A\boldsymbol{r}^{(0)} - q_1(A^2\boldsymbol{r}^{(0)}) \in \mathscr{K}^{(3)}(\boldsymbol{r}^{(0)}, A)$. Durch vollständige Induktion nach $i$ folgt wegen (11.84)

$$\boldsymbol{r}^{(i)} = \boldsymbol{r}^{(i-1)} + q_i(A\boldsymbol{p}^{(i)})$$
$$= \boldsymbol{r}^{(i-1)} - q_i[A\boldsymbol{r}^{(i-1)} + e_{i-1}A\boldsymbol{r}^{(i-2)} + \ldots + \left(\prod_{j=1}^{i-1} e_j\right)(A\boldsymbol{r}^{(0)})]$$
$$\in \mathscr{K}^{(i+1)}(\boldsymbol{r}^{(0)}, A)$$

und für $r^{(i)} \neq 0$ wegen der Orthogonalität von $r^{(i)}$ zu $S_{i-1}$ und damit auch zu $\mathcal{K}^{(i)}(r^{(0)}, A)$ weiter $r^{(i)} \notin \mathcal{K}^{(i)}(r^{(0)}, A)$. Deshalb gilt allgemein

$$S_k = \operatorname{span}\{r^{(0)}, r^{(1)}, \ldots, r^{(k-1)}\} = \mathcal{K}^{(k)}(r^{(0)}, A). \tag{11.87}$$

### 11.2.3 Konvergenzabschätzung

Auf Grund der Optimalitätseigenschaft der CG-Methode von Satz 11.22 und der Charakterisierung der Unterräume $S_k$ als Krylov-Unterräume (11.87) kann der Fehler $f^{(k)} := x^{(k)} - x$ in einer geeignet gewählten Vektornorm abgeschätzt werden. Dazu verwenden wir die sogenannte **Energienorm**

$$\|u\|_A := (u, A\,u)^{1/2}, \tag{11.88}$$

welche wegen der positiven Definitheit von $A$ alle Eigenschaften einer Norm besitzt. Für einen beliebigen Vektor $z \in \mathbb{R}^n$ und die Lösung $x$ von $A\,x + b = 0$ gilt nun

$$\begin{aligned}
\|z - x\|_A^2 &= (z - x, A(z - x)) \\
&= (z, A\,z) - 2(z, A\,x) + (x, A\,x) \\
&= (z, A\,z) + 2(z, b) + (A^{-1}b, b) \\
&= 2F(z) + (A^{-1}b, b).
\end{aligned} \tag{11.89}$$

Nach Satz 11.22 minimiert $x^{(k)}$ des CG-Verfahrens die Funktion $F(x^{(0)} + v)$ für $v \in S_k$. Da sich das Quadrat der Energienorm für $z - x$ nur um eine additive Konstante und um den Faktor 2 von $F(z)$ unterscheidet, so folgt mit $z = x^{(k)}$, daß die Iterierte $x^{(k)}$ den Fehler $f^{(k)}$ in der Energienorm minimiert, und es gilt

$$\|f^{(k)}\|_A = \|x^{(k)} - x\|_A = \min\{\|z - x\|_A \mid z = x^{(0)} + v,\ v \in S_k\}. \tag{11.90}$$

Für den Residuenvektor $r^{(0)}$ des Krylov-Unterraums gilt

$$r^{(0)} = A\,x^{(0)} + b = A\,x^{(0)} - A\,x = A f^{(0)}, \tag{11.91}$$

und für die Differenz $z - x$ in (11.90) ergibt sich

$$z - x = x^{(0)} + v - x = f^{(0)} + v \quad \text{mit } v \in S_k = \mathcal{K}^{(k)}(r^{(0)}, A).$$

Die Vektoren $z - x$, welche zur Minimierung des Fehlers $f^{(k)}$ in (11.90) in Betracht kommen, besitzen deshalb wegen (11.91) eine Darstellung der folgenden Art

$$\begin{aligned}
z - x &= f^{(0)} + c_1 A f^{(0)} + c_2 A^2 f^{(0)} + \ldots + c_k A^k f^{(0)} \\
&= [I + c_1 A + c_2 A^2 + \ldots + c_k A^k] f^{(0)} =: P_k(A) f^{(0)}.
\end{aligned} \tag{11.92}$$

Wegen (11.92) existiert ein Polynom $P_k(t)$ mit reellen Koeffizienten vom Grad höchstens gleich $k$ und mit der Eigenschaft $P_k(0) = 1$, weil der Koeffizient von $f^{(0)}$ gleich Eins ist, so daß für den Fehlervektor $f^{(k)}$ im speziellen gilt

$$f^{(k)} = P_k(A) f^{(0)}. \tag{11.93}$$

## 11 Lineare Gleichungssysteme, iterative Verfahren

Wegen der Optimalität der Näherung $x^{(k)}$ folgt aus (11.90) und (11.93)

$$\|f^{(k)}\|_A = \min_{P_k(t)} \|P_k(A)f^{(0)}\|_A, \tag{11.94}$$

wobei das Minimum über alle Polynome $P_k(t)$ mit der oben genannten Eigenschaft zu bilden ist. Die Energienorm der rechten Seite (11.94) kann mit Hilfe der Eigenwerte von $A$ abgeschätzt werden. Seien $0 < \lambda_1 \leq \lambda_2 \leq \ldots \leq \lambda_n$ die $n$ reellen Eigenwerte von $A$ und $z_1, z_2, \ldots, z_n$ die zugehörigen, orthonormierten Eigenvektoren. Aus der eindeutigen Darstellung von

$$f^{(0)} = \alpha_1 z_1 + \alpha_2 z_2 + \ldots + \alpha_n z_n$$

folgt für die Energienorm

$$\|f^{(0)}\|_A^2 = \left( \sum_{i=1}^{n} \alpha_i z_i, \sum_{j=1}^{n} \alpha_j \lambda_j z_j \right) = \sum_{i=1}^{n} \alpha_i^2 \lambda_i.$$

Da für die Eigenvektoren $z_i$ weiter $P_k(A)z_i = P_k(\lambda_i)z_i$ gilt, ergibt sich analog für

$$\|P_k(A)f^{(0)}\|_A^2 = (P_k(A)f^{(0)}, AP_k(A)f^{(0)})$$

$$= \left( \sum_{i=1}^{n} \alpha_i P_k(\lambda_i) z_i, \sum_{j=1}^{n} \alpha_j \lambda_j P_k(\lambda_j) z_j \right)$$

$$= \sum_{i=1}^{n} \alpha_i^2 \lambda_i P_k^2(\lambda_i) \leq \left[ \max_j \{P_k(\lambda_j)\}^2 \right] \cdot \|f^{(0)}\|_A^2. \tag{11.95}$$

Aus (11.94) und (11.95) erhalten wir die weitere Abschätzung

$$\frac{\|f^{(k)}\|_A}{\|f^{(0)}\|_A} \leq \min_{P_k(t)} \left\{ \max_{\lambda \in [\lambda_1, \lambda_n]} |P_k(\lambda)| \right\}. \tag{11.96}$$

Die durch eine Approximationsaufgabe definierte obere Schranke in (11.96) kann in Abhängigkeit von $\lambda_1$ und $\lambda_n$ mit Hilfe der Tschebyscheff-Polynome $T_k(x)$ angegeben werden. Das Intervall $[\lambda_1, \lambda_n]$ wird dazu vermittels der Variablensubstitution $x := (2\lambda - \lambda_1 - \lambda_n)/(\lambda_n - \lambda_1)$ auf das Einheitsintervall $[-1, 1]$ abgebildet. Wegen der Minimax-Eigenschaft (4.101) besitzt das Polynom

$$P_k(\lambda) := T_k\left( \frac{2\lambda - \lambda_1 - \lambda_n}{\lambda_n - \lambda_1} \right) \bigg/ T_k\left( \frac{\lambda_1 + \lambda_n}{\lambda_1 - \lambda_n} \right)$$

vom Grad $k$ mit $P_k(0) = 1$ im Intervall $[\lambda_1, \lambda_n]$ die kleinste Betragsnorm, und es gilt insbesondere

$$\max_{\lambda \in [\lambda_1, \lambda_n]} |P_k(\lambda)| = 1 \bigg/ \left| T_k\left( \frac{\lambda_1 + \lambda_n}{\lambda_1 - \lambda_n} \right) \right|. \tag{11.97}$$

Das Argument von $T_k$ im Nenner von (11.97) ist betragsmäßig größer als Eins. Wegen (4.80) gelten mit $x = \cos \varphi$

$$\cos \varphi = \frac{1}{2}(e^{i\varphi} + e^{-i\varphi}) = \frac{1}{2}\left(z + \frac{1}{z}\right), \qquad z = e^{i\varphi} \in \mathbb{C},$$

$$\cos(n\varphi) = \frac{1}{2}(e^{in\varphi} + e^{-in\varphi}) = \frac{1}{2}(z^n + z^{-n}),$$

$$z = \cos \varphi + i \sin \varphi = \cos \varphi + i\sqrt{1 - \cos^2 \varphi} = x + \sqrt{x^2 - 1},$$

$$T_n(x) = \cos(n\varphi) = \frac{1}{2}[(x + \sqrt{x^2 - 1})^n + (x + \sqrt{x^2 - 1})^{-n}].$$

Obwohl die letzte Formel für $|x| \leq 1$ hergeleitet worden ist, gilt sie natürlich auch für $|x| > 1$. Jetzt sei mit $\varkappa(A) = \lambda_n/\lambda_1$

$$x := -\frac{\lambda_1 + \lambda_n}{\lambda_1 - \lambda_n} = \frac{\lambda_n/\lambda_1 + 1}{\lambda_n/\lambda_1 - 1} = \frac{\varkappa(A) + 1}{\varkappa(A) - 1} > 1.$$

Dann ist

$$x + \sqrt{x^2 - 1} = \frac{\varkappa + 1}{\varkappa - 1} + \sqrt{\left(\frac{\varkappa + 1}{\varkappa - 1}\right)^2 - 1} = \frac{\varkappa + 2\sqrt{\varkappa} + 1}{\varkappa - 1} = \frac{\sqrt{\varkappa} + 1}{\sqrt{\varkappa} - 1} > 1,$$

und folglich

$$T_k\left(\frac{\varkappa + 1}{\varkappa - 1}\right) = \frac{1}{2}\left[\left(\frac{\sqrt{\varkappa} + 1}{\sqrt{\varkappa} - 1}\right)^k + \left(\frac{\sqrt{\varkappa} + 1}{\sqrt{\varkappa} - 1}\right)^{-k}\right] \geq \frac{1}{2}\left(\frac{\sqrt{\varkappa} + 1}{\sqrt{\varkappa} - 1}\right)^k.$$

Als Ergebnis ergibt sich damit aus (11.96) der

**Satz 11.23** *Im CG-Verfahren (11.77) gilt für den Fehler* $f^{(k)} = x^{(k)} - x$ *in der Energienorm die Abschätzung*

$$\frac{\|f^{(k)}\|_A}{\|f^{(0)}\|_A} \leq 2\left(\frac{\sqrt{\varkappa(A)} - 1}{\sqrt{\varkappa(A)} + 1}\right)^k. \tag{11.98}$$

Auch wenn die Schranke (11.98) im allgemeinen pessimistisch ist, so gibt sie doch den Hinweis, daß die Konditionszahl der Systemmatrix $A$ eine entscheidende Bedeutung für die Konvergenzgüte hat. Für die Anzahl $k$ der erforderlichen CG-Schritte, derart daß $\|f^{(k)}\|_A/\|f^{(0)}\|_A \leq \varepsilon$ ist, erhält man aus (11.98) die Schranke

$$k \leq \frac{1}{2}\sqrt{\varkappa(A)} \ln\left(\frac{2}{\varepsilon}\right) + 1. \tag{11.99}$$

Neben der Toleranz $\varepsilon$ ist die Schranke im wesentlichen von der Wurzel aus der Konditionszahl von $A$ bestimmt. Das CG-Verfahren arbeitet dann effizient, falls die Konditionszahl von $A$ nicht allzu groß ist oder aber durch geeignete Maßnahmen reduziert werden kann, sei es durch entsprechende Problemvorbereitung oder durch Vorkonditionierung.

**Beispiel 11.6** Am Modellproblem der Randwertaufgabe von Beispiel 10.6 mit $f(x,y) = -2$ soll das Konvergenzverhalten der CG-Methode im Vergleich zur SOR-Methode bei optimaler Wahl von $\omega$ verglichen werden. In Tab. 11.2 sind für einige Kombinationen der Werte $N$ und $M$ die Ordnung $n$ der Matrix $A$, ihre Konditionszahl $\varkappa(A)$, die obere Schranke $k$ der Iterationsschritte gemäß (11.99) für $\varepsilon = 10^{-6}$, die tatsächlich festgestellte Zahl der Iterationsschritte $k_{\text{eff}}$ unter dem Abbruchkriterium $\|r^{(k)}\|_2 / \|r^{(0)}\|_2 \leqslant \varepsilon$, die zugehörige Rechenzeit $t_{\text{CG}}$ sowie die entsprechenden Zahlen $k_{\text{SOR}}$ und $t_{\text{SOR}}$ zusammengestellt. Da der Residuenvektor im SOR-Verfahren nicht direkt verfügbar ist, wird hier als Abbruchkriterium $\|x^{(k)} - x^{(k-1)}\|_2 \leqslant \varepsilon$ verwendet.

Tab. 11.2 Konvergenzverhalten des CG-Verfahrens, Modellproblem

| $N, M$ | $n$ | $\varkappa(A)$ | $k$ | $k_{\text{eff}}$ | $t_{\text{CG}}$ | $k_{\text{SOR}}$ | $t_{\text{SOR}}$ |
|---|---|---|---|---|---|---|---|
| 10, 6 | 60 | 28 | 39 | 14 | 0.8 | 23 | 1.7 |
| 20, 12 | 240 | 98 | 72 | 30 | 4.1 | 42 | 5.3 |
| 30, 18 | 540 | 212 | 106 | 46 | 10.8 | 61 | 14.4 |
| 40, 24 | 960 | 369 | 140 | 62 | 23.3 | 78 | 30.5 |
| 60, 36 | 2160 | 811 | 207 | 94 | 74.3 | 118 | 98.2 |
| 80, 48 | 3840 | 1424 | 274 | 125 | 171.8 | 155 | 226.1 |

Wegen (10.51) ist die Konditionszahl gegeben durch

$$\varkappa(A) = \left[\sin^2\left(\frac{N\pi}{2N+2}\right) + \sin^2\left(\frac{M\pi}{2M+2}\right)\right] \Big/ \left[\sin^2\left(\frac{\pi}{2N+2}\right) + \sin^2\left(\frac{\pi}{2M+2}\right)\right]$$

und nimmt bei Halbierung der Maschenweite $h$ etwa um den Faktor vier zu (vgl. Beispiel 10.6), so daß sich dabei $k$ verdoppelt. Die beobachteten Zahlen $k_{\text{eff}}$ folgen diesem Gesetz und sind nur etwa halb so groß. Der Rechenaufwand steigt deshalb um den Faktor acht an. Dasselbe gilt für das SOR-Verfahren, wie auf Grund der Werte $m_{\text{SOR}}$ in Tab. 11.1 zu erwarten ist.

Die Methode der konjugierten Gradienten löst die Gleichungssysteme mit dem geringsten Aufwand im Vergleich zum SOR-Verfahren. Für das CG-Verfahren spricht auch die Tatsache, daß kein Parameter gewählt werden muß, daß es problemlos für allgemeine symmetrisch-definite Systeme anwendbar ist und daß die Konvergenz noch verbessert werden kann. △

### 11.2.4 Vorkonditionierung

Das Ziel, die Konvergenzeigenschaften der CG-Methode durch Reduktion der Konditionszahl $\varkappa(A)$ zu verbessern, erreicht man mit einer **Vorkonditionierung**, indem man das gegebene Gleichungssystem $Ax + b = 0$, $A$ symmetrisch und positiv definit, mit einer geeignet zu wählenden regulären Matrix $C \in \mathbb{R}^{n \times n}$ in die äquivalente Form überführt

$$C^{-1}A\,C^{-\mathrm{T}}C^{\mathrm{T}}x + C^{-1}b = 0. \tag{11.100}$$

Mit den neuen Größen

$$\tilde{A} := C^{-1}A\,C^{-\mathrm{T}}, \qquad \tilde{x} := C^{\mathrm{T}}x, \qquad \tilde{b} := C^{-1}b \tag{11.101}$$

## 11.2 Methode der konjugierten Gradienten

lautet das transformierte Gleichungssystem

$$\tilde{A}\tilde{x} + \tilde{b} = 0 \tag{11.102}$$

mit ebenfalls symmetrischer und positiv definiter Matrix $\tilde{A}$, welche aus $A$ durch eine **Kongruenztransformation** hervorgeht, so daß dadurch die Eigenwerte und damit die Konditionszahl mit günstigem $C$ im beabsichtigten Sinn beeinflußt werden können. Einen Hinweis über die zweckmäßige Festlegung von $C$, damit

$$\varkappa_2(\tilde{A}) = \varkappa_2(C^{-1}A\,C^{-T}) \ll \varkappa_2(A)$$

ist, erhalten wir aus der Feststellung, daß $\tilde{A}$ ähnlich ist zur Matrix

$$K := C^{-T}\tilde{A}\,C^T = C^{-T}C^{-1}A = (C\,C^T)^{-1}A =: M^{-1}A. \tag{11.103}$$

Die symmetrische und positiv definite Matrix $M := C\,C^T$ spielt die entscheidende Rolle, und man nennt sie die **Vorkonditionierungsmatrix**. Wegen der Ähnlichkeit von $\tilde{A}$ und $K$ gilt natürlich

$$\varkappa_2(\tilde{A}) = \lambda_{\max}(M^{-1}A)/\lambda_{\min}(M^{-1}A).$$

Mit $M = A$ hätte man $\varkappa_2(\tilde{A}) = \varkappa_2(I) = 1$. Doch ist diese Wahl nicht sinnvoll, denn mit der Cholesky-Zerlegung $A = C\,C^T$, wo $C$ eine Linksdreiecksmatrix ist, wäre das Gleichungssystem direkt lösbar. Jedenfalls soll $M$ eine Approximation von $A$ sein, womöglich unter Beachtung der schwachen Besetzung der Matrix $A$.

Der CG-Algorithmus (11.77) für das vorkonditionierte Gleichungssystem (11.102) lautet bei vorgegebener Matrix $C$ wie folgt:

$$\boxed{\begin{aligned}
&\text{Start: Wahl von } \tilde{x}^{(0)}; \; \tilde{r}^{(0)} = \tilde{A}\tilde{x}^{(0)} + \tilde{b}; \; \tilde{p}^{(1)} = -\tilde{r}^{(0)}; \\
&\text{Iteration } (k = 1, 2, 3, \ldots): \\
&\quad \text{falls } k > 1: \begin{cases} \tilde{e}_{k-1} = (\tilde{r}^{(k-1)}, \tilde{r}^{(k-1)})/(\tilde{r}^{(k-2)}, \tilde{r}^{(k-2)}) \\ \tilde{p}^{(k)} = -\tilde{r}^{(k-1)} + \tilde{e}_{k-1}\tilde{p}^{(k-1)} \end{cases} \\
&\quad \tilde{z} = \tilde{A}\tilde{p}^{(k)} \\
&\quad \tilde{q}_k = (\tilde{r}^{(k-1)}, \tilde{r}^{(k-1)})/(\tilde{p}^{(k)}, \tilde{z}) \\
&\quad \tilde{x}^{(k)} = \tilde{x}^{(k-1)} + \tilde{q}_k\tilde{p}^{(k)}; \; \tilde{r}^{(k)} = \tilde{r}^{(k-1)} + \tilde{q}_k\tilde{z}; \\
&\quad \text{Test auf Konvergenz}
\end{aligned}} \tag{11.104}$$

Im Prinzip kann der CG-Algorithmus in der Form (11.104) auf der Basis der Matrix $\tilde{A}$ durchgeführt werden. Neben der Berechnung von $\tilde{b}$ als Lösung von $C\tilde{b} = b$ ist die Multiplikation $\tilde{z} = \tilde{A}\tilde{p}^{(k)} = C^{-1}A\,C^{-T}\tilde{p}^{(k)}$ in drei Teilschritten zu realisieren. Erstens ist ein Gleichungssystem mit $C^T$ zu lösen, zweitens ist die Matrixmultiplikation mit $A$ auszuführen und schließlich ist noch ein Gleichungssystem mit $C$ zu lösen. Am Schluß ist aus der resultierenden Näherung $\tilde{x}^{(k)}$ die Näherungslösung $x^{(k)}$ des gegebenen Systems aus $C^T x^{(k)} = \tilde{x}^{(k)}$ zu ermitteln.

Es ist üblich und zweckmäßiger, den Algorithmus (11.104) neu so zu formulieren, daß mit den gegebenen Größen gearbeitet wird und daß eine Folge von iterierten Vektoren

$x^{(k)}$ erzeugt wird, welche Näherungen der gesuchten Lösung $x$ darstellen. Die Vorkonditionierung wird gewissermaßen implizit angewandt. Wegen (11.101) und (11.102) gelten die Relationen

$$\tilde{x}^{(k)} = C^T x^{(k)}, \qquad \tilde{r}^{(k)} = C^{-1} r^{(k)}. \tag{11.105}$$

Da der Richtungsvektor $\tilde{p}^{(k)}$ mit Hilfe des Residuenvektors $\tilde{r}^{(k-1)}$ gebildet wird, führen wir vorübergehend die Hilfsvektoren $\tilde{p}^{(k)} := C^{-1} s^{(k)}$ ein, womit wir zum Ausdruck bringen, daß die $s^{(k)}$ nicht mit den Richtungsvektoren $p^{(k)}$ des nichtvorkonditionierten CG-Algorithmus identisch zu sein brauchen. Aus der Rekursionsformel für die iterierten Vektoren $\tilde{x}^{(k)}$ ergibt sich so

$$C^T x^{(k)} = C^T x^{(k-1)} + \tilde{q}_k C^{-1} s^{(k)}$$

und nach Multiplikation mit $C^{-T}$ von links

$$x^{(k)} = x^{(k-1)} + \tilde{q}_k (M^{-1} s^{(k)}).$$

Desgleichen wird die Rekursionsformel der Residuenvektoren

$$C^{-1} r^{(k)} = C^{-1} r^{(k-1)} + \tilde{q}_k C^{-1} A C^{-T} C^{-1} s^{(k)},$$

und nach Multiplikation von links mit $C$ erhalten wir

$$r^{(k)} = r^{(k-1)} + \tilde{q}_k A(M^{-1} s^{(k)}).$$

In beiden Beziehungen treten die Vektoren

$$M^{-1} s^{(k)} =: g^{(k)} \tag{11.106}$$

auf, mit denen für $x^{(k)}$ und $r^{(k)}$ einfachere Formeln resultieren. Aber auch aus den Definitionsgleichungen für die Richtungsvektoren in (11.104) ergibt sich nach Substitution der Größen und Multiplikation von links mit $C^{-T}$

$$M^{-1} s^{(k)} = -M^{-1} r^{(k-1)} + \tilde{e}_{k-1} M^{-1} s^{(k-1)}.$$

Mit der weiteren Definition

$$M^{-1} r^{(k)} =: \varrho^{(k)} \tag{11.107}$$

wird die letzte Beziehung zu

$$g^{(k)} = -\varrho^{(k-1)} + \tilde{e}_{k-1} g^{(k-1)}. \tag{11.108}$$

Dies ist die Ersatzgleichung für die Richtungsvektoren $\tilde{p}^{(k)}$, die durch die $g^{(k)}$ ersetzt werden. Schließlich lassen sich die Skalarprodukte in (11.104) durch die neuen Größen wie folgt darstellen:

$$(\tilde{r}^{(k)}, \tilde{r}^{(k)}) = (C^{-1} r^{(k)}, C^{-1} r^{(k)}) = (r^{(k)}, M^{-1} r^{(k)}) = (r^{(k)}, \varrho^{(k)})$$

$$(\tilde{p}^{(k)}, \tilde{z}) = (C^{-1} s^{(k)}, C^{-1} A C^{-T} C^{-1} s^{(k)}) = (M^{-1} s^{(k)}, A M^{-1} s^{(k)}) = (g^{(k)}, A g^{(k)})$$

Für den Start des Algorithmus wird noch $g^{(1)}$ anstelle von $\tilde{p}^{(1)}$ benötigt. Dafür ergibt sich

$$g^{(1)} = M^{-1} s^{(1)} = C^{-T} \tilde{p}^{(1)} = -C^{-T} \tilde{r}^{(0)} = -C^{-T} C^{-1} r^{(0)} = -M^{-1} r^{(0)} = -\varrho^{(0)}.$$

## 11.2 Methode der konjugierten Gradienten

Dieser Vektor muß als Lösung eines Gleichungssystems bestimmt werden. Da dasselbe System auch in jedem CG-Schritt aufzulösen ist, wird der vorkonditionierte Algorithmus der konjugierten Gradienten gegenüber (11.104) leicht umgestellt und zudem die Fallunterscheidung für $k = 1$ durch Hilfsgrößen eliminiert.

$$
\begin{aligned}
&\text{Start:} \quad \text{Festsetzung von } M; \text{ Wahl von } x^{(0)}; \\
&\qquad r^{(0)} = A x^{(0)} + b; \; \zeta_a = 1; \; g^{(0)} = 0; \\
&\text{Iteration: } (k = 1, 2, 3, \ldots): \\
&\qquad M \varrho^{(k-1)} = r^{(k-1)} \quad (\to \varrho^{(k-1)}) \\
&\qquad \zeta = (r^{(k-1)}, \varrho^{(k-1)}); \; \tilde{e}_{k-1} = \zeta/\zeta_a \\
&\qquad g^{(k)} = -\varrho^{(k-1)} + \tilde{e}_{k-1} g^{(k-1)} \\
&\qquad z = A g^{(k)} \\
&\qquad \tilde{q}_k = \zeta/(g^{(k)}, z); \; \zeta_a = \zeta; \\
&\qquad x^{(k)} = x^{(k-1)} + \tilde{q}_k g^{(k)}; \; r^{(k)} = r^{(k-1)} + \tilde{q}_k z; \\
&\text{Test auf Konvergenz}
\end{aligned}
\tag{11.109}
$$

Die Matrix $C$, von der wir ursprünglich ausgegangen sind, tritt im CG-Algorithmus (11.109) nicht mehr auf, sondern nur noch die symmetrische, positiv definite Vorkonditionierungsmatrix $M$. Im Vergleich zum normalen CG-Algorithmus (11.77) erfordert jetzt jeder Iterationsschritt die Auflösung von $M \varrho = r$ nach $\varrho$ als sogenannten Vorkonditionierungsschritt. Die Matrix $M$ muß unter dem Gesichtspunkt gewählt werden, daß dieser zusätzliche Aufwand im Verhältnis zur Konvergenzverbesserung nicht zu hoch ist. Deshalb kommen in erster Linie für $M$ Matrizen in Betracht, welche sich gemäß $M = C C^T$ als Produkt einer schwach besetzten Linksdreiecksmatrix $C$ und ihrer Transponierten darstellen. Die Prozesse des Vorwärts- und Rückwärtseinsetzens werden, zumindest auf Skalarrechnern, effizient durchführbar. Hat $C$ die gleiche Besetzungsstruktur wie die untere Hälfte von $A$, dann ist das Auflösen von $M \varrho = r$ praktisch gleich aufwendig wie eine Matrix-Vektor-Multiplikation $z = A g$. Der Rechenaufwand pro Iterationsschritt des vorkonditionierten CG-Algorithmus (11.109) verdoppelt sich etwa im Vergleich zum Algorithmus (11.77). Die einfachste, am wenigsten Mehraufwand erfordernde Wahl von $M$ besteht darin, $M := \text{diag}(a_{11}, a_{22}, \ldots, a_{nn})$ als Diagonalmatrix mit den positiven Diagonalelementen $a_{ii}$ von $A$ festzulegen. Der Vorkonditionierungsschritt erfordert dann nur $n$ zusätzliche Operationen. Da in diesem Fall $C = \text{diag}(\sqrt{a_{11}}, \sqrt{a_{22}}, \ldots, \sqrt{a_{nn}})$ ist, so ist die vorkonditionierte Matrix $\tilde{A}$ (11.101) gegeben durch

$$\tilde{A} = C^{-1} A C^{-T} = C^{-1} A C^{-1} = E + I + F, \qquad F = E^T, \tag{11.110}$$

wo $E$ eine strikte untere Dreiecksmatrix bedeutet. Mit dieser Vorkonditionierungsmatrix $M$ wird die Matrix $A$ skaliert, derart daß die Diagonalelemente von $\tilde{A}$ gleich Eins werden. Diese Skalierung hat in jenen Fällen, in denen die Diagonalelemente sehr unterschiedliche Größenordnung haben, oft eine starke Reduktion der Konditionszahl zur Folge. Für Gleichungssysteme, welche aus der Differenzmethode oder der Methode der finiten Elemente mit linearen oder quadratischen Ansätzen für elliptische Randwertaufgaben resultieren, hat die Skalierung entweder keine oder nur eine minime Verkleinerung der Konditionszahl zur Folge.

Für die beiden im folgenden skizzierten Definitionen von Vorkonditionierungsmatrizen $M$ wird vorausgesetzt, die Matrix $A$ sei skaliert und habe die Gestalt (11.110). Mit einem geeignet zu wählenden Parameter $\omega$ kann man $M$ wie folgt festlegen [Eva 68, Eva 73, Axe 72, Axe 76, Axe 77, Axe 85]

$$M := (I + \omega E)(I + \omega F) \quad \text{mit } C := (I + \omega E). \tag{11.111}$$

$C$ ist eine reguläre Linksdreiecksmatrix mit derselben Besetzungsstruktur wie die untere Hälfte von $A$. Zu ihrer Festlegung wird kein zusätzlicher Speicherbedarf benötigt. Die Lösung von $M\varrho = r$ erfolgt mit den beiden Teilschritten

$$(I + \omega E)y = r \quad \text{und} \quad (I + \omega F)\varrho = y. \tag{11.112}$$

Die Prozesse des Vorwärts- und Rückwärtseinsetzens (11.112) erfordern bei geschickter Beachtung des Faktors $\omega$ und der schwachen Besetzung von $E$ und $F = E^T$ zusammen einen Aufwand von $(\gamma + 1)n$ wesentlichen Operationen. Der Rechenaufwand eines Iterationsschrittes des vorkonditionierten CG-Algorithmus (11.109) beläuft sich auf etwa

$$Z_{CGVS} = (2\gamma + 6)n \tag{11.113}$$

multiplikative Operationen. Für eine bestimmte Klasse von Matrizen $A$ kann gezeigt werden [AxB 84], daß bei optimaler Wahl von $\omega$ die Konditionszahl $\varkappa(\tilde{A})$ etwa gleich der Quadratwurzel von $\varkappa(A)$ ist, so daß sich die Verdoppelung des Aufwandes pro Schritt wegen der starken Reduktion der Iterationszahl lohnt. Die Vorkonditionierungsmatrix $M$ (11.111) stellt tatsächlich für $\omega \neq 0$ eine Approximation eines unwesentlichen Vielfachen von $A$ dar, denn es gilt

$$M = I + \omega E + \omega F + \omega^2 E F = \omega[A + (\omega^{-1} - 1)I + \omega E F],$$

und $(\omega^{-1} - 1)I + \omega E F$ ist der Approximationsfehler. Die Abhängigkeit der Zahl der Iterationen von $\omega$ ist in der Gegend des optimalen Wertes nicht sehr empfindlich, da der zugehörige Graph ein flaches Minimum aufweist. Wegen dieses zur symmetrischen Überrelaxation (=SSOR-Methode) [AxB 84, SRS 72] analogen Verhaltens bezeichnen wir (11.109) mit der Vorkonditionierungsmatrix $M$ (11.111) als SSORCG-Methode.

Eine andere Möglichkeit, die Matrix $M$ zu definieren, besteht im Ansatz

$$M := (D + E)D^{-1}(D + F), \tag{11.114}$$

wo $E$ und $F$ aus der skalierten Matrix $A$ (11.110) übernommen werden und die Diagonalmatrix $D$ mit positiven Diagonalelementen unter einer Zusatzbedingung zu ermitteln ist. Als Vorkonditionierungsmatrix für Differenzengleichungen von elliptischen Randwertaufgaben hat es sich als günstig erwiesen, $D$ so festzulegen, daß entweder die Zeilensummen von $M$ im wesentlichen, d. h. bis auf ein additives $\alpha \geqslant 0$, mit derjenigen von $A$ übereinstimmt oder daß einfacher die Diagonalelemente von

$M$ gleich $1+\alpha$, $\alpha \geqslant 0$ sind [DKR68]. Die letztgenannte Forderung liefert nach einfacher Rechnung für die Diagonalelemente $d_i$ von $D$ die Rekursionsformel

$$d_i = 1 + \alpha - \sum_{k=1}^{i-1} a_{ik}^2 d_k^{-1}, \quad (i = 1, 2, ..., n). \tag{11.115}$$

Der Wert $\alpha$ dient hauptsächlich dazu, in (11.115) die Bedingung $d_i > 0$ zu erfüllen.

Neben den erwähnten Vorkonditionierungsmatrizen $M$ existieren viele weitere, den Problemstellungen oder den Aspekten einer Vektorisierung oder Parallelisierung auf modernen Rechenanlagen angepaßte Definitionen. Zu nennen sind etwa die partielle Cholesky-Zerlegung von $A$, bei welcher zur Gewinnung einer Linksdreiecksmatrix $C$ der fill-in bei der Zerlegung entweder ganz oder nach bestimmten Gesetzen vernachlässigt wird [AxB84, Eva83, GoV89, JeM77, Ker78, MeV77, Scw91]. Weiter existieren Vorschläge für $M$, welche auf blockweisen Darstellungen von $A$ und Gebietszerlegung basieren [Axe85, BPS86, CGM85, CGP89, GGM88]. Für Gleichungssysteme aus der Methode der finiten Elemente sind Varianten der Vorkonditionierung auf der Basis der Elementmatrizen vorgeschlagen worden [BaC88, Cri86, HLW83, NoP85]. Vorkonditionierungsmatrizen $M$, welche mit Hilfe von sogenannten hierarchischen Basen gewonnen werden, erweisen sich als äußerst konvergenzsteigernd [Yse86, Yse90]. Verschiedene andere Beiträge in dieser Richtung findet man etwa in [Axe89, AxK90].

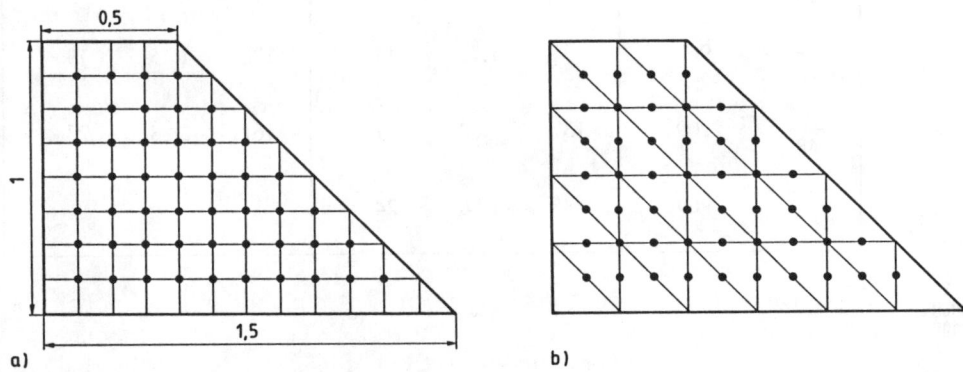

Fig. 11.8 a) Differenzengitter, b) Triangulierung für finite Elemente

**Beispiel 11.7** Zur Illustration der Vorkonditionierung vermittels der Matrix $M$ (11.111) und der Abhängigkeit des Effektes in Abhängigkeit von $\omega$ betrachten wir die elliptische Randwertaufgabe

$$u_{xx} + u_{yy} = -2 \quad \text{in } G \text{ mit } u = 0 \text{ auf } \Gamma, \tag{11.116}$$

wo $G$ das trapezförmige Gebiet von Fig. 11.8 darstellt und $\Gamma$ seinen Rand bedeutet. Die Aufgabe wird sowohl mit der Differenzenmethode und der Fünf-Punkte-Differenzenapproximation (10.11) als auch mit der Methode der finiten Elemente mit Triangulierungen behandelt, von denen in Fig. 11.8a und b je ein Fall dargestellt sind. Wird die Kathetenlänge eines Dreieckelementes gleich der doppelten Maschenweite $h$ des Gitters der Differenzenmethode gewählt, ergeben sich gleich viele Unbekannte in inneren Gitter- oder Knotenpunkten. In

# 544  11 Lineare Gleichungssysteme, iterative Verfahren

Tab. 11.3 sind für einige Maschenweiten $h$ die Zahl $n$ der Unbekannten, die Zahl $k_{CG}$ der Iterationsschritte des CG-Verfahrens (11.77), der optimale Wert $\omega_{opt}$ des SSORCG-Verfahrens und die Zahl $k_{CGV}$ der Iterationen des vorkonditionierten CG-Verfahrens für die beiden Diskretisationen zusammengestellt. Die Iteration wurde abgebrochen, sobald $\|r^{(k)}\|/\|r^{(0)}\| \leqslant 10^{-6}$ erfüllt ist. Die angewandte Vorkonditionierung bringt die gewünschte Reduktion des Rechenaufwandes, die für die feineren Diskretisierungen größer wird. Die Beispiele sind mit Programmen aus [Scw91] gerechnet worden.

Tab. 11.3 Konvergenzverhalten bei Vorkonditionierung

| $h$ | $n$ | Differenzenmethode | | | finite Elemente | | |
|---|---|---|---|---|---|---|---|
| | | $k_{CG}$ | $\omega_{opt}$ | $k_{CGV}$ | $k_{CG}$ | $\omega_{opt}$ | $k_{CGV}$ |
| $\frac{1}{8}$ | 49 | 21 | 1.30 | 8 | 24 | 1.30 | 9 |
| $\frac{1}{12}$ | 121 | 33 | 1.45 | 10 | 38 | 1.45 | 11 |
| $\frac{1}{16}$ | 225 | 45 | 1.56 | 12 | 52 | 1.56 | 13 |
| $\frac{1}{24}$ | 529 | 68 | 1.70 | 14 | 79 | 1.70 | 16 |
| $\frac{1}{32}$ | 961 | 91 | 1.75 | 17 | 106 | 1.75 | 19 |
| $\frac{1}{48}$ | 2209 | 137 | 1.83 | 21 | 161 | 1.83 | 23 |
| $\frac{1}{64}$ | 3969 | 185 | 1.88 | 24 | – | – | – |

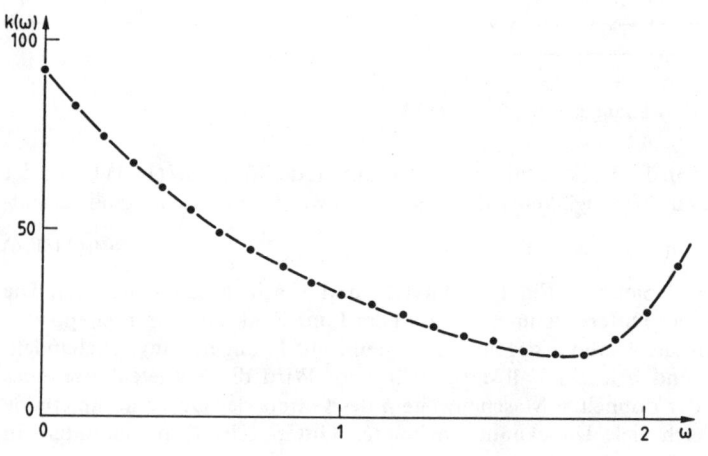

Fig. 11.9
Iterationszahl des SSORCG-Verfahrens

In Fig. 11.9 ist die Anzahl der Iterationsschritte in Abhängigkeit von $\omega$ im Fall $h = 1/32$ der Differenzenmethode dargestellt. $\omega = 0$ entspricht keiner Vorkonditionierung mit $M = I$. Das flache Minimum des Graphen ist deutlich. △

## 11.3 Methode der verallgemeinerten minimierten Residuen

In diesem Abschnitt betrachten wir eine robuste, in vielen Fällen recht effiziente Methode zur iterativen Lösung von linearen Gleichungssystemen $Ax + b = 0$ mit regulärer, schwach besetzter Matrix $A$, die unsymmetrisch oder symmetrisch und indefinit sein kann. Wir wollen aber nach wie vor voraussetzen, daß die Diagonalelemente $a_{ii} \neq 0$ sind, obwohl dies für den grundlegenden Algorithmus nicht benötigt wird, aber für die konvergenzverbessernde Modifikation gebraucht wird.

### 11.3.1 Grundlagen des Verfahrens

Das Verfahren verwendet einige analoge Elemente wie die Methode der konjugierten Gradienten. In der betrachteten allgemeinen Situation mit $A \neq A^T$ oder $A$ symmetrisch und indefinit ist die Lösung $x$ von $Ax + b = 0$ nicht mehr durch das Minimum der Funktion $F(v)$ (11.63) charakterisiert. Doch ist $x$ unter allen Vektoren $w \in \mathbb{R}^n$ der eindeutige Vektor, welcher das Quadrat der euklidischen Residuennorm zu Null macht und folglich minimiert. Aus diesem Grund legen wir im folgenden das zu minimierende Funktional

$$J(w) := \|Aw + b\|_2^2 \quad \text{mit} \quad J(x) = \min_{w \in \mathbb{R}^n} J(w) = 0 \tag{11.117}$$

zugrunde. In Analogie zum CG-Verfahren soll der $k$-te iterierte Vektor $x^{(k)}$ die Darstellung

$$x^{(k)} = x^{(0)} + z \tag{11.118}$$

besitzen, wo $z$ einem Unterraum $S_k$ angehören soll, dessen Dimension von Schritt zu Schritt zunimmt und wiederum durch die sukzessive sich ergebenden Residuenvektoren $r^{(0)}, r^{(1)}, \ldots, r^{(k-1)}$ aufgespannt sei. Der Vektor $x^{(k)}$ wird so bestimmt, daß er das Funktional (11.117) minimiert, d. h. daß gilt

$$J(x^{(k)}) = \min_{z \in S_k} J(x^{(0)} + z) = \min_{z \in S_k} \|A(x^{(0)} + z) + b\|_2^2$$
$$= \min_{z \in S_k} \|Az + r^{(0)}\|_2^2. \tag{11.119}$$

Durch die Forderung (11.119) ist die Methode der minimierten Residuen (MINRES) definiert. Da $z \in S_k$ als Linearkombination von $k$ Basisvektoren von $S_k$ darstellbar ist, stellt (11.119) eine typische Aufgabe der Methode der kleinsten Quadrate dar, die im Prinzip mit den Hilfsmitteln von Kapitel 7 gelöst werden kann. Da aber die Fehlergleichungsmatrix $C$ der Aufgabe (11.119), deren Kolonnen durch die $A$-fachen der Basisvektoren $r^{(i)}$ gegeben sind, die Tendenz hat, schlecht konditioniert zu sein, d. h. fast linear abhängige Kolonnen aufzuweisen, bietet dieses Vorgehen numerische Schwierigkeiten. Die **Methode der verallgemeinerten minimierten Residuen [GMRES] [SaS 86, Wal 88]** besteht in einer numerisch besonders geschickten Behandlung der Minimierungsaufgabe (11.119).

Man stellt hier leicht fest, daß der Unterraum $S_k := \text{span}\{r^{(0)}, r^{(1)}, ..., r^{(k-1)}\}$ identisch ist mit dem Krylov-Unterraum $\mathscr{K}^{(k)}(r^{(0)}, A)$. Für $k = 1$ ist die Aussage trivial. Falls die Behauptung für ein $k \geqslant 1$ richtig ist, dann hat der Residuenvektor $r^{(k)}$ die Darstellung

$$r^{(k)} = r^{(0)} + A z = r^{(0)} + \sum_{i=1}^{k} c_i (A^i r^{(0)}), \qquad (11.120)$$

weil $z \in S_k = \mathscr{K}^{(k)}(r^{(0)}, A)$, wobei die Koeffizienten $c_i$ durch die Minimierungsaufgabe (11.119) bestimmt sind. Wegen (11.120) ist $r^{(k)} \in \mathscr{K}^{(k+1)}(r^{(0)}, A) = \text{span}\{r^{(0)}, A r^{(0)}, ..., A^k r^{(0)}\}$, und folglich gilt

$$S_k := \text{span}\{r^{(0)}, r^{(1)}, ..., r^{(k-1)}\} = \mathscr{K}^{(k)}(r^{(0)}, A). \qquad (11.121)$$

Um die Minimierungsaufgabe (11.119) bezüglich des Krylov-Unterraumes $\mathscr{K}^{(k)}(r^{(0)}, A)$ numerisch sicher zu behandeln, ist es zweckmäßig, in der Folge von Krylov-Unterräumen sukzessive eine orthonormierte Basis zu konstruieren. Dies erfolgt mit Hilfe des Schmidtschen Orthogonalisierungsprozesses. Im ersten Schritt wird der Startvektor $r^{(0)}$ normiert zum ersten Basisvektor $v_1$ gemäß

$$\beta := \|r^{(0)}\|_2, \quad v_1 := r^{(0)}/\beta \quad \text{oder} \quad r^{(0)} = \beta v_1. \qquad (11.122)$$

Im zweiten Schritt wird anstelle des Vektors $A r^{(0)}$ der dazu äquivalente Vektor $A v_1$ zur Konstruktion des zweiten Basisvektors $v_2$ verwendet. Der Orthonormierungsschritt besteht aus den beiden Teilschritten

$$\hat{v}_2 := A v_1 - (v_1, A v_1) v_1 = A v_1 - h_{11} v_1, \quad h_{11} := (v_1, A v_1), \qquad (11.123)$$

$$h_{21} := \|\hat{v}_2\|_2, \quad v_2 := \hat{v}_2/h_{21}. \qquad (11.124)$$

Wir setzen hier und im folgenden stillschweigend voraus, daß die Normierungskonstanten von Null verschieden sind. Wir werden später die Bedeutung des Ausnahmefalles analysieren. Weiter halten wir für spätere Zwecke die aus (11.123) und (11.124) folgende Relation zwischen den Basisvektoren $v_1$ und $v_2$ fest:

$$A v_1 = h_{11} v_1 + h_{21} v_2. \qquad (11.125)$$

Der Vektor $z \in S_2 = \mathscr{K}^{(2)}(r^{(0)}, A) = \mathscr{K}^{(2)}(v_1, A)$ kann im zweiten Schritt des Minimierungsverfahrens (11.119) als Linearkombination der beiden Basisvektoren $v_1$ und $v_2$ dargestellt werden, und für den Residuenvektor $r^{(2)}$ ergibt sich so

$$r^{(2)} = A(c_1 v_1 + c_2 v_2) + r^{(0)} = \beta v_1 + c_1 A v_1 + c_2 A v_2.$$

Da $v_1, A v_1 \in \mathscr{K}^{(2)}(v_1, A)$, aber $r^{(2)} \in \mathscr{K}^{(3)}(v_1, A)$ gilt, bedeutet dies, daß der Vektor $A v_2$ zur Konstruktion des dritten orthonormierten Basisvektors $v_3$ verwendet werden

## 11.3 Methode der verallgemeinerten minimierten Residuen

kann. Der betreffende Orthonormierungsschritt lautet somit

$$h_{12} := (v_1, A v_2), \qquad h_{22} := (v_2, A v_2), \tag{11.126}$$

$$\hat{v}_3 := A v_2 - h_{12} v_1 - h_{22} v_2, \tag{11.127}$$

$$h_{32} := \|\hat{v}_3\|_2, \qquad v_3 := \hat{v}_3 / h_{32}. \tag{11.128}$$

Daraus folgt die weitere Relation zwischen den ersten drei Basisvektoren

$$A v_2 = h_{12} v_1 + h_{22} v_2 + h_{32} v_3. \tag{11.129}$$

Die Verallgemeinerung auf den $(k+1)$-ten Orthogonalisierungsschritt liegt jetzt auf der Hand. Wegen der Darstellung des Residuenvektors

$$r^{(k)} = A \left( \sum_{i=1}^{k} c_i v_i \right) + r^{(0)} = \beta v_1 + \sum_{i=1}^{k-1} c_i (A v_i) + c_k A v_k$$

ist es gleichwertig, anstelle von $r^{(k)}$ den Vektor $A v_k$ gegen $v_1, v_2, \ldots, v_k$ zu orthonormieren, weil der erste Anteil Element des Krylov-Unterraumes $\mathcal{K}^{(k)}(v_1, A)$ ist. Deshalb beschreibt sich die Berechnung von $v_{k+1}$ wie folgt:

$$h_{ik} := (v_i, A v_k), \quad (i = 1, 2, \ldots, k) \tag{11.130}$$

$$\hat{v}_{k+1} := A v_k - \sum_{i=1}^{k} h_{ik} v_i \tag{11.131}$$

$$h_{k+1,k} := \|\hat{v}_{k+1}\|_2, \qquad v_{k+1} := \hat{v}_{k+1} / h_{k+1,k} \tag{11.132}$$

Allgemein gilt die Relation zwischen den Basisvektoren

$$A v_k = \sum_{i=1}^{k+1} h_{ik} v_i, \quad (k = 1, 2, 3, \ldots). \tag{11.133}$$

Mit den ersten $k$ Basisvektoren $v_1, v_2, \ldots, v_k \in \mathcal{K}^{(k)}(v_1, A)$ bilden wir einerseits die Matrix

$$V_k := (v_1, v_2, \ldots, v_k) \in \mathbb{R}^{n \times k} \quad \text{mit } V_k^T V_k = I_k \tag{11.134}$$

und anderseits mit den beim Orthogonalisierungsprozeß anfallenden Konstanten $h_{ij}$ die Matrix

$$H_k := \begin{pmatrix} h_{11} & h_{12} & h_{13} & \cdots & h_{1k} \\ h_{21} & h_{22} & h_{23} & \cdots & h_{2k} \\ 0 & h_{32} & h_{33} & \cdots & h_{3k} \\ 0 & 0 & h_{43} & \cdots & h_{4k} \\ \vdots & \vdots & \vdots & \vdots\vdots\vdots & \vdots \\ 0 & 0 & 0 & & h_{k+1,k} \end{pmatrix} \in \mathbb{R}^{(k+1) \times k}. \tag{11.135}$$

Die Relationen (11.133) sind damit äquivalent zu

$$A V_k = V_{k+1} H_k, \quad (k = 1, 2, 3, \ldots). \tag{11.136}$$

Nach dieser Vorbereitung kehren wir zurück zur Minimierungsaufgabe (11.119) im $k$-ten Iterationsschritt. Wegen $z \in S_k = \mathscr{K}^{(k)}(v_1, A)$ kann dieser Vektor mit $V_k$ und einem Vektor $c \in \mathbb{R}^k$ dargestellt werden als

$$z = V_k c. \tag{11.137}$$

Das zu minimierende Funktional lautet damit, wenn (11.136), (11.122), dann $v_1 = V_{k+1} e_1$ mit $e_1 = (1, 0, 0, \ldots, 0)^T \in \mathbb{R}^{k+1}$ und schließlich die Tatsache benützt wird, daß die Spaltenvektoren von $V_{k+1}$ orthonormiert sind,

$$\begin{aligned}\|A z + r^{(0)}\|_2^2 &= \|A V_k c + r^{(0)}\|_2^2 = \|V_{k+1} H_k c + \beta v_1\|_2^2 \\ &= \|V_{k+1}(H_k c + \beta e_1)\|_2^2 = \|H_k c + \beta e_1\|_2^2.\end{aligned} \tag{11.138}$$

Der Vektor $c$ ist somit Lösung des Fehlergleichungssystems

$$H_k c + \beta e_1 = f \tag{11.139}$$

nach der Methode der kleinsten Quadrate, und das Quadrat der Norm des Residuenvektors $r^{(k)}$ ist gleich dem minimalen Längenquadrat des Fehlervektors $f$, d. h. es gilt

$$\|r^{(k)}\|_2^2 = \|f\|_2^2. \tag{11.140}$$

Das zu behandelnde Fehlergleichungssystem (11.139) hat für $k = 4$ die Gestalt

$$\begin{aligned}h_{11} c_1 + h_{12} c_2 + h_{13} c_3 + h_{14} c_4 + \beta &= f_1 \\ h_{21} c_1 + h_{22} c_2 + h_{23} c_3 + h_{24} c_4 &= f_2 \\ h_{32} c_2 + h_{33} c_3 + h_{34} c_4 &= f_3 \\ h_{43} c_3 + h_{44} c_4 &= f_4 \\ h_{54} c_4 &= f_5\end{aligned} \tag{11.141}$$

Es wird effizient mit der Methode der Orthogonaltransformation vermittels Givens-Transformationen nach Abschn. 7.2.1 behandelt unter Beachtung der speziellen Struktur.

Die Grundidee der Methode der verallgemeinerten minimierten Residuen ist damit vollständig beschrieben. Es wird sukzessive die orthonormierte Basis in der Folge der Krylov-Unterräume $\mathscr{K}^{(k)}(v_1, A)$ aufgebaut, in jedem Schritt das Fehlergleichungssystem (11.139) nach $c \in \mathbb{R}^k$ gelöst, womit durch den Vektor $z = V_k c$ der iterierte Vektor $x^{(k)}$ (11.118) mit dem zugehörigen minimalen Residuenvektor $r^{(k)}$ festgelegt ist.

### 11.3.2 Algorithmische Beschreibung und Eigenschaften

Die praktische Durchführung der QR-Zerlegung der Matrix $H_k = Q_k \hat{R}_k$ (7.23) zur Lösung der Fehlergleichungen (11.139) vereinfacht sich ganz wesentlich infolge der speziellen Struktur von $H_k$. Zur Elimination der $k$ Matrixelemente $h_{21}, h_{32}, \ldots, h_{k+1,k}$ wird nur die sukzessive Multiplikation von $H_k$ von links mit den $k$ Rotationsmatrizen $U_1^T, U_2^T, \ldots, U_k^T$ benötigt, wo $U_i^T$ durch das Rotationsindexpaar $(i, i+1)$ mit geeignet

## 11.3 Methode der verallgemeinerten minimierten Residuen

gewähltem Winkel $\varphi$ festgelegt ist. Die orthogonale Transformation von (11.139) ergibt mit $Q_k^T := U_k^T U_{k-1}^T \ldots U_2^T U_1^T$

$$Q_k^T H_k c_k + \beta Q_k^T e_1 = Q_k^T f$$

oder $\quad \hat{R}_k c_k + \hat{d}_k = \hat{f} \quad$ (11.142)

mit $\quad \hat{R}_k = \begin{pmatrix} R_k \\ \cdots \\ 0^T \end{pmatrix} \in \mathbb{R}^{(k+1) \times k}, \quad \hat{d}_k = \begin{pmatrix} d_k \\ \cdots \\ \hat{d}_{k+1} \end{pmatrix} \in \mathbb{R}^{k+1}. \quad$ (11.143)

Der gesuchte Vektor $c_k \in \mathbb{R}^k$ ergibt sich durch Rückwärtseinsetzen aus

$$R_k c_k + d_k = 0, \tag{11.144}$$

und wegen (11.140) gilt für das Normquadrat des Residuenvektors

$$\|r^{(k)}\|_2^2 = \|\hat{f}\|_2^2 = \hat{d}_{k+1}^2 = J(x^{(k)}). \tag{11.145}$$

Der Wert des zu minimierenden Funktionals ergibt sich aus der Lösung des Fehlergleichungssystems aus der letzten Komponente des transformierten Konstantenvektors $\hat{d}_k = \beta Q_k^T e_1$, ohne $x^{(k)}$ oder $r^{(k)}$ explizit zu berechnen.
Weiter ist zu beachten, daß sukzessive Fehlergleichungssysteme (11.139) für zunehmenden Index $k$ zu lösen sind. Die Matrix $H_{k+1}$ geht aus $H_k$ durch Hinzufügen der $(k+1)$-ten Kolonne mit den $(k+2)$ Werten $h_{i,k+1}$ und der $(k+2)$-ten Teilzeile mit Nullen hervor. Die ersten $k$ oben genannten Transformationen mit $U_1^T, U_2^T, \ldots, U_k^T$ sind aber dieselben für $H_{k+1}$. Folglich genügt es, diese Rotationen auf die neu hinzukommende Kolonne anzuwenden, dann aus dem erhaltenen transformierten Element $h'_{k+1,k+1}$ und dem unveränderten Element $h_{k+2,k+1}$ die Rotationsmatrix $U_{k+1}^T$ mit dem Winkel $\varphi_{k+1}$ zu bestimmen, und diese Rotation auf den (transformierten) Konstantenvektor anzuwenden. Da im erweiterten Konstantenvektor die $(k+2)$-te Komponente gleich Null ist, ergibt sich wegen (6.15) für die letzte Komponente $\hat{d}_{k+2}$ des transformierten Konstantenvektors $\hat{d}_{k+1}$

$$\hat{d}_{k+2} = \hat{d}_{k+1} \cdot \sin \varphi_{k+1}. \tag{11.146}$$

Die Abnahme des Normquadrates des Residuenvektors wird gegen (11.145) und (11.146) durch den Drehwinkel $\varphi_{k+1}$ der letzten Rotation $U_{k+1}^T$ bestimmt. Daraus folgt, daß das Funktional $J(x^{(k)})$ monoton abnimmt, wenn auch nur im schwachen Sinn. Die Situation $J(x^{(k+1)}) = J(x^{(k)})$ kann wegen (11.146) dann eintreten, wenn $|\sin \varphi_{k+1}| = 1$ ist, d.h. genau dann wenn wegen (6.61) der transformierte Wert $h'_{k+1,k+1} = 0$ ist.
Aus dem Gesagten wird schließlich klar, daß man weder den Vektor $c_k$ aus (11.139) noch vermittels $z$ den iterierten Vektor $x^{(k)}$ zu berechnen braucht. Dies wird man erst dann tun, wenn $\|r^{(k)}\|_2^2 = \hat{d}_{k+1}^2$ genügend klein ist. Damit lautet die algorithmische Formulierung der GMRES-Methode:

550    11 Lineare Gleichungssysteme, iterative Verfahren

> Start: Wahl von $x^{(0)}$; $r^{(0)} = Ax^{(0)} + b$;
> $\beta = \|r^{(0)}\|_2$; $v_1 = r^{(0)}/\beta$;
> Iteration $(k = 1, 2, 3, \ldots)$:
> 1. $z = Av_k$
> 2. $h_{ik} = (v_i, z)$, $(i = 1, 2, \ldots, k)$
> 3. $\hat{v}_{k+1} = z - \sum_{i=1}^{k} h_{ik} v_i$ (Orthogonalität)
> 4. $h_{k+1,k} = \|\hat{v}_{k+1}\|_2$;
>    $v_{k+1} = \hat{v}_{k+1}/h_{k+1,k}$ (Normierung)
> 5. $H_k c_k + \beta e_1 = f \to \hat{d}_{k+1}$ (Nachführung)
> 6. falls $|\hat{d}_{k+1}| \leq \varepsilon \cdot \beta$:
>    $c_k$; $z = V_k c_k$; $x^{(k)} = x^{(0)} + z$;
>    STOP

(11.147)

Der GMRES-Algorithmus (11.147) ist problemlos durchführbar, falls $h_{k+1,k} \neq 0$ gilt für alle $k$. Wir wollen untersuchen, was die Ausnahmesituation $h_{k+1,k} = 0$ für den Algorithmus bedeutet unter der Annahme, daß $h_{i+1,i} \neq 0$ gilt für $i = 1, 2, \ldots, k-1$. Im $k$-ten Iterationsschritt ist also $\hat{v}_{k+1} = \mathbf{0}$, und deshalb gilt die Relation

$$Av_k = \sum_{i=1}^{k} h_{ik} v_i. \tag{11.148}$$

Die Vektoren $v_1, v_2, \ldots, v_k$ bilden eine orthonormierte Basis im Krylov-Unterraum $\mathscr{K}^{(k)}(v_1, A)$. Da nach (11.148) $Av_k$ Linearkombination dieser Basisvektoren ist, gilt

$$\mathscr{K}^{(k+1)}(v_1, A) = \mathscr{K}^{(k)}(v_1, A). \tag{11.149}$$

Anstelle von (11.136) gilt jetzt für diesen Index $k$ die Matrizengleichung

$$AV_k = V_k \hat{H}_k, \tag{11.150}$$

wo $\hat{H}_k \in \mathbb{R}^{k \times k}$ eine Hessenbergmatrix ist, welche aus $H_k$ (11.135) durch Weglassen der letzten Zeile hervorgeht. Die Matrix $\hat{H}_k$ ist nicht zerfallend und ist regulär wegen (11.150), der Regularität von $A$ und des maximalen Rangs von $V_k$. Die Minimierungsaufgabe (11.119) lautet wegen (11.150) mit dem Vektor $\hat{e}_1 \in \mathbb{R}^k$

$$\|r^{(k)}\|_2^2 = \|AV_k c_k + r^{(0)}\|_2^2 = \|V_k(\hat{H}_k c_k + \beta \hat{e}_1)\|_2^2$$
$$= \|\hat{H}_k c_k + \beta \hat{e}_1\|_2^2 = \min!$$

Das Minimum des Fehlerquadrates ist aber gleich Null, weil gleich viele Unbekannte wie Fehlergleichungen vorhanden sind, und das Gleichungssystem $\hat{H}_k c_k + \beta \hat{e}_1 = 0$ eindeutig lösbar ist. Daraus ergibt sich die wichtige

## 11.3 Methode der verallgemeinerten minimierten Residuen

Folgerung: Bricht der GMRES-Algorithmus im $k$-ten Schritt mit $h_{k+1,k} = 0$ ab, dann ist $x^{(k)}$ gleich der gesuchten Lösung $x$ des Gleichungssystems.

Umgekehrt hat die Matrix $H_k \in \mathbb{R}^{(k+1) \times k}$ im Normalfall $h_{i+1,i} \neq 0$ für $i = 1, 2, \ldots, k$ den maximalen Rang $k$, weil die Determinante, gebildet mit den $k$ letzten Zeilen, ungleich Null ist. Deshalb besitzt das Fehlergleichungssystem (11.139) eine eindeutige Lösung $c_k$ im Sinn der Methode der kleinsten Quadrate.
In Analogie zum CG-Verfahren gilt der

**Satz 11.24** *Der* GMRES-*Algorithmus liefert die Lösung nach höchstens n Iterationsschritten.*

Beweis. Im $\mathbb{R}^n$ existieren höchstens $n$ orthonormierte Basisvektoren, und folglich muß spätestens $\hat{v}_{n+1} = 0$ und $h_{n+1,n} = 0$ sein. Auf Grund der obigen Folgerung ist dann $x^{(n)} = x$. □

Der Satz 11.24 hat für das GMRES-Verfahren allerdings nur theoretische Bedeutung, weil zu seiner Durchführung alle beteiligten Basisvektoren $v_1, v_2, \ldots, v_k$ abzuspeichern sind, da sie einerseits zur Berechnung der $k$-ten Kolonne von $H_k$ im $k$-ten Iterationsschritt und anderseits zur Berechnung des Vektors $x^{(k)}$ nach Beendigung der Iteration benötigt werden. Der erforderliche Speicheraufwand im Extremfall von $n$ Basisvektoren entspricht demjenigen einer vollbesetzten Matrix $V \in \mathbb{R}^{n \times n}$, und ist natürlich bei großem $n$ nicht praktikabel und wenig sinnvoll.

Zudem wächst der Rechenaufwand eines einzelnen Iterationsschrittes des GMRES-Algorithmus (11.147) linear mit $k$ an, da neben der Matrix-Multiplikation $Av$ noch $(k+1)$ Skalarprodukte und ebenso viele Multiplikationen von Vektoren mit einem Skalar erforderlich sind. Die Nachführung des Fehlergleichungssystems hat im Vergleich dazu nur einen untergeordneten, zu $k$ proportionalen Aufwand. Der Rechenaufwand des $k$-ten Schrittes beträgt somit etwa

$$Z^{(k)}_{\text{GMRES}} = [\gamma + 2(k+1)]n$$

multiplikative Operationen.

Aus den genannten Gründen wird das Verfahren dahingehend modifiziert, daß man höchstens $m \ll n$ Schritte durchführt, dann die resultierende Iterierte $x^{(m)}$ und den zugehörigen Residuenvektor $r^{(m)}$ berechnet und mit diesen als Startvektoren den Prozeß neu startet. Die Zahl $m$ im GMRES($m$)-Algorithmus richtet sich einerseits nach dem verfügbaren Speicherplatz für die Basisvektoren $v_1, v_2, \ldots, v_m$, und anderseits soll $m$ unter dem Gesichtspunkt gewählt werden, den Gesamtrechenaufwand zu minimieren. Denn die erzielte Abnahme der Residuennorm rechtfertigt bei zu großem $m$ den Aufwand nicht. Sinnvolle Werte für $m$ liegen in der Regel zwischen 6 und 20.
Der prinzipielle Aufbau des GMRES($m$)-Algorithmus sieht wie folgt aus, falls die Anzahl der Neustarts maximal gleich *neust* sein soll, so daß maximal $k_{\max} = m \cdot neust$ Iterationsschritte ausgeführt werden und die Iteration auf Grund des Kriteriums $\|r^{(k)}\|/\|r^{(0)}\| \leq \varepsilon$ abgebrochen werden soll, wo $\varepsilon$ eine vorzugebende Toleranz, $r^{(0)}$ den Residuenvektor der Anfangsstartnäherung und $r^{(k)}$ denjenigen der aktuellen Näherung $x^{(k)}$ bedeuten.

> Start: Vorgabe von $m$, *neust*; Wahl von $x^{(0)}$;
> für $l = 1, 2, \ldots$, *neust*:
> $\quad r^{(0)} = A x^{(0)} + b;\ \beta = \|r^{(0)}\|_2;\ v_1 = r^{(0)}/\beta;$
> $\quad$ falls $l = 1: \beta_0 = \beta$
> $\quad$ für $k = 1, 2, \ldots, m$:
> $\quad\quad$ 1. $z = A v_k$
> $\quad\quad$ 2. für $i = 1, 2, \ldots, k: h_{ik} = (v_i, z)$
> $\quad\quad$ 3. $z = z - \sum_{i=1}^{k} h_{ik} v_i$
> $\quad\quad$ 4. $h_{k+1,k} = \|z\|_2;\ v_{k+1} = z/h_{k+1,k};$
> $\quad\quad$ 5. $H_k c_k + \beta e_1 = f \to \hat{d}_{k+1}$ (Nachführung)
> $\quad\quad$ 6. falls $|\hat{d}_{k+1}| \leq \varepsilon \cdot \beta_0$:
> $\quad\quad\quad R_k c_k + d_k = 0 \to c_k;$
> $\quad\quad\quad x^{(k)} = x^{(0)} + \sum_{i=1}^{k} c_i v_i;\quad$ STOP
> $\quad R_m c_m + d_m = 0 \to c_m;$
> $\quad x^{(m)} = x^{(0)} + V_m c_m \to x^{(0)}\quad$ (neuer Startvektor)
> keine Konvergenz!

(11.151)

Der theoretische Nachweis der Konvergenz des GMRES($m$)-Algorithmus scheint im allgemeinen Fall noch offen zu sein. Unter Zusatzannahmen für die Matrix $A$ und deren Spektrum existieren zum CG-Verfahren analoge Aussagen über die Abnahme des Quadrates der Residuennorm [Saa81].

In der Rechenpraxis zeigt sich, daß das Funktional $J(x^{(k)})$ (11.119) oft sehr langsam gegen Null abnimmt, weil in (11.146) $|\sin \varphi_{k+1}| \simeq 1$ gilt. Die Konvergenz kann durch eine Vorkonditionierung wesentlich verbessert werden, wodurch das Verfahren erst zu einer effizienten iterativen Methode wird. Es wird analog zum CG-Verfahren eine Vorkonditionierungsmatrix $M$ gewählt, welche eine Approximation von $A$ sein soll. Selbstverständlich braucht jetzt $M$ nicht symmetrisch und positiv definit zu sein, aber noch regulär. Das zu lösende lineare Gleichungssystem $Ax + b = 0$ wird mit $M$ transformiert in das äquivalente System

$$M^{-1}A x + M^{-1}b = \tilde{A} x + \tilde{b} = 0 \tag{11.152}$$

für den unveränderten Lösungsvektor $x$. Da im allgemeinen Fall keine Rücksicht auf Symmetrieeigenschaften genommen werden muß, verzichtet man darauf, den Algorithmus (11.151) umzuformen, sondern bei der Berechnung von $\tilde{r}^{(0)} = M^{-1} r^{(0)}$ und von $z = \tilde{A} v = M^{-1} A v$ mit der Vorkonditionierungsmatrix $M$ die zugehörigen Gleichungssysteme nach $\tilde{r}^{(0)}$, bzw. $z$ aufzulösen.

## 11.3 Methode der verallgemeinerten minimierten Residuen

Hat die nichtskalierte Matrix $A$ die Darstellung (11.10) $A = D - L - U$, so ist

$$M := (D - \omega L)D^{-1}(D - \omega U) \tag{11.153}$$

eine zu (11.111) analoge, häufig angewandte Vorkonditionierungsmatrix. Es ist auch möglich, eine Diagonalmatrix $\tilde{D}$ im Ansatz

$$M = (\tilde{D} - L)\tilde{D}^{-1}(\tilde{D} - U) \tag{11.154}$$

so zu bestimmen, daß beispielsweise $M$ und $A$ die gleichen Diagonalelemente haben. Aber auch andere, problemspezifische Festsetzungen von $M$ sind möglich [Yse 89, Fre 90].

**Beispiel 11.8** Die Behandlung der elliptischen Randwertaufgabe mit der Differenzenmethode

$$u_{xx} + u_{yy} + \alpha u_x + \beta u_y = -2 \quad \text{in } G \tag{11.155}$$

$$u = 0 \quad \text{auf } \Gamma, \tag{11.156}$$

wo $G$ das Rechteckgebiet des Modellproblems (vgl. Fig. 11.5) und $\Gamma$ seinen Rand bedeuten, führt infolge der ersten Ableitungen zwangsläufig auf ein lineares Gleichungssystem mit unsymmetrischer Matrix. Wird für $u_{xx} + u_{yy}$ die Fünf-Punkte-Differenzenapproximation verwendet und $u_x$ und $u_y$ durch die zentralen Differenzenquotienten

$$u_x \cong (u_E - u_W)/(2h), \quad u_y \cong (u_N - u_S)/(2h)$$

approximiert, so resultiert die Differenzengleichung in einem inneren Punkt $P$

$$4u_P - (1 + 0.5\beta h)u_N - (1 - 0.5\alpha h)u_W$$
$$- (1 - 0.5\beta h)u_S - (1 + 0.5\alpha h)u_E - 2h^2 = 0.$$

Tab. 11.4 Konvergenz und Aufwand des GMRES($m$)-Verfahrens, $n = 23 \times 35 = 805$ Gitterpunkte

| $\omega$ | $m=6$ | | $m=8$ | | $m=10$ | | $m=12$ | | $m=15$ | |
|---|---|---|---|---|---|---|---|---|---|---|
| | $n_{it}$ | CPU | $n_{it}$ | CPU | $n_{it}$ | CPU | $n_{it}$ | CPU | $n_{it}$ | CPU |
| 0.0  | 170 | 95.6 | 139 | 84.4 | 120 | 79.0 | 129 | 90.9 | 139 | 109  |
| 1.00 | 53  | 47.3 | 51  | 47.2 | 55  | 52.7 | 51  | 51.5 | 59  | 63.9 |
| 1.20 | 42  | 37.6 | 50  | 46.4 | 42  | 40.8 | 44  | 44.1 | 38  | 40.3 |
| 1.40 | 42  | 37.6 | 32  | 29.8 | 32  | 31.2 | 29  | 29.0 | 27  | 28.8 |
| 1.60 | 26  | 23.7 | 23  | 21.5 | 23  | 22.4 | 22  | 22.2 | 21  | 22.1 |
| 1.70 | 21  | 19.2 | 20  | 18.7 | 19  | 18.6 | 20  | 20.0 | 19  | 20.3 |
| 1.75 | 21  | 19.2 | 22  | 20.5 | 20  | 19.7 | 20  | 20.0 | 20  | 21.2 |
| 1.80 | 23  | 20.8 | 23  | 21.5 | 23  | 22.4 | 22  | 22.2 | 22  | 23.1 |
| 1.85 | 27  | 24.4 | 25  | 23.8 | 25  | 24.1 | 24  | 24.7 | 25  | 26.3 |
| 1.90 | 31  | 28.3 | 30  | 27.9 | 30  | 29.3 | 30  | 30.0 | 29  | 31.5 |

Die resultierenden linearen Gleichungssysteme wurden für ein Rechteckgebiet $G$ mit den Seitenlängen $a = 3$ und $b = 2$ mit $\alpha = 5.0$ und $\beta = 3.0$ für die Maschenweiten $h = 1/12$ und $h = 1/16$ mit dem GMRES($m$)-Algorithmus (11.151) bei Vorkonditionierung vermittels der Matrix $M$ (11.153) gelöst. Die festgestellte Zahl der Iterationsschritte $n_{it}$ und die Rechenzeiten CPU (Sekunden auf einem $PS/2 - 55$) sind in den Tab. 11.4 und 11.5 in Abhängigkeit von $m$ und $\omega$ für $\varepsilon = 10^{-8}$ auszugsweise zusammengestellt.

Tab. 11.5 Konvergenz und Aufwand des GMRES($m$)-Verfahrens, $n = 31 \times 47 = 1457$ Gitterpunkte

| $\omega$ | $m = 6$ | | $m = 8$ | | $m = 10$ | | $m = 12$ | | $m = 15$ | |
|---|---|---|---|---|---|---|---|---|---|---|
| | $n_{it}$ | CPU | $n_{it}$ | CPU | $n_{it}$ | CPU | $n_{it}$ | CPU | $n_{it}$ | CPU |
| 0.0 | 254 | 257 | 217 | 237 | 188 | 222 | 179 | 228 | 175 | 247 |
| 1.00 | 63 | 101 | 68 | 113 | 82 | 143 | 75 | 136 | 76 | 150 |
| 1.20 | 53 | 85.2 | 63 | 105 | 67 | 116 | 55 | 99.3 | 59 | 115 |
| 1.40 | 46 | 74.0 | 56 | 93.4 | 44 | 76.4 | 47 | 85.7 | 42 | 81.2 |
| 1.60 | 37 | 60.4 | 32 | 53.7 | 30 | 52.7 | 32 | 57.6 | 28 | 54.3 |
| 1.70 | 28 | 45.3 | 27 | 45.4 | 27 | 46.7 | 25 | 46.7 | 24 | 45.3 |
| 1.75 | 28 | 45.3 | 23 | 38.6 | 23 | 40.3 | 21 | 37.8 | 22 | 41.4 |
| 1.80 | 26 | 42.5 | 24 | 40.5 | 25 | 43.3 | 23 | 42.1 | 24 | 45.3 |
| 1.85 | 27 | 43.9 | 27 | 45.4 | 27 | 46.7 | 26 | 47.9 | 26 | 49.7 |
| 1.90 | 32 | 52.1 | 31 | 51.8 | 31 | 54.9 | 31 | 55.8 | 30 | 59.4 |

Die Ergebnisse zeigen, daß die angewandte Vorkonditionierung eine wesentliche Reduktion der Iterationsschritte im Vergleich zum nichtvorkonditionierten GMRES($m$)-Verfahren ($\omega = 0$) bringt. Die Zahl der Iterationen in Abhängigkeit von $\omega$ besitzt wieder ein relativ flaches Minimum in der Gegend des optimalen Wertes. Der beste Wert von $m$ scheint bei diesem Beispiel etwa bei 10 zu sein. Es ist auch zu erkennen, daß die Rechenzeit mit wachsendem $m$ bei gleicher Iterationszahl $n_{it}$ zunimmt als Folge des linear zunehmenden Rechenaufwandes pro Schritt bis zum Neustart. Es sei aber darauf hingewiesen, daß der optimale Wert von $m$ stark von den zu lösenden Gleichungstypen abhängig ist. In der betrachteten Problemklasse bestimmten die Werte $\alpha$ und $\beta$ den Grad der Nichtsymmetrie der Matrix $A$ und beeinflussen den besten Wert $m$ zur Minimierung der Rechenzeit. △

## 11.4 Speicherung schwach besetzter Matrizen

Die iterativen Verfahren erfordern die Multiplikation der Matrix $A$ mit einem Vektor oder im Fall der SOR-Methode im wesentlichen die sukzessive Berechnung der Komponenten des Vektors $Ax$. Zur Vorkonditionierung sind die Prozesse des Vorwärts- und Rückwärtseinsetzens für schwach besetzte Dreiecksmatrizen auszuführen. In allen Fällen werden nur die von Null verschiedenen Matrixelemente benötigt, für die im folgenden eine mögliche Speicherung beschrieben wird, die

## 11.4 Speicherung schwach besetzter Matrizen

zumindest auf Skalarrechnern eine effiziente Durchführung der genannten Operationen erlaubt.

Zur Definition einer symmetrischen Matrix $A$ genügt es, die von Null verschiedenen Matrixelemente in und unterhalb der Diagonale abzuspeichern. Unter dem Gesichtspunkt der Speicherökonomie und des Zugriffs auf die Matrixelemente ist es zweckmäßig, diese Zahlwerte zeilenweise, in kompakter Form in einem eindimensionalen Feld anzuordnen (vgl. Fig. 11.10). Ein zusätzliches, ebenso langes Feld mit den entsprechenden Kolonnenindizes definiert die Position der Matrixelemente innerhalb der Zeile. Diese Kolonnenindizes werden pro Zeile in aufsteigender Reihenfolge angeordnet, so daß das Diagonalelement als letztes einer jeden Zeile erscheint. Die $n$ Komponenten eines Zeigervektors definieren die Enden der Zeilen und erlauben gleichzeitig einen Zugriff auf die Diagonalelemente der Matrix $A$.

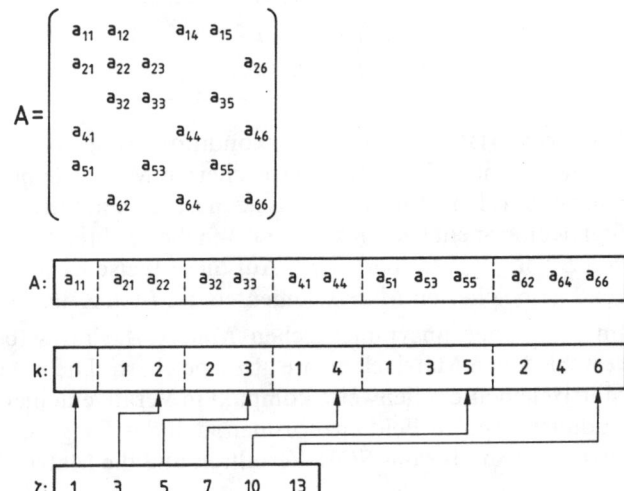

Fig. 11.10
Kompakte, zeilenweise Speicherung einer symmetrischen Matrix $A$, untere Hälfte

Um mit einer so definierten Matrix $A$ das SOR-Verfahren durchzuführen, muß ein Hilfsvektor $y$ zuhilfe genommen werden, dessen $i$-te Komponente die Teilsummen aus (11.9)

$$y_i := \sum_{j=i+1}^{n} a_{ij} x_j^{(k)} + b_i, \quad (i = 1, 2, \ldots, n)$$

sind. Diese können aus Symmetriegründen mit Hilfe der Nichtdiagonalelemente unterhalb der Diagonale gebildet werden. Die iterierten Werte $x_i^{(k+1)}$ berechnen sich anschließend nach (11.9) sukzessive für $i = 1, 2, \ldots, n$ in der Form

$$x_i^{(k+1)} = (1 - \omega) x_i^{(k)} - \omega \left[ \sum_{j=1}^{i-1} a_{ij} x_j^{(k+1)} + y_i \right] \bigg/ a_{ii},$$

## 11 Lineare Gleichungssysteme, iterative Verfahren

wobei die Nichtdiagonalelemente der $i$-ten Zeile und das entsprechende Diagonalelement auftreten. Der iterierte Vektor $x^{(k+1)}$ kann bei diesem Vorgehen am Platz von $x^{(k)}$ aufgebaut werden.

Die Matrix-Vektor-Multiplikation $z = A\,p$ der CG-Methode ist so realisierbar, daß mit jedem Nichtdiagonalelement der unteren Hälfte zwei Multiplikationen mit zugehörigen Vektorkomponenten und die Addition zu entsprechenden Komponenten ausgeführt werden. Wenn man beachtet, daß die Kolonnenindizes der $i$-ten Zeile stets kleiner als $i$ sind, kann die Operation $z = A\,p$ wie folgt realisiert werden:

$$\begin{aligned}
&z_1 = a_1 \times p_1 \\
&\text{für } i = 2, 3, \ldots, n: \\
&\quad z_i = a_i \times p_i \\
&\quad \text{für } j = k_{i-1} + 1, k_{i-1} + 2, \ldots, k_i - 1: \\
&\quad\quad z_i = z_i + a_j \times p_{k_j} \\
&\quad\quad z_{k_j} = z_{k_j} + a_j \times p_i
\end{aligned} \tag{11.157}$$

Das Vorwärtseinsetzen des Vorkonditionierungsschrittes mit der Matrix $M$ (11.111) ist mit den nach Fig. 11.10 gespeicherten Matrixelementen in offensichtlicher Weise realisierbar. Das Rückwärtseinsetzen ist so zu modifizieren, daß nach Berechnung der $i$-ten Komponente von $\varrho$ das $(\omega \cdot \varrho_i)$-fache der $i$-ten Kolonne von $F$, d. h. der $i$-ten Zeile von $E$ von $y$ subtrahiert wird. Auf diese Weise kann wieder mit den aufeinanderfolgend gespeicherten Matrixelementen der $i$-ten Zeile gearbeitet werden [Scw91].

Im Fall einer unsymmetrischen Matrix $A$ sind selbstverständlich alle von Null verschiedenen Matrixelemente abzuspeichern. Die naheliegende Idee, die relevanten Matrixelemente zeilenweise kompakt in Verallgemeinerung zur Fig. 11.10 so in einem eindimensionalen Feld anzuordnen, daß das Diagonalelement wiederum jeweils das letzte ist, wäre für das SOR-Verfahren und die Matrix-Vektor-Multiplikation $z = A\,p$

$$A = \begin{pmatrix} a_{11} & a_{12} & & a_{14} & \\ a_{21} & a_{22} & & & a_{25} \\ & & a_{32} & a_{33} & \\ & a_{42} & & a_{44} & a_{45} \\ & & a_{53} & & a_{55} \end{pmatrix}$$

A: | $a_{11}$ | $a_{21}$ $a_{22}$ | $a_{32}$ $a_{33}$ | $a_{42}$ $a_{44}$ | $a_{53}$ $a_{55}$ ‖ $a_{12}$ $a_{14}$ | $a_{25}$ | $a_{45}$ |

k: | 1 | 1 2 | 2 3 | 2 4 | 3 5 ‖ 2 4 | 5 | 5 |

$\zeta$: | 1 | 3 | 5 | 7 | 9 ‖ 11 | 12 | 12 | 13 | 13 |

Fig. 11.11
Kompakte Speicherung einer unsymmetrischen Matrix

sicher geeignet. Sobald aber ein Vorkonditionierungsschritt mit einer Matrix $M$ (11.153) oder (11.154) auszuführen ist, erweist sich eine solche Anordnung als ungünstig. Es ist zweckmäßiger, die Nichtdiagonalelemente oberhalb der Diagonale erst im Anschluß an die anderen Matrixelemente zu speichern und die Anordnung von Fig. 11.10 zu erweitern zu derjenigen von Fig. 11.11 einer unsymmetrisch besetzten Matrix $A$. Der Zeigervektor ist um $n$ Zeiger zu erweitern, welche die Plätze der letzten Nichtdiagonalelemente oberhalb der Diagonale der einzelnen Zeilen definieren. Zwei aufeinanderfolgende Zeigerwerte mit dem gleichen Wert bedeuten, daß die betreffende Zeile kein von Null verschiedenes Matrixelement oberhalb der Diagonale aufweist. Die oben beschriebenen Operationen sind mit der jetzt verwendeten Speicherung noch einfacher zu implementieren.

## 11.5 Aufgaben

**11.1** Man zeige, daß die Iterationsvorschrift der Überrelaxationsmethode für $\omega \neq 0$ vollständig konsistent ist mit dem gegebenen linearen Gleichungssystem.

**11.2** Die Matrix eines linearen Gleichungssystems ist

$$A = \begin{pmatrix} 2 & -1 & -1 & 0 \\ -1 & 2.5 & 0 & -1 \\ -1 & 0 & 2.5 & -1 \\ 0 & -1 & -1 & 2 \end{pmatrix}.$$

Man zeige, daß $A$ irreduzibel ist und daß das Gesamtschrittverfahren und das Einzelschrittverfahren konvergent sind. Wie groß sind die Spektralradien $\varrho(T_J)$ und $\varrho(T_{ES})$, und welches sind die Anzahl der Iterationsschritte, welche zur Gewinnung einer weiteren richtigen Dezimalstelle einer Näherungslösung nötig sind?

**11.3** Man bestimme die Lösungen der beiden linearen Gleichungssysteme iterativ mit dem JOR- und dem SOR-Verfahren mit verschiedenen $\omega$-Werten. Wie groß sind die experimentell ermittelten optimalen Relaxationsfaktoren?

a)
$$\begin{aligned} 5x_1 - 3x_2 \quad\quad\; + 2x_4 - 13 &= 0 \\ 2x_1 + 6x_2 - 3x_3 \quad\quad\; - 16 &= 0 \\ -x_1 + 2x_2 + 4x_3 - x_4 + 11 &= 0 \\ -2x_1 - 3x_2 + 2x_3 + 7x_4 - 10 &= 0 \end{aligned}$$

b)
$$\begin{aligned} 2x_1 - x_2 - x_3 \quad\quad\quad\; - 6 &= 0 \\ -x_1 + 4x_2 \quad\quad - 2x_4 \quad\; - 12 &= 0 \\ -x_1 \quad\quad + 2x_3 - x_4 \quad\; + 3 &= 0 \\ - 2x_2 - x_3 + 4x_4 - x_5 + 5 &= 0 \\ - x_4 + 2x_5 - 1 &= 0 \end{aligned}$$

Warum sind das Gesamtschritt- und das Einzelschrittverfahren in beiden Fällen konvergent? Wie groß sind die Spektralradien der Iterationsmatrizen $T_J$ und $T_{ES}$? Welches ist die jeweilige Anzahl der notwendigen Iterationsschritte, um eine weitere richtige Dezimalstelle in der Näherung zu gewinnen?

Im Fall des zweiten Gleichungssystems ist $A$ keine $T$-Matrix. Man finde eine geeignete Permutation der Unbekannten und der Gleichungen, so daß eine $T$-Matrix resultiert. Welches sind die Eigenwerte der Iterationsmatrix des J-Verfahrens und der optimale Relaxationsfaktor $\omega_{opt}$ des SOR-Verfahrens? Welche Reduktion des Rechenaufwandes wird mit dem optimalen $\omega_{opt}$ des SOR-Verfahrens im Vergleich zum Einzelschrittverfahren erzielt?

**11.4** Die elliptische Randwertaufgabe

$$u_{xx} + u_{yy} + 1 = 0 \quad \text{in } G$$
$$u = 0 \quad \text{auf } \Gamma$$

für das Gebiet $G$ und seinen Rand $\Gamma$ von Fig. 11.12 soll mit der Differenzenmethode näherungsweise gelöst werden. Wie lautet das lineare Gleichungssystem für die Maschenweiten $h=1$ und $h=0.5$ bei zeilenweiser oder schachbrettartiger Numerierung der Gitterpunkte? Welche Blockstrukturen sind festzustellen? Die Gleichungssysteme sind mit dem Gesamtschrittverfahren und mit der Überrelaxation unter Verwendung von verschiedenen Relaxationsfaktoren $\omega$ zu lösen und der optimale Wert $\omega_{opt}$ experimentell zu ermitteln.

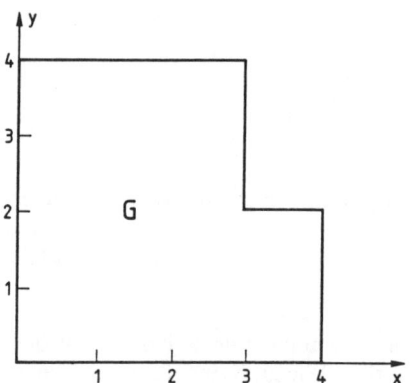

Fig. 11.12
Gebiet $G$ der Randwertaufgabe

Zur computermäßigen Realisierung der Iterationsverfahren für dieses Problem ist es zweckmäßig, die unbekannten Werte in den Gitterpunkten in einem zweidimensionalen Feld anzuordnen unter Einbezug der Dirichletschen Randbedingungen. So können die Iterationsformeln mit Hilfe der benachbarten Werte in der Form von einfachen Anweisungen explizit formuliert werden. Auf diese Weise braucht weder die Matrix $A$ noch der Konstantenvektor $b$ definiert zu werden. Ein entsprechendes Computerprogramm ist dann leicht so zu konzipieren, daß die entsprechenden Gleichungssysteme für beliebige, natürlich zu $G$ passende, Maschenweiten $h$ bearbeitet werden können. Welches sind die optimalen $\omega$-Werte der SOR-Methode für kleiner werdende Maschenweiten $h$?

**11.5** Es sei $A = D - L - U$ eine Matrix mit positiven Diagonalelementen $a_{ii}$ und $\tilde{A} = D^{-1/2} A D^{-1/2} = I - \tilde{L} - \tilde{U}$ die zugehörige skalierte Matrix mit Diagonalelementen $\tilde{a}_{ii} = 1$. Man zeige, daß die Spektralradien des J-Verfahrens und der SOR-Methode durch die Skalierung nicht beeinflußt werden, so daß gelten

$$\varrho(T_J) = \varrho(\tilde{T}_J), \qquad \varrho(T_{SOR}(\omega)) = \varrho(\tilde{T}_{SOR}(\omega)).$$

**11.6** Die skalierte Matrix eines linearen Gleichungssystems

$$A = \begin{pmatrix} 1 & -0.7 & 0 & 0.6 \\ 0.7 & 1 & -0.1 & 0 \\ 0 & 0.1 & 1 & 0.4 \\ -0.6 & 0 & -0.4 & 1 \end{pmatrix}$$

hat die Eigenschaft, daß der nichtdiagonale Anteil $L+U$ schiefsymmetrisch ist. Welches sind die Eigenwerte der Iterationsmatrix $T_J$ des Gesamtschrittverfahrens und damit der Spektralradius $\varrho(T_J)$? Mit Hilfe einer geometrischen Überlegung ermittle man denjenigen Wert von $\omega$, für welchen das JOR-Verfahren optimale Konvergenz aufweist. In welchem Verhältnis steht die optimale Konvergenzrate des JOR-Verfahrens zu derjenigen des J-Verfahrens und wie groß ist die Reduktion des Rechenaufwandes?

**11.7** Für eine skalierte Matrix $A = I - L - U$ mit $L = -U^T$ zeige man allgemein, daß die Iterationsmatrix $T_J$ von $A$ nur rein imaginäre Eigenwerte besitzt und daß die von Null verschiedenen Eigenwerte paarweise entgegengesetzt sind. Unter der Voraussetzung, daß $\varrho(T_J) < 1$ gilt, bestimme man $\omega_{opt}$ so, daß das JOR-Verfahren die beste Konvergenz aufweist. Um welchen Faktor reduziert sich die Zahl der Iterationsschritte gegenüber dem J-Verfahren in Abhängigkeit von $\varrho(T_J)$?

**11.8** Für skalierte Matrizen $A = I - L - U$ mit $L = -U^T$, welche zudem $T$-Matrizen sind, kann der optimale Relaxationsfaktor $\omega_{opt}$ des SOR-Verfahrens angegeben werden, falls $\varrho(T_J) < 1$ gilt. Die Theorie von Abschn. 11.1.3 braucht dazu nur sinngemäß übertragen zu werden.

a) Was folgt für die Eigenwerte der Iterationsmatrix $T_{ES}$ des Einzelschrittverfahrens und den Spektralradius $\varrho(T_{ES})$ im Vergleich zu $\varrho(T_J)$?

b) Für welche Werte von $\omega$ kann das Eigenwertpaar $\lambda^{(1)}$ und $\lambda^{(2)}$ von $T_{SOR}(\omega)$ komplex sein, und welches ist dann ihr Betrag? Weiter zeige man, daß der kleinste negative Eigenwert $\lambda^{(1)} < \lambda^{(2)}$ im Fall eines reellen Eigenwertpaares dem betragsgrößten Paar $\pm\mu_1$ von $T_J$ zugeordnet ist und daß folglich $\varrho(T_{SOR}(\omega)) = |\lambda^{(1)}|$ gilt.

c) Schließlich zeige man, daß $\lambda^{(1)} < 0$ solange monoton zunimmt, wenn $\omega$, vom Wert Eins ausgehend, abnimmt bis zum kritischen Wert $\omega_{opt}$, für den die beiden reellen Eigenwerte zusammenfallen. Wie groß sind $\omega_{opt}$ und $\varrho(T_{SOR}(\omega_{opt}))$ in Funktion von $\varrho(T_J)$? Man gebe die Abhängigkeit des Spektralradius $\varrho(T_{SOR}(\omega))$ von $\omega$ explizit an und diskutiere sie. Für welches $\omega$-Intervall herrscht Konvergenz der SOR-Methode in Abhängigkeit von $\varrho(T_J)$? Gegen welche Werte streben $\omega_{opt}$ und $\varrho(T_{SOR}(\omega_{opt}))$ für $\varrho(T_J) \to 1$?

d) Welches sind die Eigenwerte von $T_{SOR}(\omega)$ und wo liegen sie in der komplexen Ebene für $\omega = 1.0, 0.9, 0.8$ im Fall der Matrix

$$A = \begin{pmatrix} 1 & -0.5 & 0 & 0 & 0 \\ 0.5 & 1 & -0.5 & 0 & 0 \\ 0 & 0.5 & 1 & -0.5 & 0 \\ 0 & 0 & 0.5 & 1 & -0.5 \\ 0 & 0 & 0 & 0.5 & 1 \end{pmatrix},$$

und welches sind $\omega_{opt}$ und $\varrho(T_{SOR}(\omega_{opt}))$?

**11.9** Mit Hilfe eines Computerprogramms löse man die linearen Gleichungssysteme von Aufgabe 11.4 mit der Methode der konjugierten Gradienten ohne und mit Vorkonditionierung (SSORCG) für verschiedene Maschenweiten $h = 1, 1/2, 1/4, 1/6, \ldots$. Zu diesem Zweck sind die zugehörigen Matrizen in kompakter zeilenweiser Speicherung und die Konstantenvektoren zu generieren. Wie steigt die Zahl der nötigen Iterationsschritte bei Verfeinerung der Maschenweite $h$ an und welche Reduktion des Rechenaufwandes wird mit der Vorkonditionierung bei optimaler Wahl von $\omega$ erreicht?

**11.10** Man entwickle ein Rechenprogramm zum GMRES($m$)-Algorithmus (11.151) ohne und mit Vorkonditionierung. Damit löse man die unsymmetrischen Gleichungssysteme der Aufgaben 10.2 und 10.3. Zudem bestimme man die Näherungslösung der Randwertaufgabe

$$u_{xx} + u_{yy} - 4u_x + 3u_y + 2 = 0 \quad \text{in } G$$
$$u = 0 \quad \text{auf } \Gamma,$$

wo $G$ das trapezförmige Gebiet der Fig. 11.8 und $\Gamma$ sein Rand bedeuten und die Aufgabe mit der Differenzenmethode für die Maschenweiten $h = 1/8, 1/12, 1/16, 1/24, 1/32, 1/48$ diskretisiert wird. Für welche Werte $m$ und $\omega$ im Fall der Vorkonditionierungsmatrix $M$ (11.111) sind die Rechenzeiten minimal? Durch Variation der beiden Konstanten der ersten partiellen Ableitungen stelle man den Einfluß des resultierenden Grades der Unsymmetrie der Gleichungssysteme auf das Konvergenzverhalten fest.

# Literatur

[AbS71]  Abramowitz, M.; Stegun, I. A.: Handbook of mathematical functions. New York: Dover Publications 1971
[Aik85]  Aiken, R. C. (ed.): Stiff computation. New York – Oxford: Oxford University Press 1985
[Akh88]  Akhiezer, N. I.: The calculus of variations. Chur: Harwood Academic Publishers 1988
[Ama83]  Amann, H.: Gewöhnliche Differentialgleichungen. Berlin – New York: de Gruyter 1983
[Ame77]  Ames, W. F.: Numerical methods for partial differential equations. 2nd ed. New York: Academic Press 1977
[Axe85]  Axelsson, O.: A survey of preconditioned iterative methods for linear systems of algebraic equations. BIT **25** (1985) 166–187
[Axe89]  Axelsson, O. (ed.): Preconditioned conjugate gradient methods. Special issue of BIT **29**:4 (1989)
[AxB84]  Axelsson, O.; Barker, V. A.: Finite element solution of boundary value problems. New York: Academic Press 1984
[AxK90]  Axelsson, O.; Kolotilina, L. Y. (ed.): Preconditioned conjugate gradient methods. Lecture Notes in Mathematics 1457. Berlin: Springer 1990
[Bar77]  Barker, V. A. (ed.): Sparse matrix techniques. Proceedings, Copenhagen, Aug. 1976. Lecture Notes in Mathematics 572. Berlin: Springer 1977
[BaC88]  Barragy, E.; Carey, G. F.: A parallel element-by-element solution scheme. Int. J. Numer. Meth. Engin. **26** (1988) 2367–2382
[BRS63]  Bauer, F. L.; Rutishauser, H.; Stiefel, E.: New aspects in numerical quadrature. Proc. of Symposia in Applied Mathematics. Amer. Math. Society **15** (1963) 199–218
[Ben24]  Benoit: Note sur une méthode de résolution des équations normales etc. (Procédé du commandant Cholesky). Bull. géodésique **3** (1924) 67–77
[BlO75]  Blum, E.; Oettli, W.: Mathematische Optimierung. Berlin: Springer 1975
[Böh74]  Böhmer, K.: Spline-Funktionen. Stuttgart: Teubner 1974
[Boo78]  Boor, C. de: A practical guide to splines. New York: Springer 1978
[Boo80]  Boor, C. de: FFT as nested multiplication, with a twist. SIAM J. Sci. Stat. Comput. **1** (1980) 173–178
[BHZ68]  Bramble, J. H.; Hubbard, B. E.; Zlamal, M.: Discrete analogues of the Dirichlet problem with isolated singularities. SIAM J. Numer. Anal **5** (1968) 1–25
[BPS86]  Bramble, J. H.; Pasciak, J. E.; Schatz, A. H.: The construction of preconditioners for elliptic problems by substructuring I. Math. Comp. **47** (1986) 103–134
[Bre73]  Brent, R. P.: Algorithms for minimization without derivatives. Englewood Cliffs, N.J.: Prentice-Hall 1973
[Bri74]  Brigham, E. O.: The fast Fourier transform. Englewood Cliffs, N.J.: Prentice-Hall 1974
[Bul64]  Bulirsch, R.: Bemerkungen zur Romberg-Integration. Numer. Math. **6** (1964) 6–16
[BuS67]  Bulirsch, R.; Stoer, J.: Numerical quadrature by extrapolation. Numer. Math. **9** (1967) 271–278
[BuR76]  Bunch, J. R.; Rose, D. J. (ed.): Sparse matrix computations. New York: Academic Press 1976

[BuB84]  Bunse, W.; Bunse-Gerstner, A.: Numerische lineare Algebra. Stuttgart: Teubner 1984
[But63]  Butcher, J. C.: Coefficients for the study of Runge-Kutta integration processes. J. Austral. Math. Soc. **3** (1963) 185–201
[But64]  Butcher, J. C.: Implicit Runge-Kutta processes. Math. Comp. **18** (1964) 50–64
[But65]  Butcher, J. C.: On the attainable order of Runge-Kutta methods. Math. Comp. **19** (1965) 408–417
[But87]  Butcher, J. C.: The numerical analysis of ordinary differential equations. Chichester: John Wiley 1987
[Cha82]  Chan, T. F.: An improved algorithm for computing the singular value decomposition. ACM Trans. Math. Soft. **8** (1982) 72–88
[CGP89]  Chan, T. F.; Glowinski, R.; Périaux, J.; Widlund, O. B. (ed.): Proceedings of the second international symposium on domain decomposition methods. Philadelphia: SIAM 1989
[Cle70]  Clegg, J. C.: Variationsrechnung. Stuttgart: Teubner 1970
[Cle55]  Clenshaw, C. W.: A note on the summation of Chebyshev series. Math. Tab. Wash. **9** (1955) 118–120
[CMS79]  Cline, A.K.; Moler, C. B.; Stewart, G. W.; Wilkinson, J. H.: An estimate for the condition number of a matrix. SIAM J. Numer. Anal. **16** (1979) 368–375
[Col66]  Collatz, L.: The numerical treatment of differential equations. 3rd ed. Berlin: Springer 1966
[Col90]  Collatz, L.: Differentialgleichungen. 7. Aufl. Stuttgart: Teubner 1990
[CoA72]  Collatz, L.; Albrecht, J.: Aufgaben aus der angewandten Mathematik I + II. Berlin: Akademie-Verlag 1972, 1973
[CoW71]  Collatz, L.; Wetterling, W.: Optimierungsaufgaben. 2. Aufl. Berlin: Springer 1971
[CGM85]  Concus, P.; Golub, G. H.; Meurant, G.: Block preconditioning for the conjugate gradient method. SIAM J. Sci. Comput. **6** (1985) 220–252
[CoT65]  Cooley, J. W.; Tukey, J. W.: An algorithm for the machine calculation of complex Fourier series. Math. Comput. **19** (1965) 297–301
[CoC82]  Corliss, G.; Chang, Y. F.: Solving ordinary differential equations using Taylor series. ACM Trans. Math. Soft. **8** (1982) 114–144
[CoH68]  Courant, R.; Hilbert, D.: Methoden der mathematischen Physik I. 3. Aufl. Berlin: Springer 1968
[Cri86]  Crisfield, M. A.: Finite elements and solution procedures for structural analysis. Vol. 1: Linear analysis. Swansea: Pineridge Press 1986
[Dah85]  Dahlquist, G.: 33 years of numerical instability, Part I. BIT **25** (1985) 188–204
[Dan66]  Dantzig, G. B.: Lineare Programmierung und Erweiterungen. Berlin: Springer 1966
[Dar91]  Darst, R. B.: Introduction to linear programming: applications and extensions. New York: Dekker 1991
[Dav59]  Davis, P. J.: On the numerical integration of periodic analytic functions. In: Langer, R. E. (ed.): On numerical approximation. Madison: The Univ. of Wisconsin Press 1959; S. 45–60
[DaR84]  Davis, P. J.; Rabinowitz, P.: Methods of numerical integration. 2nd ed. New York: Academic Press 1984
[DeV84]  Dekker, K.; Verwer, J. G.: Stability of Runge-Kutta methods for stiff nonlinear differential equations. Amsterdam: North-Holland 1984

[DoP78]  Dormand, J. R.; Prince, P. J.: New Runge-Kutta algorithms for numerical simulation in dynamical astronomy. Celestial Mechanics **18** (1978) 223–232
[DoP80]  Dormand, J. R.; Prince, P. J.: A family of embedded Runge-Kutta formulae. J. Comp. Appl. Math. **6** (1980) 19–26
[DuR76]  Duff, I. S.; Reid, J. K.: A comparison of some methods for the solution of sparse over-determined systems of linear equations. J. Inst. Math. Applic. **17** (1976) 267–280
[Eng62]  Engeli, M.: Automatisierte Behandlung elliptischer Randwertprobleme. Dissertation, Nr. 3295 ETH Zürich 1962
[Eng80]  Engels, H.: Numerical quadrature and cubature. London: Academic Press 1980
[Eng69]  England, R.: Error estimates for Runge-Kutta type solutions to systems of ordinary differential equations. Comput. J. **12** (1969) 166–170
[Epp87]  Epperson, J. F.: On the Runge example. Amer. Math. Monthly **94** (1987) 329–341
[EMO53]  Erdéyli, A.; Magnus, W.; Oberhettinger, F.; Tricomi, F. G.: Higher transcendental functions, vol. I. New York: McGraw-Hill 1953
[Eva83]  Evans, D. J. (ed.): Preconditioning methods: Analysis and applications. New York: Gordon and Breach 1983
[Fat88]  Fatunla, S. O.: Numerical methods for initial value problems in ordinary differential equations. London: Academic Press 1988
[Feh64]  Fehlberg, E.: New high-order Runge-Kutta formulas with step size control for systems of first and second order differential equations. ZAMM **44** (1964) T17–T29
[Feh68]  Fehlberg, E.: Classical fifth-, sixth-, seventh-, and eighth order Runge-Kutta formulas with step size control. NASA Techn. Rep. 287, 1968
[Feh69]  Fehlberg, E.: Low-order classical Runge-Kutta formulas with step size control and their application to some heat transfer problems. NASA Techn. Rep. 315, 1969
[Feh69]  Fehlberg, E. Klassische Runge-Kutta-Formeln fünfter und siebenter Ordnung mit Schrittweiten-Kontrolle. Computing **4** (1969) 93–106
[Feh70]  Fehlberg, E.: Klassische Runge-Kutta-Formeln vierter und niedrigerer Ordnung mit Schrittweiten-Kontrolle und ihre Anwendung auf Wärmeleitungsprobleme. Computing **6** (1970) 61–71
[Fin77]  Finkenstein, Graf Finck von, K.: Einführung in die numerische Mathematik I + II. München: Carl Hanser 1977, 1978
[Fle80]  Fletcher, R.: Pratical methods of optimization. Vol. 1: Unconstrained optimization. Chichester: John Wiley 1980
[FoH60]  Forsythe, G. E.; Henrici, P.: The cyclic Jacobi method for computing the principal values of a complex matrix. Trans. Amer. Math. Soc. **94** (1960) 1–23
[FMM77]  Forsythe, G. E.; Malcolm, M. A.; Moler, C. B.: Computer methods for mathematical computations. Englewood Cliffs, N.J.: Prentice-Hall 1977
[FoM67]  Forsythe, G. E.; Moler, C. B.: Computer solution of linear algebraic systems. Englewood Cliffs, N.J.: Prentice-Hall 1967
[FoP68]  Fox, L.; Parker, I. B.: Chebyshev polynomials in numerical analysis. London: Oxford University Press 1968
[Fra61]  Francis, J. G. F.: The QR transformation: A unitary analogue to the LR transformation, Parts I and II. Comp. J. **4** (1961) 265–272, 332–345
[Fre90]  Freund, R.: On conjugate type methods and polynomial preconditioners for a class of complex non-Hermitian matrices. Numer. Math. **57** (1990) 285–312
[Fun70]  Funk, P.: Variationsrechnung und ihre Anwendung in Physik und Technik. 2. Aufl. Berlin: Springer 1970
[Gan85]  Gander, W.: Computermathematik. Basel: Birkhäuser 1985

[Gas 84]  Gass, S. I.: Linear programming: methods and applications. 5th ed. New York: McGraw-Hill 1984
[Gau 70]  Gautschi, W.: On the construction of Gaussian quadrature rules from modified moments. Math. Comp. **24** (1970) 245–260
[Gea 71]  Gear, C. W.: Numerical initial value problems in ordinary differential equations. Englewood Cliffs, N.J.: Prentice-Hall 1971
[Gek 84]  Gekeler, E.: Discretization methods for stable initial value problems. Lecture Notes in Mathematics, 1044. Berlin: Springer 1984
[Gen 73]  Gentleman, M.: Least squares computations by Givens transformations without square roots. J. Inst. Math. Appl. **12** (1973) 329–336
[GeH 80]  George, A.; Heath, M. T.: Solution of sparse linear least squares problems using Givens rotations. Lin. Alg. Appl. **34** (1980) 69–83
[GiM 76]  Gill, P. E.; Murray, W.: The orthogonal factorization of a large sparse matrix. In [BuR 76] 177–200
[Giv 54]  Givens, J. W.: Numerical computation of the characteristic values of a real symmetric matrix, Rep. ORNL-1574, Oak Ridge Nat. Lab., Oak Ridge 1954
[Giv 58]  Givens, W.: Computation of plane unitary rotations transforming a general matrix to triangular form. SIAM J. Appl. Math. **6** (1958) 26–50
[GlW 79]  Gladwell, I.; Wait, R. (ed.): A survey of numerical methods for partial differential equations. Oxford: Clarendon Press 1979
[GlG 78]  Glashoff, K.; Gustafson, S. A.: Einführung in die lineare Optimierung. Darmstadt: Wissensch. Buchgesellschaft 1978
[GGM 88]  Glowinski, R.; Golub, G. H.; Meurant, G. A.; Periaux, J. (ed.): Proceedings of the first international symposium on domain decomposition methods for partial differential equations. Philadelphia: SIAM 1988
[GoK 65]  Golub, G. H.; Kahan, W.: Calculating the singular values and pseudo-inverse of a matrix. SIAM J. Numer. Anal. Ser. B. **2** (1965) 205–224
[GoK 83]  Golub, G. H.; Kautsky, J.: Calculation of Gauss quadratures with multiple free and fixed knots. Numer. Math. **41** (1983) 147–163
[GoP 73]  Golub, G. H.; Pereyra, V.: The differentiation of pseudo-inverses and nonlinear least squares problems whose variables separate. SIAM J. Numer. Anal. **10** (1973) 413–432
[GoP 80]  Golub, G. H.; Plemmons, R. J.: Large scale geodetic least-square adjustment by dissection and orthogonal decomposition. Lin. Alg. Appl. **34** (1980) 3–27
[GoR 70]  Golub, G. H.; Reinsch, C.: Singular value decomposition and least squares solutions. Numer. Math. **14** (1970) 403–420. Auch in [WiR 71] 134–151
[GoV 89]  Golub, G. H.; Van Loan, Ch. F.: Matrix computations. 2nd ed. Baltimore: The Johns Hopkins University Press 1989
[GoW 69]  Golub, G. H.; Welsch, J. A.: Calculation of Gauss quadrature rules. Math. Comp. **23** (1969) 221–230
[Goo 58]  Good, I. J.: The interaction algorithm and practical Fourier series. J. Roy. Statist. Soc. Ser. B. **20** (1958) 361–372; Addendum: **22** (1960) 372–375
[Goo 49]  Goodwin, E. T.: The evaluation of integrals of the form $\int_{-\infty}^{\infty} f(x)e^{-x^2}dx$. Proc. Cambr. Philos. Soc. **45** (1949) 241–245
[GoW 73]  Gourlay, A. R.; Watson, G. A.: Computational methods for matrix eigenproblems. London: John Wiley 1973
[Gri 72]  Grigorieff, R. D.: Numerik gewöhnlicher Differentialgleichungen. Band 1, Einschrittverfahren. Stuttgart: Teubner 1972

[Gri77] Grigorieff, R. D.: Numerik gewöhnlicher Differentialgleichungen. Band 2, Mehrschrittverfahren. Stuttgart: Teubner 1977
[Hac85] Hackbusch, W.: Multi-grid methods and applications. Berlin: Springer 1985
[Hac86] Hackbusch, W.: Theorie und Numerik elliptischer Differentialgleichungen. Stuttgart: Teubner 1986
[Hac91] Hackbusch, W.: Iterative Lösung großer schwach besetzter Gleichungssysteme. Stuttgart: Teubner 1991
[HaY81] Hageman, L. A.; Young, D. M.: Applied iterative methods. New York: Academic Press 1981
[Hai83] Hainer, K.: Numerik mit BASIC-Tischrechnern. Stuttgart: Teubner 1983
[HNW87] Hairer, E.; Nørsett, S. P..; Wanner, G.: Solving ordinary differential equations I. Nonstiff problems. Berlin: Springer 1987
[HaW91] Hairer, E.; Wanner, G.: Solving ordinary differential equations II. Stiff and differential-algebraic problems. Berlin: Springer 1991
[Hal83] Halin, H. J.: The applicability of Taylor series methods in simulation. In: 1983 summer computer simulation conference, Vancouver B.C., Vol. 2. Amsterdam: North-Holland 1983, 1032–1078
[HaW76] Hall, G.; Watt, J. M. (ed.): Modern numerical methods for ordinary differential equations. Oxford: Clarendon Press 1976
[Ham74] Hammarling, S.: A note on modifications to the Givens plane rotation. J. Inst. Math. Appl. **13** (1974) 215–218
[HäH89] Hämmerlin, G.; Hoffmann, K.-H.: Numerische Mathematik. Berlin: Springer 1989
[Hen58] Henrici, P.: On the speed of convergence of cyclic and quasicyclic Jacobi methods for computing the eigenvalues of Hermitian matrices. SIAM J. Appl. Math. **6** (1958) 144–162
[Hen62] Henrici, P.: Discrete variable methods in ordinary differential equations. New York: John Wiley 1962
[Hen72] Henrici, P.: Elemente der numerischen Analysis, Bd. 1 und 2. Mannheim: Bibliographisches Institut 1972
[Hen77] Henrici, P.: Applied and computational complex analysis, vol. 2. New York: John Wiley 1977
[Hen85] Henrici, P.: Applied and computational complex analysis, vol. 3. New York: John Wiley 1985
[HeS52] Hestenes, M. R.; Stiefel, E.: Methods of conjugate gradients for solving linear systems. J. Res. Nat. Bur. Standards **49** (1952) 409–436
[Heu90] Heuser, H.: Lehrbuch der Analysis, Teil 2. 7. Aufl. Stuttgart: Teubner 1992
[Hou58] Householder, A. S.: Unitary triangularization of a nonsymmetric matrix. J. Assoc. Comp. Mach. **5** (1958) 339–342
[HLW83] Hughes, T. J. R.; Levit, I.; Winget, J.: Element-by-element solution algorithm for problems of structural and solid mechanics. Comp. Meth. Appl. Mech. Eng. **36** (1983) 241–254
[Hym57] Hyman, M. A.: Eigenvalues and eigenvectors of general matrices. Twelfth National Meeting A.C.M., Houston, Texas 1957
[IMT70] Iri, M.; Moriguti, S.; Takasawa, Y.: On a certain quadrature formula (japanisch). RIMS Kokyuroku Kyoto Univ. **91** (1970) 82–118
[IsK66] Isaacson, E.; Keller, H. B.: Analysis of numerical methods. New York: John Wiley 1966

[Jac46]   Jacobi, C. G. J.: Über ein leichtes Verfahren, die in der Theorie der Säkularstörungen vorkommenden Gleichungen numerisch aufzulösen. Crelle's Journal **30** (1846) 51–94
[JKP72]   Jacoby, S. L. S.; Kowalik, J. S.; Pizzo, J. T.: Iterative methods for nonlinear optimization problems. Englewood Cliffs, N.J.: Prentice-Hall 1972
[Jai84]   Jain, M. K.: Numerical solution of differential equations. 2nd ed. New York: John Wiley 1984
[Jen77]   Jennings, A.: Matrix computation for engineers and scientists. New York: John Wiley 1977
[JeM77]   Jennings, A.; Malik, G. M.: Partial elimination. J. Inst. Math. Applics. **20** (1977) 307–316
[JoR82]   Jordan-Engeln, G.; Reutter, F.: Numerische Mathematik für Ingenieure. 3. Aufl. Mannheim: Bibliographisches Institut 1982
[Kal76]   Kall, P.: Mathematische Methoden des Operations Research. Stuttgart: Teubner 1976
[Kau79]   Kaufman, L.: Applications of dense Householder transformations to a sparse matrix. ACM Trans. Math. Soft. **5** (1979) 442–450
[Ker78]   Kershaw, D. S.: The incomplete Cholesky-conjugate gradient method for the iterative solution of systems of linear equations. J. Comp. Physics **24** (1978) 43–65
[KiS88]   Kielbasinski, A.; Schwetlick, H.: Numerische lineare Algebra. Thun – Frankfurt a. M.: Verlag Harri Deutsch 1988
[Kli88]   Klingbeil, E.: Variationsrechnung. 2. Aufl. Mannheim: Bibliographisches Institut 1988
[Kry62]   Krylov, V. I.: Approximate calculation of integrals. (Translation from Russian by A. H. Stroud). New York: Macmillan 1962
[KTZ67]   Künzi, H. P.; Tzschach, H. G.; Zehnder, C. A.: Numerische Methoden der mathematischen Optimierung mit ALGOL- und FORTRAN-Programmen. Stuttgart: Teubner 1967
[Kut01]   Kutta, W.: Beitrag zur näherungsweisen Integration totaler Differentialgleichungen. Z. Math. Phys. **46** (1901) 435–453
[Lam73]   Lambert, J. D.: Computational methods in ordinary differential equations. New York: John Wiley 1973
[Lam91]   Lambert, J. D.: Numerical Methods for Ordinary Differential Systems. New York: John Wiley 1991
[LaS71]   Lapidus, L.: Seinfeld, J. H.: Numerical solution of ordinary differential equations. New York: Academic Press 1971
[Law66]   Lawson, J. D.: On order five Runge-Kutta process with extended region of stability. SIAM J. Numer. Anal. **3** (1966) 593–597
[LaH74]   Lawson, C. L.; Hanson, R. J.: Solving least squares problems. Englewood Cliffs, N.J.: Prentice-Hall 1974
[Lud69]   Ludwig, R.: Methoden der Fehler- und Ausgleichsrechnung. Braunschweig: Friedrich Vieweg 1969
[Lyn69]   Lyness, J. N.: Notes on the adaptive Simpson quadrature routine. J. ACM **16** (1969) 483–495
[Mae85]   Maess, G.: Vorlesungen über numerische Mathematik I. Lineare Algebra. Basel: Birkhäuser 1985
[Mar63]   Marquardt, D. W.: An algorithm for least-squares estimation of nonlinear parameters. J. Soc. Indust. Appl. Math. **11** (1963) 431–441

[Mar76]   Marsal, D.: Die numerische Lösung partieller Differentialgleichungen in Wissenschaft und Technik. Mannheim: Bibliographisches Institut 1976
[Mev77]   Meijerink, J. A.; van der Vorst, H. A.: An iterative solution method for linear systems of which the coefficient matrix is a symmetric $M$-matrix. Math. Comput. **31** (1977) 148–162
[MeM78]   Meis, Th; Marcowitz, U.: Numerische Behandlung partieller Differentialgleichungen. Berlin: Springer 1978
[MiG80]   Mitchell, A. R.; Griffiths, D. F.: The finite difference method in partial differential equations. Chichester: John Wiley 1980
[Mor78]   Mori, M.: On IMT-type double exponential formula for numerical integration. Publ. RIMS Kyoto Univ. **14** (1978) 713–729
[Mul56]   Muller, D. E.: A method for solving algebraic equations using an automatic computer. Math. Tables Aids Comput. **10** (1956) 208–215
[NoP85]   Noor-Omid, B.; Parlett, B. N.: Element preconditioning using splitting techniques. SIAM J. Sci. Stat. Comp. **6** (1985) 761–771
[Nür89]   Nürnberger, G.: Approximation by spline functions. Berlin: Springer 1989
[OrR70]   Ortega, J. M.; Rheinboldt, W. C.: Iterative solution of nonlinear equations in several variables. New York: Academic Press 1970
[Par64]   Parlett, B. N.: Laguerre's method applied to the matrix eigenvalue problem. Math. Comp. **18** (1964) 464–485
[Par80]   Parlett, B. N.: The symmetric eigenvalue problem. Englewood Cliffs, N.J.: Prentice-Hall 1980
[Par79]   Parter, S. V. (ed.): Numerical methods for partial differential equations. New York: Academic Press 1979
[PeR55]   Peaceman, D. W.; Rachford, H. H.: The numerical solution of parabolic and elliptic differential equations. J. Soc. Industr. Appl. Math. **3** (1955) 28–41
[PDÜ83]   Piessens, R.; de Doncker-Kapenga, E.; Überhuber, C. W.; Kahaner, D. K.: QUADPACK. A subroutine package for automatic integration. Berlin: Springer 1983
[Rat82]   Rath, W.: Fast Givens rotations for orthogonal similarity transformations. Numer. Math. **40** (1982) 47–56
[Rom55]   Romberg, W.: Vereinfachte numerische Integration. Det. Kong. Norske Videnskabers Selskab Forhandlinger 28, Nr. 7. Trondheim 1955
[Run01]   Runge, C.: Über empirische Funktionen und die Interpolation zwischen äquidistanten Ordinaten. Z. Math. Physik **46** (1901) 224–243
[Run03]   Runge, C.: Über die Zerlegung empirisch gegebener periodischer Funktionen in Sinuswellen. Z. Math. Phys. **48** (1903) 443–456
[Run05]   Runge, C.: Über die Zerlegung einer empirischen Funktion in Sinuswellen. Z. Math. Phys. **52** (1905) 117–123
[RuK24]   Runge, C.; König, H.: Vorlesungen über numerisches Rechnen. Berlin: Springer 1924
[Rut52]   Rutishauser, H.: Über die Instabilität von Methoden zur Integration gewöhnlicher Differentialgleichungen. ZaMP **3** (1952) 65–74
[Rut60]   Rutishauser, H.: Bemerkungen zur glatten Interpolation. ZaMP **11** (1960) 508–513
[Rut63]   Rutishauser, H.: Ausdehnung des Rombergschen Prinzips. Numer. Math. **5** (1963) 48–54
[Rut66]   Rutishauser, H.: The Jacobi method for real symmetric matrices. Numer. Math. **9** (1966) 1–10, auch in [WiR71]

[Rut 76]  Rutishauser, H.: Vorlesungen über numerische Mathematik. Band 1 und 2. Basel – Stuttgart: Birkhäuser 1976
[Rut 90]  Rutishauser, H.: Lectures on numerical mathematics. Translated by W. Gautschi. Boston: Birkhäuser 1990
[Saa 81]  Saad, Y.: Krylov subspace methods for solving large unsymmetric linear systems. Math. Comput. **37** (1981) 105–126
[SaS 86]  Saad, Y.; Schultz, M. H.: GMRES: A generalized minimal residual method for solving nonsymmetric linear systems. SIAM J. Sci. Statist. Comput. **7** (1986) 856–869
[SaS 64]  Sag, W. T.; Szekeres, G.: Numerical evaluation of high-dimensional integrals. Math. Comp. **18** (1964) 245–253
[SaS 68]  Sauer, R.; Szabo, I.: Mathematische Hilfsmittel des Ingenieurs. Band 3. Berlin: Springer 1968
[ScS 76]  Schmeisser, G.; Schirmeier, H.: Praktische Mathematik. Berlin: de Gruyter 1976
[Scö 61]  Schönhage, A.: Zur Konvergenz des Jacobi-Verfahrens. Numer. Math. **3** (1961) 374–380
[Scö 64]  Schönhage, A.: On the quadratic convergence of the Jacobi process. Numer. Math. **6** (1964) 410–412
[Scr 64]  Schröder, G.: Über die Konvergenz einiger Jacobi-Verfahren zur Bestimmung der Eigenwerte symmetrischer Matrizen. Köln – Opladen: Westdeutscher Verlag 1964
[Scu 09]  Schur, I.: Über die charakteristischen Wurzeln einer linearen Substitution mit einer Anwendung auf die Theorie der Integralgleichungen. Math. Annalen **66** (1909) 488–510
[Scw 77]  Schwarz, H. R.: Elementare Darstellung der schnellen Fouriertransformation. Computing **18** (1977) 107–116
[Scw 91]  Schwarz, H. R.: Methode der finiten Elemente. 3. Aufl. Stuttgart: Teubner 1991
[Scw 91]  Schwarz, H. R.: FORTRAN-Programme zur Methode der finiten Elemente. 3. Aufl. Stuttgart: Teubner 1991
[SRS 72]  Schwarz, H. R.; Rutishauser, H.; Stiefel, E.: Numerik symmetrischer Matrizen. 2. Aufl. Stuttgart: Teubner 1972
[Scw 69]  Schwartz, C.: Numerical integration of analytic functions. J. Comp. Phys. **4** (1969) 19–29
[Sew 88]  Sewell, G.: The numerical solution of ordinary and partial differential equations. London: Academic Press 1988
[ShG 84]  Shampine, L. F.; Gordon, M. K.: Computer-Lösung gewöhnlicher Differentialgleichungen. Das Anfangswertproblem. Braunschweig: Friedr. Vieweg 1984
[Sin 68]  Singleton, R. C.: Algorithm 338. ALGOL procedures for the fast Fouriertransform. Algorithm 339. An ALGOL procedure for the fast Fouriertransform with arbitrary factors. Comm. ACM **11** (1968) 773–776
[Smi 72]  Smirnow, W. I.: Lehrgang der höheren Mathematik, Teil II. Berlin: VEB Deutscher Verlag der Wissenschaften 1972
[Smi 78]  Smith, G. D.: Numerical solution of partial differential equations: Finite difference methods. 2nd ed. Oxford: Clarendon Press 1978
[Spä 86]  Späth, H.: Spline-Algorithmen zur Konstruktion glatter Kurven und Flächen. 4. Aufl. München: Oldenbourg 1986
[Spä 90]  Späth, H.: Eindimensionale Spline-Interpolations-Algorithmen. München: Oldenburg 1990
[Sta 88]  Stammbach, U.: Lineare Algebra. 3. Aufl. Stuttgart: Teubner 1988

[Ste73]   Stenger, F.: Integration formulae based on the trapezoidal formula. J. Inst. Math. Appl. **12** (1973) 103–114
[Ste73]   Stewart, G. W.: Introduction to matrix computations. New York: Academic Press 1973
[Ste76]   Stewart, G. W.: The economical storage of plane rotations. Numer. Math. **25** (1976) 137–138
[Sti76]   Stiefel, E.: Einführung in die numerische Mathematik. 5. Aufl. Stuttgart: Teubner 1976
[Sto89]   Stoer, J.: Numerische Mathematik 1. 5. Aufl. Berlin: Springer 1989
[StB90]   Stoer, J.; Bulirsch, R.: Numerische Mathematik 2. 3. Aufl. Berlin: Springer 1990
[Str89]   Strayer, J. K.: Linear programming and its applications. New York: Springer 1989
[Str71]   Stroud, A. H.: Approximate calculation of multiple integrals. Englewood Cliffs, N.J.: Prentice-Hall 1971
[Str74]   Stroud, A. H.: Numerical quadrature and solution of ordinary differential equations. New York: Springer 1974
[StS66]   Stroud, A. H.; Secrest, D.: Gaussian quadrature formulas. Englewood Cliffs, N.J.: Prentice-Hall 1966
[StH82]   Stummel, F.; Hainer, K.: Praktische Mathematik. 2. Aufl. Stuttgart: Teubner 1982
[Sze61]   Szekeres, G.: Fractional iteration of exponentially growing functions. J. Australian Math. Soc. **2** (1961/62) 301–320
[TaM73]   Takahasi, H.; Mori, M.: Quadrature formulas obtained by variable transformation. Numer. Math. **21** (1973) 206–219
[TaM74]   Takahasi, H.; Mori, M.: Double exponential formulas for numerical integration. Publ. RIMS Kyoto Univ. **9** (1974) 721–741
[TGK85]   Törnig, W.; Gipser, M.; Kaspar, B.: Numerische Lösung von partiellen Differentialgleichungen der Technik. Differenzverfahren, finite Elemente und die Behandlung großer Gleichungssysteme. 2. Aufl. Stuttgart: Teubner 1991
[TöS88]   Törnig, W.; Spellucci, P.: Numerische Mathematik für Ingenieure und Physiker. Band 1: Numerische Methoden der Algebra. 2. Aufl. Berlin: Springer 1988
[TöS90]   Törnig, W.; Spellucci, P.: Numerische Mathematik für Ingenieure und Physiker. Band 2: Numerische Methoden der Analysis. 2. Aufl. Berlin: Springer 1990
[Twi84]   Twizell, E. H.: Computational methods for partial differential equations. New York: John Wiley 1984
[Var62]   Varga, R. S.: Matrix iterative analysis. Englewood Cliffs, N.J.: Prentice-Hall 1962
[VeK81]   Vemuri, V.; Karplus, W. J.: Digital computer treatment of partial differential equations. Englewood Cliffs, N.J.: Prentice-Hall 1981
[Wal84]   Waldvogel, J.: Der Tayloralgorithmus. ZaMP **35** (1984) 780–789
[Wal88]   Walker, H. F.: Implementation of the GMRES method using Householder transformations. SIAM J. Sci. Statist. Comput. **9** (1988) 152–163
[Wal72]   Walter, W.: Gewöhnliche Differentialgleichungen. Berlin: Springer 1972
[WeS72]   Werner, H.; Schaback, R.: Praktische Mathematik II. Berlin: Springer 1972
[Wer84]   Werner, W.: Polynomial interpolation: Lagrange versus Newton. Math. Comput. **43** (1984) 205–217
[Wil62]   Wilkinson, J. H.: Note on the quadratic convergence of the cyclic Jacobi process. Numer. Math. **4** (1962) 296–300
[Wil65]   Wilkinson, J. H.: The algebraic eigenvalue problem. Oxford: Clarendon Press 1965

[Wil68]   Wilkinson, J. H.: Global convergence of tridiagonal QR algorithm with origin shifts. Lin. Alg. and Its Appl. **1** (1968) 409–420
[Wil69]   Wilkinson, J. H.: Rundungsfehler. Berlin: Springer 1969
[WiR71]   Wilkinson, J. H.; Reinsch, C. (ed.): Handbook for automatic computation. Vol. II, Linear Algebra. Berlin: Springer 1971
[Wil80]   Williams, W. E.: Partial differential equations. Oxford: Clarendon Press 1980
[Win78]   Winograd, S.: On computing the discrete Fourier transform. Math. Comput. **32** (1978) 175–199
[Yse86]   Yserentant, H.: Hierarchical basis give conjugate gradient type methods a multigrid speed of convergence. Applied Math. Comput. **19** (1986) 347–358
[Yse89]   Yserentant, H.: Preconditioning indefinite discretization matrices. Numer. Math **54** (1989) 719–734
[Yse90]   Yserentant, H.: Two preconditioners based on the multi-level splittings of finite element spaces. Numer. Math. **58** (1990) 163–184
[You71]   Young, D. M.: Iterative solution of large linear systems. New York: Academic Press 1971
[YoG73]   Young, D. M.; Gregory, R. T.: A survey of numerical mathematics. Vol. I + II. Reding: Addison-Wesley 1973
[Zon64]   Zonneveld, J. A. Automatic numerical integration. Math. Centre Tracts, No. 8. Mathematisch Centrum Amsterdam 1964
[Zur65]   Zurmühl, R.: Praktische Mathematik für Ingenieure und Physiker. 5. Aufl. Berlin: Springer 1965
[ZuF84]   Zurmühl, R.; Falk, S.: Matrizen und ihre Anwendungen. Teil 1: Grundlagen. 5. Aufl. Berlin: Springer 1984
[ZuF86]   Zurmühl, R.; Falk, S.: Matrizen und ihre Anwendungen. Teil 2: Numerische Methoden. 5. Aufl. Berlin: Springer 1986

# Sachverzeichnis

A($\alpha$)-stabil 422
A-B-M-Methode 401, 420
absolut stabil 417, 421
absolute Stabilität 470, 472, 480
Abstiegsrichtung 325
Adams-Bashforth, Methode von 398, 409, 418
Adams-Bashforth-Moulton-Verfahren 401
Adams-Moulton, Methode von 400, 409, 419
adaptive Quadratur 340
Ähnlichkeitstransformation 244, 256
Aitken 117
Aitkens $\Delta^2$-Prozeß 203
Algorithmus von Clenshaw 183
– – Runge 164, 181
Alternante 90
Anfangsbedingung 466, 478
Anfangsrandwertaufgabe 465, 479
Anfangswertaufgabe 369
Approximation im quadratischen Mittel 150
Ausgleichsprinzip, Gaußsches 296, 301
–, Tschebyscheffsches 86
Austausch-Schritt 52, 64

Banach-Raum 197
Banachscher Fixpunktsatz 197, 220
Bandbreite 45
Bandmatrix 45, 438
baryzentrische Formel 96
Basisfunktion 487
Basisvariable 65
BDF-Methode 405, 410, 421, 425
bidiagonal 47, 320
Bulirsch 339
Butcher 389

Cauchy-Bedingung 432, 443, 466, 486
charakteristische Gleichung 408, 418
charakteristisches Polynom 241, 406
Cholesky, Methode von 143, 438
Cholesky-Zerlegung 42, 143, 297
Clenshaw, Algorithmus von 183

Cooley-Tukey 169
Crank-Nicolson, Methode von 472, 480

Deflation 231
–, implizite 232
Degeneration 67, 73
Determinante 17
diagonal dominant 20, 138, 143, 511, 517
Diagonalstrategie 19, 41, 138, 143
Differentiation, numerische 99
Differenzen 112, 203
–, dividierte 110
–, inverse dividierte 126
Differenzengleichung 408, 434, 467
Differenzenmethode 433, 520
Differenzenquotient 100
–, zentraler 101, 434
Differenzenschema 112
Diffusionsproblem 465, 476
Dirichlet-Bedingung 432, 466
Diskretisationsfehler, lokaler 372, 398, 403, 410, 450, 456, 468, 472

Einschrittmethode 369
–, explizite 369, 381
–, implizite 417
Einzelschrittverfahren 226, 502
–, Newtonsches 227
–, nichtlineares 227
Elemente 486
Elementvektor 492
Eliminationsschritt 12
elliptische Differentialgleichung 432, 485
Endgleichung 12
Energiemethode 484
Energienorm 535
England 389
–, Methode von 389
euklidische Norm 30
Euler 335, 369, 377
–, Methode von 469
Euler-Maclaurinsche Summenformel 335, 336

explizite Methode 467, 479
Extrapolation 102, 119, 131, 337, 339

Faltung 163, 182
Fehlberg 388, 389
Fehlerabschätzung 198
Fehlergleichungen 296, 321
Fehlerordnung 375, 412, 452, 462, 464
-, maximale 389, 392
Fixpunkt 196, 220, 502
Fixpunktiteration 196, 220, 506, 510
Formfunktion 490
Fourierkoeffizient 152
Fourierpolynom 152
Fourierreihe 152
Fouriertransformation 161
-, diskrete, komplexe 166
-, schnelle 165, 169
Francis 277
freie Variable 78
Frobenius-Norm 31

Gander 340
Gauß 296
Gauß-Algorithmus 14, 40, 271
Gauß-Newton-Methode 322
Gaußsche Quadraturformel 192, 362
Gaußsches Ausgleichsprinzip 321
Gauß-Seidel-Verfahren 502
Gebiet absoluter Stabilität 416, 423
Genauigkeitsgrad 352, 359
Gentleman 262
gerichteter Graph 513
Gerschgorin, Kreissatz von 139
Gesamtnorm 30
Gesamtschrittverfahren 502
Gewichte 332, 362
Gitterpunkte 433, 466
-, randnahe 440
-, regelmäßige innere 434, 457
-, unregelmäßige 438
Givens-Rotation 257, 303
globaler Fehler 372, 410, 469, 472
GMRES-Methode 549
Good 170

Hauptachsentheorem 244
Helmholtz-Gleichung 486

Hessenbergmatrix 256, 267, 273, 550
Hestenes 529
Heun, Methode von 379, 383
Horner-Schema 230
-, doppelzeiliges 236
Householder-Matrix 310
Householder-Transformation 286, 310
Hülle 307
Hyman, Verfahren von 267
hyperbolische Differentialgleichung 432

implizite Methode 378, 391, 400, 472, 480
Instabilität, inhärente 413
Integrationsgewichte 351, 359
Integrationsstützstellen 332, 359
Interpolation, Aitken-Neville 117
-, glatte 133
-, Hermitesche 115, 398
-, inverse 122
-, kubische 106
-, lineare 106
-, quadratische 106
-, rationale 124
-, Tschebyscheffsche 183
Interpolationsfehler 106
Interpolationsformel von Lagrange 95
– – Newton 109
– – Newton-Gregory 113
Intervallschachtelung 208
irreduzibel 512
Iterationsmatrix 504
Iterationsverfahren, dreistufiges 219
-, einstelliges 196
-, zweistufiges 211

Jacobi 246
Jacobi-Matrix 221, 322, 425
Jacobi-Rotation 246
Jacobi-Verfahren 502
-, klassisches 248
-, zyklisches 252
JOR-Verfahren 503, 511
J-Verfahren 511

Keplersche Faßregel 353
Kettenbruch, Thielescher 128
Knoten 332, 362
Knotenpunkt 487

Knotenvariable 487
Kolonnenmaximumstrategie 21
–, relative 23
Kompilationsprozeß 494
Konditionszahl 35, 139, 243, 299, 537
konsistent 375, 406
– geordnet 521
kontrahierend 197
Konvergenz, kubische 291
–, lineare 201
–, quadratische 202, 215, 222, 251, 253, 278
–, superlineare 212, 219
Konvergenzordnung 202, 223, 236
Konvergenzquotient 201
Konvergenzrate 511, 523
konvexe Linearkombination 63
Korrekturansatz 27, 222, 321
Krylov-Unterraum 534, 546
Kutta, Methode von 384

Lagrange-Polynome 95, 351, 493
Laplace-Gleichung 432, 486
Lawson 417
Legendre-Polynome 188, 359
linear konvergent 201, 221, 250
Lineare Optimierung 59
lineares Programm 60
Linksdreiecksmatrix 15, 505
–, strikt untere 504
Linkssingulärvektor 318
lokaler Fehler 372
LR-Zerlegung 225

Maclaurin 335
Marquardt, Methode von 326
Massenelementmatrix 492
Matrixnorm 30
–, kompatible 31
–, natürliche 32
–, zugeordnete 32
Matrizeninversion 26, 53
Maximumnorm 30
Mehrschrittverfahren 396, 418
–, allgemeines 403
–, explizites 398, 403
–, implizites 400, 403
Mehrstellenoperator 463

Methode der alternierenden Richtungen 482
– – kleinsten Quadrate 159, 296
– – konjugierten Gradienten 529
– – minimierten Residuen 545
– – sukzessiven Überrelaxation 503
– – Taylorreihe 370
– – Überrelaxation 228
– des stärksten Abstiegs 325
– von Adams-Bashforth 398, 409, 418
– – Adams-Bashforth-Moulton 401
– – Adams-Moulton 400, 409, 419
– – Bairstow 236
– – Cholesky 42, 143, 297, 438, 494
– – Crank-Nicolson 472, 480
– – Euler 369, 377, 469
– – Fehlberg 388
– – Gauß-Newton 322
– – Givens 261
– – Heun 379, 383
– – Hyman 267
– – Jacobi 248
– – Kutta 384
– – Marquardt 326
– – Milne-Simpson 405, 409, 420
– – Muller 218
– – Newton 214, 222, 234, 267
– – Nyström 404, 409, 416, 420
– – Richardson 467, 479
Milne-Simpson, Methode von 405, 409, 420
Mittelpunktregel 358
Mittelpunktsumme 332

Nachiteration 27, 38
natürliche Bedingung 135, 485
Neumann-Bedingung 432, 441, 486
Neville 117
Neville-Algorithmus 117, 337
Newton-Cotes 353, 356
Nichtbasisvariable 65
Normalgleichungen 297
not-a-knot-Bedingung 140
nullstabil 409
Nyström, Methode von 404, 409, 416, 420

Operatorform 435
Ordnung 399, 403, 406, 412
orthogonal 310

parabolische Differentialgleichung 432, 465
partielle Differentialgleichung 431
Peaceman 480
Pivotelement 12, 52
Pivotkolonne 52, 67
Pivotstrategie 19
Pivotzeile 52, 67
Poisson-Gleichung 432, 462, 486
Poissonsche Summenformel 346
Polygonzugmethode 369
-, verbesserte 377
positiv definit 39, 297, 438, 515, 527
Prädiktor-Korrektor-Methode 380, 401, 419
Prädiktorwert 379

QR-Algorithmus 277
QR-Doppelschritt 283
-, mit impliziter Spektralverschiebung 286
QR-Transformation 273
QR-Zerlegung 272, 303
quadratisch konvergent 202, 215, 222, 251, 278
Quadraturfehler 354, 358
Quadraturformel 332, 351
-, interpolatorische 351, 359, 397, 492
-, summierte 356
- von Gauß 362
- - Newton-Cotes 353, 356, 358
- - Simpson 339, 353

Rachford 480
Randbedingung 466, 479
-, Cauchysche 432
-, Dirichletsche 432
-, Neumannsche 432
Randwertaufgabe, Dirichletsche 433
-, elliptische 484, 520
-, Neumannsche 433
Rechtsdreiecksmatrix 14, 301, 316
-, strikt obere 504
Rechtssingulärvektor 318
Regula falsi 208
Reinsch, Algorithmus von 162
relative Kolonnenmaximumstrategie 49
Relaxationsfaktor 228, 503
-, optimaler 520
Residuen 87, 296, 321
Residuenvektor 27, 527

Richardson, Extrapolation von 376
-, Methode von 467, 479
Richtungsvektor 528
Romberg-Schema 122, 337
Rotationsmatrix 245, 301
Rückwärtsdifferentiationsmethode 405, 421
Rückwärtseinsetzen 14, 26, 42, 144, 297, 303
Rückwärts-Euler-Verfahren 421
Runge 108, 162
-, Algorithmus von 162
Runge-Kutta-Verfahren 380, 415
-, dreistufiges 382
-, explizites 415
-, implizites 391, 417, 425
-, klassisches 387, 395, 414
-, vierstufiges 387
-, zweistufiges 380

schnelle Givens-Transformation 264, 306
Schrittweitensteuerung 384, 399
Schur, Satz von 275, 508
schwach besetzt 307
Sekantenmethode 210
Simplex-Algorithmus 67
Simplex-Schema 67
Simpsonregel 339, 353, 356, 384, 405, 493
singuläre Werte 318
Singulärwertzerlegung 317
Skalierung 22, 541
SOR-Newton-Verfahren 228
SOR-Verfahren 503, 517
Spaltensummennorm 31
Spektralnorm 34
Spektralradius 221, 508
Spektralverschiebung 278
-, implizite 289
Spline-Funktion 133
-, allgemeine kubische 140
-, natürliche kubische 135
-, periodische 142
-, quintische 135
SSORCG-Methode 542
Stabilität, absolute 416, 470, 472
Stabilitätsgebiet 416, 418, 420
Stabilitätsintervall 416, 420
stationärer Schritt 73
steif 424, 426
Steifigkeitselementmatrix 491
Stiefel 529

## Sachverzeichnis

Stützkoeffizienten 95
Stützstellen 94, 351
–, äquidistante 98, 100, 106, 112
Stützwert 94
superlinear konvergent 338

Tangententrapezregel 358
Testanfangswertaufgabe 407, 414
Thielescher Kettenbruch 128
Trapezmethode 332, 378, 417, 472
Trapezregel 154, 182
Triangulierung 486
tridiagonal 47, 138, 260, 273, 288
–, blockweise 520
Tschebyscheff-Abszissen 177, 184
Tschebyscheff-Approximation 86
Tschebyscheff-Entwicklung 180
Tschebyscheff-Polynome 175

Überrelaxation 503, 520
Unterrelaxation 503

Variationsaufgabe 133, 483
Vektoriteration, inverse 270, 293
Vektornorm 29
Verfahren von Steffensen 206
vollständig konsistent 506
Vorkonditionierung 538, 552
Vorkonditionierungsmatrix 539, 552
Vorwärtseinsetzen 16, 25, 42, 144, 297

Wärmeleitung 466
Wilkinson 293

Zeilensummennorm 30
Zielfunktion 60
Zonneveld 390
zulässige Lösung 79, 83
zulässiger Bereich 61, 62
Zweiphasenmethode 83
Zyklus 73

# Teubner-Ingenieurmathematik

Burg/Haf/Wille: **Höhere Mathematik für Ingenieure**
Band 1: **Analysis**
3. Aufl. 632 Seiten. DM 46,–

Band 2: **Lineare Algebra**
3. Aufl. 414 Seiten. DM 44,–

Band 3: **Gewöhnliche Differentialgleichungen, Distributionen, Integraltransformationen**
2. Aufl. 405 Seiten. DM 42,–

Band 4: **Vektoranalysis und Funktionentheorie**
580 Seiten. DM 47,–

Band 5: **Funktionalanalysis und Partielle Differentialgleichungen**
446 Seiten. DM 49,–

Dorninger/Müller: **Allgemeine Algebra und Anwendungen**
324 Seiten. DM 48,–

v. Finckenstein: **Grundkurs Mathematik für Ingenieure**
3. Aufl. 466 Seiten. DM 49,80

Heuser/Wolf: **Algebra, Funktionalanalysis und Codierung**
168 Seiten. DM 36,–

Hoschek/Lasser: **Grundlagen der geometrischen Datenverarbeitung**
2. Aufl. 655 Seiten. DM 68,–

Kamke: **Differentialgleichungen, Lösungsmethoden und Lösungen**
Band 1: **Gewöhnliche Differentialgleichungen**
10. Aufl. 694 Seiten. DM 88,–

Band 2: **Partielle Differentialgleichungen erster Ordnung für eine gesuchte Funktion**
6. Aufl. 255 Seiten. DM 68,–

Köckler: **Numerische Algorithmen in Softwaresystemen**
410 Seiten. Buch mit MS-DOS-Diskette DM 58,–

Krabs: **Einführung in die lineare und nichtlineare Optimierung für Ingenieure**
232 Seiten. DM 38,–

Pareigis: **Analytische und projektive Geometrie für die Computer-Graphik**
303 Seiten. DM 42,–

Schwarz: **Numerische Mathematik**
3. Aufl. 575 Seiten. DM 48,–

Preisänderungen vorbehalten.

B. G. Teubner Stuttgart